Christoph Scheidegger
Christine Keller
Silvia Stofer

Flechten der Schweiz

Vielfalt, Biologie, Naturschutz

Mit 52 Exkursionen

Haupt

Inhaltsverzeichnis

Vorwort

Drag Show mit Baumbart

Vielleicht begann es damit, dass wir uns Baumbärte zwischen Nase und Oberlippe einklemmten. Gummiges Stroh, das unsere Nasen kitzelte, während wir «Baum» spielten. Wir hatten unseren Erwachsenen genau zugehört, auf ihre fischartig bloppenden Lippen gekuckt, die das Doppel-B formten: BaumBart. So heisse das Geflecht. Wir wussten, wie junge Menschen eben wissen: Das ist wirklich dem Baum sein Bart. Und wir konnten, was junge Menschen eben können: Wir verwandelten uns leichtfüssig, grünschnäuzig, rindenhäutig. Steckten uns an dieser ménage-à-trois an. Wir woben uns in die übergriffige Liebesbeziehung zwischen Pilz & Alge & Baum. Wollten mitspielen, mitsymbiotisieren, mitwerden. Wir machten Flechten-Drag, eine transspezies Verflechtung. Wir wurden durch die Baumbärte gleichzeitig Männer und Bäume, wir rannten die Hänge herab, rutschten auf den feuchten Nadeln aus und wenn unsere Erwachsenen uns suchen kamen, so waren wir wirklich Bäume geworden, Flechtenträger*innen, Wirtskörper. Die Baumbärte waren kleine, haarige Brücken zwischen dem Menschsein und dem Anderswerden.

Vielleicht, ja, begann die bewusste, selbstgewählte Ansteckung an anderen Körpern also mit den Baumbärten. Die Lust, sich zu vermischen. Sie begann da, und von da an gab es kein Halten mehr. Kein Halt mehr im Menschsein, kein darin Gehaltensein. Natürlich galt es zuerst noch die Pubertät zu durchringen, wo es einzig und allein darum geht, ein Mensch zu sein, ein richtiger, normaler. Nun jedoch, nachdem ich die Pickelgebirge doch einige Jahre hinter mir gelassen habe, konnte ich langsam aber stetig wieder an diesen Sporen anknüpfen, die die Flechten in mich gestreut haben. Die Freude, anders zu werden. Die lichenologische Lust, viele zu werden, die lichterlohe Erotik des un-eins Seins.

Die Frage, die Sie beschäftigt, ist selbstverständlich berechtigt: Wieso sind Flechten so geil? Was dieselbe Frage ist wie: Was können wir von ihnen lernen? Wie Christoph Scheidegger, Christine Keller und Silvia Stofer sehr schön zeigen werden, bestehen Flechten aus symbiotischen Beziehungen aus Pilzen und Algen oder Bakterien. Sie haben jedoch die reine Pilzexistenz, wie auch das klare Bakterientum oder Algenwesen hinter sich gelassen. Bei gewissen Arten wie der *Lobaria pulmonaria,* der Echten Lungenflechte, gibt es die Algen sogar gar nicht mehr ausserhalb der Beziehung mit dem Pilz. Im Sprechen über diese Beziehungen wird manchmal Gewalt implizierendes, militärisches Vokabular benutzt, um die Connection zwischen Pilz und Bakterie/Alge zu beschreiben. Weil der Pilz manchmal mehr «profitiere». Er habe sie «sich einverleibt», «besetzt» oder ein Biologe sprach in meiner Gegenwart einmal von einer «Geiselhaft», in der sich die Alge befände. Dies sind menschliche Konzepte, wie alle unsere Konzepte menschlich sind, wie wir uns nichts ausserhalb unserer Konzepte vorstellen können. Wie es sich für die Symbiosepartner*innen der Pilze anfühlt: We don't know. Aber wenn die Algenpartnerin der Lungenflechte ihr Algendasein ausserhalb dieser Verflochtenheit aufgegeben hat, und nur noch in der Pilzintimität lebt, kann ich mir nicht vorstellen, dass sie es sehr uncool findet. Wie sich diese Intimitätslust anfühlt: We don't know. Vielleicht werden Kunst und Wissenschaft eines Tages zusammen mehr dazu sagen können.

Ich bin schriftstellerisch tätig und habe ein Theaterstück namens «Hänsel & Greta & the big bad Witch» geschrieben. Darin spielt die Lungenflechte eine Hauptrolle. Das Stück ist in einer vergangenen Zukunft angesiedelt, die Erde ist eine einzige monokulturelle Plantage geworden, die Luft «saumies». Hänsel und Greta, ein Schnegel, ein Vogel und die Hexe, das heisst das planetenweite Ökosystem, braucht die Echte Lungenflechte, damit sie die Luft filtert und die Erde wieder belebbar macht. Jedes Lebewesen unterrichtet die anderen in einer Lektion; vermittelt ein körperliches Wissen, das für das Überleben auf dem Planeten gebraucht wird. Und worin könnte die *Lobaria pulmonaria* Lehrer*in sein? Natürlich. Im Flechten. Sich mit anderen Arten verbinden.

«We are all Lichens», schreibt der Entwicklungsbiologe Scott Gilbert. Wir alle sind Flechten, Verflochtene, Gezöpfelte Wesen. Jedes Säugetier trägt mehr nicht-tierische Zellen in sich (in Form des Mikrobioms) als tierische. Wir könnten nichts verdauen ohne unsere nicht-menschlichen

Innerlichkeiten. Dass unsere Bakterienvölker auch sehr wichtig für Immunsystem und Psyche sind, wird wissenschaftlich immer mehr ergründet. Jedes komplexe Leben auf diesem Planeten ist eine jahrmillionenalte Liebesgeschichte über die Artengrenzen hinaus. Let's face it: Wir sind alles alte Mischmasch-Zöpfe.

Wenn Sie dieses Buch in den Händen halten, dann infizieren nicht nur Sie das Buch mit der ganz eigenen Bakterienkultur, die Sie an ihren Fingern durch die Welt tragen. Wenn Sie dieses Buch lesen wollen, dann hat ein gewisses Interesse an Flechten Sie wohl schon von weither hierhin getragen. Interesse ist immer auch die Lust, sich etwas einzuverleiben. Ich unterstelle Ihnen hier also mal bisschen frech einen Flechtenhunger: das Begehren, sich diese Symbiosen unter die Haut zu jagen – zumindest stellvertretend, anhand des Wissens über sie. Ich glaube allerdings nicht an ein Wissen ÜBER etwas. Ich glaube nur an ein Wissen-Schaffen MIT.

Jetzt mal ehrlich: Wer versorgt in der Flechtenkunde wen mit Zückerchen, Sugar, Fotosynthetisiertem, dem Licht Abgefressenen – der Mensch oder die Flechten? Ich meine: Hat Christoph Scheidegger sich nicht völlig fressen lassen von «seinen» Flechten? Haben sie ihn nicht komplett eingenommen, ein ganzes Arbeitsleben lang? Er schreibt hier ÜBER sie – aber dient dies nicht auch den Flechten? Zeigt er nicht auf, welche Arten bedroht sind, wie sie geschützt werden können? Haben nicht die Flechten den Professor verführt? Haben Sie ihn nicht sogar so weit geführt, dass er auch uns mit seinem Flechtenwissen einflechten will?

Im dritten Teil, den Spaziergängen, knüpfen die Autor*innen an eine uralte literarisch-wissenschaftliche Tradition an: Das In-Kontakt-Treten mit der Welt durchs Beine-Vertreten. Das klingt lustig, ist es aber nicht. Wissen wird immer an spezifischen Orten, in konkreten Settings, von Menschen hergestellt, die in Beziehung miteinander und mit den Wesen an ihren Wohn- und Arbeitsorten verwoben sind. Dass uns dieser Text auf Exkursionen mitnimmt, empfinde ich als ehrlich, transparent und wichtig: So wird Wissen eben geschaffen. Beim Spazötteln, wie wir in Bern sagen. Es geschieht nicht losgelöst im luftleeren Raum oder einzig und allein in sterilen Labors. Es beginnt immer damit, dass ein Mensch an einem Ort ist und sich eine Frage stellt. Was sind das für Wesen, die da so orange, strauchig, un-eins an den unwirtlichsten Orten gedeihen?

Vielleicht beginnt eine liebevollere, sorgenreichere Beziehung zu unserer Umwelt damit, dass wir uns gewisse Flechtenarten ankleben, uns lustvoll in Bäume verwandeln, unser Geschlecht – das heisst sowohl unser Gender als auch unsere Art – durch Baumbärte subvertieren. Vielleicht ist es Spiel, vielleicht ist es Wissenschaft, vielleicht Kunst. Sicherlich ist es *the way to go*. In meinem oben erwähnten Theaterstück habe ich mich anfixen lassen von der Leidenschaft der Lichenologie. Was ich gelernt habe, ist, wie konstruiert viele Grenzen sind. Zwischen Pilz und Alge, Flechten und Stein, Mensch und Bakterien. Ich habe versucht – mit der Flechtenlektion im Gepäck – auch die Grenze zwischen Kunst und Wissenschaft zu verwischen. Die Probleme unserer Zeit sind planetenweit und hyperkomplex. Sie halten sich nicht an den Grenzen unserer Disziplinen auf. Donna Haraway spricht davon, wie wir «response-ability» im Kapitalozän übernehmen können, verantwortungsbewusst handeln können angesichts von Klimawandel und Massenaussterben. Ihr Begriff schliesst sowohl Verantwortung als auch eine Antwort-Fähigkeit ein. Sich mittels verflochtener Blicke unseren Mit-Lebewesen zu nähern, könnte ein Weg sein. Verflochtene Blicke? Sowohl-als-auch. Wissenschaftlich-künstlerisch, Text-bildlich, menschlich-flechtig. Ich möchte Künste, die sich akademisch anfuttern. Ich möchte Formen des Wissens, die nicht verleugnen, dass sie intuitiv, körperlich, persönlich sind (wie zum Teufel könnte nämlich die obsessive Beschäftigung mit *einer* Spezies über ein ganzes Leben hinweg etwas anderes als zutiefst intuitiv, körperlich und persönlich sein?). Ich möchte, dass Kunst und Wissenschaft symbiotisieren, sich nicht mehr an ihre frühere Getrenntheit erinnern. Ich möchte Bildbände, die wissend fabulieren, und Bücher wie diese, die weder aus Pilz noch Algen, sondern Geflochtenem bestehen. Die unsere Steine und Köpfe bevölkern mit Geflechten, die unsere saumiese Luft von Altem, Toxischem befreien. Ich finde, die vorliegende Monografie liest sich wie ein Spaziergang durch unsere Ahn*innengalerie. Keine allzu direkten Verwandten, klar (wobei ich persönlich schon gewisse Ähnlichkeiten mit der *Anliegenden Krümelflechte* habe, und gewisse meiner Verwandten der *Poelts Schwielenflechte* nicht unverwandt sein dürften). Aber doch sind sie durch und durch Alpenraumwesen. Und vor allem schon viel länger hier als wir. Vielleicht sind es also keine nahen genetischen Ahn*innen, aber wir können eben

unsere Verflochtenheit mit anderem Leben, mit dem gesamten Ökosystem durch sie erahnen. Und was wäre wichtiger in diesen Zeiten, wo wir immer schneller unsere Lebensgrundlagen zerstören?
Christoph Scheidegger, Christine Keller und Silvia Stofer zeigen anhand der heimischen Flechten, wie vielgestaltig, komplex, wunderschön, unscheinbar und vor allem: verwoben mit Land und Klima das Leben auf diesem Planeten ist. Ihr Blick lädt dazu ein, das Leben als eine nicht-sexuelle Liebesbeziehung zu verstehen. Eine ménage-à-many. Unerotic, but sexy science.
Vielleicht beginnt es damit, dass wir uns Baumbärte zwischen Nasen und stiff upper-lips klemmen.

Kim de l'Horizon

Coniocarpon fallax bevorzugt junge Eschen in Auenwäldern.

Biologie, Ökologie und Naturschutz der Flechten

1 Über dieses Buch

Flechten begegnet man überall: direkt vor der Haustüre, an Bäumen, auf dem Erdboden und an Gestein. Während einige mit ihren intensiven Farben von Weitem sichtbar sind und die Landschaft prägen können, sind andere sehr diskret und zeigen ihre Schönheit erst beim Blick durch die Lupe. Mit diesem Buch möchten wir die Flechten als attraktive Lebewesen in ihrer natürlichen Umgebung zeigen und interessante Aspekte ihrer Biologie vorstellen: Flechten als Überlebenskünstler an unwirtlichen Standorten und Flechten als Teamplayer. Ihre ökologischen Strategien, um Extremstandorte auf Berggipfeln oder in Borkenrissen alter Bäume zu besiedeln, regen zum Staunen an, oft auch etwas zum Kopfschütteln. Leider gibt es auch bei den Flechten in der Schweiz viele bedrohte Arten. Dabei könnten sie an ihren Standorten oft mit einfachen Massnahmen gefördert werden. Wir hoffen deshalb auch, dass Kenntnisse über die Biologie und Lebensraumansprüche von Flechten dazu beitragen, dass sie bei der Planung von Naturschutzprojekten, bei der Pflege von Lebensräumen, und generell in der Landschaft als farbliche Komponente des Alltags und wichtigen Teil der Biodiversität in Zukunft vermehrt berücksichtigt werden. Und selbstverständlich müssen dazu Flechten zuerst überhaupt wahrgenommen und ihre Artenvielfalt erahnt werden.

In einem ersten Teil wird die Biologie und Ökologie der Flechten vorgestellt. Wir geben Einblick in ausgewählte Aspekte der Morphologie und Biologie und hoffen damit, die Neugier für diese bisher wenig beachtete Gruppe von Lebewesen zu wecken. «Flechten der Schweiz» stellt deshalb eine persönliche Auswahl von Themen vor, um den Einstieg in die Welt der Flechten zu erleichtern und zu einer vertieften Beschäftigung mit dieser Organismengruppe anzuregen.

Im zweiten und umfangreichsten Teil des Buches werden 366 einheimische Arten mit Fotos, Verbreitungskarten und typischen Erkennungsmerkmalen, bevorzugten Lebensräumen, Gefährdung sowie Förderungs- und möglichen Schutzmassnahmen vorgestellt. Die Artporträts laden ein, sich jeden Tag mit einer ausgewählten Art zu beschäftigen. Wir empfehlen, zuerst Arten auszuwählen, welche auf den ersten Exkursionen vorgestellt werden, und nicht unbedingt dem Alphabet zu folgen. → *Pleurosticta acetabulum* oder → *Xanthoria parietina* sind geeignetere Ausgangspunkte in die Formenvielfalt als die unter dem Buchstaben «A» porträtierten Kleinflechten.

Im dritten Teil schliesslich laden 52 Exkursionsvorschläge dazu ein, Flechten in der Schweiz selbst zu entdecken. Flechten können, im Gegensatz zu Blütenpflanzen beispielsweise, rund um das Jahr beobachtet werden. Die Jahreszeit schränkt einzig die Zugänglichkeit zu den Flechtenlebensräumen ein. Zunächst können ein paar einführende Exkursionen gemacht werden, an welchen einfach zu beobachtende Standorte und Arten vorgestellt werden. Die weiteren Exkursionen richten sich dann ungefähr nach der Kalenderwoche und der Erreichbarkeit und Zugänglichkeit der vorgeschlagenen Exkursionsorte. Verschiedene Exkursionsziele können auch aus Gründen des Naturschutzes nicht ganzjährig besucht werden.

Im Buch werden bewusst nur Arten und Merkmale vorgestellt, welche mit einer guten Lupe, aber ohne Mikroskop untersucht werden können. Das hat den Vorteil, dass man einfach mit den Beobachtungen beginnen kann. Mit einer gewissen Erfahrung können die vorgestellten Arten auch tatsächlich im Feld erkannt werden, für eine sichere Bestimmung müssen aber in vielen Fällen trotzdem noch mikroskopische Merkmale herangezogen und manchmal Flechtenstoffe mit aufwendigen Methoden bestimmt werden. Damit auch die weiteren in der Schweiz vorkommenden über 2000 Flechtenarten bestimmt werden können, muss in der Regel auf diese zusätzlichen Merkmale zurückgegriffen werden.

Wir verweisen deshalb im Literaturverzeichnis auf weiterführende Literatur, insbesondere auf Bestimmungsliteratur, aber auch auf Lehrbücher zur Flechtenbiologie und (wenn möglich) frei verfügbare Originalliteratur. In Teil 3 sind Hinweise auf die schweizerische Fachgesellschaft Bryolich und auf SwissLichens, das nationale Daten- und Informationszentrums zur Dokumentation, Förderung und Erforschung der Schweizer Flechtenflora aufgeführt, auf deren Webseiten auch Einführungsveranstaltungen und Kurse für Interessierte ausgeschrieben werden.

Vorhergehende Doppelseite: *Caloplaca pseudofulgensia* wächst an einer Überhangsfläche einer Felswand.

< Die seltene *Acarospora heufleriana* wächst als parasitische Flechte auf der gelappten *Lecanora valesiaca*.

2 Biologie einer Symbiose

2.1 Flechten als ernährungsbiologische Gruppe der Pilze

Die Strauchflechte → *Evernia prunastri* erscheint auf den ersten Blick als einheitliches Gewächs. Erst bei genauerer Untersuchung mit einem Mikroskop entpuppen sich Flechten als ein zusammengesetztes Lebewesen (Abbildung 1). Flechten bestehen nämlich aus einer dauerhaften Verbindung eines Pilzes mit einer Alge oder einem Cyanobakterium. Dabei bildet der Pilzpartner, auch Mykobiont genannt, als sogenannter Exhabitant die «Architektur» des Flechtenlagers und die als Fotobionten bezeichneten Algen oder Cyanobakterien (Box 2) bewohnen bestimmte Bereiche im Inneren dieses Lagers. Die beiden Partner oder Symbionten sind dabei durch dauernden Kontakt miteinander verbunden. In hoch entwickelten Blatt- und Strauchflechten bildet der Pilzpartner sogenannte Appressorien, kleine Flächen, mit welchen sich die Zellwand der Pilzhyphen an die Algenzellwand anheftet. Der gesamte Austausch von Wasser und Nährstoffen zwischen Pilz- und Algenpartner beschränkt sich auf diese punktförmigen Kontaktstellen (Honegger 1984).

Abbildung 1 zeigt links die Strauchflechte *Evernia prunastri* mit einem grau- bis grüngelblichen, bandförmigen Lager. Das Bild rechts zeigt dieselbe Flechtenart, allerdings wurde das Lager in wassergesättigtem, gefrorenem Zustand in einem Rasterelektronenmikroskop (REM) untersucht. Im oberen Bildteil ist die dichte Oberrinde zu sehen, welche aus verklebten Pilzhyphen besteht. Darunter sind einzelne, kugelförmige Algenzellen an kurzen Fortsätzen der Pilzhyphen, den Appressorien, zu sehen. Die Algen werden von den Pilzhyphen unterhalb der Rinde in einer schmalen Schicht positioniert, in welcher genügend Licht

Abbildung 1 | Die Strauchflechte *Evernia prunastri* erscheint als einheitlicher Organismus (links). Die «Doppelnatur» als Symbioseorganismus ist erst bei mikroskopischer Vergrösserung zu sehen (rechts). Der fädige Pilzpartner bildet die Oberrinde, darunter bildet der Pilz punktförmige Kontaktstellen mit den einzelligen, kugeligen Grünalgen. Auf den Pilzhyphen im lockeren Mark unterhalb der Algenschicht sind feine Kristallnadeln der Flechtenstoffe zu sehen, welche Pilzhyphen und Algen überziehen (REM-Aufnahme).

< Caloplaca cerina, eine häufige Krustenflechte auf glatten Borken.

für die Fotosynthese der Algen durch die Rinde dringen kann.

Die Ausbildung der genannten Algenschicht ist nur möglich, weil die Vermehrung der Algen im Flechtenlager vom Pilz reguliert wird und neu entstehende Algenzellen vom Pilz im Flechtenlager präzise positioniert werden. Im linken Teil des REM-Bildes ist eine Gruppe von drei Algen sichtbar. Diese Gruppe ist dadurch entstanden, dass sich eine Zelle in vier Tochterzellen geteilt hat (eine Tochterzelle ist nicht sichtbar). Die Zellwand der Mutterzelle klebt noch stellenweise an der linken oberen Tochterzelle, ist aber durch das Wachstum der Tochterzellen aufgerissen worden. Eine Hyphe des Flechtenpilzes ist inzwischen zwischen die Tochterzellen gewachsen und wird diese nun in der Algenschicht korrekt positionieren, sodass sie Teil der Algenschicht werden und nicht einen ungeordneten Haufen innerhalb des Flechtenlagers bilden.

Eine solche dauerhafte Verbindung zwischen unterschiedlichen Organismen wird als Symbiose bezeichnet. Weil im Falle der Flechten die beiden Symbionten voneinander profitieren, spricht man von einer mutualistischen Symbiose (siehe Box 1: Lifestyles der Pilze).

Box 1: Lifestyles der Pilze

Pilze sind heterotrophe Organismen, sind also wie Tiere auf die Aufnahme von organischer Nahrung angewiesen. Organische Nahrung dient Pilzen sowohl als Energielieferant als auch zum Aufbau des vegetativen Pilzlagers und der Fruchtkörper. Pilze haben die unterschiedlichsten Lifestyles entwickelt, wie sie sich diese Nährstoffe beschaffen: Saprophytisch lebende Pilze leben vom Abbau von totem organischem Material und gedeihen beispielsweise auf abgestorbenen Pflanzenteilen. Parasitische Pilze leben auf der Oberfläche oder häufiger im Gewebe von lebendenden Wirtsorganismen in langwährenden, evtl. langwierigen Beziehungen. Die Vitalität des Wirtes wird durch den parasitischen Pilz in unterschiedlichem Ausmass reduziert, oft auf Kosten des Reproduktionserfolges der Wirtspflanze. In komplexen Ökosystemen kommt es aber auch vor, dass ein parasitischer Pilz nicht nur den Samenansatz seiner Wirtspflanze reduziert, sondern ebenfalls die Attraktivität der Pflanze gegenüber seiner Fressfeinde negativ beeinflusst, sodass schliesslich parasitierte Pflanzen sogar einen höheren Samenansatz aufweisen als nicht-parasitierte. Der Pilzbefall hat in solchen Fällen eine Schutzwirkung gegenüber Fressfeinden, die sich natürlich nur dann auswirken kann, wenn Fressfeinde in der Umgebung auch effektiv vorhanden sind. In solchen Situationen verschiebt sich die negative, parasitische Auswirkung des Pilzbefalls zu einer positiven, sogenannt mutualistischen Wirkung, bei welcher sowohl Wirtspflanze als auch der darauf wachsende Pilz gefördert werden. Der berühmte Mykologe Anton De Bary hat unter dem Begriff Symbiose sowohl den Parasitismus als auch den Mutualismus zusammengefasst. In einer bestimmten Umgebung profitiert in einer parasitischen Interaktion der Parasit auf Kosten des Wirtes. In einer mutualistischen Interaktion profitieren beide Partner voneinander, indem sie unterschiedliche Leistungen für das gemeinsame Wohl erbringen.

Die mutualistische Symbiose macht es möglich, dass der heterotroph lebende Pilzpartner dank des Fotobionten mit organischer Nahrung versorgt wird und das Flechtenlager dadurch zu einem autotrophen Lebewesen respektive zu einem Primärproduzenten wird, so wie es auch grüne Pflanzen sind.

Ist der Flechtenpilz zudem mit einem Cyanobakterium vergesellschaftet, kann die Flechte nicht nur bezüglich C-Stoffwechsel autotroph werden, sondern sie ist dank der Fähigkeit der Cyanboakterien, Luftstickstoff zu assimilieren, auch bezüglich ihrer Stickstoff-Versorgung autotroph.

Soweit das «Grobkonzept» der Flechten. In den letzten Jahrzehnten wurden aber zahlreiche weitere Mikroorganismen in Flechtenlagern nachgewiesen, die unter anderem eine wichtige Rolle in der Versorgung mit Stickstoff und Vitaminen spielen (Grimm et al. 2021). Flechten verbindet mit den anderen Lifestlyes eine gemeinsame stammesgeschichtliche Abstammung. Flechten gehören systematisch nicht etwa zu den Pflanzen, sondern ins Pilzreich und können vollständig in das System der Pilze integriert werden (Kapitel 6). Im Gegensatz zu den anderen Lifestyles spielt bei den Flechten wegen ihrer mutualistischen Symbiose das Flechtenlager eine zentrale Bedeutung. Währenddem das vegetative Geflecht der Pilze bei den anderen Lifestyles im Substrat verborgen lebt und meist nur die Fruchtkörper der Pilze sichtbar sind, bildet das Flechtenlager an der Oberfläche von Gestein, Erde, Holz oder Borke gut sichtbare Überzüge. Das vegetative Flechtenlager ist nämlich das Organ, in welchem Fotosynthese ermöglicht wird, das Wasser und Nährstoffe aufnehmen muss und auf welchem die Organe zur Vermehrung und Ausbreitung der Symbionten gebildet werden. Zum Lifestyle der Flechten gehört aber auch, dass sich das Lager an eine mehrjährige Entwicklung angepasst hat. Sonnenlicht als Energiequelle ist über Jahre bis Jahrhunderte an den typischen Flechtenstandorten gleichbleibend vorhanden und begünstigt die Investition in mehrjährige Strukturen. Tatsächlich können Flechtenlager viele Jahrhunderte alt werden, vor allem an Felsflächen. Die damit verbundenen ökologischen Strategien kompetitiver und stresstoleranter Arten führt dazu, dass vor allem auch Investitionen in die Abwehr von Fressfeinden zielführend sind und Flechten als Überlebenskünstler ermöglichen, einmal besiedelte Standorte langfristig zu halten.

Im Folgenden stellen wir die Biologie der Flechten und ihre ökologischen Strategien vor allem unter dem Blickwinkel vor, dass Massnahmen im Naturschutz und zur Förderung der Flechten verstanden werden können. Aus dem gesamten Fachgebiet der Flechtenkunde, der sogenannten Lichenologie, stellen wir deshalb nur ausgewählte, unten aufgelistete Aspekte vor. Ein umfassender Überblick ist in Nash (2008) und Upreti et al. (2015) zu finden. In dieser Einleitung wird etwas eingehender auf die folgenden Punkte eingegangen werden:

- Flechtenstoffe: Schutzstrategien des Flechtenlagers vor Fressfeinden und Konkurrenten.
- Wuchsformen des Lagers: Dem Flechtenlager kommt die Aufgabe zu, Strukturen auszubilden, in welchen die einzelligen Fotobionten optimal Fotosynthese betreiben können. Dazu gehören Lichtexposition und Gasaustausch im Flechtenlager. Nach der Wuchsform lassen sich grob Krustenflechten, Blatt- und Strauchflechten unterscheiden, wobei sich alle Formen noch weiter unterteilen lassen. Die Wuchsformen sind im Laufe der Evolution der Flechten mehrfach unabhängig voneinander entstanden – Arten mit vergleichbarer Wuchsform sind deshalb nicht zwingend nahe miteinander verwandt. Flechten mit gleicher Wuchsform teilen aber oft ähnliche Standortansprüche.
- Wechselfeuchte Lebensweise: Flechten verfügen weder über einen Verdunstungsschutz noch über Wurzeln, um ihren Wasserhaushalt während Trockenzeiten konstant zu halten. Weil Flechten wechselfeuchte Lebewesen sind, unterliegen sie deshalb stark wechselnden Wassergehalten. Wenn sie genügend durchfeuchtet sind, sind Flechten physiologisch aktiv. Trocknen sie aus, verfallen sie aber in einen scheintoten Zustand. In diesem «Dornröschenschlaf» können sie aber extreme Temperaturen überdauern. Bei Wiederbefeuchtung erwachen sie innerhalb von Sekunden aus der Trockenstarre und setzen ihre physiologischen Aktivitäten fort. Der anatomische Aufbau des Flechtenlagers muss an diesen raschen Wechsel des Wassergehaltes angepasst sein und das Flechtenlager muss in der Lage sein, Wasser und mineralische Nährstoffe aus der Umgebung aufzunehmen und in geeigneter Form auch an die Symbionten weiterzugeben.
- Vermehrungs- und Ausbreitungsstrategien bei Flechten: Bei der Vermehrung von mutualistischen Symbiosen müssen die Partner koordiniert ausgebreitet werden. Flechten haben dafür erstaunliche und sehr erfolgreiche Strategien entwickelt.

Box 2: Fotobionten

Weil die meisten Fotobionten nur mikroskopisch untersucht werden können, stellen wir die einzelnen Gruppen lediglich kurz vor und verweisen auf die zitierte Literatur und auf das Übersichtswerk von Ettl und Gärtner (1995).

Prokaryotische Cyanobakterien (Rikkinen 2017) können als alleinige Fotobionten in den sogenannten Blaualgenflechten vorkommen. Weil Cyanobakterien für die physiologische Reaktivierung aus der Trockenstarre auf flüssiges Wasser angewiesen sind, kommen Blaualgenflechten bevorzugt an Stellen mit verlängerter Wasserverfügbarkeit vor. Dazu gehören moosbedeckte Fels- und Stammseiten sowie Tintenstriche und Abflussrinnen auf Felsflächen. Die Gruppe der tripartiten Flechte ist zwar hauptsächlich mit einer Grünalge vergesellschaftet, der Flechtenpilz ist aber in speziellen Warzen, den Cephalodien, zusätzlich mit Cyanobakterien vergesellschaftet. Zu diesen tripartiten Flechten gehören zum Beispiel die Flechtengattungen *Amygdalaria*, → *Lobaria*, → *Nephroma*, → *Placopsis*, → *Peltigera*, → *Psoroma*, → *Solorina* und → *Stereocaulon*. Zu den wichtigsten flechtenbildenden Cyanobakterien zählen die zur Stickstoffassimilation befähigten Gattungen *Nostoc* (Abbildung 2), *Stigonema* und *Scytonema*. Weitere Gattungen, welche vor allem bei kleinen Blaualgenflechten vorkommen, unter anderem *Gloeocapsa*, *Chroococcus* und *Chroococcidiopsis,* werden in der Flechtenbestimmungsliteratur auch als chroococcoid bezeichnet (Ahti et al. 2007).

Einzellige und fädige Grünalgen sind als Fotobionten mit der überwiegenden Mehrheit der Flechtenpilze vergesellschaftet. Wir nennen hier nur ein paar ausgewählte Gattungen. Eine vollständige Übersicht der Fotobionten ist in Sanders und Masumoto (2021) zusammengefasst.

Asterochloris ist eine einzellige, kugelige Alge, von welcher sexuelle und ungeschlechtliche Vermehrung bekannt ist. Sie ist der Fotobiont in vielen Arten der Gattungen → *Cladonia* und → *Stereocaulon*, aber auch von Krustenflechten.

Myrmecia ist eine einzellige kugelige Grünalge, welche entweder freilebend oder als Fotobiont in erdbewohnenden Blatt- und Krustenflechten wie → *Lobaria linita* und → *Psora decipiens* vorkommt.

Trebouxia ist eine einzellige, kugelige Grünalge. Die Gattung gilt in vielen Flechtenhabitaten als wichtigster Fotobiont der Flechten. Trevor Goward fasst die Flechten als diejenige Gruppe der Pilze auf, welche Landwirtschaft betreiben (Goward 1994). Unter diesem Gesichtspunkt können die Arten der Gattung *Trebouxia* als wichtigste Nutzpflanzen der pilzlichen Landwirte angesehen werden. Die Arten der Gattung können in hoher Populationsdichte in den Flechtenlagern gefunden werden. Inwieweit *Trebouxia* aber auch ausserhalb der Flechten stabile Populationen bilden kann, ist weiterhin eine offene Forschungsfrage. Mit detaillierten mikroskopischen Untersuchungen und genetischen Nachweismethoden kann *Trebouxia* zwar auch ausserhalb von Flechten nachgewiesen werden. In diesem sogenannt aposymbiotischen Zustand scheinen aber immer nur wenige Zellen vorzukommen und es ist unklar, ob diese Vorkommen längerfristig überleben können oder ob sie z. B. aus vegetativen, symbiotischen Ausbreitungseinheiten von Flechten stammen, bei welchen der Pilzpartner nicht überlebt hat und auch die Alge nur vorübergehend ohne Pilzpartner überleben kann. Solche freilebenden Algenzellen wären dann eine mögliche Quelle als Fotobiont für keimende Sporen von Flechtenpilzen. Keimende Pilzsporen von Flechten können zwar für kurze Zeit entweder als Saprophyten oder als Parasiten wachsen, bevor sie aber mit der Bildung eines Flechtenlagers beginnen können, müssen sie mit einem kompatiblen Fotobionten eine mutualistische Symbiose eingehen. In intakten Flechtenlagern können sich Zellen von *Trebouxia* nur ungeschlechtlich vermehren. Die Frage, inwieweit sich Arten dieser Gattung in absterbenden Flechten oder vegetativen Ausbreitungseinheiten allenfalls geschlechtlich vermehren können, ist noch weitgehend offen. Jedenfalls scheint bei dieser Gattung das gesamte Leben viel stärker auf das Leben als Flechtensymbiont fokussiert zu sein als bei den anderen wichtigen Gattungen *Asterochloris* und *Trentepohlia*. Die Gattung *Trebouxia* ist Fotobiont in vielen Krusten-, Blatt- und Strauchflechten auf Borke und Gestein. Dazu gehören die auffälligen Gattungen →*Anaptychia*, →*Bryoria*, →*Evernia*, →*Parmelia* und →*Xanthoria*, aber auch →*Acarospora*, →*Caloplaca*, →*Lecidella*, →*Lecanora* und →*Rhizocarpon*.

Coccomyxa sind kugelige bis ellipsoide, einzellige Grünalgen. Die Gattung kommt oft freilebend in terrestrischer und aquatischer Umgebung vor. Sie ist Fotobiont in erdbewohnenden Krusten- und Blattflechten und bevorzugt Gebiete mit kühlem Klima. Die Gattung kommt in →*Dibaeis baeomyces*, →*Icmadophila ericetorum*, →*Nephroma expallidum* und →*Peltigera aphthosa*, aber auch in lichenisierten Basidiomyceten der Gattung *Lichenomphalia* vor.

Symbiochloris sind kugelige, einzellige Algen. Die Gattung ist Fotobiont von →*Lobaria pulmonaria*, →*Ricasolia amplissima* und der regional ausgestorbenen *R. virens*. Freilebende Vorkommen des Fotobionten der genannten Arten sind nicht bekannt.

Trentepohlia ist eine fädige Grünalge, die oft auffällige orange Kolonien auf Gestein und an Borke bildet (Abbildung 2). Sie ist Fotobiont in vielen, an lichtarme Lebensräume mit erhöhter Luftfeuchtigkeit angepassten Krustenflechten auf Erde, Borke und Gestein, beispielsweise in den Gattungen →*Arthonia*, →*Bactrospora*, →*Coniocarpon*, →*Graphis*, →*Gyalecta* und →*Ramonia*.

Abbildung 2 | Perlschnurartige Kolonie von *Nostoc sp.* im Lager der Gallertflechte *Collema nigrescens* (links, REM-Aufnahme). Freilebende Kolonie von *Trentepohlia sp.* an einer absonnigen Kalkfelswand in luftfeuchter Lage (rechts).

Das Leben im Flechtenlager hat für die Fotobionten wesentliche Auswirkungen. Der Pilzpartner reguliert in den meisten Flechten die Wasser- und Nährstoffversorgung der Fotobionten und bestimmt die Lage der Fotobionten im Flechtenlager. Zudem nimmt er auch Einfluss auf das Wachstum, das Aussehen und die Zellteilung der Fotobionten. Es ist deshalb oft schwierig, die Fotobionten im Flechtenlager mikroskopisch systematischen Gruppen zuzuordnen. Eine Bestimmung auf Gattungs- oder sogar Art-Ebene ist darum mikroskopisch nur an Kulturen von isolierten Algen möglich. Heutzutage können die Algen mithilfe von genetischen Markern oft einfacher bestimmt werden.

Fotobionten können aber auch eindeutig vom Leben im Flechtenlager profitieren. Die Versorgung mit Wasser und mineralischen Nährstoffen wird weitgehend vom Pilzpartner übernommen. Auch die Versorgung mit CO_2 für die Fotosynthese wird durch den komplexen Aufbau des Flechtenlagers unterstützt, weil der CO_2-Transport zu den Algen durch hohen Diffusionswiderstand in wassergesättigter Umgebung stark beeinträchtigt ist. Hier ermöglicht der geschichtete Aufbau des Flechtenlagers eine optimale CO_2-Versorgung bei gleichzeitiger Versorgung mit Wasser, Licht und Nährstoffen (Abbildung 1). Zudem werden die Fotobionten im Flechtenlager durch die vom Pilz gebildeten Flechtenstoffe vor Fressfeinden geschützt. Weiter stellt die symbiotische Lebensweise einen wesentlichen Vorteil für die Ausbreitung der Algen dar. Durch die vegetativen Ausbreitungseinheiten von Flechten wie Isidien und Soredien werden auch die Algen im Raum ausgebreitet. Einerseits können sich aus diesen Ausbreitungseinheiten wieder Flechtenlager bilden, andererseits können die so ausgebreiteten Algen auch von keimenden Ascosporen anderer Flechtenpilze für die Lichenisierung verwendet werden.

Fotobionten knüpfen deshalb Beziehungsnetze zwischen Arten in Flechtengemeinschaften. Solche von Fotobionten geschaffene Gilden sind von verschiedenen Algengruppen bekannt. Dabei stehen die sich vegetativ ausbreitenden Flechten im Zentrum der Gilde, weil sie die Fotobionten auch für Flechtenarten ausbreiten, bei welchen sich nur die Pilzpartner durch Sporen vermehren können. Innerhalb der Gattung *Trebouxia* gibt es mehrere Arten, welche komplexe Gilden entweder an nährstoffbeeinflussten oder sehr sauren Borken bilden. Weiter sind Gilden von mehreren Gruppen der Cyanobakterien bekannt. Von der einzelligen Grünalge *Symbiochloris reticulata* ist die Gildenstruktur zwischen → *Lobaria pulmonaria*, → *Ricasolia amplissima* und → *R. virens* bekannt und spielt eine wichtige Rolle in der Naturschutzbiologie dieser Arten (siehe Kapitel 9.5).

2.2 Flechtenstoffe: Schutzstrategien vor Fressfeinden und Konkurrenten

Die meist mehrjährigen, oft weit über 100 Jahre alt werdenden Flechtenlager gehören als Primärproduzenten an ihren meist unwirtlichen Lebensräumen mengenmässig oft zu den üppigsten Nahrungsquellen für Herbivoren. Um sich wenigstens teilweise vor Fressfeinden zu schützen, haben Flechten deshalb sehr unterschiedliche Strategien entwickelt. Die Ausbildung von schützenden Rinden und dicken Schichten aus abgestorbenen Lagerteilen stellen einen wirksamen mechanischen Schutz vor Herbivoren dar, schützen das Flechtenlager aber auch vor Witterungseinflüssen an Extremstandorten, wie etwa Windschliff. Viel spezifischer wirken aber sekundäre Stoffwechselendprodukte, welche oft an zu schützenden Strukturen im Flechtenlager angelagert werden. Solche antiherbivoren Substanzen werden selten von Fotobionten gebildet, beispielsweise Cyanotoxine in Flechten, welche mit Cyanobakterien vergesellschaftet sind. Bei den meisten Flechten sind es aber die Pilzpartner, die eine grosse Vielfalt an aktiven Substanzen produzieren, die als Flechtenstoffe bezeichnet werden. Bislang sind mehr als 1000 Flechtenstoffe bekannt (Huneck und Yoshimura 1996). Sie gehören zu verschiedenen Gruppen wie Anthrachinone, Dibenzofurane, Depside, Depsidone, Depsone, γ-Lactone und Pulvinsäurederivate.

Viele Flechtenstoffe sind farblos, andere sind aber oft charakteristisch gefärbt und geben Flechten ihre unverkennbare Färbung. So kann an der grüngelblichen bis gelblichgrünen Farbe oft der Flechtenstoff Usninsäure vermutet werden, oder orange Farben sind oft auf Anthrachinone zurückzuführen. Leuchtend gelbe Färbung können von Anthrachinonen oder Pulvinsäurederivaten stammen (Abbildung 3). Weil Flechtenarten häufig konstante Kombinationen von Flechtenstoffen aufweisen, können sie auch zur Bestimmung beigezogen werden. Angaben zur Identifikation von Flechtenstoffen sind in der Bestimmungsliteratur aufgeführt.

Flechtenstoffe üben eine Vielzahl biologischer Aktivitäten aus, darunter antibiotische, antimykobakterielle, antivirale, entzündungshemmende, schmerzstillende, fiebersenkende, antiproliferative und zytotoxische Wirkungen. Damit sich Flechten gegenüber ihren Konkurrenten am Standort durchsetzen können, verfügen 50 % aller Flechten dank ihrer Flechtenstoffe über antibiotische Eigenschaften. So wurde beispielsweise eine antimykotische Aktivität für das Anthrachinon Parietin bei → *Xanthoria parietina* nachgewiesen. Schliesslich haben zahlreiche Flechtenstoffe eine ausgewiesene anti-herbivore-Aktivität. In den meisten Flechtenarten kommen mehrere Flechtenstoffe gleichzeitig vor, allerdings nicht alle am selben Ort. Einzelne sind in der Rinde und andere im Inneren des Lagers an Markhyphen lokalisiert.

Abbildung 3 | Die parasitische Flechte *Caloplaca grimmiae* bildet orange Anthrachinone auf den Fruchtkörpern. Die parasitierten, dottergelben Lager von *Candelariella vitellina* produzieren Pulvinsäurederivate im Flechtenlager.

3 Wuchsformen des Lagers

3.1 Krustenflechten

Krustenflechten stellen die artenreichste Wuchsform der Flechten dar. Sie sind mit ihrer gesamten Fläche mit dem Substrat verwachsen. Diese Verankerung erfolgt durch den Pilzpartner, der mit einem sogenannten Hypothallus das Substrat auf der gesamten überwachsenen Fläche überzieht. Auch beim radiären Wachstum eines Flechtenlagers spielt dieses Pilzgeflecht eine wichtige Rolle, weil es neue Fläche überwächst und bei allfälligen Konkurrenten eine Abgrenzung zwischen Individuen errichtet. Dieser randliche Bereich des Pilzpartners wird als Prothallus bezeichnet und bildet in vielen Fällen eine dunkle Linie aus Pilzgeflecht.

In Abbildung 4 sind die schwarzen Linien des Prothallus um das Lager von → *Lecidella elaeochroma* mit den schwarzen Fruchtkörpern deutlich zu sehen. Sie grenzen einerseits Individuen der gleichen Art voneinander ab und zeigen andererseits zwischenartliche Konkurrenten der Gattung → *Lecanora* mit den hell berandeten Fruchtkörpern an. Eine solche Abgrenzung mit einem dunklen Prothallus ist häufig in der Natur zu sehen, wird aber längst nicht von allen Krustenflechten gebildet. Bei Arten wie → *Bactrospora dryina* wachsen mehrere Individuen der gleichen Art durcheinander, ohne sich voneinander abzugrenzen. Die oft mehrere Quadratmeter grossen Überzüge dieser Krustenflechte bestehen dann aus zahlreichen, gene-

Abbildung 4 | Individuen von Krustenflechten grenzen sich oft durch dunkle Linien (Prothallus) von anderen Individuen der gleichen oder anderer Arten ab. (*Lecidella elaeochroma* mit schwarzen Fruchtkörpern und *Lecanora chlarotera* mit hell berandeten Fruchtkörpern)

< Die Strauchflechte *Pseudevernia furfuracea* ist eine der häufigsten baumbewohnenden Flechten in Gebirgswäldern.

tisch unterscheidbaren Individuen, ohne dass von Auge eine Abgrenzung zwischen Individuen möglich ist.

In der Regel bilden Krustenflechten ein 0,1 bis mehrere Millimeter dickes Lager auf der Substratoberfläche. Bei hohem Wassergehalt quillt es leicht auf und schrumpft geringfügig, wenn die Flechte wieder austrocknet. Beim Austrocknen können sich auf einem Lager Risse bilden. Dabei wird das Lager in einzelne Felder geteilt, den sogenannten Areolen. Solche Areolen sind oft durch Risse vollständig voneinander getrennt und nur durch den Hypothallus auf dem Substrat untereinander verbunden. Bestimmte Arten wie → *Buellia aethalea* bilden Areolen mit einer flachen Oberseite, bei anderen Arten wie → *Miriquidica garovaglii* sind die Areolen meist gewölbt und zudem von einem knorpeligen Abschlussgeflecht bedeckt. Ob es sich dabei um eine echte Rinde aus lebenden Pilzhyphen oder um eine Scheinrinde aus abgestorbenen Pilz- und Algenzellwänden handelt, kann nur die mikroskopische Untersuchung zeigen, ist aber für die Bestimmung von Arten oft ein wichtiges Merkmal. Bei dünneren Lagern sind die Risse oft unregelmässiger angeordnet und die einzelnen Lagerteile sind nicht mehr rundum voneinander abgetrennt. Dann spricht man von einem rissigen Lager, wobei zum Teil Übergänge zu Areolen zu beobachten sind, zum Beispiel am dünneren Rand eines sonst areolierten Lagers. Auf noch dünneren Lagern entstehen oft keine Risse; die Lager sind dann film- oder firnisartig, beispielsweise bei → *Jamesiella anastomosans*. Lagerteile können aber auch kugelige Formen aufweisen. Solche Lager werden dann als körnig bezeichnet. Wenn körnige Lagerteile sich korallenförmig verzweigen, spricht man von koralloiden oder zwergstrauchigen Lagern, so z. B. bei → *Psoroglaena stigonemoides*. Die hochgewölbten Areolen bei → *Toninia taurica* werden als bullat bezeichnet, die sich einseitig vom Lager lösenden Lagerteile bei → *Hypocenomyce scalaris* als schuppig.

Das Flechtenlager wird bei rissigen und areolierten Krustenflechten gegen den Rand hin meist etwas dünner. Dort sind auch die randlichen Areolen in der Regel noch kleiner und werden erst mit der Zeit grösser und dicker. Ganz anders verhält es sich bei den lobaten Arten, welche randlich gleich dick bleibende, deutlich verlängerte Lappen bilden. In vielen Fällen bilden diese Arten auch recht dicke Lager aus und sind dank ihrer randlich verlängerten Lappen in der Lage, konkurrenzierende Arten zu überwachsen (Abbildung 5).

Cephalodien sind warzenförmige Strukturen, welche im Inneren oder auf dem Lager von Flechten verschiedener Wuchsformen wie Krusten-, Blatt- und Strauchflechten gebildet werden. In solchen Flechten ist der Pilz flächenmässig vor allem mit einer Grünalge vergesellschaftet. In den Warzen steht er aber mit Cyanobak-

Abbildung 5 | *Protoparmeliopsis garovaglii* kann mit den randlichen Lappen Konkurrenten wie *Rhizocarpon* geographicum (unten rechts) überwachsen.

terien in Kontakt, welche Luftstickstoff assimilieren können. Weil der Pilzpartner in solchen Flechten mit zwei ganz unterschiedlichen Fotobionten vergesellschaftet ist, spricht man hier von einer tripartiten, mutualistischen Symbiose. Die Grünalgen ermöglichen mit ihrer Fotosynthese nicht nur die Ernährung des Pilzpartners, sondern sie liefern auch zuckerähnliche Verbindungen an die Cyanobakterien. Die können dank dieser Energie intensiver Luftstickstoff assimilieren und das ganze Flechtenlager auch bezüglich Stickstoffernährung autotroph machen. Nicht immer sind Cephalodien so deutlich wie bei *Placopsis gelida*, wo sie als auffällige, braunorange Warzen auf dem sonst hellbraunen Lager sitzen und dem Flechtenlager die Besiedlung von stickstoffarmen Lebensräumen ermöglichen (Abbildung 6). In der Schweiz ist diese Art sehr selten, sie ist aber auf Lavagestein beispielsweise auf Island lokal eine dominante Art. Cephalodien sind zwar auf Krustenflechten am einfachsten zu sehen, sie kommen aber ebenfalls in Blattflechten (siehe **Peltigerales** in Kapitel 6.1) und an Strauchflechten vor. In den Alpen tragen Arten der Gattung → *Stereocaulon* meist kleine, unauffällige Cephalodien an der Basis der Stängel. Dank der Cephalodien ist diese Gattung eine der wichtigsten Erstbesiedler von Gletschervorfeldern und selten gestörten Kiesbänken in Flussalluvionen. Schliesslich spielen Cephalodien eine wichtige Rolle für den N-Haushalt in kühlen, niederschlagsreichen Waldökosystemen, wo Arten der Gattung → *Lobaria* Cephalodien bilden und die mineralisierte Streu dieser Flechten an der Westküste Nordamerikas massgeblich zum N-Haushalt von Waldökosystemen beiträgt.

Eine sehr spezielle Gruppe von Krustenflechten bildet kein oberflächliches Lager, sondern wächst vollständig ins Substrat eingesenkt. Auf Borke können solche Lager etwa bei → *Inoderma byssaceum* beobachtet werden. Viel häufiger ist dieser Typ aber auf reinem Kalkgestein zu beobachten, wo die Wuchsform als endolithisch bezeichnet wird (Abbildung 7, Exkursionen 9 und 28). Bei endolithischen Flechten sind häufig nur die punktförmigen Fruchtkörper an der Gesteinsoberfläche zu sehen. Das gesamte Lager versteckt sich im Inneren des Gesteins, innerhalb des ersten Millimeters unterhalb der Gesteinsoberfläche. Der Pilzpartner kann nämlich das Kalkgestein auflösen und in das Gestein eindringen. Dort bildet er auch mikroskopisch kleine Kavernen für die Algenpartner. Das Lager wird anschliessend mit einer vom Pilzpartner ausgeschiedenen «Gesteinsschicht» aus Calciumoxalat zugedeckt. Durch einen solchen Lithocortex können sich Pilz- und Algenpartner vor hoher Sonneneinstrahlung und bis zu einem gewissen Grad auch vor Fressfeinden schützen. Ob es sich bei Felsflächen um grossflächig entwickelte

Abbildung 6 | *Placopsis gelida* bildet braunorange Cephalodien auf dem gelappten Lager, wo der Pilz mit Grünalgen vergesellschaftet ist (Bild aus Island).

Abbildung 7 | Links: Endolithische Krustenflechten an einer Kalkfelswand. Nur wenige dieser Arten wie *Hymenelia coerulea* können an ihrem gefärbten Lager erkannt werden. Die meisten Lager sind gesteinsfarben und sind dann nur an den meist dunklen, punktförmigen Fruchtkörpern zu erkennen. Rechts: Endolithische Flechten werden von Schnecken gefressen. Weil Schnecken entlang der Grenzlinien zwischen Flechtenindividuen (Prothallus) intensiver fressen, entstehen dort schmale Rinnen.

endolithische Flechten handelt, kann einfach überprüft werden: An Stellen mit den regelmässig angeordneten, punktförmigen Fruchtkörpern wird die grüne oder orange Algenschicht nach Anritzen der Gesteinsoberfläche mit einem Taschenmesser sichtbar.

Solche Felsflächen mit endolithischen Flechten werden regelmässig von kleinen Schnecken abgeweidet. Weil Schnecken weniger am Kalkgestein als am biologischen Flechtenmaterial interessiert sind, raspeln sie mit unterschiedlicher Intensität die Felsoberflächen ab, um Flechten fressen zu können. Einerseits werden Fruchtkörper intensiv abgefressen, die aber meist ebenfalls in die Gesteinsoberfläche eingesenkt sind. Andererseits aber fressen Schnecken bevorzugt entlang der Prothallus-Linien, wo sich Flechtenindividuen voneinander abgrenzen (Abbildung 7, rechts). An diesen Stellen ist nämlich die pilzliche Biomasse stark konzentriert. Felsflächen, in welchen endolithische Krustenflechten leben, zeigen nun als Folge jahrhundertelanger Aktivität von flechtenfressenden Schnecken entlang dieser Prothallus-Linien ein ungefähr ein Millimeter tiefes deutliches Mikrorelief, entstanden aus den kleinräumig unterschiedlichen Aktivitäten von Herbivoren. Solche Mikroreliefs weisen eindrücklich auf den biologischen Abbau von Gesteinsoberflächen hin.

Auch auf Silikatgestein wachsen endolithische Flechten. Weil Quarz aber von den Pilzpartnern nicht aufgelöst werden kann, ist beispielsweise das Lager von *Caloplaca exsecuta* auf Haarrisse im Gestein beschränkt (Abbildung 8). Solche Lager werden als chasmoendolithisch bezeichnet.

Abbildung 8 | *Caloplaca exsecuta*, eine endolithische Krustenflechte auf Grüngestein. Das Lager ist auf schmale Risse im Gestein beschränkt. Durch die darüber liegenden dünnen Gesteinsplättchen gelangt genügend Licht zu den Fotobionten im Inneren des Gesteins.

3.2 Blattflechten

Blattflechten bilden flächige Lager, welche vom Substrat durch einen schmalen Zwischenraum getrennt sind. In den meisten Fällen ist das Lager in mehrere Schichten gegliedert. Gegen oben sind Blattflechten meist durch eine vom Pilzpartner gebildete Rinde abgeschlossen. Der Oberrinde kommt bei den meisten Flechten die Aufgabe zu, Wasser und darin gelöste mineralische Nährstoffe aufzunehmen und an die Fotobionten

Abbildung 9 | Das Lager von *Parmelia sulcata* ist meist deutlich bereift. Die Pruina besteht aus regelmässigen Calciumoxalat-Kristallen (REM-Aufnahme).

Abbildung 10 | Querbruch durch ein Lager von *Pseudevernia furfuracea*. Die unregelmässig dicke Oberrinde weist feine Kanäle auf, durch welche auch im wassergesättigten Zustand Gas diffundieren kann. Die Pilzhyphen im Bereich der Fotobionten und des Markes haben wegen kristallförmiger Flechtenstoffe eine raue Oberfläche. Die vom Pilz gebildeten Flechtenstoffe überziehen ebenfalls die Algenzellwand (REM-Aufnahme).

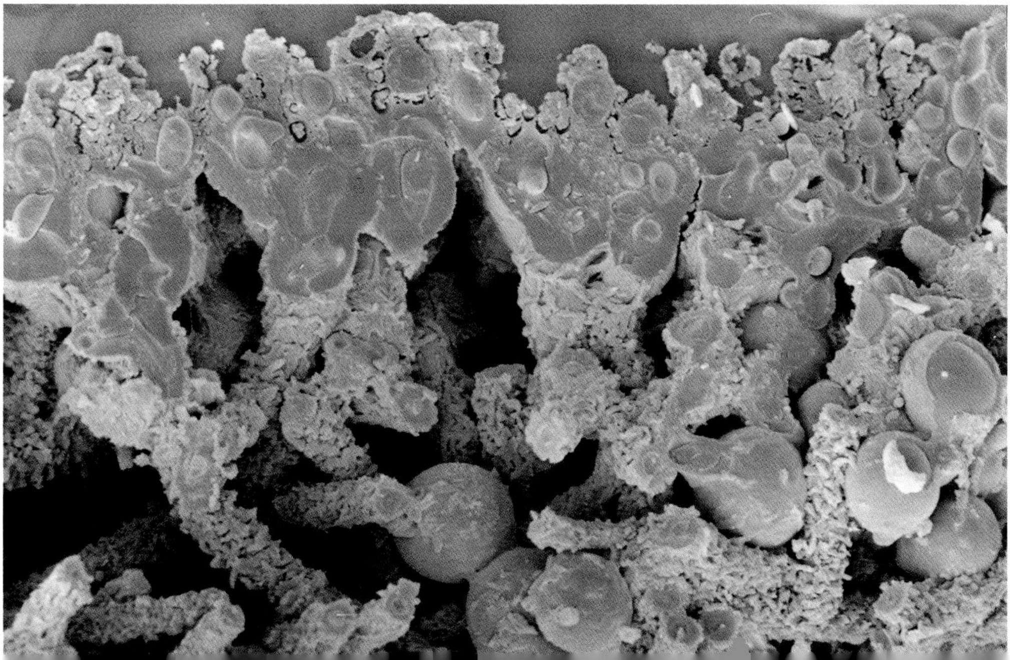

Abbildung 11 | *Peltigera membranacea* bildet an der Unterseite lange, rechtwinklig auffasernde Rhizinen.

Abbildung 12 | Die Lappen von *Physcia aipolia* wachsen an den Enden, wo sich Lappen durch die Aktivität von meristematischen Wachstumszonen gabelig verzweigen. Die Lappenbreite bleibt nach der Verzweigung im Wesentlichen unverändert.

weiterzuleiten. Die Oberrinde ist aber kein Verdunstungsschutz und deshalb wird bei trockenem Wetter Wasser aus dem Lager auch wieder über die Oberrinde verdunstet. Zudem stellt die Oberrinde eine Schutzschicht dar, um Krankheitserreger fernzuhalten und die darunterliegende Algenschicht vor zu intensivem Licht zu schützen. In den Zellwänden der Oberrinde werden nämlich häufig Pigmente eingelagert und zudem bilden Flechtenpilze eine erstaunliche Vielfalt an Flechtenstoffen mit antibiotischer oder antiherbivorer Wirkung. Beispielsweise ist die gelblichgrüne Substanz in der Rinde von → *Evernia prunastri* (Abbildung 1) Usninsäure, ein stark wirkendes Antibiotikum. Verschiedene Blattflechten und zahlreiche Krustenflechten bilden auf der Oberseite eine Bereifung oder Pruina aus. Diese kann bei einzelnen Arten der Gattung *Peltigera* aus locker wachsenden Pilzfäden bestehen oder bei → *Parmelia sulcata* aus feinen Calciumoxalat-Kristallen, welche auf der Oberrinde entstehen (Abbildung 9). Die Kristalle sind teilweise in einer von den Rindenzellen gebildeten extrazellulären Matrix eingebettet und bleiben fest auf der Rinde haften. Die Pruina schützt die Flechten vor Fressfeinden.

Unter der Oberrinde leben in einer schmalen Zone, der Algenschicht, die Fotobionten. Diese werden vom Pilzpartner im Flechtenlager positioniert und auch in ihrem Teilungsvermögen recht stark kontrolliert, sodass Menge und räumliche Verteilung der Algen optimal auf die Umweltbedingungen abgestimmt sind. Unterhalb der Algenschicht liegt das lockere Mark, welches aus langzelligen Pilzhyphen aufgebaut ist. Algen- und Markschicht haben im Gegensatz zur Oberrinde hydrophobe, d.h. wasserabstossende Zellwandoberflächen (Honegger 2007). Diese vom Pilz gebildeten Überzüge bewirken, dass das Innere des Flechtenlagers auch bei starker Wassersättigung, bei langanhaltendem Regen, von einem Gasraum eingenommen und nicht durch flüssiges Wasser geflutet wird. Nur in einem lufterfüllten Innenraum des Flechtenlagers kann der Gasaustausch der fotosynthetisierenden Algen und der respirierenden Pilze mit der Atmosphäre erfolgen (siehe Kapitel 4). Pilzhyphen scheiden aber ebenfalls Flechtenstoffe mit antiherbivorer Wirkung aus und imprägnieren damit sowohl die Markhyphen als auch die Zellwände der Fotobionten, beispielsweise bei dem gezeigten Querbruch durch das Lager von *Pseudevernia furfuracea* in wassergesättigtem Zustand (Abbildung 10).

Es handelt sich bei diesen Flechtenstoffen zwar um andere Substanzen als in der Oberrinde, allerdings weisen auch diese ähnliche biologische Wirkungen auf und schützen so auch die Algen vor Fressfeinden und Parasiten. In der Abbildung 10 sind diese Flechtenstoffe als feine Kristallcluster auf den Algenzellwänden und den Pilzhyphen zu sehen. Schliesslich wird die Unterseite der Blattflechten oft, aber nicht bei allen Arten, von einer unteren Rinde abgeschlossen.

Damit Blattflechten sich am Substrat verankern können, werde unterschiedliche Typen von Anhangsorganen gebildet. Die häufigsten sind Rhizinen, die an der Unterseite als feine Stränge aus Pilzhyphen gebildet werden. Sie können sich an ihrer Spitze mit dem Substrat verbinden und so das Flechtenlager daran festheften. Bei den breitlappigen Hundsflechten der Gattung → *Peltigera* sind Rhizinen artspezifische Bestimmungsmerkmale. Rechtwinklig auffasernde Rhizinen sind beispielsweise für *Peltigera membranacea* charakteristisch (Abbildung 11).

Abbildung 13 | Kleine Lager von *Lobaria pulmonaria* entstehen häufig aus vegetativen Ausbreitungseinheiten, die an der Borke des Trägerbaumes anwachsen (links). Lager entwickeln sich meist durch eine Dreiteilung meristematischer Wachstumszonen an den Lappenenden. Die Lappenfläche wächst kontinuierlich durch flächenständige Meristeme in den Eindellungen (rechts). Weitere Erklärungen im Text.

Abbildung 14 | Links: Lebenszyklus von *Lobaria pulmonaria* | Der abgebildete Zyklus basiert auf einem idealisierten Lager, das sich nach folgenden Annahmen entwickelt | Eine Ausbreitungseinheit mit einer apikalen Wachstumszone (Pseudomeristem) verzweigt sich zuerst in zwei, später jeweils in drei neue Lappen. Solche, die aufwärts orientiert sind, zeigen ein langsameres Wachstum und produzieren keine Ausbreitungseinheiten, während die abwärts gerichteten ungefähr doppelt so rasch wachsen und randlich sowie auf den Rippen vegetative und später auch geschlechtliche Ausbreitungseinheiten bilden. Der zeitliche Ablauf der Entwicklung ist anhand sequenzieller Dauerflächen geschätzt worden | a) vegetative Ausbreitungseinheit; b) stratifiziertes, spatelförmiges Lager nach ca. 2 Jahren; c) ca. 2 mm großer Lappen mit beginnender Differenzierung in aufwärts- und abwärts wachsenden Lappen, Lager ca. 4-jährig; d) Lager mit beginnendem laminalem Wachstum, welches zu der später charakteristischen Rippenform führt; e) Erste vegetative Ausbreitungseinheiten werden an den ältesten Lagerrändern abwärts wachsender Lappen gebildet (Pfeil), Lager ca. 8-jährig; f) Lager ca. 10-jährig; g) speziell an aufwärts wachsenden Lappen ist die Dreiteilung der pseudomeristematischen Zonen (Wachstumszonen) beobachtbar (Stern), Lager ca. 14-jährig; h) erste Apothezien werden auf Lagerrippen abwärts wachsender Lappen gebildet, Lager ca. 18-jährig; i) die Pseudomeristeme einzelner Lappen sind durch die Bildung vegetativer Ausbreitungseinheiten inaktiviert worden; solche Lappen treten in eine Altersphase, in der sie vor allem Ausbreitungs- und Regenerationsstrukturen produzieren (Pfeil), Lager ca. 22-jährig; k) einzelne Lappen werden beispielsweise durch Schneelast vom Lager weggerissen; im Wachstum inaktivierte Lappen produzieren eine Vielzahl rand- und flächenständiger Regenerationsstrukturen, welche eine neue Lappengeneration auf dem Mutterlager begründen (Pfeilspitze), Lager ca. 25-jährig; die Folgegeneration auf degenerierenden Teilen des Mutterlagers entspricht weitgehend den auf b) folgenden Stadien (Zeichnung S. Flachsmann, nach Scheidegger et al. (1997). Rechts Lager von *L. pulmonaria* mit deutlich differenzierten aufwärts- und abwärts wachsenden Lappen.

Nabelflechten der Gattung → *Umbilicaria* haben zwar manchmal ebenfalls Rhizinen, sind aber nur an einem zentralen Punkt, dem Nabel, mit dem Gestein verwachsen (siehe Exkursion 32, Bild unten).

Das Wachstum von Blattflechten erfolgt in den meisten Fällen durch ein Längenwachstum der Lappen, welche sich wiederholt, aber unregelmässig gabelförmig verzweigen. Bereits kurz nach der Verzweigung erreichen die Lappen ihre endgültige Breite. Unabhängig davon, ob die Lappen gegen oben, auf die Seite oder gegen unten wachsen, bleibt die Wachstumsgeschwindigkeit und die Häufigkeit der Verzweigung unverändert, was zu einem idealerweise kreisrunden Lager mit strahlenförmigen Lappen führt. → *Physcia aipolia* (Abbildung 12) und viele Arten der Gattungen → *Melanelixia*, → *Parmelia* und → *Parmelina* sind anschauliche Beispiele für diese regelmässige Wuchsform, die vor allem an jüngeren Lagern beobachtet werden kann, später aber durch Schädigungen einzelner Lappen, unregelmässigem Wachstum wegen Konkurrenten oder Unebenheiten des Substrates von der regelmässigen Wuchsform oft abweicht.

Mehrere Arten weichen von dieser regelmässigen Wuchsform ab. Dazu gehören etwa → *Parmelia submontana* und → *Hypogymnia vittata*, bei denen abwärts wachsende Lappen deutlich länger werden und auch rascher wachsen als stammaufwärts wachsende Lappen. Aber auch bei diesen Arten bleibt die Lappenbreite während des Längenwachstums unverändert. Nur wenige Typen von Blattflechten verfügen über die Möglichkeit zum dauerhaften Längen- und Breitenwachstum des blattförmigen Lagers. Nabelflechten sind ein Beispiel, bei denen während der gesamten Lebensdauer sowohl im Zentrum als auch auf dem scheibenförmigen Lager durch ein diffuses Flächenwachstum zusätzliche Fläche geschaffen wird, sodass der Durchmesser der Nabelflechte über das gesamte, oft mehrere Hundert Jahre dauernden Lebens einer Nabelflechte zunehmen kann. Als zweites Beispiel soll das Wachstum der Echten Lungenflechte → *Lobaria pulmonaria* etwas eingehender vorgestellt werden, auch, weil wir im Kapitel zum Naturschutz diese Informationen wieder aufgreifen werden (Abbildung 13, 14).

Die Entwicklung juveniler Lager von *Lobaria pulmonaria* beginnt als weniger als ein Millimeter grosse spatelförmige Lappen. Diese entwickeln sich meist aus vegetativen Ausbreitungseinheiten, welche sich an der Borke festgeheftet haben. Die Lappen verzweigen sich in der Folge wiederholt, wobei trichotome Verzweigungen häufig vorkommen. Im Verlaufe mehrerer Jahre entwickeln sich so zahlreiche Lappen, welche nach oben, horizontal und nach unten wachsen. Bereits bei kleinen Lappen sind an der Oberseite unterschiedlich grosse Eindellungen des Lagers zu sehen. Diese Eindellungen stellen Wachstumszonen dar und ermöglichen es den Lappen, während ihres ganzen Lebens in die Breite und in die Länge zu wachsen. Weil das Wachstum der Lappen über mehrere Jahre erfolgt, widerspiegelt die Grösse der Lappen schliesslich die Qualität des Standortes. Breite Lappen weisen auf gute Wachstumsbedingungen hin, schmale Lappen hingegen auf limitierende ökologische Faktoren. Das Längenwachstum der Lappen ist zudem abhängig von der Wachstumsrichtung. Abwärts wachsende Lappen wachsen deutlich rascher als aufwärtswachsende. Zudem sind gegen oben wachsende Lappen dem Substrat eng anliegend und haben eine schwach rinnenförmige Wuchsform. Gegen unten wachsende Lappen stehen vom Substrat ab und werden löffelförmig. Was wie eine gravitropische Reaktion aussieht, ist eher eine Folge unterschiedlich langer Durchfeuchtung der Lappen. Bereits bei kleinen Lagern lässt sich bei feuchter Witterung leicht beobachten, dass auf abwärts wachsenden Lappen in den Eindellungen regelmässig kleine Pfützen entstehen. Solche Lappen bleiben später beim Abtrocknen des Lagers länger feucht und profitieren dann von einer verlängerten physiologischen Aktivität.

Auf den zwischen den Eindellungen vorstehenden Rippen und an den Lappenrändern bilden sich an mehrjährigen, seit- oder abwärts wachsenden Lappen vegetative Ausbreitungseinheiten und selten auch

Abbildung 15 | Auf der Unterseite von *Sticta sylvatica* werden dünn berindete Cyphellen mit einer wasserabweisenden Oberfläche gebildet.

Fruchtkörper (siehe Kapitel 4.1). Die Ausbildung von vegetativen Ausbreitungseinheiten an den Lappenrändern führt aber zu einer Inaktivierung der endständigen meristematischen Zonen. Solche Lappen können sich deshalb nicht mehr weiter teilen und stellen ihr Wachstum zugunsten der intensiven Produktion von Ausbreitungseinheiten ein. Schliesslich sterben solche Lappen ab, mobilisieren aber während der Seneszenz noch vorhandene Ressourcen in vegetative Ausbreitungseinheiten, welche sich am Lappen zu rasch wüchsigen Regenerationslappen weiterentwickeln, sich bald am Substrat mit einem filzartigen Tomentum verankern und sich dann als unabhängige Lager weiterentwickeln können.
Wie weiter unten (Kapitel 5) ausgeführt wird, kann der Gaswechsel, vor allem CO_2, bei feuchten Flechten durch Wasserfilme eingeschränkt werden, welche die Oberfläche bedecken. Bei *Lobaria pulmonaria* wird dies durch punktförmige Aufbrüche auf den Rippen abgeschwächt. Bei der nahe verwandten Gattung → *Sticta* werden zur Unterstützung der CO_2-Aufnahme in sehr nassem Zustand auf der Unterseite auffällige, sehr dünn berindete Poren, sogenannte Cyphellen, ausgebildet (Abbildung 15). Ihre hydrophoben Oberflächen verhindern die Benetzung an diesen Stellen und erlauben eine ungehinderte Gasdiffusion. Bei deutlich mehr Arten werden etwas weniger komplizierte Pseudocyphellen gebildet. Sie sind nicht berindet, haben aber ebenfalls lokal eine hydrophobe Oberfläche und sind so in der Lage, die CO_2-Aufnahme der Flechte zu unterstützen. Bei → *Cetraria islandica* mit flächenständigen und → *C. ericetorum* mit randständigen Pseudocyphellen unterstützt ihre Position sogar die Artbestimmung.

3.3 Strauchflechten

Strauchflechten bilden vom Substrat deutlich abstehende Lager. Im typischen Fall wächst das Lager von Strauchflechten wie beispielsweise → *Cladonia rangiferina* negativ gravitropisch, wogegen andere Strauchflechten entweder positiv fototropisch wachsen und sich so gegen konkurrenzierende Pflanzen zu behaupten versuchen, oder sich unregelmässig verzweigend von ihrem Entstehungsort aus entwickeln. Viele Strauchflechten verfügen aber nicht über die nötige mechanische Stabilität und sind dann schlaff hängend wie → *Bryoria fuscescens*, oder stehen nahe ihrer Basis rechtwinklig vom Substrat ab, haben dann aber hängende Äste, wie verschiedene Arten der Gattung → *Usnea*.

In vielen Fällen verankern sich Strauchflechten mit einer speziellen Haftscheibe oder einem krustenförmigen Primärlager am Substrat. Solche Haftscheiben sind häufig bei primären Lagern von *Usnea* zu finden und bei den meisten Arten der Gattung *Ramalina*. Abbildung 16 zeigt ein jüngeres Lager von → *Ramalina dilacerata* mit starr abstehenden, wenig verzweigten Ästen und endständigen Fruchtkörpern. An der Basis des Lagers ist zudem ein krustenförmiges Geflecht sichtbar, mit welchem sich die Flechte an der Borke verankert. Bei dieser Art wird das Verankerungsgeflecht während des Wachstums des strauchförmigen Lagers weiterentwickelt. Zu Beginn der Lagerentwicklung ist das Verankerungsgeflecht sehr klein. Bei *Stereocaulon* entsteht hingegen zu Beginn der Entwicklung ein oft ausgedehntes krustiges Lager, auf welchem sich später die vertikalen Stämmchen bilden. Nur bei wenigen Arten wie *S. pileatum* (Exkursion 48) bleibt das krustenförmige Lager länger sichtbar. Bei → *S. alpinum* verschwindet das krustenförmige Lager bald; die Stämmchen verzweigen sich laufend und sterben an der Basis ab. Diese Art der regelmässigen Verzweigung in den apikalen Teilen der strauchförmigen Lager und dem Absterben älterer Lagerteile ist die häufigste Wachstumsform von erdbewohnenden Strauchflechten. Die Lager wachsen dabei meist mit anderen Flechten, Moosen oder mit Zwergsträuchern und verheddern sich mehrfach in der Begleitvegetation, ohne dass sich Haftscheiben oder krustige Verankerungsgeflechte ausbilden.

Abbildung 16 | *Ramalina dilacerata* bildet an der Basis des strauchförmigen Lagers ein krustiges Verankerungsgeflecht.

4 Vermehrungsstrategien und Ausbreitungsbiologie der Flechten

Abbildung 17 | *Staurothele areolata* bildet im Lager eingesenkte Fruchtkörper, sogenannte Perithezien. Im Inneren der Perithezien werden Ascosporen gebildet, an welche sich ebenfalls im Fruchtkörper entwickelnde Fotobionten anheften. Oben links im Bild wächst die parasitische *Heteroplacidium zamenhofianum* auf *S. areolata* (siehe auch Abbildung 39).

Die Vermehrung und Ausbreitung der Symbionten müssen bei der Vermehrung der Flechten aufeinander abgestimmt erfolgen. Bei vielen makroskopischen Symbiosen erfolgt die Vermehrung der Symbionten getrennt, und anschliessend muss die Symbiose wiederhergestellt werden. Als Beispiel kann auf die mykorrhizierten Bäume hingewiesen werden, wo sich Baum und Pilz unabhängig vermehren und ausbreiten und sich die Symbionten am neuen Lebensraum wiederfinden müssen. Auch bei Flechten erfolgt die sexuelle Vermehrung des Pilzes meistens nach diesem Schema: Der Flechtenpilz bildet Sporen, welche ausgebreitet werden, am neuen Lebensraum keimen und anschliessend einen passenden Fotobionten in Symbiose nehmen müssen, was als Relichenisierung oder horizontaler Symbiontentransfer bezeichnet wird.

Als Alternative können sich die Symbionten der Flechten gemeinsam ausbreiten. In wenigen Fällen, wie bei den Gattungen *Staurothele* und *Endocarpon*, erfolgt dies, indem sich Fotobionten im Inneren des Pilzfruchtkörpers entwickeln und anschliessend gemeinsam mit Pilzsporen ausgebreitet werden. Abbildung 17 zeigt die Krustenflechte *Staurothele areolata* mit den dunkel umrandeten, eingesenkten Fruchtkörpern. Die gleichen Algen, welche in den vegetativen Areolen mit dem Pilz vergesellschaftet sind, wachsen auch in den Fruchtkörpern und werden gemeinsam mit den Sporen aus den punktförmigen Mündungen der Fruchtkörper ausgequetscht. Bei diesen sexuellen Sporen mit anhaftenden Fotobionten kann man von generativen symbiotischen Ausbreitungseinheiten sprechen. Viel häufiger aber werden vegetative symbiotische Ausbreitungseinheiten bei allen Wuchsformen und in vielen unterschiedlichen Verwandtschaftsgruppen gebildet.

< Bei Flechten können sich beide Symbiosepartner mit vegetativen Ausbreitungseinheiten gemeinsam ausbreiten. Der Pilzpartner kann sich oft auch geschlechtlich vermehren.

4.1 Geschlechtliche Vermehrung des Pilzpartners

Die grosse Mehrheit der Flechtenpilze gehört zu den Ascomyceten oder Schlauchpilzen (siehe Kapitel 6). Ihr Name leitet sich von den als Asci bezeichneten Meiosporangien in dieser Pilzgruppe ab, also den schlauchförmigen Zellen, in welchen nach erfolgter Meiose die Ascosporen gebildet werden. Die Asci sind mikroskopisch klein und entwickeln sich selten, wie weiter unten bei der Gattung *Vezdaea* erläutert, in lockeren Büscheln, meist aber verborgen in den Fruchtkörpern. Ohne im Detail auf die mikroskopischen Merkmale einzugehen, skizzieren wir stark verkürzt die geschlechtliche Vermehrung anhand der Becherflechte aus der Artengruppe *Cladonia coccifera* (Abbildung 18). Die Ascosporen dieser Becherflechte werden in den intensiv roten Fruchtkörpern gebildet und von den Asci in die Umgebung ausgeschleudert. Ascosporen und das vegetative Lager der Flechte sind beide haploid und verfügen entsprechend über einen einfachen Chromosomensatz. Der sexuelle Prozess wird eingeleitet, indem Trichogynen, sogenannte Empfängnishyphen, am Becherrand von Spermatien kontaktiert werden und ein Kern vom Spermatium in die Trichogyne übertritt.

Trichogynen sind in Abbildung 18 als feiner, weisser Filz auf dem bräunlichen Becherrand zu erahnen. Trichogynen werden aber nur bei langanhaltender feuchter Witterung gebildet und sind auch dann rasch vergänglich. Die Spermatien werden in krugförmigen Pyknidien gebildet. Die mikroskopisch kleinen, plasmaarmen Spermatien sind bei dieser Art in eine rote Gallerte eingebettet, welche bei feuchter Witterung aufquillt und aus den Pyknidien gequetscht wird. Als Vektoren für Spermatien gelten Wassertropfen oder Insekten. In der Trichogyne wandert der Kern des Spermatiums zu plasmareichen Zellen im Inneren des knorpeligen Becherrandes. Hier entsteht eine sogenannte dikaryotische Kernphase. Um diese dikaryotischen Hyphen entsteht der junge Fruchtkörper, bei *C. coccifera* als rötliche Warzen auf dem Becherrand sichtbar. Fruchtkörper werden aber hauptsächlich aus haploidem Geflecht aufgebaut, in welchem sich die dikaryotischen Hyphen entwickeln und schliesslich Asci bilden. Erst in den Asci fusionieren die dikaryotischen Kerne zu einem diploiden Kern, der sich gleich anschliessend in einer Reduktionsteilung (Meiose) teilt. Weitere Mitosen führen schliesslich zu acht oder mehr haploiden Kernen im Ascus. Anschliessend bilden sich um die Kerne herum durch eine freie Zellbildung die Ascosporen. Sind sie ausgereift, baut der Ascus im Inneren einen hohen Druck auf und schleudert die Ausbreitungseinheiten in einem komplexen, oft mehrstufigen Prozess in die Umgebung aus.

Bei den meisten bisher untersuchten Flechten wird eine Selbstung durch genetisch definierte Faktoren vermieden. Bei den zu den Schlauchpilzen gehörenden Flechten sind zwei Paarungstypen oder mating types bekannt. Bei heterothallischen Arten kommt jeweils in einem Lager nur einer der beiden mating types vor und eine Dikaryotisierung ist nur zwischen Spermatien und Trichogynen möglich, welche unterschiedlichen mating types angehören. Diese sogenannte Heterothallie ist ein sehr effektiver Mechanismus, um die genetische Diversität der Nachkommenschaft zu erhöhen. Zudem konnte bei *Lobaria pulmonaria* gezeigt werden, dass die Nachkommenschaft aus einem Fruchtkörper meist auf mehrere unabhängige Dikaryotisierungen zurückzuführen ist, an welchen Spermatien von mehreren, genetisch unterschiedlichen Lagern beteiligt waren. Als Konsequenz der Heterothallie können kleine Vorkommen sich nicht sexuell vermehren, wenn lokal einer der beiden mating types fehlt. Selbstung ist aber bei den sogenannt homothallischen Arten wie → *Xanthoria parietina* möglich, bei welchen sich dann auch ein räumlich isoliertes Individuum mit Ascosporen vermehren kann.

Abbildung 18 | Becherförmige Stängel (Podetien) der Artengruppe von *Cladonia coccifera* bilden am Becherrand rote Fruchtkörper, sogenannte Apothezien (links). Bevor die Apothezien entstehen, werden am Rand krugförmige Pyknidien gebildet, in welchen Spermatien entstehen. Die mikroskopisch kleinen Spermatien sind bei dieser Art in eine rote Gallerte eingebettet, welche bei feuchter Witterung aufquillt und aus den Pyknidien gequetscht wird. Trichogynen als erste Vorläufer der Fruchtkörper sind am oberen Becherrand rechts sichtbar und frühe Stadien von Fruchtkörpern sind auf dem Rand links und seitlich rechts zu sehen.

4.2 Formen der Fruchtkörper, Asci und Sporen

Bei Arten der Gattung *Vezdaea* und ein paar weiteren Arten der Gattung *Micarea* werden Asci in lockeren Büscheln gebildet (Abbildungen 19, 48). Beim Kontakt zwischen verlängerten Fortsätzen von zwei körnigen Lagern von *Vezdaea rheocarpa* erfolgt vermutlich die Dikaryotisierung einer Pilzzelle. Anschliessend wird ein unabhängig vom vegetativen Lager wachsendes Geflecht gebildet, aus welchem einzelne Asci gebildet werden. Jeder Ascus steht isoliert und wächst zu einer länglichen, unter hohem Innendruck stehenden Zelle heran, die zu gegebener Zeit oben aufreisst und die acht Ascosporen ausschleudert (Abbildungen 19, 48).

Eine weitere Art der gleichen Gattung, → *Vezdaea aestivalis,* wächst meist auf absterbenden Moosen, auf Gestein und Borke, und bildet gelbliche bis bräunliche Ascusbüschel, welche auch mit einer Lupe untersucht werden können. Die Asci dieser Art sind teilweise von haploides Stützhyphen, sogenannten Paraphysen, eingepackt (Abbildung 20). Paraphysen bilden untereinander Zellverbindungen aus, sogenannte Anastomosen, und wachsen dadurch netzförmig. Bei beiden Arten stellt jeder Ascus eine funktionelle Einheit dar und ist in der Lage, die acht Ascussporen auszuschleudern. Anschliessend keimen die Ascussporen auf dem Substrat und die Keimschläuche suchen kompatible Algen, damit ein neues Flechtenlager gebildet werden kann. Allerdings haben keimende Ascosporen bei dieser Art auch die Möglichkeit, weitere ungeschlechtliche Sporen, sogenannte Konidien, zu bilden, insbesondere, falls der Keimschlauch keine kompatiblen Algen findet. Damit hat die Spore einen weiteren Versuch, einen geeigneten Lebensraum zu erreichen (Abbildung 20).

Bei den meisten Flechten entstehen die Asci aber in deutlich abgegrenzten, meist mehrjährigen Fruchtkörpern. Diese übernehmen vielfältige Aufgaben: Sie sorgen für den Schutz der Asci vor Witterungseinflüssen und vor Herbivoren. Weil die Asci dicht gedrängt in Fruchtkörpern zusammenwachsen und seitlich von zahlreichen Paraphysen gestützt werden, unterstützen die Fruchtkörper die Asci beim Ausschleudern der Ascosporen.

Die Fruchtkörper sind meist von einem auffälligen Rand umgeben (Abbildungen 21, 22). Bei den lecanorinen Apothezien wird der Rand von algenhaltigem Geflecht aufgebaut und hat meist die gleiche Farbe wie das vegetative Lager. Bei den lecideinen Apothezien sind Scheibe und Rand gleichfarbig schwarz. Bei diesen Fruchtkörpern enthält das Excipulum, das heisst das Geflecht des Randes des Fruchtkörpers, keine Fotobionten und wird durch Hyphen gebildet, welche am Aufbau des Fruchtkörpers, nicht aber am Aufbau des Lagers beteiligt sind. Die Pigmentierung ist in den Zellwänden der Pilzhyphen eingelagert und unterstützt ihre mechanische Stabilität. Der Fruchtkörperberandung kommt die Aufgabe zu, wie ein Spannreifen dem Fruchtkörper Stabilität zu verleihen. Nur wenn der Fruchtkörperrand den Umfang des Fruchtkörpers beim Aufquellen nach Wasseraufnahme konstant hält, kann im Hymenium der nötige hohe Druck aufgebaut werden, welcher für die korrekte Funktion der Asci beim Ausschleudern der Ascosporen entscheidend ist. Weiter sind im Rand oft Flechtenstoffe eingelagert, welche die Fruchtkörper vor Fressfeinden schützen. Häufig sind in den Fruchtkörpern andere Flechtenstoffe vorhanden als im vegetativen Lager. Bei den Schriftflechten wie *Graphis elegans* und *G. scripta* (Abbildung 21) sind die Fruchtkörper nicht rund, sondern stark verlängert und sie erinnern dann entfernt an Hieroglyphen. Solche Fruchtkörper werden als Lirellen bezeichnet. Nicht immer werden die Sporen direkt aus dem Hymenium in die Umgebung abgegeben. Bei Perithezien und perithezienartigen Fruchtkörpern liegen die Asci in einer geschlossenen Höhlung, welche sich nur durch eine porenförmige Öffnung (Ostiolum) öffnet. Bei *Strigula stigmatella* (Abbildung 21), *Staurothele areolata* (Abbildung 17) und vielen weiteren Arten mit echten Perithezien werden die Sporen von den Asci in diese Höhlung abgegeben und von dort bei feuchter Witterung aus dem Ostiolum der Perithezien ausgequetscht. Dann klebt ein kleiner Tropfen mit Ascosporen an der Mündung der Perithezien und wird in Wasserfilmen oder durch Kleinlebewesen ausgebreitet. Bei perithezienartigen

Abbildung 19 | *Vezdaea rheocarpa* | Die Dikaryotisierung einer Pilzzelle erfolgt beim Kontakt zwischen verlängerten Fortsätzen von zwei körnigen Lagern (oben). Anschliessend wird ein gallertiges Geflecht gebildet, in welchem einzelne Asci gebildet werden (Mitte). Jeder Ascus steht isoliert und wächst zu einer länglichen, unter hohem Innendruck stehenden Zelle heran (unten, REM-Aufnahme).

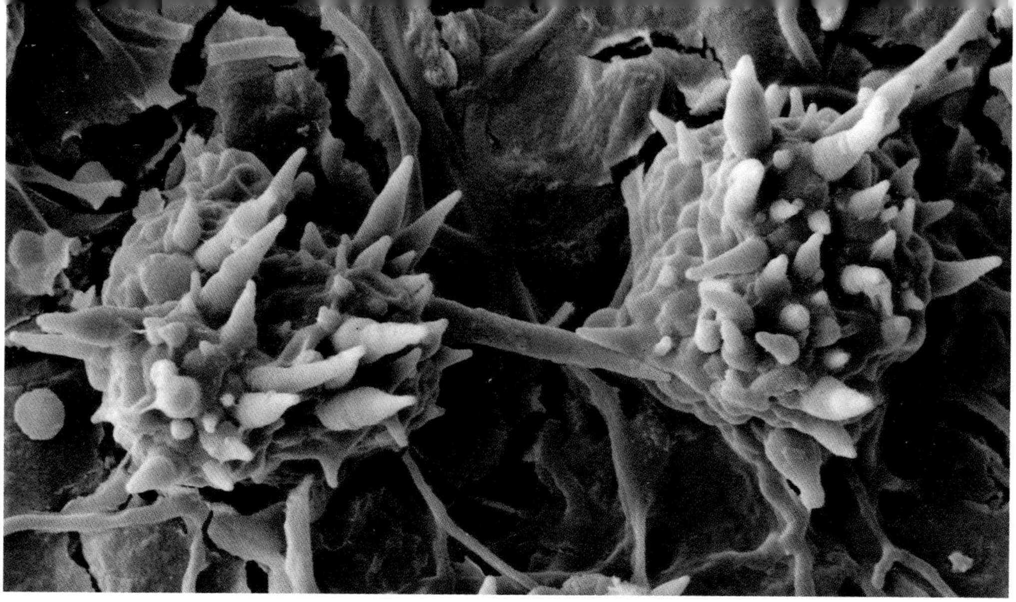

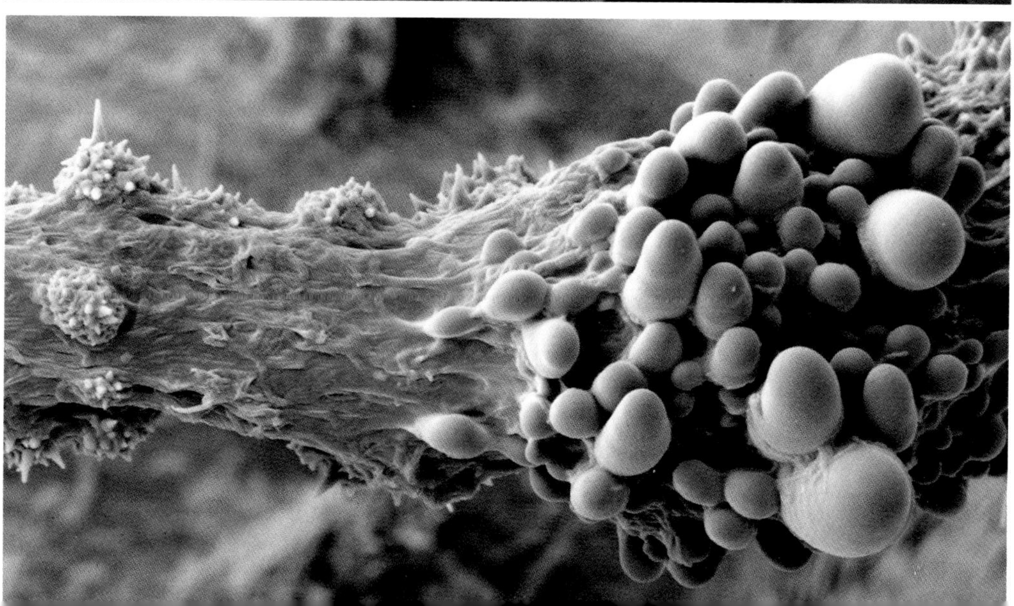

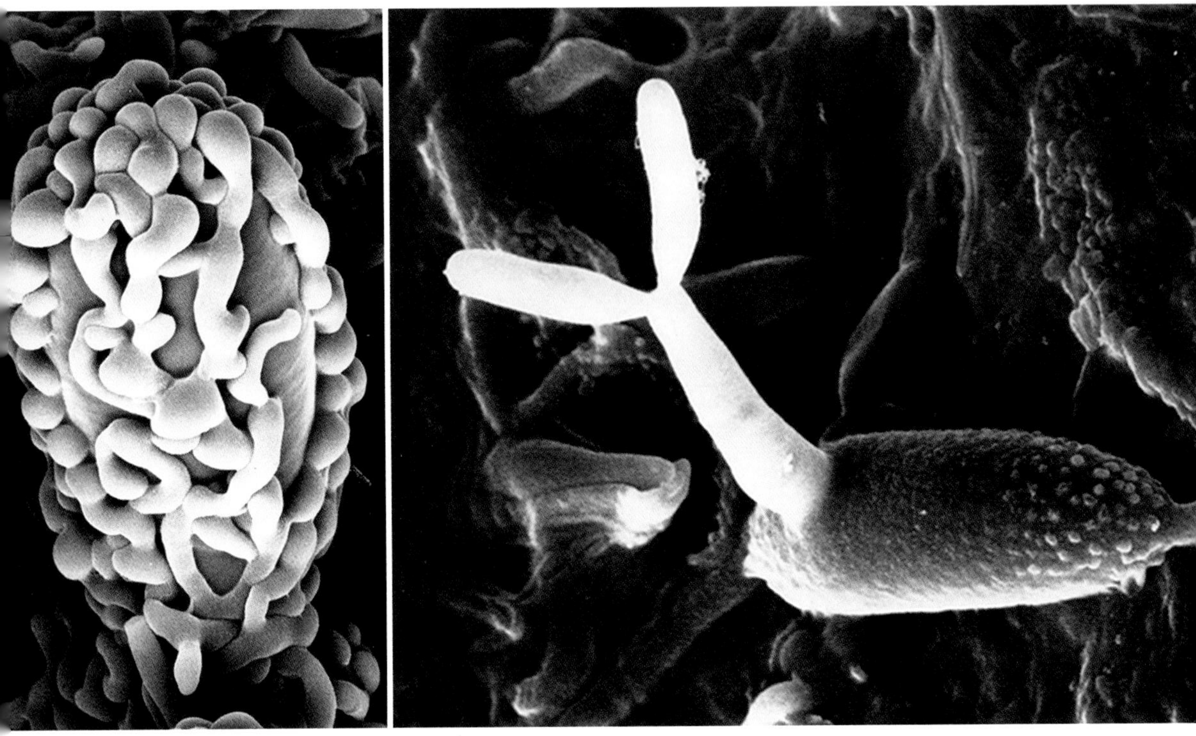

Abbildung 20 | Ascus (links) und keimende Ascospore von *Vezdaea aestivalis* (rechts). Der Ascus ist von anastomosierenden Paraphysen umgeben (REM-Aufnahme).

Fruchtkörpern wie bei *Pertusaria pertusa* var. *rupestris* (Abbildung 21, siehe auch Exkursion 43) verlängern sich die Asci aber oft bis in den Bereich des Porus und geben die bei dieser Gattung oft über 150 µm grossen Sporen direkt in die Umgebung ab. Derart grosse Sporen werden aber oft nicht weit ausgeschleudert, sondern sie bleiben meist in der Nähe des Fruchtkörpers liegen und werden später durch Milben und Insekten weiter ausgebreitet. Diese Sporen haben nämlich eine dicke, klebrige Sporenwand und bleiben deshalb an ihren Vektoren haften. Schliesslich haben Stecknadelflechten (Abbildung 21) eine sehr eigenständige Strategie der Sporenabgabe entwickelt. Auf den gestielten Fruchtkörpern bilden sich in den Köpfchen die Sporen ebenfalls in Asci, welche aber zerfallen, bevor die Sporen reif sind. Die Sporen reifen dann in einer lockeren Masse, dem Mazaedium. Von dort wird die lockere Sporenmasse von Wind oder

Abbildung 21 | Oberste Reihe: Fruchtkörpertypen von Flechten. Der Basidiomyzet *Multiclavula mucida* bildet rasch vergängliche Fruchtkörper. Der Fotobiont ist auf das krustenförmige Lager beschränkt. Zweite Reihe von oben, von links nach rechts: Lecanorine Apothezien von *Lecanora pulicaris*, lecideine Apothezien von *Lecidea silacea*, Lirellen von *Graphis elegans* und *G. scripta*, dunkelbraune Perithezien von *Strigula stigmatella*. Zweite Reihe von unten: Perithezienartige Fruchtkörper von *Pertusaria pertusa* var. *rupestris*. Stecknadelflechten mit lockerer Sporenmasse im Mazaedium. Unten: *Chaenotheca trichialis* mit weiss und *Chaenotheca chlorella* mit gelb bereiften Köpfchen.

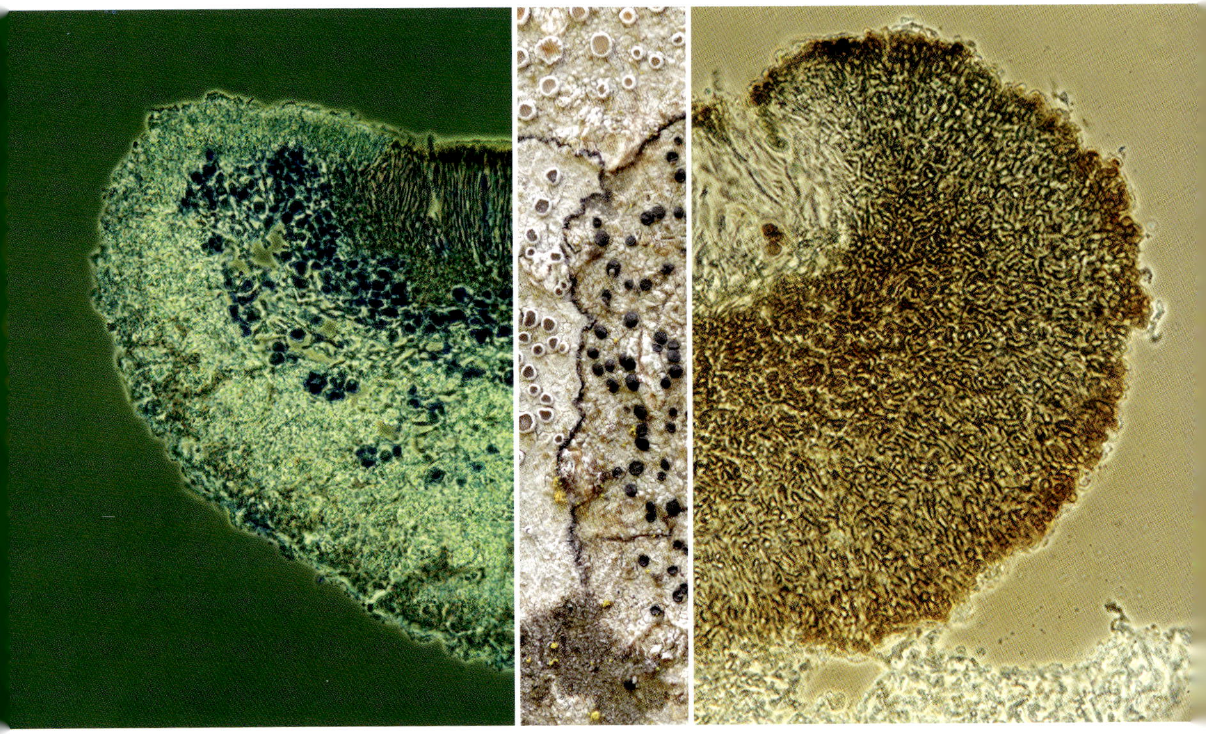

Abbildung 22 | Bei lecanorinen Apothezien wird der Rand der Fruchtkörper von algenhaltigem Geflecht aufgebaut (→ *Lecanora allophana*, links). Bei lecideinen Apothezien sind keine Fotobionten im Rand des Fruchtkörpers zu finden (*Buellia leptocline*, rechts). Im Hymenium umgeben zahlreiche Paraphysen die Asci.

Insekten ausgebreitet. Stecknadelflechten wie beispielsweise die kräftige *Chaenotheca trichialis* und die gelbliche *Chaenotheca chlorella* (Abbildung 21) wachsen nämlich meist in Borkenrissen oder an regengeschützten Stammseiten an alten Bäumen – mithin an Stellen, an welchen Insekten während Regenperioden oder über Nacht «biwakieren» und dabei Sporen dieser Stecknadelflechten auf- und an den nächsten Ruheort mitnehmen. Sogar diese kleinen Stecknadeln schützen ihre Sporenmasse vor Fressfeinden. Die gestielten Fruchtkörper von *C. chlorella* enthalten Flechtenstoffe mit stark antiherbivorer Wirkung.

Bei den wenigen bei uns vorkommenden flechtenbildenden Basidiomyzeten werden die Fruchtkörper ohne Fotobionten entwickelt und sind wie bei *Multiclavula mucida* rasch vergänglich (Abbildung 21).

Rechte Seite: Viele Flechten wie *Dactylina ramulosa* vermehren sich mit Bruchstücken des Lagers.

4.3 Vegetative Ausbreitungseinheiten

Vegetative Ausbreitungseinheiten entstehen durch mitotische Kern- und Zellteilung von Pilzhyphen und Zellen der Fotobionten. Fast ein Alleinstellungsmerkmal von Flechten sind die symbiotischen vegetativen Ausbreitungseinheiten, in welchen sich sowohl der Pilzpartner als auch der Fotobiont gemeinsam ausbreiten. Die Symbionten können sich aber auch einzeln, ohne Symbiosepartner, ausbreiten, wobei das bei Fotobionten bisher nur bei fädigen Cyanobakterien der Gattungen *Nostoc* und *Stigonema* beobachtet wurde.

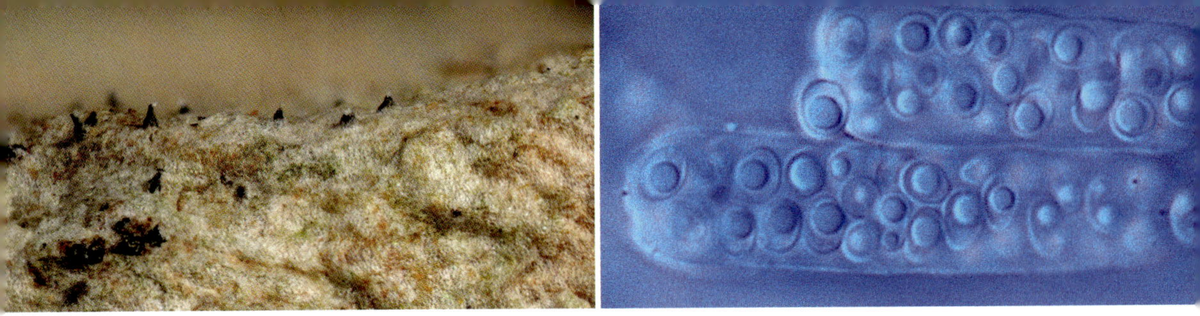

Abbildung 23 | Bei *Anisomeridium polypori* werden plasmareiche Konidien in Pyknidien gebildet (links). Konidien werden in grösseren Gruppen aus der Mündung der Pyknidien gequetscht (rechts).

Diese Cyanobakterien können kurze Fäden, sogenannte Hormogonien, bilden, welche auf einer feuchten Unterlage kriechen können, bis sie auf einen geeigneten Symbiosepartner treffen. Bei den Konidien bestehen die Ausbreitungseinheiten aus mikroskopisch kleinen, plasmareichen Pilzzellen, welche oft, z. B. bei *Anisomeridium polypori* (Abbildung 23, Exkursion 7) in Pyknidien gebildet und bei feuchter Witterung aus der porenförmigen Mündung ausgequetscht werden. Auf den Pyknidien haften dann Massen von zusammengeklebten Konidien. Bei anderen Flechten wie *Cheiromycina flabelliformis* (Exkursion 24), → *Micarea adnata* oder → *Reichlingia leopoldii* können auch mehrzellige Konidien entstehen, welche in kleinen, polsterförmigen Gruppen, sogenannten Sporodochien, gebildet werden. Im Gegensatz zu den weiter oben besprochenen Spermatien sind Konidien plasmareiche Zellen, die nach der Ausbreitung durch Wassertropfen, Hornmilben oder Insekten keimen und sich aus eigener Kraft auf die Suche nach einem geeigneten Fotobionten machen können. Die Ausbreitung der Konidien erfolgt aber ohne Fotobionten und sie werden deshalb als aposymbiotische vegetative Ausbreitungseinheiten bezeichnet.

Die Vermehrung mit aposymbiotischen Ausbreitungseinheiten ist bei vielen mutualistischen Symbiosen die einzige Möglichkeit der Vermehrung. Flechten haben aber in ihrer langen Entwicklung mehrmals unabhängig voneinander symbiotische Ausbreitungseinheiten entwickelt, mit deren Hilfe sich der Pilzpartner und ein Fotobiont gemeinsam ausbreiten können. In den meisten Fällen sind dies vegetative symbiotische Ausbreitungseinheiten. Sie werden in einer erstaunlich grossen Formenvielfalt gebildet. Entsprechend ihrer Grösse und Oberflächenbeschaffenheit ist ihre Ausbreitung an unterschiedlichste Vektoren angepasst, und weil die Form der Ausbreitungseinheiten artkonstant ist, gehören vegetative symbiotische Ausbreitungseinheiten zu den wichtigsten Bestimmungsmerkmalen von Flechten.

Bruchstücke

Fragmente von Flechtenlagern spielen vor allem bei erdbewohnenden Strauchflechten eine wichtige Rolle bei der Vermehrung. Viele Rentierflechten bilden nur sehr selten Fruchtkörper und sind deshalb hauptsächlich auf die vegetative Vermehrung angewiesen (Abbildung 24). Bei trockenen Flechten können bereits Sturmwinde Fragmente abbrechen und über grosse Distanzen ausbreiten, wie regelmässige Sichtungen von → *Cetraria islandica* oder → *Cladonia arbuscula* auf Firnfeldern oder auf Gletschern zeigen.

In alpinen Rasen ist aber häufig auch Graupel während Gewittern für die Ausbreitung von Strauchflechten verantwortlich: Diese Eiskügelchen lösen Fragmente von Strauchflechten aus der Vegetation und die Bruchstücke werden dann durch starken Oberflächenabfluss während des anschliessenden Starkregens hangabwärts transportiert. Oft findet man dann auf kleinen Geländeterrassen auffällige «Spülsäume» aus Bruchstücken von Strauchflechten. Mehrere Strauchflechten wie → *Alectoria ochroleuca*, → *Cetraria islandica*, → *C. ericetorum*, → *Cladonia rangiferina*, → *C. arbuscula* sowie → *Flavocetraria cucullata* und → *F. nivalis* werden auch über grössere Distanzen im Fell von Tieren ausgebreitet. Bruchstücke entstehen auch durch Viehtritt und Trittschäden durch Menschen, wobei die entstehenden Fragmente nur über kleine Distanzen ausgebreitet werden. Bei zu häufiger Fragmentierung durch Tritt können Flechtenlager aber auch geschädigt werden und dann absterben. Verschiedene dieser Arten werden vor allem im Winter gezielt von wilden Huftieren und Raufusshühnern als Nahrung gesucht.

Abbildung 24 | Die erdbewohnenden Strauchflechten *Cladonia rangiferina*, *C. arbuscula* und *Cetraria islandica* vermehren sich durch Fragmente.

Abbildung 25 | Feinkörnige Krustenflechten wie *Placynthiella icmalea* bilden Goniocysten als feinkörnige vegetative Ausbreitungseinheiten. Die Art kann sich auch geschlechtlich mit Ascosporen vermehren, welche in den braunen Apothezien gebildet werden.

Goniocysten

Eine Gruppe von Krustenflechten bildet körnige Lager. Jedes dieser Körnchen, sogenannte Goniocysten, entsteht durch eine unabhängige Lichenisierung und stellt genaugenommen ein vollwertiges Lager dar. Der Flechtenpilz kann nämlich ein Körnchen verlassen und ohne direkten Kontakt mit einer Alge über kurze Distanz über das Substrat wachsen. Findet der Pilz dann eine geeignete Alge, geht er mit dieser wieder eine mutualistische Symbiose ein und bildet ein weiteres Körnchen. Löst sich nun ein solches Körnchen von seiner Unterlage, wird das ganze Lager zur Ausbreitungseinheit und der Pilz kann sich an einem neuen Lebensraum wiederum mit der Unterlage verbinden. Diese Strategie ist charakteristisch für verschiedene, sich rasch entwickelnde Arten auf vergänglichen Substraten wie beispielsweise *Placynthiella icmalea* (Abbildung 25) auf abgestorbenen Moospflanzen.

Weil Goniocysten immer sehr klein sind, sind sie am deutlichsten in gefroren-hydratisiertem Zustand unter dem Tieftemperatur-Rasterelektronenmikroskop zu sehen (Abbildung 26). Nur so ist zu sehen, dass ausgehend von einzelnen ca. 0,15 mm grossen Goniocysten der Pilzpartner von *Vezdaea rheocarpa* alleine über das Substrat, hier ein abgestorbenes Moosblättchen, wachsen kann. Sobald er eine kompatible Alge findet, umwickelt er sie und bildet eine neue Goniocyste. Später können sich einzelne Goniocysten von ihrem Substrat lösen und werden dann zu einer Ausbreitungseinheit.

Isidien

Isidien sind Ausbreitungseinheiten, welche aus Ausstülpungen der Oberrinde und der Algenschicht bestehen. Ihre Oberfläche ist deshalb berindet und meist leicht benetzbar. Die meisten Isidien sind stiftförmig, andere können sich wie bei → *Parmelia saxatilis* später verzweigen. → *Parmelina pastillifera* bildet knopfförmige, dunkel pigmentierte Isidien (Abbildung 27). Die dunkelbraune Oberseite heftet sich nach der Ausbreitung leicht am neuen Substrat an und entwickelt sich zur Unterseite des neuen Flechtenlagers. Die morphologische Oberseite des neuen Lagers ist bei den Isidien dem Mutterthallus zugewandt. Abgefallene Isidien, welche sich direkt auf dem Mutterlager entwickeln, haben sich mit der dunklen Seite angeheftet; die graue Seite entwickelt sich zur Oberrinde (Honegger 1987). Ausbrechende Isidien hinterlassen oft auf der Oberfläche des Lagers kleine Narben. Bei *P. pastillifera* sind in den Narben die grünen Fotobionten gut sichtbar.

Abbildung 26 | Goniocysten von *Vezdaea rheocarpa*. Der Pilzpartner wächst ohne Algenpartner über ein abgestorbenes Moosblättchen, und sobald er eine kompatible Alge findet, umwickelt er sie und bildet eine neue Gyoniocyste. Goniocysten können sich später vom Moosblättchen lösen und werden so zu vegetativen Ausbreitungseinheiten (REM-Aufnahme).

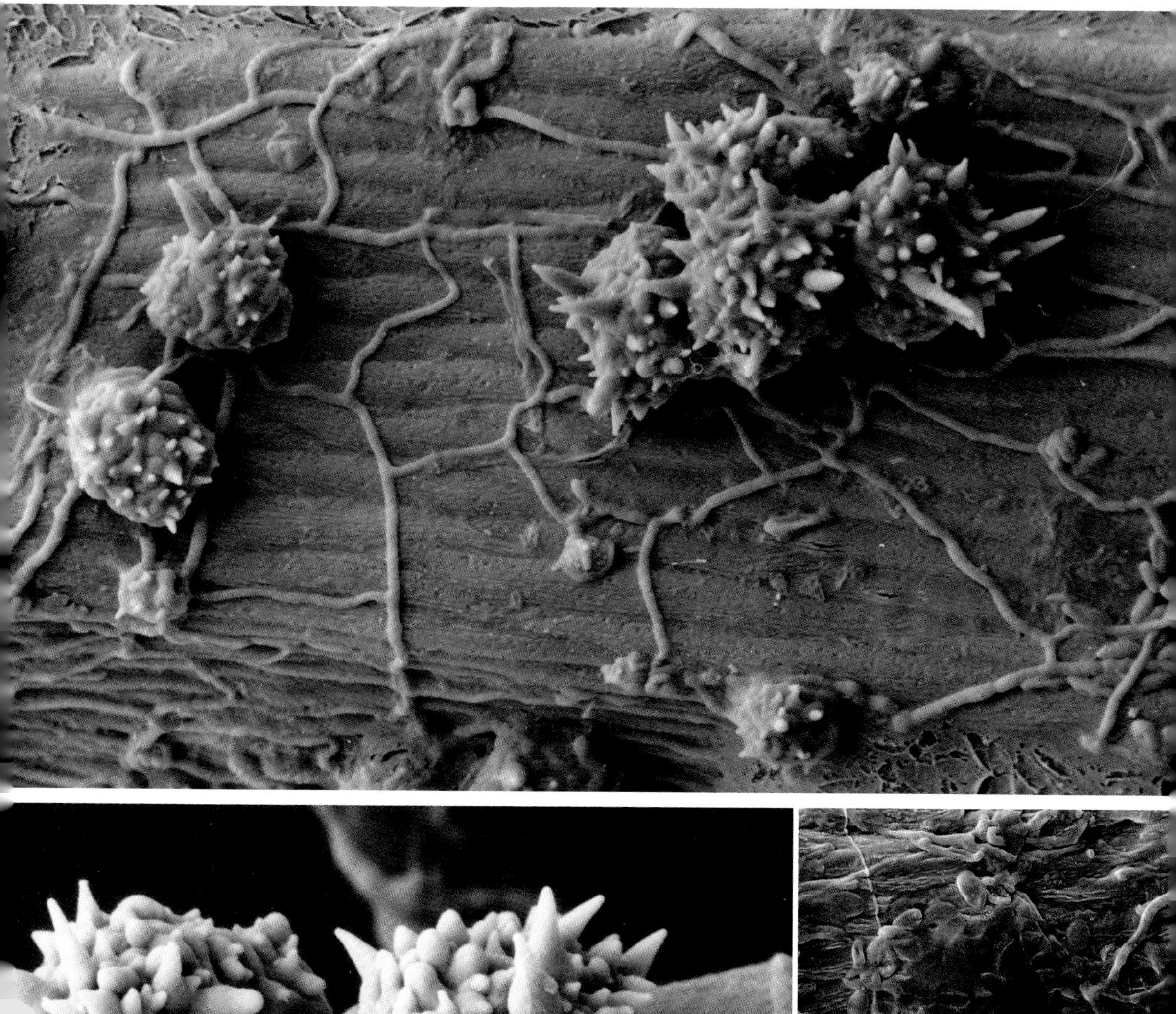

Abbildung 27 | Bei *Parmelia saxatilis* (oben) sind die Isidien zylindrisch und manchmal an der Basis verzweigt. *Parmelina pastillifera* (unten) bildet knopfförmige Isidien mit einer dunklen und einer hellen Seite. Weitere Erklärungen im Text.

Abbildung 28 | Soredien, hier von *Parmelia sulcata,* sind unberindete Ausbreitungseinheiten (REM-Aufnahme).

Soredien, Parasoredien, Schizidien, Blastidien

Nicht alle symbiotischen vegetativen Ausbreitungseinheiten sind so einfach zu erkennen wie die Isidien. Die Unterschiede zwischen Soredien, Parasoredien, Schizidien und Blastidien erklären sich einfacher über ihre unterschiedliche Entwicklung als durch ihre Form. Oft sind aber an konkreten Flechtenlagern nicht alle Entwicklungsstadien der Ausbreitungseinheiten zu beobachten und ihre Unterscheidung ist deshalb häufig schwierig.

Soredien sind unberindete Körnchen (Abbildung 28), welche in der Algenschicht und im Mark gebildet werden. Die Oberfläche der Soredien ist hydrophob, also wasserabweisend. Bei ihrer Ausbreitung flottieren sie deshalb auf einem Wasserfilm oder sie haften an Gliedmassen von Insekten und Spinnen. Typischerweise werden über längere Zeit Soredien laufend neu gebildet, beispielsweise bei → *Hypogymnia physodes* (Abbildung 29). Bei Parasoredien baut sich dagegen das obere Abschlussgeflecht und die Algenschicht soweit um, dass daraus Körnchen entstehen, welche ausgebreitet werden. Die Körnchen können entweder unberindet sein oder sie weisen eine Scheinrinde auf, welche aus abgestorbenen Zellen von Pilz- und Fotobionten bestehen. Durch diesen Auflösungsprozess wird das ursprünglich vorhandene Material bald aufgebraucht; zurück bleibt die Markschicht oder nur noch die Unterrinde des Lagers. Bei → *Flavoparmelia caperata* (Abbildung 29) ist deutlich zu sehen, dass die grünlichgelbe Rinde runzelig aufgeworfen wird, dann aufreisst und in körnige Ausbreitungseinheiten zerfällt. Nach ihrer Ausbreitung bleibt nur das weisse Mark zurück. Schizidien sind aus oberem Abschlussgewebe und Algenschicht bestehende Schuppen, welche sich vom Mark lösen und ausgebreitet werden. Bei → *Gyalolechia bracteata* (Abbildung 29) ist der Unterschied zu Parasoredien klar ersichtlich, bei *Flavoparmelia caperata* sind aber zusätzlich zu den Parasoredien oft auch einfache Schizidien zu beobachten. Blastidien schliesslich sind Sprossungen, welche sich aus Scheinrinde und Algenschicht zusammensetzen. Solche Sprossungen können bei idealer Entwicklung zu kurzen Ketten von Blastidien führen, von welchen einzelne Glieder oder die ganze Kette ausgebreitet werden kann. Bei *Xanthomendoza ulophyllodes* (Abbildung 29) entstehen die ersten Sprossungen am Rand und setzen sich später an der Unterseite fort.

Weil die Unterscheidung dieser unterschiedlichen Ausbreitungseinheiten nur an gut entwickelten Belegen zu beobachten ist und im Feld auch an gut entwickeltem Material nicht immer gut nachzuvollziehen ist, fassen wir alle diese Typen in den Artporträts als symbiotische vegetative Ausbreitungseinheiten zusammen.

Abbildung 29 | *Hypogymnia physodes* mit Soredien, welche in Lippensoralen gebilde werden (oben). Parasoredier von *Flavoparmelia caperata* entstehen an kurzen Seitenlappen (zweites Bild von obe Bei *Gyalolechia bracteata* löst sich die gelbe Oberseite zusammen mit der Algenschicht und werden als Schizidien ausgebreitet. Zurück bleibt das weisse Mark (zweites Bild von unten). Die orange *Xanthomendoza ulophyllodes* bildet durch Sprossung am Rand und auf der Lappenunterseite Blastidien. Die gelbe *Candelaria concolor* hingegen bildet Blastidien nur am Ran (Bild unten).

Sorale

Im Gegensatz zu den Isidien, welche einzeln und meist zerstreut auf den Lagern entstehen, werden Soredien, Parasoredien und Blastidien in Soralen gebildet. Sorale sind deutlich abgegrenzte bis ziemlich diffuse Aufbrüche an spezifischen Stellen des Lagers. Flächenständige Aufbrüche wie bei → *Flavoparmelia caperata* werden als Flecksorale bezeichnet (Abbildung 29). Flecksorale sind auch bei Krustenflechten, z. B. bei → *Phlyctis argena*, sehr häufig, oft ziemlich diffus begrenzt und sich mit der Zeit vergrössernd. Entstehen die Sorale wie bei → *Parmelia sulcata* entlang von länglichen Pseudocyphellen oder Rissen in der Oberrinde, spricht man von Spaltsoralen (Abbildung 30). Entstehen die Sorale an der Unterseite an Lappenenden, spricht man beispielsweise bei → *Hypogymnia physodes* von Lippensoralen (Abbildung 29), weil sich die sorediösen Lappenenden deutlich nach oben biegen. Lippensorale führen zum Teil sogar hygroskopische Bewegungen durch, wodurch sich während des Austrocknens der Flechte die Soredien lockern und sie sich anschliessend leichter vom Lager lösen und ausbreiten können. Kopfsorale entstehen endständig an kurzen Seitenlappen, an welchen die Oberrinde und die Algenschicht Parasoredien bilden, beispielsweise bei *Hypogymnia tubulosa* (Abbildung 31). Manschettensorale sehen auf den ersten Blick ähnlich wie Kopfsorale aus, sie werden aber bald ring- oder eben manschettenförmig, weil sie an hohlen Seitenlappen entstehen. → *Menegazzia terebrata* lässt sich gut an ihren Manschettensorale erkennen.

Abbildung 30 | Soredien werden in Soralen gebildet, bei *Parmelia sulcata* in Spaltsoralen (REM-Aufnahme).

Abbildung 31 | *Hypogymnia tubulosa* mit Kopfsoralen.

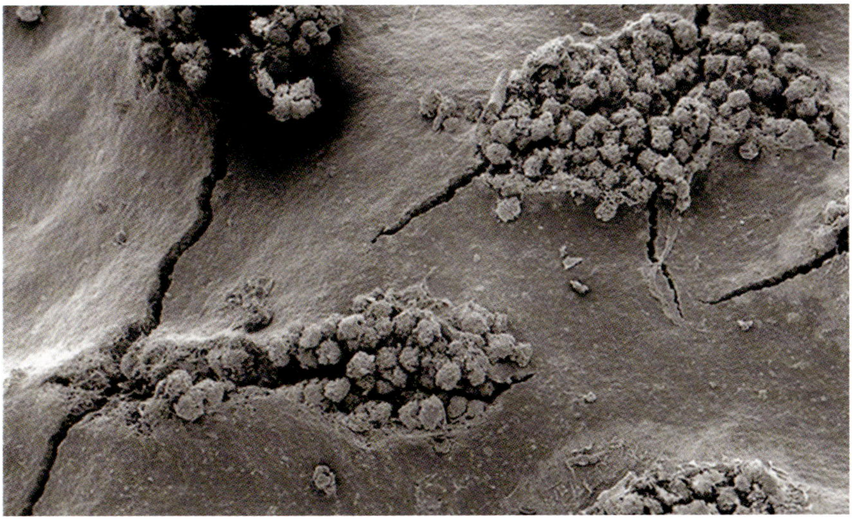

5 Wechselfeuchte Lebensweise: Bei Stress abschalten

5.1 Anatomie des Lagers

Im Gegensatz zu Blütenpflanzen vermögen Flechten ihren Wassergehalt bei schwankenden Feuchtigkeitsverhältnissen nicht konstant zu halten. Flechten werden deshalb als wechselfeuchte (poikilohydre) Organismen bezeichnet. Blütenpflanzen sind in der Lage, den Gasaustausch und damit ihren Wasserverlust über die Regulation ihrer Spaltöffnungen zu kontrollieren. Die Blattoberfläche verfügt zudem mit der Kutikula, einer Wachsschicht, über einen gut funktionierenden Verdunstungsschutz. Obschon sich der Wassergehalt, angegeben in Prozent des Trockengewichtes, zwischen Pflanzenorganen stark unterscheiden kann, bleibt der Wassergehalt der Pflanze so im Tagesverlauf und sogar im Verlauf der Vegetationszeit konstant.

Ganz anders bei den Flechten: Ihre Oberfläche ist das wichtigste Organ zur Wasseraufnahme bei Regen und Taufall. Über die Oberfläche kann aber das im Inneren der Flechte in den Zellen der Pilz- und Algenpartner gespeicherte Wasser auch rasch wieder verdunsten. Weil die aufgenommene Wassermenge in einer blattförmigen Flechte mit ungefähr 200 % ihres Trockengewichtes recht gering ausfällt, verglichen mit einem Salatblatt mit ca. 1800 %, und der Wassergehalt der Flechten sich eher mit einem frischen Zweig oder einer Wurzel einer Waldföhre vergleichen lässt, trocknen Flechten während eines durchschnittlichen Tages regelmässig vollständig aus. Sie weisen dann noch einen Wassergehalt von 10 % oder weniger auf (Abbildung 32). Erstaunlicherweise sind die Flechten bei der Aufnahme von Feuchtigkeit nicht einmal an flüssiges Wasser gebunden. Über die Oberfläche können sie nämlich auch Wasserdampf bei hoher Luftfeuchtigkeit aufnehmen. Das ist zwar ein langsamer physikalischer Prozess, der sich bei einer vollständig trockenen Flechte über Stunden hinzieht. Aber während der nächtlichen Abkühlung und damit verbundenen Erhöhung der relativen Luftfeuchtigkeit kann eine am Abend ausgetrocknete Flechte in der Regel während der Nacht genügend Feuchtigkeit über die Atmosphäre aufnehmen, damit sie am Morgen einen ausreichend hohen Wassergehalt aufweist, um physiologisch aktiv in den Tag zu starten.

< *Lobaria pulmonaria* | Die wechselfeuchten Flechten sind trocken in einem scheintoten Zustand und erwachen bei Feuchtigkeit sofort aus ihrem Dornröschenschlaf.

Der stark schwankende Wassergehalt hat selbstverständlich starke Auswirkungen auf die physiologische Aktivität der Flechte (Abbildung 32). Die Fotosynthese der Fotobionten und die Respiration der beiden Partner sind nämlich an einen minimalen Wassergehalt gebunden. Sinkt der Wassergehalt bei der Echten Lungenflechte unter 100 %, werden Fotosyntheseleistung und Atmung kontinuierlich schwächer. Bei Werten unterhalb von 20 % Wassergehalt ist sie vollständig inaktiv. In diesem scheintoten oder anabiotischen Zustand kann die Flechte Stunden bis Tage verharren, ohne dass sie dabei Schaden nimmt. Nach wie langer Zeit eine Flechte aus einem derartigen Dornröschenschlaf noch geweckt werden kann, ist von der Art abhängig und wird durch die Standortwahl von Arten stark beeinflusst. Als Anekdote mag hier erwähnt werden, dass der Fotobiont der Wüstenflechte *Ramalina maciformis* noch nach über 20 Jahren aus einer wissenschaftlichen Sammlung in Kultur genommen werden konnte und sich auf einem künstlichen Medium anschliessend gut entwickelt hat.

Unter ökologisch relevanten Bedingungen wird die nächste Befeuchtung nicht so lange auf sich warten lassen – wechselfeuchte Lebewesen sind dann in der Lage, ohne wesentliche Schädigung aus dieser Anabiose reaktiviert zu werden, die Dauer der genügenden Befeuchtung physiologisch aktiv zu verbringen und Respiration und bei Tageslicht zusätzlich Fotosynthese zu betreiben.

Wenden wir uns noch etwas den morphologischen und anatomischen Veränderungen zu, welche sich während der Austrocknung und anschliessenden Wiederbefeuchtung ergeben: Leidet eine krautige Pflanze unter so starker Trockenheit, dass sie trotz Regulation der Spaltöffnungen nicht genügend flüssiges Wasser über die Wurzeln nachliefern kann, werden die Blätter schlaff. Frische, gut mit Wasser versorgte Zellen stehen unter einem starken positiven Druck, dem Turgor, der ihnen eine hohe mechanische Stabilität verleiht. Verlieren solche Zellen Wasser, nimmt der Innendruck ab, sodass die Zellen zunächst schlaff werden und schliesslich kollabieren oder verschrumpeln, um den fortwährenden Wasserverlust zu kompensieren. Kollabieren Zellen in einem dreidimensionalen Gewebe, treten durch die Volumen-

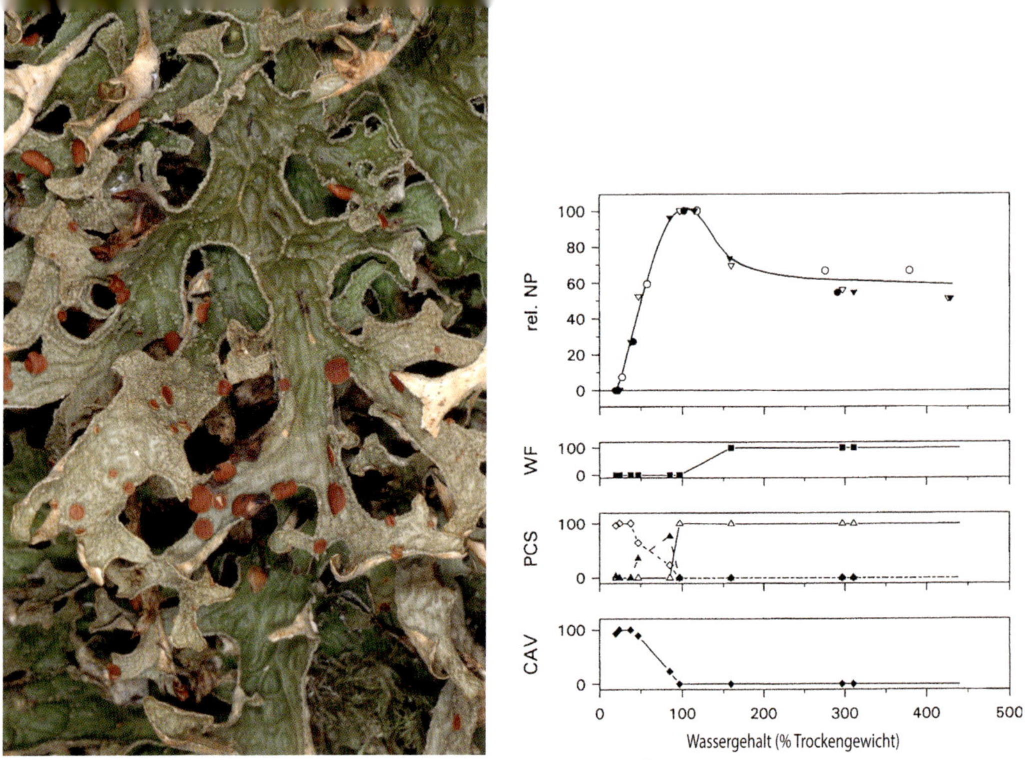

Abbildung 32 | Links: Ein austrocknendes Lager von *Lobaria pulmonaria*. Die vom Stamm abstehenden Lappenenden werden vom Wind rascher abgetrocknet (graue Lagerfarbe) als die der Borke anliegenden Teile (intensiv grüne Farbe). Die grauen Lappen sind bereits ausgetrocknet und physiologisch inaktiv, die grünen Teile sind noch feucht und aktiv. Rechts: Relative Nettofotosynthese (rel. NP), Wasserfilme auf dem Lager (WF), Anteil kugeliger (offene Dreiecke), leicht (gefüllte Dreiecke) und stark kollabierter (offene Quadrate) Fotobionten (PCS) sowie Anteil kavitierter Pilzhyphen (CAV) im Lager von *L. pulmonaria*. Aus Scheidegger et al. (1995) verändert. Reproduced with permission from Springer Nature.

veränderungen zwischen den Zellen hohe Scherkräfte auf, welche dazu führen, dass Risse im Gewebe entstehen. Als Alternative können Zellen mechanisch stabile Zellwände ausbilden, welche sich bei grossen Druckunterschieden nicht deformieren. Solche Zellen sind etwa in Leitbündeln oder im Holzkörper vorhanden. Bei Trockenstress erreichen deshalb die Drücke im Inneren der Zellen stark negative Werte, sodass schliesslich die Flüssigkeit im Zellinneren kavitiert. Die äusseren Umrisse der Zellen bleiben dabei unverändert, aber im Inneren der Zellen entsteht eine Blase aus Wasserdampf bei starkem Unterdruck. Bei Blütenpflanzen kann Kavitation in Leitbündeln auftreten und führt dann zu einem irreversiblen Verlust des Wassertransportes.

Im austrocknenden Flechtenlager finden dieselben beide Prozesse statt – allerdings sind sie reversibel und führen zu keinen signifikanten Schädigungen des Lagers. In einem rasterelektronenmikroskopischen Bild eines quer gebrochenen, gefroren-hydratisierten Lagers der Echten Lungenflechte (Abbildung 33) ist oben die Obergrenze des Lagers zu sehen, welches von einem dicken Wasserfilm bedeckt ist. Die oberste Schicht des Lagers, die Rinde, besteht aus einem kompakten, mehrere Zelllagen dicken Geflecht aus kurzzelligen Hyphen des Pilzpartners. Viele der Zellen sind quergebrochen, bei anderen verläuft die Bruchfläche durch das Plasmalemma. In diesem Fall erscheint die Bruchfläche entweder konvex (der Zellinhalt steckt noch in der Zelle) oder konkav (der Zellinhalt ist weggebrochen und der Blick geht auf die äussere Spalthälfte des Plasmalemmas und die Zellwand des Pilzpartners). Darunter folgt eine Schicht mit kugeligen Fotobionten, bei welchen oft nur ein Teil der Zellwand weggebrochen ist, darunter aber das Plasmalemma sichtbar ist. Einige dieser quergebrochenen Fotobionten sind im Begriff, sich zu teilen. Hier sind vier oder mehr Tochterzellen zu sehen. Gut sichtbar sind auch die punktförmigen Appressorien, an welchen der Pilzpartner die Algenzellen kontaktiert und den bidirektionalen Stofftransport ermöglicht. Auffällig ist zudem, dass die darunterliegende Schicht, das lockere, aus Pilzhyphen bestehende

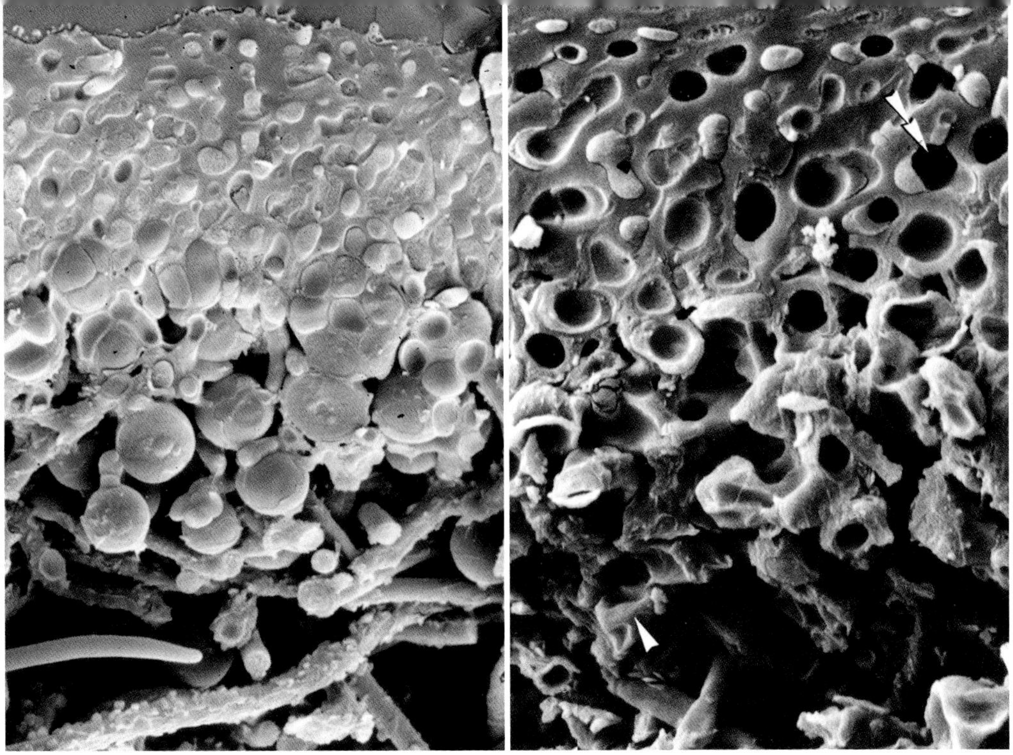

Abbildung 33 | Rasterelektronenmikroskopisches Bild eines quer gebrochenen, gefrorenen Lagers von *Lobaria pulmonaria*. Das Bild links zeigt die Flechte in wassergesättigtem Zustand, das Bild rechts in ausgetrocknetem Zustand. Im Bild ist oben die kompakte Oberrinde zu sehen, darunter die Algenschicht und schliesslich das von fädigen Pilzhyphen geprägte Mark. Links sind die Algen kugelig, rechts sind sie kollabiert (einfache Pfeilspitze). Die Pilzhyphen verändern ihre äussere Form dagegen kaum, ihr Zellinhalt kavitiert aber im ausgetrockneten Zustand. Die Kavitationshöhle liegt im Inneren der Zelle und ist rundherum mit Resten des Zellplasmas umgeben (doppelte Pfeilspitze).

Mark von Luft erfüllt ist, obschon die Flechte maximal durchfeuchtet ist. Die Pilzhyphen des Marks haben nämlich eine wasserabstossende (hydrophobe) Oberfläche, was den Gasaustausch der Algen, insbesondere die CO_2-Aufnahme während der Fotosynthese, unterstützt. Durch die hydrophobe Zelloberfläche der Pilz- und später auch des Fotobionten, wird der gesamte bidirektionale Stofftransport auf die punktförmigen Kontaktzonen zwischen Pilz- und Algenpartner konzentriert: Wasser und darin gelöste mineralische Nährstoffe werden vom Pilz über die Oberfläche vor allem in den Zellwänden ins Innere des Lagers transportiert, wo sie in den Zellkörper von Pilz- und Algenpartner aufgenommen werden.

Beim Austrocknen des Flechtenlagers verschwinden zuerst die externen Wasserfilme, anschliessend wird Wasser aus dem Inneren des Lagers an die Oberfläche transportiert und dort verdunstet, bis das gesamte nicht stark gebundene Wasser aus dem Lager verschwunden und ein relativer Wassergehalt von wenigen Prozent erreicht ist. Ein solcher Wasserverlust muss im Flechtenlager vom Volumen her kompensiert werden.

Abbildung 33 zeigt den Zustand in einem ausgetrockneten, physiologisch inaktiven Lager der Echten Lungenflechte. Mehrere Algen sind im unteren Teil des Bildes zu sehen. Aber diese sind alle mehrfach stark eingefaltet und erinnern so gar nicht mehr an Kugeln – eher an Tischtennisbälle, die zertreten wurden (rechts). Diese Form ist entstanden, weil das Wasser aus ihnen entwichen ist und die mechanisch instabilen Zellwände vollständigen kollabiert sind. Stark kollabierte Algen sind physiologisch inaktiv, werden aber bei späterer Wasseraufnahme innerhalb von zwei Minuten wieder physiologisch aktiv und können sofort wieder Fotosynthese betreiben.

Auch die Oberrinde sieht stark verändert aus: Wir finden noch Zellen, bei welchen die Bruchfläche durch das Plasmalemma verläuft und dann die Bruchfläche entweder konvex oder konkav ist. Die auffälligsten Zellen zeigen aber alle eine grosse Blase im Inneren der Zelle, die vollständig vom Zytoplasma umgeben sind. Es handelt

Abbildung 34 | *Peltigera venosa* in lufttrockenem (links) und feuchten Zustand (rechts). Bei den grauen respektive grünen blattförmigen Lagern ist der Pilz mit einer Grünalge vergesellschaftet und bildet dann regelmässig am Rand des Lagers schwarzbraune Fruchtkörper. Derselbe Pilz kann aber auch eine mutualistische Symbiose mit Cyanobakterien eingehen. In diesem Fall entsteht ein schuppiges Lager, welches Ähnlichkeiten zu Arten der Gattung *Scytinium* aufweist, aber nie Apothezien bildet. Wachsen beide morphologischen Typen zusammen, spricht man von Fotosymbiodemen.

sich dabei um Kavitationshöhlen, die unter sehr stark negativem Druck explosionsartig im Inneren der Zellen entstehen. Auch kavitierte Pilzzellen sind physiologisch inaktiv und mit ihren Kavitationshöhlen reflektieren sie einen hohen Anteil des einfallenden Lichtes, sodass beim Austrocknen die Lager der Echten Lungenflechte ihre Farbe von grün zu grau oder graubraun wechseln. Dadurch werden die unter der Rinde liegenden ebenfalls inaktivierten Algenzellen vor einstrahlendem Licht geschützt.

Flechten, welche stark lichtstreuende Flechtenstoffe in ihrer Oberrinde eingelagert haben, zeigen keinen ausgeprägten Farbunterschied zwischen trockenen und feuchten Lagern. Bei Arten ohne Flechtenstoffe und ohne Pigmente in der Oberrinde ist der Unterschied deutlich sichtbar; so etwa bei der kleinen erdbewohnenden Blattflechte → *Peltigera venosa* (Abbildung 34).

5.2 Ökologischer Vorteil der wechselfeuchten Lebensweise

Die wechselfeuchte Lebensweise hat aber noch einen weiteren Vorteil. Sie erlaubt nicht nur unbeschadet Trockenstress zu überleben, sondern poikilohydre Organismen können dank anabiotischer Phasen im Tages- oder Jahreslauf Lebensräume erfolgreich besiedeln, in welchen dauernd aktives Leben gar nicht möglich wäre. Es geht hier gar nicht primär um dieses spektakuläre Experiment, bei welchem → *Rhizocarpon geographicum* und → *Xanthoria elegans* erfolgreich Bedingungen im Weltall überlebt haben und zurück auf der Erde wiederum aus ihrem Dornröschenschlaf erweckt werden konnten. Bereits in Felsensteppen kann → *Cladonia foliacea* nur dank anabiotischer Phasen im Jahreslauf positive Nettofotosyntheseraten erreichen. Bei Temperaturen von über 26 °C kann nämlich diese Flechte gar keine positive Nettofotosynthese betreiben, weil bei zunehmender Temperatur die Respirationsrate des Pilzpartners stärker ansteigt als die Fotosyntheserate des Fotobionten. Das Temperaturoptimum der Nettofotosynthese liegt bei dieser an Xerothermstandorte angepassten Art knapp unter 10 °C. Positive Bilanzen sind bei Temperaturen zwischen −8 °C und 26 °C möglich – aber selbstverständlich herrschen an den typischen Standorten dieser Art tagsüber Temperaturen, die weit darüber liegen. Unter diesen Bedingungen wäre es der Flechte gar nicht möglich zu überleben, ausser sie kann sich in den Dornröschenschlaf oder eben die Anabiose flüchten. Und tatsächlich ist die Flechte bei hohen Temperaturen meist ausgetrocknet und inaktiv. Bei Tageslicht ist sie aber dann feucht und physiologisch aktiv, wenn die Temperaturen unterhalb der kritischen 26 °C liegen.

5.3 Vorteil der Poikilohydrie in arktisch-alpiner Umgebung

Die Wechselfeuchte ist für die Flechten eine äusserst erfolgreiche Strategie, um ökologisch extreme Lebensräume zu besiedeln und sich widrigen Umständen zum Trotz über lange Zeiträume zu halten. Das gilt im Übrigen nicht nur für die Besiedlung von trockenheissen Lebensräumen, sondern auch für das Überleben in arktisch-alpiner Umgebung. Trockene Flechten können bei Minustemperaturen durch Wasserdampfaufnahme unter Schnee genügend Feuchtigkeit aufnehmen, um physiologisch aktiv zu werden. Bereits unter einer dünnen Schneeschicht erhalten sie auch genügend Licht, um Fotosynthese zu betreiben. Raueis bildet sich bei Minustemperaturen aus dem Nebel manchmal innerhalb weniger Minuten an einzelnen Flechtenarten, etwa an → *Umbilicaria decussata* (Abbildung 35), und kann bei anschliessender Erwärmung als flüssiges Wasser von der Flechte aufgenommen werden. Raureif bildet sich dagegen über längere Zeit in den frühen Morgenstunden und ist an rasch auskühlenden Enden von Strauchflechten wie → *Cladonia arbuscula* zu beobachten, bevor die ersten Sonnenstrahlen die Flechte erreichen (Abbildung 35).
Feuchte Flechtenlager frieren bei Minustemperaturen erstaunlicherweise bereits bei wenigen Minusgraden ein – gerade auch bei der aus der Antarktis bekannten *Umbilicaria aprina*. Die Zellen der Flechtensymbionten scheinen sich nicht speziell vor Frost zu schützen, sondern sie initiieren sogar ein rasches Einfrieren des Wassers an den Zellwänden von Pilzhyphen im Mark. Dadurch werden die grossen Zwischenräume im Mark von Eiskristallen gefüllt und die Pilz- und Algenzellen dabei stark entwässert. Es entsteht dabei der Eindruck einer stark ausgetrockneten Flechte, die natürlich wegen Austrocknung in den anabiotischen Zustand verfällt. Im Unterschied zum ausgetrockneten Zustand hat sich die Flechte beim Einfrieren aber ein internes Wasserlager angelegt. Sobald das Eis zu schmelzen beginnt, wird es von den Pilzhyphen aufgenommen und auch an die Fotobionten weitergeleitet, womit die Flechte physiologisch reaktiviert wird. Auch die Besiedlung arktisch-alpiner Lebensräume ist damit mit der wechselfeuchten Lebensweise verknüpft, Poikilohydrie kann deshalb als der Schlüssel zum ökologischen Erfolg der Flechten bei der Besiedlung extremer Lebensräume verstanden werden.

Abbildung 35 | Raueis bildet sich in wenigen Minuten an einzelnen Flechtenarten wie *Umbilicaria decussata* (links). Raureif bildet sich über mehrere Stunden an rasch auskühlenden Enden von Strauchflechten wie *Cladonia arbuscula* (rechts). Beide Formen können Flechten bei Minusgraden mit Feuchtigkeit versorgen.

6 Systematik der Flechten

Der Name der Flechte bezieht sich nur auf den Pilzpartner. Entsprechend sind die Flechten Pilze und die systematische Gliederung der Flechten erfolgt nach dem Pilzsystem. Zur Bestimmung wird aber meist auch die Zugehörigkeit der Fotobionten zu den Hauptgruppen Cyanobakterien, fädige Grünalgen der Gattung Trentepohlia oder einzellige Grünalgen benötigt (siehe Box 2). Die im Flechtenlager vorkommenden parasitischen oder symptomlos wachsenden Pilze werden als lichenicol bezeichnet. Fruchtkörper von lichenicolen Pilzen sind meistens deutlich kleiner als die Fruchtkörper der Flechtenpilze – aber manchmal kann man sich beim Bestimmen trotzdem täuschen lassen, beispielsweise dann, wenn der auf *Lobaria pulmonaria* wachsende Pilz *Plectocarpon lichenum* Gallen bildet, welche den Fruchtkörpern seiner Wirtsflechte sehr ähnlich sehen (vergleiche Abbildung 57).

Wo im Pilzsystem sind aber die Flechten zu finden? Aufgrund von molekularen Untersuchungen konnte nachgewiesen werden, dass Flechten mehrfach während der Evolution der Pilze entstanden sind. So gibt es Flechten in beiden grossen Pilzstämmen Basidiomycota (Ständerpilze) und Ascomycota (Schlauchpilze). In diesen beiden Stämmen gibt es aber auch zahlreiche Verwandtschaftsgruppen, welche nicht Flechten, sondern Mykorrhiza bilden oder als Parasiten oder Saprophyten leben. Die Lebensweise der Flechten als mutualistische Symbiose wird deshalb als «Lifestyle» bezeichnet (siehe Box 1). Dieser Lifestyle tritt aber nicht zufällig im Pilzsystem auf, sondern es gibt ganze Verwandtschaftsgruppen, in welchen der Lifestyle Flechte dominiert, in anderen stellen Flechten eher Minderheiten dar.

Eine detaillierte Besprechung der Systematik flechtenbildender Pilze ist nicht das Ziel dieser Einführung. Wir versuchen aber, die Stellung der Gattungen aufzuführen, welche in den späteren Kapiteln erwähnt und zum Teil bei den Artporträts in alphabetischer Ordnung eingehender besprochen werden. Die Zuordnung der Gattung zu den höheren taxonomischen Einheiten ist https://www.mycobank.org/ entnommen und wird dort laufend aktualisiert. Die kurzen Bemerkungen zu den besprochenen Gruppen sollen eher ökologische Aspekte der systematischen Einheiten hervorheben, als die relevanten anatomischen Merkmale besprechen. Gerade bei der artenreichen Gruppe der Krustenflechten ist es nämlich so, dass mit der Lupe betrachtet zwar in vielen Fällen die Art erkannt werden kann, daraus aber nicht einfach ein Bild oder ein «Modell» für die *Gattung*, geschweige denn für die übergeordneten Hierarchien Familie, **Ordnung**, **Klasse** und **Stamm** abgeleitet werden kann. Das unterscheidet das Einarbeiten in die Artenvielfalt von Flechten grundlegend von der Beschäftigung mit Vögeln, Schmetterlingen oder Blütenpflanzen. Dieser Unterschied erklärt sich durch extreme Konvergenzen von Merkmalen. Etwa die schwarze Pigmentierung von Fruchtkörpern kann in Zusammenhang mit der mehrjährigen Lebensdauer von Fruchtkörpern gesehen werden, welche sich gegen starken Druck von Herbivoren, aber auch gegen mechanische Einflüsse wie Windschliff an exponierten Standorten schützen müssen.

< Der Name der Flechte bezieht sich nur auf den Pilzpartner. Mehrere Flechtenarten können mit dem gleichen Fotobionten zusammenleben, wie die braune *Schaereria fuscocinerea* und die graue *Buellia uberior*.

6.1 Stellung der Flechten im Pilzsystem

Basidiomycota

In der Schweiz sind nur wenige flechtenbildende Ständerpilze bekannt. Die meisten Arten sind auf Rohhumus, Erdanrissen und auf Totholz zu finden. Dabei sind die Fotobionten bei *Multiclavula mucida* auf ein krustiges Lager beschränkt (Abbildung 22, 37). *Lichenomphalia hudsoniana* entwickelt schuppenförmige Lager (Abbildung 36), neben dem rasch vergängliche, weisslich-beige, hutförmige Fruchtkörper wachsen.

Agaricales,

- Hygrophoraceae: *Lichenomphalia*
- Hydnaceae: *Multiclavula*

Ascomycota

Im Alpenraum gehören über 99 % der Flechten zu den Ascomycota. Die sieben aufgeführten Klassen sind unterschiedlich artenreich, wobei die Lecanoromycetes mit Abstand die wichtigste Gruppe darstellt. Insbesondere in der Ordnung Lecanorales sind viele der charakteristischen Blatt- und Strauchflechten zu finden. Andere Ordnungen spielen aber für spezielle Lebensräume ebenfalls eine sehr grosse Rolle. Die beiden am Ende des Kapitels genannten Ordnungen können bisher nicht eindeutig Klassen zugeordnet werden.

Lichinomycetes

Die Klasse besteht fast ausschliesslich aus flechtenbildenden Arten. Die meisten Vertreter dieser Gruppe sind mit Cyanobakterien vergesellschaftet. Nur *Harpidium* hat eine Grünalge als Fotobiont. Die Arten sind sehr kleine, krustige, schuppige bis genabelte oder korallinische Flechten auf Tintenstrichen und weiteren, zeitweise benetzten Felsflächen. Ihre Bestimmung ist schwierig.

- Lichinaceae: *Ephebe, Harpidium, Heppia, Lempholemma, Metamelanea, Peccania, Psorotichia, Synalissa*
- Peltulaceae: *Peltula*

Coniocybomycetes

Die Klasse besteht fast ausschliesslich aus flechtenbildenden Arten. Es handelt sich dabei um eine von mehreren Gruppen von Stecknadelflechten mit gestielten Fruchtkörpern und brauner, pulveriger Sporenmasse (*Chaenotheca ferruginea*, Abbildung 38).

- Coniocybaceae: *Chaenotheca, Sclerophora*

Candelariomycetes

Die Klasse besteht fast ausschliesslich aus flechtenbildenden Arten. Die gelbe Farbe im Lager oder in Teilen der Fruchtkörper stammt von Flechtenstoffen, welche vor Fressfeinden schützen. Die krustigen bis zwergstrauchigen Arten wachsen auf Erde, Borke und Gestein von den Tieflagen bis in die nivale Stufe.

- Candelariaceae: *Candelaria, Candelariella*

Abbildung 36 | Das Lager des flechtenbildenden Ständerpilzes *Lichenomphalia hudsoniana* ist schuppenförmig.

Abbildung 37 | *Multiclavula mucida* wächst häufig auf weichem Totholz.

Abbildung 38 | Das Lager von *Chaenotheca ferruginea* bildet manchmal orange Flechtenstoffe.

Abbildung 39 | *Heteroplacidium zamenhofianum,* mit einem leicht schuppigen Lager, wächst parasitisch auf *Staurothele areolata* (siehe **Abbildung 17**).

Eurotiomycetes

Neben flechtenbildenden Arten haben sich in dieser Klasse auch saprophytische und auf Pflanzen und in Tieren parasitisch lebende Arten entwickelt. Viele der wichtigsten Wasserflechten gehören in diese Klasse. Daneben wachsen viele dominante Arten auf Kalkfelsen, darunter besonders zahlreiche Arten, welche endolithisch, also im Inneren des Kalkgesteins, leben und die Gesteinsoberfläche jeweils nur mit der Mündung der Fruchtkörper erreichen. Die Fruchtkörper sind Perithezien, das heisst, sie sind kugel- oder birnenförmig. Sie sind oft im Lager eingesenkt (*Heteroplacidium zamenhofianum*, Abbildung 39) und öffnen sich nur mit einer porenförmigen Öffnung (Ostiolum). Bei der Gattung *Staurothele*, (*S. areolata,* Abbildung 17), entwickeln sich Fotobionten nicht nur im Lager, sondern ebenfalls im Inneren der Perithezien und werden gemeinsam mit den Ascosporen ausgebreitet. So gelingt es diesen Arten, bei der geschlechtlichen Vermehrung des Pilzes die Fotobionten gleichzeitig, an den Pilzsporen festklebend, auszubreiten.

Verrucariales,

- Verrucariaceae: *Agonimia, Bagliettoa, Catapyrenium, Dermatocarpon, Heteroplacidium, Normandina, Placocarpus, Polyblastia, Psoroglaena, Staurothele, Verrucaria*

Pyrenulales,

- Pyrenulaceae: *Pyrenula*

Lecanoromycetes

Die Klasse besteht fast ausschliesslich aus flechtenbildenden oder auf Flechten wachsenden Arten. In der Schweiz ist sie die artenreichste Klasse der Flechten. Die einzelnen Ordnungen haben oft unterschiedliche Wuchsformen, unterscheiden sich häufig in ihren Beziehungen zu Fotobionten und bevorzugen meist auch unterschiedliche Lebensräume.

Unsichere Stellung innerhalb der Klasse Lecanoromycetes: *Petractis, Piccolia*

Acarosporomycetidae

Die Arten in dieser Ordnung wachsen fast ausschliesslich auf Gestein oder nackter Erde in Trockengebieten. In den Asci werden immer mehr als acht Sporen gebildet (Polysporie).

Acarosporales:

Acarosporaceae: Acarospora, Caeruleum, Glypholecia, Pleopsidium,

Polysporina, Timdalia

Lecanoromycetidae

Caliciales

In dieser Ordnung finden sich Gruppen der Stecknadelflechten mit gestielten Fruchtkörpern und schwarzer, pulveriger Sporenmasse (*Calicium salicinum*, Abbildung 40), zusammen mit Krusten-, Blatt- und Strauchflechten mit Fruchtkörpern, in welchen die Sporen aktiv ausgeschleudert werden.

Abbildung 40 | *Calicium salicinum* wächst an stehendem Totholz.

Abbildung 41 | *Stenhammarella turgida* wächst auf schwach kalkhaltigem Gestein an absonnigen Gesteinsflächen.

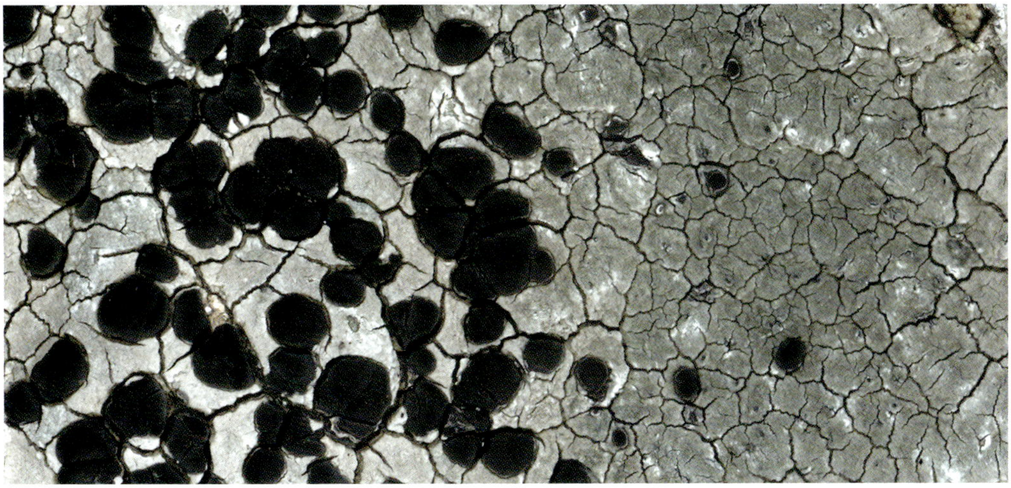

- Caliciaceae: *Acolium, Amandinea, Buellia, Calicium, Dimelaena, Diplotomma, Pseudothelomma, Tetramelas*
- Physciaceae: *Anaptychia, Heterodermia, Hyperphyscia, Phaeophyscia, Phaeorrhiza, Physcia, Physconia, Rinodina*

Gyalectales

Die zu verschiedenen Familien gehörenden Krustenflechten sind meist mit fädigen Grünalgen aus der Verwandtschaft der Gattung *Trentepohlia* vergesellschaftet. Dieser Fotobiont erlaubt den Flechtenarten, lichtarme Lebensräume zu besiedeln. Die Gattung *Phlyctis* hat aber eine einzellige Grünalge als Fotobiont.

- Coenogoniaceae: *Coenogonium*
- Gyalectaceae: *Gyalecta, Ramonia*
- Phlyctidaceae: *Phlyctis*
- Trichotheliaceae: *Zamenhofia*

Lecanorales

Kerngruppe der Lecanoromycetidae. Die meisten Familien sind ausschliesslich mit einzelligen Grünalgen vergesellschaftet.

- Unklare Zuordnung innerhalb der Ordnung: *Puttea, Stenhammarella* (Abbildung 41)
- Biatorellaceae: *Biatorella*
- Catillariaceae: *Catillaria*
- Cladoniaceae: *Cladonia, Pycnothelia*
- Lecanoraceae: *Lecanora, Lecidella, Miriquidica, Myriolecis, Protoparmeliopsis, Psorinia, Rhizoplaca*

Abbildung 42 | *Xanthoparmelia pulla* ist häufig auf Silikatgestein an trockenheissen Standorten zu finden, wächst aber auch auf Dachziegeln.
Abbildung 43 | *Lecidea confluens* ist eine häufige Art auf lange schneebedeckten Felsflächen in der (sub)alpinen Stufe.

- Malmideaceae: *Cheiromycina*
- Parmeliaceae: *Alectoria, Brodoa, Bryoria, Cetraria, Cetrelia, Cornicularia, Dactylina, Evernia, Flavocetraria, Flavoparmelia, Flavopunctelia, Hypogymnia, Hypotrachyna, Imshaugia, Letharia, Melanelixia, Melanohalea, Menegazzia, Nephromopsis, Parmelia, Parmelina, Parmeliopsis, Parmotrema, Platismatia, Pleurosticta, Pseudephebe, Pseudevernia, Punctelia, Usnea, Usnocetraria, Vulpicida, Xanthoparmelia* (Abbildung 42)
- Pilocarpaceae: *Fellhanera, Fellhaneropsis, Micarea*
- Psilolechiaceae: *Psilolechia*
- Psoraceae: *Protoblastenia, Psora*
- Ramalinaceae: *Adelolecia, Bacidia, Biatora, Lecania, Megalaria, Ramalina, Toninia*
- *Scoliciosporaceae: Scoliciosporum*
- Sphaerophoraceae: *Bunodophoron, Sphaerophorus*
- Stereocaulaceae: *Lepraria, Squamarina, Stereocaulon*
- Tephromelataceae: *Calvitimela, Mycoblastus, Tephromela*

Lecideales

Krustenflechten mit Schwerpunkt auf Gestein, verschiedene Artengruppen wachsen auf Borke oder auf Erde. Artenreiche Gruppe in alpinen Regionen, mit verschiedenen lokal dominanten, wegen ihrer dünnen Lager und unauffälligen Farbe nicht auffallenden Arten (*Lecidea confluens*, Abbildung 43).

- Lecideaceae: *Bellemerea, Clauzadea, Koerberiella, Lecidea, Lecidoma, Lopadium, Mycobilimbia, Porpidia*

Peltigerales

Krusten- und oft sehr grosse Blattflechten an Stellen, die länger feucht bleiben. Die Arten aus dieser Ordnung sind oft ausschliesslich mit Cyanobakterien vergesellschaftet. Die Collemataceae bilden häufig gallertige Lager, welche ein Mehrfaches ihres Trockengewichtes an Wasser in Gallertscheiden ihrer Fotobionten speichern können. Diejenigen Arten, welche mit Grünalgen vergesellschaftet sind, gehen in dieser Ordnung fast immer eine zusätzliche Verbindung mit einem Cyanobakterium ein und bilden Cephalodien. Vor allem baumbewohnende Arten der Peltigeraceae können dank ihrer Stickstoff-Assimilation in niederschlagsreichen, kühlen Wäldern einen wesentlichen Anteil zur Stickstoff-Versorgung des Ökosystems beisteuern.

- Collemataceae: *Collema, Enchylium, Leptogium, Scytinium*
- Peltigeraceae: *Lobaria, Lobarina, Ricasolia, Sticta, Nephroma, Peltigera, Solorina*
- Pannariaceae: *Fuscopannaria, Pannaria, Parmeliella, Protopannaria, Psoroma*
- Placynthiaceae: *Collolechia, Placynthium*

Rhizocarpales

Mit einzelligen Grünalgen vergesellschaftete Krustenflechten, die meist auf Silikatgestein von trockenheissen Standorten bis in die nivale Stufe vorkommen. Viele Arten der Gattung *Rhizocarpon* leben parasitisch auf anderen Krustenflechten – eine erfolgreiche Strategie, um in extremen Lebensräumen ihre Fotobionten zu finden.

- Rhizocarpaceae: *Catolechia, Rhizocarpon*
- Sporastatiaceae: *Sporastatia*

Abbildung 44 | *Xanthomendoza huculica* ist eine epiphytische Art, die nicht immer einfach von *X. ulophyllodes* und *X. fallax* zu unterscheiden ist.

Abbildung 45 | *Protothelenella sphinctrinoides* hat grauschwarze Perithezien, welche sich in gallertigen Algenkolonien auf saurer Erde entwickeln. Die Art wächst in der alpinen Stufe.

Abbildung 46 | *Umbilicaria deusta* ist die häufigste Art der Gattung und breitet sich mit spatelförmigen Isidien aus.

Abbildung 47 | *Cystocoleus ebeneus* (Lager rechts) bildet an bergfeuchten, absonnigen Felsflächen schwarze, filzartige Überzüge ohne Fruchtkörper und wächst oft zusammen mit *Racodium rupestre*.

Teloschistales

Krusten-, blatt- und strauchförmige Flechten, welche meist gelblich bis rotorange pigmentierte Lager und Fruchtkörper aufweisen (*Xanthomendoza huculica*, Abbildung 44). Oft wächst diese artenreiche Gruppe an etwas nährstoffbegünstigten Standorten auf Erde, Borke und Gestein an xerothermen Standorten bis hinauf in die nivale Stufe, wo *Xanthoria elegans* eine der häufigsten Arten auf Gipfelfelsen ist.

- Caloplacoideae: *Caloplaca, Gyalolechia, Seirophora*
- Teloschistoideae: *Teloschistes*
- Xanthorioideae: *Polycauliona, Xanthomendoza, Xanthoria*

Baeomycetales

Mit einzelligen Grünalgen vergesellschaftete Krustenflechten mit meist dünnen Lagern auf Gestein, Erde und Totholz. Die Gattung *Placopsis* wächst häufig auf Lava, in den Alpen ist sie selten auf kalten, lange taufeuchten Silikatsteinen zu finden. *Placopsis gelida* (Abbildung 6) bildet rotbraune Gallen, in welchen der Flechtenpilz mit einem Cyanobakterium vergesellschaftet ist. Diese zusätzliche Symbiose ermöglicht es den Flechten, grosse und kräftige Lager zu bilden (Bild aus Island).

- Baeomycetaceae: *Baeomyces*
- Hymeneliaceae: *Hymenelia, Ionaspis, Tremolecia*
- Trapeliaceae: *Placopsis, Rimularia, Trapelia, Trapeliopsis*
- Xylographaceae: *Xylographa*

Graphidales

Mit Grünalgen (inkl. *Trentepolia*) vergesellschaftete Krustenflechten, die unterschiedliche Fruchtkörperformen ausbilden.

- Graphidaceae: *Diploschistes, Graphis, Thelotrema*

Ostropales

Die Ordnung umfasst Krustenflechten, die in mehrere, mit Grünalgen vergesellschaftete Familien mit unterschiedlichen Fruchtkörpertypen gegliedert ist.

- Unklare Zuordnung innerhalb der Ordnung: *Anzina*
- Gomphillaceae: *Gyalidea, Gyalideopsis, Jamesiella*
- Porinaceae: *Porina, Pseudosagedia*
- Protothelenellaceae: *Protothelenella* (Abbildung 45)
- Stictidaceae: *Absconditella, Thelopsis, Topelia*
- Thrombiaceae: *Thrombium*

Pertusariales

Meistens krustige, aber oft recht dick werdende Lager, welche auch die Tendenz zu einer korallinischen Lagerform entwickeln können. *Aspicilia hispida* lebt als Steppenroller und wird zusammen mit weiteren Arten als Mannaflechte bezeichnet. Die Art ist aus der Schweiz (noch) nicht nachgewiesen. Bei mehreren Gattungen, beispielsweise bei *Varicellaria*, werden sehr grosse Ascosporen gebildet, allerdings sind dann in mehreren Gattungen die Anzahl Sporen pro Ascus reduziert.

- Icmadophilaceae: *Dibaeis, Icmadophila, Thamnolia*
- Megasporaceae: *Aspicilia, Lobothallia*
- Ochrolechiaceae: *Ochrolechia, Varicellaria*
- Pertusariaceae: *Lepra, Pertusaria*

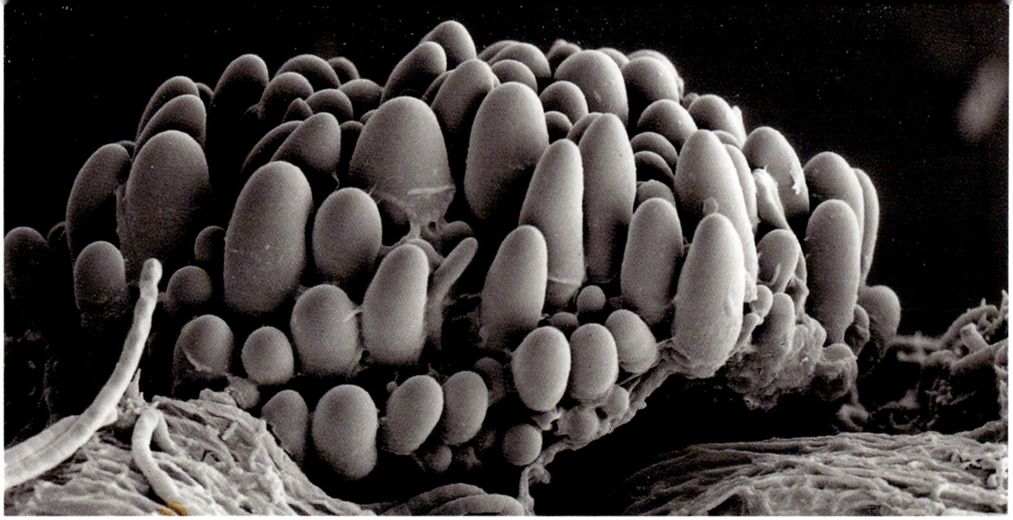

Abbildung 48 | *Vezdaea rheocarpa* wächst auf abgestorbenen Moosblättchen. Am rechten Rande des Büschels isoliert stehender Asci ist ein kollabierter Schlauch zu sehen, der die Sporen ausgeschleudert hat (REM-Aufnahme).

Umbilicariales

Die Arten dieser Ordnung sind mit Grünalgen vergesellschaftet. Zwei Familien bestehen ausschliesslich aus Krustenflechten, in der dritten sind Nabelflechten vorherrschend.

- Fuscideaceae: *Fuscidea, Maronea, Orphniospora*
- Ophioparmaceae: *Hypocenomyce, Ophioparma*
- Umbilicariaceae: *Lasallia, Umbilicaria* (Abbildung 46)

Die drei folgenden Ordnungen umfassen je nur eine oder wenige Arten.

Leprocaulales: *Leprocaulon*
Sarrameanales: *Loxospora, Schaereria*
Thelenellales: *Thelenella*

Dothideomycetes

In dieser grössten Klasse der Schlauchpilze haben sich saprophytische und vor allem auf Pflanzen parasitisch lebende Arten entwickelt. Nur eine kleine Minderheit der Arten bildet Flechten.

- Cystocoleaceae: *Cystocoleus* (Abbildung 47)
- Monoblastiaceae: *Anisomeridium*
- Naetrocymbaceae: *Naetrocymbe*
- Racodiaceae: *Racodium*

Arthoniomycetes

Die meisten Arten dieser Klasse sind flechtenbildend und mit fädigen Grünalgen der Gattung *Trentepohlia* vergesellschaftet. In der Schweiz haben alle Arten ein krustiges Lager.

- Ohne Familienzuordnung: *Bactrospora, Felipes, Synarthonia*
- Arthoniaceae: *Arthonia, Coniocarpon, Inoderma, Reichlingia*
- Chrysothricaceae: *Chrysothrix*
- Opegraphaceae: *Opegrapha, Sparria*
- Roccellaceae: *Dendrographa, Enterographa, Gyrographa, Lecanactis, Schismatomma*

Unklare systematische Stellung innerhalb der Schlauchpilze:
Die Gattung *Vezdaea* bildet rasch vergängliche Fruchtkörper, welche oft nur wenige Wochen bestehen. Bereits mit einer 20-fachen Lupe ist bei *Vezdaea aestivalis* zu erkennen, dass Asci einzeln oder in kleinen Gruppen stehen und nicht in einen kompakten Fruchtkörper zusammengefasst sind (*Vezdaea rheocarpa* Abbildung 48).

Vezdaeales

Vezdaeaceae: *Vezdaea*

Thelocarpales

Thelocarpaceae: *Carneothele, Thelocarpon*

6.2 Seit wann in der Erdgeschichte gibt es Flechten?

Neuere Arbeiten von Lücking und Nelson (2018) zeigen, dass sich die heutigen Flechten innerhalb der Ascomycota und Basidiomycota mehrfach entwickelt haben, wahrscheinlich seit dem Karbon. Die ersten Flechten gehörten dabei zu den Lecanoromycetes und sind vor ca. 306 Mio. Jahren vermutlich unter feuchten, tropischen Paläoklimata entstanden. Mögliche Ausbreitungen früher gesteinsbewohnender Flechten fanden im Perm (298–252 Mio. Jahre) und in der Trias (252–201 Mio. Jahre) statt, während sich die weitgehend epiphytischen Makroflechten der gemäßigten und tropischen montanen Ökosysteme vorwiegend im Paläogen (66–23 Mio. Jahre) entwickelten. Das älteste eindeutige Flechtenfossil, das einer lebenden Klasse angehört, ist *Honeggeriella complexa* aus der frühen Kreidezeit, während *Chlorolichenomycites salopensis* und *Cyanolichenomycites devonicus* als flechtenähnliche Fossilien akzeptiert werden, die vermutlich ausgestorbene Linien repräsentieren, die systematisch keine direkten Beziehungen zu lebenden, modernen Flechten aufweisen (Lücking und Nelsen 2018). Allerdings ist es möglich, dass solche flechtenähnlichen Organismen ebenfalls mutualistische Symbiosen darstellen und ähnliche ökologische Eigenschaften aufweisen wie moderne Flechten. Ungefähr 70 % der fossilen Flechten sind in Bernstein erhalten. Auch heute kann oft beobachtet werden, wie Flechten in Harz eingeschlossen werden, beispielsweise bei → *Calicium lucidum* (Abbildung 49).

Abbildung 49 | Auch in heutigen Wäldern werden Flechten in Harz eingebettet. Im Bild schliesst Harz einer Fichte das gelbe Lager und die Fruchtkörper von *Calicium lucidum* ein.

7 Flechtenstandorte und Lebensraumtypologie

Dank ihrer mutualistischen Symbiose mit einem Fotobionten sind Flechten Primärproduzenten. In vielen Fällen sind sie aber auch stickstoffautotroph. Vor allem in den Fällen, in welchen der Flechtenpilz mit einem Cyanobakterium vergesellschaftet ist, aber auch Lager, welche über ein entsprechendes Mikrobiom verfügen, sind in der Lage, genügend Luftstickstoff zu assimilieren. Als austrocknungstolerante und poikilohydre Organismen sind Flechten zudem prädestiniert, Standorte zu besiedeln, an welchen pflanzenverfügbares Wasser in ungenügender Menge oder in zu kurzen Phasen vorhanden ist und die homoiohydren höheren Pflanzen deshalb entweder ganz fehlen oder sich nur saisonal entwickeln können. Flechten können in der ganzen Schweiz vorkommen und sind sogar von Felsstandorten an der Dufourspitze (4633 m ü. M.) bekannt. An solchen Standorten teilen Flechten ihren Lebensraum oft mit Cyanobakterien, Algen, Moosen und Pilzen, Schleimpilzen und ihren jeweiligen Mikrobiomen. Diese Vielfalt wird immer noch vereinzelt in der ökologischen Literatur als «Kryptogamen» zusammengefasst, obschon Kryptogamen weder systematisch noch ökologisch eine einheitliche Gruppe darstellen.

7.1 Gestein

Felsflächen entsprechen am besten diesen Lebensräumen, in welchen pflanzenverfügbares Wasser meist fehlt oder allenfalls auf Felsspalten beschränkt ist. Aber auch Gesteinsbrocken, Geröll und Geschiebe oder künstliche Standorte wie Mauern gehören in der Schweiz zu den wichtigsten Flechtenstandorten. Als Standortfaktoren spielen die chemische Zusammensetzung und dabei insbesondere der Kalkgehalt eine wichtige Rolle für gesteinsbewohnende (saxikole) Flechten. Ähnlich wie bei den Blütenpflanzen wachsen auf kalkhaltigem Gestein andere Flechtenarten als auf kalkfreiem Silikatgestein. Auf Silikatgestein entwickeln sich an beregneten Felsflächen bis in die alpine Stufe fast geschlossene Flechtengesellschaften, welche von epilithischen Krustenflechten dominiert werden. Die gelben bis grüngelben Lager von →*Rhizocarpon geographicum* prägen dabei oft Blockschutthalden und Rundbuckel alpiner Landschaften mit ihrer intensiven Farbe. An schroffen Graten dominieren jedoch aus der Ferne meist dunkle Krustenflechten wie →*Orphniospora*, →*Schaereria* und →*Sporastatia* sowie die typischen Nabelflechten der Gattung →*Umbilicaria* (siehe Exkursion 31). Gerade auf Silikatfelsen in der alpinen Stufe wachsen häufig parasitische Flechten. Die Beziehungen zu ihren Wirtsflechten sind oft spezifisch, wie zwischen der dunkelgrauen *Miriquidica nigroleprosa* und ihrer hellgrauen Wirtsflechte *Lecanora latro* mit lagerfarbenen Apothezienrändern und schwarzen Scheiben (Abbildung 50).

< Auf Silikatgestein entwickeln sich an beregneten Felsflächen bis in die alpine Stufe fast geschlossene Flechtengesellschaften.

Felsflächen, welche zwischen längeren Trockenphasen nach Niederschlägen jeweils länger von Abflusswasser beeinflusst sind, fallen ebenfalls durch ihre dunkle Farbe schon aus der Ferne auf. Die biologischen Krusten sind meist als vertikale Streifen an glatten Felsflächen zu sehen und werden deshalb als Tintenstriche bezeichnet. Die dunkle Färbung stammt von Cyanobakterien und dunkel gefärbten Flechten. Tintenstriche sind an Silikat- und Kalkfelsen zu beobachten, die bei genauerer Betrachtung dort zu findenden Flechten unterscheiden sich aber deutlich voneinander (Exkursionen 14, 35). Schliesslich sind auch Gesteinsbrocken im Bett von klaren Gebirgsbächen von speziellen Arten überwachsen, die als Wasserflechten bezeichnet werden (Exkursionen 40, 44). Meist nur kleinflächig in der Landschaft zu finden ist schwermetallreiches Gestein an anstehenden Felsen oder auf Gesteinsbrocken. Auf diesen, oft dunkelbraun gefärbten Gesteinsbrocken entwickelt sich eine sehr spezielle Gesellschaft von Arten, welche aus Konkurrenzgründen auf die für die meisten Flechten toxischen Schwermetallstandorte ausweichen müssen. Die Schwermetalle sind bei diesen Gesteinsbrocken meist in einem

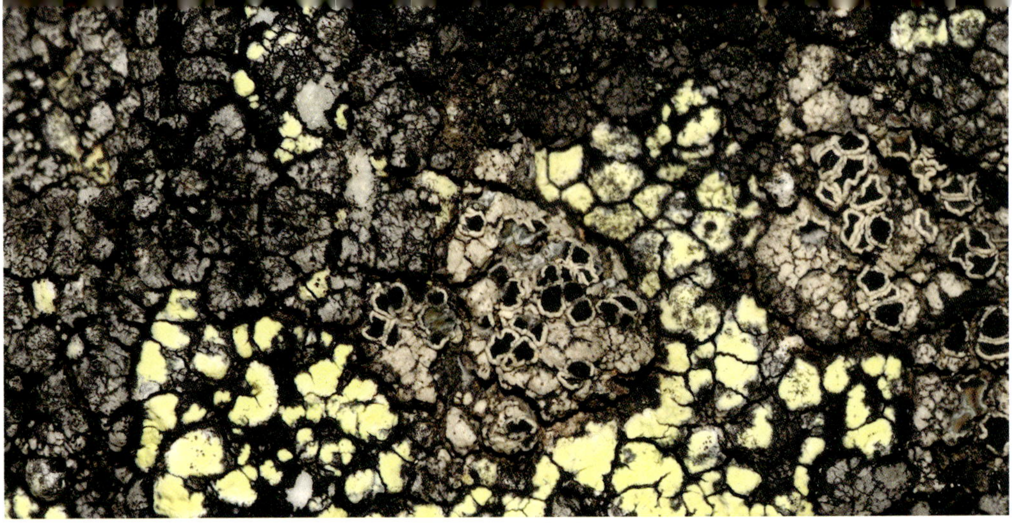

Abbildung 50 | *Lecanora latro* mit dunklen Apothezienscheiben wächst parasitisch auf der dunkelgrauen *Miriquidica nigroleprosa*, welche sich mit vegetativen Ausbreitungseinheiten vermehrt.

dünnen Film auf der Gesteinsoberfläche konzentriert (siehe Exkursion 29).

Auf reinem Kalkfels sind Flechten vor allem auf Vogelsitzplätzen aus Distanz zu sehen. → *Xanthoria elegans* bildet hier leuchtend orange Lager. An beregneten Neigungsflächen sind auf den ersten Blick aber nur wenige epilithische Krustenflechten zu sehen. Dafür sind mit einer Lupe meist regelmässig angeordnete, schwarze Punkte zu finden. Es handelt sich dabei um die im Kalkfels eingesenkten oder wenig vorstehenden Fruchtkörper von endolithischen Krustenflechten (siehe 3.1). Eine beachtliche Gruppe von Arten meidet jedoch reine Kalke und kalkfreies Gestein und ist auf schwach kalkhaltige Gesteine wie Mergelkalke und Kieselkalke angewiesen (siehe Exkursion 27). Währenddem die geologischen Vektordatensätze GeoCover auf https://map.geo.admin.ch/ für die Planung von Exkursionen zu typischen Kalk- und Silikatarten bestens geeignet sind, können die geeigneten Flechtenstandorte in Gebieten mit schwach kalkhaltigem Gestein nicht zuverlässig gefunden werden. Dies liegt daran, dass es oft nur sehr lokale Ausprägungen von Felsrippen sind, welche für diese speziellen Arten die passenden chemischen Bedingungen bieten. Der Flechtenbewuchs widerspiegelt nämlich die chemische Zusammensetzung der oft stark verwitterten Gesteinsoberflächen, welche sich chemisch vom intakten Gestein wenige Millimeter unterhalb der Oberfläche stark unterscheiden kann. Dies gilt ganz besonders für Mergelkalke und Kalksandsteine, bei denen auf wenige Jahrzehnte alten Bruchflächen typische kalkbesiedelnde Flechten wachsen. Wenige Zentimeter daneben wachsen dann auf einer älteren Gesteinsoberfläche kalkmeidende Arten wie → *Rhizocarpon geographicum*, weil dort das kalkhaltige Bindemittel im obersten Millimeter des Gesteins durch die Witterung ausgewaschen wurde und die Oberfläche weitgehend durch die kalkfreie Matrix, beispielsweise Quarzsand, bestimmt wird. Weiter spielen ökologische Faktoren wie Lichtgenuss, Nährstoffbeeinflussung auf Vogelsitzplätzen sowie die Verfügbarkeit von Feuchtigkeit und die Dauer der Schneebedeckung eine wichtige Rolle. Deshalb unterscheiden sich die Flechtengemeinschaften an Felsflächen kleinräumig oft stark, entsprechend ihrer Neigung, Exposition und Oberflächenrauigkeit. Besonders an grossen Bergsturzblöcken sind die bedeutenden standörtlichen Unterschiede zwischen Kulm-, Neigungs- und Überhangsflächen gut zu beobachten (siehe Exkursionen 22, 30 und 43).

7.2 Erde

Auf tiefgründigen, nährstoffreichen Böden sind Flechten gegenüber Blütenpflanzen wenig konkurrenzfähig. Erdbewohnende (terrikole) Flechten bilden aber artenreiche Gesellschaften auf flachgründigen, stark austrocknenden Böden. Weil Flechten, zusammen mit Moosen, Cyanobakterien und Algen die Erde in den obersten Millimetern durch Ausscheiden von knorpelähnlicher, extrazellulärer Matrix verfestigen, spielen solche biologischen Bodenkrusten als «Haut der Erde» wichtige Rollen in Ökosystemen. Einerseits sind biologische Bodenkrusten Primärproduzenten und Stickstofflieferanten in wenig produktiven Ökosystemen. Andererseits spielen sie eine wichtige Rolle für den Erosionsschutz. Weil biologische Bodenkrusten in arktisch-alpinen Regionen und in Trockengebieten ungefähr 12 % der gesamten Erdoberfläche bedecken, kommt der oft unscheinbaren, manchmal aber sehr farbigen Haut der Erde eine herausragende ökologische Bedeutung zu.

In Steppen- und Trockenrasen tiefer Lagen bilden Flechten farben- und artenreiche biologische Krusten – die intensiv gelb, orange, grün und braun gefärbten Flechtenlager bilden zusammen die Bunte Erdflechtengesellschaft (siehe Exkursionen 3, 12). Die Bunte Erdflechtengesellschaft ist in der Schweiz aber vor allem in den Tieflagen in den letzten Jahrzehnten stark zurückgegangen; viele ihrer Flechtenarten wie beispielsweise *Acarospora schleicheri* (Abbildung 51) sind heute stark gefährdet.

Biologische Krusten spielen aber auch in vielen alpinen Vegetationstypen eine wichtige Rolle. Auch dort ist der Erosionsschutz an vegetationsfreien Stellen zu beobachten. Verletzungen der Grasnarbe werden von Krustenflechten wie → *Dibaeis roseus* oder → *Thrombium epigaeum* überwachsen und durch ihr Lager vor Winderosion geschützt. Diese beiden Arten können oft an Trittlöchern in Alpweiden beobachtet werden, manchmal auch grossflächig an offenen Erdflächen bei Infrastrukturprojekten in der alpinen Stufe. Die auffälligsten erdbewohnenden Flechten im Gebirge sind aber die Strauchflechten der Gattungen → *Alectoria*, → *Cetraria*, → *Cladonia*, → *Flavocetraria*, → *Stereocaulon* und → *Thamnolia*, welche bei den Exkursionen 26, 34, 36, 37 und 39 aufgesucht werden. Zudem sind auch bei alpinen Erdflechten neben den Silikat- und Kalkarten Substratspezialisten, etwa auf Amphibolit, hervorzuheben (Exkursion 38).

Abbildung 51 | Die gelbliche *Acarospora schleicheri* ist an bekannten Fundorten in der Schweiz stark zurückgegangen (Bild aus Spanien). Die Art wächst parasitisch auf der hellgrauen *Diploschistes diacapsis*.

7.3 Borke

Epiphytische oder auf der Rinde oder Borke lebender Bäume und Sträucher wachsende Flechten haben keine biologischen Interaktionen mit ihrem Substrat. Weil sie die Borke nur als Unterlage benutzen, werden Bäume und Sträucher auch nicht geschädigt und zeigen bei einer Besiedlung mit Flechten keine Abwehrreaktionen. Anders als bei parasitischen Organismen sind Flechten deshalb auch nicht spezifisch an einzelne Baumarten gebunden. Allerdings wählen Flechten die Trägerbaumarten nach ihren Borkeneigenschaften aus. Deshalb gibt es Flechten, welche vor allem auf den sehr sauer reagierenden Borken von Lärche wachsen und andere Arten, welche die neutrale oder schwach basische Borke des Schwarzen Holunders bevorzugen. Weil die pH-Eigenschaften charakteristisch für viele Baumarten sind, lassen sich die Baumarten entsprechend ihrem Borken-pH gruppieren, wodurch sich die Ähnlichkeiten der für die Baumarten typischen Flechtenvegetation erklären lässt. Die Borke von Lärche und Arve, sowie etwas weniger ausgeprägt von Fichte, Birke und Grauerle reagiert sehr sauer, mit einem pH-Wert von 3,4–4 (Barkman 1958, Wirth et al. 2013). Ziemlich saure Borke ist charakteristisch für Weisstanne, Edelkastanie, Eiche und Buche, als mässig sauer können Linde und Bergahorn bezeichnet werden und als subneutral bis neutral die Esche und der Schwarze Holunder. Der Säuregrad von Bäumen hängt aber zusätzlich zur Baumart auch vom Baumalter ab, wobei er bei Eichen und Buchen mit zunehmendem Alter abnimmt. Weiter weicht der Säuregrad im Einflussbereich von Stammverletzungen und Pilzinfektionen stark von den typischen Werten ab. Schliesslich spielen auch Umwelteinflüsse für den Säuregrad von Borken eine starke Rolle. Gas- und staubförmige Bestandteile von Luftschadstoffen gelangen direkt auf die Flechten oder werden durch Niederschläge zu den Flechtenstandorten am Baum transportiert. Daraus resultieren starke Veränderungen des natürlichen Borken-pH. Zudem werden auf gleichem Weg die mineralischen Nährstoffe, in vielen Gebieten aber auch stickstoffhaltige Verbindungen aus Abgasen und landwirtschaftlichem Dünger, schwermetall-haltige Stäube, Pflanzenschutzmittel und weitere Fremdstoffe auf die Flechten gebracht. Verschiedene dieser Schadstoffe haben Flechten direkt zum Absterben gebracht oder ihre Vitalität gehemmt. Nährstoffhaltige Stäube können aber stickstoffbedürftige Arten wie → *Xanthoria parietina* an Standorten fördern, an welchen sie natürlicherweise nicht vorkommen würden. Solche Veränderungen der Flechtenvegetation, insbesondere ein starker Rückgang der Flechtendiversität an Stämmen im Siedlungsraum, konnten mit standardisierten Methoden quantitativ erfasst und mit der Luftqualität in Beziehung gebracht werden (Kapitel 9.4). Nebst diesen chemischen Merkmalen von Borke gibt es weitere physikalische Merkmale, welche die epiphytische Flechtenvegetation beeinflussen können. Die Borke jüngerer Bäume ist meist sehr kompakt und verfügt über eine niedrige Wasserspeicherkapazität. Dies führt dazu, dass die Borke rasch abtrocknet und damit auch die Flechten austrocknen und physiologisch inaktiv werden. Die Wasserspeicherkapazität steigt aber bei älteren Borken, die dann stark verzögert abtrocknen und auch die darauf wachsenden Flechten länger feucht und damit physiologisch aktiv halten können. Schliesslich bilden Bäume mit zunehmendem Alter eine Vielzahl von Kleinstrukturen aus, welche wertvolle Kleinstandorte für epiphytische Lebewesen schaffen. Borkenrisse entstehen im Verlaufe des sekundären Dickenwachstums an Stämmen beispielsweise von Eichen, aber auch anderer Baumarten. Die oft mehrere Zentimeter tiefen Borkenrisse bieten deutlich weniger Lichtgenuss als die dazwischenliegenden Borkenstege. Zudem fliesst bei Regen das Stammabflusswasser meist über die Borkenstege ab und die Borkenrisse bilden regengeschützte Standorte. Weil solche Borkenrisse erst bei älteren Baumindividuen entstehen, bei Eichen etwa nach 100 Jahren, sind an Borkenrisse gebundene epiphytische Flechten an alte Bäume gebunden. Nebst den wenige Zentimetern breiten Borkenrissen entstehen an schief stehenden Stämmen grossflächige, bis mehrere Quadratmeter grosse, regengeschützte Standorte. Vor allem bei Eichen in Mittelwäldern (siehe Exkursion 15) fallen Eichen mit einer regengeschützten Stammseite leicht auf, weil auf diesen Flächen regelmässig → *Bactrospora dryina* oder → *Inoderma byssaceum* grossflächige, weisse Überzüge bilden (Abbildung 52).

Abbildung 52 | Die Borke alter Bäume weist für Flechten und andere Organismen wichtige Kleinstandorte auf. Im Bild *Bactrospora dryina* auf Borkenstegen und Borkenrissen einer überhängenden Stammseite einer Eiche.

7.4 Totholz

Abgestorbene Äste oder liegende Stämme sind zunächst noch von den epiphytischen Flechten besiedelt. Diese sterben aber teilweise ab, weil sich an liegendem Totholz die ökologischen Bedingungen wie die Luftfeuchtigkeit und der Lichtgenuss verändert haben. Spätestens, wenn die Borke bei der Zersetzung des Stammes abfällt, wird das Totholz von spezialisierten Arten, den lignikolen Flechten, besiedelt. Die verschiedenen lignikolen Flechtengesellschaften sind an den unterschiedlichen Zersetzungsgrad und die Durchfeuchtung des Totholzes gebunden. Die Dynamik der Zersetzung hängt dabei etwa in subalpinen Wäldern stark von der Baumart ab. So wird Lärchenholz deutlich langsamer zersetzt als das Holz der Bergföhre, was sich dann an einer hohen Vielfalt an Krustenflechten und auffälligen Strauchflechten der Gattung *Cladonia* in totholzreichen subalpinen Wäldern äussert (Exkursion 23). In Wäldern tieferer Lagen sind lignikole Flechten meist zerstreut und oft unscheinbar. Auf Strünken von Nadelbäumen gehören → *Cladonia conicocraea* und → *C. fimbriata* zu den auffälligsten Arten, deutlich häufiger sind die feinkörnigen Lager der Gattung → *Micarea*, welche oft steril sind und nur anhand mikroskopischer Merkmale bestimmt werden können. An liegenden Stämmen, deren Borke zwar abgefallen, der Holzkörper aber noch hart ist, sind → *Absconditella lignicola* und → *Gyalideopsis helvetica* (Abbildung 53) regelmässig zu finden. An grossen, sich sehr langsam zersetzenden Strünken und liegendem Totholz von Edelkastanien und Eichen können sich an geeigneten Orten die seltene *Cladonia parasitica* und die wegen ihrer roten Fruchtkörper sehr auffällige *Cladonia macilenta* entwickeln (Exkursion 13). Schliesslich eignet sich verbautes, bereits deutlich verwittertes Holz von Weidezäunen, um Arten zu beobachten, welche charakteristisch für stehendes Totholz sind, dort aber meist nur schwierig zu beobachten sind (Exkursion 4).

Abbildung 53 | *Gyalideopsis helvetica* wächst auf Totholz und seltener auch auf Borke.

7.5 Moose und Pflanzenreste

Zahlreiche erdbewohnende Flechten bevorzugen als Substrat organisches Material wie Pflanzenreste, Torf und Rohhumus. Inwiefern die Pilzpartner dieser Flechten am oberflächlichen Abbau des organischen Substrates beteiligt sind, bleibt offen. Interessanterweise sind aber ein paar Flechtenarten sehr eng an spezifische Pflanzen- oder Moosarten gebunden. Von verschiedenen Flechtenarten, welch auf toten Trieben von *Saxifraga oppositifolia* wachsen, hat → *Caloplaca saxifragarum* die engste Beziehung zur Pflanze (Abbildung 54). Vermutlich besiedelt die Flechte aber erst abgestorbene Pflanzenteile – eine parasitische Interaktion zwischen Flechtenpilz und Steinbrech wurde bisher nicht nachgewiesen. Bei mehreren moosbewohnenden oder bryophilen Krustenflechten ist aber gezeigt worden, dass der Flechtenpilz in lebenden Moossprossen parasitisch wächst und dabei Mooszellen abtötet. Bei → *Thelenella muscorum* (Abbildung 54) bleiben die Sprossenden zwar vorerst ohne Symptome, dahinter verfärben sich die

Abbildung 54 | *Caloplaca saxifragarum* wächst oft auf abgestorbenen Trieben von *Saxifraga oppositifolia* (oben). *Thelenella muscorum* entwickelt sich als Moosparasit, bevor der Flechtenpilz mit einem Fotobionten eine mutualistische Symbiose eingeht und dann auch Fruchtkörper (Perithezien mit dunklem Ostiolum) bilden kann (unten).

Moosblättchen aber zuerst bräunlich und anschliessend weisslich. Im bräunlich verfärbten Bereich wächst der Pilz als Moosparasit und tötet die älteren Blätter der Moossprosse ab. Im weisslich verfärbten Bereich etabliert der Pilz dann zwischen den Moosblättchen auch die mutualistische Symbiose mit einem Fotobionten und bildet, meist von sich langsam zersetzenden Moosblättchen bedeckt, ein unscheinbares, warziges Lager. Erst nachdem ein Flechtenlager aufgebaut wurde, bildet der Pilz Perithezien, in welchen Ascosporen gebildet werden. Bei diesen, von vielen Beispielen bekannten Interaktionen zwischen Flechtenpilz, Moos und Fotobiont, sind die gegenseitigen Interaktionen sehr vielfältig. → *Thelenella muscorum* oder *Strigula stigmatella* können ein breites Spektrum von Moosen überwachsen. Demgegenüber ist → *Puttea margaritella* sehr spezifisch an das Lebermoos *Ptilidium pulcherrimum* gebunden.

7.6 Mehrjährige Blätter und Nadeln

Auf lebenden, mehrjährigen Blättern entwickelt sich vor allem in tropischen und subtropischen Wäldern eine grosse Vielfalt von foliikolen Flechten. In Mitteleuropa gibt es vergleichsweise wenige Arten, → *Fellhanera bouteillei* ist aber regelmässig an Nadeln von Weisstannen in luftfeuchten Lagen zu finden. Obschon foliikole Flechten auf lebenden Nadeln wachsen, sind sie nicht als Parasiten zu bezeichnen. Die Flechten wachsen auf der dicken Cuticula auf der Oberseite der Nadeln und beeinflussen die Funktion der Stomata, welche auf der Nadelunterseite liegen, nicht. Zudem entwickelt sich *Fellhanera bouteillei* erst auf über zweijährigen Nadeln, wenn ihre Fotosyntheseleistung bereits deutlich reduziert ist.

Abbildung 54b | *Fellhanera bouteillei* wächst als foliikole Flechte auf älteren Nadeln von Weisstannen in luftfeuchten Lagen.

7.7 Spezielle Substrate: Metall, Glas

Die etwa auch als Überlebenskünstler bezeichneten Flechten wachsen auch an einer erstaunlichen Vielfalt von speziellen Standorten. Blattflechten auf zerbrochenen Weinflaschen an Rastplätzen erinnern zwar an vergangene Zeiten des Wandertourismus, aber an solchen speziellen Substraten sind meist nur die häufigsten Flechten zu finden. Das gilt auch für rostige Metallgegenstände (Abbildung 55) bis hin zu alten Karosserien und in die Jahre gekommene Gummidichtungen an Autos. Über Jahre im Freien vergessene Absperrbänder aus Plastik und beschichteten Geweben sind meist auch nicht deutlich interessanter, eignen sich aber für einfache Feldexperimente zur Ausbreitungsökologie und Besiedlungsdynamik häufiger Arten. In ausgedehnten Silikatgebieten stellen grössere Knochen, die an lichtreichen Standorten über Jahre verwittern, kleinräumigen Lebensraum für kalkholde Flechten dar. Knochen haben aber in den Alpen als Standort für Flechten wegen der zahlreichen Rückstände von historischen Betonbauten auch in abgelegenen Gebieten an Bedeutung verloren.

Einzig Dachziegel haben als spezielles Substrat für verschiedene Gesteinsflechten vor allem im Mittelland eine bemerkenswerte Bedeutung erhalten (Exkursion 50). Viele Krustenflechten wie *Catillaria atomarioides* und Arten der Gattungen *Acarospora*, *Rhizocarpon* und *Lecidea* sowie sogar Blattflechten wie *Xanthoparmelia pulla* und *X. conspersa* haben bisher auf Dachziegeln einen fast unbeschränkten Ersatzlebensraum für kalkfreie oder kalkarme Gesteinsflächen gefunden, währenddem ihre natürlichen Standorte im Mittelland an Findlingen und auf offenen Kiesflächen in Auengebieten weitgehend verschwanden. Vermutlich wird zwar in Zukunft ein Teil der Dachlandschaften für die Fotovoltaik verwendet und ihre Bedeutung als Flechtenstandort wird sich deshalb ändern. Die wertvollsten Standorte der Dachlandschaften für seltene Flechten sind aber heute Klebdächer, die für die Fotovoltaik auch aus ästhetischen Gründen in Zukunft weniger gut geeignet sind und deshalb als Lebensraum für Flechten hoffentlich erhalten bleiben.

Abbildung 55 | Auf verrosteten Metallgegenständen kommen meistens nur sehr häufige Flechten vor.

8 Ökosystemfunktionen und -dienstleistungen von Flechten

Für eine umfassende Vorstellung des Themas wird auf Zedda und Rambold (2015) verwiesen, in welchem auch die hier berücksichtigte Fachliteratur zitiert wird. Verschiedene Beispiele aus der Schweiz werden in den Artporträts oder den Exkursionen kurz vorgestellt; im Folgenden soll auf ausgewählte Aspekte hingewiesen werden. Die Bedeutung der Flechten für Ökosystemfunktionen liegt hauptsächlich darin, dass sie an ökologisch extremen Standorten zusammen mit Cyanobakterien und Grünalgen zu den Erstbesiedlern gehören und dort als konkurrenzkräftige Primärproduzenten eine wesentliche Rolle im Ökosystem spielen. Für den Menschen spielen Flechten vor allem in extensiv bewirtschafteten Räumen wichtige Rollen als Nahrung von Wild von Nutztieren, aber auch für die eigene Ernährung, vor allem in Notzeiten. Mehrere Hundert Arten werden als Medizinalflechten verwendet. Zudem liefern Flechten Inspirationen für Kultur, Kunst und Design.

8.1 Gesteinsverwitterung

Bis in die nivale Stufe wird ein hoher Anteil von Felsflächen von Flechten bewachsen. Kalkgestein kann von Flechtenpilzen durch ausgeschiedene Säuren gelöst werden. Aber auch Glimmer und Feldspate werden von Flechtenpilzen angeätzt und Gesteine können durch oberflächlich eindringende Pilzhyphen in ihrem Gefüge gelockert und die oberflächliche Erosion teilweise beschleunigt werden (siehe Abbildung 8 von *Caloplaca exsecuta*). Flechten stellen aber oft auch einen Erosionsschutz für Gesteinsoberflächen dar, indem das Flechtenlager die Gesteinsoberfläche vor Umwelteinflüssen schützen kann. Die unterschiedliche Wirkung der Flechtenlager auf die Gesteinsverwitterung kann besonders einfach auf Sandstein beobachtet werden. Dort sind vor allem Krustenflechten mit kreideweissen Lagern in der Lage, Kalk unter der Gesteinsoberfläche aufzulösen und damit die oberflächliche Festigkeit des Kalksandsteins negativ zu beeinflussen (Exkursion 10). Andere Arten dringen kaum in das Gestein ein und wirken dann eher als Schutzschicht auf der Gesteinsoberfläche. Neben der chemischen und physikalischen Gesteinsverwitterung durch Flechten spielt die biologische Verwitterung durch Herbivorie endolithischer Flechten eine wichtige Rolle (Kapitel 3.1., Exkursion 28). Dort, wo Flechten zu einer beschleunigten Verwitterung des Gesteins beitragen, ist auch ihr Beitrag zur Bodenbildung und zur Vegetationsentwicklung ausgewiesen.

8.2 Erosionsschutz, Keimung von Samen

Auf die Bedeutung der biologischen Bodenkrusten als «Haut der Erde» wurde im Kapitel 7.2. hingewiesen. Daneben spielen aber auch erdbewohnende Blatt- und Strauchflechten eine schützende Wirkung. Vor allem die letzteren Wuchsformen mit grösserer Biomasse tragen zur Anreicherung des Bodens mit organischer Substanz bei und spielen in Gebieten mit gut entwickelten biologischen Bodenkrusten zur Humusbildung eine Rolle. Verschiedene Untersuchungen haben gezeigt, dass biologische Bodenkrusten die Keimung von Samen und die Entwicklung von Blütenpflanzen positiv beeinflussen (Belnap und Lange 2003).

← *Psora decipiens* ist die häufigste Art der Bunten Erdflechtengesellschaft.

8.3 Primärproduktion und Stickstoffassimilation

Flechten werden kaum über 1 % der globalen Nettoprimärproduktion der terrestrischen Vegetation ausmachen. Sie stellen aber auf ungefähr 15 % der Landfläche einen wesentlichen Anteil der Biomasse und spielen deshalb vor allem in wenig produktiven Landschaften eine wichtige Rolle. In Trockengebieten, wo die biologischen Bodenkrusten einen hohen Flächenanteil ausmachen, gehen Wilske et al. (2009) von einer Kohlenstoffaufnahme von 7–51 kg ha^{-1} $Jahr^{-1}$ aus. Bezüglich der Stickstofffixierung spielen Kryptogamen global aber eine weitaus wichtigere Rolle und liefern fast die Hälfte des an Land gebildeten biologischen Stickstoffs. In biologischen Bodenkrusten werden dabei bis 12 kg N ha^{-1} $Jahr^{-1}$ fixiert, und baumbewohnende Flechten tragen in Wäldern Nordeuropas und Nordamerikas pro Jahr ungefähr die gleiche Menge bei. Cyanobakterien, welche als Symbionten in Flechten leben, weisen dabei eine mehr als sechsfach höhere N-Fixierungsaktivität auf als freilebende Cyanobakterien. Die Aufgabenteilung zwischen Fotosynthese betreibenden Grünalgen und den in Cephalodien lokalisierten N-fixierenden Cyanobakterien in Flechten wie *Lobaria pulmonaria* (Abbildung 13) oder *Placopsis gelida* (Abbildung 6) trägt wesentlich zu dieser hohen Leistung bei.

8.4 Nahrungsnetz

Strauchflechten alpiner Wind- und Zwergstrauchheiden sind eine wichtige Winternahrung für Schneehuhn, Gämse und Steinbock. → *Alectoria ochroleuca*, → *Cetraria islandica* und → *Cladonia arbuscula* und → *C. rangiferina* sind an solchen Standorten häufig und bilden mit bis über 10 cm hohen Lagern eine hohe Biomasse. Bei Rentieren im Norden Europas sind → *Cladonia rangiferina* und *C. stellaris* (Exkursion 26) die wichtigsten Komponenten der Winternahrung. Weil die jährliche Wachstumsrate nach Beweidung 8–17 % beträgt, liegt die Regenerationszeit im Bereich von 10 Jahren und mehr. Im Wald werden baumbewohnende Strauchflechten von Eichhörnchen und im Winter oft von Rothirschen gefressen. Krustenflechten werden vor allem von Schnecken, Milben und den verschiedensten Insekten gefressen. Frassspuren von Schnecken sind anhand der regelmässigen Muster, welche die Raspelzunge auf den Flechten oder ihrer Unterlage hinterlassen, zu erkennen (Exkursion 7, Abbildung 59, rechts). Vor allem in Laubwäldern weiden Schnecken die epiphytischen Krustenflechten regelmässig und meist recht grossflächig ab. Zum Teil wird vor allem das vegetative Lager abgefressen (Exkursion 7), bei Arten wie → *Lecidella elaeochroma* und → *Lecanora chlarotera* und nahe verwandten Arten werden hingegen vor allem die Fruchtkörper flach abgefressen. Andere Frassbilder ergeben sich, wenn Hornmilben Flechten abfressen (Abbildung 56).

Abbildung 56 | Frassbild von Hornmilben auf einer Blattflechte. Oberrinde und Algenschicht werden kleinflächig gefressen.

Mit ihren verlängerten Mundwerkzeugen können Hornmilben gezielt im Inneren der Flechtenlager Fotobionten fressen. Sie sind aber auch in der Lage, gezielt die nährstoffreichsten Teile der Fruchtkörper auszufressen. So können sie diejenigen Teile des Lagers fressen, in welchen keine Flechtenstoffe mit antiherbivorer oder, treffender, antifungivorer Wirkung gebildet werden, beispielsweise die Hymenien der Fruchtkörper. Bei Nahrungswahlversuchen mit Hornmilben konnte gezeigt werden, dass sie bei der Nahrungsaufnahme verschiedene, aber nicht alle Flechtenstoffe gezielt meiden.

8.5 Lebensraum, Unterschlupf, Tarnung und Nistmaterial

Zusätzlich zu der obligaten und dauerhaften Beziehung zu Fotobionten bieten Flechtenlager Lebensraum für zahlreiche weitere Organismen, welche in unterschiedlich engen Beziehungen zu Pilzpartner oder Fotobiont leben. Als lichenicole Pilze werden Flechten besiedelnde Pilze bezeichnet. Einige sind recht unspezifisch und besiedeln sowohl Flechten als auch Moose und Algenkrusten. Viele sind aber hochspezialisiert und leben obligat auf einer oder wenigen Flechtenarten. Beispielsweise lebt der lichenicole Pilz *Plectocarpon lichenum* auf *Lobaria pulmonaria* (Abbildung 57). Auf dem Flechtenlager bildet *P. lichenum* Gallen, welche den Fruchtkörpern der Flechte ähnlich sehen und auch die gleichen Vektoren für die Sporenausbreitung anlocken. Solche lichenicolen Pilze sind sehr eng an das Leben in Flechten angepasst.

Weiter spielt ein erst in den letzten Jahren näher untersuchtes Mikrobiom, bestehend aus zahlreichen Prokaryoten, eine nicht zu unterschätzende Rolle. Zum Mikrobiom der Flechten gehören spezifische Gruppen von Bakterien wie Alphaproteobacteria, Actinobacteria und Betaproteobacteria, welche wichtige Rollen bei der Synthese von Aminosäuren spielen, aber auch bei der Resistenz gegen Stressfaktoren aus der Umwelt. Beispielsweise spielt das Mikrobiom eine wichtige Rolle bei der Entgiftung von gelösten Schwermetallen und beim Abbau von oxidativem Stress (Grimm et al. 2021). Verschiedene Gruppen von Bakterien sind zudem an der Bindung von Luftstickstoff beteiligt und andere liefern Vitamine, welche vom Flechtenlager benötigt werden. Zudem sind Viren bekannt geworden, welche sich entweder im Pilzpartner oder im Fotobiont entwickeln können (Grimm et al. 2021).

Als Unterschlupf und Lebensraum spielen Flechten für unzählige Kleinlebewesen eine wichtige Rolle. Blatt- und Strauchflechten, aber auch Krustenflechten mit etwas dickeren Lagern bieten während feuchter Tage winzige, temporäre aquatische Lebensräume für Rädertierchen (Rotifera), Fadenwürmer (Nematoda) und Wasserbären (Tardigrada) an. Auch diese Tierchen können beim Austrocknen in einen anabiotischen Zustand verfallen und so Trockenzeiten überdauern. Obschon diese Tierchen beim Betrachten von Flechten unter dem Mikroskop regelmässig beobachtet werden können, sind ihre Interaktionen mit Flechten nur teilweise bekannt.

Abbildung 57 | Der lichenicole Pilz *Plectocarpon lichenum* bildet auf dem Lager von *Lobaria pulmonaria* Gallen, welche den Fruchtkörpern der Flechtenpilze sehr ähnlich sehen und von den gleichen Vektoren besucht werden.

Abbildung 58 | Flechten bieten Insekten Schutz vor Regen (links) und Wanzeneier schützen sie vor Feinden.

Blattflechten bieten flugfähigen Insekten temporären Schutz vor Regen und viele Insekten und Spinnen verstecken sich in Flechten, oder Wanzen legen ihre Eier in Flechtenlager ab (Abbildung 58).

Flechten dienen auch zur Tarnung. Beispielsweise bedecken die Raupen von *Pseudobankesia alpestrella* ihren Raupensack mit Soredien und Fragmenten von Flechten. Dadurch profitieren sie nicht nur vom optischen Schutz, sondern ebenfalls von den Flechtenstoffen, welche die getarnten Tiere zusätzlich vor Fressfeinden schützen (Abbildung 59 links). Zudem unterstützt die Raupe Flechten bei ihrer Ausbreitung. Weiter ahmen zur Tarnung viele Raupen und Schmetterlinge wie die Zahneule *Hada plebeja*, aber auch weitere Insekten und Spinnen Farbmuster und Oberflächenstrukturen von Flechten nach (Abbildung 60).

Oben:
Abbildung 59 | Eine Raupe von *Pseudobankesia alpestrella* frisst Fruchtkörper, Oberrinde und Algen von *Bellemerea sp.* Auf dem Raupensack kleben Soredien und Bruchstücke von Flechten (links). Eine Schnecke hat Radulaspuren auf dem Lager von *Inoderma byssaceum* hinterlassen (rechts).

Unten:
Abbildung 60 | Viele Insekten, wie etwa die Zahneule *Hada plebeja* und Spinnen, tarnen sich an ihrem Lebensraum.

8.6 Nahrungsmittel

In vielen Regionen der Welt werden Flechten nur in Notzeiten als Nahrung verwendet. Sir John Franklin berichtet davon, dass auf der Expedition 1819–1822 im Nordwesten Kanadas die Mannschaft gezwungen war, Flechten zu essen. Als wichtiger Bestandteil des Schiffszwiebackes wurde damals oft → *Cetraria islandica* verwendet, weil der Schiffszwieback dann nicht «von Würmern leidet» (Wikström 1835). In Yunnan (China) werden Arten der Gattung *Lobaria* auch heute regelmässig gegessen und in grossen Mengen auf Pilzmärkten verkauft. Die Flechtengerichte werden dabei zu Anlässen gegessen, an welchen schwieriger Zeiten gedacht wird (Wang Li-song, mündlich). Die Gerichte werden aber nicht nur deshalb sehr geschätzt – die Lungenflechten sind wirklich schmackhaft (aber in vielen Ländern geschützt!). Eine ausgesprochene Delikatesse ist dagegen *Umbilicaria esculenta* aus Ostasien. Im Himalaya wird für Feste die Flechtenwurst «Sargyangma» hergestellt. Schliesslich wird in Estland von einer Schokoladenmanufaktur eine Delikatesse mit → *Cladonia rangiferina* in Schokolade hergestellt. Der Likör aus → *Cetraria islandica* aus Island hilft dann bei der Verdauung.

8.7 Medizinische Verwendung

Damit sind wir bei der Verwendung von Flechten in Naturheilmitteln angekommen. → *Cetraria islandica* ist in Europa die am häufigsten verwendete Flechte in Hustenpastillen. Weiter werden Extrakte von *Usnea barbata*, → *Cladonia rangiferina* und → *Lobaria pulmonaria* in Hustensirup oder als Tropfen in 70 % Alkohol verwendet. Gemäss Angaben im *Kreuterbuch* von Hieronymus Bock wurde die Lungenflechte auch in der Tiermedizin verwendet (Abbildung 61). In der chinesischen Provinz Yunnan werden über 140 Flechtenarten für medizinische Zwecke verwendet, wobei die Verwendung als Tee sehr häufig ist (Yang et al. 2021). Auch für die Wundversorgung werden Flechten weitherum verwendet, vor allem Arten mit antibiotisch wirkenden Flechtenstoffen wie Usninsäure. Zahlreiche weitere Wirkungen sind in der wissenschaftlichen Literatur zusammengestellt und wurden weiter oben in Kapitel 6.1 aufgelistet.

Von der kreutter Underscheid/
Von den Namen.

VIl kreutter seind die jhre namen von der Lebern haben/ nemlich der Guldenklee/ die Hertzfreud oder Waldmeister/ die Odermeng/ vnd das gegenwertig feucht Steinflecht kraut. Aber in summa die Odermeng ist das recht Leberkraut/ wie droben gemeldt/ vnd dise zwey gegenwertige Leber vnd Lungenkreutter mögen jhrer krafft halben auch also heissen/ sonst der rechten Schrifft nach/ seind sie beide nichts anderst dann Lichene/ das ist/ Flechtkreutter/ wie solches Diosco. lib. iiij. cap. ij. eigentlich beschreibet/ vnd spricht/ Lichena hang an den Felsen/ werde von den Römern Muscus/ das ist/ Moß genandt/ etc. Also redet der Serap. daruon cap. cxiij. vnd nennets auff sein sprach Hazezalsacher. Der vnderscheid zwischen den zweyen kreuttern ist sichtbarlich zu mercken. Das so an den nassen Felsen klebt/ mag man Lichenam petrosam et aquaticam deutten/ zu Teutsch Brunnen Leberkraut/ vnd das ander Arboream et syluestrem Lichenam/ wald Lungenkraut/ seind beide/ wie Plinius schreibet/ zu den Flechten (Impetigines genandt) dienstlich/ daher sie auch jhre namen haben/ sonderlich aber dz an den Felsen wächßt. Das ander an den Bäumen brauchen die Veterinarij oder vihe Artzet/ zu der Lungensucht/ nennen es Pulmonariam/ Lungenkraut.

Vihe Artzney.

Lungenkraut. Brunnen Leberkraut.

Noch ist ein Flecht Moß kraut/ wächßt auff dürren Heyden/ hencket sich an mit kleinen zaseln/ wie der Engelsüß/ vom selben kraut an seinem ort.

Von

Von Lungenkraut/ vnd Brunnen Leberkraut. Cap. cxxix.

DAS kriechend naß Leberkraut muß allzeit schatten vnd feuchtigkeit haben/ darumb das es den warmen Lufft vnd Sonnenschein nicht mag dulden/ muß es in den tieffen kalten Brunnen vnd Felsen seine wohnung haben/ da erholet es sich/ fladert vnd kreucht weit vmb sich/ mit vilen Schüppechten feisten blettern/ nicht anderst dann die Zitterflecken oder Flechten am Leib vmb sich greiffen.

Das ander so man Lungenkraut nennet/ wächßt an den Mosechten Eychbäumen vnd Buchbäumen/ etwan auch an den Mosechten Felsen/ in den dunckelen Wälden/ ist dem vorderigen gleich/ aber gantz grösser/ mit breitten gerunzelten blettern ober einander geschossen/ schön grün/ zäher vnnd druckener dann das vorderst Leberkraut/ hencket sich auch an mit feiner Wollen/ auff der seiten gegen den Bäumen weißfarb/ wie ein Leber/ also zähe ist das Wald Lungenkraut.

Abbildung 61 | Beschreibung der Verwendung von *Lobaria pulmonaria* in Bock (1595): «Das ander an Den Bäumen brauchen Die Veterinarii oder ViheArzet/zu der Lungensucht/nennen es Pulmonariam/Lungenkraut». Auf der Rückseite | «Das ander so man Lungenkraut nennet/wächst an den Mosechten Eychbäumen und Buchbäumen/etwan auch an den Mosechten Felsen/in den dunckelen Wäldern/ist dem vorderigen (Anmerkung | Das Lebermoos Leberkraut oder Brunnenlebermoos) gleich/aber ganz grösser/mit breitten gerunzelten blettern obereinander geschossen/schön grün/zäher unnd druckener dann das vorderst Leberkraut/hencket sich auch an mit feiner Wollen/auf der Seiten gegen den Bäumen weissfarb/wie ein Leber/ also zähe ist das Wald Lungenkraut».

8.8 Kultur

Ebenfalls wegen der Flechtenstoffe, inklusive zahlreicher Duftstoffe in den Strauchflechten → *Evernia prunastri* und → *Pseudevernia furfuracea*, werden diese beiden Arten in der Parfümindustrie verwendet. Mehr als 6000 Tonnen Flechtenmaterial wurden dafür in Südosteuropa, Frankreich und Nordafrika gesammelt. Der Bedarf an Flechtenmaterial für den Basis-Duftstoff «absolue de mousse de chêne» ist in den letzten Jahren aufgrund einer EU-Bestimmung zurückgegangen, weil der, vor allem in der Rinde von → *P. furfuracea* vorhandene, Flechtenstoff Atranorin als Allergen gilt.

Zahlreiche Flechtenstoffe lassen sich beim Färben von Fasern, besonders Wolle, verwenden. Weil für diesen Zweck aber oft grosse Mengen an Flechten benötigt werden, sind wir hier etwas zurückhaltend beim Vorstellen dieser «Leistung». Auf Felsflächen wachsende Blattflechten, welche in Schottland als «crottle» bekannt sind, kommen zwar auch in den Alpen vor, sind hier aber deutlich weniger üppig entwickelt. Deshalb könnten Flechten zum Färben durch intensive Sammelaktivitäten in ihren Beständen stark reduziert werden. Das gilt auch für Bartflechten, die Wolle gelb bis ocker färben und, falls benötigt, von Ästen gefällter Bäume gesammelt werden sollten. Ebenfalls grosse Mengen an Strauchflechten werden für Dekorationszwecke in Blumenarrangements, Trauerkränzen und als Bäumchen in Architekturmodellen und bei Modelleisenbahnen eingesetzt. Insbesondere *Cladonia stellaris* (Exkursion 26) wird für diese Zwecke verwendet. Sie kommt meist mit Glycerin behandelt in den Markt, damit sie weniger zerbrechlich ist. In vielen Ländern musste das Sammeln und der Handel von *Cladonia stellaris* deshalb reguliert werden. Auf dem indischen Subkontinent werden Flechten in grossen Mengen als Räucherwaren verwendet. Ein wesentlicher Anteil wurde aus Nepal importiert, bis das Land den Export in den letzten Jahren weitgehend unterbunden hat.

Schliesslich sind Flechten Inspirationsquellen in der Malerei, den grafischen Künsten und der Literatur. Im deutschsprachigen Raum haben so unterschiedliche Autoren wie Johann Gottfried Herder (Abbildung 62) und Hans Magnus Enzensberger den Flechten Gedichte gewidmet, und bei Kim de l'Horizon übernimmt die Lungenflechte eine Hauptrolle in einem Theaterstück zur Weltrettung in 13 Übungen.

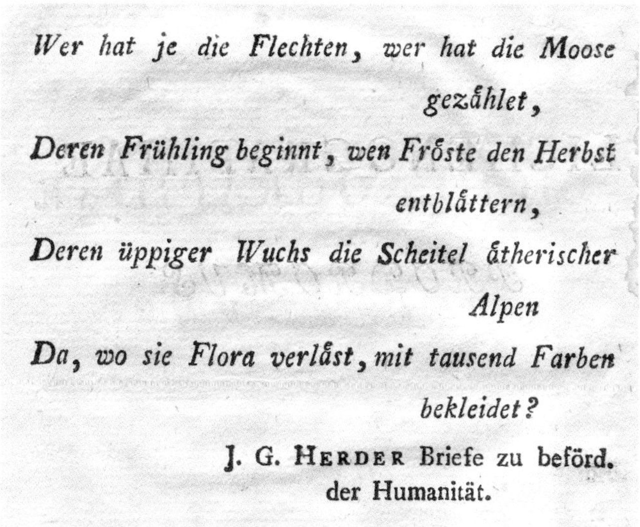
Wer hat je die Flechten, wer hat die Moose gezählet,
Deren Frühling beginnt, wen Fröste den Herbst entblättern,
Deren üppiger Wuchs die Scheitel ätherischer Alpen
Da, wo sie Flora verlåst, mit tausend Farben bekleidet?

J. G. HERDER Briefe zu beförd. der Humanität.

Abbildung 62 | Aus Acharius (1798). Herder, Johann Gottfried 1794. Briefe zur Beförderung der Humanität, Vierte Sammlung, Abschnitt 43 | Sterbliche haben gewähnt zu zählen die Kinder der Flora, Ihre Geschlechter zu ordnen und ihre Namen zu nennen; ... «Wer hat je die Flechten, wer hat die Moose gezählet, Deren Frühling beginnt, wenn Fröste den Herbst entblättern, Deren üppiger Wuchs die Scheitel ätherischer Alpen Da, wo sie Flora verlässt, mit tausend Farben bekleidet?»

9 Artenreichtum, Gefährdung und Naturschutz

9.1 Anzahl Arten weltweit, in den Alpen und in der Schweiz

Vorsichtige Schätzungen zur Artenzahl der Flechten gehen von weltweit 18 000 bis weit über 20 000 Flechtenarten aus. Intensive systematische Arbeiten an bisher wenig untersuchten Gattungen und Untersuchungen aus tropischen und subtropischen Gebieten haben in den letzten Jahren aber die Zahl der Neubeschreibungen von Flechtenarten emporschnellen lassen. Es wäre deshalb nicht erstaunlich, wenn in wenigen Jahren Schätzungen von über 50 000 Flechtenarten ausgehen würden. Für den Alpenraum sind in einer detaillierten Checkliste über 3000 Arten nachgewiesen worden (Nimis et al. 2018) und für die Schweiz dürfte die Marke von 2000 Arten geknackt worden sein (unpublizierte Schätzung der Autor*innen).

9.2 Rote Liste der gefährdeten Arten

Für die Schweiz ist bisher nur für die baum- und erdbewohnenden Flechten eine Rote Liste der national gefährdeten Arten veröffentlicht worden, weil nur für diese beiden Gruppen detailliertere Verbreitungsangaben erstellt werden konnten (Scheidegger et al. 2002). Von den damals 786 untersuchten Arten (520 baumbewohnende und 266 erdbewohnende) wurden 295 Arten oder 37 % auf die Rote Liste gesetzt. Der Anteil gefährdeter Arten war mit 44 % bei den baumbewohnenden deutlich höher als bei den erdbewohnenden Arten. 30 Arten mussten als national ausgestorben eingestuft werden. Gegenwärtig läuft eine Revision der Roten Liste, wobei nun auch die totholzbewohnenden Arten erfasst werden. Die Ergebnisse werden für 2024 erwartet.

9.3 Schutz der Lebensräume und Kleinstandorte, Pflegemassnahmen und Artenförderung

Vorkommen seltener und gefährdeter Flechten können mit vielen unterschiedlichen Ansätzen geschützt und gefördert werden. Eigentlich sind Flechten geradezu ideale Lebewesen für Artenförderungsprojekte: Als sessile Lebewesen bleiben sie während ihres ganzen Lebens am ursprünglichen Wuchsort, und weil Flechten oft sehr alt werden, kann dieser Ort oft über Hunderte von Jahren einer gesteinsbewohnenden Art im Gebirge als Lebensraum dienen. Ein überlebensfähiges Vorkommen aus zahlreichen Individuen kann auf ein paar Quadratmetern Platz finden. In der Praxis müssen Flechtenlebensräume aber im Zusammenhang mit der Lebensraum- und Landschaftsdynamik betrachtet werden. Darum sind auch für Flechten grössere Schutzgebiete unverzichtbar.

← *Teloschistes chrysophthalmus* ist in der Roten Liste der gefährdeten baum- und erdbewohnenden Flechten der Schweiz als ausgestorben klassiert, konnte 2015 im Tessin wieder nachgewiesen werden und ist aber seither wieder verschollen.

Abbildung 63 | Die Flechtenflora auf Findlingen war früher sehr artenreich. Heute sind viele dieser Blöcke verarmt. Einzelne Blöcke sind aber noch für Seltenheiten wie *Schaereria cinereorufa* bekannt.

Gesteinsbewohnende Flechten

Im Alpenraum sind 1857 Flechten bekannt, welche regelmässig auf Gestein vorkommen (nach Nimis et al. 2018). Im Alpenraum sind Flechten auf Felsflächen generell häufig. An Schutzmassnahmen für gesteinsbewohnende Flechten wird deshalb oft nicht gedacht. Dabei gibt es zahlreiche seltene Standorttypen, oft auch aufgrund der Kombination von seltenen geologischen Gesteinstypen, Oberflächenbeschaffenheit, Exposition der Felsflächen und klimatischer Lage. Beispielsweise wurden von Findlingen in tiefen Lagen submediterran verbreitete Flechten wie *Buellia spuria* nachgewiesen. Die aus dem 19. Jahrhundert bekannten Fundorte sind inzwischen verschwunden, zeigen aber die mögliche Bedeutung von Findlingen als Lebensraum seltener Flechten auf. Eine gezielte Förderung der Flechten auf Findlingen ist sicher in Zukunft vermehrt nötig, damit beispielsweise Silikatarten wie *Schaereria cinereorufa* auch im Jura erhalten werden können (Abbildung 63). Im Alpenraum sind zahlreiche Bergsturzblöcke erstaunlich artenreiche Hotspots für Flechten. Weil viele dieser Blöcke in bewirtschafteten Gebieten liegen, ist zu erwarten, dass der Eintrag von Dünger, Pestiziden und Fungiziden einen direkten Einfluss auf die zukünftige Flechtenvegetation haben wird. Selbstverständlich haben auch Bauten direkte Auswirkungen auf seltene Flechtenvorkommen. Auch wenn für die grosse Gruppe der gesteinsbewohnenden Flechten mit über 1000 Arten noch keine Rote Liste besteht, können bei der Planung von Infrastrukturprojekten trotzdem schon seltene, gesteinsbewohnende Flechten in die Interessensabwägung einbezogen werden. Auch Fahrstrassen zu Sömmerungsgebieten in den Alpen sowie Skipisten führen zu einem Verlust von Lebensraum, allerdings stärker bei erdbewohnenden als bei gesteinsbewohnenden Flechten. Trittschäden und Schäden an Griffen auf alpinen Kletterrouten sind erstaunlicherweise häufig auf wenige Quadratzentimeter beschränkt – eben genau auf die Stellen, wo mensch hintritt (Abbildung 64). Die grössten Auswirkungen auf die Flechtenflora in Kletterrouten haben Reinigungsmassnahmen von Griffen und das Zertreten von Nabelflechten in Routen (Exkursion 31). Weil ja bekanntlich nur geschützt werden kann, was man kennt, hoffen wir, dass nach der Lektüre dieses Buches auf solches Reinigen, wenn immer möglich, verzichtet wird. «Rührmichnichtan» ist nämlich die kostengünstigste Strategie im Artenschutz – und gerade in alpinen Lebensräumen für die extremophilen Flechten auch die erfolgreichste.

Abbildung 64 | Ein typischer Tritt auf einer Alpinwanderroute: Die Route ist vor allem bei trockenem Wetter begangen und dann sind die Flechtenlager hart und widerstandsfähig. Das graue Lager von *Umbilicaria cylindrinca* wurde bei einem «unsauberen Tritt» beschädigt.

Erdbewohnende Flechten

Im Alpenraum sind 430 Flechten bekannt, welche regelmässig auf Erde vorkommen (nach Nimis et al. 2018). Die wichtigsten Gefährdungsursachen bei Flechten sind der Verlust ihres Lebensraumes und Einbussen in der Lebensraumqualität. Das mag nicht weiter erstaunen, sind doch diese beiden Faktoren auch bei anderen Organismengruppen verantwortlich für deren Rückgang. Doch was bedeutet Lebensraum oder Habitatqualität für seltene und gefährdete Flechten? Erdbewohnende Arten wachsen meist in kleinen Vegetationslücken in Trockenrasen und Felsensteppen. Vegetationslücken können durch lokal unterschiedliche Wasserverfügbarkeit im Boden entstehen, etwa an sehr flachgründigen Stellen über felsigem Untergrund. Diese Stellen sind meist so stark austrocknend, dass die austrocknungstoleranten Flechten lokal konkurrenzstärker als die Blütenpflanzen sind. Solche natürlichen Vegetationslücken an extensiven, wärmeliebenden Standorten sind aber bei uns sehr kleinflächig entwickelt. Diese, für gefährdete erdbewohnende Flechten wichtigen Kleinlebensräume werden durch zusätzliche Bewässerung zur Ertragssteigerung, durch Düngung dieser extensiven Lebensräume über die Luft, aber auch durch Beschattung wegen zunehmender Verbuschung oder durch die Akkumulation von Laubstreu beeinträchtigt.

Durch Pflegemassnahmen kann zwar die Verbuschung rückgängig gemacht werden. Dabei ist aber darauf zu achten, dass erdbewohnende Flechten nicht geschädigt werden. Weidevieh darf nicht zu schwer sein, weil sonst flachgründige Erdauflagen leicht aufgebrochen und die Flechten zerstört werden. So konnte beobachtet werden, dass die Bunte Erdflechtengesellschaft mit → *Gyalolechia fulgens* durch weidende Pferde aufgebrochen wurde, worauf die dünne Erdauflagen weggeblasen und der darunterliegende Fels freigelegt wurde. Auch beim Mähen ist auf Besonderheiten von Flechtenvorkommen zu achten: Flechten sind nämlich nicht an Vegetationszeiten gebunden und überdauern den Winter in ihrer üblichen Wuchshöhe. Wenn die Vegetation im Herbst gemäht wird, werden dabei die Strauchflechten auch abgeschert. Anders als krautige Blütenpflanzen können sich die abgemähten Flechten aber während der nächsten Vegetationsperiode nicht leicht regenerieren. Sie benötigen dafür mehrere Jahre, falls sie durch den Eingriff nicht gänzlich zerstört wurden. Bei Mäheinsätzen in diesen empfindlichen Lebensräumen sollte deshalb besonders darauf geachtet werden, dass die kleinräumigen Flächen mit Erdflechten geschont werden. Wie bei den gesteinsbewohnenden Arten sind auch in dieser Gruppe bestimmte Arten → *Dactylina ramulosa* und *Gyalidea lecideoides* (Exkursion 38) als Substratspezialisten an ganz spezielle Bodeneigenschaften gebunden und deshalb sehr selten.

Totholz- und Pflanzenreste-bewohnende Flechten

Im Alpenraum sind 722 Flechten bekannt, welche regelmässig auf Totholz oder Pflanzenresten vorkommen (nach Nimis et al. 2018). Davon kommen 285 Arten aber auch regelmässig auf Borke lebender Bäume vor, sodass 437 Arten auf Totholz und Pflanzenreste beschränkt sind.

Die Gruppe von meist kleinen Krustenflechten, welche auf Pflanzenresten und abgestorbenen Moosen wächst, ist vor allem auf Trockenstandorten und in subalpin-alpinen, artenreichen Lagen in oft artenreichen Vorkommen zu beobachten. Die Vorkommen in alpinen Rasen, Windheiden und Schneetälchen sind zwar meist nur kleinflächig entwickelt, aber insgesamt häufig und in der entsprechenden Höhenstufe weit verbreitet. Intensive Trittbelastung im Bereich von touristischer Infrastruktur kann solche Standorte zerstören. Flechten ertragen aber Belastungen durch alpine Sportarten wie Berg- und Alpinwandern oder Klettern erstaunlich gut, sofern nicht absichtlich Pfade und Routen «gesäubert» werden.

Weil Totholz insbesondere in Wäldern tiefer Lagen durch intensive Nutzung nur noch in geringen Mengen vorhanden war, wurde das Totholzvolumen durch gezielte Massnahmen in den letzten Jahrzehnten in verschiedenen Beständen wieder gefördert. Inzwischen reicht das durchschnittliche Totholzvolumen im Schweizer Wald von 24 m^3/ha für den Erhalt vieler Totholzorganismen wieder aus, doch bestehen weiterhin lokale und regionale Defizite (Lachat et al. 2019). Solche Defizite gibt es auch für totholz-bewohnende Flechten. In Wäldern des Mittellandes mit geringem Totholzvolumen sind auf den morschen Strünken meist nur ein paar häufige Arten wie → *Cladonia coniocraea* und → *C. fimbriata* zu finden. Dabei sind auch im Mittelland in Wäldern mit viel Totholz plötzlich wieder viele Arten zu beobachten. Allerdings sind gerade im Mittelland diese Arten oft, wie → *Absconditella lignicola,* ziemlich unauffällig oder aber, wie rasch wüchsige Arten der Gattung → *Micarea,* häufig nur mit mikroskopischer Untersuchung und anhand der Flechtenstoffe zu bestimmen. In tiefen Lagen verdient vor allem grösser dimensioniertes Totholz von Eichen und Kastanien Aufmerksamkeit. Auf alten Strünken, aber auch an liegendem und stehendem Totholz ist auf *Cladonia parasitica* zu achten (Exkursion 13). Flechten auf solchen Totholz-Vorkommen entwickeln sich oft erst nach Jahrzehnten und benötigen recht lichtreiche, aber luftfeuchte Standorte, etwa in Weiden. Anfallendes Totholz in lichten Eichenwäldern oder in Kastanienselven kann gezielt zur Artenförderung von Flechten verwendet werden.

In naturnahen Gebirgswäldern mit viel Totholz unterschiedlicher Zersetzungsgrade ist der Flechtenbewuchs auf Totholz hingegen sehr üppig und artenreich (Exkursion 23). Oft dominieren auffällige Strauchflechten der

Gattung *Cladonia*, aber auch Krustenflechten wie → *Xylographa parallela* (Abbildung 65) erreichen an solchen Orten eine deutlich höhere Artenzahl.
Unterschiedlichste Formen von verarbeitetem Holz wie Zäune, Holzgebäude und -brücken werden mit der Zeit oft zu artenreichen Ersatzstandorten für holzbewohnende Flechten. Weil die ursprünglichen Habitate an Dürrständern und abgestorbenen Ästen an lebenden Bäumen in vielen Gebieten nur noch vereinzelt vorkommen, übernehmen dort solche Ersatzstandorte eine wichtige Rolle als Flechtenhabitate. Aber auch in Gebieten mit vielen natürlichen Standorten für totholz-bewohnende Flechten können sie an den Ersatzstandorten oft einfacher beobachtet werden. Weil solche Ersatzstandorte dann am artenreichsten sind, wenn die Holzverwitterung bereits stark fortgeschritten ist, werden die interessantesten oft durch Reparaturmassnahmen mit neuem, intaktem Holz zum Verschwinden gebracht. Dabei können sie als Lebensraum einfach erhalten bleiben, wenn bei Reparaturarbeiten von Zäunen nur einzelne alte Latten oder Pfähle mit neuen ergänzt und nicht alle gleichzeitig ersetzt werden. Auch natürliche Standorte dieser Arten können durch das Belassen von stehendem und liegendem Totholz mit wenig Aufwand gefördert werden.

Abbildung 65 | Auf hartem Totholz von Nadelbäumen zeichnen die länglichen Fruchtkörper von *Xylographa parallela* den Verlauf der Holzfasern nach.

Epiphytische Flechten

Im Alpenraum sind 893 auf Rinde und Borke lebende (epiphytische) Flechten bekannt (nach Nimis et al. 2018). Gefährdete Vorkommen von epiphytischen Flechten kommen meist an Standorten vor, die sich in der Vergangenheit stark verändert haben. Sie sind dann oft auf seltene Habitate wie alte Baumindividuen mit bestimmten Kleinstrukturen beschränkt und ihre Grösse und Vitalität ist stark beeinträchtigt. In solchen Fällen kann durch die Schonung der verbleibenden Trägerbäume der Lebensraum wenigstens vorübergehend erhalten werden und durch gezielte Pflegemassnahmen die Habitatqualität für die Zielarten erhöht werden.
Bei baumbewohnenden Flechten besteht die hauptsächliche Gefährdung im Absterben oder in der Ernte der Trägerbäume. Weil die lokalen Vorkommen von seltenen und gefährdeten Arten oft auf wenige Einzelbäume beschränkt sind, kann sich das Verschwinden weniger Einzelbäume in einem Bestand stark auf die Population seltener Flechten auswirken. Vor allem in Wäldern tieferer Lagen kann aber die Lebensraumqualität für Flechten durch forstliche Eingriffe auch deutlich verbessert werden. Verschiedentlich konnte mit dem Forstdienst eine Lösung gefunden werden, wie kümmerliche Vorkommen der Echten Lungenflechte gefördert werden können (Exkursion 17). In vielen Wäldern ausserhalb der Auenperimeter liegt der Fokus für die Förderung von seltenen Flechten bei der Erhaltung von alten Baumindividuen in nicht zu dunklen Beständen. Um diese Ziele zu erreichen, sind inzwischen die Bezeichnung von Biotopbäumen und das Ausscheiden von Altholzinseln, Wald- und Sonderwaldreservaten breit akzeptierte Massnahmen und Instrumente, um Waldflechten zu erhalten und zu fördern. Weil sich die Habitatqualität alter Bäume aus ihren Mikrohabitaten wie tiefrissige Borke, Ausbildung einer regengeschützten Stammseite, Stammverletzungen etc. ableitet, muss der Ersatz von absterbenden Trägerbäumen bei der forstlichen Planung jeweils frühzeitig geplant werden, damit die benötigte räumliche und zeitliche Kontinuität dieser, sich häufig erst auf über 100-jährigen Bäumen einstellenden Mikrohabitate aufrechterhalten werden kann.
Viele Vorkommen von gefährdeten, baumbewohnenden Flechten in Wäldern sind oft auf einzelne oder wenige, nahe beieinanderstehende Bäume begrenzt, obwohl im Bestand zahlreiche weitere Bäume mit vergleichbar

hoher Habitatqualität vorkommen. Dies bedeutet, dass sich diese Arten zwar innerhalb des Bestandes auf benachbarte Bäume ausbreiten können, dass die Ausbreitungsdistanzen zu entfernten Bäumen aber zu gross sind, um sich in qualitativ gute Habitate in einem anderen Bestand ausbreiten zu können. Es ist deshalb zentral, dass sich die Artenförderung von Flechten im Wald stark an der lokalen Förderung von Populationen orientieren. Es ist für Flechten nicht zielführend, auf die spontane Besiedelung von aufgewerteten Beständen zu hoffen, in welchen gegenwärtig die Zielarten fehlen. Damit sind die Optionen für die Förderung von Flechten im Wald verglichen mit den Vögeln eingeschränkt. Andererseits leitet sich daraus zwingend ab, dass vorhandene Vorkommen, auch Kleinvorkommen, seltener und gefährdeter Arten uneingeschränkt zu erhalten und Projekte zur Förderung seltener Flechten ausgehend von solchen Vorkommen zu planen sind. Das tönt trivial, muss aber in der Praxis noch stärker berücksichtigt werden.

Ausserhalb des Waldperimeters sind auf freistehenden Bäumen lichtbedürftige epiphytische Flechten charakteristisch, welche in Wäldern oft nur vereinzelt anzutreffen sind. Alleen mit alten Baumbeständen tragen in ländlichen Gebieten oft üppige Strauch- und Blattflechtengesellschaften, und seit einigen Jahren sind auch wieder am Rand von Städten flechtenreiche Standorte zu finden (Exkursion 1). In tieferen Lagen sind Wytweiden mit alten Eichen und in der Südschweiz Kastanienhaine als Lebensraum für seltene und gefährdete epiphytische und totholz-bewohnende Flechten von herausragender Bedeutung. Einerseits sind es die oft über 200-jährigen Bäume, welche mit ihren charakteristischen Kleinstrukturen den Reichtum an seltenen Flechten ausmachen, andererseits ist es auch bei Wytweiden das mehrere Hundert Jahre dauernde räumlich-zeitliche Kontinuum von geeigneten Flechtenstandorten, das für die Habitatqualität verantwortlich ist (Exkursion 13). Ebenfalls mit Schwerpunkt Südschweiz sind Nussbäume im Offenland für verschiedene Flechtenarten von Bedeutung (Exkursion 11). In Hochstammobstgärten sind Kirschbaum und Birnbaum, etwas weniger ausgeprägt auch ältere Bäume weiterer Arten von Steinobst oft Standorte artenreicher Flechtengemeinschaften. Die im 19. Jahrhundert häufig berichteten Vorkommen von → *Heterodermia speciosa* und → *Maronea constans* aus Obstgärten können heute nicht mehr beobachtet werden. Die wenigen Vorkommen der verletzlichen *Lecanora vinetorum* von mit Kupferpräparaten gegen Pilzbefall behandelten Kirschbäumen sind nur ein schwacher Trost für die stark verarmte Flechtenflora in Obstgärten (Abbildung 66). Diese Krustenflechte ist eine der wenigen gegenüber diesem Pilzgift weitgehend resistenten Arten.

Schliesslich sind noch die ausgedehnten Bergahorn-Bestände im Sömmerungsgebiet zu erwähnen (Abbildung 67). Die oft alten Bergahorne in Wytweiden sind ein wichtiger Lebensraum für viele gefährdete epiphytische Moose, aber auch für Flechten wie → *Collema nigrescens* und *Gabura fascicularis* (Abbildung 68) sowie Arten der Gattungen → *Usnea*, → *Lobaria*, → *Ricasolia* und → *Thelenella* (Kiebacher et al. 2018).

Nicht nur Fungizide und weitere Schadstoffe können zur Verarmung der Flechtenvegetation an freistehenden Bäumen führen. In Wytweiden sollte darauf geachtet werden, dass die Stämme nicht mit Gülle und Hofdünger verspritzt werden, weil dies bei Flechten zu Nekrosen führen kann (Abbildung 69). Durch sorgfältiges, bodennahes Ausbringen von Dünger können Schäden weitgehend vermieden werden.

Leider sind viele Vorkommen von stark gefährdeten oder vom Aussterben bedrohten, baumbewohnenden Flechten bereits so stark dezimiert, dass der Schutz von Trägerbäumen und die Aufwertung von Habitaten keine langfristige Sicherung der Vorkommen garantieren, weil die Arten Schwierigkeiten haben, sich auf weitere Trägerbäume auszubreiten. In solchen Fällen haben sich Massnahmen bewährt, bei welchen Restvorkommen durch

Abbildung 66 | *Lecanora vinetorum* kommt selten auf Kirschbäumen vor, die mit Kupferpräparaten gespritzt wurden – und hinter einem Blitzableiter am Berner Münster (Exkursion 10).

Abbildung 67 | Freistehende Bäume im Landwirtschaftsland oder Alleebäume tragen eine artenreiche, lichtliebende Flechtenvegetation, die sich deutlich von der Artenzusammensetzung im Wald unterscheidet. Alte Bergahorne im Sömmerungsgebiet sind besonders artenreich.

Abbildung 68 | *Gabura fasciculare* ist eine stark gefährdete Gallertflechte auf Bergahornen.

Abbildung 69 | Gülle und Mist verursachen bei Flechten Nekrosen. Durch einfache Vorkehrungen beim Ausbringen des Hofdüngers könnten Schäden an dieser geschützten *Parmotrema stuppeum* vermieden werden. Lebensraum (links), Flechte mit anklebendem Mist (Mitte) und abgestorbene Teile der Flechte nach Entfernen des Mistes (rechts).

Transplantation an zusätzliche Trägerbäume künstlich vermehrt werden (Exkursion 17, siehe Kapitel 9.4).

Anders verhält sich die Situation in Lebensräumen, welche durch flächige Störungen geprägt werden. Erdbewohnende und baumbewohnende Flechten in Auengebieten unterliegen bei extremen Hochwassern oft grossflächigen Störungen, welche die Flechtenpopulation lokal vollständig zerstört. Für die Wiederbesiedlung von Kiesbänken durch bodenbewohnende Flechten, beispielsweise der Gattung *Stereocaulon*, spielt vermutlich die laterale Vernetzung mit höher gelegenen Habitaten oder von Seitenzubringern eine grosse Rolle. → *Stereocaulon incrustatum* (Exkursion 48) hat an der Maggia immer noch zahlreiche kleinere Vorkommen, welche entweder seitlich versetzt zum Hauptgerinne liegen oder im Bereich von Seitenzubringern, die oft eine vom Hauptfluss abweichende Störungsdynamik aufweisen. Dank häufig zeitversetzt auftretender Extremereignisse zwischen Hauptfluss und Seitenzubringern können sich die einzelnen Vorkommen als komplexe Metapopulation entwickeln und mit hoher Resilienz auf Störungen reagieren. Extreme Hochwasser können aber auch irreversible Verluste bewirken. So hat vermutlich das 1978 stattgefundene Hochwasser an der Maggia die früher an verschiedenen Stellen vorkommende *Teloschistes chrysophthalmus* ausgelöscht. Seither wurde die Art dort nicht mehr gefunden (Abbildung 70). Bei baumbewohnenden Arten im Auenperimeter spielt auch die Entwicklung der Trägerbäume und -sträucher eine entscheidende Rolle. Die Wiederbesiedlung durch die charakteristische Auenvegetation ist in der Regel

innerhalb weniger Jahre möglich. Bei baumbewohnenden Flechten kann die Wiederbesiedlung aber erst dann einsetzen, wenn die Strauch- und Baumarten sich entsprechend entwickelt haben. Charakteristische baumbewohnende Arten in Auen (Exkursion 49) wie → *Coniocarpon fallax und C. cinnabarinum* entwickeln sich auf etwa 20-jährigen Eschen. Auch die bisher nur von wenigen Fundorten bekannte → *Phaeophyscia kairamoi* benötigt etwa gleich alte oder etwas ältere Bäume. Ebenso wie bei den erdbewohnenden Flechten ist auch bei diesen Arten eine bevorzugte Wiederbesiedelung aus lateral vernetzten Habitaten zu erwarten. Am Vorderrhein unterhalb von Ilanz bedeutet dies aber, dass *P. kairamoi* auch in Feldgehölzen und Wäldern ausserhalb des Auenperimeters gefördert wird, obschon die Art dort nur selten anzutreffen und auch nicht unbedingt standorttypisch ist. Schliesslich ist bei sehr seltenen und nur noch sehr lokal vorkommenden Arten wie *Ramalina dilacerata* (Abbildung 71) am Inn die Population durch aktive Artenförderungsmassnahmen zu vergrössern und räumlich an weitere Lebensräume zu transplantieren. Dadurch kann das Risiko vermindert werden, dass bei einem starken Hochwasser im entsprechenden Flussabschnitt alle Vorkommen auf einmal zerstört werden und keine Quellpopulationen für die spätere Wiederbesiedelung übrigbleiben. Uns ist sehr bewusst, dass ein solcher Ansatz eine Notlösung darstellt. Auenorganismen sind an dynamische Lebensräume angepasst und oft von der charakteristischen Störungsdynamik sogar abhängig. Dazu ist aber eine regional breit aufgestellte, gut funktionierende Metapopulation notwendig. Weil die grössten Vorkommen von *R. dilacerata* bereits vor 35 Jahren zerstört und in ihrer räumlichen Ausdehnung stark reduziert wurde, hat die Population in diesem Gebiet ihre Möglichkeit, auf Störungen zu reagieren, inzwischen aber leider weitgehend eingebüsst.

Auch wenn seit mehreren Jahren einzelne Flussabschnitte im Mittelland revitalisiert werden und dabei naturnähere Zustände für Geschiebe- und Abflussdynamik wiederhergestellt werden, fehlen weiterhin wichtige Prozesse in Hartholz-Auenwäldern. Eisgang während spätwinterlicher Hochwasser hat in früheren Jahrhunderten dazu geführt, dass dünnere Bäume in Hartholzauenwäldern abgeschert wurden, kräftige Bäume, insbesondere Eichen, aber allenfalls mit Stammverletzungen überlebten. Das Eis konnte aus zahlreichen zugefrorenen Auentümpeln und Altarmen bei einem Frühjahrshochwasser mobilisiert werden. Die Eisplatten wurden vom Hochwasser durch die überschwemmten Auenwälder getrieben, wo der alle paar Jahre stattfindende Eisgang Mittelwald-ähnliche Waldstrukturen im Auenperimeter

Abbildung 70 | Das letzte grössere Vorkommen von *Teloschistes chrysopthalmus* wurde bei einem Hochwasser zerstört. Der Lebensraum der Art ist aber bereits vorher stark zurückgegangen (Foto aus Südfrankreich).

schaffen konnte. Dank Eisgang konnten sich in luftfeuchten Lagen lichte Waldbestände ausbilden, die zwar entsprechend der zeitlichen Abfolge der Eisgänge auch für ein paar Jahre zuwachsen konnten, bevor die nächste Störung wiederum dünne Bäume abgeschert hat – die kräftigen Bäume blieben jedoch über mehrere Eisgang-Zyklen erhalten und konnten typische Altbaum-Merkmale am Stamm entwickeln. Solche, durch natürliche Prozesse geschaffenen Waldstrukturen zeigten vermutlich deutliche Ähnlichkeiten zu Mittelwäldern, einer historischen Waldbauform mit zwei Baumschichten, welche heute als Sonderwaldreservate wegen ihrer hohen Vielfalt an seltenen und gefährdeten Arten erhalten werden. Verschiedene, auf alte Bäume angewiesene Flechtenarten sind an zyklisch wechselnde Lichtbedingungen in luftfeuchten Lagen gebunden. Dazu gehören → *Bactrospora dryina*, → *Inoderma byssaceum*, *Opegrapha vermicellifera* oder, etwas weniger ausgeprägt, → *Reichlingia leopoldii*, Arten, die heute an Mittelwälder gebunden sind. Ihre ursprünglichen Lebensräume waren aber vermutlich Hartholz-Auenwälder, aus denen sie wegen der fehlenden Eisgang-Dynamik weitgehend verschwunden sind, es sei denn, diese Wälder wurden ebenfalls als Mittelwälder bewirtschaftet.

Abbildung 71 | Die Vorkommen von *Ramalina dilacerata* sind auf wenige Flussabschnitte am Inn beschränkt.

Artenförderungsmassnahmen für kleine Vorkommen

In verschiedenen Fällen sind Vorkommen von seltenen und gefährdeten Arten aber so klein, dass sie durch ein einzelnes Ereignis zerstört werden können. Am häufigsten wurden solche Situationen bei baumbewohnenden Flechten angetroffen, wo Arten in Waldbeständen jeweils auf einen Einzelbaum beschränkt sind, auf diesem Baum jedoch recht üppig wachsen. Manchmal ist die Art lokal so selten, weil passende Trägerbäume im Bestand selten sind. Oft muss die Seltenheit aber damit erklärt werden, dass die Ausbreitungsfähigkeit der Art so stark eingeschränkt ist, dass innerhalb von wenigen Jahrzehnten die Art nicht in der Lage ist, passende Bäume in der näheren Umgebung zu besiedeln. In vielen Fällen muss davon ausgegangen werden, dass wegen Ereignissen in der Vergangenheit das Vorkommen so stark dezimiert wurde, dass die stark reduzierte Anzahl Ausbreitungseinheiten eine natürliche Besiedlung neuer Trägerbäume verunmöglicht. Auch mit gezielten Massnahmen lassen sich einzelne Trägerbäume nicht beliebig lange im Bestand halten, sodass als weitere Lösung *in-situ* Artenschutzmassnahmen umgesetzt werden müssen. Solche Massnahmen sind aber nur dann zielführend, wenn parallel dazu der Lebensraum aufgewertet werden kann und die neuen Trägerbäume für die nächsten Jahrzehnte geschont werden. Lange Zeithorizonte für solche Fördermassnahmen sind wegen der langen Generationszeit der Flechten nötig (Abbildung 14).

Artenförderungsmassnahmen bei der Echten Lungenflechte *Lobaria pulmonaria*

Bei baumbewohnenden Flechten wurde bisher in den meisten Fällen versucht, die Massnahmen lokal umzusetzen und möglichst zur Verstärkung von vorhandenen Vorkommen beizutragen. In wenigen Fällen haben aber auch Wiederansiedlungen oder Neuansiedlungen, jeweils in Absprache mit den entsprechenden Behörden und dem lokalen Forstdienst, beispielsweise bei → *Lobaria pulmonaria* positive Resultate gezeigt (Abbildung 72, Exkursion 17). Ein gut gelungenes Beispiel konnte in Baden realisiert werden, wo sich für eine Wiederansiedlung sogar Apotheken für die Förderung der als «Heilpflanze» bekannten *Lobaria pulmonaria* einsetzen. Natürliche Vorkommen der Echten Lungenflechte im Mittelland sind nur noch selten und oft auf Einzelbäume beschränkt. Die Art ist in der Schweiz geschützt und entsprechend schont die Forstpraxis diese auffällige Flechte bei der Entnahme von Bäumen regelmässig. Manchmal wird aber ein Trägerbaum bei einem Sturm geworfen oder muss aus einem anderen Grund aus dem Bestand entnommen werden. In solchen Fällen können wenige Quadratzentimeter grosse Lappen dieser und anderer Blattflechten an geeignete Trägerbäume übertragen werden (Exkursion 17). Sofern das Flechtenmaterial in frischem Zustand umgesiedelt werden kann, ist die Überlebenschance an geeigneten Standorten mit über 80 % sehr hoch. Es ist aber auch möglich, vegetative Ausbreitungseinheiten für die Verstärkung bestehender Vorkommen zu verwenden.

Abbildung 72 | Lappen von *Lobaria pulmonaria* können zur Verstärkung von Vorkommen an Bäume transplantiert werden. Unter optimalen Bedingungen entwickeln sich solche Lappen innerhalb von 25 Jahren zu grossen Lagern.

Artenförderungsmassnahmen beim Schwarzen Kugelträger *Bunodophoron melanocarpum*

Der Ansatz der Transplantation von kleinen Fragmenten des Lagers wurde bei *Bunodophoron melanocarpum* gewählt, weil die Art im Bestand nur von einem Baum her bekannt war. Ungefähr 3 mm grosse endständige Ästchen wurden entnommen und auf andere Trägerbäume im Bestand übertragen. Diese Methode schont zwar das ursprüngliche Individuum, benötigt aber sehr viel Zeit und die Transplantate müssen in den ersten Jahren regelmässig vor konkurrenzierenden Moosen geschützt werden (Abbildung 73). Nach über 30 Jahren sind die Transplantate nun aber gut angewachsen und können sich gegen die Moose ohne weitere Pflegemassnahmen durchsetzen.

Oben:
Abbildung 73 | *Bunodophoron melanocarpum*. Natürliches Vorkommen an der Basis des ursprünglichen Trägerbaums (links) und Transplantat einer endständigen Verzweigung nach 12 Jahren.

Mitte:
Abbildung 74 | Individuen von *Ramalina dilacerata* eines abgestorbenen Astes werden mitsamt der Borke an kräftige Grauerlen geklebt. Die Strauchflechten können am neuen Trägerbaum überleben, aber nicht auf dessen Borke Fuss fassen. Wir erwarten eine Vermehrung durch Ascosporen auf dem neuen Trägerbaum.

Unten:
Abbildung 75 | Verstärkung eines vorhandenen Vorkommens von *Stereocaulon glareosum* mit Fragmenten (links) und einem kleinen Lager (rechts).

Artenförderungsmassnahmen bei der Kleinen Astflechte *Ramalina dilacerata*

Strauchflechten, welche mit einer Haftscheibe am Substrat festgewachsen sind, lassen sich nicht ohne Weiteres mit der oben beschriebenen Methode fördern. Flechten können aber zusammen mit einem kleinen Stück Borke abgeschnitten und dann mit der Borke zusammen auf einen anderen Trägerbaum angeklebt werden. Als Klebstoff eignet sich dauerelastischer Silikonkleber für den Aussenbereich, wobei darauf zu achten ist, dass der Kleber nicht fungiziert ist. Mit dieser Massnahme kann erreicht werden, dass sich die transplantierte Flechte am neuen Trägerbaum möglichst rasch verjüngen kann. In einem laufenden Versuch haben Transplantate der Kleinen Astflechte →*Ramalina dilacerata* schon während wenigstens fünf Jahren am neuen Trägerbaum überlebt und während dieser Zeit Sporen produziert (Abbildung 74).

Artenförderungsmassnahmen bei der Kies-Korallenflechte *Stereocaulon glareosum*

Ansiedlungen können auch für erdbewohnende Flechten durchgeführt werden. Beispielsweise, indem kleine Bruchstücke oder ausgewachsene Individuen von *Stereocaulon glareosum* (Abbildung 75, Exkursion 34) in der Natur ausgebracht werden. Mit dieser Methode lassen sich Vorkommen von geschützten Arten verstärken oder allenfalls umsiedeln. Auch häufigere, nicht geschützte Arten können an Trockenstandorten im Siedlungsraum ausgebracht werden, sofern genügend Geduld aufgebracht wird, bis die Flechten zu auffälligeren Lagern auswachsen. Mit →*Peltigera rufescens* kann das zwar recht einfach gelingen, umgesiedelte Flechten im Siedlungsraum sind aber bisher noch nicht so *en vogue* und können auch in Botanischen Gärten bisher erst vereinzelt bestaunt werden, beispielsweise in Helsinki.

9.4 Luftverschmutzung, Eutrophierung

Auf die oft spezifischen Ansprüche an den Kalkgehalt bei gesteins- und erdbewohnenden Flechten oder an den Säuregrad von Borke und Rinde bei baumbewohnenden Flechten wurde bereits in Kapitel 7.3 hingewiesen. Weil sich diese Eigenschaften aber auch durch Umwelteinflüsse verändern können, reagiert die Flechtenvegetation zum Teil deutlich auf sich verändernde Umwelteinflüsse. Dies wurde bereits im 19. Jahrhundert in Paris beobachtet und später im 20. Jahrhundert in vielen Regionen in Europa, Nordamerika und Asien erfolgreich für die Erfolgskontrolle zur Luftreinhaltung eingesetzt (Nimis et al. 2002). In den 1980er-Jahren war auch in den meisten Städten der Schweiz zu beobachten, dass Flechten an Strassenbäumen am Stadtrand eine deutlich höhere Diversität aufwiesen als im Zentrum. Ja, in vielen Städten musste man von einer eigentlichen Flechtenwüste im Zentrum sprechen. Im Gegensatz zu anderen Regionen Europas, wo oft ein einzelner Luftschadstoff für die räumlichen Diversitätsunterschiede
 verantwortlich war, konnten in Bern und anderen Städten der Schweiz mehrere Luftschadstoffe zusammen die räumlichen Muster der Flechtendiversität erklären (Herzig und Urech 1991). Anhand niedriger Flechtendiversität konnten mittels standardisierter Aufnahmen Gebiete mit hoher Schadstoffbelastung erkannt werden. Durch die Wiederholungen der Aufnahmen zu einem späteren Zeitpunkt konnte zudem eine Erfolgskontrolle zur Luftreinhaltung durchgeführt werden, insbesondere, um die Wirksamkeit lokaler Massnahmen und der Luftreinhaltepolitik zu überprüfen (Herzig 2005; Abbildung 76).

Nebst dieser detaillierten Methode wurden parallel dazu vereinfachte Protokolle für Schulen eingesetzt, welche vor allem in der Umwelterziehung Wichtiges geleistet haben. Dass allgemein Vorkommen von Flechten in diesen Jahren als Zeichen guter Luft wahrgenommen wurden, war zwar etwas kurz gegriffen, hat aber viel dazu beigetragen, dass Flechten in der Natur und am Wohnort als positives Qualitätsmerkmal wahrgenommen wurden.

Längst konnte die Situation bezüglich schwefelhaltiger Luftschadstoffe und Säureeintrag im Siedlungsraum verbessert werden, sodass inzwischen Flechten wieder in die Städte zurückgekehrt sind. Allerdings sind es jetzt vor allem eutrophierende Schadstoffe, welche die Artenzusammensetzung von Flechten verändern. Profitieren konnten deshalb nährstofftolerante Arten wie → *Xanthoria parietina*, → *Candelaria concolor*, → *Phaeophyscia orbicularis* und weitere, oft gelbe bis gelborange Flechten. Die ursprünglich typischen Stadtflechten wie → *Pleurosticta acetablum*, → *Evernia prunastri* und → *Anaptychia ciliaris* sind im Mittelland bisher erst stellenweise wieder bis in den Siedlungsraum vorgestossen.

Abbildung 76 | Erfolgskontrolle zur Luftreinhaltung in der Stadt Bern. Wiederholung der Untersuchungen mit Flechten im Jahr 1990 (links) und 14 Jahre später (rechts). Aus Herzig (2005)

9.5 Aussterbeschuld und Aussterbeketten

Viele Flechten sind langlebig und können sich während Jahrzehnten an einem Ort halten, obwohl sie sich dort aufgrund geringerer Lebensraumqualität nicht mehr erfolgreich fortpflanzen können. Bei diesen Arten muss mit einem «verzögerten» Aussterben gerechnet werden: Sie kommen zwar noch vor, breiten sich aber nicht mehr aus und werden deshalb in naher Zukunft lokal aussterben. Vor allem Flechten, welche auf alte Bäume angewiesen sind, sind von einer solchen Aussterbeschuld betroffen. → *Gyalecta ulmi* kommt auch nach über 20 Jahren immer noch an den gleichen Einzelbäumen vor, an welchen sie ursprünglich gefunden wurde. Nur in einem Gebiet ist das Vorkommen gross genug, dass sich die Art in den letzten Jahren auf neue Bäume ausbreiten konnte. Bei den meisten bekannten Vorkommen konnte sich *G. ulmi* nicht auf zusätzliche Bäume ausbreiten und wird ohne direkte Artenförderungsmassnahmen verschwinden, wenn ihre Trägerbäume absterben.

Ferner können in einem Lebensraum biologische Wechselwirkungen zwischen Arten unterbrochen werden und zu «Aussterbeketten » führen. Ein Beispiel dafür sind die drei Flechtenarten Echte, Ergrünende und Grosse Lungenflechte (→ *Lobaria pulmonaria*, *Ricasolia virens* und → *Ricasolia amplissima*; Abbildung 77), die mit der gleichen Algenart *Symbiochloris reticulata* vergesellschaftet sind. Diese Algenart konnte in Mitteleuropa bisher nie freilebend auf Borke oder in anderen Flechtenarten gefunden werden. Bei der Besiedlung eines neuen Lebensraums sind *R. virens* und *R. amplissima* darauf angewiesen, dass sie die Algen von *L. pulmonaria* übernehmen können. Nur *L. pulmonaria* bildet nämlich vegetative Ausbreitungseinheiten, in welchen der Fotobiont über grössere Distanzen ausgebreitet werden kann. *Ricasolia amplissima* und *R. virens* breiten sich normalerweise mit Ascosporen aus und haben keine Möglichkeit, die Alge «mitzunehmen». Der starke historische Rückgang von *L. pulmonaria* hat deshalb direkte negative Konsequenzen auf die Vermehrung der anderen beiden Arten. In der Schweiz ist *R. virens* als Folge davon bereits ausgestorben, und *R. amplissima* ist heute stark gefährdet. In drei Gebieten sind in den letzten 35 Jahren alle bisherigen Trägerbäume von *R. amplissima* abgestorben. Die Art hat an diesen Orten nur deshalb überlebt, weil kleine Fragmente von Lagern an jüngere Bäume transplantiert wurden. An den neuen Trägerbäumen entwickeln sich die transplantierten Lager zum Teil sehr zufriedenstellend, zum Teil muss aber die Lebensraumqualität durch Pflegemassnahmen aufgewertet werden.

Abbildung 77 | *Lobaria pulmonaria* (links) bildet vegetative Ausbreitungseinheiten aus. Einmal ausgebreitet, können die darin enthaltenen Algen auch von *Ricasolia virens* (rechts) und *R. amplissima* (Mitte) als Fotobiont verwendet werden. (Bild von *R. virens* aus Sintra, Portugal).

Artporträts

Vorhergehende Doppelseite:
Peltula patellata, eine sehr
seltene Erdflechte

Hinweise zu den Porträts

Die Porträts sind alphabetisch nach dem wissenschaftlichen Namen geordnet. Das mag erstaunen, sind doch die meisten Naturführer nach groben systematischen Einteilungskriterien geordnet. Bei Flechten hat sich jedoch die alphabetische Reihenfolge eingebürgert. Wir empfehlen trotzdem, nicht strikt dem Alphabet zu folgen, sondern beispielsweise mit ein paar Blattflechten unter dem Buchstaben «P» zu beginnen, oder sich von den Exkursionsbeschreibungen zur Lektüre von Porträts leiten zu lassen. Für die Abbildungen bei den Porträts wurden Fundortangaben von SwissLichens (Auszug aus der Datenbank vom 13. 12. 2021) und vereinzelte private Funde sowie Angaben aus der Literatur verwendet. Für → *Thelocarpon epibolum* wurden zusätzlich auch Daten von SwissFungi zur Verfügung gestellt (Auszug aus der Datenbank vom 31. 10. 2022). Insgesamt konnten so über 70 000 Beobachtungen ausgewertet werden.

Für die Darstellung der Höhenverbreitung wurden alle verfügbaren Funde ausgewertet. Für die Ökogramme zu den Niederschlags- und Temperaturbedürfnissen der Arten wurden nur Daten mit präzisen Koordinatenangaben verwendet (Präzision ≤ 60 m). Als Hintergrund wurden die in der Schweiz realisierten Kombinationen von jährlicher Niederschlagssumme und jährlichen Temperaturmittelwerten zwischen 1961 und 1990 von 10 000 Zufallskoordinaten aus der Schweiz verwendet. Zusätzlich wurden 17 Koordinaten von klimatisch extremen Geländepunkten wie Bergspitzen und ausgewählten tiefgelegenen Orten hinzugefügt. Häufige Kombinationen von Niederschlags- und Temperaturwerten wurden mit dunkleren Farbtönen hervorgehoben. Weite Teile des Mittellandes liegen deshalb im Bereich der dunkleren Flächen.

Für die Angaben zur Verbreitung der Arten wurden ebenfalls nur Funde mit präzisen Koordinatenangaben verwendet. Für selten gefundene Arten wurden die Vorkommen in 5x5 km-Flächen zusammengefasst und auf einer Reliefkarte dargestellt. Für häufiger gefundene Arten erfolgte die Modellierung der Artverbreitung mit der Software Maxent (Phillips et al. 2006) im R-Paket Biomod2 (Thuiller et al. 2023). Als Prädiktoren (Umweltparameter) wurden Grundlagen mit einer Auflösung von 100x100 m verwendet: Kalkgehalt des Bodens, Anzahl Niederschlagstage im Sommer, jährlicher Niederschlag, Sonneneinstrahlung, Frosttage während der Vegetationszeit, mittlere Jahrestemperatur und Bodenfeuchtigkeit (Fink und Scheidegger 2021). Die modellierte Verbreitung der Art und die bekannten Vorkommen mit präzisen Koordinatenangaben in 5x5 km-Flächen wurden in den Karten dargestellt.

Die wissenschaftlichen Namen folgen meist Nimis et al. (2018). Weil sich Laien und interessierte Personen deutsche Artnamen in der Regel einfacher merken können, werden auch die sogenannten Trivialnamen aufgeführt. Trivialnamen sind nicht in jedem Fall eindeutig und viele sind von wissenschaftlichen Namen abgeleitet worden, die heute nicht mehr gebräuchlich sind. Als Quelle für die deutschen Namen wurden das SwissLichens und Cézanne et al. (2016, 2017) verwendet.

Holz-Wachsflechte

NE	
Anzahl Fundorte	19
Substrat	Totholz

Absconditella lignicola Vězda & Pisút

Feldmerkmale: Unauffällige, grünliche Krustenflechte mit bis 10 cm grossem, aber meist deutlich kleinerem, im Totholz eingesenktem Lager mit winzigen, um 0,25 mm grossen, weisslichen Fruchtkörpern. Der vorstehende Fruchtkörper-Rand und die vertieft liegende Scheibe sind von gleicher Farbe.

Wissenswertes: Wächst als früher Besiedler von entrindetem Holz auf liegenden Stämmen und Baumstrünken von Fichten und Buchen auf feuchten Waldböden. Bei feuchter Witterung ist die Holz-Wachsflechte besser zu sehen, weil sich das helle Lager farblich von dunkleren Algengesellschaften abhebt. Als konkurrenzschwache Pionierart entwickelt sie sich innerhalb weniger Jahre, nachdem die Borke abgefallen ist. Sie kommt zunächst fast ohne Begleitarten vor und wird später von Arten der Gattungen ***Micarea*** und ***Cladonia*** sowie von Moosen verdrängt. Die Holz-Wachsflechte wird oft übersehen und ist in der Datenbank von SwissLichens untervertreten.

Gefährdung und Schutz: Die Art wird durch eine Zunahme von liegendem Totholz in luft- und bodenfeuchten Wäldern gefördert. Im Wildnispark Sihlwald ist sie sehr häufig auf Stämmen und Hauptästen liegender Buchen zu finden.

Verwechslung: Für eine sichere Bestimmung braucht es eine mikroskopische Untersuchung der Sporen. Im Feld kann sie mit *A. pauxilla* und ***Coenogonium pineti*** verwechselt werden.

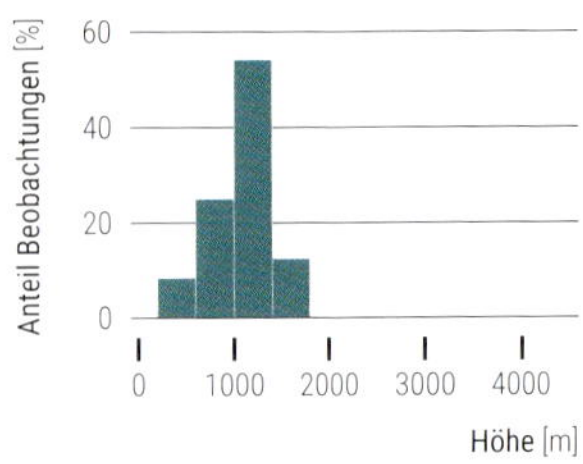

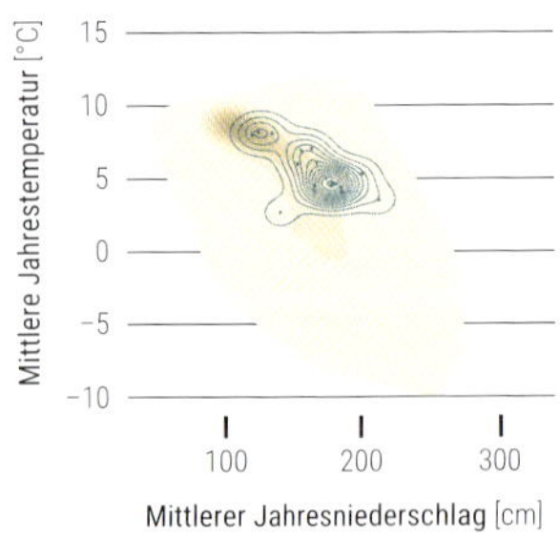

Bereiftfrüchtige Kleinsporflechte

NE

Anzahl Fundorte	21
Substrat	Gestein

Acarospora glaucocarpa (Ach.) Körb.

Feldmerkmale: Hellbraune, am Rand weisslich bereifte, vereinzelt bis dicht stehende kräftige Schuppen bilden bis über 10 cm grosse Lager. Im Zentrum der Lagerschuppen entsteht jeweils ein Fruchtkörper, der zuerst eingesenkt, dann auch vorragend bis 2 mm gross werden kann und den grössten Teil der Lagerschuppe einnimmt. Das Lager ist dann nur noch als Saum um den Fruchtkörper herum sichtbar. Die Scheiben der Fruchtkörper sind von dunklerem Braun als die Lagerschuppen und meist weisslich bis bläulich bereift.

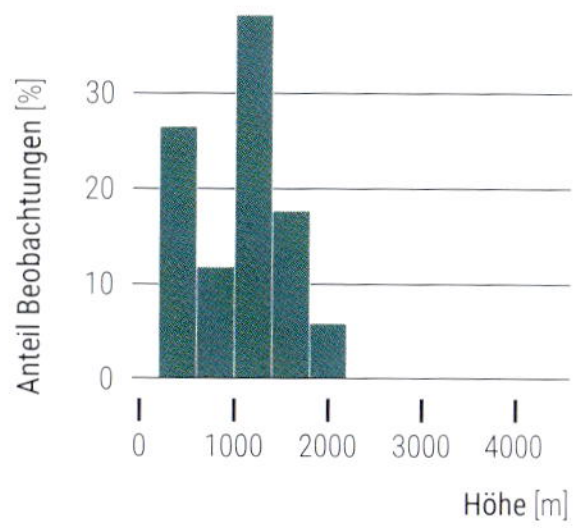

Wissenswertes: An beregneten oder leicht bergfeuchten Felsen und Bergsturzblöcken von mittlerem bis hohem Kalkgehalt. Die Art ist von der kollinen bis in die subalpine Stufe an mässig bis sehr lichtreichen Standorten, häufig an Steilflächen von Bergsturzblöcken in Alpweiden und lichten Wäldern anzutreffen. Sie ist meist mit zahlreichen anderen Flechten von strukturreichen Felsstandorten vergesellschaftet, regional ziemlich häufig, aber nicht überall vorkommend.

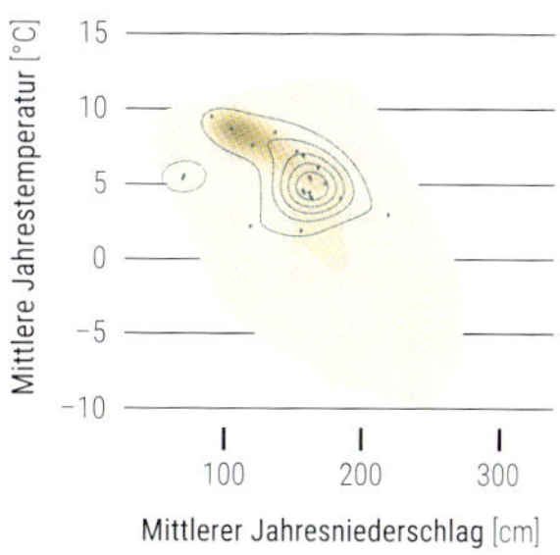

Gefährdung und Schutz: Die Bereiftfrüchtige Kleinsporflechte bildet an geeigneten Lebensräumen meist grössere Vorkommen. Ihr Vorkommen ist ungefährdet.

Verwechslung: Die Art ist im Feld in der Regel gut zu erkennen. Kleine Lager können mit *A. cervina* oder mit Arten der Gattung *Sarcogyne* verwechselt werden.

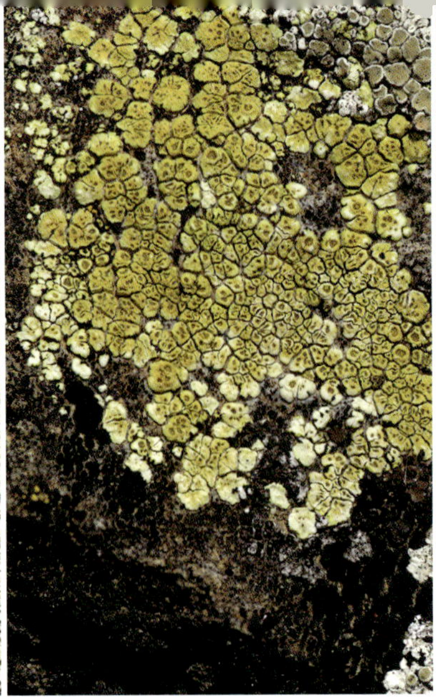

Heuflers Kleinsporflechte

Acarospora heufleriana Körb.

NE

Anzahl Fundorte	2
Substrat	Gestein

Feldmerkmale: Blassgelbliche, gegen 5 cm grosse Krustenflechte mit scharfrissig gefeldertem Lager. Die vollständig im Lager eingesenkten Fruchtkörper sind immer vorhanden. Die Scheibe ist ocker bis rötlichbraun, im Lager eingesenkt und von einem schmalen, bleibenden, lagerfarbenen Rand umgeben. Vegetative Ausbreitungseinheiten fehlen.

Wissenswertes: Heuflers Kleinsporflechte entwickelt sich oft parasitisch in Areolen von ***Lecanora valesiaca***. Keimende Sporen der parasitischen Flechte dringen vom Rand her in die Wirtsflechte ein. Die parasitische Flechte tötet dabei den Pilzpartner der Wirtsflechte ab und nimmt ihre Alge in Symbiose. Später wächst Heuflers Kleinsporflechte oft ohne ihre Wirtsflechte auf basenreichen, leicht kalkhaltigen Gesteinen auf niedrigen Felsrippen in Felsensteppen.

Gefährdung und Schutz: Heuflers Kleinsporflechte ist von wenigen Orten im Wallis bekannt und dort auf trockenheisse Felsen in tiefen Lagen beschränkt. Vorkommen dieser Art sind zu schonen.

Verwechslung: An ähnlichen Standorten können weitere, ebenfalls sehr seltene Arten mit blassgelblichem Lager vorkommen: *Acarospora chrysocardia* wächst parasitisch auf ***Diploschistes scruposus*** und *A. sulphurata* ist bisher erst von benachbarten Regionen in Italien bekannt. *Acarospora schleicheri* wächst über *Diploschistes diacapsis* auf Erde in Felsensteppen, ist aber sehr selten geworden.

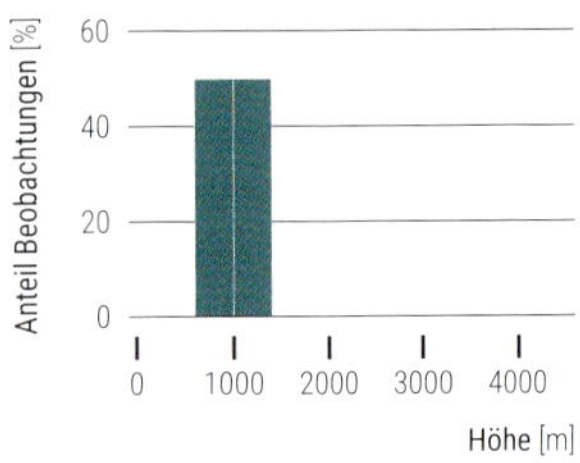

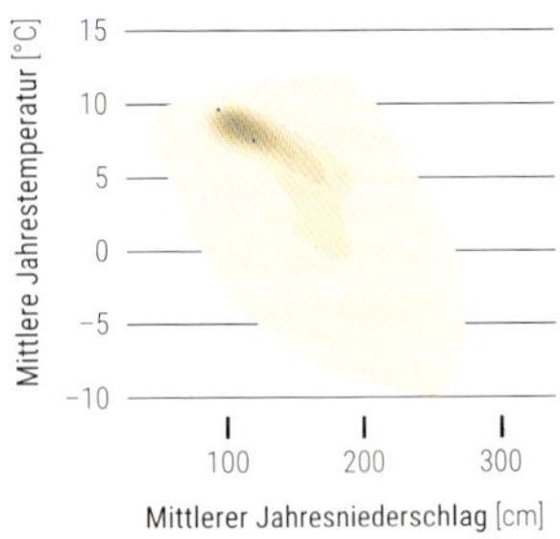

Schwarzflächige Kleinsporflechte

NE

Anzahl Fundorte	2
Substrat	Gestein

Acarospora melaplaca (Nyl.) Arnold

Feldmerkmale: Schwarzbraune Lager bis über 10 cm gross, randlich flach gelappte, im Zentrum gefelderte Kruste mit einzelnen, eingesenkten Fruchtkörpern. Der breite, wenig vorstehende Rand der Fruchtkörper und die Fruchtscheiben haben die gleiche Farbe wie das Lager.

Wissenswertes: Wächst an einer Steilfläche einer Felsrippe randlich an einer Lawinenrunse auf Amphibolit. Diese auffällige Art wurde in den Alpen bisher erst dreimal in Graubünden und im Tirol gefunden. Die beiden schweizerischen Fundorte liegen wenige hundert Meter voneinander entfernt. Jährliche Lawinenabgänge verhindern hier, dass der Lebensraum verbuscht oder durch aufwachsende Bäume beschattet wird. So können sich sehr lichtliebende Flechtenarten wie *Dimelaena oreina* und ***Xanthoparmelia conspersa*** zusammen mit ***A. melaplaca*** an diesem Standort halten.

Gefährdung und Schutz: Die Art gehört vermutlich zu den seltensten Gesteinsflechten der Schweiz. Am Fundort in der Lawinenrunse wachsen mehr als zehn Individuen ohne wesentliche Konkurrenz.

Verwechslung: Die Art unterscheidet sich durch die dunkle Färbung von anderen gelappten Arten der Gattung und ist im Feld erkennbar. *Timdalia intricata*, welche am Fundort von *A. melaplaca* ebenfalls vorkommt, bildet im Gegensatz zur Schwarzflächigen Kleinsporflechte fast drehrunde randliche Lappen und hat ein rötlichbraunes Lager.

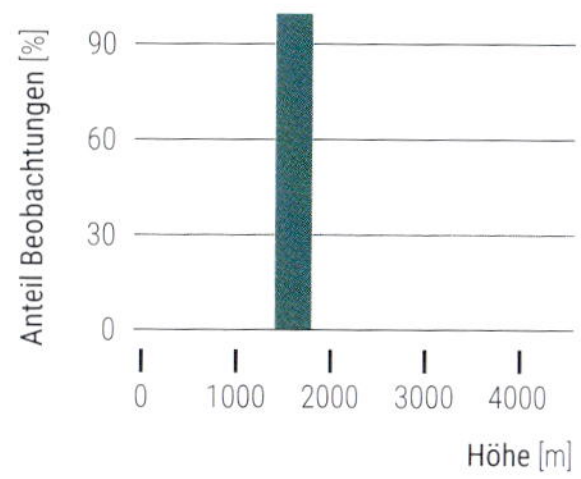

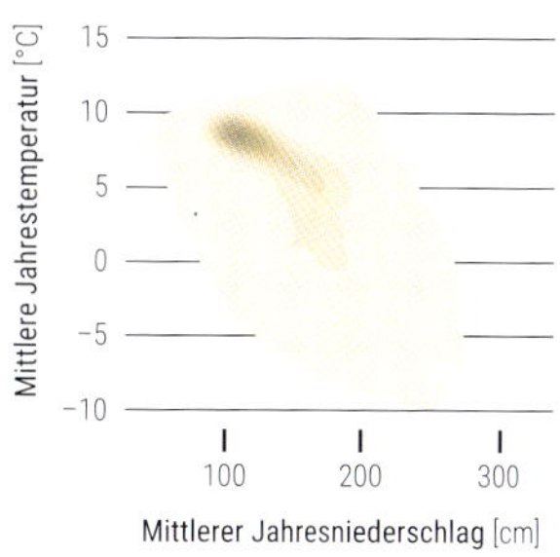

Ausgehöhlte Kleinsporflechte

Anzahl Fundorte	11
Substrat	Gestein

Acarospora moenium (Vain.) Räsänen

Feldmerkmale: Die meist ausgedehnten, über 10 cm grossen Lager bestehen aus zerstreut bis gedrängt stehenden, schildförmigen Schuppen. Die jung bräunlichen, später weisslich bereiften Schuppen sind am unteren Rand meist aufgewölbt. Dort werden an der Unterseite schwarze, vegetative Ausbreitungseinheiten gebildet. Fruchtkörper sind sehr selten.

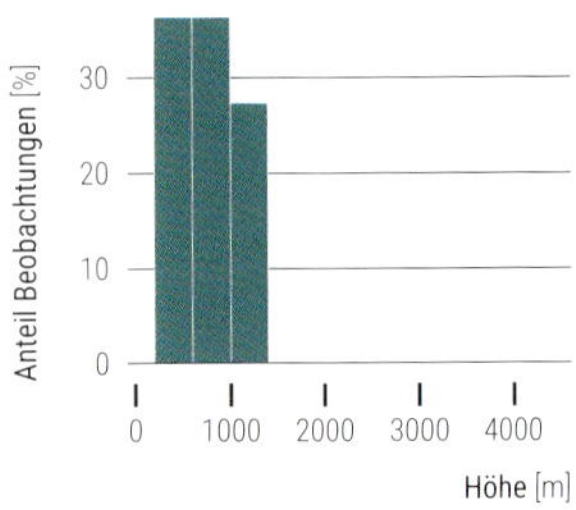

Wissenswertes: Die Ausgehöhlte Kleinsporflechte besiedelt ziemlich bis stark besonnte, leicht bergfeuchte Vertikal- und Überhangsflächen an kalkhaltigen Felsen und Mauern. Sie wächst meist in lückiger Flechtenvegetation ohne weitere Konkurrenten. Die meisten Vorkommen stammen von Betonmauern. Naturnahe Vorkommen sind von brüchigen Kalkfelswänden bekannt. Unter den aufgewölbten Schuppen können oft Hornmilben gefunden werden. Diese spielen vermutlich bei der Ausbreitung der vegetativen Ausbreitungseinheiten eine wesentliche Rolle.

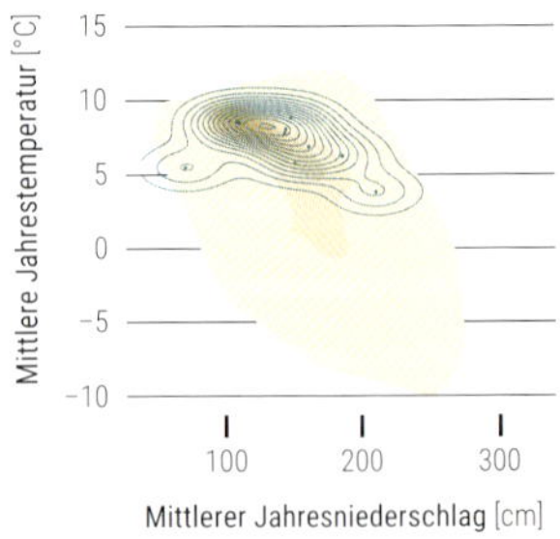

Gefährdung und Schutz: Die Ausgehöhlte Kleinsporflechte ist häufig, ihre Verbreitung in der Schweiz in der Datenbank von SwissLichens jedoch noch nicht gut dokumentiert.

Verwechslung: Im Feld an den einseitig aufgewölbten Schuppen mit schwarzen Körnchen leicht zu erkennen. Kümmerformen sind nicht bestimmbar.

NE

Anzahl Fundorte	12
Substrat	Gestein

Rostrote Kleinsporflechte

Acarospora sinopica (Wahlenb.) Körb.

Feldmerkmale: Rostrote, meist wenige Zentimeter grosse Krustenflechte mit randlich meist undeutlich ausgeprägten, flachen Lappen, im Zentrum Kruste gefeldert. Wächst die Art eng mit anderen Arten zusammen, ist auch der Rand des Lagers gefeldert. Sie bildet meist mehrere Fruchtkörper pro Areole, erkennbar an kleinen, punktförmigen Öffnungen.

Wissenswertes: Die Rostrote Kleinsporflechte ist eine typische Besiedlerin von schwermetallhaltigen, kalkfreien Gesteinen. Sie wächst an beregneten Flächen an sehr lichtreichen Standorten oft auf Geröll und Bergsturzblöcken in der hochmontanen bis alpinen Stufe.

Gefährdung und Schutz: Die Vorkommen sind wegen der beschränkten Verfügbarkeit von schwermetallreichen Gesteinen zerstreut, an geeigneten Stellen ist die Art aber regelmässig anzutreffen und ziemlich häufig. Die Rostrote Kleinsporflechte kommt oft auf alten Lesesteinhaufen in Alpweiden vor. Solche Steinhaufen sind auch wegen der artenreichen Flechtenvegetation zu schonen. Weitere Lesesteine sollten eher randlich an bestehende Steinhaufen angefügt werden, damit sie die bestehende Flechtenvegetation nicht überdecken.

Verwechslung: Die Art ist an der Färbung und den punktförmigen Fruchtkörpern leicht zu kennen. Am gleichen Standort kommen weitere Arten mit rostroten Lagern wie ***Lecidea silacea***, *Bellemerea diamarta* und *Rhizocarpon oederi* vor.

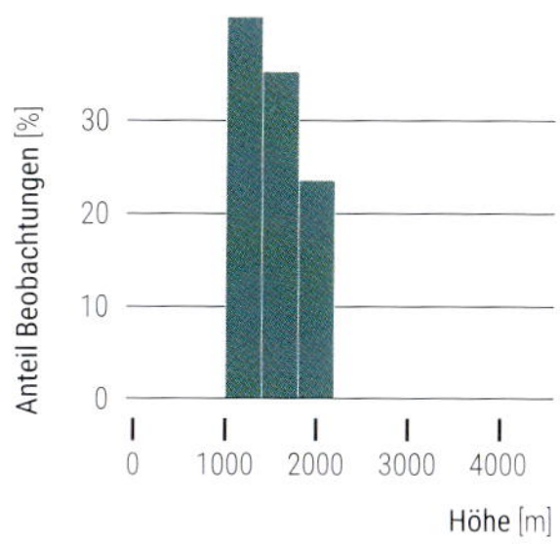

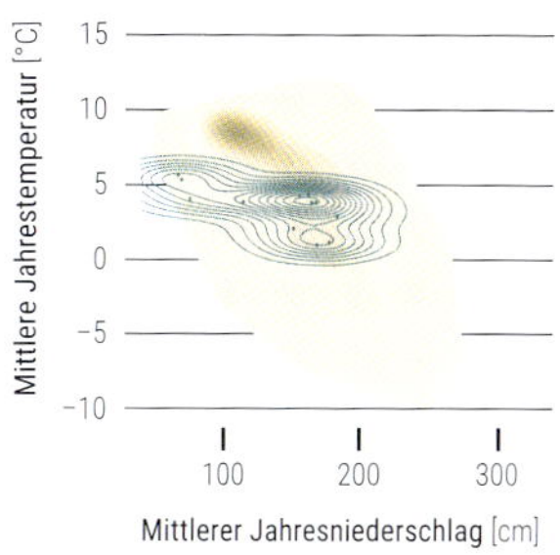

NT

Anzahl Fundorte	19
Substrat	Borke

Graue Staubfruchtflechte

Acolium inquinans (Sm.) A. Massal.

Feldmerkmale: Das hellgraue Lager ist meist nur wenige Zentimeter gross und besteht aus flachen, oft zusammenfliessenden Warzen. Die ungestielten Fruchtkörper sind meist >1 mm gross und sitzen leicht verengt auf den Lagerwarzen. Diese weisen am oberen Rand der Fruchtkörper eine weisse Bereifung auf. Die Fruchtkörper bilden eine lockere, schwarze Sporenmasse.

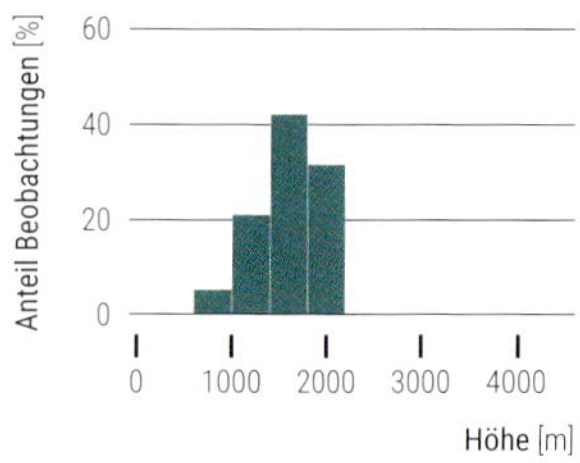

Wissenswertes: Charakteristische Art alter Nadelbäume in luftfeuchten Lagen der hochmontanen bis subalpinen Stufe. Meist wächst die Art auf der Borke lebender Bäume, vereinzelt kommt sie aber auch an zähmorschem, meist stehendem Totholz von Nadelbäumen vor. Sie wächst an regengeschützten Stammseiten und benötigt einen relativ hohen Lichtgenuss. Die meisten Funde sind von historisch alten, naturnahen Gebirgswäldern bekannt.

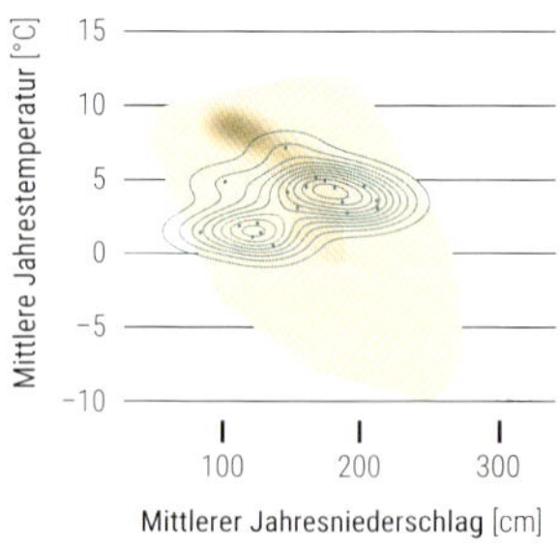

Gefährdung und Schutz: Die Graue Staubfruchtflechte ist potenziell bedroht und ihre Vorkommen sollten geschont werden. Die Art (inkl. der deutlich selteneren ***A. karelicum***) ist leicht im Feld anzusprechen und kann im Gebirgswald zur Ausscheidung von Biotopbäumen und Waldreservaten herangezogen werden.

Verwechslung: Die Graue Staubfruchtflechte kann mit ***A. karelicum*** verwechselt werden, von welcher sie sich durch andere Sporenmerkmale und grössere Fruchtkörper unterscheidet. *Calicium montanum* hat kurz gestielte Fruchtkörper. Andere Arten der Gattung *Calicium* mit ungestielten Fruchtkörpern haben gelbe Pigmente im Lager.

Karelische Staubfruchtflechte

VU	
Anzahl Fundorte	30
Substrat	Borke

Acolium karelicum (Vain.) M. Prieto & Wedin

Feldmerkmale: Bräunlich- bis grünlichgraue Lager aus dicken, eng zusammenstehenden Lagerwarzen. Die ungestielten, meist <1 mm grossen, schwarzen Fruchtkörper sitzen leicht verengt auf den Lagerwarzen. Am äusseren, oberen Rand zeigen sie eine oft nur schwach entwickelte weisse Bereifung. Die Fruchtkörper bilden eine lockere, braunschwarze Sporenmasse.

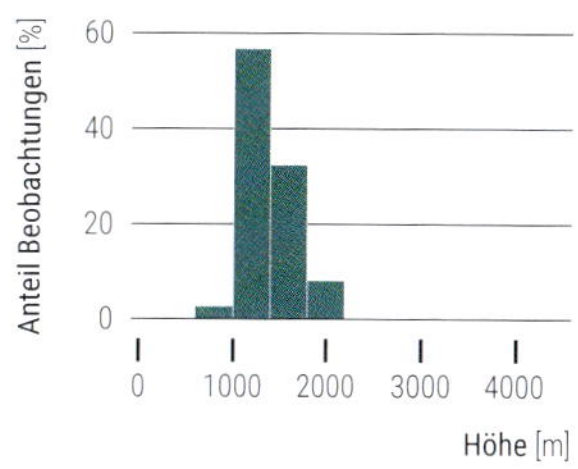

Wissenswertes: Charakteristische Art alter Nadelbäume in sehr luftfeuchten Lagen der hochmontanen bis subalpinen Stufe. Meist wächst sie auf der Borke lebender Bäume, vereinzelt auch an zähmorschem, meist stehendem Totholz. An wenig beregneten Stammseiten wachsend, benötigt die Karelische Staubfruchtflechte relativ wenig Licht. Die Funde sind von historisch alten, naturnahen Gebirgswäldern bekannt. Die Vorkommen der Art sind in SwissLichens gut dokumentiert.

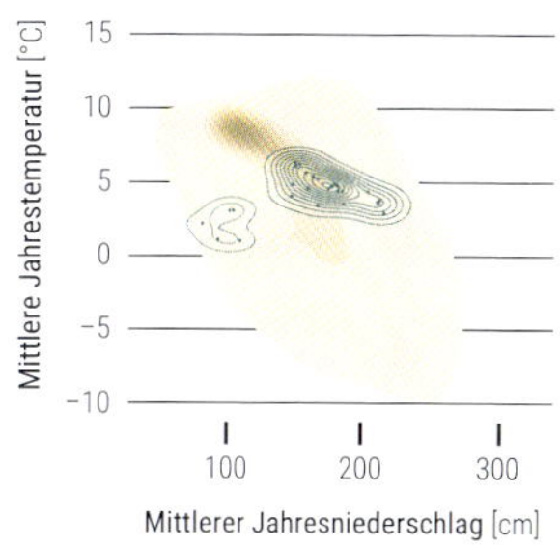

Gefährdung und Schutz: Die Karelische Staubfruchtflechte ist verletzlich und ihre Vorkommen sollten geschont werden. Die Art (inkl. der deutlich häufigeren ***A. inquinans***) ist leicht im Feld anzusprechen und kann im Gebirgswald zur Ausscheidung von Biotopbäumen und Waldreservaten herangezogen werden.

Verwechslung: Die Art kann mit ***A. inquinans*** verwechselt werden, von welcher sie sich durch andere Sporenmerkmale und kleinere Fruchtkörper unterscheidet. *Calicium montanum* hat kurz gestielte Fruchtkörper. Andere Arten der Gattung ***Calicium*** mit ungestielten Fruchtkörpern haben gelbe Pigmente im Lager.

NE

Anzahl Fundorte	7
Substrat	Gestein

Pilatus-Schmalrandflechte

Adelolecia pilati (Hepp) Hertel & Hafellner

Feldmerkmale: Lager bis mehrere Zentimeter gross, im Gestein eingesenkt und dort auf Haarrisse zwischen den groben Körnern von kalkfreiem Gestein beschränkt. Die Fruchtkörper sind zahlreich, mit flacher Scheibe und wulstigem, oft verbogenem Eigenrand. Die Scheibe wird später schwach gewölbt und der Eigenrand etwas zurückgedrängt. Fruchtkörper sind oft längs Haarrissen gruppiert. Ein für die Art typisches orangerotes Pigment (ein Anthrachinon) im Eigenrand kann den Bereich des Lagers orangerot verfärben.

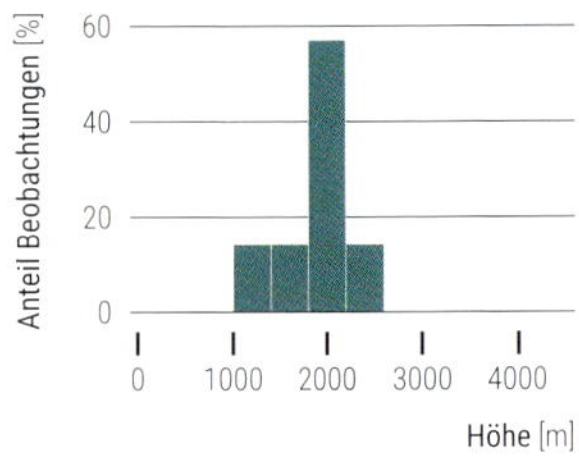

Wissenswertes: Die Pilatus-Schmalrandflechte wächst meist an Vertikal- und Überhangsflächen an Felswänden sowie an grossen Bergsturzblöcken in der subalpinen und alpinen Stufe. Die meisten Funde stammen von Silikatgestein, das Material für die Beschreibung der Flechte wurde jedoch am Pilatus auf kalkfreier Verwitterungskruste von Kalkgestein gesammelt.

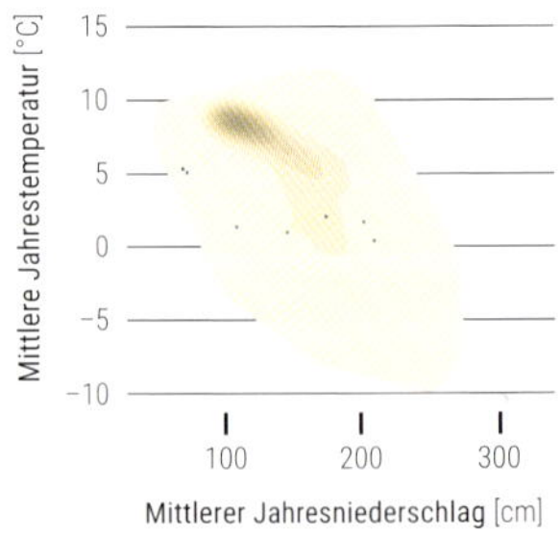

Gefährdung und Schutz: Die Art ist in Silikatgebieten regelmässig zu finden, aber wegen ihres Lebensraumes an Vertikalflächen oft schwierig zu sammeln. Ihr Vorkommen in der Schweiz ist in der Datenbank des SwissLichens noch ungenügend dokumentiert.

Verwechslung: Die Art muss für eine sichere Ansprache mikroskopisch untersucht werden, weil sie im Feld nur unsicher von zahlreichen Arten der Gattungen *Lecidea, Porpidia* sowie von *Buellia leptocline* unterschieden werden kann.

DD

Anzahl Fundorte	32
Substrat	Erde

Opuntien-Tönnchenflechte

Agonimia opuntiella (Buschardt & Poelt) Vězda

Feldmerkmale: In feuchtem Zustand grünliche, trocken olivbraune bis grünlichgraue Lager, meist wenige Millimeter, selten bis 1 m gross, aus <1 mm grossen, manchmal zusammenfliessenden Körnchen bestehend, auf welchen starre, farblose Härchen abstehen. Die Perithezien sind schwarz und sehr selten zu beobachten.

Wissenswertes: Die Art ist auf flachgründiger, stark austrocknender Erde auf absterbenden Moosen und zwischen anderen Flechten der seltenen Bunten Erdflechtengesellschaft regelmässig zu finden. An Trockenstandorten sind die Lager meist nur klein. Selten wächst die Opuntien-Tönnchenflechte auch auf der Borke von Bäumen und kann dann deutlich grössere Lager bilden. Die starren Härchen halten Fressfeinde fern. Sie wirken zudem als Kondensationsstellen für die Taubildung und begünstigen die Wasseraufnahme während der kühlen Nacht.

Gefährdung und Schutz: Die Art ist selten, die Datengrundlage für eine Rote Liste-Einstufung ist jedoch noch ungenügend. Alle Vorkommen der Bunten Erdflechtengesellschaft sind aber zu erhalten, auch wenn sie nur kleinflächig (wenige dm^2) ausgebildet sind.

Verwechslung: Am gleichen Standort bildet *Phaeophyscia cernohorskyi* ebenfalls starre, farblose Härchen. Als Blattflechte ist sie aber leicht von der Opuntien-Tönnchenflechte (Krustenflechte) zu unterscheiden.

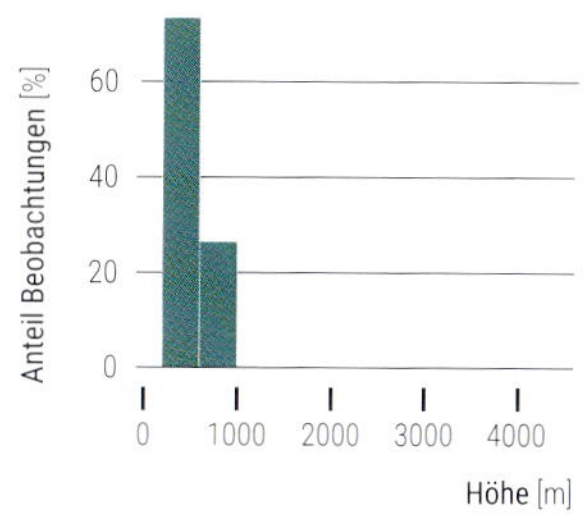

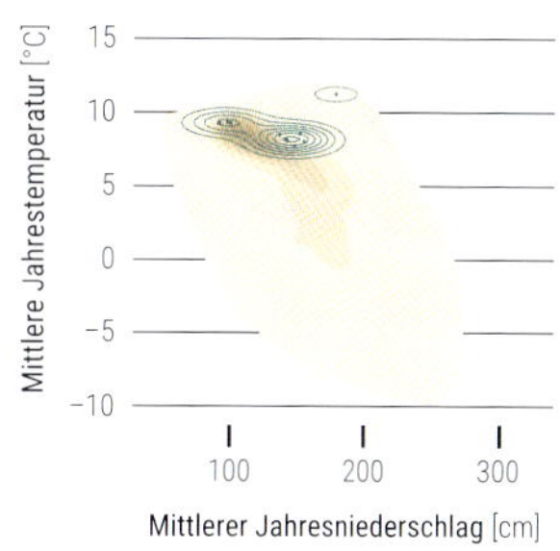

Heidebart

LC

Anzahl Fundorte	59
Substrat	Erde

Alectoria ochroleuca (Hoffm.) A. Massal.

Feldmerkmale: Gelbgrüne, sparrig verzweigte, um 10 cm hohe aufrechte oder niederliegende Strauchflechte. Die rundlichen, >1 mm dicken Hauptäste verzweigen sich mehrfach gabelig und werden dabei bis zu den haarfeinen endständigen Ästchen immer dünner. Fruchtkörper fehlen fast immer.

Wissenswertes: Der Heidebart wächst in alpinen Windheiden über kalkfreiem, seltener über kalkhaltigem Gestein, wo er oft dichte, über handtellergrosse Bestände bildet. Er wächst auch in kleinen Lagern direkt auf Silikatgrus auf windverblasenen Graten. Bruchstücke der Art werden mit dem Wind oder im Fell von Tieren ausgebreitet. Die Strauchflechte ist Teil der Winternahrung von Schneehuhn und Gämse.

Gefährdung und Schutz: Der Heidebart ist in alpinen Lagen häufig, kann aber durch hohe Trittbelastung in touristisch stark frequentierten Gebieten verschwinden. Vorkommen unterhalb der alpinen Stufe sind selten und sollten geschont werden.

Verwechslung: Die Art ist im Feld gut zu erkennen. ***Allocetraria madreporiformis*** ist meist kleiner und ihre Ästchen bleiben vor und nach der Verzweigung gleich dick. ***Flavocetraria cucullata*** und ***F. nivalis*** haben bandförmige Lager. Die Äste von ***Cladonia rangiferina*** und ***C. arbuscula*** sind innen hohl. *Alectoria nigricans* unterscheidet sich durch ein graues, an den Enden grauschwarzes Lager.

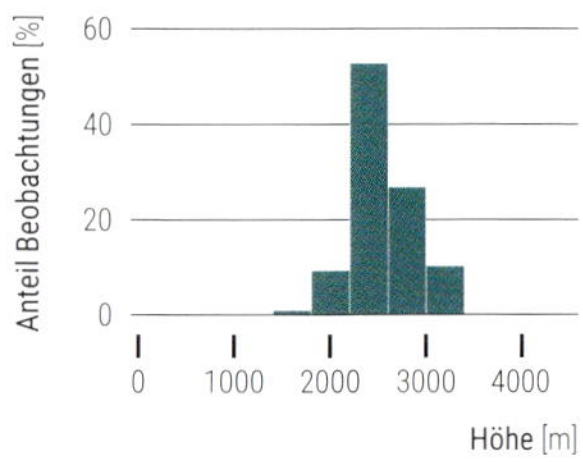

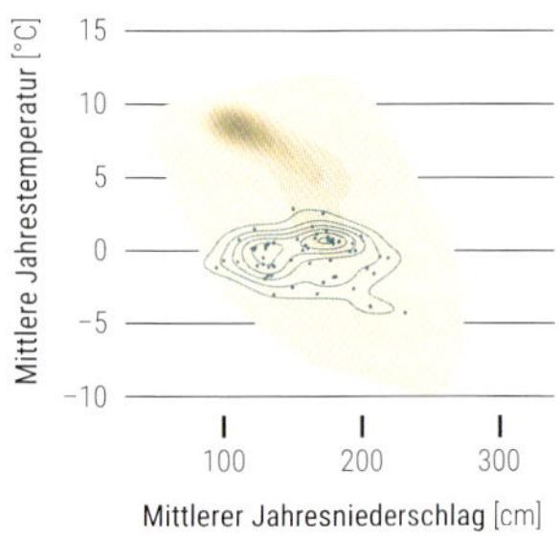

NT

Anzahl Fundorte	64
Substrat	Borke

Baumbart

Alectoria sarmentosa (Ach.) Ach.

Feldmerkmale: Gelblichgrüne, gabelig verzweigte Strauchflechte mit >1,5 mm dicken, abgeflachten Hauptästen, welche sich mehrmals mit stumpfem Winkel verzweigen und gegen die Enden hin dünner und drehrund werden. Kleine Lager stehen meist büschelförmig von der Borke ab, später werden die Lager bartförmig und >20 cm lang. Fruchtkörper sind sehr selten.

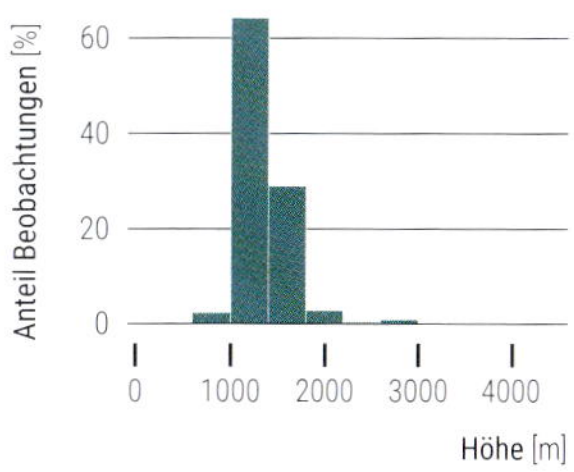

Wissenswertes: Die charakteristische Art wächst vorwiegend auf den Ästen von älteren Nadelbäumen in sehr luftfeuchten Lagen der hochmontanen bis subalpinen Stufe. Selten wird der Baumbart auch in der alpinen Stufe beobachtet. Vermutlich handelt es sich dann um windverfrachtete Bruchstücke aus tieferen Lagen, welche unter diesen harschen Bedingungen zwar überleben, sich aber kaum ausbreiten können.

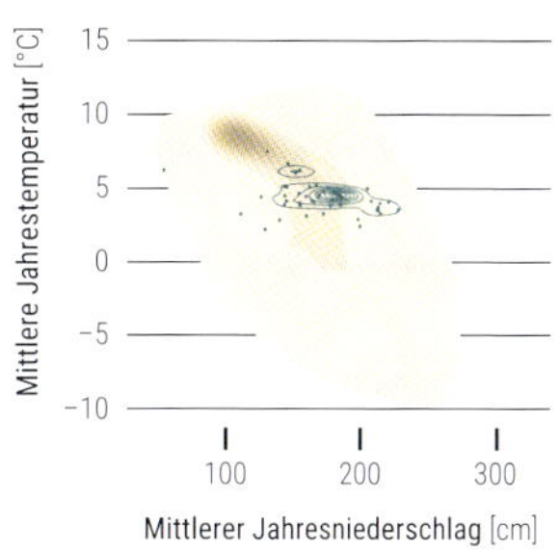

Gefährdung und Schutz: Der Baumbart ist potenziell bedroht (NT). In Beständen mit gut entwickelten Vorkommen ist darauf zu achten, dass bei der Holzernte genügend Trägerbäume im Bestand belassen werden. Bei Einzelvorkommen sollten die Trägerbäume als Biotopbäume von der Nutzung ausgeschlossen werden.

Verwechslung: Die Art ist im Feld in der Regel gut zu erkennen, allerdings ist eine sichere Ansprache aus Distanz (Krone) nicht immer möglich. Arten der Gattung ***Usnea*** unterscheiden sich durch einen elastischen Zentralstrang und ***Evernia divaricata*** weist im Inneren ein wattiges Mark auf.

Korallen-Fingerflechte

LC

Anzahl Fundorte	8
Substrat	Erde

Allocetraria madreporiformis (Ach.) Kärnefelt & A. Thell

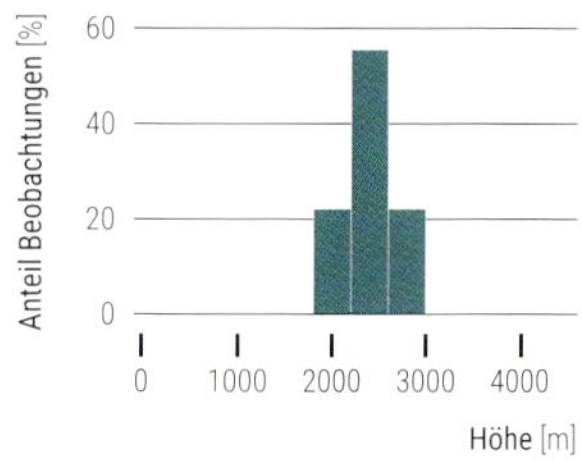

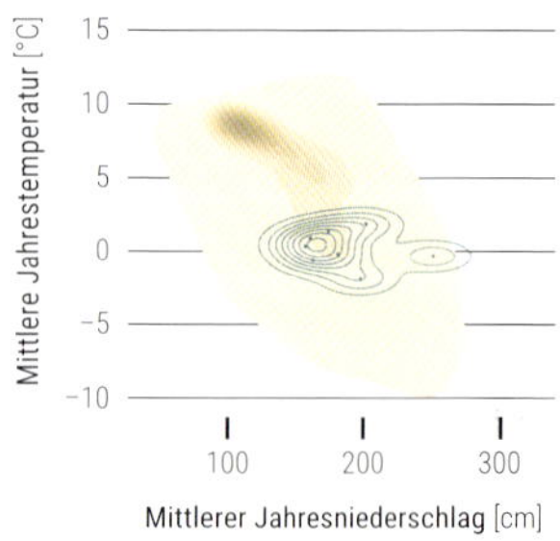

Feldmerkmale: Blassgelbliche Strauchflechte mit oft polsterförmigem Lager, aus aufrechtstehenden, fingerförmigen, sich in spitzem Winkel gabelartig verzweigenden Ästchen bestehend. Diese sind über die ganze Länge gleich dick, am Ende breit abgerundet und haben eine braune, punktförmige Verfärbung. Das Mark des Lagers ist sehr locker und weiss. Fruchtkörper und vegetative Ausbreitungseinheiten sind nicht vorhanden.

Wissenswertes: Die Korallen-Fingerflechte ist eine lokal häufige, aber sehr zerstreut vorkommende Art von alpinen Windheiden und wenig geneigten Kiesflächen in Sattellagen auf kalkreichem Gestein. Sie kann sich nur an Lagen mit sehr hohem Skelettanteil und wenig Feinerde an der Bodenoberfläche gegen stärkere Konkurrenten durchsetzen. Frostkriechen der oberen Bodenschichten gibt der Art ebenfalls einen Konkurrenzvorteil gegenüber Blütenpflanzen, weil die Korallen-Fingerflechte auf beweglichem Untergrund «mitschwimmen» kann.

Gefährdung und Schutz: Die Vorkommen der Korallen-Fingerflechte sind sehr zerstreut, und die Art ist viel seltener als ihre steten Begleitarten alpiner Windheiden.

Verwechslung: Die sehr ähnliche ***Dactylina ramulosa*** ist grünlichbraun und an den Enden bereift. ***Flavocetraria nivalis*** (im Bild rechts im Vordergrund) und ***Vulpicida juniperina*** haben bandförmige Lagerabschnitte.

Gewöhnliche Schwarzpunktflechte

Amandinea punctata (Hoffm.) Coppins & Scheid.

LC

Anzahl Fundorte	584
Substrat	Borke

Feldmerkmale: Undeutliche, in der Borke eingesenkte oder grünlichgraue Lager bis >10 cm gross, der Borke aufsitzende Lager aus flachen bis körnigen Warzen bestehend. Die Fruchtkörper mit einem um 0,5 mm grossen Durchmesser sitzen mit breiter Basis dem Lager auf. Sie sind schwarz, mit flacher bis später leicht gewölbter Scheibe und einem schmal vorstehenden Rand.

Wissenswertes: Die Gewöhnliche Schwarzpunktflechte wächst an Stämmen und Ästen von Bäumen mit mässig bis stark saurer Borke in der kollinen und montanen Stufe. In Gebieten mit erhöhtem Nährstoffeintrag ist sie oft sehr häufig und dominant. An Baumarten mit häufig geringem Flechtenbewuchs, wie beispielsweise Platane oder Rosskastanie, kommt sie regelmässig vor. Sie besiedelt aber auch Holz, Silikatgestein und Moose in höheren Lagen.

Gefährdung und Schutz: In der zweiten Hälfte des letzten Jahrhunderts wurde die Gewöhnliche Schwarzpunktflechte durch saure Luftschadstoffe gefördert. Auch heute ist sie im Siedlungsgebiet noch sehr häufig.

Verwechslung: Die Gewöhnliche Schwarzpunktflechte kann mit ***Buellia schaereri*** mit meist eingesenktem Lager auf sehr sauren Borken der subalpinen Stufe oder mit *Catillaria nigroclavata* auf Ästen von Laubbäumen verwechselt werden. Eine sichere Ansprache ist nur mit mikroskopischen Merkmalen (Sporenform und -grösse) möglich.

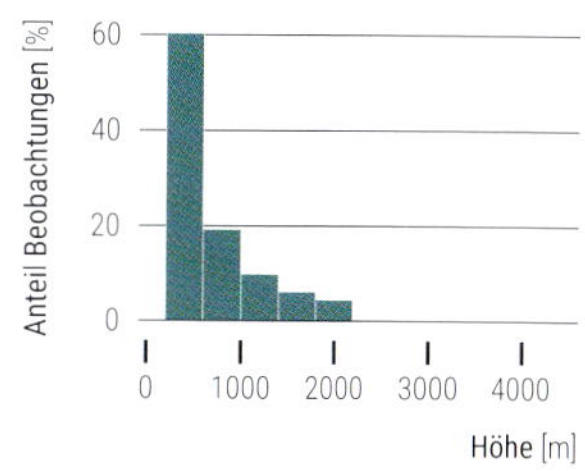

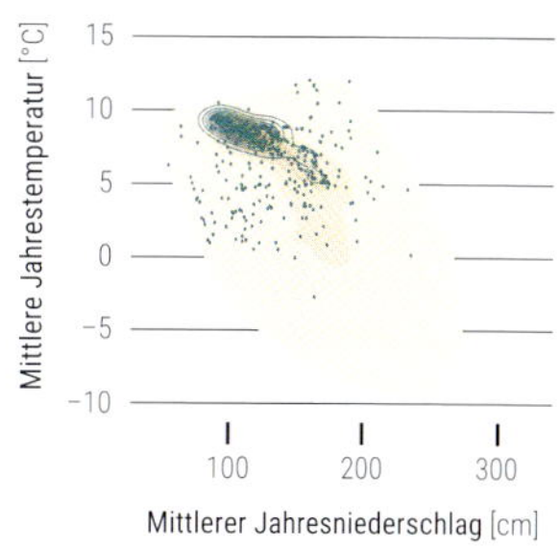

CR

Anzahl Fundorte	16
Substrat	Erde

Moos-Wimpernflechte

Anaptychia bryorum Poelt

Feldmerkmale: Braugraues bis olivbraunes, bis 10 cm grosses Lager, oft zu Rasen zusammenwachsend, mit locker dem Substrat anliegenden, schmalen, leicht gewölbten und schwach bereiften Lappen. Die Lappenenden sind oft deutlich aufwärts gebogen und leicht abbrechend (vegetative Ausbreitung). Die Unterseite ist hell und mit hellen Rhizinen besetzt. Fruchtkörper fehlen.

Wissenswertes: Die Moos-Wimpernflechte ist eine sehr seltene Blattflechte auf schwach kalkhaltiger Erde in Felsspalten und an Bergsturzblöcken, welche tageszeitlich nur wenige Stunden von der Sonne beschienen werden, sonst aber meist im Schatten liegen. Die Erde bleibt durch Schmelz- oder Hangwasser im Sommer meist feucht. Die Art fehlt in vielen Gebieten, in welchen die Gesteinszusammensetzung nicht die nötigen Spuren von Kalk liefert. An passenden Stellen ist die Moos-Wimpernflechte trotzdem meist nur vereinzelt zu finden. Geeignete Stellen werden im Gelände durch die häufigeren und viel auffälligeren Krustenflechten ***Ochrolechia upsaliensis*** und ***Pertusaria glomerata*** angezeigt.

Gefährdung und Schutz: Die vom Aussterben bedrohte Art verdient hohen Schutz.

Verwechslung: Die Art ist im Feld in der Regel gut zu erkennen. Die viel häufigere ***Physconia muscigena*** hat eine dunkle Unterseite und weist deutlich stärker bereifte Lappenenden auf.

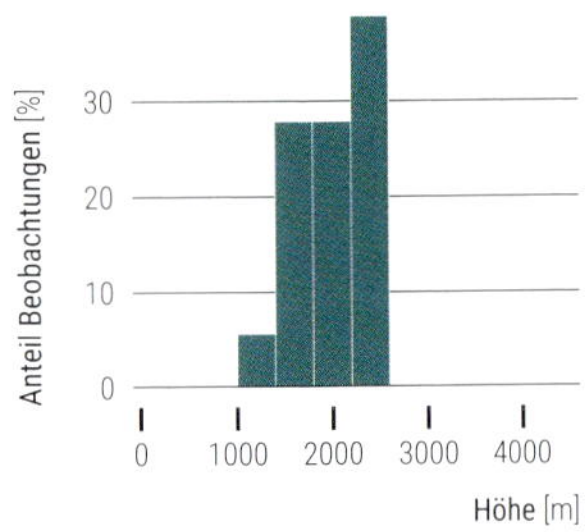

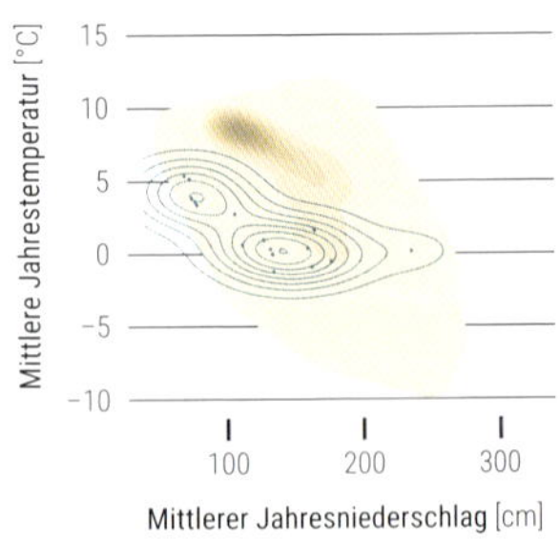

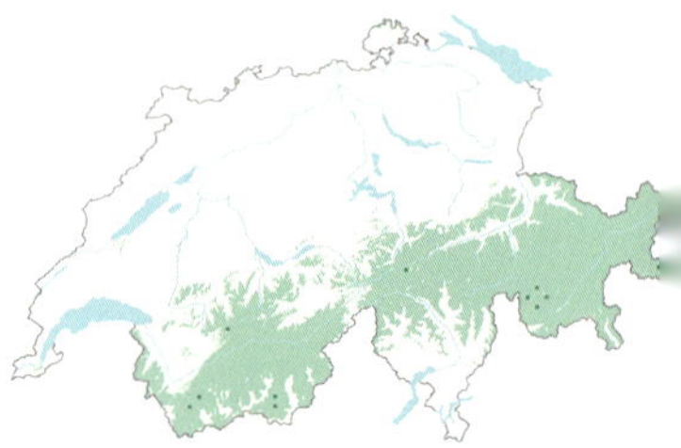

Gefranste Wimpernflechte

Anaptychia ciliaris (L.) Körb.

VU

Anzahl Fundorte	200
Substrat	Borke

Feldmerkmale: Graues bis bräunliches, bis 20 cm grosses strauchförmiges Lager, manchmal zu Rasen zusammenwachsend, mit von der Borke abstehenden, schmalen, stark gewölbten und samtig behaarten, bereiften Lappen. Die Lappenenden sind mit auffälligen, lagerfarbenen Wimpern besetzt. Fruchtkörper sind häufig vorhanden. Sie sitzen mit verengter Basis und mit meist bleibend deutlich vorstehendem, unbewimpertem Rand sowie einer weisslich bereiften Scheibe den Lappen auf. Die Unterseite ist hell und unberindet.

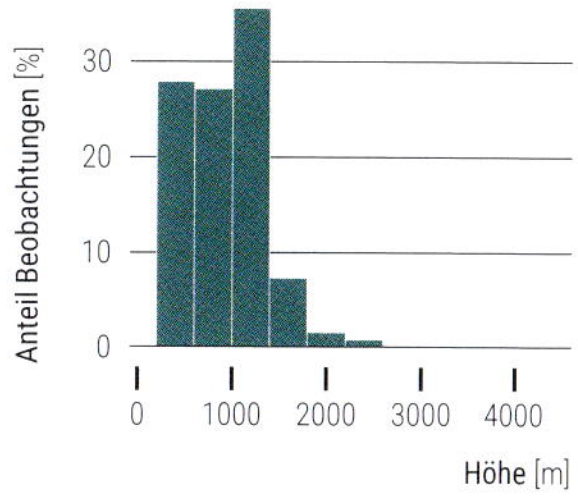

Wissenswertes: Die Gefranste Wimpernflechte ist eine der auffälligsten Strauchflechten an freistehenden Laubbäumen mit rissiger Borke. Üppige, bis 1 m² grosse Vorkommen sind von staubimprägnierten Bäumen bekannt. Die Gefranste Wimpernflechte kam früher häufig im Siedlungsraum vor, wo sie aber wegen der Luftverschmutzung weitgehend verschwunden und noch nicht zurückgekehrt ist.

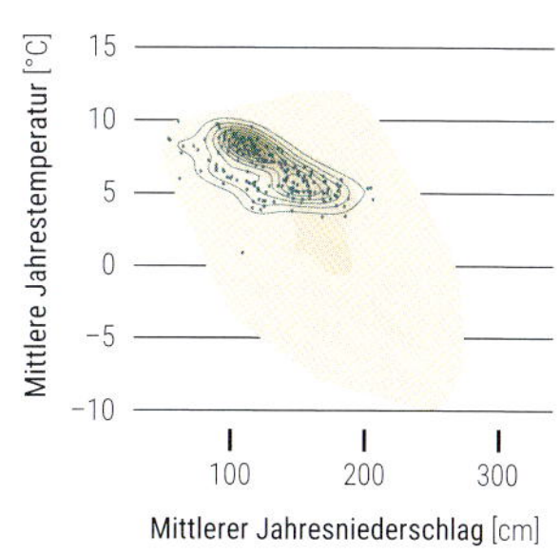

Gefährdung und Schutz: Vorkommen in tieferen Lagen und einzelne Trägerbäume sollten geschont werden.

Verwechslung: Die Gefranste Wimpernflechte ist im Feld in der Regel gut zu erkennen. ***Anaptychia crinalis***, welche in Grauerlen-Auenwäldern und luftfeuchten Bergwäldern häufiger ist, unterscheidet sich durch dünnere, längere und stärker filzige Lappen sowie durch Fruchtkörper, welche am Rand regelmässig mit Wimpern besetzt sind.

Feine Wimpernflechte

VU

Anzahl Fundorte	68
Substrat	Borke

Anaptychia crinalis (Schleich.) Vězda ex J. Nowak

Feldmerkmale: Graues bis bräunliches, bis 10 cm grosses strauchförmiges Lager, mit von der Borke abstehenden, schmalen, stark gewölbten und samtig behaarten, bereiften Lappen. Die Lappenenden sind mit auffälligen, lagerfarbenen, oft verzweigten Wimpern besetzt. Fruchtkörper sind häufig vorhanden. Sie sitzen mit verengter, kurz gestielter Basis und mit zuerst deutlich, später wenig vorstehendem, bewimpertem Rand sowie einer weisslich bereiften Scheibe den Lappen auf. Die Unterseite ist hell und unberindet.

Wissenswertes: Die Feine Wimpernflechte ist eine charakteristische Art auf dünnen Zweigen der Schattenkrone von Fichten in historisch alten Gebirgswäldern luftfeuchter Lagen und von Grauerlenwäldern.

Gefährdung und Schutz: Die Feine Wimpernflechte ist in einzelnen Gebieten recht häufig. Daneben gibt es aber etliche Vorkommen, wo die Art nur auf wenigen Bäumen wächst. Vorkommen in tieferen Lagen und einzelne Trägerbäume sollten geschont werden.

Verwechslung: Die Feine Wimpernflechte bildet lockerere Lager mit feineren und länger bewimperten Lappen als ***A. ciliaris***. Gerade bei etwas kleineren Lagern kann die Ansprache aber schwierig sein. Wachsen die beiden Arten nebeneinander auf demselben Baum, können sie anhand der erwähnten Merkmale gut voneinander unterschieden werden. Die beiden Arten lassen sich auch anhand genetischer Merkmale (DNA-Barcoding) bestimmen.

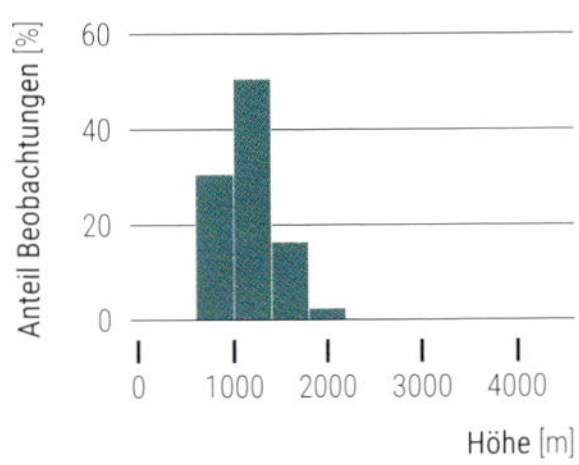

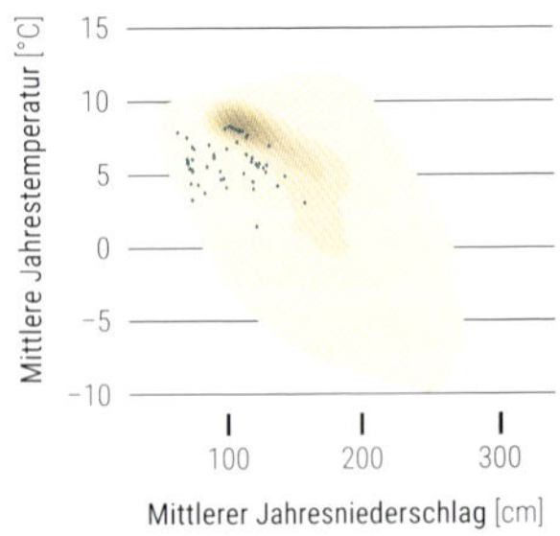

LC

Anzahl Fundorte	211
Substrat	Borke

Zeichen-Fleckflechte

Arthonia atra (Pers.) A. Schneid.

Feldmerkmale: Olivgrünes bis weissliches, in der Borke eingesenktes, häutiges, bis 3 cm grosses Lager. Die Fruchtkörper sind schwarz, strichförmig, bis 1,5 mm lang und vereinzelt verzweigt. Die Scheibe ist sehr schmal, vom deutlich vorstehenden Gehäuse der Fruchtkörper verdeckt.

Wissenswertes: Die Zeichen-Fleckflechte wächst an glatter Borke, fast ausschliesslich von Laubbäumen. Mit fortschreitendem Dickenwachstum von Ästen und Stämmen werden dünne Schichten von Borkengewebe, welche das Flechtenlager bedecken, abgelöst. Deshalb erscheint das Flechtenlager etwas gefleckt, je nachdem, wie stark sich darüberliegende Borkenschuppen gelöst haben. Die Art kommt sowohl an lichtreichen Standorten vor, wo sie als früher Besiedler meist bald von konkurrenzkräftigeren Arten verdrängt wird, oder sie wächst in ziemlich lichtarmen Laubwäldern, wo sie sich als schattentolerante Art mit nur wenigen Begleitarten halten kann. Die Längsrichtung der Fruchtkörper orientiert sich an der Richtung des sekundären Dickenwachstums.

Gefährdung und Schutz: Die Zeichen-Fleckflechte ist nicht gefährdet.

Verwechslung: ***Graphis scripta*** hat ein weisslich graues Lager und kräftigere Fruchtkörper. Arten der Gattungen ***Opegrapha***, *Pseudoschismatomma* und *Zwackhia* lassen sich mikroskopisch anhand von Sporenmerkmalen unterscheiden.

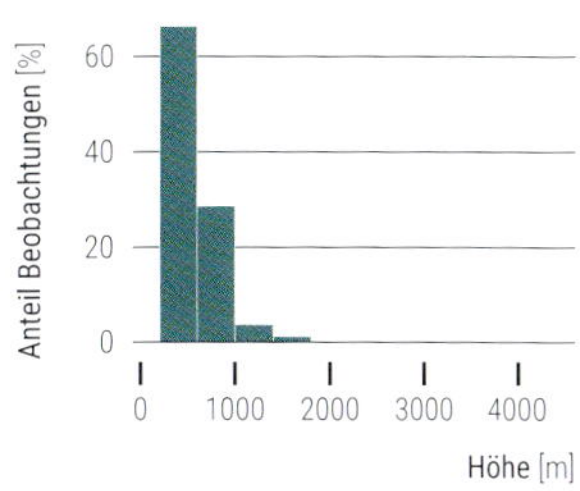

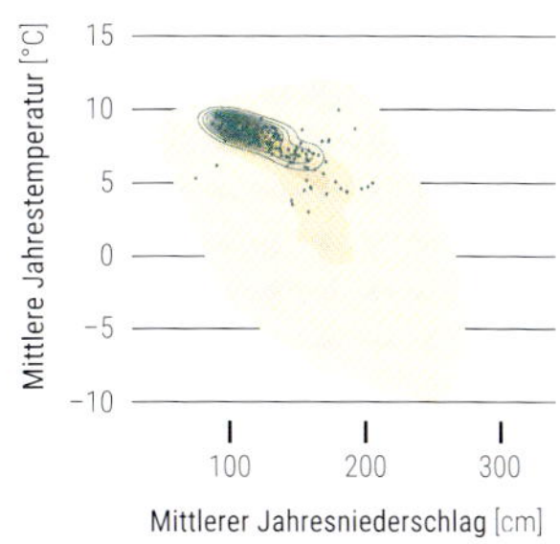

LC

Anzahl Fundorte	97
Substrat	Borke

Gewöhnliche Fleckflechte

Arthonia ruana A. Massal.

Feldmerkmale: Olivgraues bis weissliches, in der Borke eingesenktes, bis 8 cm grosses Lager. Die Fruchtkörper sind unregelmässig rundlich bis schwach gelappt, unberandet, bis 2 mm gross. Zuerst sind sie graubraun, von dünnen Borkenschuppen bedeckt, später bilden sie schwarze Kreise, deren zentrale Bereiche meist bis auf die Borke von Schnecken und Milben abgefressen sind.

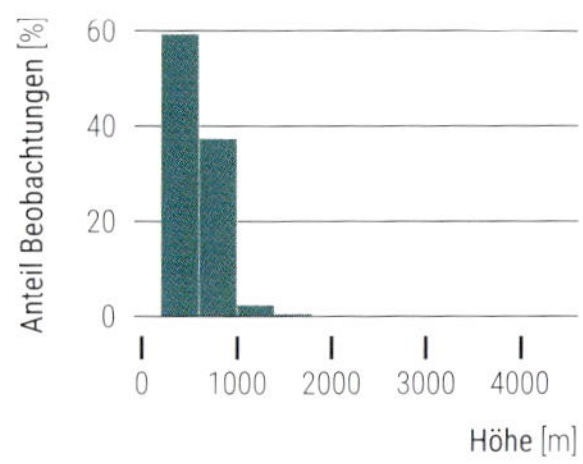

Wissenswertes: Die Gewöhnliche Fleckflechte wächst in der Borke von Laubbäumen mit glatter Borke in ziemlich luftfeuchten Lagen. Die Art kommt zusammen mit ***Graphis scripta*** und weiteren Flechtenarten vor, welche mit Algen aus dem Verwandtschaftskreis von *Trentepohlia* vergesellschaftet sind und schattentolerante Flechtengemeinschaften bilden. In lichtreicheren Beständen wird die Gewöhnliche Fleckflechte von konkurrenzkräftigeren Flechten verdrängt, welche mit einzelligen Grünalgen vergesellschaftet sind. Die Gewöhnliche Fleckflechte kommt schon an ganz jungen Bäumen vor.

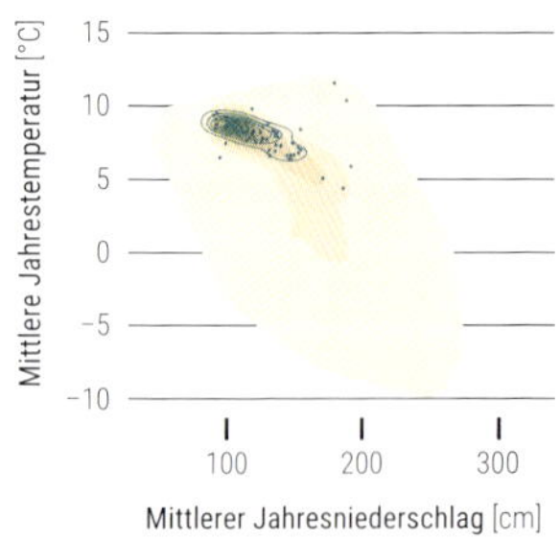

Gefährdung und Schutz: Die Gewöhnliche Fleckflechte ist nicht gefährdet, wird aber bei stärkerer Stickstoffverschmutzung durch Grünalgen-Überzüge verdrängt.

Verwechslung: Die Art ist im Feld in der Regel gut zu erkennen. Oft ist die Gewöhnliche Fleckflechte aber so stark abgefressen, dass sie nur anhand mikroskopischer Sporenmerkmale bestimmt werden kann.

CR

Anzahl Fundorte	15
Substrat	Borke

Kelch-Stäbchenflechte

Bacidia biatorina (Körb.) Vain.

Feldmerkmale: Gelbgrünliches, körniges, bis 10 cm grosses Lager. Die Körnchen entstehen in kleinen Gruppen, die Spitzen sind leicht bräunlich. Sie dienen als vegetative Ausbreitungseinheiten. Die nur selten vorhandenen, orangebraunen bis schwarzbraunen, meist fleckig gefärbten Fruchtkörper werden bis 1,3 mm gross. Sie sitzen dem Lager mit verengter Basis auf. Die Scheiben sind zuerst napfförmig, dann flach und später auch gewölbt. Die Fruchtkörper sind deutlich vorstehend berandet.

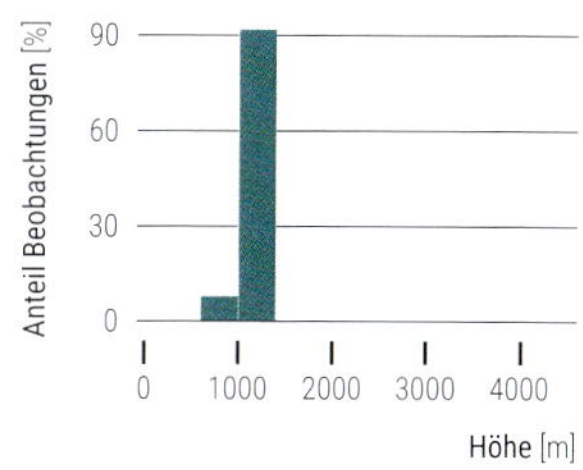

Wissenswertes: Die Kelch-Stäbchenflechte wächst auf teilweise mit Moosen bewachsener Borke von alten Buchen, Bergahornen und Weisstannen in historisch alten, naturnahen Tannen-Buchenwäldern. Die sehr seltene Art benötigt relative lichtreiche, aber luftfeuchte Lagen in niederschlagsreichen Gebieten in der hochmontanen Stufe.

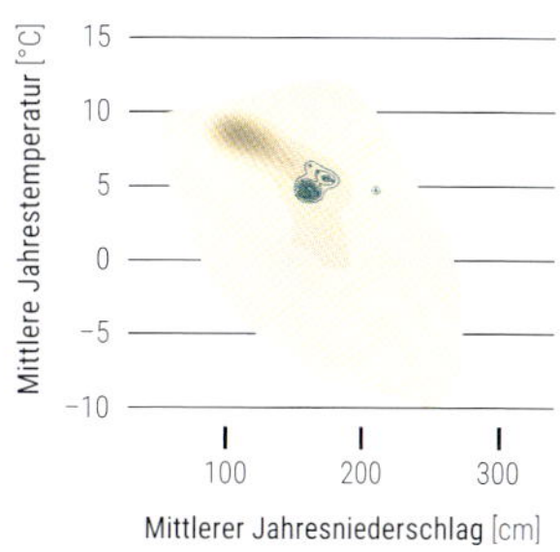

Gefährdung und Schutz: Alle Vorkommen sollten geschont und für die Ausscheidung von Biotopbäumen oder (Sonder-)Waldreservaten berücksichtigt werden. Kleine Vorkommen sollten durch Artenförderungsmassnahmen gestützt werden.

Verwechslung: Das körnige Lager von ***Bacidia rubella*** ist nicht gebräunt, etwas gröber, und die meist vorhandenen Fruchtkörper sind gleichmässig rotbraun gefärbt. Die Feldansprache sollte sorgfältig mit Stereolupe und Mikroskop bestätigt werden.

LC

Anzahl Fundorte	315
Substrat	Borke

Rötliche Stäbchenflechte

Bacidia rubella (Hoffm.) A. Massal.

Feldmerkmale: Grau- bis gelbgrünliches, körniges, bis 10 cm grosses Lager. Zwischen den Gruppen der entstehenden Körnchen ist das Lager in der Borke eingesenkt. Die zunächst kugeligen Körnchen können sich zu finger- oder korallenförmigen, manchmal auch schuppenförmigen Strukturen entwickeln. Die Spitzen der Körnchen sind nicht gebräunt. Die Körnchen dienen als vegetative Ausbreitungseinheiten. Die meist vorhandenen, rotbraunen, gleichmässig gefärbten Fruchtkörper werden bis 1,3 mm gross, sitzen dem Lager mit schwach verengter Basis auf und haben eine flache, später auch gewölbte Scheibe, die zuerst deutlich vorstehend, später flach berandet ist.

Wissenswertes: Die Rötliche Stäbchenflechte kommt sowohl in Wäldern, wie im Offenland auf verwitterter, meist schwammiger Borke am Stamm von Eschen, Bergahornen, Eichen und Obstbäumen bis in die hochmontane Stufe vor. Im Siedlungsraum ist die Art als Relikt ehemaliger Obstgärten anzutreffen.

Gefährdung und Schutz: Bei Vorkommen an freistehenden Bäumen sollte der Ersatz der Trägerbäume frühzeitig gesichert werden, damit sich die Rötliche Stäbchenflechte und mit ihr weitere, auf verwitterte Borke angewiesene Arten langfristig halten können.

Verwechslung: *Bacidia fraxinea* hat ein flachwarziges bis fast krustiges Lager und ist viel seltener. Die Körner von ***B. biatorina*** sind feiner.

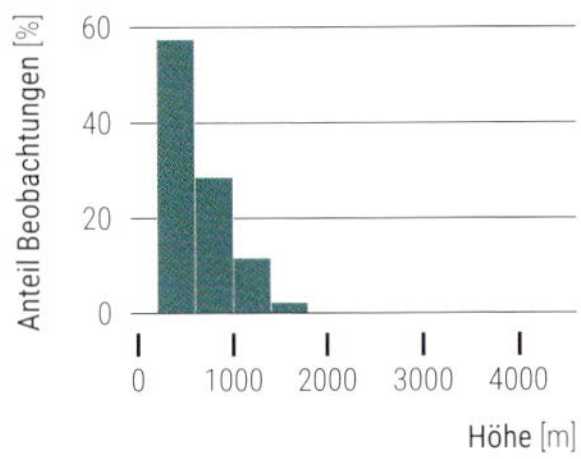

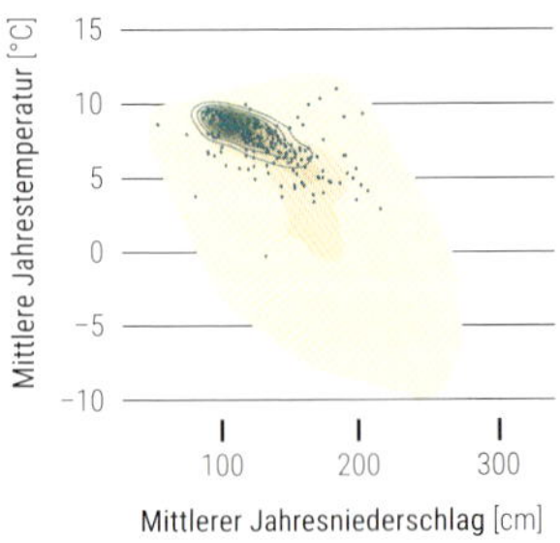

Eichen-Stabflechte

VU

Anzahl Fundorte	201
Substrat	Borke

Bactrospora dryina (Ach.) A. Massal.

Feldmerkmale: Grauweisses, häutiges bis feinrissiges Lager, das ganze Stammseiten über 3 m weit bedecken und mehrere Quadratmeter gross werden kann. Die ungleichmässig über das gesamte Lager verteilten Fruchtkörper sind matt schwarz, bis 0,7 mm gross, meist flach berandet und sind im Lager eingesenkt bis aufsitzend.

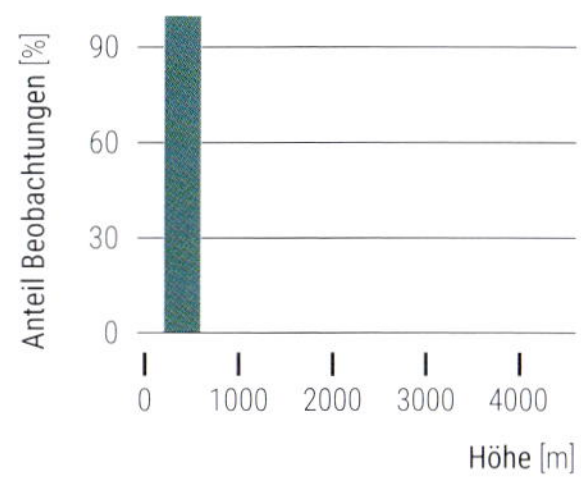

Wissenswertes: Die Eichen-Stabflechte wächst an regengeschützten Stammseiten von meist leicht schief stehenden Stämmen von über 120-jährigen Eichen in ziemlich lichtreichen Beständen und luftfeuchte Lagen. Die meisten Vorkommen sind von Mittelwäldern, wenige von Hartholz-Auenwäldern bekannt, in welchen wir den ursprünglichen Lebensraum vermuten: In Auenwälder hat Eisgang bei Frühjahrshochwasser jeweils dünnere Bäume abgeschert und dicke Stämme zwar mit Eisnarben verletzt, aber nicht zum Absterben gebracht. Diese Dynamik hat zu vergleichbaren Waldstrukturen geführt wie die Mittelwaldnutzung, welche Ersatzlebensräume ausserhalb des Auenperimeters bietet.

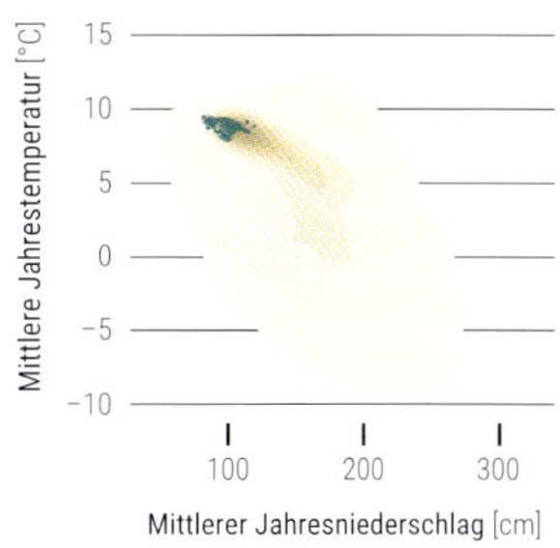

Gefährdung und Schutz: Vorkommen sollten geschont und für die Ausscheidung von Sonderwaldreservaten berücksichtigt werden

Verwechslung: *Bactrospora corticola,* wurde bisher in der Schweiz nicht gefunden. Sie lässt sich mikroskopisch anhand von Sporenmerkmalen von der Eichen-Stabflechte unterscheiden. ***Inoderma byssaceum*** hat weiss bereifte Fruchtkörper.

LC

Anzahl Fundorte	120
Substrat	Erde

Braunrote Köpfchenflechte

Baeomyces rufus (Huds.) Rebent.

Feldmerkmale: Bläulich- bis grüngraue, bis 20 cm grosse Krustenflechte mit körnig-warzigem bis angedeutet schuppigem Lager. Die Schüppchen werden ca. 0,5 mm gross und bilden oft unberindete, feinkörnige, vegetative Ausbreitungseinheiten. Auf dem Lager entstehen oft vereinzelt bis manchmal gedrängt stehende, bis 3 mm lange, gestielte Fruchtkörper mit rötlich-brauner Scheibe.

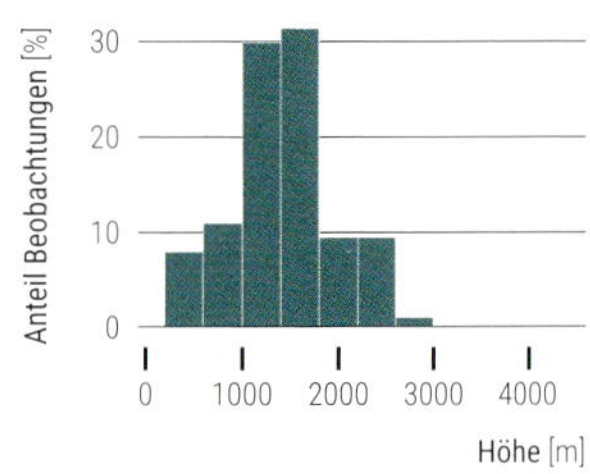

Wissenswertes: Die Braunrote Köpfchenflechte wächst auf nackter, kalkfreier Erde und erdinkrustierten Felsenflächen, aber auch direkt auf mehr oder weniger grossen Steinen in lichtreichen, aber nur kurz direkt besonnten Lagen in lichten Wäldern und Weiden. Als Pionierart ist sie oft an Erdanrissen an steilen Hängen zu beobachten. Häufig bildet sie ausgedehnte Lager an etwas instabilen Strassenböschungen. Die Lagerschüppchen bilden vielfach feinkörnige, unberindete vegetative Ausbreitungseinheiten. Auch ganze Lagerschüppchen können sich als Schizidien vom Substrat lösen. Die letzteren dienen vor allem der Ausbreitung in der unmittelbaren Nachbarschaft des Mutterlagers, wenn der meist steil geneigte Lebensraum ins Rutschen kommt.

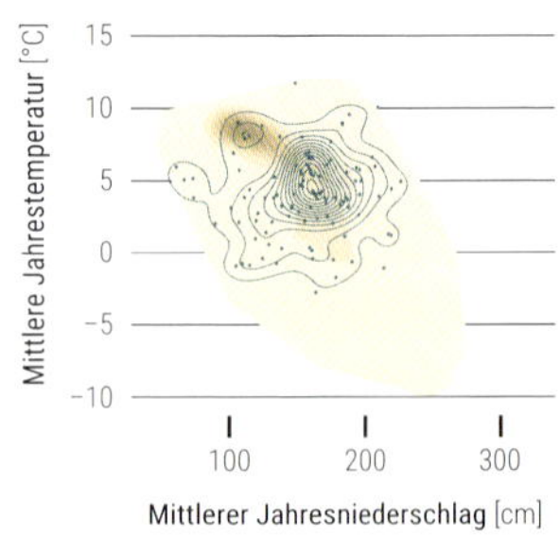

Gefährdung und Schutz: Die Braunrote Köpfchenflechte ist häufig.

Verwechslung: *Baeomyces placophyllus* bildet kräftige, randlich deutlich gelappte Lager und wächst in der subalpinen und alpinen Stufe auf meist schwach kalkhaltiger Erde. ***Dibaeis baeomyces*** bildet ein weissliches Lager. Die Fruchtkörper von ***Icmadophila ericetorum*** sind nicht gestielt.

NE

Anzahl Fundorte	12
Substrat	Gestein

Marmor-Warzenflechte

Bagliettoa marmorea (Scop.) Gueidan & Cl. Roux

Feldmerkmale: Das Lager wächst im Gestein und ist vor allem am Rand und um die Fruchtkörper herum, oft aber über die gesamte Fläche auffallend rosa- bis weinrot gefärbt. Die Fruchtkörper sind im Gestein eingesenkt, nur der Scheitel des geschlossenen Fruchtkörpers überragt die Gesteinsoberfläche. Er weist von der punktförmigen Öffnung strahlig ausgehende Rillen auf. Abgestorbene Fruchtkörper hinterlassen nach dem Ausfallen deutliche Gruben im Gestein.

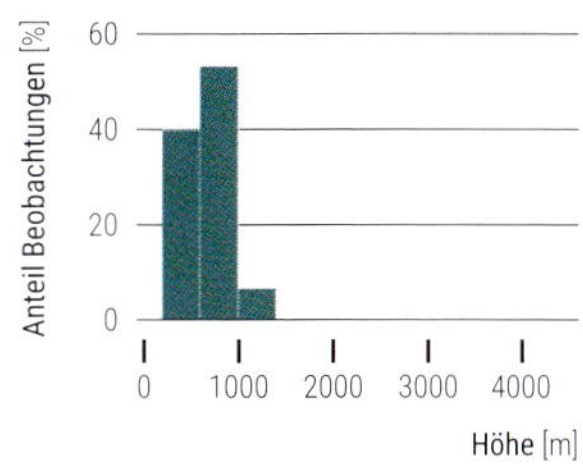

Wissenswertes: Die farblich sehr auffällige Krustenflechte kommt auf hartem, kompaktem Kalkgestein an bodennahen Felsrippen und Gesteinsplatten in Trockenrasen und sehr lichten Wäldern, in Rebgebieten und sogar auf Treppenstufen historischer Wege vor. Die Angaben zur Verbreitung in SwissLichens sind sehr unvollständig.

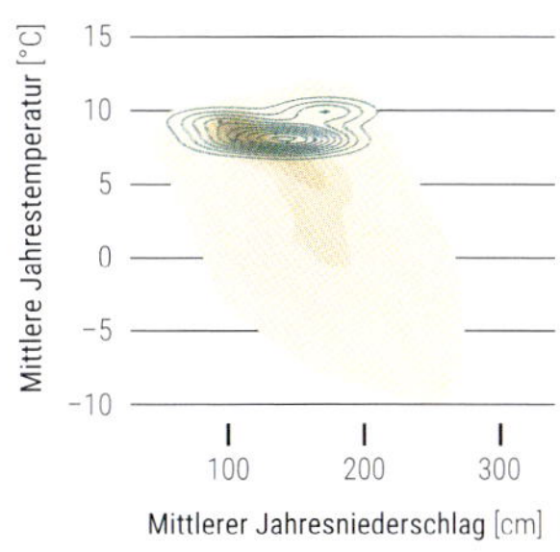

Gefährdung und Schutz: Ein wesentlicher Anteil des typischen, früheren Lebensraums der Marmor-Warzenflechte wird heute als Rebberge genutzt.

Verwechslung: Bei guter Entwicklung kann die Marmor-Warzenflechte nicht verwechselt werden. Manchmal ist die weinrote Färbung auf den Rand des Lagers oder auf die Umgebung der Fruchtkörper beschränkt. Auf Kalkgestein in Weiden in höheren Lagen sind Arten mehrerer Gattungen manchmal von Algen der Gattung *Trentepohlia* überwachsen. Solche Lager haben aber eine rotorange Färbung und mit der Lupe sind die kurzen Zellfäden der Alge auf der Gesteinsoberfläche zu erkennen.

Braunfrüchtige Knöpfchenflechte

NT

Anzahl Fundorte	55
Substrat	Borke

Biatora helvola Körb. ex Hellb.

Feldmerkmale: Grünliches, rissiges bis flachwarzig gefeldertes, bis 8 cm grosses Lager. Zwischen den in Gruppen entstehenden Warzen ist das Lager in der Borke eingesenkt. Die immer vorhandenen, orangebraunen Fruchtkörper werden bis 0,5 mm gross, stehen aber oft in kleinen Gruppen und scheinen dadurch grösser zu sein. Sie sitzen dem Lager mit schwach verengter Basis auf und besitzen eine flache, oft etwas heller berandete, später gewölbte und unberandete Scheibe.

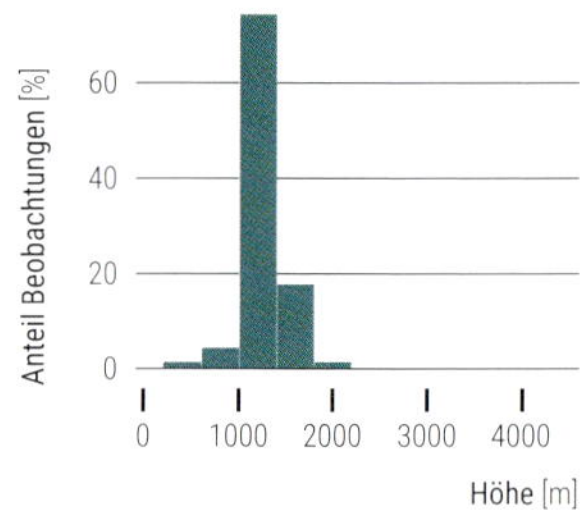

Wissenswertes: Die Braunfrüchtige Knöpfchenflechte wächst an Borke von Weisstannen, Fichten und Laubbäumen mit saurer Borke in historisch alten, nicht zu dunklen, hochmontanen Mischwäldern in niederschlagsreichen Regionen und luftfeuchten Lagen. Die Art ist mit vielen, auch seltenen Krustenflechten wie *Cheiromycina flabelliformis* (Bild Mitte, bläuliche Nebenfruchtformen) vergesellschaftet.

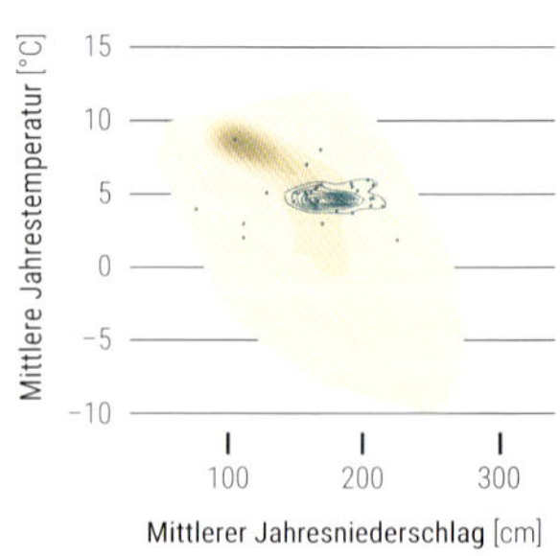

Gefährdung und Schutz: Einzelvorkommen sollten geschont und grössere Vorkommen für die Ausscheidung von Waldreservaten berücksichtigt werden.

Verwechslung: Die Art kann anhand des grünlichen Lagers und der Fruchtkörper recht zuverlässig im Feld angesprochen werden. Die Feldansprache sollte anschliessend durch eine Überprüfung mit Stereolupe und Mikroskop bestätigt werden.

Weisse Kesselflechte

EN

Anzahl Fundorte	9
Substrat	Borke

Biatora veteranorum Coppins & Sérus.

Feldmerkmale: Undeutlich olivgraues, in der Borke eingesenktes, oft <1 cm grosses Lager. Auf der stark verwitterten Borke stehen 0,1 mm kleine, kurz gestielte, weissliche bis gelbliche Nebenfruchtformen und selten wenige, bis 0,4 mm grosse, gelbliche Fruchtkörper.

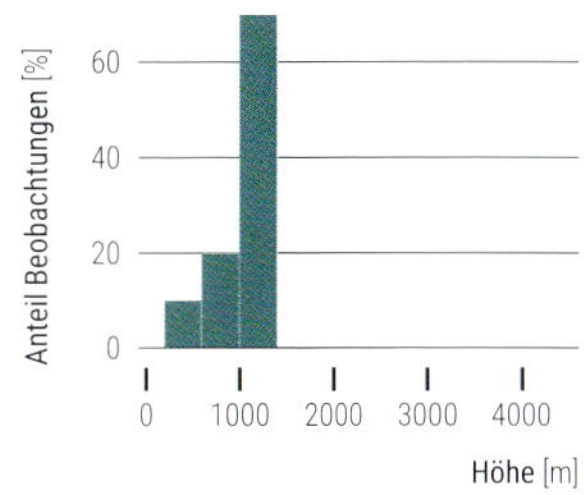

Wissenswertes: Die Weisse Kesselflechte wächst an regengeschützten Stellen auf stark verwitterter, schwammig-morscher Borke an sehr alten Bäumen in lichten Wäldern, Wytweiden oder Kastanienselven in niederschlagsreichen Regionen und luftfeuchten Lagen. Diese kleine und unauffällige Art ist erstaunlich einfach zu finden, weil die Nebenfruchtformen dicht nebeneinander auf den am stärksten verwitterten, wie Schaumstoff aussehenden Borkenstücken vorkommen.

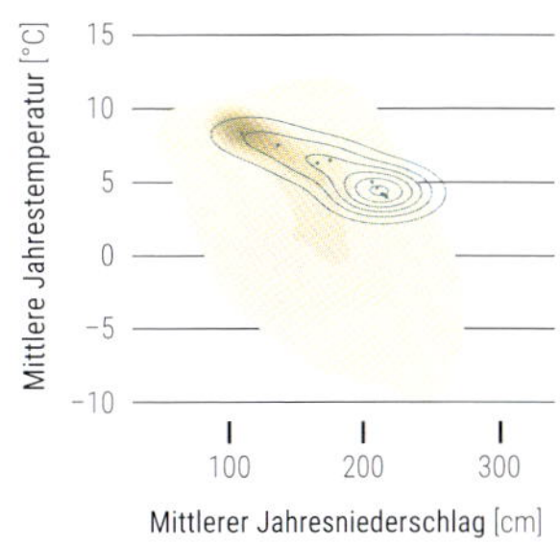

Gefährdung und Schutz: Sämtliche Vorkommen der Weissen Kesselflechte sollten geschont werden. Für alle Vorkommen sollte die Verfügbarkeit künftiger Trägerbäume Jahrzehnte im Voraus gesichert werden, weil sich der starke Verwitterungsgrad der Borke nur sehr langsam einstellt. Einzelvorkommen können vermutlich durch Artenförderungsmassnahmen gestützt werden.

Verwechslung: Die Art ist im Feld in der Regel gut zu erkennen, sollte aber durch eine Laborbestimmung bestätigt und von *B. ligni-mollis* mit kugeligen Nebenfruchtformen mit klaffender Öffnung sowie Arten der Gattung ***Micarea*** mit gestielten Nebenfruchtformen unterschieden werden.

Halbkugelige Vielsporflechte

DD

Anzahl Fundorte	2
Substrat	Erde

Biatorella hemisphaerica Anzi

Feldmerkmale: Graugrüne Krustenflechte mit feinkörnigem, zwischen Moosen und Pflanzenresten sehr unauffälligem, um 3 cm grossem Lager. Deutlich augenfälliger sind die orangeroten, bis 2 mm grossen, halbkugeligen und randlosen Fruchtkörper.

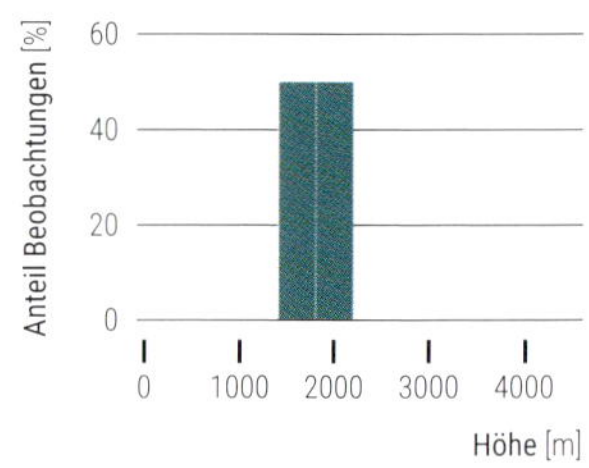

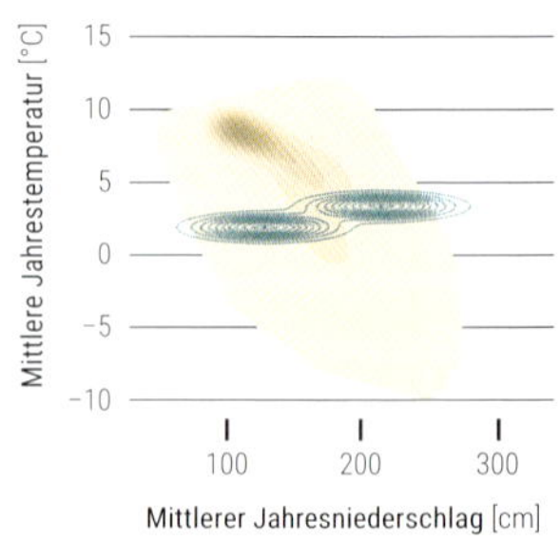

Wissenswertes: Die Halbkugelige Vielsporflechte wächst auf leicht kalkhaltiger Erde in Felsspalten und auf erdinkrustierten, bergfeuchten Felsflächen an lichtreichen, aber selten direkt dem Sonnenlicht ausgesetzten Standorten. Auffällig grosse Lager entwickeln sich auf Erdanrissen, deren Oberfläche durch Moose, Cyanobakterien- und Algenüberzüge stabilisiert wird. Als Pionierart wird sie bald durch konkurrenzkräftigere Arten verdrängt oder durch eine erneute natürliche oder menschliche Störung (Strassenböschung) zerstört.

Gefährdung und Schutz: Weil die Fruchtkörper der Halbkugeligen Vielsporflechte rasch vergänglich sind, wird die Art häufig übersehen. Die Vorkommen sind in SwissLichens unvollständig dokumentiert.

Verwechslung: *Sarcosagium campestre* hat rotbraune, bis 0,4 mm grosse, bleibend berandete Fruchtkörper und wächst an ähnlichen Standorten. Zahlreiche, auf Erde, Dung oder Moosen wachsende, nicht-lichenisierte Pilze (z.B. Arten der Pyronemataceae) können mit der Halbkugeligen Vielsporflechte verwechselt werden.

Kloster-Rundsporflechte

LC

Anzahl Fundorte	48
Substrat	Borke

Biatoridium monasteriense J. Lahm ex Körb.

Feldmerkmale: Grünliches, körniges bis schuppiges, bis 10 cm grosses Lager. Die Körnchen und ihre Bruchstücke dienen als vegetative Ausbreitungseinheiten. Die immer vorhandenen, hellbräunlichen Fruchtkörper werden bis 0,5 mm gross, sitzen dem Lager mit verengter Basis auf. Die flache, später auch gewölbte Scheibe zeigt einen helleren, flachen Rand.

Wissenswertes: Die Kloster-Rundsporflechte kommt auf verwitterter, neutraler Borke von Bäumen und Sträuchern in niederschlagsreichen Regionen oder luftfeuchten Lagen in lichtreichen Wäldern, seltener an in Weiden freistehenden Bäumen vor. Häufig wächst sie zwischen und über Moosen und bildet dann nicht selten nur kleine, dafür zahlreiche Lager an geeigneten Stammbereichen.

Gefährdung und Schutz: Die Kloster-Rundsporflechte ist eine konkurrenzschwache Art. Bei zunehmendem Nährstoffeintrag wird sie durch raschwüchsige Blattflechten verdrängt.

Verwechslung: Die Art sollte anhand des deutlich grünlichen, körnigen bis kleinschuppigen Lagers und der heller berandeten, kleinen Fruchtkörper recht zuverlässig im Feld erkannt werden können. Die mikroskopische Untersuchung im Labor sollte aber die vielsporigen Schläuche in den Fruchtkörpern überprüfen.

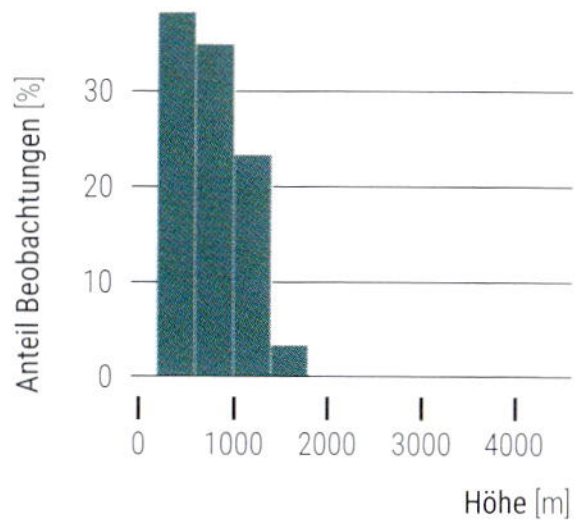

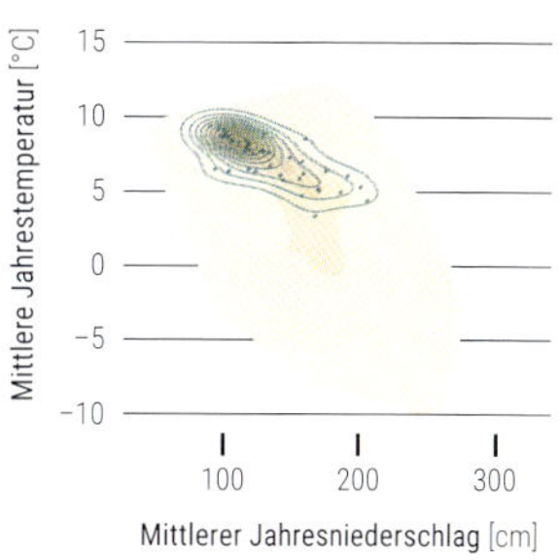

NE

Anzahl Fundorte	11
Substrat	Gestein

Schwarzbraune Blasenflechte

Brodoa atrofusca (Schaer.) Goward

Feldmerkmale: Randlich grauweisse, im Zentrum schwarzbraune, bis 30 cm grosse Lager mit eng dem Substrat anliegenden, schmalen, fast drehrunden Lappen. Die Lappen wirken aufgeblasen, haben eine gewölbte Oberseite und sind im Zentrum von einem dichten Mark gefüllt. Fruchtkörper sind oft vorhanden. Die Unterseite ist schwarz, Rhizinen fehlen.

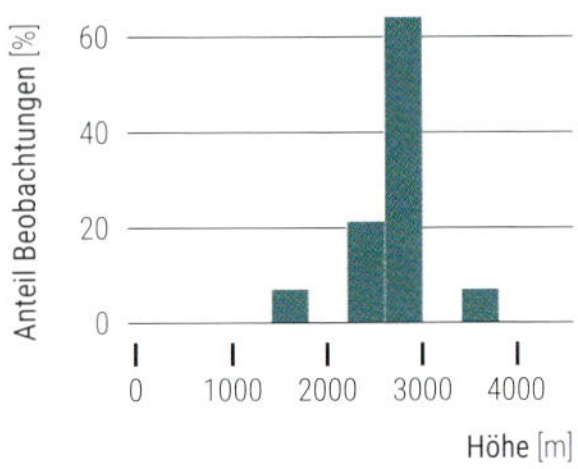

Wissenswertes: Die Schwarzbraune Blasenflechte wächst in der alpinen und nivalen Stufe auf kalkfreiem Gestein in Silikat-Felsfluren und auf Felsgraten. Die Art erträgt längere Schneebedeckung. Auf Felsplatten ist sie eine konkurrenzkräftige Art, die andere Krustenflechten leicht überwachsen kann. Sie bildet zuerst fast kreisrunde Lager, die später im Zentrum absterben und als Kreisringe weiterwachsen (Bild links). In der nivalen Stufe, wo sie an etwas geschützten Stellen in Felsspalten wächst, sind die Lager meist klein und bestehen nur aus wenigen Lappen.

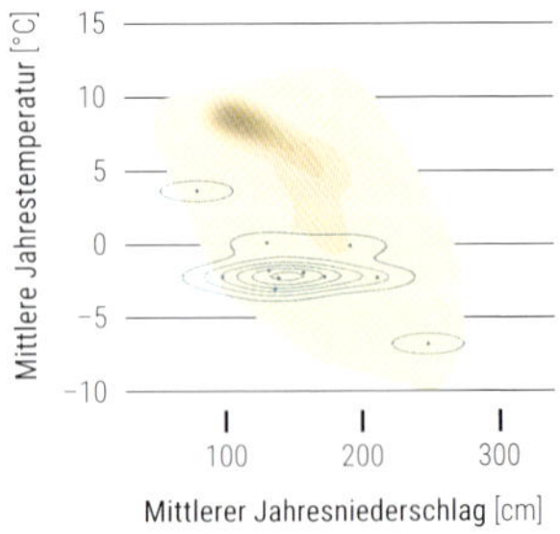

Gefährdung und Schutz: Die Art ist in Silikatgebieten häufig.

Verwechslung: Die Schwarzbraune Blasenflechte lässt sich anhand der etwas kräftigeren Lappen im Feld gut von ***B. intestiniformis*** unterscheiden, auch wenn *B. intestiniformis* in jungen Stadien noch keine aufsteigenden Lappen bildet. Die beiden Arten lassen sich anhand ihrer Flechtenstoffe unterscheiden.

Eingeweideflechte

NE

Anzahl Fundorte	22
Substrat	Gestein

Brodoa intestiniformis (Vill.) Goward

Feldmerkmale: Grauweisses, bis 30 cm grosses Lager mit eng dem Substrat anliegenden, schmalen, am Ende abgeflachten und verbreiterten, im Zentrum fast drehrunden Lappen. Die Lappen wirken aufgeblasen, haben eine gewölbte Oberseite und sind im Zentrum von einem dichten Mark gefüllt. Fruchtkörper sind oft vorhanden. Als vegetative Ausbreitungseinheiten dienen kleine, leicht abbrechende, aufsteigende Lappen in älteren Teilen des Lagers. Die Unterseite ist schwarz, Rhizinen fehlen.

Wissenswertes: Die Eingeweideflechte wächst sehr häufig auf niedrigen Silikatblöcken und beregneten Felsflächen von der hochmontanen bis in die alpine Stufe. Unterhalb der Waldgrenze kommt die Art in eher niederschlagsarmen Gebieten in lichten Wäldern vor, wo sie auf etwas nährstoffreicheren Stellen wie Vogelsitzplätzen gedeiht. In der alpinen Stufe wächst die Art oft an lange schneebedeckten Felsflächen.

Gefährdung und Schutz: Die Eingeweideflechte ist häufig. Ihre Vorkommen werden oft nicht dokumentiert und sind in der Datenbank von SwissLichens untervertreten.

Verwechslung: In der alpinen Stufe sind kleine Lager ohne aufsteigende Lappen nicht einfach von ***B. atrofusca*** zu unterscheiden, die ein graues, im Zentrum dunkel schwarzbraunes Lager hat und sich anhand ihrer Flechtenstoffe unterscheiden lässt.

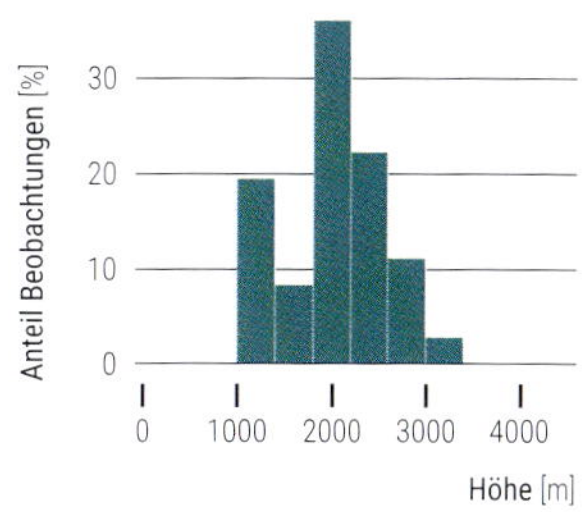

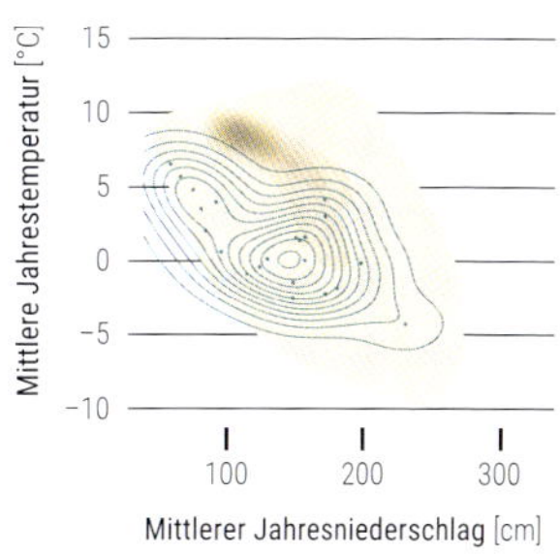

DD

Anzahl Fundorte	17
Substrat	Erde

Braune Mooskuchenflechte

Bryonora castanea (Hepp) Poelt

Feldmerkmale: Hellgraue bis bräunlichgraue, um 2 cm grosse, häutige bis flachwarzige Krustenflechte. Die immer vorhandenen Fruchtkörper sind um 1,5 mm gross und sitzen mit verengter Basis auf dem Lager. Sie zeigen eine schwach bläulich bereifte, rotbraune, manchmal auch hellere, flache Scheibe mit einem schmalen, nur wenig vorstehenden, dunklerem Rand.

Wissenswertes: Die Braune Mooskuchenflechte wächst vorwiegend oberhalb der Waldgrenze auf Moosen und Pflanzenresten über kalkfreien, seltener etwas kalkhaltigen Böden in Windheiden, Felsfluren und Geröllhalden. In Windheiden ist sie oft in kleinen Senken, welche etwas länger feucht bleiben, zu beobachten.

Gefährdung und Schutz: Die Braune Mooskuchenflechte ist in der alpinen Stufe in Windheiden auf kalkfreiem Gestein häufig. Meist bildet die Art aber nur kleine Lager.

Verwechslung: *Bryonora curvescens* und *B. pruinosa* lassen sich anhand mikroskopischer Sporenmerkmale und der Flechtenstoffe von der Braunen Mooskuchenflechte unterscheiden. Im Gegensatz zur Braunen Mooskuchenflechte entwickelt *Ainoa geochroa* Fruchtkörper mit einem deutlich vorstehenden Rand. Sie kommt häufig in Schneetälchen vor. Die Fruchtkörper sind oft kümmerlich entwickelt.

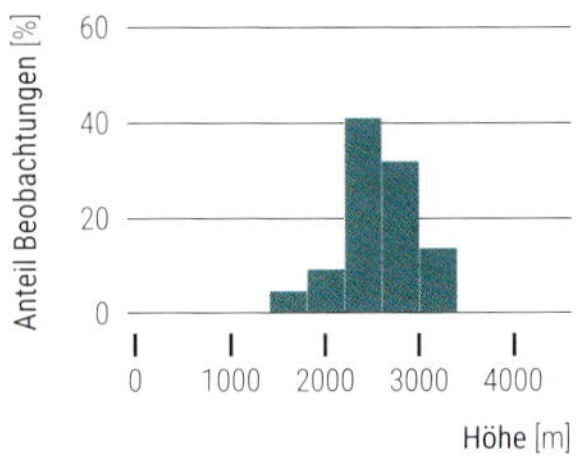

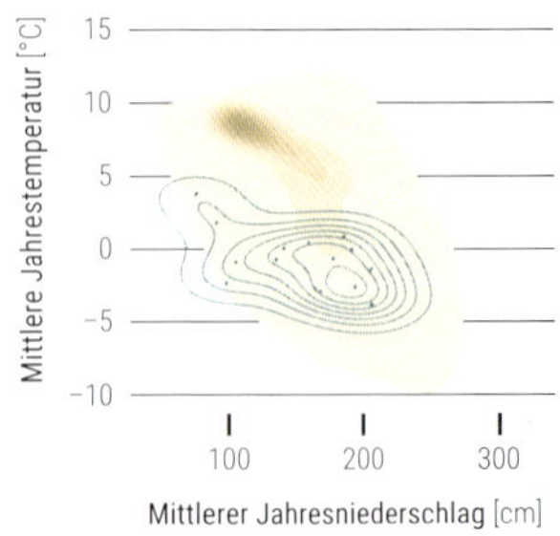

Zweifarbiger Moosbart

VU

Anzahl Fundorte	55
Substrat	Borke

Bryoria bicolor (Ehrh.) Brodo & D. Hawksw.

Feldmerkmale: An der Basis schwarze, an den Astenden hellbraune, bis 5 cm hohe Strauchflechte mit starr abstehenden, nicht hängenden, sich beinahe rechtwinklig verzweigenden Ästen. Die Seitenäste sind kurz und zugespitzt. Die vegetative Ausbreitung erfolgt ausschliesslich über Bruchstücke der Äste.

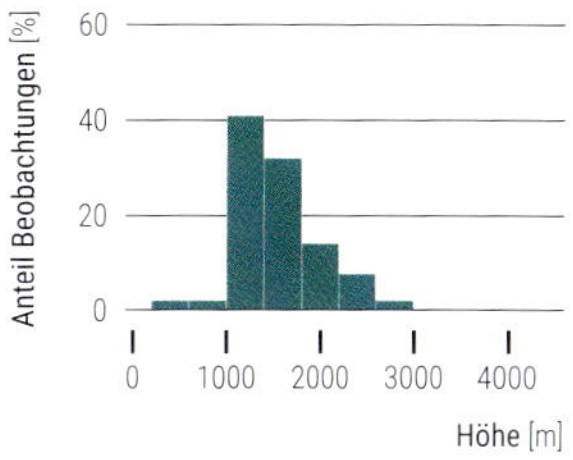

Wissenswertes: Der Zweifarbige Moosbart wächst meist auf Borke von alten Nadelbäumen wie Fichte, Weisstanne und Lärche in lichtreichen, hochmontanen und subalpinen Wäldern in niederschlagsreichen oder sehr luftfeuchten Lagen. Weiter kann die Art in Silikatgebieten an oft bergfeuchten Vertikalflächen von Felswänden und selten auf Erde in alpinen Windheiden gefunden werden.

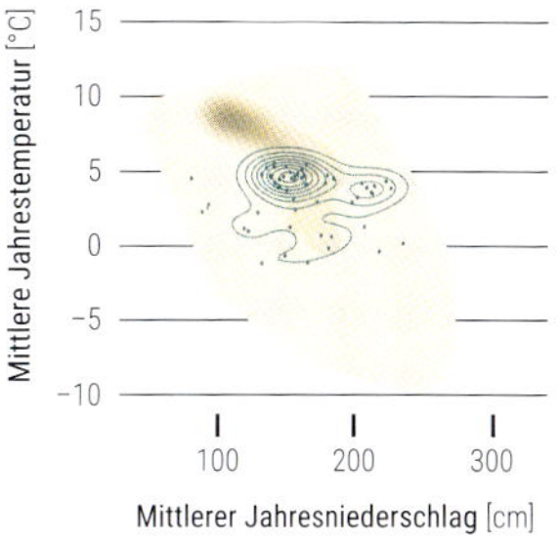

Gefährdung und Schutz: Vorkommen auf Borke von Fichten und Weisstannen sind von historisch alten, naturnahen Gebirgswäldern bekannt. Seit der Mitte des letzten Jahrhunderts sind zahlreiche Fundorte erloschen. Heutige Vorkommen sollten geschont werden und für die Ausscheidung von Biotopbäumen und Waldreservaten berücksichtigt werden.

Verwechslung: Die beiden sehr seltenen *B. smithii* und *B. simplicior* bilden ebenfalls starre, aufrechte Lager, zeigen aber auffällige Aufbrüche mit feinkörnigen, vegetativen Ausbreitungseinheiten und lassen sich anhand der Flechtenstoffe unterscheiden. In Windheiden ist die Art von *Alectoria nigricans* zu unterscheiden, deren Basis hellgrau und Astenden dunkelgrau gefärbt sind.

LC

Anzahl Fundorte	526
Substrat	Borke

Brauner Moosbart

Bryoria fuscescens (Gyeln.) Brodo & D. Hawksw.

Feldmerkmale: Hell- bis dunkelbraune, bis 30 cm lange Bartflechte. Die hängenden Äste sind spitzwinklig verzweigt. In meist unauffälligen, punkt- bis spaltenförmigen Aufbrüchen werden feinkörnige vegetative Ausbreitungseinheiten gebildet.

Wissenswertes: Der Braune Moosbart wächst überwiegend auf der Borke von Fichte und weiteren Nadelbäumen, seltener auf Laubbäumen mit saurer Borke. Er besiedelt ebenfalls stehendes Totholz und leicht verwittertes, bearbeitetes Holz. Die Art kommt hauptsächlich in Gebirgsnadelwäldern und Wytweiden vor. Im Tiefland sind vereinzelt Vorkommen auf verbautem Holz bekannt. Anhand der Flechtenstoffe können mehrere Formen unterschieden werden, die aber heute nicht mehr als eigenständige Sippen aufgefasst werden. Bild rechts zeigt einen weissen Kokon vermutlich einer Brackwespe.

Gefährdung und Schutz: In Gebirgswäldern ist der Braune Moosbart in gestuften, historisch alten Wäldern häufig. In tieferen Lagen ist er selten. Dort sollten Vorkommen geschont werden, indem Trägerbäume als Biotopbäume ausgeschieden werden.

Verwechslung: *Bryoria nadvornikiana* zeigt ebenfalls hängende, aber locker verzweigte Lager mit hellbraunen, oft etwas rosa bis violett getönten Ästen. ***Bryoria bicolor*** bildet starr abstehende Sträuchlein.

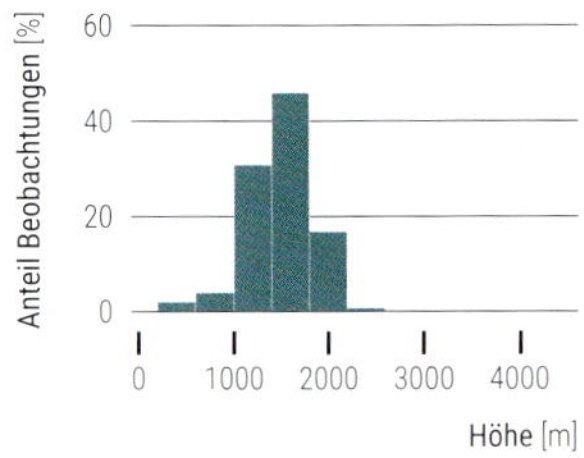

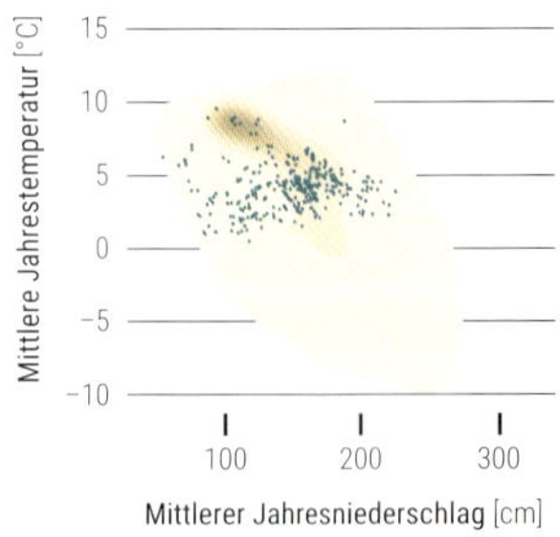

Pionier-Schwarzpunktflechte

Buellia aethalea (Ach.) Th. Fr.

NE	
Anzahl Fundorte	61
Substrat	Gestein

Feldmerkmale: Graues bis braungraues, rissiges bis meist deutlich gefeldertes, bis 5 cm grosses Lager. Die immer vorhandenen, bis 0,6 mm grossen Fruchtkörper mit meist konkaven, meist schmal und flach berandeten Scheiben sind ins Lager eingesenkt. Vegetative Ausbreitungseinheiten werden nicht gebildet.

Wissenswertes: Die Pionier-Schwarzpunktflechte wächst in den Tieflagen an trockenwarmen Stellen auf kalkfreiem Gestein auf Blöcken und Gesteinsplatten von Trockenmauern, auf Lesesteinhaufen, Grabsteinen und Dachziegeln sowie an Felswänden. Die Art kann an weniger sonnigen Stellen zusammen mit der gelblichen *B. ocellata* vorkommen. Beide Arten sind konkurrenzschwach und werden später von anderen Krusten- und Blattflechten überwachsen. Die Art ist bisher nur aus wenigen Regionen gemeldet worden. Eine gleichmässigere Verbreitung über die tieferen Regionen in der Schweiz ist anzunehmen.

Gefährdung und Schutz: Die Pionier-Schwarzpunktflechte ist an geeigneten Stellen häufig.

Verwechslung: Die wesentlich seltenere *B. stellulata* hat ein fast weisses Lager und lässt sich anhand der Flechtenstoffe sowie mikroskopischer Merkmale unterscheiden. In der alpinen Stufe kann die Pionier-Schwarzpunktflechte mit *B. uberiuscula* verwechselt werden, welche oft auf leicht schwermetallhaltigem Gestein an etwas nährstoffbegünstigten Stellen vorkommt.

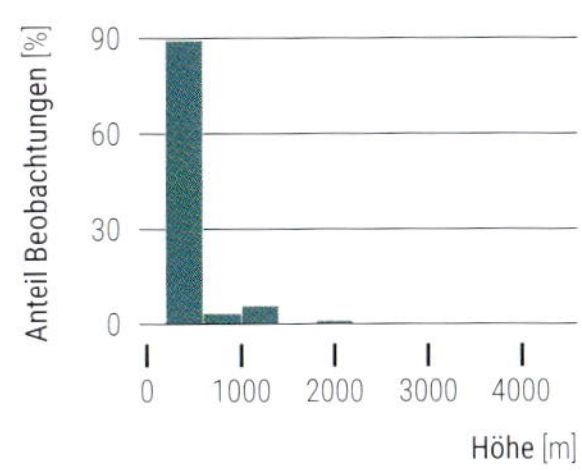

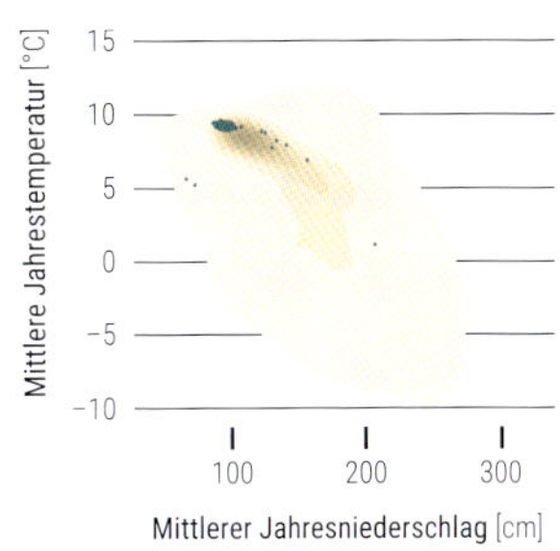

Scheiben-Schwarzpunktflechte

NT

Anzahl Fundorte	123
Substrat	Borke

Buellia disciformis (Fr.) Mudd

Feldmerkmale: Weisslich bis grünlich-graues, flachwarziges bis schorfiges Lager, bis 5 cm gross, das sich oft durch eine braune Linie von anderen Krustenflechten abgrenzt. Die immer vorhandenen Fruchtkörper werden bis 1 mm gross und sitzen mit breiter Basis dem Lager auf. Die schwarzen, matten, meist flachen Scheiben bilden einen schmalen und vorstehenden Rand. Vegetative Ausbreitungseinheiten werden nicht gebildet.

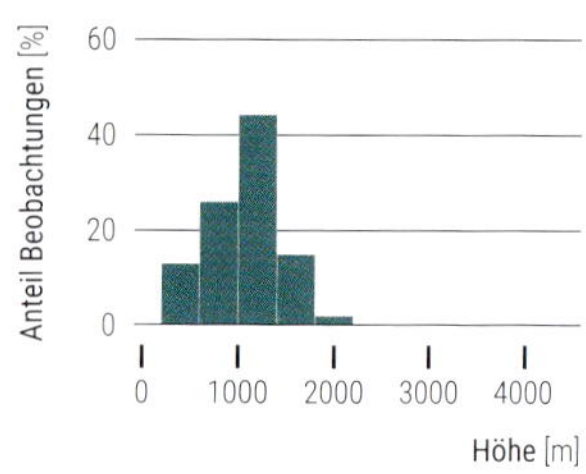

Wissenswertes: Die Scheiben-Schwarzpunktflechte wächst an glatter Borke von Laubbäumen in luftfeuchten Lagen in lichtreichen Wäldern. Die Art ist ein früher Besiedler und wird später oft von konkurrenzkräftigeren Blattflechten überwachsen. In Grauerlen-Auenwäldern, wo sie mit anderen Buellia-Arten vorkommt, ist die Scheiben-Schwarzpunktflechte recht häufig.

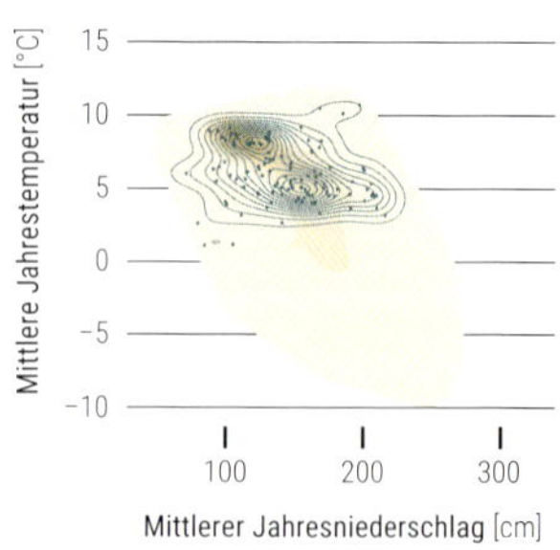

Gefährdung und Schutz: Die Scheiben-Schwarzpunktflechte wird in den Tieflagen zurückgedrängt, weil unter anderem konkurrenzkräftigere Grünalgen-Überzüge durch die Stickstoffverschmutzung an Baumstämmen gefördert werden.

Verwechslung: Die viel häufigere ***Lecidella elaeochroma*** hat im Unterschied zur Scheiben-Schwarzpunktflechte glänzende Fruchtkörper. *Buellia arnoldii*, ***B. erubescens***, *B. sanguinolenta* und ***Tetramelas chloroleucus*** sind nah verwandte Arten, welche sich anhand von chemischen und mikroskopischen Merkmalen unterscheiden lassen.

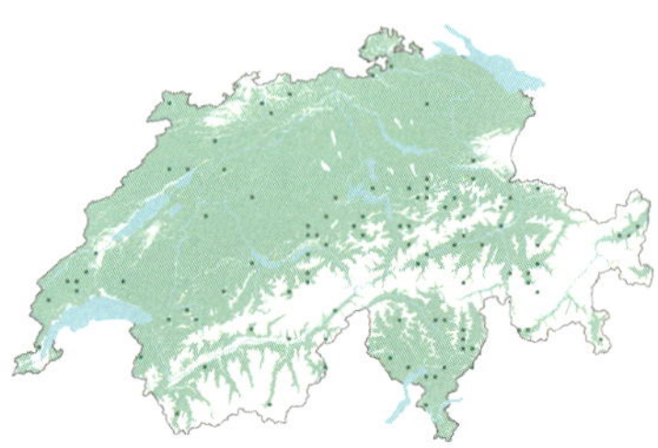

VU

Anzahl Fundorte	43
Substrat	Borke

Errötende Schwarzpunktflechte

Buellia erubescens Arnold

Feldmerkmale: Weisslich bis grünlich-graues, flachwarziges bis schorfiges Lager, bis 3 cm gross. Die immer vorhandenen Fruchtkörper sind meist <0,6 mm, können selten aber bis 1,5 mm gross werden und sitzen mit breiter Basis dem Lager auf. Die schwarzen, matten, meist flachen Scheiben bilden einen schmalen, vorstehenden Rand. Vegetative Ausbreitungseinheiten werden nicht gebildet.

Wissenswertes: Die Errötende Schwarzpunktflechte wächst häufig an glatter Borke von Laubbäumen in luftfeuchten Lagen in lichtreichen Wäldern, oft zusammen mit ***B. disciformis***. Selten ist sie auch an Nadelbäumen zu beobachten. Meist entwickelt sie dann deutlich grössere Fruchtkörper. Öfters ist sie hingegen auf hartem Holz anzutreffen, so auch an Zäunen.

Gefährdung und Schutz: Die Errötende Schwarzpunktflechte ist eine seltene, konkurrenzschwache Art. Ihre Vorkommen in Grauerlen-Auenwäldern können durch Schutz- und Fördermassnahmen im Auen-Perimeter unterstützt werden. Vorkommen in anderen Lebensräumen sollten geschont werden.

Verwechslung: Die viel häufigere ***Lecidella elaeochroma*** bildet im Unterschied zur Errötenden Schwarzpunktflechte meist glänzende Fruchtkörper. *Buellia arnoldii*, ***B. disciformis***, *B. sanguinolenta* und ***Tetramelas chloroleucus*** sind nahe verwandte Arten. Sie unterscheiden sich durch mikroskopische und chemische Merkmale. Die Errötende Schwarzpunktflechte ist sehr variabel und besteht vermutlich aus mehreren, schlecht bekannten Sippen.

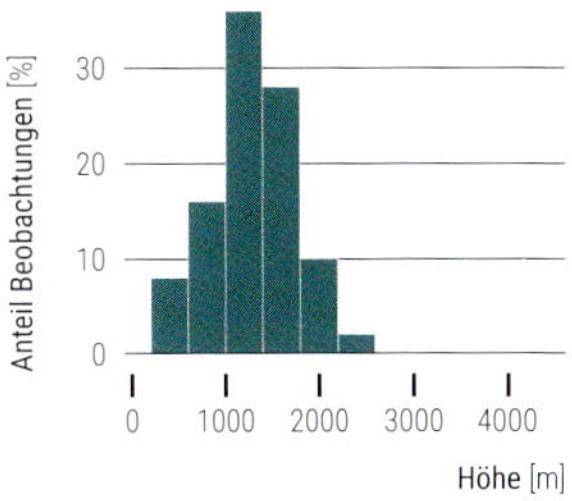

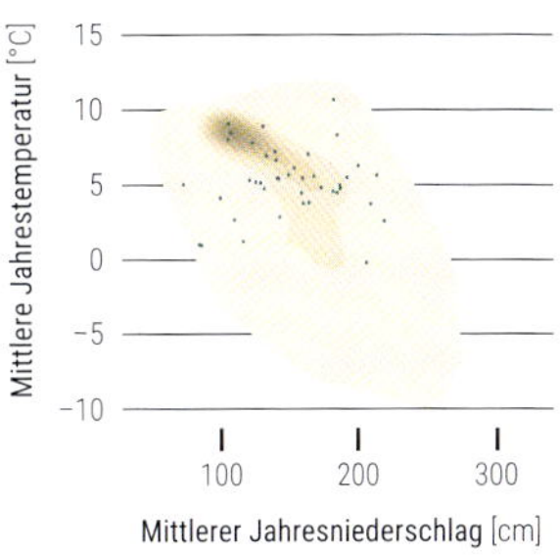

LC

Anzahl Fundorte	673
Substrat	Borke

Graugrüne Schwarzpunktflechte

Buellia griseovirens (Turner & Borrer ex Sm.) Almb.

Feldmerkmale: Weisslich bis hellgraues, häutiges bis flachwarziges Lager, bis 8 cm gross. Grünliche bis blaugraue, vegetative Ausbreitungseinheiten werden in fleckenförmigen, meist deutlich voneinander getrennten Aufbrüchen immer gebildet. Die selten vorhandenen Fruchtkörper werden bis 1,5 mm gross, bilden mit breiter Basis dem Lager aufsitzende schwarze, matte, zuerst flache, dann gewölbte, schmal und flach berandete Scheiben.

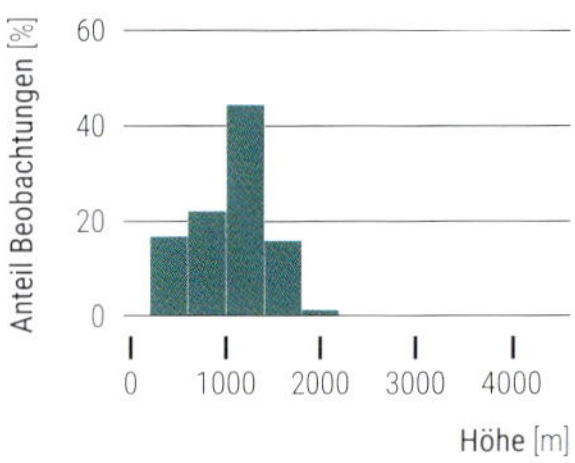

Wissenswertes: Die Graugrüne Schwarzpunktflechte wächst an meist glatten Borken von Laub- und Nadelbäumen von tiefen Lagen bis zur Waldgrenze. Die Art ist ein früher Besiedler von nicht zu saurer Borke, kann sich aber auch an älteren Bäumen halten. In Grauerlen-Auenwäldern ist sie recht häufig anzutreffen, regelmässig auch mit Fruchtkörpern.

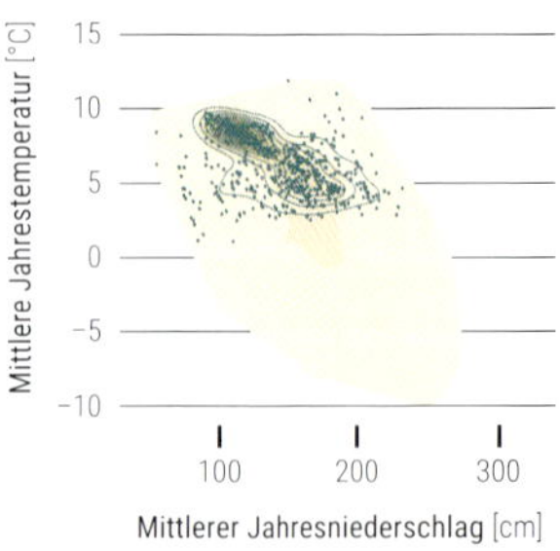

Gefährdung und Schutz: Als eine der häufigsten Krustenflechten ist sie nicht gefährdet.

Verwechslung: Bildet die Graugrüne Schwarzpunktflechte Fruchtkörper aus, ist sie im Feld gut zu erkennen. Ohne Fruchtkörper kann die Art anhand von chemischen Merkmalen von *Violella fucata* unterschieden werden. Die Feldansprache von Krustenflechten ohne Fruchtkörper ist aber generell schwierig und sollte durch eine sorgfältige Laborbestimmung bestätigt werden.

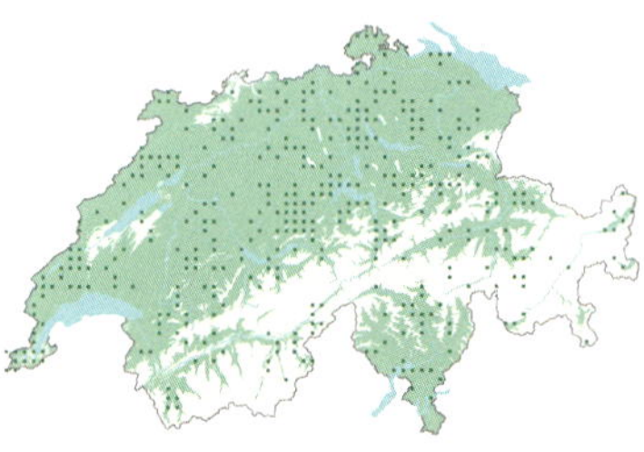

LC

Anzahl Fundorte	199
Substrat	Borke

Schaerers Schwarzpunktflechte

Buellia schaereri De Not.

Feldmerkmale: Undeutliche, in der Borke eingesenkte oder grünlich-graue, aufsitzende, aus flachen Warzen bestehende, bis >10 cm grosse Lager. Die immer vorhandenen Fruchtkörper sind um 0,3 mm gross und sitzen mit deutlich verengter Basis dem Lager auf. Die Scheiben sind matt, schwarz, meist flach und haben einen schmalen, vorstehenden Rand. Vegetative Ausbreitungseinheiten werden nicht gebildet.

Wissenswertes: Die Art kommt meist auf dicken, rasch abtrocknenden Borkenstegen vor allem auf Fichten und Lärchen oder seltener auf zähmorschem, stehendem Totholz von Nadelbäumen vor. Schaerers Schwarzpunktflechte ist hauptsächlich in lichten Nadelwäldern der hochmontanen bis subalpinen Stufe oder an freistehenden Nadelbäumen im Offenland heimisch. Auf der dunklen Borke von Lärchen ist sie oft nur bei gezielter Suche mit der Lupe zu finden.

Gefährdung und Schutz: In den Alpen ist sie auf Bäumen in lichten Wäldern häufig, im Jura auf Moorwälder beschränkt und im Mittelland nur vereinzelt auf freistehenden Nadelbäumen anzutreffen.

Verwechslung: Schaerers Schwarzpunktflechte ist in der subalpinen Stufe deutlich häufiger als ***Amandinea punctata***, von der sie sich anhand von Sporenmerkmalen sicher unterscheiden lässt. *Lecanora cadubriae* wächst oft zusammen mit Schaerers Schwarzpunktflechte, hat aber braune Fruchtkörper.

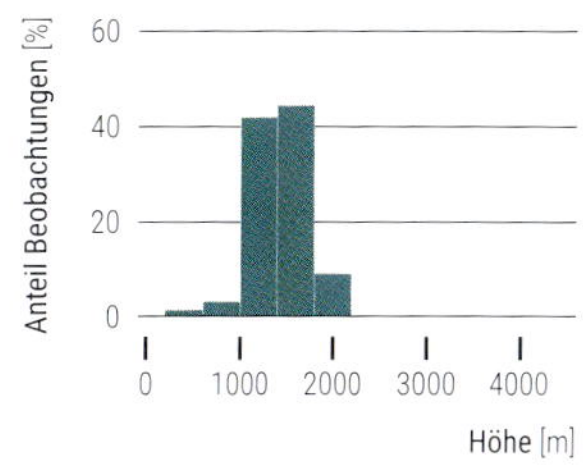

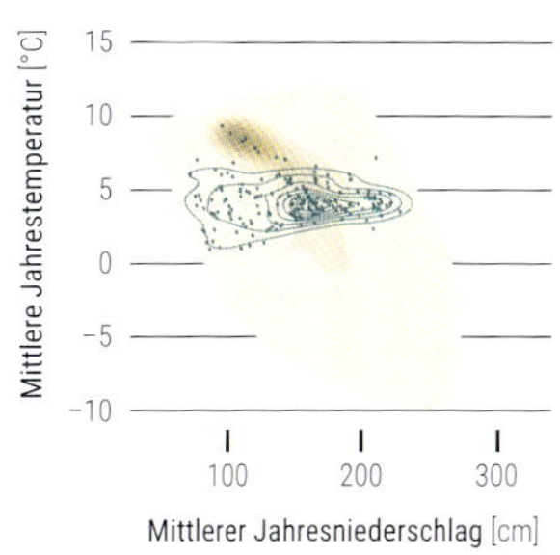

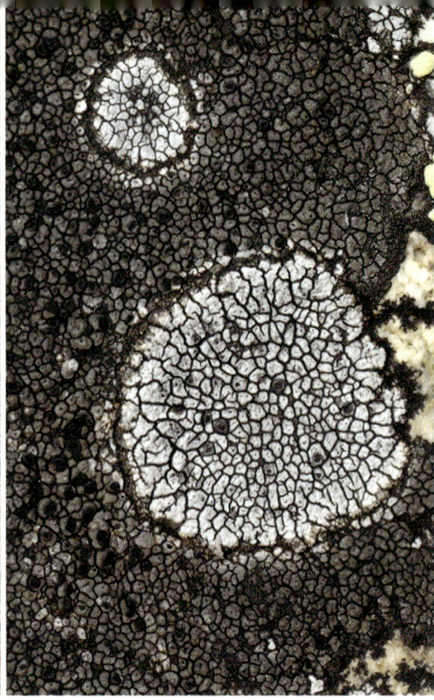

NE

Anzahl Fundorte	21
Substrat	Gestein

Schmarotzende Schwarzpunktflechte

Buellia uberior Anzi

Feldmerkmale: Hellgraues, rissiges bis meist deutlich gefeldertes Lager, bis 5 cm gross, das sich oft parasitisch auf ausgedehnten Lager von ***Schaereria fuscocinerea*** entwickelt. Die immer vorhandenen Fruchtkörper werden bis 0,8 mm gross und sind im Lager eingesenkt. Sie haben flach bleibende, gegen das Lager meist unberandete, gegen die Grenzen der Lagerfelder meist schmale, flach berandete Scheiben. Vegetative Ausbreitungseinheiten werden nicht gebildet.

Wissenswertes: Die Schmarotzende Schwarzpunktflechte wächst auf hartem, kalkfreiem Gestein in der subalpinen und alpinen Stufe an Steilflächen an grossen Bergsturzblöcken und Felsrippen. Das Lager entwickelt sich oft parasitisch auf ***Schaereria fuscocinerea***. Die Schmarotzende Schwarzpunktflechte dringt dann seitlich in Lagerfelder der Wirtsflechte ein. Dabei wird der Pilzpartner der Wirtsflechte abgetötet und die mit ihm lebende Grünalge für die neue Symbiose übernommen.

Gefährdung und Schutz: Die nicht gefährdete Krustenflechte ist im Bereich der Waldgrenze in Silikatgebieten häufig.

Verwechslung: Die Schmarotzende Schwarzpunktflechte lässt sich von der deutlich selteneren *Buellia miriquidica* anhand ihrer Flechtenstoffe und mikroskopischer Merkmale unterscheiden. *B. miriquidica* entwickelt sich auf derselben Wirtsflechte.

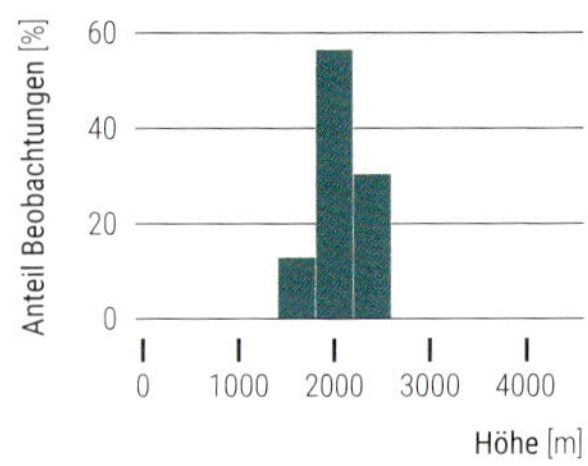

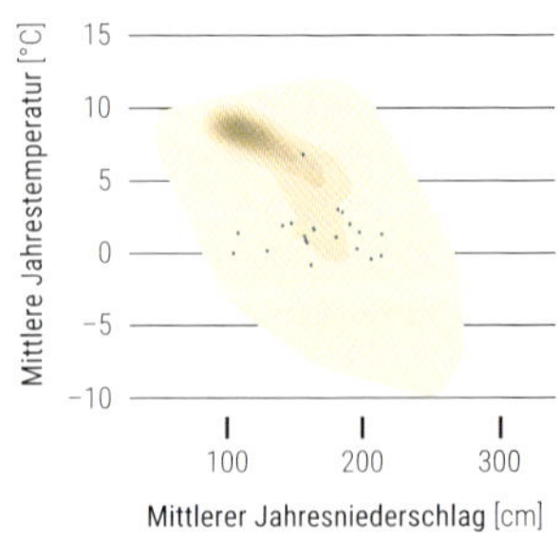

Hepps Kleinsporflechte

NE

Anzahl Fundorte	13
Substrat	Gestein

Caeruleum heppii (Hepp ex Arnold) K. Knudsen

Feldmerkmale: Hellgraues bis graubraunes, rissiges, meist unauffälliges, bis 3 cm grosses Lager mit zerstreuten Fruchtkörpern. Die bis 0,5 mm grossen Fruchtkörper entstehen in deutlich verdickten Lagerwarzen. Sie zeigen einen lagerfarbenen oder etwas dunkleren Rand und konkave, glänzend braune Scheiben.

Wissenswertes: Hepps Kleinsporflechte wächst auf kleinen, kalkhaltigen Steinen in offener Vegetation oder auf grösseren Gesteinsblöcken nahe am Boden, wo die Art im Sommer teilweise von Gras überwachsen wird. Sie wächst in lichten Wäldern und Weiden, nicht selten auch auf Lesesteinhaufen. Die Art entwickelt sich ziemlich rasch und kann nach etwa zehn Jahren die Basis von Felsbrocken in neu gestalteten Biotopen überwachsen.

Gefährdung und Schutz: Die Vorkommen von Hepps Kleinsporflechte sind in SwissLichens unvollständig dokumentiert. Sie ist vor allem in tieferen Lagen häufig.

Verwechslung: ***Acarospora glaucocarpa*** hat deutlich grössere, bläulich bereifte Fruchtkörper. Bei *A. cervina* und *A. versicolor* sind die Lagerschuppen, nicht aber die Fruchtkörper, grau bereift. *Aspicilia contorta* bildet deutlich dickere Lagerschuppen mit olivschwarzen, nicht braunen Fruchtkörperscheiben. Die Feldansprache von kleinen Krustenflechten ist generell schwierig und sollte durch eine sorgfältige Laborbestimmung bestätigt werden.

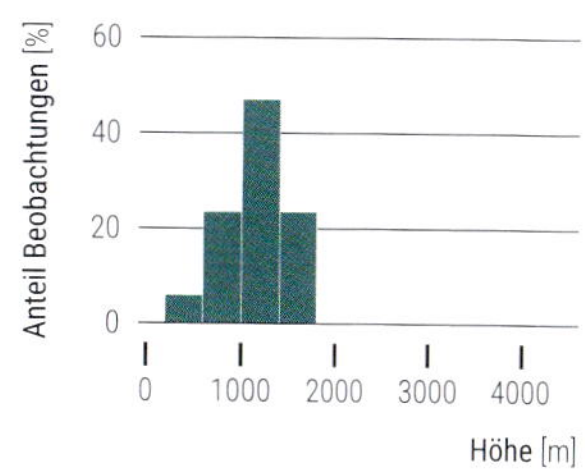

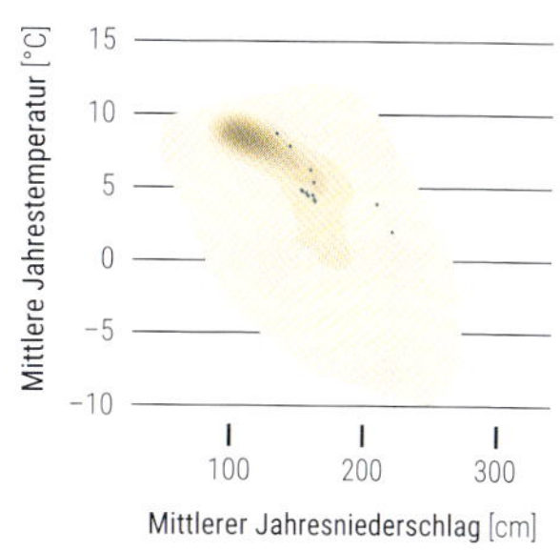

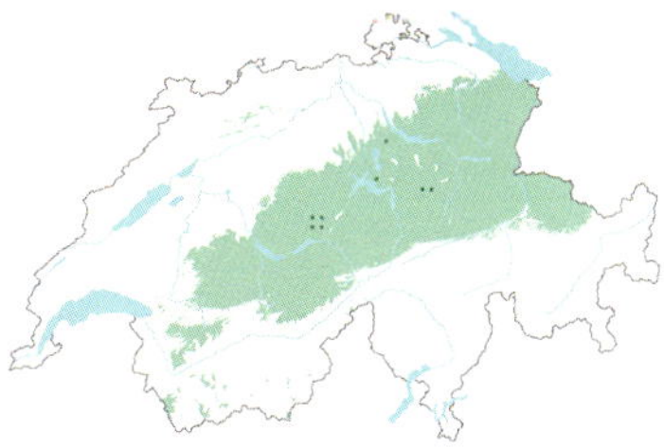

VU

Anzahl Fundorte	35
Substrat	Borke

Sitzende Kelchflechte

Calicium adspersum Pers.

Feldmerkmale: Das graue Lager ist meist nur wenige Zentimeter gross. Es besteht aus <1 mm grossen Körnchen oder Warzen. Dazwischen stehen bis <1 mm hohe, stecknadelförmige Fruchtkörper mit dicken, schwarzen Stielchen und einem schwarzen, am Rand gelb bereiften Köpfchen. In den Köpfchen wird eine lockere, schwarze Sporenmasse, ebenfalls mit gelber Bereifung, gebildet.

Wissenswertes: Die Art wächst meist auf der Borke von Nadelbäumen, selten auf Eichen oder auf zähmorschem, stehendem Totholz. Sie kommt von der montanen bis in die subalpine Stufe vor. Die meisten Funde stammen von schwach regengeschützten Stellen alter Fichten in lichtreichen Wäldern. Auf Fichte wächst die Art meist auf Borkenstegen, auf Eiche ist die Art auf tiefe Borkenrisse beschränkt.

Gefährdung und Schutz: In tiefen Lagen ist die Art sehr selten und kommt nur noch auf einzelnen alten Eichen vor. Diese Eichen sollten geschont und Eichen in den Beständen gefördert werden. In Gebirgswäldern sind Bestände, in welchen diese Art vorkommt, zurückhaltend zu bewirtschaften, wobei auf den Erhalt einer ausreichenden Anzahl Trägerbäume zu achten ist.

Verwechslung: Die charakteristische gelbe Bereifung der Sporenmasse ist im Feld mit einer Leuchtlupe zuverlässig zu sehen. Auf zähmorschem Totholz oder auf Borke wächst *C. trabinellum*. Bei dieser Art ist die gelbliche Bereifung auf den oberen Rand des Köpfchens beschränkt.

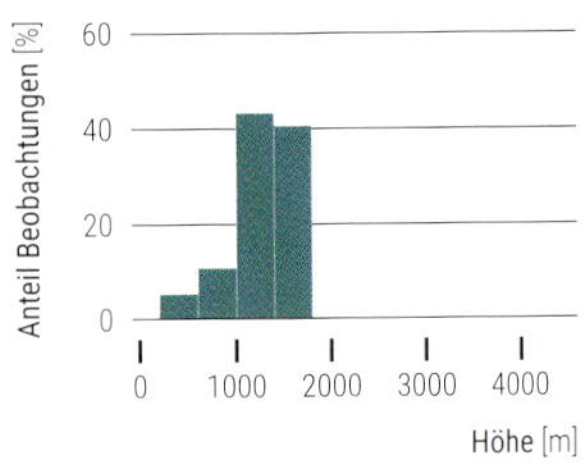

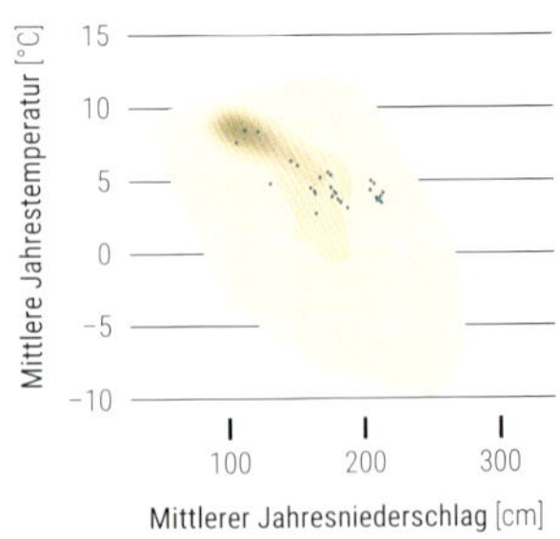

EN

Leuchtende Staubfruchtflechte

Anzahl Fundorte	12
Substrat	Borke

Calicium lucidum (Th. Fr.) M. Prieto & Wedin

Feldmerkmale: Das schwefelgelbe Lager der Krustenflechte ist nur wenige Zentimeter gross. Auf den flachen Warzen (<1 mm) bilden sich schwarze, ungestielte Fruchtkörper mit verengter Basis. Sie sind vor allem am oberen Rand schwefelgelb bereift. Auch die lockere, schwarze Sporenmasse im Fruchtkörper zeigt manchmal eine gelbe Bereifung.

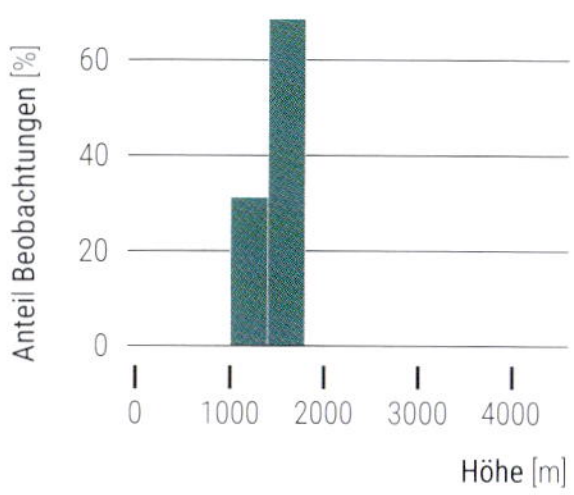

Wissenswertes: Eine auffällige, aber sehr seltene Stecknadelflechte; bei dieser Art sind die Fruchtkörper zwar ungestielt, bilden jedoch das charakteristische, lockere Sporenpulver auf dem Fruchtkörper. Die Leuchtende Staubfruchtflechte kommt von der hochmontanen bis in die subalpine Stufe in luftfeuchten Lagen vor. Sie wächst auf der Borke von meist alten Fichten in relativ lichten Wäldern respektive an Waldrändern, selten auch auf Einzelbäumen in Alpweiden.

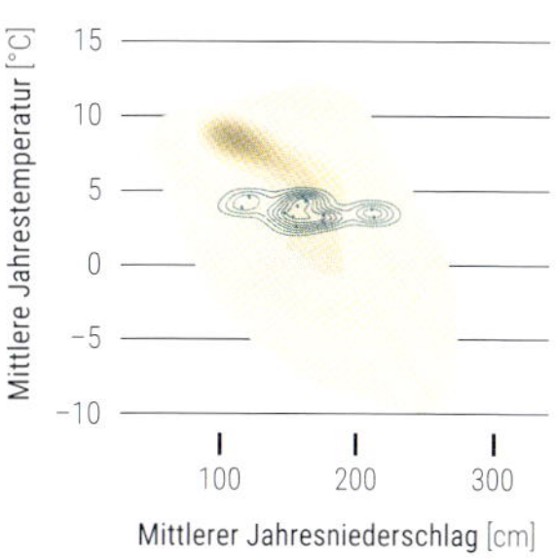

Gefährdung und Schutz: Die Leuchtende Staubfruchtflechte ist stark gefährdet. Ihre Vorkommen sind jeweils klein und auf einen oder wenige Bäume beschränkt. Alle Trägerbäume sollten geschont und von der Holznutzung ausgeschlossen werden.

Verwechslung: Üppig entwickelte Lager von ***Chaenotheca chrysocephala*** ohne Fruchtkörper können ähnlich aussehen. *Calicium pinicola* unterscheidet sich durch einen unbereiften Fruchtkörperrand und *C. trabinellum* bildet wie *C. lucidum* gelb bereifte, jedoch gestielte Fruchtkörper; ihr Lager ist meist unauffällig im Substrat verborgen.

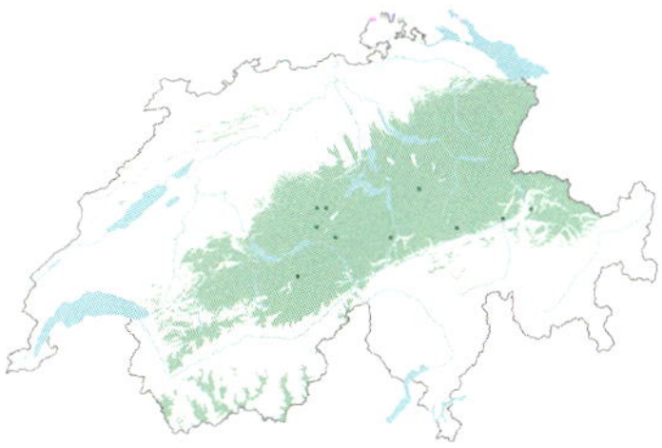

NE

Anzahl Fundorte	29
Substrat	Holz

Gelbe Staubfruchtflechte

Calicium tigillare (Ach.) Pers.

Feldmerkmale: Leuchtgelbe Lager, mehrere Zentimeter (bis >1 m) gross, aus ca. 1 mm flachen bis halbkugeligen Warzen bestehend. In der Mitte der Warzen entsteht jeweils ein unberandeter, eingesenkter Fruchtkörper. In den Fruchtkörpern wird eine lockere, schwarze Sporenmasse gebildet.

Wissenswertes: Die Gelbe Staubfruchtflechte wächst auf zähmorschem Totholz wie Baumstrünken in lichten Gebirgsnadelwäldern, auf Holzzäunen und auf vor Regen geschützten Holzwänden. Seltener ist sie auf der Borke von lebenden Lärchen und Fichten zu beobachten. Sie wächst meist an vertikalen Flächen, die nach der Befeuchtung durch Regen rasch wieder austrocknen. Die gelbe Farbe (Pulvinsäure-Derivate) schützt die Flechte vor Fressfeinden.

Gefährdung und Schutz: In verschiedenen Gebieten wächst die Art vor allem auf Weidezäunen aus Fichtenholz, entwickelt sich aber erst nach Jahrzehnten, wenn das Holz bereits stark angewittert ist. Beim Ersatz von Zäunen können einzelne alte Pfähle und Latten belassen werden – als temporäre Sanktuarien für holzbewohnende Flechten.

Verwechslung: Kann im Feld nicht sicher von der viel selteneren, aus zentralalpinen Lärchenwäldern bekannten *C. notarisii* unterschieden werden, die bisher nicht an verbautem Holz gefunden wurde.

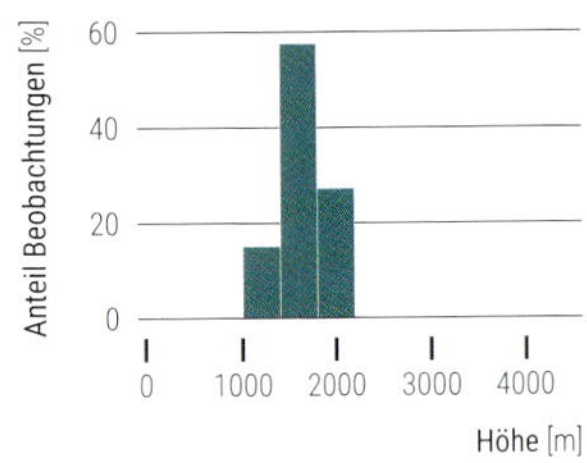

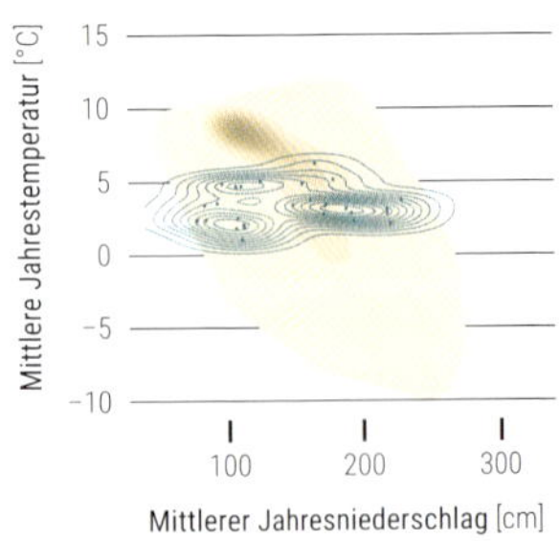

Erlen-Schönfleck

Caloplaca alnetorum Giralt, Nimis & Poelt

VU

Anzahl Fundorte	60
Substrat	Borke

Feldmerkmale: Gelbe bis orangegelbe, bis 5 cm grosse, rissige bis flachwarzige Lager. Die Fruchtkörper sind immer vorhanden und mit breiter Basis dem Lager aufsitzend. Die Scheibe bleibt flach und ist von einem breiten, wenig vorstehenden, bleibenden Rand umgeben. Vegetative Ausbreitungseinheiten fehlen.

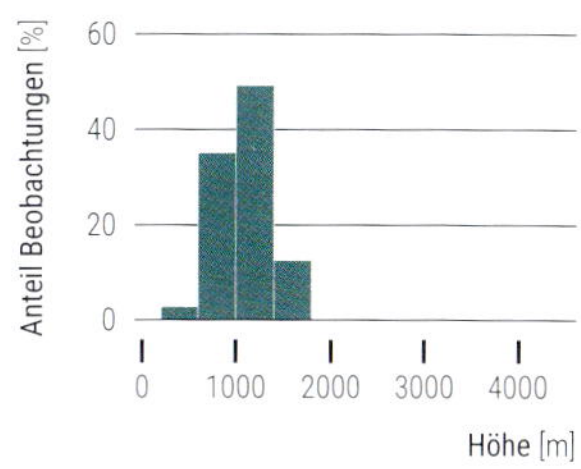

Wissenswertes: Der Erlen-Schönfleck wächst an der glatten Borke von Grauerle, Esche und weiteren Laubbäumen, selten auf Nadelbäumen, in lichtreichen, luftfeuchten Wäldern und an freistehenden Bäumen in Wiesen und Weiden. In Grauerlen-Auenwäldern wächst die Art recht häufig, vor allem an etwas serbelnden Stämmen der Grauerle, weil sie dort von den durch Zersetzungsprozesse im Stamm freiwerdenden Nährstoffen profitieren kann.

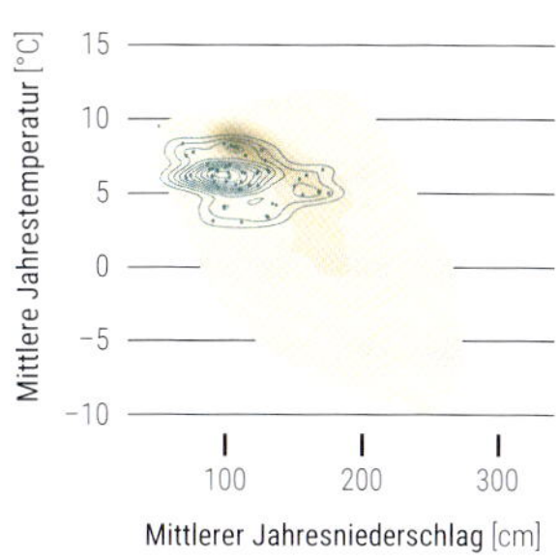

Gefährdung und Schutz: Der Erlen-Schönfleck wächst häufiger in gut entwickelten Grauerlen-Auenwäldern als in schmalen Baumreihen mit Grauerlen. Die Art wird deshalb von Flussrevitalisierungsprojekten profitieren können, insbesondere, wenn dadurch Auenwälder gefördert werden.

Verwechslung: Der Erlen-Schönfleck ist in Auenwäldern in der Regel gut zu erkennen. Die vor allem auf Eschen und Pappeln in Wiesen und Weiden auftretende, stark gefährdete *C. flavorubescens* kann anhand mikroskopischer Merkmale unterschieden werden.

Südlicher Schönfleck

NE

Anzahl Fundorte	9
Substrat	Gestein

Caloplaca australis (Arnold) Zahlbr.

Feldmerkmale: Orange, im Zentrum orangegelbe, bis 8 cm grosse Lager. Die Lager sind randlich flach gelappt, im Zentrum warzig gefeldert. Fruchtkörper sind meist vorhanden, aber nur spärlich entwickelt. Die warzigen Lagerteile im Zentrum brechen vom Gestein ab und dienen vermutlich als vegetative Ausbreitungseinheiten.

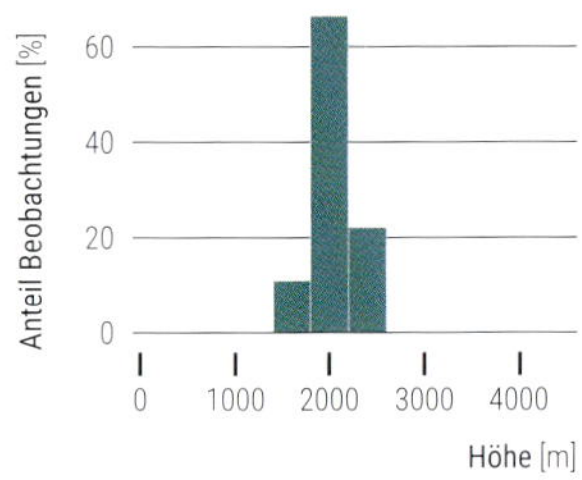

Wissenswertes: Der Südliche Schönfleck wächst auf leicht mergeligem Kalkgestein auf in runden Formen verwitterten Neigungsflächen von Bergsturzblöcken in alpinen Rasen, meist in Milchkrautweiden. Er tritt meist bodennah auf, sodass er im Sommer teilweise von der Vegetation leicht beschattet wird und im Winter mit Schnee bedeckt ist. Der Südliche Schönfleck ist schwierig zu sammeln, weil er meist senkrecht zur Spaltrichtung des Gesteins wächst.

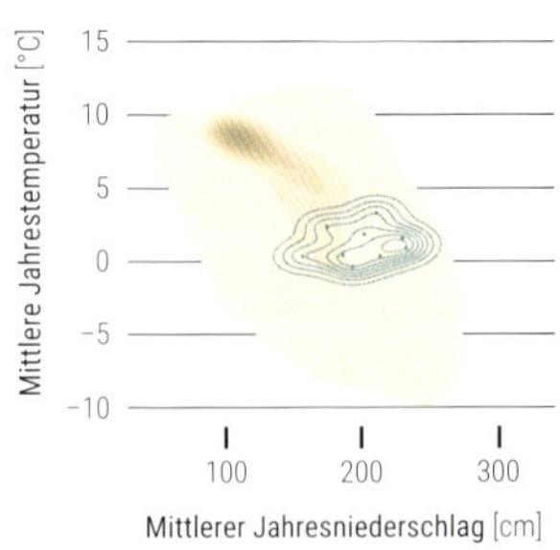

Gefährdung und Schutz: Die Art ist weit verbreitet und in den typischen Lebensräumen mit passendem Gestein regelmässig anzutreffen.

Verwechslung: Von anderen Arten der Gattung mit randlich gelapptem Lager unterscheidet sich der Südliche Schönfleck durch die immer nur spärlich entwickelten Fruchtkörper sowie mikroskopisch durch Sporenmerkmale. Zudem wächst die Art nicht an offensichtlich nährstoffbegünstigten Standorten. Von *C. dalmatica* unterscheidet sich die Art durch die randlich deutlich gelappten Lager und ebenfalls durch Sporenmerkmale.

NE

Anzahl Fundorte	6
Substrat	Gestein

Stäbchenflechten-Schönfleck

Caloplaca biatorina (A. Massal.) J. Steiner

Feldmerkmale: Orangerote, bis 3 cm grosse, unbereifte Lager. Die Lager sind am Rand flach gelappt, im Zentrum gefeldert. Die Fruchtkörper sind immer vorhanden, im Zentrum des Lagers stehen sie dicht gedrängt. Vegetative Ausbreitungseinheiten werden keine gebildet.

Wissenswertes: Der Stäbchenflechten-Schönfleck wächst an hartem, kalkhaltigem Gestein an meist nährstoffbeeinflussten, vertikalen Felsflächen direkt auf Vogelsitzplätzen. Die Art tritt oft zusammen mit anderen gelappten Arten der Gattung auf. Sie ist weniger konkurrenzkräftig als die an gleichen Standorten vorkommende ***Xanthoria elegans***.

Gefährdung und Schutz: Der Stäbchenflechten-Schönfleck ist an geeigneten Stellen häufig.

Verwechslung: ***Xanthoria elegans*** hat kräftigere und stärker gewölbte Lappen. *Caloplaca arnoldiiconfusa* und *C. rouxii* sind sehr ähnlich gefärbt, bilden aber deutlich kleinere Lager als der Stäbchenflechten-Schönfleck. Zur Bestimmung können zudem mikroskopische Sporenmerkmale beigezogen werden. *Caloplaca arnoldii, C. pseudofulgensia* und *C. pusilla* weichen farblich und von der Wuchsform stärker ab. Wenn verschiedene dieser Arten zusammen vorkommen, ist deren Unterscheidung relativ gut möglich. Sie lassen sich auch anhand genetischer Merkmale (DNA-Barcoding) unterscheiden.

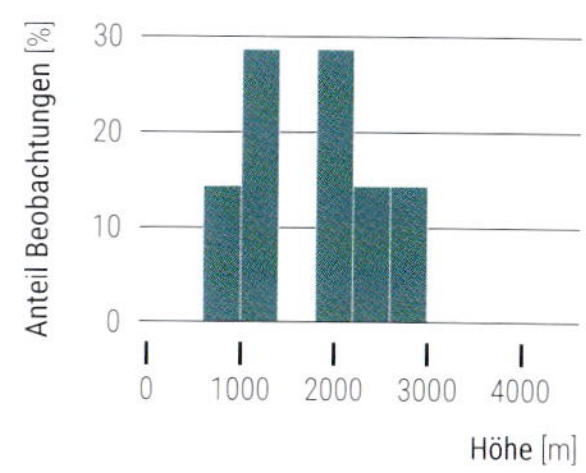

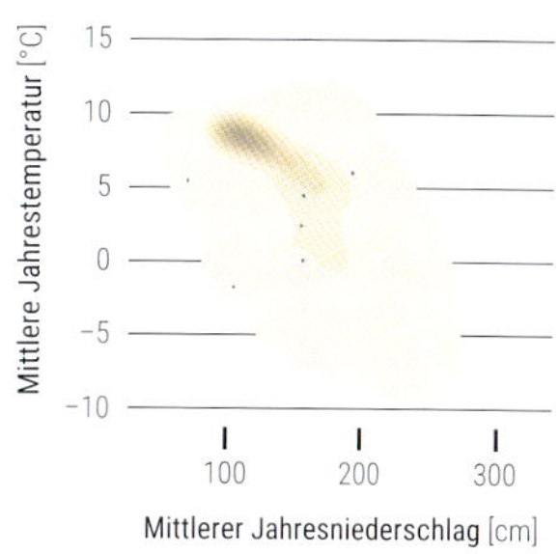

LC

Anzahl Fundorte	56
Substrat	Borke

Wachs-Schönfleck

Caloplaca cerina (Hedw.) Th. Fr.

Feldmerkmale: Graue bis blaugraue, bis 5 cm grosse, flachwarzige Lager. Die Fruchtkörper sind immer vorhanden. Sie werden um 1,5 mm gross und sitzen mit verengter Basis dem Lager auf. Die Scheibe ist zuerst konkav, später flach, orange und von einem bleibenden, deutlich vorstehenden, lagerfarbenen Rand umgeben. Vegetative Ausbreitungseinheiten fehlen.

Wissenswertes: Der Wachs-Schönfleck bevorzugt glatte, nährstoffreiche Borke von Bäumen und Sträuchern im Offenland, in Wäldern und in Zwergstrauchheiden. Er wächst in artenreichen, durch Nährstoffe geförderte Flechtengesellschaften, ist aber in landwirtschaftlich intensiv bewirtschafteten Gebieten seltener und auch im Siedlungsraum nicht häufig.

Gefährdung und Schutz: Bei Einzelvorkommen sollte eine Schonung in Erwägung gezogen werden, weil zusammen mit dieser auffälligen Art häufig auch seltenere Arten vorkommen.

Verwechslung: *Caloplaca stilicidiorum* wächst hauptsächlich auf Moosen und Pflanzenresten. *C. haematites* hat braunrote Scheiben und ist in der Schweiz selten in warmen Gebieten nachgewiesen worden. Vegetative Ausbreitungseinheiten werden bei den ähnlich aussehenden *C. monacensis*, *C. turkuensis* und ***C. ulcerosa*** gebildet, sind aber im Feld nicht immer einfach zu sehen. Die Gattung ist artenreich und die Feldansprachen sollten anhand mikroskopischer Sporenuntersuchungen überprüft werden.

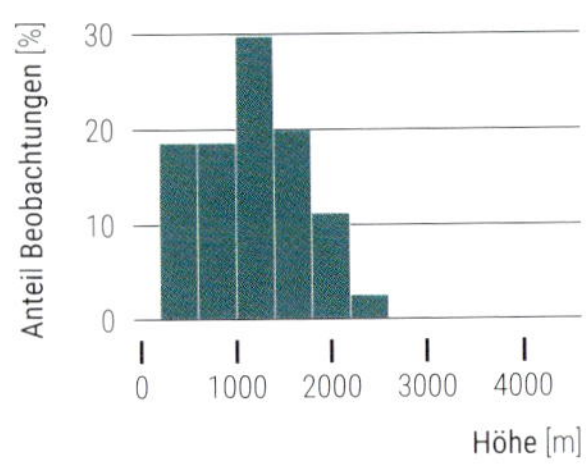

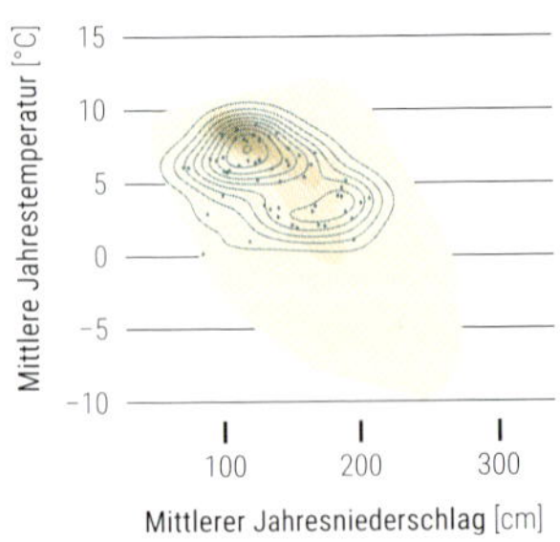

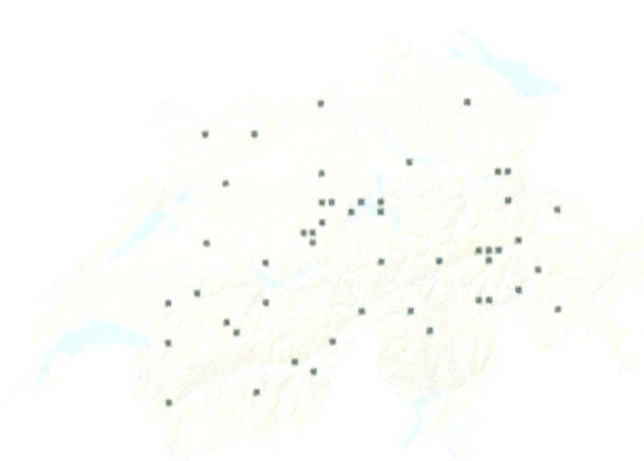

NE

Anzahl Fundorte	151
Substrat	Gestein

Zitronen-Schönfleck

Caloplaca citrina (Hoffm.) Th. Fr.

Feldmerkmale: Gelbe, bis >30 cm grosse, körnige oder gefelderte Lager. Die einzelnen Lagerteile bilden unregelmässige, manchmal randlich entstehende Aufbrüche, in welchen vegetative Ausbreitungseinheiten gebildet werden. Fruchtkörper werden nicht immer entwickelt.

Wissenswertes: Der Zitronen-Schönfleck ist eine der häufigsten und auffälligsten Flechten auf kalkhaltigem Gestein im Siedlungsgebiet. Die Art besiedelt stark nährstoffbeeinflusste und beregnete, aber rasch abtrocknende Flächen auf Beton- und Bruchsteinmauern, aber auch Felsflächen.

Gefährdung und Schutz: Der Zitronen-Schönfleck hat sich im Siedlungsgebiet stark ausgebreitet. Früher war die Art typisch für bodennahe Markierstellen von Hunden an Betonmauern. Inzwischen erreicht genügend Dünger aus Vorgärten über das Abflusswasser die gesamte Fläche von Stützmauern, sodass der Zitronen-Schönfleck sich flächig ausbreiten kann.

Verwechslung: Der Zitronen-Schönfleck ist eine von mehreren, im Feld nur mit viel Erfahrung erkennbaren Arten. Gut entwickelte Vorkommen lassen sich im Labor mit der Stereolupe und mikroskopischen Merkmalen von *C. austrocitrina*, *C. dichroa*, *C. flavocitrina* und weiteren Arten unterscheiden. In vielen Fällen ist jedoch die Bestimmung anhand genetischer Merkmale (DNA-Barcoding) nötig.

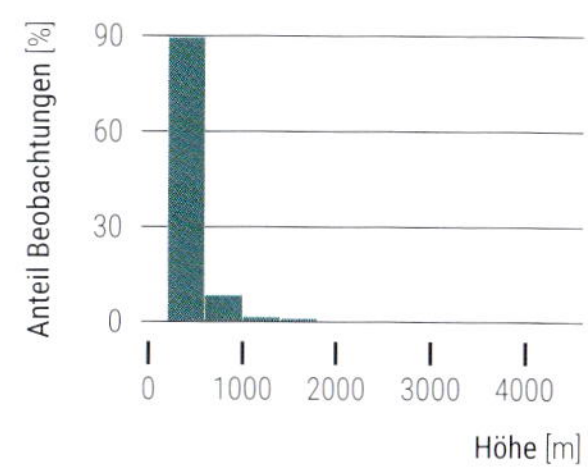

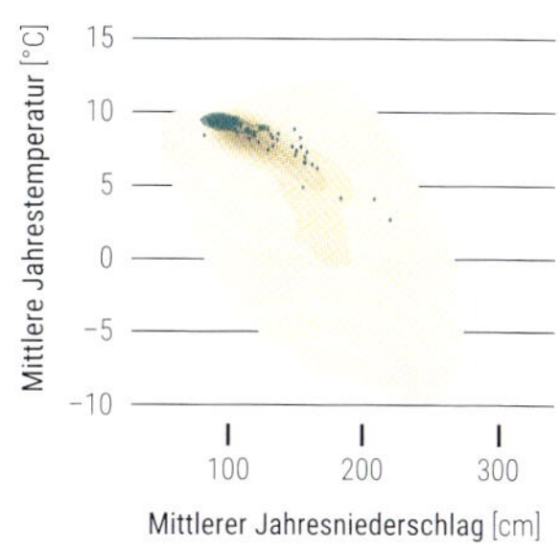

NE

Anzahl Fundorte	32
Substrat	Gestein

Trügerischer Schönfleck

Caloplaca decipiens (Arnold) Blomb. & Forssell

Feldmerkmale: Gelbe bis orangegelbe, bis 3 cm grosse, bereifte Lager. Die Lager sind randlich flach gelappt, im Zentrum gefeldert. Vegetative Ausbreitungseinheiten entstehen in lippenförmigen Aufbrüchen auf der Unterseite von Seitenlappen im Zentrum des Lagers sowie am Rand von endständigen Lappen. Fruchtkörper sind selten entwickelt.

Wissenswertes: Der Trügerische Schönfleck wächst an stark nährstoffbeeinflussten Steilflächen von Kalkgestein, Beton und Sandstein von der kollinen bis in die subalpine Stufe an stark besonnten Standorten. Im Siedlungsgebiet zeigt die Art Vogelsitzplätze und Markierstellen von Hunden an. Bei Bauernhöfen schmückt der Trügerische Schönfleck ältere Mauern bei Miststöcken.

Gefährdung und Schutz: Der Trügerische Schönfleck ist im Siedlungsgebiet an älteren Betonmauern häufig. An Mauern landwirtschaftlicher Bauten ist die Art eher zurückgegangen – weil die Mauern bis zum nächsten Umbau weniger lange stehen bleiben und der Schönfleck dadurch zu wenig Zeit findet, sich zu etablieren.

Verwechslung: ***Candelariella medians*** bildet keine Aufbrüche mit vegetativen Ausbreitungseinheiten und ist nie orangegelb. Sie kann anhand der Flechtenstoffe von dem Trügerischen Schönfleck unterschieden werden. *Caloplaca granulosa* bildet dicht stehende, kugelförmige Ausbreitungseinheiten auf der Oberseite der Lappen.

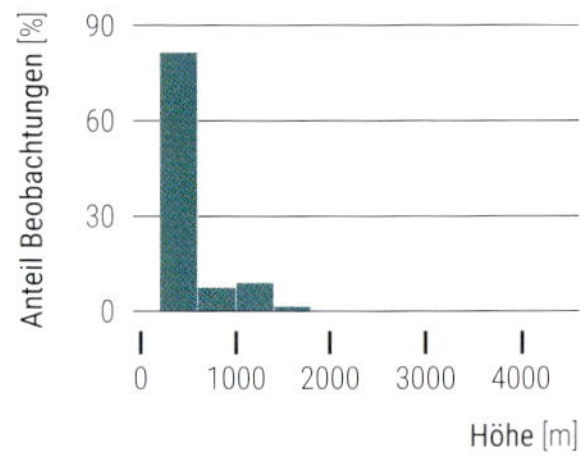

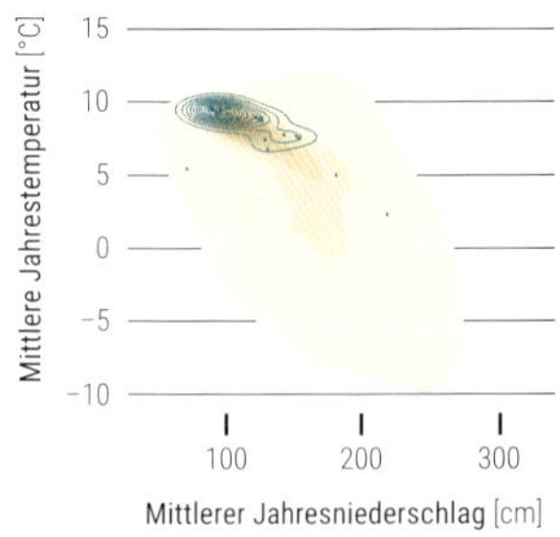

EN

Anzahl Fundorte	49
Substrat	Borke

Lichtscheuer Schönfleck

Caloplaca lucifuga G. Thor

Feldmerkmale: In der Borke eingesenktes, kaum erkennbares, nur wenige Zentimeter grosses Lager. Feinkörnige vegetative Ausbreitungseinheiten werden in fleckenförmigen, grünorangen bis orangeroten Aufbrüchen gebildet. Die randlichen Bereiche der Aufbrüche sind oft stärker orange pigmentiert als die inneren Teile, in welchen grüne Farbtöne dominieren. Fruchtkörper sind unbekannt.

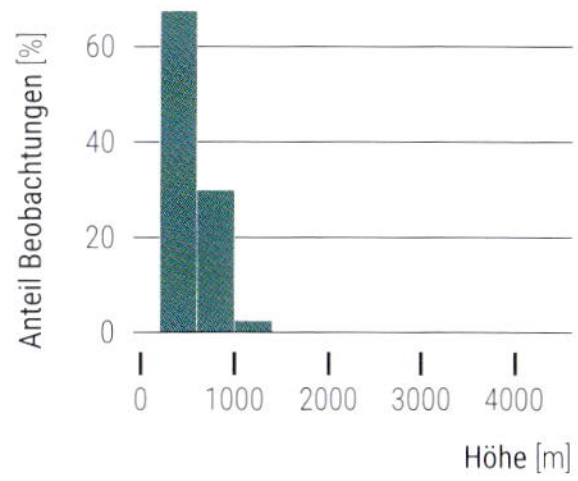

Wissenswertes: Der Lichtscheue Schönfleck wächst an alten Eichen und Kastanien in lichten Wäldern, insbesondere in Mittelwäldern, an Waldrändern, in Wytweiden und Kastanienselven. An lichtreichen Standorten besiedelt er Borkenrisse, in lichten Wäldern meist Borkenstege. Die Art benötigt stark verwitterte, weiche Borke und ist entsprechend auf sehr alte Bäume angewiesen.

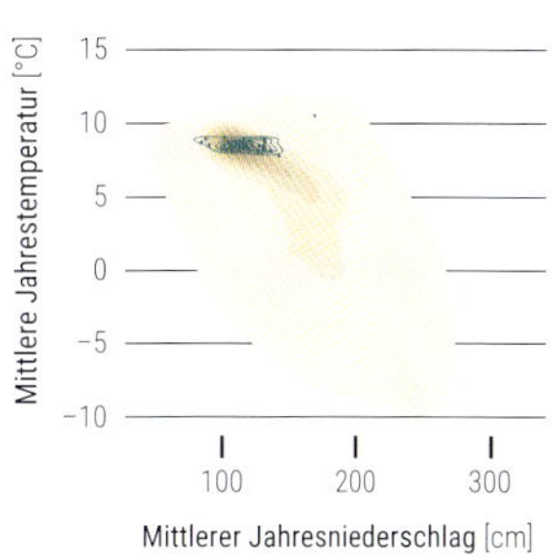

Gefährdung und Schutz: Vorkommen sollten geschont und bei der Ausscheidung von Biotopbäumen und Waldreservaten berücksichtigt werden. Weiter sollte die Verfügbarkeit künftiger Trägerbäume Jahrzehnte im Voraus gesichert werden, weil sich der starke Verwitterungsgrad der Borke nur sehr langsam einstellt.

Verwechslung: *Caloplaca chrysophthalma* hat ein weissliches, häutiges Lager und bildet gelbe bis orangegelbe vegetative Ausbreitungseinheiten in fleckförmigen Aufbrüchen, die zusammenfliessen. Der Lichtscheue Schönfleck ist mit Vorsicht von freilebenden Algen aus der Verwandtschaft von *Trentepohlia* zu unterscheiden.

NE

Zinnoberroter Schönfleck

Anzahl Fundorte	1
Substrat	Gestein

Caloplaca rubelliana (Ach.) Lojka

Feldmerkmale: Orangerote, bis 5 cm grosse, rissige bis flach gefelderte Lager, am Rand meist ausdünnend, ohne Lappen. Die vollständig im Lager eingesenkten Fruchtkörper sind immer vorhanden. Die Scheibe ist zinnoberrot, flach und von einem schmalen, bleibenden, lagerfarbenen Rand umgeben. Vegetative Ausbreitungseinheiten fehlen.

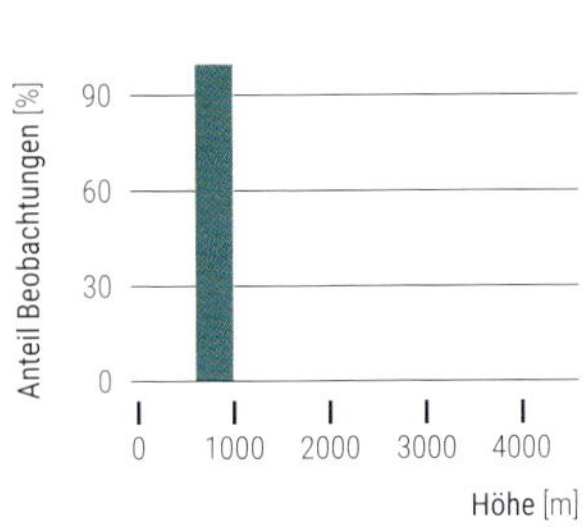

Wissenswertes: Der Zinnoberrote Schönfleck wächst auf stark geneigten Flächen von hartem Silikatgestein an sonnenexponierten Steilflächen von Felsrippen und erratischen Blöcken in Felsensteppen. Die Vorkommen sind in SwissLichens unvollständig dokumentiert, aber die Art kommt sicher nur an wenigen trockenheissen Felsflächen mit basenreichem Silikatgestein vor.

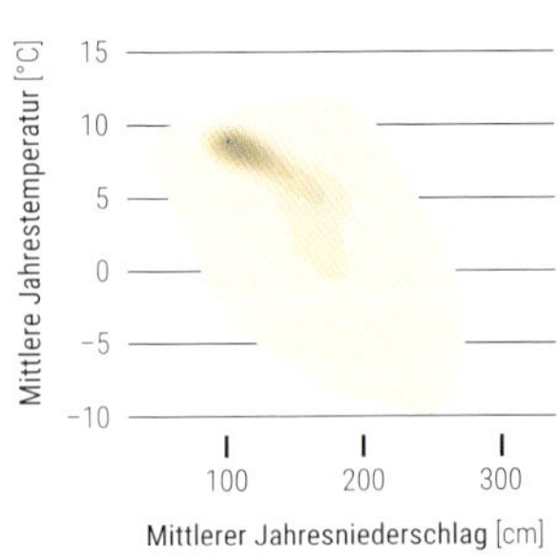

Gefährdung und Schutz: Der Zinnoberrote Schönfleck ist sehr selten und nur auf trockenheisse Silikatfelsen in tiefen Lagen beschränkt. Vorkommen dieser Art sind zu schonen, auch weil mit ihr weitere, weniger auffällige und ebenfalls sehr seltene Arten wie *Buellia tirolensis* und ***Harpidium rutilans*** vorkommen können.

Verwechslung: Der Zinnoberrote Schönfleck ist im Feld in der Regel anhand der typischen Farbe und der vollständig im Lager eingesenkten Fruchtkörper gut zu erkennen.

Steinbrech-Schönfleck

LC

Anzahl Fundorte	11
Substrat	Erde

Caloplaca saxifragarum Poelt

Feldmerkmale: Das unscheinbare weissliche Lager entwickelt sich in Pflanzenresten und ist meist weniger als 1 cm gross. Darauf entstehen bis 0,7 mm grosse, leuchtend orange Fruchtkörper mit flacher Scheibe und schmalem, gleichfarbigem sowie bleibendem vorstehenden Rand.

Wissenswertes: Der Steinbrech-Schönfleck wächst im sich zersetzenden Gewebe abgestorbener Blätter des Gegenblättrigen Steinbrechs, seltener auf anderen Pflanzenresten und Moosen in alpinen Windheiden und schmalen Felsnischen auf Kalkgestein. Auf grossen, abgestorbenen Pflanzen kann die Art zahlreiche Lager bilden und den vergänglichen Lebensraum mit weiteren Arten, wie *C. tiroliensis* mit zitronengelben und *C. stillicidiorum* mit grau berandeten Fruchtkörpern (beide auf dem Bild rechts), teilen. Die Flechten scheinen die Pflanzen erst beim Absterben zu besiedeln und sind deshalb am besten als Schwächeparasiten zu bezeichnen.

Gefährdung und Schutz: Der Steinbrech-Schönfleck ist deutlich seltener als die beiden anderen, oben genannten *Caloplaca*-Arten, jedoch ebenfalls nicht gefährdet.

Verwechslung: *Caloplaca ammiospila* und *C. cinnamomea* haben rostrote Furchtkörper, können aber an ähnlichen Standorten gefunden werden. ***Caloplaca schistidii*** hat ähnlich aussehende Fruchtkörper, bildet aber ein warzig-gefeldertes Lager und *C. raesaenenii* hat deutlich kleinere Fruchtkörper und wächst in tiefen Lagen.

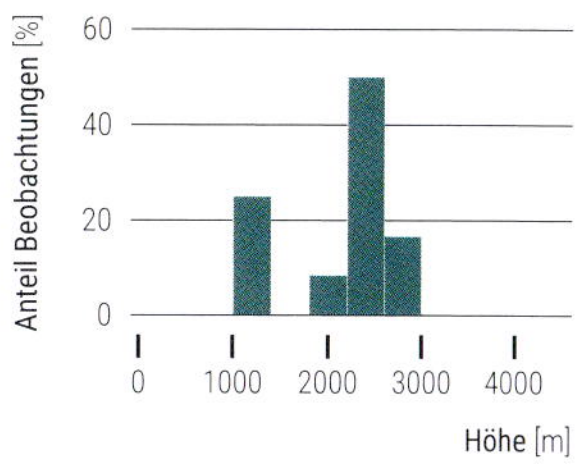

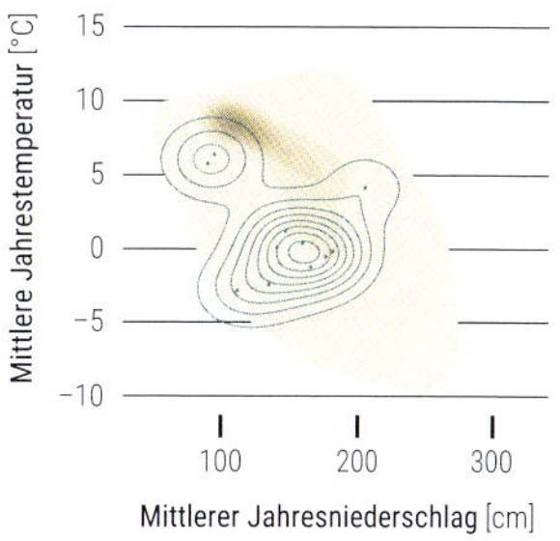

LC

Anzahl Fundorte	4
Substrat	Gestein

Spalten-Schönfleck

Caloplaca schistidii (Anzi) Zahlbr.

158 **Feldmerkmale:** Gelbes bis rotoranges, bis 2 cm grosses, warzig-gefeldertes, am Rand manchmal angedeutet gelapptes Lager, welches parasitisch auf Moosen wächst. Die immer vorhandenen, um 1 mm grossen, oft gedrängt stehenden Fruchtkörper sitzen mit verengter Basis dem Lager auf. Die Scheibe ist zuerst konkav, später flach und von einem bleibenden, vorstehenden Rand umgeben. Vegetative Ausbreitungseinheiten fehlen.

Wissenswertes: Der Spalten-Schönfleck wächst immer parasitisch auf Polstern von Moosen der Gattungen *Grimmia* und *Schistidium*. Er kommt in Felsspalten an stark besonnten Vertikalflächen von Kalkfelswänden in der subalpinen und alpinen Stufe vor und ist häufig mit *Caloplaca aurea* (Bild links) vergesellschaftet. Das vegetative Lager ist manchmal sehr spärlich entwickelt. In diesen Fällen sind fast nur die Fruchtkörper auf den Moosen zu sehen.

Gefährdung und Schutz: Der Spalten-Schönfleck ist lokal recht häufig, kommt aber längst nicht überall dort vor, wo man ihn erwarten würde.

Verwechslung: ***Caloplaca saxifragarum*** bildet kein rotoranges Lager zwischen den Fruchtkörpern und wächst nur selten auf Moosen; *C. raesaenenii* hat deutlich kleinere Fruchtkörper und wächst in tiefen Lagen.

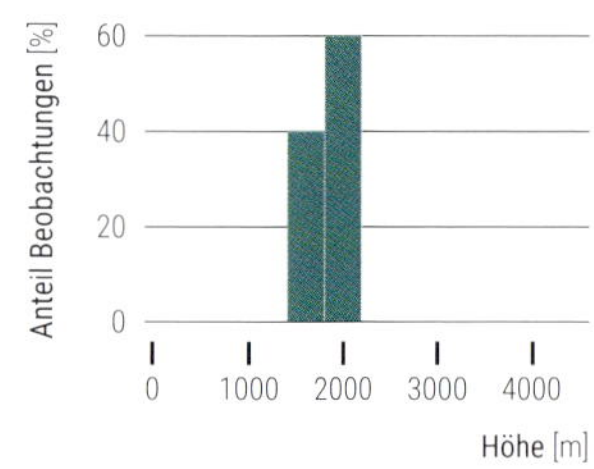

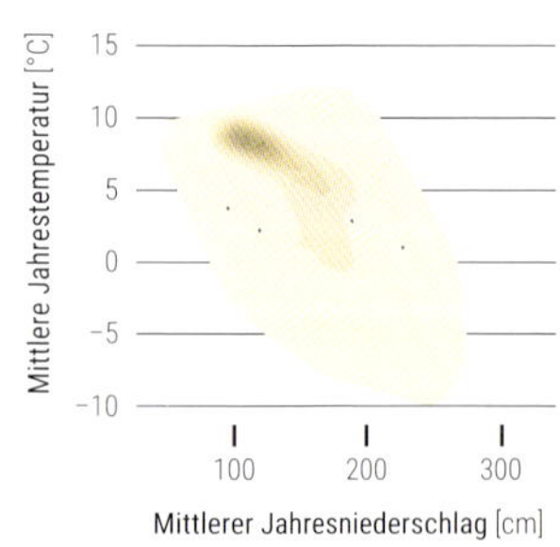

Alpenrosen-Schönfleck

LC

Anzahl Fundorte	23
Substrat	Borke

Caloplaca sorocarpa (Vain.) Zahlbr.

Feldmerkmale: Graues, wenige Zentimeter grosses, häutiges bis flachwarziges Lager. Die bläulich-grauen, feinkörnigen, vegetativen Ausbreitungseinheiten werden in pustelförmigen, die Lageroberfläche deutlich überragenden, weiss berandeten Aufbrüchen gebildet. Fruchtkörper sind selten, um 0,5 mm gross. Die rostroten, gewölbten Scheiben sitzen mit breiter Basis dem Lager auf.

Wissenswertes: Der Alpenrosen-Schönfleck wächst meist an der Basis von alten Ästen der Rostblättrigen Alpenrose, seltener an der Stammbasis von Grünerlen und Fichten. Die Art bevorzugt etwas schneereiche und luftfeuchte Stellen. Sie ist relativ häufig, ist aber längst nicht überall im Verbreitungsgebiet der Rostblättigen Alpenrose zu beobachten. In einzelnen Gebieten, beispielsweise im Einzugsgebiet des Wendenwassers, sind die Alpenrosen von vielen Flechtenarten bewachsen. Von diesen Flechten weichen erstaunlich viele nur ausnahmsweise auf andere Substrate aus.

Gefährdung und Schutz: Die Art ist weit verbreitet und lokal häufig, sodass keine Schutzmassnahmen nötig sind.

Verwechslung: Der Alpenrosen-Schönfleck ist auch ohne Fruchtkörper anhand der pustelförmigen, weisslich berandeten Aufbrüche im Feld zu erkennen.

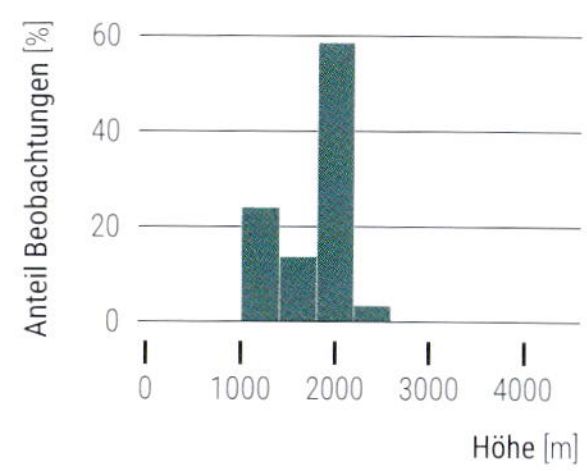

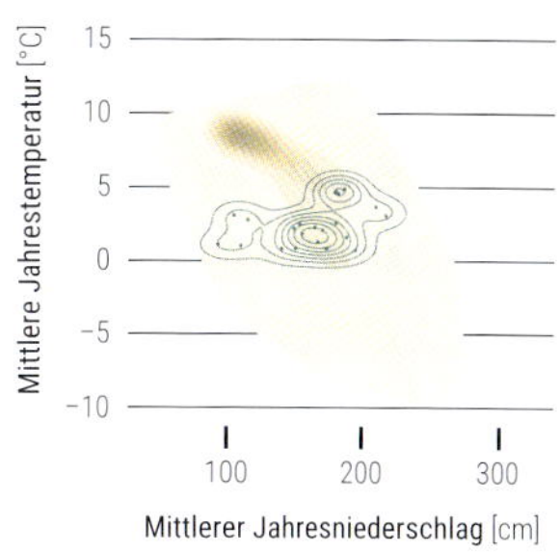

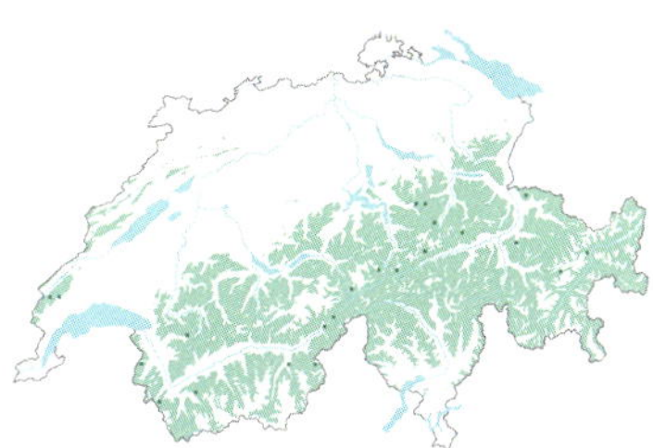

NE

Anzahl Fundorte	83
Substrat	Gestein

Ziegel-Schönfleck

Caloplaca teicholyta (Ach.) J. Steiner

Feldmerkmale: Weisses bis graues, bis 3 cm grosses, dünnes, am Rand angedeutet gelapptes, im Zentrum schorfiges, stellenweise rissiges Lager mit körnigen, vegetativen Ausbreitungseinheiten auf der gesamten Oberfläche. Die seltenen Fruchtkörper sitzen mit breiter Basis dem Lager auf. Ihre rotorangen Scheiben sind leicht konkav oder flach und sind von einem schmalen, lagerfarbenen und einem etwas breiteren, scheibenfarbigen Rand umgeben.

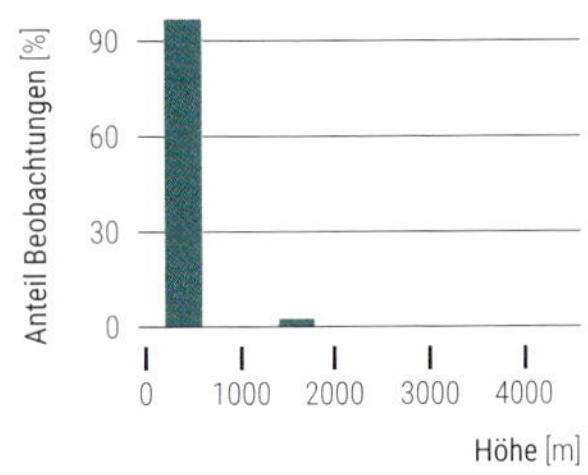

Wissenswertes: Der Ziegel-Schönfleck bildet in der Regel beinahe kreisrunde Lagerrosetten. Er wächst oft ohne Begleitarten vorwiegend an Mauern und Ziegeln von Gebäuden, aber auch auf Sandstein. Seltener kommt die Art an nährstoffbeeinflussten Felsrippen vor, dort allerdings zusammen mit zahlreichen, weiteren Flechtenarten. Fruchtkörper werden fast nur in wärmebegünstigten Lagen gebildet.

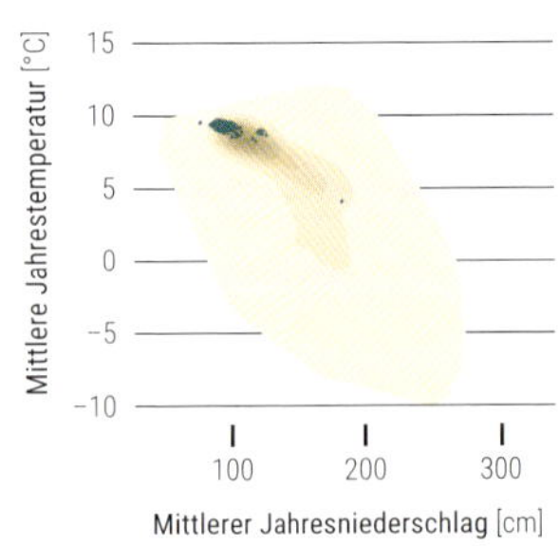

Gefährdung und Schutz: Der Ziegel-Schönfleck ist in Siedlungsgebieten sehr häufig.

Verwechslung: Arten der Gattung ***Lepraria*** haben ein dickeres, angedeutet wattiges, ungelapptes oder breiter gelapptes Lager als der Ziegel-Schönfleck. Die Bestimmung von Krustenflechten ohne Fruchtkörper im Feld ist generell schwierig und sollte durch eine sorgfältige Laborbestimmung bestätigt werden.

DD

Anzahl Fundorte	5
Substrat	Borke

Pustel-Schönfleck

Caloplaca ulcerosa Coppins & P. James el-Schönfleck

Feldmerkmale: Weissgraue bis graue, bis 5 cm grosse, flachwarzige Lager. Vereinzelte Lagerwarzen bilden flächige Aufbrüche, in welchen feinkörnige vegetative Ausbreitungseinheiten gebildet werden. Fruchtkörper sind meist vorhanden, werden um 0,6 mm gross und sitzen mit breiter Basis dem Lager auf. Die Scheibe ist flach, orange und von einem schmalen, später verschwindenden, lagerfarbenen Rand umgeben.

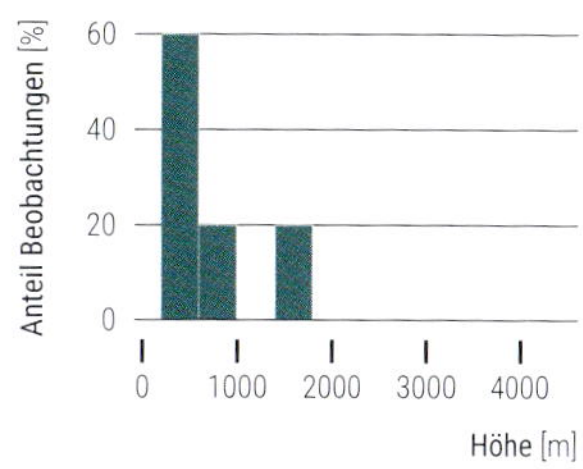

Wissenswertes: Der Pustel-Schönfleck ist eine seltene Art an nährstoffreicher Borke von Eschen, Ulmen und Schwarzem Holunder. Vorkommen sind von freistehenden Bäumen auf landwirtschaftlichen Nutzflächen und von einem alten Baumbestand in einem Park an der Stadtgrenze von Bern bekannt. Die abgebildeten Lager wachsen an Wurzelanläufen an der Stammbasis.

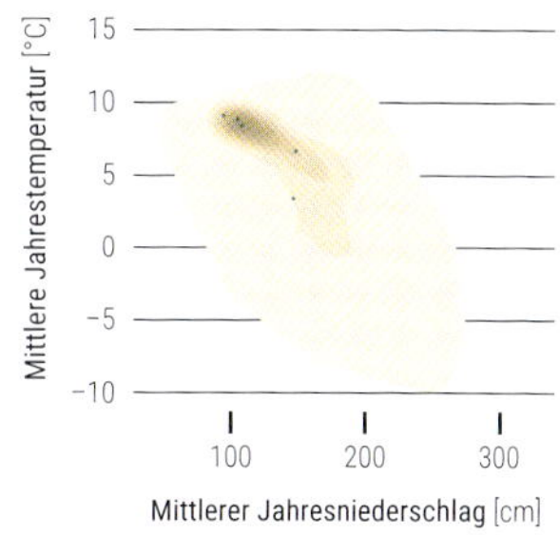

Gefährdung und Schutz: Der Pustel-Schönfleck ist trotz intensiver Nachsuche selten, obschon geeignete Trägerbäume häufig vorhanden sind und in letzter Zeit eher zugenommen haben. Alle Vorkommen sollten geschont werden.

Verwechslung: *Caloplaca turkuensis* bildet graubläuliche, vegetative Ausbreitungseinheiten auf Lagerwarzen, *C. monacensis* ein feinkörniges Lager und deutlich grössere Fruchtkörper.

Sonnen-Schönfleck

NE

Anzahl Fundorte	3
Substrat	Gestein

Caloplaca xerica Poelt & Vězda

Feldmerkmale: Um 5 cm grosse Krustenflechte mit bläulich-grauem, gefeldertem Lager. Von benachbarten Krustenflechten grenzt sie sich durch ein bläulich-schwarzes Vorlager ab. Die Lagerareolen sind gegen oben leicht verbreitert und randlich gelappt. Sie lösen sich leicht vom Substrat und dienen der vegetativen Ausbreitung. Die immer vorhandenen Fruchtkörper werden bis 1,5 mm gross und sitzen mit breiter Basis dem Lager auf. Ihre braungelben, meist flachen Scheiben werden von einem bleibenden, gelben Eigenrand und einem bald verschwindenden, grauen Lagerrand umgeben.

Wissenswertes: Der Sonnen-Schönfleck wächst auf geneigten, kalkfreien Felsflächen in trockenheissen Gebieten, oft im Einflussbereich von Sickerwasserstreifen unterhalb von schmalen Vegetationsbändern.

Gefährdung und Schutz: Kleinräumige Mosaiklandschaften mit Felsflächen und Trockenrasen bestimmen den Lebensraum des Sonnen-Schönflecks. Die Angaben zur Verbreitung in SwissLichens sind noch unvollständig. Die Vorkommen sollten geschont werden.

Verwechslung: Der Sonnen-Schönfleck gehört in eine Gruppe von Arten mit blaugrauem Lager, deren Artabgrenzung und geografische Verbreitung zum Teil noch unklar sind. Die zwei häufigsten Arten aus der Gruppe sind *C. chlorina* auf Silikat- und *C. isidiigera* auf Kalkgestein. Beide Arten bilden neben Fruchtkörpern auch feinkörnige vegetative Ausbreitungseinheiten.

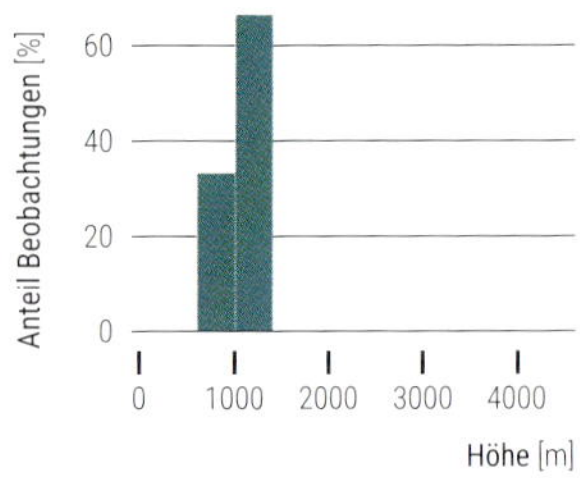

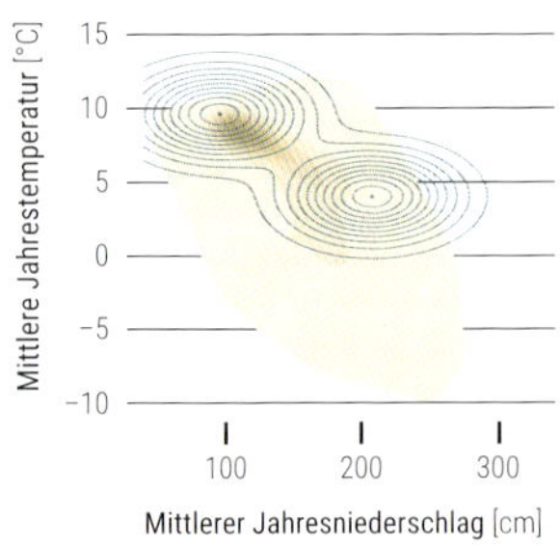

Aprikosen-Kuchenflechte

NE

Anzahl Fundorte	9
Substrat	Gestein

Calvitimela armeniaca (DC.) Hafellner

Feldmerkmale: Gelbliche, selten weissliche, gefelderte bis warzige, bis 15 cm grosse Krustenflechte, die sich mit einem schwarzen Vorlager von anderen Krustenflechten abgrenzt. Die Areolen zeigen eine knorpelige, glänzende Oberfläche. Die immer vorhandenen, randlosen, bis 2 mm grossen Fruchtkörper bilden eine flache bis stark gewölbte, glänzend schwarze Scheibe. Diese ist zuerst glatt, später wird sie runzelig. Vegetative Ausbreitungseinheiten werden nicht gebildet.

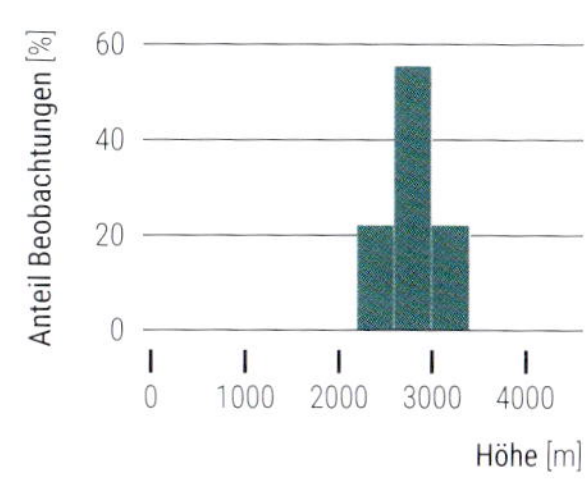

Wissenswertes: Die Aprikosen-Kuchenflechte wächst häufig an Steilflächen von grossen Bergsturzblöcken und an Felswänden aus hartem Silikatgestein in der alpinen Stufe. Die Art bevorzugt windexponierte Felsrippen und meidet Stellen mit erhöhtem Nährstoffeintrag.

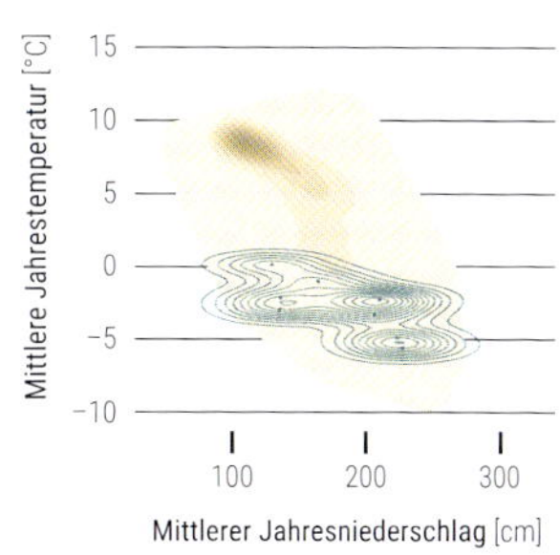

Gefährdung und Schutz: In den Silikatgebieten ist die Art häufig. Weil die Aprikosen-Kuchenflechte auf sehr hartem Gestein und oft im Zentrum von Felsflächen vorkommt, ist sie schwierig zu sammeln, was mit ein Grund dafür ist, dass die Angaben zur Verbreitung in SwissLichens sehr unvollständig sind.

Verwechslung: *Calvitimela aglaea* bildet ein mattes, oft leicht kreidiges Lager aus gegen den Rand hin kleiner werdenden Areolen, meist ohne schwarzes Vorlager. Sie kommt auch an Stellen mit längerer Schneebedeckung vor. Weissliche Lager sind mit Vorsicht von *C. perlata* zu unterscheiden, die in der Schweiz noch nicht nachgewiesen wurde.

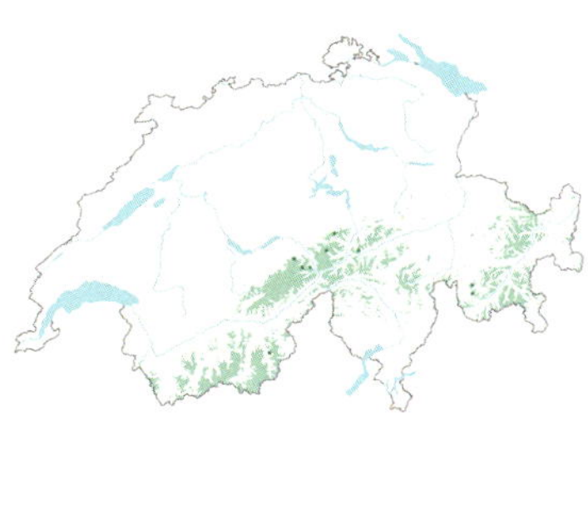

LC

Anzahl Fundorte	579
Substrat	Borke

Gewöhnliche Leuchterflechte

Candelaria concolor (Dicks.) Stein

Feldmerkmale: Gelbe, blatt- bis strauchförmige, bis 1 cm grosse Lager, welche oft zu grösseren Flächen zusammenfliessen. Die Lappen werden gegen 1 mm lang und 0,5 mm breit, sind zuerst dem Substrat anliegend, später im Zentrum des Lagers aufsteigend. Die Ränder der Lappen zerteilen sich in feinkörnige, oft sprossende vegetative Ausbreitungseinheiten. Fruchtkörper sind selten vorhanden, diese sitzen mit breiter Basis dem Lager auf. Die Scheibe ist etwas dunkler als das Lager und von einem bald körnig werdenden Rand umgeben.

Wissenswertes: Die Gewöhnliche Leuchterflechte wächst auf mineralreicher Borke von Nussbaum und Esche sowie auf staub- und nährstoffbeeinflusster Borke zahlreicher weiterer Baumarten. Im Siedlungsgebiet bildet die Art oft dominante Überzüge fast ohne Begleitarten. Auf Fettwiesen und in lichten Wäldern ist sie mit weiteren, nährstoffbedürftigen Arten vergesellschaftet. Die gelbe Farbe stammt von Flechtenstoffen, welche vor Fressfeinden schützen.

Gefährdung und Schutz: Die Gewöhnliche Leuchterflechte breitet sich seit geraumer Zeit im Siedlungsgebiet auf Strassen- und Parkbäumen stark aus.

Verwechslung: *Candelaria pacifica* bildet kürzere Lappen sowie vegetative Ausbreitungseinheiten sowohl an den Rändern als auch auf der Lappenunterseite. Die Bestimmung von *C. pacifica* im Feld sollte durch eine sorgfältige Laborbestimmung bestätigt werden.

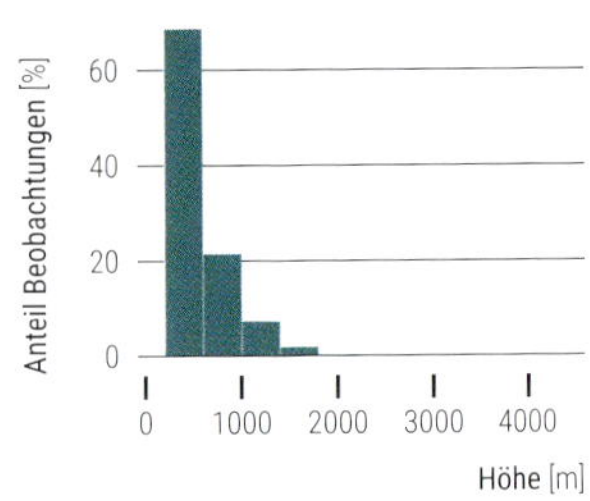

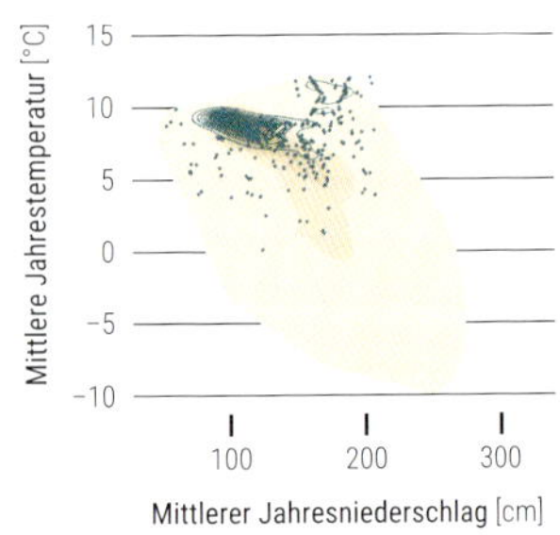

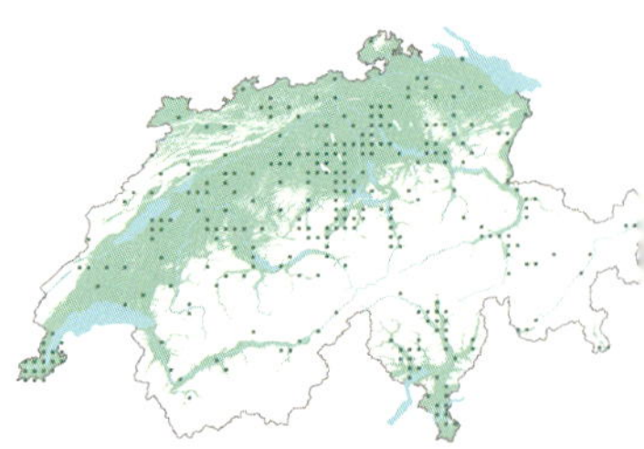

NE

Anzahl Fundorte	148
Substrat	Gestein

Goldfarbene Dotterflechte

Candelariella aurella (Hoffm.) Zahlbr.

Feldmerkmale: Gelbe, bis 5 cm grosse, körnige oder warzige Lager. Fruchtkörper sind immer vorhanden, mit verengter Basis dem Lager aufsitzend. Die gelbe Scheibe ist schwach gewölbt und von einem schmalen, vergänglichen Rand umgeben. Vegetative Ausbreitungseinheiten fehlen.

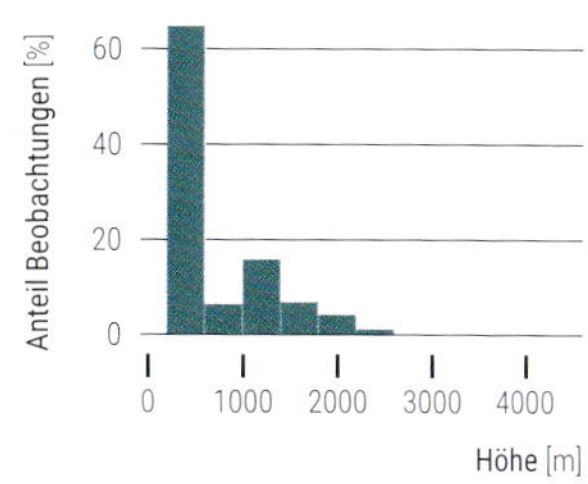

Wissenswertes: Die Goldfarbene Dotterflechte wächst auf kalkhaltigem Gestein und staubimprägnierten, oft anthropogenen Substraten an lichtreichen, meist nährstoffbeeinflussten Mauern, Ziegeln, in höheren Lagen auch auf Pflanzenresten und nackter Erde. Am auffälligsten ist die Art auf beregneten Sandsteinmauern, wo sie häufig eine abwechslungsreiche Patina zusammen mit anderen Krustenflechten bildet. Nur wenige gesteinsbewohnende Krustenflechten wie *Myriolecis albescens* beschleunigen die Verwitterung von Sandsteinoberflächen. Die Goldfarbene Dotterflechte gehört nicht dazu. Die gelbe Farbe stammt von Flechtenstoffen, welche vor Fressfeinden schützen.

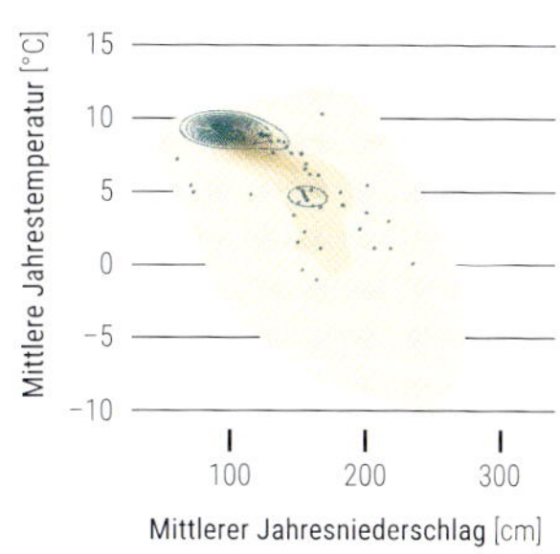

Gefährdung und Schutz: Die Goldfarbene Dotterflechte ist auch im Siedlungsgebiet häufig.

Verwechslung: Von Arten der Gattung *Caloplaca* ist eine sichere Unterscheidung anhand der Flechtenstoffe möglich. Feldansprachen sollten anhand mikroskopischer Sporenuntersuchungen überprüft werden. Bei bodenbewohnenden Vorkommen höherer Lagen ist insbesondere eine Verwechslung mit *C. aggregata* möglich.

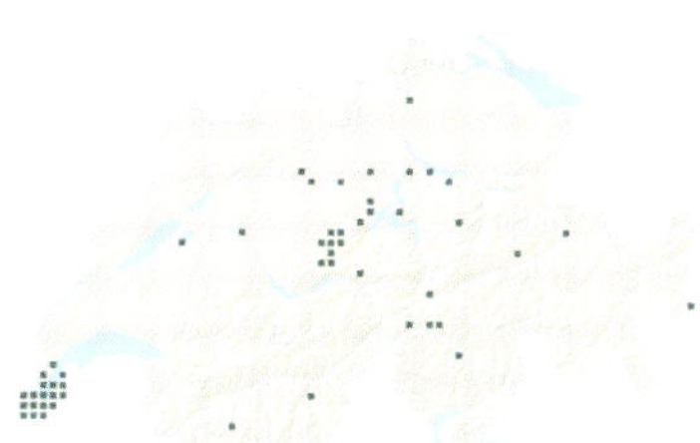

Gelappte Dotterflechte

NE	
Anzahl Fundorte	42
Substrat	Gestein

Candelariella medians (Nyl.) A.L. Sm.

Feldmerkmale: Hellgelbe, im Zentrum meist ausbleichende, bis 3 cm grosse Krustenflechte mit randlich fächerförmig gelapptem, im Zentrum gefeldertem Lager. Die Fruchtkörper entstehen im Zentrum des Lagers. Sie sind zuerst flach und hell berandet, später oft gewölbt und randlos. Ebenfalls im Zentrum werden unregelmässig geformte, körnige vegetative Ausbreitungseinheiten gebildet.

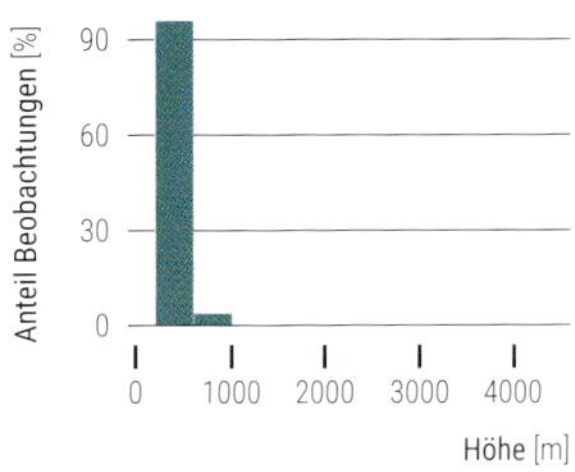

Wissenswertes: Die Gelappte Dotterflechte wächst an von Nährstoffen und Sickerwasser beeinflussten Steilflächen von Kalkgestein, Beton und Sandstein in tiefen Lagen an lichten Standorten. Im Siedlungsraum zeigt die Art Vogelsitzplätze und Markierstellen von Hunden an. Sie ist weniger weit verbreitet als ***Caloplaca decipiens***, teilt aber mit ihr den Lebensraum an alten Mauern. Leider werden gut entwickelte Vorkommen der Gelappten Dotterflechte oft zerstört, weil die Mauern sanierungsbedürftig scheinen oder auch einfach, weil die schön entwickelte Patina einem normierten Grau weichen soll.

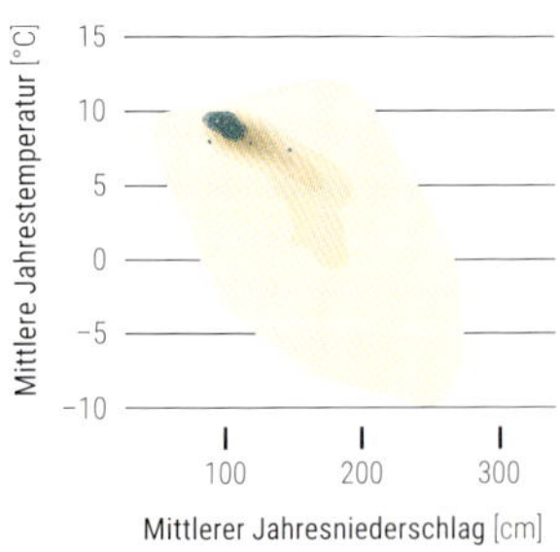

Gefährdung und Schutz: Die Gelappte Dotterflechte ist auf tiefe Lagen beschränkt und nicht sehr häufig. Die Art hat einen wesentlichen Anteil ihrer Vorkommen im Siedlungsraum.

Verwechslung: *Caloplaca decipiens* bildet vegetative Ausbreitungseinheiten in lippenförmigen Aufbrüchen. Bei kleinen Individuen ist eine sichere Unterscheidung anhand der Flechtenstoffe möglich.

LC

Anzahl Fundorte	702
Substrat	Borke

Servediöse Dotterflechte

Candelariella reflexa (Nyl.) Lettau

Feldmerkmale: Grünlich-gelbe bis gelbe, oft ausgedehnte, aus 0,5 mm grossen Schüppchen bestehende Lager. Die Schüppchen sind der Borke eng anliegend, nicht aufsteigend. Sie bilden fleckenförmige Aufbrüche, in welchen feinkörnige vegetative Ausbreitungseinheiten entstehen, die manchmal den grössten Teil der Schüppchen bedecken. Fruchtkörper sind manchmal vorhanden, mit breiter Basis dem Lager aufsitzend. Die flache, vom breiten Rand umgebene Scheibe junger Fruchtkörper wölbt sich im Verlaufe der Zeit und wird randlos.

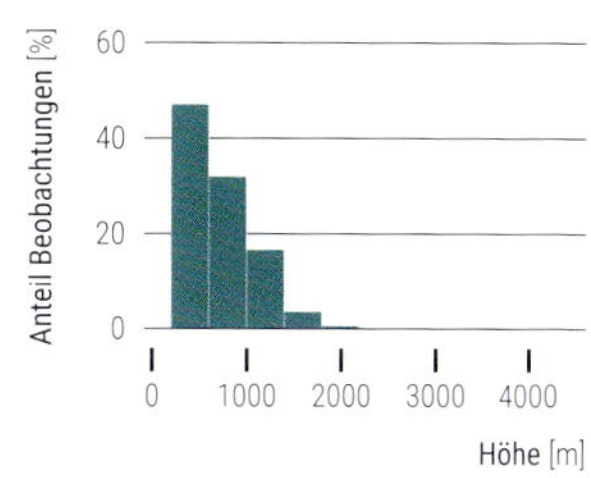

Wissenswertes: Die Sorediöse Dotterflechte kommt im Offenland und in lichtreichen Wäldern vor. Sie bevorzugt Stämme von Laubbäumen mit mineralreicher Borke wie Esche und Nussbaum. Auf anderen Laubbäumen wächst die Art, wenn die Borke durch Stammverletzungen oder durch Düngung etwas mit Nährstoffen angereichert ist.

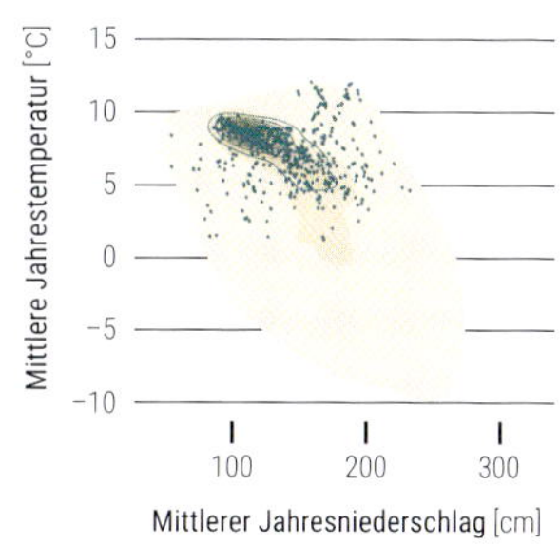

Gefährdung und Schutz: Die Sorediöse Dotterflechte ist weit verbreitet und sehr häufig.

Verwechslung: Die Gattung *Candelariella* ist artenreich. Feldansprachen sollten durch eine sorgfältige Laborbestimmung bestätigt werden. Die Lappen von ***Candelaria concolor*** und *C. pacifica* liegen der Borke nicht so eng an. Ihre vegetativen Ausbreitungseinheiten bilden sich an den Lappenrändern.

VU

Anzahl Fundorte	14
Substrat	Borke

Milchstrassen-Dotterflechte

Candelariella viae-lacteae G. Thor & V. Wirth

Feldmerkmale: Grüngraue, bis 3 cm grosse, körnige, teilweise in der Borke eingesenkte Lager. Die zuerst kugeligen, später etwas sprossenden Körnchen dienen als vegetative Ausbreitungseinheiten. Fruchtkörper sind manchmal vorhanden, mit verengter Basis dem Lager aufsitzend. Die dottergelbe Scheibe bleibt meist flach und ist von einem schmalen, zuerst etwas vorstehendem, später schwindenden Rand umgeben.

Wissenswertes: Die Milchstrassen-Dotterflechte wächst am Stamm älterer Individuen von Nussbaum, Pappel, Esche und Linde in Wiesen, Obstgärten und im Siedlungsgebiet.

Gefährdung und Schutz: Die Milchstrassen-Dotterflechte ist selten und die Vorkommen sollten geschont werden. Wegen eines Bauprojektes musste die Art in der Stadt Bern an andere Bäume umgesiedelt werden. Die Transplantate haben die ersten vier Jahre gut überlebt, sich aber noch nicht weiter am Stamm der Empfängerbäume ausdehnen können.

Verwechslung: Wenn Fruchtkörper vorhanden sind, kann die Milchstrassen-Dotterflechte mit viel Erfahrung im Feld erkannt und von *C. antennaria* unterschieden werden. Lager ohne Fruchtkörper von *Caloplaca obscurella* und *C. monacensis* bilden etwas bläulichere, stärker verzweigte Körnchen, sind aber mit Vorsicht von der Milchstrassen-Dotterflechte zu unterscheiden.

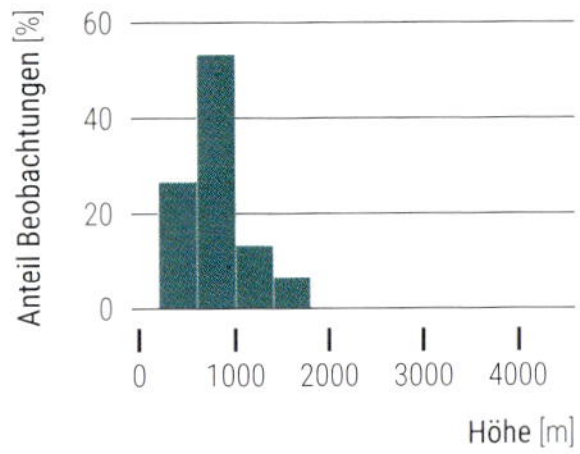

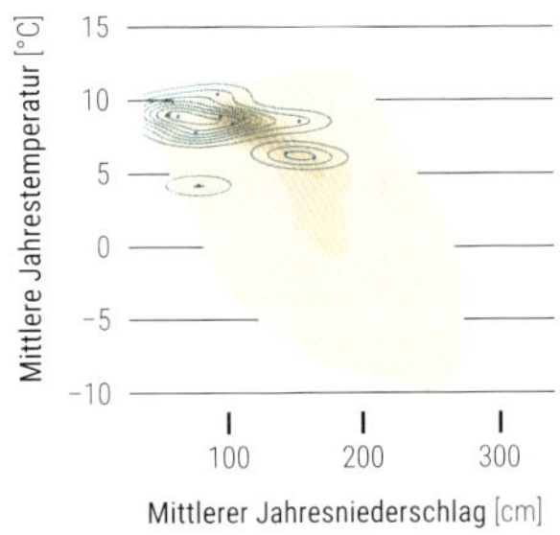

LC

Anzahl Fundorte	29
Substrat	Erde

Aschgraue Lederflechte

Catapyrenium cinereum (Pers.) Körb.

Feldmerkmale: Braungraues, stark weisslich bereiftes, aus gekerbten bis randlich verlängerten Schuppen bestehendes, um 4 cm grosses Lager. Die lederigen Schuppen sind bis 5 mm lang und 2 mm breit, am Rand dunkelbraun gefärbt. Sie sind durch einen schwarzen Hyphenfilz mit der Erde verbunden. Die birnenförmigen, im Lager eingesenkten Fruchtkörper sind an der Oberfläche nur durch ihre schwarzen Poren erkennbar.

Wissenswertes: Die Aschgraue Lederflechte wächst häufig auf nackten Erdflächen in alpinen Rasen, Schneeböden und Windheiden, meist auf kalkhaltigen, aber auch kalkfreien Böden. In tieferen Lagen wird sie seltener beobachtet, unter anderem in Trockenrasen. Die Art stellt mit ihrem lederartigen Lager auf feinerdereichen Böden einen effektiven Schutz vor Winderosion dar. Deshalb erbringen Bodenkrusten wie ***Polyblastia sendtneri*** und ***Phaeorrhiza nimbosa*** eine wichtige Ökosystemleistung.

Gefährdung und Schutz: Die Aschgraue Lederflechte ist ziemlich häufig, allerdings oft nicht gut entwickelt und daher nicht einfach zu erkennen.

Verwechslung: Die seltenere und gefährdete *C. daedaleum* kommt an ähnlichen Standorten vor, bildet aber unbereifte, bis 4 mm breite Schuppen. Arten der Gattung *Placidiopsis* lassen sich anhand mikroskopischer Sporenmerkmale von der Aschgrauen Lederflechte unterscheiden.

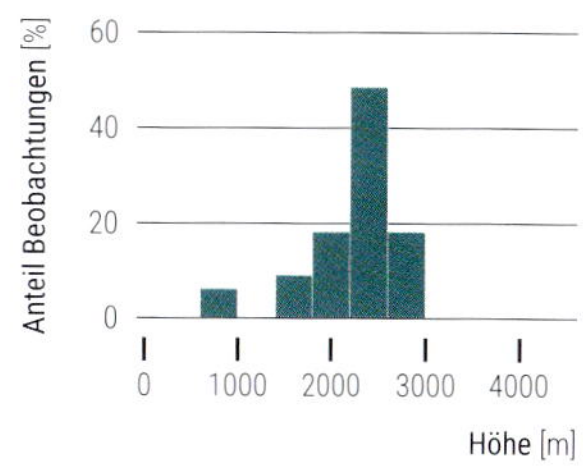

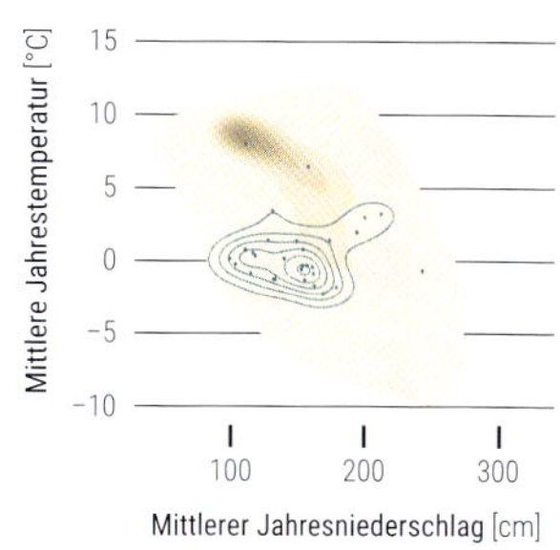

Wahlenbergs Schwefelschnitte

Catolechia wahlenbergii (Flot. ex Ach.) Körb.

VU

Anzahl Fundorte	5
Substrat	Erde

Feldmerkmale: Grünlich- bis zitronengelbes, stark faltiges bis schuppiges, bis 8 cm grosses Lager mit verlängerten Lappen am Rand. Die Lappen werden 2–3 mm breit. Die bis 2 mm grossen, schwarzen Fruchtkörper entstehen zwischen den Lagerschuppen. Sie bilden einen undeutlichen, bald zurückweichenden Rand.

Wissenswertes: Wahlenbergs Schwefelschnitte wächst auf selten besonnten Steilflächen von Silikatfelsen in der alpinen, seltener in der subalpinen Stufe. Sie besiedelt oft feinerdereiche Felsspalten oder erdinkrustierte, von Rieselwasser beeinflusste Tintenstriche. Im Gelände sind ihre Vorkommen deshalb nicht immer einfach aufzusuchen.

Gefährdung und Schutz: Obschon Wahlenbergs Schwefelschnitte auffällig und im Feld leicht zu erkennen ist, sind bisher nur wenige Fundorte bekannt. Die Art ist vermutlich selten und ihre Vorkommen sind sehr zerstreut und bestehen meist nur aus wenigen, oft kleinen Lagern. Ihre typischen Standorte werden vom Menschen kaum beeinträchtigt.

Verwechslung: *Arthrorhaphis alpina* und *A. citrinella* haben eine vergleichbare Farbe und wachsen an ähnlichen Standorten, bilden aber ein deutlich dünneres Lager ohne regelmässige Lappen entlang der Ränder.

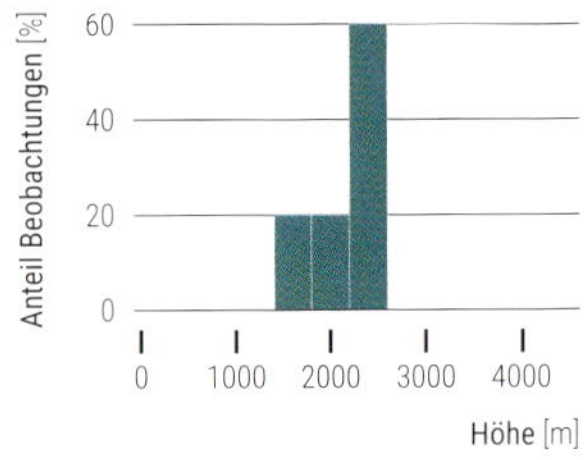

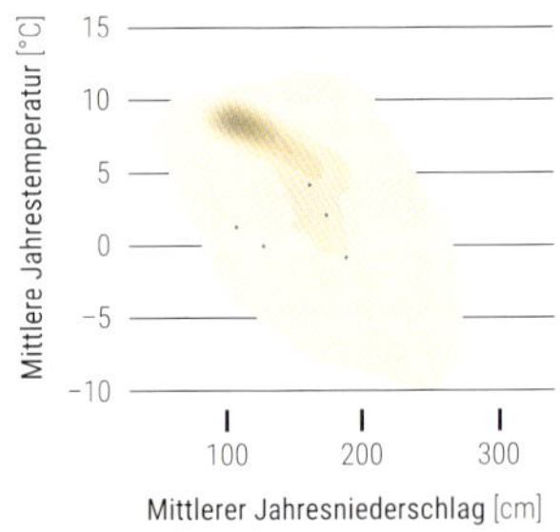

Stachel-Hornflechte

LC

Anzahl Fundorte	108
Substrat	Erde

Cetraria aculeata (Schreb.) Fr.

Feldmerkmale: Dunkelbraune, bis 4 cm hohe, polsterförmig wachsende Strauchflechte. Die Äste sind drehrund bis abgeflacht und leicht grubig, mit sehr lockerem Mark, mehrfach verzweigt und mit dornenförmigen Enden. Längliche weisse, oft undeutliche Flecken sind in flachen Gruben an den Hauptästen vorhanden. Fruchtkörper sehr selten entwickelt, als vegetative Ausbreitungseinheiten dienen Bruchstücke der Lappen.

Wissenswertes: Die Stachel-Hornflechte braucht sehr lichte Standorte. Sie ist in der alpinen Stufe in Vegetationslücken von Windheiden und Rasen häufig anzutreffen. Die polsterförmigen Lager sind auch in lichten Wäldern auf Bergsturzblöcken zu finden. Die Art kommt ebenso in wärmeliebenden (Halb)Trockenrasen auf vegetationsarmen Stellen vor. Sie bevorzugt kalkfreies Substrat, gedeiht aber auch in Kalkgebieten auf Rohhumus. Bruchstücke des Lagers verheddern sich im Fell von Tieren (oder an Kleidungsstücken von Berggängern) und werden vor allem in dieser Form ausgebreitet.

Gefährdung und Schutz: Alpine Vorkommen sind nicht gefährdet. Jene in Trockenrasen sind durch Verbuschung gefährdet.

Verwechslung: Die Unterscheidung von *C. muricata*, die meist kleiner ist und ein dichtes Mark aufweist, ist oft schwierig. Die Äste der ähnlichen *C. obtusata* besitzten keine Gruben sowie ein gelbliches Mark. Die meist grössere ***C. ericetorum*** hat flache, eingerollte Lappen.

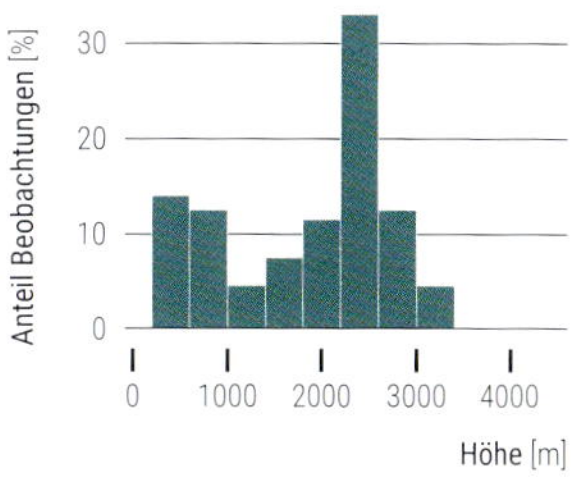

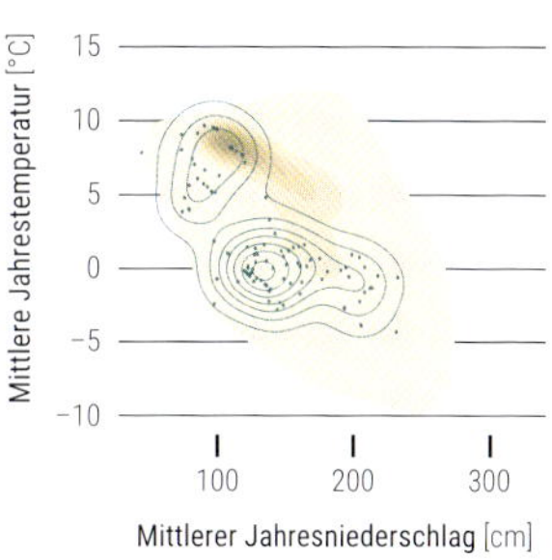

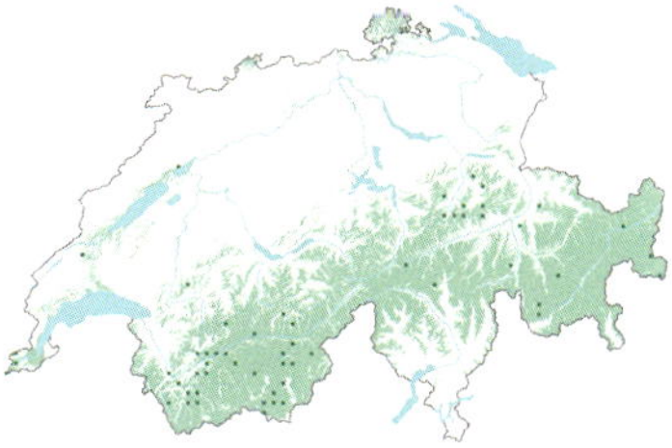

Heide-Hornflechte

LC

Anzahl Fundorte	115
Substrat	Erde

Cetraria ericetorum Opiz

Feldmerkmale: Dunkelbraune, bis 6 cm hohe Strauchflechte mit schmalen, mehrfach gabelig verzweigten, deutlich eingerollten Lappen. Die Lappenränder weisen stiftförmige Fortsätze auf. Absterbende untere Enden verfärben sich rot. Längliche, weisse Flecken sind am Lappenrand der Rückseite vorhanden. Die scheibenförmigen Fruchtkörper werden sehr selten entwickelt. Als vegetative Ausbreitungseinheiten dienen Bruchstücke von Lappen.

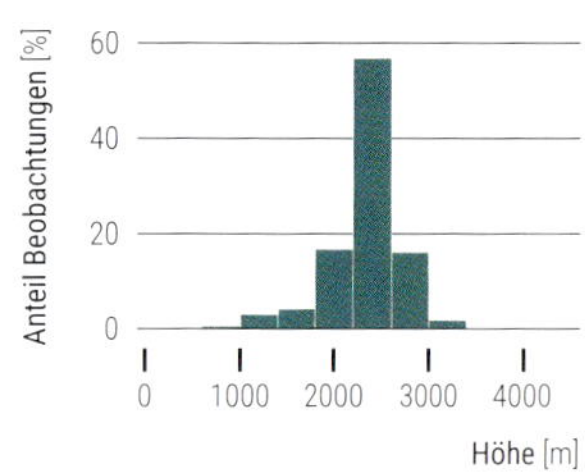

Wissenswertes: Die Heide-Hornflechte ist häufig in alpinen Rasen und Windheiden sowie in subalpinen Zwergstrauchheiden zu beobachten, seltener in wärmeliebenden Trockenrasen. Die Art ist an lichtreiche Standorte gebunden und kommt deshalb nur selten in Wäldern vor, jeweils auf dünnen Rohhumus-Auflagen auf Felsflächen. Sie wird als Winternahrung von wilden Huftieren und Raufusshühnern gefressen. Die weissen Flecken am Lappenrand sind wasserabstossend und ermöglichen bei Regen die Aufnahme von CO_2 zur Fotosynthese.

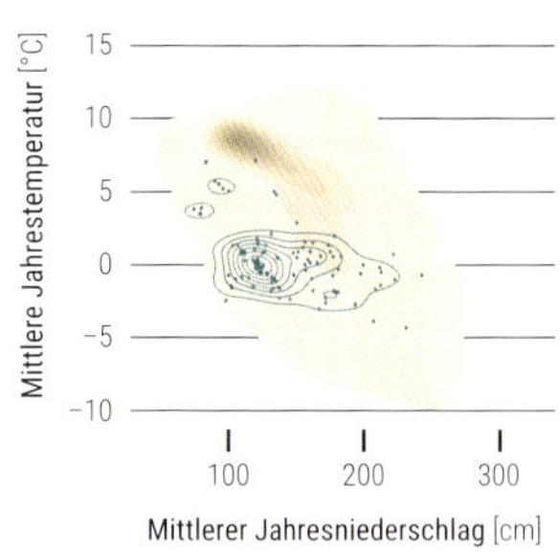

Gefährdung und Schutz: Die Heide-Hornflechte ist weniger häufig als ***C. islandica*** und kommt hauptsächlich in alpinen Landschaften vor.

Verwechslung: Die weissen Flecken sind bei ***C. islandica*** über die gesamte Unterseite der Lappen verteilt. Die etwas kleineren ***C. aculeata***, *C. muricata* und *C. obtusata* haben nicht bandartige Lappen, sondern rundliche oder abgeflachte Äste.

LC

Anzahl Fundorte	383
Substrat	Erde

Isländisch Moos

Cetraria islandica (L.) Ach.

Feldmerkmale: Oliv- bis dunkelbraune Strauchflechte aus bis 8 cm hohen breiten, mehrfach gabelig verzweigten, flach bis schwach eingerollten Lappen. Die Lappenränder weisen stiftförmige Fortsätze auf. Rundliche, weisse Flecken (Gasaustausch) sind auf der gesamten Breite der Unterseite vorhanden. Die scheibenförmigen Fruchtkörper werden nur selten entwickelt. Als vegetative Ausbreitungseinheiten dienen Bruchstücke von Lappen.

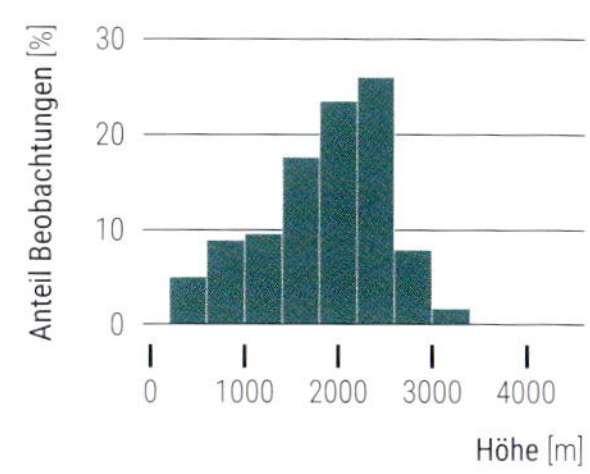

Wissenswertes: Das Isländisch Moos ist, anders als der Trivialname vermuten lässt, eine Flechte. Es wächst häufig in alpinen Rasen und Windheiden sowie in subalpinen Wäldern und Zwergstrauchheiden, kommt aber auch in wärmeliebenden Trockenrasen und Hochmoor-Föhrenwäldern vor. Die Art wird als Winternahrung von wilden Huftieren und Raufusshühnern gefressen. Früher diente sie in Notzeiten auch den Menschen als karge Nahrung. Das Isländisch Moos wird gegen Hals- und Stimmbeschwerden (z. B. Hustensaft oder Bonbon) eingesetzt.

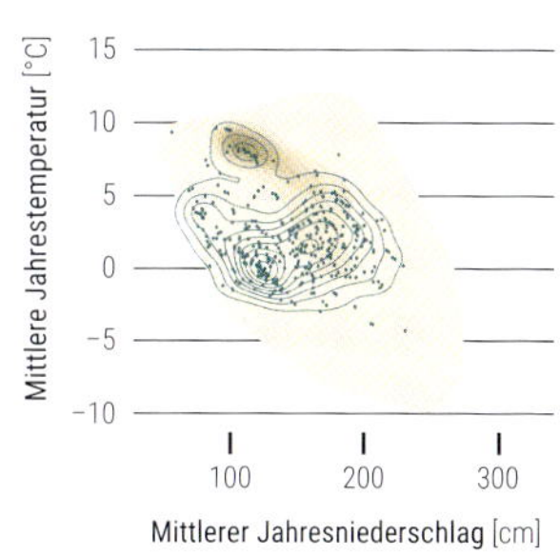

Gefährdung und Schutz: In der Schweiz wird die Art nicht wirtschaftlich genutzt. Weil das Isländisch Moos lichtreiche Standorte benötigt, sind Vorkommen in tiefen Lagen durch Verbuschung gefährdet. Pflegemassnahmen in wärmeliebenden Trockenrasen sollten die Bedürfnisse von Flechten vermehrt berücksichtigen.

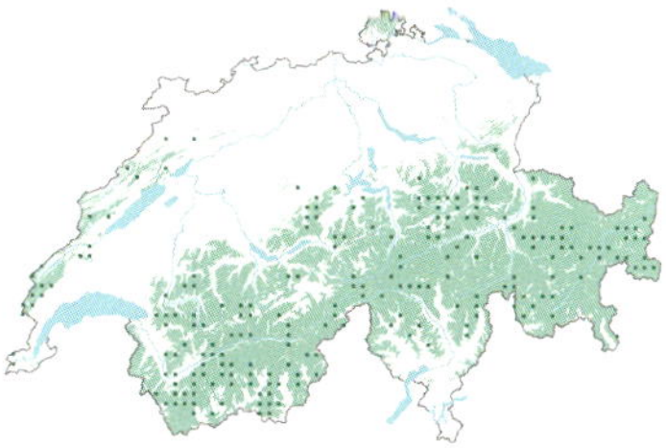

Verwechslung: Die weissen Flecken sind bei ***C. ericetorum*** nur an den Rändern der Lappen vorhanden.

Lederschild-Schüsselflechte

NT

Anzahl Fundorte	209
Substrat	Borke

Cetrelia cetrarioides (Delise ex Duby) W. L. Culb. & C. F. Culb.

Feldmerkmale: Graues, bis >20 cm grosses Lager mit locker der Borke oder daran wachsenden Moosen anliegenden, breiten und randlich aufsteigenden Lappen, welche zahlreiche weisse Punkte aufweisen. Entlang ihrer Ränder bilden sich in bortenförmigen Aufbrüchen feinkörnige, vegetative Ausbreitungseinheiten. Fruchtkörper sind selten zu beobachten. Die Unterseite ist im Zentrum der Lappen schwarz und bildet vereinzelte Rhizinen.

Wissenswertes: Die Lederschild-Schüsselflechte wächst auf Laubbäumen und Weisstannen in (hoch)montanen Wäldern in niederschlagsreichen Regionen oder in luftfeuchten Lagen. Die Art kommt hauptsächlich in nicht zu dunklen Wäldern vor, selten auch in Kastanienselven.

Gefährdung und Schutz: In hochmontanen Wäldern ist die Lederschild-Schüsselflechte an bemoosten Stämmen oft häufig. In tieferen Lagen sind die Vorkommen jedoch meist auf wenige Einzelbäume beschränkt, die geschont werden sollten.

Verwechslung: Die Lederschild-Schüsselflechte ist eine der vier heimischen *Cetrelia*-Arten *C. cetrarioides, C. chicitae, C. monachorum* und *C. olivetorum.* Die Arten können fast nur anhand der Flechtenstoffe sicher voneinander unterschieden werden. Arten der Gattung ***Parmotrema*** entwickeln keine weissen Punkte auf der Lappenoberfläche und bilden vereinzelte, lange schwarze Wimpern an den Lappenrändern. ***Platismatia glauca*** unterscheidet sich durch zerschlitzte Lappen und stiftförmige Ausbreitungseinheiten.

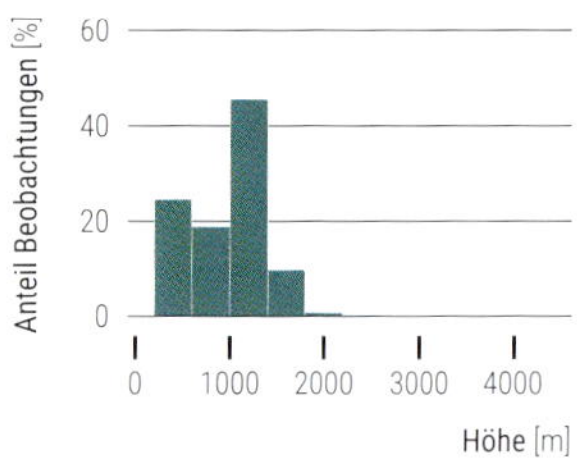

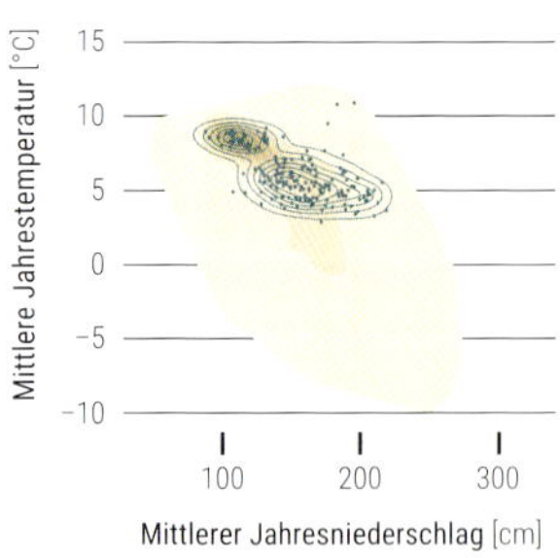

Goldgelbe Stecknadel

LC

Anzahl Fundorte	436
Substrat	Borke

Chaenotheca chrysocephala (Ach.) Th. Fr.

Feldmerkmale: Das leuchtgelbe Lager aus stark gewölbten, <1 mm grossen Körnchen ist häufig gut entwickelt und kann Flächen von >1 m^2 bedecken. Zwischen den gelben Körnchen entwickeln sich rund 1 mm hohe stecknadelförmige Fruchtkörper mit dunklen Stielchen und braunen Köpfchen. Die Stielchen sind im oberen Bereich deutlich leuchtgelb bereift. In den Köpfchen wird die braune Sporenmasse gebildet.

Wissenswertes: Die Goldgelbe Stecknadelflechte ist eine der häufigsten und auffälligsten Stecknadelflechten der Schweiz. Sie wächst meist auf der Borke von Nadelbäumen, seltener auf Laubbäumen mit saurer Borke oder auf zähmorschem, stehendem Totholz. Sie kommt von der montanen bis in die subalpine Stufe vor. Die meisten Funde sind von regengeschützten Stammseiten alter Fichten in relativ lichten Wäldern oder von freistehenden Fichten bekannt.

Gefährdung und Schutz: In Gebirgswäldern ist die Art häufig. In tieferen Lagen sollten ihre Trägerbäume geschont werden. Oft sind mit dieser Art weitere, deutlich seltenere Flechten vergesellschaftet, welche aber weniger auffällig sind.

Verwechslung: Die Art ist anhand des leuchtgelben Lagers und der stecknadelförmigen Fruchtkörper im Feld leicht zu erkennen. *Chaenotheca furfuracea* bildet ein schwefelgelbes, staubiges Lager und hellbraunes Sporenpulver.

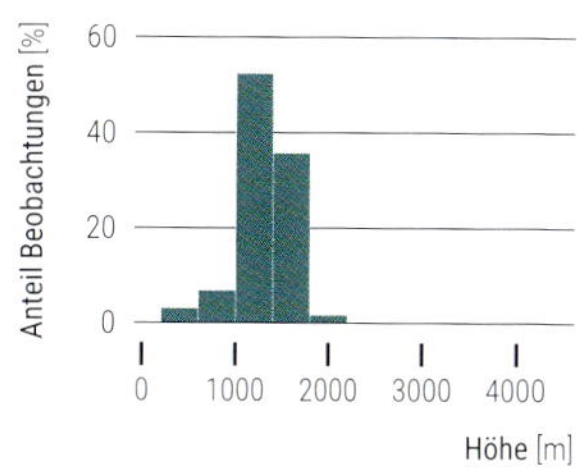

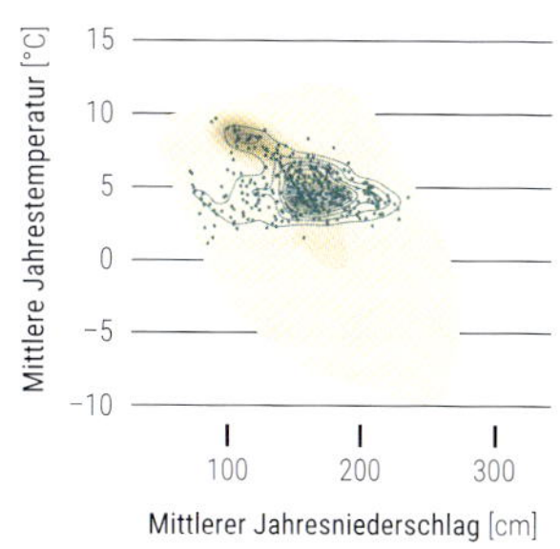

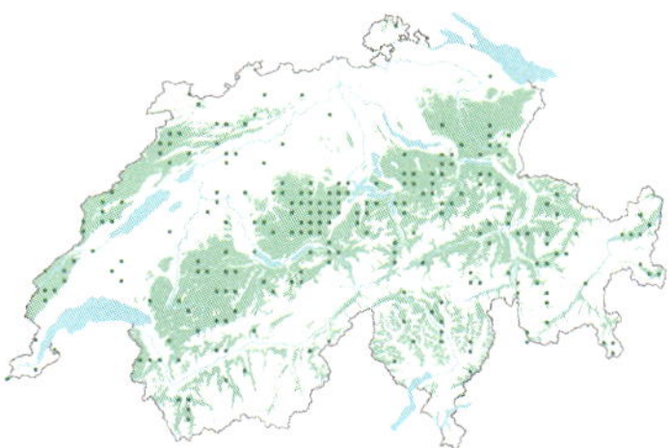

RE

Anzahl Fundorte	5
Substrat	Borke

Graue Stecknadelflechte

Chaenotheca cinerea (Pers.) Tibell

Feldmerkmale: Mehrere Zentimeter grosses, hell- bis grüngraues, körniges bis undeutlich warziges Lager mit bis 1 mm hohen, stecknadelförmigen Fruchtkörpern. Der untere Bereich des Fruchtkörperstiels ist blass, schwach rosa, der obere weiss bereift. Die lockere, braune Sporenmasse wird in dem konischen, weiss bereiften Köpfchen gebildet.

Wissenswertes: Eine der seltensten baumbewohnenden Flechtenarten Mitteleuropas. Sie galt in der Schweiz als verschollen. Dank intensiver Suche in den letzten 20 Jahren konnte sie an fünf Fundorten wieder nachgewiesen werden. Die Funde stammen von (hoch)montanen, luftfeuchten Lagen an regengeschützten Stammseiten von schwach sauren Laubbäumen. Einmal wurde sie auf regengeschützten Pflanzenresten in der alpinen Stufe beobachtet.

Gefährdung und Schutz: Die meisten Vorkommen sind jeweils nur auf einzelne Bäume beschränkt. Diese sollten unbedingt erhalten und gesichert werden. In deren Umgebung gilt es zudem, potenzielle zukünftige Trägerbäume zu fördern.

Verwechslung: Die konischen, weiss bereiften Köpfchen in Kombination mit der blassen, schwach rosa Basis der Stielchen sind charakteristisch für die Graue Stecknadelflechte. Eine Verwechslung ist mit ***C. trichialis*** möglich, wenn diese in tiefen Lagen an lichtarmen Standorten manchmal ebenfalls helle Stielchen aufweist.

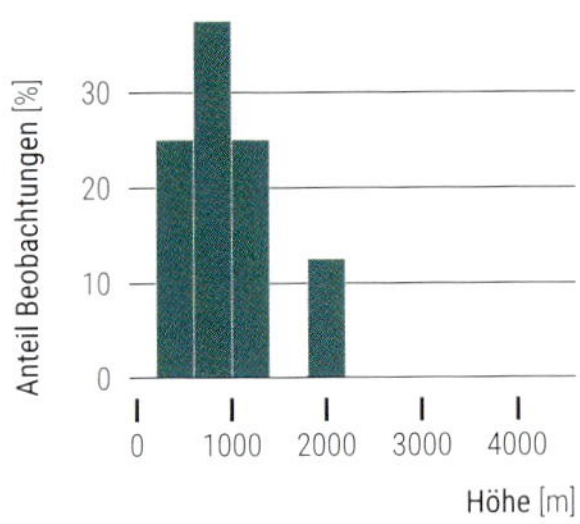

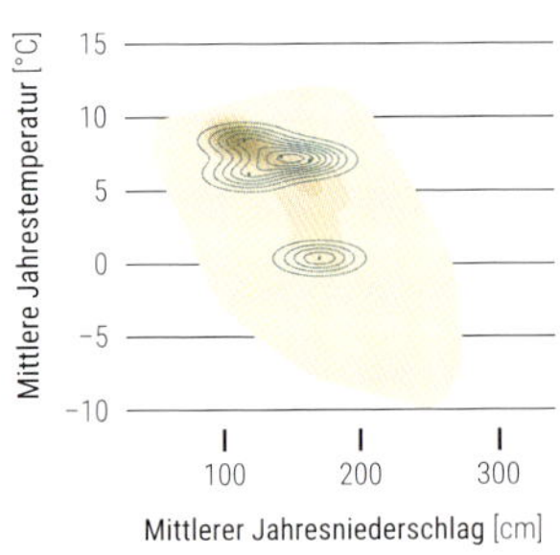

VU

Anzahl Fundorte	50
Substrat	Borke

Dunkelköpfige Stecknadelflechte

Chaenotheca phaeocephala (Turner) Th. Fr.

Feldmerkmale: Das resedagrüne bis braunolive, glänzende Lager ist meist wenige Zentimeter gross und besteht aus stark gewölbten Schuppen oder Warzen. Am Rand der Warzen bilden sich bis 1 mm hohe, stecknadelförmige Fruchtkörper mit kräftigen, an der Basis hellbraunen, weiter oben dunklen Stielchen. Darauf sitzen schwefelgelb bereifte Köpfchen, mit lockerer, brauner Sporenmasse.

Wissenswertes: Eine relativ seltene, aber auffällige Stecknadelflechte. Sie wächst meist an etwas regengeschützten Stammseiten und in Borkenrissen von alten Fichten in Gebirgswäldern der hochmontanen bis subalpinen Stufe. Die meisten Funde stammen aus relativ lichtreichen Beständen in luftfeuchten Lagen.

Gefährdung und Schutz: Die Dunkelköpfige Stecknadelflechte ist verletzlich. Sie ist auf historisch alte Waldbestände mit alten Fichten angewiesen. Die Art ist meist von weiteren, seltenen und gefährdeten baumbewohnenden Flechten begleitet. Deshalb gilt es, Vorkommen dieser Art zu erhalten. Trägerbäume können als Biotopbäume ausgewiesen werden.

Verwechslung: Lager mit kräftig entwickelten Schuppen können gut erkannt werden. Ist das Lager wenig entwickelt, kann die Art mit den noch selteneren und stark gefährdeten *C. chlorella* oder *C. laevigata* verwechselt werden.

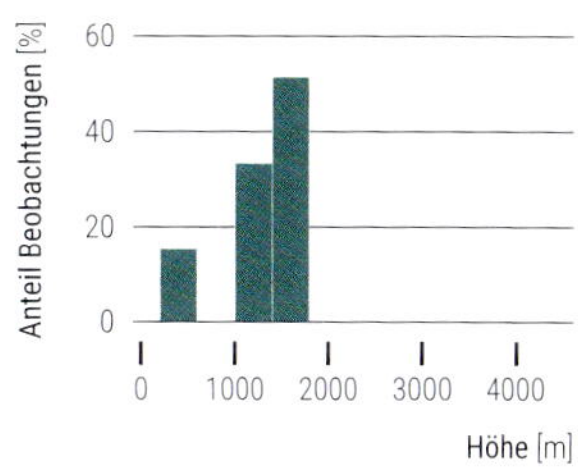

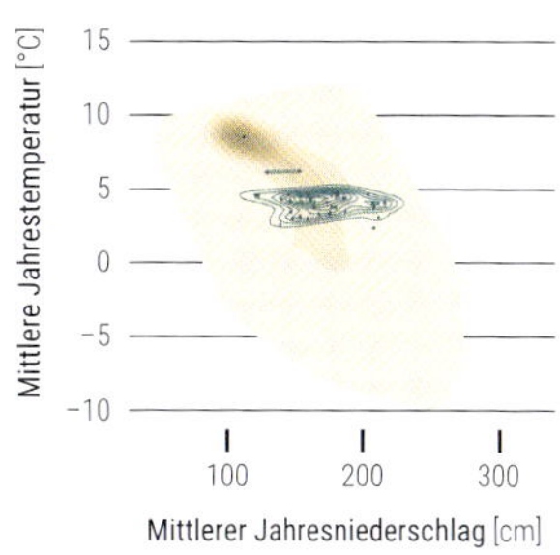

LC

Anzahl Fundorte	379
Substrat	Borke

Haarfeine Stecknadel

Chaenotheca trichialis (Ach.) Th. Fr.

Feldmerkmale: Das grünbeige bis graue, meist mehrere Zentimeter grosse Lager besteht aus Schuppen oder <1 mm grossen Körnchen. Dazwischen bilden sich bis >1 mm hohe, stecknadelförmige Fruchtkörper mit schwarzen Stielchen, die vor allem im oberen Bereich weiss bereift sind. Im Köpfchen wird lockere, braune Sporenmasse gebildet.

Wissenswertes: Eine der häufigsten und grössten Stecknadelflechten. Die Haarfeine Stecknadel wächst meist auf der Borke von Nadelbäumen, seltener auf Eichen oder auf zähmorschem, stehendem Totholz. Sie kommt von der montanen bis in die subalpine Stufe vor. Die meisten Funde sind von regengeschützten Stammseiten alter Fichten in relativ lichten Wäldern oder von freistehenden Fichten bekannt.

Gefährdung und Schutz: Die Haarfeine Stecknadel ist in Gebirgswäldern häufig. In tieferen Lagen ist die Art auf relativ lichtreiche Bestände mit hoher Luftfeuchtigkeit beschränkt. Die Art ist nicht gefährdet. Auf Trägerbäumen der Haarfeinen Stecknadel im Mittelland kommen jedoch oft zahlreiche weitere seltene, oft nicht einfach anzusprechende Flechtenarten vor. Solche Trägerbäume können als Biotopbäume viel zur Erhaltung einer artenreichen Flechtenvegetation im Wald beitragen.

Verwechslung: Ist das Lager schlecht entwickelt, ist die Unterscheidung von *C. stemonea* schwierig.

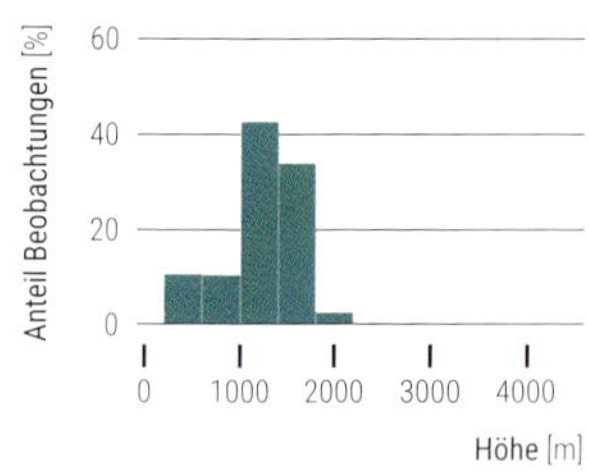

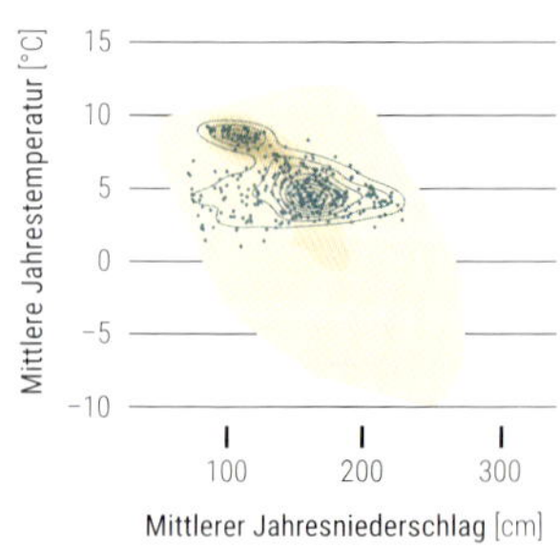

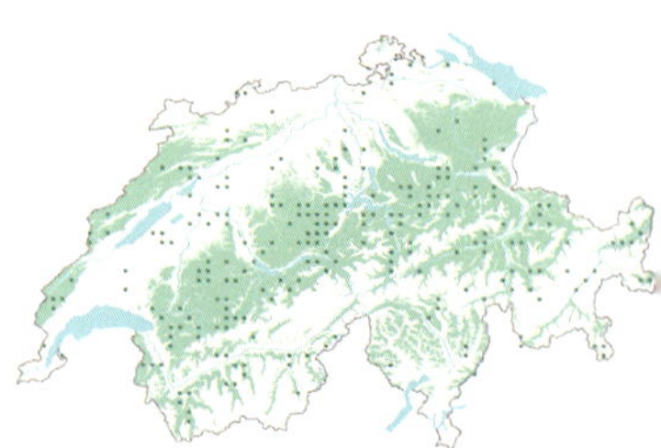

LC

Anzahl Fundorte	333
Substrat	Borke

Borken-Schwefelflechte

Chrysothrix candelaris (L.) J. R. Laundon

Feldmerkmale: Leucht- bis goldgelbe Lager, oft bis über 1 m gross, aus kleinen, haarigen Körnchen einen staubigen Überzug bildend. Grosse Lager sind schon aus Distanz an der Stammbasis oder am Mittelstamm zu erkennen.

Wissenswertes: Eine lokal häufige Art auf regengeschützter Borke von alten Nadelbäumen, seltener an Laubbäumen mit saurer Borke. Die meisten Funde sind von hochmontanen Wäldern in luftfeuchten Lagen, aber relativ lichtreichen Standorten bekannt. In tieferen Lagen, ist die Art regelmässig in Kastanien-Selven an der Stammbasis alter Bäume oder in Eichen-Mittelwäldern zu finden. Die gelbe Farbe (Pulvinsäure-Derivate) schützt die Flechte vor Fressfeinden. Zusammen mit dieser Art wachsen meist verschiedene Stecknadelflechten der Gattungen ***Calicium*** und ***Chaenotheca***.

Gefährdung und Schutz: Die Art ist nicht gefährdet. Auf Trägerbäumen dieser Art kommen jedoch oft auch diverse gefährdete Flechtenarten vor, die nicht einfach anzusprechen sind. Trägerbäume dieser Art können deshalb als Biotopbäume viel zur Erhaltung einer artenreichen Flechtenvegetation im Wald beitragen.

Verwechslung: Auf Vertikal- und Überhangsflächen auf Silikatgestein kommen zwei ähnlich aussehende Krustenflechten vor: *Chrysothrix chlorina* mit leuchtgelbem, oft relativ dickem Lager und ***Psilolechia lucida*** mit schwefelgelbem, fast staubigem Lager.

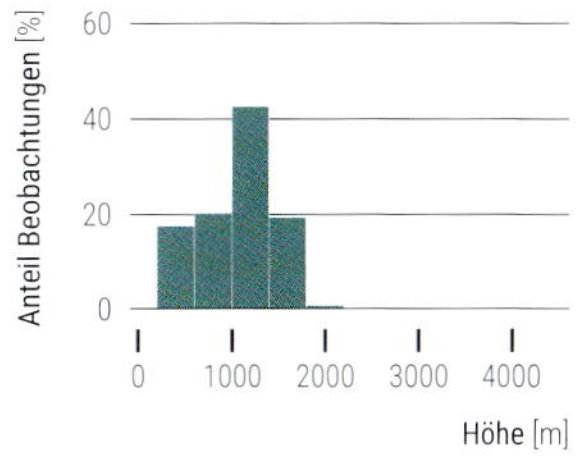

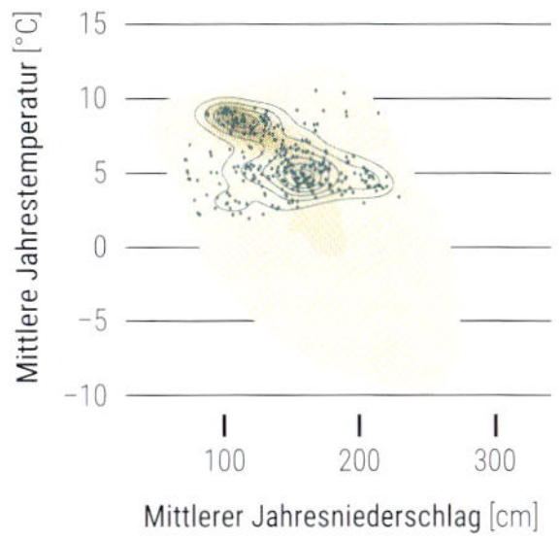

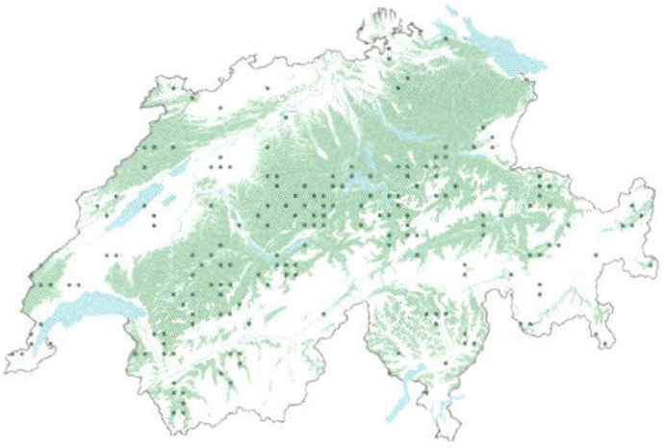

Grosse Säulenflechte

LC

Anzahl Fundorte	24
Substrat	Erde

Cladonia amaurocraea (Flörke) Schaer.

Feldmerkmale: Graugelbe Strauchflechte mit aufrechten, bis 10 cm hohen, berindeten und deutlich gescheckten Stämmchen. Die Stämmchen sind wenig verzweigt und enden in schmalen Bechern oder sind lang zugespitzt. Die Spitzen der Äste sind typischerweise gegen innen gebogen. Braune Pyknidien und Fruchtkörper entstehen an stiftförmigen Auswüchsen der Becherränder. Die Grosse Säulenflechte vermehrt sich meist vegetativ durch Bruchstücke.

Wissenswertes: Die Grosse Säulenflechte wächst auf Rohhumus in subalpinen Zwergstrauchheiden, auf kalkfreien Bergsturzblöcken oder auf teilweise mit Moosen überwachsenem Geröll in luftfeuchten Lagen. Sie ist auf lichtreiche, aber nur kurz besonnte Lagen mit überdurchschnittlich langer Schneebedeckung angewiesen.

Gefährdung und Schutz: Die Grosse Säulenflechte ist deutlich weniger häufig als ***C. arbuscula*** und ***C. rangiferina***. Auf beweideten Flächen scheint die Art weitgehend zu fehlen oder ist dort auf Bergsturzblöcke beschränkt, die für das Vieh unzugänglich sind.

Verwechslung: *Cladonia gracilis* und ***C. macroceras*** haben nie einen gelblichen Farbton und unterschieden sich anhand der Flechtenstoffe. Kümmerformen der Grossen Säulenflechte sind schwierig von ***C. uncialis*** zu unterscheiden, die keine Becher bildet und bei der die Spitzen der Äste gegen aussen gebogen sind. Die beiden Arten lassen sich anhand ihrer Flechtenstoffe unterscheiden.

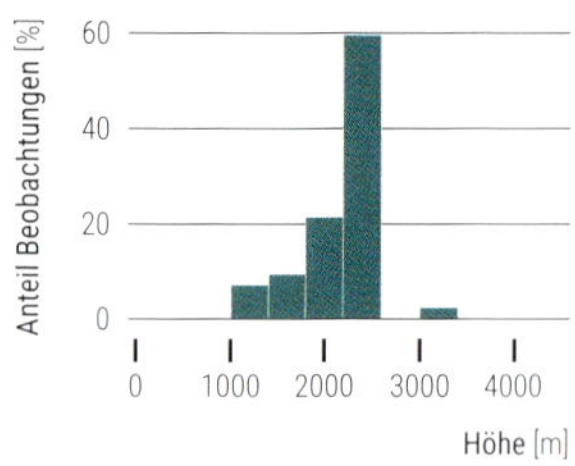

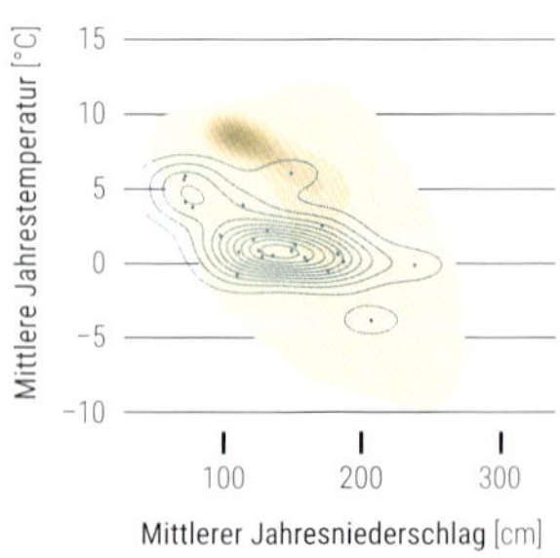

LC

Anzahl Fundorte	230
Substrat	Erde

Sparrige Rentierflechte

Cladonia arbuscula (Wallr.) Flot

Feldmerkmale: Weisslich-gelbe Strauchflechte mit aufrechten, bis 10 cm grossen, unberindeten Stämmchen. Diese verzweigen sich mehrfach, wobei Vierfachteilung am häufigsten vorkommt und jeweils der senkrecht wachsende Ast am stärksten wird. Dadurch bildet sich ein Hauptast und abstehende, dünnere, an den Enden meist deutlich gebräunte Seitenäste. An den stiftförmigen Enden der Äste, die einseitig gekrümmt sind, entstehen Pyknidien. Die Sparrige Rentierflechte vermehrt sich vegetativ durch Bruchstücke.

Wissenswertes: Die Sparrige Rentierflechte hat ähnliche Standortansprüche wie ***C. rangiferina***, ist aber an stark austrocknenden und früh ausapernden Stellen in alpinen Windheiden und zwischen Moosen auf Bergsturzblöcken häufiger anzutreffen.

Gefährdung und Schutz: In tieferen Lagen ist die Sparrige Rentierflechte selten. Bei Pflegemassnahmen ist darauf zu achten, dass Rentierflechten beim Mähen nicht beschädigt werden, was auch seltene Vorkommen der ähnlichen *C. portentosa* (CR) und ***C. ciliata*** (EN) schont.

Verwechslung: Bei *C. mitis* zeigen die Äste oft in alle Richtungen. *C. stellaris* (VU) entwickelt eine blumenkohlartige Wuchsform. Bei *C. portentosa* dominiert die Dreifachteilung. Die grauen ***C. rangiferina*** und *C. stygia* besitzen im Unterschied zu den vorher genannten Rentierflechten keinen gelblichen Farbton. Die gelblichen Arten lassen sich weitgehend anhand ihrer Flechtenstoffe unterscheiden.

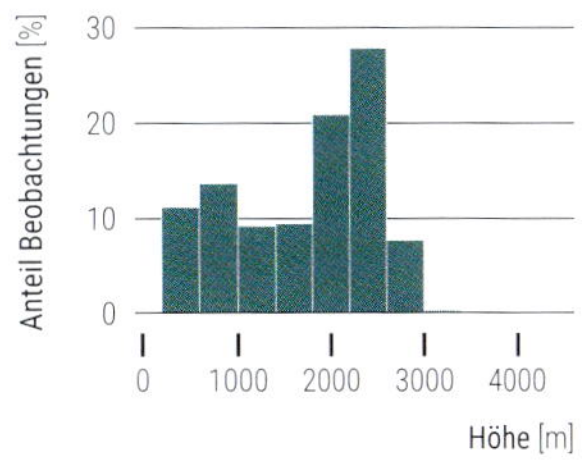

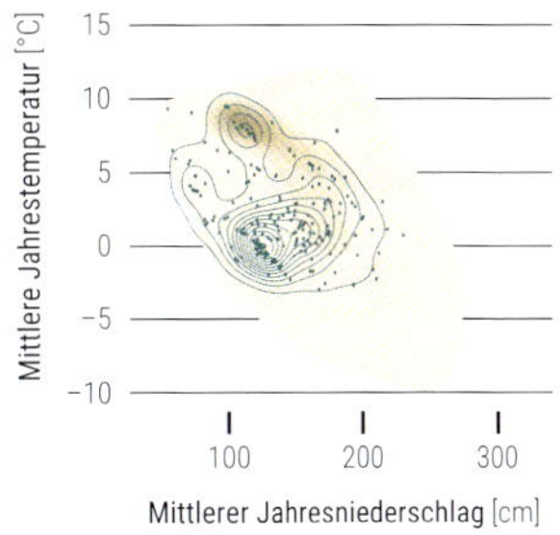

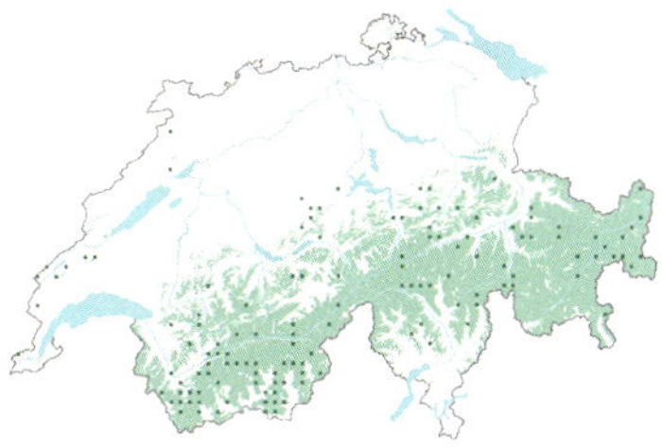

Schönfrüchtige Scharlachflechte

LC

Anzahl Fundorte	43
Substrat	Erde

Cladonia bellidiflora (Ach.) Schaer.

Feldmerkmale: Grünliche bis gelblich-graue Strauchflechte mit kleinen, bald verschwindenden Grundschuppen. Die aufrechten, bis 5 cm grossen, unverzweigten Stämmchen sind dicht mit auffälligen, unterseits weissen Schuppen bedeckt. An den becherlosen Enden der Stämmchen entstehen rote bis braunrote Pyknidien und seltener rote Fruchtkörper.

Wissenswertes: Die Schönfrüchtige Scharlachflechte wächst auf kalkfreier Erde und Rohhumus in subalpinen Wäldern, Zwergstrauchheiden und alpinen Rasen. In exponierten Lagen sind die Stämmchen oft kurz und gedrungen und die Schuppen stehen sehr dicht zusammen. Am schönsten entwickelt ist die Art auf moosbewachsenen Bergsturzblöcken in halbschattigen Lagen. An solchen Stellen werden die Stämmchen vermutlich weniger stark abgefressen. Vorkommen in tieferen Lagen sind an lichte Wälder und Hochmoore gebunden.

Gefährdung und Schutz: Die Schönfrüchtige Scharlachflechte ist in der subalpinen Stufe häufig. In tieferen Lagen ist die Art recht selten und auf nährstoffarme Böden in lichtreichen Wäldern, insbesondere Hochmoorwäldern, angewiesen, wo sie bei Pflegemassnahmen geschont werden sollte.

Verwechslung: ***Cladonia squamosa*** entwickelt grünliche bis graubraune Stämmchen ohne gelblichen Farbton. Die Pyknidien und Fruchtkörper sind bei dieser Art braun.

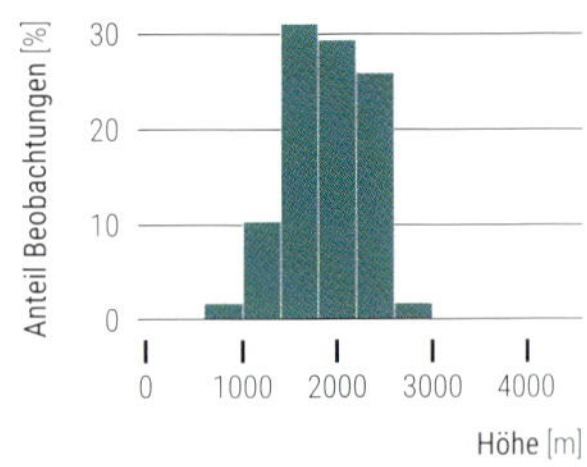

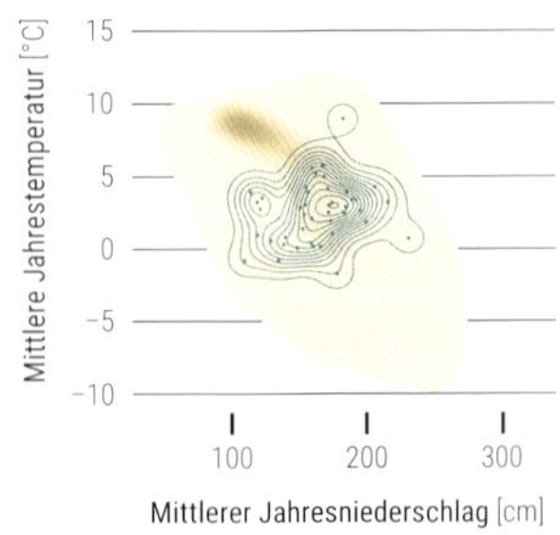

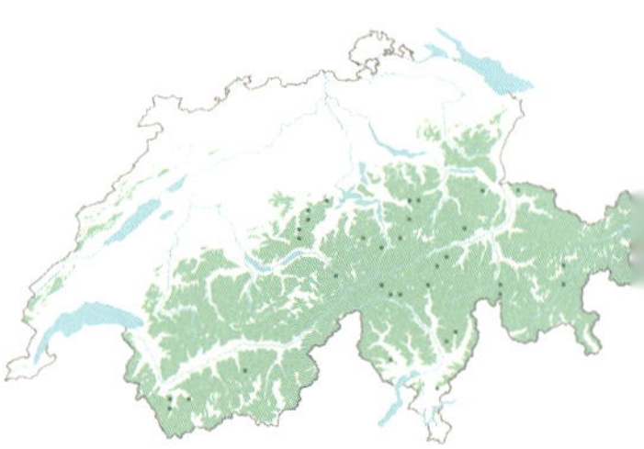

Rasen-Säulenflechte

VU

Anzahl Fundorte	50
Substrat	Erde

Cladonia caespiticia (Pers.) Flörke

Feldmerkmale: Graugrün, aus dicht, oft dachziegelig stehenden Schuppen bestehend. Die bis 5 mm langen und 1,5 mm breiten Schuppen sind randlich mit leicht abbrechenden, fingerförmigen Verlängerungen besetzt. Diese leicht abbrechenden Verlängerungen dienen der vegetativen Ausbreitung. Die braunen Fruchtkörper werden nur selten gebildet. Sie stehen mit kurzem, unberindetem und algenfreiem Stiel direkt auf den Schuppen.

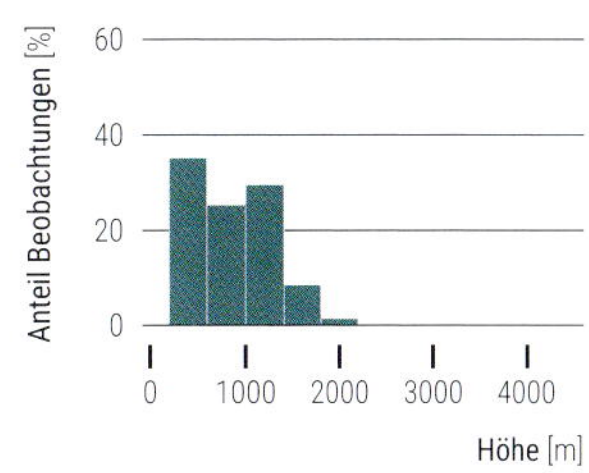

Wissenswertes: Die Rasen-Säulenflechte wächst auf Erdanrissen und erdinkrustierten, kalkfreien Felsflächen, an stark morschem Totholz, selten auch an stark verwitterter Borke von Kastanien, Eichen und Nadelbäumen. Sie wächst an lichtreichen, aber nicht zu lange von der Sonne beschienenen Orten in niederschlagsreichen, tieferen bis mittleren Lagen.

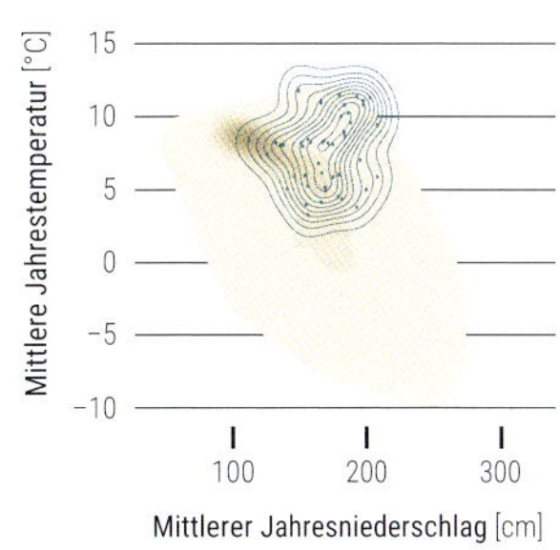

Gefährdung und Schutz: Die Rasen-Säulenflechte ist im Tessin lokal häufig. In anderen Regionen tritt sie zerstreut auf, oft nur kleinflächig, aber vereinzelt auch grossflächig, vor allem an etwas instabilen Strassenböschungen.

Verwechslung: Anhand der Fruchtkörper ist die Rasen-Säulenflechte leicht zu erkennen. Fehlen diese aber, ist die Bestimmung schwierig, weil Kümmerformen und frühe Entwicklungsstadien verschiedener anderer Arten ähnlich aussehen können. Anhand der Flechtenstoffe lässt sich die Anzahl der in Frage kommenden Arten eingrenzen.

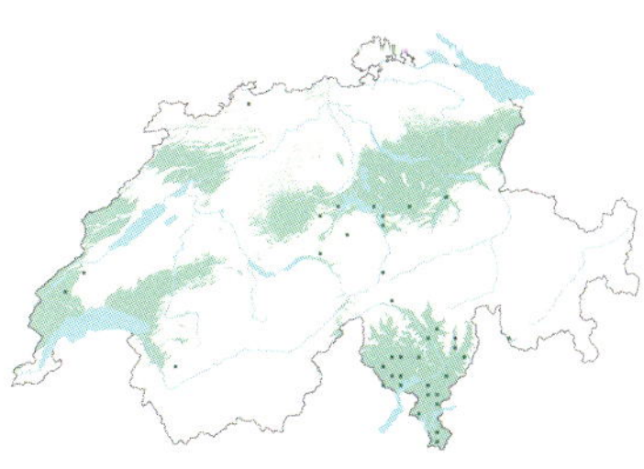

VU

Anzahl Fundorte	18
Substrat	Erde

Gitter-Becherflechte

Cladonia cariosa (Ach.) Spreng.

Feldmerkmale: Grünlich-graue bis grünbraune Strauchflechte mit bis 3 mm grossen, aufsteigenden Grundschuppen mit gelapptem Rand. Aufrechte, bis 2 cm hohe, im oberen Teil oft doldenförmig verzweigte Stämmchen werden fast immer gebildet. Diese sind stellenweise schollig berindet und meist auffällig in Längsrichtung zerschlitzt. Die in der Regel vorhandenen dunkelbraunen Fruchtkörper entstehen endständig an doldenförmigen Verzweigungen.

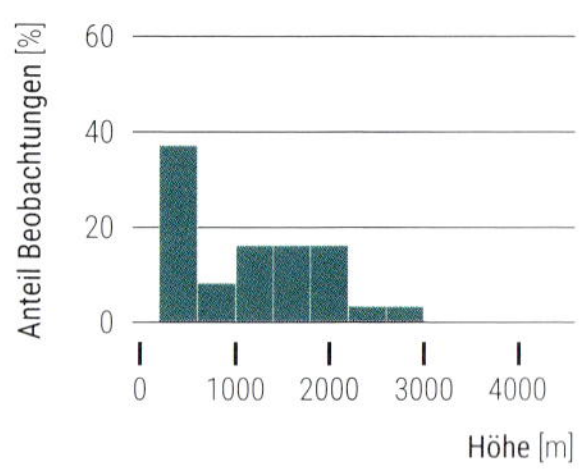

Wissenswertes: Die Gitter-Becherflechte wächst in Trockenvegetation auf feinem Kalkgrus und zwischen Moosen auf Felsflächen. Sie bevorzugt kalkhaltige Böden, kommt vereinzelt aber auch über Serpentin und Amphibolit in niederschlagsärmeren Regionen vor. Die Art ist von den tiefen Lagen bis in die alpine Stufe verbreitet.

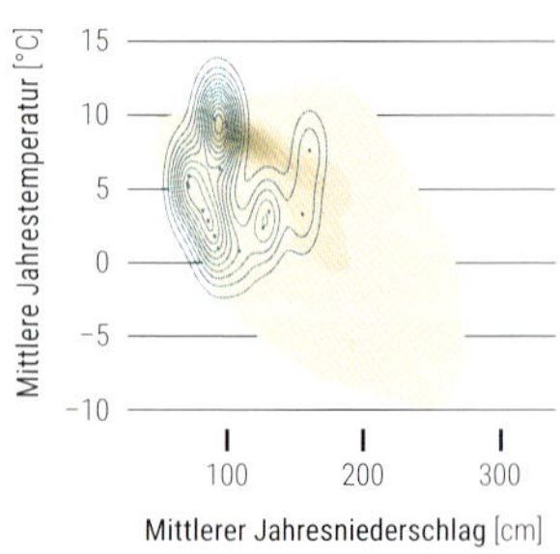

Gefährdung und Schutz: Die Gitter-Becherflechte ist vor allem in niederschlagsärmeren Gebieten der Alpen verbreitet. Während die Art in höheren Lagen relativ häufig vorkommt, ist sie in tieferen Lagen stark zurückgegangen. Bei der Durchführung von Pflegemassnahmen in (Halb-) Trockenrasen ist darauf zu achten, dass Vorkommen der Art nicht beschädigt werden.

Verwechslung: Gut entwickelte, reich fruchtende Vorkommen sind im Feld leicht zu erkennen. ***Cladonia symphycarpa*** bildet nur selten Stämmchen. Ihre Grundschuppen sind am Rand der Lager meist niederliegend, die aufsteigenden Schuppen im Zentrum in der Regel abgebrochen.

Fleischfarbene Becherflechte

LC

Anzahl Fundorte	26
Substrat	Holz

Cladonia carneola (Fr.) Fr.

Feldmerkmale: Blass gelbgrüne Strauchflechte mit unauffälligen, bald von Moosen verdrängten Grundschuppen und bis 2,5 cm hohen Stämmchen mit feinkörnig aufgelöster Rinde. Die Stämmchen bilden breite, abrupt in den Stiel verschmälerte Becher. Die sprossenden Becher bilden am Rand zuerst braune Pyknidien und später hellbraune Fruchtkörper. Die fleischfarbene Becherflechte vermehrt sich sowohl durch Sporen als auch durch die feinkörnigen, unberindeten vegetativen Ausbreitungseinheiten des Stängels.

Wissenswertes: Die Fleischfarbene Becherflechte wächst auf weichmorschem Totholz von Nadelbäumen, auf Rohhumus in subalpinen Zwergstrauchheiden und selten an Torfstichen in tiefen Lagen. Die Art ist auf lichtreiche Standorte angewiesen, meidet aber pralle Besonnung.

Gefährdung und Schutz: In den Gebirgswäldern der Zentralalpen ist die Fleischfarbige Becherflechte recht häufig, in anderen Gebieten eher zerstreut zu beobachten. Die Vorkommen im Mittelland sind auf Naturschutzgebiete beschränkt.

Verwechslung: Bei den ebenfalls gelblichen *C. deformis*, *C. diversa*, *C. pleurota* und *C. sulphurina* sind Pyknidien und die selten gebildeten Fruchtkörper rot. Bei nasser Witterung kann die Unterscheidung der Fleischfarbenen Becherflechte von graugrünen, im trockenen Zustand nicht gelblichen Arten, wie beispielsweise ***C. pyxidata***, Schwierigkeiten bereiten.

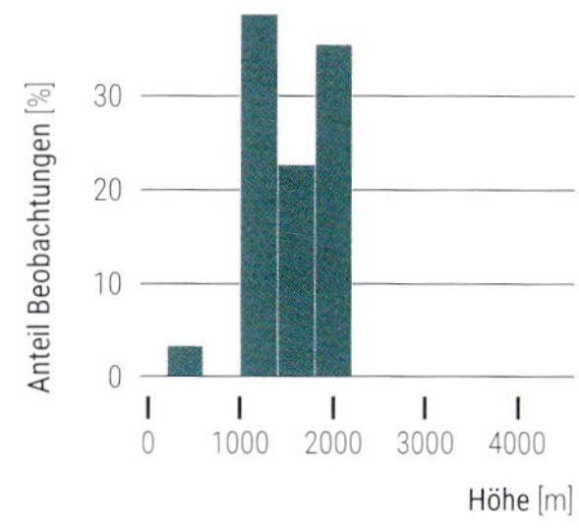

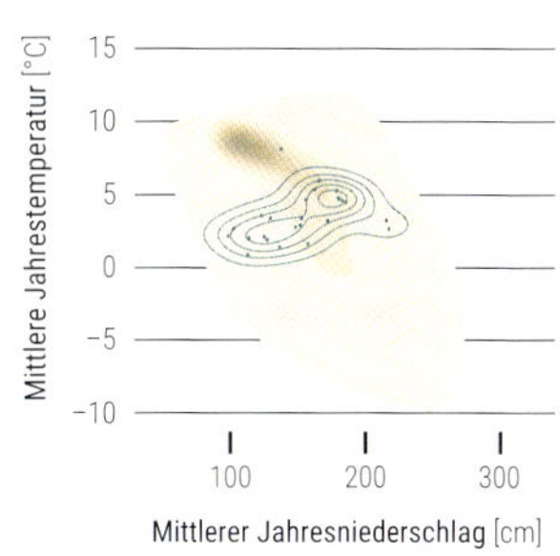

Hakenförmige Säulenflechte

Cladonia cenotea (Ach.) Schaer.

LC

Anzahl Fundorte	145
Substrat	Holz

Feldmerkmale: Grünlich-graue bis graubraune Strauchflechte mit kleinen Grundschuppen mit gekerbtem Rand. Die aufrechten, bis 3 cm hohen, im oberen Teil verzweigten Stämmchen sind dicht von feinen, unberindeten Körnern besetzt, die der vegetativen Vermehrung dienen. Die Achseln der Verzweigungen und die vereinzelt vorkommenden, schmalen Becher weisen im Zentrum auffallende Löcher auf. An den typisch einwärts gebogenen Rändern der Becher entstehen braune Pyknidien und selten braune Fruchtkörper.

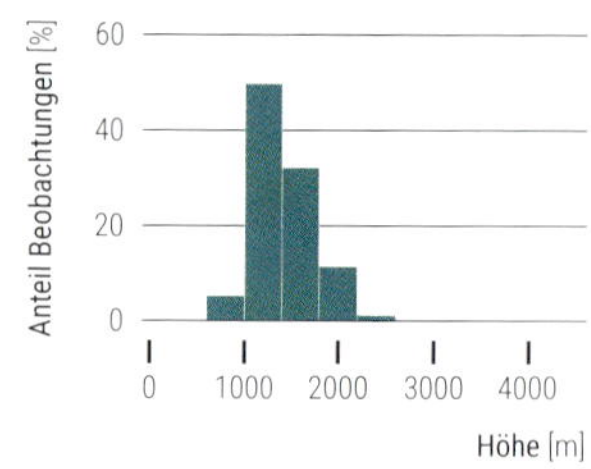

Wissenswertes: Die Hakenförmige Säulenflechte wächst auf weichmorschem Totholz von Nadelbäumen, seltener an Borke von Nadelbäumen und Birken, und auf sauren Böden, in lichten Wäldern und Wytweiden. Sie ist charakteristisch auf stark zersetzten Strünken mit sehr weichem Totholz, welches nach Niederschlägen rasch austrocknet.

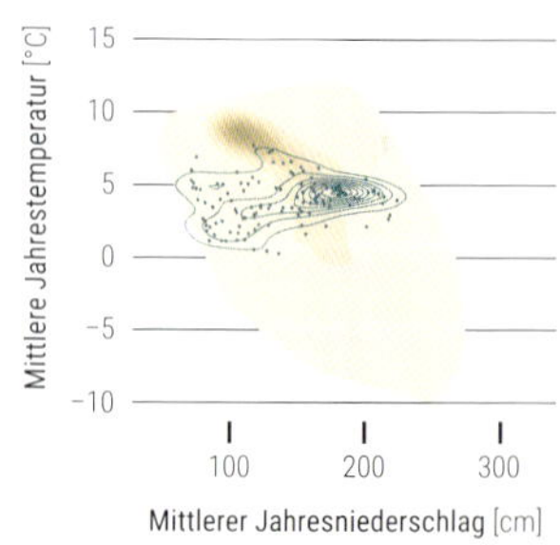

Gefährdung und Schutz: Die Hakenförmige Säulenflechte ist in Gebirgswäldern mit reichlich grobem Totholz sehr häufig. Vorhandene Vorkommen im Tiefland können in Zukunft von der Förderung von Alt- und Totholz im Wald profitieren.

Verwechslung: Die Hakenförmige Säulenflechte ist im Feld gut von ***C. fimbriata*** mit abrupt in den Stiel verschmälerten Bechern zu unterschieden. *Cladonia glauca* zeigt an der Basis der Stämmchen auffällige Schuppen und bildet keine Becher. *Cladonia rei* wächst bevorzugt auf skelettreichen Böden.

EN

Anzahl Fundorte	38
Substrat	Erde

Zarte Rentierflechte

Cladonia ciliata Stirt.

Feldmerkmale: Gelblich-weisse, selten hellgraue Strauchflechte mit aufrechten, dünnen, bis 5 cm hohen, unberindeten Stämmchen. Die Stämmchen verzweigen sich mehrfach gabelförmig. An den stiftförmigen Enden der einseitig gekrümmten Äste entstehen Pyknidien. Die Zarte Rentierflechte vermehrt sich vegetativ durch Bruchstücke des Lagers.

Wissenswertes: Die Zarte Rentierflechte wächst in Alluvionen und Trockenrasen auf skelettreichen, kalkhaltigen Böden in Vegetationslücken. Sie stellt ähnliche Ansprüche an den Standort wie ***C. rangiformis.***

Gefährdung und Schutz: Die Zarte Rentierflechte ist eine seltene, sehr zerstreut in Trockenrasen vorkommende Strauchflechte. In diesem Lebensraum ist sie typischer als die häufigere ***C. arbuscula***. Die Art droht durch Verbuschung zurückgedrängt zu werden. Bei Pflegemassnahmen ist darauf zu achten, dass Rentierflechten beim Mähen nicht beschädigt werden.

Verwechslung: Bei *C. mitis* und ***C. arbuscula*** sind die Stämmchen dicker und aus den Verzweigungen entstehen meist vier Äste. Bei der sehr seltenen *C. portentosa* dominiert die Dreifachteilung. Die gelblichen Rentierflechten lassen sich weitgehend anhand der Flechtenstoffe unterscheiden. Selten auftretende graue Individuen der Zarten Rentierflechte unterscheiden sich von den ebenfalls grauen ***C. rangiferina*** und *C. stygia* durch das gabelförmige Verzweigungsmuster.

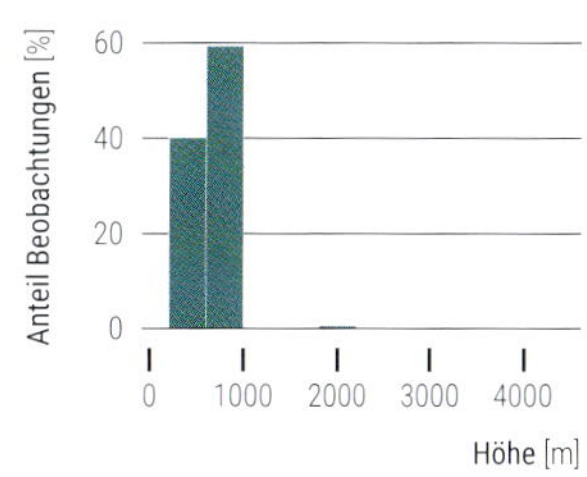

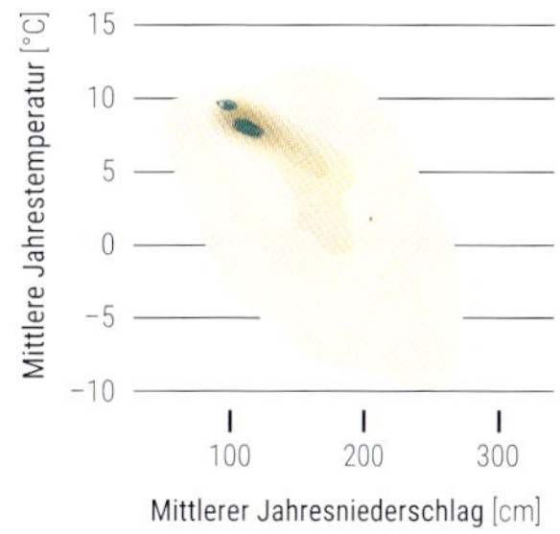

LC

Echte Scharlachflechte

Anzahl Fundorte	72
Substrat	Erde

Cladonia coccifera (L.) Willd.

Feldmerkmale: Grüngelbe Strauchflechte mit bis 2 mm grossen, dem Substrat eng anliegenden, randlich abgerundeten Grundschuppen und bis 1,5 cm hohen Stämmchen. Die Stämmchen bilden breite, gegen unten langsam verschmälerte Becher. Diese sind mit groben, berindeten Körnern oder Warzen besetzt. Die manchmal randlich sprossenden Becher bilden am Rand rote Pyknidien und oft auch rote Fruchtkörper. Die Scharlachflechte vermehrt sich sowohl durch Sporen als auch mittels groben, berindeten Körnern und Warzen, welche der vegetativen Ausbreitung dienen.

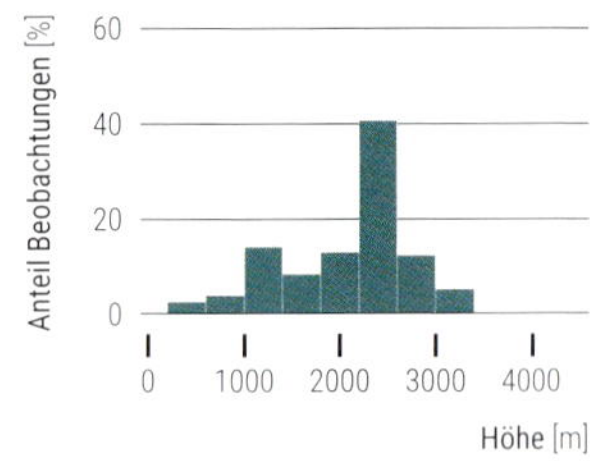

Wissenswertes: Die Echte Scharlachflechte wächst auf meist kalkfreier Erde und Silikatgrus in lückigen Zwergstrauchheiden, Windheiden und Schneetälchen, meist an stark besonnten Kleinstandorten in Vegetationslücken. In Trockenrasen in tiefen Lagen wird sie seltener beobachtet. Die Art ist oft nur in Kümmerformen entwickelt, bei denen die Becher oft fehlen.

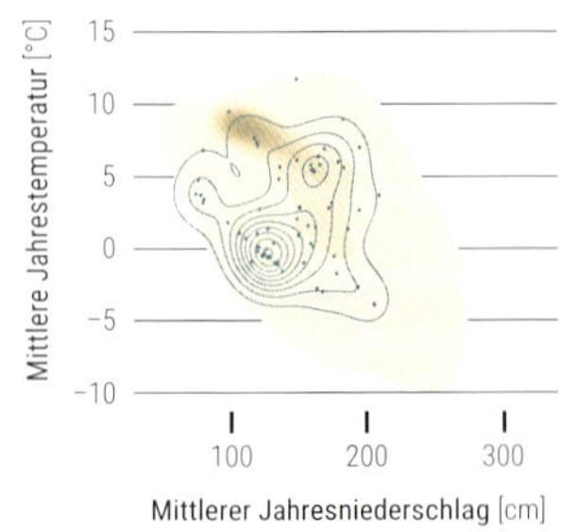

Gefährdung und Schutz: In der alpinen Stufe ist die Echte Scharlachflechte recht häufig, in Trockenrasen tiefer Lagen selten.

Verwechslung: Unter anderem, weil bei der Echten Scharlachflechte oft Kümmerformen dominieren, ist die Unterscheidung von anderen Arten der Gattung mit roten Fruchtkörpern schwierig. *Cladonia diversa* kann anhand der feinen, sehr kleinen Schuppen an den Bechern unterschieden werden. Zur Unterscheidung weiterer Arten können teilweise Flechtenstoffe beigezogen werden.

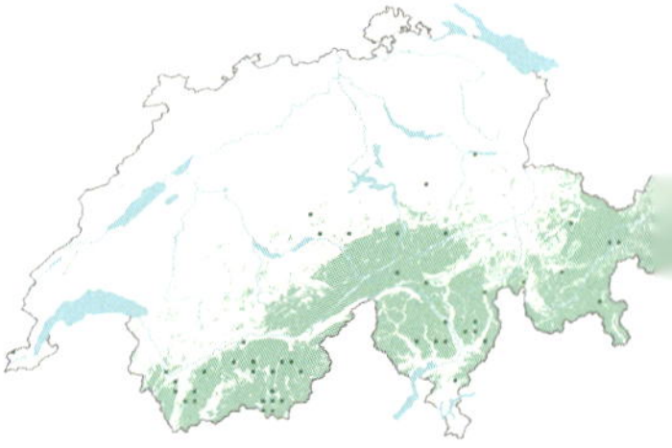

LC

Anzahl Fundorte	563
Substrat	Holz

Gewöhnliche Säulenflechte

Cladonia coniocraea (Flörke) Spreng.

Feldmerkmale: Graugrüne Strauchflechte mit bis 3 mm grossen, aufsteigenden, oft von Moosen überwachsenen Grundschuppen und bis 2 cm hohen Stämmchen. Die Stämmchen sind stiftförmig, unverzweigt und auf der gesamten Länge mit feinen, unberindeten Körnern dicht besetzt, die der vegetativen Vermehrung dienen. Die Enden der Stämmchen sind spitz zulaufend oder abgestumpft. Schmale Becher, die kaum breiter werden als die Stängel, werden nur selten gebildet. Braune Pyknidien und dunkelbraune Fruchtkörper entstehen selten an den Enden der Stängel.

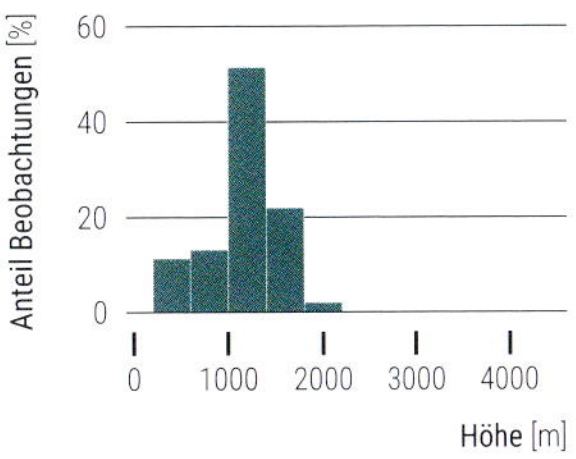

Wissenswertes: Die Gewöhnliche Säulenflechte wächst auf Borke und Totholz fast aller Baum- und Straucharten, auf kalkfreier Erde sowie auf moosbedeckten Gesteinsflächen bis zur Waldgrenze. Sie erträgt lichtarme Standorte in dunklen Wäldern, wächst aber auch an stark besonnten Lagen. Die Gewöhnliche Säulenflechte besiedelt auch künstliche Substrate wie Gummidichtungen auf etwas in die Jahre gekommenen Autos. Deshalb gilt die Art als eine der mobilsten Flechtenarten.

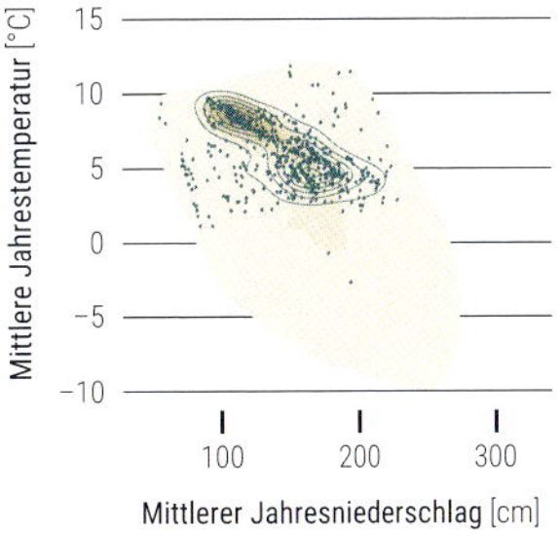

Gefährdung und Schutz: Die Art ist sehr häufig.

Verwechslung: Die Gewöhnliche Säulenflechte ist im Feld schwierig von selteneren Arten wie *C. cornuta*, *C. glauca und C. rei* zu unterscheiden. Oft müssen dazu Flechtenstoffe beigezogen werden. ***Cladonia norvegica*** hat etwas dunklere Grundschuppen und auffällige rote Flecken an den Stämmchen.

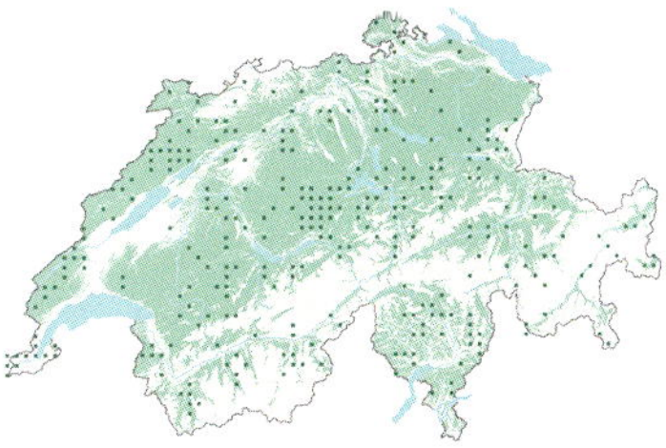

LC

Anzahl Fundorte	376
Substrat	Holz

Finger-Scharlachflechte

Cladonia digitata (L.) Hoffm.

Feldmerkmale: Grau-grünliche bis graue Strauchflechte mit bis 10 mm grossen, breit abgerundeten Grundschuppen. Die Unterseite der Grundschuppen ist weiss mit orangen Flecken im Zentrum. Die aufrechten, im oberen Bereich mit mehligen vegetativen Ausbreitungseinheiten bedeckten Stämmchen bilden oft unregelmässige, breite, sprossende Becher. An den Rändern der Becher werden braunrote bis rote Pyknidien, seltener rote Fruchtkörper gebildet.

Wissenswertes: Die Finger-Scharlachflechte wächst häufig an der Basis von Nadelbäumen, weichmorschem Totholz und Rohhumus. Die Art bevorzugt nicht zu dunkle Wälder höherer Lagen. In tieferen Lagen ist sie auf etwas bodenfeuchte Situationen angewiesen.

Gefährdung und Schutz: In intensiv bewirtschafteten Wäldern mit spärlich vorhandenem Totholz war die Finger-Scharlachflechte oft auf Strünke von Nadelbäumen beschränkt und kann sich von solchen «Refugien» heute auf vermehrt vorhandenes Totholz ausbreiten.

Verwechslung: Auf Totholz und Rohhumus bilden viele Arten der Gattung Kümmerformen ohne Stämmchen. Nur die Finger-Scharlachflechte hat Grundschuppen, welche auf der Unterseite orange gefärbt sind. ***C. carneola***, *C. deformis* und *C. sulphurina* zeigen eine deutlich gelbliche Färbung. Die häufigen, graugrünlichen ***C. pyxidata***, *C. chlorophaea* und ***C. fimbriata*** bilden an den Rändern der Becher dunkelbraune Pyknidien und selten dunkelbraune Fruchtkörper aus.

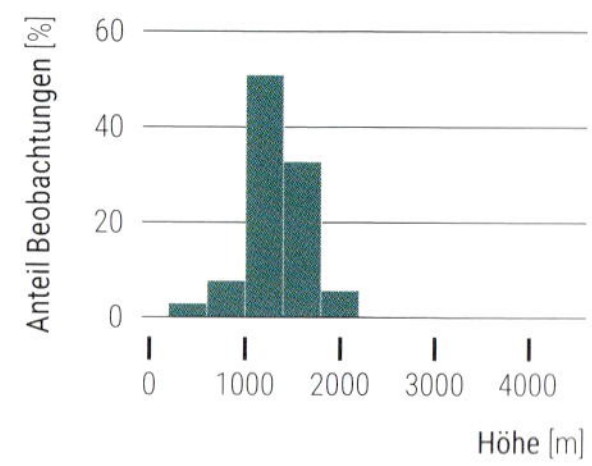

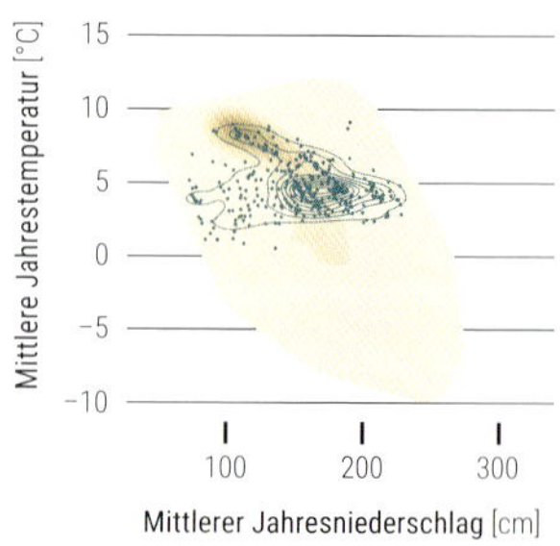

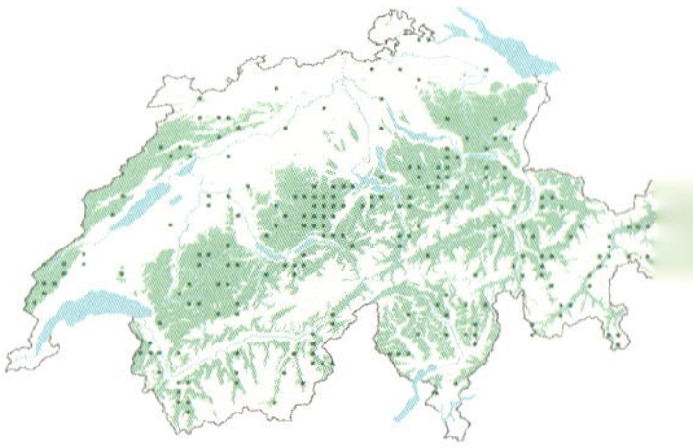

LC

Anzahl Fundorte	448
Substrat	Holz

Trompeten-Becherflechte

Cladonia fimbriata (L.) Fr.

Feldmerkmale: Grün- bis braungraue Strauchflechte mit bis 3 mm grossen, aufsteigenden, oft von Moosen überwachsenen Grundschuppen und bis 1,5 cm hohen Stämmchen. Die Stämmchen bilden abrupt verschmälerte Becher und sind mit feinen, unberindeten Körnern dicht besetzt, die der vegetativen Vermehrung dienen. Die Becher zeigen eine bauchige Form, an deren Rand selten braune Pyknidien und dunkelbraune Fruchtkörper gebildet werden.

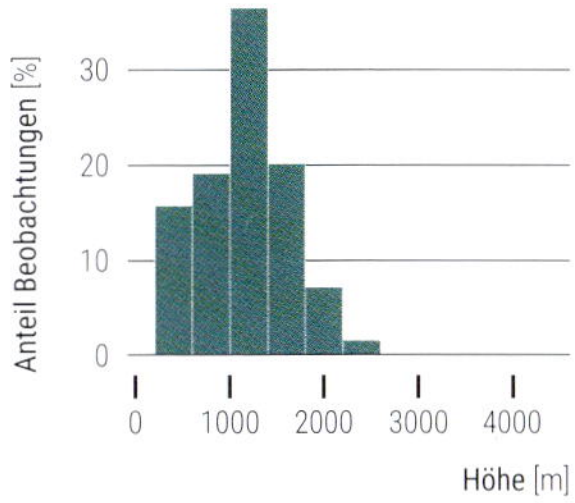

Wissenswertes: Die Trompeten-Becherflechte wächst auf kalkfreien Böden, moosbewachsenem Gestein, an Borke und auf weichmorschem Totholz. Sie ist von den Tieflagen bis in die alpine Stufe sowie aus Wäldern bis in den Siedlungsraum häufig. Die Becher dienen als «Spritzbecher» für die Ausbreitung der Sporen und vegetativen Ausbreitungseinheiten: Treffen Regentropfen in die Becher, werden die Ausbreitungseinheiten weit herauskatapultiert, ähnlich wie es vom Pilz *Cyathus striatus* her bekannt ist.

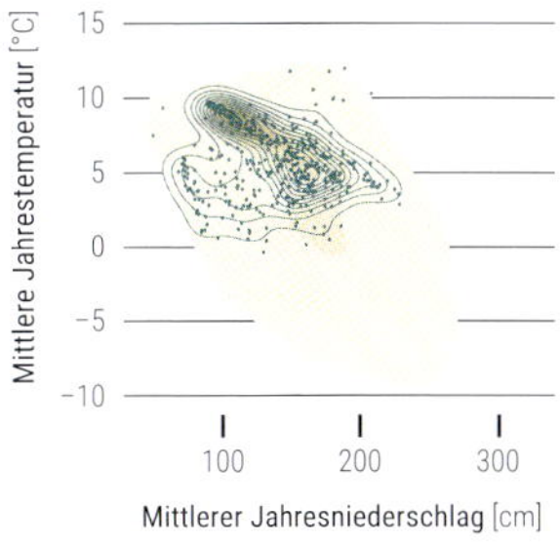

Gefährdung und Schutz: Die Trompeten-Becherflechte ist häufig und besiedelt im Siedlungsgebiet oft ältere Holzkonstruktionen.

Verwechslung: Die Trompeten-Becherflechte ist an den deutlich bauchigen Bechern zu erkennen, welche an ein Englischhorn oder Rotweinglas erinnern mögen. *Cladonia chlorophaea* hat breitere, gleichmässig verschmälerte Becher. Von *C. humilis* unterscheidet sie sich anhand der Flechtenstoffe.

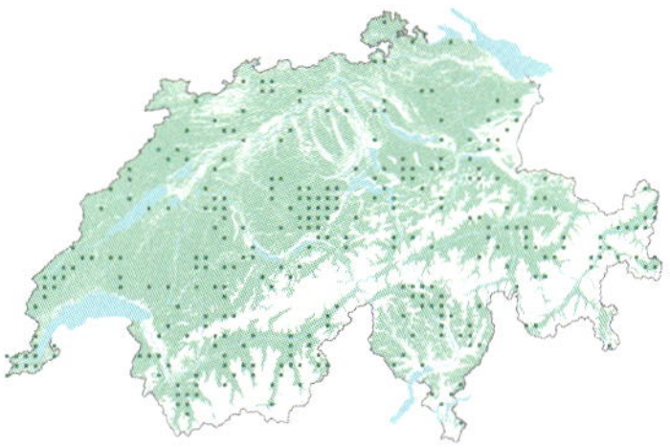

VU

Anzahl Fundorte	66
Substrat	Erde

Blättrige Becherflechte

Cladonia foliacea (Huds.) Willd.

Feldmerkmale: Gelblich-grüne Lager mit bis 2 cm grossen, gelappten Schuppen mit gelblicher Unterseite. Aufrechte, bis 5 mm hohe, unverzweigte und berindete Stängel mit schmalen Bechern werden selten gebildet. Die Ausbreitung erfolgt vegetativ durch Bruchstücke der Schuppen.

Wissenswertes: Die Blättrige Becherflechte wächst auf flachgründigen, rasch austrocknenden Böden in wärmeliebenden Trockenrasen. Sie ist hauptsächlich auf kalkreichen, seltener auf kalkarmen Böden an gut besonnten Standorten in tiefen Lagen zu finden. Die typische Form auf Kalkgestein bildet oft grössere Grundschuppen als diejenige auf kalkarmem oder -freiem Gestein. Sie wird darum manchmal als eigene Art, *C. convoluta*, abgegrenzt. In feuchtem Zustand sind die Schuppen flach ausgebreitet, sodass die Algenschicht unter der Oberrinde dem Licht exponiert ist. Im trockenen Zustand, wenn die Flechte physiologisch inaktiv ist, sind die Schuppen eingerollt und das Licht wird von der Unterseite reflektiert.

Gefährdung und Schutz: Die Verbuschung von (Halb)trockenrasen kann zu einem Rückgang dieser Art führen. Bei der Durchführung von Pflegemassnahmen in Trockenrasen ist darauf zu achten, dass Vorkommen der Blättrigen Becherflechte nicht beschädigt werden.

Verwechslung: Die Schuppen von *C. cervicornis* und ***C. symphycarpa*** sind grau- oder braungrün und weisen keinen gelblichen Farbton auf.

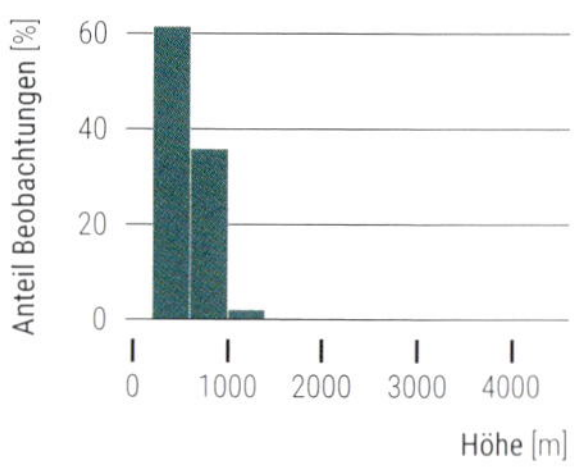

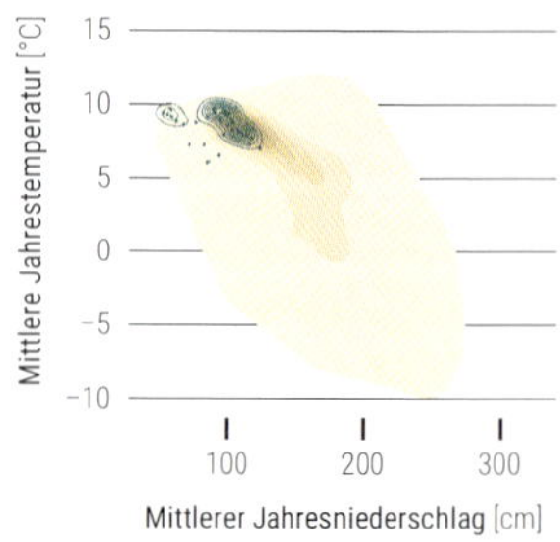

Gabel-Säulenflechte

LC

Anzahl Fundorte	258
Substrat	Erde

Cladonia furcata (Huds.) Schrad.

Feldmerkmale: Grünliche bis graubraune oder dunkelbraune Strauchflechte mit rundlichen, bald verschwindenden Grundschuppen. Die aufrechten, bis über 5 cm hohen, im oberen Teil gabelig verzweigten, glatt berindeten, oft längs aufgerissenen Stämmchen sind meist mit vereinzelten, bis 2 mm grossen Blättchen bewachsen. Die Blättchen brechen im trockenen Zustand leicht ab und dienen der vegetativen Ausbreitung. An den stiftartigen Enden der Stängel entstehen braune Pyknidien und Fruchtkörper.

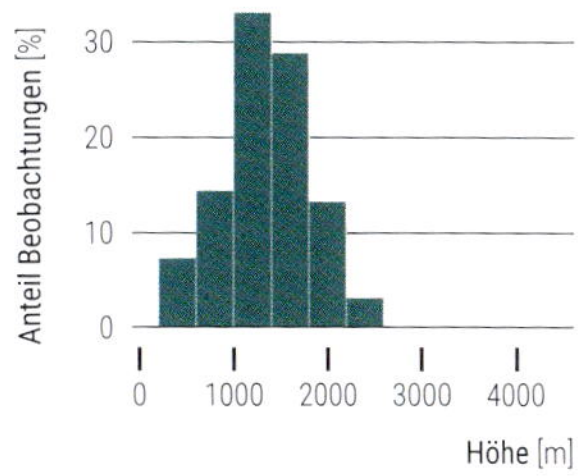

Wissenswertes: Die Gabel-Säulenflechte wächst auf rasch austrocknender, kalkarmer Erde auf Geröll und Bergsturzblöcken, zwischen Moosen in nicht zu dunklen Wäldern, in Zwergstrauchheiden und alpinen Rasen. Weniger häufig kommt sie auf kalkreichen Böden in wärmeliebenden Trockenrasen vor, wo sie von ***C. rangiformis*** und weiteren Arten der Gattung abgelöst wird.

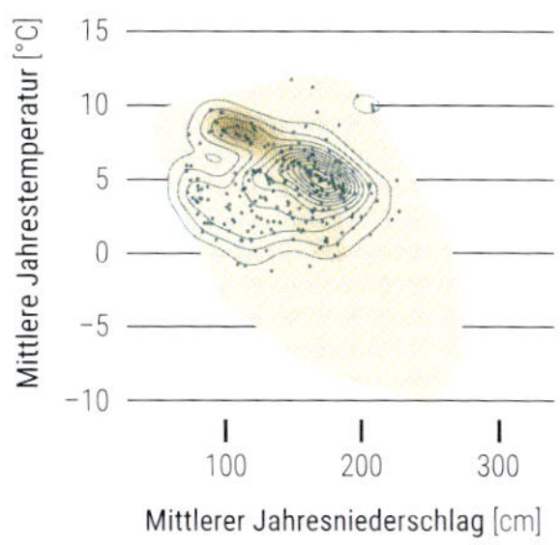

Gefährdung und Schutz: Die Gabel-Säulenflechte wächst an sehr unterschiedlichen Standorten und ist lokal oft häufig. Im Mittelland ist sie aber selten.

Verwechslung: Die Gabel-Säulenflechte nimmt an den verschiedenen Standorten sehr unterschiedliche Formen an. Ausserhalb ihres optimalen Lebensraumes (Heidelbeer-Fichtenwälder) ist sie im Feld oft nicht einfach zu erkennen. ***Cladonia rangiformis*** wächst meist auf Erde in Trockenrasen auf Kalk. Sie lässt sich anhand der Flechtenstoffe von der Gabel-Säulenflechte unterscheiden.

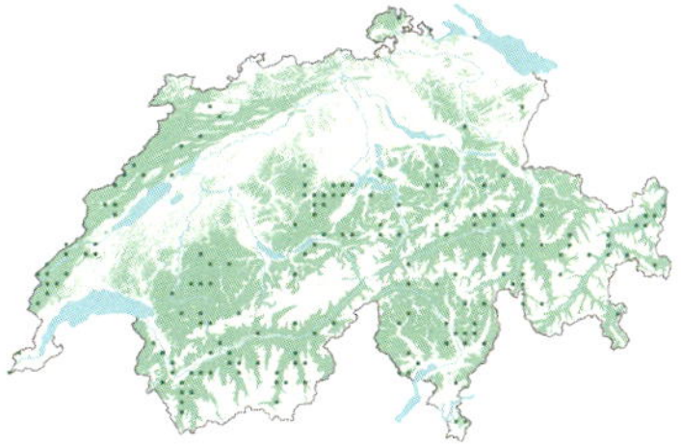

LC

Anzahl Fundorte	171
Substrat	Erde

Langhorn-Säulenflechte

Cladonia macroceras (Delise) Hav.

Feldmerkmale: An den Enden dunkelbraune, in der Mitte graugrüne, beim Absterben an der Basis schwarz werdende Strauchflechte mit bald verschwindenden Grundschuppen. Die aufrechten, bis über 10 cm grossen, im oberen Teil gabelig verzweigten, glatt berindeten Stämmchen sind nur selten mit vereinzelten, bis 1 mm grossen Blättchen bewachsen (mittleres Bild). Die Enden der Stämmchen sind meist zugespitzt, selten mit schmalen, langsam verschmälerten Bechern. An den Rändern der Becher und den stiftartigen Enden der Stämmchen entstehen braune Pyknidien und Fruchtkörper. Bruchstücke der Stämmchen dienen der vegetativen Vermehrung.

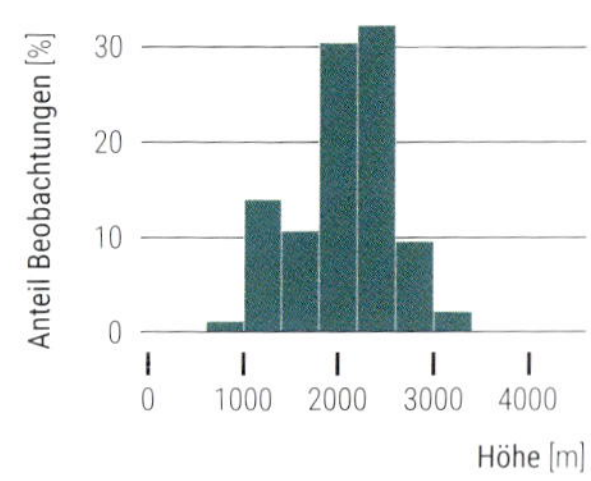

Wissenswertes: Die Langhorn-Säulenflechte wächst hauptsächlich auf nährstoffarmer, kalkfreier Erde in Zwergstrauchheiden und Windheiden sowie zwischen Moosen auf Geröll und Bergsturzblöcken in gut besonnten Lagen. In tieferen Lagen kann sie auf Bulten in Hochmooren beobachtet werden.

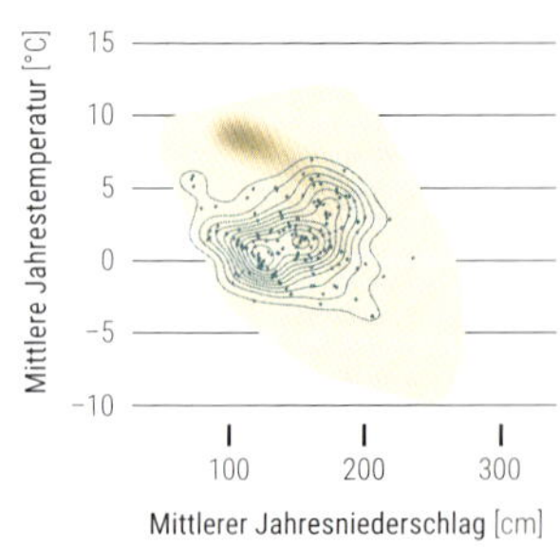

Gefährdung und Schutz: Die Langhorn-Säulenflechte ist in der subalpinen und alpinen Stufe häufig. In tieferen Lagen kommt die Art etwa auf Bergsturzblöcken in Weiden oder in Hochmooren vor, wo sie aber selten zu beobachten ist.

Verwechslung: In alpinen Schneetälchen ist *C. ecmocyna* häufig und kann an ihren bläulich-grauen Stämmchen, welche sich beim Absterben hellgelb verfärben, von der Langhorn-Säulenflechte unterschieden werden. Die Abgrenzung von *C. gracilis* in den Alpen ist zu klären.

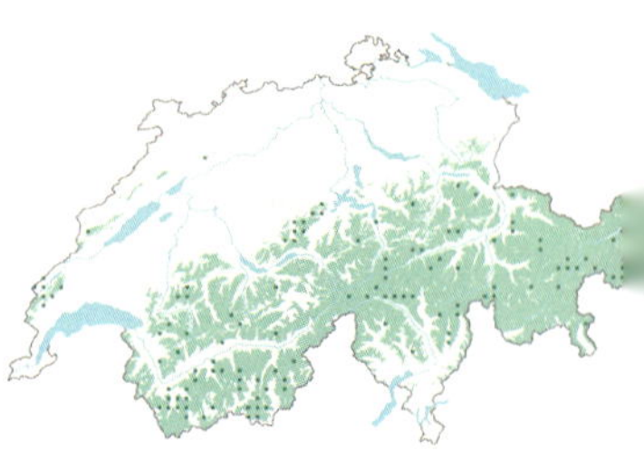

NE

Anzahl Fundorte	11
Substrat	Holz

Rotfleckige Säulenflechte

Cladonia norvegica Tønsberg & Holien

Feldmerkmale: Grüngraue Strauchflechte mit bis 3 mm grossen, aufsteigenden, am Rand deutlich gekerbten Grundschuppen und bis 2 cm hohen Stämmchen. Die Stämmchen sind stiftförmig, unverzweigt und auf der gesamten Länge mit feinkörnigen, unberindeten vegetativen Ausbreitungseinheiten dicht besetzt. Die Enden der Stämmchen sind spitz zulaufend. Braune Pyknidien werden regelmässig an den Enden der Stämmchen gebildet, Fruchtkörper sind nicht bekannt.

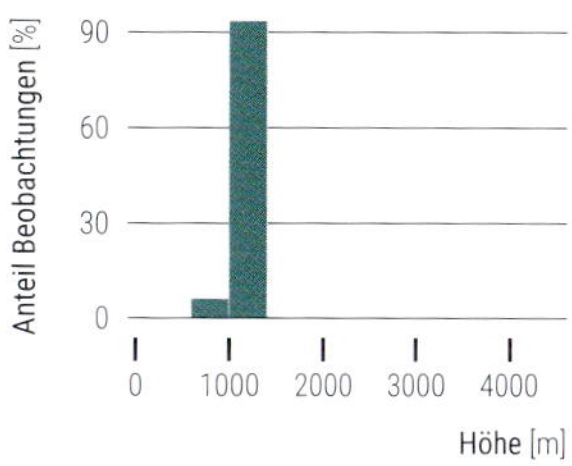

Wissenswertes: Die Rotfleckige Säulenflechte wächst auf Borke und Totholz an der Stammbasis von Fichte und Weisstanne in historisch alten Gebirgswäldern in niederschlagsreichen Regionen und luftfeuchten Lagen der hochmontanen Stufe. Die sehr zerstreut vorkommende Art ist an den roten Flecken an Primärschuppen und Stämmchen zu erkennen, die vermutlich durch die Abwehrreaktion gegen Hornmilben hervorgerufen werden.

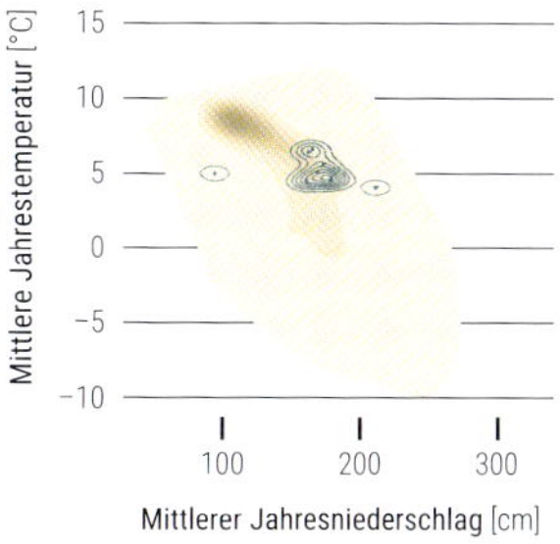

Gefährdung und Schutz: Die Rotfleckige Säulenflechte ist selten und auf naturnahe und strukturreiche Waldbestände beschränkt. Die Art sollte geschont werden, obschon ihre Gefährdung zurzeit noch nicht bekannt ist.

Verwechslung: Ohne die roten Verfärbungen ist die Rotfleckige Säulenflechte im Feld nicht einfach von ***C. coniocraea*** und Kümmerformen von *C. polydactyla* zu unterscheiden, die jedoch andere Flechtenstoffe enthalten, sowie von *C. macilenta*, wenn diese an den Enden der Stängel keine roten Pyknidien oder Fruchtkörper trägt.

Gewöhnliche Becherflechte

LC

Anzahl Fundorte	758
Substrat	Erde

Cladonia pyxidata (L.) Hoffm.

Feldmerkmale: Graugrüne bis braungraue Strauchflechte mit bis 3 mm grossen, aufsteigenden, oft von Moosen überwachsenen Grundschuppen und bis 1,5 cm hohen Stämmchen. Die Stämmchen bilden breite, abrupt verschmälerte Becher. Die Becher sind mit berindeten Körnern besetzt. Die manchmal randlich sprossenden Becher bilden am Rand braune Pyknidien und oft auch dunkelbraune Fruchtkörper. Die Gewöhnliche Becherflechte vermehrt sich sexuell mit Sporen und vegetativ durch Körner.

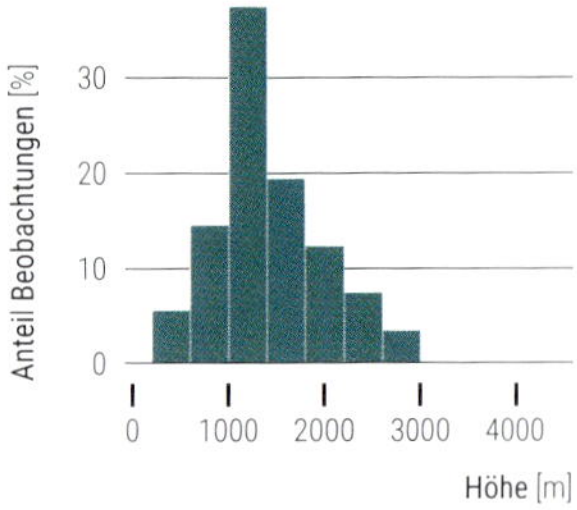

Wissenswertes: Die Gewöhnliche Becherflechte wächst häufig auf Böden mit lückiger Vegetation und auf Moosen über Gestein. Auf Totholz und Borke kommt die Art ebenfalls vor, ist dort aber weniger häufig als die ähnliche *C. chlorophaea.*

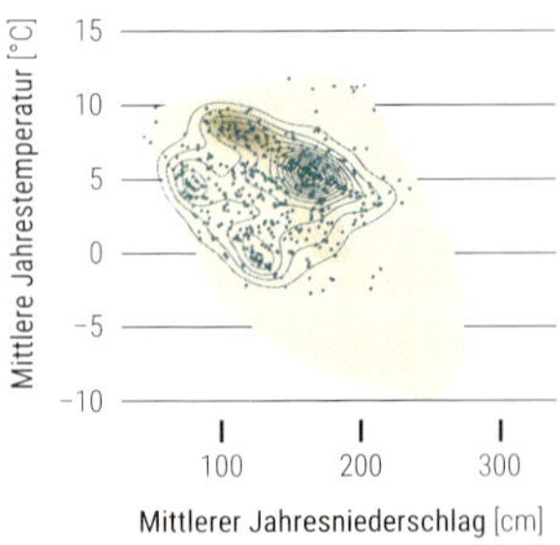

Gefährdung und Schutz: Die Gewöhnliche Becherflechte ist sehr häufig.

Verwechslung: Auf bemoostem Kalkgestein bildet *C. poccillum* eng zusammenwachsende, flache Grundschuppen und kurz gestielte Becher. *Cladonia monomorpha* bildet kräftige, schuppenförmige Warzen an den Bechern und ist oft nicht eindeutig von der Gewöhnlichen Becherflechte zu unterscheiden. Weitere Arten wie *C. homosekikaica, C. merochlorophaea* und *C. novochlorophaea* lassen sich an den Flechtenstoffen unterscheiden. Die ebenfalls häufige *C. chlorophaea* und die selteneren *C. conista, C. humilis, C. cryptochlorophaea* und *C. grayi* bilden unberindete vegetative Ausbreitungseinheiten und unterscheiden sich anhand der Flechtenstoffe.

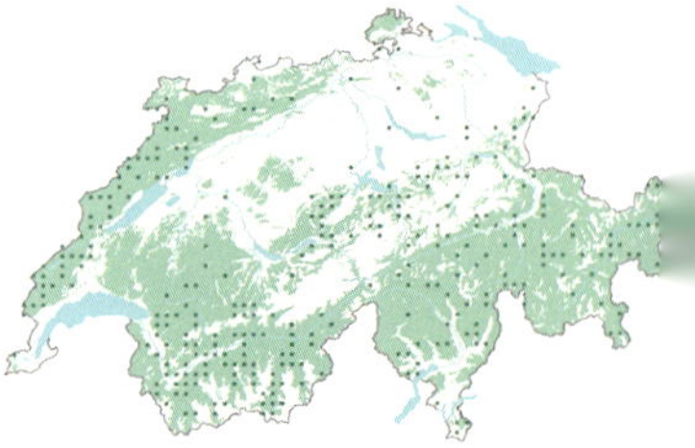

Echte Rentierflechte

LC

Anzahl Fundorte	144
Substrat	Erde

Cladonia rangiferina (L.) F.H. Wigg.

Feldmerkmale: Hellgraue Strauchflechte mit aufrechten, bis 10 cm grossen, unberindeten Stämmchen. Die Stämmchen zeigen eine spinnwebartige Oberfläche und verzweigen sich mehrfach, wobei Vierfachteilungen am häufigsten vorkommen. An den stiftförmigen Enden der Äste entstehen braune, eine farblose Gallerte bildende Pyknidien und selten braune Fruchtkörper. Die Echte Rentierflechte vermehrt sich hauptsächlich vegetativ durch Bruchstücke des Lagers.

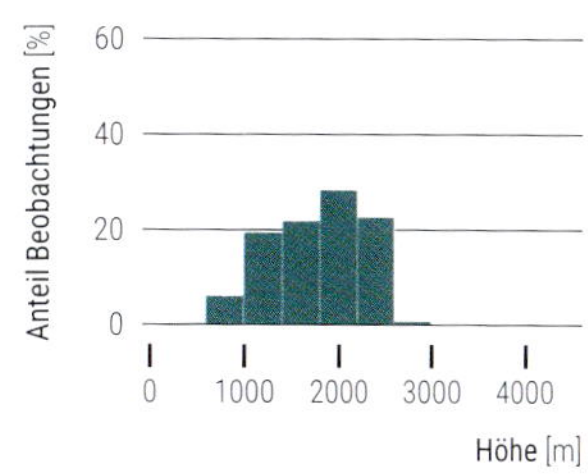

Wissenswertes: Die Echte Rentierflechte wächst auf Rohhumus oder zwischen Moosen auf meist kalkfreiem Gestein in alpinen Rasen, subalpinen Zwergstrauchheiden und Wäldern. In tieferen Lagen kommt die Art selten auf Bulten in Hochmooren und in Trockenrasen vor, wo sie in Vegetationslücken an lichtreichen und periodisch stark austrocknenden Stellen gedeiht.

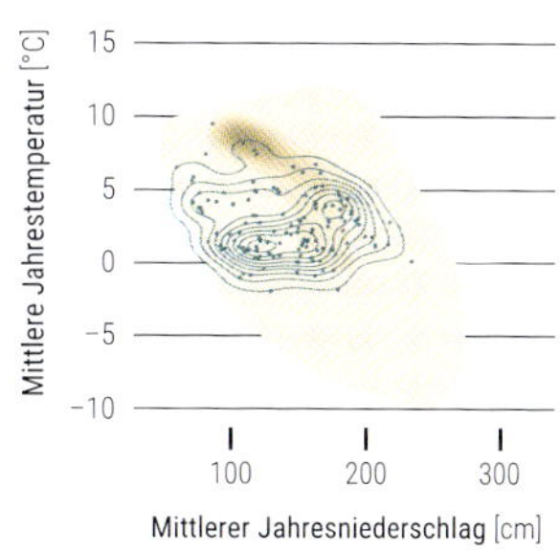

Gefährdung und Schutz: Die Echte Rentierflechte ist in der subalpinen und alpinen Stufe sehr häufig. In tieferen Lagen ist die Art aber selten und auf Moore und Trockenrasen beschränkt. Bei Pflegemassnahmen ist darauf zu achten, dass Rentierflechten beim Mähen nicht beschädigt werden, was auch mögliche Vorkommen der ähnlichen, jedoch seltenen *C. portentosa* (CR) und ***C. ciliata*** (EN) schont.

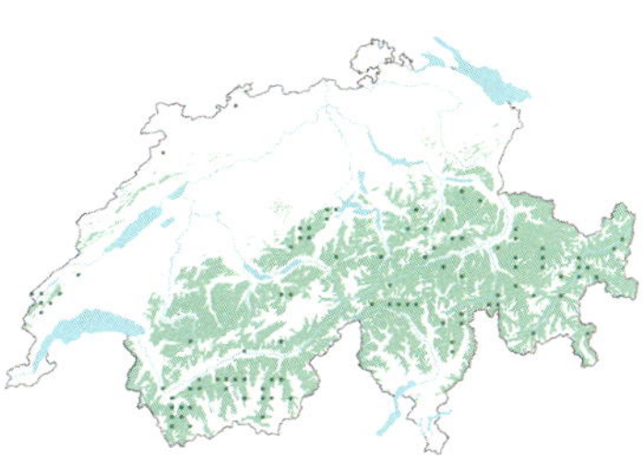

Verwechslung: Bei *C. stygia* verfärben sich die Stängel im unteren Teil schwarz und die Pyknidien bilden eine rötliche Gallerte. Die zierliche ***C. ciliata*** verzweigt sich gabelförmig. Weitere Rentierflechten wie ***C. arbuscula*** sind gelblich.

EN

Anzahl Fundorte	145
Substrat	Erde

Falsche Rentierflechte

Cladonia rangiformis Hoffm.

Feldmerkmale: Grünlich-graue bis braungraue Strauchflechte mit rundlichen, bald verschwindenden Grundschuppen. Die aufsteigenden, bis 5 cm grossen, mehrfach stumpfwinklig verzweigten Stängel sind vereinzelt mit bis 2 mm grossen Blättchen bewachsen. Die Rinde ist meist deutlich gefleckt und an den stiftartigen Enden der Stängel entstehen braune Pyknidien und Fruchtkörper. Die Falsche Rentierflechte vermehrt sich hauptsächlich vegetativ durch Bruchstücke des Lagers.

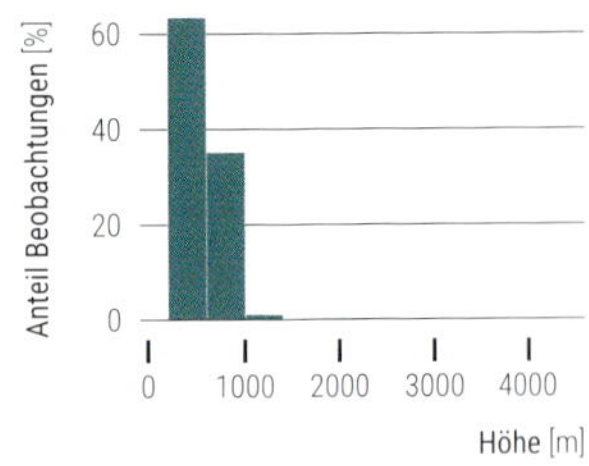

Wissenswertes: Die Falsche Rentierflechte wächst auf flachgründigen, rasch austrocknenden Böden in wärmeliebenden Trockenrasen. Sie ist hauptsächlich auf kalkreichen Böden an gut besonnten Standorten in tiefen Lagen zu finden. Als Element der Bunten Erdflechtengesellschaft ist sie mit ***C. foliacea*** und ***Gyalolechia fulgens*** vergesellschaftet. Die Art ist in SwissLichens sehr gut dokumentiert.

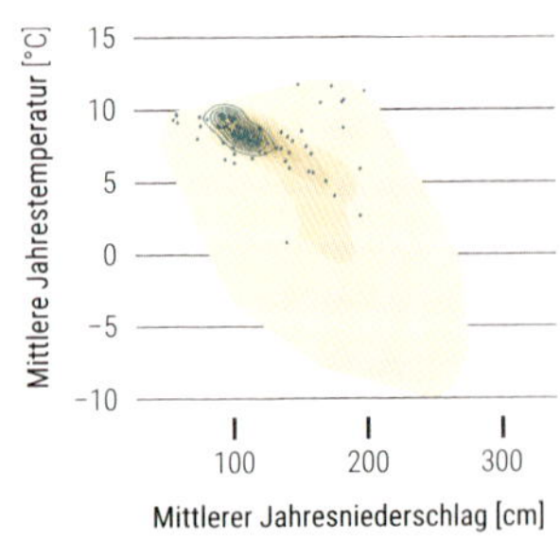

Gefährdung und Schutz: Die Verbuschung von (Halb)trockenrasen kann zu einem Rückgang dieser Art führen. Bei Pflegemassnahmen ist darauf zu achten, dass die flachgründigen Erdauflagen durch den Tritt von Weidevieh nicht zerstört werden und dass die Falsche Rentierflechte durch Mähen nicht beschädigt wird.

Verwechslung: ***Cladonia furcata*** ist weniger stark verzweigt, bildet regelmässig Blättchen an den Stängeln und ist an stark besonnten Standorten meist dunkelbraun. Die beiden Arten lassen sich anhand ihrer Flechtenstoffe unterscheiden. Rentierflechten sind nicht berindet.

Schuppige Säulenflechte

LC

Anzahl Fundorte	166
Substrat	Erde

Cladonia squamosa Hoffm.

Feldmerkmale: Grünliche bis graubraune Strauchflechte mit kleinen, gekerbten Grundschuppen. Die aufrechten, bis 5 cm hohen, nur im oberen Teil verzweigten Stängel sind stellenweise unberindet und vor allem an der Basis dicht mit Schuppen bedeckt. Die Achseln der Verzweigungen und die nur vereinzelt vorkommenden schmalen Becher weisen auffallende Löcher auf. An den Rändern der Becher oder an den pfriemlichen Enden der Stängel entstehen zuerst braune Pyknidien (mittleres Bild) und später braune Fruchtkörper (Bilder links und rechts).

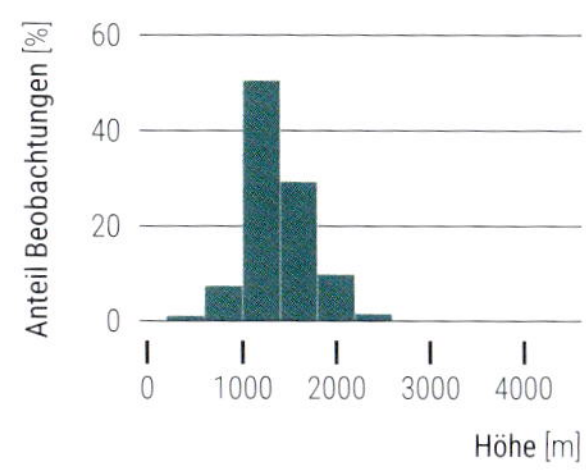

Wissenswertes: Die Schuppige Säulenflechte wächst an der Basis von Nadelbäumen, zwischen Moosen auf Geröll und Bergsturzblöcken, auf Totholz in nicht zu dunklen Wäldern und über Rohhumus in Zwergstrauchheiden und alpinen Rasen. In tieferen Lagen ist die Art deutlich seltener in Trockenvegetation zu beobachten. In lichtreichen Wäldern luftfeuchter Lagen ist sie am besten entwickelt und bildet regelmässig Fruchtkörper.

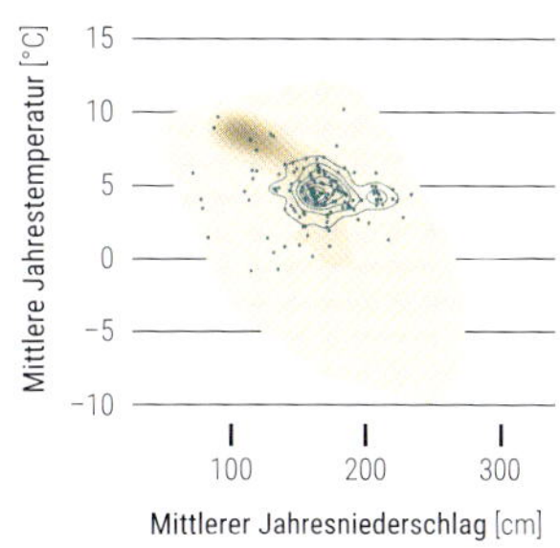

Gefährdung und Schutz: Die Schuppige Säulenflechte ist in niederschlagsreichen Gebirgswäldern häufig. In alpinen Rasen und Trockenvegetation ist die Art meist nur in Kümmerformen entwickelt und wird vermutlich oft übersehen.

Verwechslung: *Cladonia crispata* und ***C. furcata*** weisen an den Stängeln keine unberindeten Stellen auf. Allerdings kann deren Algenschicht Lücken aufweisen, sodass die Rinde weiss gefleckt erscheint.

Aufgebogene Becherflechte

NT

Anzahl Fundorte	53
Substrat	Erde

Cladonia symphycarpa (Flörke) Fr.

Feldmerkmale: Grünlich-graue Strauchflechte mit bis 3 mm grossen, aufsteigenden Grundschuppen mit gewelltem Rand. Die aufrechten, bis 1 cm hohen, meist unverzweigten und stellenweise warzig berindeten Stämmchen mit einzelnen, dunkelbraunen Fruchtkörpern werden sehr selten gebildet.

Wissenswertes: Die Aufgebogene Becherflechte wächst zwischen Moosen auf Gestein in Trockenrasen und lichtreichen Wäldern sowie in alpinen Rasen und Windheiden. Die Art bevorzugt kalkhaltiges Substrat, kommt vereinzelt aber auch über Serpentin und Amphibolit an stark besonnten Standorten vor. In trockenem Zustand sind die Grundschuppen eingerollt und ihre weisse Unterseite ist gut sichtbar.

Gefährdung und Schutz: Die Aufgebogene Becherflechte ist in höheren Lagen sehr häufig. In tiefen Lagen ist die Art zwar stark zurückgegangen, aber in Trockenvegetation immer noch regelmässig zu finden.

Verwechslung: ***Cladonia cariosa*** bildet meist längsrissige Stämmchen und kann dann einfach von der Aufgebogenen Becherflechte unterschieden werden. Fehlen die Stämmchen, ist eine Unterscheidung anhand der stärker aufsteigenden Grundschuppen bei ***C. cariosa*** möglich, mehrere weitere Arten müssen aber anhand ihrer Flechtenstoffe bestimmt werden. *Cladonia poccillum* hat flache, nicht aufsteigende Schuppen und bildet kurze breite Becher. Auf Silikatgestein hat *C. macrophyllodes* ein ähnliches Aussehen wie die Aufgebogene Becherflechte.

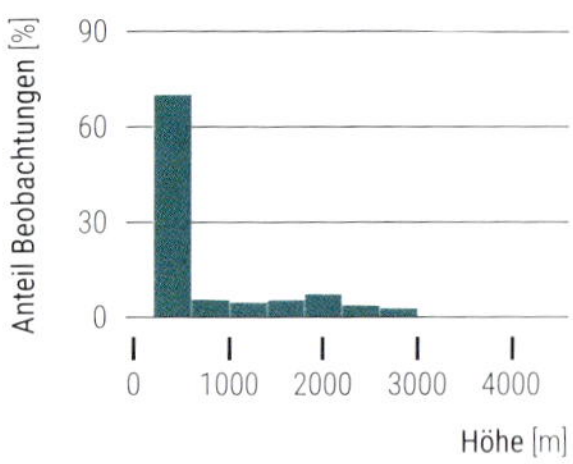

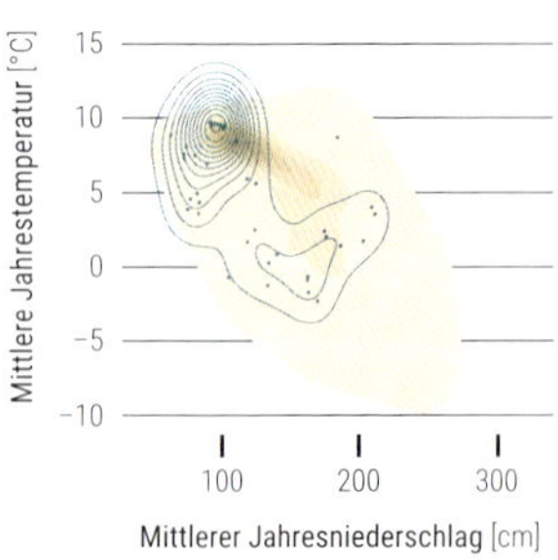

LC

Anzahl Fundorte	84
Substrat	Erde

Igel-Säulenflechte

Cladonia uncialis (L.) F.H. Wigg.

Feldmerkmale: Blassgelbliche Strauchflechte mit aufsteigenden, bis 5 cm hohen, berindeten Stämmchen. Die Stämmchen sind reich verzweigt und enden in kurzen, stark gebräunten, meist vierfach verzweigten Ästen. Die Spitzen der Äste sind typischerweise gegen aussen gebogen. Braune Pyknidien entstehen an den Enden der Äste. Die Igel-Säulenflechte ist in trockenem Zustand sehr zerbrechlich und vermehrt sich vegetativ durch Bruchstücke des Lagers. Die Unterart *C. uncialis* ssp. *biuncialis* hat längere, gabelig verzweigte Äste und ihre Spitzen sind kaum gegen aussen gebogen.

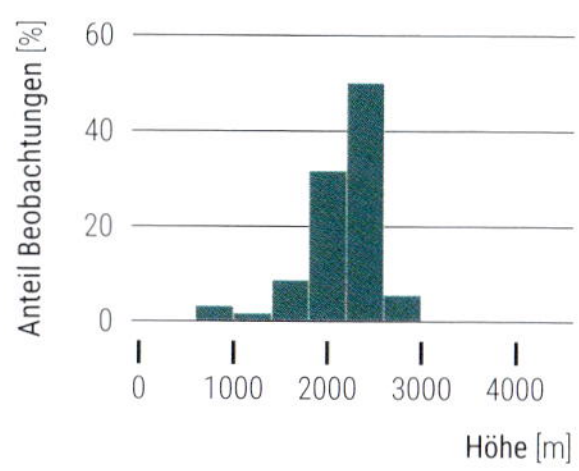

Wissenswertes: Die Igel-Säulenflechte wächst auf Rohhumus in subalpinen Zwergstrauchheiden, auf kalkfreien Bergsturzblöcken in exponierten Lagen und in Windheiden. Sie ist auf lichtreiche, lange Zeit besonnte Lagen mit kurzer Schneebedeckung angewiesen. Die Art ist deutlich kleiner als ***C. amaurocraea***, ***C. rangiferina*** oder ***C. arbuscula*** (Bild links). Sie ist deshalb vor allem an den für die genannten Arten zu stark windexponierten Standorten konkurrenzkräftig.

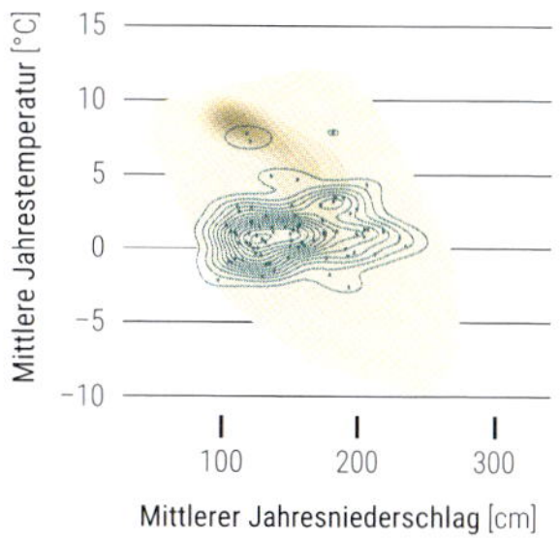

Gefährdung und Schutz: Die Igel-Säulenflechte ist in der alpinen Stufe weit verbreitet und stellenweise häufig. Vorkommen in tieferen Lagen sind selten und sollten geschont werden.

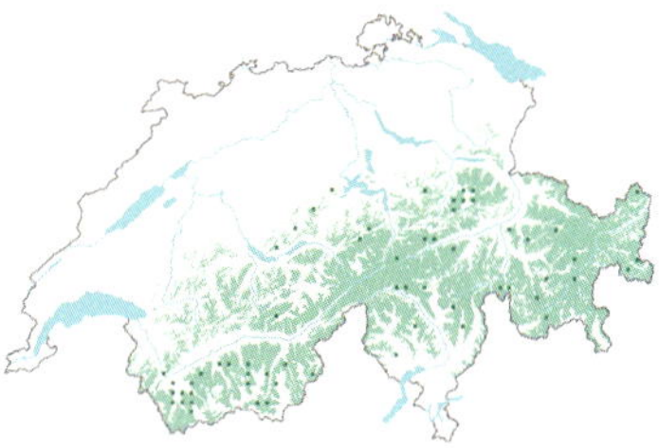

Verwechslung: Die Rentierflechten ***C. rangiferina*** und ***C. arbuscula*** zeigen unberindete Stämmchen. ***Cladonia amaurocraea*** bildet meist schmale Becher und die Spitzen ihrer Äste sind meist gegen innen gebogen.

LC

Anzahl Fundorte	478
Substrat	Borke

Kiefern-Krügleinflechte

Coenogonium pineti (Ach.) Lücking & Lumbsch

Feldmerkmale: Dunkelgrüne, meist bis 3 cm grosse, firnisartige Krustenflechte mit matter Oberfläche. Die Fruchtkörper sind oft vorhanden. Sie werden um 0,4 mm gross und sitzen mit verengter Basis dem Lager auf. Die Scheibe ist zuerst konkav, später flach, weiss bis wachsgelblich und von einem bleibenden, deutlich vorstehenden, scheibenfarbenen Rand umgeben. Häufig zu beobachten sind auch die signifikant kleineren, halbkugeligen Pyknidien mit punktförmiger Öffnung.

Wissenswertes: Am auffälligsten ist die Kiefern-Krügleinflechte an Fichten in lichtarmem Stangenholz. Hier wächst sie fast ohne Begleitarten und kann bevorzugt an Stammbasen mehrere Dezimeter grosse Lager bilden. Die Art ist sehr schattentolerant, kommt aber in luftfeuchten Lagen auch in lichtreicheren Beständen an Bäumen mit nährstoffarmer, saurer Borke sowie auf liegendem Totholz vor. An solchen Kleinstandorten bildet die Art dann allerdings meist kleine Lager und ist mit weiteren Arten vergesellschaftet.

Gefährdung und Schutz: Die Kiefern-Krügleinflechte ist sehr häufig in Wäldern, aber nur selten auf freistehenden Bäumen zu finden. Im Siedlungsraum fehlt die Art weitgehend.

Verwechslung: Die stark gefährdete *C. luteum* bildet orange Fruchtkörper. Sie wächst an Stämmen alter Buchen und Berg-Ahornen in historisch alten Wäldern. Auf liegendem Totholz vorkommend, kann *C. pineti* im Feld mit ***Absconditella lignicola*** verwechselt werden.

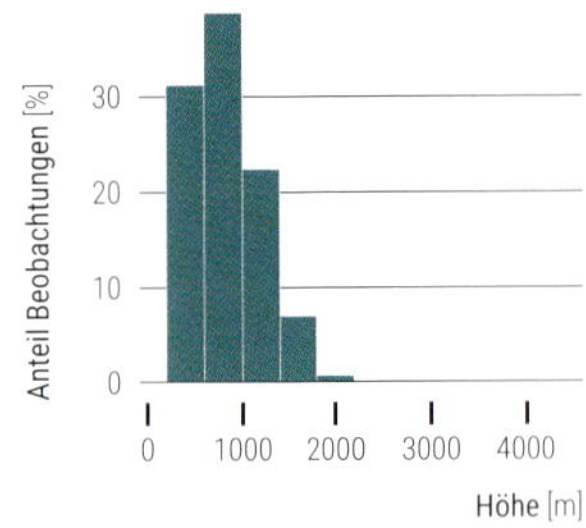

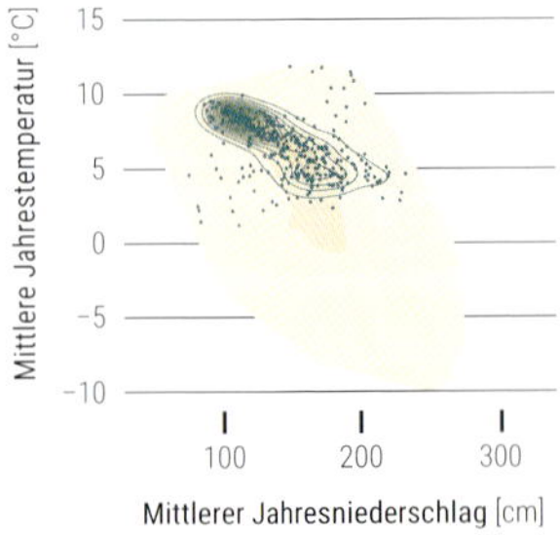

Schwärzliche Leimflechte

Collema nigrescens (Huds.) DC.

VU	
Anzahl Fundorte	21
Substrat	Borke

Feldmerkmale: Braunschwarzes, bis 10 cm grosses Lager mit locker der Borke anliegenden, breiten Lappen mit aufsteigenden Rändern. Die Lappen sind durch längs verlaufende Wülste uneben und dicht mit Pusteln besetzt. In feuchtem Zustand ist das Lager gallertig aufgequollen, oliv und fast durchsichtig. Den Pusteln breit aufsitzende Fruchtkörper werden immer gebildet.

Wissenswertes: Die Schwärzliche Leimflechte wächst hauptsächlich an Stämmen von Bergahorn in niederschlagsreichen Regionen in hochmontanen Wäldern, selten an freistehenden Bäumen in Weiden. Die Vorkommen dieser Art sind in den letzten Jahrzehnten deutlich zurückgegangen. Gut entwickelte Vorkommen in den Alpen sind seltener geworden.

Gefährdung und Schutz: Vorkommen sollten geschont werden.

Verwechslung: Die Art ist im Feld in der Regel gut zu erkennen. Die ähnlich aussehende *C. subnigrescens* kann anhand von mikroskopischen Merkmalen eindeutig unterschieden werden und *Gabura fascicularis* bildet in feuchtem Zustand fast kugelige, dicht mit Fruchtkörpern bedeckte Lager ohne vorstehende, wulstige Lappen. Weitere Arten der Gattung bilden stiftförmige vegetative Ausbreitungseinheiten anstelle der Fruchtkörper; so *C. furfuraceum* mit zylindrischen und die häufigere *C. flaccidum* mit spatelförmigen Ausbreitungseinheiten.

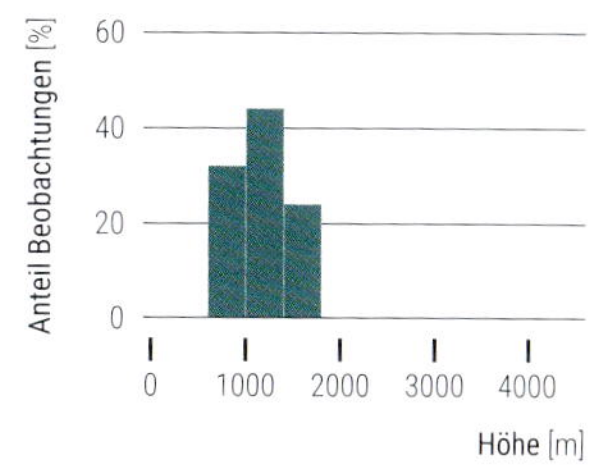

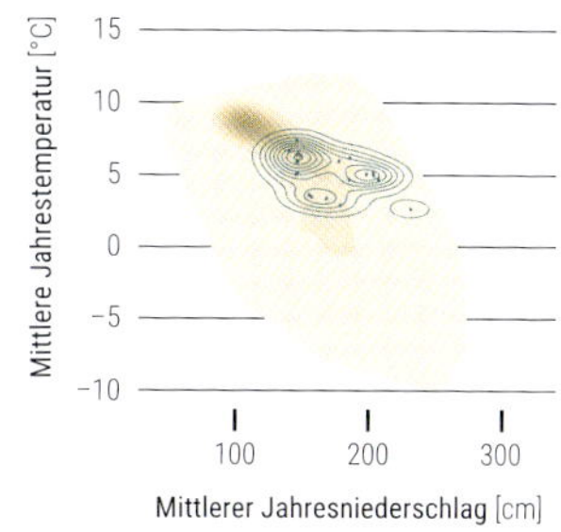

Zierliche Fleckflechte

NT

Anzahl Fundorte	116
Substrat	Borke

Coniocarpon fallax (Ach.) Grube

Feldmerkmale: Das braungraue, in die Borke eingesenkte, glatte, bis 8 cm grosse Lager ist oft mit einer braunen Linie von anderen Flechtenarten abgegrenzt. Fruchtkörper bis 1,5 mm gross, sternförmig verästelt, Scheibe länglich, grau bereift, manchmal dunkelbraun und ohne Bereifung. Die Ränder der Fruchtkörper sind intensiv rot bereift.

Wissenswertes: Die Zierliche Fleckflechte wächst in der glatten Borke von jungen Eschen, selten von anderen Laubbäumen. Die Art ist in Hartholz-Auenwäldern luftfeuchter Lagen lokal häufig. Das Eschentriebsterben hat gerade bei jungen Eschen einen markanten Rückgang der Trägerbaumart verursacht. Dadurch ist die Zierliche Fleckflechte in verschiedenen Gebieten in den letzten zehn Jahren stark zurückgegangen. Die Arten dieser Gruppe wurden vor Kurzem neu umschrieben. Deshalb werden hier Verbreitung und Häufigkeit von *C. fallax* und *C. cinnabarinum* zusammengefasst. Vermutlich ist die Zierliche Fleckflechte die häufigere der beiden Arten.

Gefährdung und Schutz: Die Vorkommen der Zierlichen Fleckflechte und der nahe verwandten *C. cinnabarinum* sollten geschont und Eschen in Auenwäldern gefördert werden.

Verwechslung: *Coniocarpon cinnabarinum* hat rundliche, nicht sternförmige Fruchtkörper und lässt sich anhand von Sporenmerkmalen mikroskopisch von der Zierlichen Fleckflechte unterscheiden. *Synarthonia ochracea* hat orange bereifte Fruchtkörper.

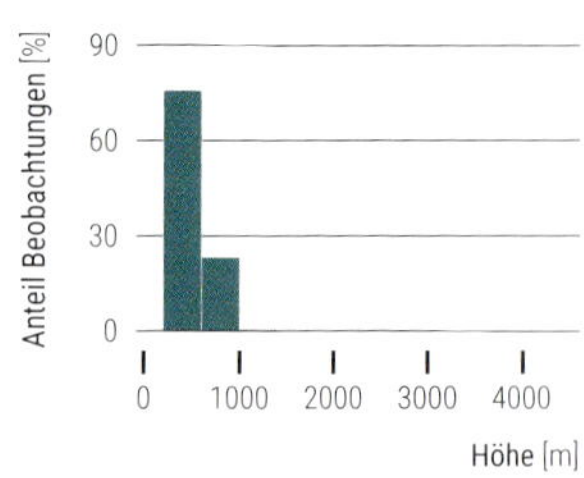

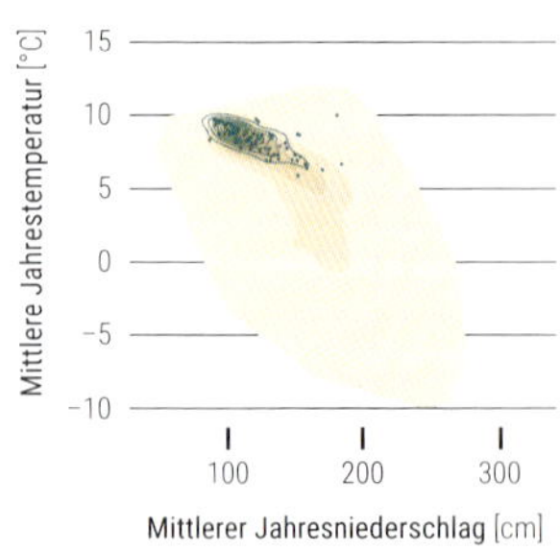

Fels-Hörnchenflechte

NE

Anzahl Fundorte	9
Substrat	Gestein

Cornicularia normoerica (Gunnerus) Du Rietz

Feldmerkmale: Dunkelbraune bis schwarze, bis 2 cm hohe, kleinstrauchige Lager. Die an der Basis durch Haftscheiben mit dem Gestein verwachsenen Äste sind bandförmig, starr, gabelförmig verzweigt und an den Enden stumpf abgeschnitten. Manchmal werden an den Enden der Äste um 5 mm grosse, scheibenförmige Fruchtkörper mit gewölbter, schwarzer Scheibe und flachem, bald verschwindendem Rand gebildet.

Wissenswertes: Die Fels-Hörnchenflechte wächst an beregneten, rasch abtrocknenden Vertikalflächen von Silikatfelsen und Bergsturzblöcken in der subalpinen und alpinen Stufe. Sie bevorzugt lichtreiche Standorte und meidet nährstoffreiche Vogelsitzplätze. An einfach zugänglichen Stellen wachsende Lager sind oft stark geschädigt, vermutlich durch Frass.

Gefährdung und Schutz: In der alpinen Stufe ist die Fels-Hörnchenflechte an geeigneten Standorten häufig.

Verwechslung: Die Ästchen von ***Cetraria aculeata*** und *C. muricata* haben rundliche, nicht bandförmige Äste und wachsen häufig auf Erde. ***Pseudephebe minuscula*** und *P. pubescens* sind deutlich feiner und wachsen, wie die folgenden Arten, hauptsächlich parallel zur Felsoberfläche. *Cetraria obtusata* mit gelblichem Mark, *Melanelia stygia* und *M. hepatizon* mit weissem Mark, zeigen feine Löcher in der Oberrinde (Atemporen).

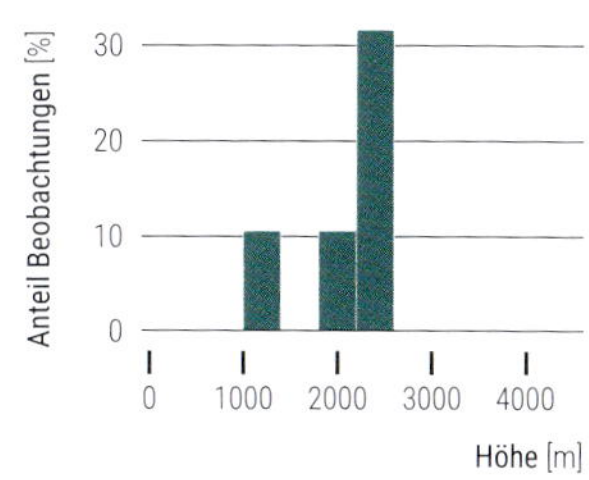

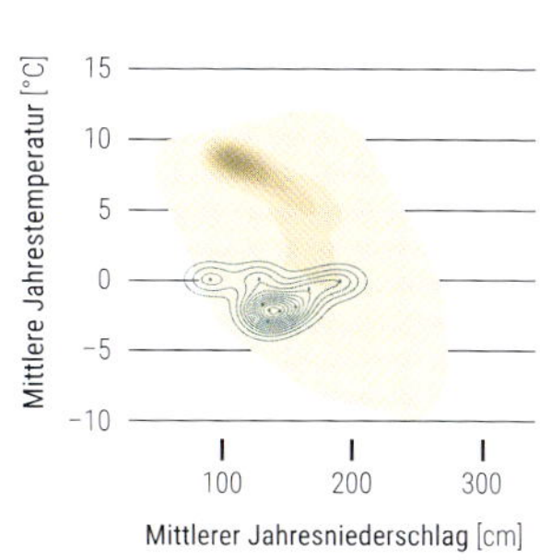

CR

Anzahl Fundorte	6
Substrat	Erde

Verzweigte Fingerflechte

Dactylina ramulosa (Hook.) Tuck.

Feldmerkmale: Grünlich-braune Strauchflechte mit polsterförmigem Lager. Die fingerförmigen, leicht abgeflachten, sich gabelartig verzweigenden Ästchen stehen aufrecht. Sie sind über die ganze Länge gleich dick und an den Enden breit abgerundet. Die Spitzen sind grauviolett bereift und zeigen eine braune, punktförmige Verfärbung. Das Mark des Lagers ist sehr locker und weiss. Vegetative Ausbreitungseinheiten sind nicht vorhanden und Fruchtkörper in der Schweiz nicht bekannt.

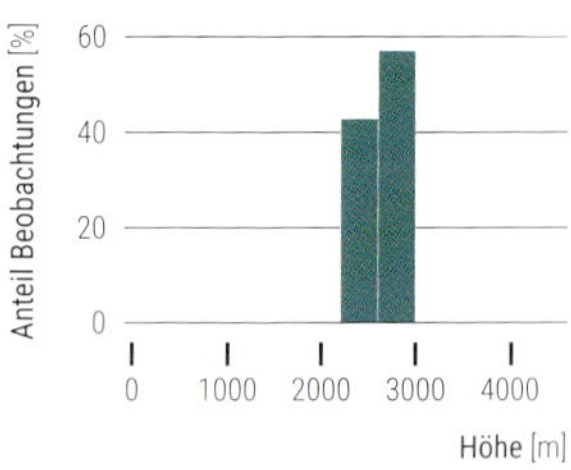

Wissenswertes: Die Verzweigte Fingerflechte ist eine lokal häufige, aber sehr zerstreut vorkommende Art in alpinen Windheiden oder auf beweglichem Feinschutt von kalkarmem Gestein. Frostkriechen der oberen Bodenschichten gibt der Art einen Konkurrenzvorteil gegenüber Blütenpflanzen, weil die Verzweigte Fingerflechte auf beweglichem Untergrund «mitschwimmen» kann.

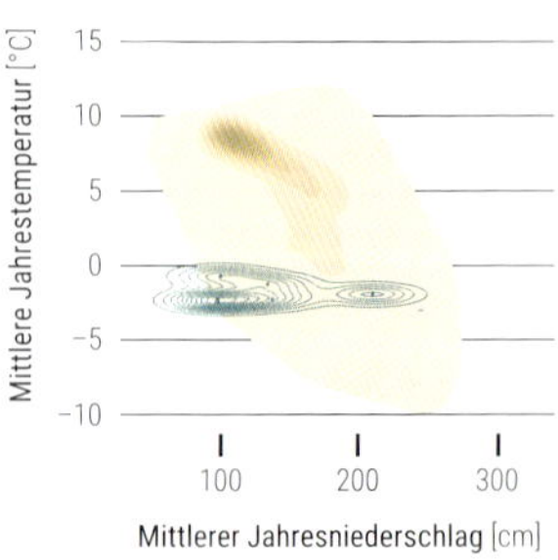

Gefährdung und Schutz: Die Verzweigte Fingerflechte hat sehr eng definierte Substratansprüche und ist deshalb im Alpenraum sehr selten. In der Schweiz ist die vom Aussterben bedrohte (CR) Flechte bisher nur von den östlichen Teilen der Alpen bekannt. Einige Vorkommen sind sehr klein, die Art verdient deshalb einen hohen Schutz.

Verwechslung: ***Allocetraria madreporiformis*** ist blassgelblich und an den Enden nicht bereift. ***Flavocetraria nivalis*** und ***Vulpicida juniperinus*** haben bandförmige Lagerabschnitte.

LC

Anzahl Fundorte	40
Substrat	Gestein

Gewöhnliche Lederflechte

Dermatocarpon miniatum (L.) W. Mann

Feldmerkmale: Graue bis bräunlichgraue Nabelflechte mit >4 cm grossem, einblättrig bis mehrblättrigem, am Rand oft aufgewölbtem Lager. Auf der glatten Oberseite bilden sich im Lager eingesenkte, punktförmige Fruchtkörper. Die Unterseite ist braun. Das Lager ist mit einem zentralen Nabel am Substrat festgewachsen. Rhizinen fehlen.

Wissenswertes: Die Gewöhnliche Lederflechte wächst an unterschiedlichen Standorten, meist auf kalkhaltigem Gestein, selten auch auf von kalkhaltigem Sickerwasser beeinflusstem Silikatgestein. Sie setzt sich vermutlich aus verschiedenen, nur schwer unterscheidbaren Sippen zusammen.

Gefährdung und Schutz: Die Art ist weit verbreitet und häufig, die Vorkommen bestehen aber oft nur aus wenigen Lagern.

Verwechslung: Auf Kalkgestein in höheren Lagen wächst auch *D. intestiniforme*. Sie unterscheidet sich durch ein mehrblättriges Lager mit am Rand nach unten eingerollten Lappen. In klaren Gebirgsbächen in Silikatgebieten kommen *D. arnoldianum*, *D. complicatum* und ***D. rivulorum*** vor. Auf Silikatgestein wachsen zahlreiche Arten der Gattung ***Umbilicaria***. Durch die scheibenförmigen Fruchtkörper oder vegetativen Ausbreitungseinheiten sind sie leicht von Arten der Gattung *Dermatocarpon* zu unterscheiden.

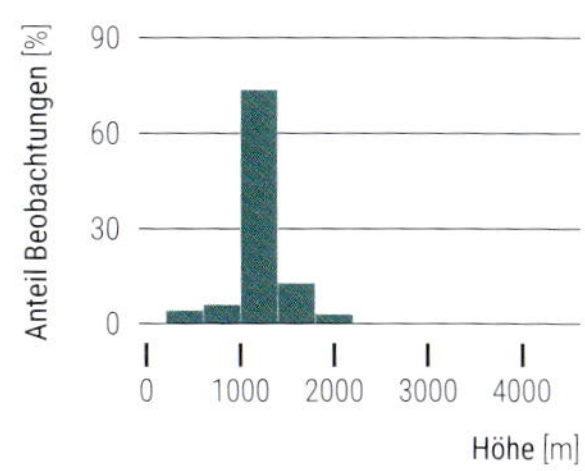

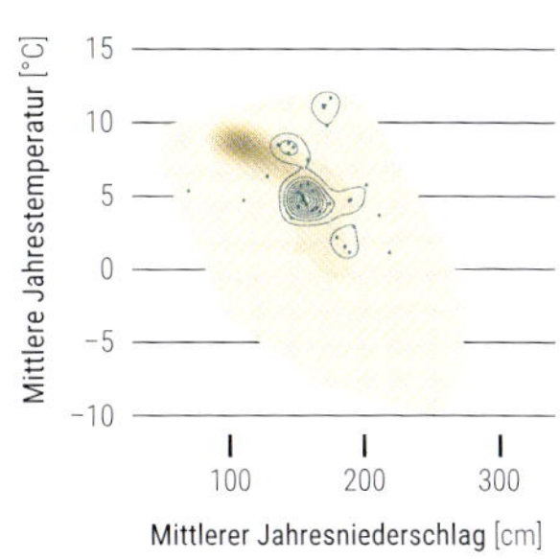

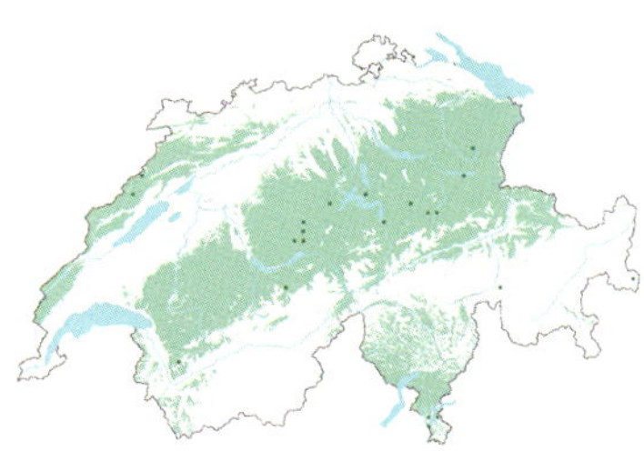

Gebirgsbach-Lederflechte

NE	
Anzahl Fundorte	3
Substrat	Gestein

Dermatocarpon rivulorum (Arnold) Dalla Torre & Sarnth.

Feldmerkmale: Braune, unbereifte Nabelflechte mit <2 cm grossen, leicht gewölbten Schuppen, welche flache, bis >20 cm grosse, dichte Polster bilden. Auf der Oberseite der glatten Schuppen entwickeln sich eingesenkte, punktförmige Fruchtkörper. Die dunkelbraune Unterseite ist netzartig geadert. Die einzelnen Schuppen sind nur an einer Stelle am Gestein festgewachsen.

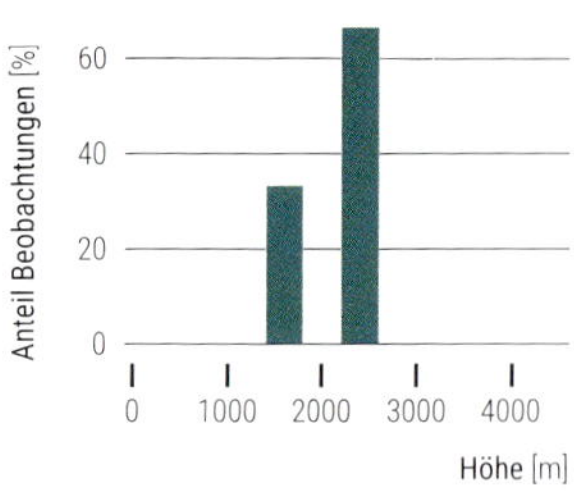

Wissenswertes: Die Gebirgsbach-Lederflechte wächst auf gut verankerten Silikatblöcken im Gerinne von alpinen Bächen und in Quellfluren. Sie kommt an langsam fliessenden Bachabschnitten oder an strömungsgeschützten Stellen in rasch fliessenden Gewässern mit klarem Wasser vor. Gletscherbäche mit hohem Schwebstoffanteil werden gemieden. Die Art wächst bei einem mittleren Wasserabfluss während der Sommermonate direkt im Bereich der Wasseroberfläche.

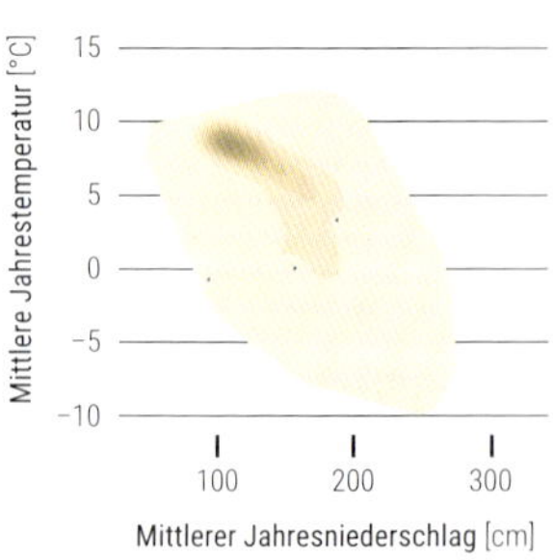

Gefährdung und Schutz: Die Art kommt in Silikatgebieten oberhalb der Waldgrenze regelmässig vor.

Verwechslung: In alpinen Fliessgewässern und Quellfluren kommen mehrere Arten der Gattung Dermatocarpon vor, welche nicht leicht voneinander unterschieden werden können: *Dermatocarpon arnoldianum* bildet >4 cm grosse, einblättrige Lager mit undeutlichen Adern auf der Unterseite. *Dermatocarpon luridum* bildet meist lockere Rasen und wird in feuchtem Zustand deutlich grün. *D. complicatum* bildet Polster aus bereiften Schuppen.

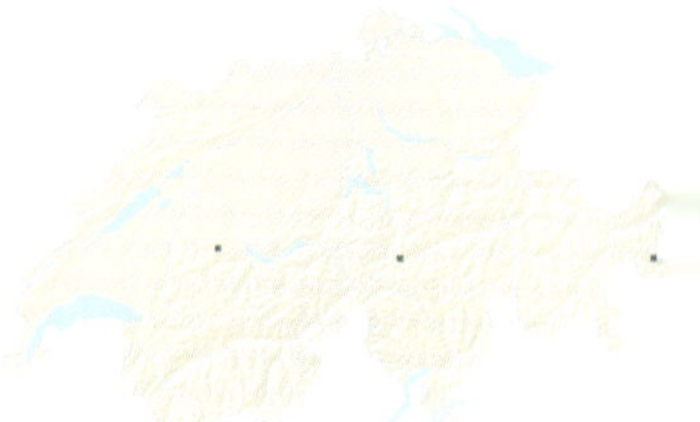

LC

Anzahl Fundorte	60
Substrat	Erde

Rosafarbene Köpfchenflechte

Dibaeis baeomyces (L. f.) Rambold & Hertel

Feldmerkmale: Weisse, bis 20 cm grosse Krustenflechte mit häutigem, stellenweise warzigem Lager. Die Warzen entwickeln sich zu knollenförmigen Strukturen, welche leicht abbrechen und als vegetative Ausbreitungseinheiten dienen. Auf dem Lager entstehen selten bis 5 mm lang gestielte, 4 mm breite, intensiv hellrosa gefärbte Fruchtkörper. Die Fruchtkörper sind von Anfang an stark gewölbt und randlos.

Wissenswertes: Die Rosafarbene Köpfchenflechte wächst auf kalkfreier, nackter Erde in Windheiden und alpinen Rasen, selten in lichtreichen Wäldern. Sie teilt ihren Lebensraum oft mit ***Baeomyces rufus***, bevorzugt aber eher saurere Böden und meidet häufig abrutschende Erdanrisse. Auf vegetationsfreien Stellen in alpinen Rasen bildet die Art auffällige Überzüge und schützt den Boden vor Winderosion.

Gefährdung und Schutz: Die Rosafarbene Köpfchenflechte ist in der subalpinen und alpinen Stufe häufig.

Verwechslung: Gut entwickelte Lager der Rosafarbenen Köpfchenflechte mit ausgebildeten Fruchtkörpern sind im Feld gut zu erkennen. In der alpinen Stufe bildet die Art aber nur selten Fruchtkörper. Sterile Lager können anhand des weissen Lagers mit den knollenförmigen Strukturen von ***Baeomyces rufus*** und ***Icmadolphila ericetorum*** unterschieden werden.

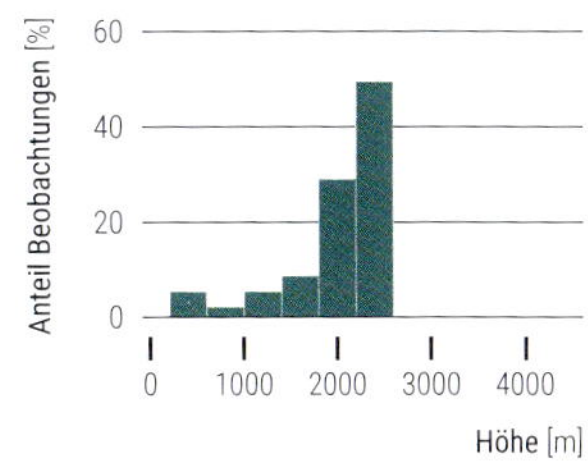

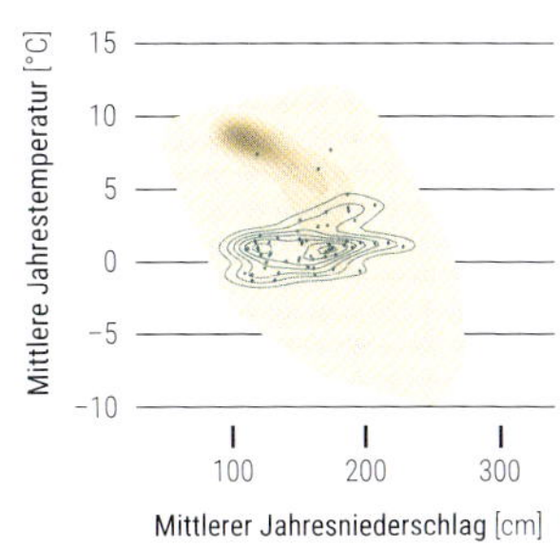

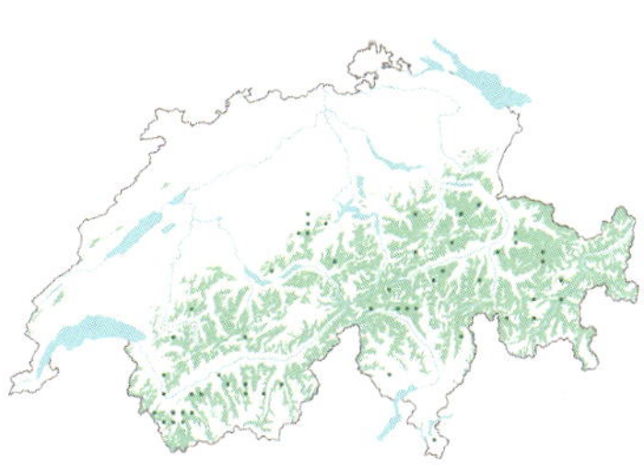

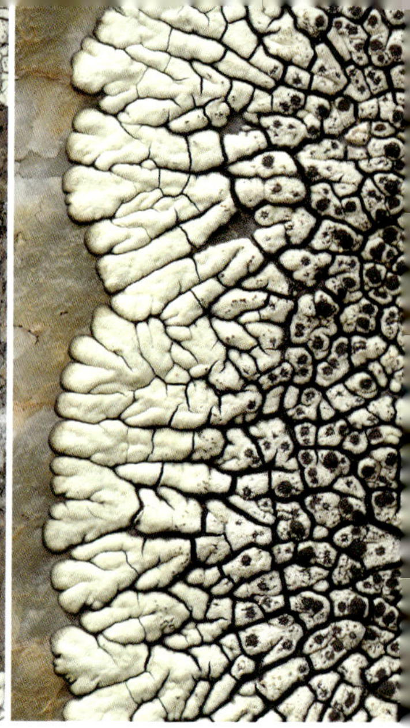

NE

Anzahl Fundorte	17
Substrat	Gestein

Schwarzfrüchtige Bergflechte

Dimelaena oreina (Ach.) Norman

Feldmerkmale: Das gelbgrünliche Lager bildet nur wenige Zentimeter grosse Rosetten. Manchmal wachsen mehrere Individuen zusammen und können dann bis mehrere Quadratmeter grosse Bestände formen. Das Lager ist randlich flach gelappt und im Zentrum gefeldert. Die Fruchtkörper sind eingesenkt und meist unberandet.

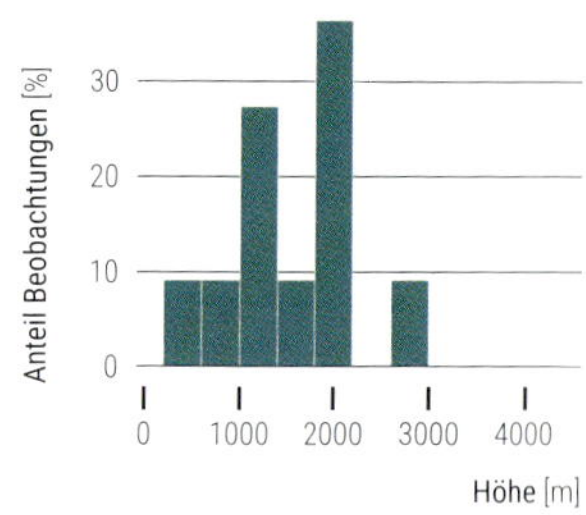

Wissenswertes: Die Schwarzfrüchtige Bergflechte wächst von der kollinen bis in die alpine Stufe an stark besonnten Steilflächen von harten Silikatgesteinen. Sie ist eine charakteristische Art von trockenheissen, nährstoffarmen Felsflächen. Auf verbautem Gneis oder Granit, z. B. an Trockenmauern, ist sie selten zu beobachten. Diese Art wird stellenweise von parasitischen Flechten wie *Buellia imshaugii*, *Caloplaca epithallina* oder verschiedenen Arten der Gattung *Acarospora* besiedelt. Die Schwarzfrüchtige Bergflechte umfasst mehrere Ökotypen, welche sich anhand ihrer Flechtenstoffe unterscheiden.

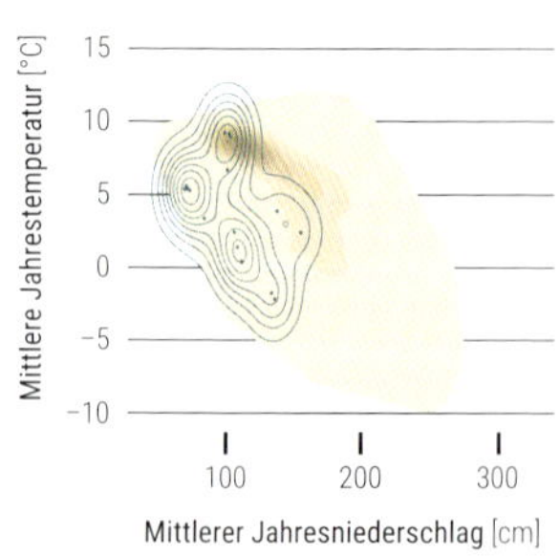

Gefährdung und Schutz: In den Zentralalpen häufig und vermutlich nicht gefährdet.

Verwechslung: Schön entwickelte Schwarzfrüchtige Bergflechten können im Feld gut erkannt werden.

NE

Anzahl Fundorte	28
Substrat	Gestein

Raue Krugflechte

Diploschistes scruposus (Schreb.) Norman

Feldmerkmale: Gelblich-graues oder weisses, rissiges bis warzig-gefeldertes, bis 3 mm dickes und 10 cm grosses Lager. Die immer vorhandenen, bis 3 mm grossen Fruchtkörper bilden einen deutlich über die Lageroberfläche herausragenden Rand und eine napfförmige, in das Lager eingesenkte, schwarze, meist grau bereifte Scheibe.

Wissenswertes: Die Raue Krugflechte wächst auf kalkfreiem oder leicht kalkhaltigem Gestein an Neigungsflächen von bergfeuchten oder durch regelmässigen Taufall häufig befeuchteten Stellen. Sie bevorzugt lichtreiche, aber oft absonnige Standorte in Felsensteppen, offenen Gebirgswäldern und -rasen. Die Art kommt auch an Stützmauern und Gebäuden vor.

Gefährdung und Schutz: Die Raue Krugflechte ist in den Alpen bis über die Waldgrenze hinauf häufig. In tieferen Lagen ist sie zerstreut.

Verwechslung: *Diploschistes muscorum* wächst als parasitische Flechte auf Grundschuppen von ***Cladonia***, *D. gypsaceus* an Vertikalflächen von Kalkfelsen. *Xalocoa ocellata* bildet dicke, kreidig weisse, sich vom Kalkgestein flächig ablösende Krusten mit bis 7 mm grossen Fruchtkörpern. *Ingvariella bispora* entwickelt ein sehr dünnes, bräunliches Lager und wurde bisher einmal auf Serpentinit gefunden. *D. actinostomus* und *D. euganeus* bilden eingesenkte Fruchtkörper mit punktförmiger Öffnung.

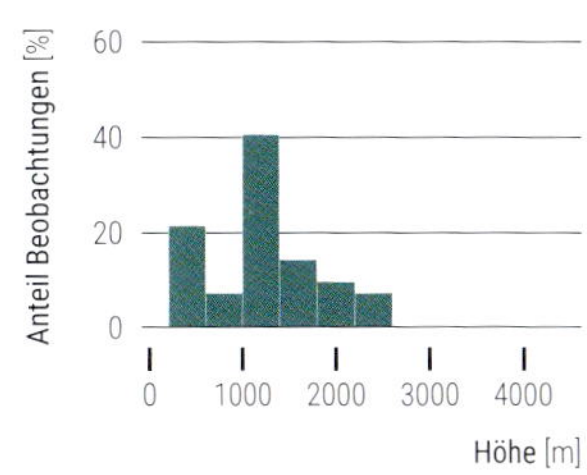

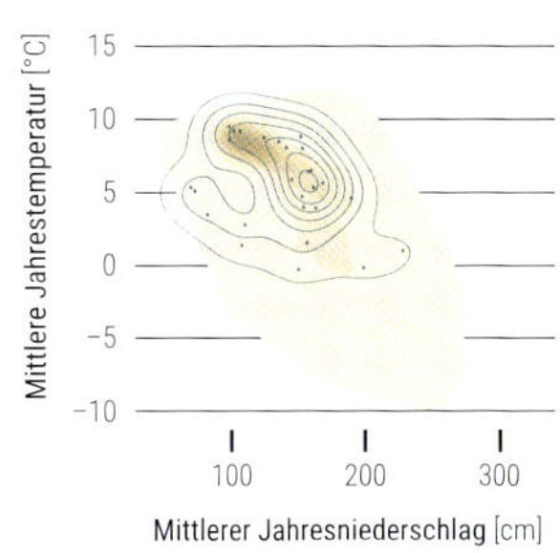

LC

Lehm-Leimflechte

Anzahl Fundorte	21
Substrat	Erde

Enchylium limosum (Ach.) Otálora, P. M. Jørg. & Wedin

Feldmerkmale: Braun bis olivschwarzes, bis 10 cm grosses, warziges Lager, welches sich hauptsächlich am Rand der 2–3 mm grossen, meist dichtstehenden, scheibenförmigen Fruchtkörper bildet. In feuchtem Zustand ist das Lager gallertig aufgequollen, in trockenem Zustand ist es unscheinbar häutig. Die Lehm-Leimflechte ist mit Cyanobakterien vergesellschaftet. Der Aspekt des Lagers wird von den Fruchtkörpern bestimmt.

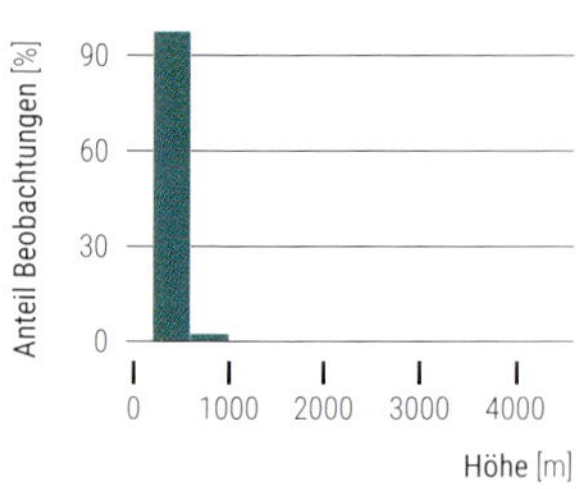

Wissenswertes: Die Lehm-Leimflechte wächst auf lehmigen, oft stark verdichteten Böden an lichtreichen Standorten. Aus den ursprünglichen Lebensräumen in Flusskies-Pionierfluren und dem Uferbereich von Seen hat sich die Art vor allem an anthropogen geprägte Standorte ausdehnen können. Heute kann sie vor allem auf Trittrasen, ungedüngten Grünflächen und Sportplätzen beobachtet werden.

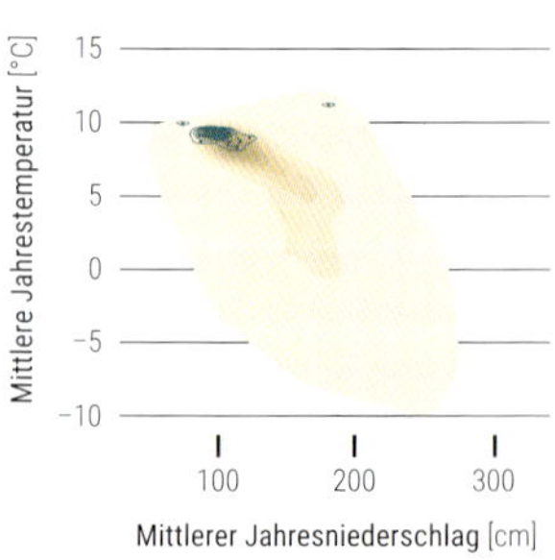

Gefährdung und Schutz: Die Art wird vermutlich zu wenig beachtet, weil sie nicht an den üblichen flechtenreichen Standorten vorkommt. Bekannte Vorkommen sollten geschont und weiterhin nicht gedüngt werden, weil an diesen Orten weitere unauffällige, seltene Arten vorkommen können. Dabei soll die bisherige Nutzung, beispielsweise als Sportplatz, beibehalten werden.

Verwechslung: *Psorotichia lutophila* bildet deutlich kleinere Fruchtkörper, kann aber den Lebensraum mit der Lehm-Leimflechte teilen. Für eine sichere Bestimmung ist die mikroskopische Untersuchung der Fruchtkörper und gut entwickelter Sporen nötig.

LC

Anzahl Fundorte	302
Substrat	Gestein

Zähe Leimflechte

Enchylium tenax (Sw.) Gray

Feldmerkmale: Braun- bis olivschwarzes, bis 8 cm grosses Lager mit locker dem Substrat anliegenden, breiten, im Zentrum des Lagers auch schmalen, aufsteigenden Lappen. In feuchtem Zustand ist das Lager wegen der dicken Gallertscheiden der vergesellschafteten Cyanobakterien gallertig aufgequollen. Fruchtkörper werden häufig gebildet, vor allem in Zentrum.

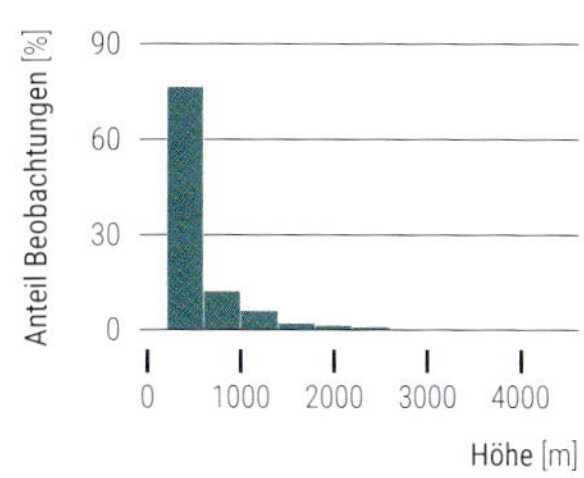

Wissenswertes: Die Zähe Leimflechte ist eine der häufigsten Gallertflechten auf Gestein und verdichteter Erde. Die Art wächst auf kalkhaltigen, oft etwas bergfeuchten, beregneten Felsflächen, wo sie regelmässig fruchtet. Weiter kommt die Art zwischen lückiger Vegetation in (Halb)Trockenrasen und im Siedlungsgebiet in Trittrasen sowie in Fugen zwischen Verbundsteinen auf nicht exzessiv gereinigten Vorplätzen vor (Bild Mitte). Dort bleibt sie jedoch oft steril und breitet sich mit Bruchstücken des im trockenen Zustands bei Tritt leicht zerbrechenden Lagers aus.

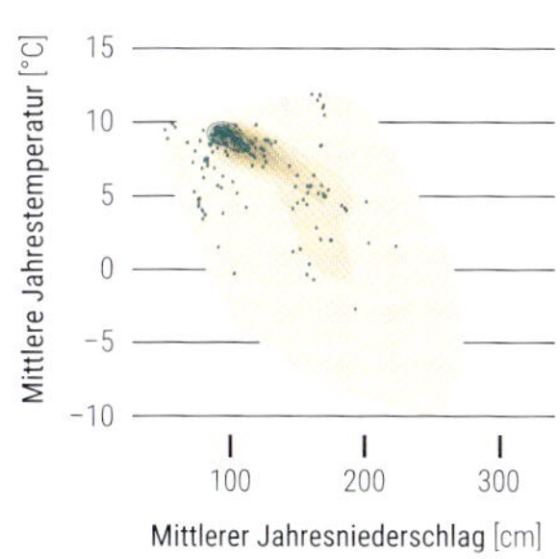

Gefährdung und Schutz: Die Art ist in vielen Lebensräumen anzutreffen, meist aber in kleinen, unauffälligen Lagern.

Verwechslung: Eine sichere Ansprache der zahlreichen Arten der Gattung *Enchylium* im Feld ist schwierig. Für eine sichere Bestimmung ist die mikroskopische Untersuchung der Fruchtkörper und gut entwickelter Sporen nötig. *Lempholemma chalazanum* bildet kürzere, warzenartige Lappen.

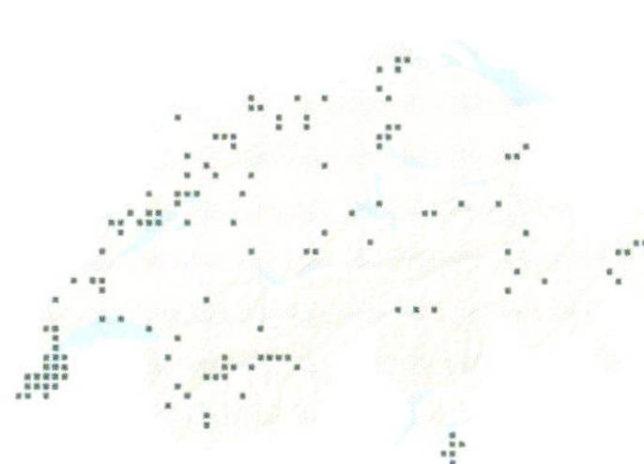

NE

Anzahl Fundorte	6
Substrat	Gestein

Wollige Flaumflechte

Ephebe lanata (L.) Vain.

Feldmerkmale: Olivschwarzes, bis 5 cm grosses Lager aus locker dem Substrat anliegenden, drehrunden und haarfeinen Ästchen, welche etwas verfilzte, 2–3 mm dicke Überzüge bilden. Die Ästchen verzweigen sich mehrfach mit spitzem Winkel. In feuchtem Zustand ist das Lager weich und schlaff, trocken ist es starr und brüchig. Die Fruchtkörper sind unauffällig und werden als knotige Verdickungen mit punktförmiger Öffnung an den Ästchen gebildet.

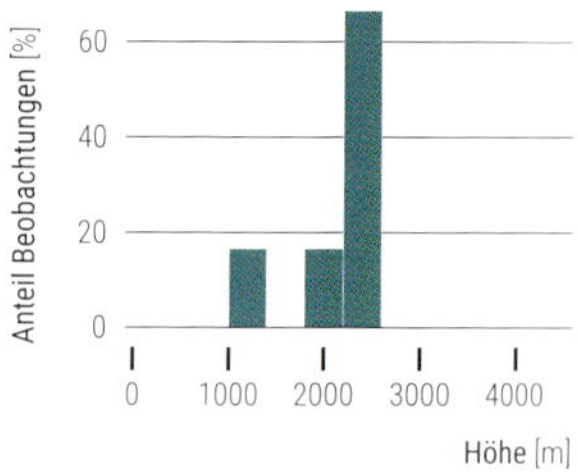

Wissenswertes: Die Wollige Flaumflechte ist ein typischer Bewohner von Tintenstrichen auf kalkfreiem Gestein in der subalpinen bis alpinen Stufe. Dort wächst sie in flachen Abflussrinnen, welche längere Zeit feucht bleiben als die flächig ausgebildeten dunklen Streifen der Tintenstriche, die hauptsächlich aus Cyanobakterien bestehen. Der Pilz der Wolligen Flaumflechte ist mit einem fädigen, verzweigten Cyanobakterium der Gattung Stigonema vergesellschaftet.

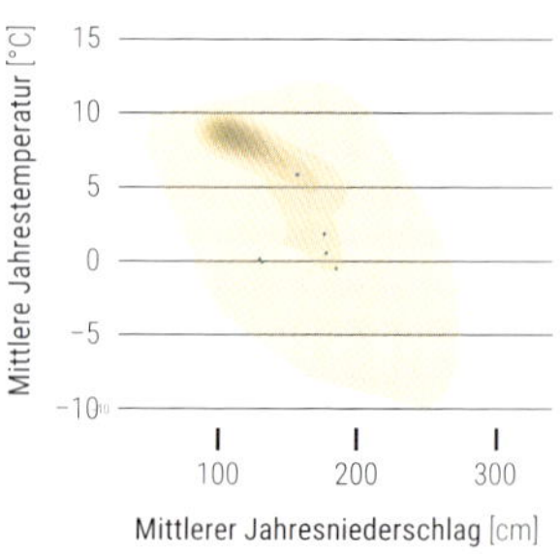

Gefährdung und Schutz: In tieferen Lagen ist die Art seltener. Die Angaben zur Verbreitung in SwissLichens sind sehr unvollständig.

Verwechslung: *Ephebe hispidula* bildet kurze, dornenähnliche Verzweigungen. Ihr Vorkommen in der Schweiz muss überprüft werden. Die mit Grünalgen vergesellschaftete *Pseudephebe pubescens* bildet feine, braunschwarze Ästchen. Sie wächst zusammen mit ***P. minuscula*** auf windexponierten Graten und grossen Bergsturzblöcken.

Sparrige Pflaumenflechte

Evernia divaricata (L.) Ach.

NT

Anzahl Fundorte	327
Substrat	Borke

Feldmerkmale: Gelb-grünliche, schlaff hängende Strauchflechte mit <2 mm dicken, kantigen Hauptästen mit weicher, leicht aufreissender Rinde und weissem, wattigem Mark. Die Äste sind reich verzweigt. Die kurzen, senkrecht abstehenden Seitenäste sind deutlich dünner als der Hauptast und laufen gegen das Ende spitz zu. Die Lager können >20 cm lang werden. Fruchtkörper sind sehr selten. Die Art bildet keine vegetativen Ausbreitungseinheiten.

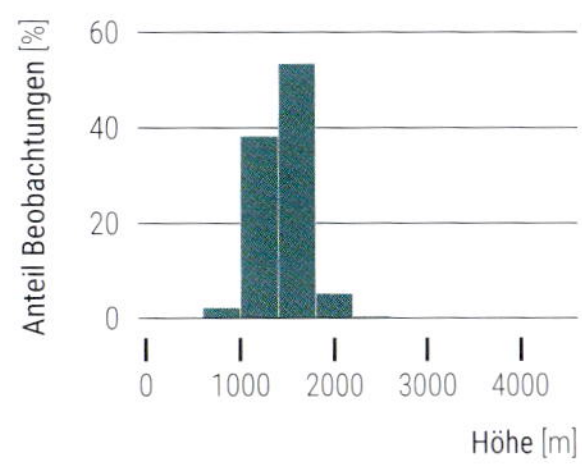

Wissenswertes: Charakteristische Art alter Nadelbäume in nebelreichen Lagen der hochmontanen bis subalpinen Stufe. Tiefer- und höhergelegene Vorkommen sind selten, kommen aber wegen der leichten Windausbreitung von Lagerteilen regelmässig vor. Die Sparrige Pflaumenflechte benötigt ziemlich lichtreiche Standorte und kommt deshalb oft im Kronenbereich von Fichten, auf freistehenden Bäumen in Weiden oder an lichten Standorten in Bergwäldern vor, wo sie üppige, auf Distanz sichtbare, sich im Wind leicht bewegende Bärte bildet.

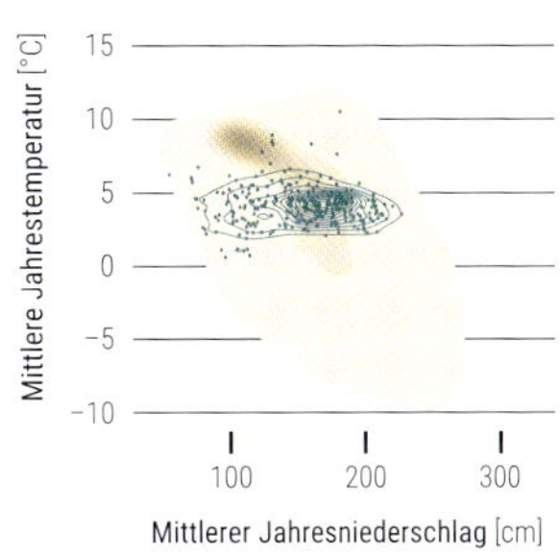

Gefährdung und Schutz: Einzelvorkommen, insbesondere in tieferen Lagen, sind zu schonen.

Verwechslung: Bei guter Entwicklung kann die Art nicht verwechselt werden. ***Evernia mesomorpha*** bildet meist kleinere Lager mit feinkörnigen vegetativen Ausbreitungseinheiten in fleckförmigen Aufbrüchen. ***Alectoria sarmentosa*** hat dünnere Seitenäste und eine kompakte Rinde.

NT

Mittlere Pflaumenflechte

Anzahl Fundorte	39
Substrat	Borke

Evernia mesomorpha Nyl.

Feldmerkmale: Grün-gelbliche, von der Borke abstehende Strauchflechte mit <2 mm dicken, grubig unebenen Hauptästen, matter Rinde und weissem, wattigem Mark. Die Lager sind reich verzweigt, die in stumpfem Winkel abstehenden Seitenäste sind fast gleich dick wie die Hauptäste und laufen gegen das Ende stumpf zu. Die Lager sind meist geweihförmig verzweigt und können >10 cm lang werden. Die Art bildet auf älteren Lagerteilen körnige vegetative Ausbreitungseinheiten. Fruchtkörper sind sehr selten.

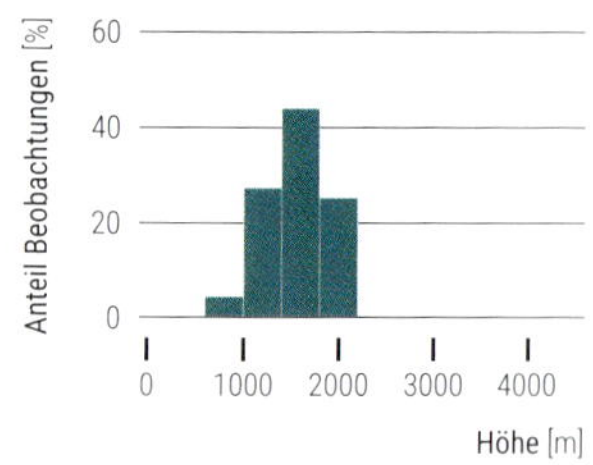

Wissenswertes: Die Mittlere Pflaumenflechte ist in den zentral- und südalpinen Gebirgswäldern weit verbreitet, aber nie häufig. Sie wächst an saurer Borke von alten Lärchen und Fichten in artenreichen Blatt- und Strauchflechtengesellschaften. Die Art bevorzugt lokal luftfeuchte, nicht zu dunkle Lagen, meidet aber niederschlagsreiche Regionen.

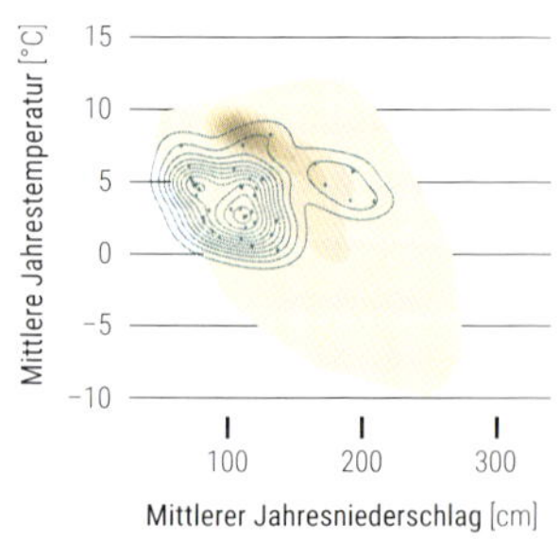

Gefährdung und Schutz: Vorkommen in tieferen Lagen und isoliert stehende Trägerbäume sollten geschont werden.

Verwechslung: Ältere Lager mit gut ausgebildeten vegetativen Ausbreitungseinheiten können im Feld gut erkannt werden. Kleine Lager sind nicht immer von ***E. divaricata*** zu unterscheiden. Arten der Gattung ***Usnea*** haben im Zentrum des Lagers einen elastischen Zentralstrang. Die ebenfalls geweihförmig verzweigte ***Pseudevernia furfuracea*** ist grau, nie gelblich.

Eichenmoos

LC

Anzahl Fundorte	669
Substrat	Borke

Evernia prunastri (L.) Ach.

Feldmerkmale: Strauchflechte mit oberseits graugelblichem, unterseits weissem, gabelig verzweigtem, >10 cm grossem Lager mit bandförmigen, <5 mm breiten Lagerabschnitten. Die Lagerabschnitte sind in Längsrichtung leicht gewölbt und runzelig. Auf der Oberseite und randlich werden feinkörnige vegetative Ausbreitungseinheiten in fleckförmigen Aufbrüchen gebildet.

Wissenswertes: Das Eichenmoos kommt von den Tieflagen bis in die subalpinen Wälder recht häufig vor, wächst bevorzugt auf mässig saurer Borke von Laubbäumen, ist aber auf den meisten Baum- und Straucharten in lichtreichen Lagen zu finden. Die Art liefert einen Basis-Duftstoff für die Parfümerie (Absolue de mousse de chêne), der wegen einer EU-Bestimmung inzwischen weniger häufig verwendet wird. Dieser Duft kann aber immer noch in grossen Flechten-Herbarien naturwissenschaftlicher Sammlungen wahrgenommen werden.

Gefährdung und Schutz: Das Eichenmoos ist in den 1980er-Jahren wegen Luftverunreinigungen aus den Zentren grösserer Siedlungsgebiete verschwunden. Heute breitet sie sich an begünstigten Lagen wieder aus.

Verwechslung: Die Art ist im Feld gut zu erkennen. Arten der Gattung ***Ramalina*** sind auf beiden Seiten der Lagerabschnitte gleichfarbig gelbgrünlich. ***Pseudevernia furfuracea*** hat ein graues Lager mit stiftchenförmigen, berindeten Ausbreitungseinheiten auf der Oberfläche.

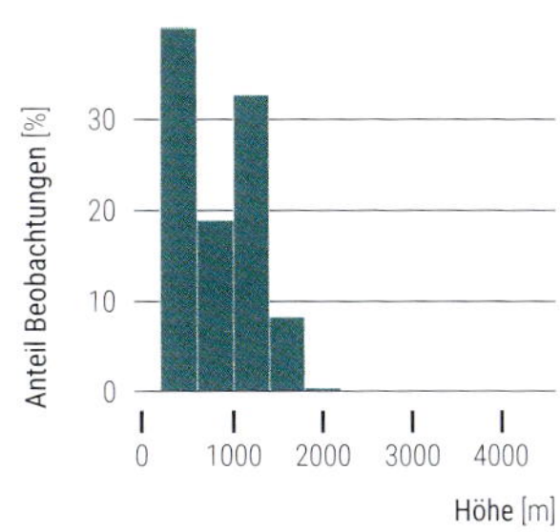

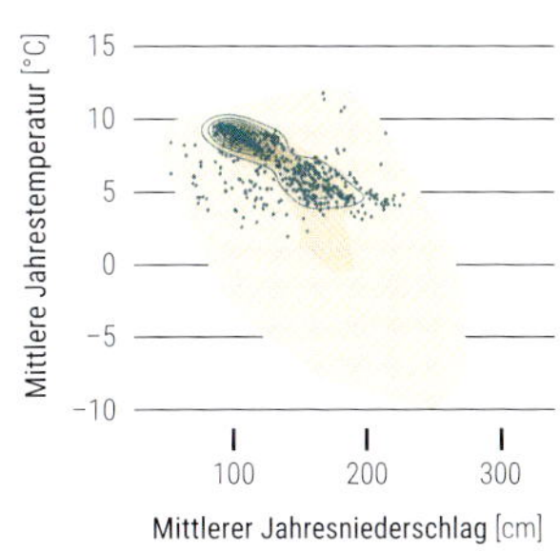

VU

Anzahl Fundorte	84
Substrat	Borke

Pelzige Fleckflechte

Felipes leucopellaeus (Ach.) Frisch & G. Thor

Feldmerkmale: Weissliches bis leicht rosafarbenes, häutiges bis feinrissiges oder schorfiges Lager, das meist bis 20 cm, selten aber auch viel grösser werden kann. Die immer vorhandenen, dunkelbraunen, rundlichen bis deutlich gelappten Fruchtkörper werden bis 2 mm gross. Sie sind dem Lager breit aufsitzend und haben eine samtig behaarte Scheibe sowie einen kurz auffasernden Rand.

Wissenswertes: Die Pelzige Fleckflechte wächst an Stämmen von Weisstannen, Fichten und seltener an Bergahorn und Buche in historisch alten, naturnahen Gebirgswäldern in niederschlagsreichen Gebieten in luftfeuchten und kühlen Lagen. Die Art meidet sowohl dunkle Bestände als auch freistehende Bäume mit direkter Besonnung. Sie wächst oft gemeinsam mit ***Thelotrema lepadinum*** und ***Lecanactis abietina*** sowie anderen seltenen Begleitarten.

Gefährdung und Schutz: Einzelne Trägerbäume sollten geschont und grössere Vorkommen für die Ausscheidung von Waldreservaten berücksichtigt werden. Die Pelzige Fleckflechte kann sich in geeigneten Beständen auch auf jüngeren Bäumen entwickeln.

Verwechslung: Die Art ist im Feld in der Regel anhand der filzigen Fruchtkörper gut zu erkennen. Der Gattungsname erinnert an den schwedischen Namen der Flechte «kattfotslav», der Katzenpfötchen-Flechte bedeutet.

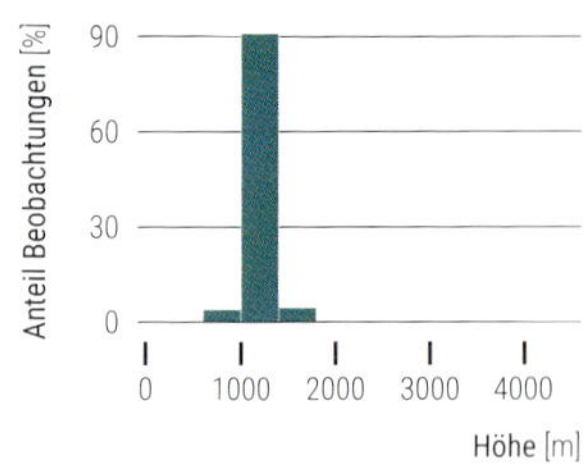

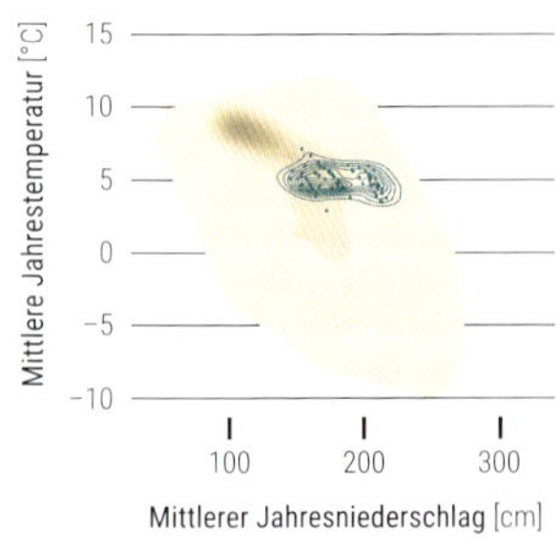

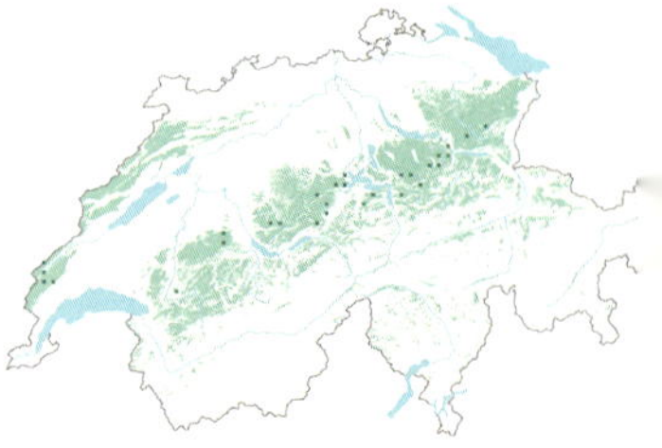

Bouteilles Ästchenflechte

NT

Anzahl Fundorte	42
Substrat	Borke

Fellhanera bouteillei (Desm.) Vězda

Feldmerkmale: Bläulich-grünes, auf Nadeln von Weisstannen, gelegentlich auf Borke junger Laubbäume entwickeltes, feinwarziges bis feinkörniges, meist <1 cm grosses Lager. Die bis 0,3 mm grossen Fruchtkörper sind fast immer vorhanden und besitzen eine wachsgelbliche bis leicht rosa gefärbte, flache Scheibe sowie einen weisslichen, schmalen Rand. Weiter sind auf dem Lager meist weissliche, 0,1 mm grosse Pyknidien mit krugförmiger Vertiefung vorhanden, in welchen mikroskopisch kleine, vegetative Ausbreitungseinheiten oder Spermatien des Pilzes gebildet werden.

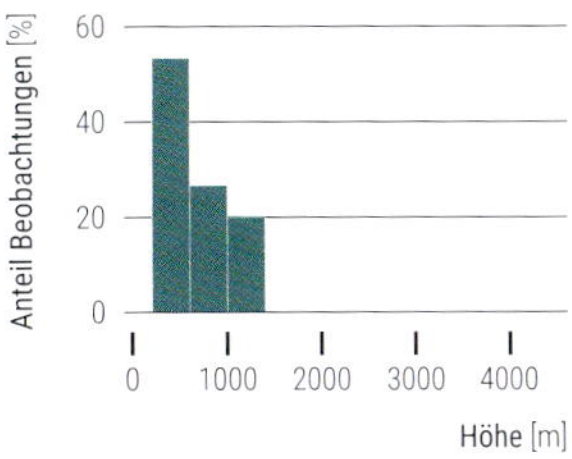

Wissenswertes: Bouteilles Ästchenflechte wächst relativ häufig auf Nadeln von tief am Stamm ansetzenden Ästen von älteren Weisstannen in luftfeuchten, tiefen Lagen. Die Art hat eine sehr kurze Generationszeit: Erste Lager und vegetative Ausbreitungseinheiten entstehen auf etwa dreijährigen Nadeln. Fruchtkörper bilden sich in den folgenden zwei Jahren, bevor die Nadeln abfallen.

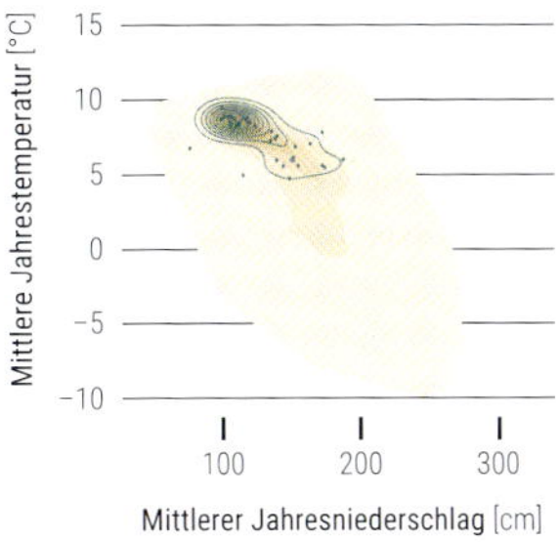

Gefährdung und Schutz: Die Schonung von älteren Weisstannen in tiefen Lagen ist wegen dieser, aber auch wegen vielen weiteren, oft sehr unauffälligen Flechtenarten zu empfehlen.

Verwechslung: *Fellhanera subtilis* unterscheidet sich mikroskopisch anhand von Sporenmerkmalen und wächst hauptsächlich auf Nadeln von Fichten in etwas höheren Lagen sowie auf Zwergsträuchern.

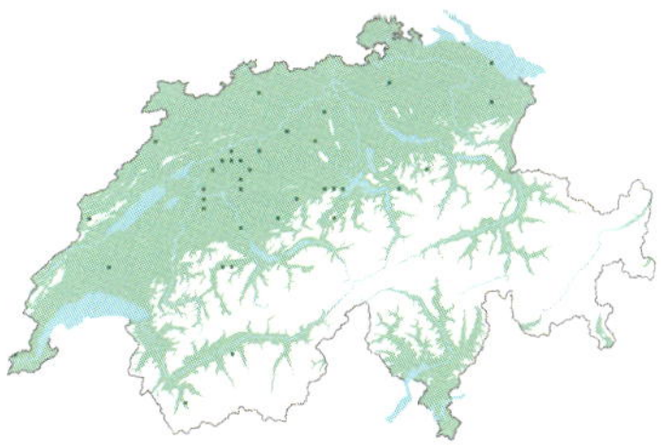

Gyrophor-Ästchenflechte

Fellhanera gyrophorica Sérus., Coppins, Diederich & Scheid.

VU

Anzahl Fundorte	12
Substrat	Borke

Feldmerkmale: Bläulich-grünes, auf Borke von Buche und Weisstanne wachsendes, feinwarziges, <1 bis >10 cm grosses Lager. Die Fruchtkörper wurden in der Schweiz bisher nie gefunden. Dafür sind auf dem Lager immer weissliche bis gelbliche, 0,2 mm grosse Pyknidien mit einer zentralen punkt- bis kraterförmigen Öffnung vorhanden.

Wissenswertes: Die Gyrophor-Ästchenflechte wächst meist in kleinen Lücken von Moospolstern. Zusammen überwachsen sie als kleinflächiges Mosaik Stämme alter Buchen und Weisstannen in luftfeuchten Lagen, vor allem in der montanen Stufe. Die Art ist an historisch alte, naturnahe Weisstannenwälder gebunden und kommt mit weiteren, sehr seltenen Arten oft an den gleichen Trägerbäumen vor.

Gefährdung und Schutz: Vorkommen sollten geschont und für die Ausscheidung von Biotopbäumen oder Waldreservaten berücksichtigt werden.

Verwechslung: Auch wenige Millimeter grosse Lager sind anhand der hellen Pyknidien mit der typischen kraterförmigen Öffnung zu erkennen. ***Fellhaneropsis vezdae*** hat ein grünlichgraues Lager und weist Pyknidien auf, welche nur punktförmig geöffnet sind. Die Spermatien lassen sich mikroskopisch von denen der Gyrophor-Ästchenflechte unterscheiden. Die Gyrophor-Ästchenflechte kann zudem anhand von Flechtenstoffen von anderen Arten der Gattung *Fellhanera* differenziert werden.

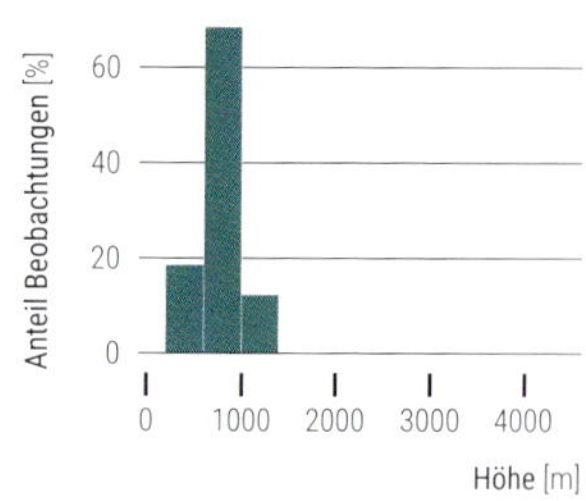

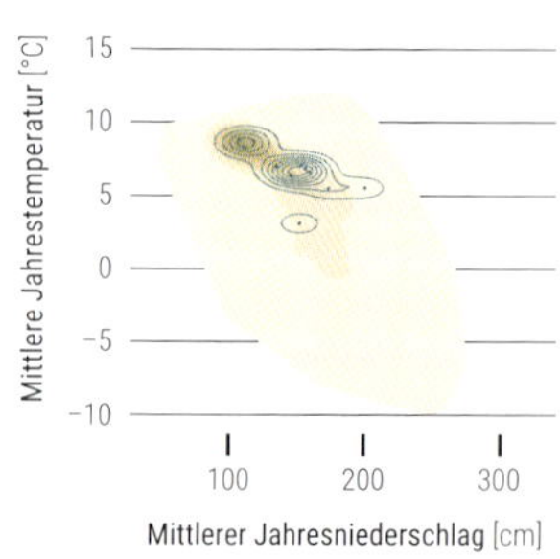

VU

Anzahl Fundorte	21
Substrat	Borke

Vězdas Ästchenflechte

Fellhaneropsis vezdae (Coppins & P. James) Sérus. & Coppins

Feldmerkmale: Das grünlich-graue, bis 3 cm grosse Lager bildet einen dünnen, glatten, in trockenem Zustand glänzenden Film auf der Borke von Weisstannen, Fichten, Buchen, Erlen oder Eichen. Fruchtkörper sind selten und um 0,4 mm gross, grau- bis braunrosa. Auf dem Lager sind jedoch immer graurosa- bis braunrosafarbene, 0,2 mm grosse Pyknidien mit zentraler punktförmiger, dunklerer Öffnung vorhanden, in welchen mikroskopisch kleine, vegetative Ausbreitungseinheiten oder Spermatien des Pilzes gebildet werden.

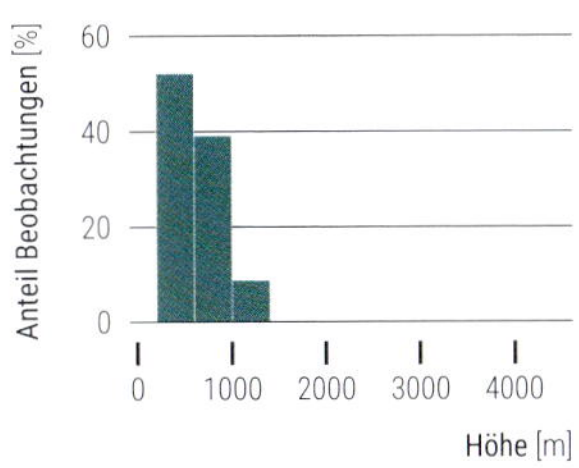

Wissenswertes: Vězdas Ästchenflechte wächst meist auf grösseren Borkenschuppen alter Weisstannen in luftfeuchten Lagen tiefer Regionen. Die Art ist an historisch alte, naturnahe Weisstannenwälder meist tiefer Lagen gebunden und kommt mit den anderen Arten der sehr seltenen «Kleinen Fünf» (***Fellhanera gyrophorica***, *Graphis elegans*, ***Micarea adnata*** und *Scoliciosporum pruinosum*) oft an den gleichen Trägerbäumen vor.

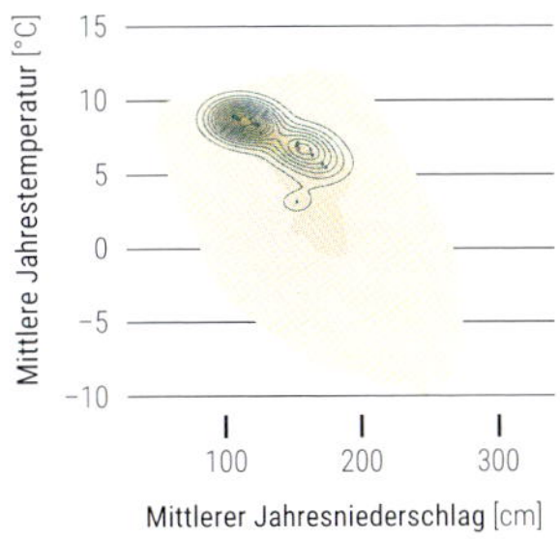

Gefährdung und Schutz: Vorkommen sollten geschont und für die Ausscheidung von Biotopbäumen oder Waldreservaten berücksichtigt werden.

Verwechslung: ***Fellhanera gyrophorica*** hat ein bläulich-grünes, feinwarziges Lager und weist Pyknidien auf, welche meist kraterförmig geöffnet sind. Die Spermatien lassen sich mikroskopisch von denen von Vězdas Ästchenflechte unterscheiden.

Kapuzen-Gelbhornflechte

LC

Anzahl Fundorte	105
Substrat	Erde

Flavocetraria cucullata (Bellardi) Kärnefelt & A. Thell

Feldmerkmale: Grünlich-gelbe bis beige, bis 6 cm hohe Strauchflechte, Lappen bandförmig, schmal und mehrfach gabelig verzweigt, deutlich eingerollt. Die absterbende Basis verfärbt sich violett. Scheibenförmige Fruchtkörper werden sehr selten entwickelt. Als vegetative Ausbreitungseinheiten dienen Bruchstücke von Lappen.

Wissenswertes: Die Kapuzen-Gelbhornflechte ist in alpinen Windheiden und auf schmalen Vegetationsbändern von kalkfreien Felsflächen häufig anzutreffen. Seltener wächst sie auch in alpinen Rasen sowie in subalpinen Zwergstrauchheiden. Sie kommt oft zusammen mit ***F. nivalis*** vor. Die Art ist an sehr lichtreiche Standorte gebunden und kommt deshalb nur selten in lockeren Wäldern vor. Sie wird als Winternahrung vom Wild gefressen.

Gefährdung und Schutz: Die Kapuzen-Gelbhornflechte ist in der alpinen Stufe ungefährdet und häufig. Vorkommen im Jura und in tieferen Lagen gilt es zu erhalten.

Verwechslung: Die Kapuzen-Gelbhornflechte (Bild Mitte, Lappen links und rechts; Bild rechts, Lappen unten) ist etwas dunkler gefärbt als bei ***F. nivalis***. Kleine, schlecht entwickelte Lager können anhand der eingerollten Lappen und der violetten Verfärbung an der Basis leicht von ***F. nivalis*** unterschieden werden. ***Dactylina madreporiformis*** hat drehrunde, nicht bandförmige Lappen.

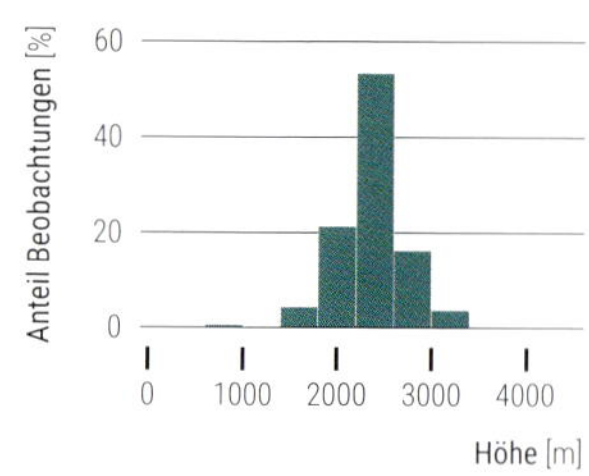

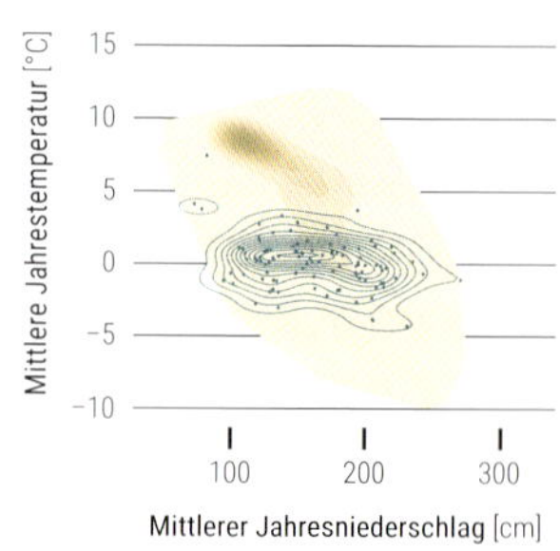

LC

Anzahl Fundorte	106
Substrat	Erde

Schneeflechte

Flavocetraria nivalis (L.) Kärnefelt & A. Thell

Feldmerkmale: Blass grünlich-gelbe bis gelblich-weisse, bis 6 cm hohe Strauchflechte. Die bandförmigen, schmal und mehrfach gabelig verzweigten Lappen sind verflacht und haben eine runzelig-grubige Oberfläche. Absterbende untere Enden verfärben sich hellbraun. Die scheibenförmigen Fruchtkörper werden sehr selten entwickelt. Sie breitet sich vegetativ mittels Bruchstücke von Lappen aus.

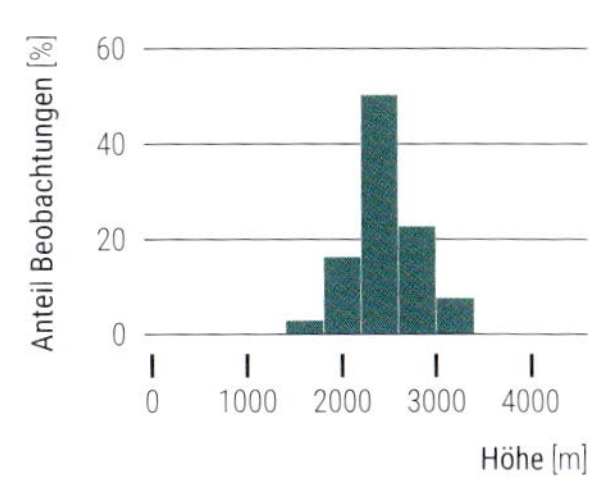

Wissenswertes: Die Schneeflechte ist in alpinen Windheiden, in alpinen Rasen sowie in subalpinen Zwergstrauchheiden häufig anzutreffen. Sie kommt oft mit ***F. cucullata*** zusammen vor. Die Art ist an sehr lichtreiche Standorte gebunden und kommt deshalb nur selten in aufgelockerten Wäldern vor. Die Art wird als Winternahrung vom Wild gefressen. Bruchstücke verheddern sich im Fell von Tieren und werden in dieser Form ausgebreitet. Funde von Bruchstücken der Schneeflechte auf Firnfeldern zeigen, dass sie auch durch den Wind verfrachtet wird.

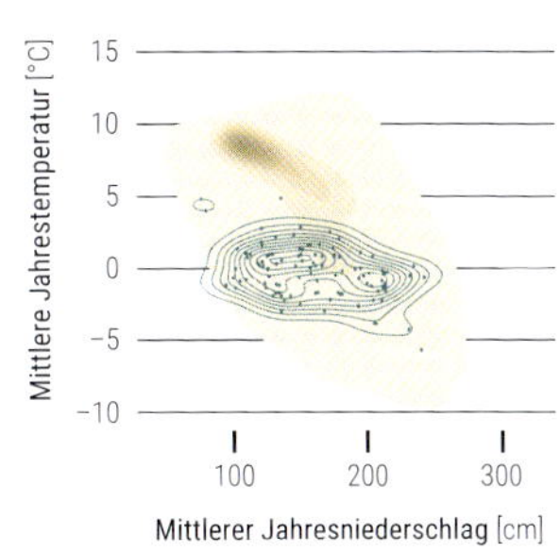

Gefährdung und Schutz: Die Schneeflechte ist in der alpinen Stufe nicht gefährdet. Vorkommen im Jura und in tieferen Lagen sind zu schonen.

Verwechslung: Von der Schneeflechte (Bild rechts, Lager rechts) unterscheidet sich ***F. cucullata*** durch eingerollte Lappen und eine violett verfärbte Basis. ***Alectoria ochroleuca*** und ***Dactylina madreporiformis*** haben drehrunde, nicht bandförmige Lappen.

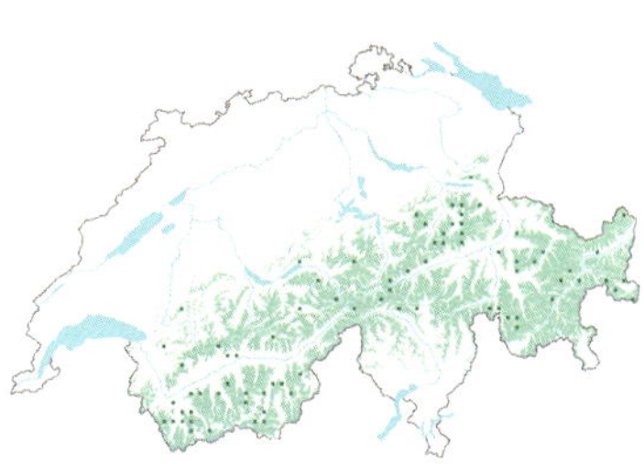

LC

Anzahl Fundorte	469
Substrat	Borke

Gewöhnliche Gelbschüsselflechte

Flavoparmelia caperata (L.) Hale

Feldmerkmale: Die gelblich-grünliche, bis 20 cm grosse Blattflechte bildet breite und unbereifte Lappen mit am Rande glatter, im Zentrum runzeliger Oberfläche ohne weisse Punkte und Linien. Die Oberrinde der Lappen platzt besonders auf dem Scheitel der Runzeln auf, wobei grobkörnige, vegetative Ausbreitungseinheiten entstehen, welche Oberrinde und Algenschicht vollständig auflösen, sodass später nur das weisse Mark zurückbleibt. Fruchtkörper werden sehr selten gebildet. Die Unterrinde ist schwarz mit zahlreichen unverzweigten Rhizinen.

Wissenswertes: Die Gewöhnliche Gelbschüsselflechte wächst in erster Linie an Stämmen und dicken Ästen von freistehenden Laubbäumen. Die Art ist häufig und stellenweise dominant, beispielsweise an Edel-Kastanien in lichten Wäldern und Selven.

Gefährdung und Schutz: Die Gewöhnliche Gelbschüsselflechte breitet sich aktuell im Siedlungsgebiet aus, nachdem sie dort zuvor wegen Luftverunreinigungen fast verschwunden war.

Verwechslung: Die Gewöhnliche Gelbschüsselflechte ist im Feld mit Vorsicht von der viel selteneren *F. soredians* zu unterscheiden. Diese bildet kleinere und glatte Lager sowie feinkörnige vegetative Ausbreitungseinheiten. ***Flavopunctelia flaventior*** unterscheidet sich durch weisse Punkte und Linien auf den Lappen. Eine sichere Unterscheidung der drei Arten ist anhand ihrer Flechtenstoffe möglich.

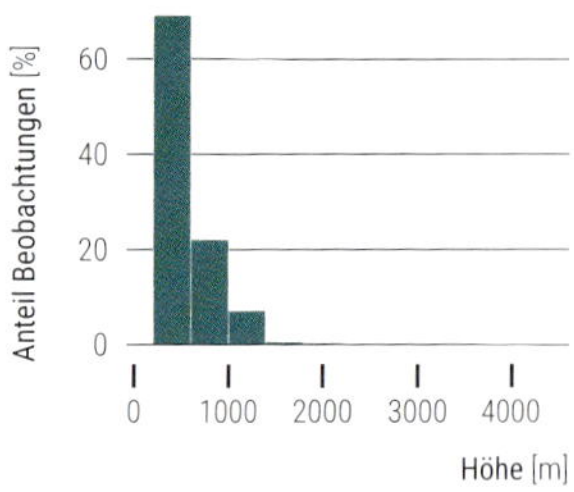

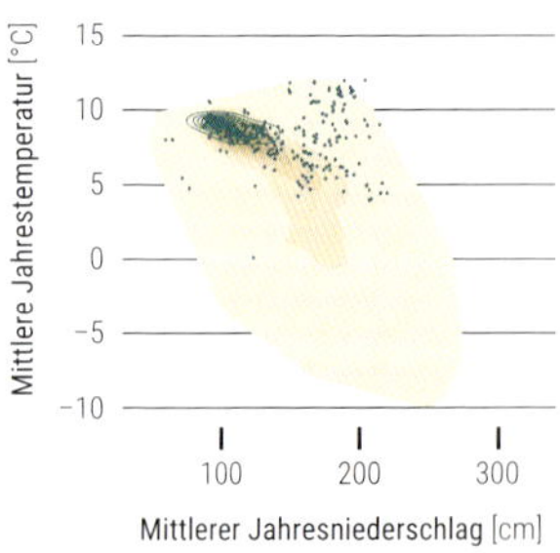

Gelbe Punktschüsselflechte

Flavopunctelia flaventior (Stirt.) Hale

NT

Anzahl Fundorte	88
Substrat	Borke

Feldmerkmale: Das gelblich-grünliche, bis 20 cm grosse Lager hat breite und unbereifte Lappen mit am Rand glatter, im Zentrum runzeliger Oberfläche. Die zahlreichen feinen, weissen Linien auf den Lappen bilden später körnige vegetative Ausbreitungseinheiten in oft zusammenfliessenden Aufbrüchen. Die Unterseite des Lagers ist schwarz und weist zahlreiche, unverzweigte Rhizinen auf.

Wissenswertes: Die Gelbe Punktschüsselflechte wächst an Stämmen und dicken Ästen von freistehenden Laubbäumen, selten auf Waldföhren in lichten Wäldern. Die Art kommt meist zusammen mit ***Flavoparmelia caperata*** vor, ist aber deutlich seltener. Im Siedlungsraum, wo sie bevorzugt wächst, breitet sie sich in letzter Zeit wieder aus. Sie meidet kühlere Gebiete und favorisiert oft Stellen mit leicht erhöhter Luftfeuchtigkeit.

Gefährdung und Schutz: Einzelvorkommen sollten geschont werden.

Verwechslung: Die Gelbe Punktschüsselflechte ist im Feld in der Regel gut zu erkennen. Die bisher unsicher nachgewiesene *F. soredica* hat kleinere Lappen, die Aufbrüche mit den vegetativen Ausbreitungseinheiten werden randlich von kleinen Lappen gebildet. ***Flavoparmelia caperata*** hat keine weissen Linien auf den Lappen. Eine sichere Unterscheidung der drei Arten ist anhand ihrer Flechtenstoffe möglich.

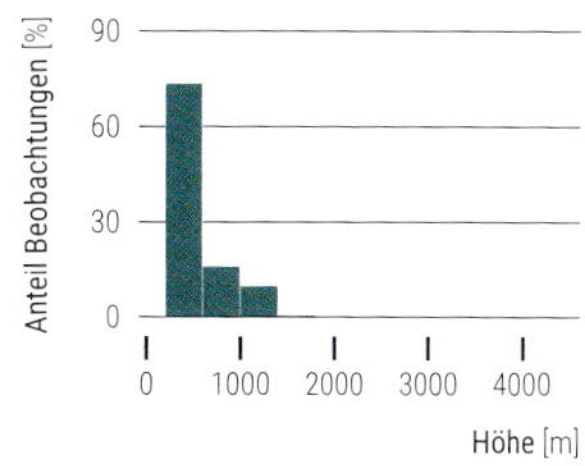

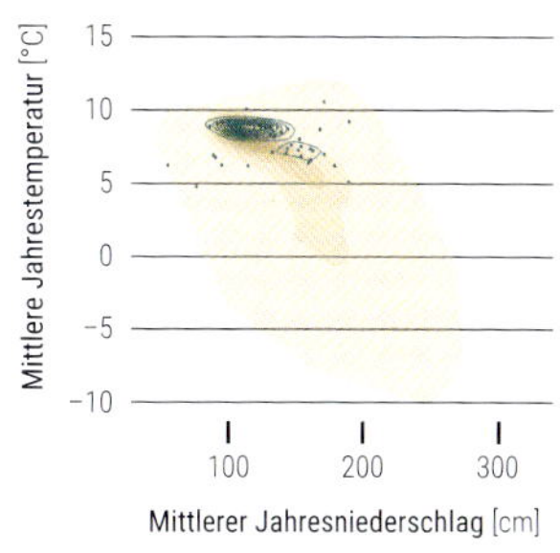

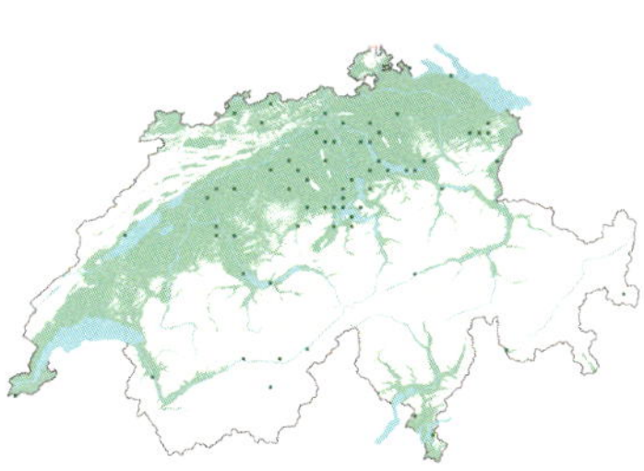

LC

Anzahl Fundorte	43
Substrat	Erde

Fels-Tuchflechte

Fuscopannaria praetermissa (Nyl.) P. M. Jørg.

Feldmerkmale: Grauolive bis dunkelbraune, schuppige, bis 4 cm grosse Lager. Die randlich stehenden Schuppen sind verlängert und aufsteigend. Sie werden bis 3 mm lang und bilden an den Rändern feine Läppchen und knopfförmige, hellgraue Auswüchse, welche als vegetative Ausbreitungseinheiten dienen. Diese stehen oft sehr dicht zusammen und geben dem Lager ein polsterförmiges Aussehen. Fruchtkörper werden sehr selten gebildet. Die Fels-Tuchflechte ist mit Cyanobakterien vergesellschaftet.

Wissenswertes: Die Fels-Tuchflechte wächst über Moosen auf kalkhaltiger Erde in Zwergstrauchheiden sowie in schwach bergfeuchten Felsspalten in der subalpinen und alpinen Stufe. Sie ist meist spärlich entwickelt und die randlichen Lappen sind oft nicht gut sichtbar.

Gefährdung und Schutz: Die Fels-Tuchflechte ist weit verbreitet und lokal häufig.

Verwechslung: *Massalongia carnosa* zeigt grössere Randlappen, wächst auf kalkfreiem Substrat und lässt sich zudem anhand der Flechtenstoffe unterscheiden. Das Lager von *Fuscopannaria nebulosa* besteht aus dicht stehenden, feinen Körnchen und bildet regelmässig Fruchtkörper mit braunroten Scheiben. ***Protopannaria pezizoides*** bildet kleinschuppige Lager und ebenfalls regelmässig Fruchtkörper.

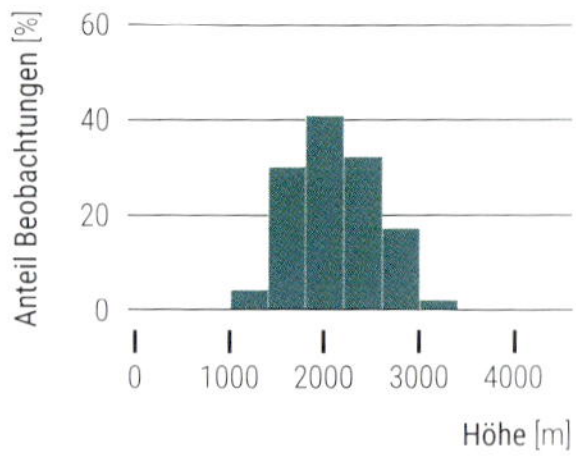

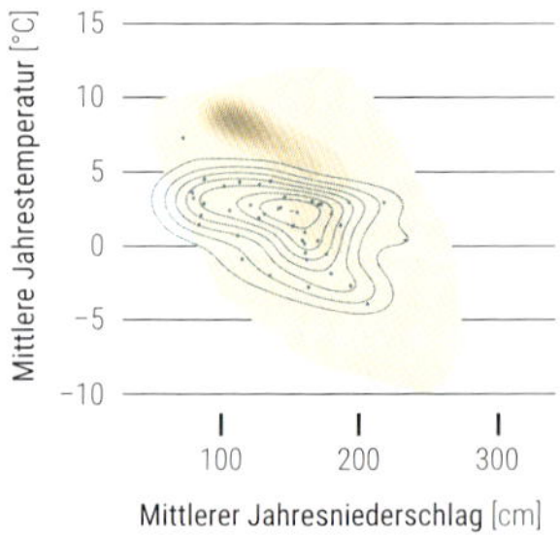

Raue Schriftzeichenflechte

NE

Anzahl Fundorte	3
Substrat	Gestein

Glypholecia scabra (Pers.) Müll. Arg.

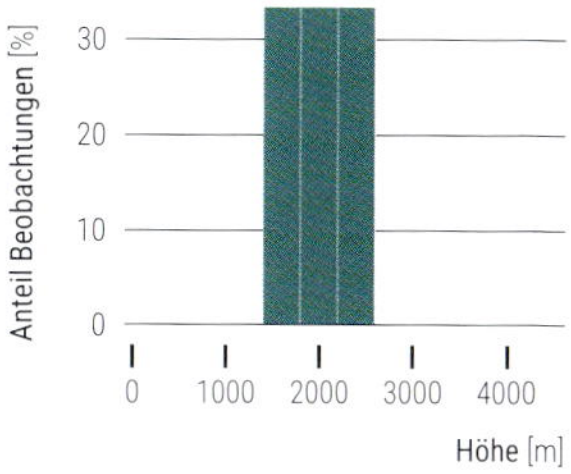

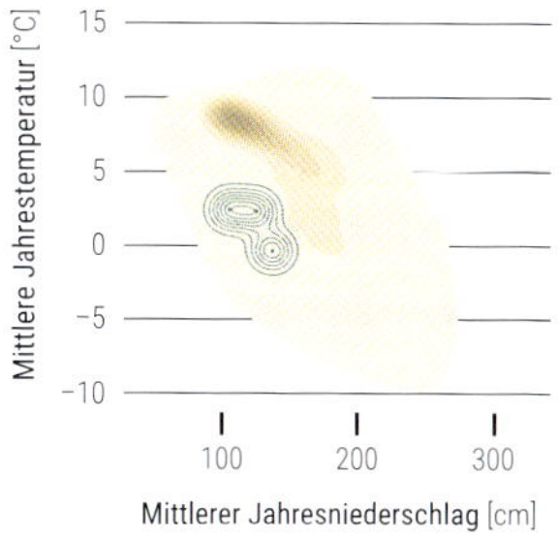

Feldmerkmale: Rötlich-braune, stark weiss bereifte, bis 3 cm grosse Nabelflechte mit schuppig-zusammengesetztem Lager. Unterseite meist hell, mit kräftigem Nabel an Gestein festgewachsen. Fruchtkörper entstehen zu mehreren in den randlichen Lagerteilen. Sie bilden bis >1 mm grosse Scheiben, welche eine raue, von weissen Strukturen durchsetzte Oberfläche aufweisen.

Wissenswertes: Die Raue Schriftzeichenflechte wächst an Vertikal- und Überhangsflächen an Felsrippen und grossen Bergsturzblöcken, meist wenig unterhalb von Kulmflächen, welche als Vogelsitzplätze dienen. Die Wasser- und Nährstoffversorgung erfolgt über Wasser führende Felsspalten. Die Art kommt an direkt besonnten, regengeschützten Standorten in der subalpinen und alpinen Stufe niederschlagsarmer Gebiete vor. Sie bevorzugt basenreiche Silikatgesteine und schwach kalkhaltiges Gestein, meidet aber reine, kompakte Kalke und saure Silikate. Der deutsche Trivialname bezieht sich auf die Struktur und raue Oberfläche der Fruchtkörper.

Gefährdung und Schutz: Die bekannten Vorkommen der Rauen Schriftzeichenflechte sind sehr zerstreut. Meist sind an den Fundorten nur wenige, kleine Lager entwickelt.

Verwechslung: Die Raue Schriftzeichenflechte ist im Feld gut zu erkennen. Kleine, spärlich entwickelte Lager sind mit Vorsicht von *Acarospora cervina* zu unterscheiden.

LC

Anzahl Fundorte	604
Substrat	Borke

Gewöhnliche Schriftflechte

Graphis scripta (L.) Ach.

Feldmerkmale: Weissliches, in der Borke eingesenktes oder teilweise aufsitzendes, glattes bis rissiges, bis 20 cm grosses Lager. Die schwarzen, strichförmigen, bis 2 mm langen, vereinzelt verzweigten Fruchtkörper sind etwa parallel zueinander angeordnet. Die Scheibe ist schmal und vom deutlich vorstehenden Rand der Fruchtkörper umgeben.

Wissenswertes: Die Gewöhnliche Schriftflechte wächst in der Borke von Bäumen mit glatter Borke. Die Art ist vor allem in Buchenwäldern sehr häufig und bildet an den Stämmen typische helle Bänder. Weil die Gewöhnliche Schriftflechte in den obersten Zellen der Rinde wächst, wird beim sekundären Dickenwachstum des Stammes auch das Flechtenlager mitgedehnt. Dieses Mitwachsen ist vor allem bei der Buche gut sichtbar, weil sie bis ins hohe Baumalter eine glatte Rinde besitzt. Auf Esche oder Eiche wird das Lager durch das Aufreissen der Borke zerrissen; die Flechte ist nicht in der Lage, von den Borkenstegen aus auch die Borkenrisse zu besiedeln.

Gefährdung und Schutz: Die Gewöhnliche Schriftflechte ist häufig und nicht gefährdet.

Verwechslung: *Graphis scripta* stellt eine Sammelart dar und besteht aus mehreren, im Feld nicht immer einfach zu unterscheidenden Sippen. *Graphis elegans* entwickelt Fruchtkörper mit mehrfach längsgefurchten Rändern und ist nur selten in sehr luftfeuchten Lagen zu finden.

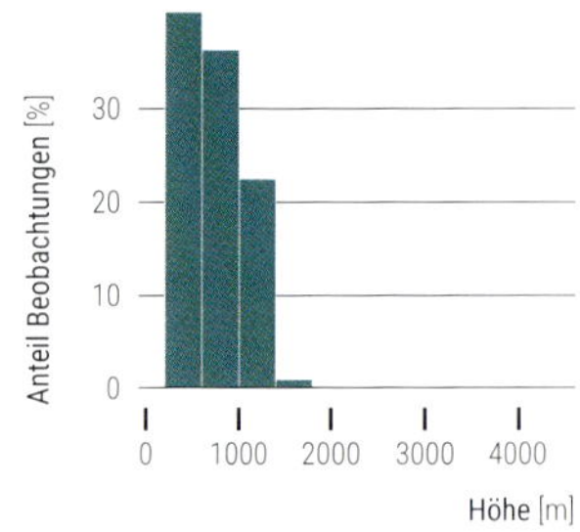

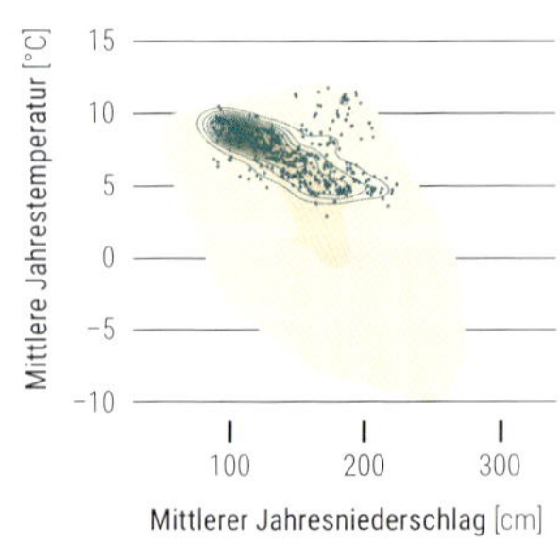

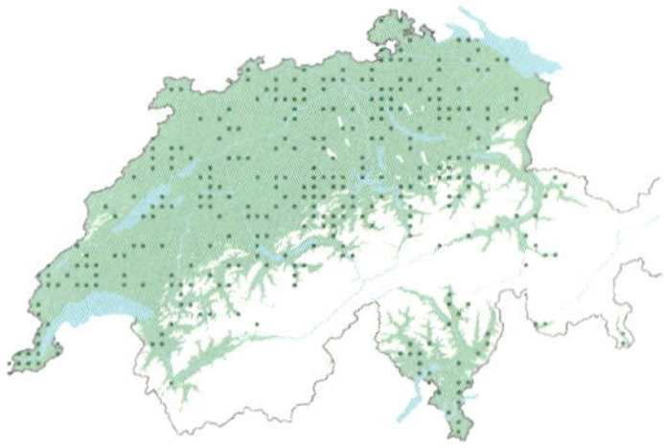

NE

Anzahl Fundorte	10
Substrat	Borke

Gestutzte Grubenflechte

Gyalecta derivata (Nyl.) H. Olivier

Feldmerkmale: Olivgrüne, bis 5 cm grosse Krustenflechte mit dünnem, schorfigem oder häutigem Lager mit matter Oberfläche. Die napfförmigen, gelb- bis orangebräunlichen Fruchtkörper sind bis 0,3 mm gross. Sie sind zuerst von einer dünnen Schicht Lager überdeckt und später dem Lager mit breiter Basis aufsitzend.

Wissenswertes: Die Gestutzte Grubenflechte wächst am Stamm von Laubbäumen, besonders an Buche, Berg-Ahorn und Ulme in lichten, historisch alten Wäldern. Die Art benötigt stark angewitterte Borke mit erhöhter Wasserspeicherkapazität. Auf Buche ist sie deshalb auf sehr alte Baumindividuen angewiesen.

Gefährdung und Schutz: Der Rote Liste-Status ist für die Gestutzte Grubenflechte bisher noch nicht beurteilt worden. Vorkommen der Art sollten aber geschont werden und allenfalls als Biotopbäume ausgewählt oder für die Ausscheidung von (Sonder-)Waldreservaten herangezogen werden.

Verwechslung: Weitere Arten der Gattung, wie *G. carneola*, *G. fagicola*, *G. flotowii*, *G. ophiospora* und *G. truncigena*, lassen sich mikroskopisch anhand von Sporenmerkmalen unterscheiden. *Gyalecta truncigena* kommt sowohl in Wäldern als auch an freistehenden Laubbäumen in Wiesen und Weiden vor und wurde in der Vergangenheit nicht immer von der Gestutzten Grubenflechte unterschieden. Die Unterscheidung von ***G. ulmi*** ist im Feld einfach möglich.

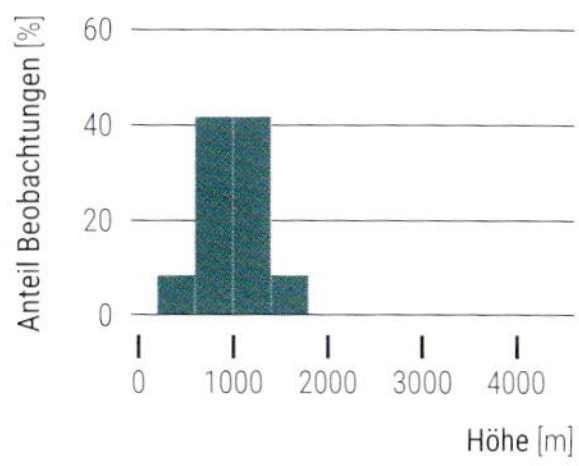

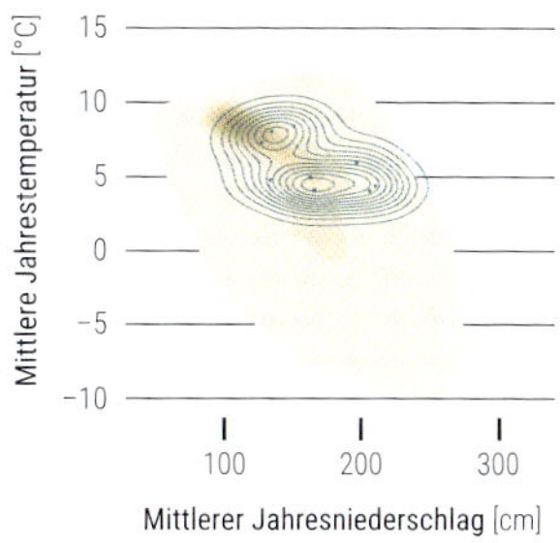

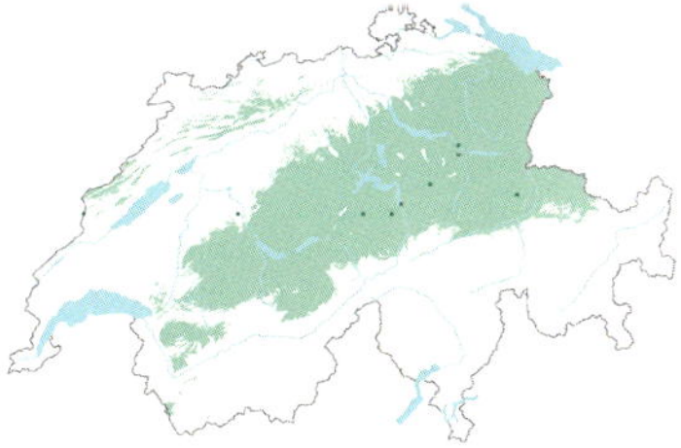

NE

Anzahl Fundorte	7
Substrat	Gestein

Rad-Grubenflechte

Gyalecta hypoleuca (Ach.) Zahlbr.

Feldmerkmale: Weissliche bis hellrosa farbene, bis 5 cm grosse Krustenflechte mit dünnem, rissigem Lager mit matter Oberfläche. Bei Verletzungen des Lagers werden die orange gefärbten fädigen Grünalgen aus der Verwandtschaft der Gattung *Trentepohlia* sichtbar. Die halbkugelförmigen, leicht gefurchten Fruchtkörper sind bis 0,7 mm gross und teilweise im Lager eingesenkt. Sie öffnen sich mit einer kleinen, später etwas grösseren Pore. Die rotorangen, vertieft liegenden Scheiben sind meist nur als kleine Punkte sichtbar.

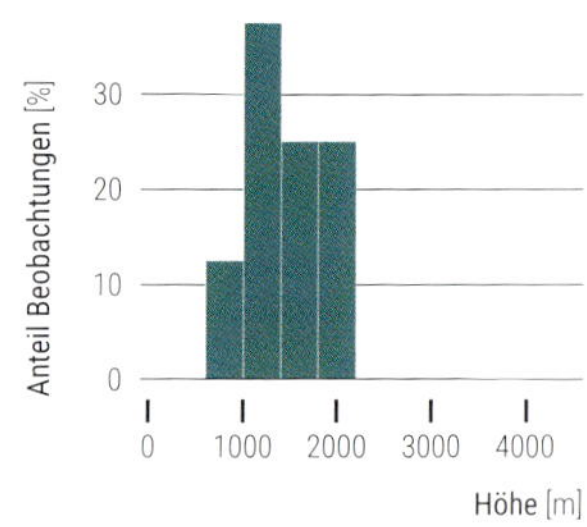

Wissenswertes: Die Rad-Grubenflechte wächst an absonnigen, leicht bergfeuchten Steilflächen an Felsen in lichten Wäldern. Sie kommt in kühlen Lagen bis hinauf zur alpinen Waldgrenze auf reinen Kalken, Dolomit und Nagelfluh vor.

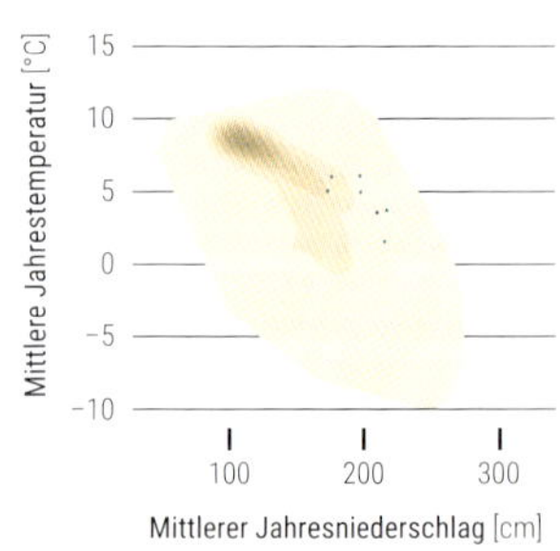

Gefährdung und Schutz: Die Rad-Grubenflechte ist deutlich häufiger als ***G. leucaspis,*** aber viel seltener als *G. jenensis*.

Verwechslung: *Gyalecta jenensis* bildet krugförmige Fruchtkörper mit einem glatten Rand und tief eingesenkten, gelborangen Scheiben. Bei ***G. leucaspis*** ist der vorstehende Rand der Fruchtkörper gekerbt und die Scheiben stark bereift. *Gyalecta nidarosiensis* zeigt ein pulverig-feinkörniges, auffallend rosa gefärbtes Lager, wächst meist an Überhängen von kalkhaltigen Felsen und bildet in der Regel keine Fruchtkörper aus.

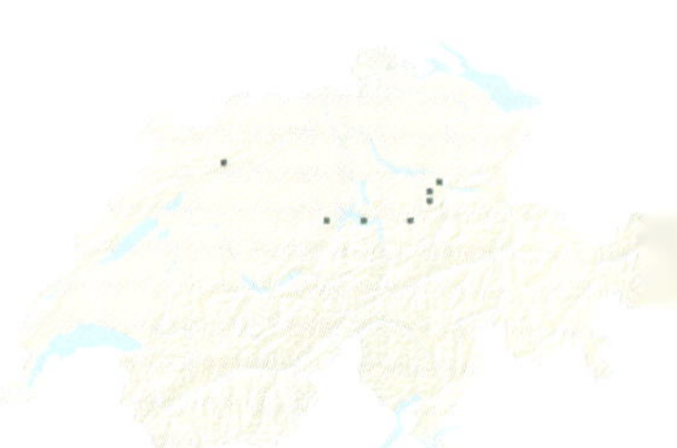

Dolomit-Grubenflechte

Gyalecta leucaspis (Kremp.) Kremp.

NE	
Anzahl Fundorte	2
Substrat	Gestein

Feldmerkmale: Rosa bis olivgrüne, bis 5 cm grosse Krustenflechte mit dünnem, rissigem Lager mit matter Oberfläche. Bei Verletzungen des Lagers werden die orange gefärbten fädigen Grünalgen aus der Verwandtschaft der Gattung *Trentepohlia* sichtbar. Die Fruchtkörper sind bis 1 mm gross, dem Lager mit breiter Basis aufsitzend. Sie bilden einen breiten, meist deutlich vorstehenden, gekerbten Rand mit einer leicht vertieft sitzenden, rotbraunen, dicht weiss bereiften Scheibe.

Wissenswertes: Die Dolomit-Grubenflechte wächst an absonnigen, leicht bergfeuchten Steilflächen an Felsen in lichten Wäldern in wärmeren Lagen. Sie wächst auf Dolomit und Kieselkalken.

Gefährdung und Schutz: Die Dolomit-Grubenflechte ist lokal relativ häufig, fehlt aber in vielen Gebieten und ist vermutlich ziemlich selten.

Verwechslung: Die auf bergfeuchtem Kalkgestein sehr häufige *Gyalecta jenensis* bildet krugförmige Fruchtkörper mit einem glatten Rand und tief eingesenkten, gelborangen Scheiben. *Gyalecta nidarosiensis* zeigt ein pulverig-feinkörniges, auffallend rosa gefärbtes Lager, wächst meist in Überhängen von kalkhaltigen Felsen und bildet in der Regel keine Fruchtkörper aus. Bei ***G. hypoleuca*** öffnen sich die halbkugeligen Fruchtkörper mit einer kleinen Pore. Die rotorangen, vertieft liegenden Scheiben sind meist nur als kleine Punkte sichtbar.

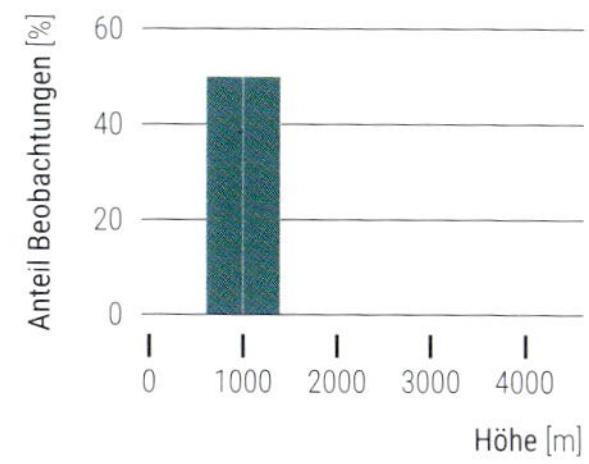

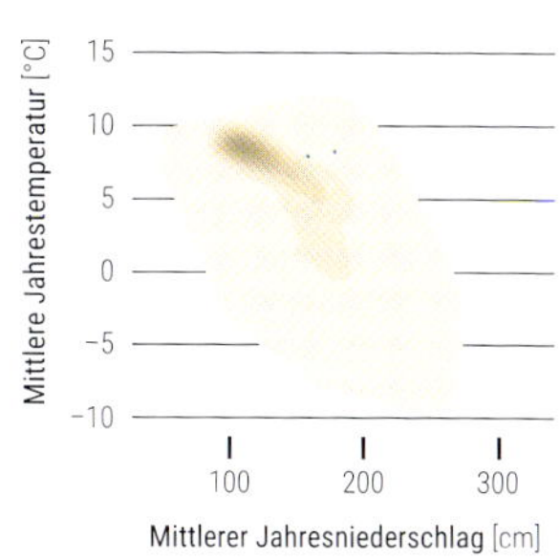

Ulmen-Grubenflechte

EN NHV

Anzahl Fundorte	24
Substrat	Borke

Gyalecta ulmi (Sw.) Zahlbr.

Feldmerkmale: Weisse bis olivgrüne, bis über 30 cm grosse, meist aber deutlich kleinere Krustenflechte mit dünnem, mattem Lager. Die Fruchtkörper sind bis 1,5 mm gross, dem Lager mit breiter Basis aufsitzend. Sie haben einen breiten, meist deutlich vorstehenden, gekerbten Rand und eine vertieft sitzende, rotorange bis rotbraune Scheibe.

Wissenswertes: Die Ulmen-Grubenflechte wächst auf morscher Borke von alten Laubbäumen mit schwach saurer Borke wie Eiche, Esche und Berg-Ahorn in ziemlich lichtreichen, historisch alten Wäldern, Wytweiden und an freistehenden Bäumen in niederschlagsreichen Regionen und luftfeuchten Lagen. Sie wächst meist an regengeschützten Stammseiten, manchmal den ganzen Mittelstamm des Baumes überwachsend.

Gefährdung und Schutz: Die Ulmen-Grubenflechte ist in den meisten Gebieten jeweils auf wenige Bäume beschränkt. Alle Trägerbäume müssen erhalten werden. Vorkommen der Ulmen-Grubenflechte sollten für die Ausscheidung von (Sonder-)Waldreservaten berücksichtigt werden.

Verwechslung: Die Fruchtkörper von ***Lecanora argentata*** und ***L. chlarotera*** sind kleiner und ihr Rand ist weniger stark vorstehend. Die Unterscheidung von anderen Arten der Gattung ***Gyalecta*** ist im Feld einfach möglich.

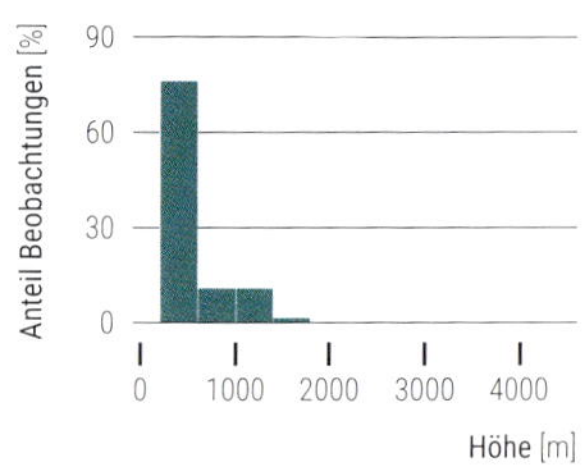

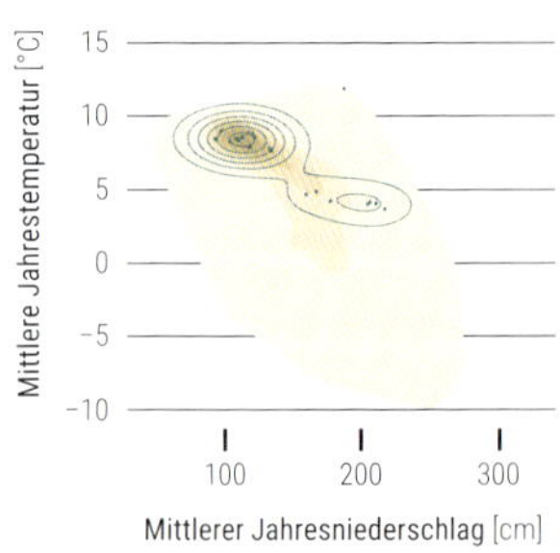

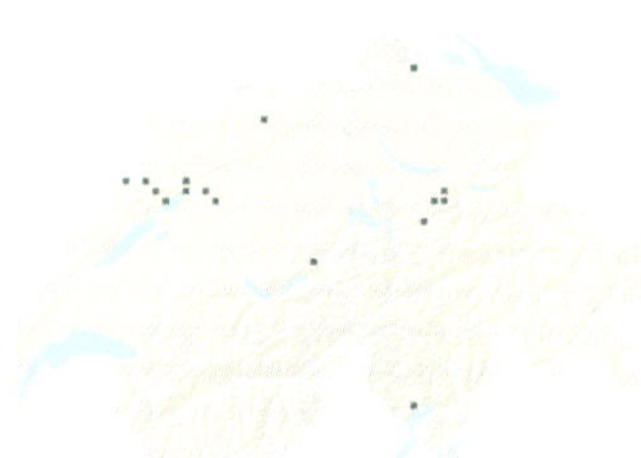

Löss-Sternflechte

EN

Anzahl Fundorte	15
Substrat	Erde

Gyalidea asteriscus (Anzi) Aptroot & Lücking

Feldmerkmale: Das weissliche Lager besteht aus vereinzelten, 1 mm grossen Schuppen, welche vom Rand her sternförmig einreissen. Die dreieckigen Lappen der Schuppen sind meist aufrecht. Im Zentrum der Schuppen entsteht ein dunkelbrauner bis schwarzer Fruchtkörper mit leicht gewölbter Scheibe.

Wissenswertes: Die Löss-Sternflechte wächst bevorzugt an stark geneigten, oberflächlich stark verfestigten Erdanrissen in inneralpinen Felsensteppen, Trockenrasen und in offenen, mit Felsensteppen verzahnten, lichten Wäldern. Sie kommt auf kalkhaltiger Feinerde vor und ist meist begleitet von Arten der Bunten Erdflechtengemeinschaft, wie beispielsweise ***Psora decipiens***.

Gefährdung und Schutz: Die Löss-Sternflechte ist sehr selten. Die aktuellen Vorkommen sind meist sehr klein und nur von wenigen Fundorten bekannt. Nicht alle im 19. Jahrhundert beobachteten Populationen können heute noch nachgewiesen werden. Alle Vorkommen sind zu schonen und die Lebensraumansprüche der Art in Pflegeplänen von Schutzgebieten zu berücksichtigen.

Verwechslung: Einmal entdeckt, kann die Löss-Sternflechte bei guter Entwicklung nicht verwechselt werden.

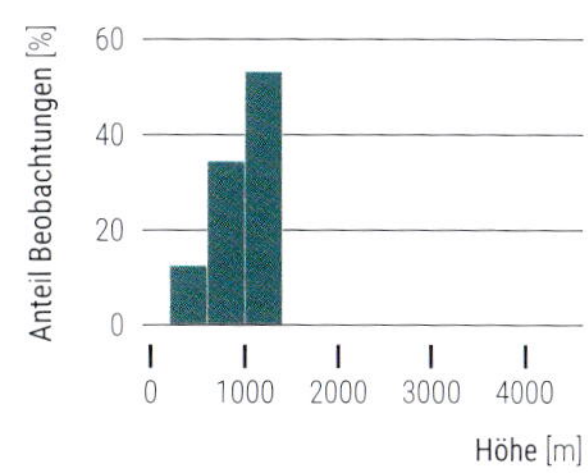

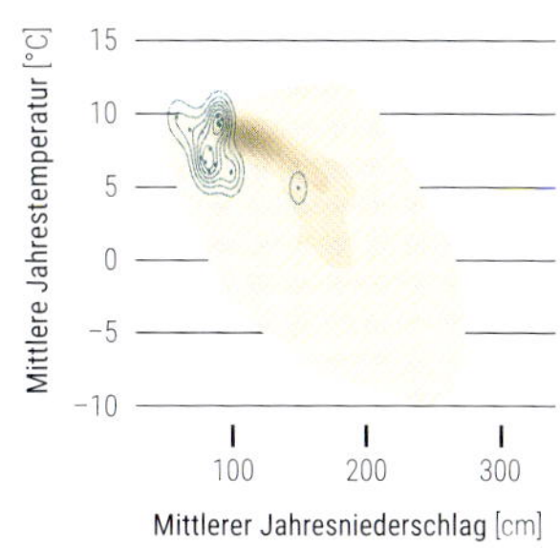

NE

Anzahl Fundorte	6
Substrat	Holz

Schweizer Glasfruchtflechte

Gyalideopsis helvetica van den Boom & Vězda

Feldmerkmale: Grau- bis blaugrüne, bis 2 cm grosse, oft glänzende filmartige Krustenflechte mit rund 0,3 mm grossen, rötlich-braunen Fruchtkörpern. Die feucht durchscheinenden, trocken etwas knorpelig wirkenden Fruchtkörper sind immer vorhanden und sitzen mit breiter Basis dem Lager auf. Vegetative Ausbreitungseinheiten entstehen in kleinen fleckförmigen Aufbrüchen.

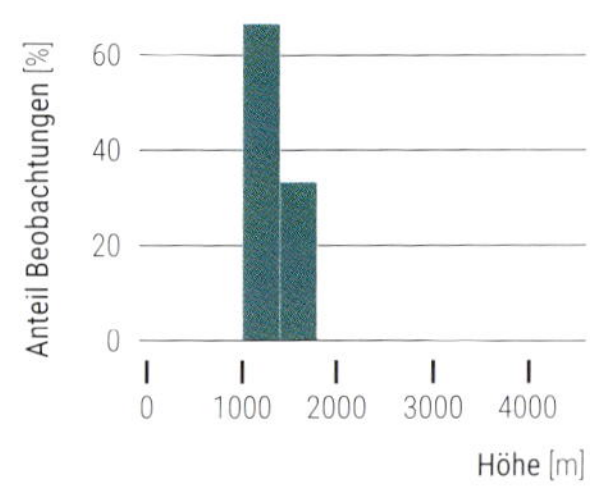

Wissenswertes: Die Schweizer Glasfruchtflechte wächst meist auf am Boden liegendem, entrindetem Totholz von Fichten und Buchen in lichten Wäldern von der kollinen bis in die subalpine Stufe. Die noch nicht mit Moosen oder Flechten bewachsenen Stämme liegen in der Regel auf länger feucht bleibenden Böden. Obwohl sehr klein, ist sie anhand von hellen Flecken auf grünen Algenüberzügen relativ einfach zu entdecken.

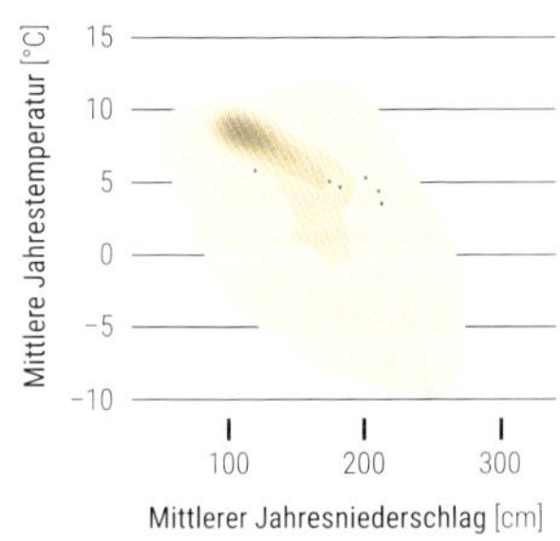

Gefährdung und Schutz: Die Angaben zur Verbreitung in SwissLichens sind unvollständig. Die Schweizer Glasfruchtflechte ist in geeigneten Lebensräumen recht häufig. Durch eine Zunahme von liegendem Totholz in Wäldern kann sie gefördert werden.

Verwechslung: Gut entwickelt ist die Schweizer Glasfruchtflechte im Feld erkennbar. Oft sind aber die Fruchtkörper abgefressen oder nur spärlich entwickelt. In diesen Fällen ist eine Bestimmung schwierig. Feldansprachen von sehr kleinen Krustenflechten sind generell anspruchsvoll und sollten durch eine sorgfältige mikroskopische Untersuchung bestätigt werden.

LC

Anzahl Fundorte	77
Substrat	Erde

Kleinschuppige Feuerflechte

Gyalolechia bracteata (Hoffm.) A. Massal.

Feldmerkmale: Gelbliche bis gelborange, um 3 cm grosse, warzige bis undeutlich schuppige Lager. Fruchtkörper werden bei der typischen Unterart regelmässig gebildet und werden bis 2 mm gross, sitzen mit breiter Basis auf dem Lager, haben einen schmalen, leicht vorstehenden Rand und eine orange Scheibe. In höheren Lagen wird eine weitere Unterart, *G. bracteata* subsp. *deformis*, unterschieden. Bei dieser Sippe lösen sich häufig Warzen vom Lager und dienen so der vegetativen Ausbreitung. Zurück bleiben Teile des weissen Markes.

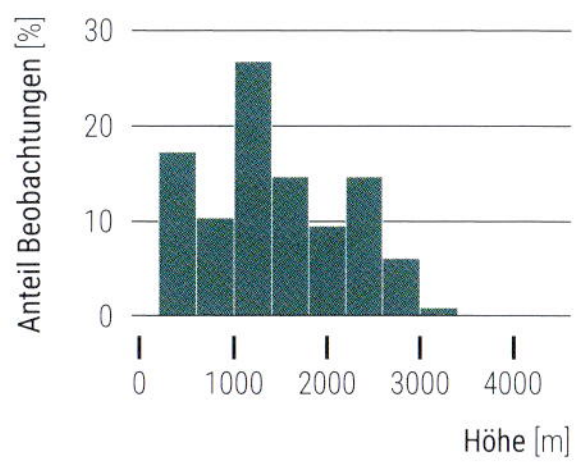

Wissenswertes: Die Kleinschuppige Feuerflechte und ***Psora decipiens*** sind die häufigsten Arten der Bunten Erdflechtengesellschaft und wachsen auf kalkhaltiger Erde in lückiger Vegetation in Trockenrasen, auf hochgelegenen Schotterterrassen und in Felsspalten. Bei guter Entwicklung können die beiden Unterarten der Kleinschuppigen Feuerflechte leicht unterschieden werden.

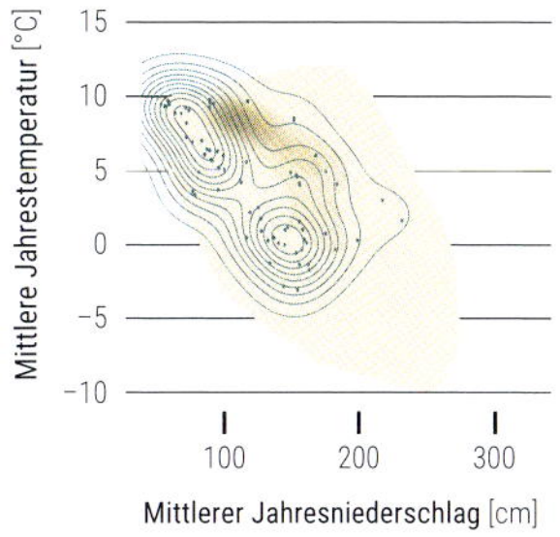

Gefährdung und Schutz: In tiefen Lagen weist die Kleinschuppige Feuerflechte auf mögliche Vorkommen von seltenen Arten der Bunten Erdflechtengesellschaft hin. Solche Standorte sollten deshalb geschont werden, falls sie nicht bereits unter Schutz stehen. In subalpinen und alpinen Lagen ist die Art auf kalkhaltiger Erde häufig.

Verwechslung: *Gyalolechia aurea* wächst in schmalen Felsspalten an Vertikalflächen von Kalkfelsen und bildet dicht stehende, angedeutet gelappte Lager mit dicht stehenden Fruchtkörpern.

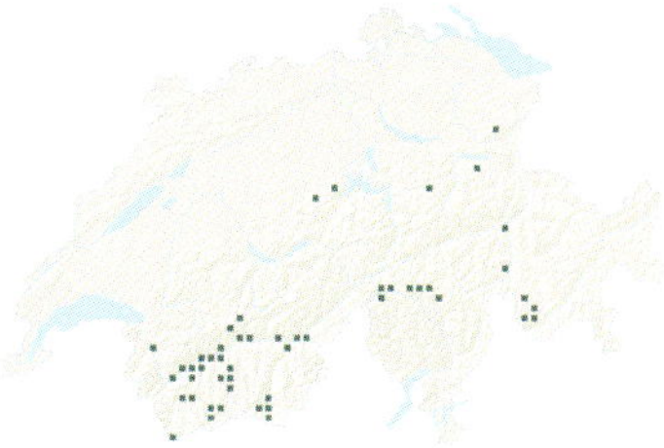

VU

Anzahl Fundorte	66
Substrat	Erde

Gewöhnliche Feuerflechte

Gyalolechia fulgens (Sw.) Søchting, Frödén & Arup

Feldmerkmale: Gelbliche bis gelborange, um 3 cm grosse, rosettenförmige Lager mit deutlich verlängerten, 1 mm breiten, dem Substrat anliegenden Lappen. Die Fruchtkörper werden bis 1,5 mm gross, sitzen mit breiter Basis auf dem Lager, haben einen schmalen, leicht vorstehenden Rand und eine orange Scheibe.

Wissenswertes: Die Gewöhnliche Feuerflechte wächst meist auf erdbewohnenden Moosen, seltener direkt auf Erde in Vegetationslücken von kalkreichen Trockenrasen. Sie ist die auffälligste Art der Bunten Erdflechtengesellschaft und kommt zusammen mit der deutlich selteneren ***Squamarina lentigera*** und Arten der Gattung ***Toninia*** vor.

Gefährdung und Schutz: Vorkommen sollten geschont werden. Pflegemassnahmen gegen zunehmende Verbuschung sind oft nötig, müssen aber so ausgeführt werden, dass die flachgründigen Erdauflagen nicht durch Tritt von Weidevieh aufgebrochen und erodiert werden.

Verwechslung: Die Gewöhnliche Feuerflechte ist im Feld einfach zu erkennen. *Gyalolechia aurea* wächst in schmalen Felsspalten an Vertikalflächen von Kalkfelsen und bildet dichte, angedeutet gelappte Lager mit dicht stehenden Fruchtkörpern. Bei *G. subbracteata* werden grobkörnige, vegetative Ausbreitungseinheiten gebildet, dafür sind Fruchtkörper nur selten vorhanden. Bei *G. bracteata* fehlen die randlichen Lappen.

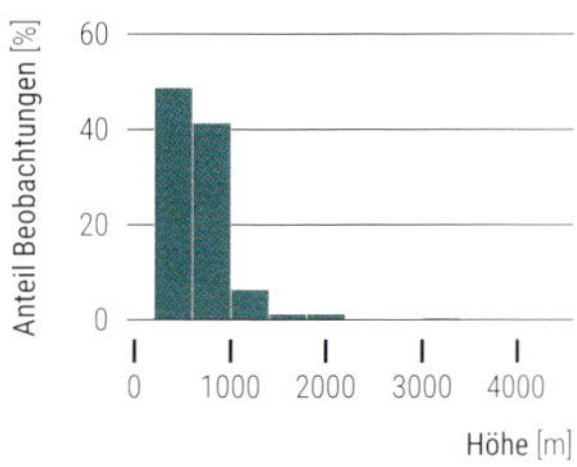

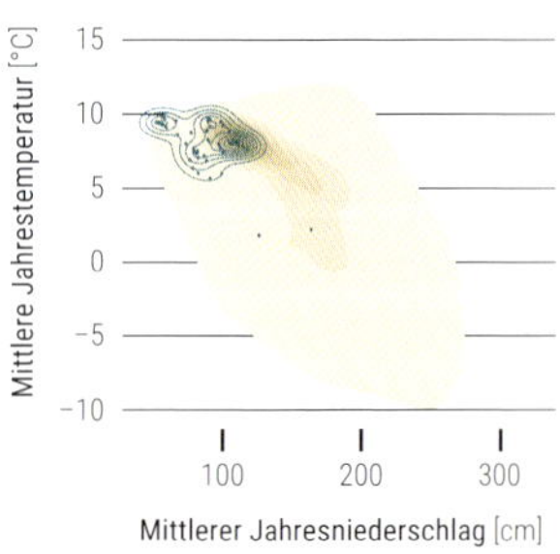

NE

Anzahl Fundorte	8
Substrat	Gestein

Glutrote Sichelflechte

Harpidium rutilans Körb.

Feldmerkmale: Kupferrote oder braunrote, um 2 cm grosse, randlich angedeutet gelappte, im Zentrum gefelderte Krustenflechte. Die Fruchtkörper sind einzeln oder bis zu dreien in den Areolen eingesenkt und zuerst unberandet, später von einem lagerfarbenen, flachen Rand umgeben.

Wissenswertes: Die Glutrote Sichelflechte wächst an etwas regengeschützten, aber doch von wenig Sickerwasser beeinflussten Vertikalflächen von harten Silikatgesteinen. Die Art bevorzugt trockenheisse Felsstandorte und ist häufig mit ***Dimelaena oreina*** vergesellschaftet. Sie besiedelt aber meist Stellen in der Nähe von Felskanten, die für die genannte Begleitart bereits etwas zu trocken sind. Die meisten Vorkommen der Glutroten Sichelflechte sind aus inneralpinen Trockentälern bekannt, wo die Art an Felsrippen und Bergsturzblöcken vorkommt, aber nie grössere Flächen besiedelt und deshalb erst bei gezielter Suche gefunden wird. Aus den Nordalpen ist bisher nur ein Vorkommen bekannt (Bild links: Widerstein, GL).

Gefährdung und Schutz: Die Glutrote Sichelflechte kommt vor allem in Trockentälern vor, ist aber auch dort nur selten zu finden.

Verwechslung: Anhand der kupferroten Farbe ist die Glutrote Sichelflechte im Feld gut zu erkennen, trotz der Ähnlichkeit zu Arten der Gattung ***Acarospora***. Eine Verwechslung ist am ehesten möglich mit *A. fuscata* oder *A. nitrophila*, die aber beide deutlich vertieft sitzende Fruchtkörper aufweisen.

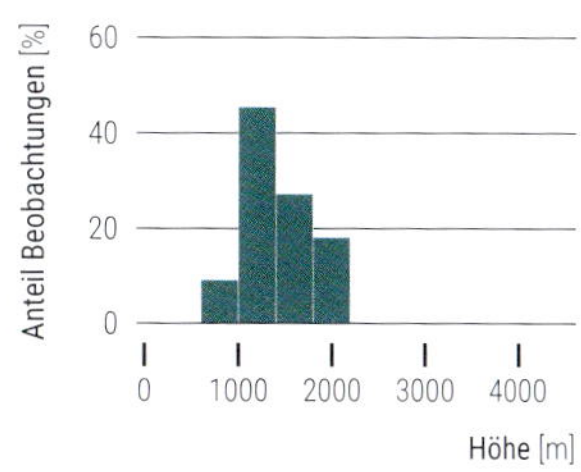

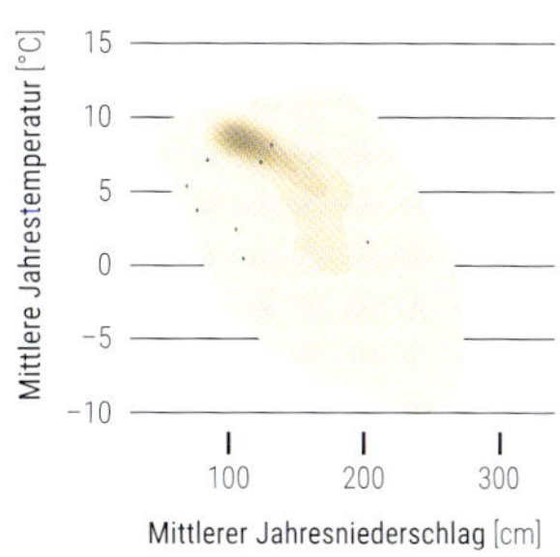

VU

Anzahl Fundorte	20
Substrat	Erde

Anliegende Heppflechte

Heppia adglutinata (Kremp.) A. Massal.

Feldmerkmale: Braune bis olivgrüne, bis wenige Zentimeter grosse Lager bildende Flechte, die aus meist gedrängt stehenden, bis 6 mm grossen Schuppen besteht. In den Schuppen entstehen ein bis mehrere Fruchtkörper mit tief eingesenkten, rotbraunen Scheiben. Die Art ist mit Cyanobakterien vergesellschaftet.

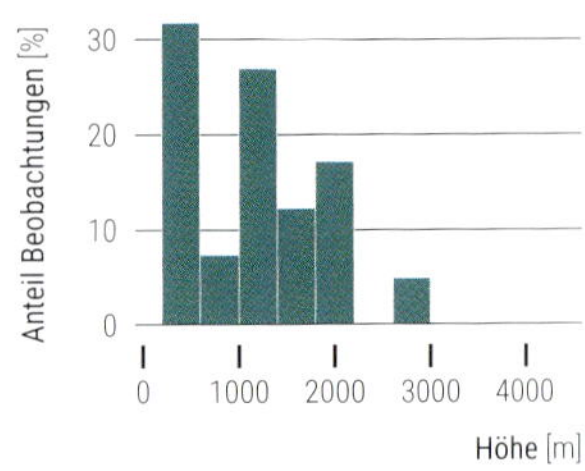

Wissenswertes: Die Anliegende Heppflechte wächst in Vegetationslücken von kalkreichen inneralpinen Felsensteppen und Trockenrasen, wo sie mit Arten der Bunten Erdflechtengesellschaft vergesellschaftet ist. In der subalpinen und alpinen Stufe ist die Art in Blaugrashalden und alpinen Windheiden auf kalkhaltiger Erde zu finden.

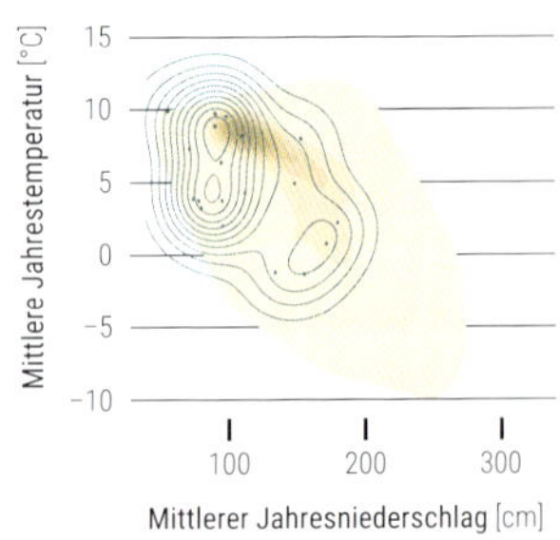

Gefährdung und Schutz: Die Vorkommen sollten geschont werden. Pflegemassnahmen gegen zunehmende Verbuschung sind oft nötig, müssen aber so ausgeführt werden, dass die flachgründigen Erdauflagen nicht durch Tritt von Weidevieh aufgebrochen werden und erodieren. In der (sub) alpinen Stufe sind die Vorkommen kaum bedroht.

Verwechslung: In alpinen Lagen sind sterile Vorkommen der Anliegenden Heppflechte mit Vorsicht von *Solorina spongiosa* zu unterscheiden. Von ***S. octospora***, mit der sich die Art in der alpinen Stufe den Lebensraum teilt, kann die Anliegende Heppflechte mikroskopisch anhand der Sporen und der Fotobionten unterschieden werden. Die sehr seltene ***Peltula patellata*** zeigt schildförmige Lagerschuppen sowie Fruchtkörper, welche flache, nicht tief eingesenkte Scheiben bilden.

CR NHV

Anzahl Fundorte	62
Substrat	Borke

Schöne Wimperflechte

Heterodermia speciosa (Wulfen) Trevis.

Feldmerkmale: Das grauweisse bis elfenbeinfarbene, bis 10 cm grosse Lager ist locker der Borke anliegend, hat lange, schmale und flache Lappen, welche mehrfach verzweigt sind und am Rand lange Wimpern bilden. Vegetative, feinkörnige Ausbreitungseinheiten werden an der Unterseite von deutlich aufsteigenden und am Ende verbreiterten Lappenenden gebildet. Fruchtkörper sind nicht vorhanden.

Wissenswertes: Die Schöne Wimperflechte wächst in niederschlagsreichen oder sehr luftfeuchten Lagen in lichten Grauerlen-Auenwäldern und Laubmischwäldern. Seltener kommt die Art auf lange Zeit schattigen Silikatfelsflächen in lichten Wäldern und Weiden vor.

Gefährdung und Schutz: Die Vorkommen im Mittelland aus dem 19. Jahrhundert sind erloschen, und auch in den Alpen und Voralpen ist die Art sehr selten geworden. Vorkommen müssen geschont werden; sie sollten für die Ausscheidung von Waldreservaten berücksichtigt werden. Artenförderungsmassnahmen sind für Einzelvorkommen zu empfehlen.

Verwechslung: Bei guter Entwicklung kann die Art im trockenen Zustand nicht verwechselt werden. Feucht ist die Schöne Wimperflechte nicht einfach von *Physcia tenella* zu unterscheiden, die aber deutlich eingerollte Lappen besitzt. *Polyblastidium subneglectum* hat eine hellbraune bis orange Unterseite.

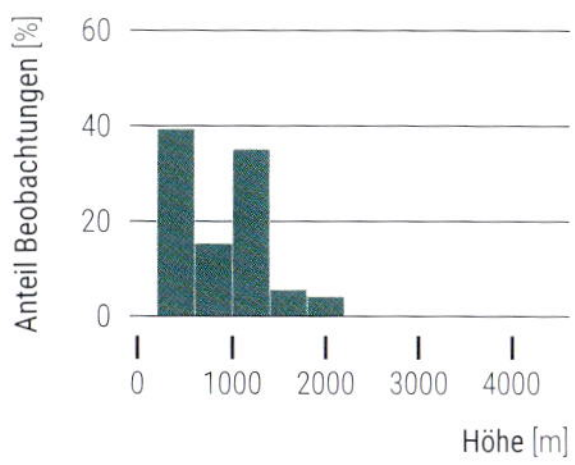

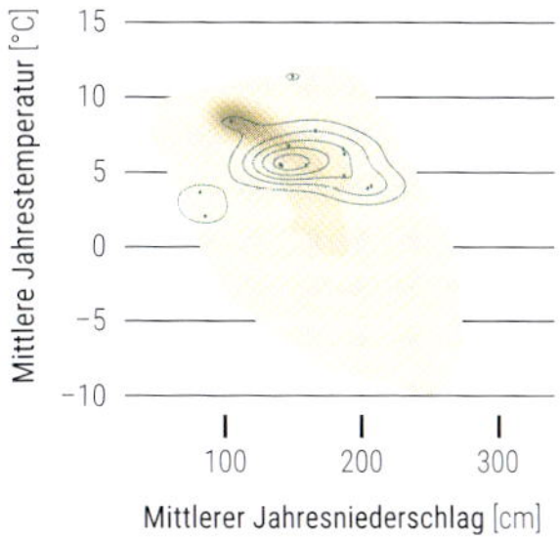

NE

Anzahl Fundorte	12
Substrat	Gestein

Himmelblaue Hautflechte

Hymenelia coerulea A. Massal.

Feldmerkmale: Die um 7 cm grossen Lager wachsen im Gestein und verfärben die Oberfläche der Felsfläche auffällig bläulich. Bei Lupenbetrachtung ist die leicht glänzende blaue Gesteinsoberfläche fein weiss gepunktet. Die Fruchtkörper entstehen weitgehend im Gestein. Nur die schwarze Scheibe erreicht die Gesteinsoberfläche. Später fallen die Fruchtkörper aus und hinterlassen eine Grube in der Gesteinsoberfläche.

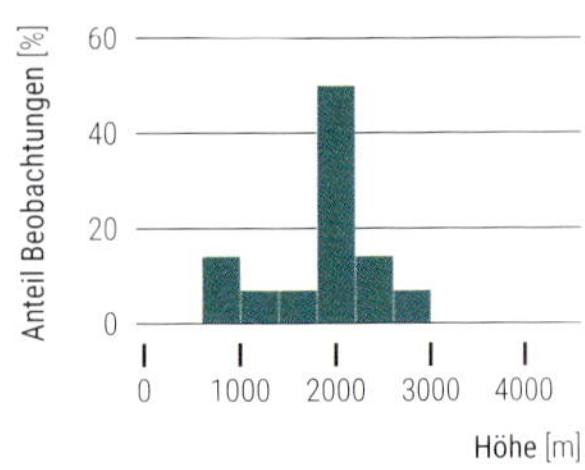

Wissenswertes: Die Himmelblaue Hautflechte wächst an beregneten Vertikalflächen von reinen, kompakten Kalkfelsen. In tieferen Lagen kommt die Art meist in luftfeuchten Wäldern vor, in höheren Lagen oft an absonnigen Karren in Karstgebieten. Einzelne Lager grenzen sich durch feine Linien voneinander ab. Entlang der Linien ergibt sich eine erhöhte Dichte von Pilzmaterial. Als häufige Fressfeinde beweiden Schnecken bevorzugt diese Linien. Sie raspeln dabei auch Gestein ab, um an die im Inneren des Gesteins wachsenden Pilze und Algen der Flechte zu gelangen. Deshalb liegen diese Abgrenzungslinien vertieft in der Gesteinsoberfläche und geben so einen Hinweis auf die intensive biologische Erosion der Kalkfelsen.

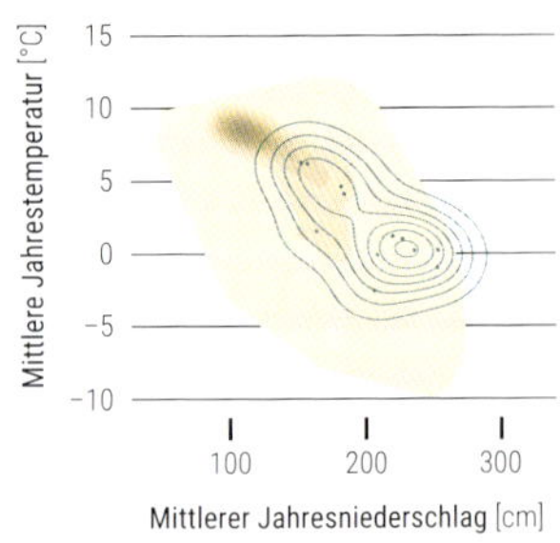

Gefährdung und Schutz: Die Himmelblaue Hautflechte ist in Kalkgebieten häufig. Die Vorkommen der Art sind in SwissLichens unvollständig dokumentiert.

Verwechslung: Bei guter Entwicklung kann die Art anhand ihrer blauen Farbe nicht verwechselt werden.

LC

Anzahl Fundorte	351
Substrat	Borke

Anliegende Schwielenflechte

Hyperphyscia adglutinata (Flörke) H. Mayrhofer & Poelt

Feldmerkmale: Grau-grünliche bis dunkelbraune, bis 2 cm grosse Lager, die oft zu grösseren Flächen zusammenwachsen, mit dicht dem Substrat angepressten, schmalen Lappen. Grobkörnige vegetative Ausbreitungseinheiten werden in fleckförmigen, oft kraterförmig vertieften Aufbrüchen auf älteren Lappen gebildet. Fruchtkörper sind selten.

Wissenswertes: Die Anliegende Schwielenflechte wächst meist auf staubimprägnierter oder nährstoffreicher Borke von Laubbäumen im Offenland, seltener an lichtreichen Stellen im Wald. Häufig in Fettwiesen vorkommend, gedeiht die Art bevorzugt an Nussbäumen. Die Art ist im Siedlungsraum häufig geworden, wo sie an Parkbäumen mit nur wenigen Begleitarten grosse Flächen besiedeln kann.

Gefährdung und Schutz: Die Art ist nicht gefährdet.

Verwechslung: Die Anliegende Schwielenflechte ist im Feld anhand der angepressten Lappen in der Regel gut zu erkennen. Arten der Gattung ***Phaeophyscia*** sehen ähnlich aus, haben aber deutlich breitere Lappen und haften dem Substrat zwar eng an, können im Gegensatz zur Anliegenden Schwielenflechte jedoch mit einem Taschenmesser leicht vom Substrat abgehoben werden. Am schwierigsten ist die Unterscheidung von der seltenen ***Phaeophyscia insignis***.

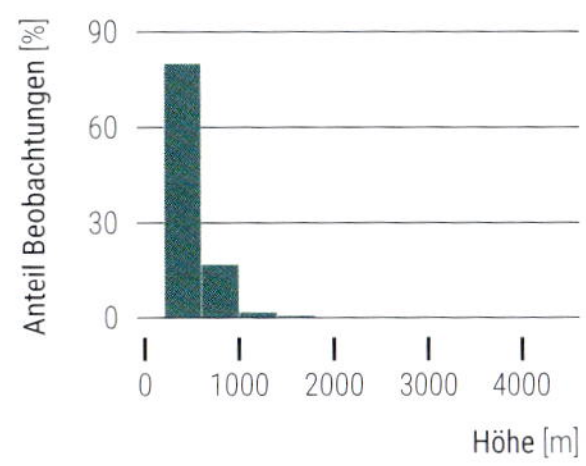

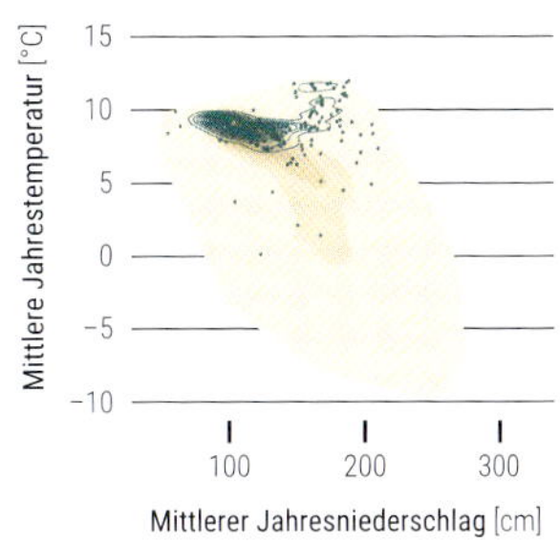

LC

Anzahl Fundorte	191
Substrat	Borke

Aufsteigende Schuppenflechte

Hypocenomyce scalaris (Ach.) M. Choisy

Feldmerkmale: Oliv- bis dunkelbraune, bis über 20 cm grosse Lager. Das Lager besteht aus dachziegelig angeordneten, bis 2 mm breiten Schuppen, welche am Rand in einem lippenförmigen Aufbruch feinkörnige, vegetative Ausbreitungseinheiten bilden. Die selten gebildeten, um 1,5 mm grossen Fruchkörper sitzen mit verengter Basis auf den Schuppen. Die Scheibe ist schwarz, schwach bläulich bereift und von einem schmalen, leicht vorstehenden Rand umgeben.

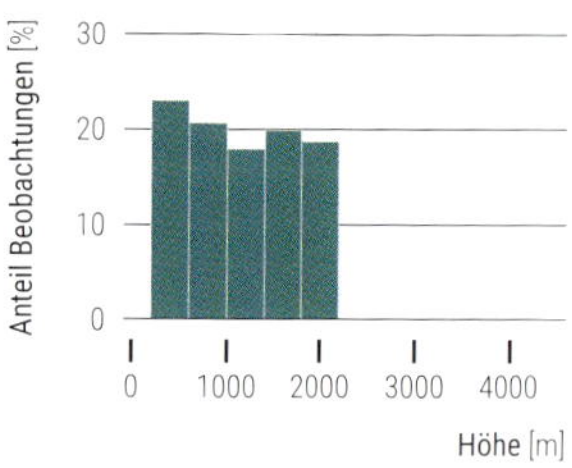

Wissenswertes: Die Aufsteigende Schuppenflechte wächst von den Tieflagen bis zur Waldgrenze an Borke und Holz von Nadelbäumen und Laubbäumen mit saurer Borke. Die Art ist sehr häufig auf der dicken Borke von alten Lärchen in lichtreichen subalpinen Wäldern und Wytweiden zu beobachten. Sie besiedelt auch häufig stehendes Totholz und Strünke. Hier profitiert sie von der höheren Wasserspeicherkapazität des Substrates und bildet, im Gegensatz zu den baumbewohnenden Vorkommen, manchmal reichlich Fruchtkörper.

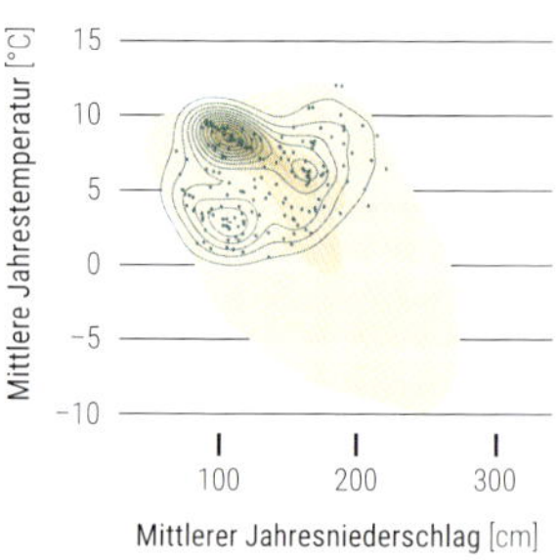

Gefährdung und Schutz: Die Aufsteigende Schuppenflechte wurde in der zweiten Hälfte des vergangenen Jahrhunderts durch saure Niederschläge gefördert und konnte regelmässig auch an Laubbäumen im Siedlungsgebiet beobachtet werden. Solche Vorkommen sind in den letzten Jahren wieder zurückgegangen.

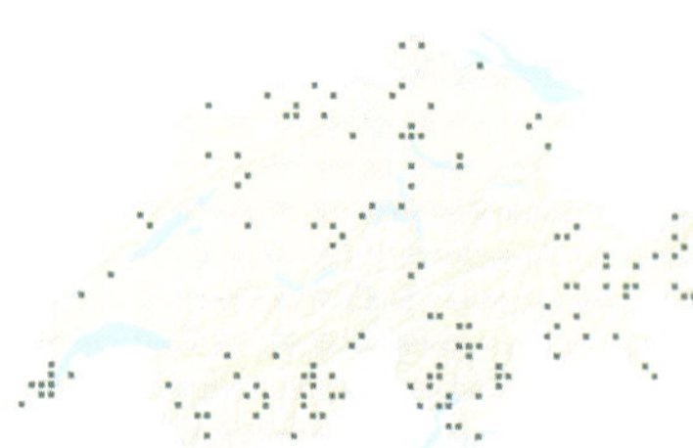

Verwechslung: Die Aufsteigende Schuppenflechte ist im Feld gut zu erkennen. Kümmerformen können anhand der Flechtenstoffe bestätigt werden.

LC

Anzahl Fundorte	339
Substrat	Borke

Mehlige Blasenflechte

Hypogymnia farinacea Zopf

Feldmerkmale: Graues, bis 15 cm grosses Lager mit dem Substrat anliegenden, schmalen, am Ende verbreiterten Lappen. Die Lappen wirken aufgeblasen, haben eine gewölbte Oberseite und sind im Zentrum hohl. Grobkörnige vegetative Ausbreitungseinheiten werden an flächenständigen Aufbrüchen auf der Oberseite älterer Lappen gebildet. Die Unterrinde ist schwarz, Rhizinen fehlen. Fruchtkörper werden nicht gebildet.

Wissenswertes: Die Mehlige Blasenflechte wächst an Nadelbäumen. Sie bevorzugt niederschlagsreichere und luftfeuchte Lagen der hochmontanen Stufe in Wäldern, seltener im Offenland. Die Art ist ziemlich schattentolerant und kommt auch in wenig strukturierten Fichtenwäldern vor, wo sie oft auf über 2 m an Fichtenstämmen fast ohne Begleitarten wächst. Die sehr grossen Lager der Mehligen Blasenflechten sterben im Zentrum ab und bilden dann meist Kreisringsegmente von etwa 3 cm Breite.

Gefährdung und Schutz: Vorkommen in tieferen Lagen sowie vereinzelte Trägerbäume sollten geschont werden.

Verwechslung: Die Mehlige Blasenflechte unterscheidet sich durch graue Lager von *H. austerodes,* die deutlich gebräunte Lappenenden aufweist und oft in der subalpinen Stufe in niederschlagsarmen Regionen vorkommt. Ebenfalls gebräunte Lappenenden bildet *H. bitteri* mit vegetativen Ausbreitungseinheiten an kopfförmigen Aufbrüchen.

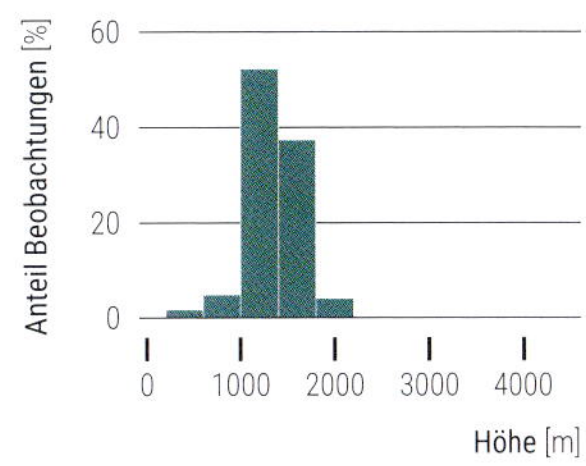

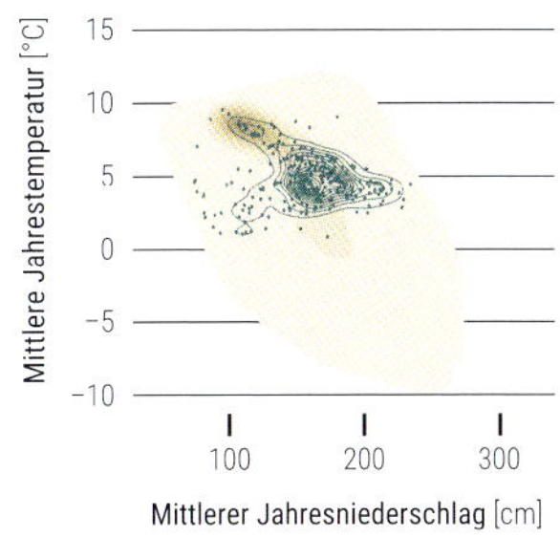

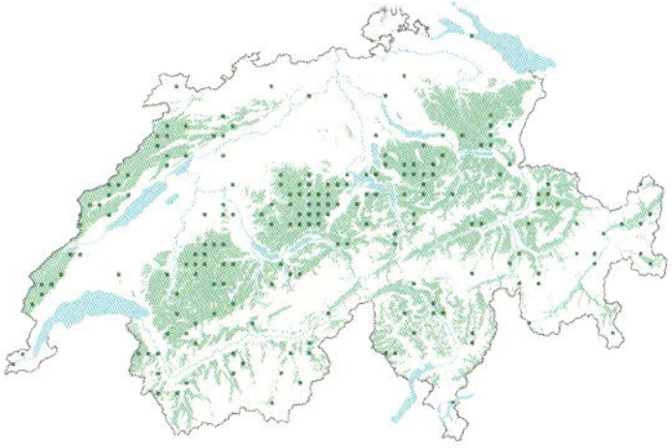

LC

Anzahl Fundorte	819
Substrat	Borke

Gewöhnliche Blasenflechte

Hypogymnia physodes (L.) Nyl.

Feldmerkmale: Graues, bis 10 cm grosses Lager mit lose dem Substrat aufliegenden, schmalen, am Ende aufsteigenden Lappen. Die Lappen wirken aufgeblasen, haben eine gewölbte Oberseite und sind im Zentrum hohl. Feinkörnige vegetative Ausbreitungseinheiten werden an lippenförmigen Aufbrüchen am Ende von älteren Lappen gebildet. Die Unterseite ist schwarz, Rhizinen fehlen. Fruchtkörper sind selten vorhanden.

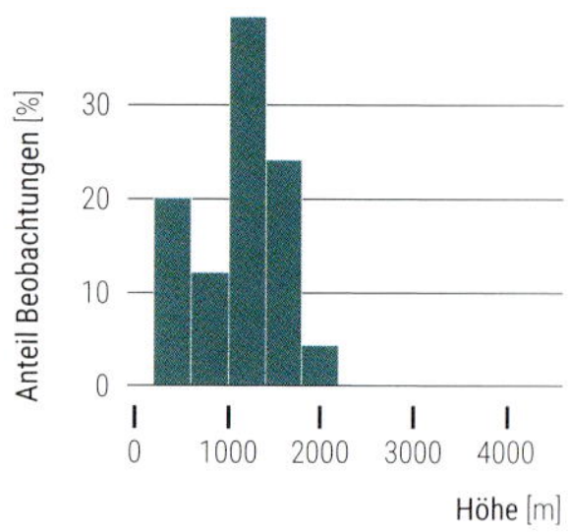

Wissenswertes: Die Gewöhnliche Blasenflechte ist eine der häufigsten Blattflechten. Sie bevorzugt saure Borke und kommt deshalb besonders oft auf Nadelbäumen vor. Die Art wächst sowohl in relativ dunklen Wäldern als auch an freistehenden Bäumen und ist wegen ihrer hohen Toleranz gegenüber Luftverunreinigungen auch im Siedlungsraum auf Laubbäumen häufig.

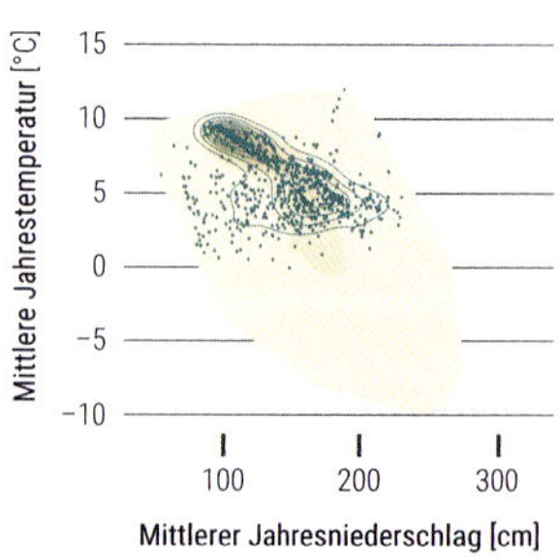

Gefährdung und Schutz: Die Gewöhnliche Blasenflechte konnte vom sauren Regen in verschiedenen Gebieten profitieren, wo sie auch Laubbäume, deren Borke saurer geworden ist, besiedeln konnte. Obwohl dieser Trend in den vergangenen Jahren – auch wegen der anhaltenden Eutrophierung – rückläufig war, ist sie immer noch eine sehr häufige Art.

Verwechslung: ***Hypogymnia vittata*** bildet ebenfalls lippenförmige Aufbrüche, hat aber langgezogene, abwärts gerichtete Lappen und kommt nur in naturnahen Wäldern in luftfeuchten Lagen vor. *Hypogymnia tubulosa* hat kopfförmige Aufbrüche.

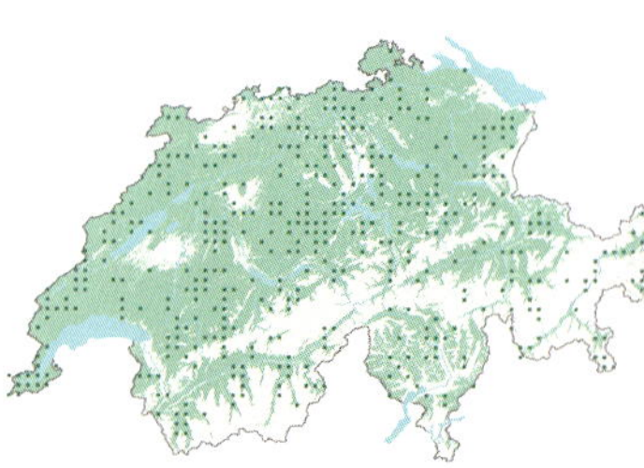

VU

Anzahl Fundorte	89
Substrat	Borke

Gebänderte Blasenflechte

Hypogymnia vittata (Ach.) Parrique

Feldmerkmale: Graues, bis 10 cm grosses Lager mit lose dem Substrat aufliegenden, langen, schmalen, seitlich von der schwarzen Unterrinde eingerahmten, abwärts wachsenden und am Ende aufsteigenden Lappen. Die Lappen wirken aufgeblasen, zeigen eine gewölbte Oberseite und sind im Zentrum hohl. Feinkörnige vegetative Ausbreitungseinheiten werden an schmalen, lippenförmigen Aufbrüchen am Ende von älteren Lappen gebildet. Die Unterrinde ist schwarz, an den Verzweigungen durchbrochen und ohne Rhizinen. Fruchtkörper sind sehr selten vorhanden.

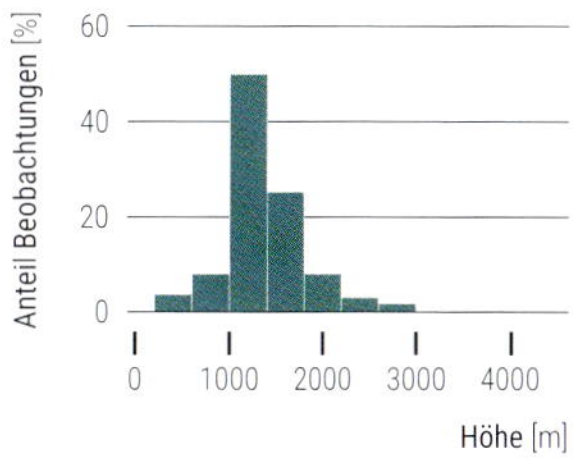

Wissenswertes: Die Gebänderte Blasenflechte ist in den meisten Fällen von historisch alten, naturnahen Gebirgswäldern bekannt. Sie kommt in niederschlags- und nebelreichen Lagen in der hochmontanen Stufe vor. Bekannte Vorkommen aus tieferen Lagen sind erloschen, weil ehemals ziemlich lichtreiche, gestufte Bestände durch forstliche Bewirtschaftung an Lebensraumqualität eingebüsst haben. Von der alpinen Stufe sind wenige Vorkommen von feuchten Felsflächen mit Rohhumusauflage bekannt.

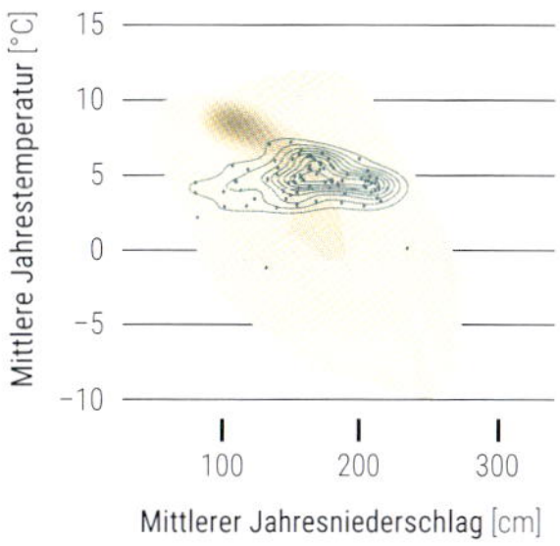

Gefährdung und Schutz: Vorkommen sollten geschont werden und bei der Ausscheidung von Waldreservaten berücksichtigt werden.

Verwechslung: Die Gebänderte Blasenflechte unterscheidet sich von ***H. physodes*** durch die langen, schmalen Lappen. Eine sichere Bestimmung von kleinen Lappen ist anhand ihrer Flechtenstoffe möglich.

NE

Anzahl Fundorte	51
Substrat	Borke

Afrikanische Grauschüsselflechte

Hypotrachyna afrorevoluta (Krog & Swinscow) Krog & Swinscow

Feldmerkmale: Diese graue, bis 15 cm grosse Blattflechte entwickelt breite, der Borke locker aufliegende Lappen. Die Lageroberfläche zeigt keine weissen Punkten oder Linien. Körnige, vegetative Ausbreitungseinheiten werden in fleckförmigen, pustelartigen Aufbrüchen gebildet, darunter wird die Unterrinde sichtbar. Die Lagerunterseite ist glänzend schwarz und bildet zahlreiche, teilweise unregelmässig verzweigte Rhizinen.

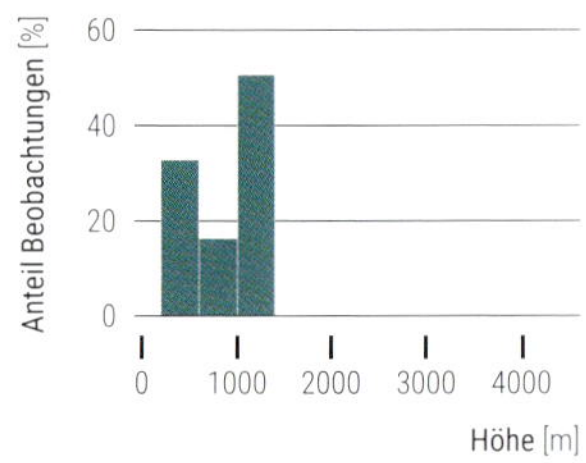

Wissenswertes: Die Afrikanische Grauschüsselflechte wurde lange nicht von *H. revoluta* unterschieden. Beide Arten sind auf Laub- und Nadelbäumen in niederschlagsreicheren Regionen und nicht zu dunklen Wäldern sowie an freistehenden Bäumen zu finden, wobei *H. afrorevoluta* häufiger ist.

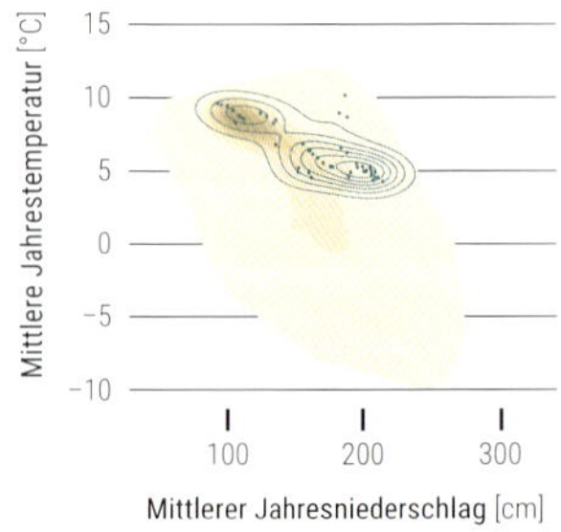

Gefährdung und Schutz: Die Afrikanische Grauschüsselflechte ist häufig, zeigt aber Trägerbäume und Standorte an, welche artenreiche Flechtengesellschaften begünstigen. Im Siedlungsraum sind Trägerbäume zu schonen.

Verwechslung: Die Unterrinde ist bei *H. revoluta* am Rand bräunlich und meist matt, die Ausbreitungseinheiten sind feinkörniger. Eine sichere Unterscheidung von den anderen Arten der Gattung ist anhand der Flechtenstoffe möglich. Für eine Feldansprache können die flächigen Aufbrüche auf den Lappen mit grobkörnigen Ausbreitungseinheiten von ***H. taylorensis*** und die Aufbrüche auf deutlich verlängerten Lappen mit mehligen Ausbreitungseinheiten von ***H. laevigata*** zur Unterscheidung herangezogen werden.

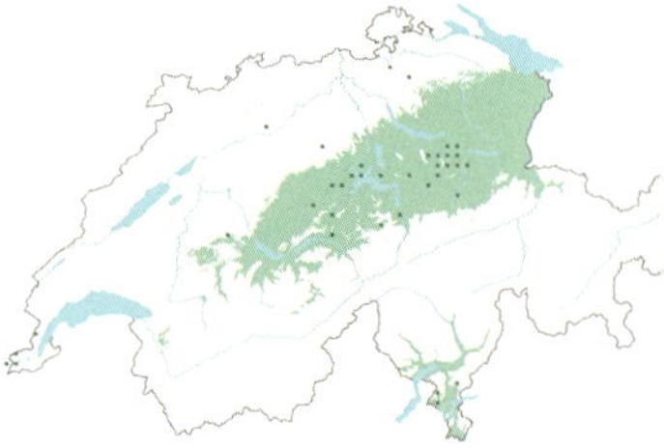

Geglättete Grauschüsselflechte

Hypotrachyna laevigata (Sm.) Hale

EN	NHV
Anzahl Fundorte	34
Substrat	Borke

Feldmerkmale: Graue, bis 15 cm grosse Blattflechte mit breiten, aufsteigenden Lappen. Die Oberfläche zeigt keine weissen Linien oder Punkte. Feinkörnige, vegetative Ausbreitungseinheiten werden in zuerst fleck-, später kopfförmigen Aufbrüchen an verlängerten Lappen gebildet. Die Unterrinde ist schwarz und weist bis zum Lappenrand zahlreiche, unregelmässig verzweigte Rhizinen auf.

Wissenswertes: Die Geglättete Grauschüsselflechte wächst vor allem am Stamm von Weisstannen in historisch alten, ziemlich lichtreichen, gestuften Wäldern in niederschlagsreichen Gebieten. Sie ist sehr selten und nur in wenig genutzten Waldbeständen an älteren, nicht unbedingt dicken Bäumen zu finden.

Gefährdung und Schutz: Alle Vorkommen sollten geschont und für die Ausscheidung von (Sonder)Waldreservaten berücksichtigt werden. Kleine Vorkommen sollten durch Artenförderungsmassnahmen unterstützt werden.

Verwechslung: Typisch entwickelte Lager der Geglätteten Grauschüsselflechte sind anhand der verlängerten Lappen mit den kopfförmigen Aufbrüchen nahe der Lappenenden zu erkennen. Damit unterscheidet sich die Art von ***H. afrorevoluta***, *H. revoluta* und ***H. taylorensis***. Ebenfalls kopfförmige Aufbrüche hat die kleinere ***H. sinuosa***, die aber ein gelbliches Lager und deutlich schmalere Lappen aufweist.

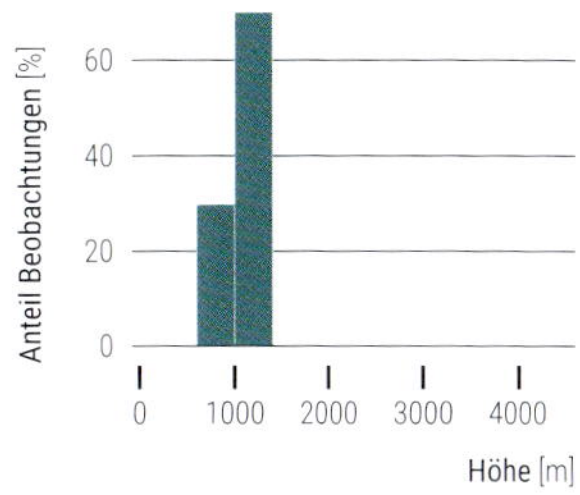

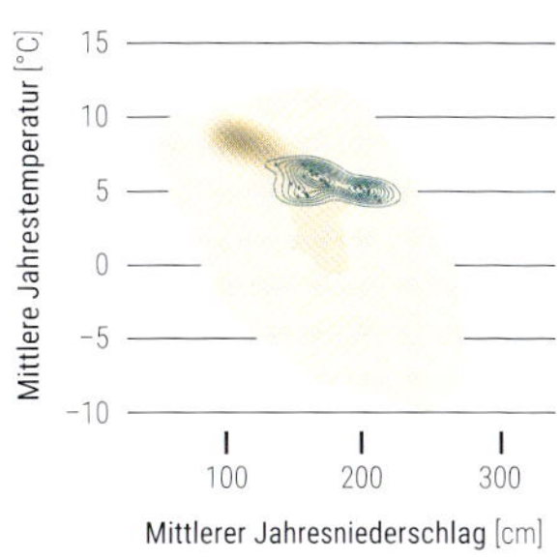

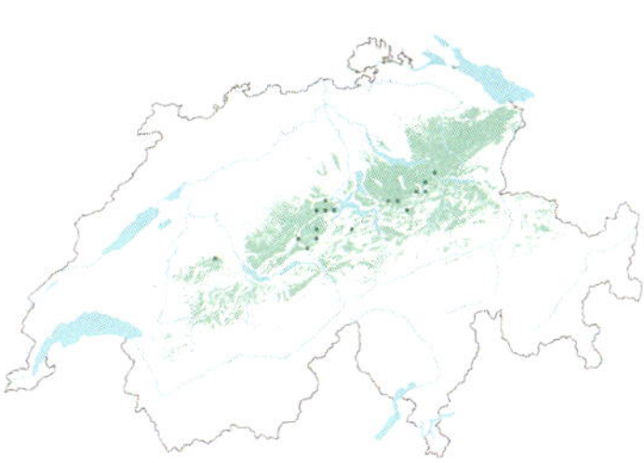

EN

Anzahl Fundorte	3
Substrat	Gestein, Borke

Schlitzblättrige Schüsselflechte

Hypotrachyna minarum (Vain.) Krog & Swinscow

Feldmerkmale: Graues, bis 5 cm grosses Lager mit eng der Borke anliegenden, schmalen, 3–5 mm breiten Lappen. Die Oberfläche weist keine weissen Linien oder Punkte auf. Stiftförmige, manchmal schwach verzweigte, an lichtreichen Standorten an der Spitze gebräunte Ausbreitungseinheiten sind gleichmässig über die Lageroberseite verteilt. Fruchtkörper mit schüsselförmigen, hellbraunen Scheiben, welche den Lappen mit breiter Basis aufsitzen, sind selten vorhanden.

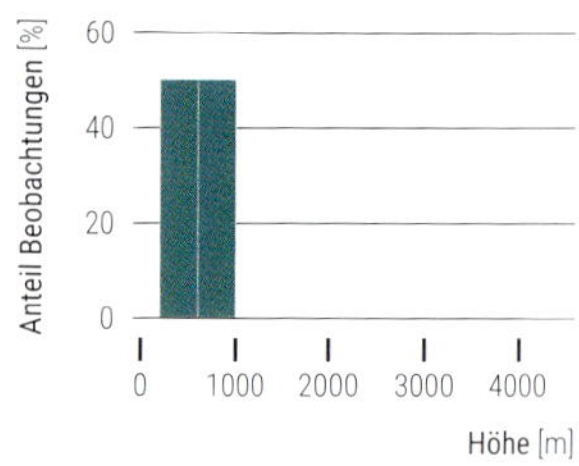

Wissenswertes: Die Schlitzblättrige Schüsselflechte kommt selten in tiefen Lagen der Südalpen auf bemoosten Felsflächen, an Kastanien in Selven und an Eichen in lichten Wäldern vor. Die meisten Vorkommen bestehen aus wenigen Lagern, obschon geeigneter Lebensraum im Gebiet häufig ist. Im Bergell und bei Losone ist die Art von mehreren, nahe beieinanderliegenden Stellen bekannt.

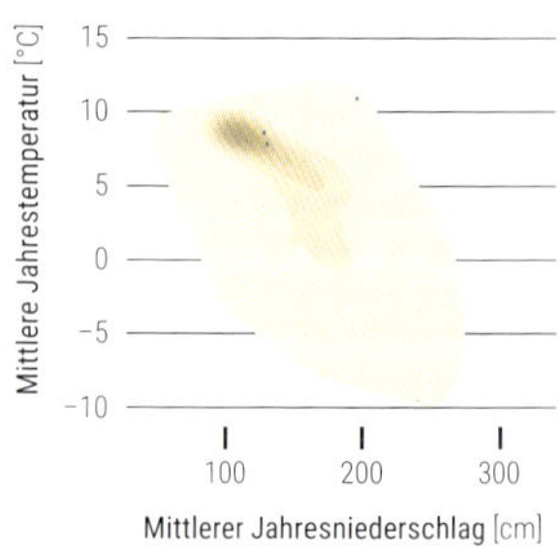

Gefährdung und Schutz: Trägerbäume sollten geschont und die Vorkommen durch Artenförderungsmassnahmen unterstützt werden.

Verwechslung: Die Art ist im Feld auf Felsflächen gut zu erkennen. Baumbewohnende Vorkommen sind schwieriger anzusprechen, weil die viel häufigere ***Parmelina tiliacea*** sehr ähnlich aussieht, mit 5–10 mm breiten Lappen allerdings etwas kräftiger ist. Eine sichere Bestimmung ist anhand ihrer Flechtenstoffe möglich.

VU

Anzahl Fundorte	37
Substrat	Borke

Bogige Grauschüsselflechte

Hypotrachyna sinuosa (Sm.) Hale

Feldmerkmale: Graugelbes, bis 3 cm grosses Lager mit locker der Borke anliegenden, schmalen, aufsteigenden Lappen. Die Oberfläche ist ohne weisse Linien oder Punkte. Feinkörnige, vegetative Ausbreitungseinheiten werden in fleck-, später kopfförmigen Aufbrüchen an den Lappenenden gebildet. Die Unterrinde ist schwarz und bildet zahlreiche, mehrfach gabelig verzweigte Rhizinen.

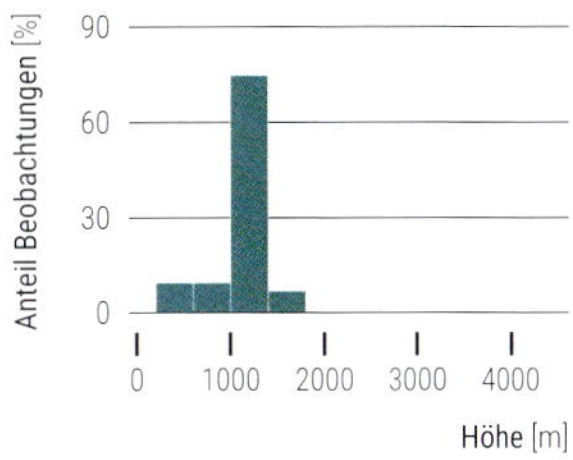

Wissenswertes: Die Bogige Grauschüsselflechte wächst an alten Buchen und Weisstannen in niederschlagsreichen Gebieten in hochmontanen, ziemlich lichtreichen und luftfeuchten Beständen. Sie bevorzugt Schluchtwälder oder Auenwälder. Die Vorkommen bestehen aus wenigen, kleinen Lagern und sind deshalb nur bei sorgfältiger Suche zu entdecken.

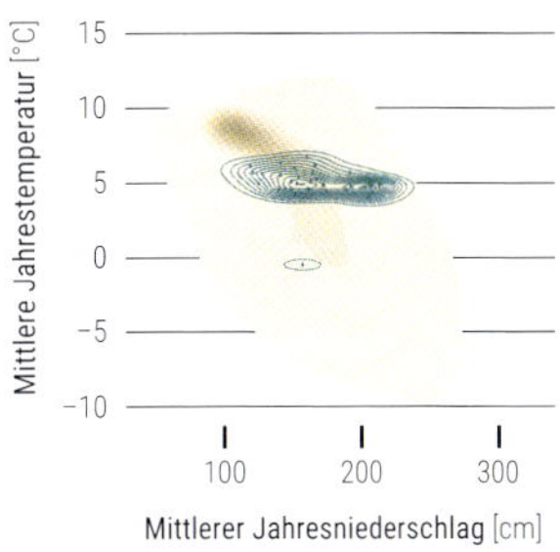

Gefährdung und Schutz: Alle Vorkommen sollten geschont respektive durch das Ausscheiden von Biotopbäumen oder (Sonder)Waldreservaten gesichert und gefördert werden.

Verwechslung: Typisch entwickelte Lager der Bogigen Grauschüsselflechte sind anhand der Färbung und der aufsteigenden Lappen mit den kopfförmigen Aufbrüchen gut zu erkennen. Kleine Lager können mit der viel häufigeren ***Parmeliopsis ambigua*** verwechselt werden, die eine ähnliche Farbe hat, dem Substrat aber eng anliegt. In nassem Zustand gleicht sich die Farbe stärker den grauen Blattflechten an und die Art ist dann noch schwieriger zu finden.

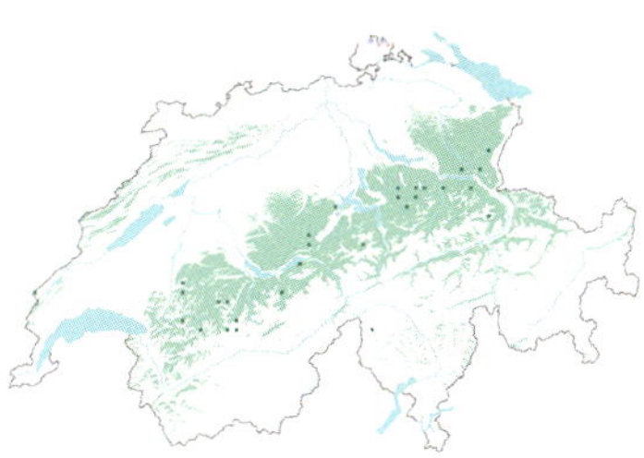

Brüchige Grauschüsselflechte

VU

Anzahl Fundorte	40
Substrat	Borke

Hypotrachyna taylorensis (M. E. Mitch.) Hale

Feldmerkmale: Graue, bis >30 cm grosse Lager mit locker der Borke anliegenden, breiten Lappen. Oberfläche ohne weisse Linien oder Punkte (Bild rechts oben zeigt Frassspuren). Grobkörnige bis schollige, vegetative Ausbreitungseinheiten werden in fleckförmigen, pustelartigen Aufbrüchen auf den Lappen gebildet, darunter wird die Unterrinde sichtbar. Die Unterrinde ist schwarz und bildet zahlreiche, gabelig verzweigte Rhizinen.

Wissenswertes: Die Brüchige Grauschüsselflechte wächst am Stamm von älteren Buchen und Weisstannen in alten, ziemlich lichtreichen, gestuften Wäldern in niederschlagsreichen Gebieten. Die Art kann an geeigneten Trägerbäumen bis über 1 m^2 grosse Massenvorkommen bilden und gleichzeitig auf benachbarten Bäumen mit ähnlichen Eigenschaften fehlen. Sie hat ähnliche Ansprüche an den Lebensraum wie ***H. laevigata***, ist aber von mehr Trägerbäumen bekannt.

Gefährdung und Schutz: Alle Vorkommen sollten geschont und zudem bei der Ausscheidung von (Sonder)Waldreservaten berücksichtigt werden. Kleine Vorkommen sollten durch gezielte Artenförderungsmassnahmen unterstützt werden.

Verwechslung: Die Brüchige Grauschüsselflechte kann etwas breitere Lappen bilden, die auch etwas weiter vom Substrat abstehen als jene von ***H. afrorevoluta*** und *H. revoluta*. Eine sichere Unterscheidung von den anderen Arten der Gattung ist anhand der Flechtenstoffe möglich.

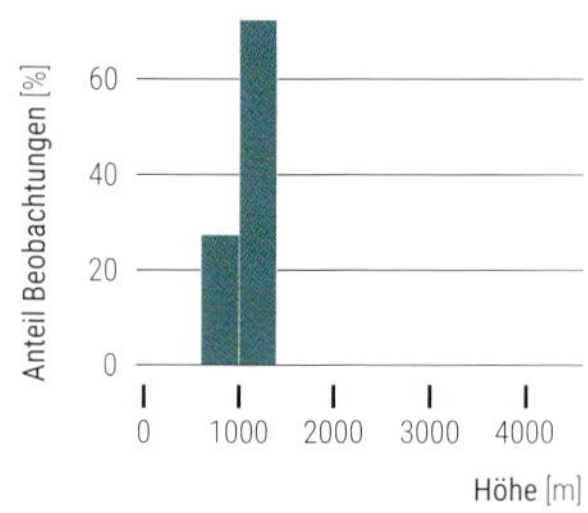

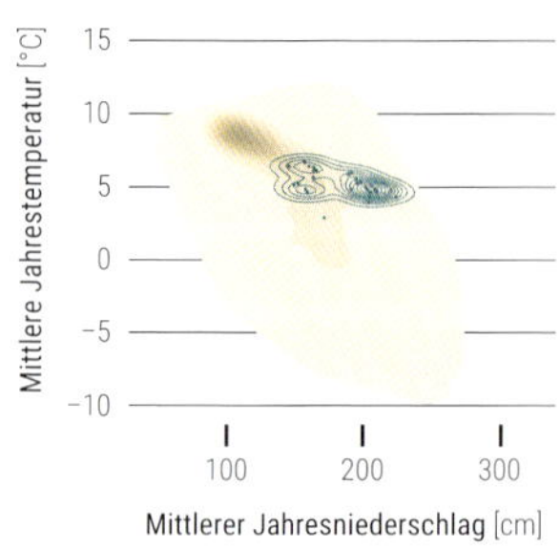

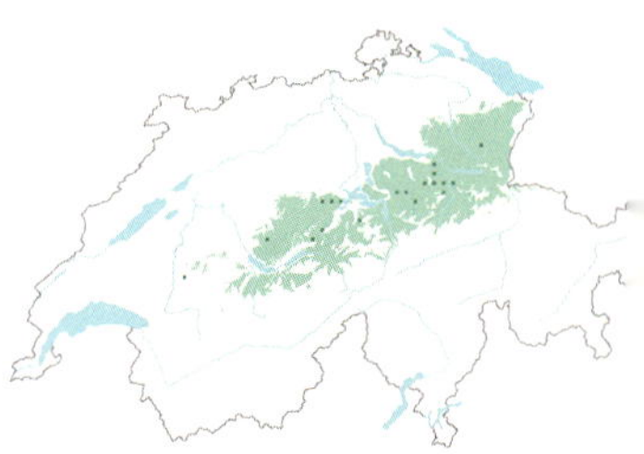

Heideflechte

NE	
Anzahl Fundorte	75
Substrat	Holz

Icmadophila ericetorum (L.) Zahlbr.

Feldmerkmale: Bläulich- bis grüngraue, über 20 cm grosse Krustenflechte mit ledrigem, stellenweise knotig verdicktem Lager. Auf dem Lager entstehen bis 2 mm grosse, intensiv hellrosa gefärbte, mit verengter Basis sitzende Fruchtkörper. Diese sind zuerst schmal berandet und flach, später gewölbt und randlos.

Wissenswertes: Die Heideflechte wächst an weichmorschem Totholz, vegetationsfreien Torfbulten, Erdanrissen von Rohhumus und erdinkrustierten Silikatfelsen, an lange feucht bleibenden, selten besonnten Stellen in nicht zu dunklen Nadelwäldern und Zwergstrauchheiden. Sie kann Moose und Schuppen der Gattung *Cladonia* überwachsen. Dabei werden am Rand faserige Pilzfäden gebildet, auf welchen erst später Algen «nachgeschoben» werden.

Gefährdung und Schutz: Sie ist in der subalpinen Stufe häufig und kommt regelmässig oberhalb der Waldgrenze vor. In tieferen Lagen ist ihr Vorkommen auf Hochmoorwälder beschränkt und entsprechend selten geworden.

Verwechslung: ***Baeomyces rufus*** zeigt ein körnig-warziges bis angedeutet geschupptes Lager und bildet kurz gestielte Fruchtkörper mit rötlichbrauner Scheibe. *Baeomyces placophyllus* entwickelt kräftige, randlich deutlich gelappte Lager und wächst in der subalpinen und alpinen Stufe auf meist schwach kalkhaltiger Erde. Das Lager von ***Dibaeis baeomyces*** ist weisslich und grobkörnig, hat andere Flechtenstoffe und bildet manchmal deutlich gestielte, hellrosa gefärbte Fruchtkörper.

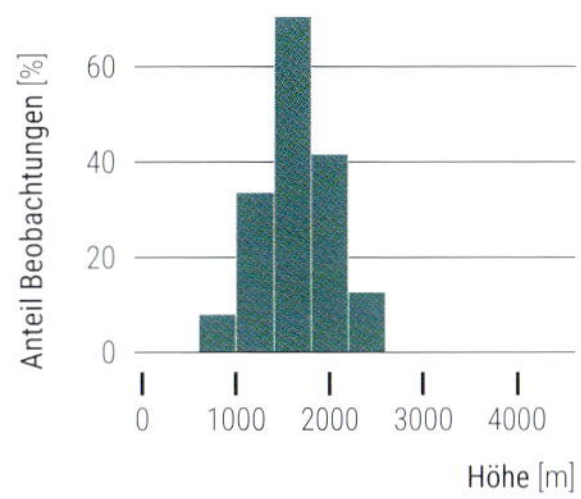

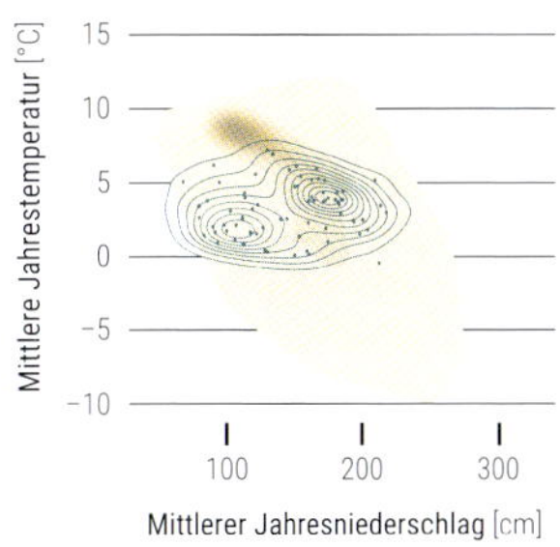

LC

Körnige Napfflechte

Anzahl Fundorte	267
Substrat	Borke

Imshaugia aleurites (Ach.) S. L. F. Mey.

Feldmerkmale: Graues, bis 5 cm grosses Lager mit dicht dem Substrat anliegenden, schmalen Lappen. Stiftförmige vegetative Ausbreitungseinheiten sind immer vorhanden und werden zuerst an den Lappenrändern, später auf der ganzen Lappenoberfläche gebildet. Fruchtkörper mit schüsselförmigen hellbraunen Scheiben, welche den Lappen mit verengter Basis aufsitzen, sind selten und nur in höheren Lagen anzutreffen. Die Unterseite ist weiss bis hellbraun, mit vereinzelten Rhizinen.

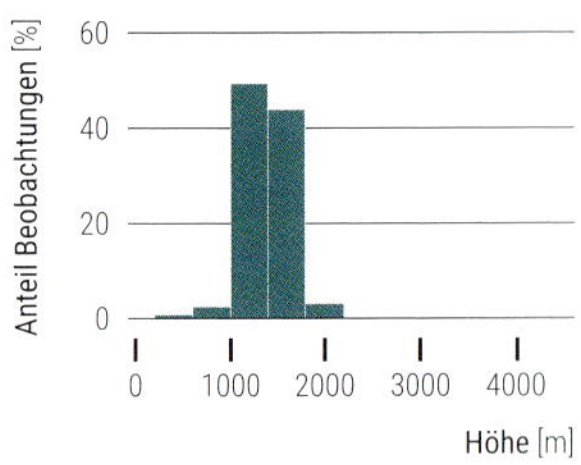

Wissenswertes: Die Körnige Napfflechte ist eine ziemlich häufige Art auf Rinde, seltener auf Totholz, vor allem in höheren Lagen. Sie wächst an der Basis von Bäumen und erträgt längere Schneebedeckung. In tiefen Lagen ist sie selten in Moorgebieten anzutreffen. Die Art bevorzugt Lagen mit erhöhter Luftfeuchtigkeit und ist deshalb weniger häufig als ***Parmeliopsis ambigua***, mit der sie oft zusammen vorkommt.

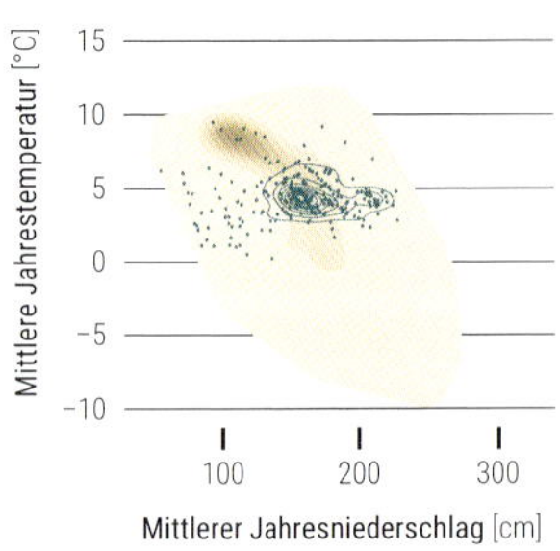

Gefährdung und Schutz: Die Art ist nicht gefährdet.

Verwechslung: Die Körnige Napfflechte unterscheidet sich anhand ihrer stiftförmigen Ausbreitungseinheiten von *Parmeliopsis hyperopta* mit feinkörnigen Ausbreitungseinheiten. Arten der Gattung ***Physcia*** bilden entweder schwarze oder bläulich bereifte Fruchtkörper oder feinkörnige Ausbreitungseinheiten. Die Gattungen ***Parmelina*** und ***Hypotrachyna*** grenzen sich durch breitere Lappen von der Körnigen Napfflechte ab.

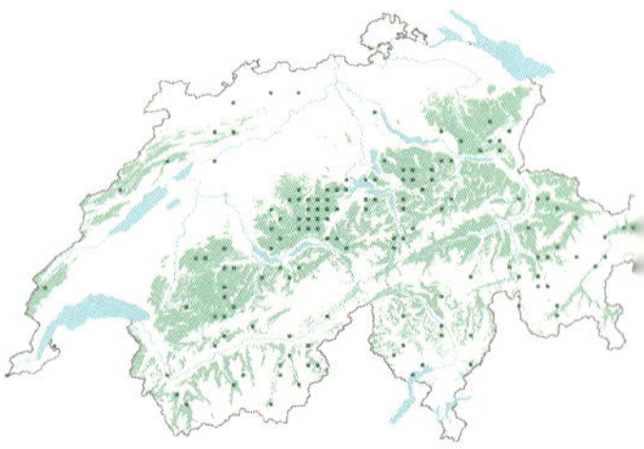

VU

Anzahl Fundorte	129
Substrat	Borke

Feinfaserige Fleckflechte

Inoderma byssaceum (Weigel) Gray

Feldmerkmale: Grauweisses, häutiges bis feinrissiges, manchmal auch in der Borke eingesenktes Lager, meist um 20 cm gross, aber auch ganze Stammseiten bedeckend und so mehrere Quadratmeter gross werdend. Die nur selten vorhandenen, flachen, weiss berandeten Fruchtkörper werden bis 0,7 mm gross, und sind dem Lager breit aufsitzend. Die Scheibe ist hellgrau bis weisslich bereift. Deutlich auffälliger und immer vorhanden sind die warzenförmigen 0,3 mm grossen Pyknidien (rechtes Bild) mit einer braunschwarzen Hülle und einer, im Zentrum gebildeten, weisslichen Masse von vegetativen Ausbreitungseinheiten.

Wissenswertes: Die Feinfaserige Fleckflechte wächst an regengeschützten Stammseiten von meist leicht schief stehenden Stämmen von über 120-jährigen Eichen, seltener Linden oder Eschen, in ziemlich lichtreichen Beständen tiefer und luftfeuchter Lagen. Die meisten Vorkommen sind von Mittelwäldern bekannt.

Gefährdung und Schutz: Vorkommen sollten geschont und für die Ausscheidung von Biotopbäumen oder Sonderwaldreservaten berücksichtigt werden.

Verwechslung: ***Bactrospora dryina*** wächst ebenfalls in ausgedehnten, weissen Überzügen, bildet aber schwarze, nicht bereifte Fruchtkörper und keine auffälligen Pyknidien. *Opegrapha vermicellifera* hat ein etwas dunkleres, graues Lager und bildet manchmal lange, schmale Fruchtkörper.

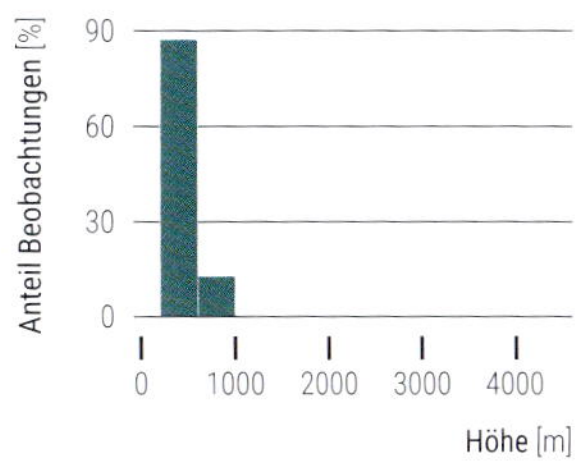

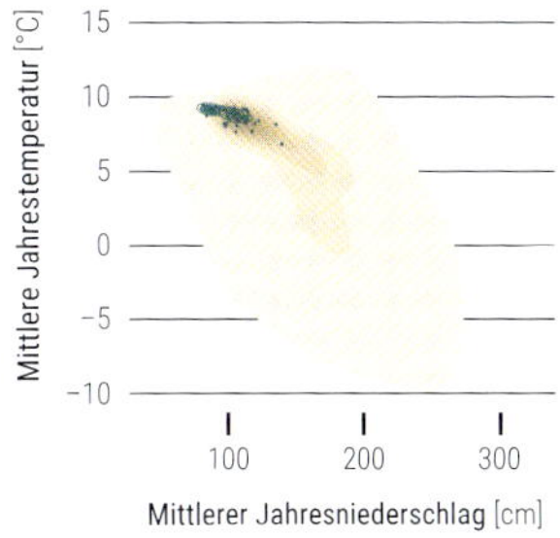

LC

Anzahl Fundorte	114
Substrat	Borke

Dorn-Firnisflechte

Jamesiella anastomosans

(P. James & Vězda) Lücking, Sérus. & Vězda

Feldmerkmale: Grau- bis blaugrüne bis 2 cm grosse, oft glänzende, filmartige Krustenflechte. An etwas geschützten Stellen entstehen auf dem Lager 0,1 mm lange, an der Basis grüne, im oberen Teil durchsichtige, leicht abbrechende Stiftchen. Die selten gebildeten Fruchtkörper sind wachsgelbliche bis orange, um 0,3 mm grosse Scheibchen, welche mit breiter Basis dem Lager aufsitzen.

Wissenswertes: Die Dorn-Firnisflechte wächst an Borke und Totholz von Fichten, Weisstannen und Buchen in Wäldern in niederschlagsreichen Gebieten und luftfeuchten Lagen. In hochmontanen Wäldern ist die Art oft in kleinen Lagern mit üppig entwickelten Blatt- und Strauchflechten vergesellschaftet. Am einfachsten ist sie an Fichten-Stangenholz zu finden, wo sie mit wenigen Begleitarten vorkommen kann. Die Dorn-Firnisflechte ist eine rasch wüchsige Krustenflechte und kann sich sogar an abgestorbenen Wedeln des Gelappten Schildfarns entwickeln.

Gefährdung und Schutz: Die Dorn-Firnisflechte ist weit verbreitet, aber oft nur bei gezielter Suche zu finden. Sie konnte dank saurer Niederschläge ihr Spektrum an besiedelten Trägerbaumarten ausdehnen, ist in den letzten 20 Jahren aber wieder zurückgegangen.

Verwechslung: Die Dorn-Firnisflechte kann an den leicht abbrechenden Stiftchen zuverlässig erkannt werden. Bei ***Gyalideopsis helvetica*** fehlen diese, dafür werden regelmässig Fruchtkörper gebildet.

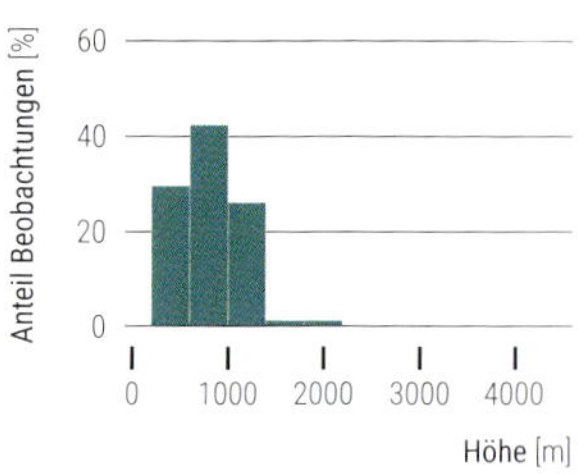

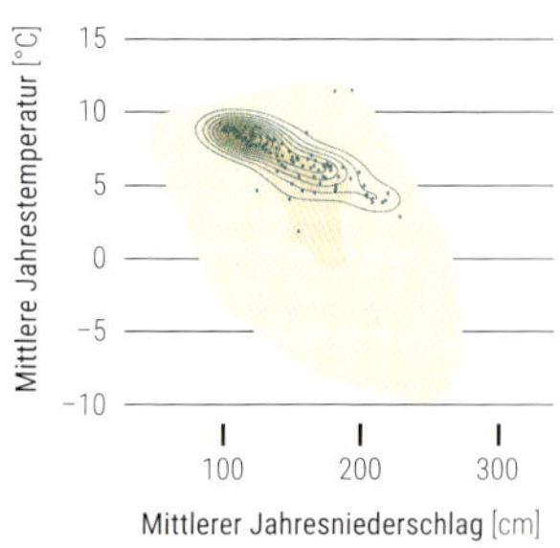

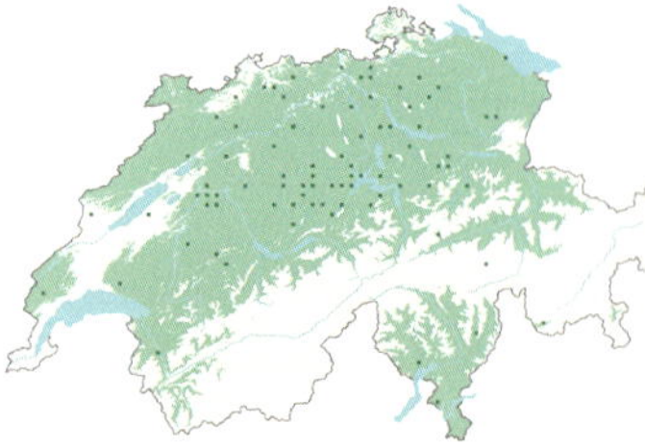

NE

Anzahl Fundorte	5
Substrat	Gestein

Körberflechte

Koerberiella wimmeriana (Körb.) Stein

Feldmerkmale: Grau- bis rosabraunes, aus zusammenfliessenden Warzen bestehendes, bis 20 cm grosses Lager. Am Rand des Lagers und zwischen den Lagerwarzen ist ein schwarzes Vorlager entwickelt. Die Lagerwarzen sind zuerst flach und bilden dann in der Mitte einen zylindrischen bis knolligen, um 1 mm langen Auswuchs. Die Auswüchse dienen der vegetativen Ausbreitung. Selten entwickeln sich an ihren Spitzen auch bis 1,5 mm grosse, rot- bis dunkelbraue Fruchtkörper mit einem dicken, vorstehenden Lagerrand und einer flachen oder leicht gewölbten Scheibe.

Wissenswertes: Die Körberflechte wächst auf kurzfristig überrieselten Flächen von Silikatgestein an Felswänden, oft randlich mit Tintenstrichen vergesellschaftet oder an grossen Blöcken am Rand von Gebirgsbächen und an alpinen Blockschuttquellen. Im überfluteten Zustand dienen die Auswüchse vermutlich auch dem Gasaustausch: Wenn sie die Oberfläche des Wasserfilms erreichen und diesen mit ihren hydrophoben Spitzen unterbrechen (Bild Mitte), wird vor allem die Fotosynthese unterstützt, weil CO_2 schlecht durch einen Wasserfilm diffundieren kann.

Gefährdung und Schutz: Die Körberflechte kommt durch Wasserfassungen und Uferverbauungen bei Gebirgsbächen unter Druck. Sie ist aber in Silikatgebieten nicht selten. Ihr Vorkommen ist in SwissLichens unvollständig dokumentiert.

Verwechslung: Die Farbe des rosabraunen Lagers in trockenem Zustand ist sehr charakteristisch.

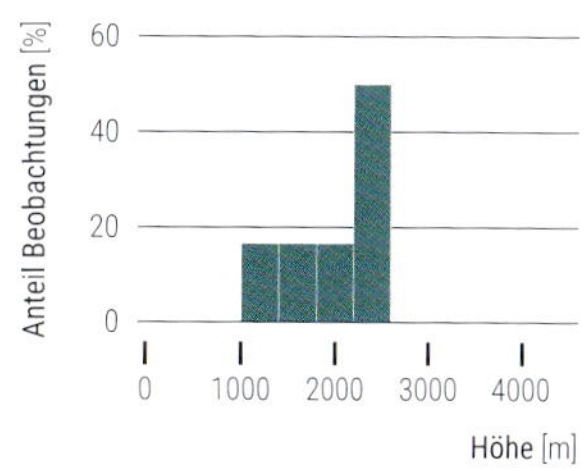

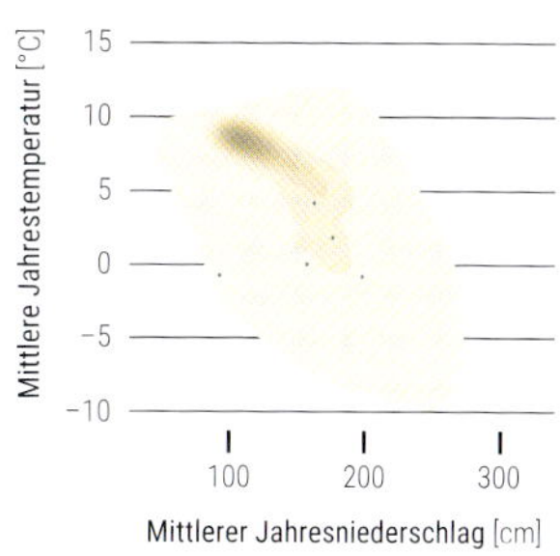

Pustelflechte

NE	
Anzahl Fundorte	29
Substrat	Gestein

Lasallia pustulata (L.) Mérat

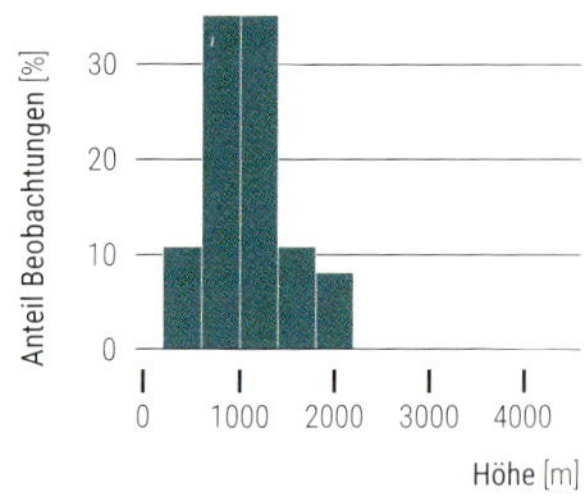

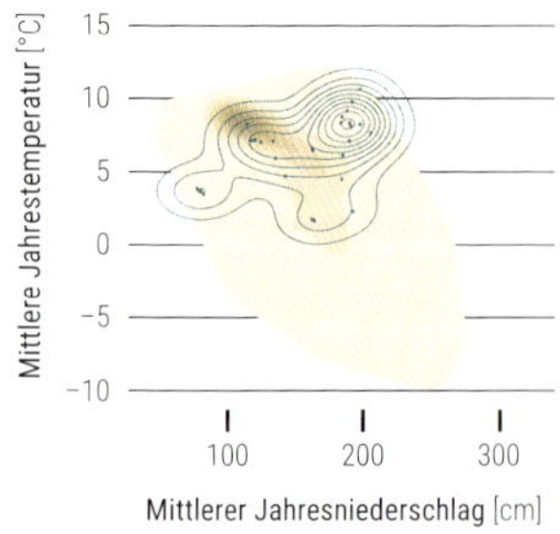

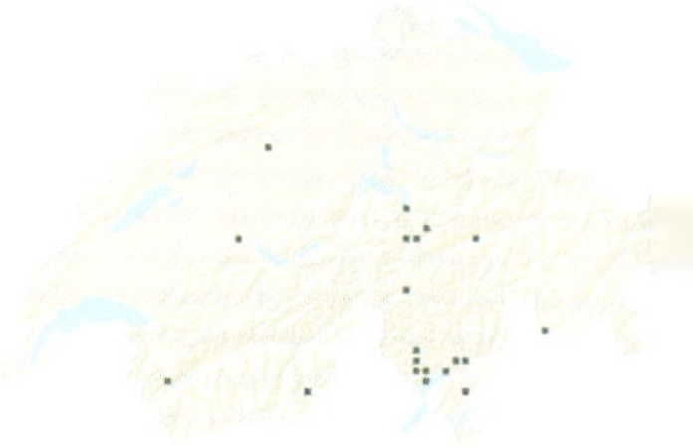

Feldmerkmale: Die dunkelbraune, im Zentrum hellgrau bereifte, einblättrige Nabelflechte ist meist bis 6 cm, selten bis >20 cm gross. Die Oberfläche ist dicht von pustelförmigen Aufwölbungen besetzt. Die Unterseite ist dunkel und weist den Aufwölbungen der Oberseite entsprechende Gruben auf. Vegetative Ausbreitungseinheiten entstehen als verzweigte Stiftchen in Knäueln gruppiert auf der Oberseite, oft an den Rändern aufgebrochener Aufwölbungen. Fruchtkörper werden sehr selten gebildet.

Wissenswertes: Die Pustelflechte wächst auf beregneten Kulm- und Neigungsflächen von teilweise mit Moosen bewachsenen Silikatblöcken von den Tieflagen bis gegen die alpine Waldgrenze. Meist bildet sie individuenreiche Vorkommen auf etwas nährstoffreicheren Flächen, welche nach Niederschlägen längere Zeit feucht bleiben. Die Art kommt auch auf älteren, mit Gneisplatten gedeckten Hausdächern vor, wo sie sehr üppige Vorkommen aus grossen Individuen bilden kann.

Gefährdung und Schutz: Die Pustelflechte ist gebietsweise häufig. Vorkommen auf Hausdächern sollten geschont werden. Die Angaben zur Verbreitung in SwissLichens sind sehr unvollständig.

Verwechslung: Bei guter Entwicklung kann die Art kaum verwechselt werden.

Tannen-Strahlflechte

VU

Anzahl Fundorte	95
Substrat	Borke

Lecanactis abietina (Ach.) Körb.

Feldmerkmale: Grauweisses bis hellgraues, häutiges bis feinrissiges, manchmal auch in der Borke eingesenktes Lager, das meist um 20 cm gross, selten aber ganze Stammseiten bedecken und mehrere Quadratmeter gross werden kann. Die selten gebildeten Fruchtkörper werden bis 2 mm gross, sind dem Lager breit aufsitzend, haben eine gelblich bereifte Scheibe und sind dauernd, vorstehend berandet. Deutlich auffälliger und immer vorhanden sind die warzenförmigen, 0,3 mm grossen Pyknidien mit weiss bereiften Spitzen und punktförmiger Öffnung.

Wissenswertes: Die Tannen-Strahlflechte wächst an Stämmen von Weisstannen und Fichten in historisch alten, naturnahen Wäldern in niederschlagsreichen Gebieten. Sie wächst bevorzugt an leicht regengeschützten Stellen an Stämmen. Obschon die Art zu einer gewissen Dominanz neigt, wächst sie oft gemeinsam mit diversen seltenen Begleitarten.

Gefährdung und Schutz: Vorkommen sollten geschont und für die Ausscheidung von Biotopbäumen oder Waldreservaten berücksichtigt werden.

Verwechslung: Lager von fruchtenden Tannen-Strahlflechte können nicht verwechselt werden. *Opegrapha vermicellifera* bildet ähnliche Pyknidien. Die beiden Arten lassen sich anhand von Flechtenstoffen unterscheiden.

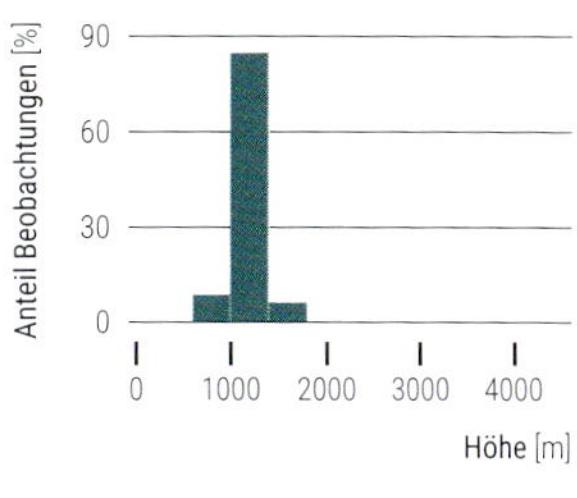

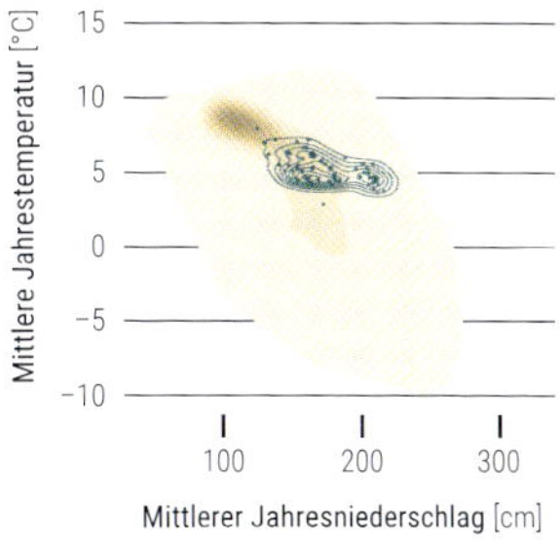

LC

Anzahl Fundorte	353
Substrat	Borke

Naegelis Lecanie

Lecania naegelii (Hepp) Diederich & van den Boom

258 **Feldmerkmale:** Weissliches bis graugrünes, sehr dünnes, oft schorfiges, bis 3 cm grosses Lager. Die um 0,6 mm grossen Fruchtkörper sitzen mit verengter Basis auf dem Lager auf. Sie bilden einen schmalen, bald zurückweichenden Rand um die flache bis leicht gewölbte, hell- bis dunkelbraune oder blaugraue Scheibe.

Wissenswertes: Naegelis Lecanie wächst am Stamm und an Ästen von Baum- und Straucharten mit neutraler bis schwach saurer Borke, hauptsächlich auf Esche, Weide, Zitterpappel und Nussbaum. Sie wächst in lichtreichen Wäldern und an freistehenden Bäumen und Sträuchern in Wiesen, Weiden und im Siedlungsraum. Naegelis Lecanie ist mit anderen nährstoffbedürftigen Flechten wie ***Xanthoria parietina*** vergesellschaftet, meidet aber stark gedüngte Standorte.

Gefährdung und Schutz: Naegelis Lecanie ist eine häufige Art tieferer Lagen. In Auenwäldern, wo sie glattrindige Stämme von Weiden besiedelt, steigt sie bis in die subalpine Stufe hinauf. Im Gegensatz zu ***Xanthoria parietina*** wurde die Art durch die Stickstoffverschmutzung bisher nicht gefördert.

Verwechslung: Die stark gefährdete *Lecania fuscella* und die vom Aussterben bedrohte *L. koerberiana* sowie *L. cyrtella*, *L. cyrtellina* und *L. sambucina* lassen sich anhand mikroskopischer Sporenmerkmale unterscheiden.

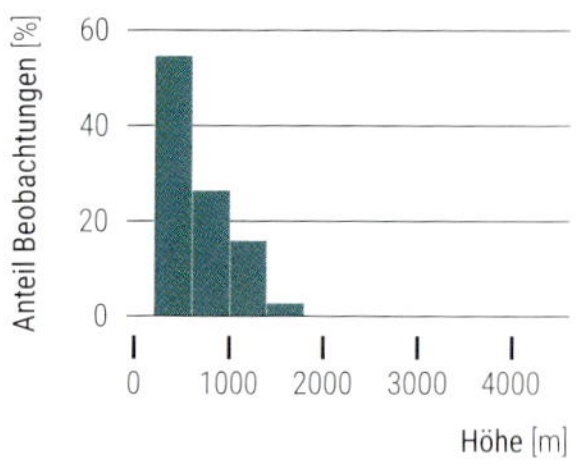

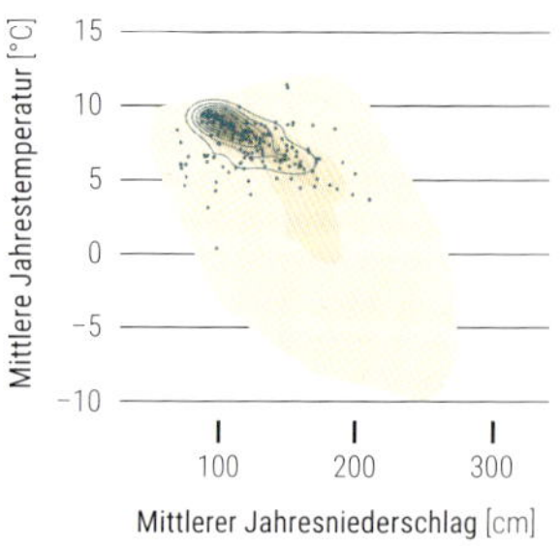

Trügerische Kuchenflechte

NT

Anzahl Fundorte	269
Substrat	Borke

Lecanora allophana (Ach.) Nyl.

Feldmerkmale: Weisslich bis hellgraues, glattes bis knollig warziges, bis 6 cm grosses Lager. Die Scheiben der bis über 2 mm grossen Fruchtkörper zeigen ein dunkles Rotbraun. Sie sind von einem lagerfarbenen, schmalen bis meist dicken und dann deutlich gekerbten und über die Scheibe gebogenem Rand umgeben (Bild links). Die Form ***sorediata*** bildet feinkörnige vegetative Ausbreitungseinheiten in fleckförmigen Aufbrüchen auf dem Lager (Bild rechts).

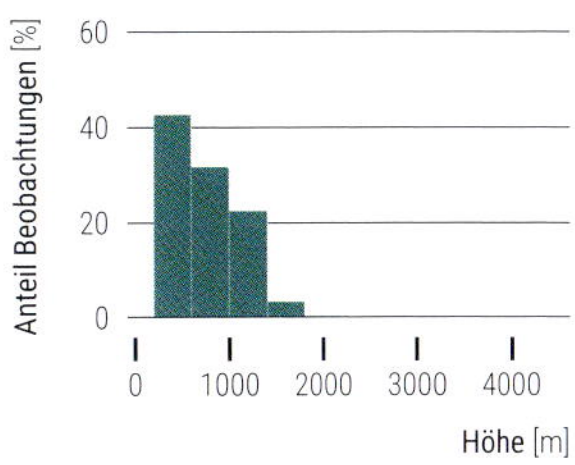

Wissenswertes: Die Trügerische Kuchenflechte wächst auf neutraler, oft etwas staubimprägnierter Borke von Nussbaum, Esche und Berg-Ahorn an freistehenden Bäumen in Wiesen und Weiden, seltener in lichten Wäldern, insbesondere Auenwäldern. In tieferen Lagen ist die Art häufig, ist aber bereits in der subalpinen Stufe selten. Die typische Form mit dickem, gekerbtem Fruchtkörperrand kommt an lichtreichen Standorten, oft in Fettwiesen, vor, während die Form mit vegetativen Ausbreitungseinheiten typisch für Auenwälder ist.

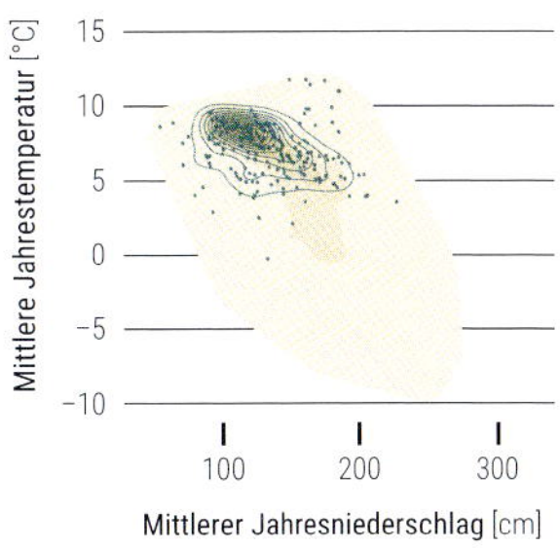

Gefährdung und Schutz: Die Trügerische Kuchenflechte ist in tieferen Lagen relativ häufig und weit verbreitet.

Verwechslung: ***Lecanora argentata*** bildet kleinere Fruchtkörper mit glatten bis angedeutet gekerbten Rändern. Ähnlich wie die Form ***sorediata*** sehen *L. barkmaniana* und *L. impudens* aus. Die Arten können anhand mikroskopischer Merkmale und der Flechtenstoffe unterschieden werden.

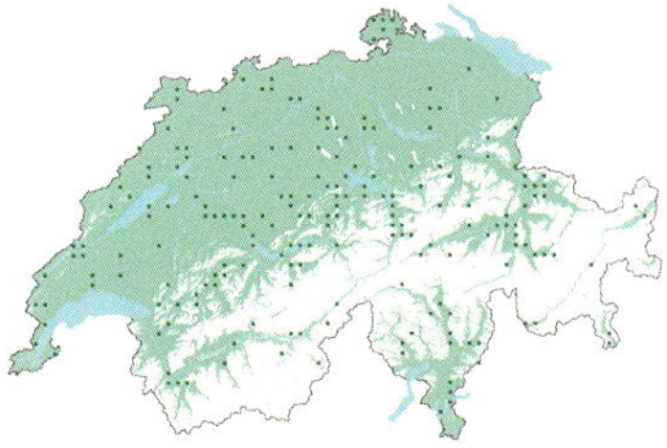

Silbrige Kuchenflechte

LC

Anzahl Fundorte	147
Substrat	Borke

Lecanora argentata (Ach.) Malme

Feldmerkmale: Weisslich bis hellgraues, glattes bis flachwarziges, bis 6 cm grosses Lager, welches sich meist mit einem schwarzen Vorlager von anderen Krustenflechten abgrenzt. Die um 1 mm grossen Fruchtkörper haben eine flache, unbereifte, dunkelrotbraune Scheibe, die von einem lagerfarbenen, schmalen und leicht vorstehenden, glatten bis angedeutet gekerbten Rand umgeben sind.

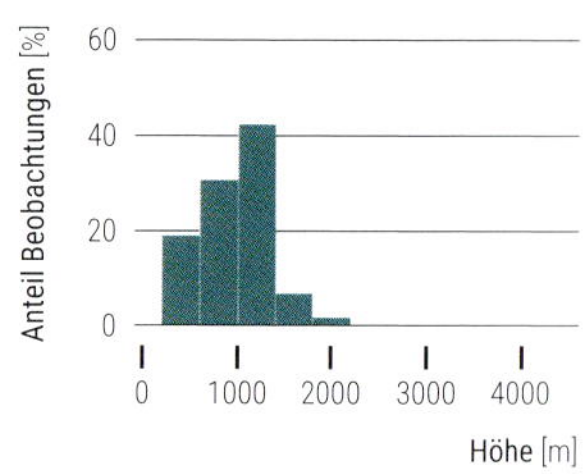

Wissenswertes: Die Silbrige Kuchenflechte wächst auf glatter, ziemlich saurer Borke von Buchen, weiteren Laubbäumen und seltener Nadelbäumen. Sie wächst meist in nicht zu dunklen Buchen- und Mischwäldern, seltener an freistehenden Bäumen. Im Wald wird die Art regelmässig durch Frass geschädigt: Hornmilben fressen oft gezielt die nährstoffreichsten Teile aus den Fruchtkörpern, Schnecken weiden grossflächig die Lager ab und fressen die Fruchtkörper bis auf wenige Reste weg. Vermutlich unterstützen die Herbivoren aber auch die Ausbreitung der Flechten an den Stämmen.

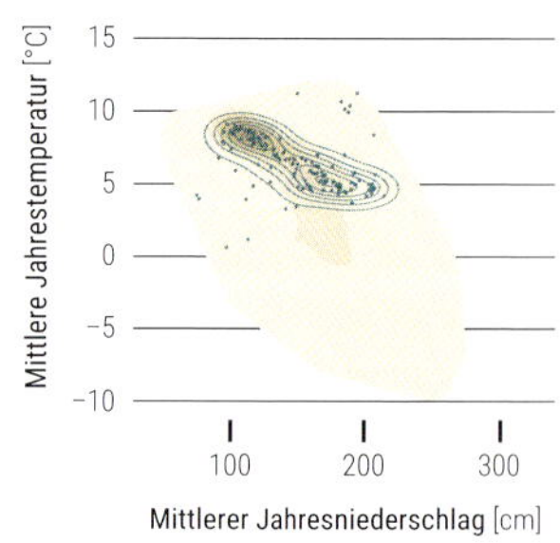

Gefährdung und Schutz: Die Silbrige Kuchenflechte ist deutlich seltener als ***L. chlarotera***, aber in vielen Gebieten recht häufig.

Verwechslung: ***Lecanora allophana*** entwickelt etwas grössere Fruchtkörper mit oft verbogenen Umrissen und vollständig glatten Rändern. ***Lecanora pulicaris*** wächst meist auf Holz oder Borke von Bäumen mit sehr saurer Borke und ***L. chlarotera*** hat hellere Scheiben. Die Arten können anhand mikroskopischer Merkmale und der Flechtenstoffe unterschieden werden.

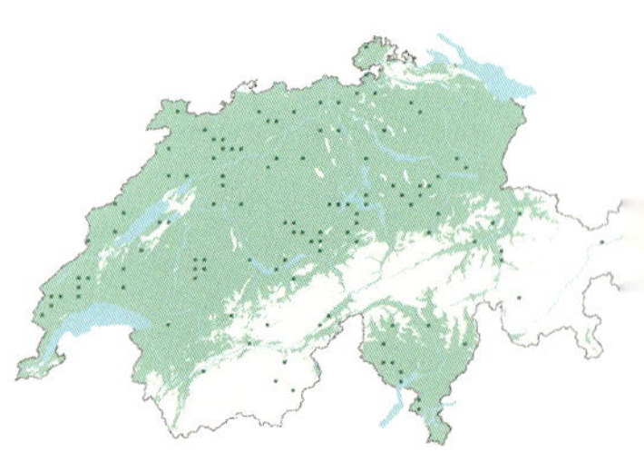

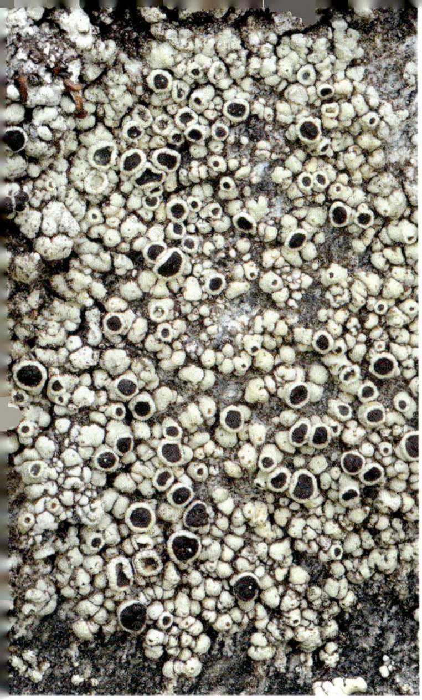

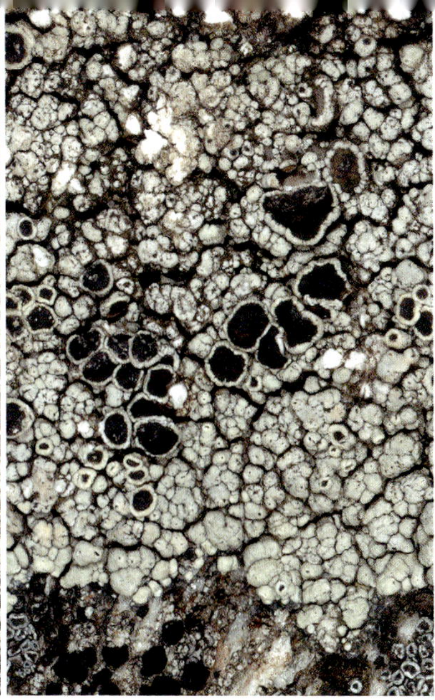

Schiffchen-Kuchenflechte

NE

Anzahl Fundorte	6
Substrat	Gestein

Lecanora argopholis (Ach.) Ach.

Feldmerkmale: Grau-grünliches bis gelbgrünes, um 6 cm grosses, gefeldertes bis deutlich warziges Lager. Die Areolen sind meist gewölbt, dicht stehend bis gedrängt. Die bis 1,5 mm grossen Fruchtkörper sitzen mit verengter Basis auf dem Lager. Die rotbraune bis schwarze, flache bis leicht gewölbte Scheibe ist von einem schmalen, vorstehenden, glatten bis leicht körnigen Rand umgeben.

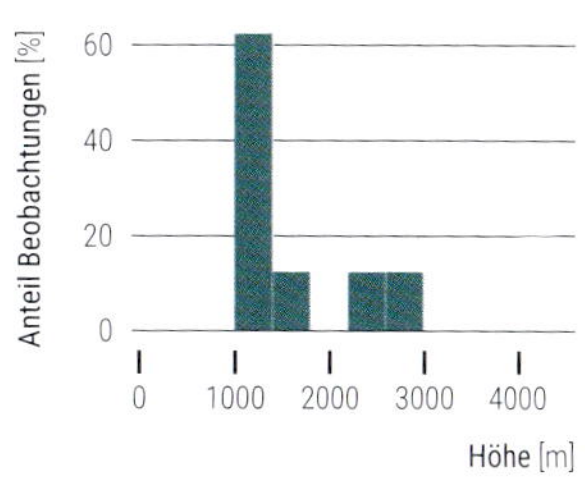

Wissenswertes: Die Schiffchen-Kuchenflechte wächst auf Neigungsflächen von mineralreichem Silikatgestein, welches von kalkhaltigem Staub oder Abflusswasser beeinflusst ist. Sie bevorzugt niedrige, stark besonnte, etwas nährstoffreichere Felsrippen in Felsensteppen und Trockenrasen in niederschlagsarmen Regionen. Die Art dringt an geeigneten Orten bis in die alpine Stufe vor.

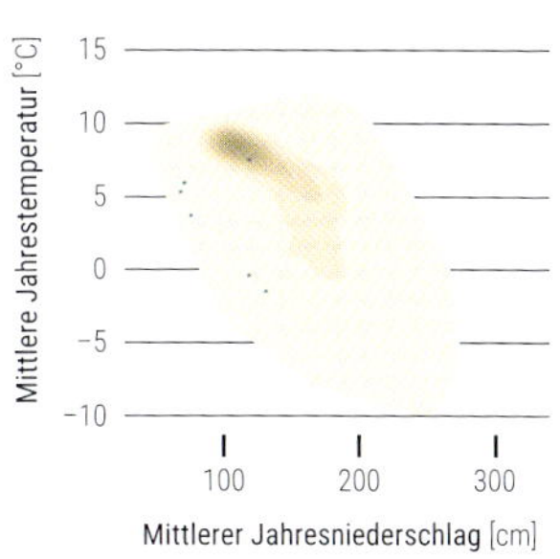

Gefährdung und Schutz: Die Schiffchen-Kuchenflechte ist weit verbreitet, aber nur an vereinzelten Stellen vorhanden, dort dann aber relativ häufig. Die Verbreitung der Schiffchen-Kuchenflechte ist in der Datenbank von SwissLichens unvollständig dokumentiert.

Verwechslung: Aufgrund der recht grossen Lager, der deutlich gelben Färbung und der auffallenden Fruchtkörper ist die Schiffchen-Kuchenflechte im Feld gut zu erkennen. *Lecanora frustulosa* bildet oft kleinere Lager mit wenigen Areolen. Sie bevorzugt Vertikalflächen von mineralreichen Silikatfelsen. Die beiden Arten unterschieden sich anhand der Flechtenstoffe und mikroskopischer Merkmale.

LC

Anzahl Fundorte	919
Substrat	Borke

Helle Kuchenflechte

Lecanora chlarotera Nyl.

Feldmerkmale: Weisslich bis hellgraues, glattes bis flachwarziges, bis 6 cm grosses Lager. Die bis 1,5 mm grossen Fruchtkörper bilden eine flache, unbereifte, gelbbraune bis rötlichbraune Scheibe, die von einem lagerfarbenen, flachen bis leicht vorstehenden, meist angedeutet gekerbten Rand umgeben ist.

Wissenswertes: Die Helle Kuchenflechte ist eine sehr häufige Art auf der Borke von Laub- und Nadelbäumen in nicht zu dunklen Wäldern und im Offenland. Im Wald wächst sie oft bevorzugt auf kräftigen Ästen im Kronenbereich der Bäume, weil der Stamm im Bestand einen zu geringen Lichtgenuss bietet. Die Art kommt seit einigen Jahren auch im Siedlungsraum wieder häufig vor. Je nach Standort kann ihr Aussehen stark variieren. Die Farbe der Scheibe und die Dicke des Lagers sind derart unterschiedlich, dass die Abgrenzung der Art noch nicht befriedigend geklärt ist.

Gefährdung und Schutz: Auf Borke ist die Helle Kuchenflechte die häufigste Art der Gattung.

Verwechslung: Die Scheiben der Fruchtkörper von *Lecanora carpinea* und den nahe verwandten *L. subcarpinea* und *L. leptyrodes* sind deutlich bereift. Andere Arten der Gattung mit rotoranger bis dunkelbrauner Scheibe wie ***L. argentata***, ***L. allophana***, ***L. cinereofusca*** und ***L. pulicaris*** können anhand mikroskopischer Merkmale und der Flechtenstoffe unterschieden werden.

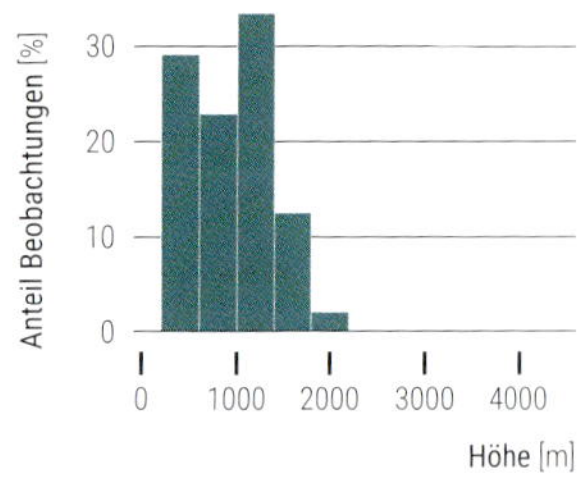

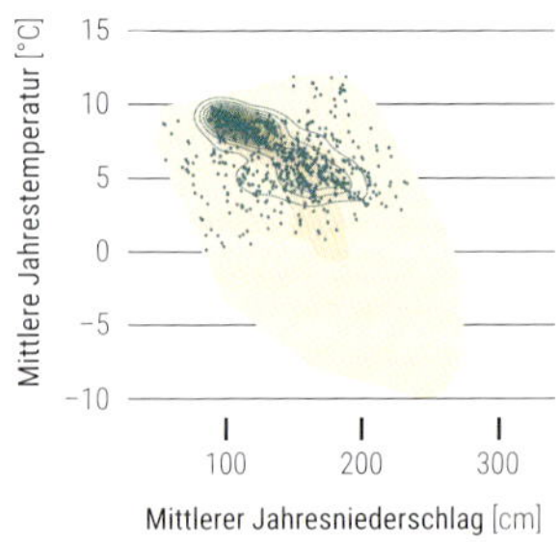

EN

Anzahl Fundorte	8
Substrat	Borke

Graubraune Kuchenflechte

Lecanora cinereofusca H. Magn.

Feldmerkmale: Weisslich bis hellgraues, knollig warziges, bis 4 cm grosses Lager. Die bis 1,5 mm grossen Fruchtkörper sind teilweise in das warzige Lager eingesenkt oder sitzen mit breiter Basis auf dem Lager. Sie bilden eine flache bis gewölbte, unbereifte, orangebraune Scheibe, die von einem lagerfarbenen, breiten, flachen bis vorstehenden, deutlich gewellten bis grob gekerbten Rand umgeben ist.

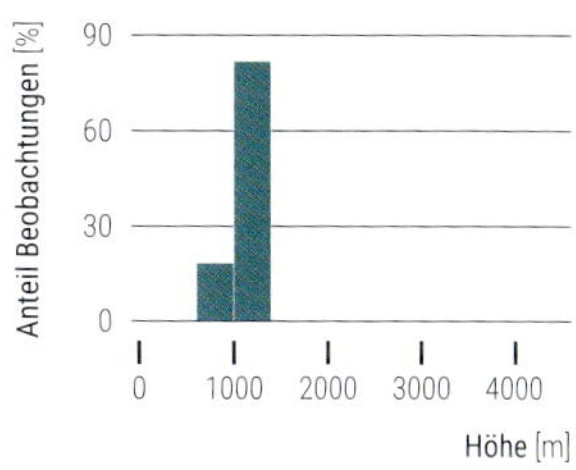

Wissenswertes: Die Graubraune Kuchenflechte wächst auf der Borke von alten, knorrigen Buchen in lichten, historisch alten Tannen-Buchenwäldern. Ihr Vorkommen ist auf luftfeuchte Lagen, beispielsweise am Rande von Runsen und Wildbächen, in niederschlagsreichen Regionen beschränkt. Aus Gründen des Hochwasserschutzes werden Trägerbäume der Graubraunen Kuchenflechte oft präventiv entfernt, um bei einem Hochwasserereignis das Risiko eine Verklausung zu mindern.

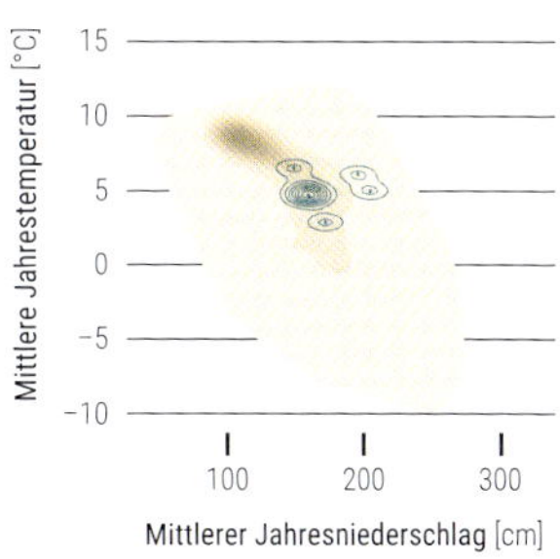

Gefährdung und Schutz: Die Graubraune Kuchenflechte ist sehr selten. Ihre Vorkommen in der Schweiz sind klein und besiedeln jeweils nur wenige Trägerbäume. Sie sollten alle geschont und durch Artenförderungsmassnahmen gestützt werden.

Verwechslung: Die Graubraune Kuchenflechte entwickelt oft unregelmässig geformte Fruchtkörper, die an Frassformen einer sehr kräftigen ***L. chlarotera*** erinnern. Die Arten können anhand mikroskopischer Merkmale und der Flechtenstoffe unterschieden werden.

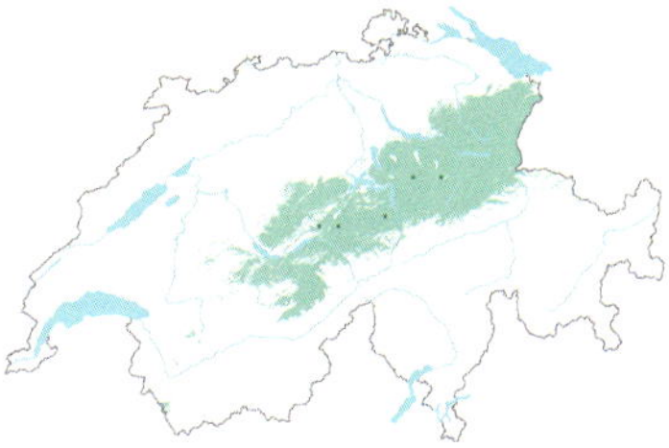

Teufels Kuchenflechte

NE

Anzahl Fundorte	4
Substrat	Gestein

Lecanora diaboli Frey & Poelt

Feldmerkmale: Gelbgrünes, bis 8 cm grosses, gefeldertes bis angedeutet schuppiges Lager mit deutlich verlängerten, fächerförmig verbreiterten Randlappen. Die Areolen sind leicht gewölbt und werden bis 2 mm dick. Die 1-5 mm grossen Fruchtkörper sitzen mit verengter Basis auf dem Lager. Sie bilden zuerst eine flache, von einem schmalen Lagerrand umgebene Scheibe. Ältere Fruchtkörper im Zentrum des Lagers sind deutlich grösser, stark gewölbt und randlos.

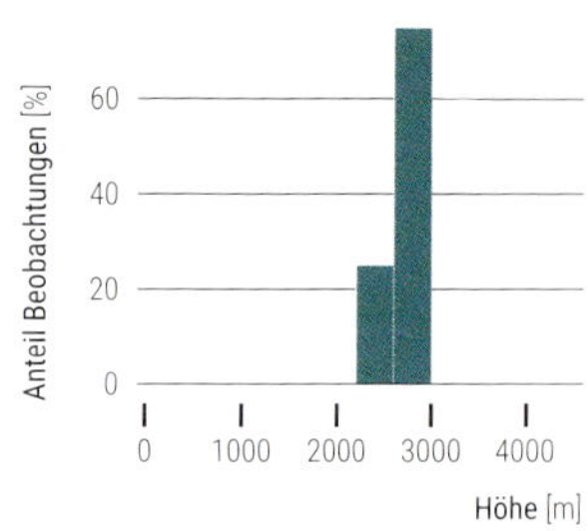

Wissenswertes: Teufels Kuchenflechte wächst hochalpin an stark sonnenexponierten Vertikal- und Neigungsflächen an Gipfelgraten auf Mergelkalk sowie weiteren, wenig kalkhaltigen Gesteinen. Der Name weist auf die ersten Funde in der Val dal Diavel im Schweizerischen Nationalpark hin.

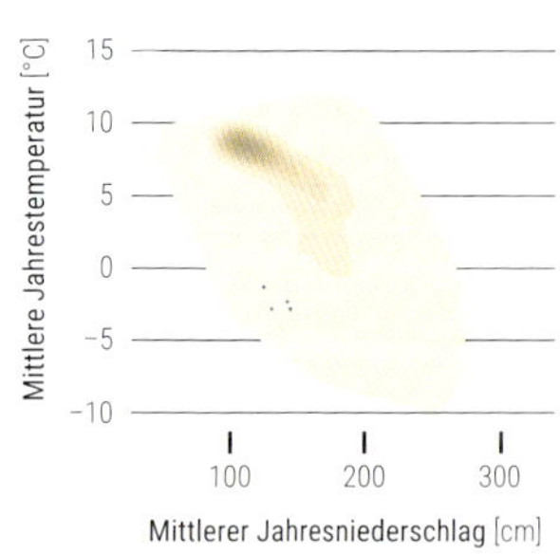

Gefährdung und Schutz: Teufels Kuchenflechte ist eine sehr seltene Art. Obwohl in den Alpen während Jahrzehnten gezielt nach ihr gesucht wurde, sind nur sehr wenige Fundorte bekannt.

Verwechslung: Wächst die Teufels Kuchenflechte mit nur wenigen Begleitarten an glatten Felswänden, bildet sie oft ihre charakteristische Wuchsform als Rosette aus, anhand derer sie einfach zu erkennen ist. Vorkommen in Felsspalten sind schwierig von Formen von ***L. dispersoareolata*** zu unterscheiden, bilden aber kein dunkles Vorlager aus. Die beiden Arten *L. concolor* und ***L. orbicularis*** wachsen auf Silikatgestein und sind kleiner.

Zerstreutschuppige Kuchenflechte

NE

Anzahl Fundorte	11
Substrat	Gestein

Lecanora dispersoareolata (Schaer.) Lamy

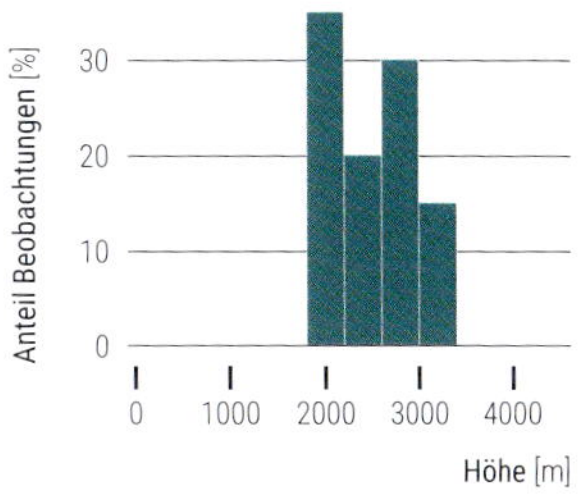

Feldmerkmale: Gelbgrünes, um 6 cm grosses, gefeldertes Lager mit oft eckigen, flachen bis deutlich gewölbten Areolen. In der Mitte der Areolen entstehen zuerst vollständig eingesenkte Fruchtkörper mit flacher, heller Scheibe. Später wird die Scheibe orangebraun und bis 5 mm gross, wobei sich die Fruchtkörper etwas über die Areole erheben und einen deutlichen Eigenrand entwickeln.

Wissenswertes: Die Zerstreutschuppige Kuchenflechte wächst in der alpinen Stufe an sonnenexponierten Neigungsflächen auf wenig kalkhaltigen Gesteinen. Felsflächen mit geeigneten chemischen Eigenschaften sind im Alpenraum weit verbreitet, aber meist nur kleinflächig entwickelt. Am Rande des Lagers entwickelt sich ein filziges, grauschwarzes Vorlager, auf dem sich neue Areolen bilden. Diese entstehen jeweils durch eine neue Verbindung des Pilzpartners mit einer kompatiblen Algenart.

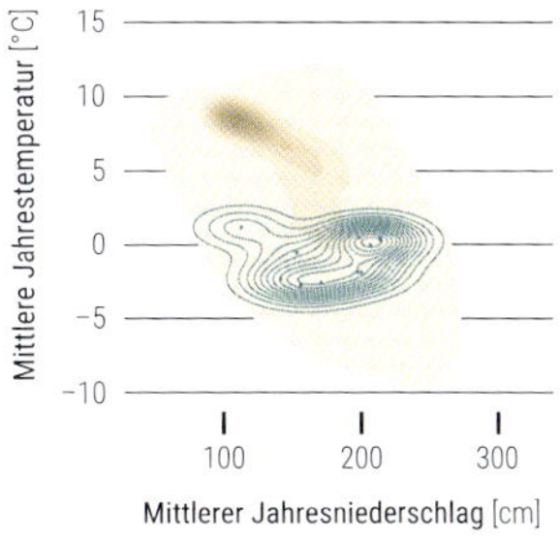

Gefährdung und Schutz: Die Zerstreutschuppige Kuchenflechte kommt wegen der speziellen Substratansprüche sehr zerstreut vor, ist dann aber häufig.

Verwechslung: ***Lecanora polytropa*** und *L. stenotropa* bilden auf dem Lager sitzende Fruchtkörper mit hellerer Scheibe. ***L. argopholis*** hat kleinere, stark gewölbte Lagerwarzen und braunschwarze Fruchtkörper. Das Lager von ***L. diaboli*** ist randlich kurz gelappt. *Lecanora concolor* und ***L. orbicularis*** wachsen auf Silikatgestein. Ein dunkles Vorlager fehlt bei all diesen Arten.

NE

Anzahl Fundorte	5
Substrat	Gestein

Ungeknäuelte Kuchenflechte

Lecanora epanora (Ach.) Ach.

Feldmerkmale: Gelbgrünes bis schwefelgelbes, oft flächig ausgedehntes, aus zusammenfliessenden, etwa 1 cm grossen Gruppen von Areolen bestehendes Lager. Die Areolen sind stark gewölbt und bilden in der Mitte punkt- bis flächenförmige Aufbrüche mit schwefelgelben, feinkörnigen vegetativen Ausbreitungseinheiten. Die bis 2 mm grossen Fruchtkörper sitzen mit verengter Basis auf dem Lager. Sie bilden braungelbe bis braune, meist flache, von einem dicken Rand umgebene Scheiben.

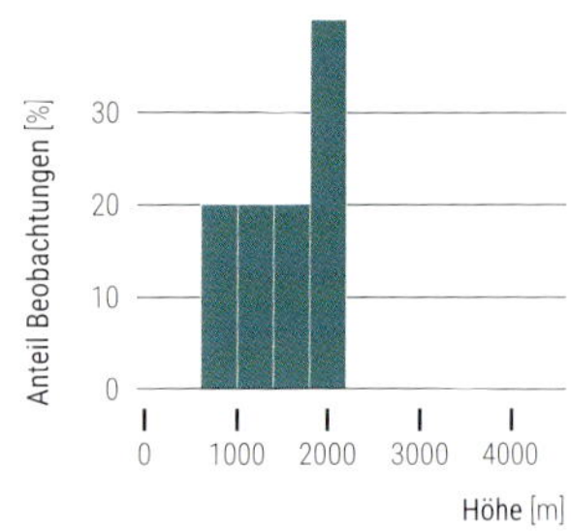

Wissenswertes: Die Ungeknäuelte Kuchenflechte wächst an meist stark geneigten, oft etwas bergfeuchten Felsflächen und Geröll aus schwermetallreichem Silikatgestein. Solche Standorte sind an einer dunkelbraunen bis rostroten Färbung der Gesteinsoberfläche und oft rostrot gefärbten Flechtenarten zu erkennen. Die Art ist der häufigste Vertreter dieser artenreichen, aber sehr zerstreut vorkommenden Flechtengesellschaft. Auf der Ungeknäuelten Kuchenflechte wächst als Seltenheit die parasitisch lebende ***L. gisleriana***.

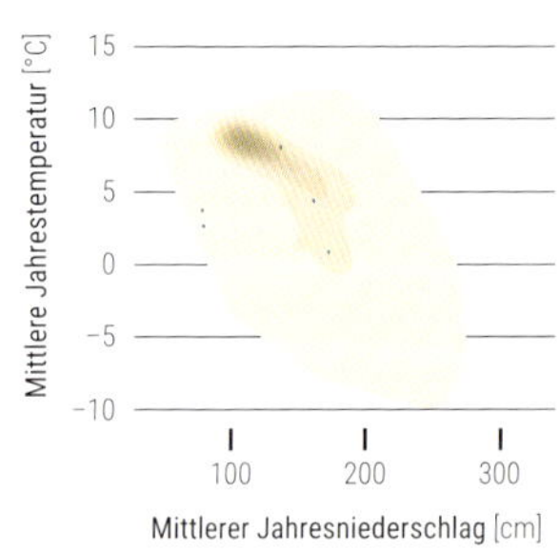

Gefährdung und Schutz: Weil Vorkommen von schwermetallhaltigem Gestein sehr zerstreut sind, sollten solche Stellen geschont werden. Land-Art Projekte könnten für diese Flechtengesellschaft eine Gefährdung darstellen.

Verwechslung: *Lecanora subaurea* unterscheidet sich anhand der Flechtenstoffe. ***Lecanora reagens*** bildet vegetative Ausbreitungseinheiten in kraterförmigen Aufbrüchen. *Rhizocarpon ridescens* und *R. sorediosum* bilden ein schwarzes Vorlager.

LC

Anzahl Fundorte	30
Substrat	Erde

Moos-Kuchenflechte

Lecanora epibryon (Ach.) Ach.

Feldmerkmale: Weissliches bis hellgraues, glattes bis warziges, bis 5 cm grosses Lager. Die bis 2 mm grossen Fruchtkörper haben eine flache, unbereifte, dunkelrotbraune Scheibe, die von einem lagerfarbenen, schmalen bis meist dicken und dann deutlich gekerbten und über die Scheibe gebogenen Rand umgeben sind (Bild Mitte). Die Varietät ***bryopsora*** bildet körnige vegetative Ausbreitungseinheiten in fleckförmigen Aufbrüchen auf dem Lager (Bild rechts) und an den Rändern den nur selten gebildeten Fruchtkörper (Bild Mitte).

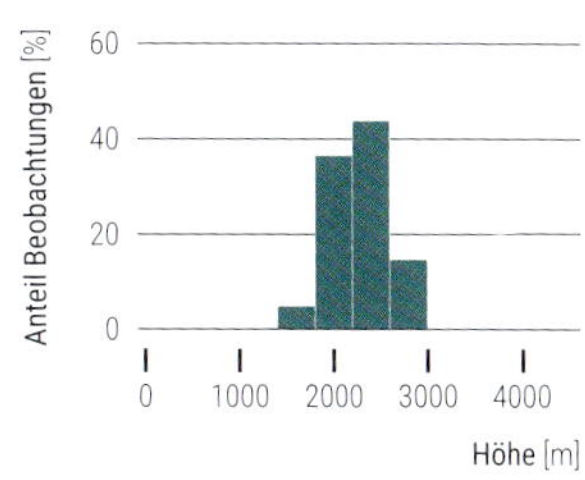

Wissenswertes: Die Moos-Kuchenflechte wächst in der alpinen Stufe auf erdbewohnenden Moosen und Pflanzenresten an absonnigen, feinerdereichen Kleinflächen von alpinen Rasen und Windheiden auf kalkhaltigem Gestein. Die Standorte bleiben auch im Sommer meist leicht feucht. Die Moos-Kuchenflechte weist auf artenreiche Standorte mit einigen unauffälligen, sehr seltenen Arten wie ***Anaptychia bryorum*** und ***Thelenella pertusariella*** hin.

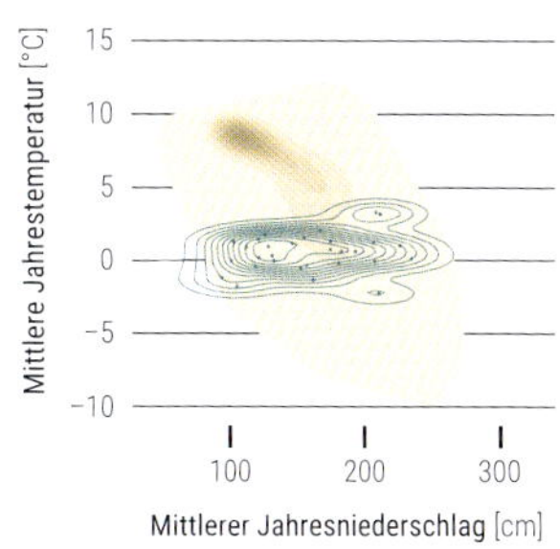

Gefährdung und Schutz: Die Moos Kuchenflechte ist an geeigneten Standorten regelmässig zu sehen.

Verwechslung: Die Moos-Kuchenflechte ist mit Fruchtkörper im Feld gut zu erkennen. Die Varietät *bryopsora* kann anhand der Flechtenstoffe von ähnlichen, sich ebenfalls vegetativ vermehrenden ***Ochrolechia***-Arten unterschieden werden.

Gislers Kuchenflechte

NE

Anzahl Fundorte	3
Substrat	Gestein

Lecanora gisleriana Müll. Arg.

Feldmerkmale: Bräunliche bis rotorange, bis 0,5 mm grosse Lager auf weisslich-gelben bis schwefelgelben Wirtsflechten wie ***Lecanora epanora***, *L. subaurea* oder *L. handelii* wachsend. Manchmal fehlt das Lager; dann sind nur die Fruchtkörper vorhanden. Die bis 1 mm grossen Fruchtkörper sitzen mit verengter Basis auf dem eigenen Lager oder direkt auf dem Lager der Wirtsflechte. Die Scheiben sind orangebraun bis orangerot, flach und von einem schmalen, nicht vorstehenden Lagerrand umgeben.

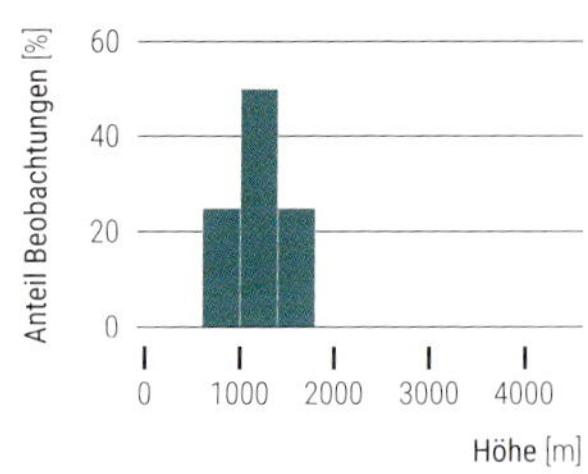

Wissenswertes: Gislers Kuchenflechte wächst als parasitische Flechte ausschliesslich auf wenigen *Lecanora*-Arten auf schwermetallreichem, stark besonntem Silikatgestein in hochmontanen und subalpinen Lagen. Ihr Lager ist auf kleinste Körner reduziert, und in den meisten Fällen sind nur Fruchtkörper von Gislers Kuchenflechte zu sehen. Weil die Art ausschliesslich nahe Verwandte von ihr parasitiert, wird sie als Adelphoparasit bezeichnet.

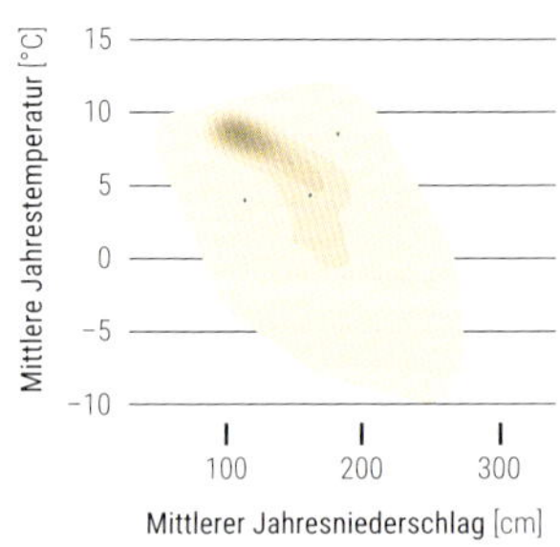

Gefährdung und Schutz: Durch die Verkettung von sehr speziellen Ansprüchen an einen seltenen Standorttyp (schwermetallreiches Gestein) und eine strenge biologische Abhängigkeit von spezifischen Wirtsflechten ist Gislers Kuchenflechte eine sehr seltene Art. Ihre Vorkommen sind deshalb zu schonen.

Verwechslung: Die Art ist im Feld anhand ihrer parasitischen Lebensweise gut zu erkennen.

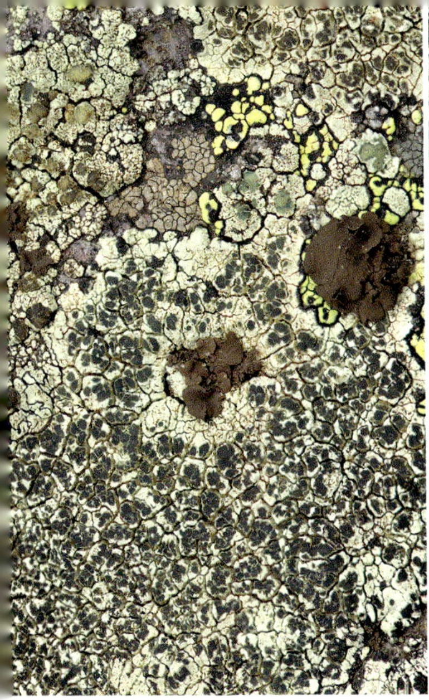

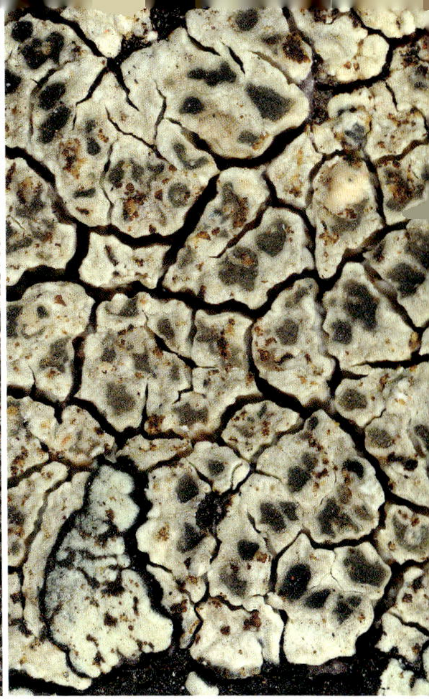

NE

Anzahl Fundorte	10
Substrat	Gestein

Verworrene Kuchenflechte

Lecanora intricata (Ach.) Ach.

Feldmerkmale: Grau-grünliches bis gelbgrünes, um 4 cm grosses, rissiges bis gefeldertes Lager. Die Areolen sind in der Regel leicht gewölbt und feinwarzig, manchmal aber auch flach. Die meist bis 1 mm grossen Fruchtkörper sind im Lager eingesenkt und haben eine gelb- bis schwarzgrüne Scheibe. Die Scheibe ist meist leicht gewölbt und von einem schmalen, nicht vorstehenden Rand umgeben. Bei flachen Areolen ist die Scheibe normalerweise ganz flach und beinahe ohne Lagerrand.

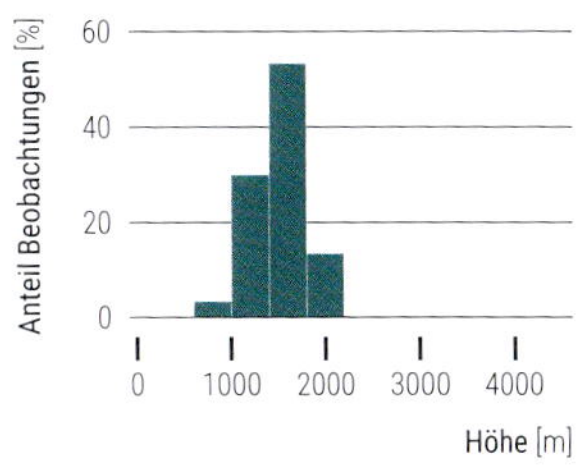

Wissenswertes: Die Verworrene Kuchenflechte wächst auf beregneten Neigungsflächen von Silikatgestein, meist an langsam abtrocknenden, lange schneebedeckten Felsplatten in offenen Lagen. Sie ist oft mit ***L. polytropa*** vergesellschaftet, behauptet sich aber unter starker Konkurrenz von anderen Krustenflechten. Lager mit flachen und leicht gewölbten Areolen wachsen oft zusammen auf den gleichen Felsflächen. Mischformen im gleichen Lager wurden hingegen nicht beobachtet. Es handelt sich also eher um verschiedene Sippen als um Regenerationsformen von durch Schnecken abgefressene Lager.

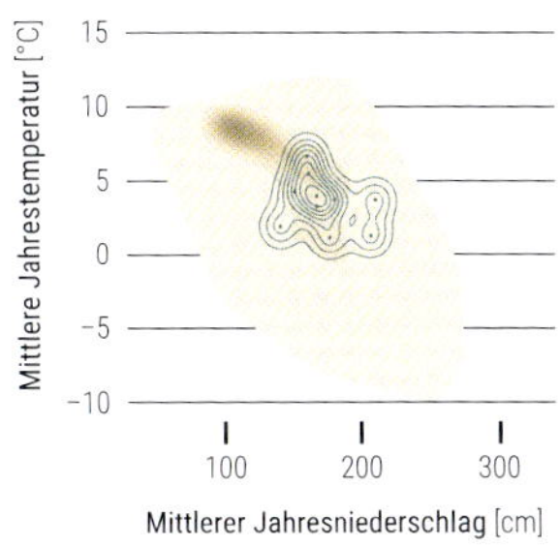

Gefährdung und Schutz: Die Verworrene Kuchenflechte ist häufig.

Verwechslung: Die Fruchtkörper von ***L. polytropa*** haben eine gelbliche Scheibe und sitzen auf dem Lager. Bei *L. marginata* auf kalkhaltigem Substrat und *L. viridiatra* an beregneten Vertikalflächen von Silikatgestein sind die Fruchtkörper schwarz.

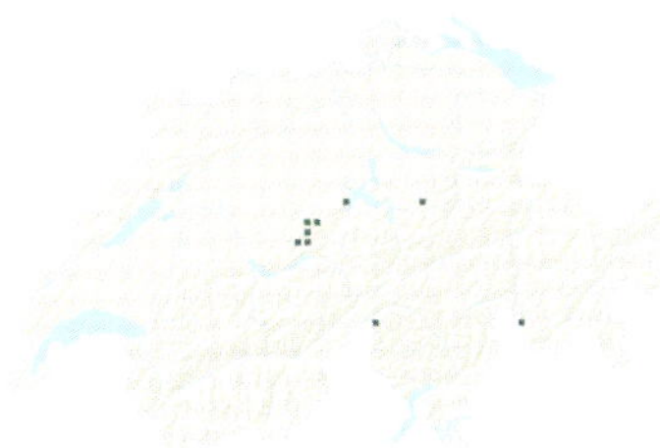

NT

Anzahl Fundorte	135
Substrat	Borke

Geschwollene Kuchenflechte

Lecanora intumescens (Rebent.) Rabenh.

Feldmerkmale: Weissliches bis hellgraues, glattes bis feinrissiges, bis 6 cm grosses Lager. Die bis über 2 mm grossen, zuerst runden, später gelappt erscheinenden Fruchtkörper zeigen eine flache, zuerst schwach bereifte, später unbereifte, rotbraune Scheibe. Diese ist von einem lagerfarbenen, auffallend breiten, flachen, nicht überragenden Rand umgeben.

Wissenswertes: Die Geschwollene Kuchenflechte wächst auf der glatten Rinde von Laubbäumen wie Buche, Berg-Ahorn oder Grauerle meist in Tannen-Buchenwäldern und Grauerlen-Auenwäldern. Sie kommt bevorzugt in niederschlagsreichen Regionen oder luftfeuchten Lagen der hochmontanen Stufe vor. Historische Funde sind auch von tieferen Lagen bekannt, wo die Art aber heute sehr selten geworden ist.

Gefährdung und Schutz: Die Geschwollene Kuchenflechte ist in Tannen-Buchenwälder regelmässig zu sehen, aber nie häufig. Vorkommen auf Buche sind auf ältere Bäume beschränkt. Die seltenen Vorkommen in tiefen Lagen sollten geschont werden. Weil die Art oft mit weiteren selteneren Flechten vergesellschaftet ist, können Trägerbäume als Biotopbäume oder Altholzinseln ausgeschieden werden.

Verwechslung: Die Geschwollene Kuchenflechte ist anhand der grossen Fruchtkörper mit breitem, flachem Rand im Feld gut zu erkennen.

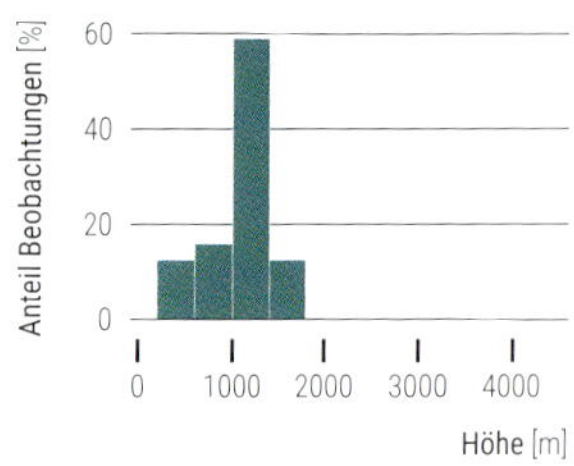

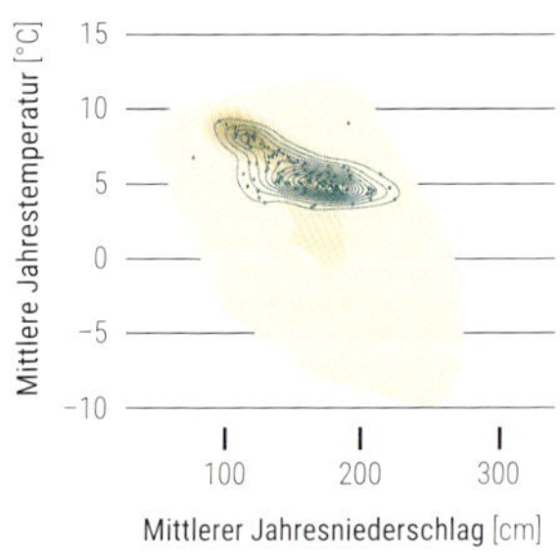

Schwarze Holz-Kuchenflechte

LC

Anzahl Fundorte	14
Substrat	Holz

Lecanora mughicola Nyl.

Feldmerkmale: Grau-gelbliches bis gelb-grünliches, rissiges, bis 5 cm grosses Lager, dessen Aussehen meist von den gedrängt stehenden, runden bis eckigen Fruchtkörpern bestimmt wird. Die Fruchtkörper sind zuerst im Lager eingesenkt und sitzen später mit breiter Basis auf dem Lager. Sie haben eine flach bleibende, grüngraue bis schwarze Scheibe, die von einem lagerfarbenen, sehr schmalen, flachen und später oft verschwindenden Rand umgeben sind (Bild rechts, Mitte und links unten).

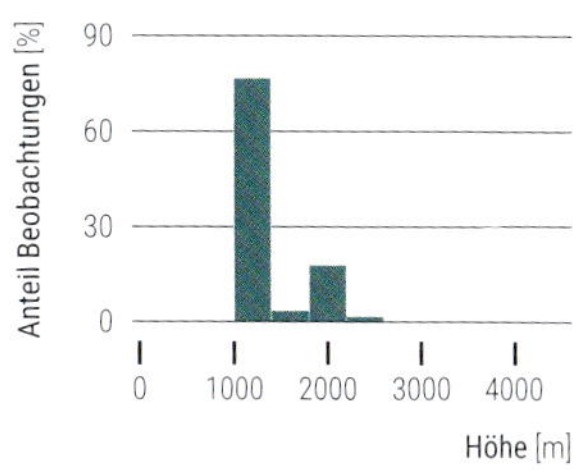

Wissenswertes: Die Schwarze Holz-Kuchenflechte wächst auf hartem, zähem Totholz an entrindeten Ästen stehender Nadelbäume in Gebirgswäldern. Häufiger ist die Art aber an Latten von Weidezäunen, Schindeln und an Holzkonstruktionen zu finden. Sie ist meist mit ***Lecanora varia*** vergesellschaftet (Bild rechts, oben und unten), besiedelt aber die Holzoberfläche etwas früher und ist weniger konkurrenzkräftig. Die Schwarze Holz-Kuchenflechte wird deshalb langsam von ***L. varia*** verdrängt. Die Schwarze Holz-Kuchenflechte ist auf Gebirgslagen beschränkt und steigt nicht wie ***L. varia*** in tiefere Lagen hinunter.

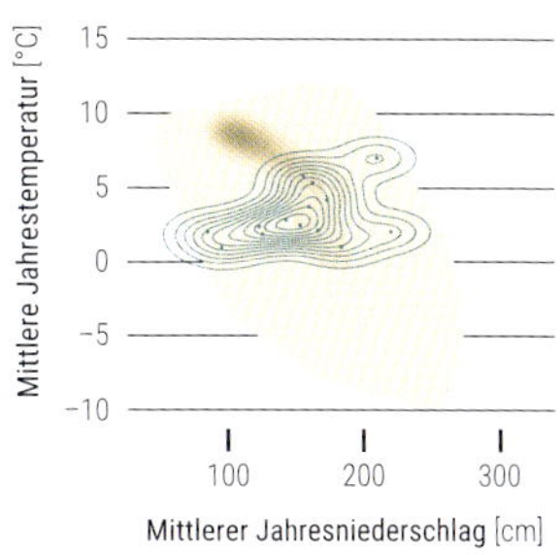

Gefährdung und Schutz: Die Schwarze Holz-Kuchenflechte ist deutlich weniger häufig als ***L. varia***.

Verwechslung: ***Lecanora varia*** hat deutlich grössere Fruchtkörper. In der Artengruppe mit gelblichem Lager und kleinen Fruchtkörpern unterscheidet sich *L. subintricata* mit ebenfalls dunklen Scheiben anhand von mikroskopischen Merkmalen von der Schwarzen Holz-Kuchenflechte.

Kreisförmige Kuchenflechte

NE

Anzahl Fundorte	8
Substrat	Gestein

Lecanora orbicularis (Schaer.) Vain.

Feldmerkmale: Gelbgrüne, im Zentrum gefelderte bis schuppige, am Rand deutlich gelappte, bis 2 cm grosse, rosettenartige Lager. Die randlichen, leicht aufgedunsenen, schwach gewölbten, glänzenden Lappen verbreitern sich am Rand fächerförmig. Die Fruchtkörper sitzen mit breiter Basis auf dem Lager. Die Scheiben sind gelblich bis rosa, flach bis stark gewölbt und von einem breiten, vorstehenden und später meist verschwindenden Lagerrand umgeben.

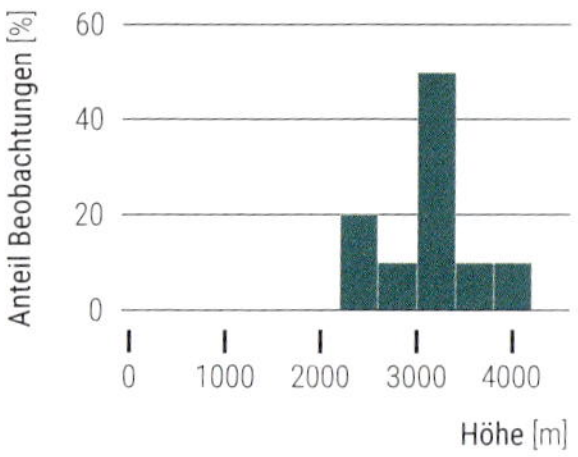

Wissenswertes: Die Kreisförmige Kuchenflechte ist eine charakteristische Art der hochalpinen und nivalen Stufe der Alpen. Sie wächst auf kalkfreiem, nicht zu saurem Gestein an Vertikal- und Überhangsflächen an Gipfelgraten, meist in absonnigen Lagen. Die Art wächst oft in vielen, aber kleinen Lagern an etwas bergfeuchten Überhängen. Die Entwicklung der Lager startet vorwiegend in Haarrissen im Fels. Direkt besonnte und von Abflusswasser beeinflusste Flächen werden gemieden. Die grünblauen Verfärbungen auf Lager und Fruchtkörper sind Reaktionen der Flechte auf parasitische Pilze und Verletzungen.

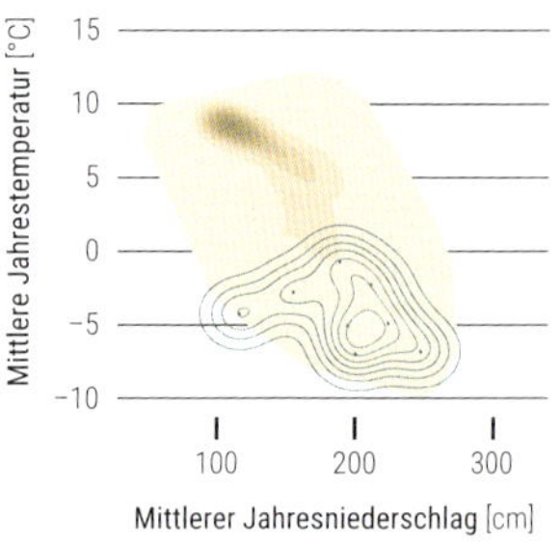

Gefährdung und Schutz: Die Kreisförmige Kuchenflechte ist häufig, deren Vorkommen bestehen aber oft nur aus Kümmerformen.

Verwechslung: *Lecanora concolor* wächst an besonnten, beregneten Vertikalflächen und bildet etwas grössere Lager. Die Abgrenzung von der häufigeren Kreisförmigen Kuchenflechte ist noch unklar.

NE

Anzahl Fundorte	117
Substrat	Gestein

Vielgestaltige Kuchenflechte

Lecanora polytropa (Hoffm.) Rabenh.

Feldmerkmale: Lager bis über 20 cm gross, meist aus grau-grünlichen Körnern bestehend, manchmal fast vollständig auf Haarrisse im Gestein beschränkt und selten als gut ausgebildete Areolen entwickelt. Ein dünnes, dunkles Vorlager ist nur selten, zwischen den Teilen des Lagers, entwickelt. Die meist um 1 mm, manchmal aber bis 4 mm grossen Fruchtkörper sitzen mit breiter Basis auf dem Lager. Die Scheiben sind grau-grünlich bis gelb-orange, flach bis stark gewölbt und von einem zuerst vorstehenden, später verschwindenden Lagerrand umgeben.

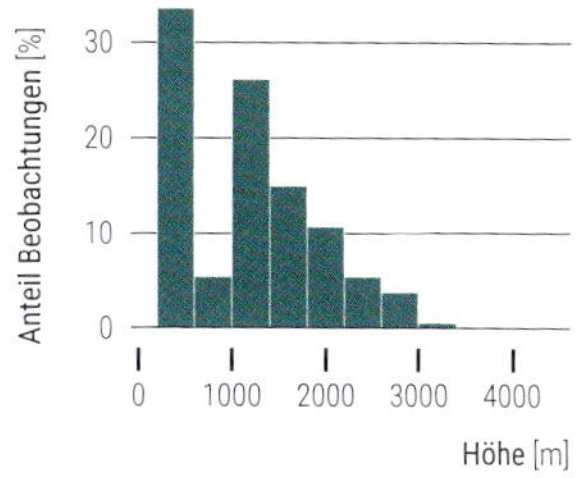

Wissenswertes: Die Vielgestaltige Kuchenflechte wird hier als Artengruppe inklusive *L. stenotropa* und *L. alpigena* vorgestellt. Sie wächst auf beregneten Neigungsflächen von Silikatgestein, meist an langsam abtrocknenden Felsbrocken mit lückigem Flechtenbewuchs in offenen Lagen bis in die alpine Stufe. Auf lange schneebedeckten Felsflächen ist die Art besonders üppig entwickelt und bildet dann bis 4 mm grosse, stark gewölbte Fruchtkörper.

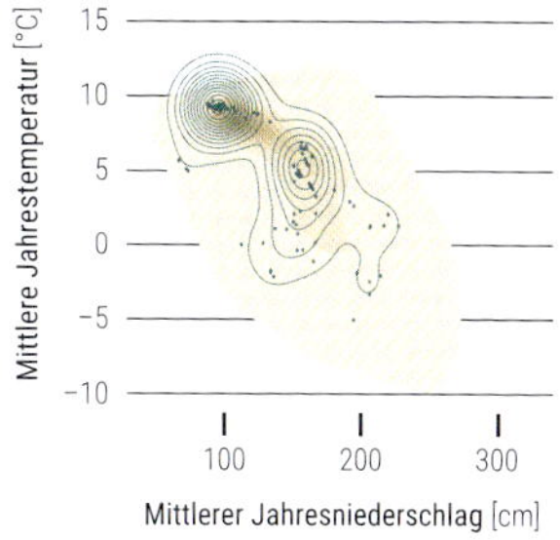

Gefährdung und Schutz: Die Art ist häufig und kommt auch im Siedlungsraum vor, dort vor allem auf Mauerabdeckplatten aus gebrochenen Gneisplatten.

Verwechslung: Innerhalb der Artengruppe bildet *L. alpigena* auffallend grosse Fruchtkörper. *L. polytropa* und *L. stenotropa* können mikroskopisch unterschieden werden. ***Lecanora intricata*** bildet im Lager eingesenkte Fruchtkörper. Anhand ihrer Flechtenstoffe lässt sich die an besonnten Vertikalflächen wachsende *L. silvae-nigrae* unterscheiden.

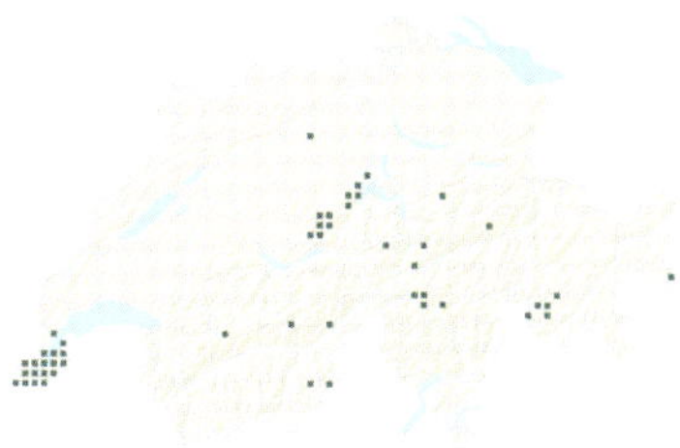

Floh-Kuchenflechte

LC

Anzahl Fundorte	379
Substrat	Borke

Lecanora pulicaris (Pers.) Ach.

Feldmerkmale: Weissliches bis hellgraues, feinrissiges bis flachwarziges, bis 8 cm grosses Lager, welches sich meist mit einem schwarzen Vorlager von anderen Krustenflechten abgrenzt. Die bis 1,5 mm grossen Fruchtkörper haben eine flache, unbereifte, dunkel- bis schwarzbraune Scheibe, die von einem lagerfarbenen, schmalen, leicht vorstehenden, glatten bis angedeutet gekerbten Rand umgeben ist.

Wissenswertes: Die Floh-Kuchenflechte ist eine häufige Art auf saurer Borke und Holz. Sie wächst in lichten Wäldern an Stämmen und in der Krone von Nadelbäumen sowie Laubbäumen mit saurer Borke. In Wiesen und Weiden ist die Art häufig an Sträuchern oder oberflächlich angewittertem, aber noch hartem Holz von Zäunen zu beobachten.

Gefährdung und Schutz: Die Floh-Kuchenflechte wurde in früheren Jahrzehnten durch saure Niederschläge gefördert. Inzwischen ist sie im Siedlungsraum wieder etwas zurückgegangen. ***Lecanora chlarotera*** hingegen konnte sich auf Baumarten mit weniger sauren Borken deutlich ausdehnen.

Verwechslung: Die Floh-Kuchenflechte kann von ***L. argentata*** und ***L. chlarotera*** mit braunen Scheiben anhand der Flechtenstoffe unterschieden werden. Die selten gefundenen *L. praesistens* mit mehr als acht Sporen pro Ascus und *L. circumborealis* mit überdurchschnittlich dicken Sporenwänden können aufgrund mikroskopischer Merkmale und der Flechtenstoffe abgegrenzt werden.

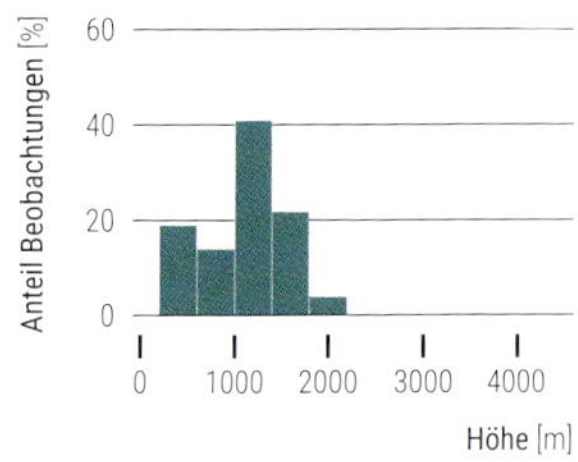

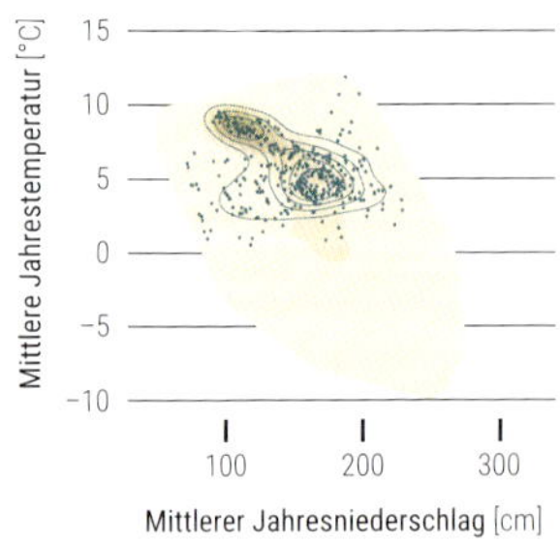

Gelbmehlige Kuchenflechte

NE

Anzahl Fundorte	5
Substrat	Gestein

Lecanora reagens Norman

Feldmerkmale: Schwefelgelbes, oft flächig ausgedehntes, jedoch aus einzelnen, isoliert stehenden, um 0,5 mm grossen Areolen oder Schuppen bestehendes Lager. Die Areolen sind gewölbt und bilden in der Mitte zuerst kraterförmige, später auch deutlich vorstehende, halbkugelförmige Aufbrüche mit schwefelgelben, feinkörnigen vegetativen Ausbreitungseinheiten. Fruchtkörper sind bisher nicht beobachtet worden.

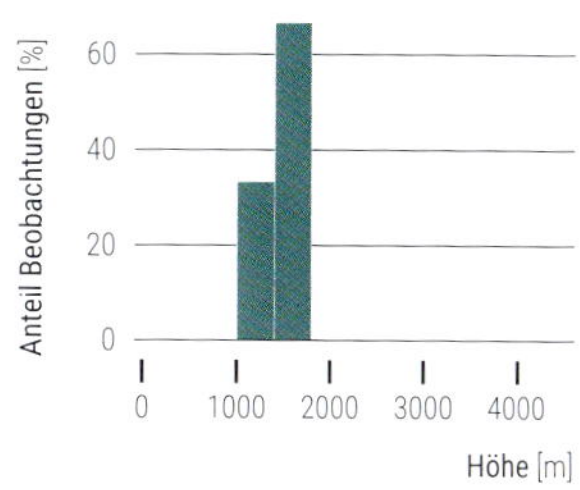

Wissenswertes: Die Gelbmehlige Kuchenflechte wächst an regengeschützten, aber bergfeuchten, absonnigen Vertikal- und Überhangsflächen an Felsen und sehr grossen Bergsturzblöcken aus Silikatgestein. Sie ist eher aus niederschlagsarmen Gebieten bekannt. Begleitarten weisen oft auf einen erhöhten Schwermetallgehalt des Gesteins hin. Die Areolen sind in der Regel sehr zerstreut, sodass eher der Eindruck einzelner, isoliert auf dem Gestein wachsender Areolen entsteht als der eines grossen, zusammenhängenden Lagers.

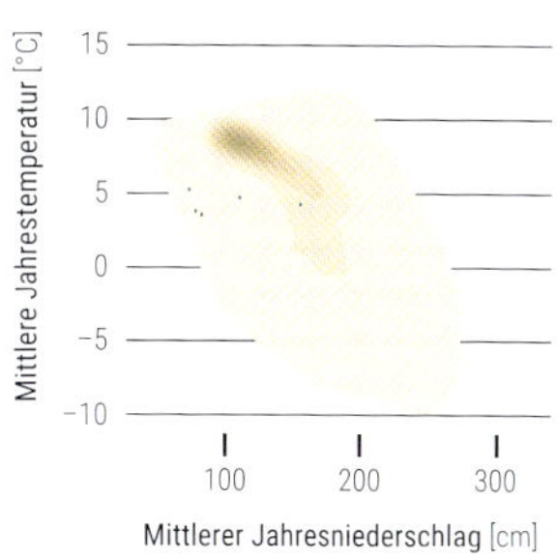

Gefährdung und Schutz: Die Gelbmehlige Kuchenflechte ist in der hochmontanen und subalpinen Stufe weit verbreitet.

Verwechslung: ***Lecanora epanora*** wächst an ähnlichen Standorten, ihre Areolen stehen aber in kleinen Gruppen dicht zusammen. Die Aufbrüche, in welchen vegetative Ausbreitungseinheiten gebildet werden, sind bei ***L. epanora*** und *L. subaurea* nie kraterförmig. *Rhizocarpon sorediosum* und *R. ridescens* entwickeln deutlich grössere Areolen.

Walliser Kuchenflechte

NE	
Anzahl Fundorte	5
Substrat	Gestein

Lecanora valesiaca (Müll. Arg.) Stizenb.

Feldmerkmale: Weissliche bis gelblich-weisse, stark bereifte, im Zentrum gefelderte, am Rand kurz gelappte, bis 4 cm grosse, rosettige Lager. Die randlichen Lappen werden bis 0,7 mm breit, sind flach und am Rand meist leicht wulstig verdickt. Sie sind nicht deutlich verlängert und überlappen sich kaum. Die Fruchtkörper sind bis 1,3 mm gross, sitzen mit breiter Basis auf dem Lager oder sind teilweise im Lager eingesenkt. Die Scheiben sind gelblich bis grünbraun, flach bis leicht gewölbt und von einem schmalen Lagerrand umgeben.

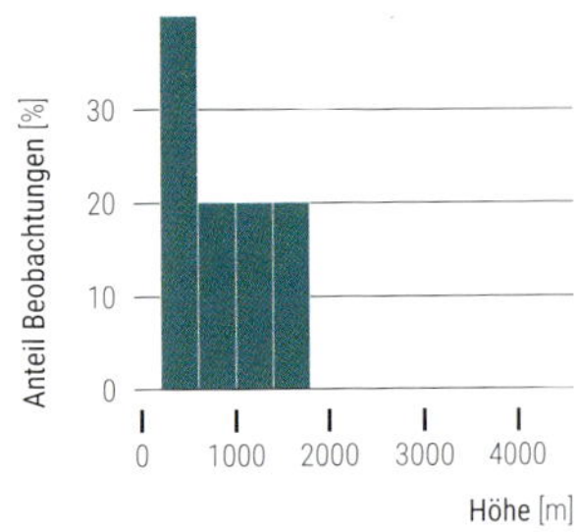

Wissenswertes: Die Walliser Kuchenflechte wächst auf stark besonnten Neigungsflächen von kalkhaltigen Felsen. Sie ist vor allem in tiefen Lagen an Felsrippen, seltener auch an Trockenmauern in warmen, meist niederschlagsarmen Gebieten zu finden. Dort wächst sie in Felsensteppen und (Halb)Trockenrasen. Die Walliser Kuchenflechte wird manchmal von der parasitischen ***Acarospora heufleriana*** überwachsen.

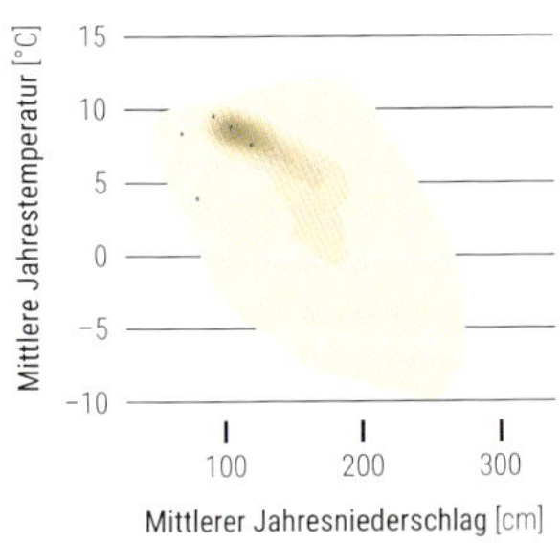

Gefährdung und Schutz: Die Verbreitung der seltenen Walliser Kuchenflechte ist auf wenige Gebiete in inneralpinen Trockentälern beschränkt.

Verwechslung: ***Protoparmeliopsis muralis*** hat gelblich-grüne, deutlich verlängerte Lappen, welche sich oft seitlich überlappen. Ihre Lager können deutlich grösser werden als jene der Walliser Kuchenflechte, mit welcher sie oft zusammen vorkommt.

LC

Anzahl Fundorte	115
Substrat	Holz

Bunte Kuchenflechte

Lecanora varia (Hoffm.) Ach.

Feldmerkmale: Gelb-grünliches, körnig-warziges, bis 5 cm grosses Lager, dessen Aussehen meist von den gedrängt stehenden, runden bis eckigen Fruchtkörpern bestimmt wird. Diese sitzen mit verengter Basis auf dem Lager und haben flache, gelblich bis stellenweise blaugrüne, körnig und gelb bereifte Scheiben, die von einem lagerfarbenen, schmalen und deutlich vorstehenden, glatten Rand umgeben sind.

Wissenswertes: Die Bunte Kuchenflechte wächst auf hartem, zähem Totholz an entrindeten Ästen von stehenden Nadelbäumen in Gebirgswäldern. Häufiger ist die Art aber an Latten von Weidezäunen und anderen Holzkonstruktionen zu finden. Bei fortgesetzter Verwitterung des Holzes wird die Bunte Kuchenflechte langsam von anderen Arten wie ***Pseudothelomma ocellatum*** verdrängt. Selten werden die Fruchtkörper von der parasitischen Flechte *Ramboldia insidiosa* überwachsen (Bild Mitte, weissl. Lager mit schwarzen Fruchtkörpern).

Gefährdung und Schutz: Die Bunte Kuchenflechte ist häufig, aber mehrere ihrer Begleitarten sind sehr selten. Die Erhaltung der kunstvollen und dank Flechtenbewuchs auch farblich attraktiven Weidezäune ist deshalb eine gemeinsame Aufgabe für Tourismusförderung und Artenschutz.

Verwechslung: Die sehr seltene *L. vinetorum* unterscheidet sich anhand der Flechtenstoffe. Sie wächst an Kirschbäumen, welche mit kupferhaltigen Fungiziden gespritzt wurden.

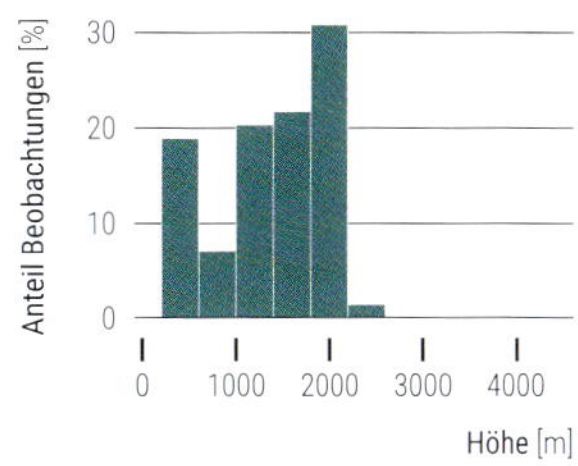

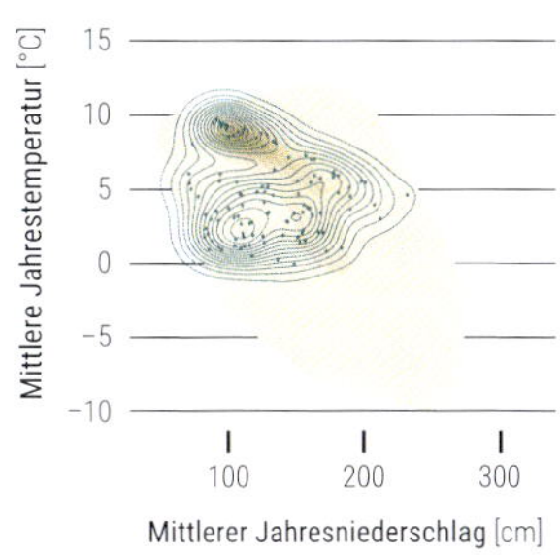

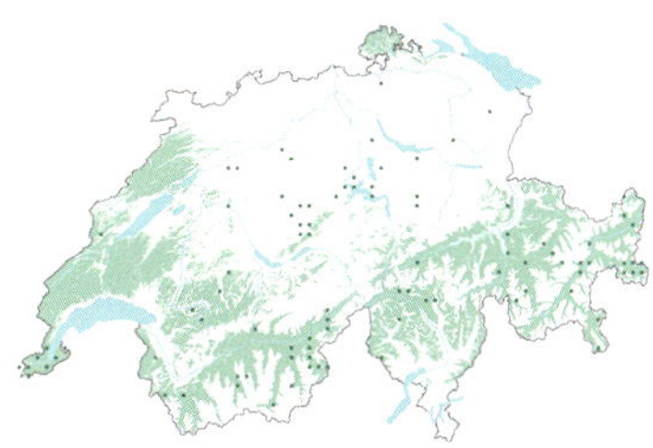

Weissbläuliche Schwarznapfflechte

NE

Anzahl Fundorte	2
Substrat	Borke

Lecidea albolivida Lettau

Feldmerkmale: Gelbliches bis beiges, aus zerstreuten bis zusammenhängenden Warzen bestehendes, bis 3 cm grosses Lager. Die Lagerwarzen haben eine matte, raue Oberfläche. Die um 0,5 mm grossen Fruchtkörper sitzen mit verengter Basis seitlich an den Lagerwarzen. Sie entwickeln einen dunkelgrauen, flachen Rand und eine flache, braungraue, grobkörnig gelblich bereifte Scheibe. Bei älteren Fruchtkörpern ist die Scheibe oft gewölbt und zeigt einen unregelmässigen Umriss.

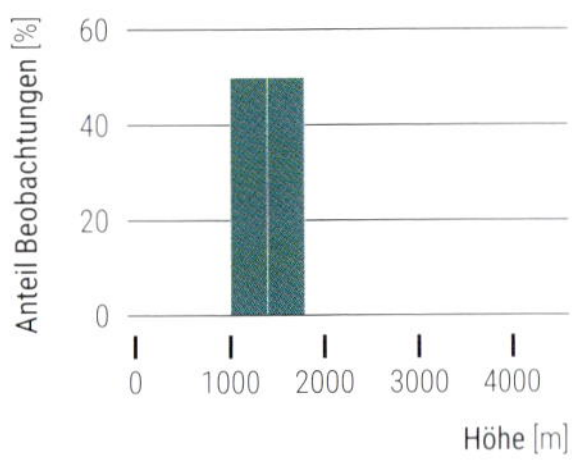

Wissenswertes: Die Weissbläuliche Schwarznapfflechte wächst auf stark vermorschten Borkenschuppen alter Weisstannen und Fichten in historisch alten, naturnahen Tannen-Buchenwäldern. Sie benötigt lichtreiche Standorte in niederschlagsreichen Regionen. Die Art bildet mehr als acht Sporen pro Schlauch und unterscheidet sich so zusammen mit den seltenen *L. betulicola* und *L. malmeana* von anderen Arten dunkelfrüchtiger Krustenflechten.

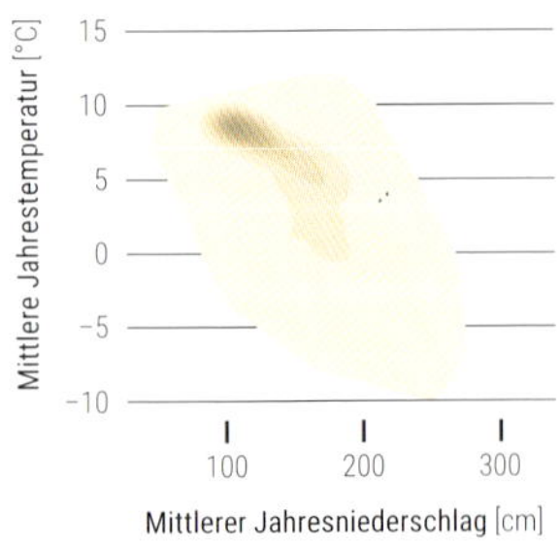

Gefährdung und Schutz: Die Weissbläuliche Schwarznapfflechte ist sehr selten und jeweils nur von einem Trägerbaum bekannt. Alle Vorkommen sollten geschont und durch Artenförderungsmassnahmen gestützt werden.

Verwechslung: Die Weissbläuliche Schwarznapfflechte kann im Feld anhand der charakteristischen Färbung der Fruchtkörper und des aus Warzen zusammengesetzten Lagers als etwas «Besonderes» erkannt werden. Die sichere Bestimmung erfordert eine mikroskopische Untersuchung der Fruchtkörper- und Sporenmerkmale sowie die Analyse der Flechtenstoffe.

Schwarzbräunliche Schwarznapfflechte

NE

Anzahl Fundorte	7
Substrat	Gestein

Lecidea atrobrunnea (DC.) Schaer.

Feldmerkmale: Rotbraunes, gefeldertes, bis 8 cm grosses, von einem schwarzen Vorlager gesäumtes Lager. Die kräftigen Areolen sind voneinander durch ein schwarzes Vorlager getrennt, deutlich gewölbt und meist glänzend. Fruchtkörper fehlen oft auf kleinen Lagern, sind sonst aber meist vereinzelt vorhanden. Sie sitzen dem Lager mit verengter Basis auf, haben einen deutlichen schwarzen Rand und eine flache bis gewölbte, schwarze Scheibe.

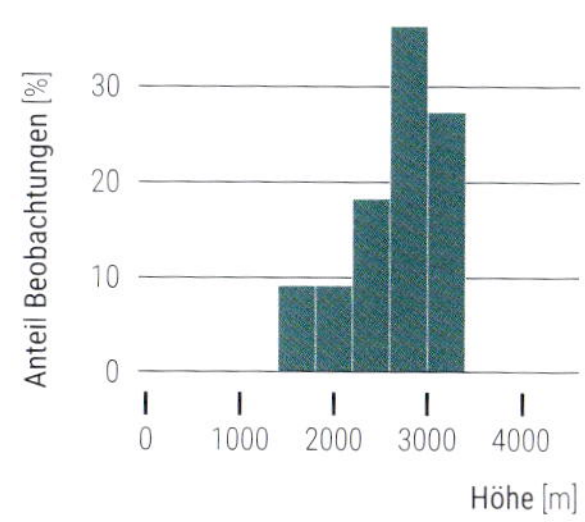

Wissenswertes: Die Schwarzbräunliche Schwarznapfflechte ist alpin bis nival verbreitet und wächst auf Steilflächen von Geröllbrocken und Felsflächen. Sie bevorzugt lichtreiche, regenexponierte Standorte, an welchen der Schnee im Hochwinter weggeblasen wird oder abrutscht. Die Art umfasst mehrere Sippen, welche sich anhand ihrer Flechtenstoffe unterscheiden.

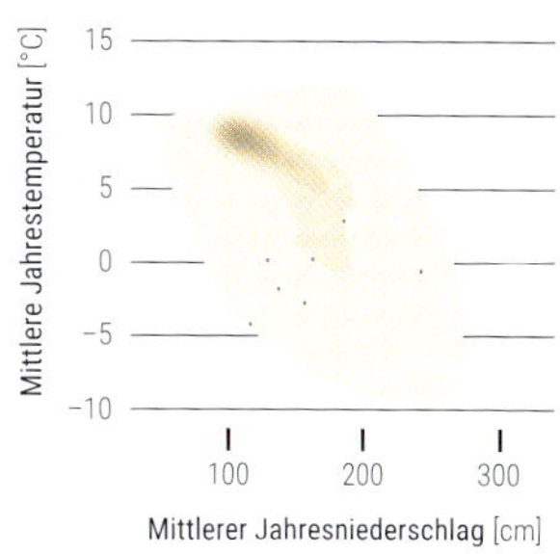

Gefährdung und Schutz: Die Schwarzbräunliche Schwarznapfflechte ist in der alpinen und vor allem in der nivalen Höhenstufe in den meisten Silikatgebieten regelmässig zu finden.

Verwechslung: Die Schwarzbräunliche Schwarznapfflechte ist nur mit viel Felderfahrung von anderen Krustenflechten mit braunem Lager und schwarzen Fruchtkörpern zu unterscheiden. ***Lecidea silacea*** bildet rostrote, ***Miriquidica garovaglii*** dunkelbraune Lager. Mikroskopische Untersuchungen der Fruchtkörper und die Bestimmung der Flechtenstoffe sollten aber immer Vermutungen im Feld bestätigen.

LC

Anzahl Fundorte	16
Substrat	Borke

Staubige Schwarznapfflechte

Lecidea leprarioides Tønsberg

Feldmerkmale: Gelblich-graues, in der Borke eingesenktes bis häutiges, wenige Zentimeter grosses Lager. Aus Aufbrüchen des Lagers bildet sich eine über die gesamte Lagerfläche ausgedehnte Schicht von feinkörnigen vegetativen Ausbreitungseinheiten. Die eher selten vorhandenen Fruchtkörper werden bis 0,8 mm gross, sind dem Lager mit breiter Basis aufsitzend und haben bald gewölbte, leicht bläulich bereifte, unberandete Scheiben.

Wissenswertes: Die Staubige Schwarznapfflechte ist eine unauffällige Art auf Borke von Weisstanne und Fichte in historisch alten, naturnahen Wäldern. Zudem nutzt sie auch Totholz von Nadelbäumen als Unterlage. Die Zuordnung zu der Gattung *Lecidea* ist vorläufig.

Gefährdung und Schutz: Die Staubige Schwarznapfflechte ist nicht gefährdet. Vermutlich ist die Art zum Teil übersehen worden. Die Art scheint an historisch alte, naturnahe Wälder gebunden zu sein, sodass Vorkommen geschont werden sollten.

Verwechslung: *Lecidea turgidula* mit ähnlich aussehenden Fruchtkörpern bildet keine feinkörnigen vegetativen Ausbreitungseinheiten. Falls die Fruchtkörper fehlen, ist die Feldansprache unmöglich; eine Bestimmung sollte stattdessen durch eine Analyse der Flechtenstoffe vorgenommen werden.

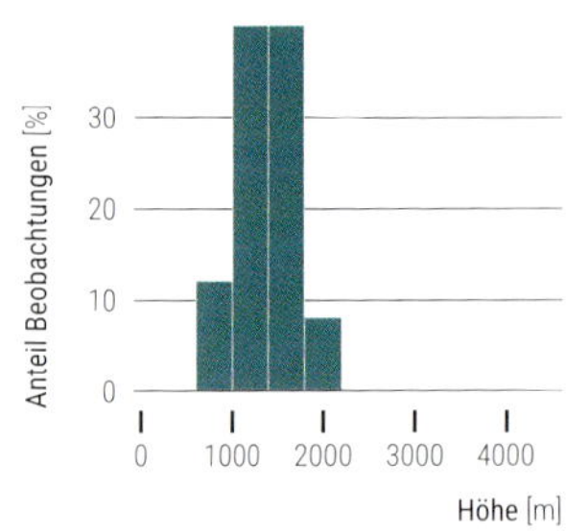

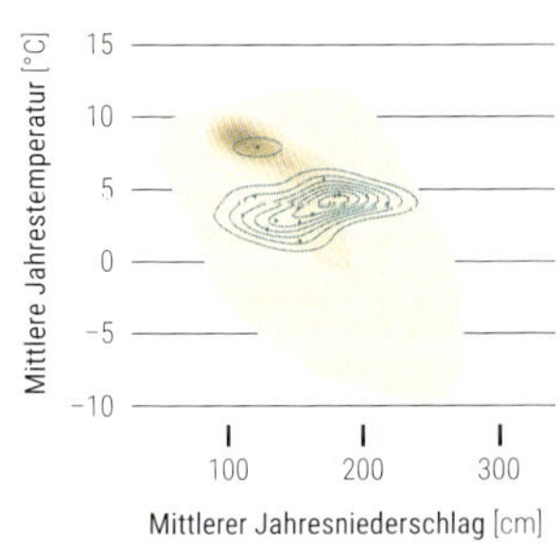

Rostfarbene Schwarznapfflechte

NE

Anzahl Fundorte	8
Substrat	Gestein

Lecidea silacea (Hoffm.) Ach.

Feldmerkmale: Rostrotes, rissiges bis gefeldertes, bis 8 cm grosses Lager. Die Areolen sind flach bis deutlich gewölbt. Die bis 1,5 mm grossen Fruchtkörper sitzen mit breiter Basis seitlich auf den Areolen, haben einen deutlichen schwarzen Rand und eine flache bis gewölbte, schwarze Scheibe.

Wissenswertes: Die Rostfarbene Schwarznapfflechte besiedelt geneigte Felsflächen und Geröll aus schwermetallreichem Silikatgestein. Die Art wächst meistens zusammen mit weiteren Krustenflechten mit rostrotem Lager wie ***Acarospora sinopica*** und *Rhizocarpon oederi* mit kleineren, im Lager eingesenkten Fruchtkörpern mit rauer, schwarzbrauner Scheibe.

Gefährdung und Schutz: Die Rostfarbene Schwarznapfflechte wächst häufiger auf anstehendem Fels als die ebenfalls auf schwermetallhaltiges Silikatgestein angewiesenen ***Lecanora epanora*** und *L. subaurea*, welche oft auf Gesteinsbrocken vorkommen. Die Vorkommen sind deshalb weniger durch Freizeitaktivitäten gefährdet als jene der beiden *Lecanora*-Arten.

Verwechslung: *Lecidea lapicida* bildet meist graue Lager, die sich stellenweise rostrot verfärben können. Ihre Fruchtkörper sind deutlich schmaler berandet und meist im Lager eingesenkt. *Porpidia flavicunda* und *P. flavocruenta* haben ein dünneres, rissiges Lager mit aufsitzenden und meist leicht bläulich bereiften Fruchtkörpern. Mikroskopische Untersuchungen der Fruchtkörper und die Bestimmung der Flechtenstoffe sollten Vermutungen im Feld bestätigen.

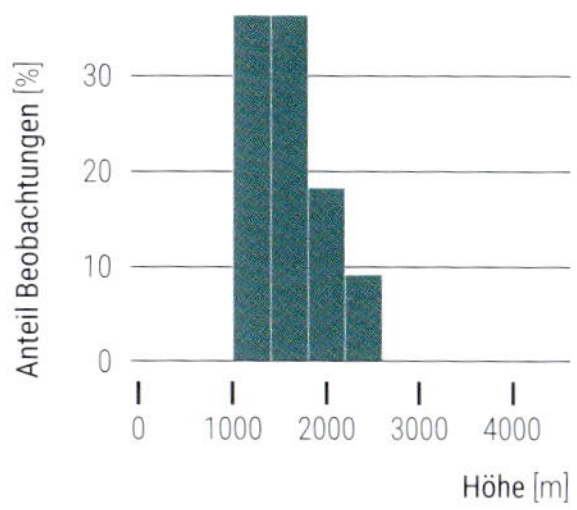

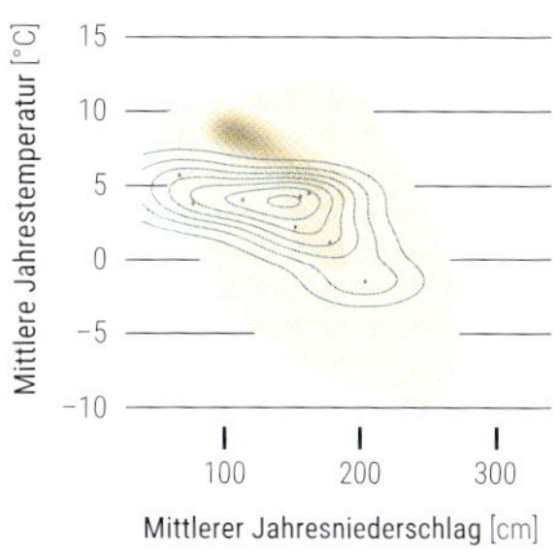

NE

Anzahl Fundorte	71
Substrat	Gestein

Karpaten-Schwarznapfflechte

Lecidella carpathica Körb.

Feldmerkmale: Weisses, gefeldertes bis grobwarziges, bis 10 cm grosses Lager. Die immer vorhandenen Fruchtkörper werden bis 1 mm gross, sind zuerst in den Lagerwarzen eingesenkt und später dem Lager aufsitzend. Die Fruchtkörper entwickeln zuerst flache, schmal und deutlich vorstehend berandete, später gewölbte und unberandete, glänzende Scheiben. Vegetative Ausbreitungseinheiten werden nicht gebildet.

Wissenswertes: Die Karpaten-Schwarznapfflechte ist eine häufige Art auf etwas nährstoffbegünstigten und staubimprägnierten Kulmflächen von Silikatblöcken an lichtreichen Standorten. Sie kommt oft im Siedlungsraum vor. Schwarze Fruchtkörper haben sich bei flechtenbildenden Pilzen mehrfach unabhängig voneinander entwickelt. Die Einlagerung von Melaninen in pilzlichen Zellwänden kann die mechanische Stabilität der Geflechte erhöhen und dadurch einen Schutzmechanismus gegen Fressfeinde und mechanische Störungen wie Windschliff darstellen.

Gefährdung und Schutz: Die Karpaten-Schwarznapfflechte ist häufig.

Verwechslung: Die Feldansprache von Krustenflechten mit schwarzen Fruchtkörpern ist generell schwierig und sollte durch eine sorgfältige Laborbestimmung bestätigt werden. An den typischen Standorten kann diese Art aber mit einiger Treffsicherheit angesprochen werden.

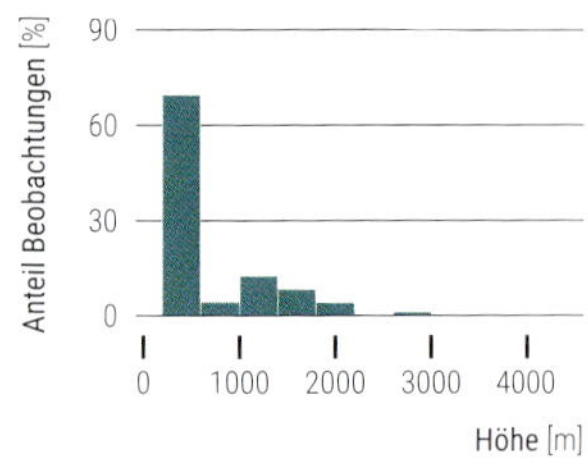

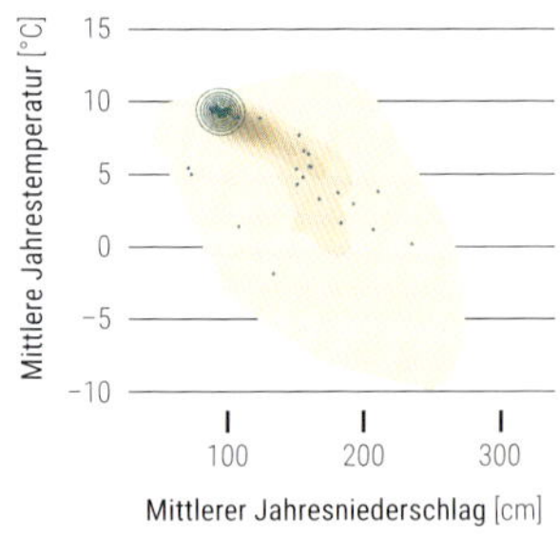

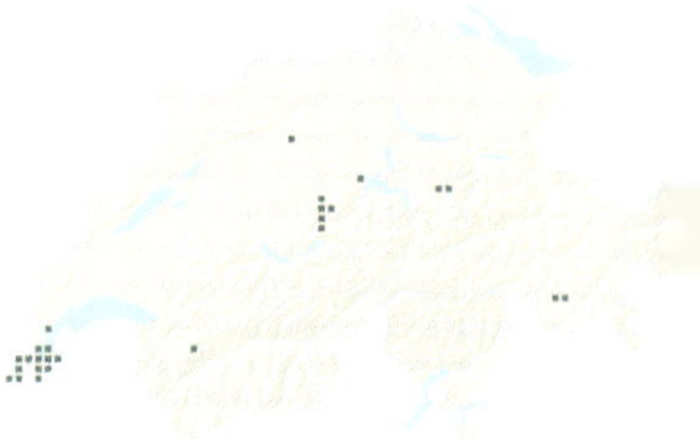

LC

Anzahl Fundorte	1088
Substrat	Borke

Olivgrüne Schwarznapfflechte

Lecidella elaeochroma (Ach.) M. Choisy

Feldmerkmale: Weisses bis grau-gelbliches, häutiges bis rissiges, bis 20 cm grosses Lager. Die immer vorhandenen Fruchtkörper werden bis 1 mm gross, sind dem Lager mit breiter Basis aufsitzend, mit zuerst flachen, deutlich vorstehend berandeten, später gewölbten und unberandeten, glänzenden Scheiben. Vegetative Ausbreitungseinheiten werden nur selten (forma *soralifera*) gebildet.

Wissenswertes: Die Olivgrüne Schwarznapfflechte ist eine sehr häufige Art auf der Borke von Laub- und Nadelbäumen in nicht zu dunklen Wäldern und im Offenland. Die Art kommt in letzter Zeit auch im Siedlungsraum wieder häufig vor. Auf jüngeren Bäumen wird das Lager der Flechte durch das sekundäre Dickenwachstum des Baumes gedehnt. Es bildet dann schmale Bänder am Stamm, weil das aktive Wachstum des Lagers viel kleiner ist als die passive Dehnung durch das Dickenwachstum des Baumstammes.

Gefährdung und Schutz: Die Olivgrüne Schwarznapfflechte ist häufig und nimmt im Siedlungsraum zu.

Verwechslung: Vor allem in höheren Lagen kommt *L. laureri* mit ziemlich dickem Lager und bläulich bereiften Furchtkörpern vor. Weitere borkenbewohnende Arten der Gattung, z. B. ***Lecidella flavosorediata***, bilden stets vegetative Ausbreitungseinheiten. Arten der Gattung ***Buellia*** entwickeln matte Fruchtkörper.

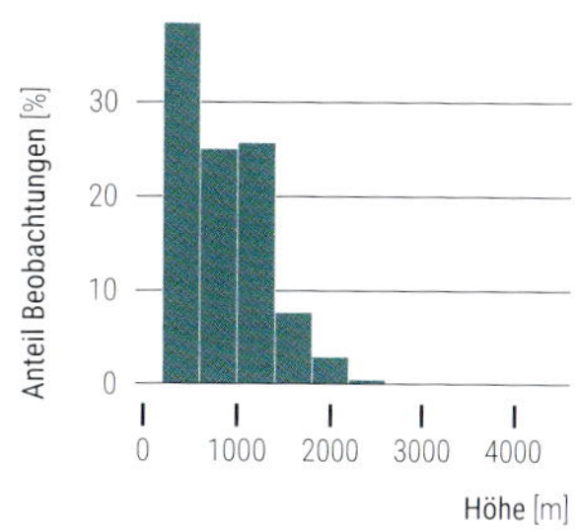

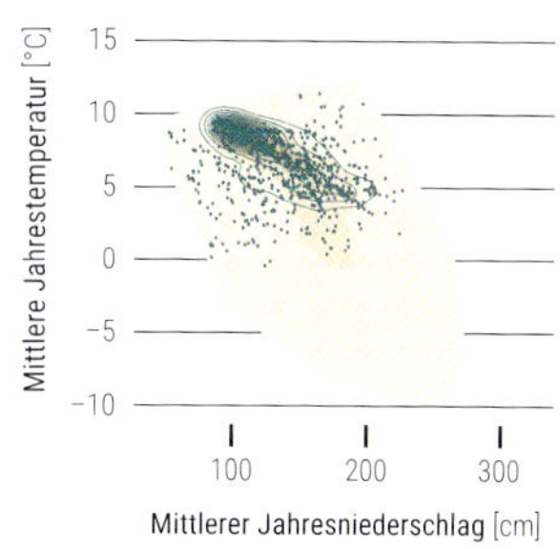

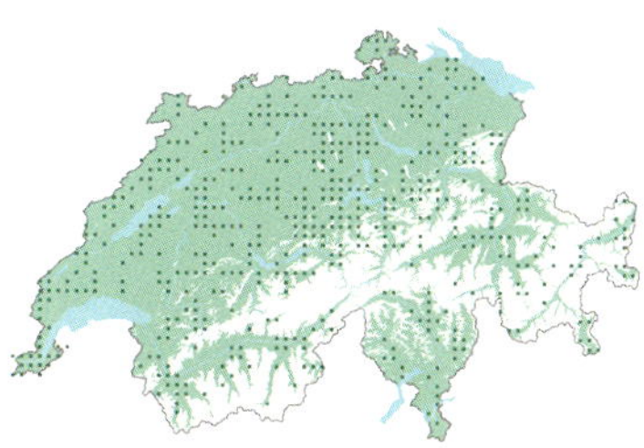

LC

Anzahl Fundorte	235
Substrat	Borke

Gelbmehlige Schwarznapfflechte

Lecidella flavosorediata (Vězda) Hertel & Leuckert

Feldmerkmale: Grau-gelbliches, häutiges bis warziges, bis 10 cm grosses Lager. Die Lagerwarzen brechen bald auf und bilden zuerst punktförmig, später über die gesamte Lagerfläche eine dicke Schicht von feinkörnigen, vegetativen Ausbreitungseinheiten. Die nur selten vorhandenen Fruchtkörper werden bis 1 mm gross, sind dem Lager mit breiter Basis aufsitzend, glänzend, mit zuerst flachen, deutlich vorstehend berandeten, später gewölbten und unberandeten Scheiben.

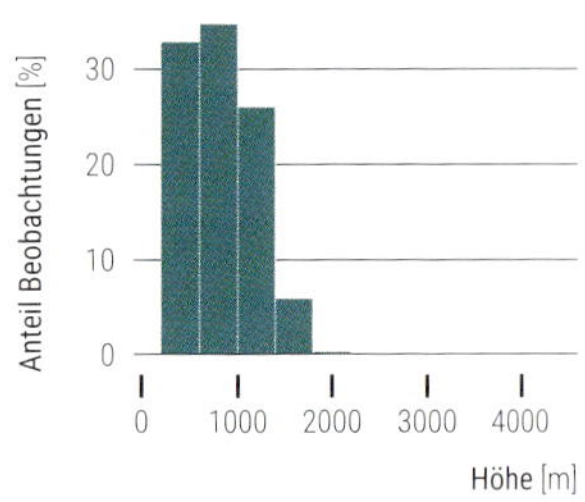

Wissenswertes: Die Gelbmehlige Schwarznapfflechte wächst an freistehenden Bäumen in Weiden sowie in lichten Wäldern und Grauerlen-Auenwäldern an meist glatter oder flachrissiger Borke von Laubbäumen in eher luftfeuchten Lagen.

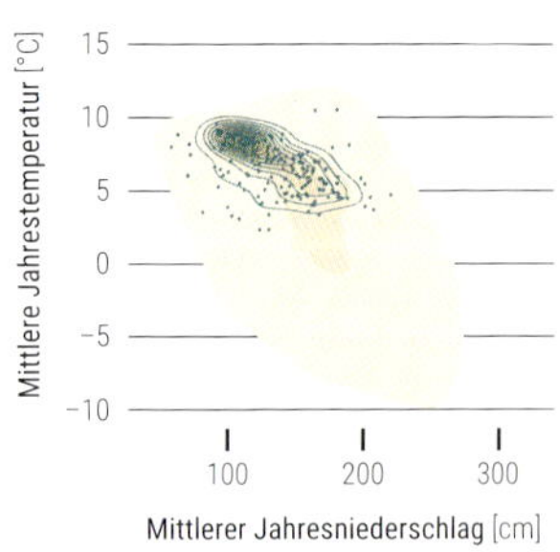

Gefährdung und Schutz: Die Gelbmehlige Schwarznapfflechte ist nicht gefährdet.

Verwechslung: Die Gelbmehlige Schwarznapfflechte ist im Feld nicht einfach von der meist auf Nadelbäumen wachsenden *L. subviridis* oder auf Laubbäumen von *L. albida* zu unterscheiden. Auch die Ähnlichkeit zu nicht näher verwandten Arten wie *Fuscidea lightfootii* zeigt, dass die Feldansprache von Krustenflechten ohne Fruchtkörper generell schwierig ist und durch eine sorgfältige Laborbestimmung bestätigt werden muss.

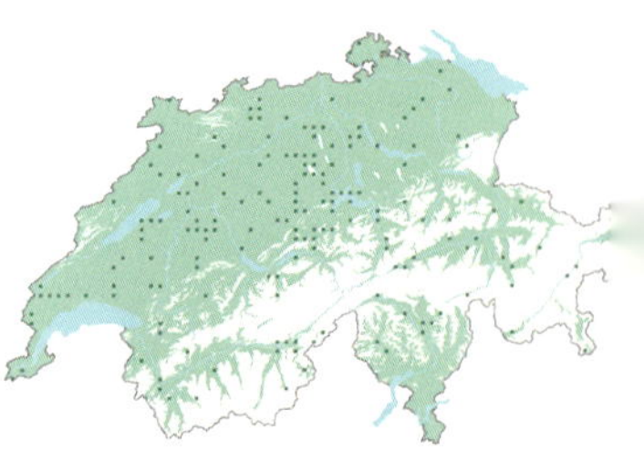

Alpen-Erdkruste

LC

Anzahl Fundorte	48
Substrat	Erde

Lecidoma demissum (Rutstr.) Gotth. Schneid. & Hertel

Feldmerkmale: Braungraues bis violettgraues, rissig-gefeldertes bis schuppiges, bis 8 cm grosses Lager. Die Schuppen sind uneben, wachsen nebeneinander, aber überwachsen sich kaum gegenseitig. Die Fruchtkörper werden bis 2 mm gross, haben eine flache bis leicht gewölbte, rotbraune Scheibe und einen schmalen, bald verschwindenden Rand.

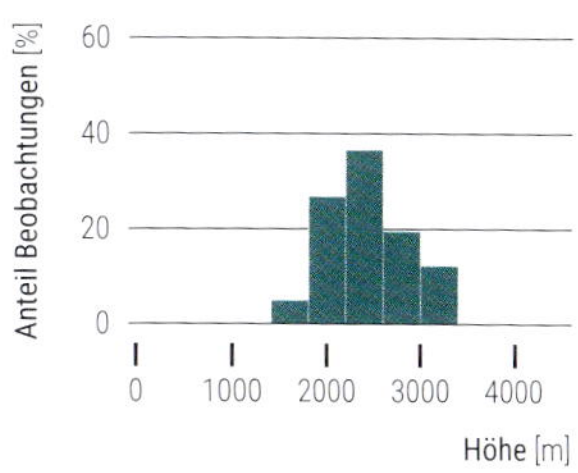

Wissenswertes: Die Alpen-Erdkruste wächst auf lange feucht bleibender Erde, in Lagen mit meist überdurchschnittlich langer Schneebedeckung von der subalpinen bis in die nivale Stufe. Sie ist eine charakteristische Art der kalkarmen Schneetälchen und von lückigen alpinen Rasen mit kalkfreier oder zumindest oberflächlich weitgehend entkalkter Erde. Die Art wurde aber auch mehrmals in unmittelbarer Nähe zu Windkanten beobachtet, dort aber vermutlich von Stellen, an welchen vom Wind verdichteter Schnee vereist und lange liegen bleibt.

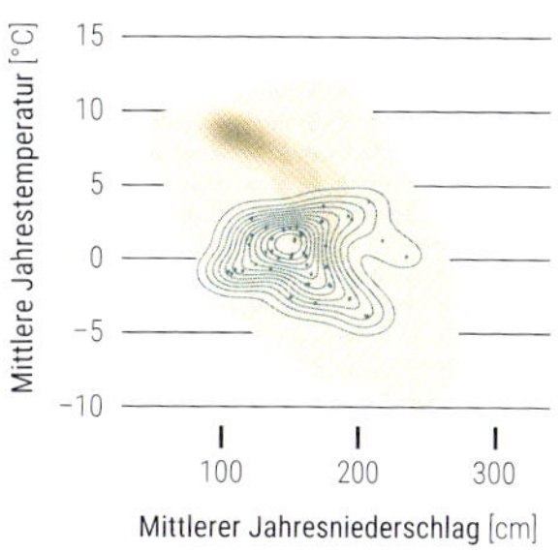

Gefährdung und Schutz: Die Alpen-Erdkruste ist in hohen Lagen häufig.

Verwechslung: Die Alpen-Erdkruste ist im Feld gut zu erkennen. *Ainoa geochroa* wächst ebenfalls auf Erde an Stellen mit überdurchschnittlich langer Schneebedeckung, bildet aber hellbraune Lager mit deutlich kleineren Schuppen und Fruchtkörper mit wulstigem, deutlich vorstehendem Rand. Feldansprachen sollten anhand mikroskopischer Sporenuntersuchungen überprüft werden.

LC

Anzahl Fundorte	500
Substrat	Borke

Zonierte Porenflechte

Lepra albescens (Huds.) Hafellner

Feldmerkmale: Graues bis graugrünes, bis 8 cm grosses Lager, welches am Rand auffällig zoniert ist. Die Oberfläche des Lagers ist knorpelig, glänzend und bildet zahlreiche, bis 5 mm breite fleckförmige, konkave bis schwach gewölbte Aufbrüche, in welchen grobkörnige, nicht bitter schmeckende Ausbreitungseinheiten gebildet werden.

Wissenswertes: Die Zonierte Porenflechte wächst oft an Laubbäumen, seltener an Nadelbäumen an freistehenden Bäumen und in lichtreichen Wäldern, seltener über Moosen auf Silikatgestein. Sie ist eine recht konkurrenzkräftige Art und kann Moose und andere Flechten leicht überwachsen. Die Hyphen des Pilzpartners durchwachsen den Konkurrenten und töten die fremden Zellen ab. Algen werden dann vom Pilzpartner aus den älteren Teilen des Lagers in die neu besiedelten Zonen geschoben.

Gefährdung und Schutz: Die Zonierte Porenflechte ist bis in montane Lagen weit verbreitet und häufig.

Verwechslung: Lager mit dem charakteristischen, zonierten Vorlager sind im Feld gut zu erkennen. Bei der ebenfalls häufigen ***Lepra amara*** schmecken die vegetativen Ausbreitungseinheiten bitter. Die weit über 100 Arten zählende Gruppe grauer Krustenflechten mit fleckförmigen Aufbrüchen ohne Fruchtkörper sind schwierig zu bestimmen. Sie lassen sich meist nur mit einigem Aufwand anhand ihrer Flechtenstoffe oder genetischer Merkmale (DNA-Barcoding) unterscheiden.

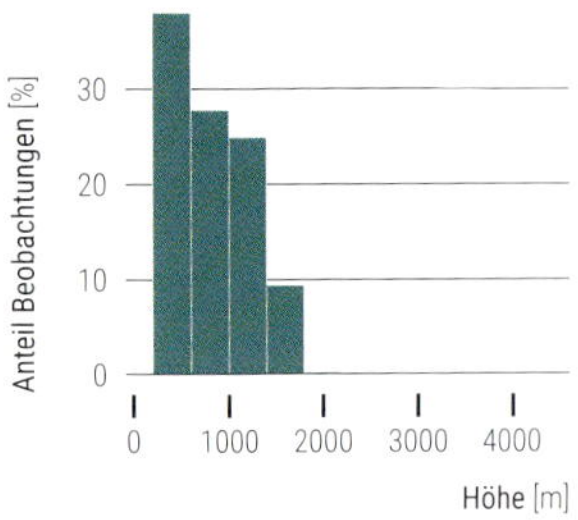

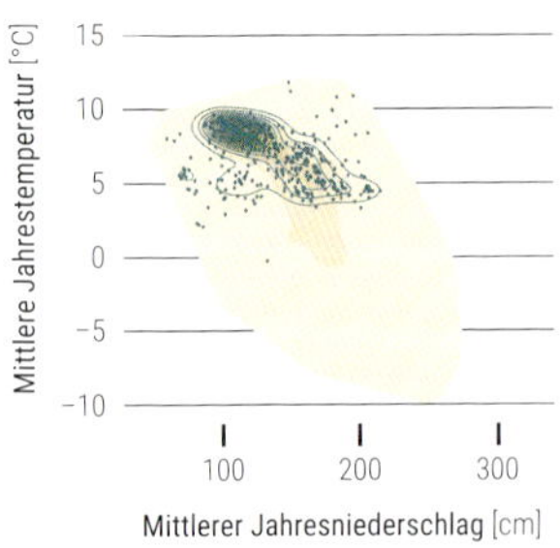

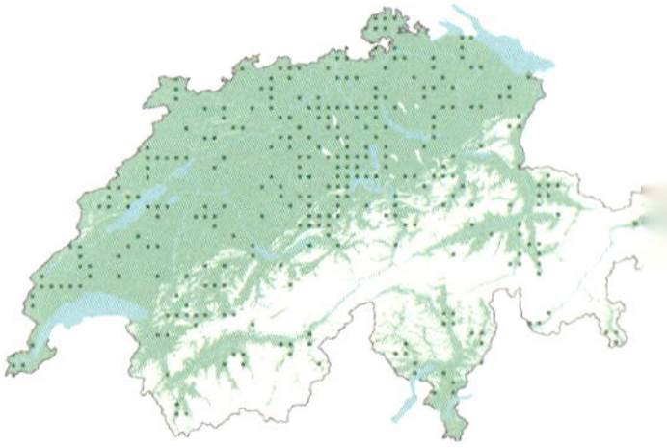

LC

Bittere Porenflechte

Anzahl Fundorte	379
Substrat	Borke

Lepra amara (Ach.) Hafellner

Feldmerkmale: Graues bis graugrünes, um 6 cm grosses Lager ohne auffällige Zonierung am Rand. Die Oberfläche des Lagers ist meist dünn, selten knorpelig und bildet zahlreiche, bis 1,5 mm breite, fleckförmige, konvexe bis halbkugelige Aufbrüche, in welchen grobkörnige, bitter schmeckende Ausbreitungseinheiten gebildet werden.

Wissenswertes: Die Bittere Porenflechte wächst vor allem an Borke von Weisstanne, Fichte, Buche und Berg-Ahorn in nicht zu dunklen Tannen-Buchen- und Fichtenwäldern. In tiefen Lagen ist sie vor allem in luftfeuchten Lagen zu beobachten. Der Name weist auf den Bitterstoff Picrolicheninsäure in den vegetativen Ausbreitungseinheiten hin. Streicht man mit der Fingerkuppe über ein Lager, bleiben zahlreiche Ausbreitungseinheiten haften. Diese können zum Zungengrund geführt werden, wo bei zutreffender Ansprache der bittere Geschmack ein paar Minuten «hängen» bleibt.

Gefährdung und Schutz: Die Bittere Porenflechte ist bis zur Waldgrenze weit verbreitet und häufig.

Verwechslung: Die Bittere Porenflechte lässt sich mit dem bitteren Geschmack recht zuverlässig erkennen. ***Lepra albescens*** entwickelt in der Regel ein zoniertes Vorlager und grössere, oft konkave bis schwach gewölbte Aufbrüche, in welchen die vegetativen Ausbreitungseinheiten gebildet werden.

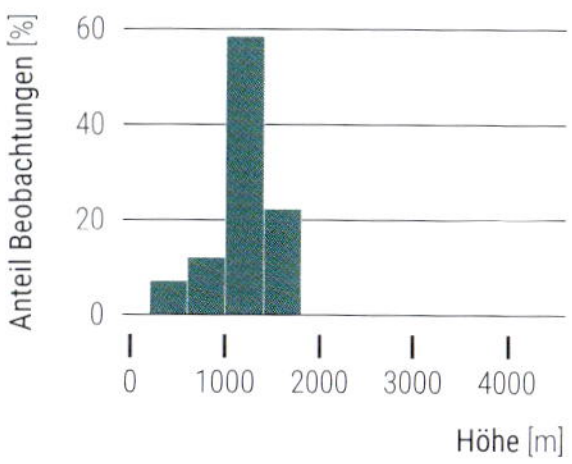

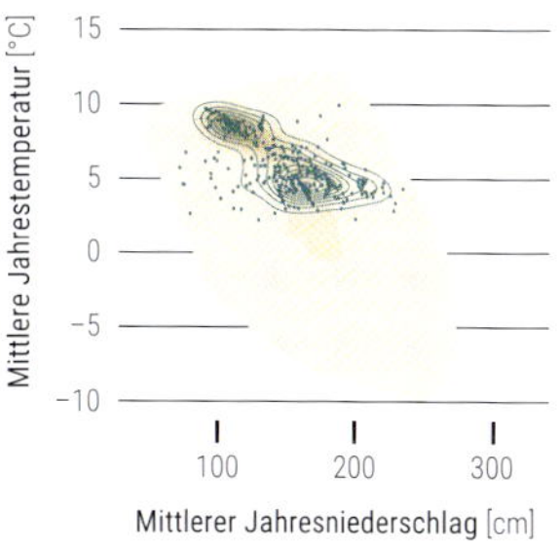

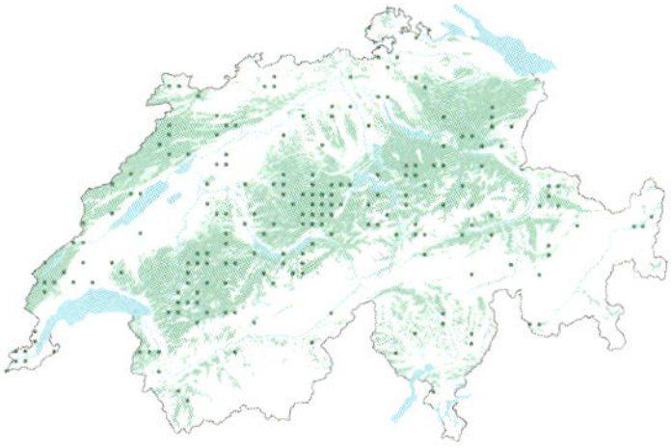

Wattige Staubflechte

LC

Anzahl Fundorte	799
Substrat	Borke

Lepraria finkii (B. de Lesd.) R.C. Harris

Feldmerkmale: Bläulich-grünliche oder grünlich-weisse, bis 3 cm grosse, oft aber ausgedehnte, zusammenfliessende, immer unberindete Lager bildend. Kleinere Lager sind in der Regel angedeutet gelappt und bestehen aus einem wattigen Grundgeflecht und lose darauf liegenden, behaarten Körnchen, welche als vegetative Ausbreitungseinheiten dienen. Lepraflechten breiten sich ausschliesslich mit vegetativen Ausbreitungseinheiten aus.

Wissenswertes: Die Wattige Staubflechte wächst häufig auf Borke von Fichte, Buche und Weisstanne, kann aber auch auf anderen Baum- und Straucharten, Holz und Gestein in Wäldern und im Freiland gefunden werden. Staubflechten weisen eine hydrophobe (wasserabweisende) Oberfläche auf und nehmen deshalb Wasser meist als Wasserdampf auf. Diese Strategie ermöglicht es den Arten, sich an regengeschützten Standorten, etwa an überhängenden Stammseiten oder auf der Unterseite von dicken Ästen, zu entwickeln.

Gefährdung und Schutz: Die Wattige Staubflechte ist eine der häufigsten Flechten der Schweiz.

Verwechslung: Die Gattung der Staubflechten ist gut erkennbar. Die Lappige Staubflechte ist eine der leichter kenntlichen Arten. Generell sind die zahlreichen Arten der Gattungen *Lepraria* im Feld nur nach eingehender Beschäftigung mit der Gruppe möglich. Die Arten lassen sich im Labor anhand der Flechtenstoffe unterscheiden.

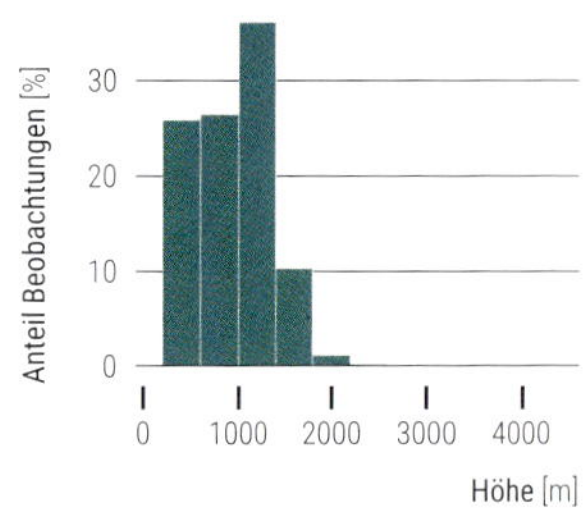

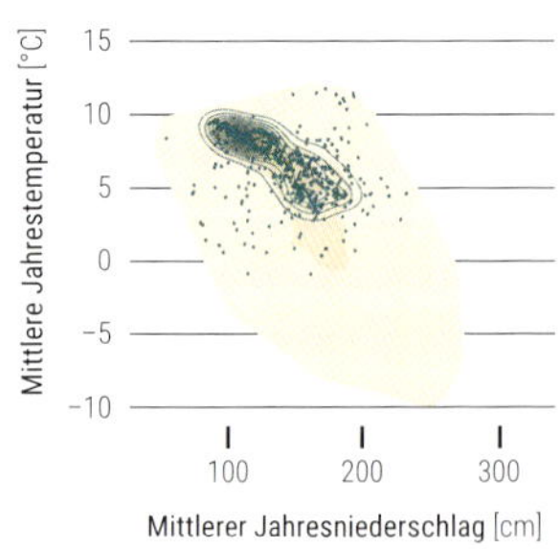

VU

Anzahl Fundorte	33
Substrat	Gestein

Winzige Korallenflechte

Leprocaulon quisquiliare (Leers) M. Choisy

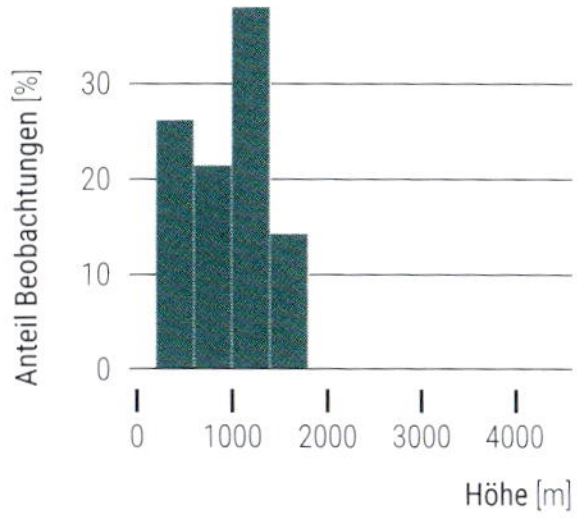

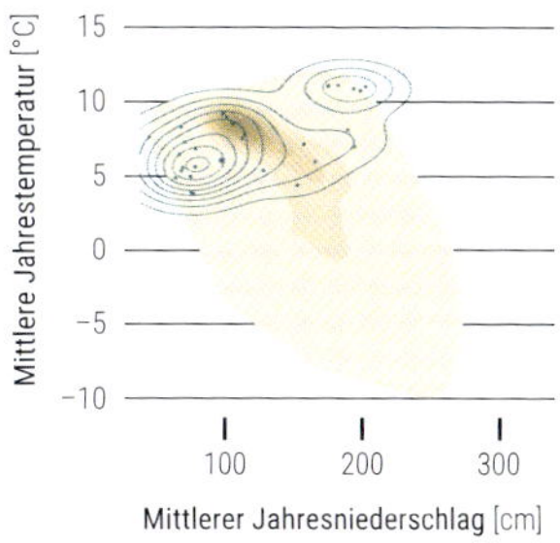

Feldmerkmale: Bläulich- bis spangrünes, um 6 cm grosses, grobkörniges Lager. Die Körnchen unterteilen sich mehrfach und entwickeln aufrechte, wiederholt verzweigte, bis 7 mm hohe, unberindete Stängel. An den Enden und Verzweigungen der Stängel entstehen wiederum Körnchen, welche als vegetative Ausbreitungseinheiten dienen.

Wissenswertes: Die Winzige Korallenflechte wächst auf kalkfreier Erde, Silikatgestein, seltener auf Borke an regengeschützten Stellen in lichten Wäldern, Halbtrockenrasen und an Trockenmauern im Siedlungsraum. In wärmebegünstigten Silikatgebieten ist sie recht häufig und steigt manchmal auch bis in die subalpine Stufe. Im Siedlungsraum entsprechender Gebiete wächst die Art regelmässig in breiten Spalten an Trockenmauern.

Gefährdung und Schutz: Ältere Trockenmauern sind Lebensraum einer artenreichen Flechtenvegetation. Sie verleiht den Mauern eine farblich vielfältige Patina mit grüngrauen, braunen, orangen und gelben Farbtönen. Im Siedlungs- und Landwirtschaftsgebiet sollte auf die Erhaltung der Flechtenvegetation bei der Sanierung von Trockenmauern geachtet werden.

Verwechslung: *Stereocaulon pileatum* und *S. nanodes* entwickeln etwas grössere und vor allem ein wenig dickere Stängel. Ihre Farbe ist grau. Bei weiteren Arten der Gattung *Stereocaulon* sind die Stängel mehrere Zentimeter hoch.

Hildenbrands Gallertflechte

EN | NHV
Anzahl Fundorte 25
Substrat Borke

Leptogium hildenbrandii (Garov.) Nyl.

Feldmerkmale: Braunschwarzes, bis 10 cm grosses Lager mit locker der Borke anliegenden, breiten, runzeligen, meist glänzenden und am Rand aufgebogenen Lappen. In feuchtem Zustand ist das Lager gallertig aufgequollen. Fruchtkörper werden fast immer gebildet. Vegetative Ausbreitungseinheiten fehlen. Die Unterseite ist mit einem dichten Filz von kurzen weissen Haaren überzogen.

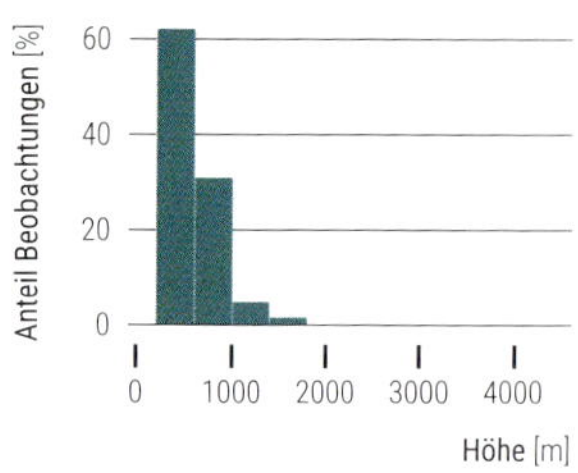

Wissenswertes: Hildenbrands Gallertflechte wächst auf meist leicht bemoosten Stämmen von Nussbäumen, Esche und anderen Laubbäumen in Fettwiesen und Obstgärten, selten im Wald. Die Art ist in den Südalpen, aber auch im Wallis in luftfeuchten Lagen regelmässig anzutreffen, allerdings oft nur auf einzelnen Bäumen. Selten kommt sie auch in Lindenmischwäldern an Esche vor. Hildenbrands Gallertflechte wird kaum gefressen, weil das mit dem Flechtenpilz vergesellschaftete Cyanobakterium vermutlich Cyanotoxine bildet. Nur die Scheibe der Fruchtkörper wird regelmässig von Milben gefressen.

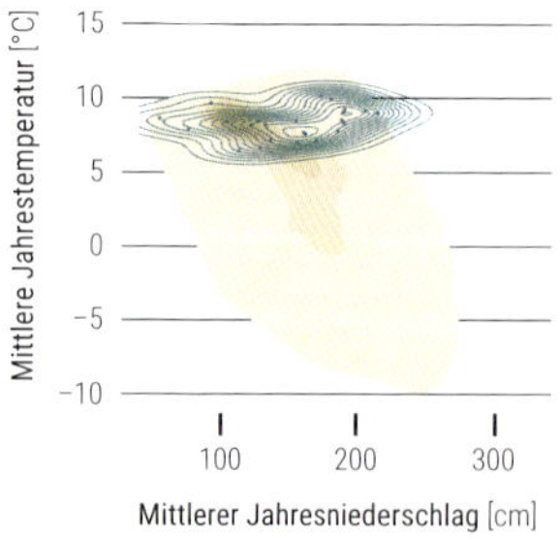

Gefährdung und Schutz: Die auffällige Art ist aus dem 19. Jahrhundert von zahlreichen Vorkommen aus dem Mittelland, dem Jurasüdfuss und der Genferseeregion bekannt, wo sie inzwischen weitgehend verschwunden ist. Vorkommen müssen geschont werden. Für eine langfristige Erhaltung der Nussbaum- und Eschen-Bestände sollte gesorgt werden.

Verwechslung: Bei guter Entwicklung kann die Art nicht verwechselt werden.

Filzige Gallertflechte

NT

Anzahl Fundorte	282
Substrat	Borke

Leptogium saturninum (Dicks.) Nyl.

Feldmerkmale: Braunschwarzes, bis 20 cm grosses Lager mit locker der Borke anliegenden, breiten, aufsteigenden Lappen. In feuchtem Zustand ist das Lager gallertig aufgequollen. Die älteren Teile der Lappen sind dicht mit kugeligen bis stiftförmigen, manchmal verzweigten vegetativen Ausbreitungseinheiten besetzt. Fruchtkörper werden nur selten gebildet. Die Unterseite ist mit einem dichten Filz von kurzen weissen Haaren überzogen, der aber in feuchtem Zustand durchsichtig und dann weniger gut sichtbar ist.

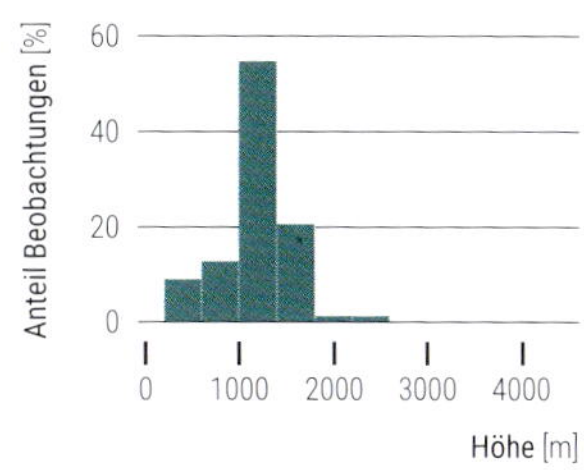

Wissenswertes: Die Filzige Gallertflechte wächst an meist bemoosten Stämmen von Bergahorn, Esche und anderen Laubbäume in niederschlagsreichen und luftfeuchten Lagen. In hochmontanen Wäldern zeigt die Art mögliche Vorkommen von ***Nephroma*** und ***Lobaria pulmonaria*** an, ist aber deutlich häufiger anzutreffen. Die Flechte wird kaum abgefressen, weil das mit dem Flechtenpilz vergesellschaftete Cyanobakterium vermutlich Cyanotoxine bildet.

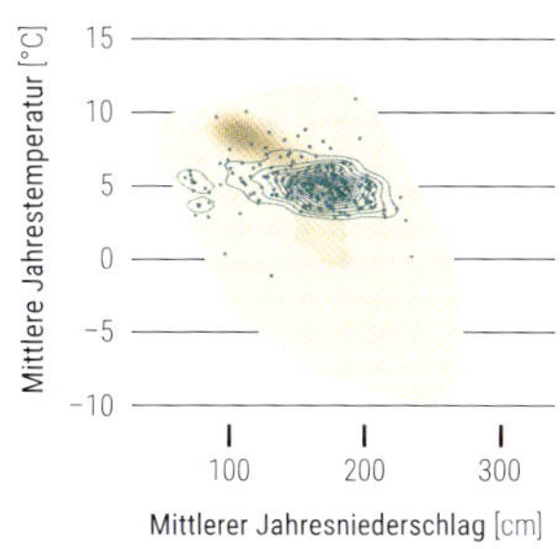

Gefährdung und Schutz: Vorkommen in tieferen Lagen und einzelne Trägerbäume sollten geschont werden. Die früheren Vorkommen im Mittelland sind verschwunden.

Verwechslung: Die sehr seltene, vom Aussterben bedrohte und geschützte *Leptogium burnetiae* hat ein blauschwarzes Lager und die Ausbreitungseinheiten werden oft in deutlichen Gruppen gebildet. Die beiden Arten lassen sich anhand genetischer Merkmale (DNA-Barcoding) sicher unterscheiden.

LC

Anzahl Fundorte	140
Substrat	Borke

Wolfsflechte

Letharia vulpina (L.) Hue

Feldmerkmale: Die leucht- bis goldgelbe, bis 20 cm grosse Strauchflechte zeigt leicht abgeflachte oder rundliche, schmale Äste. Die Lager sind mit einer Haftscheibe am Substrat festgewachsen oder mit der rauen Borkenoberfläche verheddert. Kleinere Sträuchlein stehen starr von der Borke ab, grössere Lager zeigen eine hängende Wuchsform. Die Art breitet sich durch stiftförmige, an der Spitze gebräunte vegetative Ausbreitungseinheiten aus, welche sich an längs verlaufenden Rippen an älteren Ästen bilden. Fruchtkörper werden selten entwickelt.

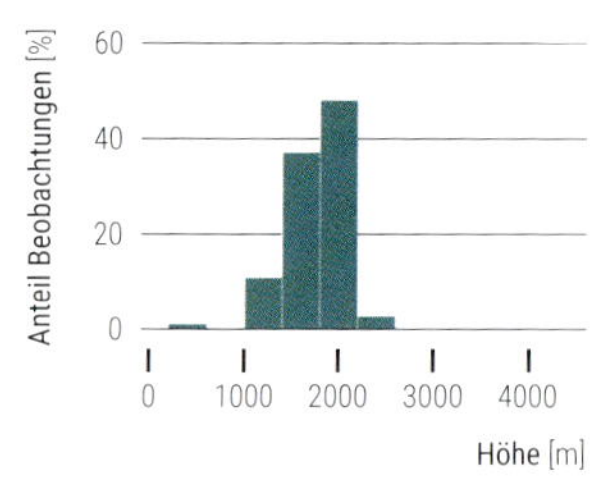

Wissenswertes: Die Wolfsflechte ist in niederschlagsarmen Regionen eine häufige Art lichtreicher, subalpiner Nadelwälder. Sie wächst auf Holz und an Stämmen von Nadelbäumen, insbesondere alten Lärchen. Ein Fund ist von einem Schindeldach eines Turmes der Museggmauer in Luzern bekannt. Die gelbe Farbe stammt von Flechtenstoffen, welche vor Fressfeinden schützen. Früher soll die Art zum Vergiften von Wölfen verwendet worden sein.

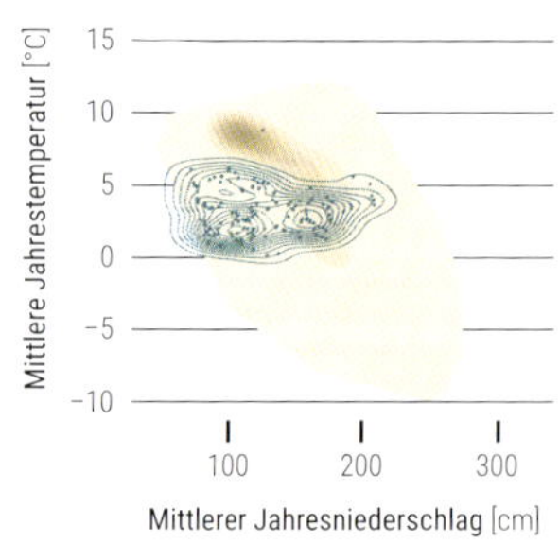

Gefährdung und Schutz: Die Wolfsflechte ist nicht gefährdet. Vorkommen in den Voralpen und in tieferen Lagen sollten geschont werden.

Verwechslung: Die Wolfsflechte kann im Feld gut erkannt werden. ***Evernia divaricata*** und ***E. mesomorpha*** sind grüngelblich.

Alpen-Lungenflechte

LC NHV

Anzahl Fundorte	58
Substrat	Erde

Lobaria linita (Ach.) Rabenh.

Feldmerkmale: Trocken braungrünes, feucht intensiv hellgrünes bis >30 cm grosses Lager mit breiten, dem Substrat aufliegenden, an den Enden aufsteigenden Lappen mit krausen Rändern. Oberseite der Lappen mit Dellen, dazwischen Rippen, auf welchen äusserst selten rotbraune Fruchtkörper entstehen. Bruchstücke der Lappenränder dienen der vegetativen Ausbreitung. Die Unterseite ist hell.

Wissenswertes: Die Alpen-Lungenflechte wächst auf Erde, oft zwischen Moosen in Zwergstrauchheiden oder direkt über kalkfreiem Gestein auf bodennahen Felsflächen. Im Inneren der Lappen bilden sich einzelne Warzen mit Cyanobakterien, welche Luftstickstoff binden. Wie bei der Echten Lungenflechte zeigen die Lappen der Alpen-Lungenflechte ein sekundäres Breitenwachstum, das sich je nach Standortsbedingungen in unterschiedlichem Flächenwachstum der Dellen äussert.

Gefährdung und Schutz: Die höher gelegenen Vorkommen sind nicht gefährdet. Solche in lichtreichen subalpinen Wäldern müssen geschont werden.

Verwechslung: ***Lobaria pulmonaria*** bildet feinkörnige vegetative Ausbreitungseinheiten in punktförmigen Aufbrüchen und wächst meist auf Borke von Laubbäumen. Kleine Lager der Alpen-Lungenflechte sind mit Vorsicht von der sehr seltenen ***Nephroma expallidum*** zu unterscheiden, die aber keine regelmässig angeordneten Dellen bildet.

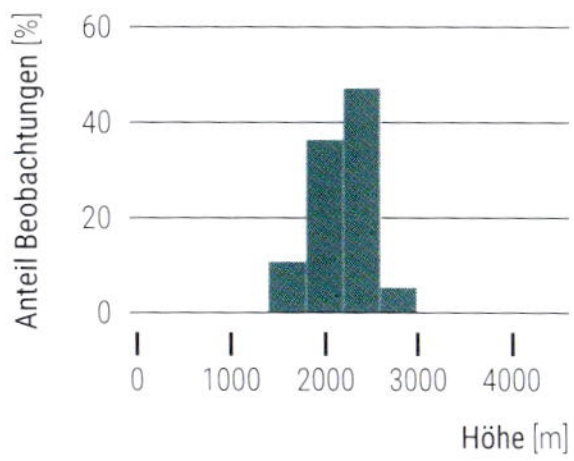

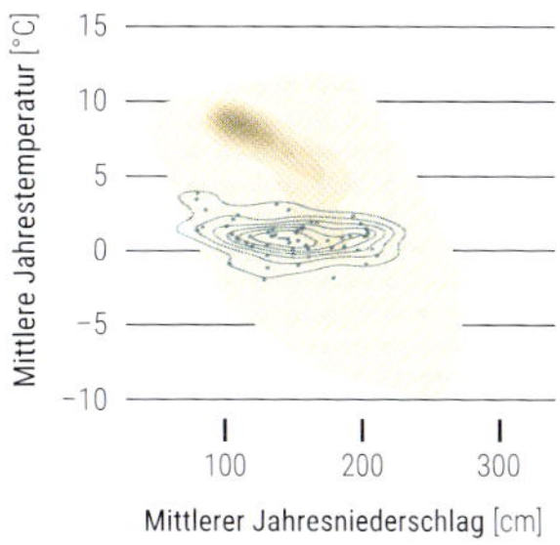

VU NHV

Anzahl Fundorte	500
Substrat	Borke

Echte Lungenflechte

Lobaria pulmonaria (L.) Hoffm.

Feldmerkmale: Trocken braungraues, feucht intensiv hellgrünes bis >30 cm grosses Lager mit breiten, der Borke anliegenden, an den Enden aufsteigenden Lappen. Die Oberseite der Lappen bildet Dellen, dazwischen befinden sich Rippen, auf welchen zuerst feinkörnige, später oft stift- bis spatelförmige vegetative Ausbreitungseinheiten und selten rotbraune Fruchtkörper entstehen. Die Unterseite ist hell und zwischen den Dellen filzig behaart.

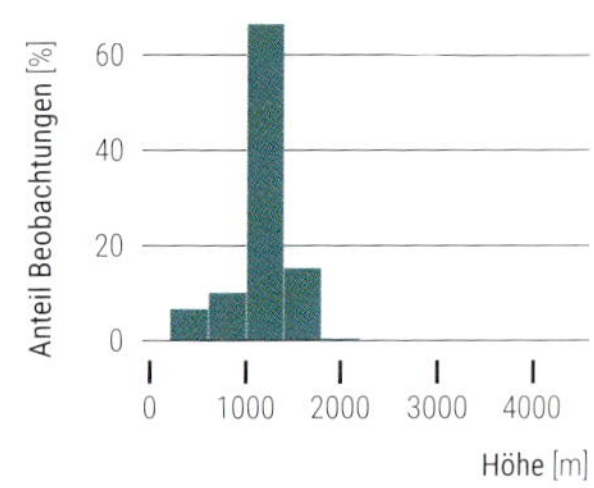

Wissenswertes: Die Grünalge *Symbiochloris reticulata* ist nur in den Gattungen ***Lobaria*** und ***Ricasolia*** vorhanden und für ihre Ausbreitung auf die vegetativen Ausbreitungseinheiten der Echten Lungenflechte angewiesen. Die Echte Lungenflechte wächst auf alten Laubbäumen in historisch alten Wäldern und Wytweiden in luftfeuchten Lagen. Vorkommen im Mittelland und in der Südschweiz sind heute meist auf wenige Bäume beschränkt.

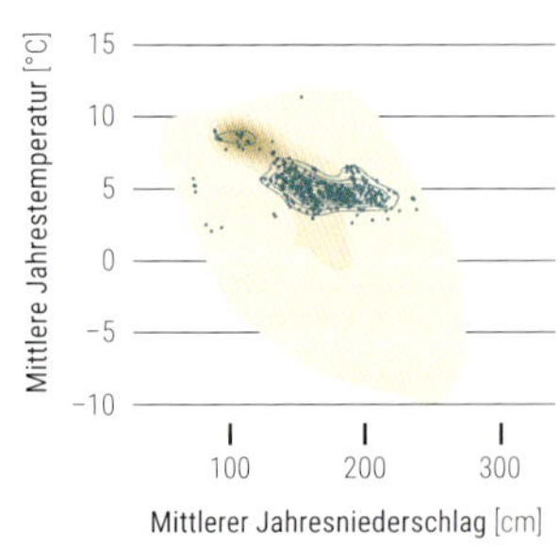

Gefährdung und Schutz: Vorkommen der geschützten Flechte müssen geschont werden. Zudem sollten sie für die Ausscheidung von Biotopbäumen oder Waldreservaten berücksichtigt werden. Im Mittelland sind mehrere Trägerbäume wegen des Eschentriebsterbens abgestorben. Die Art kann durch Transplantation gefördert werden.

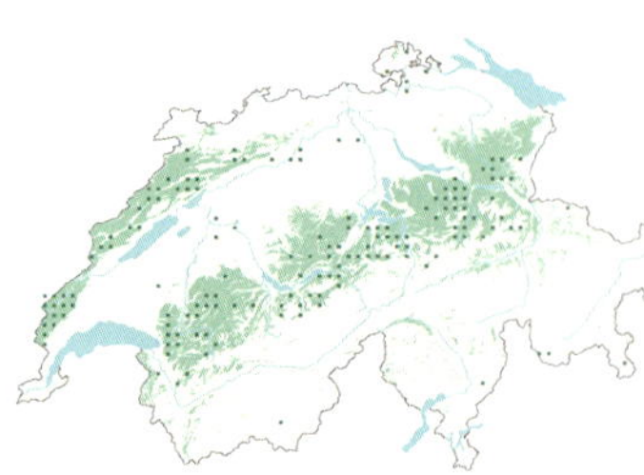

Verwechslung: ***Lobaria linita*** bildet keine vegetativen Ausbreitungseinheiten und wächst auf Erde in höheren Lagen. ***Peltigera aphthosa*** und *P. leucophlebia,* welche ebenfalls grosse, in feuchtem Zustand leuchtend grüne Lager zeigen, bilden auf der Oberseite dunkle Warzen.

Grubige Lungenflechte

Lobarina scrobiculata (Scop.) Nyl. ex Cromb.

EN **NHV**

Anzahl Fundorte	26
Substrat	Borke, Gestein

Feldmerkmale: Trocken grün-gelbliches, feucht bleigraues, bis 10 cm grosses Lager mit breiten, der Borke anliegenden, an den Enden aufsteigenden Lappen. Die Oberseite der Lappen entwickelt Dellen zwischen den Rippen, auf welchen dunkelgraue, feinkörnige, vegetative Ausbreitungseinheiten und selten rotbraune Fruchtkörper entstehen. Die Unterseite ist hell und zwischen den Dellen filzig behaart.

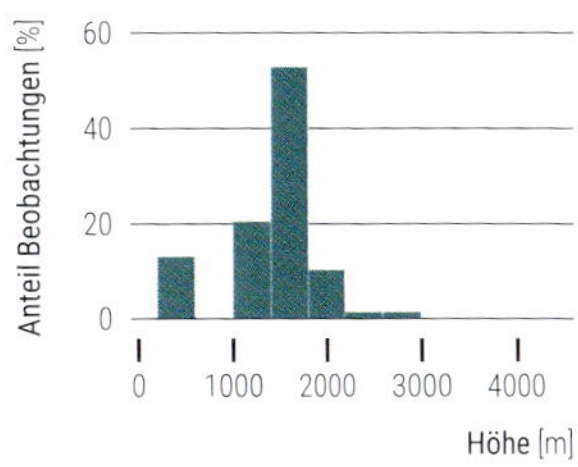

Wissenswertes: Die Grubige Lungenflechte war im 19. und frühen 20. Jahrhundert von mehreren Wäldern aus tiefen Lagen bekannt. Die meisten Funde aus dem Mittelland sind inzwischen verschwunden, weil alte Laubbäume in luftfeuchten Lagen seltener geworden sind. Die wenigen Vorkommen an Bergahorn in hochmontanen, niederschlagsreichen Lagen beschränken sich jeweils auf einzelne Trägerbäume. Heute kommt die Art noch vorwiegend an feuchten, teilweise bemoosten Felswänden in subalpinen Wäldern vor.

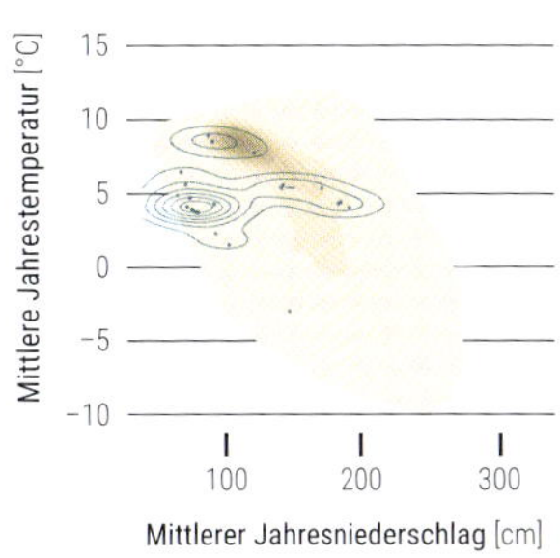

Gefährdung und Schutz: Die Grubige Lungenflechte ist geschützt; ihre Vorkommen müssen geschont werden. Zudem sollten sie für die Ausscheidung von Waldreservaten Berücksichtigung finden. Die Art kann durch Transplantation gefördert werden.

Verwechslung: Die Grubige Lungenflechte ist im Feld in der Regel gut zu erkennen. In Wäldern wächst sie eher an oberen Stammbereichen und in der Krone von Bäumen und ist deshalb nicht einfach zu finden. ***Lobaria pulmonaria*** wird feucht intensiv hellgrün.

NE

Anzahl Fundorte	4
Substrat	Gestein

Blättrige Lappenkruste

Lobothallia alphoplaca (Wahlenb.) Hafellner

Feldmerkmale: Hellgraue, im Zentrum gefelderte, am Rand deutlich gelappte, bis 10 cm grosse, 5 mm dicke, rosettenartige Lager. Die Lager dieser Krustenflechte sind zwar an ihrer Unterseite mit dem Gestein verwachsen, lassen sich aber oft leicht vom Substrat lösen. Die randlichen Lappen sind fast drehrund und werden bis 1 mm breit. Die bis 2 mm grossen Fruchtkörper sitzen dem Lager mit breiter Basis auf. Im Zentrum stehen sie oft gedrängt. Die Scheiben sind graubraun bis dunkelgrau, flach und von einem schmalen, leicht vorstehenden Lagerrand umgeben.

Wissenswertes: Die Blättrige Lappenkruste wächst an sonnenexponierten, beregneten Flächen von Felswänden auf basenreichem Silikatgestein in niederschlagsarmen Lagen. Sie bevorzugt tiefere Lagen und dringt selten bis in die alpine Stufe vor.

Gefährdung und Schutz: Die Blättrige Lappenkruste ist an einigen Orten recht häufig, insgesamt aber eine sehr seltene Art. Ihre Standorte in Felssteppen und Trockenrasen sollten geschont werden. Aus dem Mittelwallis sind die Vorkommen in SwissLichens unvollständig dokumentiert.

Verwechslung: *Lobothallia praeradiosa* kommt an ähnlichen Standorten vor, bildet aber bräunlich-graue, verflachte Lappen, die sich nicht leicht vom Gestein lösen lassen. ***Lobothallia radiosa*** ist auf kalkhaltigem Gestein weit verbreitet, stellenweise häufig und zeigt braungraue, meist bereifte, flache Lappen.

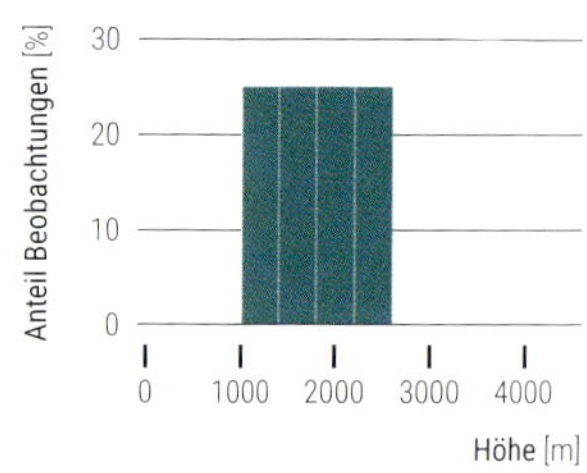

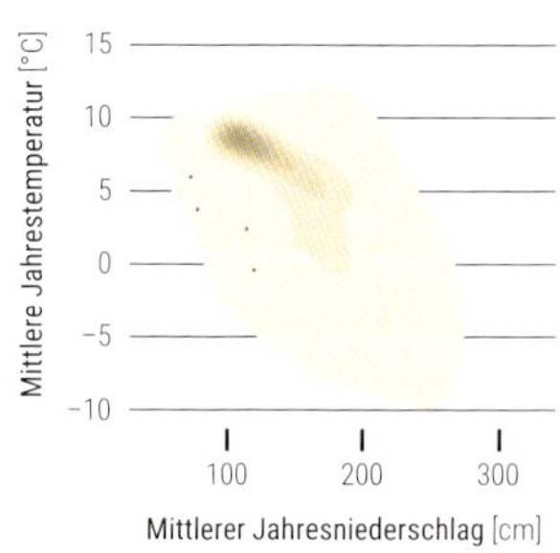

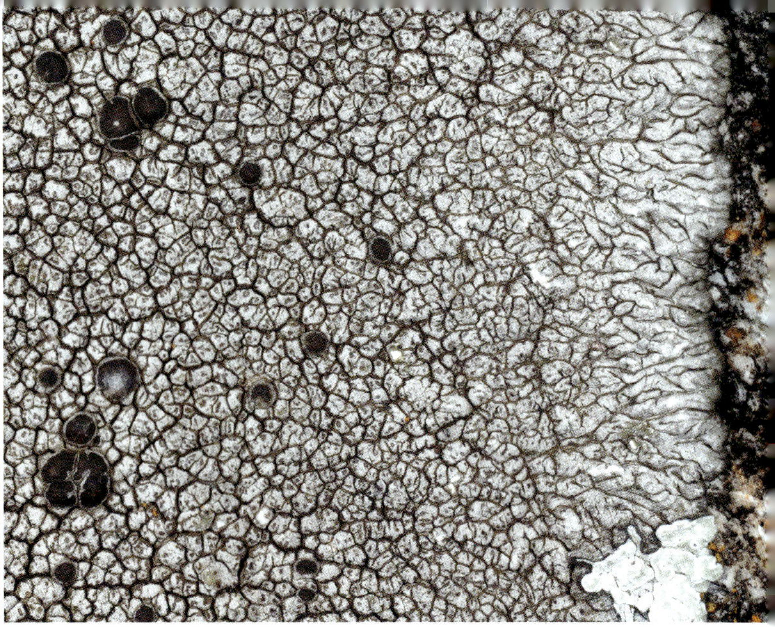

NE

Anzahl Fundorte	47
Substrat	Gestein

Strahlige Lappenkruste

Lobothallia radiosa (Hoffm.) Hafellner

Feldmerkmale: Graue bis braungraue, meist bereifte, im Zentrum gefelderte, am Rand deutlich gelappte, bis 10 cm grosse, um 0,5 mm dicke, rosettenartige Lager. Die Lager sind fest mit dem Gestein verwachsen und lassen sich nicht vom Substrat lösen. Die randlichen Lappen sind flach und <1 mm breit. Die Fruchtkörper werden um 1 mm gross und sitzen dem Lager mit breiter Basis auf. Die Scheiben sind graubraun bis dunkelgrau, flach und von einem schmalen, leicht vorstehenden Lagerrand umgeben.

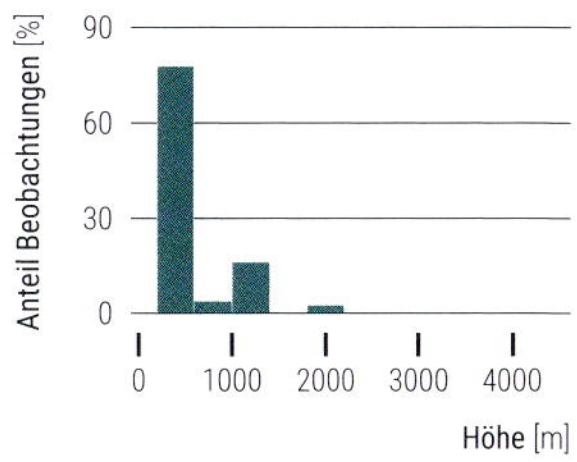

Wissenswertes: Die Strahlige Lappenkruste wächst an sonnenexponierten, beregneten Felsplatten und Kulmflächen von Gesteinsbrocken und Felsrippen auf kompaktem Kalkgestein. Sie ist häufig in (Halb)Trockenrasen in tieferen Lagen, kommt aber selten auch bis in die alpine Stufe vor. Im Siedlungsgebiet wächst die Art auf Mauerkronen aus Kalkgestein, gelegentlich auf leicht verwittertem Beton.

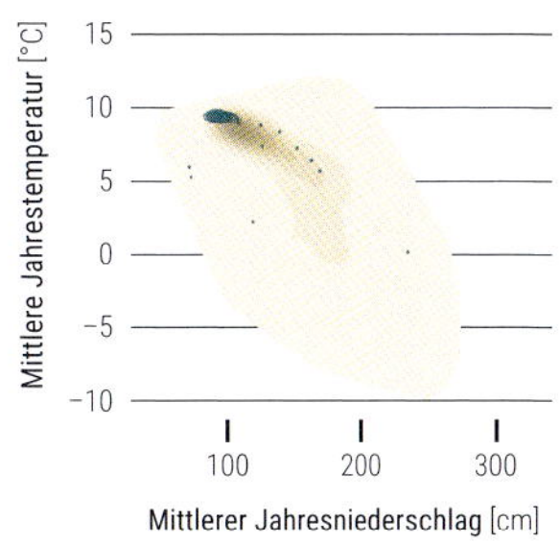

Gefährdung und Schutz: Die Strahlige Lappenkruste ist in Kalkgebieten weit verbreitet und stellenweise häufig.

Verwechslung: ***Lobothallia alphoplaca*** und *L. praeradiosa* kommen an Felswänden auf basenreichem Silikatgestein in niederschlagsarmen Lagen vor. Auf staubimprägniertem oder erdinkrustiertem Gestein können die beiden Arten aber auch zusammen mit der Strahligen Lappenkruste beobachtet werden. Die seltene *L. melanaspis* wächst auf saisonal überfluteten Silikatblöcken in alpinen Bächen.

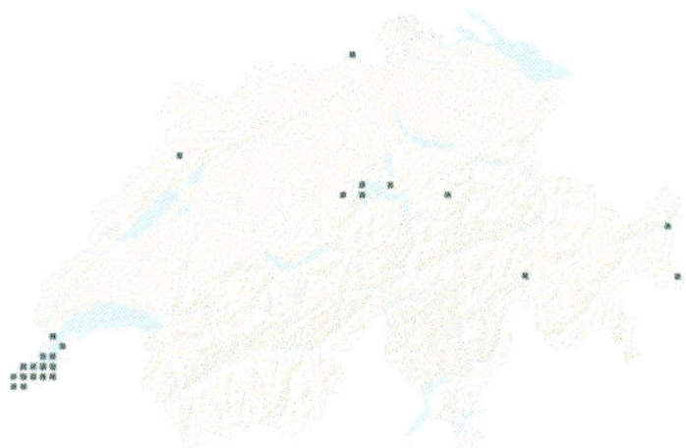

LC

Anzahl Fundorte	269
Substrat	Borke

Tannen-Wurmsporflechte

Loxospora elatina (Ach.) A. Massal.

Feldmerkmale: Weissliches bis grünlich-graues, am Rand glattes, um 6 cm grosses Lager. Auf dem Lager entstehen knollige Bläschen, welche oben aufreissen und an den Rändern feinkörnige, vegetative Ausbreitungseinheiten bilden, welche die zentralen Teile des Lagers vollständig bedecken können.

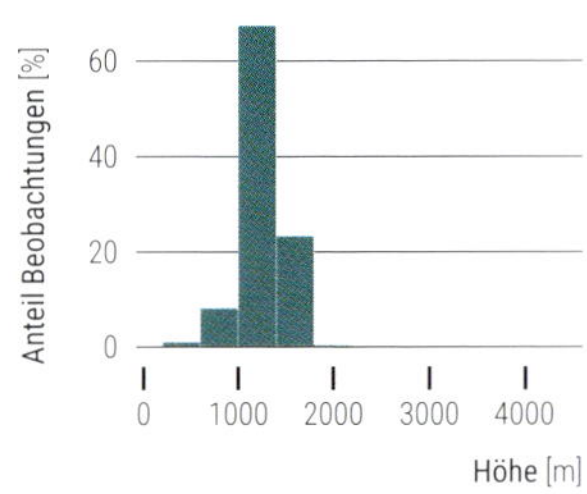

Wissenswertes: Die Tannen-Wurmsporflechte wächst auf der Borke von Fichte und Weisstanne, seltener auf Buche und Berg-Ahorn, vor allem in Tannen-Buchen- und Tannen-Fichtenwäldern in niederschlagsreichen Regionen und luftfeuchten Lagen. In historisch alten, naturnahen und stellenweise lichtreicheren Beständen dieser Wälder ist die Art regelmässig zu finden. Vorkommen dieser Art kommen oft in Beständen mit einer hohen Artenvielfalt an baumbewohnenden Flechten vor, sind aber auch in verarmten Beständen noch regelmässig anzutreffen. In Aufforstungen fehlt die Art oft, vermutlich, weil deren Ausbreitung eingeschränkt ist.

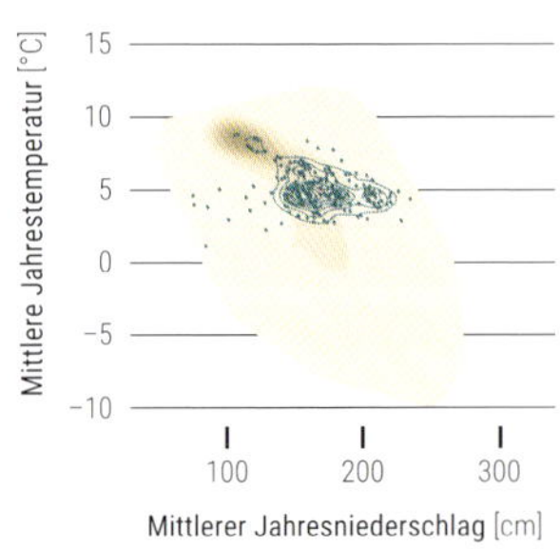

Gefährdung und Schutz: Die Tannen-Wurmsporflechte ist in der hochmontanen Stufe häufig. In tieferen Lagen sollten Trägerbäume der Art geschont werden.

Verwechslung: Die Tannen-Wurmsporflechte kann im Feld meist gut erkannt werden. Lager ohne die extrem selten auftretenden Fruchtkörper können anhand der Flechtenstoffe und genetischer Merkmale (DNA-Barcoding) von sehr vielen anderen Arten wie *Loxospora cristinae*, ***Phlyctis argena*** und Arten der Gattung ***Ochrolechia*** unterschieden werden.

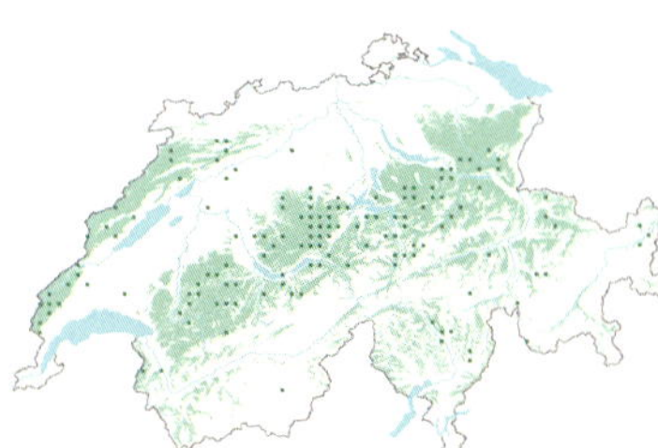

Kastanienflechte

CR	
Anzahl Fundorte	3
Substrat	Borke

Maronea constans (Nyl.) Hepp

Feldmerkmale: Grünliches bis bräunlich-graues, warziges, bis 4 cm grosses Lager. Die bis 1,3 mm grossen Fruchtkörper haben einen vorstehenden, lagerfarbenen Rand um die rot- bis dunkelbraune Scheibe.

Wissenswertes: Die Kastanienflechte wächst am Stamm und an Ästen von Laubbäumen und Weisstanne in lichtreichen, hochmontanen Mischwäldern, Feldgehölzen und Hochstamm-Obstgärten. Die Art wurde zwischen 1853 und 1890 vielfach an Kirschbäumen, Buchen und weiteren Baumarten mit saurer Borke im Mittelland und in den Nordalpen nachgewiesen. Carl Hegetschweiler, der die Art im 19. Jh. vor allem im Knonaueramt (Kt. Zürich) am häufigsten gefunden hat, notierte mehrfach, dass er sie im oberen Stammbereich gesammelt hat. In den letzten 30 Jahren wurde die Kastanienflechte trotz intensiver Nachsuche nur noch einmal im Mittelland und zweimal in Kleinstvorkommen im Tessin nachgewiesen. Im Bild rechts sind die sporenbildenden Teile mehrerer Fruchtkörper vermutlich von Hornmilben ausgefressen worden.

Gefährdung und Schutz: Die Kastanienflechte war im 19. Jh. weit verbreitet und in Wäldern und Hochstamm-Obstgärten eine häufige Art. Alle Vorkommen sollten geschont und durch Artenförderungsmassnahmen gestützt werden.

Verwechslung: Die Fruchtkörper erinnern an *Rinodina albana*. ***Lecanora chlarotera*** hat ein hellgraues Lager. Die Kastanienflechte kann anhand mikroskopischer Sporenmerkmale unterschieden werden.

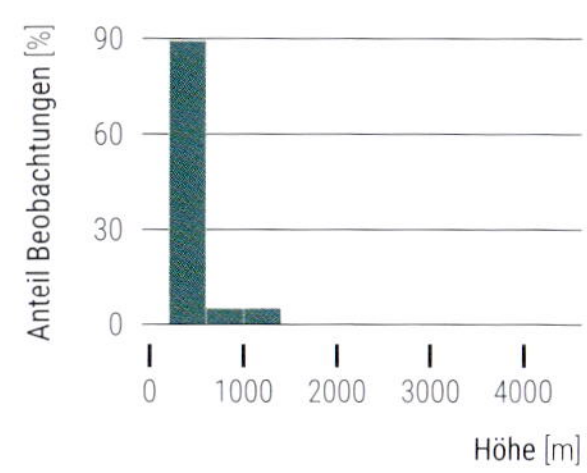

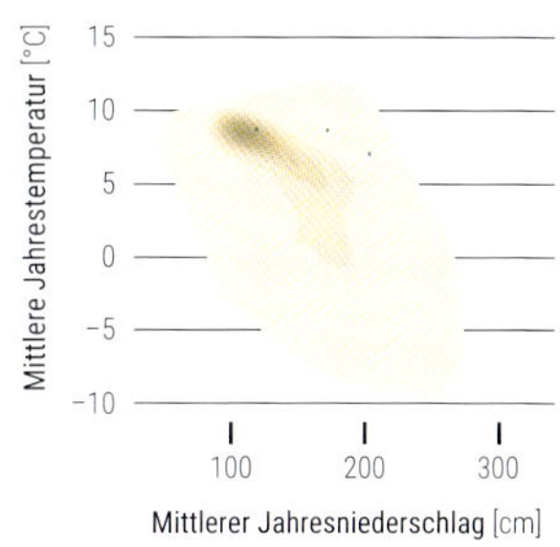

VU

Pulverige Grosssporflechte

Anzahl Fundorte	77
Substrat	Borke

Megalaria pulverea (Borrer) Hafellner & E. Schreiner

Feldmerkmale: Weissliches bis bläuliches, dünnes, flachwarziges bis grobkörniges, bis gegen 8 cm grosses Lager. Die Lagerteile bilden zuerst punktförmige, bald zusammenfliessende, bis 1 cm grosse Aufbrüche, in welchen grobkörnige, gelblich-grüne vegetative Ausbreitungseinheiten gebildet werden. Die gegen 2 mm grossen Fruchtkörper können nur selten beobachtet werden. Die meist flache, grünschwarze Scheibe ist von einem deutlich vorstehenden, oben schwarzgrün, aussen hell gefärbten Eigenrand umgeben.

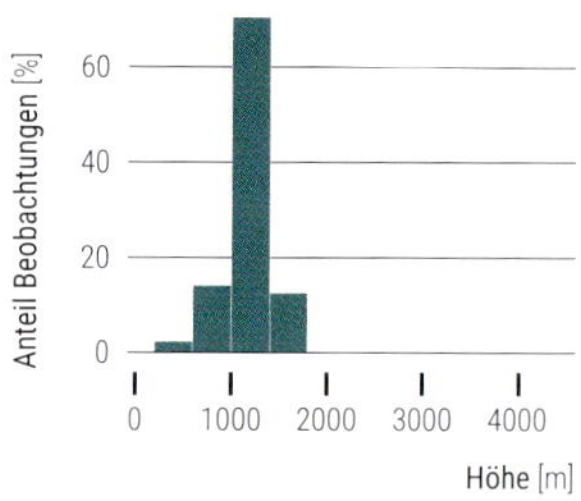

Wissenswertes: Die Pulverige Grosssporflechte wächst auf Borke von Fichte, Weisstanne, Buche und Berg-Ahorn in Laubmischwäldern der hochmontanen Stufe in niederschlagsreichen Gebieten. Sie ist auf meist alte Bäume in historisch alten, naturnahen Wäldern angewiesen.

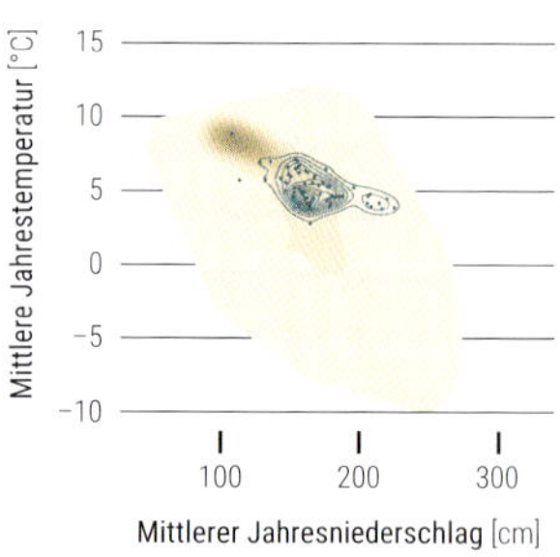

Gefährdung und Schutz: Im Mittelland sollten alle Vorkommen geschont und für die Ausscheidung von Waldreservaten berücksichtigt werden. In Gebirgswäldern können Vorkommen auf einzelnen Trägerbäumen durch die Ausscheidung als Biotopbäume geschont werden und grössere Vorkommen für die Ausscheidung von Waldreservaten berücksichtigt werden.

Verwechslung: Die stark gefährdete *Megalospora pachycarpa* bildet ein dickes Lager aus grobkörnigen vegetativen Ausbreitungseinheiten, welche sich über einem weisslichen Grundgeflecht entwickeln. Die beiden Arten sind anhand der Flechtenstoffe zu unterscheiden.

LC

Anzahl Fundorte	726
Substrat	Borke

Gewöhnliche Braunschüsselflechte

Melanelixia glabratula (Lamy) Sandler & Arup

Feldmerkmale: Olivgrünes bis braunes, bis 20 cm grosses Lager mit locker der Borke anliegenden, breiten Lappen, auf welchen stiftförmige vegetative Ausbreitungseinheiten gebildet werden. Die Fruchtkörper zeigen schüsselförmige, hellbraune Scheiben und sitzen den Lappen mit verengter Basis auf. Sie sind oft, aber nicht immer, vorhanden.

Wissenswertes: Die Gewöhnliche Braunschüsselflechte ist eine häufige Art auf Borke in Wäldern und an freistehenden Bäumen in niederschlagsreichen Gebieten oder etwas luftfeuchteren Lagen. Die Art kommt bis an die Waldgrenze vor. Auf Bäumen mit glatter Rinde bildet sie oft kreisrunde Lager, an Stämmen mit dichtem Flechtenbewuchs sind die Lager meist in einzelne Lappen aufgelöst.

Gefährdung und Schutz: Die Gewöhnliche Braunschüsselflechte ist nicht gefährdet.

Verwechslung: *Melanelixia fuliginosa* hat dunklere Lager und kommt auf Silikatgestein vor. Weitere, auf Borke vorkommende Arten mit stift- bis spatelförmigen, vegetativen Ausbreitungseinheiten sind im Feld nicht einfach zu erkennen: *M. subaurifera* bildet in punktförmigen Aufbrüchen feinkörnige Ausbreitungseinheiten, die sich zu dünnen Stiftchen weiterentwickeln. *Melanohalea exasperatula* zeigt breite, *M. elegantula* und *M. laciniatula* schmale Lappen mit zylindrischen, resp. spatelförmigen Ausbreitungseinheiten, welche die Lageroberfläche oft gänzlich bedecken.

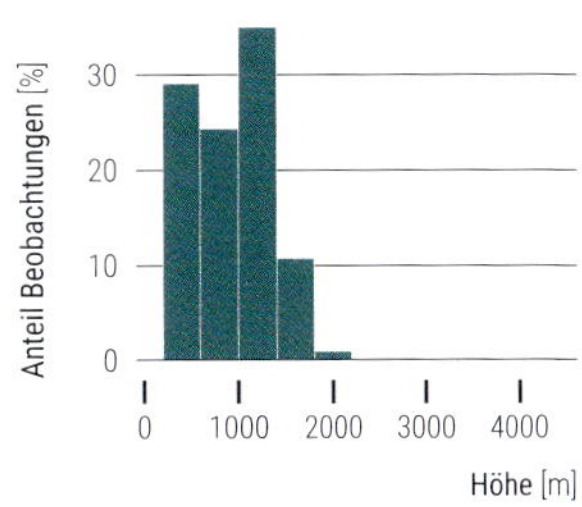

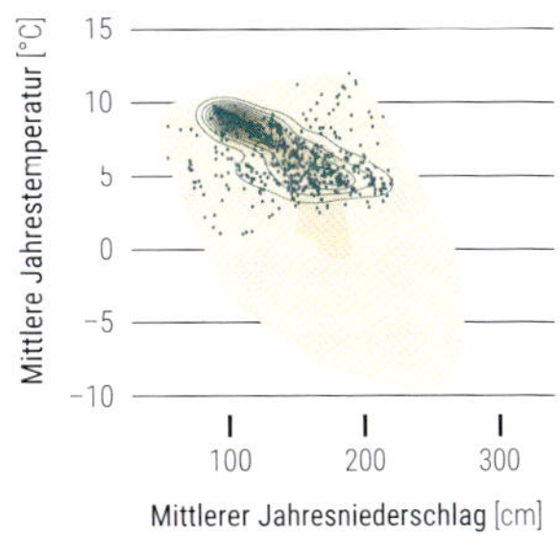

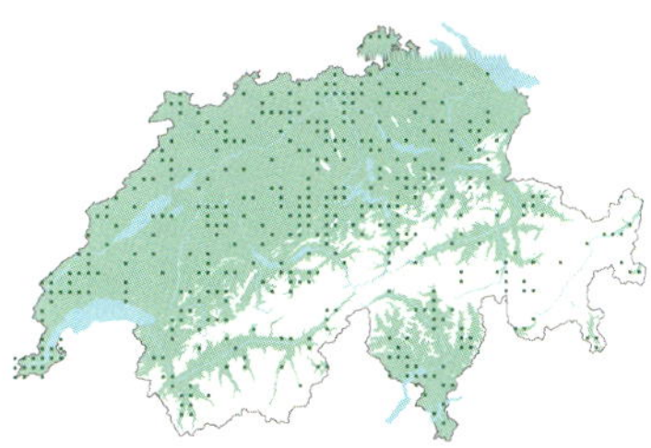

Nordische Schüsselflechte

EN

Anzahl Fundorte	17
Substrat	Borke

Melanohalea septentrionalis

(Lynge) O. Blanco, A. Crespo, Divakar, Essl., D. Hawksw. & Lumbsch

Feldmerkmale: Olivgrünes bis rotbraunes, glänzendes, bis 3 cm grosses Lager mit eng der Borke anliegenden, schmalen Lappen mit randlich angeordneten, rundlichen, weissen Punkten. Fruchtkörper mit flachen, hellbraunen Scheiben, welche den Lappen mit verengter Basis aufsitzen, sind immer vorhanden.

Wissenswertes: Die Nordische Schüsselflechte ist eine sehr seltene Blattflechte auf dünnen Ästchen von Birke am Rande von Hochmooren im Jura. Die Art wächst dort auf älteren, nicht unbedingt grossen Birken, welche frei oder am Waldrand stehen. Sie benötigt lichtreiche Standorte und fehlt deshalb weitgehend in Hochmoor-Fichtenwäldern.

Gefährdung und Schutz: Alle Vorkommen sollten geschont, bei der Planung von Pflegemassnahmen in Moorgebieten berücksichtigt und mit hoher Priorität gefördert werden. Für die Nordische Schüsselflechte ist es sehr wichtig, dass die feinen Zweige im unteren Kronenbereich geschont werden.

Verwechslung: *Cetraria sepincola* wächst ebenfalls an dünnen Birkenzweigen, bildet aber kleine, polsterförmige Lager. Andere Arten mit braunem Lager, die auf Borke wachsen, sind deutlich grösser: *Melanohalea exasperata* entwickelt kleine warzenförmige Auswüchse an den Rändern der Fruchtkörper und auf den Lappen, *Melanelixia glabra* zeigt sehr feine weisse Härchen an jungen Lappenenden und an den Rändern der Fruchtkörper.

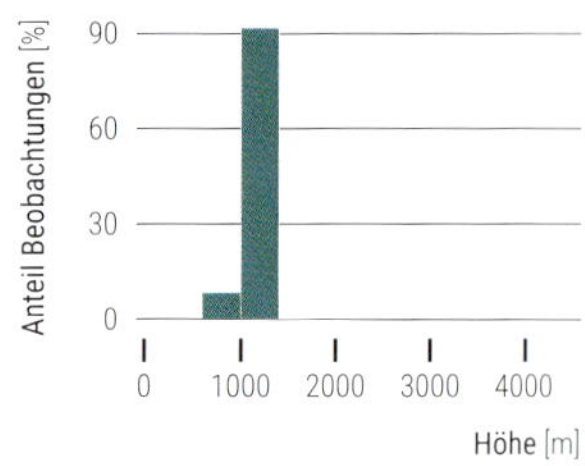

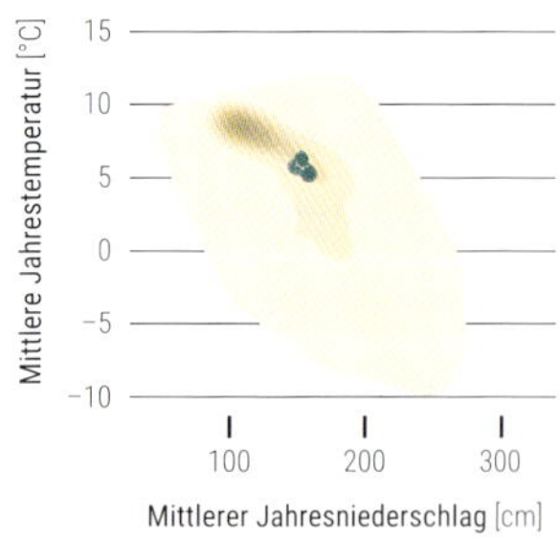

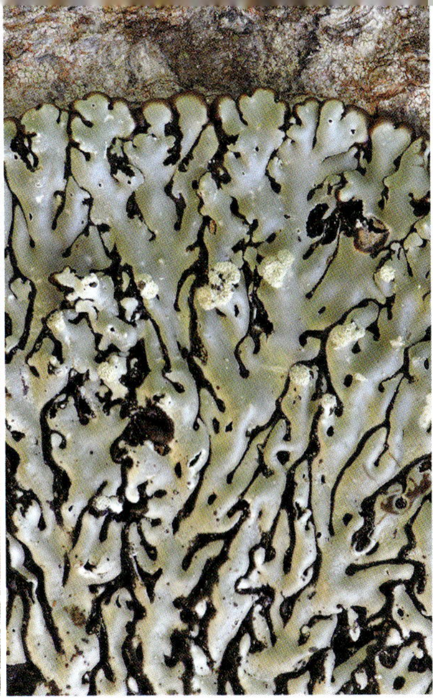

Löcherflechte

VU

Anzahl Fundorte	142
Substrat	Borke

Menegazzia terebrata (Hoffm.) A. Massal.

Feldmerkmale: Bläulich-graues, bis 15 cm grosses Lager mit dem Substrat anliegenden, schmalen Lappen. Die Lappen wirken aufgeblasen, haben eine gewölbte, zerstreut löcherige Oberseite und sind im Zentrum hohl. Feinkörnige vegetative Ausbreitungseinheiten werden an manschettenförmigen Aufbrüchen an kurzen Fortsätzen auf der Oberseite älterer Lappen gebildet. Die Unterseite ist schwarz, Rhizinen fehlen.

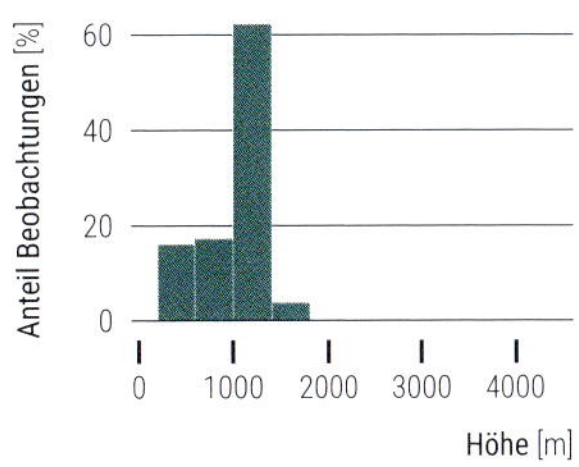

Wissenswertes: Die Löcherflechte wächst meist am Stamm von Buchen und Weisstannen in historisch alten, ziemlich lichtreichen, gestuften Beständen in niederschlagsreichen Gebieten. Die seltene Art ist in den Nordalpen vor allem in Buchen-Tannenwäldern zu finden, meist an alten Bäumen mit etwas verwitterter Borke. Im Mittelland und im Jura, wo zahlreiche historische Funde bekannt sind, ist sie sehr selten geworden.

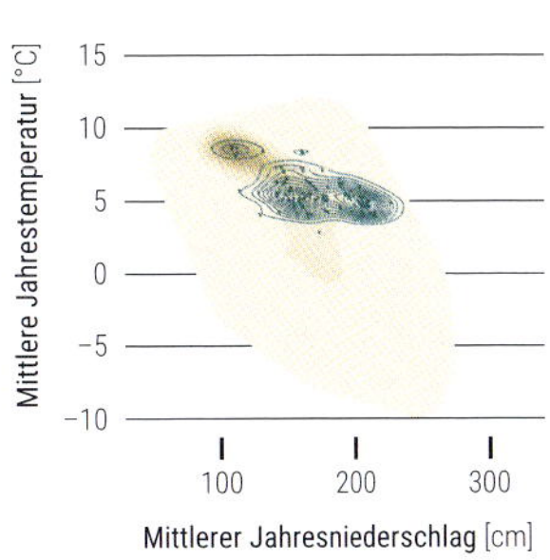

Gefährdung und Schutz: Einzelvorkommen, vor allem im Mittelland, sollten geschont werden. Grössere Vorkommen in den Nordalpen sollten für die Ausscheidung von (Sonder)Waldreservaten berücksichtigt werden, weil viele gefährdete, oft unauffällige Flechten am gleichen Standort wachsen.

Verwechslung: *Menegazzia subsimilis* hat ebenfalls eine löcherige Oberseite, unterscheidet sich aber durch lippenförmige Aufbrüche von der Löcherflechte, von der sie nicht immer eindeutig unterschieden werden kann. Die wächst hauptsächlich auf Gestein.

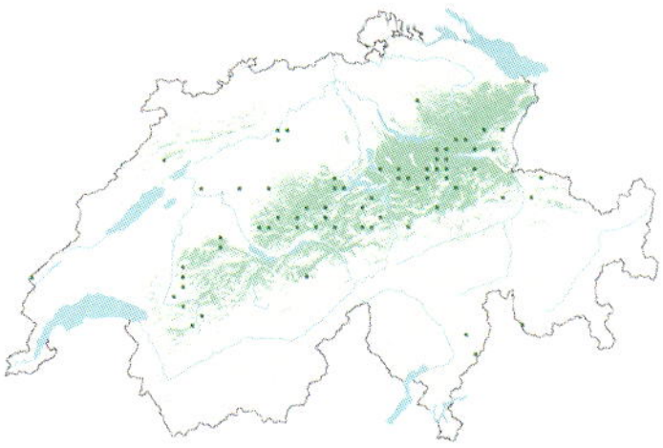

Anliegende Krümelflechte

VU

Anzahl Fundorte	11
Substrat	Borke

Micarea adnata Coppins

Feldmerkmale: Dunkelgrüne, schorfige bis warzige, um 5 cm grosse Lager. Die Lagerwarzen sind um 0,3 mm gross, trocken flach und runzelig, feucht stark aufgequollen und glänzend. Die Fruchtkörper werden bis 0,5 mm gross, sind schwach gewölbt und von einem weissen, deutlich faserigen Rand umgeben. Die Scheibe ist wachsfarben und matt. Häufiger als Fruchtkörper werden die bis 0,3 mm grossen, blassen Scheibchen (Sporodochien) entwickelt, in welchen Konidien gebildet werden.

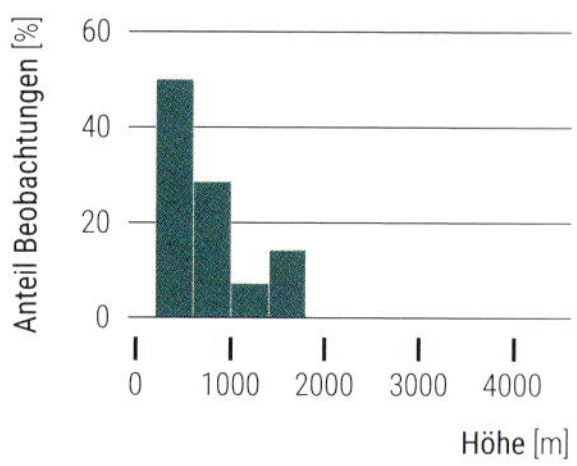

Wissenswertes: Die Anliegende Krümelflechte wächst auf stark vermorschter Borke an der Basis von alten Weisstannen, weiterer Nadelbaumarten und Eichen. Die Art ist an historisch alte, naturnahe Weisstannenwälder in meist tiefen Lagen gebunden und kommt mit anderen Arten der sehr seltenen «Kleinen Fünf» (***Fellhanera gyrophorica***, ***Fellhaneropsis vezdae***, *Graphis elegans* und *Scoliciosporum pruinosum*) oft an den gleichen Trägerbäumen vor.

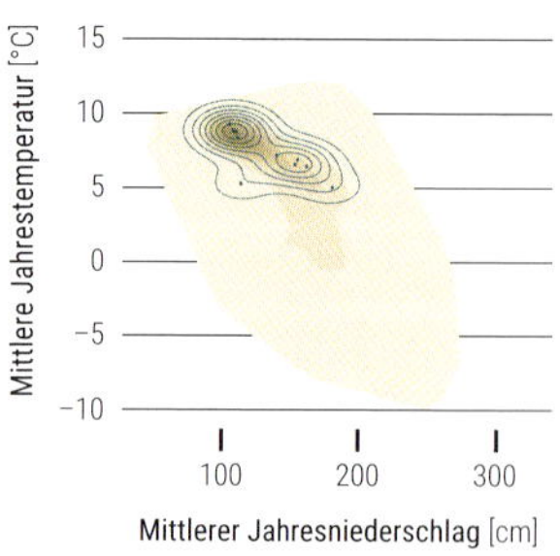

Gefährdung und Schutz: Die Anliegende Krümelflechte war häufig an der Basis alter Weisstannen in den Eichen-Weisstannenwäldern im Bezirk Zofingen zu beobachten. Diese Vorkommen sind in den letzten Jahren zurückgegangen, weil die Basis alter Bäume stark von Moosen überwachsen wurde, allenfalls eine Folge eines erhöhten Stickstoffeintrages durch die Luftverschmutzung.

Verwechslung: Die Anliegende Krümelflechte kann im Feld erkannt werden, sollte aber durch eine sorgfältige Laborbestimmung bestätigt werden.

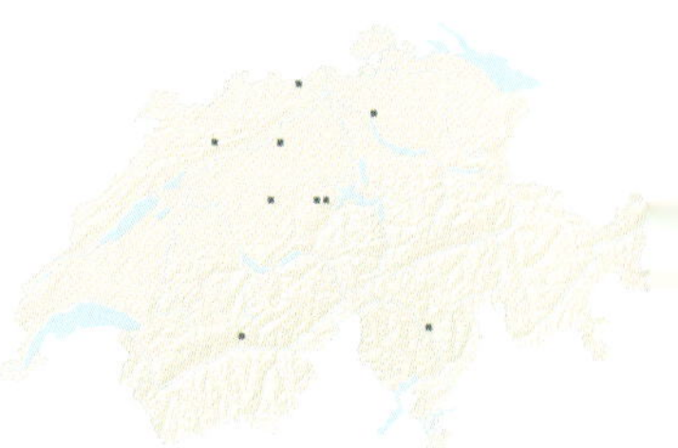

NE

Anzahl Fundorte	73
Substrat	Holz, Borke

Holz-Krümelflechte

Micarea lignaria (Ach.) Hedl.

Feldmerkmale: Graugrüne bis blaugraue, flache bis kugelige Warzen bilden ein bis 10 cm grosses Lager. Die Warzen stehen meist dicht gedrängt und bestimmen dann den Aspekt des Lagers. Sie können aber auch von einem grünen Algenfilm bedeckt und dann fast unsichtbar sein. Die schwarzen oder blauschwarzen, bis 0,6 mm grossen Fruchtkörper bilden eine stark gewölbte bis kugelige Scheibe ohne Rand.

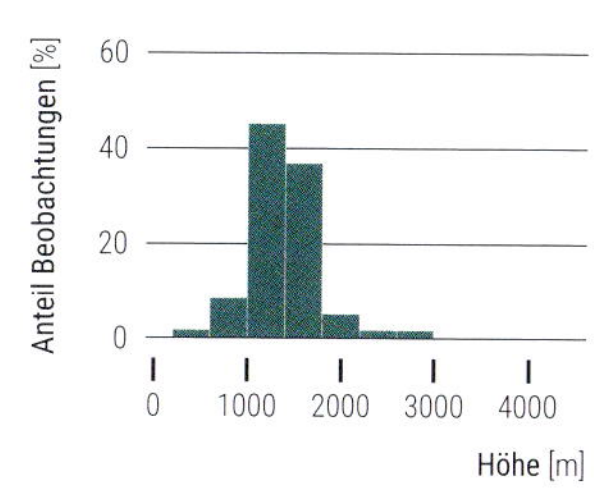

Wissenswertes: Die Holz-Krümelflechte wächst auf unterschiedlichsten Substraten wie stark verwittertem Totholz von Nadelbäumen, Borke und kalkfreiem oder kalkarmem Gestein in hochmontanen und subalpinen Wäldern in niederschlagsreichen Regionen und luftfeuchten Lagen. Arten der Gattung *Micarea* bilden verschiedene Typen von vegetativen Ausbreitungseinheiten des Pilzpartners, sogenannte Konidien. Die Holz-Krümelflechte bildet sowohl Makro- als auch Mesokonidien. Zusätzlich werden Mikrokonidien gebildet, die vermutlich als Spermatien der sexuellen Vermehrung dienen.

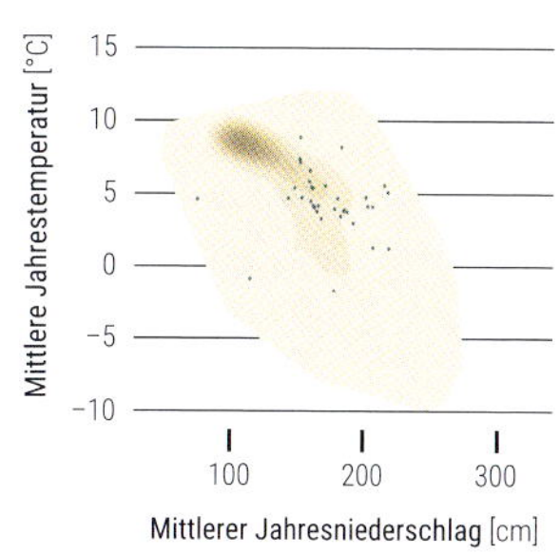

Gefährdung und Schutz: Die Holz-Krümelflechte ist in Gebirgswäldern stellenweise häufig.

Verwechslung: Viele Arten der Gattung *Micarea* sind ausgesprochen substratvag. Weil das Aussehen des vegetativen Lagers und die Farbe der Fruchtkörper sehr variabel ist, können die meisten *Micarea*-Arten nicht zuverlässig im Feld angesprochen werden. In den meisten Fällen ist eine mikroskopische Untersuchung der Sporen und die Bestimmung der Flechtenstoffe nötig.

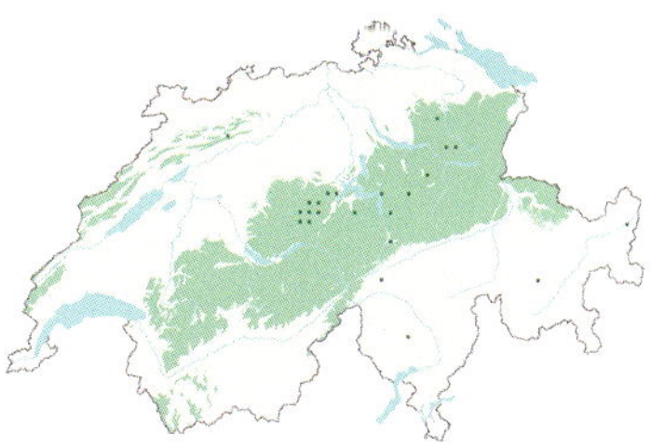

Garovaglios Erzgebirgsflechte

NE

Anzahl Fundorte	11
Substrat	Gestein

Miriquidica garovaglii (Schaer.) Hertel & Rambold

Feldmerkmale: Dunkelbraunes, gefeldertes, bis 10 cm grosses Lager. Die kräftigen Areolen haben einen rundlichen Umriss, sind deutlich gewölbt und glänzend. Fruchtkörper sind immer vorhanden und stehen in kleinen Gruppen. Sie sitzen dem Lager mit verengter Basis auf, haben einen deutlichen braunschwarzen Rand und eine gleichfarbene, flache bis gewölbte Scheibe.

Wissenswertes: Garovaglios Erzgebirgsflechte besiedelt Neigungsflächen auf mineralreichem Silikatgestein an Felsrippen und Bergsturzblöcken. Sie wächst von der subalpinen bis in die nivale Stufe oft an Stellen, die verzögert abtrocknen, entweder, weil diese etwas absonnig sind oder weil die Taubildung durch aus Felsspalten austretender Kaltluft begünstigt wird. Die Standorte der Art weisen meist eine hohe Deckung an Krustenflechten auf.

Gefährdung und Schutz: Garovaglios Erzgebirgsflechte ist in Silikatgebieten häufig.

Verwechslung: ***Lecidea atrobrunnea*** entwickelt meist ein deutliches schwarzes Vorlager. *Protoparmelia badia* bildet Fruchtkörper mit einem lagerfarbenen Rand und mittelbraunen Scheiben. Die wenig bekannte *Miriquidica aeneovirens* ist Garovaglios Erzgebirgsflechte sehr ähnlich, unterscheidet sich aber in ihren Flechtenstoffen. Mikroskopische Untersuchungen der Fruchtkörper und die Bestimmung der Flechtenstoffe sollten immer Vermutungen im Feld bestätigen.

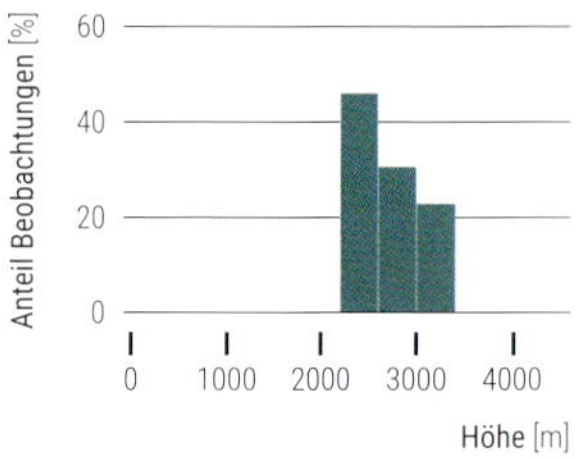

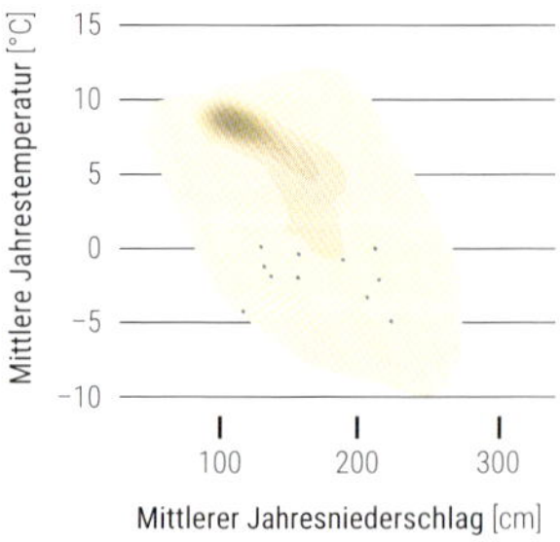

VU

Anzahl Fundorte	19
Substrat	Borke

Kugelfrüchtige Stäbchenflechte

Mycobilimbia pilularis (Körb.) Hafellner & Türk

Feldmerkmale: Grasgrüne, feinkörnige, bis um 8 cm grosse Lager. Die wachsgelblichen bis hellbräunlichen Fruchtkörper werden bis 1 mm gross, sitzen mit verengter Basis auf dem Lager und haben eine bald kugelig gewölbte Scheibe. Der schmale Eigenrand ist heller als die Scheibe, wenig vorstehend und verschwindet bald mit der stärker werdenden Wölbung der Scheibe.

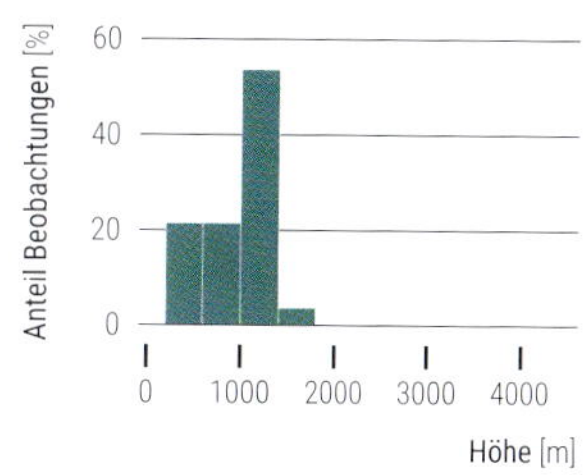

Wissenswertes: Die Kugelfrüchtige Stäbchenflechte wächst meist über Moosen, seltener direkt auf der vermorschenden Borke von alten Buchen, Eschen und Berg-Ahornen in Laubmischwäldern. Sie bevorzugt hochmontane Lagen in niederschlagsreichen Gebieten, kommt aber auch an luftfeuchten Stellen in Auenwäldern vor. Die Art ist auf naturnahe Wälder angewiesen, kommt dort aber auch in ziemlich lichtarmen Beständen mit nur wenigen Begleitarten vor.

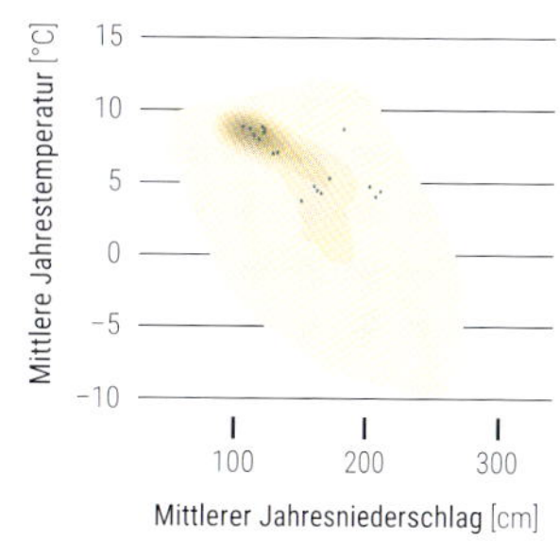

Gefährdung und Schutz: Im Mittelland sollten alle Trägerbäume geschont und bei der Ausscheidung von Waldreservation berücksichtigt werden. In höheren Lagen sollten grössere Vorkommen für die Ausscheidung von Waldreservaten berücksichtigt werden, weil sie dort meist mit weiteren seltenen Flechtenarten vorkommt.

Verwechslung: *Biatora vernalis* zeigt stark gewölbte, rotbraune Fruchtkörper und ein grobkörniges Lager. *Mycobilimbia carneoalbida* bildet länger flach bleibende Fruchtkörper. Die drei Arten unterscheiden sich anhand von mikroskopischen Merkmalen der Sporen.

NT	
Anzahl Fundorte	27
Substrat	Borke

Blutflechte

Mycoblastus sanguinarius (L.) Norman

Feldmerkmale: Graues bis grünlich-graues, warziges bis wulstiges, dickes, bis um 8 cm grosses Lager. Die Fruchtkörper werden bis 2 mm gross, sind zuerst flach und schwarz berandet, später gewölbt bis halbkugelig und randlos. Werden Fruchtkörper von Herbivoren abgefressen, bleibt ein für die Art charakteristisches, blutrotes Geflecht an der Frassstelle zurück.

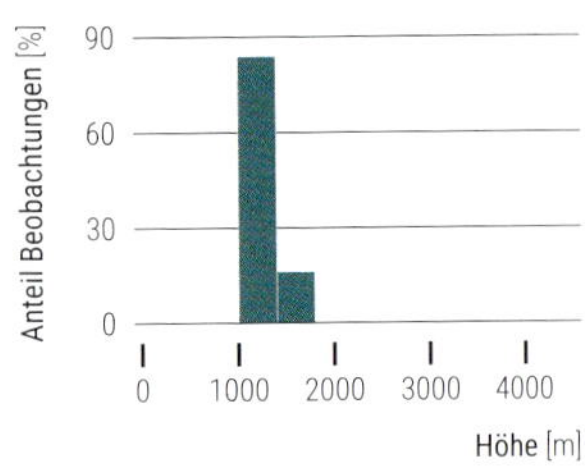

Wissenswertes: Die Blutflechte wächst an Stämmen von Fichten und Weisstannen, selten an Buche, in Tannen-Buchenwäldern und Tannen-Fichtenwäldern in niederschlagsreichen Gebieten der hochmontanen Stufe. Die Art ist an oft alte Baumindividuen in historisch alten, naturnahen Beständen gebunden. Die Blutflechte bildet mit 70-100 µm langen und sehr dickwandigen, vermutlich klebrigen Sporen vergleichsweise grosse Ausbreitungseinheiten, welche von Fliegen ausgebreitet werden. Die Art ist wahrscheinlich stark ausbreitungslimitiert, was ihre ökologische Bindung an historisch alte Wälder erklärt.

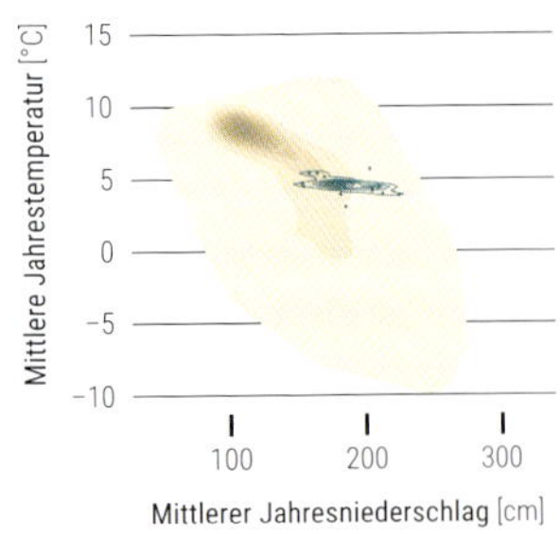

Gefährdung und Schutz: Alle Vorkommen der Blutflechte sollten geschont werden. Einzelvorkommen sollten als Biotopbäume ausgeschieden und grössere Vorkommen für die Ausscheidung von Waldreservaten berücksichtigt werden.

Verwechslung: *Mycoblastus affinis* hat ein ähnliches Aussehen, bildet aber keinen roten Farbstoff unter den Fruchtkörpern. Zudem unterscheiden sich die beiden Arten anhand von mikroskopischen Sporenmerkmalen.

Reuters Kuchenflechte

NE

Anzahl Fundorte	7
Substrat	Gestein

Myriolecis reuteri (Schaer.) Śliwa, Zhao Xin & Lumbsch

Feldmerkmale: Ockergelbliche, grobkörnig weisslich bis ockergelb bereifte, über 2 mm dicke, am Rand breit gelappte, bis 2 cm grosse Krustenflechte. Aufgedunsene Areolen bilden ein flach polsterförmiges, kompaktes Lager. Die Fruchtkörper sitzen dem Lager mit schwach verengter Basis auf. Die konkave bis flache Scheibe ist von einem breiten, wulstigen Lagerrand umgeben.

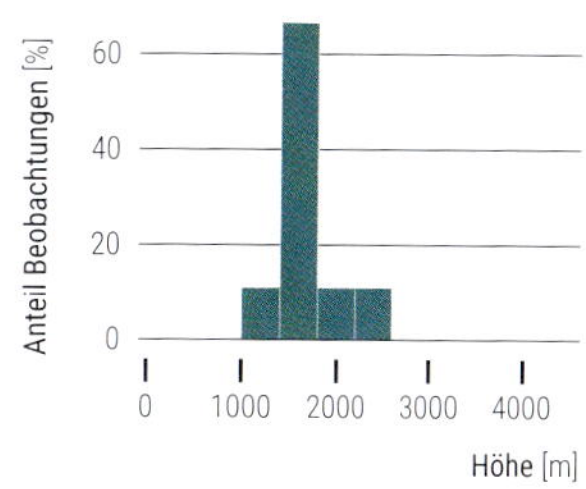

Wissenswertes: Reuters Kuchenflechte wächst an etwas regengeschützten, stark besonnten Vertikalflächen an Felswänden aus hartem Kalkgestein. Die Art ist von der subalpinen und alpinen Stufe bekannt. Die Verbreitung in den Alpen ist auch in den Kalkgebieten sehr zerstreut und eventuell auf eisfreie Gebiete während der letzten Eiszeit konzentriert.

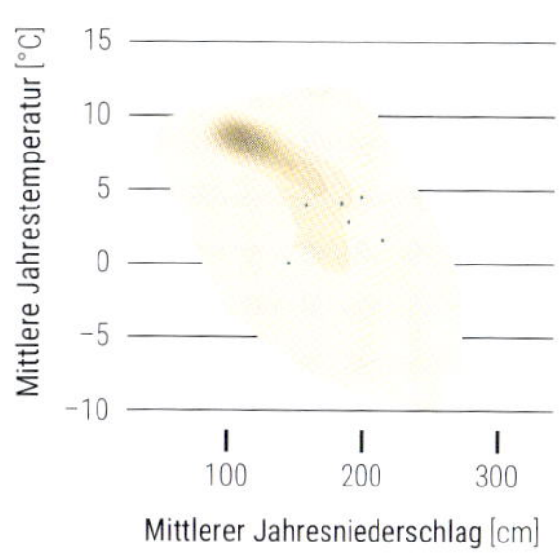

Gefährdung und Schutz: Reuters Kuchenflechte kommt ziemlich zerstreut vor und bildet nie grosse Vorkommen. Die bekannten Vorkommen am Gantrisch sind in den letzten 40 Jahren unverändert geblieben.

Verwechslung: ***Squamarina lamarckii*** und ***S. cartilaginea*** bilden deutlich grössere Lager. Die alpin verbreitete *S. lamarckii* ist weiss und *S. cartilaginea* kommt mit ihrem bräunlich-grünen Lager eher in xerothermen Lagen vor. *Protoparmeliopsis admontensis* hat unbereifte Lappen und wächst ebenfalls an regengeschützten Vertikal- und Überhangsflächen an Kalkfelswänden. Ihr Lager wird aber bis 20 cm gross und die verlängerten Randlappen erinnern an ***Protoparmeliopsis muralis***.

NT

Anzahl Fundorte	121
Substrat	Borke

Holunder-Kuchenflechte

Myriolecis sambuci (Pers.) Clem.

Feldmerkmale: Das meist kleine, bis 2 cm grosse Lager wächst zum grössten Teil in der Borke. Einzig kleine, beige bis bläulich-graue Warzen durchbrechen die Oberfläche. Die Fruchtkörper sind oft dicht gedrängt, sitzen mit breiter Basis auf dem Lager und werden um 0,5 mm gross. Sie haben zuerst eine vertieft liegende braune Scheibe, welche von einem dünnen, deutlich vorstehenden, fein gekerbten Lagerrand umgeben ist. Später wölbt sich die Scheibe leicht und der Lagerrand wird flach und oft unregelmässig.

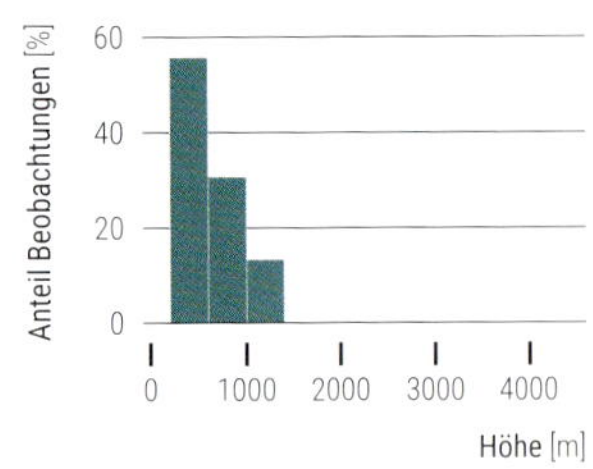

Wissenswertes: Die Holunder-Kuchenflechte wächst an Stämmen und Ästen von zahlreichen Laubbäumen und Sträuchern mit neutraler und nährstoffreicher Borke wie Esche und Nussbaum auf Wiesen und Weiden oder Schwarzem Holunder in nicht zu dunklen Wäldern (Bild rechts) oder auf Weiden in Weichholzauen (Bild Mitte; schwarze Fruchtkörper gehören zu *Arthonia patellulata*).

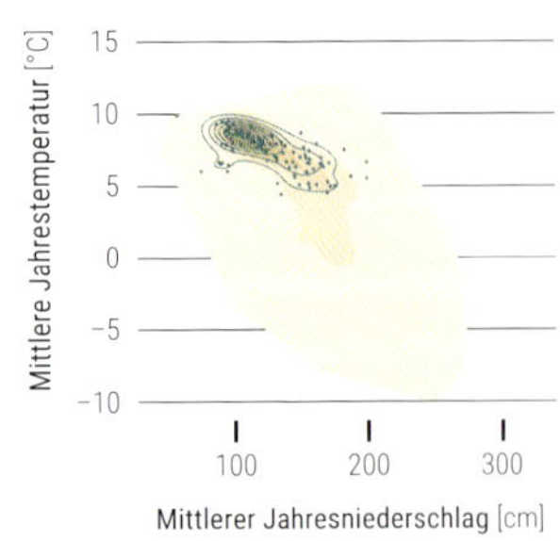

Gefährdung und Schutz: Kräftige Sträucher des Schwarzen Holunders in Wäldern sind ein wichtiger Lebensraum für zahlreiche Flechten, welche auf neutrale und mineralreiche Borke angewiesen sind, beispielsweise die gefährdeten *Bacidia friesiana*, ***Piccolia ochrophora*** und ***Psoroglaena stigonemoides.***

Verwechslung: Die Schläuche der ähnlichen *Myriolecis persimilis* enthalten nur 8 Sporen. Arten der Gattung ***Lecania*** können anhand mikroskopischer Sporenmerkmale unterschieden werden.

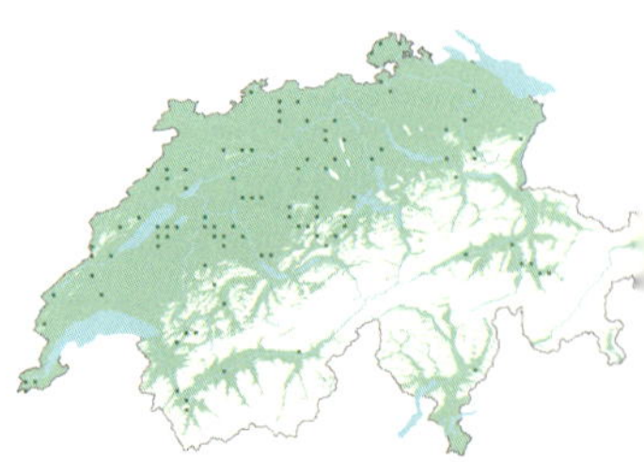

Stein-Streukernflechte

NE

Anzahl Fundorte	6
Substrat	Gestein

Naetrocymbe saxicola (A. Massal.) R. C. Harris

Feldmerkmale: Graues bis graubraunes, im Gestein eingesenktes oder als dünner Film auf dem Substrat liegendes, um 4 cm grosses Lager. Von den um 0,2 mm grossen, birnenförmigen, teilweise eingesenkten Fruchtkörpern ist nur die punktförmige, dunkle, die Oberfläche des Gesteins überragende Mündung sichtbar.

Wissenswertes: Die Stein-Streukernflechte wächst an absonnigen, beregneten Steilflächen an harten Kalkfelsen. Sie ist oft mit ***Hymenelia coerulea*** und weiteren endolithischen Krustenflechten vergesellschaftet. Endolithische Krustenflechten überwachsen einen grossen Flächenanteil von Felswänden aus reinem Kalkgestein. Arten, die im Gegensatz zur Stein-Streukernflechte nicht pigmentierte Lager aufweisen, können dann nur an den durch die Fruchtkörper bedingten zahlreichen schwarzen Punkten der Fruchtkörper erahnt werden. Durch Anritzen der Gesteinsoberfläche mit einem Taschenmesser wird die Algenschicht der endolithischen Flechten etwa einen halben Millimeter unterhalb der Gesteinsoberfläche als grüner oder oranger Horizont sichtbar.

Gefährdung und Schutz: Die Stein-Streukernflechte ist in Kalkgebieten häufig. Die Vorkommen der Art sind in SwissLichens unvollständig dokumentiert.

Verwechslung: *Pseudosagedia byssophila* und *P. linearis* haben ebenfalls ein graubraunes, endolithisches Lager, unterscheiden sich aber anhand von mikroskopischen Sporenmerkmalen.

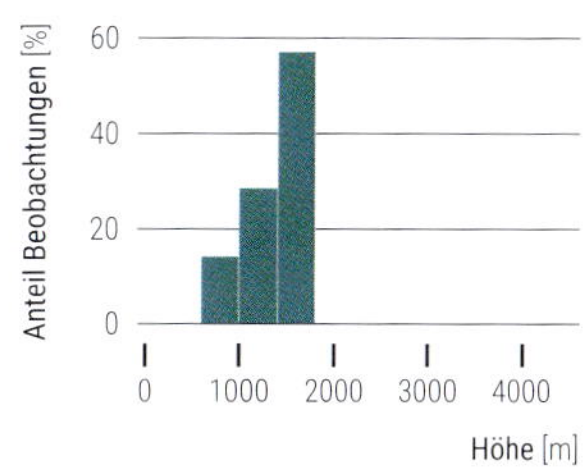

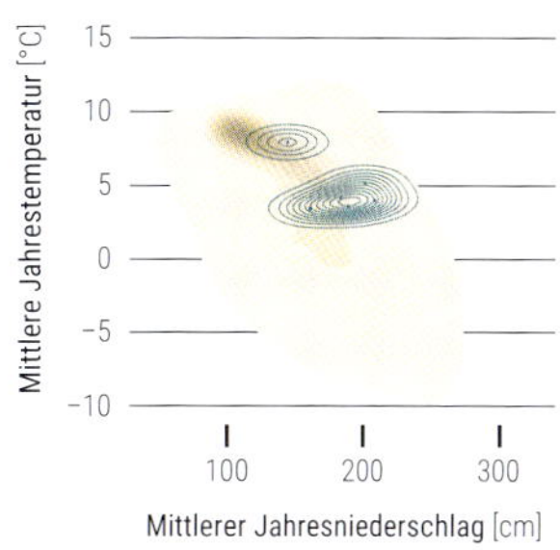

Fahle Nierenflechte

VU **NHV**

Anzahl Fundorte	4
Substrat	Erde

Nephroma expallidum (Nyl.) Nyl.

Feldmerkmale: Grünbraune, im feuchten Zustand leuchtend grüne, bis 15 cm grosse Lager, mit bis 1,5 cm breiten, aufsteigenden bis aufrechten Lappen mit abgerundeten, schwach bereiften Lappenenden und oft krausen Rändern an älteren Lappen. Das Mark ist weiss, Fruchtkörper fehlen. Bruchstücke der Lappenränder dienen der vegetativen Ausbreitung. Die Unterseite ist braun und bildet keine Rhizinen.

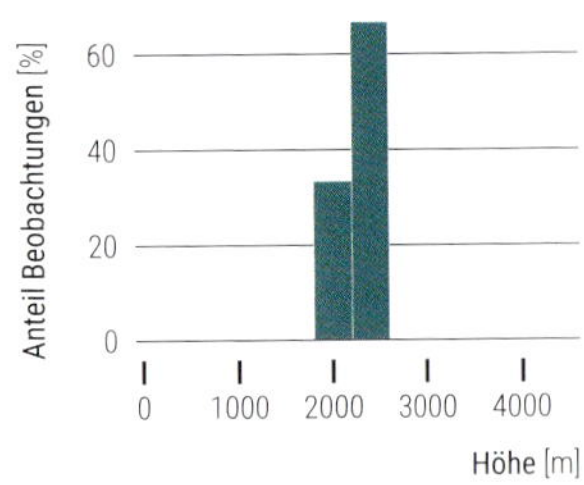

Wissenswertes: Die Fahle Nierenflechte ist eine sehr seltene Art der alpinen Stufe. Sie wächst zwischen Moosen auf Böden mit lückiger Vegetation, die lange Zeit schneebedeckt sind und oft im Schatten liegen. Das auf dem Bild gezeigte, gut entwickelte Vorkommen wurde auf einem kleinen Blockgletscher beobachtet, wo die Entwicklung dichter Vegetation durch die steten Erdbewegungen gestört wird.

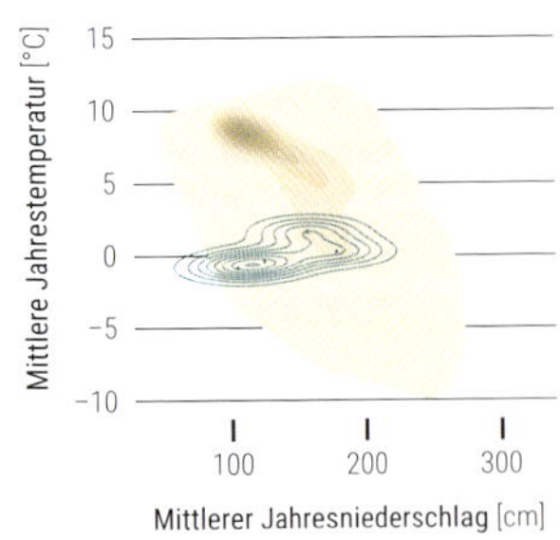

Gefährdung und Schutz: Die Fahle Nierenflechte ist sehr selten und bildet nur kleine, aus einigen wenigen Lagern bestehende Vorkommen. Nach dieser Art sollte gezielt gesucht und ihre Vorkommen geschont werden.

Verwechslung: Die viel häufigere ***Lobaria linita*** sieht ähnlich aus, zeigt aber immer deutliche Eindellungen auf den Lappen. ***Peltigera aphthosa*** und *P. leucophlebia* haben dunkle Warzen auf der Oberseite der Lappen sowie dunkle Adern beziehungsweise einen dunklen Filz auf der Unterseite. ***Solorina octospora*** bildet auf leicht kalkhaltiger Erde anliegende Lappen mit krugförmigen Fruchtkörpern.

VU

Anzahl Fundorte	111
Substrat	Borke

Verdrehte Nierenflechte

Nephroma resupinatum (L.) Ach.

Feldmerkmale: Graubraune, in feuchtem Zustand dunkelbraune, bis 15 cm grosse Lager, mit bis 1,5 cm breiten, am Rand locker weissfilzig behaarten Lappen. Das Mark ist weiss. Die Fruchtkörper entstehen auf der Lappen-Unterseite und haben eine nierenförmige, orangebraune Scheibe. Spatelförmige, vegetative Ausbreitungseinheiten bilden sich vereinzelt an den Rändern oder an kurzen Rippen auf der Oberseite. Die Unterseite des Lagers ist hell, weissfilzig behaart, und weist zerstreute, weisse und kahle Höcker auf.

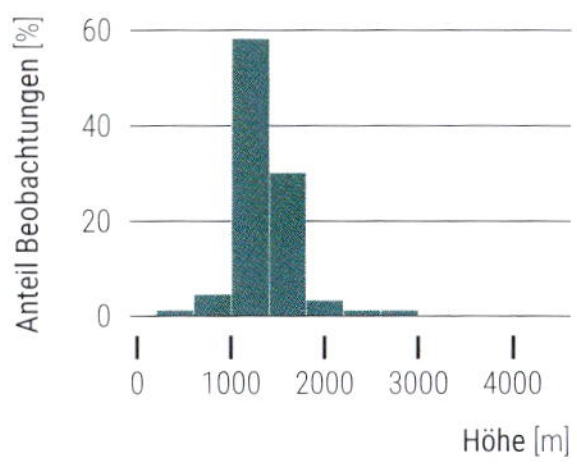

Wissenswertes: Die Verdrehte Nierenflechte wächst auf Borke an Bergahorn, Buche oder Grauerle in nicht zu dunklen, naturnahen Wäldern in niederschlagsreichen Gebieten in der hochmontanen Stufe. In niederschlagsarmen Gebieten kommt sie in sehr luftfeuchten Lagen an bemoosten Felsflächen vor. Im 19. Jahrhundert wurde die Verdrehte Nierenflechte auch im Mittelland gefunden, ist aber heute längst verschwunden.

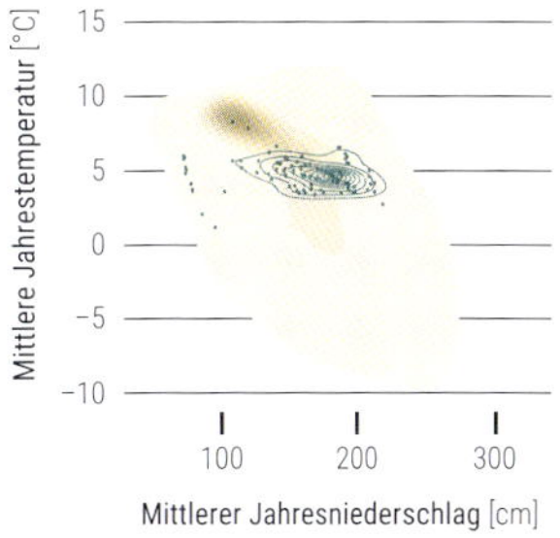

Gefährdung und Schutz: Die Vorkommen sollten geschont und für die Ausscheidung von Biotopbäumen oder Waldreservaten berücksichtigt werden.

Verwechslung: *Nephroma helveticum* hat eine behaarte Unterseite, bildet aber keine kahlen Höcker. Die Art ist in der Schweiz ausgestorben. *Nephroma laevigatum* und *N. bellum* zeigen eine kahle Unterseite, *N. laevigatum* zudem ein gelbliches Mark. Arten der Gattung ***Peltigera*** bilden die Fruchtkörper auf der Oberseite von kurzen Lappen.

VU

Anzahl Fundorte	31
Substrat	Borke

Laurers Moosflechte

Nephromopsis laureri (Kremp.) Kurok.

Feldmerkmale: Grau-gelbliches, bis 5 cm grosses Lager mit von der Borke aufsteigenden, breiten und randlich krausen bis zerschlitzten Lappen. Kurze stiftförmige, manchmal verzweigte Pyknidien entstehen randlich an Lappen. Feinkörnige, vegetative Ausbreitungseinheiten werden an Lappenrändern in oft spärlich vorhandenen, bortenartigen Aufbrüchen gebildet. Die Unterseite ist weiss bis hellbraun, mit vereinzelten weissen Punkten. Das Mark ist weiss. Die Art bildet in der Schweiz keine Fruchtkörper.

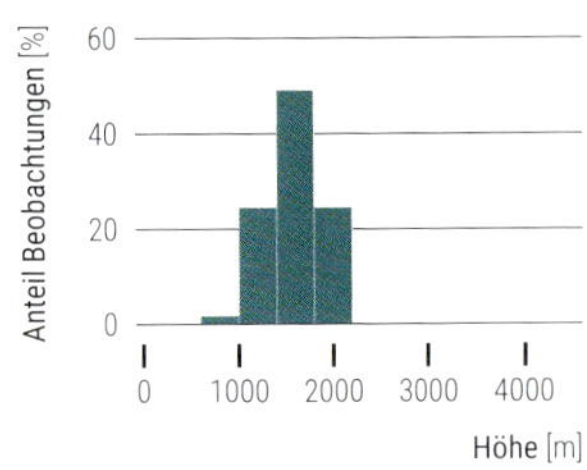

Wissenswertes: Laurers Moosflechte wächst an der Stammbasis, seltener am mittleren Stammbereich von Nadelbäumen in historisch alten, ziemlich lichtreichen, lockeren Beständen in luftfeuchter Lage niederschlagsarmer Gebiete. Die Art ist selten geworden und nur in wenig genutzten Waldbeständen zu finden, wo sie in geeigneten Beständen oft an mehreren alten Bäumen vorkommt.

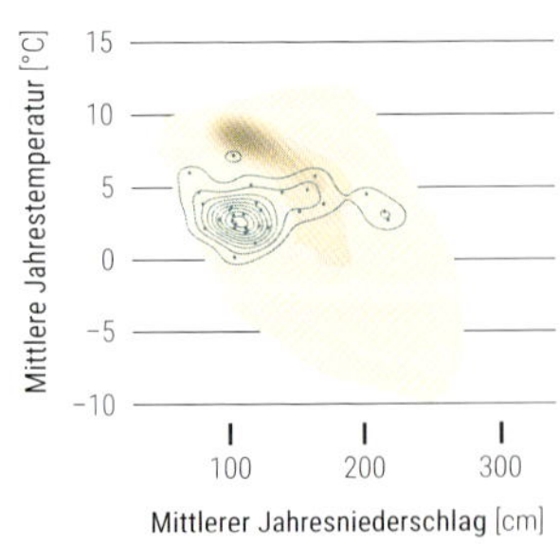

Gefährdung und Schutz: Alle Vorkommen sollten geschont und für die Ausscheidung von Waldreservaten oder Biotopbäumen berücksichtigt werden.

Verwechslung: ***Usnocetraria oakesiana*** hat locker der Borke anliegende, bandförmige Lappen, ist gelb-grünlich und unterseits ohne weisse Punkte braun. ***Platismatia glauca*** hat graue bis blaugraue, nie gelbliche Lappen und bildet stiftförmige vegetative Ausbreitungseinheiten.

Spitzes Muschelschüppchen

LC

Anzahl Fundorte	27
Substrat	Borke

Normandina chlorococca (Leighton) Orange

Feldmerkmale: Grau-grünliche, unregelmässig geformte, isoliert stehende, um 0,1 mm grosse Schüppchen, welche bis 5 cm grosse Lager bilden. Auf den Schüppchen entstehen fleckförmige Aufbrüche, in welchen hellgrüne, feinkörnige vegetative Ausbreitungseinheiten gebildet werden. Die nur selten vorhandenen schwarzen, um 0,4 mm grossen Fruchtkörper sind in Lagerwarzen eingesenkte Perithezien mit einem freiliegenden, schwarzen Scheitel um die punktförmige Öffnung.

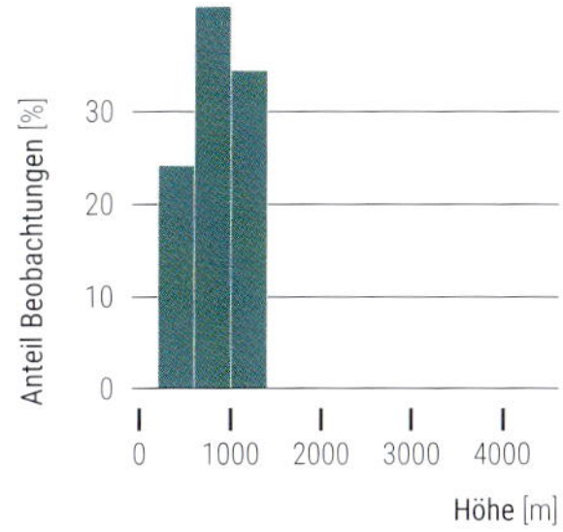

Wissenswertes: Das Spitze Muschelschüppchen wächst über Moosen auf Borke von Laubbäumen mit wenig saurer Borke. Es kommt meist an sehr luftfeuchten Lagen in Wäldern, insbesondere in Flussauen, von den Tieflagen bis in die hochmontane Stufe vor. Die Art ist viel seltener als ***Normandina pulchella***, kommt aber meist mit ihr zusammen vor (Bild links).

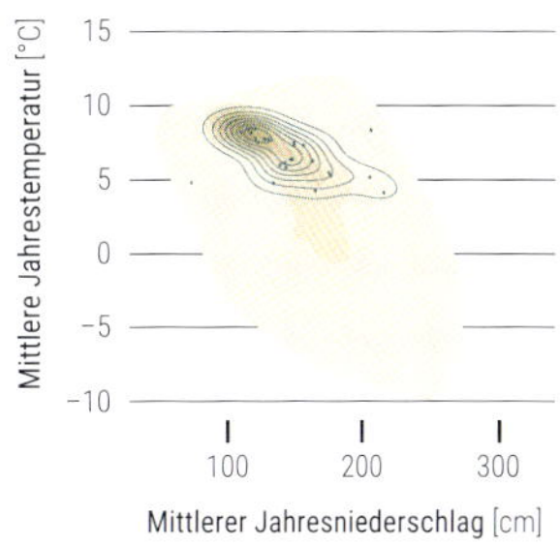

Gefährdung und Schutz: Das Spitze Muschelschüppchen ist vermutlich deutlich häufiger als in SwissLichens angegeben, weil nur Lager mit Perithezien zuverlässig erkannt werden können. Die Art wird von Aufwertungsmassnahmen in Hartholz-Auenwäldern profitieren können.

Verwechslung: Das Spitze Muschelschüppchen kann im Feld erkannt werden, wenn Perithezien vorhanden sind. Lager ohne Perithezien lassen sich anhand der (fehlenden) Flechtenstoffe und genetischer Merkmale (DNA-Barcoding) von anderen Krustenflechten unterscheiden, die fleckförmige Aufbrüche mit vegetativen Ausbreitungseinheiten bilden.

LC

Anzahl Fundorte	394
Substrat	Borke

Schönes Muschelschüppchen

Normandina pulchella (Borrer) Nyl.

Feldmerkmale: Blau- bis grüngraues, ohr- oder muschelförmiges, bis 3 mm grosses Lager, das oft zu ausgedehnten Kolonien zusammenwächst. Die einzelnen Schuppen haben am Rand deutliche Wülste. Daran entstehen in länglichen Aufbrüchen grobkörnige, vegetative Ausbreitungseinheiten. Die sehr selten gebildeten, schwarzen, um 0,4 mm grossen Fruchtkörper sind vollständig im Substrat eingesenkte und nur mit der punktförmigen Öffnung die Oberfläche erreichende Perithezien.

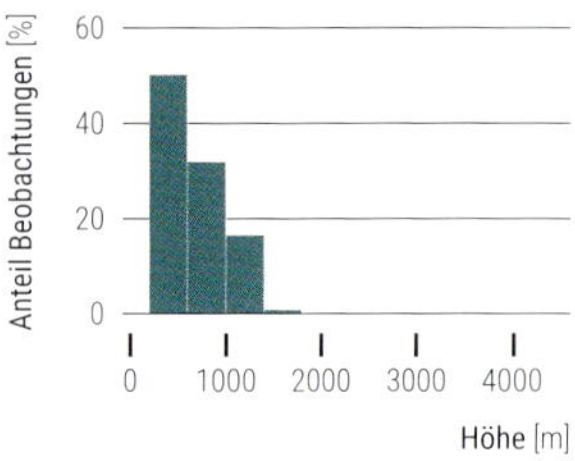

Wissenswertes: Das Schöne Muschelschüppchen wächst meist über Moosen auf Borke von Laubbäumen oder kalkfreiem Gestein in niederschlagsreichen Gebieten oder an luftfeuchten Stellen. Es kommt häufig in lichtreichen Wäldern oder an absonnigen Felsflächen vor.

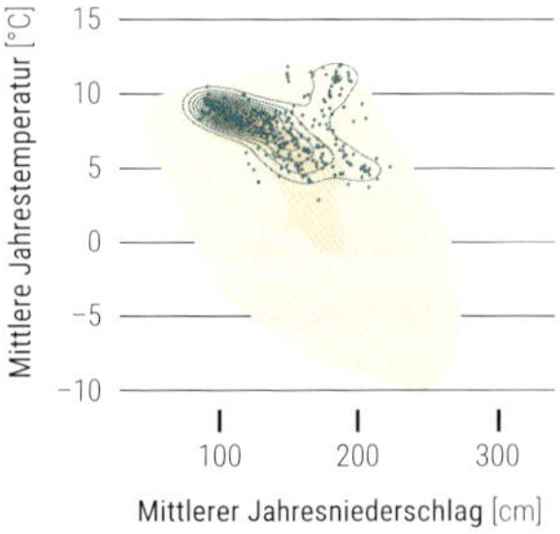

Gefährdung und Schutz: Das Schöne Muschelschüppchen ist in wärmebegünstigten, niederschlagsreichen Gebieten sehr häufig. In subalpinen Wäldern ist die Art deutlich seltener.

Verwechslung: Das Schöne Muschelschüppchen ist im Feld gut an der blaugrünen Farbe zu erkennen. In subalpinen und alpinen Lagen bildet auf feuchtem Rohhumus und Torf *Lichenomphalia hudsoniana* etwas grössere Lagerschuppen, welche keinen verdickten Rand aufweisen und keine vegetativen Ausbreitungseinheiten entwickeln. Mit ihren hutförmigen, gelblichen Fruchtkörpern gehört sie als eine der wenigen mitteleuropäischen Flechten zu den Basidiomyceten.

LC

Anzahl Fundorte	231
Substrat	Borke

Weissgelbe Cremeflechte

Ochrolechia alboflavescens (Wulfen) Zahlbr.

Feldmerkmale: Grauweisses, bis beiges, warziges bis wulstiges, bis 8 cm grosses Lager. In punkt- bis fleckförmigen, deutlich abgegrenzten, flach bis kraterförmigen Aufbrüchen auf den Lagerwarzen bilden sich grobkörnige vegetative Ausbreitungseinheiten. Dem Lager mit verengter Basis aufsitzende Fruchtkörper werden ziemlich häufig gebildet. Sie sind dick berandet und ihre rosarote Scheibe ist flach und körnig weiss bereift.

Wissenswertes: Die Weissgelbe Cremeflechte wächst vor allem auf der Borke und auf Totholz von Nadelbäumen und, ganz selten, auf Laubbäumen mit saurer Borke in Gebirgsnadelwäldern. Die Art ist besonders häufig und regelmässig fruchtend in lichtreichen, subalpinen Lärchenwäldern anzutreffen. In tieferen Lagen ist sie selten in Hochmoorwäldern zu finden.

Gefährdung und Schutz: Die Weissgelbe Cremeflechte ist in historisch alten, naturnahen Gebirgswäldern häufig, fehlt aber in der Regel in einschichtigen, dunkleren Fichtenwäldern.

Verwechslung: *Ochrolechia androgyna* und ähnliche Arten sowie ***Varicellaria rhodocarpa*** zeigen ebenfalls ein warziges bis wulstiges Lager, die Aufbrüche sind aber bei beiden Arten gewölbt und nicht deutlich fleckförmig abgegrenzt. Beide Arten lassen sich auch anhand der Flechtenstoffe unterscheiden. Während die Fruchtkörper bei *O. androgyna* ähnlich aussehen wie bei der Weissgelben Cremeflechte, sind sie bei ***V. rhodocarpa*** eher unauffällig, im Lager eingesenkt und ohne dicke Berandung.

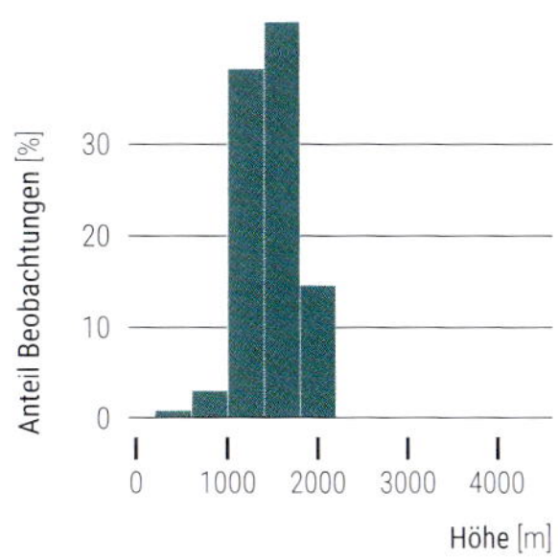

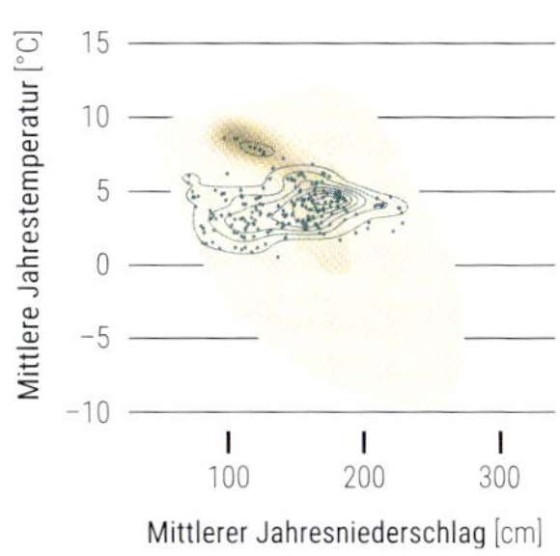

VU

Anzahl Fundorte	75
Substrat	Borke

Szatalas Cremeflechte

Ochrolechia szatalaensis Verseghy

Feldmerkmale: Grüngraues bis weissliches, rissiges, bis 4 cm grosses Lager. Die Fruchtkörper sitzen mit verengter Basis auf dem Lager, werden bis 2,5 mm gross, bilden eine rosafarbene, oft grobkörnig bereifte, flache Scheibe mit einem wulstigen Lagerrand.

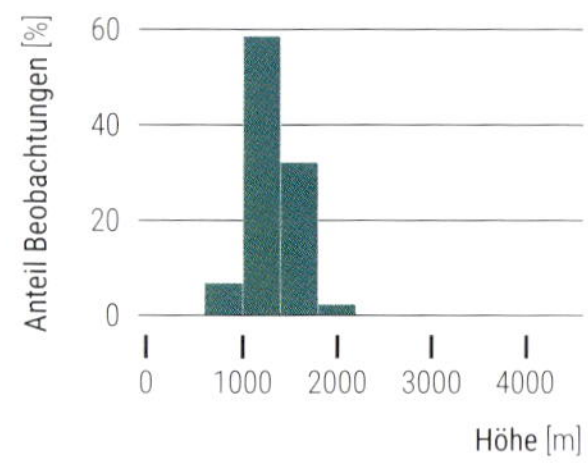

Wissenswertes: Szatalas Cremeflechte wächst vor allem an Borke von Berg-Ahorn, Grauerle und Fichte bevorzugt in Tannen-Buchen-, Tannen-Fichten- und Grauerlen-Auenwäldern, seltener in anderen Waldtypen, bis zur Waldgrenze. An Laubbäumen ist sie meist am Stamm, an Fichten oft an dünnen, abgestorbenen Ästen in der Schattenkrone in ziemlich lichtreichen Beständen zu beobachten. Die Art ist meist an naturnahe Wälder gebunden und bevorzugt Standorte mit sehr hoher Luftfeuchtigkeit.

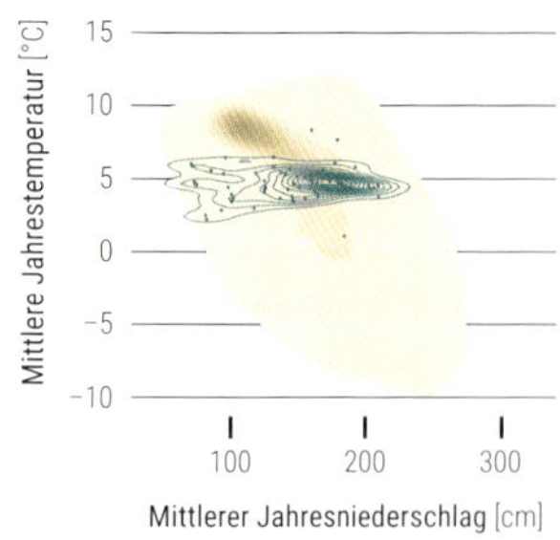

Gefährdung und Schutz: Szatalas Cremeflechte gilt als Leitart für Bestände mit artenreicher Flechtenvegetation in luftfeuchten Gebirgswäldern. Einzelbäume sollten geschont und Bestände mit mehreren Trägerbäumen bei der Ausscheidung von Waldreservaten berücksichtigt werden.

Verwechslung: Die stark gefährdete *O. pallescens* unterscheidet sich anhand der Flechtenstoffe. Die etwas häufigeren *O. androgyna* und ***O. alboflavescens*** bilden, zusätzlich zu allenfalls vorhandenen Fruchtkörpern, stets vegetative Ausbreitungseinheiten.

Schwedische Cremeflechte

LC

Anzahl Fundorte	25
Substrat	Erde

Ochrolechia upsaliensis (L.) A. Massal.

Feldmerkmale: Weissliches, häutiges bis grobwarziges, gegen 4 cm grosses, polsterförmiges Lager. Die Lagerwarzen entwickeln sich in bis zu 3 mm grossen, dicht beieinander stehenden Fruchtkörpern. Diese sitzen mit verengter Basis auf dem Lager, haben eine flache, weisslich bereifte Scheibe und einen wulstigen Lagerrand.

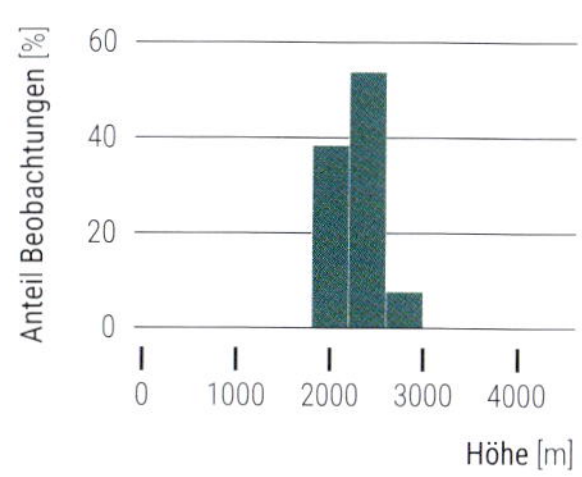

Wissenswertes: Die Schwedische Cremeflechte überwächst Pflanzenreste in Nacktriedrasen, alpinen Windheiden und Blaugrashalden in der alpinen Stufe. Die Art kommt vor allem in Kalkgebieten vor, wobei auch Spuren von Kalk genügen können. Dann kommt die Schwedische Cremeflechte oft mit Blütenpflanzen vor, die eigentlich kalkfreie Böden anzeigen. Die meist nur kleinflächig entwickelte Erdflechtengesellschaft mit der Schwedischen Cremeflechte gehört zu den artenreichsten «Gärtchen» in der alpinen Stufe. Mit ihr sind Seltenheiten wie ***Anaptychia bryorum***, ***Pertusaria glomerata*** und ***Polyblastia sendtneri*** vergesellschaftet. Die Art fehlt unterhalb der alpinen Waldgrenze.

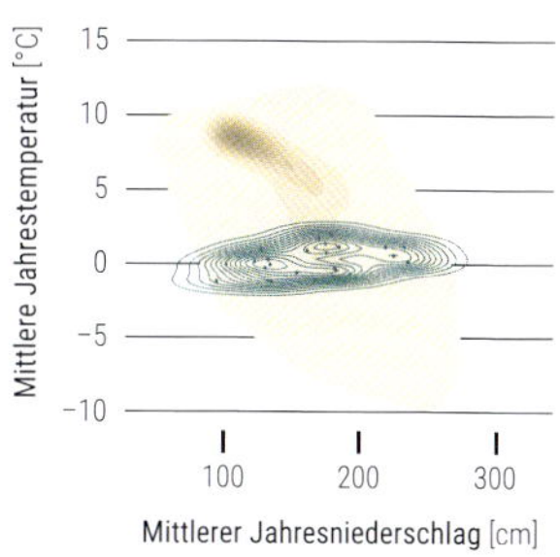

Gefährdung und Schutz: In der alpinen Stufe ist die Schwedische Cremeflechte ziemlich häufig.

Verwechslung: Die Schwedische Cremeflechte ist im Feld gut zu kennen. *Ochrolechia frigida* wächst an kaum von der Sonne beschienenen Steilflächen der alpinen Stufe über Pflanzenresten. Sie bildet meist vegetative Ausbreitungseinheiten in punktförmigen Aufbrüchen und nur selten Fruchtkörper.

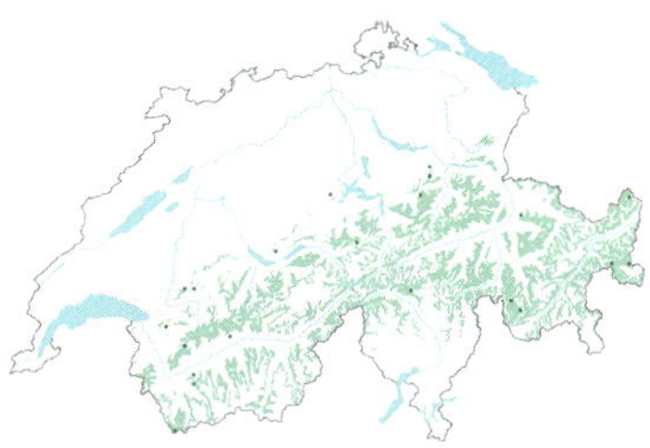

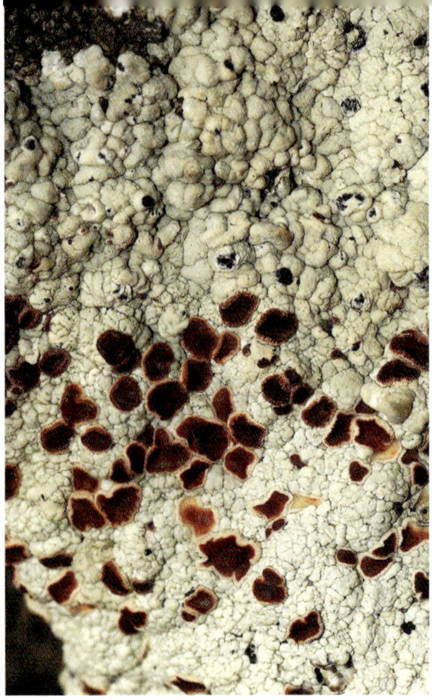

NE

Anzahl Fundorte	24
Substrat	Gestein

Blutaugenflechte

Ophioparma ventosa (L.) Norman

Feldmerkmale: Gelblich-günes, warzig bis wulstiges, gefeldertes, bis 15 cm grosses Lager. Das Lager wird bis über 2 mm dick. Die scheibchenförmigen bis unregelmässig gelappten Fruchtkörper werden bis 2,5 mm gross, bilden einen schmalen, bald zurückweichenden Lagerrand und einen blutroten, wenig vorstehenden Eigenrand sowie eine blutrote, flache Scheibe. Pyknidien sind häufig und mit ihren dunkelgrauen Mündungen recht auffällig.

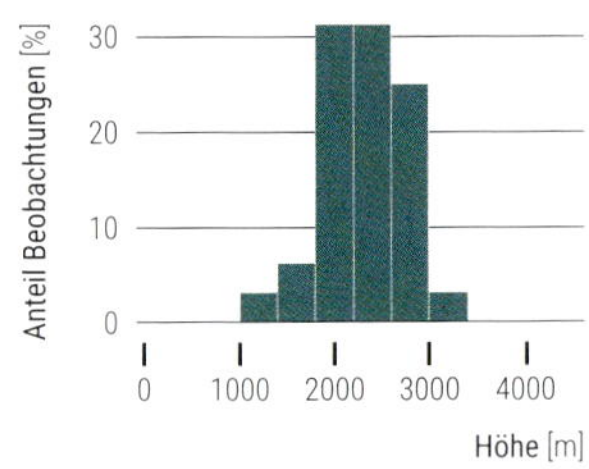

Wissenswertes: Die Blutaugenflechte ist alpin bis nival verbreitet und wächst auf Silikatgestein an Steilflächen von Geröllbrocken und Felsrippen. Sie kommt an lichtreichen, regenexponierten, aber rasch abtrocknenden Standorten vor, an welchen der Schnee im Hochwinter weggeblasen wird oder abrutscht. An windverblasenen Graten wächst sie auch an geschützten Stellen. Selten ist die Art auch in tieferen Lagen zu finden, etwa an grossen Findlingen oder Bergsturzblöcken.

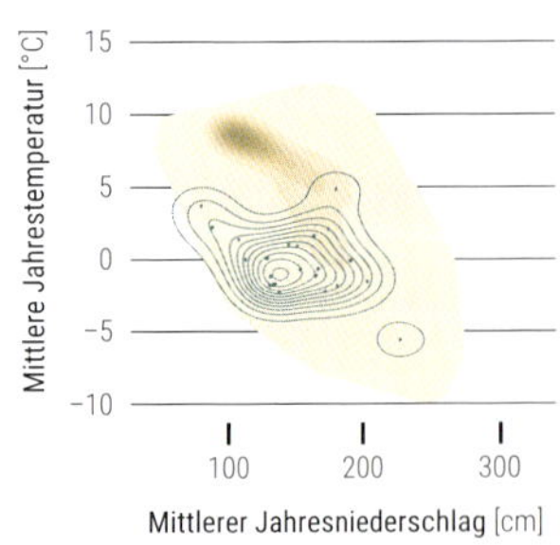

Gefährdung und Schutz: Die Blutaugenflechte ist von der subalpinen bis in die nivale Höhenstufe in den meisten Silikatgebieten regelmässig zu finden. Vorkommen an erratischen Blöcken im Jura sind bemerkenswert und sollten geschont werden.

Verwechslung: Die Art ist im Feld gut zu erkennen. Kümmerformen ohne Fruchtkörper sind auch anhand ihrer auffälligen Pyknidien zu erkennen.

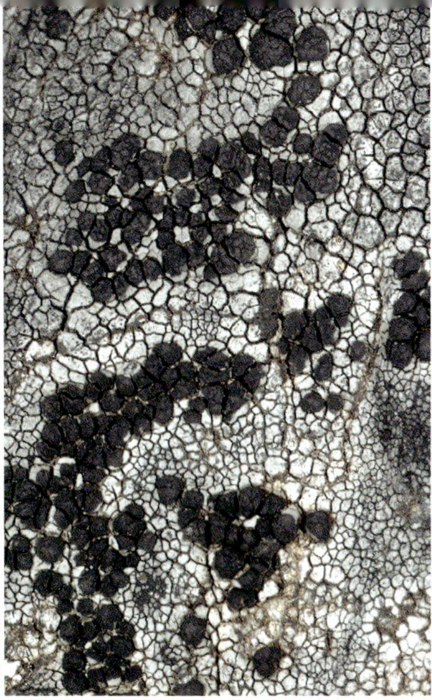

NE

Anzahl Fundorte	6
Substrat	Gestein

Hellsporige Alpenkrustenflechte

Orphniospora mosigii (Körb.) Hertel & Rambold

Feldmerkmale: Grau bis dunkelgraues, scharfkantig gefeldertes, bis >10 cm grosses Lager. Die Areolen sind meist flach und weisen eine glatte bis raue, matte Oberfläche auf. Die Fruchtkörper treten in dichten Gruppen auf und haben deshalb meist eckige Umrisse. Die Scheibe ist flach oder leicht gewölbt und ist von einem bleibenden, wenig vorstehenden und ziemlich breiten Rand umgeben.

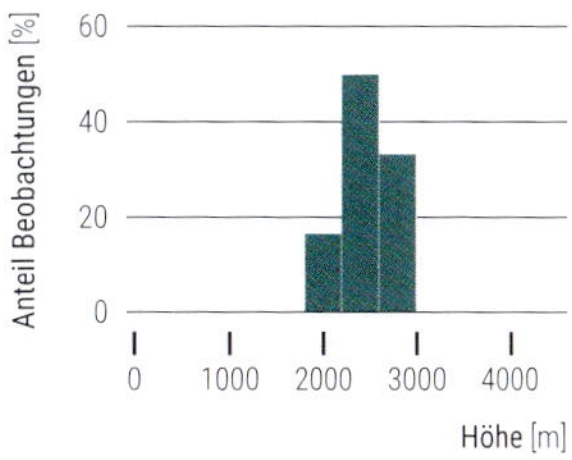

Wissenswertes: Die Hellsporige Alpenkrustenflechte wächst auf kaum besonnten Vertikalflächen von harten Silikatgesteinen an Felsgraten und grossen Bergsturzblöcken in der alpinen Stufe.

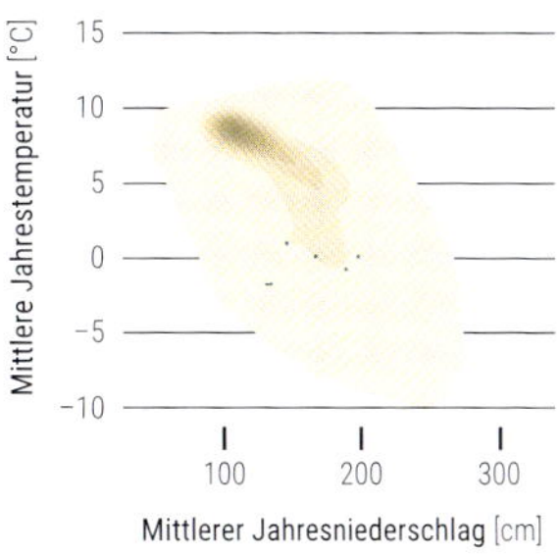

Gefährdung und Schutz: Die Hellsporige Alpenkrustenflechte ist in der alpinen Stufe in Silikatgebieten regelmässig zu finden. Die Vorkommen in SwissLichens sind sehr unvollständig dokumentiert.

Verwechslung: Die Art kann an den in Gruppen gebildeten Fruchtkörpern im Feld erkannt werden. Zudem ist sie oft von der Krustenflechte *Carbonea distans* mit blassgelblichem Lager und schwarzen Fruchtkörpern parasitiert. *Orphniospora moriopsis* zeigt ein dickeres Lager und bald randlose Fruchtkörper. ***Schaereria fuscocinerea*** bildet eingesenkte, schmal berandete Fruchtkörper, die nicht in Gruppen stehen und oft von Krustenflechten mit grauem Lager parasitiert werden, wie beispielsweise von ***Buellia uberior*** und *B. miriquidica* oder *Miriquidica nigroleprosa* mit Aufbrüchen, in welchen schwarze vegetative Ausbreitungseinheiten gebildet werden.

Blaugraue Tuchflechte

EN

Anzahl Fundorte	56
Substrat	Borke

Pannaria conoplea (Ach.) Bory

Feldmerkmale: Blaugraue, in feuchtem Zustand violettbraune, bis 3 cm grosse, rosettenartige Blattflechte. Unter den randlichen, deutlich verlängerten, >2 mm breiten Lappen ist manchmal ein faseriges, schwarzes Vorlager sichtbar. An den Lappenrändern bilden sich grobkörnige, oft sprossende und angedeutet gelappte vegetative Ausbreitungseinheiten. Fruchtkörper werden selten ausgebildet. Die Blaugraue Tuchflechte ist mit Cyanobakterien vergesellschaftet.

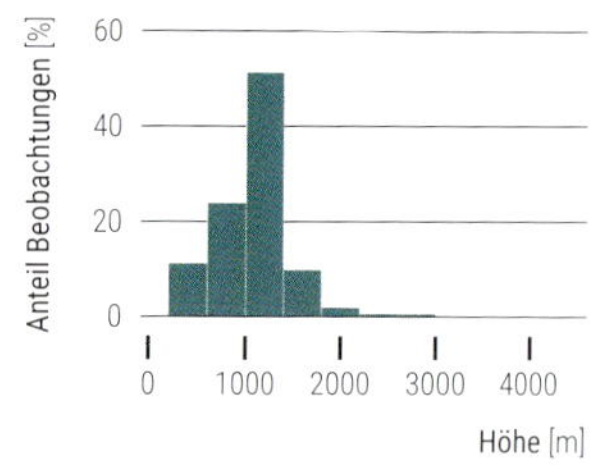

Wissenswertes: Die Blaugraue Tuchflechte wächst auf Borke von Buchen, seltener auf anderen Laubbäumen, Weisstannen und moosbewachsenem Silikatgestein in lichtreichen Wäldern. Sie ist auf niederschlagsreiche Gebiete oder sehr luftfeuchte Lagen angewiesen. In Tannen-Buchenwäldern wächst die Art meist nur auf überdurchschnittlich dicken Buchen mit oberflächlich stark angewitterter Rinde.

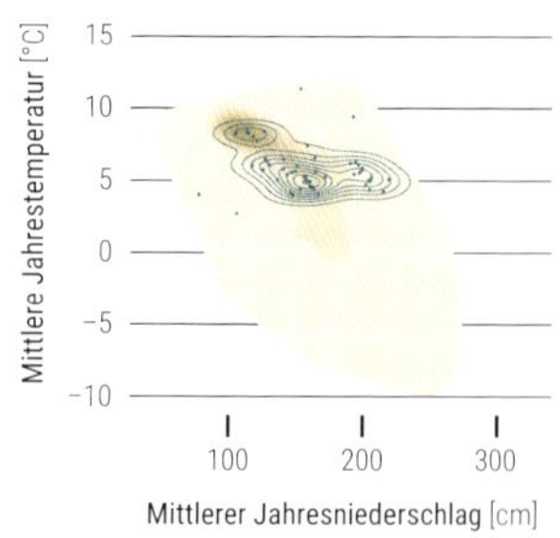

Gefährdung und Schutz: Die Blaugraue Tuchflechte ist in den letzten Jahrzehnten stark zurückgegangen. Die bekannten Vorkommen im Mittelland sind bereits im 19. Jh. erloschen. Alle Vorkommen sollten geschont und für die Ausscheidung von Biotopbäumen oder Waldreservate berücksichtigt werden.

Verwechslung: ***Parmeliella triptophylla*** hat dunkelbraune bis fast schwarze, deutlich schmalere Lappen und bildet stiftförmige vegetative Ausbreitungseinheiten. Die Blaugraue Tuchflechte wächst oft mit ***P. triptophylla*** am gleichen Baum (Bild Mitte, kleine Lappen oben).

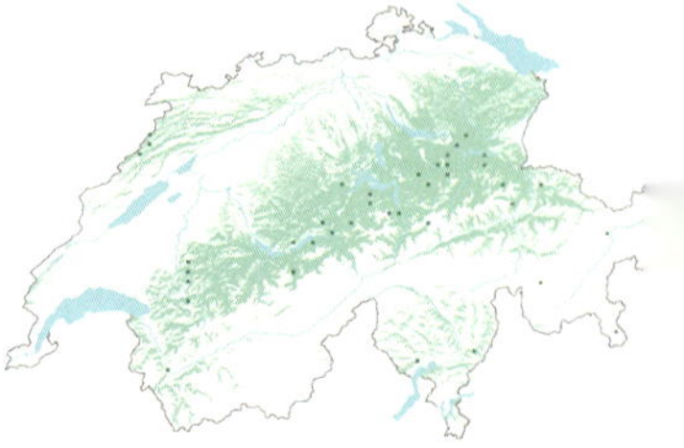

LC

Anzahl Fundorte	605
Substrat	Borke, Gestein

Felsen-Schüsselflechte

Parmelia saxatilis (L.) Ach.

Feldmerkmale: Graue bis grau-bläuliche, bis >30 cm grosse Blattflechte mit breiten, dem Substrat locker aufliegenden Lappen. Die Lappenenden sind von einem Netz weisser Linien überzogen, auf welchen sich stiftförmige, vegetative Ausbreitungseinheiten entwickeln. Fruchtkörper mit schüsselförmigen hellbraunen Scheiben, welche den Lappen mit verengter Basis aufsitzen, sind manchmal vorhanden. Die Unterseite ist schwarz und trägt einfache oder gegabelte Rhizinen.

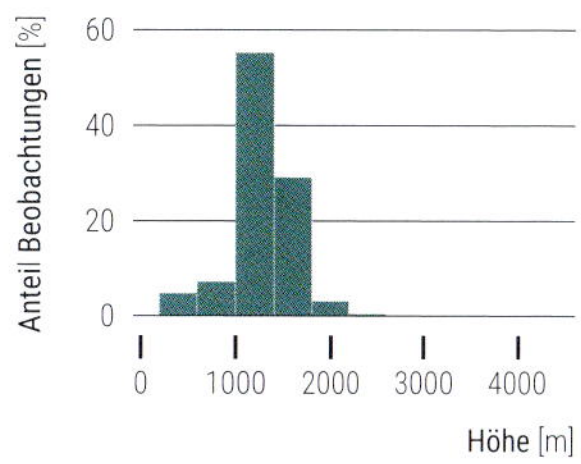

Wissenswertes: Die Felsen-Schüsselflechte setzt sich aus drei, im Feld nicht anzusprechenden, Arten zusammen, nämlich *P. saxatilis, P. ernstiae,* und *P. serrana.* Die drei Arten lassen sich anhand genetischer Merkmale (DNA-Barcoding) unterscheiden. Auf Nadelbäumen in Gebirgswäldern ist sie eine häufige und konkurrenzstarke Sammelart. Sie wächst aber ebenfalls häufig auf Silikatgestein, an halbschattigen Felsflächen, Bergsturzblöcken und in Blockhalden.

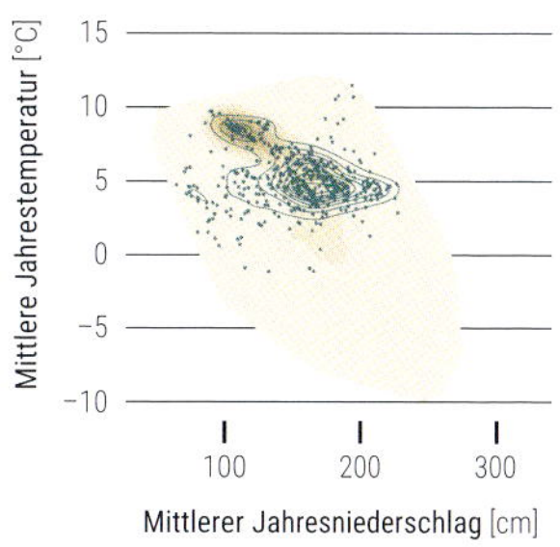

Gefährdung und Schutz: Die Häufigkeit und mögliche Gefährdung der drei nahe verwandten Arten ist noch ungenügend bekannt.

Verwechslung: *Parmelia squarrosa* hat Rhizinen, die zum Teil sparrig verzweigt sind, ***P. submontana*** hat deutlich verlängerte Lappen, deren Ränder sich gegen unten einrollen, und ***P. sulcata*** bildet feinkörnige Ausbreitungseinheiten in spaltenförmigen Aufbrüchen.

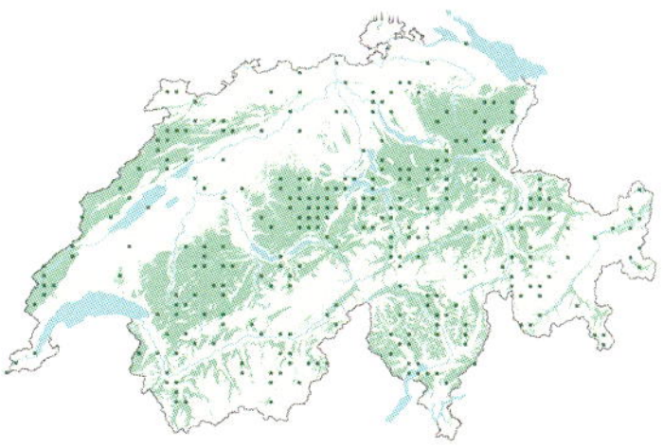

LC

Anzahl Fundorte	109
Substrat	Borke

Verdrehte Schüsselflechte

Parmelia submontana Hale

Feldmerkmale: Graue, bis 20 cm grosse Blattflechte mit locker der Borke anliegenden bis abgehobenen, breiten und deutlich verlängerten Lappen, deren Ränder sich gegen unten einrollen. Die Lappen weisen ein Netz von weissen Linien auf. Aus punktförmigen Aufbrüchen dieser Linien entwickeln sich kleine Gruppen von körnigen, vegetativen Ausbreitungseinheiten. Fruchtkörper sind selten.

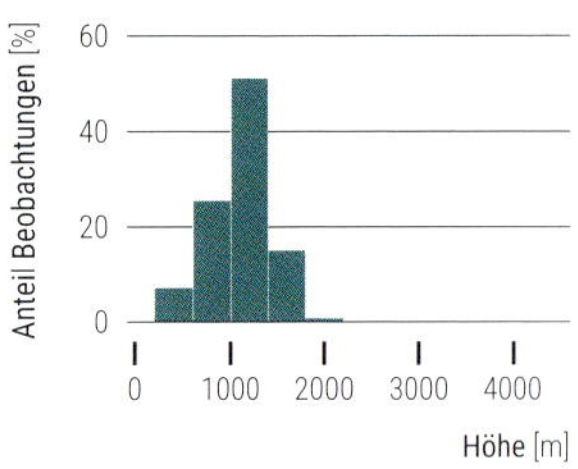

Wissenswertes: Die Verdrehte Schüsselflechte wächst besonders häufig in hochmontanen Wäldern am Stamm von älteren Laubbäumen. Auch auf freistehenden Bäumen in Wytweiden kommt sie in niederschlagsreicheren Regionen und luftfeuchten Lagen regelmässig vor.

Gefährdung und Schutz: In hochmontanen Lagen ist die Verdrehte Schüsselflechte häufig, aber seltener als *P. sulcata* oder *P. saxatilis* anzutreffen. In tieferen Lagen ist ihr Vorkommen auf luftfeuchte Standorte, beispielsweise in Auenwäldern, beschränkt.

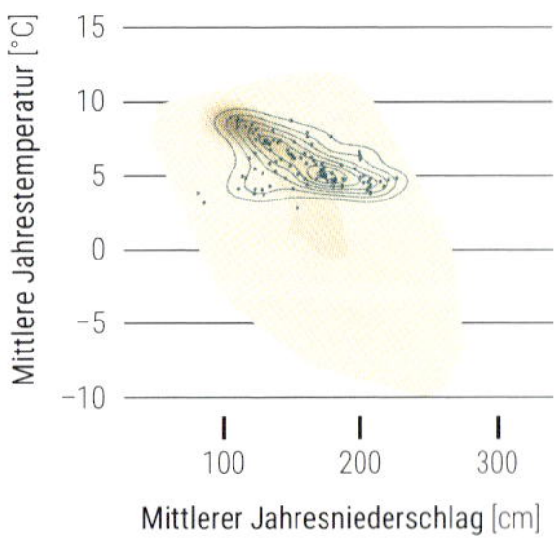

Verwechslung: Gut entwickelt ist die Verdrehte Schüsselflechte anhand der langen, eingerollten Lappen im Feld gut zu erkennen. Mittels der in kleinen Gruppen stehenden, grobkörnigen Ausbreitungseinheiten können auch kleinere Lager bestimmt werden. Die häufigere ***P. sulcata*** bildet feinkörnige vegetative Ausbreitungseinheiten in spaltenförmigen Aufbrüchen, und die Artengruppe von ***P. saxatilis*** sowie *P. squarrosa* bilden stiftförmige Ausbreitungseinheiten, die gleichmässig auf den Lappen verteilt sind.

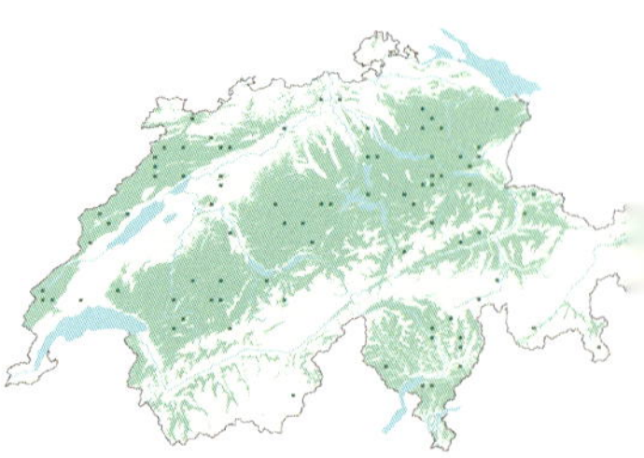

Anzahl Fundorte	1139
Substrat	Borke

Furchen-Schüsselflechte

Parmelia sulcata Taylor

Feldmerkmale: Graue, bis >15 cm grosse Blattflechte mit locker der Borke aufliegenden, breiten Lappen. Hauptsächlich die Lappenenden zeigen ein Netz von weissen Linien, die in älteren Teilen des Lagers aufbrechen und feinkörnige vegetative Ausbreitungseinheiten bilden. Fruchtkörper mit schüsselförmigen hellbraunen Scheiben, welche den Lappen mit verengter Basis aufsitzen, sind relativ selten vorhanden.

Wissenswertes: Die Furchen-Schüsselflechte ist eine sehr häufige, konkurrenzkräftige Blattflechte auf schwach sauren Borken vieler Baumarten. Die Art ist sowohl im Offenland als auch in Wäldern zu finden. In der alpinen Stufe besiedelt sie Silikatgestein und stark zersetzte Pflanzenreste.

Gefährdung und Schutz: Die Furchen-Schüsselflechte hat sich in den letzten Jahren im Siedlungsraum wieder ausgedehnt, nachdem sie sich wegen der Luftverschmutzung aus den Stadtzentren zurückgezogen hat.

Verwechslung: Die Furchen-Schüsselflechte ist im Feld anhand der weissen, aufbrechenden Linien zu erkennen, in welchen feinkörnige Ausbreitungseinheiten gebildet werden. Dadurch unterscheidet sie sich von der Artengruppe ***P. saxatilis*** sowie *P. squarrosa* und ***P. submontana***, welche berindete Ausbreitungseinheiten auf den weissen Linien bilden. Ein Fund von *P. encryptata* aus dem Wallis ist nur anhand genetischer Merkmale von der Furchen-Schüsselflechte zu unterscheiden.

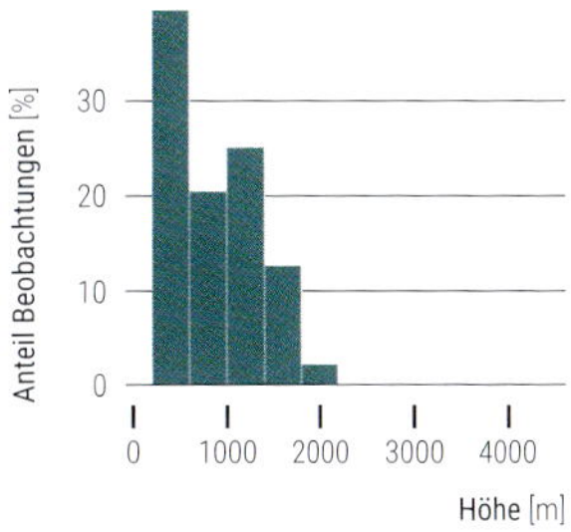

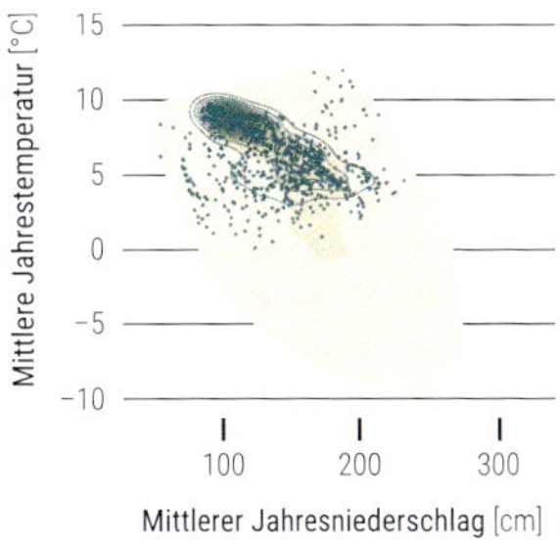

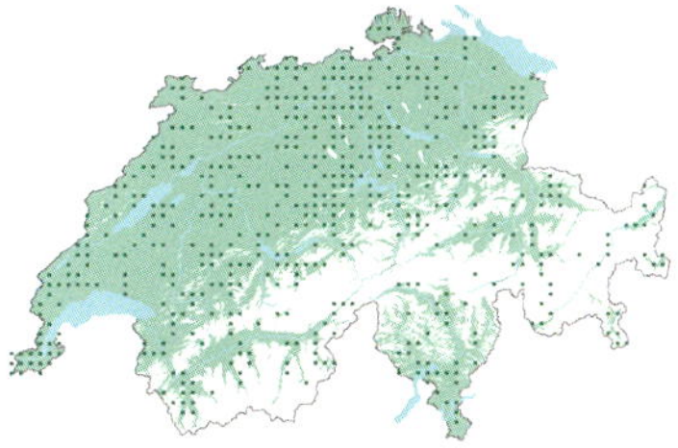

NT

Anzahl Fundorte	168
Substrat	Borke

Korallen-Lappenflechte

Parmeliella triptophylla (Ach.) Müll. Arg.

Feldmerkmale: Das Lager der Korallen-Lappenflechte besteht aus einem bis 15 cm grossen, schwarzen Vorlager, auf welchem vereinzelt bis gedrängt um 1 mm grosse braungraue bis dunkelbraune flache Schuppen entstehen. An den Schuppenrändern bilden sich stiftförmige, später durch mehrfache Verzweigung körnige, berindete vegetative Ausbreitungseinheiten. Manchmal entwickeln sich auf den Schuppen bis 1 mm grosse Fruchtkörper mit rotbrauner Scheibe und hellerem, deutlich vorstehendem Rand.

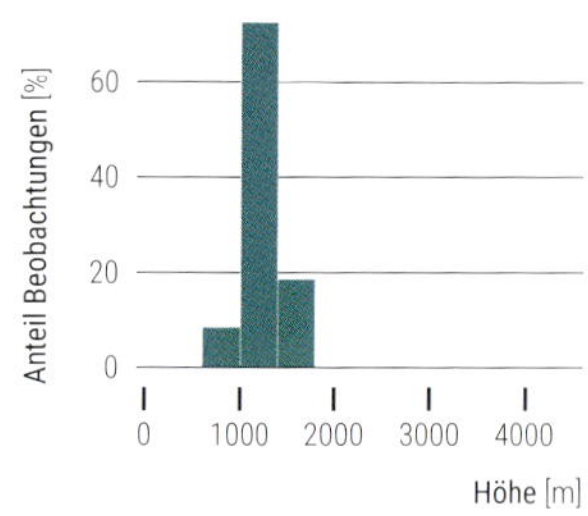

Wissenswertes: Die Korallen-Lappenflechte wächst auf Borke von Berg-Ahorn und Buche, seltener auf weiteren Baumarten in lichtreichen Tannen-Buchenwäldern. Sie ist auf niederschlagsreiche Gebiete oder sehr luftfeuchte Lagen angewiesen. Die Art kommt oft in historisch alten naturnahen Wäldern vor, kann aber dort bereits relativ junge Berg-Ahorne und Buchen besiedeln. Sie ist deshalb häufiger als ***Pannaria conoplea***.

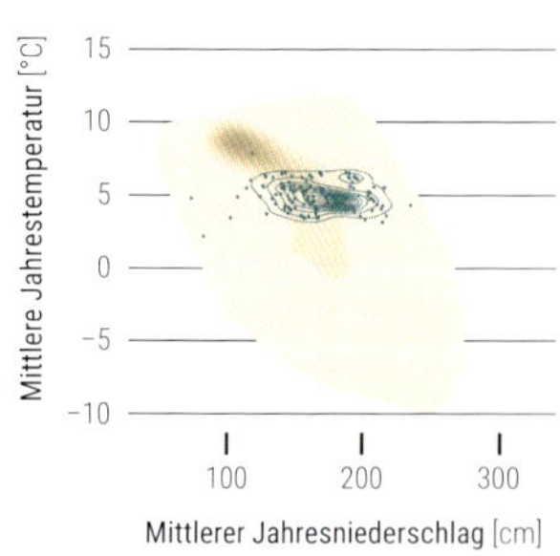

Gefährdung und Schutz: Die Korallen-Lappenflechte ist in entsprechenden Tannen-Buchenwäldern regelmässig anzutreffen. Sie weist auf Waldbestände hin, welche für viele ökologisch anspruchsvolle Flechtenarten geeigneten Lebensraum bieten.

Verwechslung: ***Pannaria conoplea*** hat deutlich breitere Lappen, bildet selten Fruchtkörper aus und das schwarze Vorlager ist nicht oder nur als schmaler Saum um die Lappen entwickelt. ***Protopannaria pezizoides*** wächst meist auf Erde und bildet kein zusammenhängendes Vorlager aus.

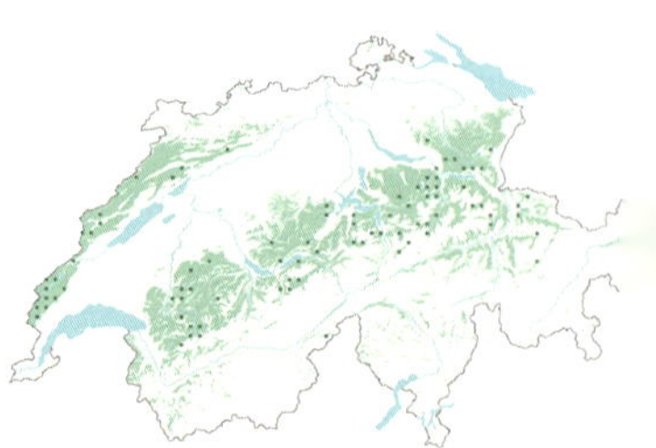

NT

Anzahl Fundorte	171
Substrat	Borke

Pillen-Schüsselflechte

Parmelina pastillifera (Harm.) Hale

Feldmerkmale: Hellgraue, bis 15 cm grosse Blattflechte mit locker der Borke aufliegenden, breiten, glänzenden Lappen. Die Oberfläche zeigt keine weissen Linien oder Punkte. Knopfartige, schwarze Ausbreitungseinheiten sind auf den älteren Bereichen der Lappen verteilt und hinterlassen beim Ausfallen Grübchen auf der Oberrinde. Fruchtkörper sind sehr selten. Die Unterseite ist schwarz und trägt einfache Rhizinen, die randlich am Lappen kurz vorstehen.

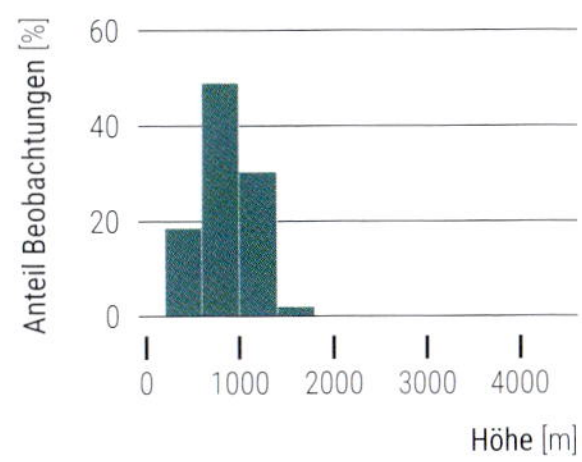

Wissenswertes: Die Pillen-Schüsselflechte kommt von den Tieflagen bis in die hochmontane Stufe auf freistehenden Laubbäumen und im Wald oft auf Ästen im Kronenbereich vor. Die Art wächst oft zusammen mit ***P. tiliacea***, bevorzugt aber Lagen mit höherer Luftfeuchtigkeit. Die knopfartigen Ausbreitungseinheiten haften umgekehrt auf der Oberfläche des neuen Lebensraumes, sodass sich die ursprüngliche Unterseite zur Oberfläche des jungen Lagers entwickelt. Die grauen «Knöpfe» auf dem Bild rechts sind Ausbreitungseinheiten, die sich direkt auf dem Mutterlager weiterentwickeln.

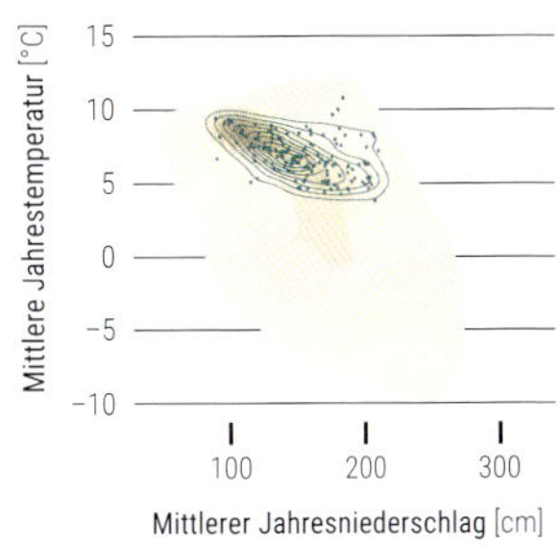

Gefährdung und Schutz: Vorkommen in tieferen Lagen und einzelne Trägerbäume sollten wo möglich geschont werden.

Verwechslung: ***Parmelina tiliacea*** zeigt stiftförmige, *P. atricha* vereinzelt spatelförmige Ausbreitungseinheiten und *P. carporrhizans* und *P. quercina* bilden regelmässig Fruchtkörper, aber keine vegetativen Ausbreitungseinheiten.

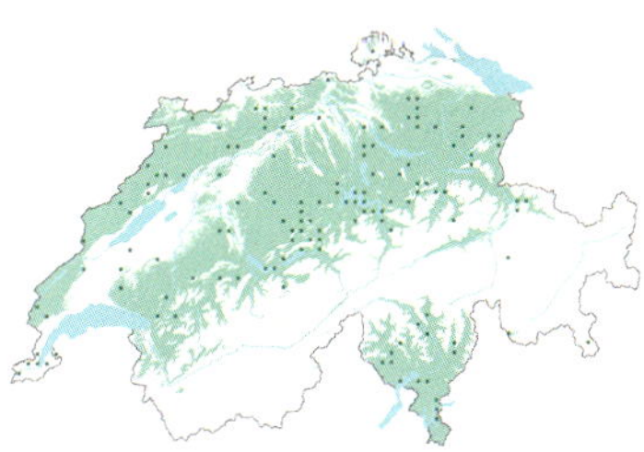

LC

Linden-Schüsselflechte

Anzahl Fundorte	679
Substrat	Borke

Parmelina tiliacea (Hoffm.) Hale

Feldmerkmale: Graue, bis >20 cm grosse Blattflechte mit locker der Borke anliegenden, 5–10 mm breiten, matten Lappen. Die Oberfläche ist ohne weisse Linien oder Punkte. Stiftförmige, an der Spitze deutlich gebräunte Ausbreitungseinheiten sind auf älteren Bereichen der Lappen gleichmässig verteilt und hinterlassen beim Ausfallen keine Grübchen auf der Oberrinde. Fruchtkörper mit schüsselförmigen hellbraunen Scheiben, welche den Lappen mit breiter Basis aufsitzen, sind manchmal vorhanden.

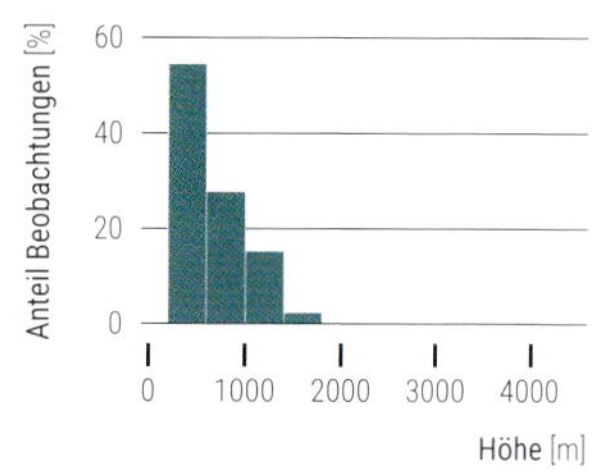

Wissenswertes: Die Linden-Schüsselflechte ist von den Tieflagen bis in die hochmontane Stufe eine häufige Art auf freistehenden Laubbäumen. Im Wald ist sie oft auf Äste im Kronenbereich beschränkt, wo genügend Licht vorhanden ist. Die Art wird durch nicht zu starken Nährstoffeintrag gefördert. Vegetative Ausbreitungseinheiten können direkt auf dem Mutterlager wieder zu Lappen auswachsen und schliesslich mehrschichtige Lager bilden, die Wasser kapillar speichern können und dadurch nach einem Regen länger feucht bleiben.

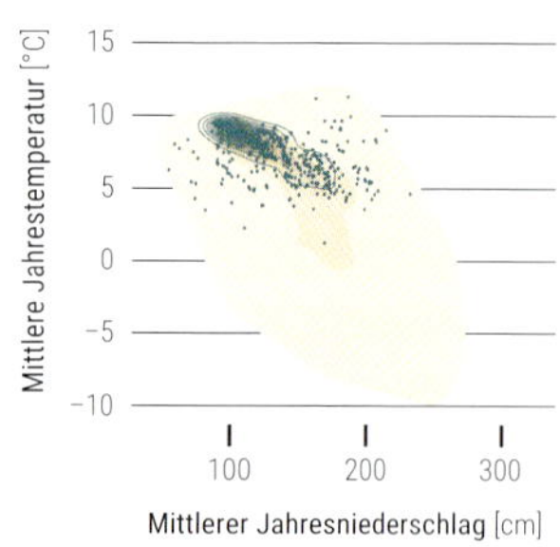

Gefährdung und Schutz: Die Art ist nicht gefährdet. Sie breitet sich im Siedlungsraum wieder aus.

Verwechslung: ***Hypotrachyna minarum*** hat schmalere, 3–5 mm breite Lappen, ***P. pastillifera*** hat knopfförmige, schwarze, vegetative Ausbreitungseinheiten, und bei der seltenen, gesteinsbewohnenden *P. atricha* werden vereinzelte spatelförmige Ausbreitungseinheiten gebildet.

LC

Anzahl Fundorte	470
Substrat	Borke

Wechselhafte Napfflechte

Parmeliopsis ambigua (Wulfen) Nyl.

Feldmerkmale: Gelbgrüne, bis 5 cm grosse Blattflechte mit dicht dem Substrat anliegenden, schmalen Lappen. Feinkörnige vegetative Ausbreitungseinheiten werden in fleckförmigen, oft kopfartig vorstehenden Aufbrüchen auf Lappen gebildet. Fruchtkörper mit schüsselförmigen hellbraunen Scheiben, welche den Lappen mit verengter Basis aufsitzen, sind in höheren Lagen ziemlich häufig vorhanden. Die Unterseite ist braun und zeigt nur vereinzelte Rhizinen.

Wissenswertes: Die Wechselhafte Napfflechte ist eine häufige Art auf Totholz. In höheren Lagen kann sie auch auf Rinde an der Basis von lebenden Bäumen häufig sein. Längere Schneebedeckung beeinträchtigt sie nicht. In tiefen Lagen ist die Art regelmässig in Moorgebieten anzutreffen, während sie in den anderen Waldgesellschaften nur vereinzelt vorkommt.

Gefährdung und Schutz: Die Art ist nicht gefährdet.

Verwechslung: Durch ihr gelbgrünes Lager unterscheidet sich die Wechselhafte Napfflechte von den kleinen, grauen, ebenfalls vegetative Ausbreitungseinheiten bildenden *P. hyperopta* und ***Imshaugia aleurites***. Auf Gestein in luftfeuchten Lagen kommt sehr selten ***Xanthoparmelia mougeotii*** vor, die aber eine schwarze Unterrinde aufweist und sich auch anhand ihrer Flechtenstoffe unterscheiden lässt.

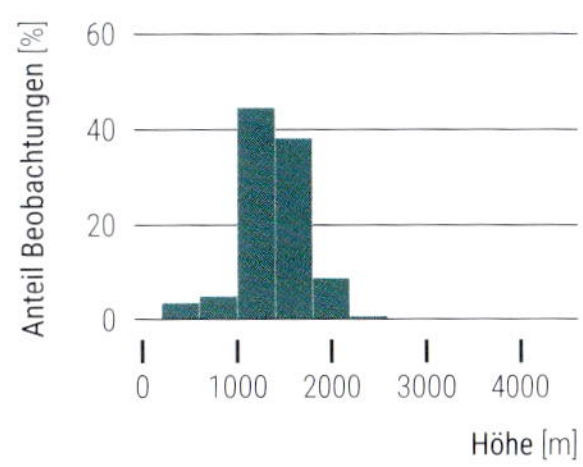

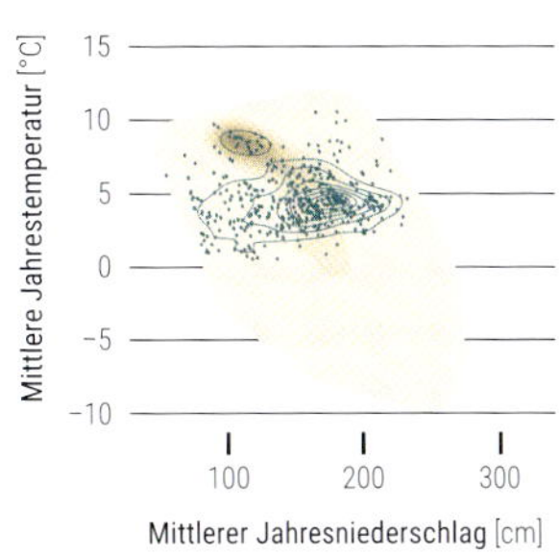

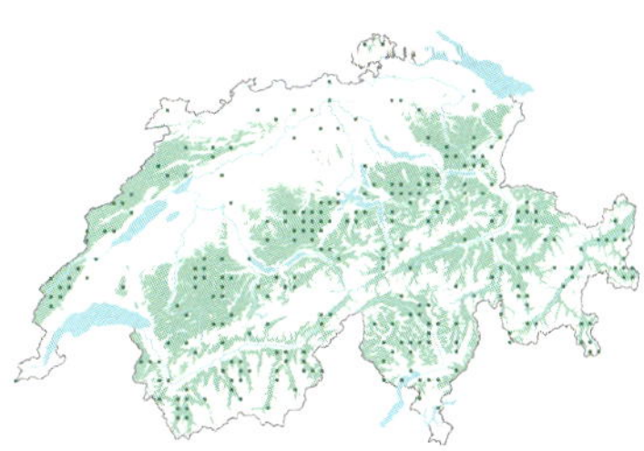

VU

Anzahl Fundorte	40
Substrat	Borke

Arnolds Schüsselflechte

Parmotrema arnoldii (Du Rietz) Hale

Feldmerkmale: Graues, bis >20 cm grosses Lager mit der Borke anliegenden, breiten, randlich aufsteigenden Lappen. Die Lappenränder weisen lange, leicht gebogene schwarze Wimpern auf. Feinkörnige vegetative Ausbreitungseinheiten werden an schmalen, verlängerten Lappen in randlichen Aufbrüchen gebildet. Fruchtkörper sind nie vorhanden. Die Unterseite ist schwarz und bildet im Zentrum der Lappen vereinzelte Rhizinen.

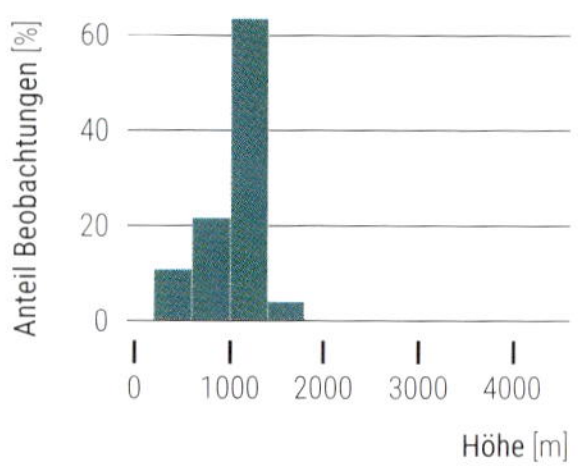

Wissenswertes: Arnolds Schüsselflechte wächst meist auf alten Weisstannen, seltener auf Buchen, in luftfeuchten aber lichtreichen Wäldern in niederschlagsreichen Regionen. Besonders üppig entwickelt sie sich auf starken Ästen im oberen Kronenbereich. Am Stamm sind in der Regel nur weniger gut ausgebildete Individuen zu beobachten.

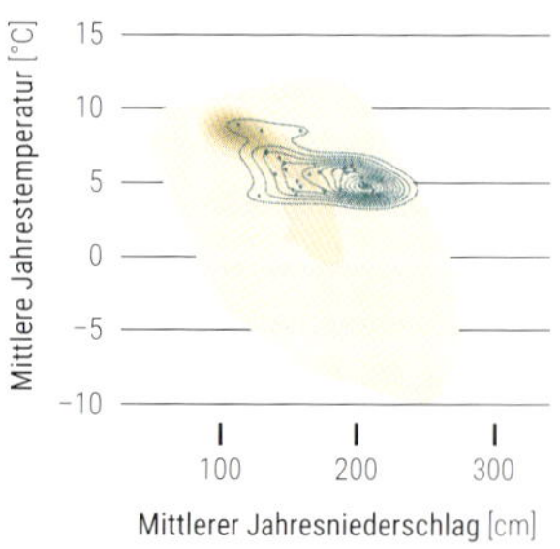

Gefährdung und Schutz: Arnolds Schüsselflechte ist eine Schirmart für Altwaldarten in Weisstannenwäldern. Ihre Vorkommen sollten geschont und bei der Ausscheidung von Waldreservaten berücksichtigt werden.

Verwechslung: Arnolds Schüsselflechte unterscheidet sich durch chemische Merkmale von ***P. stuppeum*** und ***P. perlatum***, welche meist auf Laubbäumen in tieferen Lagen vorkommen. ***P. crinitum*** bildet stiftförmige vegetative Ausbreitungseinheiten. Die vom Aussterben bedrohte *P. reticulata* aus den Südalpen unterscheidet sich durch ein feines, weisses Netzmuster auf der Oberseite. ***Cetrelia cetrarioides*** zeigt weisse Punkte auf den Lappen und bildet keine randlichen Wimpern.

Behaarte Schüsselflechte

VU

Anzahl Fundorte	31
Substrat	Borke, Gestein

Parmotrema crinitum (Ach.) M. Choisy

Feldmerkmale: Graue, bis >30 cm grosse Blattflechte mit der Borke anliegenden, breiten und randlich aufsteigenden Lappen, welche randlich lange, schwarze Wimpern haben. Stiftförmige, oft verzweigte, Wimpern-tragende vegetative Ausbreitungseinheiten werden auf der Oberseite und randlich an Lappen gebildet. Fruchtkörper sind sehr selten. Die Unterseite ist braun bis schwarz.

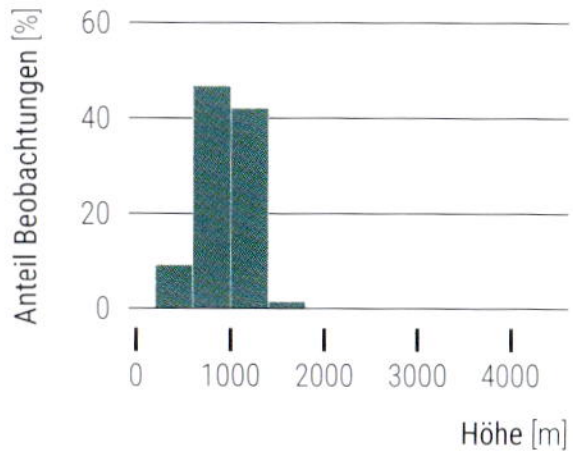

Wissenswertes: In den Südalpen ist die Behaarte Schüsselflechte in luftfeuchten Lagen an Steilflächen auf kalkfreiem, oft mit Moosen überwachsenem Fels zu finden. Baumbewohnende Vorkommen sind weiter verbreitet und kommen auch in den Nordalpen vor. Dort wächst die Art vor allem auf alten Buchen und Weisstannen in luftfeuchten, aber lichtreichen Lagen.

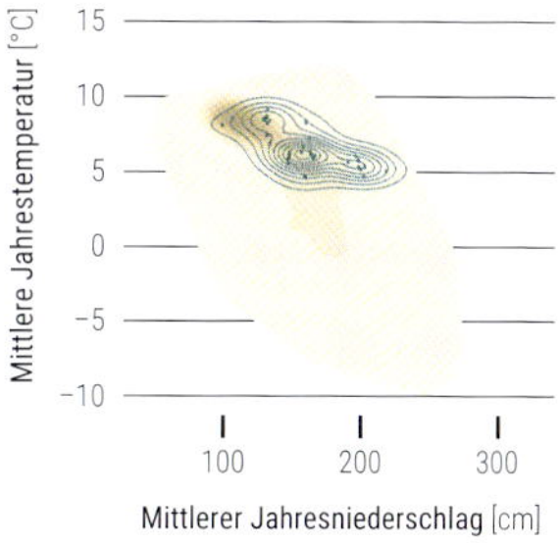

Gefährdung und Schutz: Vorkommen der geschützten Blattflechte müssen erhalten werden. Die Behaarte Schüsselflechte sollte bei der Ausscheidung von Waldreservaten berücksichtigt werden. Durch das Ausbringen von vegetativen Ausbreitungseinheiten auf geeignete Bäume in der näheren Umgebung können kleine Vorkommen gefördert werden.

Verwechslung: Anhand der Wimpern tragenden, stiftförmigen Ausbreitungseinheiten lässt sich die Behaarte Schüsselflechte gut von den anderen ***Parmotrema***-Arten unterscheiden. ***Platismatia glauca*** hat ebenfalls ein zerschlitzt aussehendes Lager, entwickelt aber keine Wimpern, weder an den Ausbreitungseinheiten noch an den Lappenrändern.

VU

Anzahl Fundorte	128
Substrat	Borke

Breitlappige Schüsselflechte

Parmotrema perlatum (Huds.) M. Choisy

Feldmerkmale: Graue, bis >20 cm grosse Blattflechte mit der Borke anliegenden, breiten, randlich aufsteigenden Lappen, mit schwarzen Wimpern entlang der Lappenränder. Feinkörnige vegetative Ausbreitungseinheiten entstehen in randlichen, bortenförmigen Aufbrüchen. Fruchtkörper sind sehr selten. Die Unterseite ist schwarz und bildet im Zentrum der Lappen vereinzelte Rhizinen.

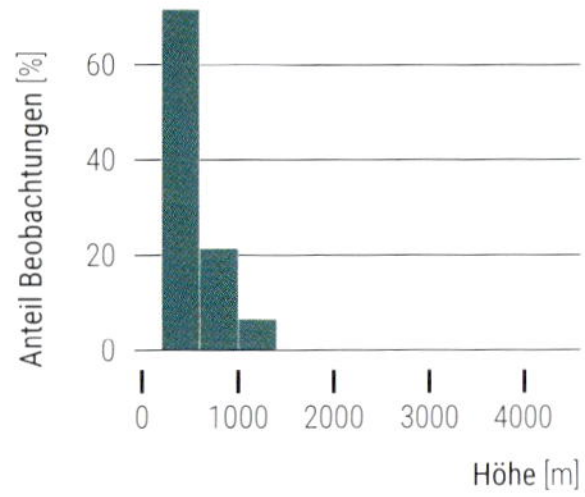

Wissenswertes: Die Breitlappige Schüsselflechte wächst auf meist alten Laubbäumen mit rauer Borke in lichtreichen Laubmischwäldern tieferer Lagen und an freistehenden Bäumen in Wytweiden. Sie meidet erhöhten Nährstoffeintrag und fehlt deshalb heute an geeigneten Bäumen in landwirtschaftlich intensiv bewirtschafteten Gebieten.

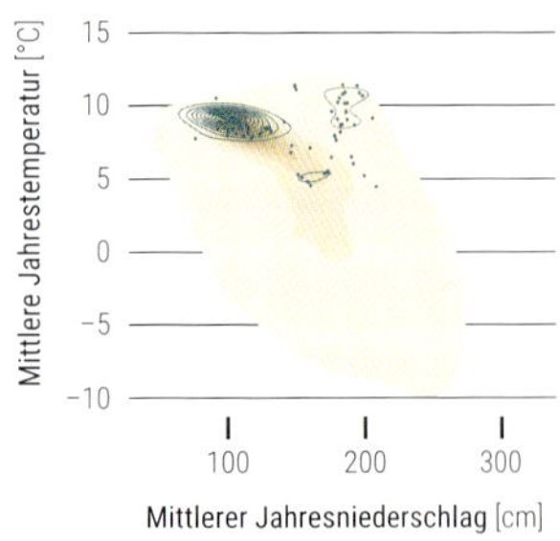

Gefährdung und Schutz: Die Breitlappige Schüsselflechte ist in einzelnen Regionen noch regelmässig anzutreffen, geht im Mittelland aber stark zurück. Einzelvorkommen sollten geschont werden.

Verwechslung: Durch chemische Merkmale kann die Breitlappige Schüsselflechte von der im gleichen Lebensraum vorkommenden ***P. stuppeum*** und von der in hochmontanen Lagen beheimateten ***P. arnodlii*** unterschieden werden. ***P. crinitum*** grenzt sich durch ihre vegetativen Ausbreitungseinheiten ab. Die vom Aussterben bedrohte *P. reticulata* der Südalpen weist ein feines, weisses Netzmuster auf der Oberseite auf. Das Lager von ***Cetrelia cetrarioides*** zeigt weisse Punkte auf den Lappen und bildet keine randlichen Wimpern.

Werg-Schüsselflechte

Parmotrema stuppeum (Taylor) Hale

EN	NHV
Anzahl Fundorte	14
Substrat	Borke

Feldmerkmale: Graue, bis >20 cm grosse Blattflechte mit der Borke anliegenden, breiten, randlich aufsteigenden Lappen mit schwarzen Wimpern an den Rändern. Feinkörnige vegetative Ausbreitungseinheiten werden in randlichen, bortenförmigen Aufbrüchen gebildet. Fruchtkörper fehlen. Die Unterseite ist schwarz und bildet im Zentrum der Lappen vereinzelte Rhizinen.

Wissenswertes: Die Werg-Schüsselflechte wächst auf meist alten Laubbäumen mit rauer Borke in Wytweiden in luftfeuchter Lage, selten in lichtreichen, hochmontanen Mischwäldern. Die Art meidet erhöhten Nährstoffeintrag und fehlt deshalb in landwirtschaftlich intensiv bewirtschafteten Gebieten. Sie ist viel seltener als ***P. perlatum***, mit der sie ihren Lebensraum in tieferen Lagen teilt. Wenn beide Arten am selben Baum vorkommen, fällt die Werg-Schüsselflechte durch ihren kräftigeren Wuchs auf.

Gefährdung und Schutz: Alle Trägerbäume dieser zu fördernden Art sollten geschont werden.

Verwechslung: Die Werg-Schüsselflechte unterscheidet sich durch chemische Merkmale von ***P. perlatum*** und von ***P. arnoldii***, die in hochmontanen Lagen vorkommt. ***Parmotrema crinitum*** bildet stiftförmige vegetative Ausbreitungseinheiten. Die vom Aussterben bedrohte *P. reticulata* der Südalpen weist ein feines, weisses Netzmuster auf der Oberseite auf. Das Lager von ***Cetrelia cetrarioides*** zeigt weisse Punkte auf den Lappen und bildet keine randlichen Wimpern.

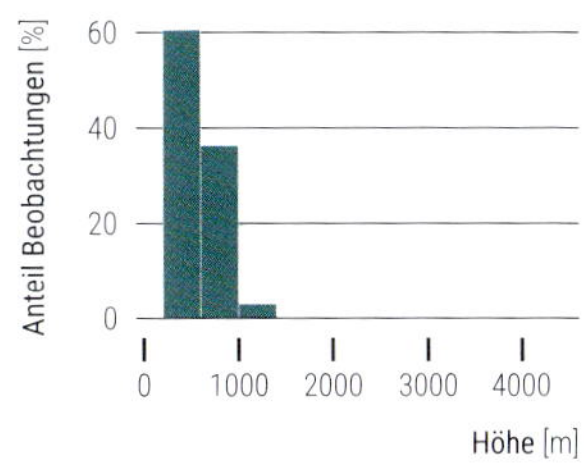

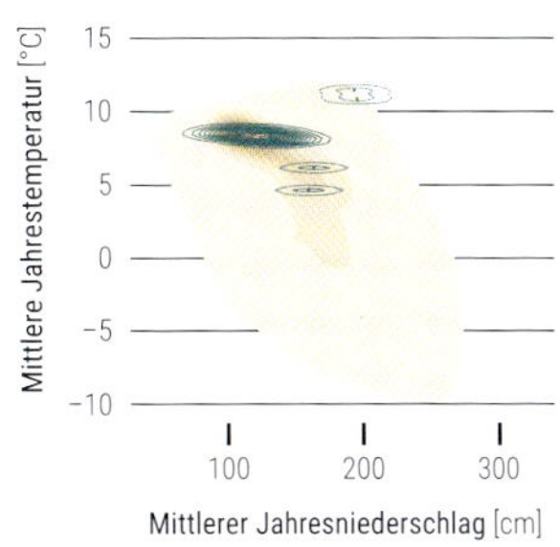

LC

Anzahl Fundorte	93
Substrat	Erde

Warzige Apfelflechte

Peltigera aphthosa (L.) Willd.

Feldmerkmale: Grünlich-graue, im feuchten Zustand leuchtend grüne, bis >30 cm grosse Lager, mit bis 5 cm breiten Lappen. Fruchtkörper oft vorhanden, randlich am Lager entstehend und aufrecht, sattelförmig wachsend. Vegetative Ausbreitungseinheiten fehlen. Die Unterseite ist braun und gleichmässig filzig. Auf der Oberseite sind schwärzliche Warzen vorhanden, in welchen Cyanobakterien mit dem Flechtenpilz vergesellschaftet sind.

Wissenswertes: Die Warzige Apfelflechte ist eine häufige und auffällige Art in subalpinen Wäldern und Zwergstrauchheiden, wo sie über Moosen auf Erde und Bergsturzblöcken wächst. In luftfeuchten Lagen gedeiht sie besonders üppig, in alpinen Windheiden ist sie meist nur kümmerlich entwickelt. Sehr selten können dunkle Lappen mit dominierenden Cyanobakterien gefunden werden. Sie bilden am Rand kleine Lappen, in welchen der Flechtenpilz mit der üblichen Grünalge vergesellschaftet ist.

Gefährdung und Schutz: In höheren Lagen ist die Warzige Apfelflechte nicht gefährdet, in tiefen Lagen sind ihre Vorkommen zu schonen.

Verwechslung: *Peltigera leucophlebia* kann ähnlich grosse Lager bilden, weist auf der Unterseite aber ein dunkles Netz von filzigen Adern auf. ***Peltigera venosa*** bildet höchstens 3 cm grosse Lager. Andere Arten der Gattung sind braun oder dunkelgrau und werden feucht schwärzlich oder dunkeloliv.

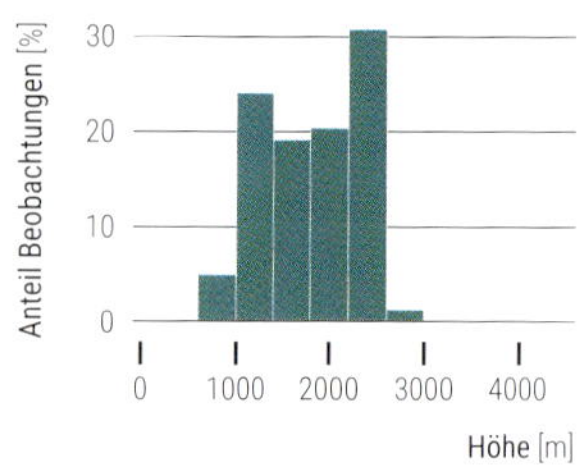

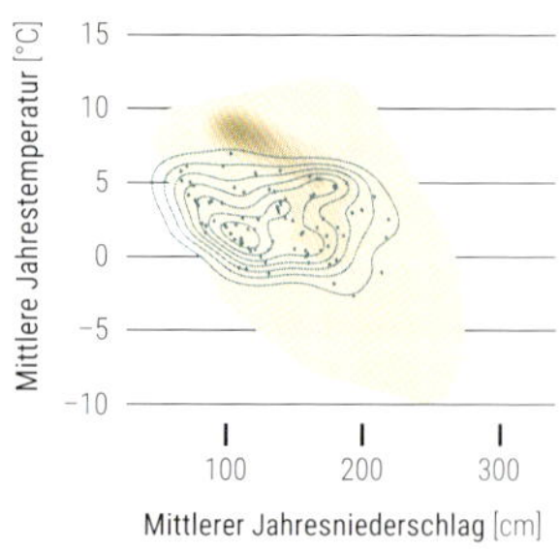

Hügel-Schildflechte

NT	
Anzahl Fundorte	119
Substrat	Borke

Peltigera collina (Ach.) Schrad.

Feldmerkmale: Graubraune, im feuchten Zustand dunkelbraune, bis 15 cm grosse Lager, mit bis 2 cm breiten, bandartig verlängerten, stark welligen, unbehaarten Lappen mit aufsteigenden Rändern. Die immer vorhandenen körnigen vegetativen Ausbreitungseinheiten werden an den Lappenrändern in langen, bortenförmigen Aufbrüchen gebildet. Fruchtkörper werden selten (Bild rechts, links oben) an verlängerten Lappen gebildet. Sie sind aufsteigend und sattelförmig. Die Unterseite ist hell und mit breiten, hellbraunen Adern besetzt, an welchen vereinzelte Haftorgane gebildet werden.

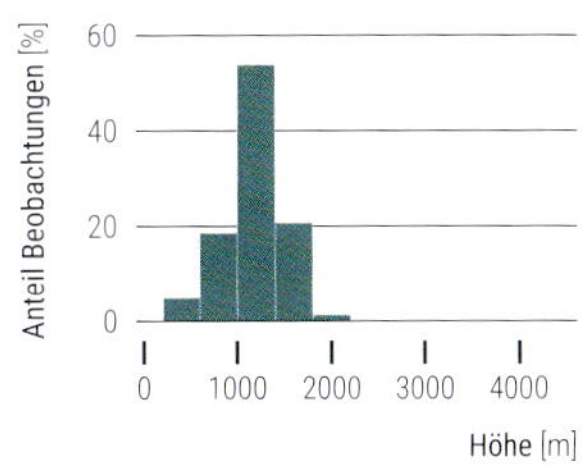

Wissenswertes: Die Hügel-Schildflechte wächst meist über Moosen an alten Laubbäumen wie Bergahorn und Buche in nicht zu dunklen, historisch alten Wäldern. Sie kommt in niederschlagsreichen Gebieten oder sehr luftfeuchten Lagen in der hochmontanen Stufe vor. Die Vorkommen bestehen oft aus wenigen Lagern.

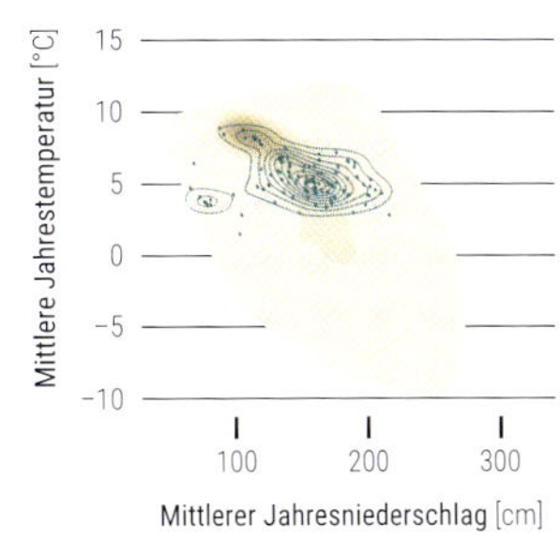

Gefährdung und Schutz: Die Hügel-Schildflechte sollte geschont und für die Ausscheidung von Biotopbäumen oder Waldreservaten berücksichtigt werden.

Verwechslung: *Nephroma parile* sieht ähnlich aus, hat aber eine glatte Unterseite ohne Adern. *Peltigera didactyla* und *P. extenuata* entwickeln feinkörnige, vegetative Ausbreitungseinheiten in fleckförmigen Aufbrüchen auf der Oberseite der oft kleineren Lappen.

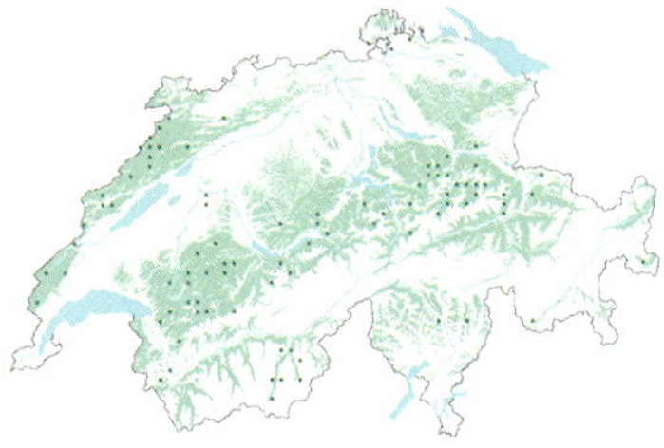

LC

Anzahl Fundorte	49
Substrat	Erde

Gedunsene Schildflechte

Peltigera malacea (Ach.) Funck

Feldmerkmale: Bräunlich-graue, in feuchtem Zustand olivgrüne, bis >30 cm grosse Lager, mit bis 3 cm breiten, filzig behaarten, dicken und leicht brüchigen Lappen. Bruchstücke der Lappen dienen der vegetativen Ausbreitung. Fruchtkörper sind selten. Die dunkelbraune, filzige Unterseite im Zentrum lässt keine deutlichen Adern erkennen und weist nur vereinzelte Haftorgane auf.

Wissenswertes: Die Gedunsene Schildflechte ist in niederschlagsarmen Gebieten ziemlich häufig auf Moos überzogenen Bergsturzblöcken und auf vegetationsarmen, kalkfreien Böden in lichten, subalpinen Wäldern und Zwergstrauchheiden anzutreffen. Vorkommen in tieferen Lagen sind deutlich seltener und Funde in der alpinen Stufe oft nur kümmerlich entwickelt. Die Art kann sich gut gegen Mooskonkurrenz durchsetzen und auch andere Arten der Gattung (Bild links unten: *P. polydactyla*) überwachsen. Sie verändert ihre Farbe beim Austrocknen von grünoliv über blaugrün nach bräunlich-grau. Die Ränder der Lappen sind trocken sehr brüchig.

Gefährdung und Schutz: Die Gedunsene Schildflechte ist nicht gefährdet, in tieferen Lagen scheint die Art aber zurückgegangen zu sein. Deshalb sind Vorkommen unterhalb der subalpinen Stufe zu schonen.

Verwechslung: Anhand der aufrechten, filzigen Behaarung auf der Lageroberseite in Kombination mit der aderlosen Unterseite kann die Art kaum verwechselt werden.

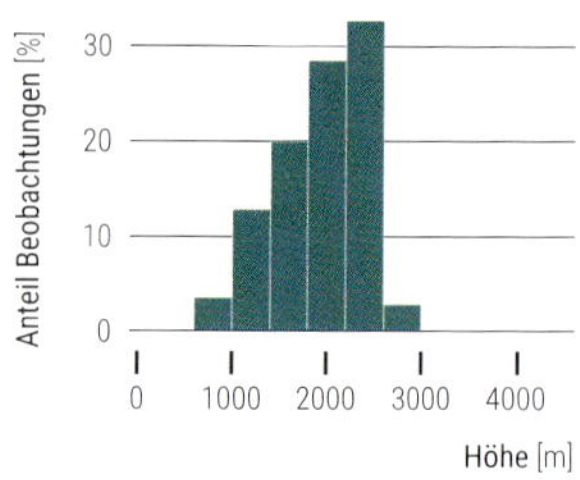

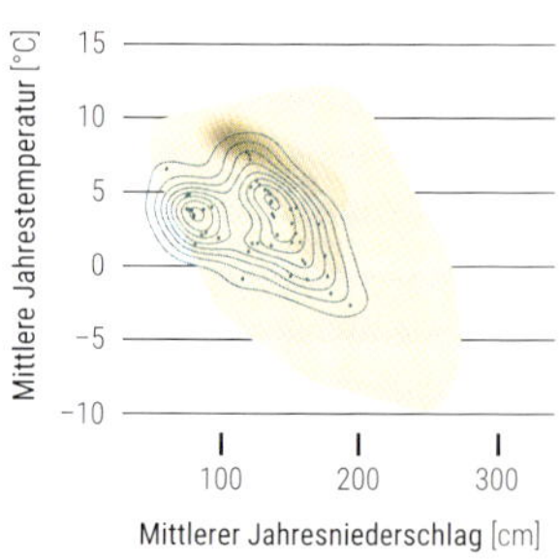

Verzierte Hundsflechte

LC

Anzahl Fundorte	487
Substrat	Erde, Borke

Peltigera praetextata (Flörke ex Sommerf.) Zopf

Feldmerkmale: Bräunlich-graue, im feuchten Zustand dunkelbraune bis schwarze, bis >30 cm grosse Lager mit bis 1,5 cm breiten Lappen. Fruchtkörper sind oft vorhanden, randlich am Lager entstehend, aufsteigend und sattelförmig. Spatelförmige, vegetative Ausbreitungseinheiten bilden sich in dichten Gruppen an Lappenrändern und an Rissen in der Oberrinde. Die Unterseite ist hell, mit vorstehenden Adern besetzt, an welchen lange Rhizinen gebildet werden.

Wissenswertes: Die Verzierte Hundsflechte ist die häufigste Art der Gattung und wächst auf bemooster Erde und über Gestein in nährstoffarmen Wiesen und Weiden sowie in lichten Wäldern. In tieferen, luftfeuchten Lagen wächst sie stellenweise häufig an der Basis von Laubbäumen. Die spatelförmigen Ausbreitungseinheiten können sich an geeigneten Standorten innerhalb eines Jahres zu bis 1 cm grossen Lappen auswachsen, was bei Flechten einer sehr raschen Entwicklung entspricht.

Gefährdung und Schutz: Die Verzierte Hundsflechte ist nicht gefährdet, in tieferen Lagen jedoch nicht häufig. Vorkommen in Trockenwiesen sollten beim Mähen nicht verletzt werden; einzelne Trägerbäume im Wald sollten wo möglich geschont werden.

Verwechslung: Die Verzierte Hundsflechte ist im Feld in der Regel gut zu erkennen. *Peltigera lepidophora* bildet ebenfalls schild- bis spatelförmige Ausbreitungseinheiten, ist aber deutlich kleiner.

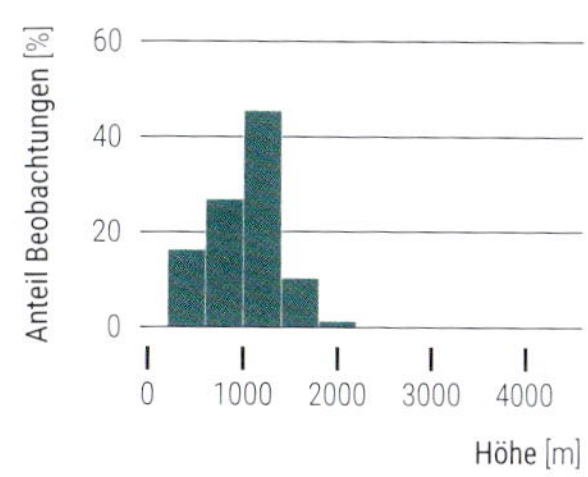

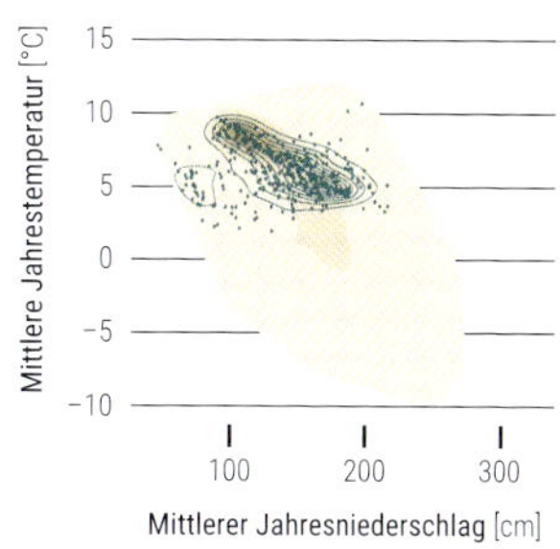

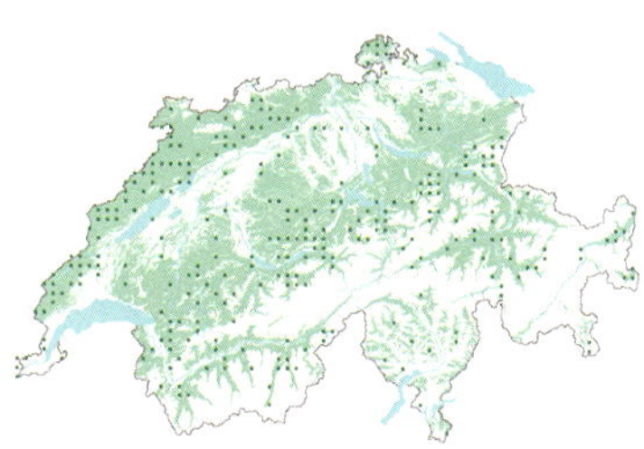

Bereifte Schildflechte

LC

Anzahl Fundorte	503
Substrat	Erde

Peltigera rufescens (Weiss) Humb.

Feldmerkmale: Bräunlich-graue, im feuchten Zustand dunkelbraune bis schwarze, bis 15 cm grosse Lager, mit bis 1 cm breiten, spinnwebartigen, weiss behaarten Lappen mit aufsteigenden Rändern. Die Fruchtkörper sind manchmal vorhanden, randlich am Lager entstehend, aufsteigend und sattelförmig. Vegetative Ausbreitungseinheiten fehlen. Die Unterseite ist hell, mit breiten Adern besetzt, an welchen lange Rhizinen gebildet werden.

Wissenswertes: Die Bereifte Schildflechte ist eine häufige Art auf kalkhaltiger Erde oder auf moosbedeckten Steinen in (Halb)Trockenrasen, Felsensteppen oder Alpweiden. Sie kommt von den Tieflagen bis in die alpine Stufe vor.

Gefährdung und Schutz: Vorkommen in Trockenwiesen sollten beim Mähen nicht verletzt werden.

Verwechslung: Die Art ist im Feld in der Regel gut zu erkennen, teilt aber den Lebensraum mit weiteren Arten der Gattung mit filzig behaarten Lappen: *P. membranacea* hat lange, dünne, flaschenputzerartig behaarte Rhizinen, *P. canina* dicke Lager, mit am Rand abwärts gebogenen Lappenrändern und vielgestaltigen, oft rasierpinselartigen Rhizinen. In der alpinen Stufe ist die Bereifte Schildflechte oft nur mit kleinen Lagern vorhanden. Die Unterscheidung von *P. kristinssonii* und *P. monticola* ist anspruchsvoll. ***Peltigera praetextata*** unterscheidet sich anhand der vegetativen Ausbreitungseinheiten und der gegen unten eingebogenen Lappenränder.

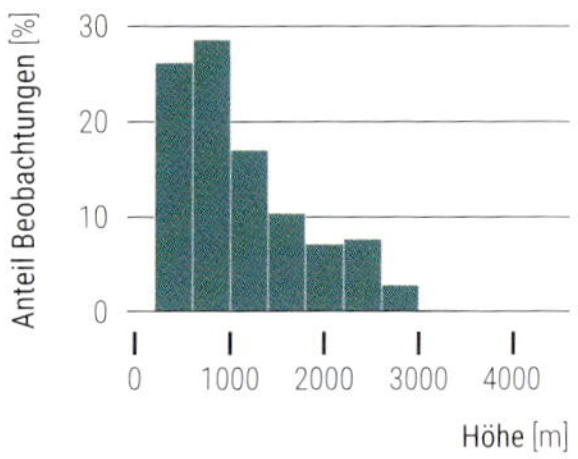

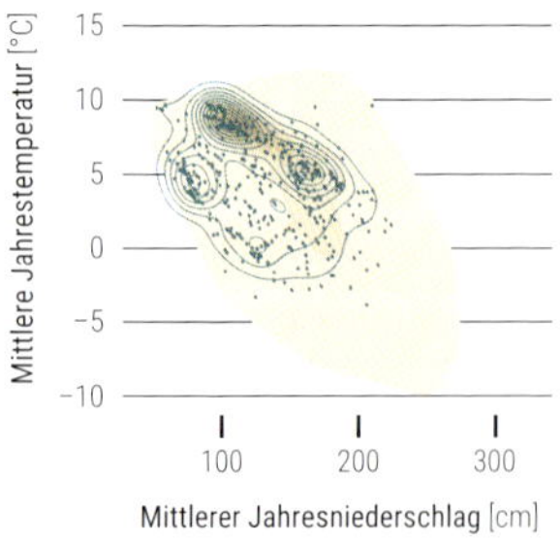

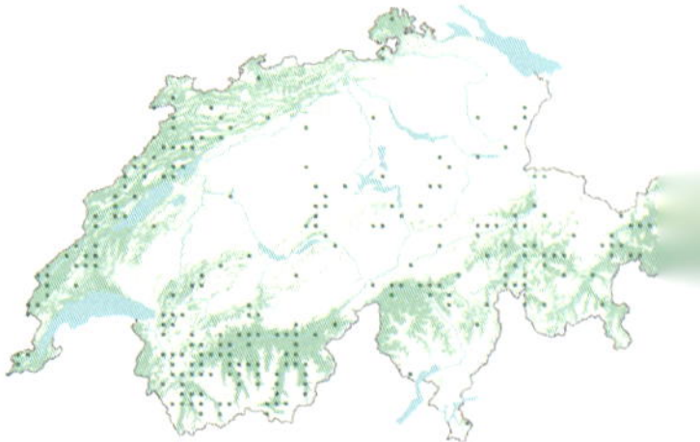

Adrige Schildflechte

LC

Anzahl Fundorte	57
Substrat	Erde

Peltigera venosa (L.) Hoffm.

Feldmerkmale: Grünlich-graue, im feuchten Zustand leuchtend grüne, bis 2 cm grosse Lager, welche oft ausgedehnte dichte Rasen bilden. Die immer vorhandenen Fruchtkörper wachsen randlich, waagrecht am Lager und bilden rotbraune bis fast schwarze Scheiben. Vegetative Ausbreitungseinheiten fehlen. Die Unterseite ist weiss mit braunen, vorstehenden, fächerförmig angeordneten filzigen Adern. Auf den Adern sind regelmässig dunkle Warzen vorhanden. In ihnen sind Cyanobakterien mit dem Flechtenpilz vergesellschaftet.

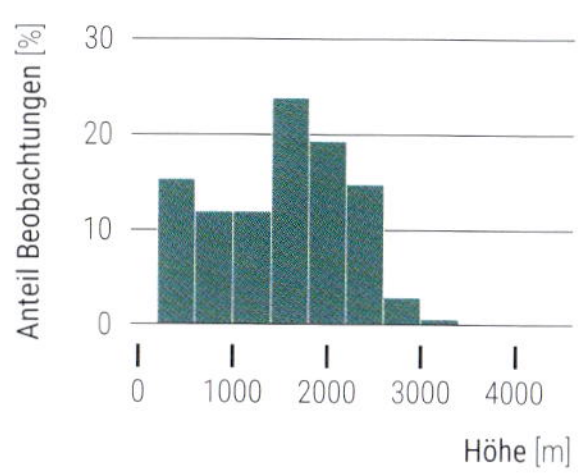

Wissenswertes: Die Adrige Schildflechte wächst auf nährstoffarmen Erdanrissen, oft an Böschungen und kleinen Erdrutschen auf schwach kalkhaltiger Erde. Der Flechtenpilz kann mit Cyanobakterien wenige Millimeter grosse, dunkle Lappen bilden, an welchen sich die deutlich grösser werdenden Lager entwickeln, in denen der gleiche Pilz mit einer Grünalge vergesellschaftet ist. Mit einer guten Lupe ist das im Feld zu beobachten. Allerdings kommen im gleichen Lebensraum auch Arten der Gattung ***Scytinium*** vor, was die Suche etwas schwierig gestalten kann.

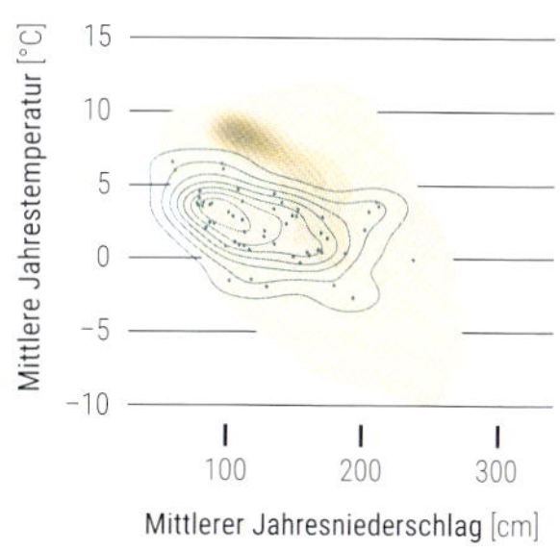

Gefährdung und Schutz: Vorkommen im Tiefland sind selten geworden und sollten geschont werden.

Verwechslung: Die Art ist im Feld gut zu erkennen. ***Peltigera aphtosa*** und *P. leucophlebia* haben deutlich grössere Lager und die Warzen mit Cyanobakterien sitzen auf der Oberseite.

Tellerchen-Gallertschild

NE	
Anzahl Fundorte	2
Substrat	Erde

Peltula patellata (Bagl.) Swinscow & Krog

340 **Feldmerkmale:** Braune bis braungraue, bis 5 cm grosse Lager bildende Flechte aus meist gedrängt stehenden, bis 3 mm grossen, schildförmigen Schuppen. Auf den Schuppen entstehen in der Mitte im Lager eingesenkte Fruchtkörper mit einer flachen, rotbraunen Scheibe. Die Art ist mit Cyanobakterien vergesellschaftet.

Wissenswertes: Der Tellerchen-Gallertschild wächst in wenigen Zentimetern breiten, mit kalkfreier Feinerde gefüllten Felsspalten auf niedrigen Felsrippen in Inneralpinen Felsensteppen der kollinen bis montanen Stufe.

Gefährdung und Schutz: Der Tellerchen-Gallertschild ist nur von wenigen Lokalitäten bekannt, wo er aber an mehreren Stellen gefunden wurde. Ein Fundort mit einem üppig entwickelten Vorkommen ist in den letzten 40 Jahren verschwunden. Alle Vorkommen dieser Art sollten geschont werden. Weil einzelne durch Bautätigkeiten im Rebbaugebiet gefährdet scheinen, ist eine detaillierte Kartierung angezeigt. Der Rote-Liste-Status wurde für diese Art bisher nicht evaluiert. Ein Schutz nach NHV sollte geprüft werden.

Verwechslung: ***Heppia adglutinata*** entwickelt etwas grössere Lagerschuppen, in welchen sich mehrere Fruchtkörper mit tief eingesenkten Scheiben bilden. Zudem wächst diese Art auf kalkhaltigen Böden von tiefen Lagen bis in die alpine Stufe.

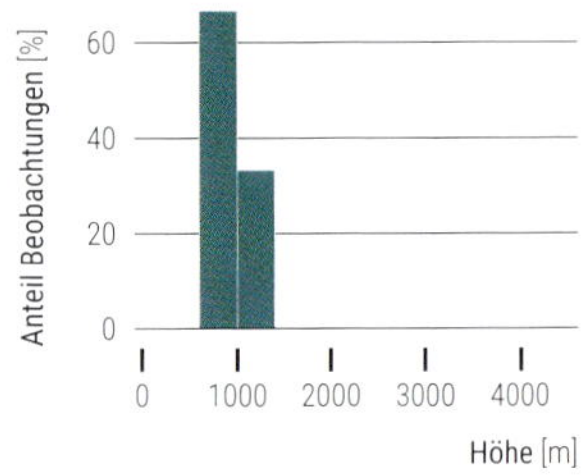

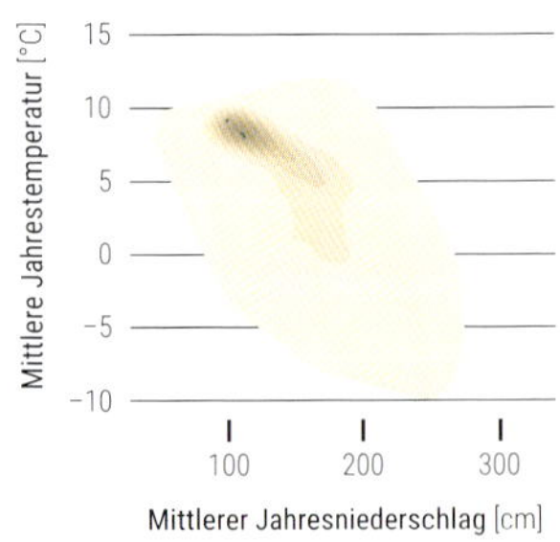

Kranz-Porenflechte

VU

Anzahl Fundorte	155
Substrat	Borke

Pertusaria coronata (Ach.) Th. Fr.

Feldmerkmale: Hellgraues bis gelblich-graues, dünnes, bis 8 cm grosses Lager. Auf dem Lager entwickeln sich oft, zu Gruppen konzentriert, kugelige bis deutlich verlängerte, an der Spitze gleichfarbene oder wenig gebräunte vegetative Ausbreitungseinheiten. Warzenförmige Fruchtkörper mit punktförmiger, dunkler Öffnung sind sehr selten.

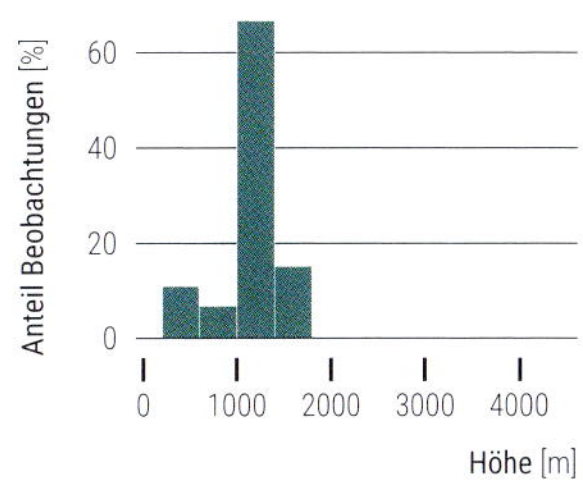

Wissenswertes: Die Kranz-Porenflechte wächst auf angewitterter Borke mit erhöhter Wasserspeicherkapazität von meist alten Laubbäumen wie Berg-Ahorn und Buche mit ziemlich saurer Borke und Weisstanne in naturnahen, hochmontanen Tannen-Buchenwäldern und Grauerlen-Auenwäldern. In tieferen Lagen ist die Art selten auf alten Eichen und Kastanien in Wytweiden und Selven zu finden.

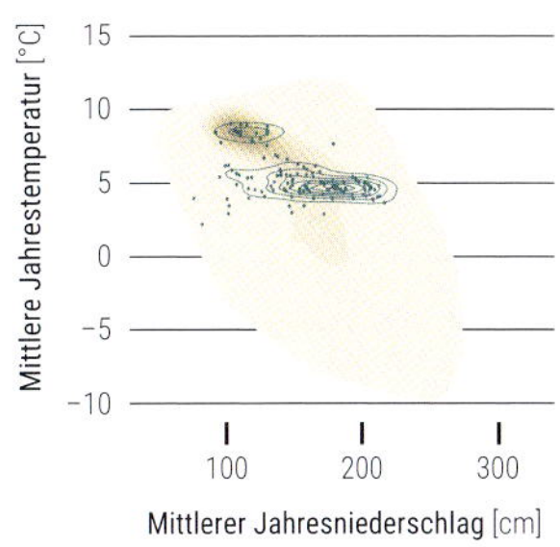

Gefährdung und Schutz: In hochmontanen Wäldern ist die Kranz-Porenflechte nicht selten, einzelne Trägerbäume sollten aber geschont werden. In Tieflagen sollten alle Trägerbäume geschont und für eine langfristige Erhaltung der Baumbestände gesorgt werden.

Verwechslung: *Pertusaria coccodes* hat ähnliche vegetative Ausbreitungseinheiten, welche meist gebräunte Spitzen aufweisen. Zudem unterscheiden sich die sehr ähnlichen Arten in ihren Flechtenstoffen. *Pertusaria flavida* bildet gelbliche, fleckförmige, oft zusammenfliessende Aufbrüche, in welchen grobkörnige, vegetative Ausbreitungseinheiten gebildet werden.

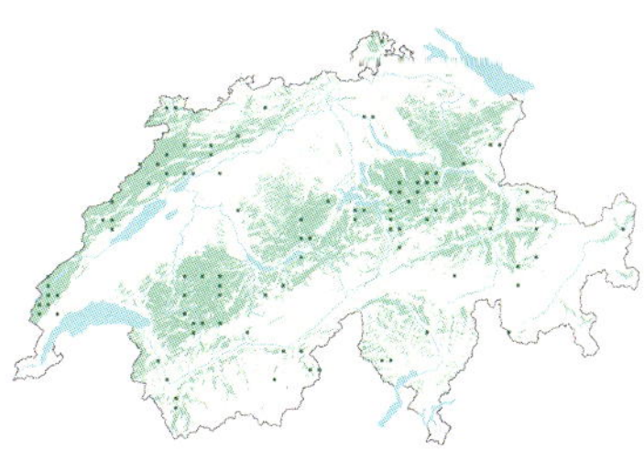

Knäuel-Porenflechte

DD

Anzahl Fundorte	6
Substrat	Erde

Pertusaria glomerata (Ach.) Schaer.

Feldmerkmale: Weissgraue bis gelblich-weisse, aus halbkugeligen, glatten, leicht glänzenden Warzen bestehende, bis 5 cm grosse Lager. Die Warzen stehen sehr dicht und bilden kompakte, leicht gewölbte Polster. Bis drei Fruchtkörper entstehen in den Warzen, wobei sie oberflächlich nur an den dunkelgrauen, punktförmigen Öffnungen zu sehen sind.

Wissenswertes: Die Knäuel-Porenflechte wächst in Felsspalten und auf schmalen Felssimsen auf kalkhaltiger Erde über absterbenden Moosen und Pflanzenresten. Die typischen Standorte sind bergfeucht und liegen vor allem im Spätsommer lange im Schatten von Felsrippen. Die Art wird bei Schneefall regelmässig eingeschneit. Der Schnee rutscht an den steilen Standorten bald ab, sodass die Kleinstandorte der Flechten auch im Hochwinter oft schneefrei sind. Sie ist meist in Gesellschaft von ***Vulpicida juniperinus*** und ***Ochrolechia upsaliensis*** zu finden; sie ist ein regelmässiger Begleiter der seltenen ***Anaptychia bryorum***.

Gefährdung und Schutz: Die Bestände der Knäuel-Porenflechte sind sehr zerstreut, sind aber an geeigneten Orten gut entwickelt. Die Art toleriert etwas höheren Kalkgehalt als ***Anaptychia bryorum*** und ist deshalb etwas häufiger.

Verwechslung: *Aspicilia verrucosa* hat in Warzen eingesenkte Fruchtkörper mit vertieft liegenden, konkaven Scheiben. *Pertusaria bryontha* hat Fruchtkörper mit braunen Scheiben und erinnert entfernt an ***Lecanora epibryon***.

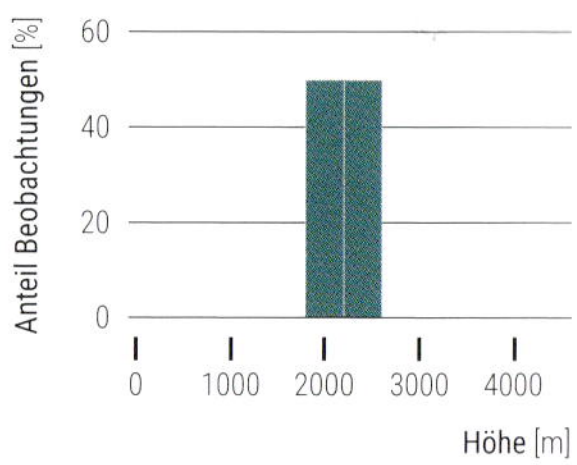

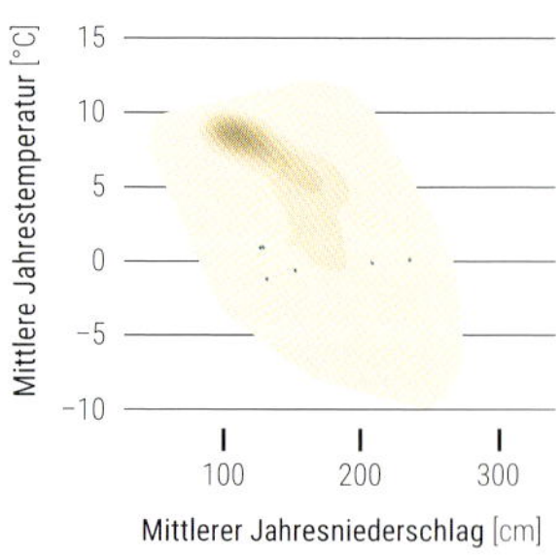

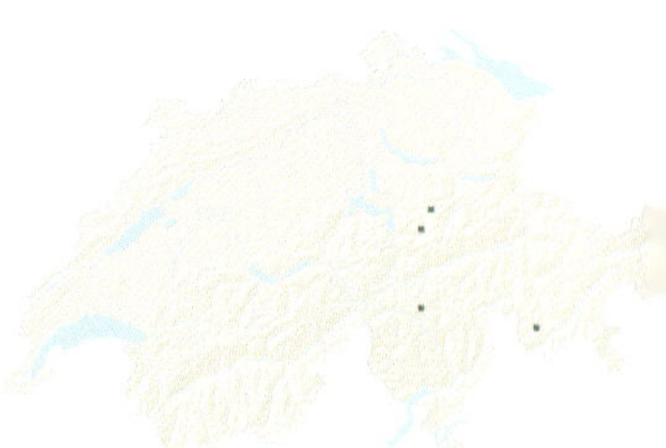

LC

Anzahl Fundorte	178
Substrat	Borke

Glatte Porenflechte

Pertusaria leioplaca DC.

Feldmerkmale: Weissliches bis beiges, glattes bis warziges, um 10 cm grosses Lager. Fruchtkörper entstehen einzeln oder zu zweit in flachen, meist länglichen, manchmal auch in halbkugeligen, bis 2,5 mm grossen Lagerwarzen. Sie sind vollständig darin eingesenkt und öffnen sich nur mit punktförmigen, braunen Öffnungen.

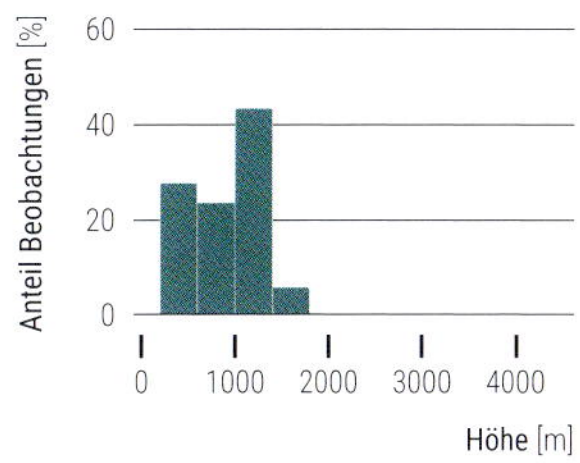

Wissenswertes: Die Glatte Porenflechte wächst auf Laubbäumen mit glatter, ziemlich saurer Borke wie Buche, Berg-Ahorn, Esche, Hagebuche und Grauerle in Wäldern von den Tieflagen bis zur hochmontanen Stufe. Auf Buche werden die Fruchtwarzen sehr häufig gezielt von Herbivoren abgeweidet. Das vegetative Lager bleibt dabei oft verschont, aber die Fruchtkörper werden bis auf die Borke abgefressen (Bild Mitte, unterer Teil des Lagers).

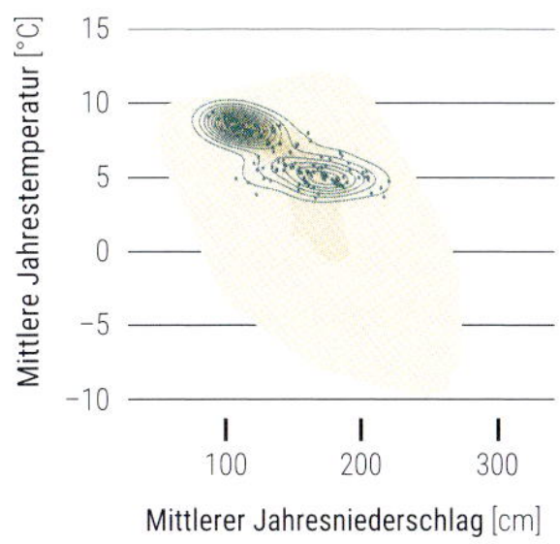

Gefährdung und Schutz: Die Glatte Porenflechte ist häufig und auch in Buchen- und Eichen-Hagebuchenwäldern tieferer Lagen zu finden. Sie ist die häufigste Art einer Artengruppe, bei welcher die Fruchtkörper in Lagerwarzen eingesenkt sind und die eine porenförmige Öffnung haben. Andere Arten dieser Gruppe sind gefährdet.

Verwechslung: Auf Borke wachsende Arten dieser Artengruppe sind im Feld nicht immer eindeutig ansprechbar. Sie können anhand mikroskopischer Sporenmerkmale und den Flechtenstoffen unterschieden werden. ***Pertusaria glomerata*** wächst auf Pflanzenresten in der alpinen Stufe.

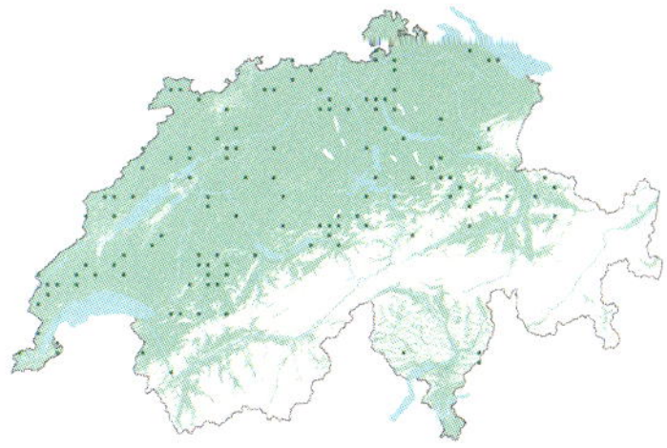

Fels-Radflechte

NE

Anzahl Fundorte	20
Substrat	Gestein

Petractis clausa (Hoffm.) Kremp.

Feldmerkmale: Das um 7 cm grosse Lager wächst im Gestein und verfärbt oder verändert die Oberflächenstruktur der Felsfläche nur unwesentlich. Einzig im feuchten Zustand wird die Gesteinsoberfläche etwas dunkler, wegen der im Inneren des Gesteins, wenige Zehntelmillimeter unter der Oberfläche, eingelagerten Cyanobakterien. Die Fruchtkörper entstehen weitgehend im Gestein und nur deren oberer Teil reicht über die Gesteinsoberfläche hinaus. Das Gehäuse der bis 0,7 mm grossen Fruchtkörper ist weisslich und weist 4-6 radiäre Risse auf. Die Öffnung ist zuerst punktförmig, weitet sich später etwas, sodass die gelbbraune Scheibe sichtbar wird. Später fallen die Fruchtkörper aus und hinterlassen eine Grube in der Gesteinsoberfläche.

Wissenswertes: Die Fels-Radflechte wächst an beregneten Neigungs- und Vertikalflächen aus reinen, kompakten Kalken an nordseitigen Abbrüchen an Felswänden ohne Vegetation, aber auch an Bergsturzblöcken in lichten Wäldern und Weiden. Sie bevorzugt bergfeuchte, absonnige Standorte. Die Art gehört wie ***Hymenelia coerulea*** zur Wuchsform der «endolithischen Krustenflechten», bei denen spezialisierte Fressfeinde massgeblich zur Gesteinsverwitterung beitragen.

Gefährdung und Schutz: Die Fels-Radflechte ist in Kalkgebieten recht häufig.

Verwechslung: Bei guter Entwicklung kann die Art nicht verwechselt werden.

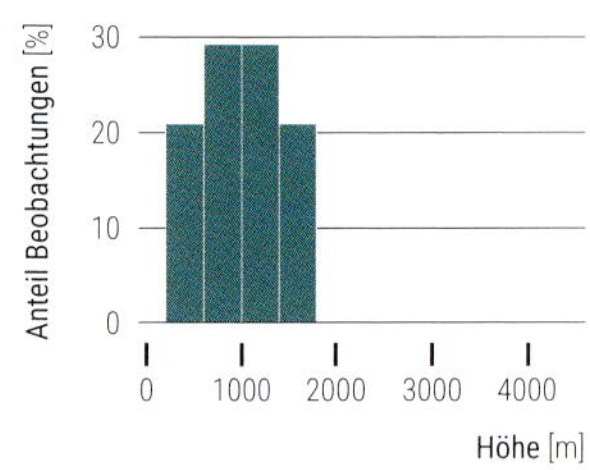

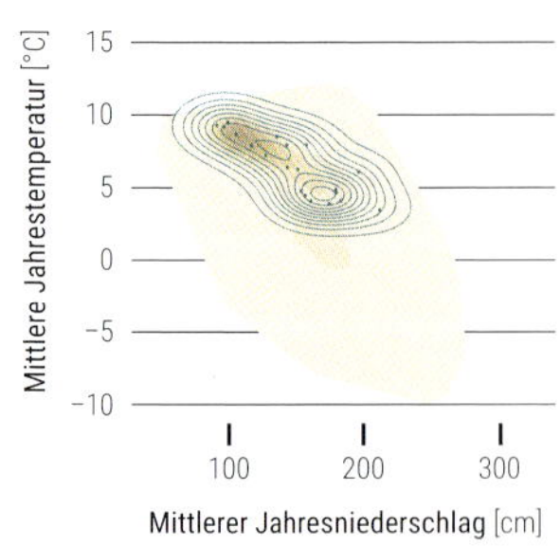

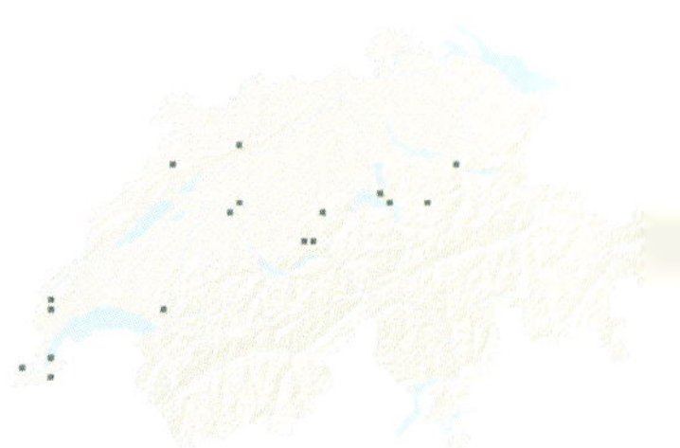

NT

Anzahl Fundorte	59
Substrat	Borke

Bewimperte Schwielenflechte

Phaeophyscia ciliata (Hoffm.) Moberg

Feldmerkmale: Grau- bis dunkelbraune, bis 4 cm grosse Blattflechte mit schmalen, flachen und unbereiften Lappen. Die Lappenränder sind von einem Saum aus schwarzen Wimpern gesäumt. Die Unterseite ist schwarz und mit schwarzen, einfachen Rhizinen besetzt. Fruchtkörper sind immer vorhanden. Sie sitzen mit verengter Basis auf den Lappen.

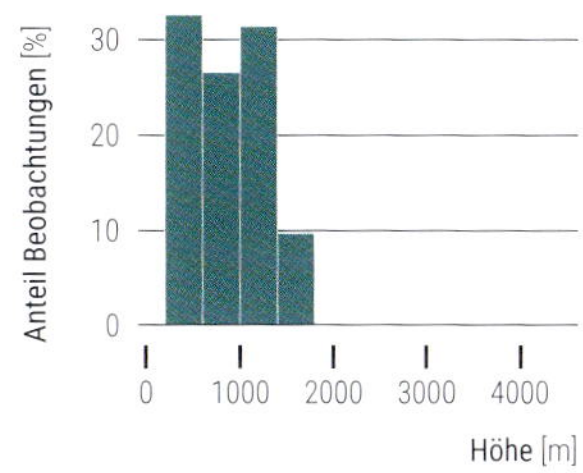

Wissenswertes: Die Bewimperte Schwielenflechte ist ein früher, konkurrenzschwacher Besiedler glatter Borke von dicken Ästen und Stämmen von Bäumen mit neutraler bis schwach saurer Borke. Die Art wächst an lichtreichen Standorten an freistehenden Bäumen vor allem in der hochmontanen Stufe oder in lichtreichen luftfeuchten Grauerlen-Auenwäldern. In dichteren Wäldern ist sie auf den Kronenbereich beschränkt, wo sie auf Eschen regelmässig vorkommt.

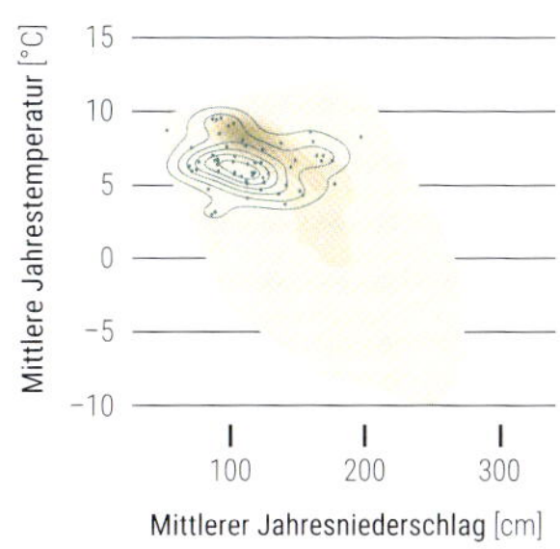

Gefährdung und Schutz: Die früher praktizierte Schneitelwirtschaft hat die Art stark gefördert, weil sich die Bewimperte Schwielenflechte auf erstarkenden Austrieben gut entwickeln konnte. Heute stellen Hecken mit Eschen und Ebereschen wertvolle Lebensräume für diese Art dar.

Verwechslung: Die Bewimperte Schwielenflechte kann im Feld mit der viel selteneren ***P. poeltii*** verwechselt werden, welche eine braune Unterseite und leicht gewölbte, etwas hellere Lappen zeigt.

LC

Anzahl Fundorte	22
Substrat	Erde

Moos-Schwielenflechte

Phaeophyscia constipata (Norrl. & Nyl.) Moberg

Feldmerkmale: Grünlich-graues bis graubraunes, bis 6 cm grosses, ansatzweise strauchförmiges Lager mit aufrechtstehenden, leicht abbrechenden schmalen, flachen und seitlich unregelmässig sprossenden Lappen. Die Lappenenden sind mit kurzen, lagerfarbenen, an den Spitzen weisslichen Wimpern besetzt. Die Unterseite ist hell. Bruchstücke der Lappen dienen der vegetativen Vermehrung.

Wissenswertes: Die Moos-Schwielenflechte bildet lockere Polster auf rasch austrocknenden Pflanzenresten auf Kulmflächen von kalkhaltigem Gestein. Sie kommt von den Tieflagen in Steppenrasen bis in alpine Windheiden vor. Die Art ist in alpinen Lagen aber sehr zerstreut und nie häufig. Die meisten Lager sehen etwas «zerbröselt» aus, und meist sind nur wenige gut entwickelte Lappen am Rand der Lager zu finden.

Gefährdung und Schutz: Die Moos-Schwielenflechte ist nach aktueller Einschätzung recht selten und durch Tritt gefährdet.

Verwechslung: Die Moos-Schwielenflechte unterscheidet sich von ***Anaptychia bryorum*** durch aufrechtwachsende, eher graue Lappen mit borstenartig abstehenden kurzen Wimpern und durch noch leichter abbrechende Lappenenden. In Tieflagen kann die Art zudem mit der über Moosen wachsenden ***Phaeophyscia sciastra*** verwechselt werden, welche aber horizontal wachsende Lappen und dunklere Lager zeigt.

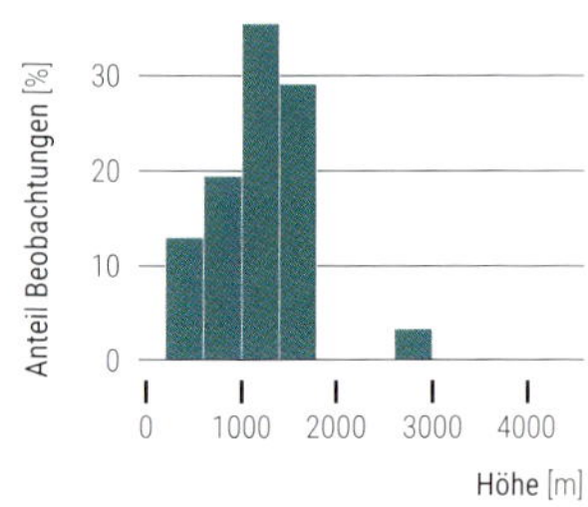

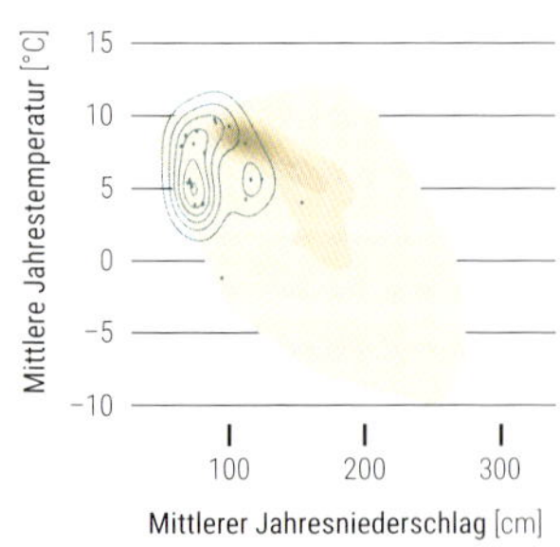

EN

Anzahl Fundorte	15
Substrat	Borke

Besondere Schwielenflechte

Phaeophyscia insignis (Mereschk.) Moberg

Feldmerkmale: Hellgraue bis dunkelbraune, bis 4 cm grosse Blattflechte, oft zu Rasen zusammenwachsend, mit eng der Borke anliegenden, schmalen, leicht gewölbten und unbereiften Lappen. Die Unterseite ist hellbraun, mit dunkleren, einfachen Rhizinen besetzt. Fruchtkörper sind oft vorhanden, den Lappen breit aufsitzend und mit einem Kranz von dunklen Wimpern versehen. Vegetative, feinkörnige Ausbreitungseinheiten werden in fleckförmigen, meist kopfartig aufgewölbten Aufbrüchen auf der Oberseite von älteren Lappenenden gebildet.

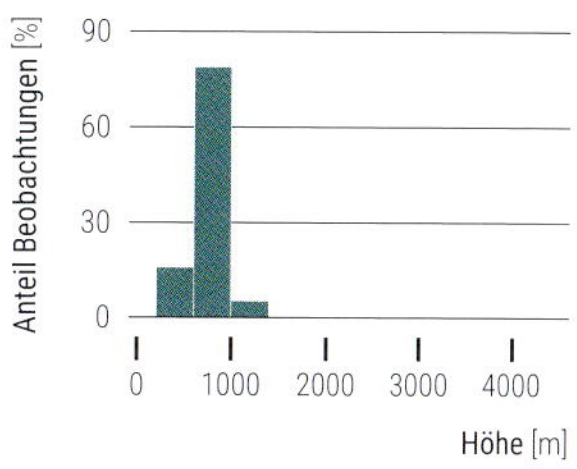

Wissenswertes: Die Besondere Schwielenflechte ist ein früher Besiedler glatter Borken von Nussbäumen, seltener von anderen Baumarten mit neutraler Borke. Auf älteren Bäumen wird die Art von anderen, konkurrenzstärkeren Blattflechten verdrängt.

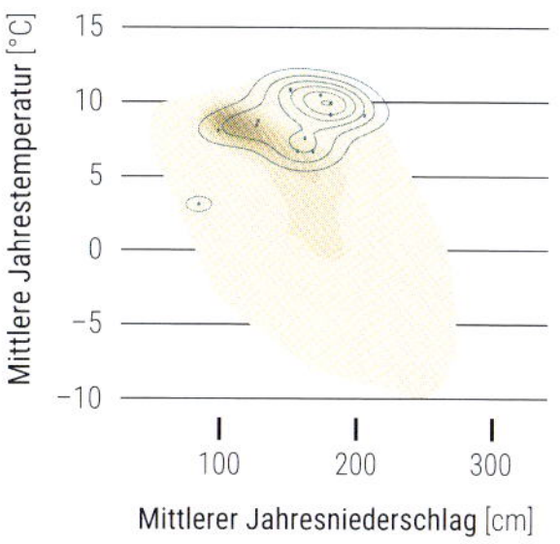

Gefährdung und Schutz: Die Besondere Schwielenflechte ist auf Nussbäume im Offenland angewiesen. An geeigneten Standorten im Tessin und in den Südtälern des Kantons Graubünden ist die Art lokal regelmässig anzutreffen.

Verwechslung: Die Art ist deutlich kleiner als die viel häufigeren ***P. orbicularis*** und *P. endophoenicea*. Im Gegensatz zu diesen beiden Arten zeigt die Besondere Schwielenflechte ausserdem eine helle Unterseite. ***Hyperphyscia adglutinata*** unterscheidet sich durch Lappen, die ohne Zwischenraum mit der Borke verwachsen sind.

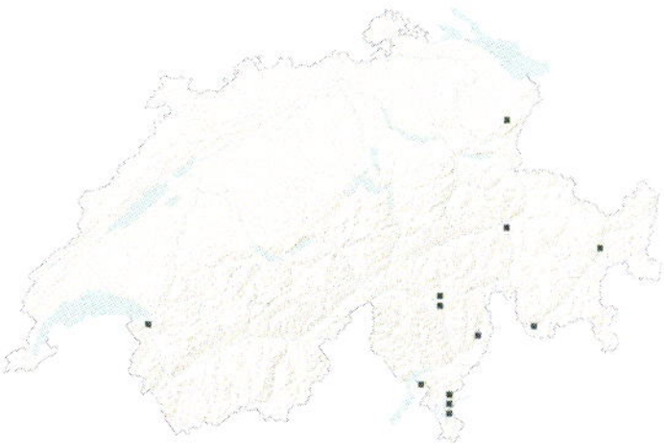

NE

Anzahl Fundorte	9
Substrat	Borke

Kairamos Schwielenflechte

Phaeophyscia kairamoi (Vain.) Moberg

Feldmerkmale: Graue bis dunkelbraune, bis 8 cm grosse Blattflechte, mit locker der Borke anliegenden, schmalen, an den Rändern aufgebogenen und unbereiften Lappen, welche randlich oft von einem Saum aus schwarzen Wimpern gesäumt sind. Fruchtkörper sind manchmal vorhanden. Sie sitzen den Lappen mit verengter Basis auf. Vegetative, stift- bis meist schuppenförmige Ausbreitungseinheiten entstehen randlich an den Lappen sowie an den Rändern der Fruchtkörper. Auf der Oberseite der Lappen, an den Ausbreitungseinheiten und am Rand der Fruchtkörper entwickeln sich oft helle, durchsichtige Haare, die leicht abbrechen.

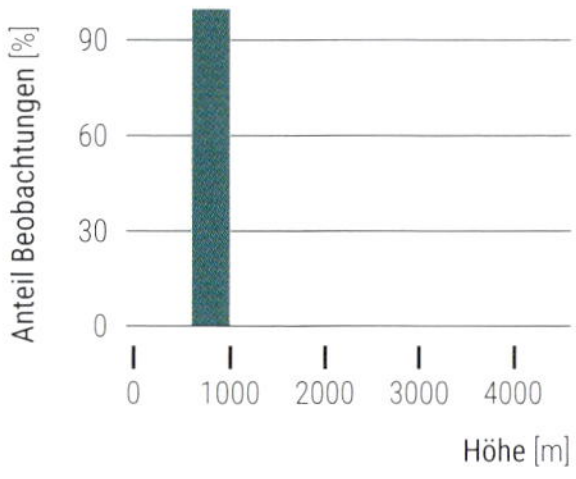

Wissenswertes: Die Vorkommen in der Schweiz sind an Hartholz-Auenwälder gebunden, wo sie auf Eschen, Traubenkirschen und absterbenden Grauerlen wachsen.

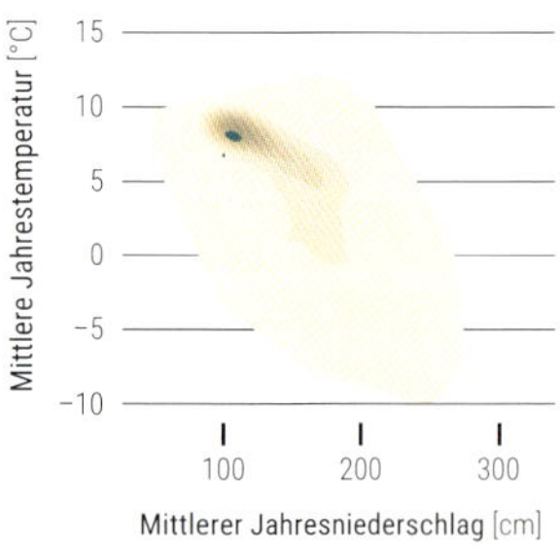

Gefährdung und Schutz: Kairamos Schwielenflechte ist sehr selten und auf wenige Flussabschnitte am Vorder- und Hinterrhein beschränkt. Die Vorkommen sollten geschont werden, denn die Art verdient hohen Schutz.

Verwechslung: Kairamos Schwielenflechte hat deutlich breitere Lappen als *P. cernohorskyi* mit randständigen und *P. hirsuta* mit endständig an den Lappen gebildeten feinkörnigen Ausbreitungseinheiten. Die sehr seltene *P. hispidula* mit ähnlich breiten Lappen entwickelt feinkörnige vegetative Ausbreitungseinheiten in Aufbrüchen auf der Lappenoberseite.

Kreisförmige Schwielenflechte

LC

Anzahl Fundorte	752
Substrat	Borke

Phaeophyscia orbicularis (Neck.) Moberg

Feldmerkmale: Graue bis dunkelbraune, bis 4 cm grosse Blattflechte, oft zu Rasen zusammenwachsend, mit locker der Borke anliegenden, schmalen, flachen und unbereiften Lappen. Die Unterrinde ist schwarz, mit schwarzen, einfachen Rhizinen besetzt. Vegetative, feinkörnige Ausbreitungseinheiten werden in fleckförmigen Aufbrüchen auf der Oberseite der Lappen gebildet. Fruchtkörper sind manchmal vorhanden, den Lappen breit aufsitzend. Die Art ist sehr variabel.

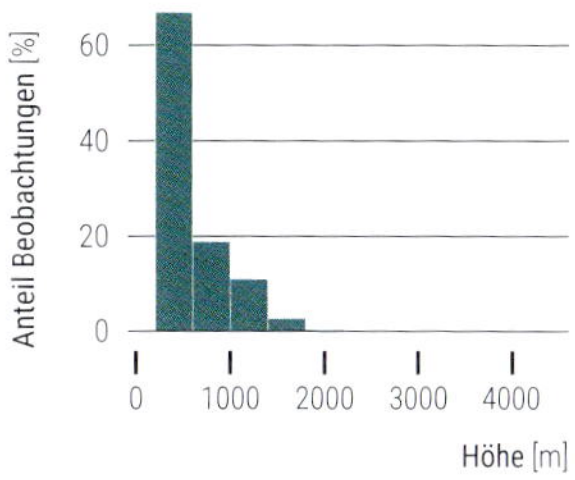

Wissenswertes: Die Kreisförmige Schwielenflechte wächst häufig auf der Borke von Bäumen, kommt aber auch auf Gestein an nährstoffreichen Stellen sowie auf künstlichen Substraten wie Ziegeln oder rostenden Metallteilen im Tiefland vor.

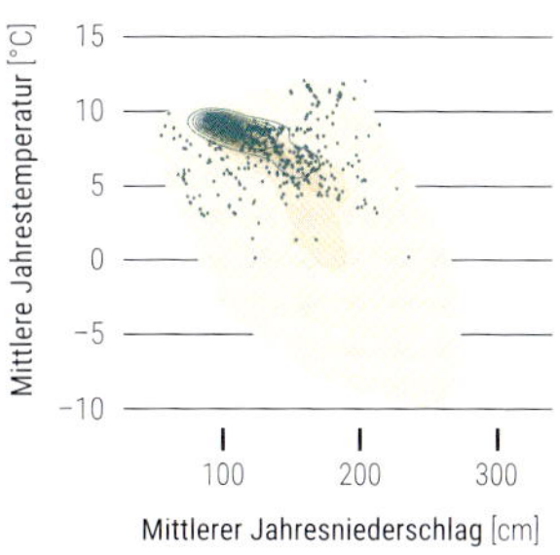

Gefährdung und Schutz: Die Kreisförmige Schwielenflechte ist nicht gefährdet und sehr häufig.

Verwechslung: Die Feldansprache der Schwielenflechten mit bräunlichem Lager und vegetativen Ausbreitungseinheiten ist anspruchsvoll. *Phaeophyscia endophoenicea* unterscheidet sich durch oranges Mark, in Kombination mit Ausbreitungseinheiten an lippenförmigen Aufbrüchen an den Lappenenden, ***P. insignis*** durch die braune Unterseite und *P. hirsuta* durch die hellen, durchsichtigen Härchen an den Lappenenden. Von Arten der Gattung ***Physconia*** grenzt sich die Kreisförmige Schwielenflechte durch unbereifte Lappenenden ab.

Poelts Schwielenflechte

VU

Anzahl Fundorte	12
Substrat	Borke

Phaeophyscia poeltii (Frey) Nimis

Feldmerkmale: Grau- bis mittelbraune, bis 4 cm grosse Blattflechte mit schmalen, gewölbten und unbereiften Lappen. Die Unterseite ist braun, mit einfachen Rhizinen besetzt. Fruchtkörper sind immer vorhanden, den Lappen mit verengter Basis aufsitzend.

Wissenswertes: Poelts Schwielenflechte ist ein konkurrenzschwacher Besiedler glatter Borke von Baumstämmen mit neutraler bis schwach saurer Borke. Die Art wächst an lichtreichen Standorten an freistehenden Bäumen vor allem in der (hoch)montanen Stufe oder in lichtreichen Wäldern, zum Beispiel in Grauerlen-Auenwäldern. Poelts Schwielenflechte wächst meist in Gesellschaft von ***P. ciliata***. Im mittleren Bild sind beide Arten zu sehen – ***P. ciliata*** oben und Poelts Schwielenflechte unten.

Gefährdung und Schutz: Die früher praktizierte Schneitelwirtschaft hat die Art gefördert, weil sich Poelts Schwielenflechte auf erstarkenden Austrieben gut entwickeln konnte. Feldgehölze mit regelmässig auf den Stock geschnittenen Eschen und Ebereschen stellen heute wertvolle Lebensräume für diese Art dar.

Verwechslung: Poelts Schwielenflechte kann im Feld mit der viel häufigeren ***P. ciliata*** verwechselt werden, die aber flache Lappen und eine schwarze Unterseite hat.

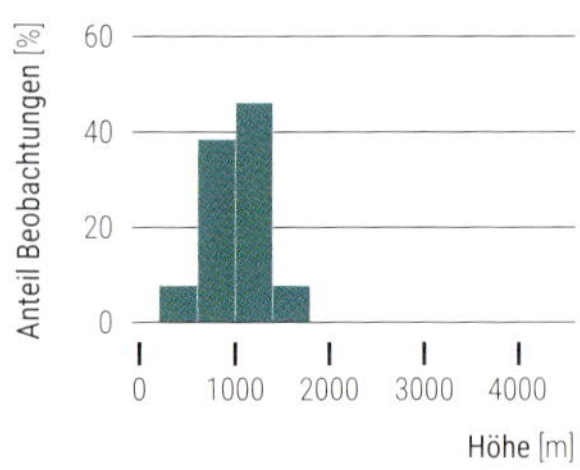

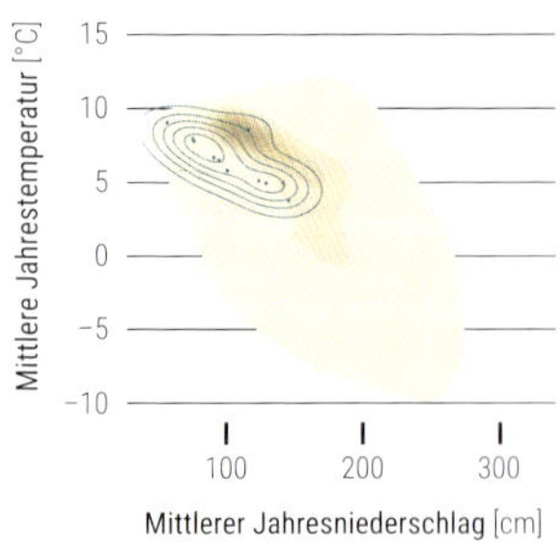

NE

Anzahl Fundorte	54
Substrat	Gestein

Dunkle Schwielenflechte

Phaeophyscia sciastra (Ach.) Moberg

Feldmerkmale: Graues bis schwarzbraunes, bis 10 cm grosses Lager, oft zu Rasen zusammenwachsend, mit locker dem Gestein anliegenden, schmalen, flachen und unbereiften Lappen. Die Unterseite ist schwarz, mit schwarzen, einfachen Rhizinen besetzt. Vegetative, körnige bis korallinische Ausbreitungseinheiten werden an Lappenenden und am Rand der Lappen gebildet. Fruchtkörper sind selten.

Wissenswertes: Die Dunkle Schwielenflechte wächst meist an sickerfeuchten Silikat- und Kalkfelsen an lichtreichen Standorten. Eine abweichende Form mit längeren Lappen und nur wenigen vegetativen Ausbreitungseinheiten wächst über Moosen auf trockenheissen Gesteinsflächen.

Gefährdung und Schutz: Die Dunkle Schwielenflechte ist von Tieflagen bis in die alpine Stufe weit verbreitet und häufig.

Verwechslung: Die auf Moosen wachsende Form kann mit *P. cernohorskyi* verwechselt werden. Im Gegensatz zur Dunklen Schwielenflechte weist diese aber an den Lappenrändern sehr feine, weissliche Härchen auf und bildet feinkörnige vegetative Ausbreitungseinheiten. An etwas schattigeren, längere Zeit feucht liegenden Stellen kann die Art mit *P. endococcina* verwechselt werden, welche regelmässig Fruchtkörper, aber nie vegetative Ausbreitungseinheiten bildet, und stellenweise ein oranges Mark aufweist.

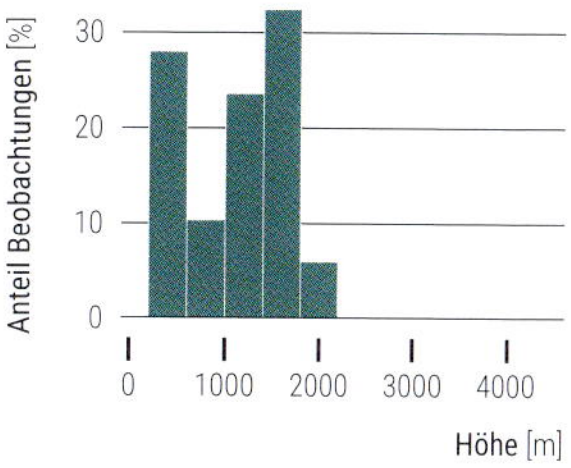

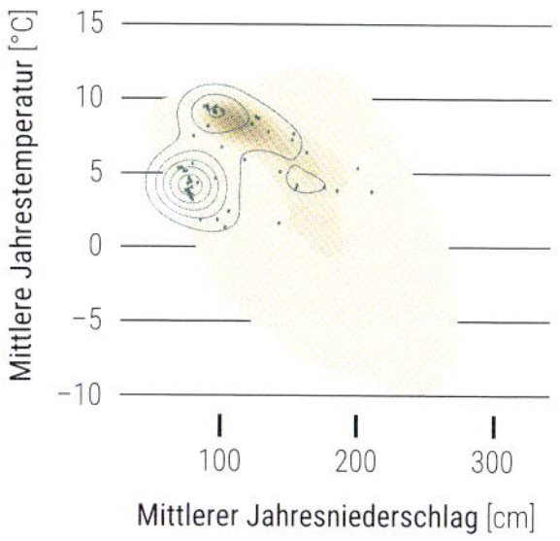

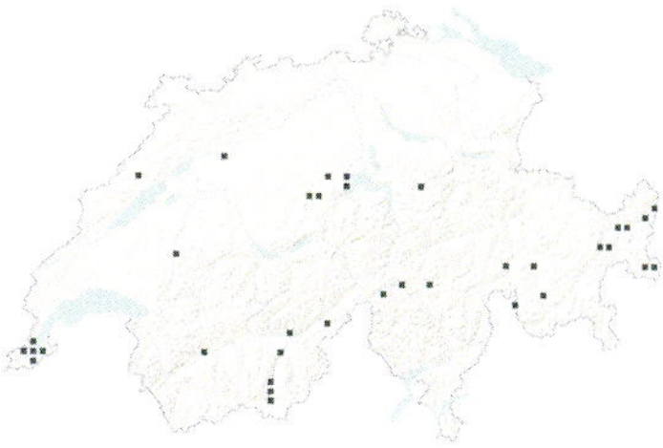

LC

Anzahl Fundorte	26
Substrat	Erde

Wolken-Braunsporflechte

Phaeorrhiza nimbosa (Fr.) H. Mayrhofer & Poelt

Feldmerkmale: Braune bis ockerfarbene, stellenweise stark grau oder bläulich bereifte, bis 5 cm grosse Krustenflechte. Das Lager ist im Zentrum gefeldert oder schuppig, am Rand sind die Schuppen deutlich verlängert. Die jungen Fruchtkörper sind im Lager eingesenkt, später aufsitzend. Die Scheiben sind flach oder nur wenig gewölbt und von einem hellen, wenig vorstehenden Lagerrand umgeben.

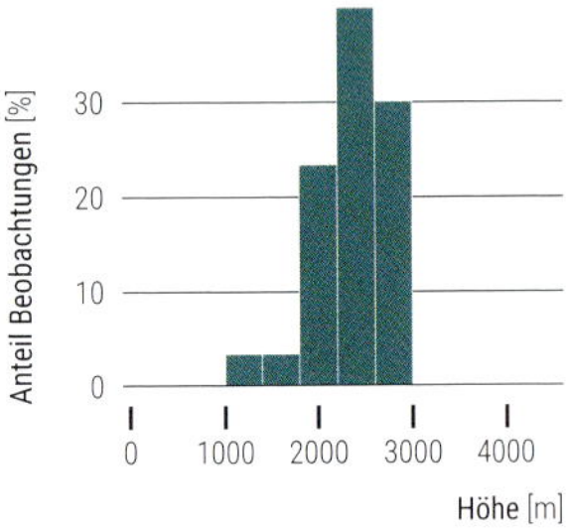

Wissenswertes: Die Wolken-Braunsporflechte wächst auf kalkhaltiger Erde in Nacktriedrasen und auf vegetationsfreien Felssimsen an windexponierten Graten in der (sub)alpinen Stufe. Mögliche kleinflächige Standorte mit ausreichendem Kalkgehalt werden auch in Silikatgebieten durch ***Vulpicida juniperinus*** angezeigt. Die meist nur kleinflächig entwickelte Erdflechtengesellschaft mit der Wolken-Braunsporflechte gehört zu den artenreichsten «Gärtchen» in der alpinen Stufe mit Seltenheiten wie ***Anaptychia bryorum***, ***Pertusaria glomerata*** und ***Polyblastia sendtneri***.

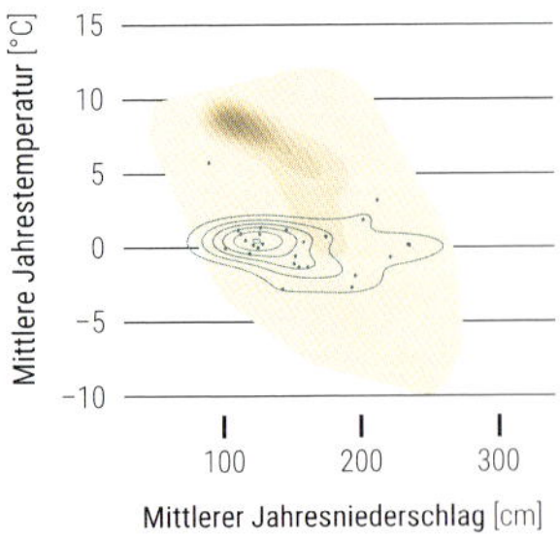

Gefährdung und Schutz: In der alpinen Stufe ist die Wolken-Braunsporflechte ziemlich häufig. Vorkommen in tieferen Lagen sind selten und an Felsensteppen und Trockenrasen gebunden.

Verwechslung: *Phaeorrhiza sareptana* var. *sphaerocarpa* entwickelt gewölbte Fruchtkörper ohne hellen Lagerrand. Diese Art ist viel seltener als die Wolken-Braunsporflechte und kommt in niederschlagsarmen Gebieten vor.

LC

Anzahl Fundorte	990
Substrat	Borke

Gewöhnlicher Silberfleck

Phlyctis argena (Spreng.) Flot.

Feldmerkmale: Weissliches bis grünlich-graues, rissiges bis deutlich schorfiges, um 6 cm grosses Lager. Der Lagerrand wird oft durch strahlenförmige Hyphenstränge des Pilzes gebildet. Das Lager zeigt immer flächige Aufbrüche, in welchen körnige vegetative Ausbreitungseinheiten entstehen. Die Aufbrüche sind meist flach und haben eine unregelmässige Form. Fruchtkörper sind selten; sie sind im Lager eingesenkt. Die schwarzen Scheiben sind grau bereift (Bild rechts).

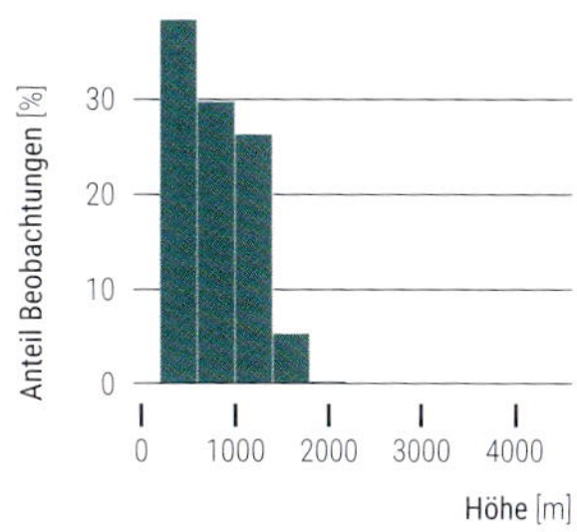

Wissenswertes: Der Gewöhnliche Silberfleck ist eine der häufigsten baumbewohnenden Flechtenarten. Sie entwickelt sich insbesondere auf glattrindiger Borke von Laub- und Nadelbäumen, seien diese freistehend oder in nicht zu dunklen Wäldern. Dort bilden sie markante, kreisförmige Lager, zunächst fast ohne weitere, auffallendere Begleitarten. Auf Bäumen mit rauer Borke ist der Gewöhnliche Silberfleck regelmässig anzutreffen, aber nicht einfach zu erkennen.

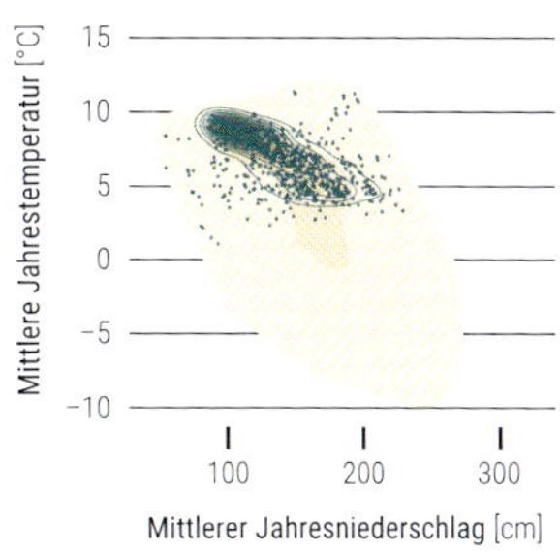

Gefährdung und Schutz: Der Gewöhnliche Silberfleck ist sehr häufig und kommt auch im Siedlungsraum regelmässig vor.

Verwechslung: Die deutlich seltenere *Phlyctis agelaea* bildet keine vegetativen Ausbreitungseinheiten, dafür regelmässig grau bereifte Fruchtkörper. Weissliche Krustenflechten ohne Fruchtkörper können generell anhand der Flechtenstoffe und genetischer Merkmale (DNA-Barcoding) unterschieden werden.

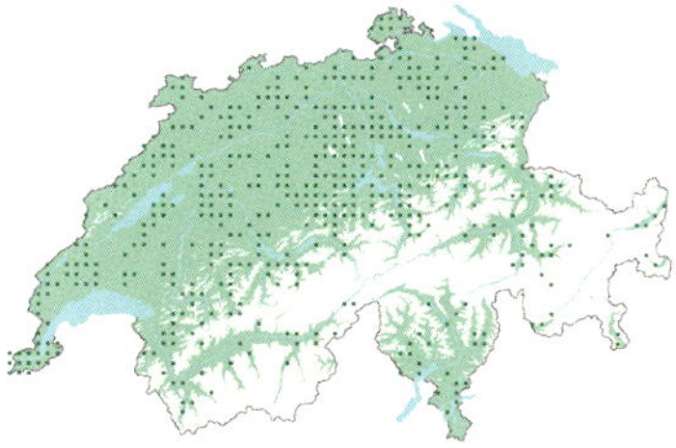

LC

Anzahl Fundorte	660
Substrat	Borke

Helm-Schwielenflechte

Physcia adscendens (Fr.) H. Olivier

Feldmerkmale: Graues, bis 3 cm grosses Lager, oft zu Rasen zusammenwachsend, mit locker der Borke anliegenden, schmalen Lappen, welche undeutlich weiss gepunktet sind und am Rand lange, an der Basis weisse, gegen die Spitze hin bräunliche Wimpern bilden. Vegetative, feinkörnige Ausbreitungseinheiten werden an der Unterseite von deutlich aufsteigenden Lappen gebildet. Solche Lappenenden sind zuerst lippen-, später aber deutlich helmförmig und stark vergrössert. Fruchtkörper sind manchmal vorhanden, mit stark verengter Basis den Lappen aufsitzend. Ihre Scheiben sind unbereift.

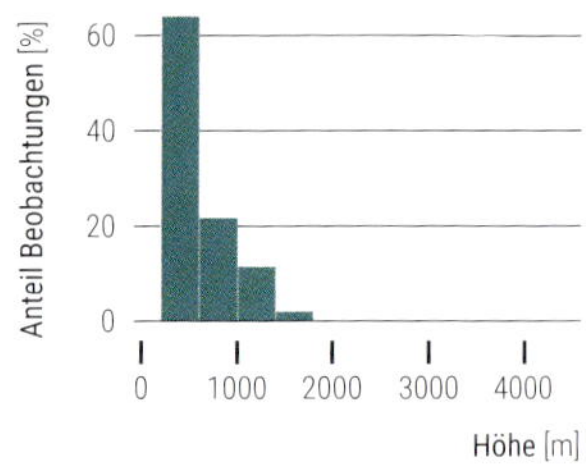

Wissenswertes: Die Helm-Schwielenflechte ist eine der häufigsten Arten auf nährstoffreichen Substraten. Sie wächst auf Ästchen und Stämmen von Laubbäumen und zunehmend auch von Nadelbäumen, wo die Art oft ausgedehnte Rasen bildet. In landwirtschaftlichen Gebieten und im Siedlungsraum kommt sie aber auch auf Mauerkronen und Feldsteinen vor.

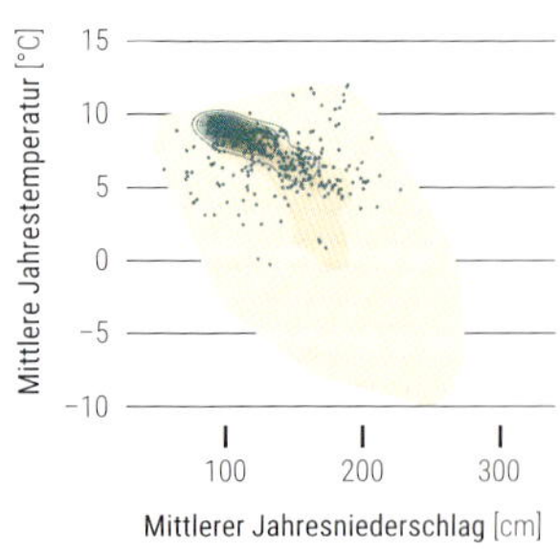

Gefährdung und Schutz: Die Helm-Schwielenflechte ist in den letzten Jahrzehnten durch Nährstoffeintrag aus der Landwirtschaft vor allem in tieferen Lagen deutlich häufiger geworden.

Verwechslung: Gut entwickelte Lager sind anhand der langen Wimpern und der helmförmigen Enden der Lappen gut zu erkennen. Junge Lager können mit *P. tenella* verwechselt werden, welche die vegetativen Ausbreitungseinheiten an lippenförmigen Verbreiterungen der Lappenenden bildet.

LC

Ziegen-Schwielenflechte

Anzahl Fundorte	390
Substrat	Borke

Physcia aipolia (Humb.) Fürnr.

Feldmerkmale: Graues, bis >10 cm grosses Lager mit locker der Borke anliegenden, schmalen Lappen, welche meist deutlich weiss gepunktet sind. Fruchtkörper sind immer vorhanden, den Lappen breit aufsitzend, mit meist weisslich bereiften Scheiben.

Wissenswertes: Die weit verbreitete und stellenweise häufige Art wächst auf meist jüngeren Bäumen mit neutraler bis mässig saurer, glatter Borke. Die Ziegen-Schwielenflechte ist ein früher Besiedler von Stämmen und Hauptästen, wo sie später oft von konkurrenzkräftigeren Arten der Gattungen ***Parmelia***, ***Parmelina*** oder ***Punctelia*** verdrängt wird. Die Art benötigt lichtreiche Standorte und ist deshalb häufiger in Hecken und an Waldrändern zu finden als im Bestandesinneren, wo sie aber im oberen Stammbereich an Eschen vorkommt.

Gefährdung und Schutz: Die Ziegen-Schwielenflechte ist im Siedlungsraum selten, hat sich in den letzten 20 Jahren dort aber teilweise wieder ansiedeln können.

Verwechslung: Auf Borke kann die Ziegen-Schwielenflechte mit *P. stellaris* verwechselt werden, welche meist etwas schmalere, gewölbte und weniger deutlich gepunktete Lappen aufweist. Eine sichere Bestimmung ist aber nur anhand ihrer Flechtenstoffe möglich. Auf Silikatgestein kommt die Art zwar nur selten vor, kann dann aber mit ***P. magnussonii*** verwechselt werden, welche elfenbeinfarbene, nicht gepunktete und bereifte Lappen zeigt.

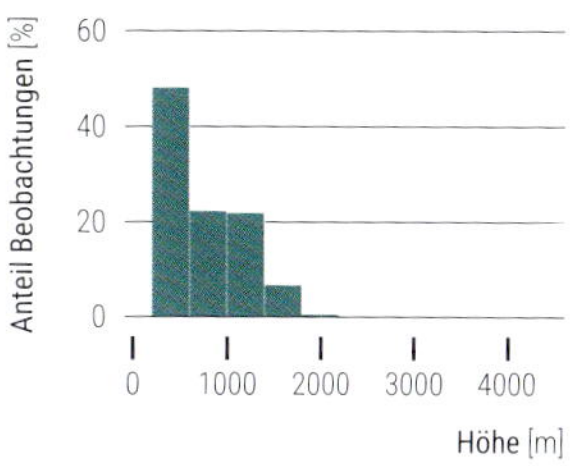

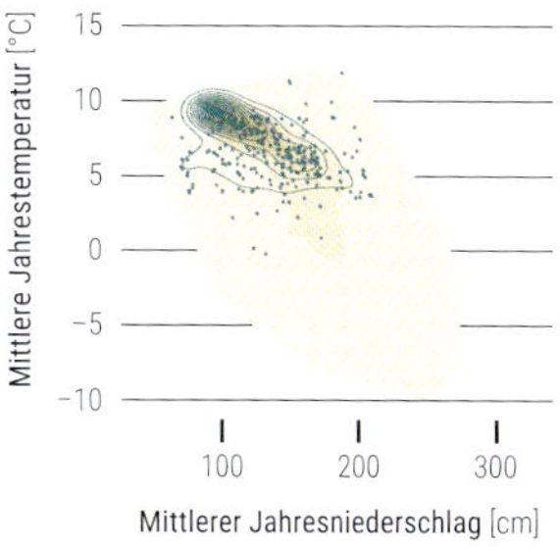

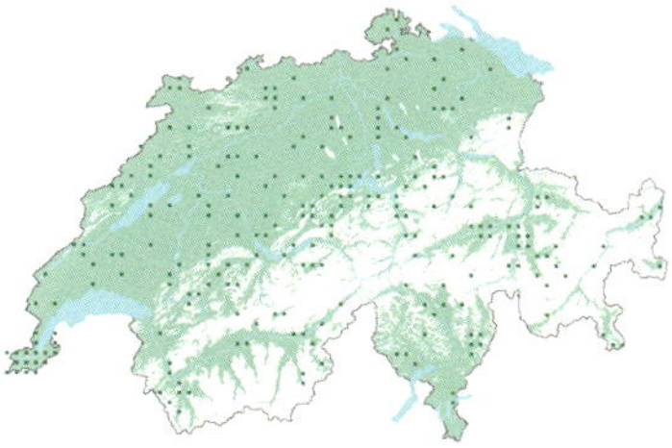

Blaugraue Schwielenflechte

NE

Anzahl Fundorte	101
Substrat	Gestein

Physcia caesia (Hoffm.) Fürnr.

Feldmerkmale: Graues, bis 10 cm grosses Lager mit locker dem Gestein anliegenden, schmalen Lappen, welche undeutlich weiss gepunktet sind. Feinkörnige, bläulich-graue vegetative Ausbreitungseinheiten in meist fleck- oder kopfförmigen Aufbrüchen sind immer vorhanden. Fruchtkörper sind selten.

Wissenswertes: Die Blaugraue Schwielenflechte wächst auf beregneten, gedüngten Felsflächen, Mauern und Ziegeln oder nicht selten an Laubbäumen. Die Art ist von den Tieflagen bis hoch in die alpine Stufe weit verbreitet und an geeigneten, nährstoffreichen Standorten (Vogelsitzplätze) häufig. Vermutlich werden die Ausbreitungseinheiten sowohl durch Wind als auch durch Vögel ausgebreitet. An Steilflächen von Silikatgestein in trocken-warmen Lagen kommt die typische Varietät zusammen mit *P. caesia* var. *caesiella* vor, welche die vegetativen Ausbreitungseinheiten an Lappenenden bildet.

Gefährdung und Schutz: Die Art ist in der Schweiz sehr häufig.

Verwechslung: Die Blaugraue Schwielenflechte kann mit *P. dubia* verwechselt werden, die keine weissen Punkte an den Lappen aufweist und feinkörnige vegetative Ausbreitungseinheiten an der Unterseite der Lappenenden bildet.

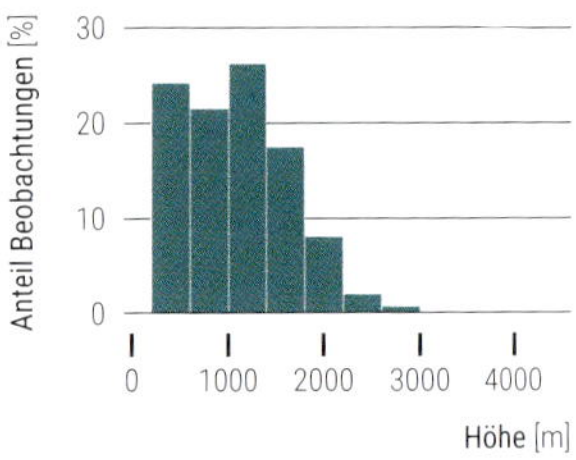

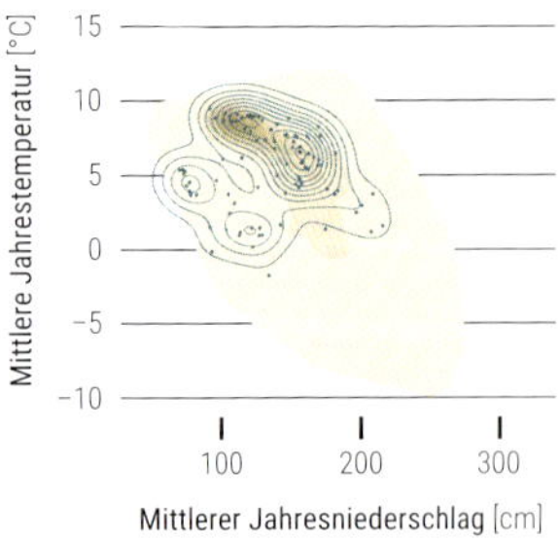

EN

Anzahl Fundorte	8
Substrat	Borke

Clements Schwielenflechte

Physcia clementei (Turner) Maas Geest.

Feldmerkmale: Weissgraues bis leicht bläuliches, bis >2 cm grosses Lager mit eng der Borke anliegenden, schmalen, gegen den Rand leicht gebräunten Lappen. Körnige vegetative Ausbreitungseinheiten entstehen auf älteren Lappen aus aufbrechenden, flachen Pusteln. Fruchtkörper fehlen immer.

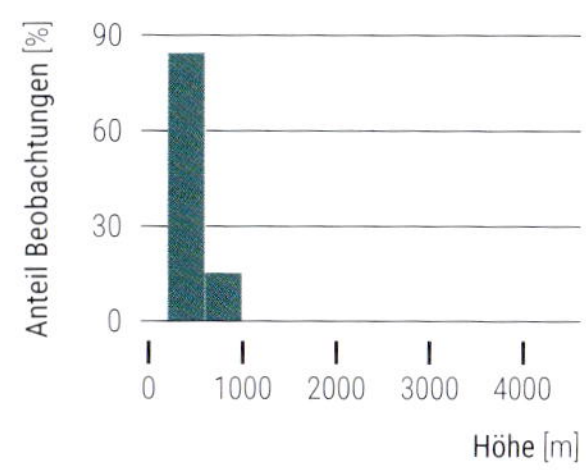

Wissenswertes: Clements Schwielenflechte wächst auf glatter Borke von freistehenden Bäumen in niederschlagsreichen, warmen Lagen. Sie wächst heute vor allem an Nussbäumen. Ältere Belege wurden an ganz verschiedenen Substraten gefunden. Die Art bildet zwar meist nur kleine Lager, ist aber an Stämmen mit nur wenigen Begleitarten eine auffällige Art. Am Einzelbaum sind oft zahlreiche Lager zu beobachten, die vermutlich alle durch vegetative Vermehrung eines lokalen Lagers entstanden sind.

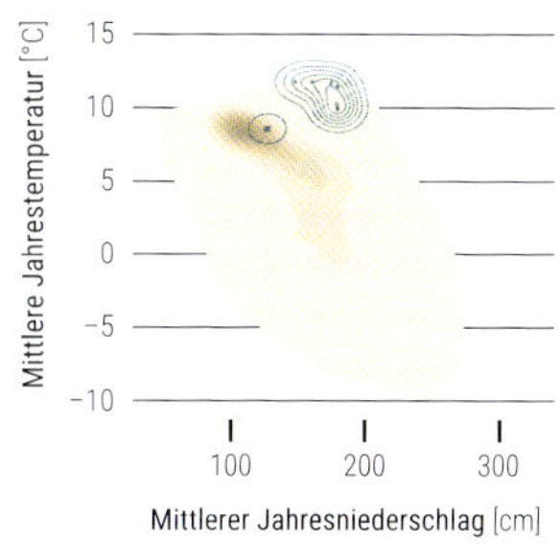

Gefährdung und Schutz: Die Verbreitung von Clements Schwielenflechte in der Schweiz ist gut bekannt. Die meisten Vorkommen sind aus dem Tessin an Nussbäumen gefunden worden, wo die Art jeweils auf nur wenigen Bäumen vorkommt. Alle Vorkommen dieser sehr seltenen Art sollten erhalten werden.

Verwechslung: Clements Schwielenflechte ist im Feld in der Regel gut zu erkennen. ***Imshaugia aleurites*** ist viel häufiger, kommt aber meist in höheren Lagen vor und bildet stiftförmige vegetative Ausbreitungseinheiten, die nie aufbrechen.

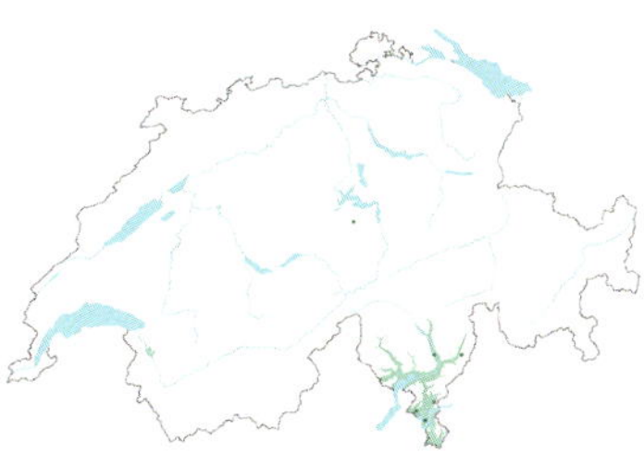

NE

Anzahl Fundorte	8
Substrat	Gestein

Geteilte Schwielenflechte

Physcia dimidiata (Arnold) Nyl.

Feldmerkmale: Graues, bis 10 cm grosses Lager mit locker dem Gestein oder darüber wachsenden Moosen anliegenden, schmalen Lappen, welche feinkörnig bereift sind. Die Unterseite ist hell und weist wenig verzweigte Rhizinen auf. Graue, grobkörnige, vegetative Ausbreitungseinheiten entstehen zuerst an randlichen Aufbrüchen, später dehnen sie sich auf die Lappenoberseite aus. Fruchtkörper fehlen.

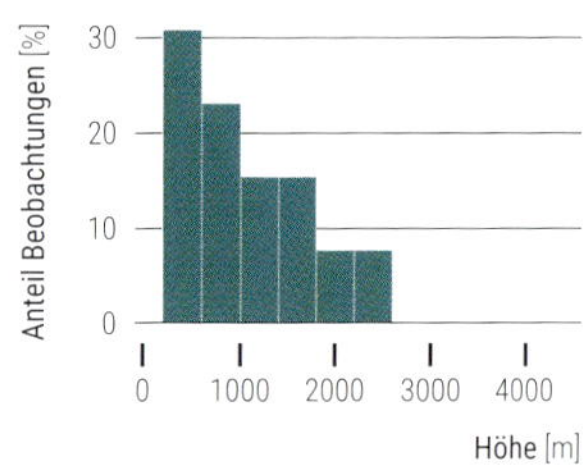

Wissenswertes: Die Geteilte Schwielenflechte wächst an regengeschützten Steilflächen von kalkarmen Gesteinen (ähnlich wie ***P. magnussonii***). Selten wächst sie auch am Stamm von Bäumen mit basischer Borke. Die vegetativen Ausbreitungseinheiten entwickeln sich auf dem Lager zu Schüppchen und können sich so nach erfolgter Ausbreitung rascher am neuen Standort etablieren.

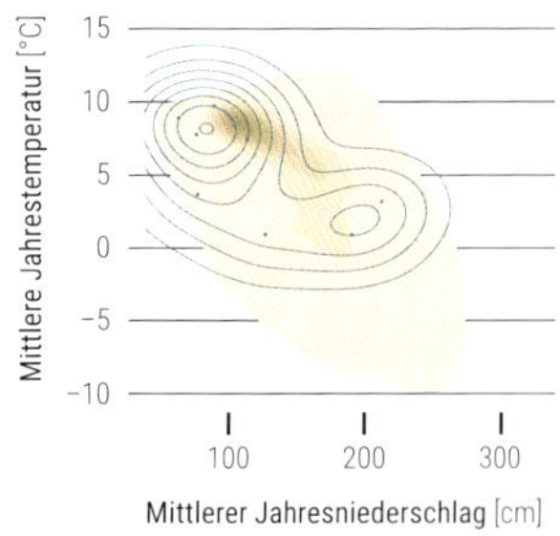

Gefährdung und Schutz: Die Geteilte Schwielenflechte ist eine seltene Art. Die Vorkommen an Felswänden sind oft klein. Die Vorkommen an Bäumen sollten geschont werden.

Verwechslung: Die viel häufigere ***Physconia grisea*** unterscheidet sich anhand der Flechtenstoffe. Die Geteilte Schwielenflechte bildet kräftigere Lappen als *P. dubia* und hat im Unterschied zu ***P. caesia*** keine weissen Punkte auf den Lappen.

NE

Anzahl Fundorte	4
Substrat	Gestein

Magnussons Schwielenflechte

Physcia magnussonii Frey

Feldmerkmale: Hellgraues, elfenbeinfarbenes, bis 10 cm grosses Lager mit locker dem Gestein anliegenden, schmalen Lappen, welche am Rand grobkörnig bereift sind. Fruchtkörper sind immer vorhanden. Sie sitzen den Lappen breit auf und zeigen bläulich-weiss bereifte Scheiben.

Wissenswertes: Magnussons Schwielenflechte ist eine sehr zerstreut und meist nur mit wenigen Lagern vorkommende Art an regengeschützten Überhangs- und Vertikalflächen auf kalkfreiem Fels. Sie wächst an lichtreichen Standorten in niederschlagsarmen Gebieten. Die speziellen Lebensraumansprüche schränken die möglichen Vorkommensgebiete in der Schweiz stark ein; deshalb ist jede Beobachtung ein besonderes Erlebnis.

Gefährdung und Schutz: Trotz intensiver und gezielter Suche nach dieser Art sind nur wenige Fundorte bekannt. Die Art verdient hohen Schutz.

Verwechslung: An ihrem Lebensraum kann Magnussons Schwielenflechte anhand der regelmässig gebildeten Fruchtkörper gut von den beiden Begleitarten ***P. caesia*** und ***P. dimidiata*** unterschieden werden, welche vegetative Ausbreitungseinheiten bilden. *Physcia stellaris* und *P. albinea* haben deutlich schmalere, nicht bereifte Lappen und *P. phaea* zeigt ein deutlich dunkleres, graues Lager und meist unbereifte Fruchtkörper.

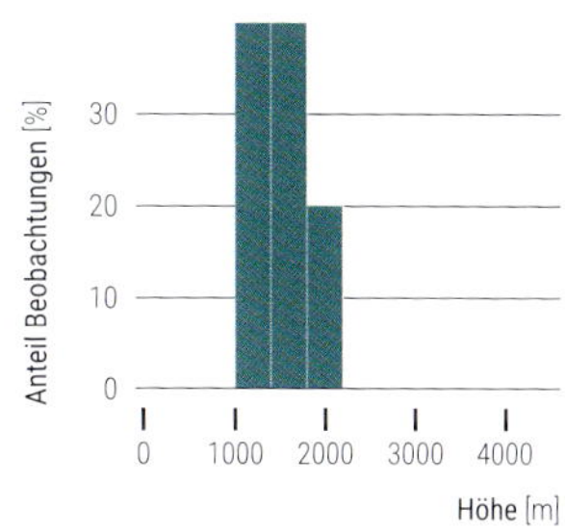

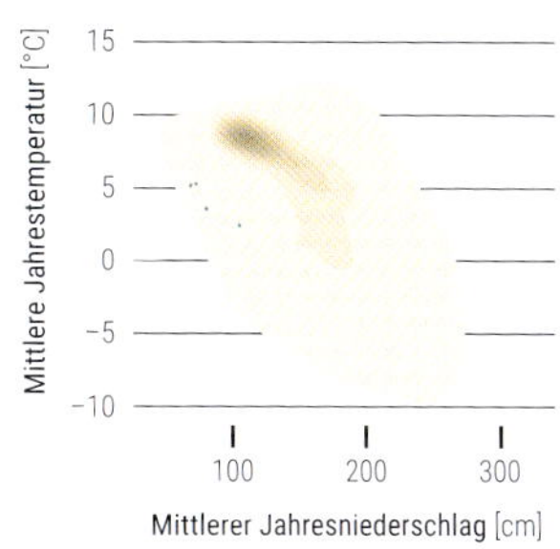

VU

Anzahl Fundorte	13
Substrat	Borke

Bandförmige Schwielenflechte

Physcia vitii Nádv.

Feldmerkmale: Hellgraue, gleichmässig gefärbte, bis 2 cm grosse Lager, die aber oft zu mehreren zusammenwachsen und dann grössere, zusammenhängende Rasen bilden. Die Lappen, welche gegen oben oder zur Seite wachsen, sind oft gekerbt und zeigen am Rand kurze Ketten von vegetativen Ausbreitungseinheiten. Lappen, welche abwärts wachsen, werden bis 4 mm breit. Sie bilden einen breiten Saum von vegetativen Ausbreitungseinheiten an lippenförmigen Aufbrüchen.

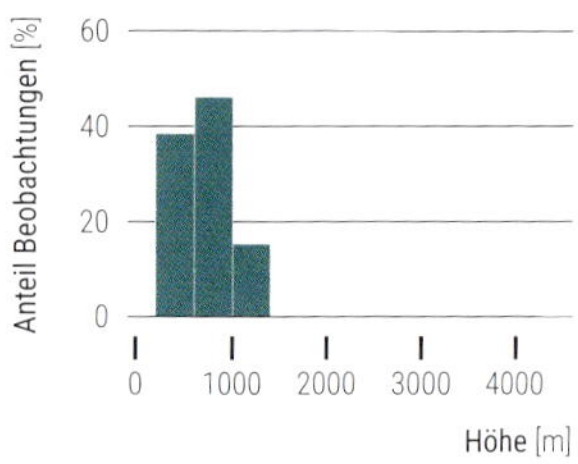

Wissenswertes: Die Bandförmige Schwielenflechte wächst an ziemlich saurer Borke vor allem von Grauerle in Auenwäldern, von Berg-Ahorn und Nussbaum in luftfeuchten Lagen in Fettwiesen und Weiden.

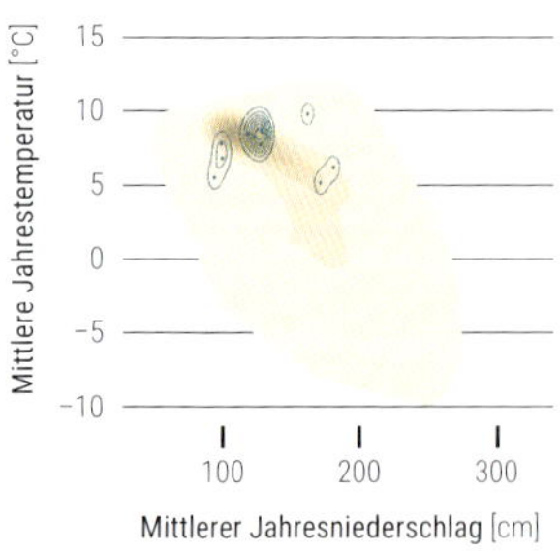

Gefährdung und Schutz: Die Bandförmige Schwielenflechte ist selten und kommt meist in wenigen Lagern an einzelnen Trägerbäumen vor. Ihre Vorkommen sollten geschont werden.

Verwechslung: Die Abgrenzung der Bandförmigen Schwielenflechte von *Physcia tribacia* ist zu klären. Diese Art wird meist von Gesteinsflächen gemeldet, weist ebenfalls gekerbte Lappen auf, bildet aber nie lippenförmige Aufbrüche an Lappen aus, welche gegen abwärts wachsen. Die viel häufigeren *P. tenella* und *P. adscendens* bilden an den Lappenenden meist lange weissliche Wimpern, die bei der Bandförmigen Schwielenflechte fehlen. Vermutlich wurden bisher die Bandförmige Schwielenflechte und *P. tribacia* oft übersehen.

LC

Anzahl Fundorte	431
Substrat	Borke

Echte Raureifflechte

Physconia distorta (With.) J. R. Laundon

Feldmerkmale: Graues bis dunkelbraunes, bis >10 cm grosses Lager mit locker der Borke anliegenden, schmalen Lappen, welche meist überall, manchmal nur an den Lappenenden, weisslich bereift sind. Die Unterrinde ist schwarz und hat schwarze, rechtwinklig auffasernde Rhizinen. Fruchtkörper sind immer vorhanden; sie sitzen den Lappen mit weisslich bereiften Scheiben breit auf.

Wissenswertes: Weit verbreitete und stellenweise häufige Art auf Laubbäumen mit mässig saurer, glatter Borke. Die Echte Raureifflechte ist ein früher Besiedler von Stämmen und Hauptästen, kann sich aber auch gegen breitlappige Arten der Gattung ***Parmelina*** gut durchsetzen. Die Art benötigt lichtreiche Standorte und ist deshalb häufig an freistehenden Bäumen und in lichten Wäldern zu finden. Das Aussehen der Echten Raureifflechte ist sehr variabel. Oft ist sie dunkelbraun und bildet kompakte Lager mit dicht schliessenden, strahlenförmigen Lappen. Andere Vorkommen sind hellgrau oder bilden nur wenige Zentimeter grosse Lager, die aus sehr locker stehenden Lappen bestehen. In feuchtem Zustand sind die Lager meist olivgrün.

Gefährdung und Schutz: Die Echte Raureifflechte ist weit verbreitet und in vielen Gebieten häufig. Im Siedlungsraum, wo die Art früher häufig an Alleebäumen vorkam, ist die Art zerstreut zu finden.

Verwechslung: Die Art ist im Feld in der Regel gut zu erkennen.

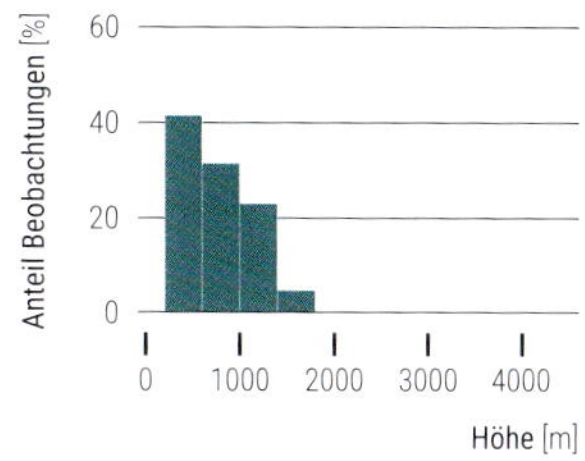

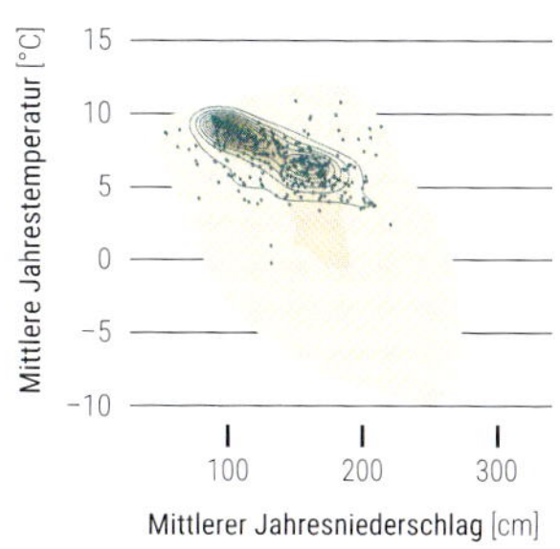

NT

Anzahl Fundorte	199
Substrat	Borke

Graue Raureifflechte

Physconia grisea (Lam.) Poelt

Feldmerkmale: Graues bis dunkelbraunes, bis 10 cm grosses Lager mit locker der Borke anliegenden, schmalen Lappen, welche vor allem an den Lappenenden weisslich bereift sind. Die Unterrinde ist hell, mit weissen unverzweigten Rhizinen besetzt. Vegetative Ausbreitungseinheiten entstehen in Aufbrüchen an den Lappenrändern. Die Ausbreitungseinheiten sind zuerst feinkörnig, können aber auf dem Lager zu kleinen Schüppchen auswachsen. Fruchtkörper fehlen.

Wissenswertes: In Tieflagen ist die Art weit verbreitet auf freistehenden Laubbäumen mit nährstoffreicher, nicht zu saurer Borke. Oberhalb von 600 m ü. M. kommt sie deutlich seltener vor. Die Graue Raureifflechte wächst oft an staubimgrägnierten Stämmen und besiedelt wieder vermehrt den Siedlungsraum, aus dem sie wegen des sauren Regens weitgehend verdrängt worden war.

Gefährdung und Schutz: Die Vorkommen der Grauen Raureifflechte dehnten sich in den letzten Jahren etwas aus. Die Förderung von freistehenden Bäumen mit neutraler oder schwach saurer Borke kann die Art zusätzlich unterstützen.

Verwechslung: Die Art ist im Feld in der Regel gut zu erkennen. Die anderen *Physconia*-Arten entwickeln auffasernde Haftorgane. Von der viel selteneren ***Physcia dimidiata*** unterscheidet sich die Graue Raureifflechte durch die Wahl des Substrates (Gestein) und durch andere Flechtenstoffe.

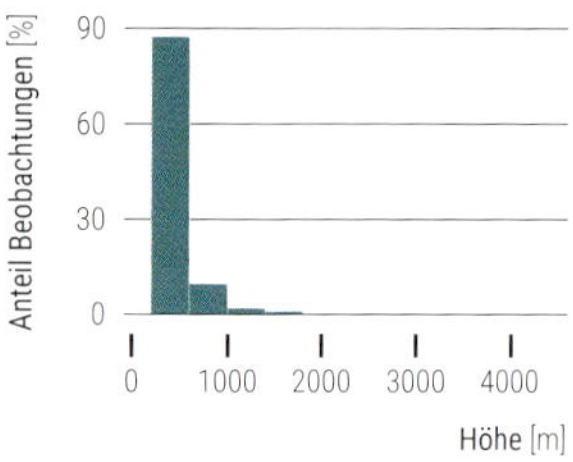

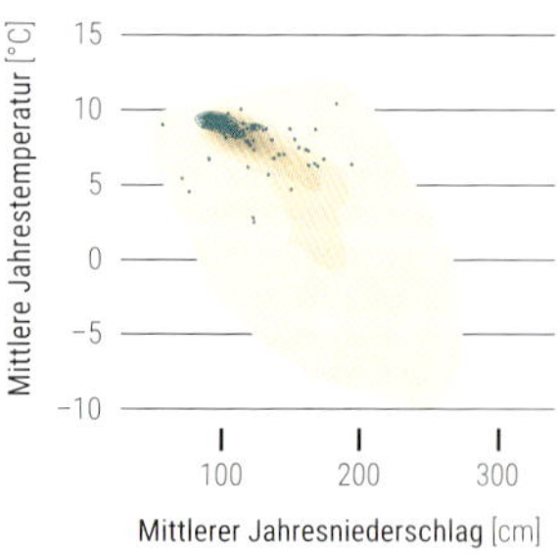

Moos-Raureifflechte

LC

Anzahl Fundorte	151
Substrat	Erde

Physconia muscigena (Ach.) Poelt

Feldmerkmale: Graues bis dunkelbraunes, bis >10 cm grosses Lager mit locker Torf oder Moosen aufliegenden, schmalen Lappen, welche meist überall, manchmal nur an den Lappenenden weisslich bereift sind. Die Unterseite ist schwarz und ist mit schwarzen, rechtwinklig auffasernden Rhizinen besetzt. Fruchtkörper sind nur selten vorhanden. Die Art breitet sich hauptsächlich durch leicht abbrechende Lappenenden aus.

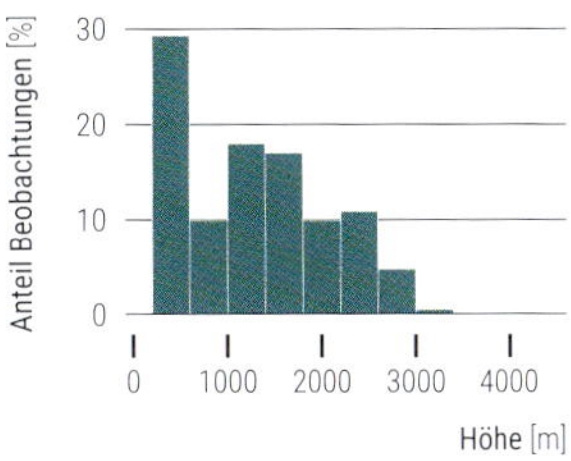

Wissenswertes: Die Moos-Raureifflechte wächst meist auf Kulmflächen von Felsrippen von kalkhaltigem Gestein, wo sie auf Erde und Moosen dichte, flache Polster bildet. Ihr Verbreitungsschwerpunkt liegt in trocken-heissen Standorten, wie inneralpinen Felsensteppen. Sie ist auch in alpinen Windheiden regelmässig zu finden. *Tetramelas pulverulentus* wächst lokal als Parasit in der Moos-Raureifflechte.

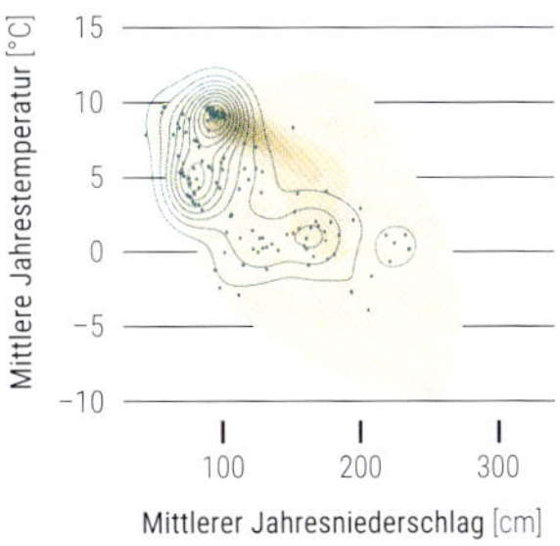

Gefährdung und Schutz: Oberhalb der Waldgrenze ist die Moos-Raureifflechte nicht gefährdet. In tieferen Lagen kann die Art durch Verbuschung zurückgehen, aber auch durch Tritt gestört werden.

Verwechslung: Auf steilen Felsflächen in inneralpinen Steppenrasen kommt selten *P. petraea* vor. Sie bildet oft relativ lange, fiederig zerteilte Lappen, ist aber im Feld häufig nicht einfach von der Moos-Raureifflechte zu unterscheiden. Mit genetischen Methoden sind die beiden Arten einfach zu differenzieren.

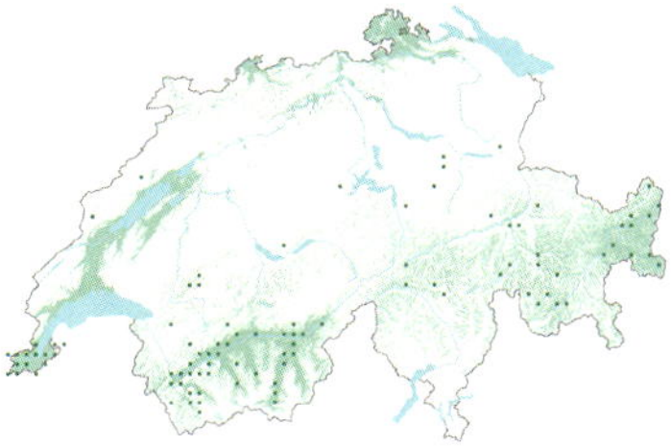

Zimtflechte

VU

Anzahl Fundorte	26
Substrat	Borke

Piccolia ochrophora (Nyl.) Hafellner

Feldmerkmale: Das meist kleine, um 1 cm grosse Lager wächst zum grössten Teil in der Borke, einzig kleine grünliche Warzen durchbrechen die Borkenoberfläche. Die um 0,5 mm grossen Fruchtkörper sind im Substrat eingesenkt oder sitzen mit breiter Basis auf dem Lager. Sie haben eine intensiv orange- bis zimtbraune, körnig bereifte, flache Scheibe, welche von einem dünnen Eigenrand umgeben ist.

Wissenswertes: Die Zimtflechte wächst meist auf der Borke von älteren, nicht bemoosten, stark vermorschten Hauptästen des Schwarzen Holunders. Sie bevorzugt grosse Büsche in luftfeuchten, relativ lichten Wäldern und im Offenland. Die Art ist oft an etwas regengeschützten Bereichen von lebenden Ästen zu beobachten.

Gefährdung und Schutz: Ältere Holundersträucher im Wald oder in Feldgehölzen können einfach gefördert werden. Sie bieten Lebensraum für weitere seltene Flechtenarten wie *Bacidia friesiana* und ***Psoroglaena stigonemoides***.

Verwechslung: *Caloplaca cerinella* und *C. cerinelloides* haben gelbe bis gelborange Fruchtkörper und wachsen oft zusammen mit der Zimtflechte am selben Ast. *Maronella laricina* bildet rostbraune, bis 0,3 mm grosse Fruchtkörper und wächst am Stamm von Lärchen, ist aber in der Schweiz noch nicht gefunden worden. Kolonien von freilebenden Algen der Gattung Trentepohlia können unter Umständen ähnlich aussehen wie die Fruchtkörper der Zimtflechte.

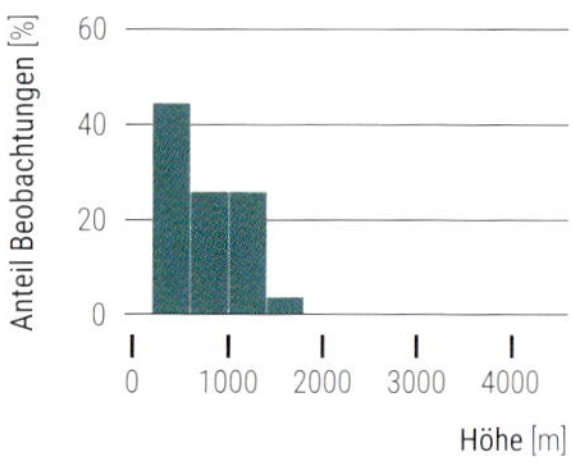

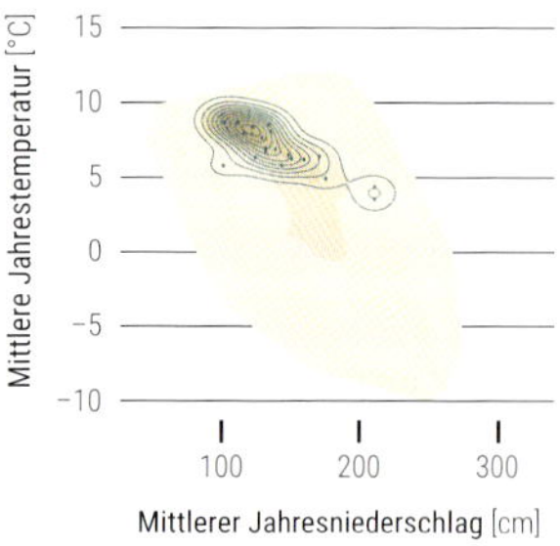

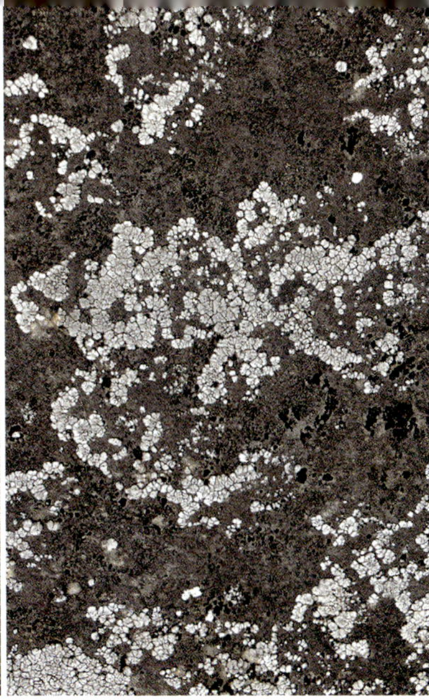

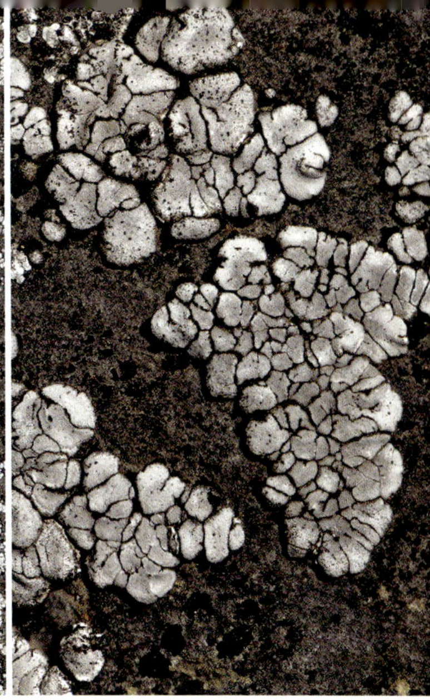

NE

Anzahl Fundorte	2
Substrat	Gestein

Mittelmeer-Steinschuppe

Placocarpus schaereri (Fr.) Breuss

Feldmerkmale: Grauweisse, auffallend dicke, um 4 cm grosse, aber oft zu ausgedehnten Überzügen zusammenfliessende Lager. Die Lager bestehen aus bis 7 mm grossen, flachen Areolen, welche am Lagerrand oft deutlich verlängert sind. Die Fruchtkörper sind vollständig im Lager eingesenkte Perithezien, von welchen nur die 0,3 mm grossen, punktförmigen Öffnungen an der Oberfläche zu sehen sind.

Wissenswertes: Die Mittelmeer-Steinschuppe wächst an trockenheissen, stark besonnten, beregneten Neigungsflächen von Kalkfelsen. Bisher ist die Art nur von wenigen Stellen im Wallis bekannt. Frühe Entwicklungsstadien leben parasitisch auf *Protoparmeliopsis versicolor*, einer nicht immer einfach von ***Protoparmeliopsis muralis*** abzugrenzenden Art, die auf Kalk wächst.

Gefährdung und Schutz: Die Mittelmeer-Steinschuppe ist auf wenige Lokalitäten beschränkt, kann dort aber stellenweise häufig auftreten. Ihre Vorkommen sollten geschont werden.

Verwechslung: Anhand der sehr grossen Areolen im Feld kaum zu verwechseln. Auf die nahe verwandte *Placocarpus melanophthalmosus*, welche auf ***Rhizoplaca chrysoleuca*** und *R. melanophthalma* wächst, sollte geachtet werden.

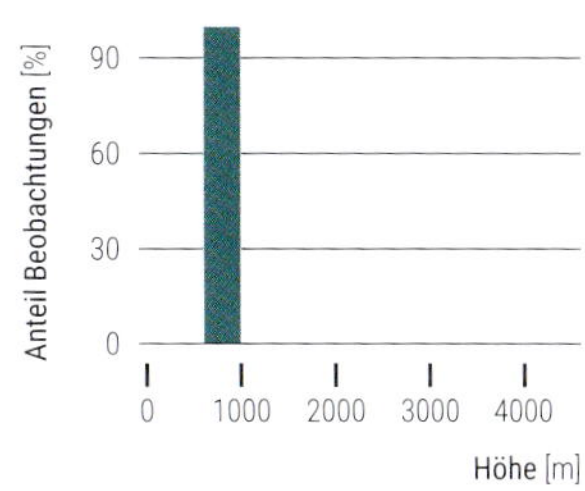

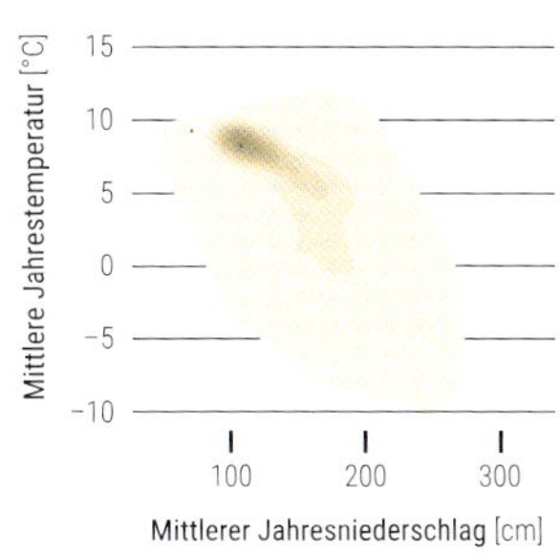

NE

Anzahl Fundorte	3
Substrat	Gestein

Faden-Tintenfleck

Placynthium filiforme (Garov.) M. Choisy

Feldmerkmale: Graubraune bis schwärzliche, aus schmalen, mehrfach verzweigten bandförmigen Lappen bestehende Lager, die um 1 cm breit werden und oft Kreissegmente formen. Die Lappen sind um 0,2 mm breit und liegen dem Substrat locker an. Fruchtkörper sind selten, die Ausbreitung erfolgt vor allem über Bruchstücke von Lappen.

Wissenswertes: Der Faden-Tintenfleck wächst an sonnenexponierten Vertikalflächen an Kalkfelswänden von den Tieflagen bis in die alpine Stufe. Er bevorzugt etwas regengeschützte Stellen, welche regelmässig von Sickerwasser befeuchtet werden. Er ist ein typischer Vertreter der Tintenstriche, wo er mit freilebenden Cyanobakterien und Blaualgenflechten vergesellschaftet ist.

Gefährdung und Schutz: Die Art ist weit verbreitet, kommt aber nur selten in grossen, ungestört wachsenden, kreisförmigen Lagern vor.

Verwechslung: *Placynthium flabellosum* wächst in Rieselflächen und an geschützten Stellen in Wasserfällen an Silikatfelsen in der alpinen Stufe und bildet knopf- bis schuppenförmige vegetative Ausbreitungseinheiten. *Zahlbrucknerella calcarea* bildet fädige, gabelig verzweigte, mit jeder Verzweigung gegen die Spitze dünner werdende, nicht deutlich als Rosetten arrangierte Lagerteile.

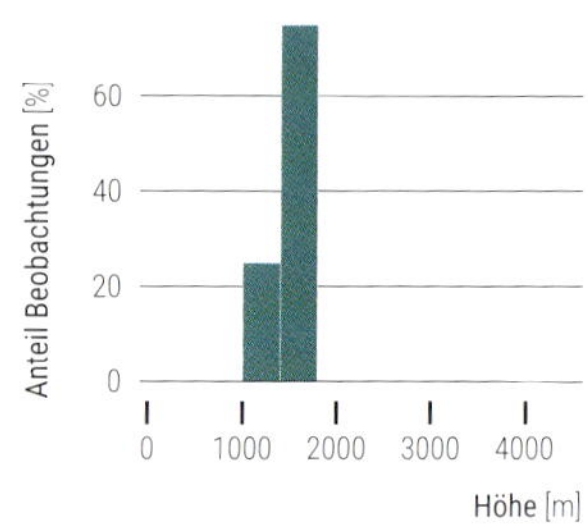

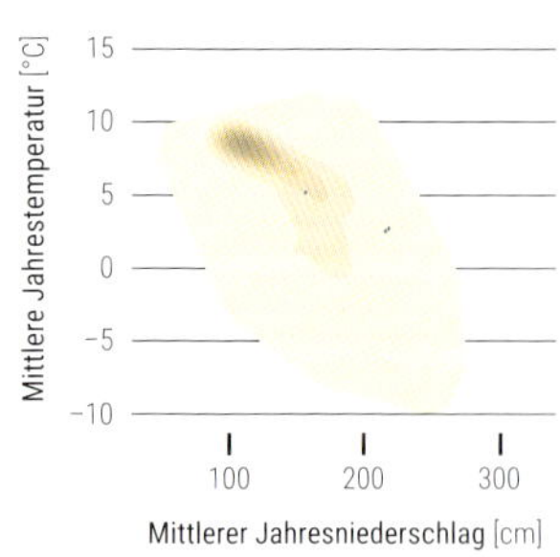

Schwarzer Tintenfleck

NE

Anzahl Fundorte	136
Substrat	Gestein

Placynthium nigrum (Huds.) Gray

Feldmerkmale: Schwarzes bis schwarzbraunes, körniges bis kleiiges, von einem breiten schwarzblauen Vorlager gesäumtes, bis 12 cm grosses Lager. Auf dem Vorlager entstehen deutlich verlängerte, lappenartige Lagerteile, auf welchen sich vertikale, stiftförmige oder seitlich abgeflachte Auswüchse bilden, die als vegetative Ausbreitungseinheiten dienen. Fruchtkörper werden vor allem auf dünnen Lagern gebildet, fehlen aber in vielen Fällen. Sie werden bis 1 mm gross, sitzen mit verengter Basis auf dem Lager und haben eine flache, manchmal etwas gewölbte, schwarze Scheibe, die von einem schmalen, vorstehenden und schwarzen Eigenrand umgeben ist.

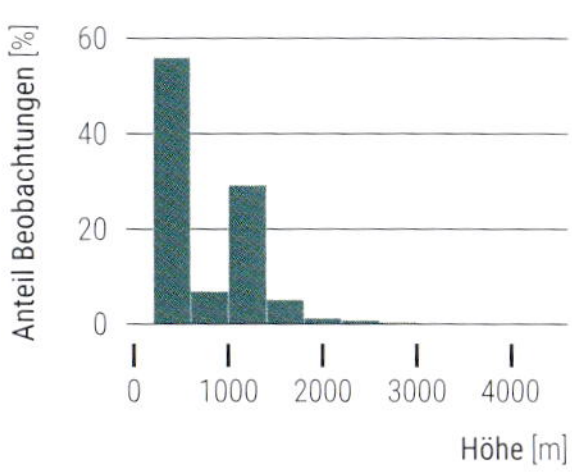

Wissenswertes: Der Schwarze Tintenfleck wächst auf kalkhaltigem Gestein an häufig tau- oder bergfeuchten, oft längere Zeit im Schatten stehenden Standorten. Er kommt häufig an Steinen in (Halb)Trockenrasen und Weiden sowie an der Basis von Felswänden vor. Die Art ist häufig im Siedlungsraum, wo sie bodennah an Betonmauern mit poröser Oberfläche und auf Verbundsteinen von Park- und Sitzplätzen zu beobachten ist.

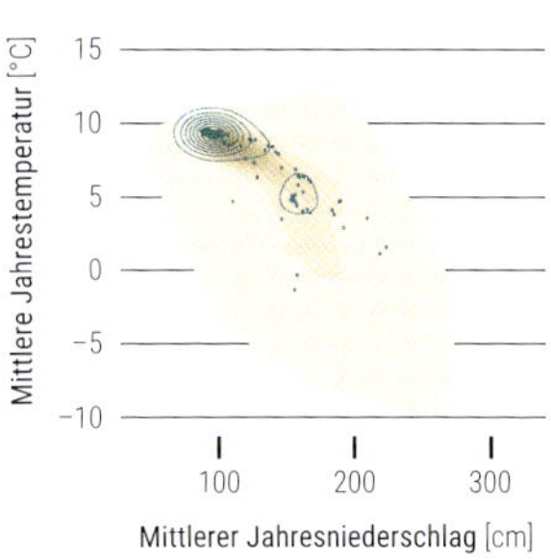

Gefährdung und Schutz: Der Schwarze Tintenfleck ist weit verbreitet und stellenweise häufig.

Verwechslung: *Placynthium pulvinatum* bildet polsterförmige, dicke Lager. Die Unterscheidung der zahlreichen Arten dieser Gattung ist schwierig. Belege sollten immer im Labor durch sorgfältige, mikroskopische Analyse bestimmt werden.

LC

Anzahl Fundorte	384
Substrat	Borke

Blaugraue Lappenflechte

Platismatia glauca (L.) W. L. Culb. & C. F. Culb.

Feldmerkmale: Graues bis blaugraues, bis 10cm grosses Lager mit von der Borke aufsteigenden, breiten und randlich krausen bis zerschlitzten Lappen. Kurze stiftförmige, manchmal verzweigte vegetative Ausbreitungseinheiten werden vor allem randlich an den Lappen gebildet. Fruchtkörper sind sehr selten. Die Unterseite variiert von hellbraun bis schwarz.

Wissenswertes: Die Blaugraue Lappenflechte ist sehr variabel. Sie kann an lichtreichen, kühlen Standorten schmale, stark zerschlitzte, strauchförmige Lager bilden, während sie in lichtarmen Wäldern breitlappige, blattförmige Lager fast ohne vegetative Ausbreitungseinheiten ausbildet. Die Art wächst bevorzugt auf Fichten und Weisstannen. In dunklen Beständen ist sie eine der wenigen Blattflechtenarten, die noch üppig vorkommen kann.

Gefährdung und Schutz: Die Blaugraue Lappenflechte ist häufig. Sie wurde durch saure Niederschläge gefördert. Inzwischen erwächst der Art wieder vermehrt Konkurrenz. Sie kann sich aber weiterhin halten, wird aber auf Laubbäumen zunehmend weniger häufig zu finden sein.

Verwechslung: Die ***Cetrelia***-Arten haben weisse Punkte auf den Lappen und bilden feinkörnige vegetative Ausbreitungseinheiten in bortenförmigen Aufbrüchen an den Lappenrändern. ***Parmotrema crinitum*** bildet stiftförmige vegetative Ausbreitungseinheiten mit schwarzen Wimpern.

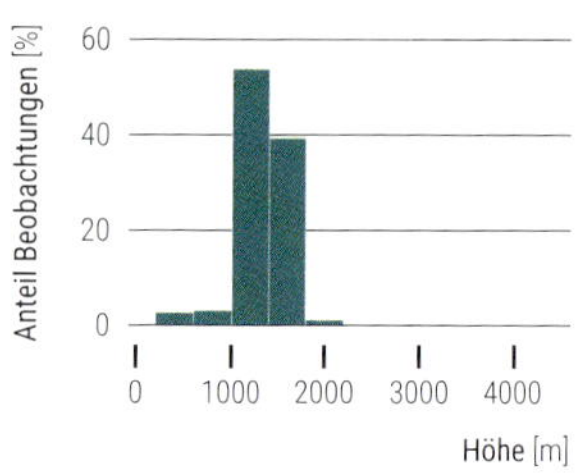

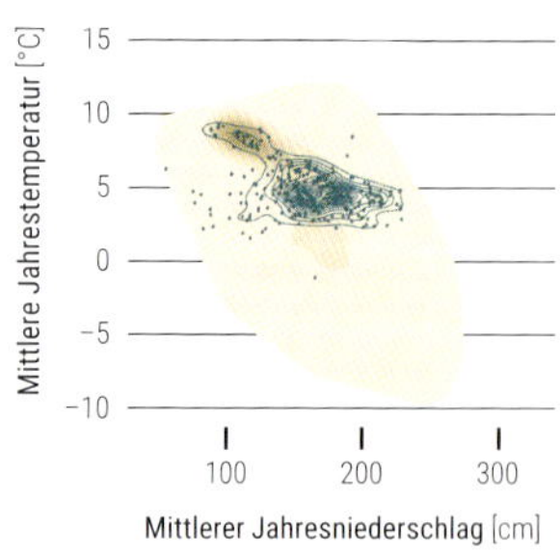

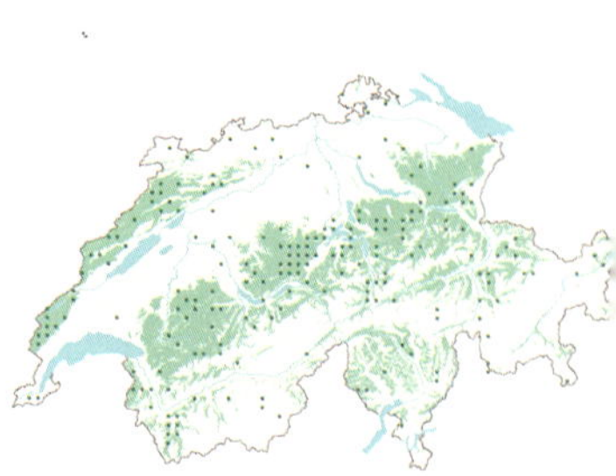

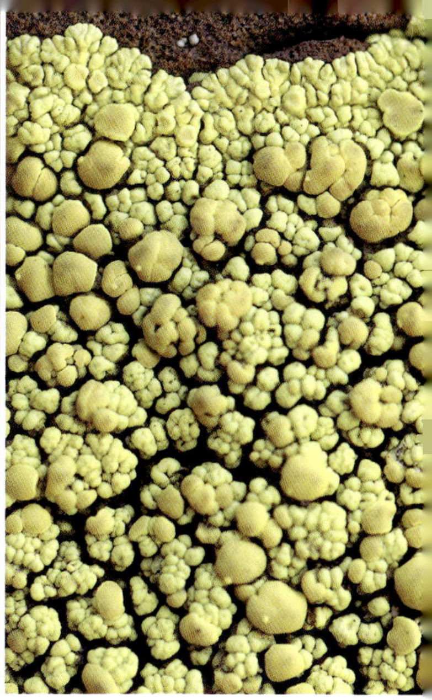

Grüngelber Felsenfleck

NE

Anzahl Fundorte	9
Substrat	Gestein

Pleopsidium chlorophanum (Wahlenb.) Zopf

Feldmerkmale: Intensiv gelbe bis grünlich-gelbe, randlich gelappte, bis 2 cm grosse Krustenflechte. Die deutlich verlängerten Randlappen sind leicht fächerförmig verzweigt und haben eine glatte, leicht glänzende Oberfläche. Die Fruchtkörper entwickeln zuerst einen schmalen, flachen Rand und eine flache Scheibe, die sich aber bald deutlich aufwölbt und den Rand zurückdrängt.

Wissenswertes: Der Grüngelbe Felsenfleck wächst an Überhangsflächen und regengeschützten, aber oft bergfeuchten Vertikalflächen auf Silikatgestein an Felswänden und grossen Bergsturzblöcken von der hochmontanen bis in die nivale Stufe. Dank ihrer leuchtenden Farbe ist die Art oft aus Distanz zu sehen. Wegen der typischen Vorkommen an überhängenden Felswänden kann sie nicht immer mit der Lupe auf Artebene bestimmt werden.

Gefährdung und Schutz: Hochgelegene Vorkommen sind in Silikatgebieten recht häufig. Vereinzelt sind auch kleine Lager in tieferen Lagen zu finden, zum Teil sogar im Siedlungsraum an Mauerwerk und historischen Wegmarken.

Verwechslung: *Pleopsidium oxytonum* hat bleibend berandete Fruchtkörper mit meist flacher Scheibe. Zudem besitzen die verlängerten Randlappen eine feinwarzige Oberfläche (mit der Lupe sichtbar). Die beiden Arten wachsen oft zusammen, so auch im Bild Mitte: *P. oxytonum* oben, der Grüngelbe Felsenfleck unten.

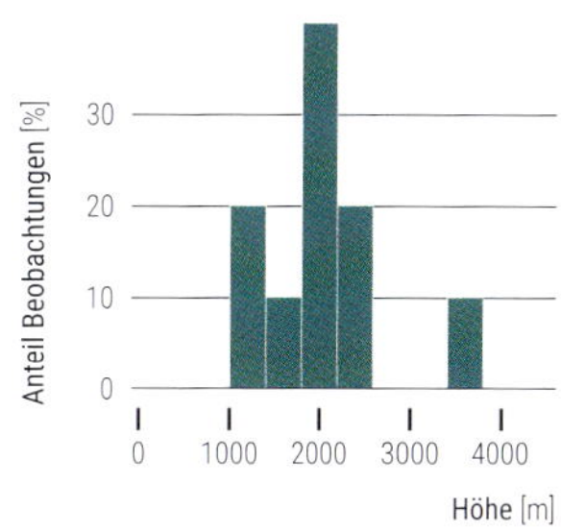

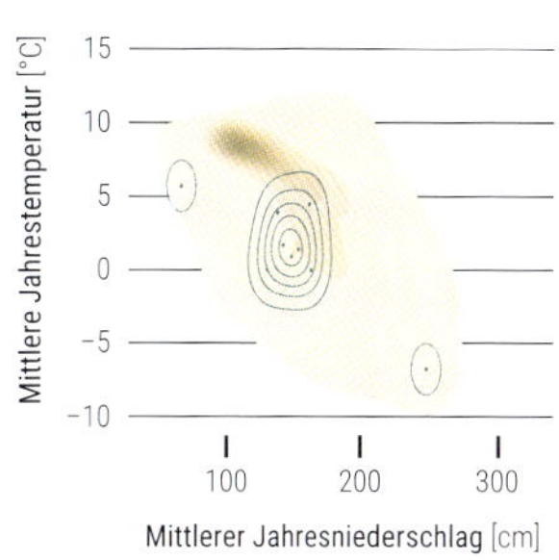

NT

Anzahl Fundorte	283
Substrat	Borke

Grossfrüchtige Braunschüsselflechte

Pleurosticta acetabulum (Neck.) Elix & Lumbsch

Feldmerkmale: Bläulich-graues bis graugrünes, bis > 20 cm grosses Lager mit locker der Borke anliegenden, breiten, randlich aufsteigenden und meist bereiften Lappen. Schüsselförmige Fruchtkörper sind fast immer vorhanden. Sie sind bis >1 cm gross und sitzen mit verengter Basis auf älteren Lappen. Die Ränder der Fruchtkörper bilden weiss gepunktete Leisten. Die Unterseite ist schwarz und bildet zahlreiche, unverzweigte Rhizinen.

Wissenswertes: Die Grossfrüchtige Braunschüsselflechte bildet grosse Lager auf älteren freistehenden Laubbäumen. Sie meidet stärkeren Nährstoffeintrag, wird aber durch Staubanflug gefördert und war früher deshalb eine dominierende Art an Alleebäumen und ist heute noch regelmässig in Wytweiden anzutreffen. Die Art wurde aus dem Siedlungsraum wegen der Luftverschmutzung weitgehend verdrängt, sie ist aber wieder im Vormarsch, sofern ältere Parkbäume mit wenig saurer Borke und hoher Wasserspeicherkapazität vorhanden sind. Sie wächst bis zur hochmontanen Stufe im Jura, im Mittelland und in den nördlichen Voralpen.

Gefährdung und Schutz: Einzelvorkommen sollten geschont werden und die Förderung bevorzugter Baumarten (Linden, Ahorn) wird auch im Siedlungsraum empfohlen.

Verwechslung: Die Art ist im Feld in der Regel gut zu erkennen. Die nahe verwandte *P. koflerae* ist in der Schweiz noch nicht gefunden worden.

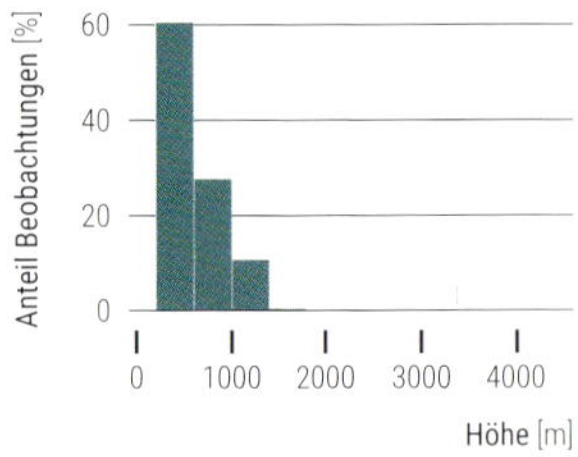

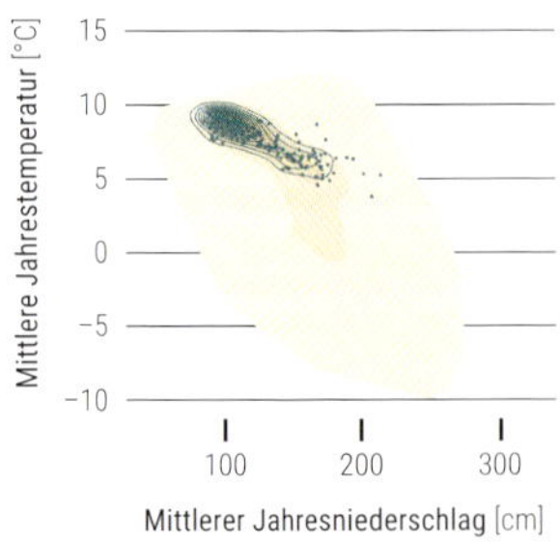

Silberwurz-Kugelfrucht

Polyblastia sendtneri Kremp.

DD

Anzahl Fundorte	8
Substrat	Erde

Feldmerkmale: Hellgraues oder beiges, bis 4 cm grosses, häutiges Lager. Das Lager hat eine knorpelige, unebene Oberfläche. Die Fruchtkörper sind grauschwarze, oft in den Falten des Lagers versteckt wachsende, teilweise im Lager eingesenkte Perithezien mit einer etwas stärker pigmentierten Mündung.

Wissenswertes: Die Silberwurz-Kugelfrucht wächst auf kalkhaltiger Erde in Nacktriedrasen und auf vegetationsarmen Felssimsen an windexponierten Graten in der alpinen Stufe. Sie überwächst dort abgestorbene Moose und Pflanzenreste und übernimmt zunächst die Konturen der überwachsenen Pflanzen. Mögliche kleinflächige Standorte mit ausreichendem Kalkgehalt werden durch ***Vulpicida juniperinus*** angezeigt. Vermutlich lebt die Silberwurz-Kugelfrucht auch vom Abbau der überwachsenen Pflanzen. Sollte sich diese Vermutung bewahrheiten, würden ***Thelenella muscorum*** und zahlreiche weitere, auf Pflanzenresten lebende Flechte, damit Merkmale einer mutualistischen Lebensweise mit parasitischen und saprophytischen Merkmalen kombinieren.

Gefährdung und Schutz: Die Silberwurz-Kugelfrucht ist deutlich seltener als ***Phaeorrhiza nimbosa***, mit der sie oft zusammen vorkommt. Sie wächst an Standorten, die zurzeit nicht gefährdet sind.

Verwechslung: Das knorpelige Lager ist sehr charakteristisch für diese Art. Trotzdem müssen alle Beobachtungen durch eine detaillierte mikroskopische Untersuchung verifiziert werden.

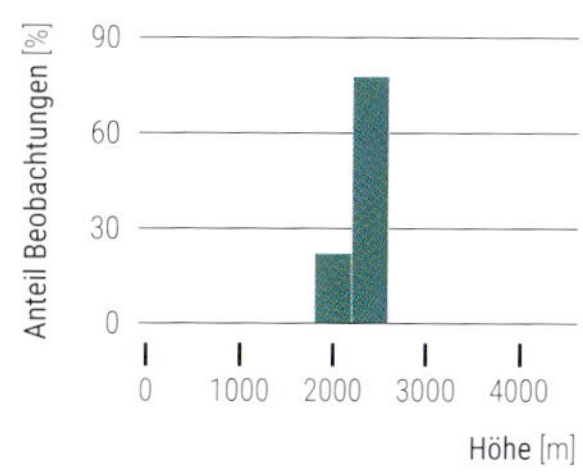

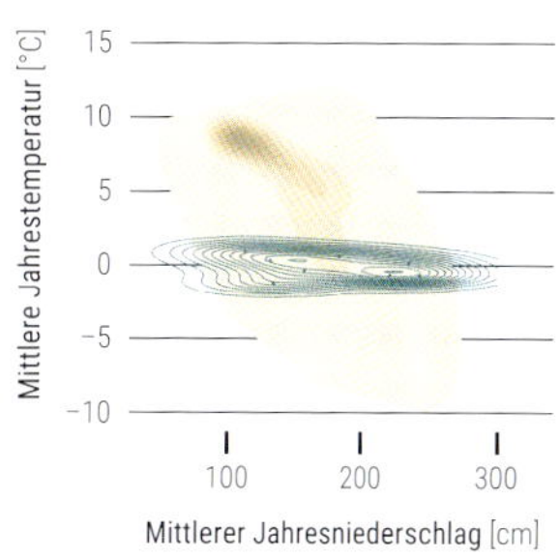

LC

Anzahl Fundorte	231
Substrat	Holz

Leuchter-Gelbflechte

Polycauliona candelaria (L.) Frödén, Arup & Søchting

Feldmerkmale: Gelbe bis orangegelbe, bis 2 cm grosse, polsterförmige Strauchflechte mit schmalen Lappen, welche am Rand der Borke locker aufliegen. Im Zentrum des Lagers sind die Lappen senkrecht aufsteigend und an den Enden älterer Lappen werden manchmal vereinzelte, selten auch dicht gedrängte Fruchtkörper gebildet, die mit stark verengter Basis den Lappen aufsitzen. Vegetative Ausbreitungseinheiten entstehen am Rand der Lappen als kurze Ketten von sprossenden Körnchen. Die Lappen bilden an der Unterseite keine Rhizinen.

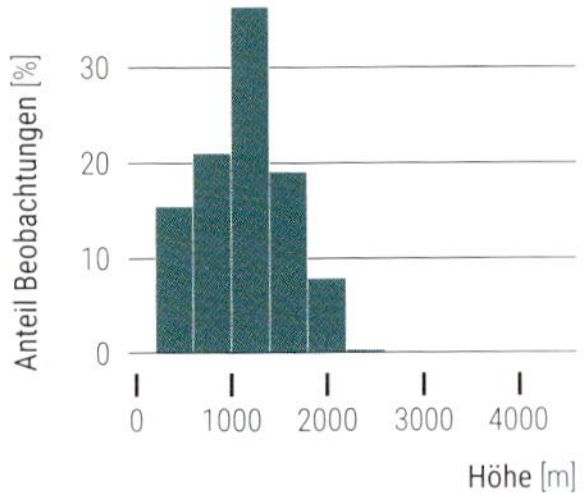

Wissenswertes: Die Leuchter-Gelbflechte wächst von den Tieflagen bis in die (sub)alpine Stufe auf Holzzäunen, an Stämmen und Ästen verschiedenster Baumarten und auf Kulmflächen von Silikat- und Kalkgestein. Die Art benötigt lichtreiche, nach Niederschlägen rasch abtrocknende Standorte, welche regelmässig durch Vogelkot oder Mist gedüngt werden. Vögel spielen eine wichtige Rolle als Ausbreiter, indem sie sich direkt auf die Lager setzen und die vegetativen Ausbreitungseinheiten an ihren Füssen bis zum nächsten Vogelsitzplatz mittragen. Entsprechend sind die meisten Lappen teilweise abgebrochen.

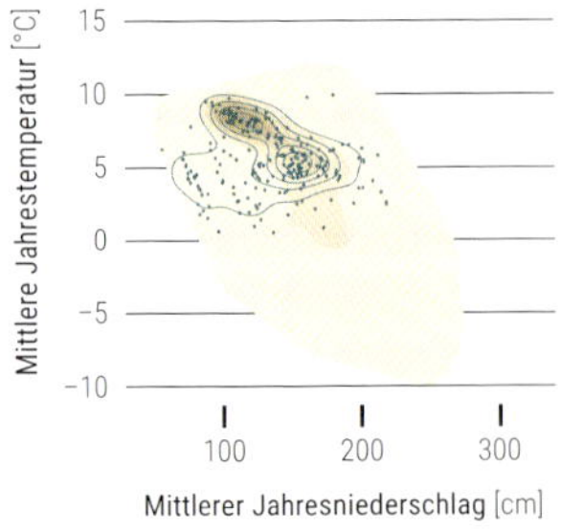

Gefährdung und Schutz: Die Leuchter-Gelbflechte ist in vielen Gebieten häufig.

Verwechslung: Die weniger häufige ***P. polycarpa*** bildet keine vegetativen Ausbreitungseinheiten, jedoch immer, meist dicht stehende, Fruchtkörper.

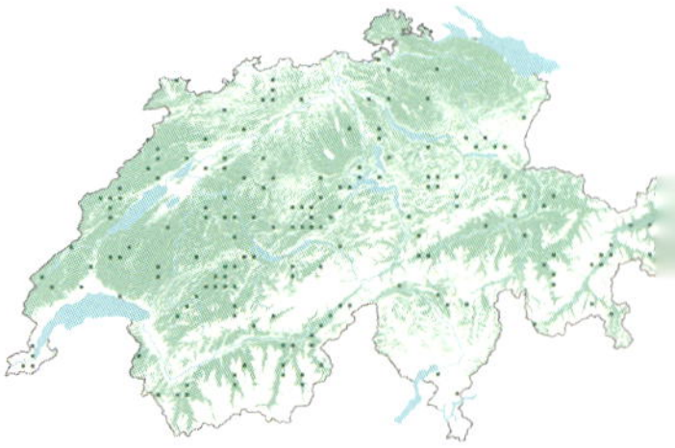

LC

Vielfrüchtige Gelbflechte

Anzahl Fundorte	158
Substrat	Borke

Polycauliona polycarpa (Hoffm.) Frödén, Arup & Søchting

Feldmerkmale: Gelbe bis orangegelbe, bis 3 cm grosse, polsterförmige Strauchflechte mit schmalen Lappen, welche am Rand der Borke locker anliegen und im Zentrum des Lagers senkrecht aufsteigen. Fruchtkörper sind immer vorhanden, mit stark verengter Basis den Lappen aufsitzend. Die vielen gelben Fruchtkörper stehen so dicht, dass sie fast die ganze Fläche des Lagers abdecken. Es werden keine vegetative Ausbreitungseinheiten gebildet.

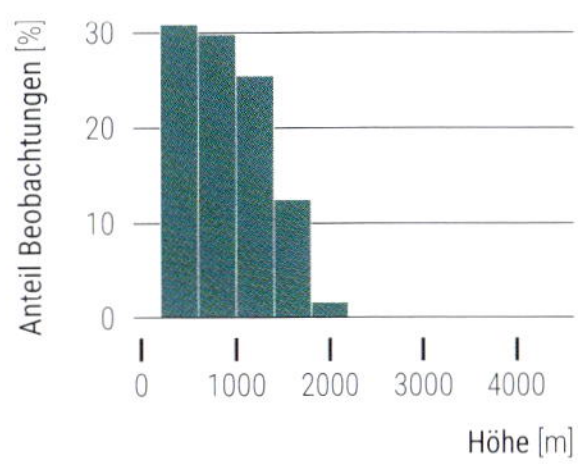

Wissenswertes: In tieferen Lagen wächst die Vielfrüchtige Gelbflechte meist an Ästen von Sträuchern in Weide- und Heckenlandschaften, in höherer Lage oft an abgestorbenen Ästchen von Fichten, Lärchen und Ebereschen. Die Art bevorzugt lichtreiche Standorte in luftfeuchten Lagen und profitiert von einem erhöhten Nährstoffangebot.

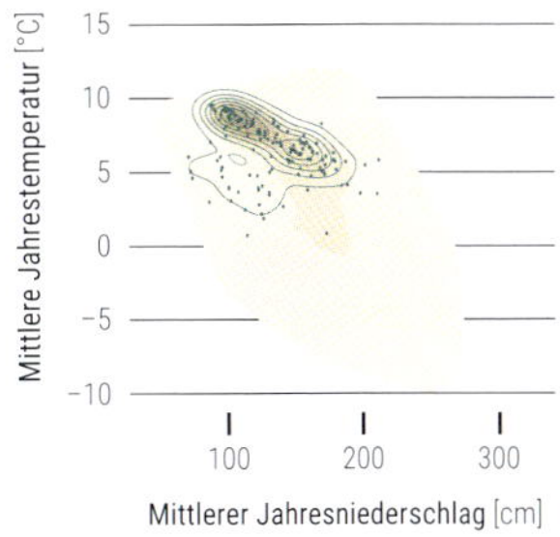

Gefährdung und Schutz: Die Vielfrüchtige Gelbflechte ist auf strukturreiche Weide- und Heckenlandschaften angewiesen und wächst dort oft auf abgestorbenen Ästchen. Solche Strukturen sollten bei Pflegemassnahmen geschont werden, auch wenn die Art nicht gefährdet ist.

Verwechslung: Die viel häufigere ***P. candelaria*** bildet körnige vegetative Ausbreitungseinheiten, wodurch sie sich gut von der Vielfrüchtigen Gelbflechte unterscheiden lässt. Die sehr seltene *Caloplaca lobulata* bildet kleinere Lager und hat dem Substrat anliegende, kleine Lappen.

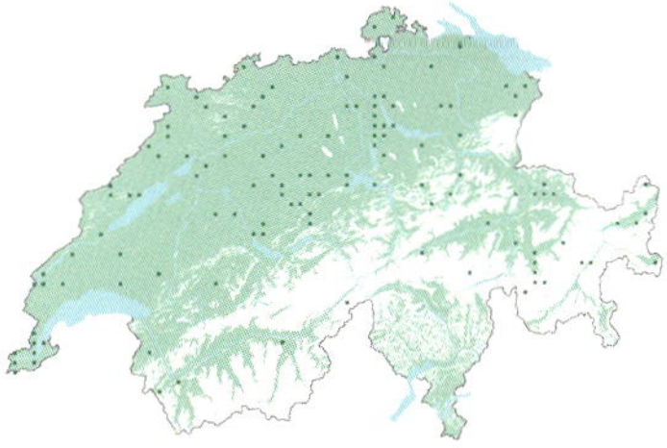

Erd-Kalksteinkruste

NT

Anzahl Fundorte	5
Substrat	Erde

Protoblastenia terricola (Anzi) Lynge

Feldmerkmale: Weissliche bis cremefarbene, warzige oder gefelderte, bis 8 cm grosse Lager. Die Schuppen sind flach bis deutlich gewölbt, oft durch Herbivoren stark abgefressen. Die Fruchtkörper sind bis 1,5 mm gross, haben eine orange, gewölbte bis kugelige Scheibe mit einem schmalen, rasch vergänglichen Eigenrand.

Wissenswertes: Die Erd-Kalksteinkruste wächst an Erdanrissen, in Felsspalten und auf flachgründigen Böden über schwach kalkhaltigem, oft bergfeuchtem Gestein in besonnten Lagen in der alpinen Stufe. Die Art kommt sehr zerstreut vor und meidet sowohl kalkreiche als auch kalkfreie Böden. Sie bevorzugt Standorte an Hängen mit Solifluktion, die lokal zu Störungen an der Erdoberfläche führt. Lokal stabile Stellen werden von der Erd-Kalksteinkruste flächig besiedelt. Zusammen mit weiteren Arten wie ***Dibaeis baeomyces*** auf weitgehend kalkfreier und ***Baeomyces rufus*** auf kalkhaltiger Erde bildet die Erd-Kalksteinkruste einen biologischen Film auf Feinerde und reduziert so die Oberflächenerosion bei starkem Oberflächenabfluss.

Gefährdung und Schutz: Die Erd-Kalksteinkruste kommt sehr zerstreut vor, weil das Gestein mit dem geeigneten Kalkgehalt nur gebietsweise vorhanden ist. Bis heute wurde noch keine Gefährdung durch Tourismus oder Infrastrukturprojekte beobachtet.

Verwechslung: Die Erd-Kalksteinkruste ist im Feld gut zu erkennen. Die Gattung ***Caloplaca*** unterscheidet sich anhand mikroskopischer Merkmale.

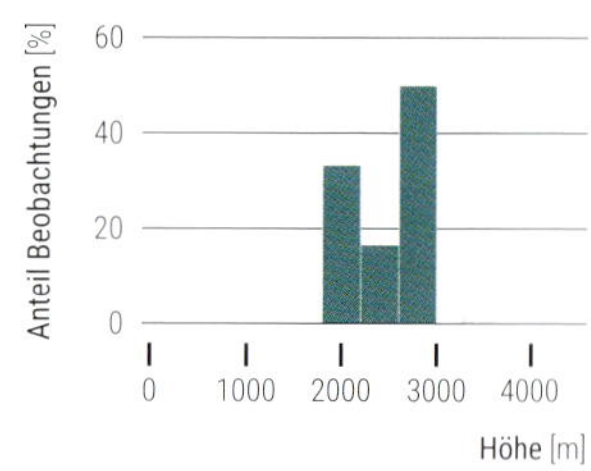

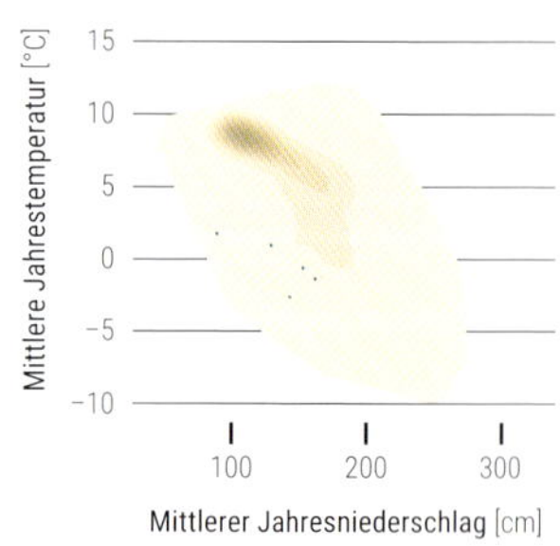

LC

Anzahl Fundorte	95
Substrat	Erde

Blaualgen-Erdschüssel

Protopannaria pezizoides (Weber) P. M. Jørg. & S. Ekman

Feldmerkmale: Braungraue bis dunkelbraune, bis 8 cm grosse, kleinschuppige Krustenflechte. Die flachen, bis 1 mm grossen Schuppen überwachsen sich teilweise, sind flach und am Rand meist gekerbt. Darauf entwickeln sich bis 2 mm grosse Fruchtkörper mit flacher bis schwach gewölbter, rotbraun bis orange gefärbten Scheibe und einem gekerbten, der Scheibe wenig vorstehenden, lagerfarbenen Rand. Die Blaualgen-Erdschüssel ist mit Cyanobakterien vergesellschaftet.

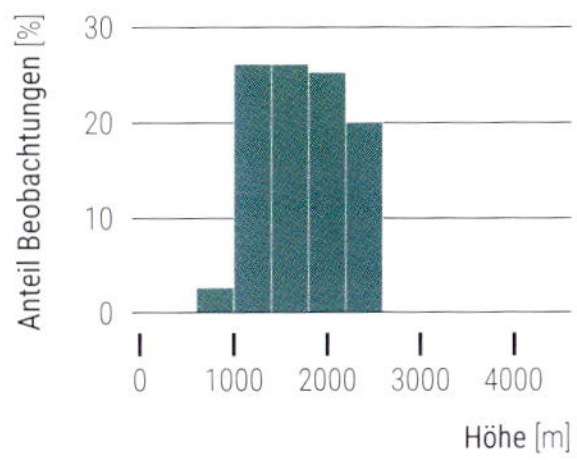

Wissenswertes: Die Blaualgen-Erdschüssel wächst auf nackter Erde, über Pflanzenresten und abgestorbenen Moosen, seltener direkt auf erdinkrustiertem Gestein oder an der bemoosten Basis von Bäumen in lichtreichen Gebirgswäldern und alpinen Heiden. Sie bevorzugt etwas substratfeuchte, wenig besonnte Stellen.

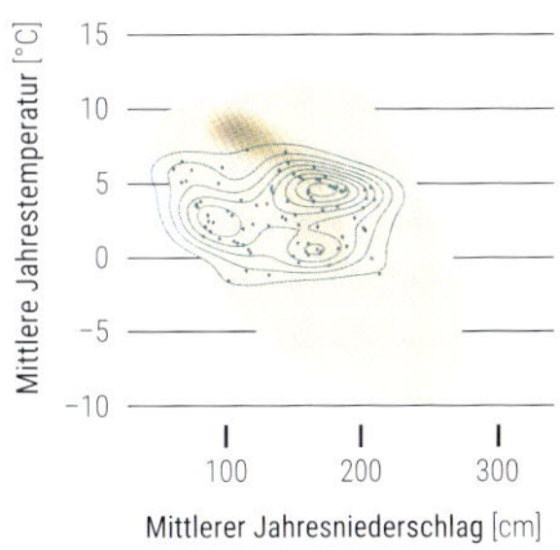

Gefährdung und Schutz: Die Blaualgen-Erdschüssel ist in der subalpinen und alpinen Stufe der Alpen weit verbreitet und häufig, fehlt in anderen Regionen jedoch weitgehend.

Verwechslung: Die Blaualgen-Erdschüssel ist im Feld gut zu erkennen. Kümmerformen lassen sich anhand mikroskopischer Merkmale von *Gregorella humida* und *Moelleropsis nebulosa* unterscheiden. *Massalongia carnosa* hat bis 1,5 mm breite, aufsteigende Schuppen. *Vahliella leucophaea* zeigt ein gefeldertes Lager aus kleinen Schuppen und meist unberandete Fruchtkörper. ***Psoroma hypnorum*** und *P. tenue* entwickeln Fruchtkörper mit deutlich vertieft liegender Scheibe.

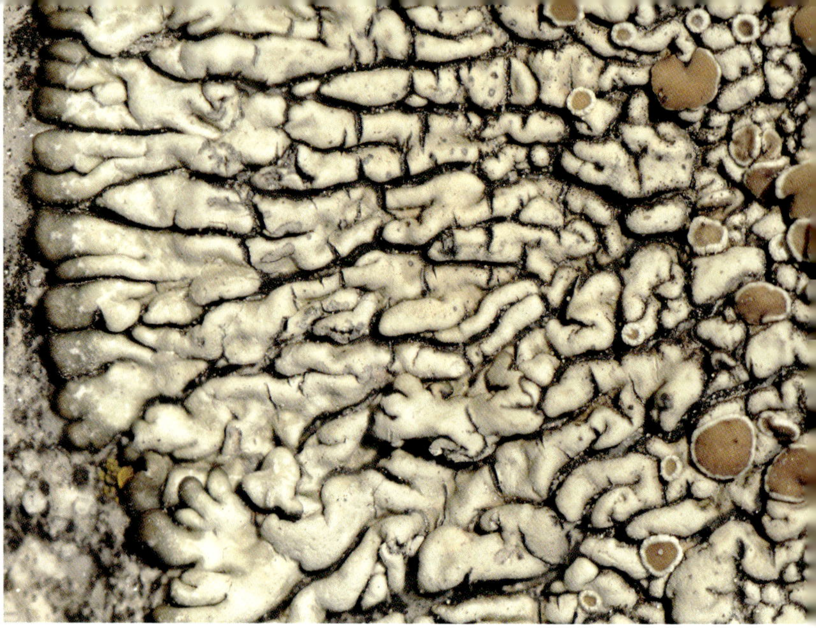

NE

Anzahl Fundorte	30
Substrat	Gestein

Garovaglios Mauer-Kuchenflechte

Protoparmeliopsis garovaglii (Körb.) Arup, Zhao Xin & Lumbsch

Feldmerkmale: Gelbgrüne, im Zentrum gefelderte bis schuppige, am Rand deutlich gelappte, bis 10 cm grosse, rosettenartige Lager. Die randlichen Lappen werden bis 1,5 mm breit, sind stark gewölbt bis aufgedunsen und am Rand deutlich gebräunt. Die Fruchtkörper sitzen dem Lager mit breiter Basis auf und stehen im Zentrum oft gedrängt. Die Scheiben sind rotbraun, flach bis leicht gewölbt und von einem schmalen, später meist verschwindendem Lagerrand umgeben.

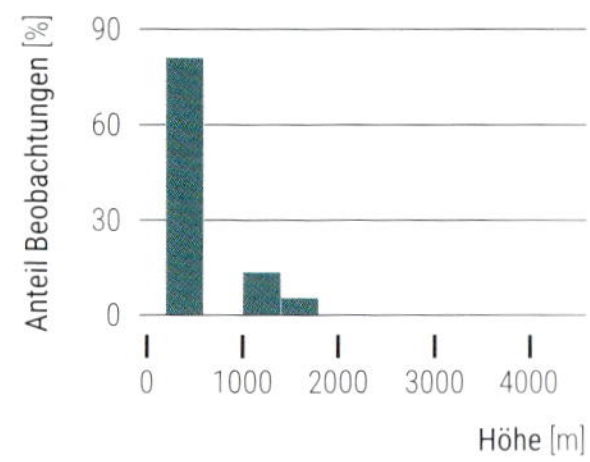

Wissenswertes: Garovaglios Mauer-Kuchenflechte wächst auf besonnten Neigungsflächen von Silikatfelsen. Sie ist vor allem in tiefen Lagen an Rundhöckern und Gesteinsbrocken, seltener auch an Trockenmauern in warmen, meist niederschlagsarmen Gebieten zu finden. Dort wächst sie in Felsensteppen und (Halb-)Trockenrasen, selten auf höher gelegenen Schotterterrassen in Auengebieten. Die Hauptvorkommen dieser Krustenflechte liegen in naturnahen Lebensräumen, im Siedlungsgebiet sind Vorkommen spärlich.

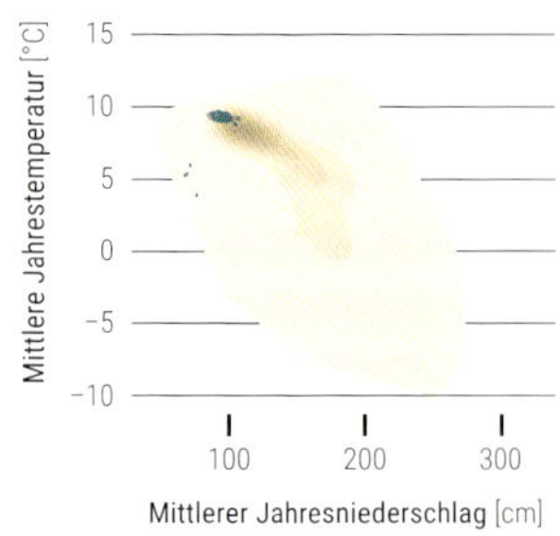

Gefährdung und Schutz: Die Verbreitung von Garovaglios Mauer-Kuchenflechte ist auf inneralpine Trockentäler konzentriert, wo sie an geeigneten Stellen recht häufig ist. Isolierte Vorkommen, etwa in Weiden, sind zu schonen.

Verwechslung: ***Protoparmeliopsis muralis*** hat flache, nicht deutlich gewölbte Lappen. Sie teilt oft den Lebensraum mit Garovaglios Mauer-Kuchenflechte, ist aber viel häufiger.

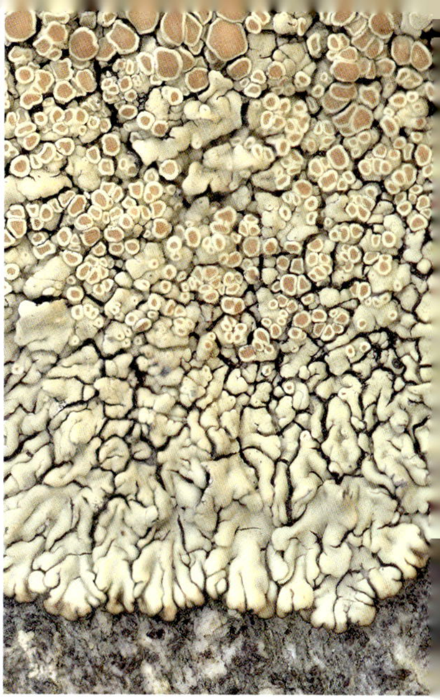

NE

Anzahl Fundorte	233
Substrat	Gestein

Gewöhnliche Mauer-Kuchenflechte

Protoparmeliopsis muralis (Schreb.) M. Choisy

Feldmerkmale: Grünlich-graue bis gelbgrüne, im Zentrum gefelderte bis schuppige, am Rand deutlich gelappte, bis 10 cm grosse, rosettenartige Lager. Die randlichen Lappen werden bis 0,8 mm breit, sind flach und am Rand oft deutlich gebräunt. Die Fruchtkörper sitzen mit breiter Basis auf dem Lager und stehen im Zentrum oft gedrängt. Die Scheiben sind gelb- bis rotbraun, flach bis leicht gewölbt und von einem schmalen Lagerrand umgeben.

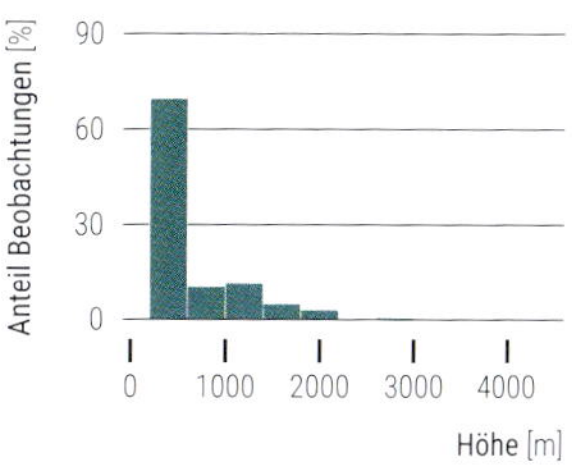

Wissenswertes: Die Gewöhnliche Mauer-Kuchenflechte wächst auf besonnten Kulmflächen von gedüngten Silikatfelsen und leicht kalkhaltigen Sandsteinen bis in die nivale Stufe. In tiefen Lagen ist sie einerseits an Felsrippen und Gesteinsbrocken in (Halb)Trockenrasen und auf höher gelegenen Schotterterrassen in Auengebieten zu finden. Andererseits ist die Art stets häufig im Siedlungsraum anzutreffen, wo sie unter anderem Dachziegel, ältere Beton- und Steinmauern und Gehwehplatten besiedelt. Die Gewöhnliche Mauer-Kuchenflechte ist sehr vielgestaltig und besteht aus mehreren, noch nicht abschliessend unterschiedenen Sippen.

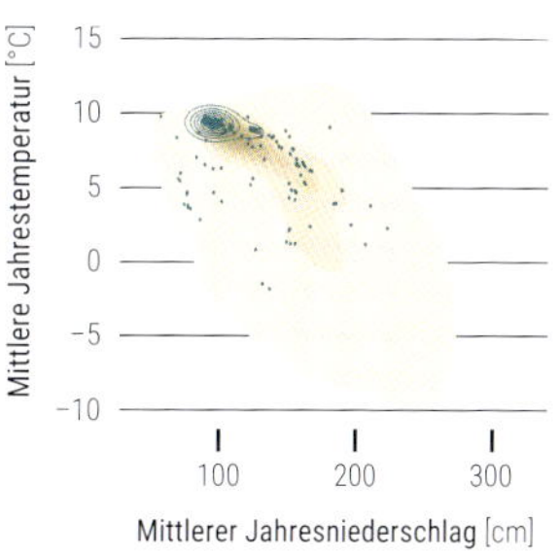

Gefährdung und Schutz: Die Gewöhnliche Mauer-Kuchenflechte ist sehr häufig.

Verwechslung: Die sehr seltene *P. admontensis* besitzt ein kreidiges Lager und wächst auf Kalkfels in Überhangsflächen an Gipfelgraten. ***Protoparmeliopsis garovaglii*** entwickelt stark gewölbte Lappen und wächst auf Silikatgestein in Felsensteppen.

NE

Anzahl Fundorte	3
Substrat	Holz

Weissfrüchtige Kleinaugenflechte

Protothelenella leucothelia (Nyl.) H. Mayrhofer & Poelt

Feldmerkmale: Weissliche, durch Algenbewuchs oft grünliche, bis 6 cm grosse, körnige bis warzige Lager. Die Körnchen entwickeln sich zu dicht stehenden, bis 0,5 mm grossen, kugeligen Fruchtkörpern. Die Fruchtkörper sind Perithezien mit einem weisslichen Lagermantel und einer punktförmigen, dunklen Öffnung.

Wissenswertes: Die Weissfrüchtige Kleinaugenflechte wächst auf feucht liegendem, weich morschem Totholz oder stark zersetzten Pflanzenresten und Moosen in offenen subalpinen Arven-Lärchenwäldern und Zwergstrauchheiden. Die Art ist auf niederschlagsarme Gebiete beschränkt, wächst dort aber an feuchten, etwas wasserzügigen Stellen.

Gefährdung und Schutz: Die Weissfrüchtige Kleinaugenflechte ist eine sehr seltene Art, die trotz intensiver Suche nur an wenigen Orten gefunden wurde. Alle Vorkommen sollten geschont werden. Sich zersetzendes Totholz sollte generell liegen gelassen werden.

Verwechslung: Die Weissfrüchtige Kleinaugenflechte ist im Feld mit der Lupe gut zu erkennen. Die viel häufigeren *P. sphinctrinoides* und *P. sphinctrinoidella* unterscheiden sich durch die dunkelgrauen Perithezien. Diese beiden Arten wachsen bevorzugt auf absonnigen, feuchten Erdanrissen und moosüberwachsenen Steilflächen von Silikatgestein.

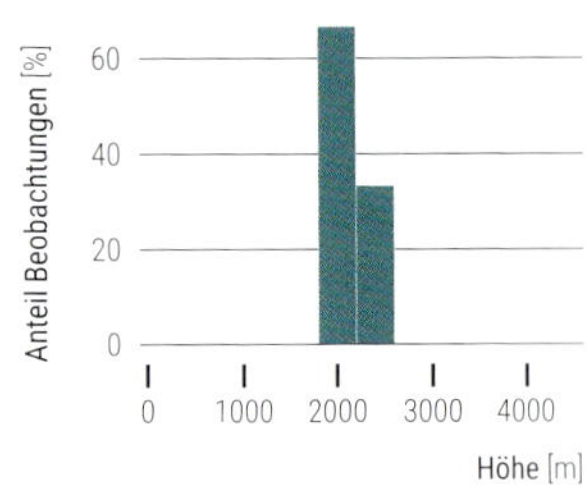

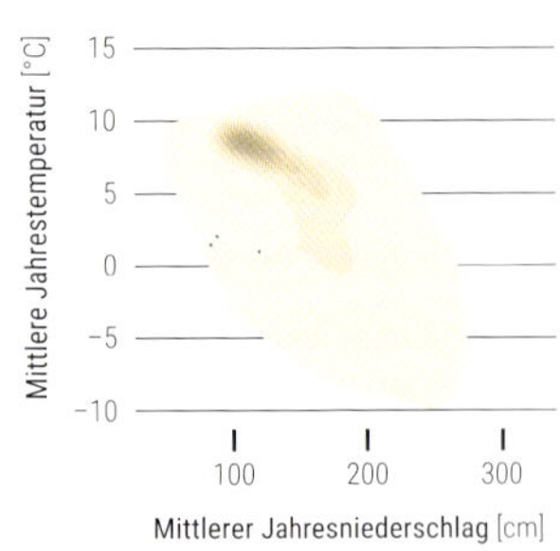

NE

Anzahl Fundorte	9
Substrat	Gestein

Kleine Fadenflechte

Pseudephebe minuscula (Nyl. ex Arnold) Brodo & D. Hawksw.

Feldmerkmale: Braunschwarzes, bis 3 cm grosses Lager aus locker dem Substrat anliegenden, abgeflachten, knotig verdickten, sehr schmalen, metallisch glänzenden Lappen, welche etwas verfilzte, 2–3 mm dicke Überzüge bilden. Die Lappen überwachsen sich gegenseitig, sind mehrfach verzweigt und an den Enden leicht gegen unten eingebogen. Die Ausbreitung erfolgt vegetativ über Bruckstücke von Lappen. Diese werden durch den Wind verfrachtet oder über Tiere und Menschen verbreitet. Die Bruchstücke verheddern sich dabei wie Kletten in Fell, Gefieder oder Kleidung. Fruchtkörper sind sehr selten entwickelt.

Wissenswertes: Die Kleine Fadenflechte wächst meist auf Kulmflächen von Bergsturzblöcken und Felsrippen auf kalkfreiem Gestein in der alpinen Stufe. Sie bevorzugt leicht gedüngte Stellen direkt neben Vogelsitzplätzen, meidet aber die am stärksten gedüngten Stellen.

Gefährdung und Schutz: Die Kleine Fadenflechte ist in alpinen Silikatgebieten häufig.

Verwechslung: *Pseudephebe pubescens* bildet drehrunde, braunschwarze Ästchen, wächst aber oft zusammen mit der Kleinen Fadenflechte. An ähnlichen Standorten wachsende, ebenfalls mit Grünalgen vergesellschaftete Arten der Gattung *Melanelia* haben etwas breitere, nicht knotig verdickte Lappen. Die noch feineren ***Ephebe lanata*** und *E. hispidula* sind mit Cyanobakterien vergesellschaftet.

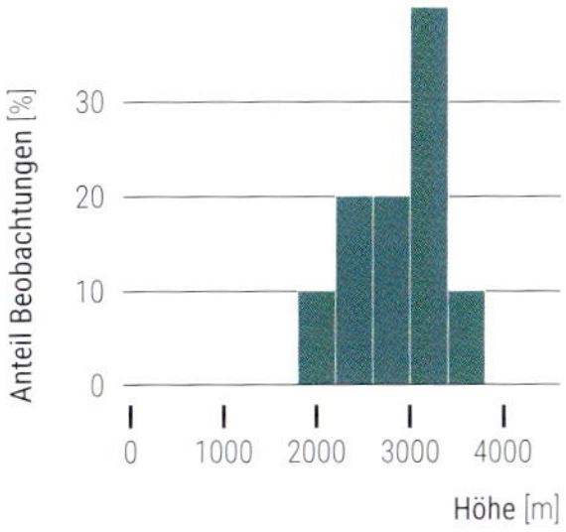

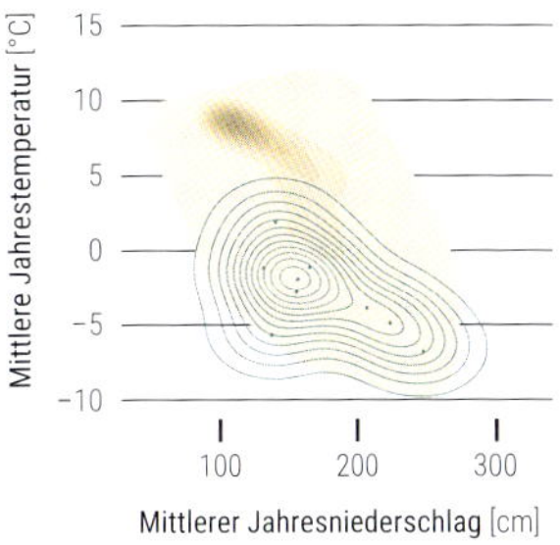

LC

Anzahl Fundorte	599
Substrat	Borke

Elchgeweihflechte

Pseudevernia furfuracea (L.) Zopf

Feldmerkmale: Graue, bis 15 cm grosse Strauchflechte mit flachen, gabelig verzweigten, bandförmigen, aufsteigenden Lappen. Die Lager sind nur an der Basis am Substrat festgewachsen oder an der rauen Borkenoberfläche verheddert. Die Art breitet sich durch stiftförmige, vegetative Ausbreitungseinheiten aus, welche sich auf der Oberfläche an älteren Ästen bilden. Fruchtkörper sind selten vorhanden. Die Unterseite ist an den Lappenenden weisslich-rosa, an älteren Lappen dunkelgrau, aber nie schwarz. Die Art hat keine Rhizinen.

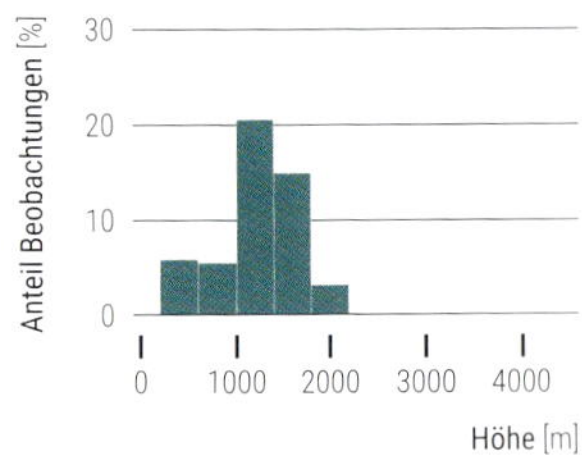

Wissenswertes: Die Elchgeweihflechte wächst hauptsächlich an Ästen von Nadelbäumen und Laubbäumen mit saurer Borke in Wäldern. In luftfeuchten, subalpinen Wäldern ist die Art oft sehr üppig entwickelt und bildet dann manchmal auch Fruchtkörper, die in tieferen Lagen sehr selten sind. Vorkommen lichtärmerer Standorte, wie z. B. am Stamm, sind manchmal kümmerlich entwickelt.

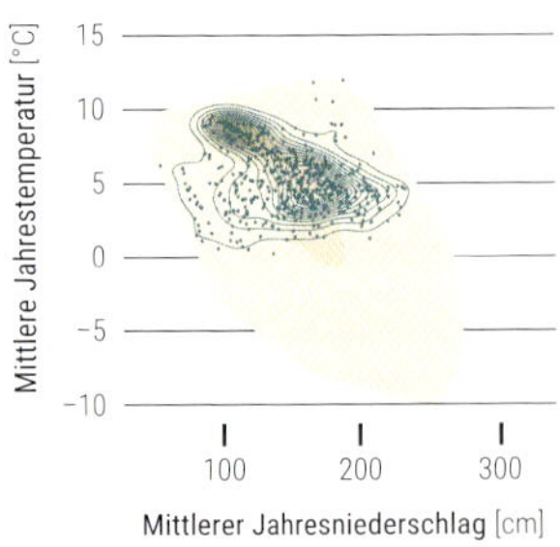

Gefährdung und Schutz: Die Elchgeweihflechte wurde in verschiedenen Gebieten durch saure Niederschläge gefördert und geht dort in letzter Zeit wieder etwas zurück. Die Art bleibt aber weiterhin nicht gefährdet.

Verwechslung: Blattförmige Schattenformen sind nicht auf Anhieb als Elchgeweihflechte zu erkennen. Auch diese Formen sind aber anhand der Farbe der Unterseite leicht zu bestimmen.

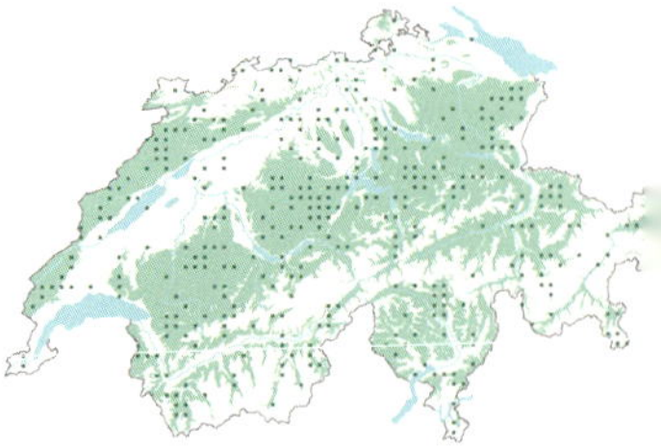

Kupferfarbige Kernflechte

LC

Anzahl Fundorte	302
Substrat	Borke

Pseudosagedia aenea (Körb.) Hafellner & Kalb

Feldmerkmale: Dunkelgrüne bis braunrote, bis 3 cm grosse, firnisartige Krustenflechte mit schwach glänzender Oberfläche. Die Fruchtkörper sind schwarze, bis 0,3 mm grosse, am Scheitel abgerundete Perithezien, welche mit breiter Basis dem Lager aufsitzen.

Wissenswertes: Die Kupferfarbige Kernflechte wächst bevorzugt an der Basis von Laubbäumen mit harter, glatter Borke in oft dichten, relativ lichtarmen Beständen mit wenig üppigem Flechtenbewuchs. Die Art kommt mit Krustenflechten wie ***Graphis scripta*** und den weiteren, wenig auffälligen ***Arthonia atra***, ***A. ruana*** und ***Coenogonium pineti*** vor, welche mit orange gefärbten Algen aus der Verwandtschaft der Gattung *Trentepohlia* vergesellschaftet sind und schattentolerante Flechtengemeinschaften bilden. Als konkurrenzschwache Art kann die Kupferfarbige Kernflechte bei veränderten Lichtbedingungen im Bestand leicht von kräftigeren Krusten- und Blattflechten verdrängt werden.

Gefährdung und Schutz: Die Kupferfarbige Kernflechte ist vor allem in Laubwäldern häufig, aber recht unscheinbar.

Verwechslung: Die häufige *Porina leptalea* wächst ebenfalls auf glatter, harter Borke von Laubbäumen. Sie bildet 0,1–0,3 mm grosse, orange Perithezien.

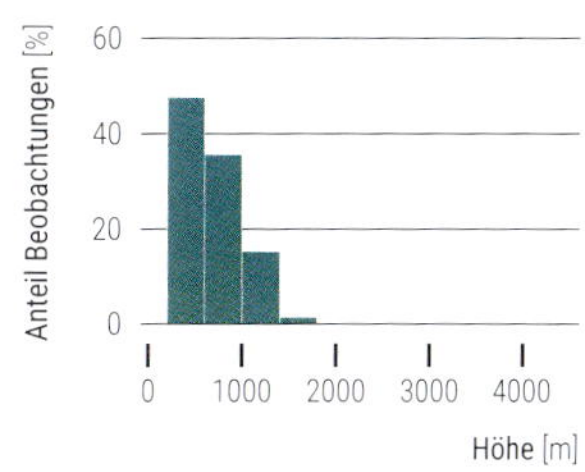

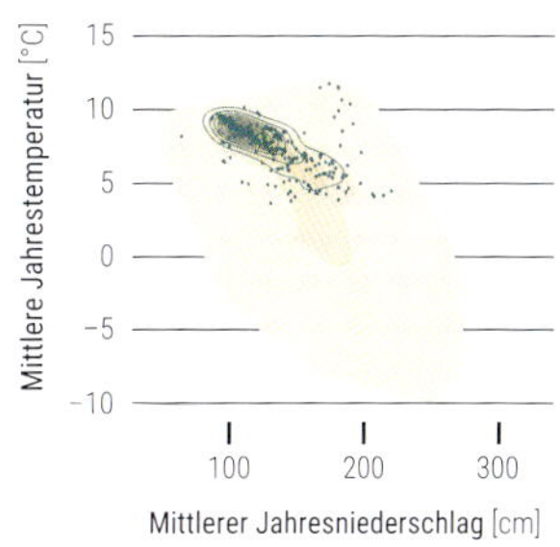

Holz-Augenflechte

NE

Anzahl Fundorte	12
Substrat	Holz

Pseudothelomma ocellatum (Körb.) M. Prieto & Wedin

Feldmerkmale: Graue Lager sind meist wenige Zentimeter gross und bestehen aus <1 mm grossen Warzen. Die Warzen entwickeln dunkelgraue bis schwarze Aufbrüche, in welchen vegetative Ausbreitungseinheiten gebildet werden. Selten entstehen auf den Warzen konische bis halbkugelige Fruchtkörper, an deren Spitze die lockere, schwarze Sporenmasse gebildet wird.

Wissenswertes: Die Holz-Augenflechte ist häufig auf Weidezäunen in der subalpinen Stufe zu finden, wo sie die Oberseite von stark verwitterten Zaunlatten oder Pfählen besiedelt. Wenige Funde sind von Borke von Nadelbäumen bekannt. Die meisten Vorkommen sind steril und breiten sich ausschliesslich mit vegetativen Ausbreitungseinheiten fort.

Gefährdung und Schutz: Die meisten Vorkommen sind von Weidezäunen bekannt. Die Holzaugenflechte entwickelt sich aber erst nach Jahrzehnten, wenn das Holz der Zäune bereits stark angewittert ist. Bei Reparaturen von Zäunen sollten einzelne alte Latten oder Pfähle mit neuen ergänzt und nicht alle gleichzeitig ersetzt werden. Das Belassen von Totholz in lichten Lärchenwälder kann nach ein paar Jahrzehnten zusätzliche Standorte für die Art in naturnahen Lebensräumen schaffen.

Verwechslung: Die Art kann mit *Buellia arborea* verwechselt werden, von der sie sich in sterilem Zustand nur durch ihre Flechtenstoffe unterscheidet.

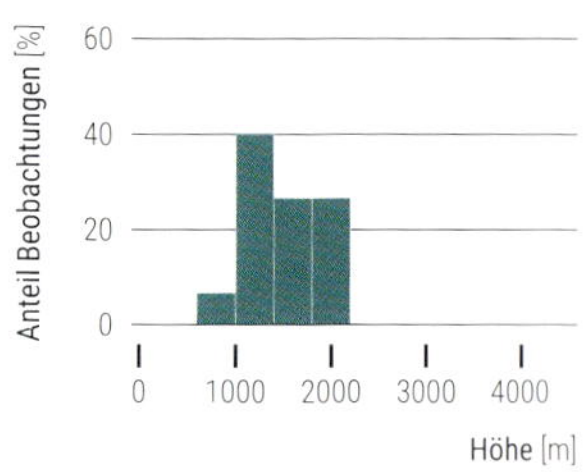

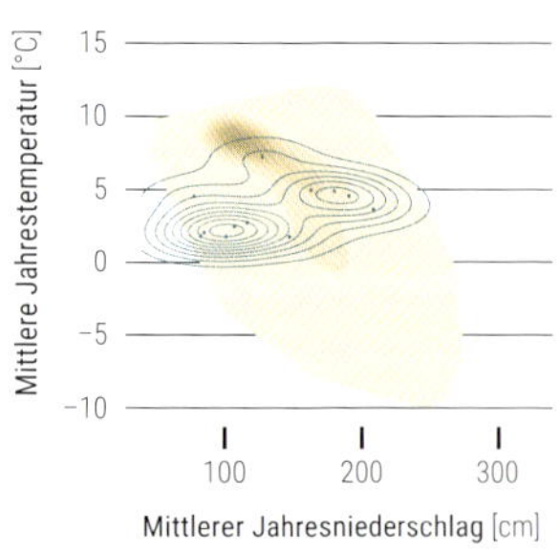

NE

Anzahl Fundorte	28
Substrat	Gestein

Gelbfrüchtige Schwefelflechte

Psilolechia lucida (Ach.) M. Choisy

Feldmerkmale: Grüngelbes bis zitronengelbes, oft bis >30 cm grosses, staubiges Lager. Die einzelnen, staubförmigen Körnchen sind nur mit einer guten Lupe zu sehen und zeigen dann einzelne Pilzfäden, die aus den Körnchen strahlenförmig abstehen. Manchmal werden intensiv gelbe, bis 0,3 mm grosse, halbkugelige, unberandete Fruchtkörper gebildet.

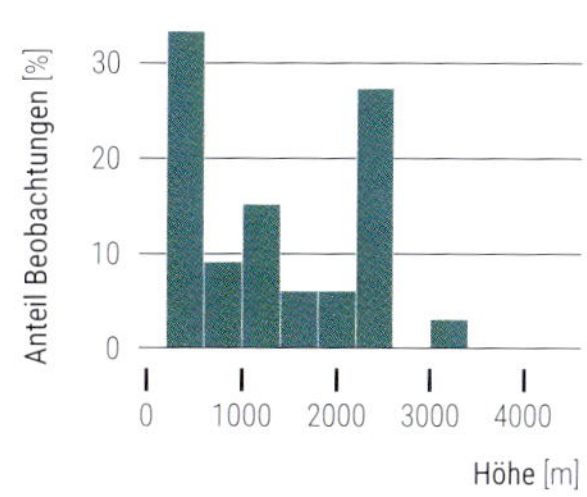

Wissenswertes: Die Gelbfrüchtige Schwefelflechte wächst an absonnigen Überhangsflächen auf Bergsturzblöcken und Felswänden aus kalkfreiem, meist etwas bergfeuchtem Gestein (Bild links, Lager unten). Zusammen mit *Chrysothrix chlorina* kann sie nordexponierte Überhangsflächen von Felswänden grossflächig überwachsen. Berggänger berichten dann von «Neonflechten». Die gelbe Farbe stammt von Flechtenstoffen, welche vor Fressfeinden schützen.

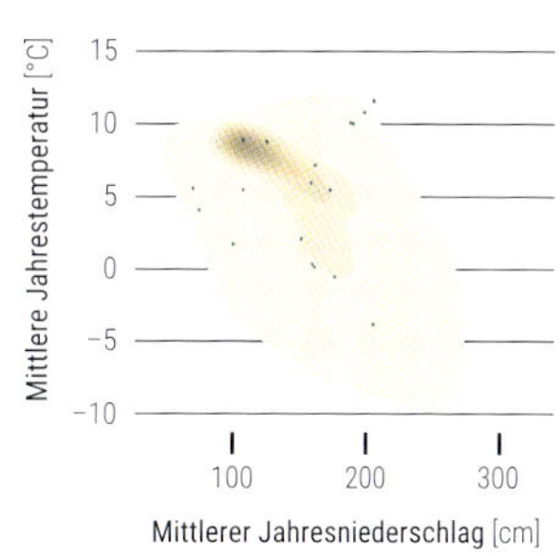

Gefährdung und Schutz: Die Gelbfrüchtige Schwefelflechte ist in Silikatgebieten weit verbreitet und stellenweise häufig.

Verwechslung: *Chrysothrix chlorina* entwickelt ein deutlich dickeres, feinkörniges, leuchtend gelbes Lager. Sie wächst oft zusammen mit der Gelbfrüchtigen Schwefelflechte, allerdings meist an etwas lichtreicheren Standorten (Bild links Lager in der Bildmitte). ***Chrysothrix candelaris*** wächst auf Borke. An regengeschützten Stellen an Wurzelanläufen von älteren Bäumen oder an überhängenden Erdanrissen findet sich *Chaenotheca furfuracea* mit einem ähnlich staubigen Lager, aber mit stecknadelförmigen Fruchtkörpern.

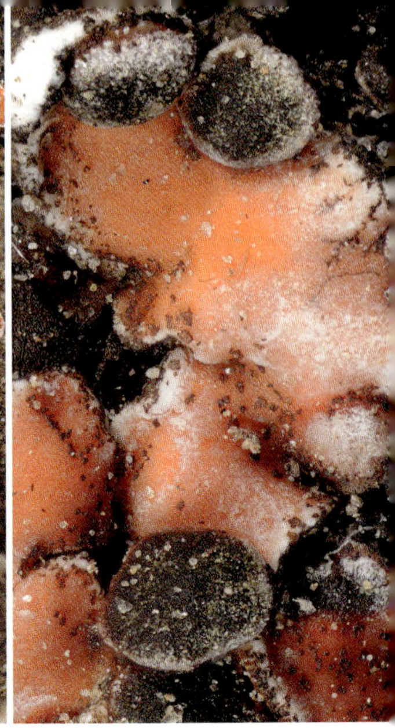

LC

Anzahl Fundorte	151
Substrat	Erde

Rotschuppe

Psora decipiens (Hedw.) Hoffm.

Feldmerkmale: Rot-rosa bis bräunlich-rote, aus einzelnen Schuppen bestehende, bis 10 cm grosse Lager. Die Schuppen werden bis 3 mm gross, sind rundlich, leicht konkav und von einem weissen Rand umgeben. Die Fruchtkörper entstehen randlich an den Schuppen, sind dunkelbraun bis schwarz, werden um 1,5 mm gross, haben eine gewölbte Scheibe und einen bleibenden, nicht vorstehenden Rand.

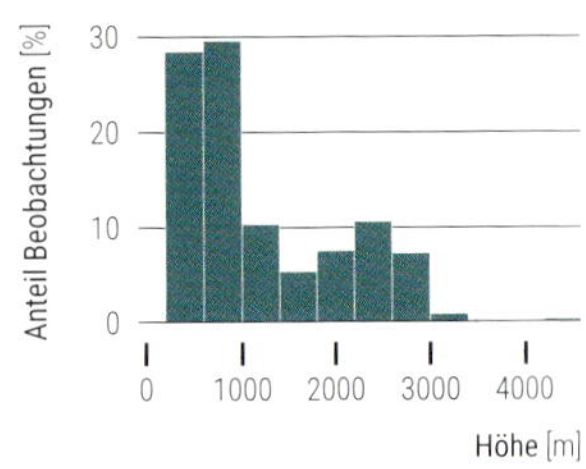

Wissenswertes: Die Rotschuppe wächst auf offener, regelmässig austrocknender, kalkhaltiger Erde in lückiger Vegetation oder in Felsspalten an lichtreichen Lagen. Ihre Höhenausbreitung reicht von 250 bis 4220 m ü. M. In tiefen Lagen kommt die Art in Felsensteppen und Trockenrasen, in hohen Lagen in Blaugrashalden, Windheiden und auf schmalen Felssimsen vor. Sie ist die häufigste Art der Bunten Erdflechtengesellschaft und ist oft begleitet von ***Gyalolechia bracteata*** oder ***G. fulgens***.

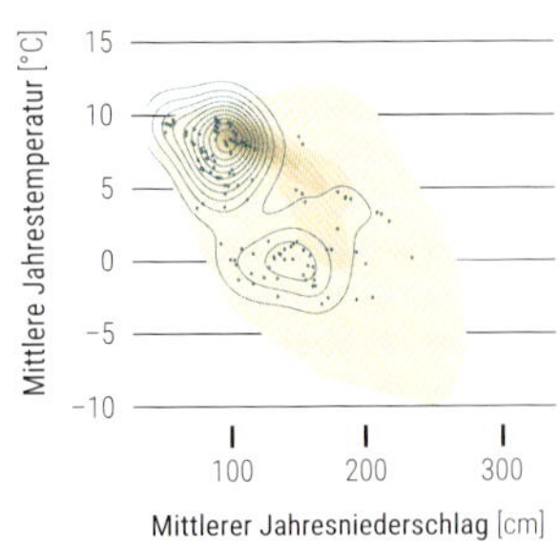

Gefährdung und Schutz: Die Rotschuppe ist ungefährdet, zeigt aber Standorte von seltenen, teils unauffälligen Flechtenarten an, sodass ihre Fundorte in tiefen Lagen bei der Ausscheidung von Schutzgebieten berücksichtigt werden sollten.

Verwechslung: *Psora vallesiaca* hat braune, von einem weissen Rand umgebene Schuppen und wächst in Felsspalten auf schwach kalkhaltiger Erde. *Psora globifera* entwickelt braune, aufsteigende Schuppen mit beinahe kugeligen Fruchtkörpern, wogegen *Romjularia lurida* Fruchtkörper mit flachen Scheiben bildet.

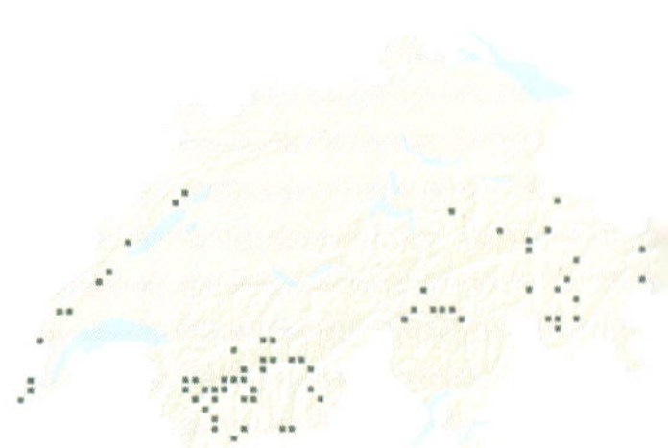

NE

Anzahl Fundorte	10
Substrat	Gestein

Geknäuelte Blasenkruste

Psorinia conglomerata (Ach.) Gotth. Schneid.

Feldmerkmale: Hellgraue bis schwarzbraune, polsterförmige, bis 4 cm grosse Lager. Das Lager besteht aus Gruppen von oft deutlich gestielten, um 2 mm grossen Schuppen, welche sich mit dunklen Strängen von Pilzhyphen in Felsspalten verankern. Die Schuppen haben einen hellgrauen Rand und eine knorpelige Oberrinde. Fruchtkörper sind ziemlich selten, werden um 1 mm gross und kommen dann in kleinen Gruppen vor. Die schwarze, flache bis gewölbte Scheibe ist von einem schmalen, vorstehenden Rand umgeben.

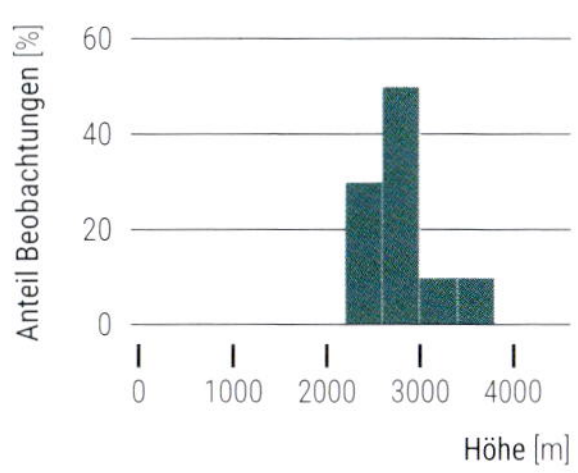

Wissenswertes: Die Geknäuelte Blasenkruste wächst in schmalen Spalten und über stark verwittertem Silikatgestein an windverblasenen Felsrippen in der alpinen und nivalen Stufe. An stark besonnten Lagen sind die Lager sehr dunkel, an kaum besonnten Vertikalflächen oft hellgrau. Die knorpelige Oberrinde streut das einfallende Licht zu den in den Schuppen napfförmig angeordneten Grünalgen. In Analogie zu den Fensterpflanzen arider Gebiete (z.B. *Lithops*) kann die Geknäuelte Blasenkruste zusammen mit ***Gyalidea asteriscus*** und Vertretern der Gattungen ***Psora*** und ***Toninia*** als Fensterflechte bezeichnet werden.

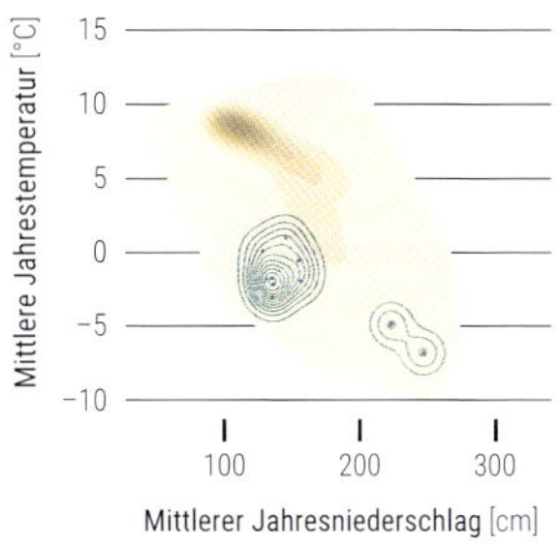

Gefährdung und Schutz: Die Geknäuelte Blasenkruste ist in der alpinen Stufe in Silikatgebieten häufig. Ihre Vorkommen sind in SwissLichens ungenügend dokumentiert.

Verwechslung: Gut ausgebildete Lager der Geknäuelten Blasenkruste können anhand der polsterförmigen Lager nicht verwechselt werden.

VU

Anzahl Fundorte	9
Substrat	Borke

Korallen-Algenflechte

Psoroglaena stigonemoides (Orange) Henssen

Feldmerkmale: Sehr kleine, hellgrüne, körnige bis zwergstrauchartige Krustenflechte (20× Lupe!). Die einzelnen Lagerteile sind drehrund bis leicht abgeflacht und sind weniger als 0,05 mm breit. Die Fruchtkörper sind hellbraune bis wachsgelbliche, oft etwas versteckt wachsende Perithezien mit einer etwas stärker pigmentierten Mündung.

Wissenswertes: Die Korallen-Algenflechte wächst meist auf teilweise bemoosten Hauptästen des Schwarzen Holunders in feuchten, relativ lichten Wäldern und im Offenland. Sie ist oft an sich lösenden Borkenteilen an abgestorbenen Ästen älterer Sträucher zu beobachten.

Gefährdung und Schutz: Ältere Holundersträucher im Wald oder in Feldgehölzen können einfach gefördert werden und bieten Lebensraum für weitere seltene Flechtenarten wie *Bacidia friesiana* und ***Piccolia ochrophora***. Für Flechten wertvoll sind meist ältere Sträucher mit abgestorbenen Ästen.

Verwechslung: Gut entwickelte Lager mit Perithezien sind mit einer guten Lupe leicht zu erkennen – die Art ist sehr klein. Vorkommen ohne Fruchtkörper sind aber im Feld nicht sicher anzusprechen und können mit Arten der Gattung ***Micarea*** und *Bacidina* oder gar mit Vorkeimen von Laubmoosen verwechselt werden.

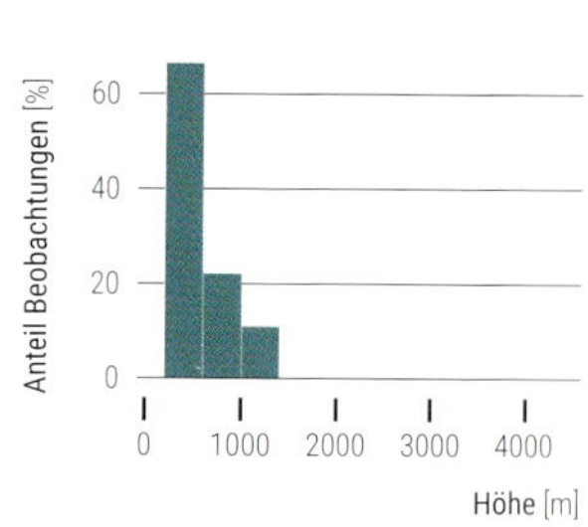

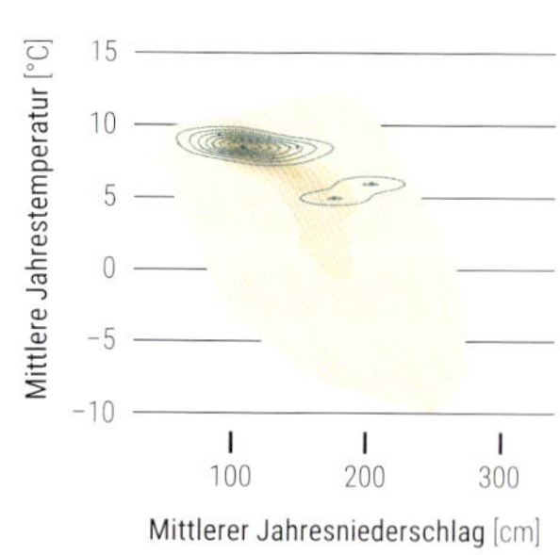

Grünalgen-Erdschüssel

LC

Anzahl Fundorte	39
Substrat	Erde

Psoroma hypnorum (Vahl) Gray

Feldmerkmale: Beige bis rotbraune, um 5 cm grosse Krustenflechte, die aus unauffälligen, <1 mm grossen Warzen zusammengesetzt ist. Deutlich auffälliger sind die immer vorhandenen, oft über 3 mm grossen Fruchtkörper mit deutlich vertieft liegender, oranger bis braunroter Scheibe und kräftigem, gekerbtem bis dicht von Schuppen besetztem Lagerrand. Die Aussenseite des Lagerrandes ist mit einem dichten Filz aus hellen Härchen besetzt.

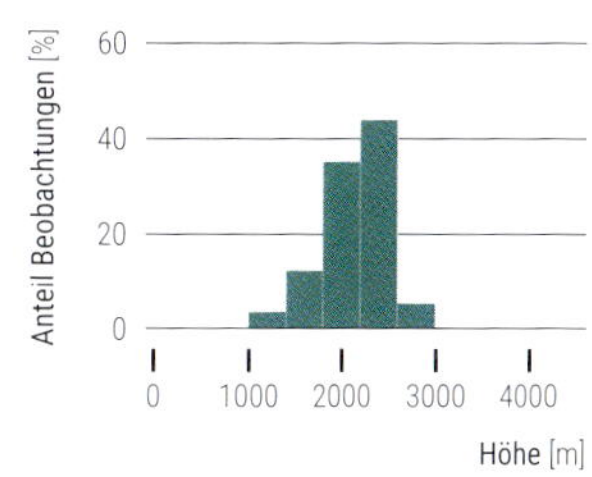

Wissenswertes: Die Grünalgen-Erdschüssel wächst auf nackter Erde, über Pflanzenresten und abgestorbenen Moosen in subalpinen Zwergstrauchheiden, lichten Wäldern, in alpinen Rasen und Schneetälchen, seltener in Windheiden, meist über kalkfreiem Gestein. Sie wächst in der Regel an deutlich substratfeuchten, sonnigen Orten mit langer Schneebedeckung.

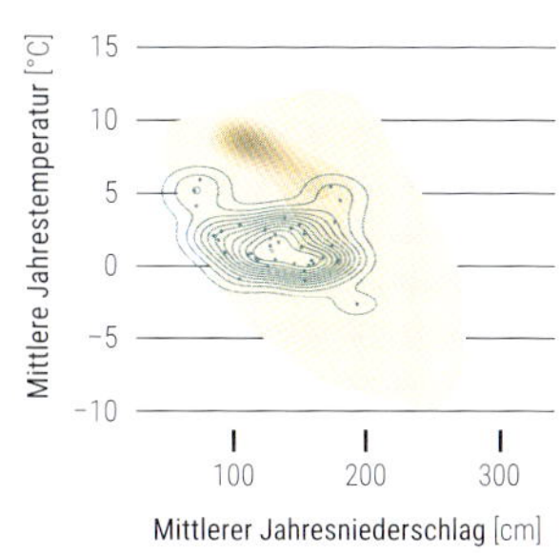

Gefährdung und Schutz: Die Grünalgen-Erdschüssel ist in der subalpinen und alpinen Stufe weit verbreitet und ziemlich häufig. Vorkommen von tieferen Lagen sind nicht bekannt.

Verwechslung: Die Grünalgen-Erdschüssel ist im Feld gut zu erkennen. *Psoroma tenue* var. *boreale* bildet meist kleinere Fruchtkörper und lässt sich anhand der Flechtenstoffe unterscheiden. Im Bild links wachsen die beiden Arten nebeneinander, wobei *P. tenue* var. *boreale* ein dunkleres Lager zeigt. Diese Art kommt häufiger in Windheiden vor.

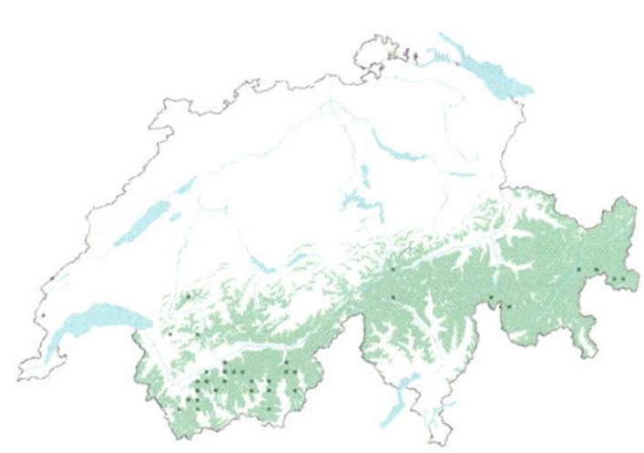

LC

Anzahl Fundorte	576
Substrat	Borke

Gefleckte Punktschüsselflechte

Punctelia subrudecta (Nyl.) Krog

Feldmerkmale: Graues, bis 15 cm grosses Lager mit breiten und unbereiften Lappen, welche zahlreiche weisse Punkte aufweisen. Die feinkörnigen, vegetativen Ausbreitungseinheiten werden in punktförmigen Aufbrüchen hauptsächlich im Zentrum des Lagers und weniger am Rand der Lappen gebildet. Fruchtkörper wurden kaum beobachtet. Die Unterseite ist weisslich bis hellbraun und hat weissliche, unverzweigte Rhizinen.

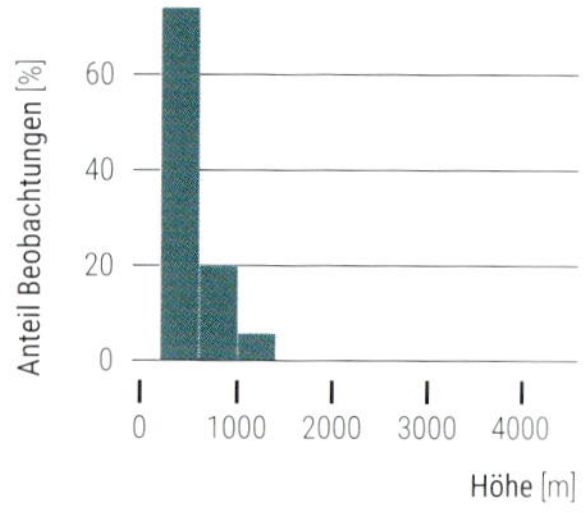

Wissenswertes: Die Gefleckte Punktschüsselflechte wächst an Stämmen freistehender Laubbäume mit ziemlich saurer Borke. Die Art ist häufig an luftfeuchteren Orten von den Tieflagen bis zur hochmontanen Stufe. Sie meidet Lebensräume mit hohem Nährstoffeintrag.

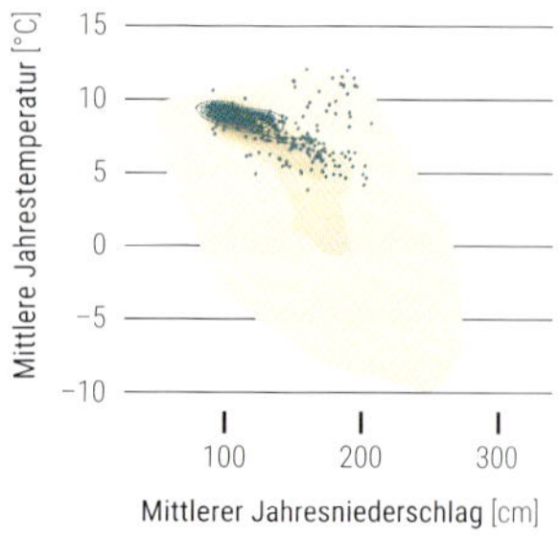

Gefährdung und Schutz: Die Gefleckte Punktschüsselflechte ist an geeigneten Standorten regelmässig anzutreffen, aber nicht häufig.

Verwechslung: Die Gefleckte Punktschüsselflechte ist nicht immer einfach von *P. jeckeri* zu unterscheiden, die weisslich bereifte Lappenenden aufweist und vegetative Ausbreitungseinheiten, hauptsächlich in randlichen Aufbrüchen, bildet. Die Unterseite von *P. borreri* ist dunkelbraun bis schwarz. Die Lappen von ***Cetrelia***-Arten sind breiter.

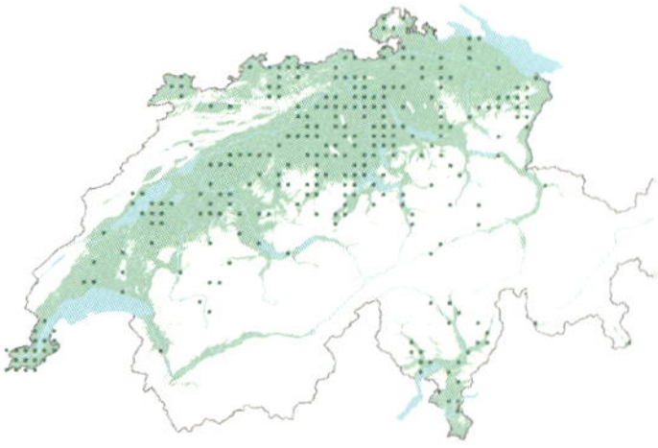

VU

Anzahl Fundorte	10
Substrat	Borke

Perlen-Schwarznapfflechte

Puttea margaritella (Hulting) S. Stenroos & Huhtinen

Feldmerkmale: Lager sehr unscheinbar und meist <1 cm gross, im Lebermoos *Ptilidium pulcherrimum* wachsend und nur als bleiche Verfärbung des Mooses wahrnehmbar. Die bis 0,4 mm grossen Fruchtkörper stehen meist dicht beieinander. Die weissen bis elfenbeinfarbigen, halbkugeligen Scheiben sind unberandet.

Wissenswertes: Die Perlen-Schwarznapfflechte wächst meist an Stämmen alter Fichten und Weisstannen in Tannen-Fichtenwäldern in niederschlagsreichen Regionen. Sie ist an historisch alte, naturnahe Gebirgswälder gebunden und lebt immer als Parasit auf *P. pulcherrimum*, ist aber lange nicht an allen Orten vorhanden, wo dieses Lebermoos vorkommt. Der lateinische Gattungsname erinnert an das Akronym eines Forschungsprogrammes zur Erforschung ungenügend bekannter Waldflechten.

Gefährdung und Schutz: Die Perlen-Schwarznapfflechte ist zwar sehr klein, wegen ihrer speziellen Biologie im Feld aber relativ einfach aufzuspüren. Die Art kommt in Waldbeständen vor, in welchen auch andere seltene und gefährdete Flechten, wie beispielsweise ***Sphaerophorus globosus*** (Bild links) wachsen. Einzelne Trägerbäume sollten geschont und grössere Vorkommen für die Ausscheidung von Waldreservaten berücksichtigt werden.

Verwechslung: Die Art kann nur aufgrund ihres spezifischen Wirts im Feld vermutet werden. Die sichere Bestimmung erfordert eine mikroskopische Untersuchung der Fruchtkörper- und Sporenmerkmale.

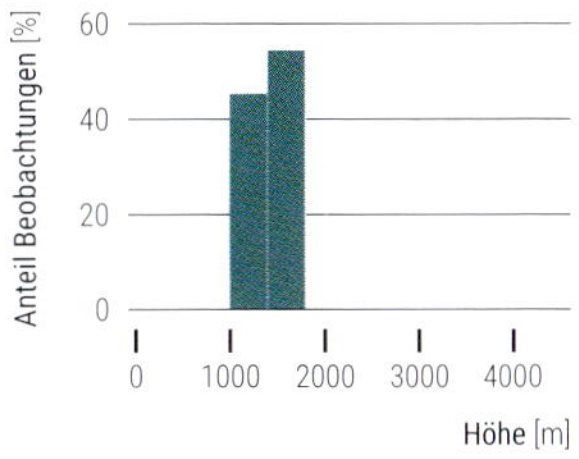

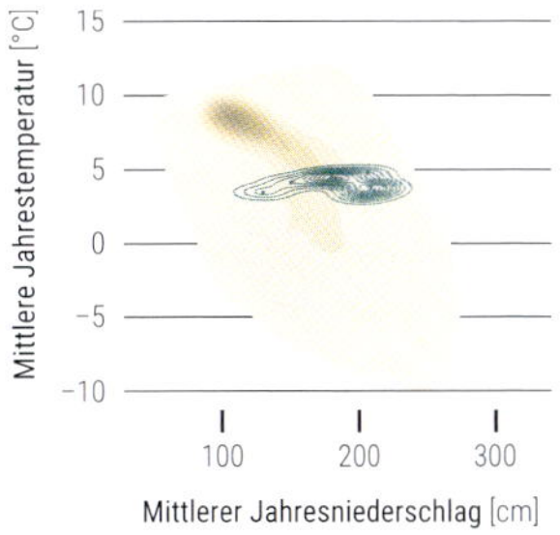

LC

Anzahl Fundorte	12
Substrat	Erde

Papillenflechte

Pycnothelia papillaria Dufour

Feldmerkmale: Graues, körniges, bis 6 cm grosses Lager. Auf den matten, dicht zusammenstehenden Körnern entstehen kugelige bis zylindrische, aufgeblähte und meist deutlich gebräunte Stiftchen mit dunkelbraunen Spitzen. Die Stiftchen sind hohl, unverzweigt oder wenn die Art an geschützten Stellen wächst, im oberen Teil wenige Male verzweigt. Sie werden meist 0,6 cm, an geschützten Stellen bis 1,5 cm hoch. Die sehr selten gebildeten Fruchtkörper werden maximal 1 mm gross und sind braun.

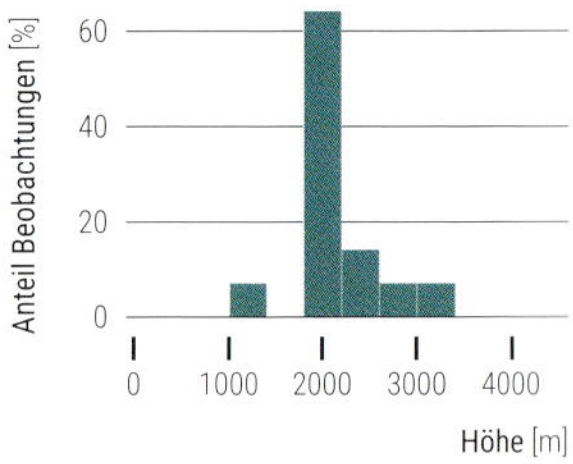

Wissenswertes: Die Papillenflechte wächst auf zusammengepresster Feinerde in Windheiden und lückigen alpinen Rasen auf Silikatgestein. In Windheiden ist die Art meist nur kümmerlich entwickelt zu finden, mit kurzen, fast kugeligen Stiftchen.

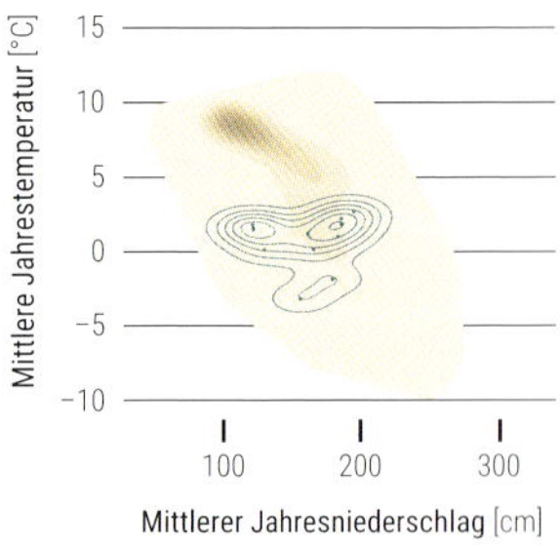

Gefährdung und Schutz: Die Papillenflechte ist in der alpinen Stufe weit verbreitet, aber zerstreut und nie häufig. Vorkommen in tieferen Lagen sind bisher kaum gemeldet worden. Deren Vorkommen sollten aber geschont werden.

Verwechslung: Zusammen mit der Papillenflechte kommt oft ***Dibaeis baeomyces*** vor. Sie hat ein helleres Lager und die blasenförmigen Lagerteile sind ohne dunkelbraune Spitzen.

Glatte Pickelflechte

NT

Anzahl Fundorte	44
Substrat	Borke

Pyrenula laevigata (Pers.) Arnold

Feldmerkmale: Weissliche bis hellgraue, dünne und oft in der Borke eingesenkte, matte, meist kleine, selten bis über 10 cm grosse Lager. Die schwarzen, um 0,5 mm grossen Fruchtkörper sind Perithezien mit einer punktförmigen, dunklen Öffnung. Pyknidien werden bis 0,1 mm gross.

Wissenswertes: Die Glatte Pickelflechte wächst an Bäumen mit meist glatter, mässig saurer Rinde von Buche, Berg-Ahorn und Esche in luftfeuchten Lagen oder niederschlagsreichen Regionen in hochmontanen Laubmischwäldern, in Eichen-Hainbuchenwäldern sowie an Grauerle in Grauerlen-Auenwäldern.

Gefährdung und Schutz: Die Glatte Pickelflechte ist ziemlich selten und bildet oft nur kleine Vorkommen an vereinzelten Bäumen. Einzelvorkommen sollten als Biotopbäume ausgeschieden und grössere Vorkommen bei der Ausscheidung von (Sonder-)Waldreservaten berücksichtigt werden. Sie ist oft mit weiteren anspruchsvolleren Flechtenarten wie ***Thelotrema lepadinum*** vergesellschaftet.

Verwechslung: ***Pyrenula nitida*** und *P. nitidella* haben olivbraune Lager. *Acrocordia gemmata* hat bis 1 mm grosse Perithezien und wächst vor allem in tiefen Lagen auf Esche und Eiche. Die Perithezien von *Strigula affinis* und *S. jamesii* sind kleiner. Für eine sichere Bestimmung müssen die Sporen und Konidien der Pyknidien mikroskopisch untersucht werden.

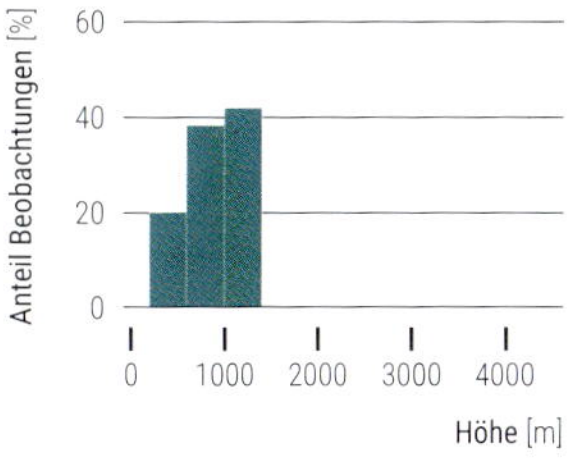

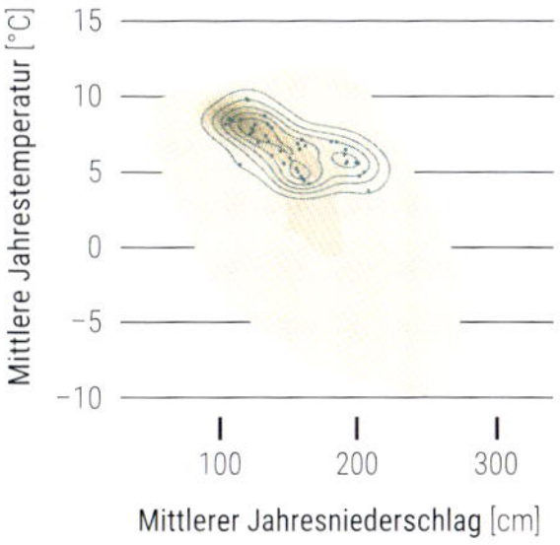

Grosse Pickelflechte

Pyrenula nitida (Weigel) Ach.

LC

Anzahl Fundorte	117
Substrat	Borke

Feldmerkmale: Olivgrüne bis braune, lackartige, oft glänzende, bis über 10 cm grosse Lager. Das Lager weist meist weissliche, um 0,05 mm grosse Punkte auf, welche den Gasaustausch unterstützen. Die braunschwarzen, um 0,8 mm grossen Fruchtkörper sind Perithezien mit einer punktförmigen, dunklen Öffnung.

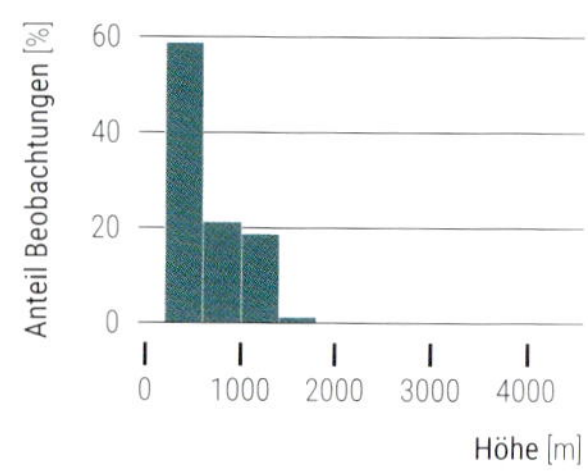

Wissenswertes: Die Grosse Pickelflechte wächst auf der glatten Rinde von Buche und Hainbuche in Laubwäldern von tiefen Lagen bis in die hochmontane Stufe. Sie bildet an Buchen mit kreisförmigem Stammquerschnitt und dehnbarer Rinde auffällige, horizontale, bandförmige Lager, welche durch das sekundäre Dickenwachstum des Stammes gedehnt werden. Auf Hainbuche, bei der eine gewisse Spannrückigkeit häufig ist, wird das Flechtenlager auf den Wülsten stärker gedehnt als in den Dellen. Die Anzahl Perithezien ist deshalb in den langsam wachsenden Dellen viel grösser als auf den Wülsten.

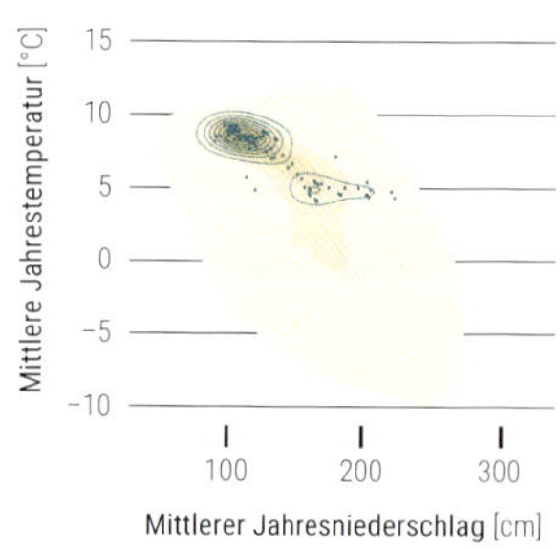

Gefährdung und Schutz: Die Grosse Pickelflechte ist lokal deutlich seltener geworden, aber immer noch weit verbreitet und stellenweise ziemlich häufig. In Buchenwäldern tiefer Lagen können einzelne Trägerbäume als Biotopbäume ausgewählt werden, um die Art zu fördern.

Verwechslung: *Pyrenula nitidella* lässt sich anhand der deutlich kleineren, um 0,3 mm grossen Fruchtkörper unterscheiden. Sie ist noch stärker auf Tieflagen beschränkt als die Grosse Pickelflechte. ***Pyrenula laevigata*** hat ein hellgraues Lager.

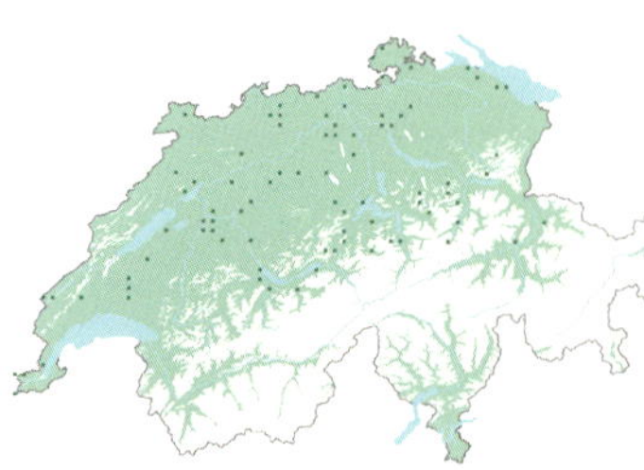

NE

Anzahl Fundorte	6
Substrat	Gestein

Kopf-Astflechte

Ramalina capitata (Ach.) Nyl.

Feldmerkmale: Grüngelbliche Strauchflechte mit bis 2 cm dickem, oft dichtrasige bis polsterförmige Lager und schmal bandförmigen, aufrechten Ästen. Die Äste weisen auf der Ober- und Unterseite die gleiche Farbe auf. Das Lager ist mit Haftscheiben am Gestein festgewachsen. Grobkörnige vegetative Ausbreitungseinheiten werden in kopfförmigen Aufbrüchen an den Astenden gebildet.

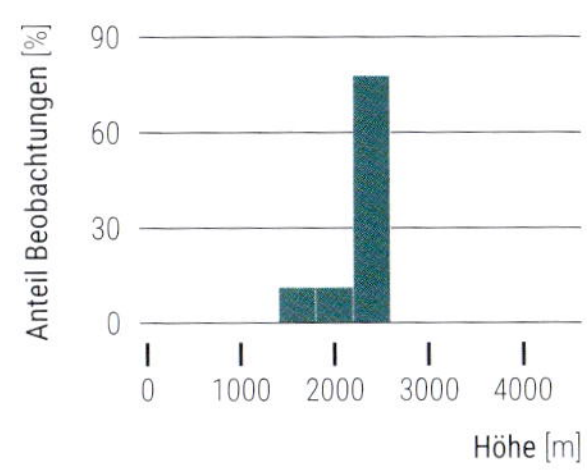

Wissenswertes: Die Kopf-Astflechte ist eine typische Art auf Kulmflächen von Vogelsitzplätzen auf kalkfreiem Gestein in der alpinen Stufe. Dort kommt sie auf grossen Bergsturzblöcken und auf Felsrippen häufig vor. Tiefergelegene Vorkommen sind weniger häufig. Die Art wird durch lokal hohen Nährstoffeintrag (Vogelkot) gefördert und auch durch Vögel ausgebreitet, die sich direkt auf die Lager der Kopf-Astflechte setzen. Äste sind oft abgebrochen (Bild Mitte im Vordergrund), vermutlich dient die Art als Winternahrung, weil die Vorkommen auch im Winter durch starken Wind oft schneefrei sind.

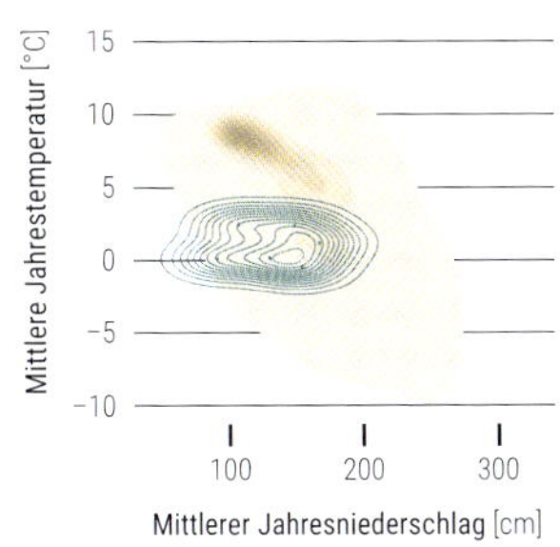

Gefährdung und Schutz: Die Art kommt an geeigneten Stellen regelmässig vor und ist in Silikatgebieten häufig.

Verwechslung: Die Kopf-Astflechte ist an den kopfförmigen Aufbrüchen an den Astenden gut zu erkennen. Sie kommt zusammen mit weiteren Arten der Gattung vor, insbesondere *R. pollinaria,* die hauptsächlich Felsflächen an regengeschützten Überhangsflächen besiedelt.

Kleine Astflechte

EN	NHV
Anzahl Fundorte	9
Substrat	Borke

Ramalina dilacerata (Hoffm.) Hoffm.

Feldmerkmale: Grün-gelbliche Strauchflechte mit bis 2 cm grossem, meist aus einzelnen Ästen bestehendem, selten halbkugelförmigem Lager, mit rundlichen bis leicht abgeflachten, spitz zulaufenden Ästen. Die Äste weisen sehr kleine (Lupe!) Löcher auf, sind hohl oder weisen ein sehr lockeres Mark auf. Die Fruchtkörper sind immer entwickelt und stehen fast endständig an den Ästen. Die Scheiben sind zuerst leicht konkav, später flach bis leicht gewölbt.

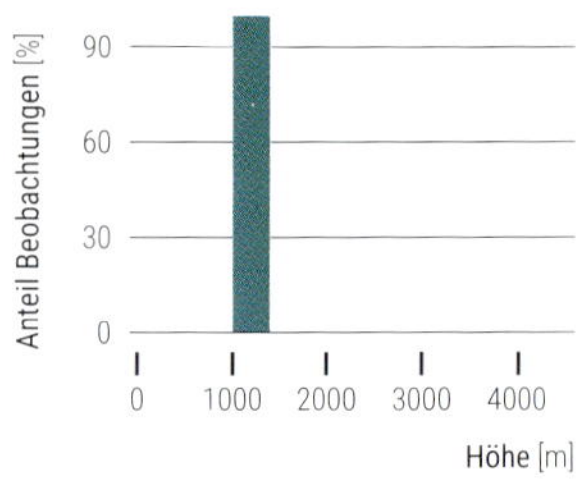

Wissenswertes: Die Kleine Astflechte ist auf Grauerlen-Auenwälder an wenigen Flussabschnitten am Inn im Unterengadin beschränkt. Dort wächst sie meist an direkt am Gewässer stehenden, älteren, oft bereits absterbenden Grauerlen, selten an Weiden.

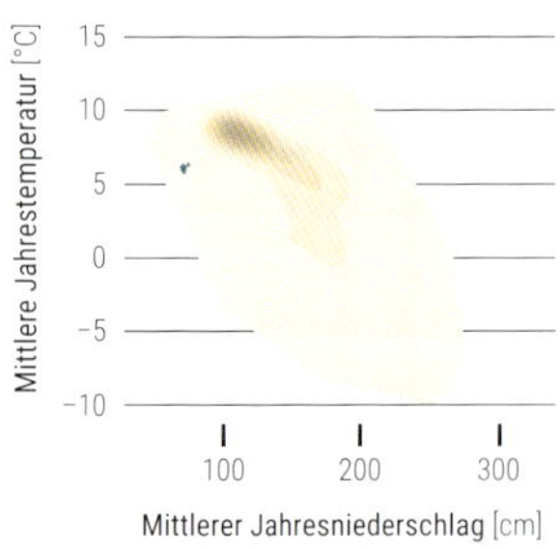

Gefährdung und Schutz: Mehrere Vorkommen der Kleinen Astflechte sind in den letzten zwanzig Jahren erloschen. Massnahmen zur Förderung der Art wurden gestartet, müssen aber verstärkt werden. Für das langfristige Überleben dieser stark gefährdeten und geschützten Art ist es wichtig, dass alle bekannten Vorkommen erhalten bleiben – eine besondere Herausforderung in diesem dynamischen Lebensraum.

Verwechslung: Junge Lager können mit *R. obtusata* verwechselt werden, die aber bald endständige Aufbrüche mit vegetativen Ausbreitungseinheiten bildet. ***Ramalina sinensis*** bildet bandartige Äste mit weissen Aufbrüchen auf schmalen Rippen auf der Lagerunterseite.

Mehlige Astflechte

LC

Anzahl Fundorte	400
Substrat	Borke

Ramalina farinacea (L.) Ach.

Feldmerkmale: Grün-gelbliche Strauchflechte mit bis 15 cm langem, hängendem bis schwach abstehendem Lager und schmal bandförmigen, spitz zulaufenden Ästen. Die Äste weisen auf der Ober- und Unterseite die gleiche Farbe auf. Das Lager ist mit einer Haftscheibe am Substrat festgewachsen. Die Mehlige Astflechte bildet mehlige vegetative Ausbreitungseinheiten in auffälligen Aufbrüchen, welche am Rand der Äste, aber nie an den Astenden entstehen.

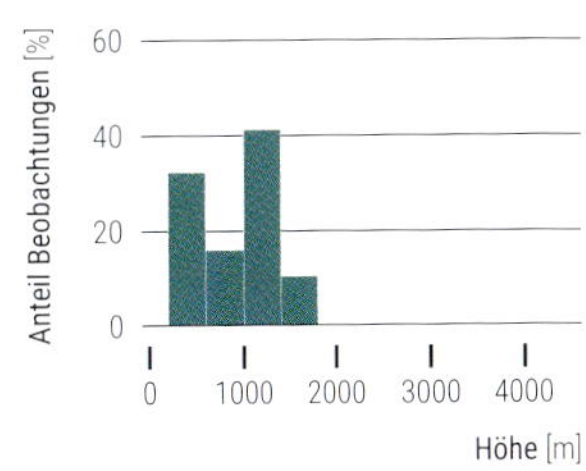

Wissenswertes: Die Mehlige Astflechte ist die häufigste Art der Gattung auf Borke von Laub- und Nadelbäumen. Sie kann ähnlich wie ***Evernia prunastri*** grossflächig ganze Stammseiten überwachsen. In lichtreichen, luftfeuchten Lagen wächst sie besonders üppig, an freistehenden Bäumen bildet sie oft deutlich kleinere Lager.

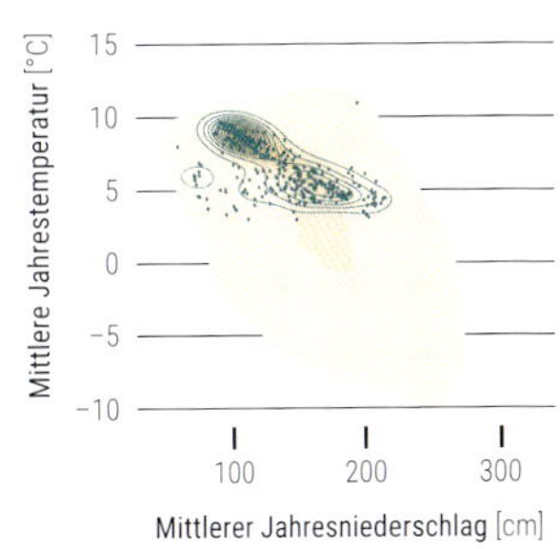

Gefährdung und Schutz: Im Siedlungsraum ist die Art selten und sollte, wie auch einzelne Trägerbäume, geschont werden.

Verwechslung: Die Äste von ***Evernia prunastri*** haben eine weisse Unterseite. *Ramalina pollinaria, R. baltica* und *R. obtusata* unterscheiden sich von der Mehligen Astflechte durch regelmässig vorhandene, endständige Aufbrüche. Von *R. europaea* und *R. roesleri* und ***R. thrausta*** kann die Art anhand der Flechtenstoffe unterschieden werden. Weitere Arten der Gattung, wie ***R. fraxinea*** oder *R. fastigiata*, bilden regelmässig Fruchtkörper.

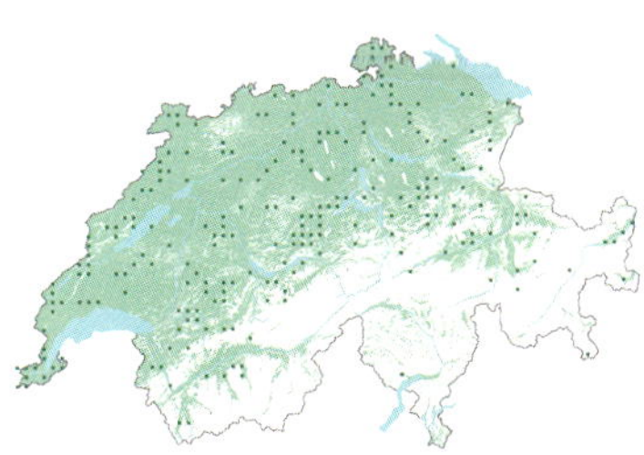

Eschenflechte

NT

Anzahl Fundorte	157
Substrat	Borke

Ramalina fraxinea (L.) Ach.

Feldmerkmale: Grün-gelbliche Strauchflechte mit bis 20 cm langem, hängendem, bis schwach abstehendem, derbem Lager und meist breit bandförmigen, manchmal etwas rinnigen Ästen. Die Äste weisen auf der Ober- und Unterseite die gleiche Farbe auf. Das Lager ist mit einer Haftscheibe am Substrat festgewachsen. Fruchtkörper sind immer an den Rändern, oft auch auf der Oberseite der Äste vorhanden. Die Scheibe ist zuerst deutlich napfförmig, später flach. Vegetative Ausbreitungseinheiten fehlen.

Wissenswertes: Die Eschenflechte wächst vor allem auf Laubbäumen in hochmontanen, niederschlagsreichen Gebieten. Besonders üppig ist die Art auf Wytweiden und an Alleebäumen im Jura und in den Voralpen anzutreffen. Sie wächst meist an dickeren Ästen in Baumkronen. Wenn die Bäume keine Blätter tragen, ist sie aus Distanz gut zu sehen.

Gefährdung und Schutz: Die Eschenflechte ist in Tieflagen oft nur noch auf einzelnen Trägerbäumen zu finden. Solche Vorkommen sind zu schonen.

Verwechslung: Grosse Lager mit breitbandigen Ästen können nicht verwechselt werden. Lager mit rinnigen Ästen können mit *R. calicaris* verwechselt werden, welche die Fruchtkörper nur im oberen Teil der Äste bildet. *Ramalina fastigiata* hat rundliche Äste. Die sehr seltene ***R. sinensis*** hat auf der Lagerunterseite auffällige weisse Aufbrüche und *R. panizzei* hat unregelmässig angeordnete Löcher an den bandförmigen Ästen.

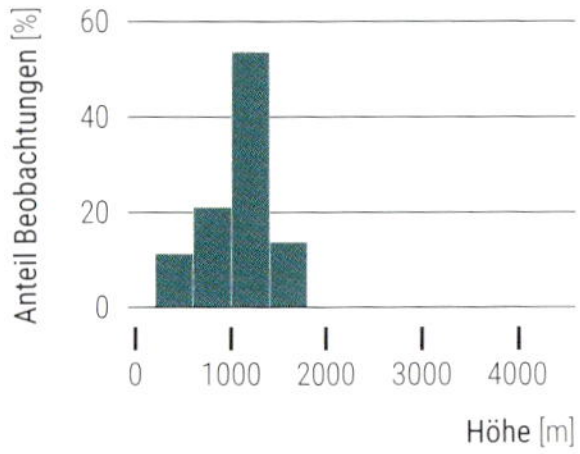

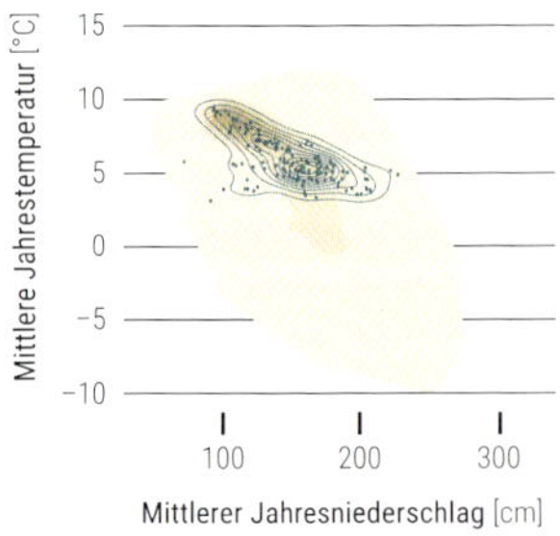

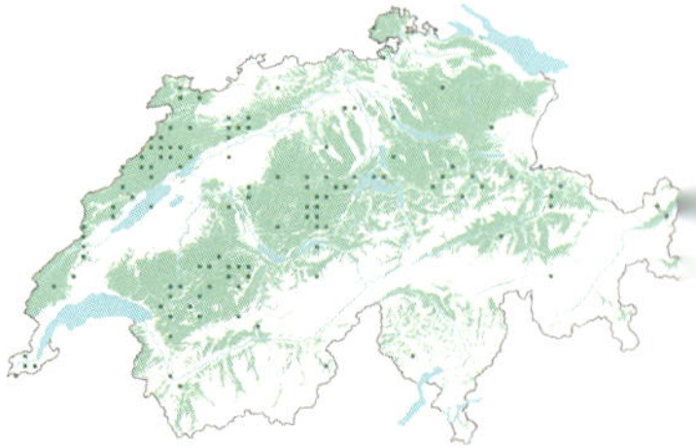

CR

Anzahl Fundorte	8
Substrat	Borke

Chinesische Astflechte

Ramalina sinensis Jatta

Feldmerkmale: Die grün-gelbliche Strauchflechte mit <10 cm langem, abstehendem Lager besitzt meist breite, bandförmige, am Ende zerschlitzte Äste. Diese weisen auf der Ober- und Unterseite die gleiche Farbe auf. Die Oberfläche ist glatt oder unregelmässig netzig. An der Unterseite bilden sich scharfe Längsrippen mit weissen Aufbrüchen (Gasaustausch). Die Flechte ist mit einer Haftscheibe am Substrat festgewachsen. Fruchtkörper bilden sich an den Lappenenden. Die Scheiben sind zuerst angedeutet napfförmig, später flach. An den Rändern bilden sich lange, leicht abbrechende, verzweigte Fortsätze. Sie dienen der vegetativen Ausbreitung.

Wissenswertes: Die Chinesische Astflechte ist trotz intensiver Suche nur von wenigen Fundorten von Grauerlen-Auenwäldern und von freistehenden Bäumen auf Weiden in sehr luftfeuchten Lagen bekannt. Auf Bergahorn wächst die Art auf dünnen Ästen im unteren Bereich der Krone.

Gefährdung und Schutz: Die Schonung aller Vorkommen sowie die Sicherung von geeigneten Nachwuchsbäumen in der unmittelbaren Umgebung der Vorkommen sind wichtige Massnahmen für den langfristigen Erhalt der Chinesischen Astflechte in der Schweiz.

Verwechslung: Die Chinesische Astflechte kann anhand der deutlichen Längsrippen mit den weissen Aufbrüchen von *R. panizzei* und *R. fastigiata* unterschieden werden.

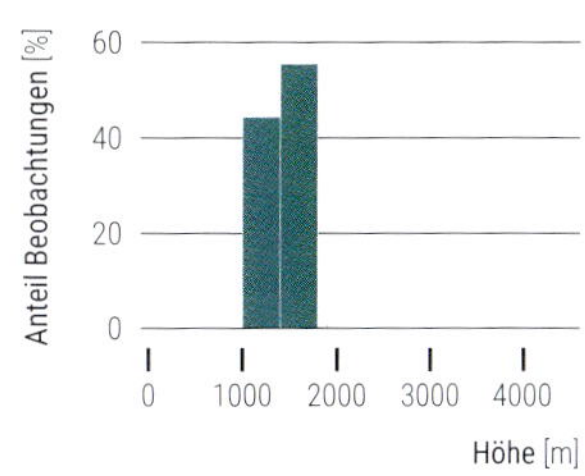

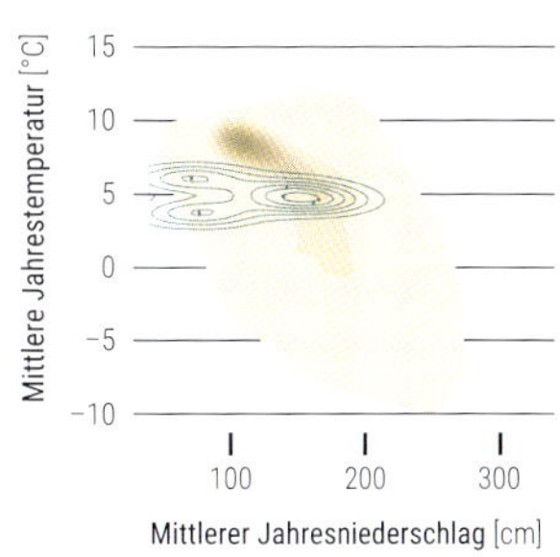

EN

Anzahl Fundorte	35
Substrat	Borke

Engelshaar-Astflechte

Ramalina thrausta (Ach.) Nyl.

Feldmerkmale: Blass grau- bis grün-gelbliche Bartflechte mit bis 15 cm langem, hängendem Lager aus fädigen Ästen. Die Enden der Äste sind meist zurückgebogen und kopfförmig verdickt. Lager sind selten mit einer Haftscheibe am Substrat festgewachsen, meist nur lose mit der Oberfläche des Substrates verheddert. Die kopfförmig verdickten Astenden enthalten vegetative Ausbreitungseinheiten. Die Engelshaar-Astflechte kann sich auch mittels Ästen vegetativ ausbreiten.

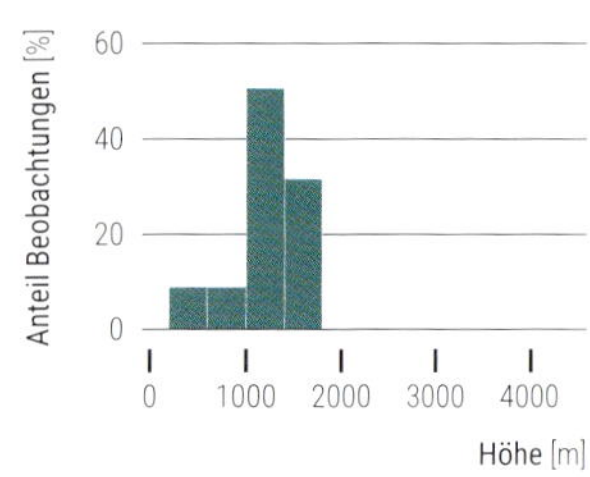

Wissenswertes: Die Engelshaar-Astflechte wächst vor allem an dünnen Ästen in der Schattenkrone von alten Nadelbäumen in sehr luftfeuchten, aber relativ lichtreichen Lagen. Meist kommt sie zusammen mit anderen Bartflechten der Gattungen ***Bryoria***, ***Alectoria*** und ***Usnea*** vor, ist aber kleiner und weniger häufig.

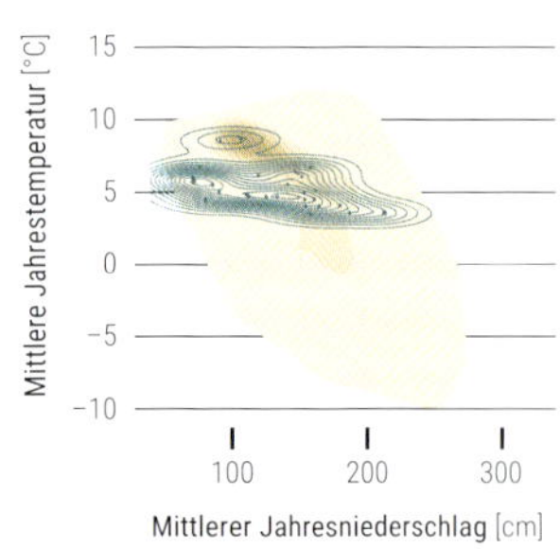

Gefährdung und Schutz: In wenigen Gebieten der Zentralalpen ist die Engelshaar-Astflechte lokal noch recht häufig. In den Nordalpen ist sie sehr stark zurückgegangen und aus vielen Gebieten verschwunden. Alle Trägerbäume der stark gefährdeten Bartflechte sollten geschont werden.

Verwechslung: ***Alectoria sarmentosa*** hat keine zurückgebogenen Astenden mit vegetativen Ausbreitungseinheiten und bildet, vor allem an der Basis, deutlich kräftigere Äste. Helle Formen der Gattung ***Bryoria*** sind nie gelblich.

Schwarzbrustflechte

DD

Anzahl Fundorte	6
Substrat	Erde

Ramonia melathelia (Nyl.) Ertz

Feldmerkmale: Rotoranges bis braunrotes, um 5 cm grosses, pelziges Lager. Die um 0,8 mm grossen Fruchtkörper sind im Lager eingesenkt; nur der sternförmig rissige Teil mit einer punktförmigen Mündung ragt über das Lager hinaus.

Wissenswertes: Die Schwarzbrustflechte wächst auf kalkhaltiger Erde an bergfeuchten, absonnigen Steilflächen in Windheiden, an Felsgraten und Bergsturzblöcken in (sub)alpinen Lagen. Die orangerote Farbe des Lagers stammt vom Algenpartner der Flechte, einer fädigen Grünalge aus der Verwandtschaft von *Trentepohlia*. Diese Algen haben Carotinoide in den Zellen eingelagert, wodurch sie intensiv orange gefärbt sind. Sie benötigen substratfeuchte Standorte und vermögen auch bei schwachem Licht positive Fotosynthese-Bilanzen zu erzielen. Deshalb sind Flechten, welche mit diesen Algen vergesellschaftet sind, an absonnigen Standorten besonders häufig.

Gefährdung und Schutz: Die Schwarzbrustflechte ist an geeigneten Stellen regelmässig zu finden. Sie ist aber oft nur kleinflächig und mit wenigen Fruchtkörpern entwickelt. Die Vorkommen der Art sind in SwissLichens unvollständig dokumentiert.

Verwechslung: Die Schwarzbrustflechte ist anhand der Fruchtkörper mit der sternförmig rissigen Mündung im Feld zu erkennen. Auf Kalkgestein wächst *Sagiolechia protuberans* mit sternförmig eingerissenen Fruchtkörperrändern. Ihr Lager ist aber meist im Gestein eingesenkt.

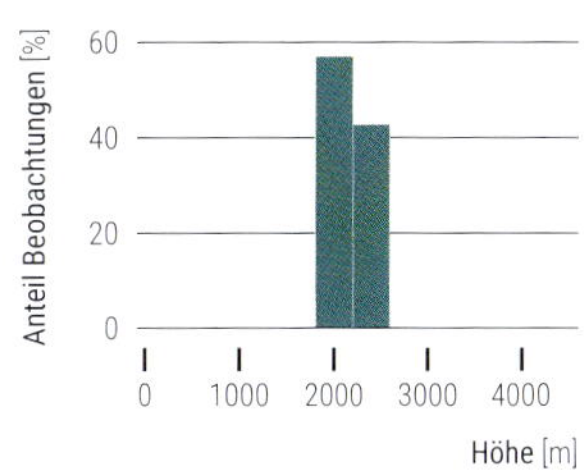

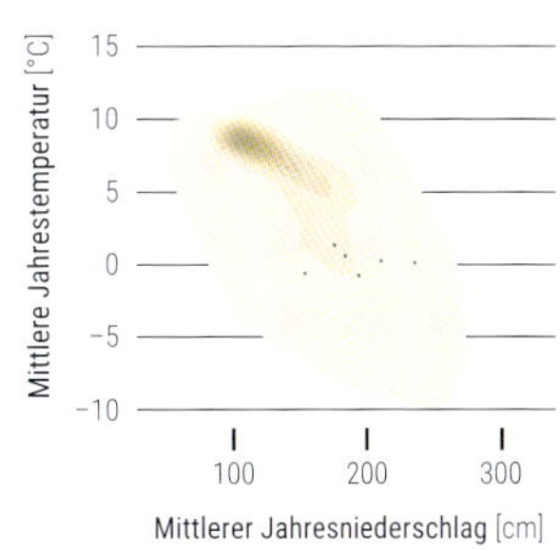

LC

Anzahl Fundorte	80
Substrat	Borke

Leopolds Reichlingie

Reichlingia leopoldii Diederich & Scheid.

Feldmerkmale: Bläulich-graue bis grünliche, über die ganze Fläche staubig oder feinkörnig aufgelöste, bis >20 cm grosse Lager. Auf ausgedehnten Teilen des Lagers entwickeln sich rotbraune, bis 0,4 mm grosse, fleckförmige, später zusammenfliessende, samtartige Nebenfruchtformen, in welchen Konidien des Pilzpartners gebildet werden. Die Konidien dienen der vegetativen Vermehrung.

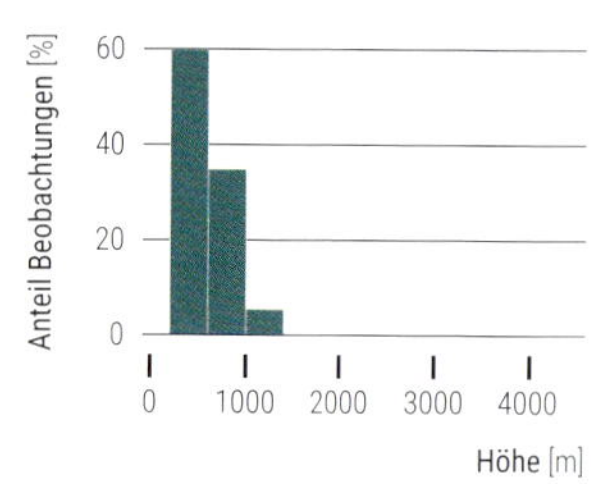

Wissenswertes: Leopolds Reichlingie wächst an der Stammbasis und am Mittelstamm an etwas regengeschützten Stammseiten von meist alten Eichen, Eschen, Fichten und Weisstannen in Wäldern der Tieflagen. Die Art kommt in niederschlagsreichen Regionen häufig in Hartholz-Auenwäldern und (ehemaligen) Mittelwäldern vor, meist zusammen mit *Opegrapha vermicellifera*, ***Inoderma byssaceum*** oder ***Bactrospora dryina***. Mit Ausnahme der sich mit Ascosporen ausbreitenden *B. dryina* vermehren sich die erwähnten Arten hauptsächlich mit Konidien, die von Fluginsekten ausgebreitet werden, welche an den regengeschützten Stammseiten Schutz suchen. Der Algenpartner der genannten Flechten kommt an älteren Stämmen auch freilebend vor.

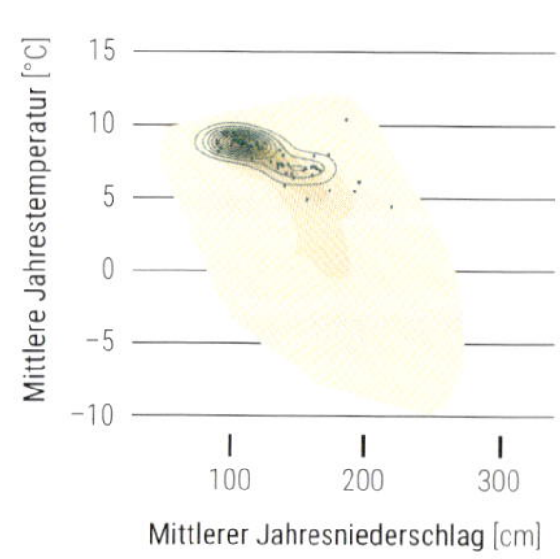

Gefährdung und Schutz: Leopolds Reichlingie ist häufig und an einzelnen Bäumen dominant.

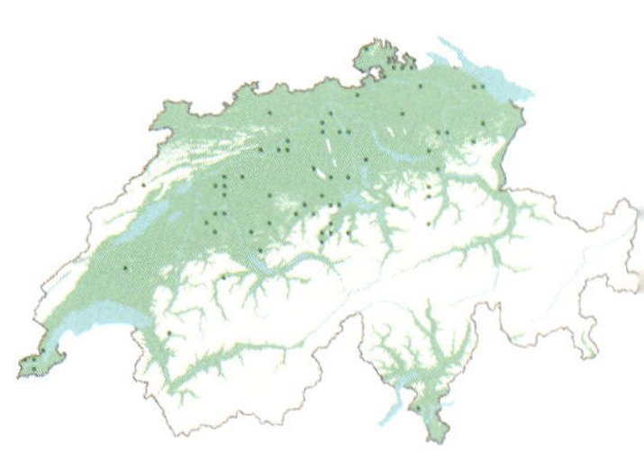

Verwechslung: Leopolds Reichlingie ist im Feld gut zu erkennen. *Cheiromycina flabelliformis* bildet ein grünes, glattes Lager und blaugraue, samtartige Nebenfruchtformen. Ein Bild dieser seltenen Art findet sich bei ***Biatora helvola***.

Alpen-Landkartenflechte

NE

Anzahl Fundorte	3
Substrat	Gestein

Rhizocarpon alpicola (Anzi) Rabenh.

Feldmerkmale: Gelbes bis grüngelbes, rissig bis scharfkantig gefeldertes, bis >10 cm grosses und von einem schwarzen Vorlager umgebenes Lager. Die Areolen sind meist flach und weisen eine unebene, matte Oberfläche auf. Die Fruchtkörper entstehen am Rand der Areolen. Die Scheibe ist flach und meist ohne Rand.

Wissenswertes: Die Alpen-Landkartenflechte wächst auf Silikatgestein, wo sie an Neigungsflächen von Felswänden und Blöcken in schneereichen Lagen in der alpinen und nivalen Stufe vorkommt. Sie ist viel seltener als ***Rhizocarpon geographicum***, mit der sie stets vergesellschaftet ist.

Gefährdung und Schutz: Die Alpen-Landkartenflechte ist in der alpinen Stufe vermutlich recht häufig, aber bisher selten an SwissLichens gemeldet worden.

Verwechslung: Die Alpen-Landkartenflechte wächst immer mit der viel häufigeren und sehr vielgestaltigen ***Rhizocarpon geographicum*** zusammen. Die beiden Arten können nur anhand mikroskopischer Untersuchungen der Sporen unterschieden werden. Allerdings kann die Unterscheidung auch mit einem Taschenmikroskop im Feld gemacht werden – die Alpen-Landkartenflechte hat zweizellige, braune Sporen im Gegensatz zu den braunen, mauerförmigen Sporen von ***R. geographicum***. So kann das zu sammelnde Material im Feld mit grossem Zeitaufwand gezielt ausgewählt werden.

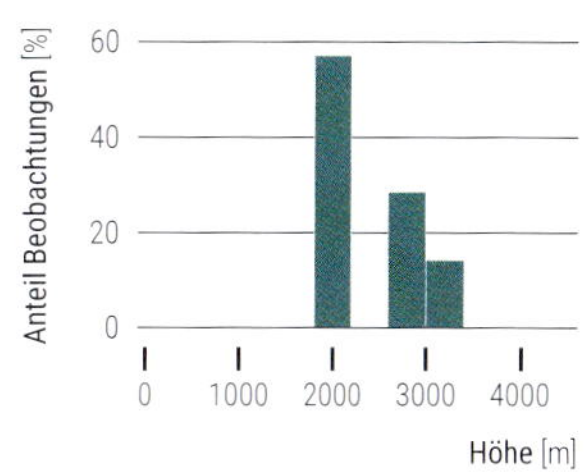

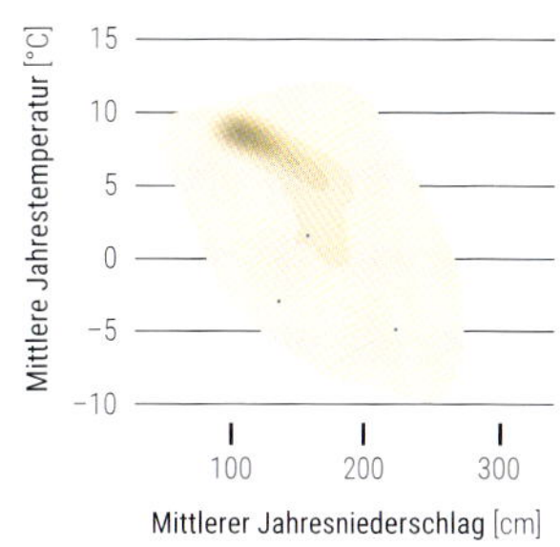

Gewöhnliche Landkartenflechte

NE	
Anzahl Fundorte	137
Substrat	Gestein

Rhizocarpon geographicum (L.) DC

Feldmerkmale: Gelbes bis grüngelbes, rissig bis scharfkantig gefeldertes, bis >10 cm grosses, von einem schwarzen Vorlager umgebenes Lager. Die Areolen sind meist flach und haben eine glatte, matte Oberfläche. Die Fruchtkörper entstehen am Rand der Areolen, bilden flache Scheiben, teils ohne Rand, teils von einem wenig vorstehenden und schmalen bis recht breiten Rand umgeben. Die Art besteht aus mehreren Unterarten.

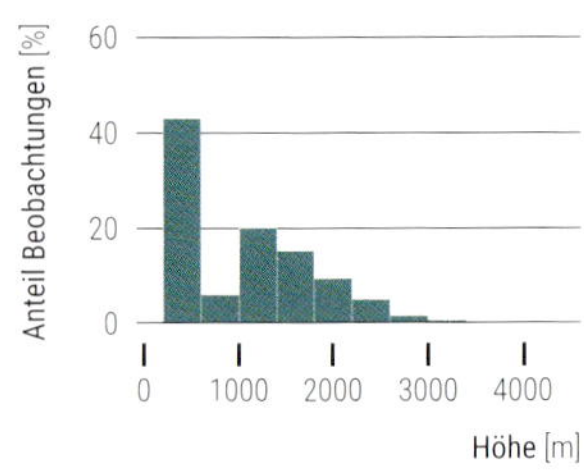

Wissenswertes: Die Gewöhnliche Landkartenflechte ist vermutlich die häufigste, sicher aber die auffälligste Gesteinsflechte auf kalkfreiem Substrat. Im Tiefland wächst sie häufig auf naturroten Tondachziegeln und Mauerkronen aus Gneis. In den Alpen kommt die Art bis in die nivale Stufe auf beregneten Flächen von Silikatgestein und oberflächlich entkalkten Sedimentgesteinen vor. Sie bestimmt die farbliche Patina von alpinen Landschaften in Silikatgebieten.

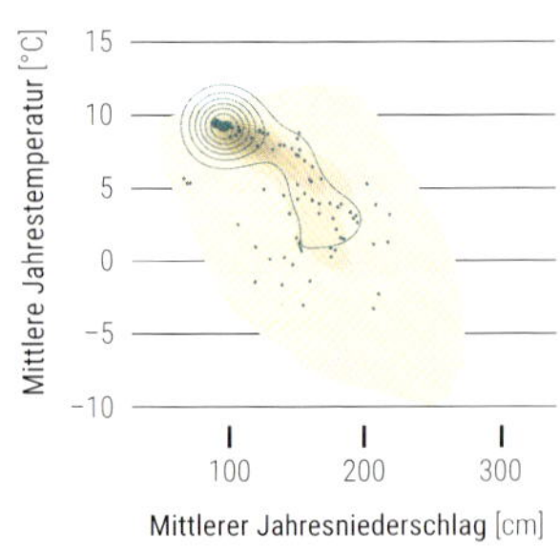

Gefährdung und Schutz: Die Gewöhnliche Landkartenflechte ist sehr häufig. Ihr Vorkommen ist in SwissLichens unvollständig dokumentiert.

Verwechslung: ***Rhizocarpon alpicola*** und weitere Arten der Gattung mit gelbem Lager sind anhand der Flechtenstoffe sowie mikroskopischer Merkmale zu unterscheiden. Einige Arten können aufgrund ihrer speziellen Standortansprüche erkannt werden, etwa *R. ridescens*, die feinkörnige vegetative Ausbreitungseinheiten bildet und auf schwermetallreichem Gestein vorkommt, oder *R. pusillum*, welche ***Sporastatia testudinea*** parasitiert.

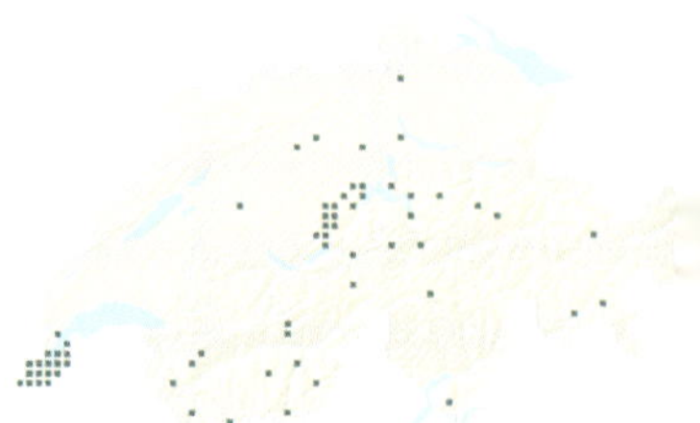

NE

Anzahl Fundorte	14
Substrat	Gestein

Rosa Nabelschild

Rhizoplaca chrysoleuca (Sm.) Zopf

Feldmerkmale: Weissliche bis meist grün-gelbliche, gelappte bis undeutlich blättrige, 4 cm grosse Lager. Die Lager sind genabelt, d.h., die einzelnen Lappen sind nur an einem Punkt, dem Nabel, am Gestein festgewachsen. Die Fruchtkörper sitzen mit verengter Basis auf dem Lager, haben eine gelb- bis rotorange, meist konkave Scheibe und einen schmalen, deutlich vorstehenden Lagerrand.

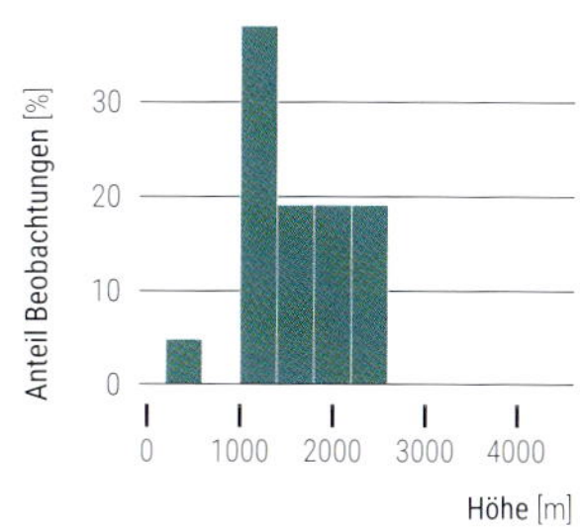

Wissenswertes: Der Rosa Nabelschild wächst an Kulmflächen, an grossen Bergsturzblöcken und Felsrippen auf Silikatgestein von den Tieflagen bis in die alpine Stufe. Die Art ist vor allem in niederschlagsarmen Gebieten häufig, in der alpinen Stufe kommt sie aber auch in niederschlagsreicheren Teilen der Nordalpen vor. Sie ist auf nährstoffreiche Standorte angewiesen und eine stete Art von Vogelsitzplätzen. Sie wird durch lokal hohen Nährstoffeintrag (Vogelkot) gefördert und auch durch Vögel ausgebreitet. In höheren Lagen ist sie oft mit ***Ramalina capitata*** vergesellschaftet.

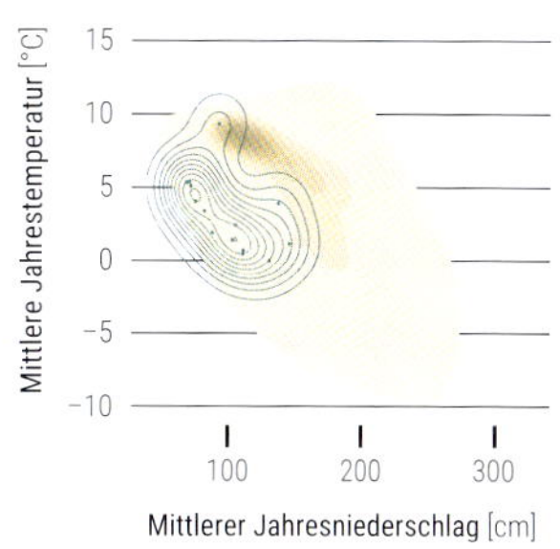

Gefährdung und Schutz: Der Rosa Nabelschild ist in Silikatgebieten weit verbreitet und häufig. Selten wächst die Art auf Mauerkronen und Strassensteinen aus Silikatgestein, wo sie vermutlich durch Vögel ausgebreitet wurde.

Verwechslung: *Rhizoplaca melanophthalma* sieht sehr ähnlich aus, zeigt aber Fruchtkörper mit grüngrauen Scheiben.

Grosse Lungenflechte

EN	NHV	
	Anzahl Fundorte	9
	Substrat	Borke

Ricasolia amplissima (Scop.) De Not.

Feldmerkmale: Hellgraues oder elfenbeinfarbenes, feucht grünliches, bis >30 cm grosses Lager mit locker der Borke anliegenden, bis 1,5 cm breiten und dicken, ledrigen Lappen. Die Oberfläche ist glatt oder querrunzelig. Fruchtkörper sind manchmal vorhanden, haben eine rotbraune Scheibe und einen lagerfarbenen, vorstehenden Rand. Auf dem Lager können manchmal >1 cm grosse, stark verzweigte, schwarze Auswüchse (Cephalodien) beobachtet werden, in welchen der Pilzpartner mit Cyanobakterien vergesellschaftet ist. Die Unterseite ist weisslich und dicht filzig behaart.

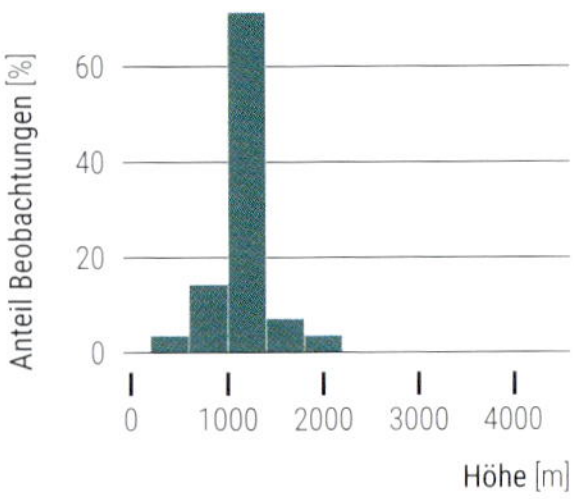

Wissenswertes: Die Grosse Lungenflechte wächst an alten Buchen, Berg-Ahornen und Weisstannen in Wytweiden und lichtreichen Wäldern in niederschlagsreichen Gebieten. Eine Beobachtung stammt von einer absonnigen Felswand auf Silikatgestein in luftfeuchter Lage. Die Cephalodien dienen der Stickstoff-Versorgung der Flechte und ihre Bruchstücke der vegetativen Vermehrung des Pilzpartners.

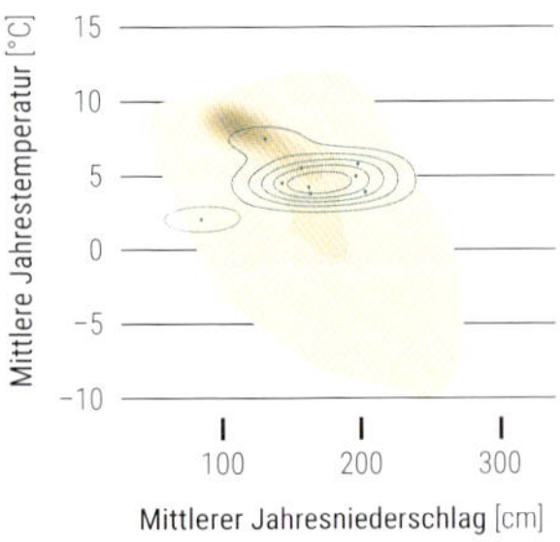

Gefährdung und Schutz: Alle Trägerbäume müssen geschont werden. Für eine langfristige Erhaltung der Baumbestände sollte gesorgt werden. Fast alle Vorkommen mussten in den letzten 30 Jahren durch Artenförderungsmassnahmen gestützt werden, sonst wären sie heute erloschen.

Verwechslung: Arten der Gattungen ***Cetrelia*** und ***Parmotrema*** mit ähnlich breiten Lappen sind an der Unterseite nie filzig behaart.

NE

Anzahl Fundorte	6
Substrat	Gestein

Höckerige Ritzenflechte

Rimularia gibbosa (Ach.) Coppins, Hertel & Rambold

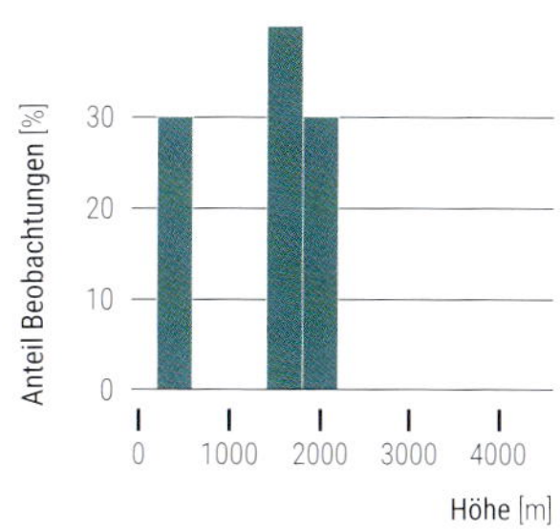

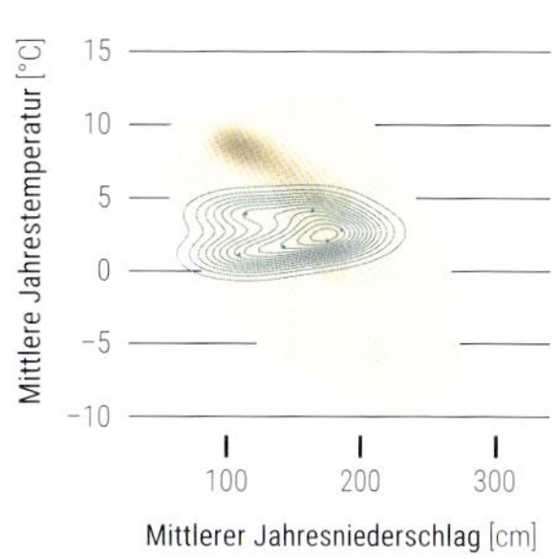

Feldmerkmale: Braungraues bis rosabraunes, flach warziges bis gefeldertes, bis >20 cm grosses Lager. Die Areolen sind matt und schwach gewölbt, stellenweise zapfenförmig verlängert. Zwischen den Areolen liegt ein dünnes, schwarzes Vorlager. Die zapfenförmigen Auswüchse können aufbrechen und grobkörnige, vegetative Ausbreitungseinheiten bilden. Fruchtkörper entstehen nur stellenweise, meist nur dort, wo kaum vegetative Ausbreitungseinheiten vorhanden sind. Die Fruchtkörper sind in den Lagerwarzen eingesenkt, von einem breiten Lagerrand umgeben, deren Scheibe meist flach, rau und oft genabelt, manchmal aber nur punktförmig ist.

Wissenswertes: Die Höckerige Ritzenflechte wächst an wenig saurem Silikatgestein an lichtreichen, ein bisschen durch Sickerwasser oder Bergfeuchtigkeit beeinflussten Steilflächen. Dort bildet die Art oft grossflächige Überzüge mit nur wenigen Begleitarten, darunter die seltene parasitische Flechte *Rhizocarpon mosigiae* mit gelbem Lager (Bild Mitte und rechts). An Flächen, die deutlich länger von fliessendem Wasser beeinflusst sind, wächst ***Koerberiella wimmeriana.***

Gefährdung und Schutz: An Felsen mit geeigneter chemischer Zusammensetzung ist die Höckerige Ritzenflechte regelmässig zu finden.

Verwechslung: ***Koerberiella wimmeriana*** unterscheidet sich anhand mikroskopischer Merkmale der Sporen sowie der Flechtenstoffe.

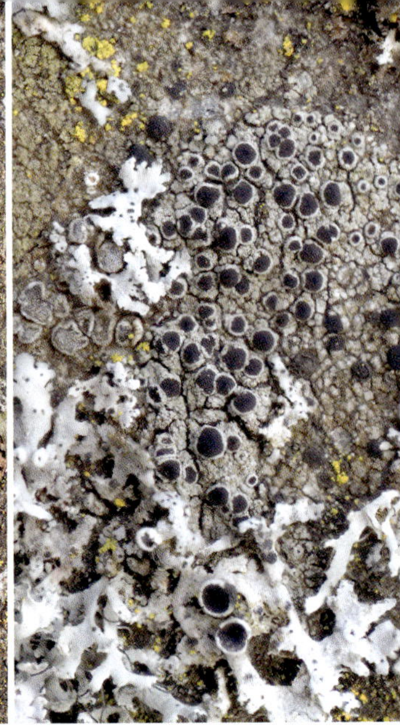

Rinden-Braunsporflechte

NT

Anzahl Fundorte	99
Substrat	Borke

Rinodina capensis Hampe

Feldmerkmale: Weissliches bis beiges, warziges bis gefeldertes, um 3 cm grosses Lager. Die Lagerwarzen sind am Rand meist klein und werden gegen das Zentrum bis 1 mm gross, sind dann flach und leicht warzig uneben. Die Fruchtkörper entwickeln bleibend flache, braunschwarze bis schwarze Scheiben mit matter, leicht rauer Oberfläche und einem schmalen, vorstehenden, lagerfarbenen Rand.

Wissenswertes: Die Rinden-Braunsporflechte siedelt hauptsächlich auf Borke von Fichte, Berg-Ahorn und Grauerle in nicht zu dunklen Tannen-Fichtenwäldern und Grauerlenwäldern. In Grauerlen-Auenwäldern wächst sie regelmässig an Stämmen von absterbenden, älteren Grauerlen und Weiden. Zerstreut kommt sie ebenso an freistehenden Laubbäumen in luftfeuchten Lagen vor.

Gefährdung und Schutz: Durch Revitalisierung von Bächen kann die Fläche von wertvollen Grauerlen-Auenwäldern vergrössert werden. Damit lassen sich diese sowie zahlreiche auf die gleiche Baumart angewiesene, seltene Flechten fördern.

Verwechslung: ***Lecanora pulicaris*** bildet glänzende und meist deutlich rotbraune Scheiben. Die matte, raue Fruchtkörperoberfläche von Arten der Gattung *Rinodina* lässt sich mit 20-facher Lupenvergrösserung im Feld erkennen. Zur Unterscheidung von rindenbewohnenden *Rinodina*-Arten müssen mikroskopische Sporenmerkmale untersucht werden.

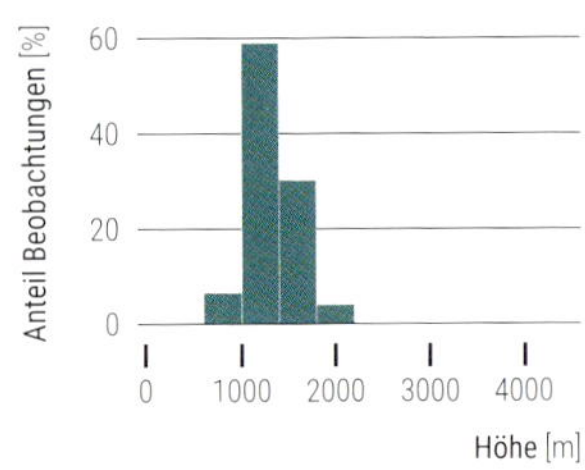

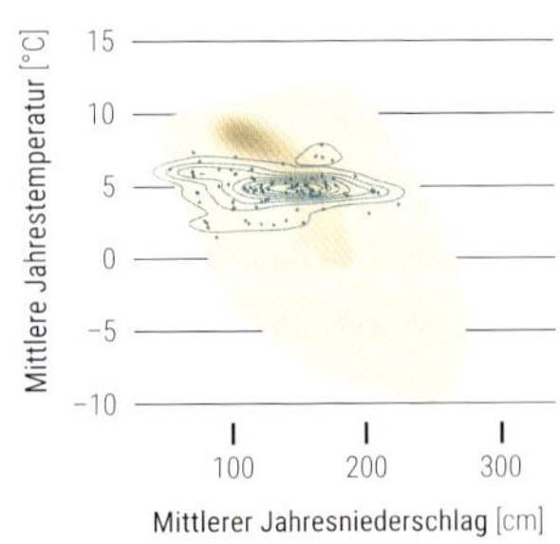

Mergelkalk-Braunsporflechte

Rinodina castanomela (Nyl.) Arnold

NE

Anzahl Fundorte	6
Substrat	Gestein

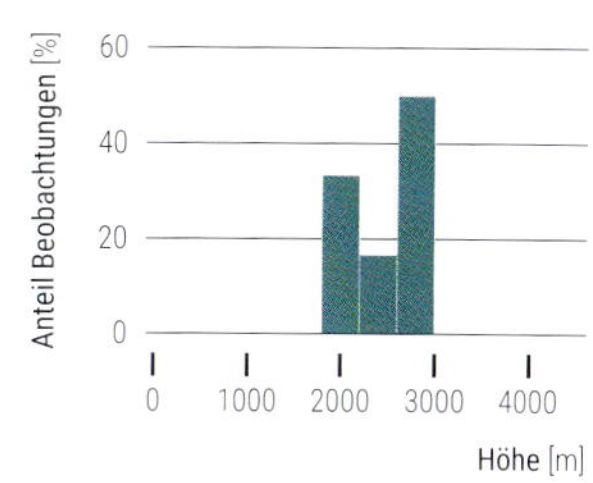

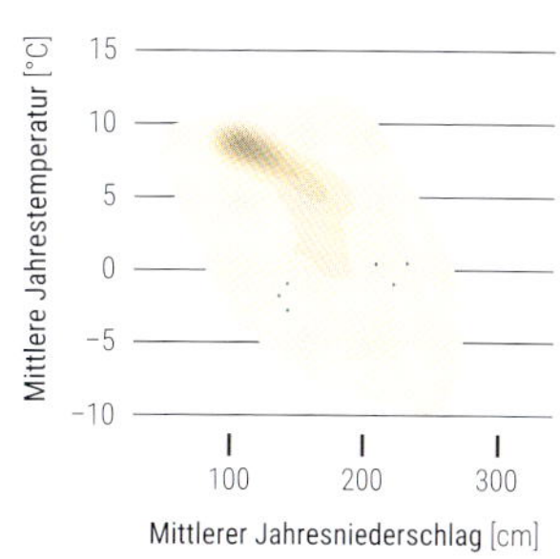

Feldmerkmale: Graubraune bis dunkelbraune, matte und manchmal weiss bereifte, um 3 cm grosse Lager. Das Lager besteht aus zerstreuten Warzen oder dicht zusammenschliessenden, angedeutet schuppigen, bis 1,5 mm grossen Areolen mit meist deutlich gewölbter Oberfläche. Die Fruchtkörper sind zuerst im Lager eingesenkt, später sitzen sie mit breiter Basis auf dem Lager, haben eine flache, braunschwarze, raue Scheibe und einen schwach vorstehenden Lagerrand.

Wissenswertes: Die Mergelkalk-Braunsporflechte wächst an beregneten Neigungsflächen auf Felsplatten und -rippen auf schwach kalkhaltigem Gestein in der alpinen Stufe. Die Standorte an den Felsrippen sind durch Vogelkot leicht gedüngt. Nebst kalkliebenden und kalkmeidenden Arten gibt es eine grössere Zahl von meist seltenen Arten, die auf schwach kalkhaltige Substrate angewiesen sind. Dazu gehören auch ***Lecanora dispersoareolata***, ***Lecanora diaboli*** und *L. freyi* sowie auf Erde ***Solorina octospora*** und ***Anaptychia bryorum***.

Gefährdung und Schutz: Die Mergelkalk-Braunsporflechte ist selten, weil Felsflächen mit passendem Kalkgehalt relativ kleinflächig entwickelt sind.

Verwechslung: *Rinodina castanomelodes* hat ein dünneres Lager und ist weniger kräftig, *R. lecanorina* wächst oft auf Vogelsitzplätzen. Die Mergelkalk-Braunsporflechte kann meist im Feld angesprochen werden, aber bei allen Arten dieser Gattung sollten die Sporen sorgfältig mikroskopisch untersucht werden.

EN

Anzahl Fundorte	12
Substrat	Borke

Stiftchen-Braunsporflechte

Rinodina isidioides (Borrer) H. Olivier

Feldmerkmale: Weissliche bis grau-grünliche, bis 3 cm grosse, aus feinen, fingerförmigen Stiftchen bestehende Lager. Die Stiftchen entstehen aus feinen Warzen oder an den Rändern handförmiger Schuppen. Sie brechen leicht ab und dienen dann als vegetative Ausbreitungseinheiten. Selten entwickeln sich zwischen ihnen bis 1 mm grosse, bleibend hellgrau berandete Fruchtkörper mit flacher, hellbrauner Scheibe.

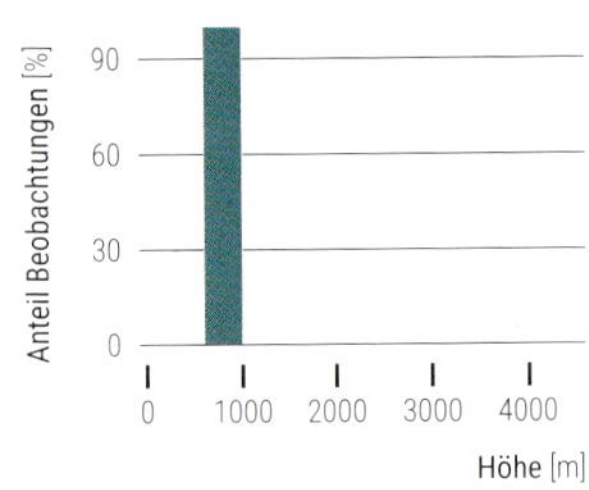

Wissenswertes: Die Stiftchen-Braunsporflechte wächst in den Südalpen an weicher, stark vermorschter Borke von alten Edelkastanien in Kastanienselven sowie im Kanton Uri in hochmontanen Lagen auf rauer Borke von Buchen in lichten Tannen-Buchenwäldern. Die Art bevorzugt ziemlich lichtreiche Standorte in absonnigen Lagen mit erhöhter Luftfeuchtigkeit.

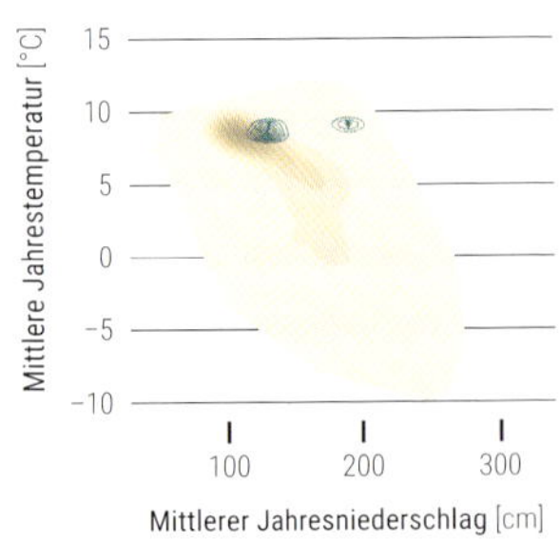

Gefährdung und Schutz: Alle Trägerbäume sollten geschont werden. Zudem gilt es, die langfristige Erhaltung der Baumbestände zu sichern. Kleinere Vorkommen können durch Transplantation auf weitere Trägerbäume gestützt werden.

Verwechslung: Fruchtende Lager der Stiftchen-Braunsporflechte können im Feld sicher angesprochen werden, bei sterilen Lagern sollten die Flechtenstoffe bestätigt werden. Die Art wächst zusammen mit *Rinodina poeltiana*, deren Lager aus hellbraunen, flachen Warzen besteht, welche oft knollenförmige Auswüchse bilden. Ihre Fruchtkörper sind flach berandet und haben eine dunkelbraune Scheibe.

NE	
Anzahl Fundorte	7
Substrat	Gestein

Braungrauer Netzfleck

Schaereria fuscocinerea (Nyl.) Clauzade & Cl Roux

Feldmerkmale: Graubraunes, scharfkantig gefeldertes, bis >10 cm grosses Lager. Die Areolen sind leicht gewölbt und haben eine glatte, seidenglänzende Oberfläche. Die Fruchtkörper entstehen einzeln oder bis zu drei pro Areole. Zuerst vollständig im Lager eingesenkt, haben sie einen flachen Lagerrand und eine etwas vertieft sitzende Scheibe. Später, dem Lager mit breiter Basis aufsitzend, entwickeln sie von einem vorstehenden Eigenrand umgebene, flache bis leicht gewölbte Scheiben.

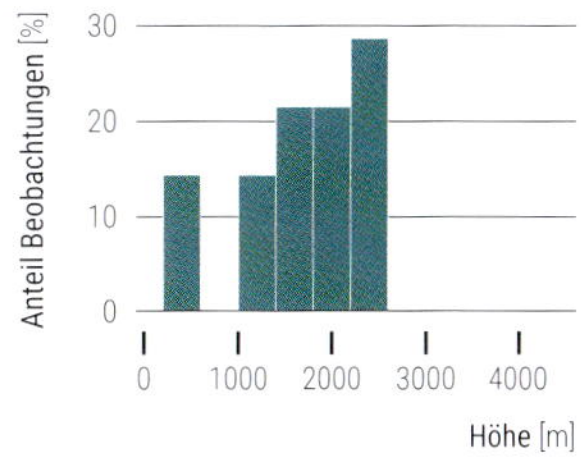

Wissenswertes: Der Braungraue Netzfleck wächst auf sonnigen Vertikalflächen von harten Silikatgesteinen an Felsgraten und grossen Bergsturzblöcken von der hochmontanen bis in die alpine Stufe. Sie wird oft von ***Buellia uberior*** und *B. miriquidica* parasitiert, wobei der Fotobiont der Wirtsflechte übernommen wird. Später können die beiden parasitischen Flechten unabhängig von ihrer Wirtsflechte leben. Der Gattungsname erinnert an Ludwig Emanuel Schärer (1785–1853), Pfarrer in Belp, der zahlreiche Flechtenarten entdeckt und für die Wissenschaft beschrieben hat. Er war auch Mitgründer der Schweizerischen Naturforschenden Gesellschaft.

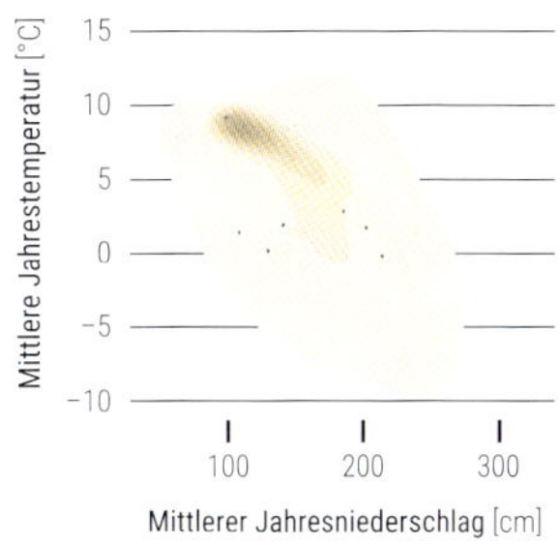

Gefährdung und Schutz: Der Braungraue Netzfleck ist in Silikatgebieten häufig. Vorkommen in tieferen Lagen sind bisher ungenügend untersucht worden.

Verwechslung: *Schaereria cinereorufa* hat ein braunes, schuppiges Lager, ***Orphniospora mosigii*** Fruchtkörper, die in Gruppen stehen.

NT

Anzahl Fundorte	150
Substrat	Borke

Tannen-Spaltaugenflechte

Schismatomma pericleum (Ach.) Branth & Rostr.

Feldmerkmale: Rosa- bis orangeweissliches, feinkörniges bis flachwarziges, bis 20 cm grosses Lager. Fruchtkörper werden bis 2 mm gross und haben in reifem Zustand einen rundlichen Umriss und sind dem Lager breit aufsitzend. Sie sind weiss berandet und haben eine flache, braunschwarze Scheibe.

Wissenswertes: Die Tannen-Spaltaugenflechte wächst an Stämmen alter Weisstannen und Fichten, in historisch alten, naturnahen Gebirgswäldern in niederschlagsreichen Gebieten oder luftfeuchten Lagen. Die Art besiedelt bevorzugt die leicht regengeschützten Stellen.

Gefährdung und Schutz: Vorkommen sollten geschont werden und für die Ausscheidung von Biotopbäumen oder Waldreservaten berücksichtigt werden.

Verwechslung: Die Tannen-Spaltaugenflechte ist anhand des rosaroten, meist recht dicken Lagers und der leicht unregelmässig geformten, rundlichen Fruchtkörper im Feld gut zu erkennen. *Schismatomma ricasolii* hat deutlich verlängerte, oft verzweigte Fruchtkörper mit schmaler Scheibe. Die Art kommt auf Laubbäumen vor. Für die schwierige Unterscheidung von der Tannen-Spaltaugenflechte können zusätzlich Flechtenstoffe und mikroskopische Sporenmerkmale herangezogen werden. *Pseudoschismatomma rufescens* und Arten der Gattung ***Opegrapha*** haben ein dünnes Lager und lange, schmale Fruchtkörper.

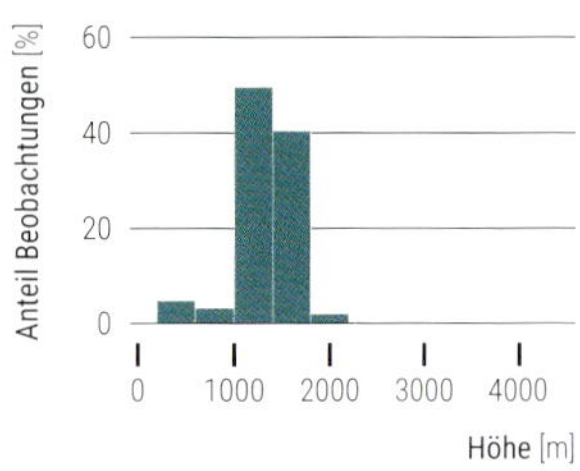

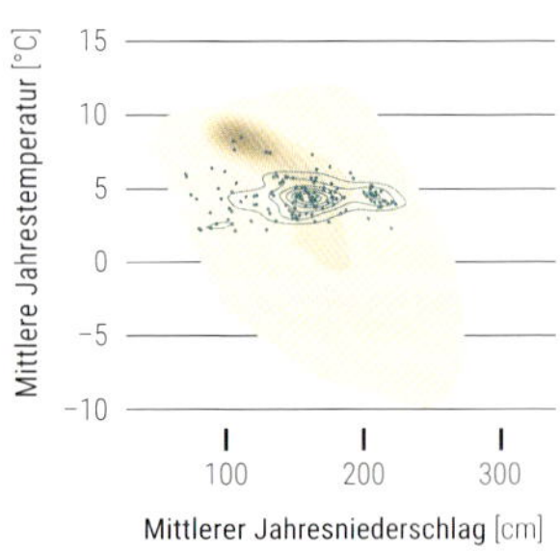

VU

Anzahl Fundorte	25
Substrat	Borke

Weisse Staubkopfflechte

Sclerophora pallida (Pers.) Y. J. Yao & Spooner

Feldmerkmale: Lager in der Borke eingesenkt, wenige Zentimeter gross und nur durch eine leichte graue Verfärbung der Borke zu erahnen. Darauf stehen <1 mm hohe stecknadelförmige Fruchtkörper mit an der Basis oft weisslichen, im oberen Teil hellgelblichen Stielchen und einem kugeligen, manchmal weisslich bereiften Köpfchen, in welchem die lockere, hellbraune Sporenmasse gebildet wird.

Wissenswertes: Die Weisse Staubkopfflechte wächst an regengeschützten Stammseiten oder tiefen Borkenrissen von Bergahorn, Esche und Eiche auf Weiden und in lichtreichen Wäldern. Die Art wächst oft ohne Begleitarten und ist dann trotz ihrer Unauffälligkeit mit einer Lupe gut zu finden. Sie bildet aber nie grössere Vorkommen an den Trägerbäumen, ist dafür an grossen, alten Stämmen in mehreren voneinander getrennten, kleinen Lagern vorhanden.

Gefährdung und Schutz: Die meisten Vorkommen sind jeweils auf einzelne alte Bäume beschränkt und sollten geschont werden. Auf Weiden ist darauf zu achten, dass geeignete Baumarten in fortgeschrittener Entwicklung (tiefrissige Borke) auch in Zukunft immer vorhanden sind und natürliche Abgänge von Trägerbäumen kompensieren können.

Verwechslung: Andere Arten der gleichen Gattung haben dunklere Stielchen und bei ***Chaenotheca cinerea*** sind die Stielchen im oberen Teil weiss bereift.

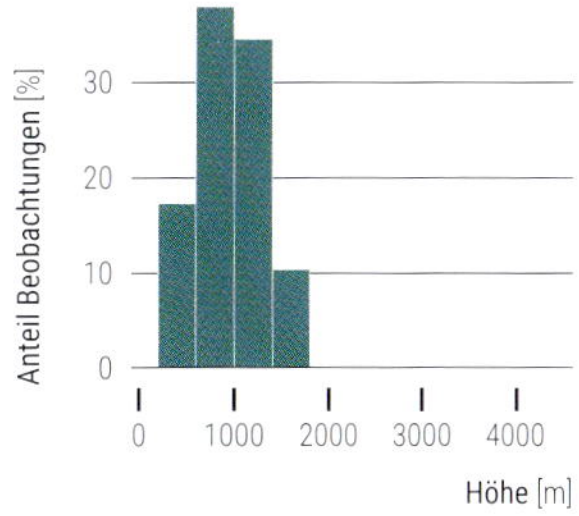

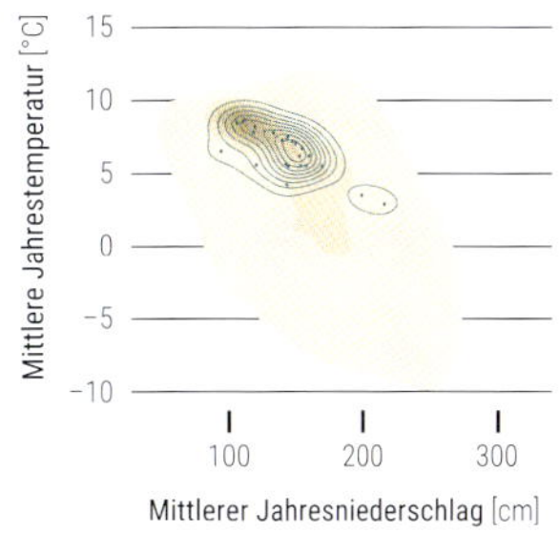

Duftende Leimflechte

CR

Anzahl Fundorte	18
Substrat	Borke

Scytinium fragrans (Sm.) Otálora, P.M. Jørg. & Wedin

Feldmerkmale: Graubraune bis schwärzliche, rosettenförmige, um 0,5 cm grosse, oft zu grösseren Flächen zusammenfliessende Lager. Die Lappen stehen am Rand leicht von der Rinde ab und sind nur im Zentrum am Substrat festgewachsen. Die Fruchtkörper sind häufig zuerst im Lager eingesenkt, später sitzen sie mit breiter Basis auf den Lappen, haben eine konkave, braunrote Scheibe und sind von einem breiten, deutlich vorstehenden Lagerrand umgeben.

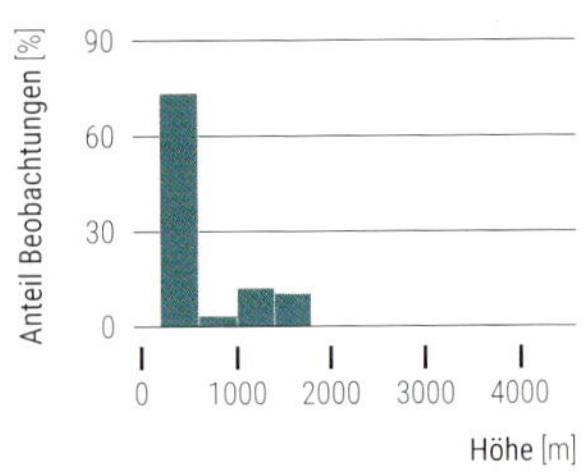

Wissenswertes: Die Duftende Leimflechte wächst an alten Bäumen der Schwarzpappel und des Berg-Ahorns in (Restvorkommen von) Auenwäldern, auf Alpweiden und in Laubmischwäldern. Obschon die Art an den bekannten Trägerbäumen üppig entwickelt ist, kommt sie jeweils nur an einzelnen Bäumen vor. Dies, obwohl in unmittelbarer Umgebung weitere passende Bäume vorhanden sind.

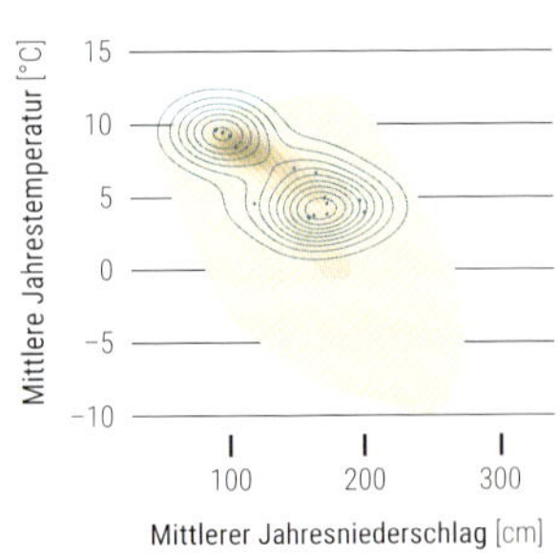

Gefährdung und Schutz: Alle Trägerbäume sollten geschont werden. Die Vorkommen der Duftenden Leimflechte sollten bei der Ausscheidung von Waldreservaten berücksichtigt, freistehende Berg-Ahorne auf Weiden in Sömmerungsgebieten gepflegt und langfristig erhalten werden.

Verwechslung: Die ebenfalls sehr seltenen *Enchylium ligerinum*, *E. conglomeratum* und *Gabura fascicularis* können im Feld nicht immer von der Duftenden Leimflechte unterschieden werden. Feldansprachen sollten anhand von mikroskopischen Untersuchungen der Sporen bestätigt werden.

LC

Anzahl Fundorte	51
Substrat	Erde

Echte Gallertflechte

Scytinium gelatinosum (With.) Otálora, P.M. Jørg. & Wedin

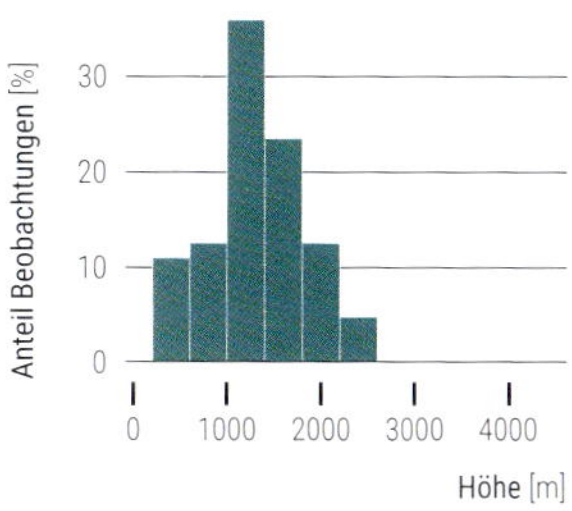

Feldmerkmale: Dunkelbraune bis rotbraune, aus dachziegelig angeordneten Lappen zusammengesetzte, um 3 cm grosse Lager. Die Lappen sind aufsteigend, oft querrunzelig und deutlich glänzend, am Rand breit abgerundet bis handförmig geteilt. Fruchtkörper sind immer vorhanden, zuerst im Lager eingesenkt, später sitzen sie mit breiter Basis auf den Lappen. Sie haben eine konkave, braunrote Scheibe und sind von einem breiten, deutlich vorstehenden Lager- und einem feinen, deutlich helleren Eigenrand umgeben.

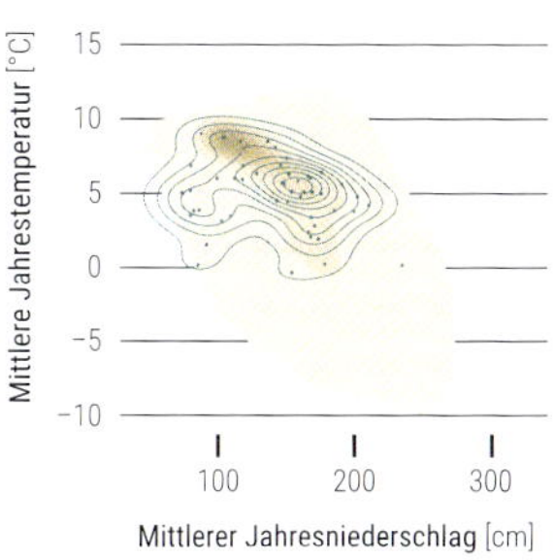

Wissenswertes: Die Echte Gallertflechte wächst meist zwischen Moosen auf Erde und Fels an zeitweise feuchten, aber meist stark austrocknenden Geländestellen in lichten Wäldern, alpinen Rasen und Trockenvegetation. Sie bevorzugt besonnte, aber oft taufeuchte Stellen, entweder auf kalkhaltigen Böden oder auf mineralreichen, nicht stark sauren Substraten über Silikatgestein. Die Echte Gallertflechte kommt deshalb in vielen verschiedenen Vegetationstypen vor, immer aber an konkurrenzschwachen Kleinstandorten, wo sich die Art zwischen Moosen ohne direkte Konkurrenz durch Blütenpflanzen halten kann.

Gefährdung und Schutz: Die Echte Gallertflechte ist ungefährdet.

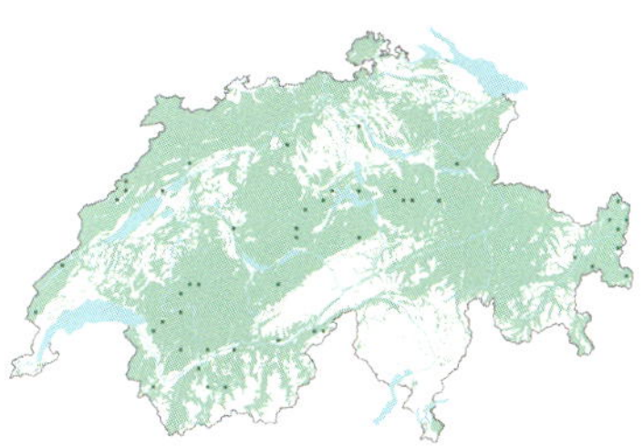

Verwechslung: Die Echte Gallertflechte kann im Feld recht gut erkannt werden. Andere Arten der Gattung wie *Scytinium aragonii*, *S. pulvinatum* und *S. lichenoides* können aber nicht immer unterschieden werden.

NE

Anzahl Fundorte	34
Substrat	Gestein

Schraders Gallertflechte

Scytinium schraderi (Bernh.) Otálora, P.M. Jørg. & Wedin

Feldmerkmale: Braune bis braunschwarze, polsterförmige, meist nur um 1 cm grosse Lager. Die etwa 2 mm langen Ästchen sind aufsteigend bis aufrecht, mehrfach gabelig verzweigt und sie haben eine glänzende, stark in Längsrichtung runzelige bis gefaltete Oberfläche. Fruchtkörper werden sehr selten gebildet. Die Vermehrung erfolgt meist durch Bruchstücke von Ästchen.

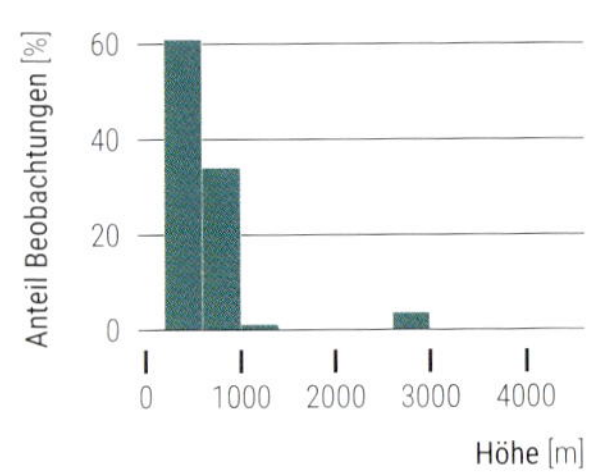

Wissenswertes: Schraders Gallertflechte wächst meist zusammen mit Moosen auf kalkhaltigem Kies in Trockenrasen, auf selten überfluteten Kiesbänken in Auenlandschaften und in skelettreichen alpinen Rasen. Im Siedlungsgebiet kann die Art selten an alten Mauern und auf anthropogenen Steinfluren beobachtet werden. Begleitet wird sie oft mit anderen Arten der Gattung, wie ***S. gelatinosum***, *S. intermedium* oder *S. lichenoides*. Die Vorkommen der Art sind in SwissLichens unvollständig dokumentiert.

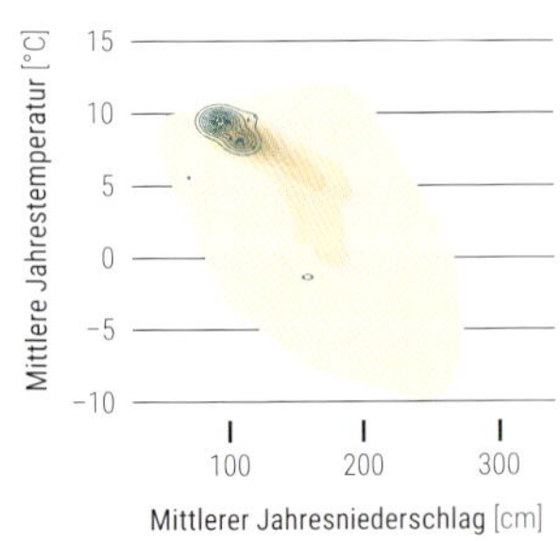

Gefährdung und Schutz: Schraders Gallertflechte ist in Kalkgebieten recht häufig, wird aber, da oft kümmerlich entwickelt, meist erst nach intensiver Suche gefunden.

Verwechslung: Schraders Gallertflechte kann anhand der runzeligen Ästchen im Feld erkannt werden. *Scytinium teretiusculum* hat abgeflachte Ästchen und wächst bevorzugt auf Borke alter Laubbäume.

Zerschlitzter Pelzträger

Seirophora contortuplicata (Ach.) Frödén

NE

Anzahl Fundorte	6
Substrat	Gestein

Feldmerkmale: Rotorange, manchmal orangegelbe, bis 2 cm grosse, polsterförmige Strauchflechte mit schmalen, eingerollten, an den Enden zerschlitzten Lappen, welche vom Gestein aufsteigen. Lappenenden sind oft mit kurzen, durchsichtigen Haaren bewachsen, die aber leicht abbrechen. Vegetative Ausbreitungseinheiten entstehen am Rand der Lappen als kurze Ketten von sprossenden Körnchen. Fruchtkörper sind sehr selten.

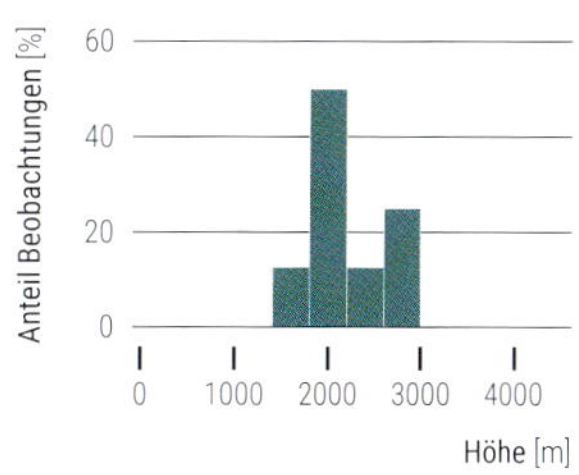

Wissenswertes: Der Zerschlitzte Pelzträger wächst an Überhängen oder regengeschützten Stellen an kalkhaltigen Felsen, meist wenig unterhalb von Kreten oder Kulmflächen. Die Vorkommen liegen direkt unterhalb von Vogelsitzplätzen oder oberhalb von Lägerstellen von wilden Huftieren und sind auf hohen Nährstoffeintrag angewiesen. Die Art wächst meist zusammen mit ***Xanthoria elegans***, aber nur an Stellen, an welchen diese kümmerlich entwickelt ist.

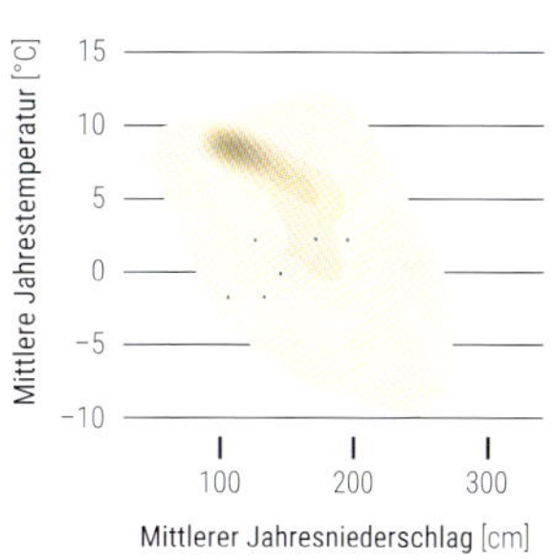

Gefährdung und Schutz: Der Zerschlitzte Pelzträger ist selten und meist auf kleine Vorkommen mit wenigen Lagern beschränkt.

Verwechslung: Der Zerschlitzte Pelzträger unterscheidet sich durch seine stumpfere Farbe und durch die vom Gestein aufsteigenden Lappen deutlich von *Xanthoria elegans*. Gesteinsbewohnende Lager von ***Polycauliona candelaria***, die meist unterhalb der Waldgrenze vorkommt, sind nicht behaart.

LC

Anzahl Fundorte	64
Substrat	Erde

Safranflechte

Solorina crocea (L.) Ach.

Feldmerkmale: Graubraune, im feuchten Zustand olivgrüne, bis 15 cm grosse Lager mit breiten, der Erde aufliegenden, abgerundeten Lappen. Die Lappenränder sind oft kraus aufsteigend. Die Fruchtkörper mit brauner Scheibe sind in den Lappen eingesenkt, aber nicht vertieft liegend. Bruchstücke der Lappenränder dienen der vegetativen Ausbreitung. Die Unterseite ist leuchtend orange und bildet Büschel von langen Rhizinen.

Wissenswertes: Die Safranflechte ist eine häufige und auffällige Art auf kalkfreien Böden in der alpinen Stufe. Sie wächst bevorzugt an Stellen mit langer Schneebedeckung. Sie ist deshalb häufig in Silikat-Schneetälchen zu finden, kommt aber auch an vertieften Stellen in alpinen Rasen und an erdinkrustierten, bergfeuchten Silikatfelsen vor. Der Flechtenpilz ist über die ganze Fläche mit einer Grünalge und einem darunterliegenden Cyanobakterium vergesellschaftet. Die Art wird häufig gefressen, vermutlich von Schnecken. Übrig bleibt nur die orange Unterseite, die gemieden wird.

Gefährdung und Schutz: Die Safranflechte ist nicht gefährdet. Tiefer liegende Vorkommen beispielsweise in Lawinenrunsen sollten geschont werden, weil dort weitere, unauffälligere Erdflechten vorkommen können.

Verwechslung: Die Safranflechte kann aufgrund der orangen Unterseite nicht verwechselt werden.

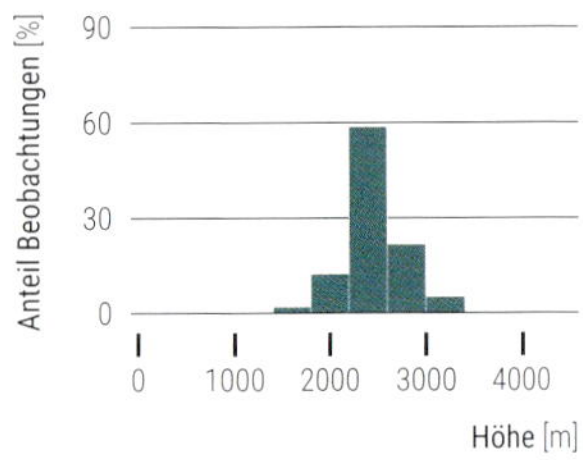

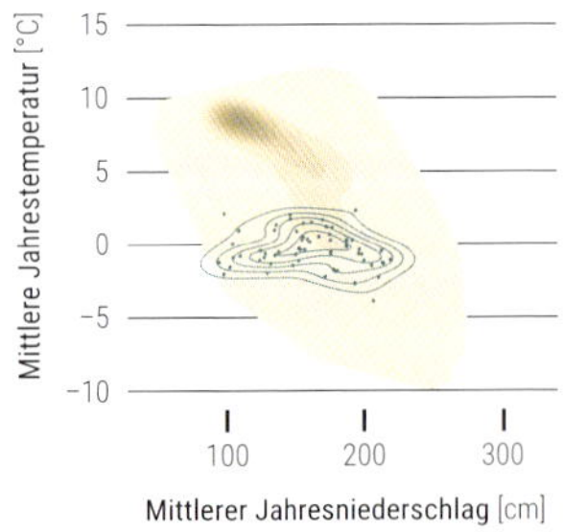

LC

Anzahl Fundorte	4
Substrat	Erde

Achtsporige Sackflechte

Solorina octospora (Arnold) Arnold

Feldmerkmale: Grünbraune, im feuchten Zustand leuchtend grüne, bis 10 cm grosse Blattflechte mit bis 6 mm breiten, der Erde anliegenden, abgerundeten Lappen. Die Lappenenden sind etwas aufsteigend, die Lappenränder älterer Lappen oft kraus. Das Mark ist weiss. Die braunen Fruchtkörper sind in Gruben auf den Lappen eingesenkt. Bruchstücke der Lappenränder dienen der vegetativen Ausbreitung. Die Unterseite ist braun und bildet vereinzelte Rhizinen.

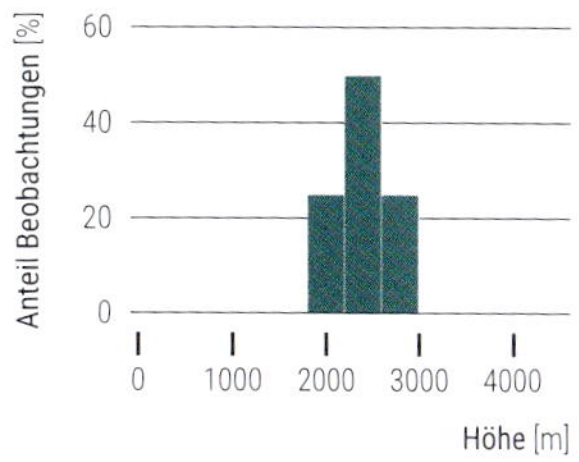

Wissenswertes: Die Achtsporige Sackflechte wächst in der alpinen Stufe in Windheiden und breiten Felsspalten auf schwach kalkhaltiger Erde. Kalkfreie und kalkreiche Böden werden gemieden. Deshalb ist die Art meist nur sehr lokal zu finden, oft mit ***Vulpicida juniperinus*** vergesellschaftet. Gesteinsblöcke mit ***Lecanora dispersoareolata*** zeigen Gebiete an, welche den geeigneten Kalkgehalt im Boden aufweisen können. Die Achtsporige Sackflechte bildet meist nur kleine Vorkommen mit sehr wenigen, in Windheiden oft nur kümmerlich entwickelten Lagern.

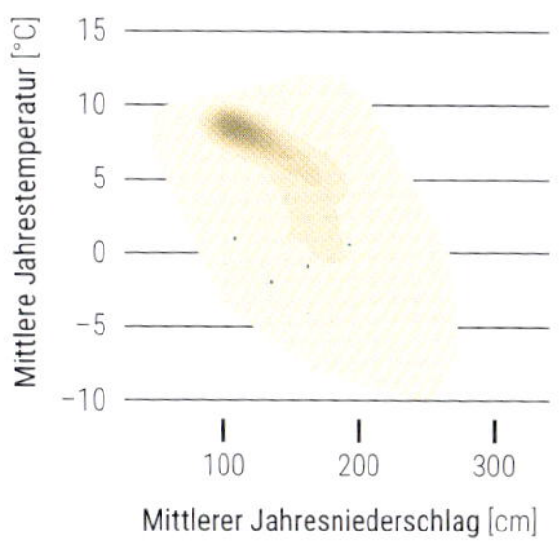

Gefährdung und Schutz: Die Achtsporige Sackflechte ist die seltenste Art der Gattung. Sie ist aber nicht gefährdet.

Verwechslung: Die Achtsporige Sackflechte kann mit den häufigeren *S. saccata* und *S. bispora* verwechselt werden. Diese lassen sich anhand von Sporenmerkmalen unterscheiden. Die viel häufigere ***S. crocea*** hat eine leuchtend orange Unterseite.

Korallen-Kugelträger

VU	NHV	
	Anzahl Fundorte	29
	Substrat	Borke

Sphaerophorus globosus (Huds.) Vain.

Feldmerkmale: Orangebraune, an den Spitzen graue, reich verzweigte, bis 8 cm breite und 5 cm hohe, strauchförmige Lager. Die Ästchen sind drehrund, bilden einen Haupttast und verzweigen sich meist gabelig. Fruchtkörper werden sehr selten gebildet. Viel häufiger dienen abbrechende endständige Ästchen als vegetative Ausbreitungseinheiten.

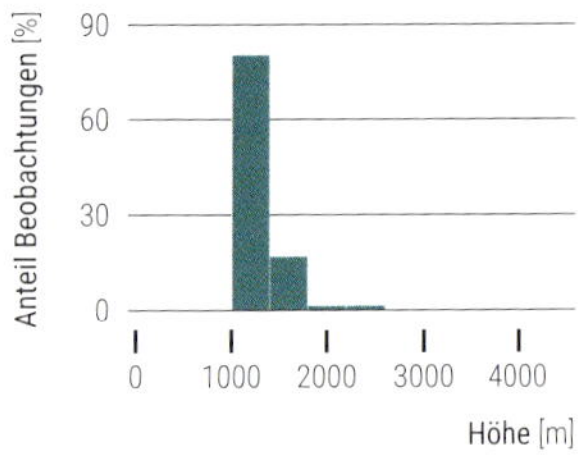

Wissenswertes: Der Korallen-Kugelträger wächst meist am Stamm alter Fichten und Weisstannen in Tannen-Fichten und Tannen-Buchenwäldern in niederschlagsreichen Regionen, seltener in sehr luftfeuchten Lagen niederschlagsarmer Gebiete. Er ist auf historisch alte, naturnahe Wälder angewiesen, wo er jeweils auf wenigen Einzelbäumen oft üppige Vorkommen bildet. Die Art ist auf ziemlich lichtreiche Bestände mit hoher und ausgeglichener Luftfeuchtigkeit angewiesen; Bestandseigenschaften, die durch vernässte Böden oder Kaltluftseen mit langer Schneebedeckung entstehen können.

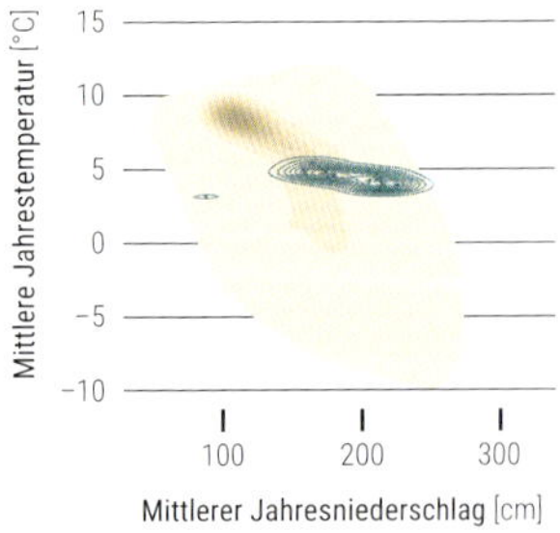

Gefährdung und Schutz: Sämtliche Trägerbäume müssen geschont werden. Die Vorkommen sollten bei der Ausscheidung von Waldreservaten berücksichtigt werden. Kleinere Vorkommen können durch Transplantation von Ästchen auf weitere Trägerbäume unterstützt werden.

Verwechslung: Der vom Aussterben bedrohte *Bunodophoron melanocarpus* wächst an vergleichbaren Standorten wie der Korallen-Kugelträger, hat aber deutlich abgeflachte Hauptäste. *Sphaerophorus fragilis* wächst auf Silikatgestein in alpinen Windheiden.

Braune Schildkrötenflechte

NE

Anzahl Fundorte	23
Substrat	Gestein

Sporastatia testudinea (Ach.) A. Massal.

Feldmerkmale: Gelblich- bis schwarzbraune, gefelderte, bis 5 cm grosse Krustenflechte, bei der oft mehrere Lager zu ausgedehnten Kolonien zusammenwachsen. Die Lager sind von einem schmalen, schwarzen Vorlager gesäumt, die Areolen meist leicht gewölbt und glänzend. Die immer vorhandenen schwarzen Fruchtkörper werden bis 0,6 mm gross, entstehend randlich an den Areolen und sind sehr schmal berandet. Die Scheiben der im Lager eingesenkten Fruchtkörper zeigen eine matte Oberfläche.

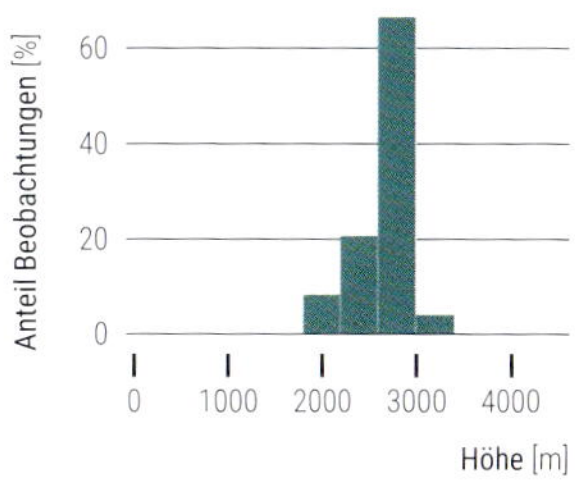

Wissenswertes: Die Braune Schildkrötenflechte ist eine häufige Art. Sie ist an Vertikalflächen von Blöcken und Felsgraten aus hartem Silikatgestein oft die dominierende Krustenflechte. *Rhizocarpon pusillum* bildet kleine gelbe Lager und wächst als parasitische Flechte ausschliesslich auf der Braunen Schildkrötenflechte. Nachdem *R. pusillum* Sporen gebildet hat, sterben die gelben Areolen nach ein paar Jahren ab.

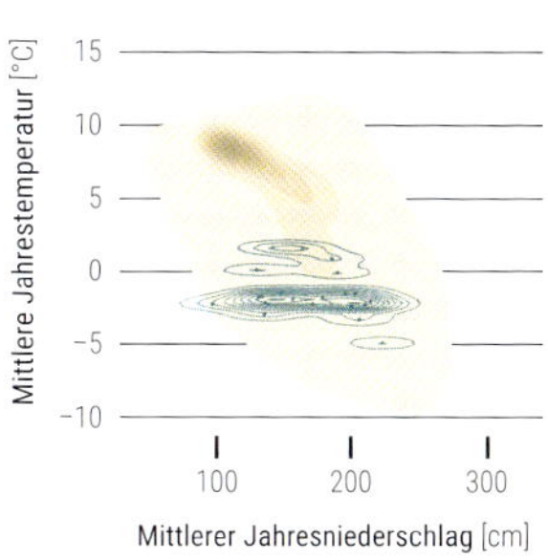

Gefährdung und Schutz: Die Braune Schildkrötenflechte ist in der alpinen Stufe weit verbreitet und häufig.

Verwechslung: Die Braune Schildkrötenflechte ist im Feld in der Regel gut von *Sporastatia polyspora* mit einem helleren, meist grauen Lager zu unterscheiden. Die sichere Unterscheidung von Arten anderer Gattungen wie ***Lecidea***, ***Miriquidica*** und ***Schaereria*** braucht viel Felderfahrung.

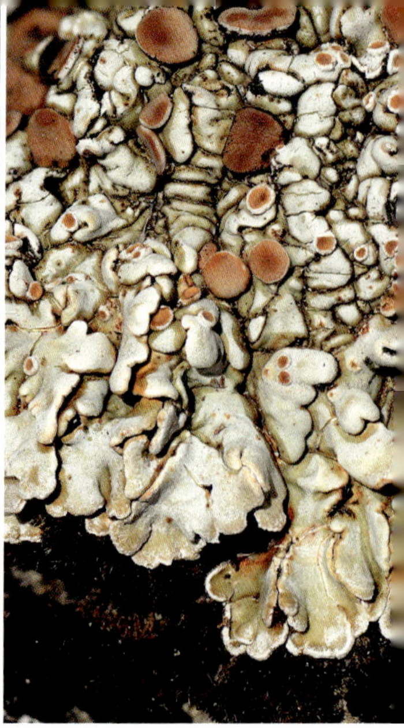

Platten-Schuppenkruste

NT

Anzahl Fundorte	39
Substrat	Gestein

Squamarina cartilaginea (With.) P. James

Feldmerkmale: Grünlich-weisse bis bräunlich-grüne, meist deutlich bereifte, bis 15 cm grosse Lager mit bis 2,5 mm breiten randlichen Lappen und dicken, oft aufsteigenden, konvexen Schuppen im Innern des Lagers. Die Fruchtkörper werden bis 4 mm gross, sitzen mit verengter Basis auf dem Lager auf und zeigen einen schmalen, verschwindenden Rand um eine rötlichbraune Scheibe.

Wissenswertes: Die Platten-Schuppenkruste ist eine auffällige Flechte auf kalkhaltigen, oft erdinkrustierten Felsflächen in Trockenrasen und Felsensteppen. Die Art meidet grosse Felswände und exponierte Felsrippen, wächst aber meist an niedrigen Felsrippen oder auf flach aus dem Boden streichenden Felsplatten und kann von dort aus auch flachgründige Böden überwachsen.

Gefährdung und Schutz: Die Platten-Schuppenkruste benötigt lichtreiche, kleinräumig strukturierte Trockenrasen und Felsensteppen und ist mit zahlreichen weniger auffälligen, oft wesentlich selteneren Flechten vergesellschaftet.

Verwechslung: Auf Erde wachsende Lager der Platten-Schuppenkruste können mit ***Squamarina lentigera*** verwechselt werden, die aber kleinere, deutlich rosettenförmige Lager bildet, kleinere Fruchtkörper hat und sich anhand ihrer Flechtenstoffe unterscheidet. ***Squamarina lamarkii*** wächst an hohen Felswänden in der alpinen Stufe und ***S. gypsacea*** in Felsspalten.

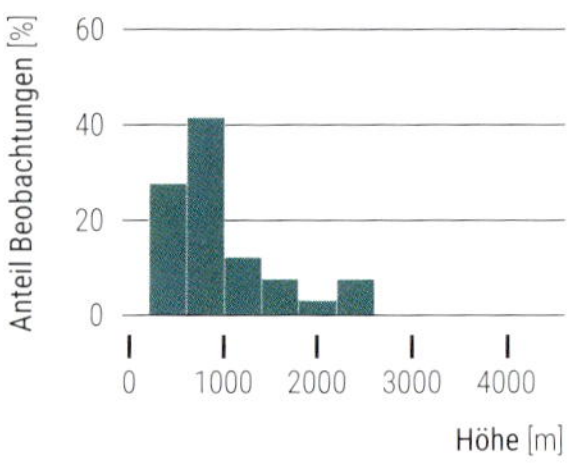

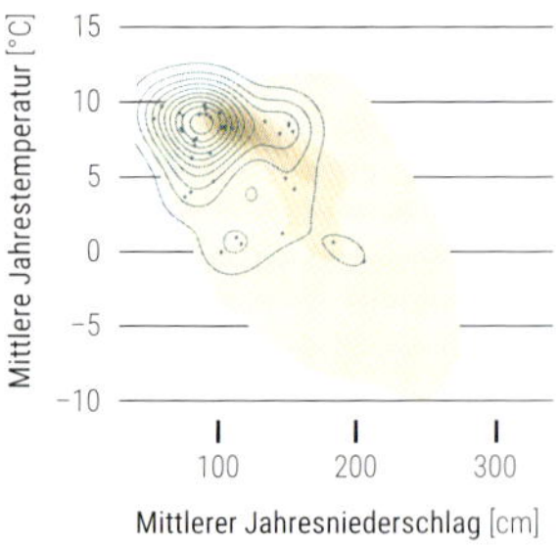

Gips-Schuppenkruste

NE

Anzahl Fundorte	15
Substrat	Gestein

Squamarina gypsacea (Sm.) Poelt

Feldmerkmale: Grünliche, aus dicht gedrängten, meist rundlichen und am Rand weiss gesäumten Schuppen bestehende Lager, welche meist von schmalen Felsspalten ausgehend Felsflächen überwachsen. Die Fruchtkörper werden bis 1 cm gross, haben einen schmalen, verschwindenden Rand und eine gelblich-ockerfarbene Scheibe. In der alpinen Stufe bilden die Lagerschuppen randlich oft verlängerte Lappen, welche leicht abbrechen und als vegetative Ausbreitungseinheiten dienen.

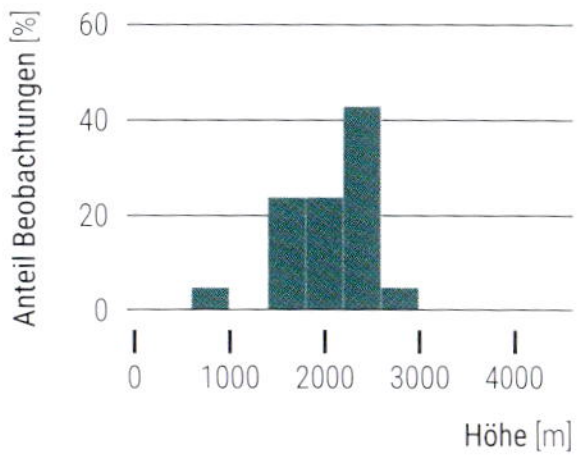

Wissenswertes: Die Gips-Schuppenkruste wächst häufig in Felsspalten von Kalkfelsen, wo sie rundliche Schuppen und regelmässig entwickelte Fruchtkörper bildet. In der alpinen Stufe ist die Form mit zerschlitzten Schuppen recht häufig und kommt dann auch auf kleinflächig entwickelten Windheiden vor, wo die Art häufig mit anderen Krustenflechten wie ***Psora decipiens*** und *Buellia elegans* vorkommt, aber nur wenig Konkurrenz von Strauchflechten wie ***Vulpicida juniperinus*** hat.

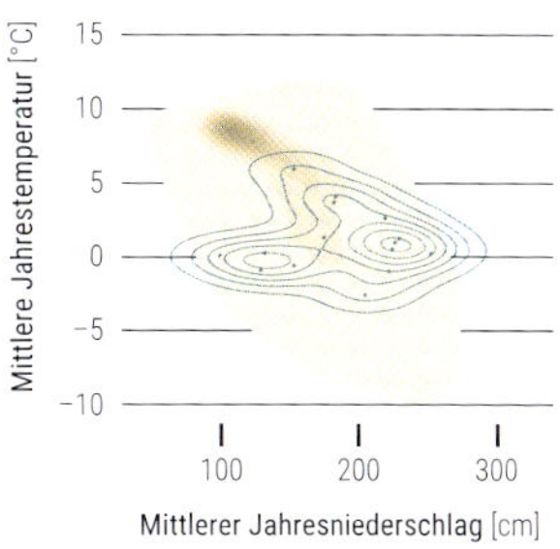

Gefährdung und Schutz: Die Gips-Schuppenkruste ist die häufigste Art der Gattung und von der montanen bis in die alpine Stufe in Kalkgebieten häufig.

Verwechslung: Die alpine Form der Gips-Schuppenkruste mit zerschlitzten Schuppen ist nicht einfach von *S. concrescens* zu unterscheiden, die aber auf lehmigen Böden in Trockenrasen trockenwarmer Gebiete vorkommt und in der Schweiz sehr selten nachgewiesen worden ist.

NE

Anzahl Fundorte	15
Substrat	Gestein

Lamarcks Schuppenkruste

Squamarina lamarckii (DC.) Poelt

Feldmerkmale: Gelblich-weisse, dick weiss bereifte, bis über 30 cm grosse, oft ringförmige Lager mit kurzen, randlichen Lappen und dicken, oft blasenförmigen Schuppen im Innern des Lagers. Die Fruchtkörper werden nur selten gebildet, können aber bis 10 mm gross werden, sitzen dem Lager breit auf und entwickeln einen schmalen, verschwindenden Rand um die rötlichbraune Scheibe.

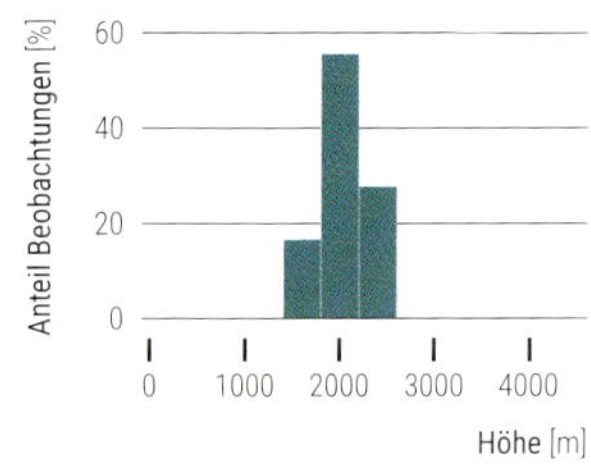

Wissenswertes: Lamarcks Schuppenkruste wächst meist in unzugänglichen, senkrechten Kalkfelswänden in der subalpinen und alpinen Stufe. Die Lager sind zuerst kreisförmig, später sterben die zentralen Teile ab und die Schuppen fallen aus, sodass ältere Lager auffällige, aus Distanz sichtbare Ringe und Ringsegmente bilden. Viele Vorkommen sind von Felsflächen bekannt, welche auch während der letzten Eiszeit immer eisfrei waren.

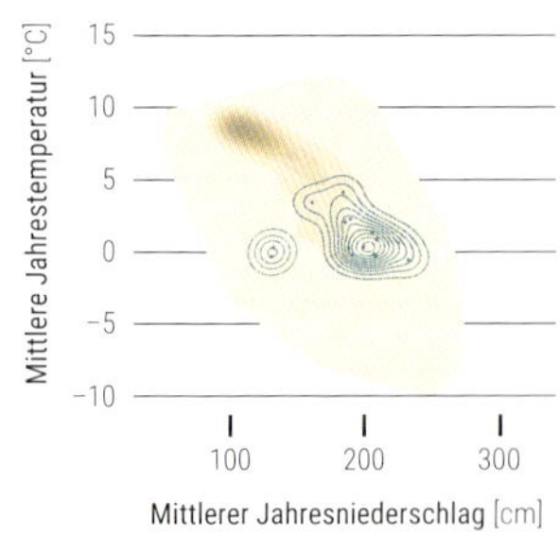

Gefährdung und Schutz: Lamarcks Schuppenkruste ist an geeigneten Felsflächen in den Nordalpen regelmässig zu finden. Im Jura und in den Südalpen ist sie selten.

Verwechslung: *Protoparmeliopsis admontensis* zeigt ein deutlich gelapptes, gefeldertes und nicht blasenförmiges Lager. Diese seltene Art wächst ebenfalls an Kalkfelswänden, kommt aber an deutlich regengeschützten Stellen in Überhangsflächen vor. *Squamarina periculosa* hat ein grünweisses, schwach bereiftes Lager. Sie ist bisher noch nicht in der Schweiz nachgewiesen worden.

VU NHV

Anzahl Fundorte	13
Substrat	Erde

Linsen-Schuppenkruste

Squamarina lentigera (Weber) Poelt

Feldmerkmale: Grünlich-weisse bis gelblich-grüne, bis 5 cm grosse, rosettenförmige Lager mit bis 3 mm langen, dem Substrat anliegenden, am Rand aufgebogenen, wulstig weiss berandeten Lappen. Die Fruchtkörper werden bis 2,5 mm gross, sitzen mit verengter Basis auf dem Lager und zeigen einen schmalen, flachen oder meist leicht vorstehenden Rand um die rötlichbraune Scheibe.

Wissenswertes: Die Linsen-Schuppenkruste wächst meist auf erdbewohnenden Moosen, seltener direkt auf Erde in Vegetationslücken von kalkreichen Trockenrasen. Die Art ist eine typische, aber sehr seltene Vertreterin der Bunten Erdflechtengesellschaft und kommt zusammen mit ***Gyalolechia fulgens*** und Arten der Gattung ***Toninia*** vor.

Gefährdung und Schutz: Die Linsen-Schuppenkruste ist stark zurückgegangen und nur noch von vereinzelten Stellen, mit jeweils nur wenigen Individuen, bekannt. Alle Vorkommen müssen geschont werden. Gezielte Fördermassnahmen sind oft nötig und sollten so durchgeführt werden, dass die flachgründigen Erdauflagen intakt bleiben und nicht durch Tritt aufgebrochen werden.

Verwechslung: ***Squamarina cartilaginea*** wächt meist auf Gestein, kann aber auch auf Erde in Trockenrasen vorkommen. Diese Art unterscheidet sich durch grössere Fruchtkörper, deutlich ausgebildete Schuppen im Zentrum des Lagers und anhand ihrer Flechtenstoffe. ***Squamarina nivalis*** kommt nur in der alpinen Stufe vor.

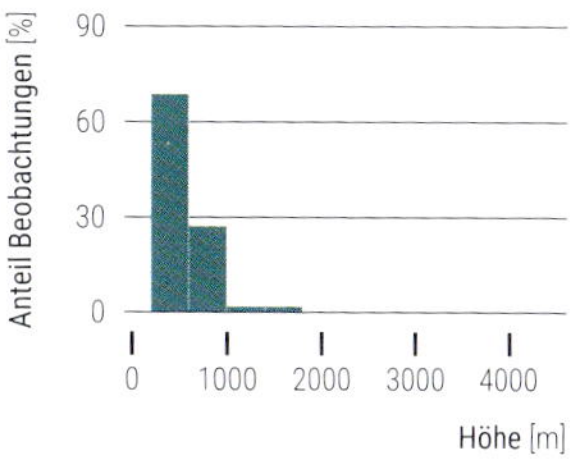

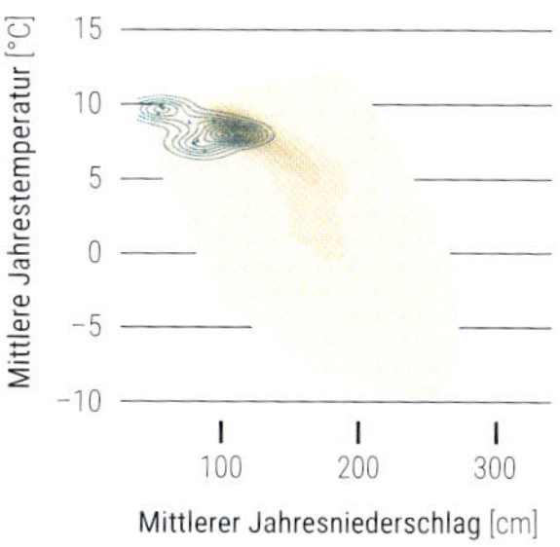

NE

Anzahl Fundorte	3
Substrat	Erde

Schnee-Schuppenkruste

Squamarina nivalis Frey & Poelt

Feldmerkmale: Gelblich-weisse, bis 5 cm grosse, meist aber deutlich kleinere, rosettenförmige Lager mit bis 5 mm langen, dem Substrat anliegenden, flachen oder leicht eingerollten Lappen. Die Fruchtkörper sind zuerst etwas im Lager eingesenkt, später sitzen sie mit breiter Basis auf dem Lager auf. Die ockerfarbene Scheibe ist von einem schmalen, flachen Rand umgeben.

Wissenswertes: Die Schnee-Schuppenkruste wächst auf schwach kalkhaltiger Erde in breiten Felsspalten und kleinflächig entwickelten Windheiden auf Felsrippen in der alpinen Stufe. Sie wird oft zusammen mit *Buellia elegans* und ***Squamarina gypsacea*** beobachtet, scheint aber viel enger definierte ökologische Ansprüche zu haben als ihre Begleitarten.

Gefährdung und Schutz: Die Schnee-Schuppenkruste ist eine der seltensten alpinen Erdflechten. Trotz intensiver Suche sind bisher nur wenige Vorkommen entdeckt worden. An den bekannten Fundorten tritt die Art aber lokal recht häufig auf und sollte geschont werden.

Verwechslung: Die Schnee-Schuppenkruste ist im Feld in der Regel gut zu erkennen. ***Squamarina lentigera*** wächst auf Erde in Trockenrasen in tiefen Lagen und unterscheidet sich durch wulstige, randlich etwas aufgebogene Lappen. ***Squamarina cartilaginea*** und ***S. gypsacea*** bilden deutlich grössere Lager.

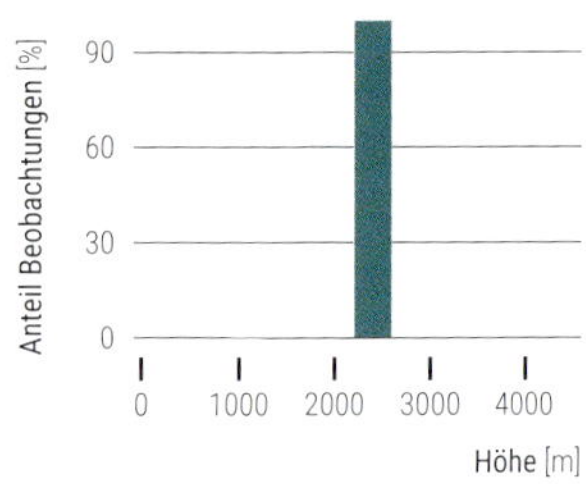

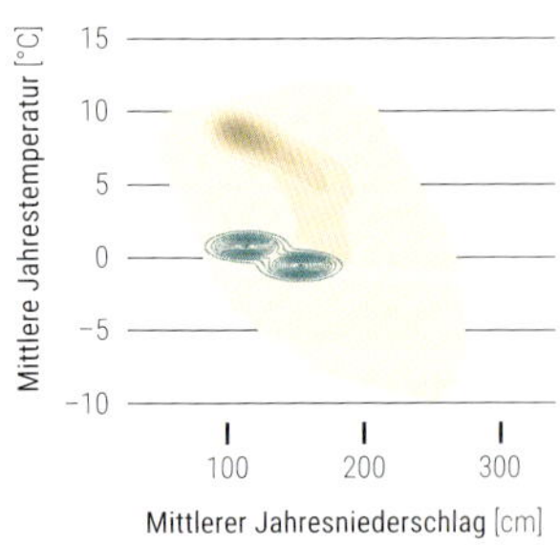

LC NHV

Anzahl Fundorte	58
Substrat	Erde

Alpine Korallenflechte

Stereocaulon alpinum Laurer

Feldmerkmale: Weissliche, bis 6 cm hohe Strauchflechte, welche bis 20 cm grosse Lager bildet. Die Oberseite von waagrecht wachsenden Stängeln ist dicht von grauen Schollen bedeckt, welche zu finger- oder handförmigen Läppchen auswachsen. Die Unterseite ist rosarot filzig, mit darin etwas versteckt liegenden Warzen mit Cyanobakterien. Schwarze, scheibchenförmige Fruchtkörper werden selten gebildet. Sie entwickeln sich an den Enden von beinahe senkrecht wachsenden Stämmchen. Als vegetative Ausbreitungseinheiten dienen Bruchstücke der Stängel.

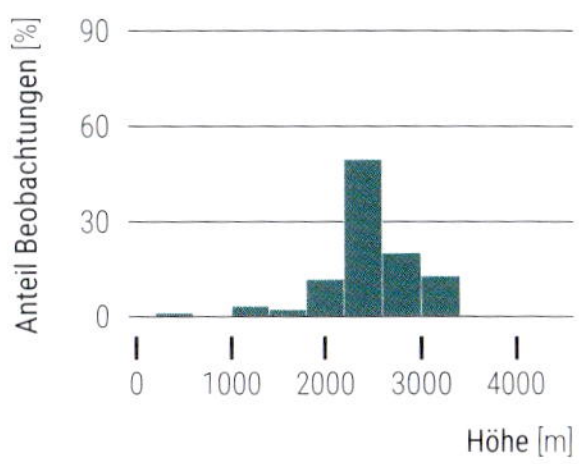

Wissenswertes: Die Alpine Korallenflechte ist die häufigste Art der Gattung. Sie wächst auf skelettreichen, kalkfreien Böden in der alpinen Stufe. Die Art meidet geschlossene alpine Rasen, wächst häufig auf Windkanten oder als frühe Besiedlerin in Gletschervorfeldern. Der Pilzpartner ist nebst der Grünalge mit einem stickstoffbindenden Cyanobakterium vergesellschaftet. Dadurch trägt die Alpine Korallenflechte massgeblich zur Nährstoffversorgung der Vegetation bei.

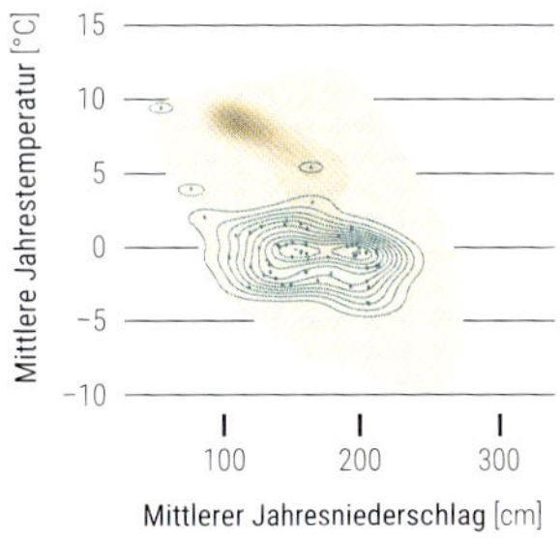

Gefährdung und Schutz: Die Alpine Korallenflechte ist, wie alle Arten der Gattung *Stereocaulon*, in der Schweiz geschützt.

Verwechslung: Vorkommen in Flussalluvionen tiefer Lagen können mit den sehr seltenen *S. capitellatum*, *S. glareosum*, ***S. incrustatum*** und *S. rivulorum* verwechselt werden, die sich anhand genetischer Merkmale (DNA-Barcoding) unterscheiden lassen.

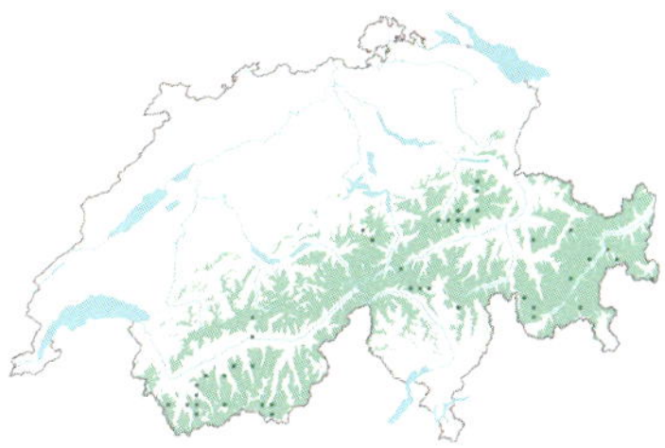

NE NHV

Anzahl Fundorte	10
Substrat	Gestein

Blumenkohl-Korallenflechte

Stereocaulon botryosum Ach.

Feldmerkmale: Weissliche bis bläulichgraue, bis 2,5 cm hohe, dicht polsterförmig wachsende Strauchflechte, welche bis 8 cm grosse Lager bildet. Die Stämmchen sind vor allem im oberen Bereich mehrfach verzweigt und stehen sehr gedrängt und senkrecht. Die Oberseite der Stämmchen ist dicht von weisslichen Schollen bedeckt, welche zu handförmigen Läppchen auswachsen können. Dazwischen liegen vereinzelt Warzen mit Cyanobakterien. Fruchtkörper entstehen sehr selten, an etwas verlängerten Stämmchen. Als vegetative Ausbreitungseinheiten dienen Bruchstücke der Stämmchen.

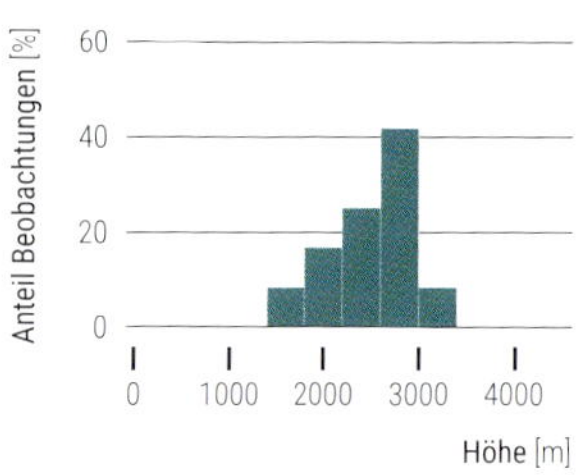

Wissenswertes: Die Blumenkohl-Korallenflechte wächst an schattigen, oft bergfeuchten Steilflächen an Silikatfelsen von der subalpinen bis zur nivalen Stufe. Die Art ist oft in Felsspalten eingepasst oder wächst auf schmalen Felsvorsprüngen. In geeigneten Gebieten ist die Art häufig anzutreffen, kommt aber meist nur vereinzelt vor.

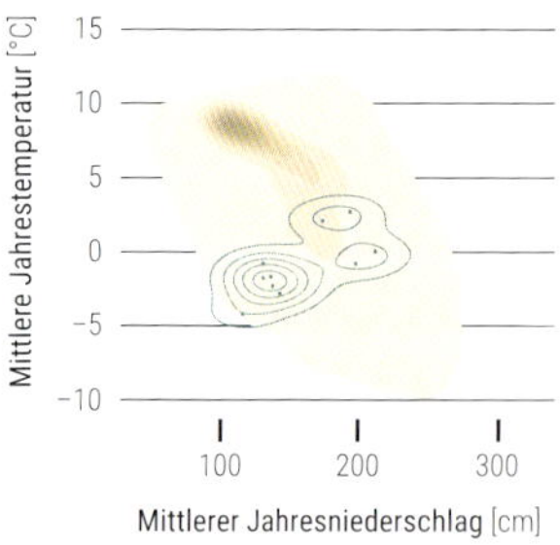

Gefährdung und Schutz: Die Blumenkohl-Korallenflechte ist, wie alle anderen Arten der Gattung *Stereocaulon*, in der Schweiz geschützt.

Verwechslung: Anhand der typischen, polsterförmigen Wuchsform kann die Blumenkohl-Korallenflechte schon aus Distanz erkannt werden. Vermutlich besteht die Art aber aus mehreren eigenständigen Sippen.

CR	NHV	
	Anzahl Fundorte	39
	Substrat	Gestein

Verhüllende Korallenflechte

Stereocaulon incrustatum Flörke

Feldmerkmale: Grauweissliche, bis 6 cm hohe Strauchflechte, welche bis 10 cm grosse Lager bildet. Im frühen Stadium bestehen die Lager aus 0,6 mm grossen Körnchen, welche direkt auf Gesteinsblöcken wachsen. Daraus entwickeln sich kräftige, aufrechte, von körnigen Schollen bedeckte Stämmchen. Die Schollen entwickeln sich zu handförmigen Läppchen, die später teilweise abfallen. Schwarze, zuerst scheibchenförmige, später brombeerartig unterteilte Fruchtkörper werden häufig gebildet. Sie entstehen an den Enden kräftiger Stämmchen. Als vegetative Ausbreitungseinheiten dienen die leicht abfallenden Schollen.

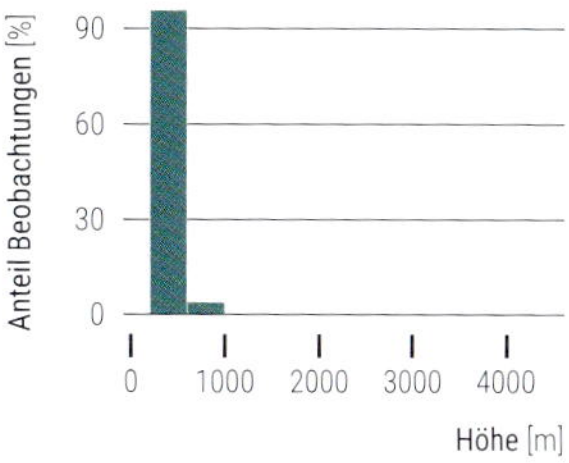

Wissenswertes: Die Verhüllende Korallenflechte wächst an der strömungsabgewandten Seite auf Silikatblöcken von Kiesbänken in naturnahen Flussabschnitten in tieferen Lagen. Die Art erträgt Überflutung und teilweise Übersarung bei Hochwasser. Von Sand bedeckte Stämmchen können sich weiterentwickeln und bilden später Lager, die auf Sand wachsen.

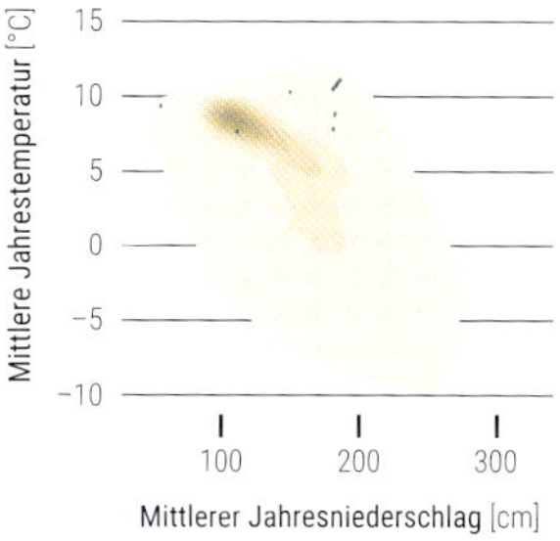

Gefährdung und Schutz: Die Art ist durch Uferverbauungen und Veränderung von Geschiebehaushalt und Abflussregime vom Aussterben bedroht. Vorkommen müssen geschont werden. Wie alle Arten der Gattung *Stereocaulon* ist die Verhüllende Korallenflechte in der Schweiz geschützt.

Verwechslung: Vorkommen auf Sand können mit ***S. alpinum*** verwechselt werden, die aber vor allem in höheren Lagen wachsen. Die Abgrenzung mehrerer Arten in den Alpen ist unsicher.

CR NHV

Anzahl Fundorte	5
Substrat	Borke

Russige Grübchenflechte

Sticta fuliginosa (Hoffm.) Ach.

Feldmerkmale: Braune, bis 8 cm grosse Lager aus aufsteigenden, um 3 cm breiten, abgerundeten Lappen mit zurückgebogenen Rändern. Auf den Lappen mit matter Oberfläche entstehen unregelmässig verteilt, stiftförmige bis korallinisch verzweigte, vegetative Ausbreitungseinheiten. Die Unterseite ist dicht behaart, weiss bis hellbraun und mit zahlreichen, <1 mm grossen, weissen Poren, den namensgebenden Grübchen, besetzt.

Wissenswertes: Die Russige Grübchenflechte wächst über Moosen an alten Berg-Ahornen, selten an kalkfreiem Gestein, in Alpweiden und nicht zu dunklen Wäldern. Sie kommt in niederschlagreichen Gebieten an sehr luftfeuchten Lagen vor. Die Vorkommen sind meist auf einzelne Trägerbäume beschränkt.

Gefährdung und Schutz: Die Russige Grübchenflechte ist sehr selten geworden und aus tieferen Lagen gänzlich verschwunden. Alle Vorkommen müssen geschont und für die Ausscheidung von Biotopbäumen oder Waldreservaten berücksichtigt werden. Zudem sollten sie durch Artenförderungsmassnahmen gezielt unterstützt werden.

Verwechslung: Bei *S. sylvatica* entstehen die vegetativen Ausbreitungseinheiten in kleinen Gruppen, welche auf feinen, netzartig verbundenen Rippen entstehen. Die vor wenigen Jahren neu beschriebene *S. fuliginoides* lässt sich anhand genetischer Merkmale (DNA-Barcoding) unterscheiden. ***S. limbata*** bildet feinkörnige vegetative Ausbreitungseinheiten an randlichen Aufbrüchen.

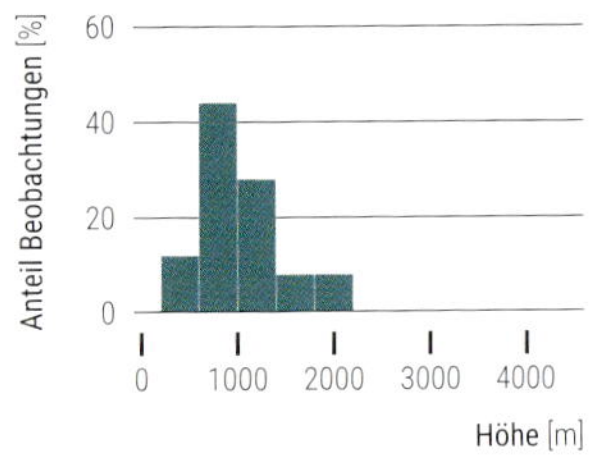

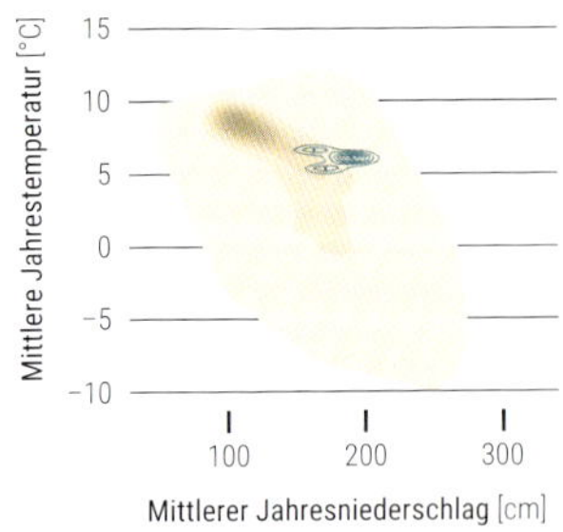

CR NHV

Anzahl Fundorte	2
Substrat	Borke

Gesäumte Grübchenflechte

Sticta limbata (Sm.) Ach.

Feldmerkmale: Braungraue bis braune Lager bestehend aus einzelnen, aufsteigenden, bis 3 cm breiten Lappen mit welligen, aufsteigenden Rändern. An den Lappenrändern entstehen in randlichen Aufbrüchen feinkörnige, vegetative Ausbreitungseinheiten. Die Unterseite ist dicht behaart, weiss bis hellbraun und mit zahlreichen, <1 mm grossen, weissen Grübchen besetzt.

Wissenswertes: Die Gesäumte Grübchenflechte wächst an Weisstannen und Weiden in lichten Wäldern in sehr luftfeuchten Lagen. Die weissen grübchenförmigen Poren auf der Unterseite, Cyphellen oder Atemporen genannt, unterstützen die CO_2-Aufnahme, wenn die Flechte nass ist.

Gefährdung und Schutz: Die Gesäumte Grübchenflechte ist von zwei einzelnen Bäumen in Schluchtwäldern bekannt, wobei ein Trägerbaum bereits bei der Entdeckung der Art abgestorben war. Alle Vorkommen müssen geschont und für die Ausscheidung von Biotopbäumen oder Waldreservaten berücksichtigt werden. Zudem sollten Vorkommen durch Artenförderungsmassnahmen unterstützt werden. Das Bild rechts zeigt ein Lager, welches sich aus transplantierten vegetativen Ausbreitungseinheiten an einem lebenden Trägerbaum entwickelt hat.

Verwechslung: Anhand der deutlichen weissen, wie ausgestanzt erscheinenden Grübchen auf der behaarten Unterseite, lässt sich die Gesäumte Grübchenflechte im Feld von ***Peltigera collina*** und *Nephroma parile* sicher unterscheiden.

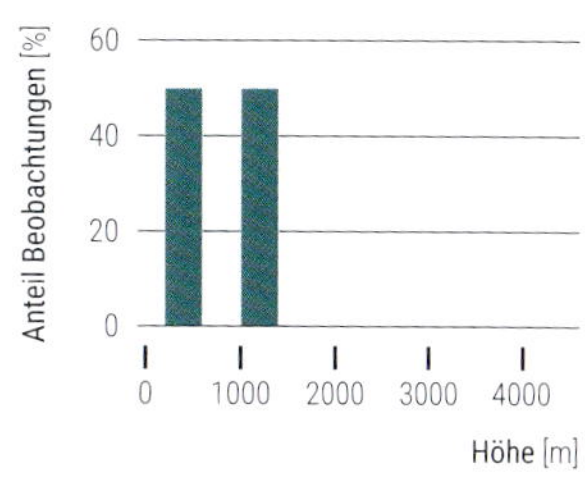

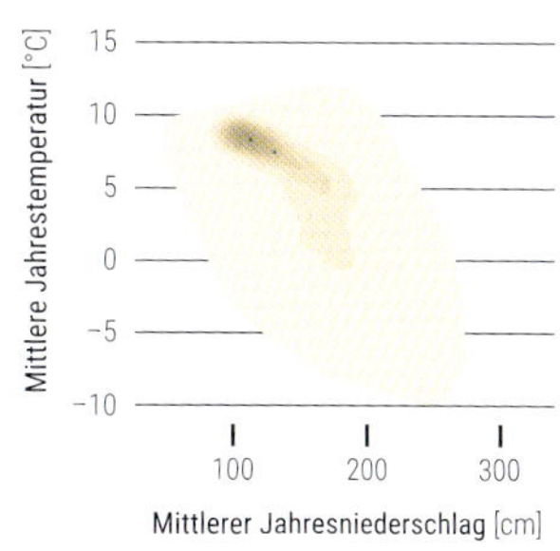

NE

Anzahl Fundorte	9
Substrat	Gestein

Beeren-Gallertkissen

Synalissa ramulosa (Bernh.) Fr.

Feldmerkmale: Schwarze, polsterförmige, aus stielrunden, meist knotig verdickten Ästchen bestehende, um 1 cm grosse Lager. Die endständigen Verdickungen entwickeln sich zu Pyknidien und Fruchtkörpern. Die Fruchtkörper haben eine punktförmige bis leicht verbreiterte, vertieft liegende Scheibe, welche von einem wulstigen Lagerrand umgeben ist. Das Beeren-Gallertkissen ist mit Cyanobakterien vergesellschaftet und quillt bei Befeuchtung deutlich auf.

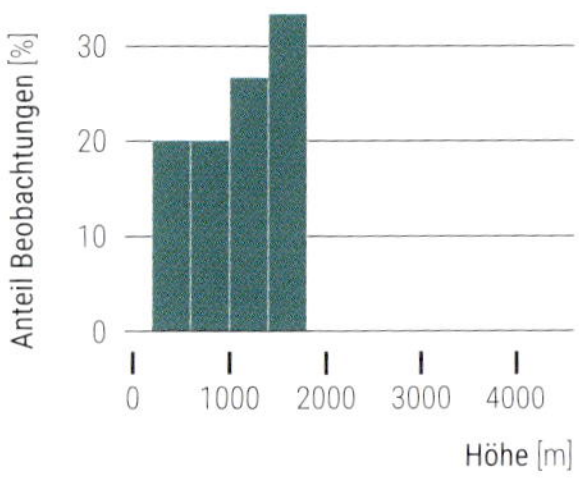

Wissenswertes: Das Beeren-Gallertkissen wächst an beregneten Vertikalflächen von Kalkfelswänden von tiefen Lagen bis in die alpine Stufe. Die Art ist eine typische Bewohnerin der länger feucht bleibenden Tintenstriche auf besonntem, kalkhaltigem Gestein. An solchen Stellen ist das Beeren-Gallertkissen mit zahlreichen weiteren, meist noch kleineren Blaualgenflechten und mit freilebenden Cyanobakterien vergesellschaftet. Mehrere Grünalgenflechten wie ***Toninia candida*** und *Romjularia lurida* wachsen ebenfalls mit dem Beeren-Gallertkissen zusammen.

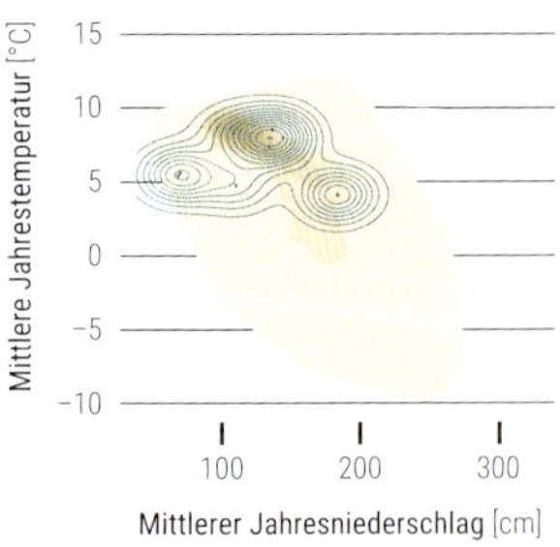

Gefährdung und Schutz: Das Beeren-Gallertkissen ist an geeigneten Stellen häufig.

Verwechslung: Das Beeren-Gallertkissen kann im Feld erkannt werden. Weitere «kleine Schwarze» auf trockenheissen Felsflächen sind aber nur anhand mikroskopischer Untersuchungen zu bestimmen.

Goldaugenflechte

RE

Anzahl Fundorte	9
Substrat	Borke

Teloschistes chrysophthalmus (L.) Th. Fr.

Feldmerkmale: Orange, bis 2 cm grosse, halbkugelige Strauchflechte mit mehrfach verzweigten, längs eingerollten, schmalen und an den Enden lang bewimperten Lappen. Die Lager sind nur an der Basis am Substrat festgewachsen und von der Borke starr abstehend. Fruchtkörper sind immer vorhanden. Sie entwickeln sich an endständigen Lappen, der Fruchtkörperrand ist ebenfalls lang bewimpert. Vegetative Ausbreitungseinheiten werden nicht gebildet.

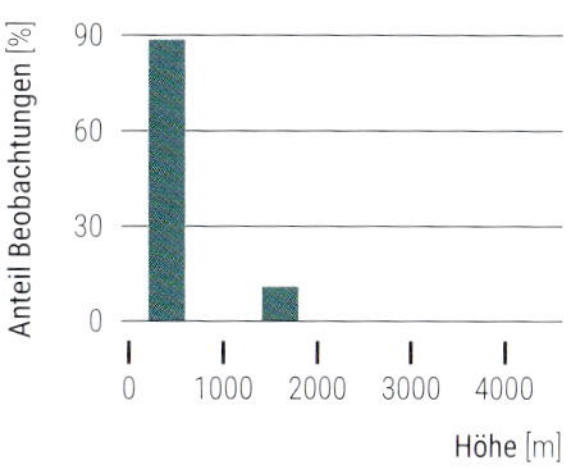

Wissenswertes: Die Goldaugenflechte ist aus mehreren Regionen der Schweiz bekannt, aber alle Vorkommen sind erloschen. Auch ein vor wenigen Jahren neu entdecktes Vorkommen konnte nicht wieder bestätigt werden. Die Art wächst an nährstoffbegünstigten Stellen an älteren Ästen von Sträuchern (Sanddorn und Weissdorn) und in der Krone einer Esche in offenen Landschaften. Ein grösseres Vorkommen an Sanddorn in Auengebüschen ist vermutlich durch ein extremes Hochwasser ausgelöscht worden. Die Bilder stammen aus den Ostpyrenäen.

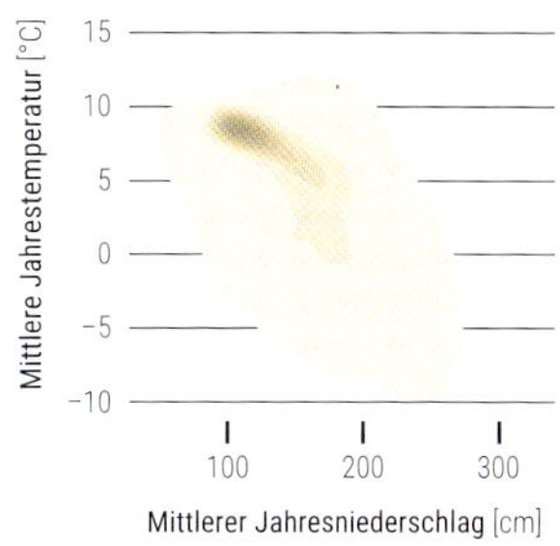

Gefährdung und Schutz: Falls die Goldaugenflechte wieder gefunden wird, sollten die Trägerbäume respektive die entsprechenden Sträucher und ihr Lebensraum geschont werden. Spezifische Artenförderungsmassnahmen sind durch SwissLichens zu prüfen.

Verwechslung: Die Art kann nicht verwechselt werden. ***Polycauliona polycarpa*** ist kleiner und die Fruchtkörper sind nicht bewimpert.

NT

Anzahl Fundorte	65
Substrat	Borke

Schwarze Kuchenflechte

Tephromela atra (Huds.) Hafellner

Feldmerkmale: Hellgraues bis bläulich-weisses, rissiges bis dick warzig-gefeldertes, bis 6 cm grosses Lager. Die Fruchtkörper sitzen mit verengter Basis auf dem Lager, zeigen einen wulstigen Lagerrand und eine schwarze bis blauschwarze Scheibe.

Wissenswertes: Die Schwarze Kuchenflechte wächst meist an Neigungsflächen auf mineralreichem Silikatgestein und oberflächlich entkalktem Sedimentgestein an besonnten Felswänden von tiefen Lagen bis in die alpine Stufe. Sie ist eine konkurrenzkräftige Art, die oft andere Krusten-, manchmal sogar Blattflechten zu überwachsen vermag. Auf Borke wird eine eigenständige Sippe, *T. atra* var. *torulosa* unterschieden. Diese Varietät wächst in luftfeuchten Lagen, oft in Auenwäldern, aber auch in Tannen-Buchenwäldern an Grauerle, Weisstanne und Buche.

Gefährdung und Schutz: Die typische Varietät auf Gestein ist in Silikatgebieten, aber auch auf oberflächlich entkalktem Gestein, beispielsweise in Flyschgebieten, recht häufig. Die Varietät auf Borke ist deutlich seltener und an naturnahe Lebensräume gebunden. Vorkommen an Bäumen sollten geschont und für die Ausscheidung von Waldreservaten berücksichtigt werden.

Verwechslung: Auf Gestein bilden *Lecanora pseudistera* und *L. campestris*, auf Borke und Totholz ***Lecanora pulicaris*** und *L. circumborealis* Fruchtkörper mit hellem Lagerrand und dunkler Scheibe. Die Farbe der Scheibe bei diesen Arten ist aber braun bis braunschwarz.

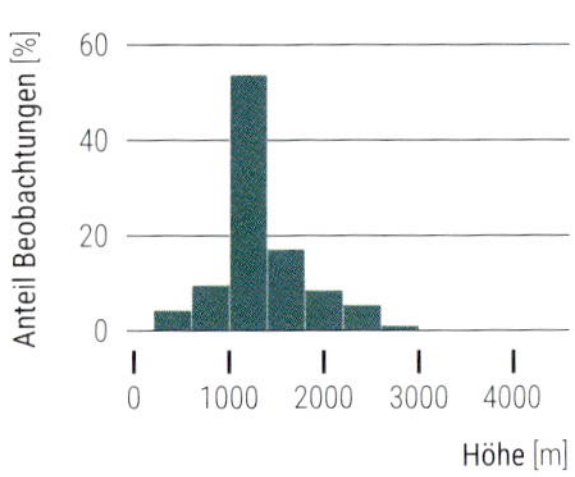

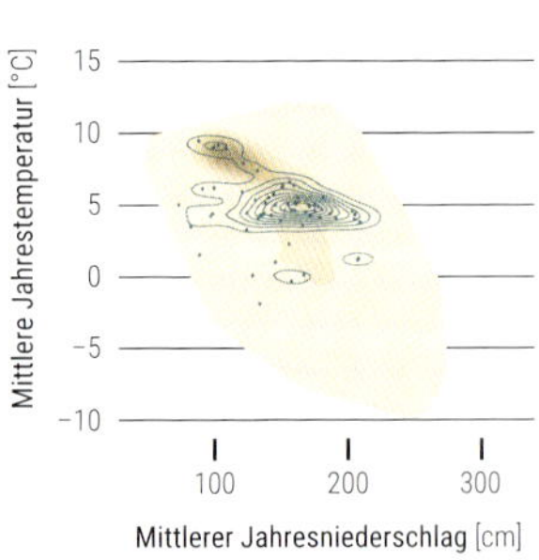

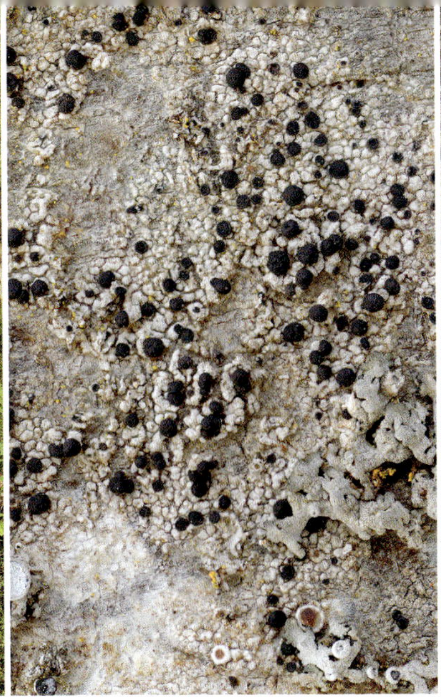

NE

Anzahl Fundorte	2
Substrat	Borke

Blassgrüne Braunsporflechte

Tetramelas chloroleucus (Körb.) A. Nordin

Feldmerkmale: Weissliches bis gelblich-graues, flachwarziges, bis 4 cm grosses Lager, das sich oft durch eine braune Linie von anderen Krustenflechten abgrenzt. Die immer vorhandenen Fruchtkörper werden bis 0,9 mm gross und sitzen mit breiter Basis dem Lager auf. Die schwarzen, matten, meist flachen Scheiben sind von einem schmalen, vorstehenden Eigenrand umgeben. Vegetative Ausbreitungseinheiten werden nicht gebildet.

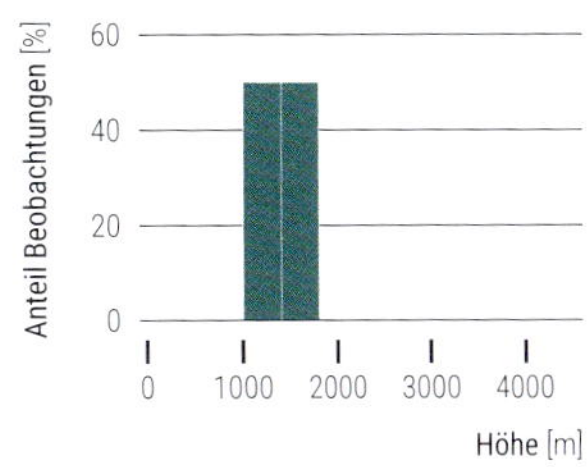

Wissenswertes: Die Blassgrüne Braunsporflechte wächst an glatter Borke von Laubbäumen und Sträuchern in Wäldern, Grünerlen-Gebüschen und Zwergstrauchheiden. In Grauerlen-Auenwäldern ist sie ein früher Besiedler von Borke und wird später oft von konkurrenzkräftigeren Blattflechten überwachsen. In Grünerlen-Gebüschen kommt die Art an absterbenden Ästen in Bodennähe vor.

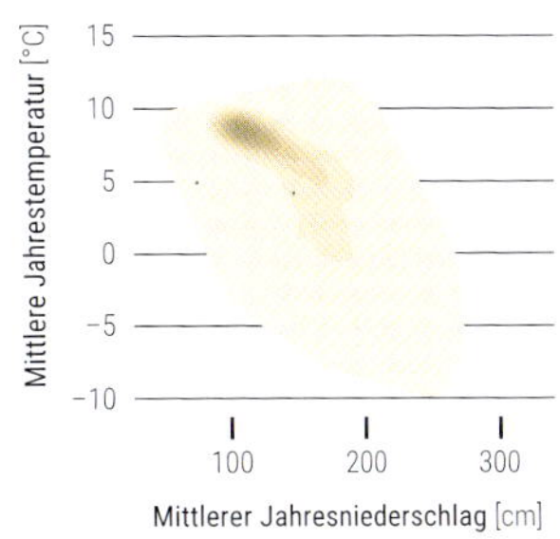

Gefährdung und Schutz: Die Blassgrüne Braunsporflechte wurde bisher nur selten und in unterschiedlichen Lebensräumen gefunden.

Verwechslung: Die viel häufigere ***Lecidella elaeochroma*** zeigt im Unterschied zur Scheiben-Schwarzpunktflechte oft glänzende Fruchtkörper. *Bucllia arnoldii*, ***B. disciformls***, ***B. erubescens***, *B. sanguinolenta* und *T. triphragmioides* sowie die in hohen Lagen selten auch auf Borke wachsende *T. insignis* sind sehr ähnliche Arten, welche sich anhand von chemischen und mikroskopischen Merkmalen unterscheiden lassen.

Echte Würmchenflechte

LC

Anzahl Fundorte	175
Substrat	Erde

Thamnolia vermicularis (Sw.) Schaer.

Feldmerkmale: Weisse, niederliegende bis aufrechte, unverzweigte oder an der Basis wenig verzweigte, wurmförmige, am Ende zugespitzte, um 5 cm hohe Stängel. Die bis 2 mm dicken Stängel sind hohl und haben eine glatte, nicht beschuppte Rinde. In kleinen seitlichen Auswüchsen werden hellbraune Pyknidien gebildet, welche 3-5 µm lange Konidien bilden, die vermutlich der vegetativen Vermehrung dienen. Auch ganze Stängel und Fragmente werden ausgebreitet.

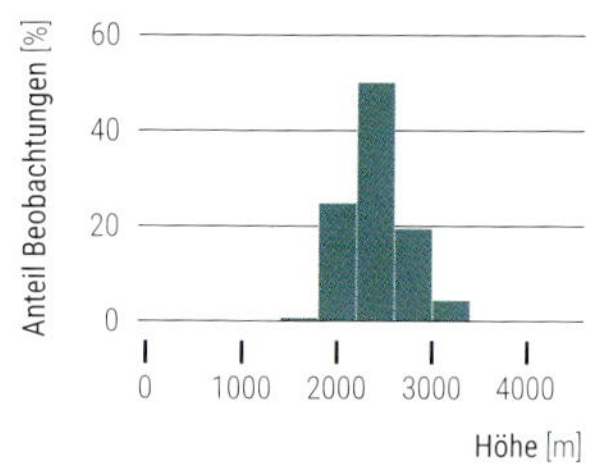

Wissenswertes: Die Echte Würmchenflechte wächst in der alpinen und nivalen, seltener in der subalpinen Stufe, auf skelettreichen Böden in Windheiden, alpinen Rasen und auf Blockschutt an taufeuchten Hängen. Auf Silikatgestein kommt die Art oft gemeinsam mit ***Alectoria ochroleuca*** vor, auf Kalkgestein ist sie oft mit ***Vulpicida juniperinus*** vergesellschaftet. Die zwei Varietäten der Echten Würmchenflechte unterscheiden sich anhand ihrer Flechtenstoffe. Sie treten manchmal geografisch getrennt, oft aber auch durchmischt auf. In den Alpen können zwei genetisch unterscheidbare Typen differenziert werden, die sich unabhängig von den Flechtenstoffen definieren.

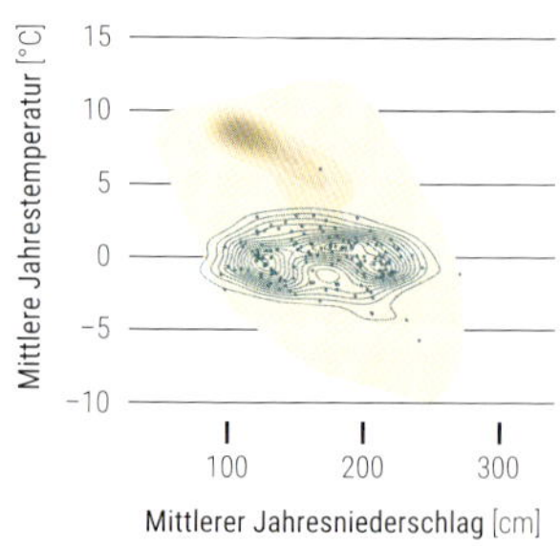

Gefährdung und Schutz: Die Echte Würmchenflechte ist in hohen Lagen häufig.

Verwechslung: Die Echte Würmchenflechte ist im Feld leicht zu erkennen und die beiden Varietäten lassen sich mit einer UV-Lupe unterscheiden. Bei Arten der Gattung ***Stereocaulon*** sind die Stängel dicht mit kleinen Schuppen besetzt.

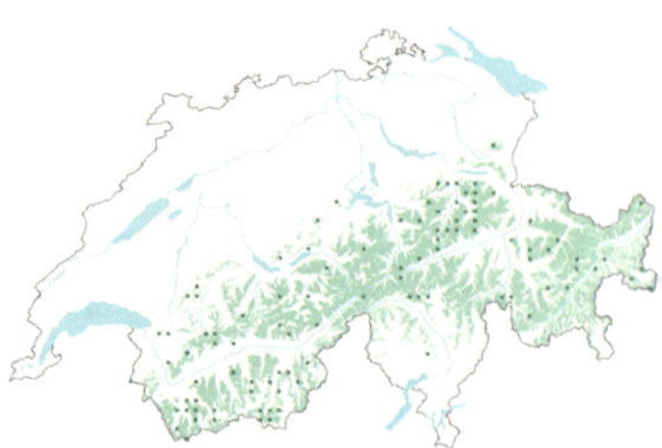

Unauffällige Kleinaugenflechte

CR

Anzahl Fundorte	4
Substrat	Borke

Thelenella modesta (Nyl.) Nyl.

Feldmerkmale: Hellgraues oder beiges, bis 7 cm grosses, häutiges bis rissiges Lager. Die kugeligen Fruchtkörper (Perithezien) sind fast vollständig in Lagerwarzen eingesenkt und einzig ihre dunkelbraune Mündung ist sichtbar.

Wissenswertes: Die Unauffällige Kleinaugenflechte wächst auf der Borke am Stamm und an dicken Ästen von Berg-Ahorn, Buche und Esche in Wäldern und Wytweiden. Die meisten Vorkommen sind von konkurrenzarmen Standorten aus niederschlagsreichen Regionen bekannt.

Gefährdung und Schutz: Die Unauffällige Kleinaugenflechte ist trotz intensiver Suche bisher nur wenige Male gefunden worden. Die Trägerbäume sind zu schonen. Bei stattlichen Berg-Ahorn-Solitären auf Wytweiden wird dies einfacher zu erreichen sein als bei einem Berg-Ahorn-Stangenholz in einer aufgelassenen Grüngutdeponie. Das grösste Vorkommen ist von der Berg-Ahorn-Landschaft Meniggrund im Diemtigtal bekannt, wo die Art vor allem auf dicken Ästen wächst.

Verwechslung: Wie der Name andeutet, liegt die Herausforderung bei dieser Art darin, dass sie überhaupt wahrgenommen wird – auch bei sorgfältiger Suche mit einer Lupe springt die Unauffällige Kleinaugenflechte nicht leicht ins Auge. Bei Arten der Gattungen *Anisomeridium*, *Arthopyrenia* und *Strigula* ist das Lager sehr undeutlich und die Perithezien sind meist kleiner und schwarz. Für eine sichere Bestimmung ist eine mikroskopische Untersuchung der Sporen nötig.

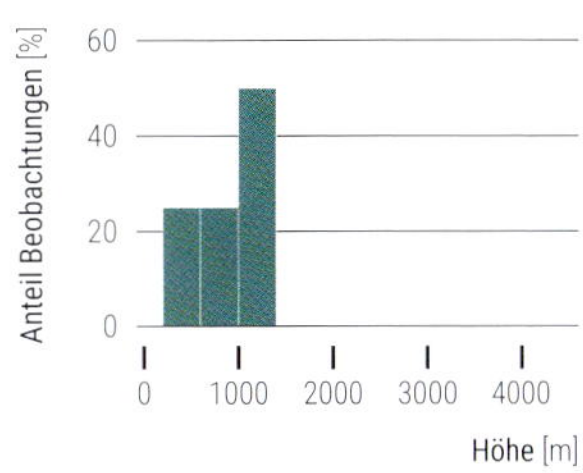

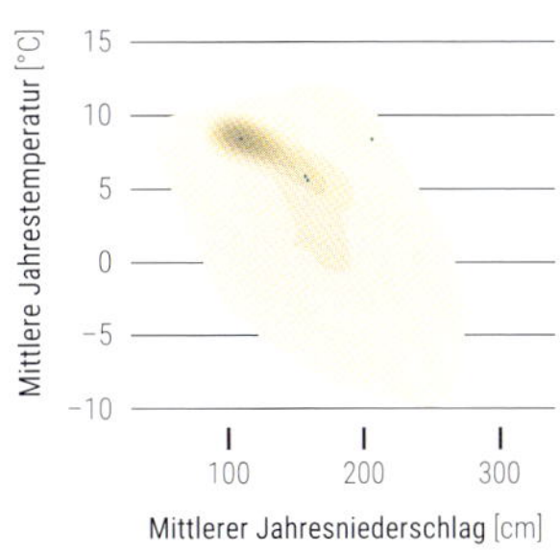

Moos-Kleinaugenflechte

CR

Anzahl Fundorte	10
Substrat	Gestein

Thelenella muscorum (Fr.) Vain

Feldmerkmale: Hellgraues oder beiges, bis 4 cm grosses, sehr dünnes, häutiges Lager. Das Lager bildet einen dünnen Film auf den Blättchen von Moosen. Die kugeligen Fruchtkörper sind graubraune, manchmal auf dem Moosstängel aufsitzende, oft aber von den Moosblättchen verdeckte Perithezien mit einer etwas stärker pigmentierten Mündung.

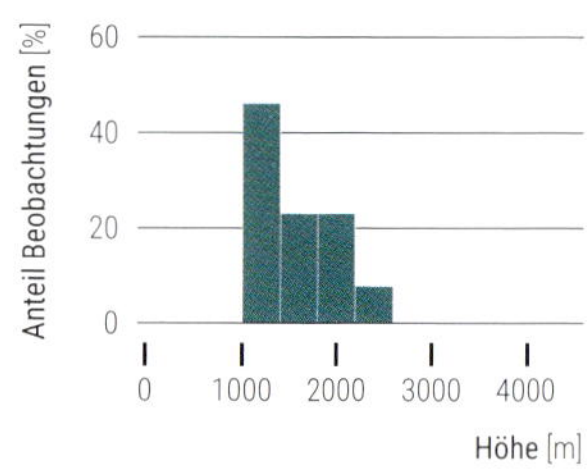

Wissenswertes: Die Moos-Kleinaugenflechte überwächst Moose auf Bergsturzblöcken, austrocknender Erde, auf Borke von Laubbäumen in lichtreichen Wäldern und Weiden bis in die alpine Stufe. Der Flechtenpilz lebt zuerst als Parasit und tötet Moosblättchen ab. Die Moospflänzchen überleben in der Regel die Infektion und wachsen an der Spitze weiter. Später assoziiert sich der Pilz mit Algen und kann erst dann Fruchtkörper bilden.

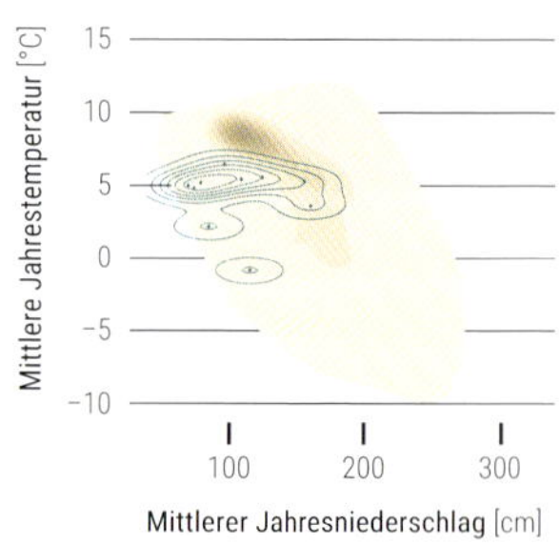

Gefährdung und Schutz: Die Moos-Kleinaugenflechte ist sehr zerstreut und meist nur in Form von einzelnen Lagern zu finden. Grössere Vorkommen sind bisher einzig aus der Val Müstair bekannt. Vorkommen sollten geschont und gefördert werden.

Verwechslung: *Strigula stigmatella* hat eine ähnliche Lebensweise, bildet graugrüne, häutige Lager und überwächst baumbewohnende Moose an Stämmen von Laubbäumen in meist niederschlagsreichen Wäldern. Ihre Perithezien sind schwarz. Für eine sichere Bestimmung der Moos-Kleinaugenflechte ist eine mikroskopische Untersuchung der Sporen nötig.

NE

Anzahl Fundorte	2
Substrat	Erde

Porige Kleinaugenflechte

Thelenella pertusariella (Nyl.) Vain.

Feldmerkmale: Weissliches bis grünliches, wenige Zentimeter grosses Lager. Die Fruchtkörper sind orangegelbe bis ockerfarbene, in kugelige Lagerwarzen eingesenkte Perithezien. Nur der oberste Teil des Fruchtkörpers mit der etwas helleren Mündung ist sichtbar.

Wissenswertes: Die Porige Kleinaugenflechte wächst auf Borke von Alpenrosen, Geissblatt, Vogelbeere und Weiden sowie auf Pflanzenresten auf kalkhaltigem Boden in der alpinen Stufe. Auf Pflanzenresten wurde sie an hangfeuchten, absonnigen Erdanrissen auf Felsrippen zusammen mit *Caloplaca sinapisperma* und ***Ramonia melathelia*** gefunden.

Gefährdung und Schutz: Die Porige Kleinaugenflechte ist erst wenige Male gefunden worden. Obschon sie eine unauffällige Flechte ist, muss davon ausgegangen werden, dass die Art sehr selten ist – wie die meisten Arten dieser Gattung.

Verwechslung: Auf Borke der auch für die Porige Kleinaugenflechte genannten Sträucher wächst ebenfalls *Thelopsis flaveola*. Sie entwickelt gelblich-braune, auf der Borke aufsitzende Perithezien und ein graugrünes Lager. Für eine sichere Bestimmung der Porigen Kleinaugenflechte ist eine mikroskopische Untersuchung der Sporen nötig.

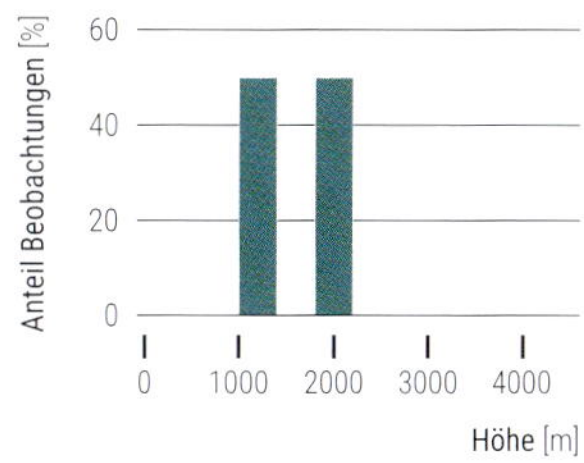

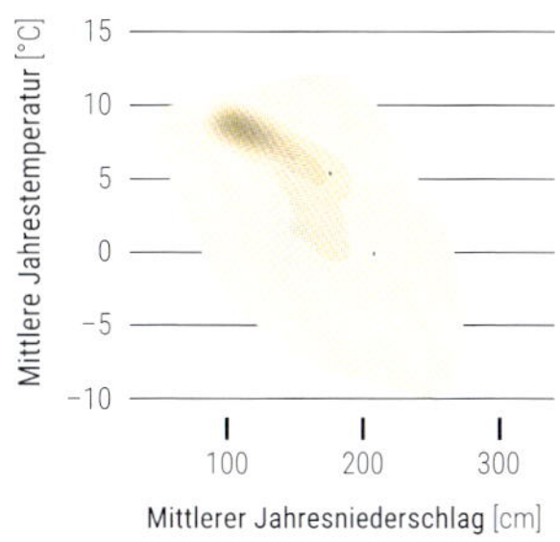

NE

Anzahl Fundorte	2
Substrat	Flechten

Aufrechte Zitzenfruchtflechte

Thelocarpon epibolum Nyl.

Feldmerkmale: Lager vollständig in absterbenden Flechten der Gattungen ***Peltigera***, ***Solorina*** und ***Baeomyces*** eingesenkt. Die leuchtend grüngelben, um 0,2 mm grossen Fruchtkörper sind birnenförmig aufsitzende, gegen die Spitze verschmälerte und gelb bereifte Perithezien mit einer punktförmigen Öffnung.

Wissenswertes: Die Aufrechte Zitzenfruchtflechte wächst auf absterbenden Flechten, Algenüberzügen über feuchter Erde und verrottetem Holz. Auf ***Peltigera aphthosa*** ist sie besonders häufig. Die Art bildet kein eigenständiges Lager, in welchem der Pilzpartner eindeutig eine mutualistische Beziehung mit einer Alge eingeht. Innerhalb der Gattung kann der Übergang von flechtenbildenden Pilzen (*T. laureri* mit Algen im Gehäuse der Fruchtkörper) zu parasitischen Pilzen auf einer Flechte *(T. epibolum)* oder auf Algen-Biofilmen in feuchter Erde *(T. imperceptum)* verfolgt werden. Die charakteristischen Flechtenstoffe werden unabhängig von der mutualistischen oder parasitischen Lebensweise gebildet.

Gefährdung und Schutz: Die Aufrechte Zitzenfruchtflechte ist recht häufig, andere Arten der Gattung sind aber sehr selten; *T. imperceptum* ist seit über 100 Jahren verschollen.

Verwechslung: Die Gattung *Thelocarpon* kann im Feld erkannt werden. Allerdings lassen sich die Arten der Gattung nur anhand mikroskopischer Merkmale unterscheiden. *Carneothele sphagnicola* hat braunrote Fruchtkörper.

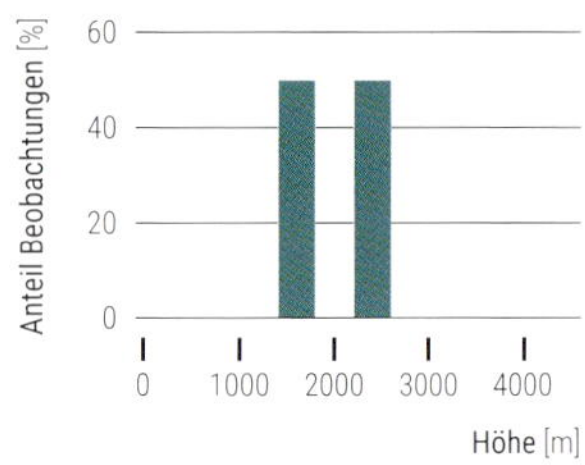

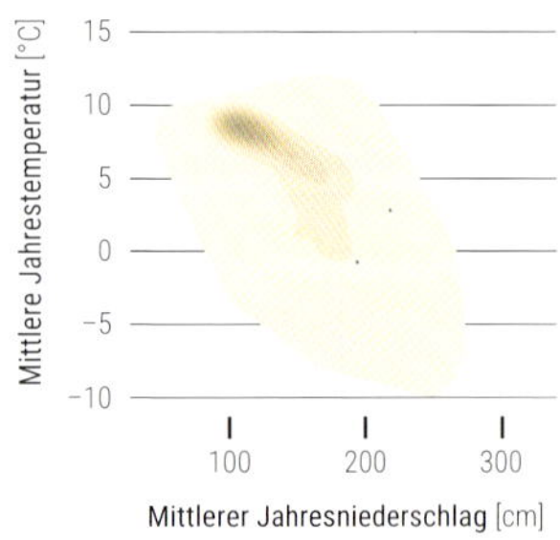

Rötliche Goldzitzenflechte

EN

Anzahl Fundorte	18
Substrat	Borke

Thelopsis rubella Nyl.

Feldmerkmale: Dunkelgrüne, bis 3 cm grosse, firnisartige Krustenflechte mit matter Oberfläche. Die Fruchtkörper sind braunrote, 0,4–0,6 mm grosse, am Scheitel abgerundete Perithezien, welche zuerst ganz vom Lager bedeckt sind, später mit breiter Basis aufsitzen. Die Basis der Fruchtkörper ist oft von Resten des Lagers bedeckt.

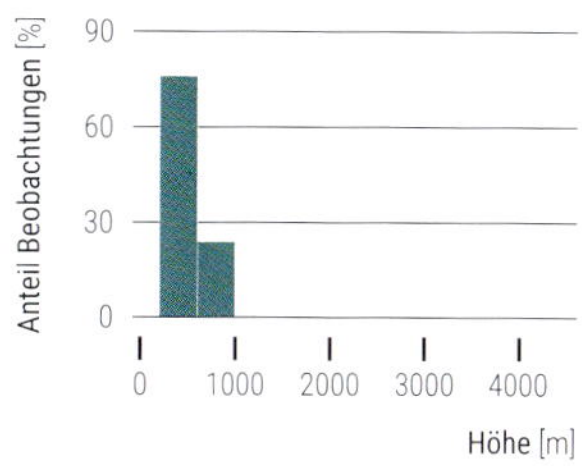

Wissenswertes: Die Rötliche Goldzitzenflechte wächst am Stamm von Laubbäumen, besonders an Kastanien, Eichen und Buchen in lichten, historisch alten Wäldern, Selven und Wytweiden. Die Art benötigt stark angewitterte Borke mit erhöhter Wasserspeicherkapazität. Ihr Vorkommen ist deshalb auf sehr alte Baumindividuen beschränkt.

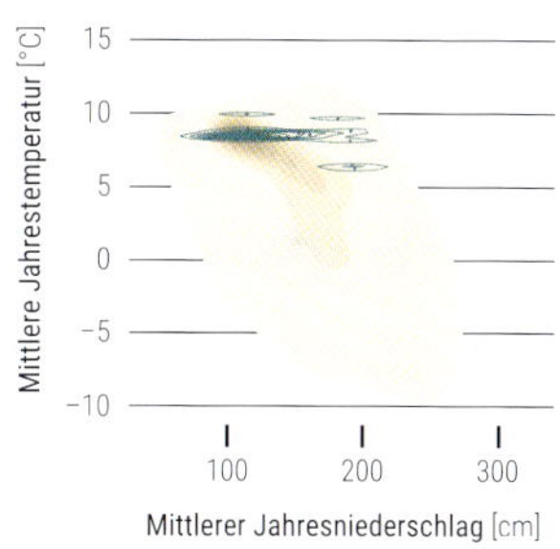

Gefährdung und Schutz: Die Rötliche Goldzitzenflechte kommt meist nur auf einzelnen Trägerbäumen vor. Die grössten Vorkommen sind von luftfeuchten Kastanienselven bekannt. Alle Vorkommen sollten geschont und für die Ausscheidung von Schutzgebieten berücksichtigt werden. In der Umgebung von Fundorten sollten von geeigneten Baumarten immer genügend ältere Bäume (angewitterte Borke) vorhanden sein. So besteht die Möglichkeit, dass natürliche Abgänge von Trägerbäumen kompensiert werden.

Verwechslung: Die häufige *Porina leptalea* wächst auf glatter, harter Borke von Laubbäumen und hat 0,1–0,3 mm grosse, orange Perithezien. Auf alten Kastanien wächst gemeinsam mit der Rötlichen Goldzitzenflechte die sehr seltene ***Topelia nimisiana*** mit abgeflachten Perithezien.

Pockenflechte

VU	
Anzahl Fundorte	101
Substrat	Borke

Thelotrema lepadinum (Ach.) Ach.

Feldmerkmale: Hellgraues bis cremeweisses, häutiges bis schorfiges Lager, bis 20 cm gross. Die immer vorhandenen Fruchtkörper sind in bis 2 mm grosse Lagerwarzen mit stark nach innen gebogenem Rand eingesenkt. Ihre dunklen, grau bereiften Scheiben liegen etwas verborgen in der Tiefe der Lagerwarzen.

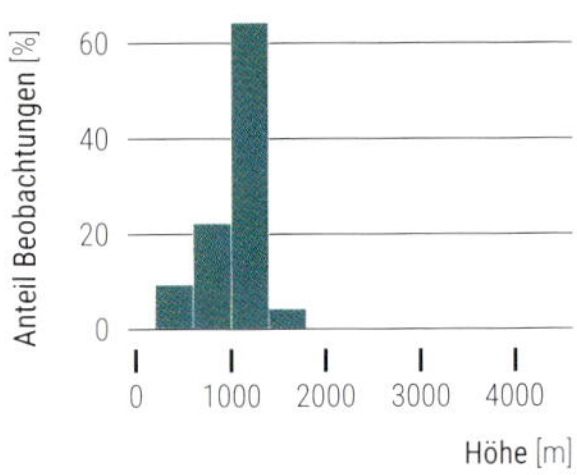

Wissenswertes: Die Sporen werden bis gegen 0,15 mm lang und werden vermutlich vorwiegend lokal ausgebreitet. Die Pockenflechte wächst an Stämmen von Buchen, Weisstannen, Fichten und Bergahornen in historisch alten, naturnahen Gebirgswäldern in niederschlagsreichen Gebieten, selten auch in luftfeuchten und kühlen Lagen im Tiefland. Die Art meidet sowohl dunkle Bestände als auch freigestellte Bäume mit direkter Besonnung. Die Pockenflechte wächst oft gemeinsam mit ***Menegazzia terebrata*** und vielen weiteren, häufig seltenen Begleitarten.

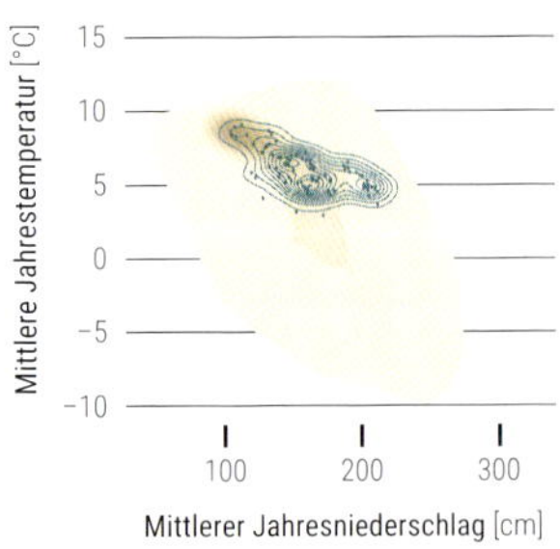

Gefährdung und Schutz: Einzelne Trägerbäume, vor allem in tieferen Lagen, sollten geschont und grössere Vorkommen für die Ausscheidung von Waldreservaten berücksichtigt werden. Die Pockenflechte kann sich in geeigneten Beständen auch auf jüngeren Bäumen entwickeln.

Verwechslung: Die Art ist im Feld anhand der Fruchtkörper, die an Seepocken erinnern, gut zu erkennen.

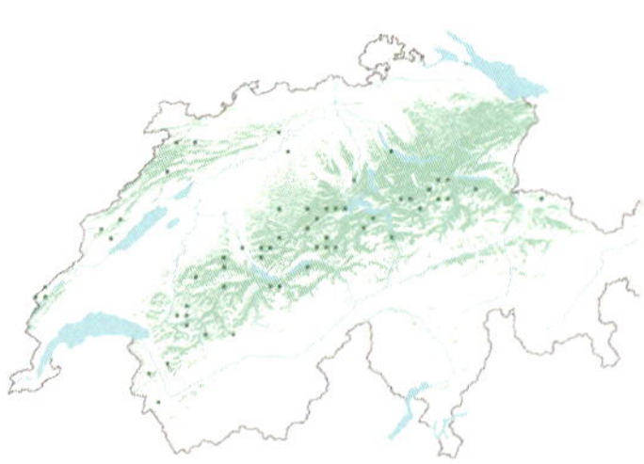

Erd-Klumpenflechte

DD	
Anzahl Fundorte	9
Substrat	Erde

Thrombium epigaeum (Pers.) Wallr.

Feldmerkmale: Hellgrünes, feucht gallertartig aufgequollenes, trocken dünnes, häutiges, meist um 4 cm grosses Lager. Die schwarzen, um 0,4 mm grossen Fruchtkörper sind vollständig im Lager eingesenkte und nur mit der punktförmigen Öffnung die Oberfläche erreichende Perithezien.

Wissenswertes: Die Erd-Klumpenflechte wächst an frischen Erdanrissen auf Feinerde reicher bis lehmiger, meist kalkfreier Erde. Sie kommt häufig in steilen Borstgrasweiden vor, wo sich die Art in Trittlöchern von Grossvieh an hangparallelen Viehwegen entwickelt und an der hellgrünen Färbung leicht zu finden ist. An Rutschungen oder auf rekultivierten Flächen in Hochlagen kann sich die Erd-Klumpenflechte grossflächig entwickeln und trägt so mit ihrem Biofilm zum Erosionsschutz bei. In feuchtem Zustand werden die Sporen durch die punktförmige Öffnung der Perithezien gequetscht und sind dann als weisslicher Schleimpfropf zu sehen (Bild Mitte).

Gefährdung und Schutz: Die Erd-Klumpenflechte ist weit verbreitet und häufig. Die Angaben zur Verbreitung in SwissLichens sind sehr unvollständig.

Verwechslung: Die Art ist mit der Lupe im Feld gut zu erkennen. Allerdings sollte die Feldansprache anhand mikroskopischer Sporenuntersuchungen überprüft werden, weil sich weitere, weniger häufig gesammelte Arten wie *Polyblastia philaea*, *Thelidium zwackhii* oder *Verrucaria bryoctona* im Feld nicht sicher unterscheiden lassen.

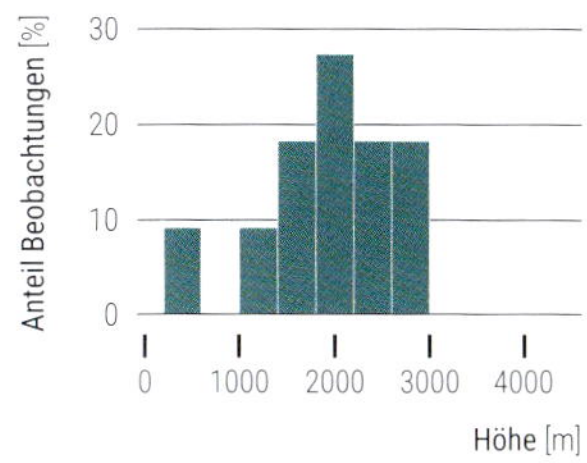

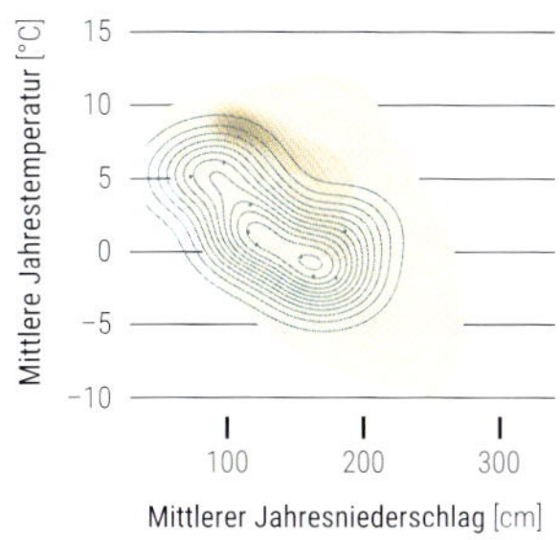

Verworrene Timdalie

NE

Anzahl Fundorte	4
Substrat	Gestein

Timdalia intricata (H. Magn.) Hafellner

Feldmerkmale: Rötlich- bis kastanienbraunes, im Zentrum gefeldertes, am Rand deutlich gelapptes, bis 8 cm grosses Lager. Die Areolen und die randlichen Lappen sind deutlich gewölbt, die Oberfläche schwach glänzend oder matt. Fruchtkörper sind selten und unauffällig im Lager eingesenkt. Die Scheibe zeigt eine raue Oberfläche, wird etwa 0,4 mm gross und ist nicht berandet.

Wissenswertes: Die Verworrene Timdalie wächst in der alpinen Stufe an etwas regengeschützten, aber besonnten Vertikalflächen von Bergsturzblöcken und Felswänden aus schwermetall- oder basenreichen Silikatgesteinen. Am Rand einer Lawinenrunse wurde die Art auch in der subalpinen Stufe gefunden. Sie kommt fast ohne Begleitarten an oft exponierten und schwer zugänglichen Stellen vor.

Gefährdung und Schutz: An den wenigen Fundorten ist die Verworrene Timdalie jeweils nur in wenigen Lagern vorhanden. Auch wenn weitere Funde dieser Art zu erwarten sind, ist sie eine seltene Art.

Verwechslung: ***Acarospora melaplaca*** hat ein schwarzbraunes Lager, ihre Areolen und die randlich verlängerten Lappen sind flach und die regelmässig gebildeten, eingesenkten Fruchtkörper zeigen eine vertieft liegende Scheibe. *Acarospora laquaeata* wächst auf kalkhaltigem Gestein in xerothermen Lagen, hat abgeflachte, randständige Lappen und ein deutlich bereiftes, braunes Lager.

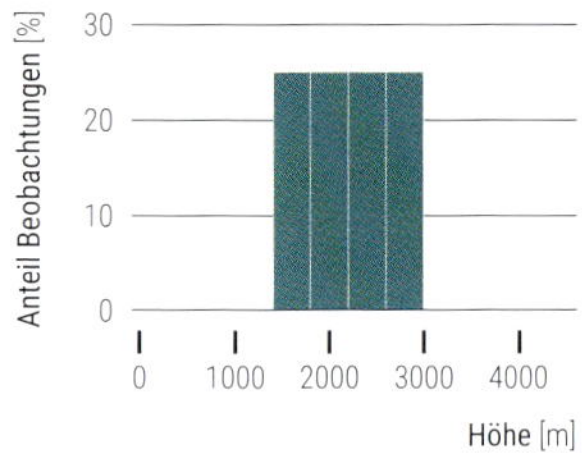

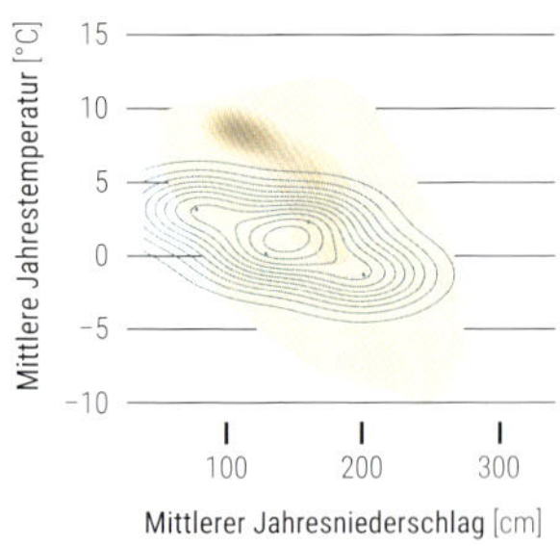

NE

Weisse Blasenkruste

Anzahl Fundorte	22
Substrat	Gestein

Toninia candida (Weber) Th. Fr.

Feldmerkmale: Weissliche, randlich deutlich verlängerte, horizontale, im Zentrum aufsteigende Schuppen bilden bis 4 cm grosse Lager. Die Schuppen sind mehlig bereift. Darauf entwickeln sich bis 2 mm grosse, ebenfalls mehlig bereifte, bläulich-graue Fruchtkörper mit flacher, meist unregelmässig gelappter, von einem schmalen, leicht vorstehenden Rand umgebene Scheiben.

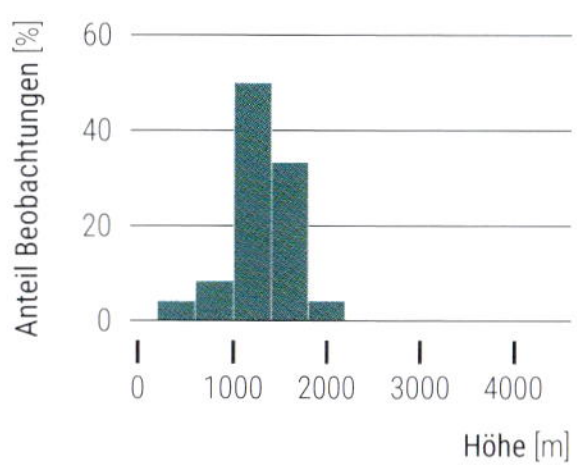

Wissenswertes: Die Weisse Blasenkruste wächst über Erde in breiten Felsspalten und über Felsflächen, welche von Cyanobakterien bewachsen sind (Tintenstriche). Sie kommt von tiefen Lagen bis in die alpine Stufe an besonnten Felswänden und grossen Bergsturzblöcken aus Kalkgestein vor, selten an kalkfreiem Gestein, wenn die Flechte von kalkhaltigem Sickerwasser befeuchtet wird.

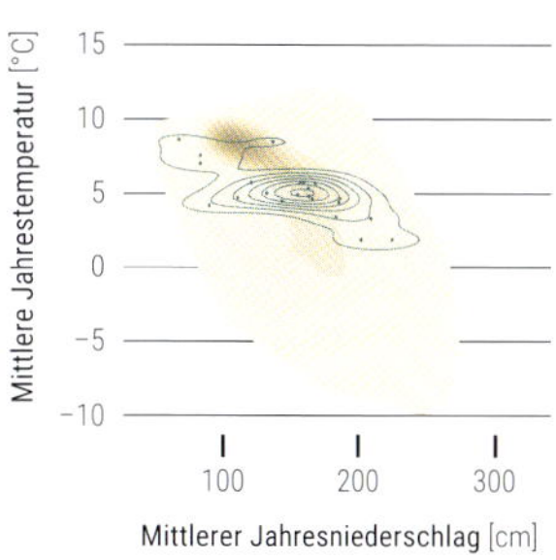

Gefährdung und Schutz: Die Weisse Blasenkruste ist in höheren Lagen häufig. In tieferen Lagen kommt die Art in Felsensteppen und Trockenrasen vor und zeigt dort als auffällige Art Standorte an, welche von zahlreichen Arten mit hohen Lebensraumansprüchen besiedelt werden. Deshalb sollten diese Standorte geschont und bei der Ausscheidung von Schutzgebieten berücksichtigt werden.

Verwechslung: Die Weisse Blasenkruste ist die häufigste von mehreren ähnlichen *Toninia*-Arten mit stark bereiftem Lager. Eine sichere Bestimmung benötigt eine mikroskopische Untersuchung der Sporen und der Pigmente im Fruchtkörper.

Taurische Blasenkruste

NT

Anzahl Fundorte	30
Substrat	Gestein

Toninia taurica (Szatala) Oxner

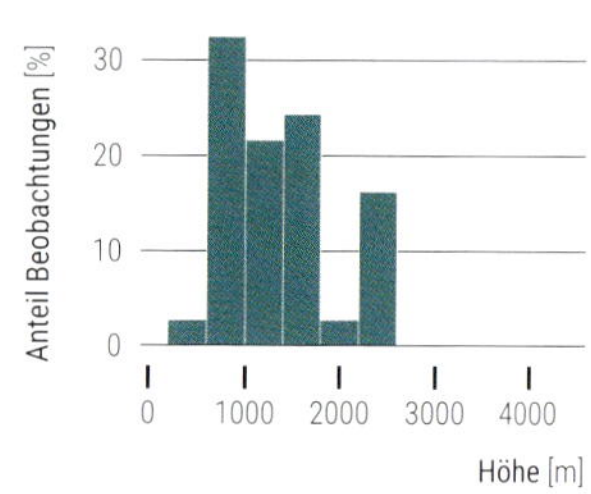

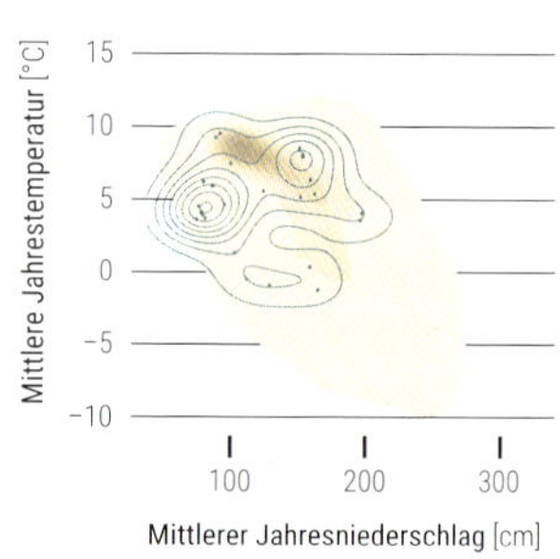

Feldmerkmale: Olivbraune, polsterförmige, aus Schuppen bestehende, um 4 cm grosse Lager. Die Schuppen breiten sich am Rand des Lagers horizontal über dem Substrat aus, sind etwas verbreitert und deutlich abgeflacht, im Zentrum hingegen aufrecht und wulstig. Ihre Oberfläche ist von einer dicken, knorpeligen und an der Oberfläche deutlich rissigen, unbereiften Schicht überzogen. Die dicht weiss bereiften Fruchtkörper sitzen mit stark verengter Basis auf den Schuppen, werden bis zu 3 mm gross und zeigen eine flache Scheibe mit einem bleibend schmalen, leicht vorstehenden Rand.

Wissenswertes: Die Taurische Blasenkruste wächst auf besonnten Vertikalflächen an rissigem Kalkfels in trockenheissen Situationen von den Tieflagen bis in die alpine Stufe. Die Standorte sind beregnet und durch Abflusswasser etwas länger feucht gehalten. Die Felsoberfläche kann sich bei Besonnung stark erwärmen, auch wegen den dunklen Biofilmen aus Cyanobakterien (Tintenstriche), mit welchen die Taurische Blasenkruste meist assoziiert ist.

Gefährdung und Schutz: In tieferen Lagen kommt die Art in Felsensteppen und Trockenrasen vor und sollte dort bei der Ausscheidung von Schutzgebieten berücksichtigt werden.

Verwechslung: *Toninia opuntioides*, *T. physaroides* und *T. sedifolia* bilden ebenfalls bereifte Fruchtkörper. Bei diesen Arten sind aber auch die Lagerschuppen teilweise bereift.

NE

Anzahl Fundorte	4
Substrat	Gestein

Warzige Blasenkruste

Toninia verrucarioides (Nyl.) Timdal

Feldmerkmale: Hell- bis mittelgraue, bis 2 mm grosse, abgeflachte Schuppen bilden bis 1 cm grosse Lager. Die Schuppen sind manchmal von einer kompakten, grobkörnigen bis rissigen Kruste überzogen. Auf den Schuppen entwickeln sich bis 1 mm grosse, wenig oder nicht bereifte Fruchtkörper mit flacher oder gewölbter Scheibe, welche von einem schmalen, kaum vorstehenden Rand umgeben ist. Das Lager ist meist von Cyanobakterien umwachsen.

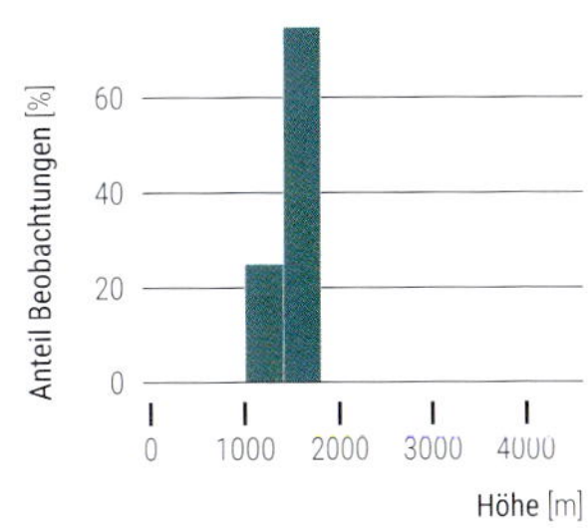

Wissenswertes: Die Warzige Blasenkruste wächst an stark geneigten, besonnten Felswänden in der montanen und subalpinen Stufe. Die Standorte können etwas regengeschützt sein, sind aber durch Abflusswasser etwas länger feucht. Deshalb entwickeln sich dort in und auf den porösen Felsflächen Cyanobakterien-Gesellschaften. Der Fotobiont der Warzigen Krustenflechte ist eine einzellige Grünalge. Die Flechte ist aber immer auch mit Cyanobakterien vergesellschaftet, die einerseits Stickstoff aus der Luft assimilieren und andererseits Toxine bilden. Diese schützen vor Frassfeinden.

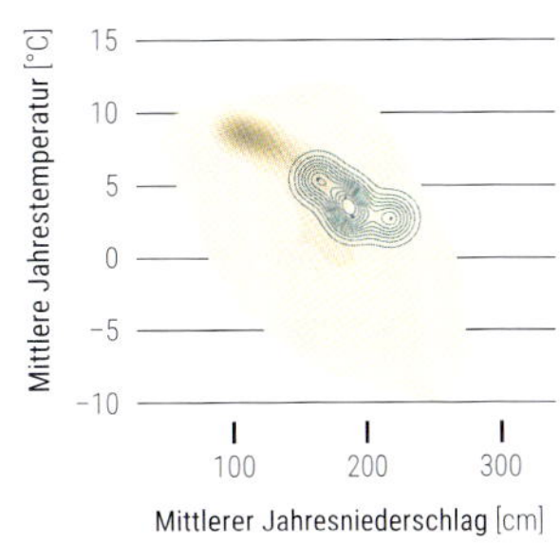

Gefährdung und Schutz: Die Warzige Blasenkruste ist deutlich seltener als *Toninia candida*, mit der sie aber meist zusammen vorkommt.

Verwechslung: Die meisten Arten der Gattung ***Toninia*** sind mit Cyanobakterien vergesellschaftet. Eine sichere Bestimmung benötigt eine mikroskopische Untersuchung der Sporen und der Pigmente im Fruchtkörper.

Nimis' Topelie

NE

Anzahl Fundorte	1
Substrat	Borke

Topelia nimisiana Tretiach & Vězda

446

Feldmerkmale: Dunkelgrüne, bis 3 cm grosse, firnisartige Krustenflechte mit matter Oberfläche. Die Fruchtkörper sind orangerote, 0,5–0,7 mm grosse, am Scheitel abgeflachte oder leicht eingedrückte Perithezien, welche an der Basis vom Lager bedeckt sind.

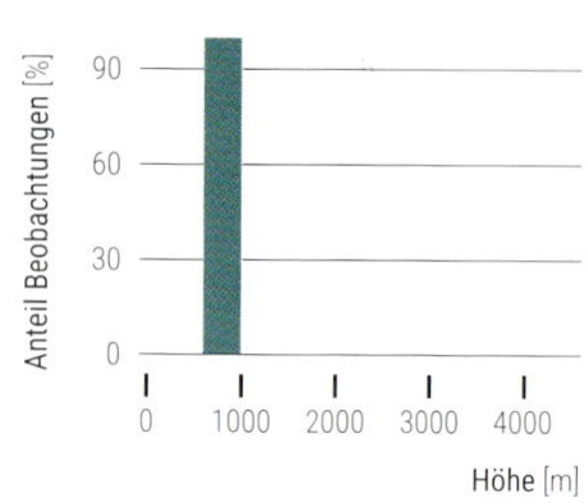

Wissenswertes: Nimis' Topelie wächst am Stamm von Kastanien in einer Kastanienselve in Castasegna. Die Art benötigt stark angewitterte Borke mit erhöhter Wasserspeicherkapazität und ist deshalb auf alte Baumindividuen beschränkt.

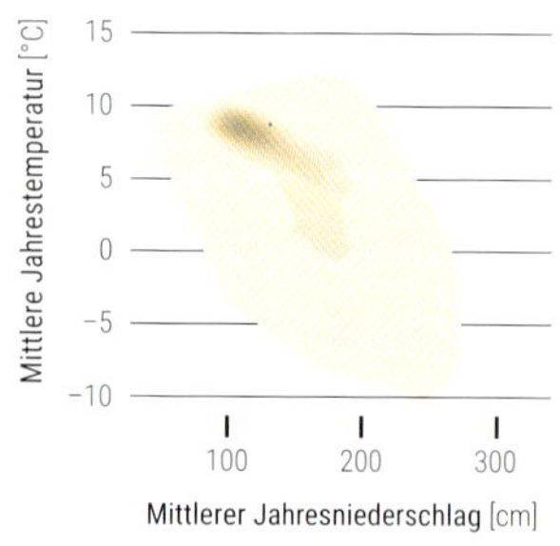

Gefährdung und Schutz: Nimis' Topelie wurde bisher nur an einem einzigen Trägerbaum sicher bestimmt und an wenigen weiteren Bäumen vermutet. Alle Vorkommen sollten geschont sowie Artenförderungsmassnahmen für den Fall vorbereitet werden, dass einzelne Trägerbäume absterben. Die Lebensräume der Vorkommen sollten weiterhin als gepflegte Selven mit Kastanienbäumen genutzt werden. Nimis' Topelie wurde erst vor wenigen Jahren in der Schweiz gefunden und deshalb für die Rote Liste noch nicht evaluiert.

Verwechslung: Auf alten Kastanien wächst gemeinsam mit Nimis' Topelie die stark gefährdete ***Thelopsis rubella*** mit am Scheitel abgerundeten, nicht abgeflachten Perithezien. Die beiden Arten lassen sich anhand mikroskopischer Sporenmerkmale unterscheiden. Für die Bestimmung sollte jeweils nur ein Fruchtkörper gesammelt werden, damit die Vorkommen nicht geschwächt werden.

Rissige Steinchenflechte

NE

Anzahl Fundorte	22
Substrat	Gestein

Trapelia placodioides Coppins & P. James

Feldmerkmale: Hellbraune bis rosa-rötliche, rissige bis gefelderte, zuerst kreisrunde, um 1 cm grosse, später zu ausgedehnten Krusten zusammenfliessende Lager. Die randlichen Areolen sind leicht verlängert, sodass die Lager am Rand undeutlich gelappt sind. Die flachen Areolen bilden entlang von Rissen flächige Aufbrüche, in welchen sich feinkörnige, vegetative Ausbreitungseinheiten bilden.

Wissenswertes: Die Rissige Steinchenflechte wächst an Feingeröll aus Silikatgestein oder oberflächlich entkalkten Sedimentgestein auf hoch gelegenen Geschiebeterrassen an naturnahen Fliessgewässern, auf skelettreichen Böden in lichten Wäldern und Weiden sowie an anthropogenen Standorten wie Bahnschotter. Sie bevorzugt lange taufeuchte (Bild Mitte) oder sehr luftfeuchte, absonnige Standorte. Die Art entwickelt sich als Pionierart auf Gestein, wenige Jahrzehnte nachdem z. B. ein Hochwasser eine Kiesbank geschüttet hat, oder an gelegentlich durch Tritt oder Rutschungen gestörten Stellen.

Gefährdung und Schutz: Geschiebeterrassen, auf welchen die Rissige Steinchenflechte vorkommt, sollten geschont werden. Zusammen mit dieser Art kommen zahlreiche weitere, oft seltene Flechten vor, welche auf dynamische Lebensräume in Auen angewiesen sind.

Verwechslung: *Placopsis lambii* entwickelt etwas dickere, dunkelbraune Lager mit deutlich verlängerten Randlappen. *Trapelia glebulosa* bildet regelmässig rotbraune Fruchtkörper, aber keine vegetativen Ausbreitungseinheiten.

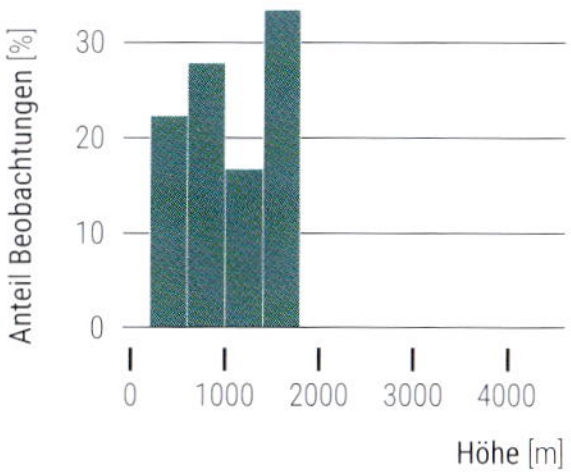

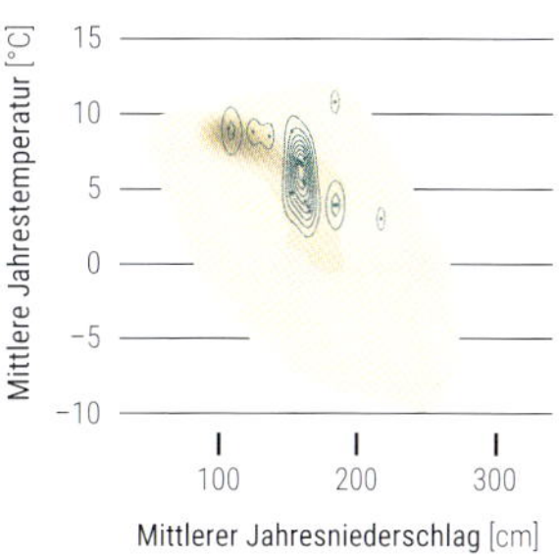

Körniger Krustenfleck

NE

Anzahl Fundorte	86
Substrat	Erde, Holz

Trapeliopsis granulosa (Hoffm.) Lumbsch

Feldmerkmale: Hellgraues, warzig-gefeldertes bis körniges, ausgedehntes, bis >8 cm grosses Lager. Die Lagerteile sind bis 0,5 mm gross, meist gewölbt und mit matter Oberfläche. Oft bilden einzelne oder grössere Gruppen von Lagerwarzen Aufbrüche, in welchen lagerfarbene oder gelb-grünliche, grobkörnige vegetative Ausbreitungseinheiten gebildet werden. Die häufig gebildeten Fruchtkörper sitzen mit breiter Basis auf dem Lager, werden bis zu 1 mm gross, haben eine meist flache Scheibe und sind bleibend schmal, leicht vorstehend berandet. Ihre Farbe ist sehr variabel und reicht von bräunlich-rosa über dunkelbraun zu graugrün.

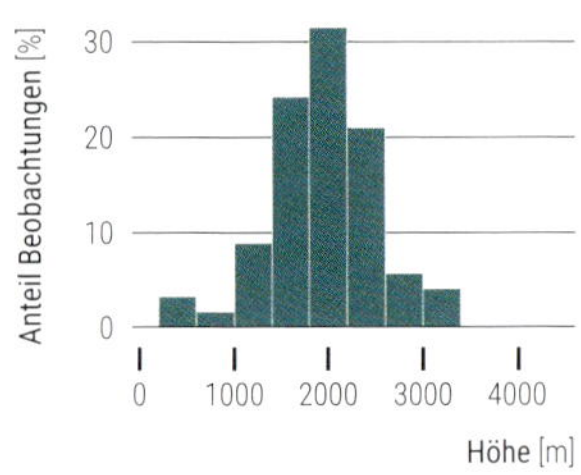

Wissenswertes: Der Körnige Krustenfleck wächst auf weichmorschem Totholz sowie auf nackten Böden über Torf und Rohhumus in lichtreichen subalpinen Wäldern, Windheiden und Hochmooren. Die Art ist auf stark zersetztem Totholz am besten entwickelt. Hier bildet sie zahlreiche Fruchtkörper und vegetative Ausbreitungseinheiten, die auf anderen Substraten oft fehlen.

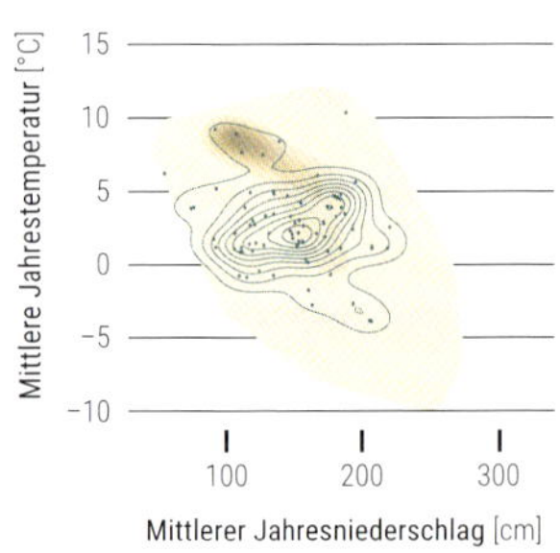

Gefährdung und Schutz: Der Körnige Krustenfleck ist in der alpinen und subalpinen Stufe häufig.

Verwechslung: *Trapeliopsis gelatinosa* bildet ein häutiges Lager und wächst an Erdanrissen; *T. flexuosa* hat ein graugrünes Lager. ***Icmadophila ericetorum*** bevorzugt etwas feuchtere Stellen als der Körnige Krustenfleck, zeigt intensiv hellrosa gefärbte Fruchtkörper und unterscheidet sich anhand mikroskopischer Sporenmerkmale und der Flechtenstoffe.

Rostflechte

NE

Anzahl Fundorte	12
Substrat	Gestein

Tremolecia atrata (Ach.) Hertel

Feldmerkmale: Rostrotes, scharfkantig rissiges bis gefeldertes, bis 4 cm grosses Lager. Die Areolen sind flach, oft deutlich feinrissig. Die um 0,5 mm grossen Fruchtkörper sind im Lager eingesenkt, von einem breiten, schwach vorstehenden schwarzen Rand umgeben und haben eine vertieft liegende, konkave bis flache Scheibe.

Wissenswertes: Die Rostflechte wächst an Steilflächen von Bergsturzblöcken und Felsrippen an harten, wenig sauren und oft schwermetallreichen Silikatgesteinen. In tieferen Lagen ist die Art an luftfeuchte Lagen gebunden, in der alpinen Stufe kommt sie auch auf exponierten Graten und Gipfelfelsen vor.

Gefährdung und Schutz: Die Rostflechte ist in der (sub)alpinen Stufe häufig. In tieferen Lagen ist die Art an Bergsturzblöcken in Weiden zu finden und sollte zusammen mit ihren Begleitarten geschont werden.

Verwechslung: Die Rostflechte ist im Feld gut zu erkennen. *Rhizocarpon oederi* wächst oft in ausgedehnten, zu grossflächigen Krusten zusammenfliessenden Lagern an Neigungsflächen auf schwermetallreichem Gestein. Ihr Aussehen ist sehr ähnlich, allerdings sind die Fruchtkörper nicht eingesenkt und haben meist eine raue Oberfläche.

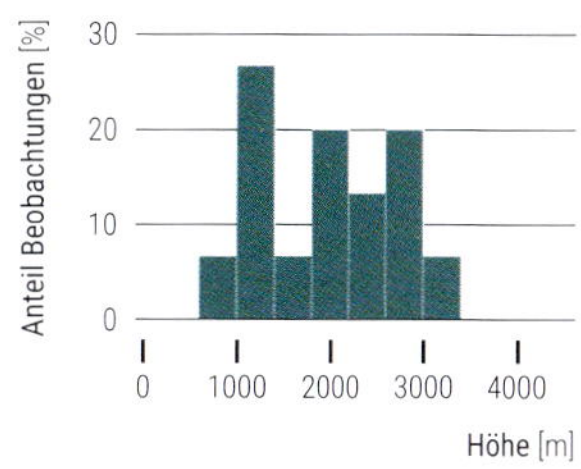

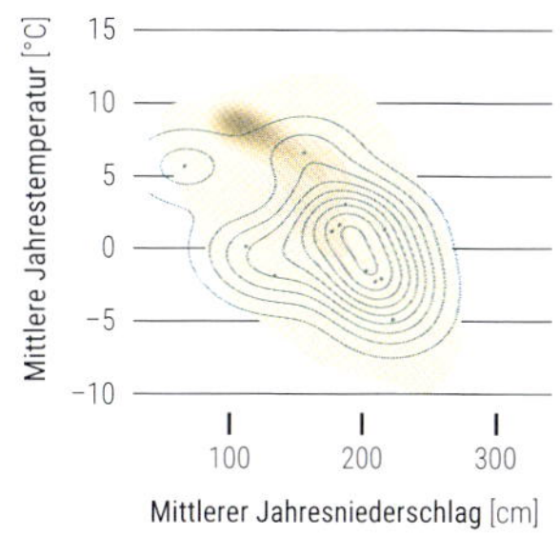

Sickerwasser-Nabelflechte

Anzahl Fundorte	10
Substrat	Gestein

Umbilicaria crustulosa (Ach.) Frey

Feldmerkmale: Graue bis bräunlichgraue, stellenweise bereifte, bis >8 cm grosse, einlappige Nabelflechte mit glatter, im Zentrum wulstiger Oberfläche. Die Fruchtkörper sind schwarz, im Lager eingesenkt, mit wenig vorstehendem Rand und meist deutlich kreisförmig gerillter Fruchtkörperoberfläche. Die Unterseite ist hellgrau, manchmal leicht rosa und mit dicht stehenden, länglichen, drehrunden Rhizinen bewachsen.

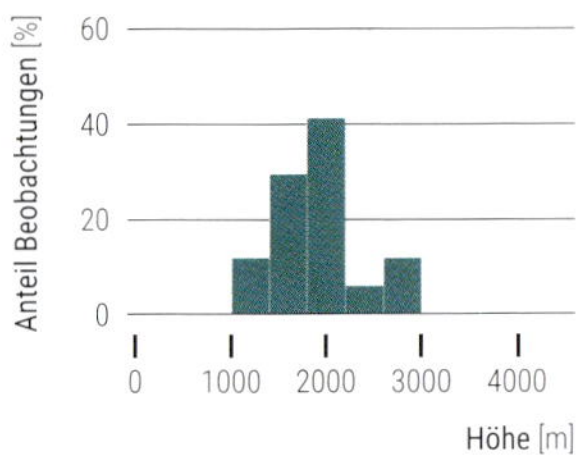

Wissenswertes: Die Sickerwasser-Nabelflechte wächst von der hochmontanen bis in die alpine Stufe an steilen Felsflächen aus kalkfreiem Gestein. Die Art kommt an lichtreichen Standorten vor, toleriert aber die teilweise Beschattung in offenen Wäldern. Sie wächst gerne in Sickerwasserstreifen oft unterhalb von Grasbändern, sodass das Rieselwasser einen leicht erhöhten Nährstoffgehalt aufweist.

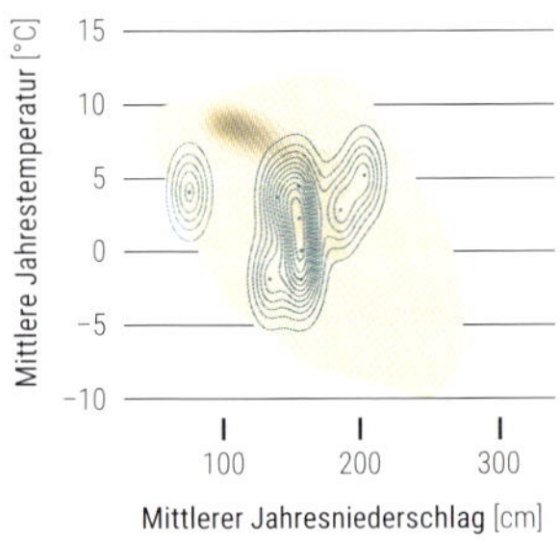

Gefährdung und Schutz: Die Sickerwasser-Nabelflechte ist an geeigneten Stellen in Silikatgebieten häufig.

Verwechslung: *Umbilicaria meizospora* wurde früher als Varietät der Sickerwasser-Nabelflechte angesehen, vor Kurzem jedoch als eigene Art verselbstständigt. Sie unterscheidet sich durch eine dunkelbraune Unterseite mit dunklen Rhizinen und vom Nabel auf die Unterseite ausstrahlende «Stützbalken». Alpine Vorkommen der Sickerwasser-Nabelflechte sind mit Vorsicht von ***U. virginis*** zu unterscheiden, welche aufsitzende Fruchtkörper hat.

NE

Anzahl Fundorte	56
Substrat	Gestein

Fransen-Nabelflechte

Umbilicaria cylindrica (L.) Duby

Feldmerkmale: Graue bis bräunlichgraue, meist bis 4 cm grosse, manchmal einlappige, oft aber geteilt vielblättrige Nabelflechte mit glatter Oberfläche. Die Lappenränder sind mit dunklen Wimpern besetzt. Die Unterseite ist hell, meist leicht rosa, manchmal hellgrau und mit vereinzelten hellen Rhizinen bewachsen. Die schwarzen Fruchtkörper weisen einen vorstehenden Rand und eine meist deutlich gerillte Oberfläche auf.

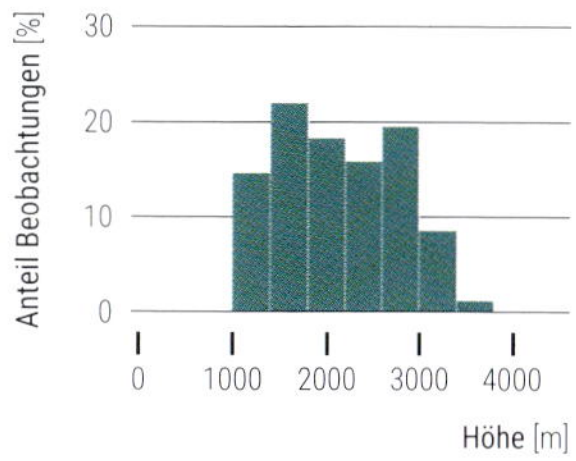

Wissenswertes: Der Name Nabelflechte weist darauf hin, dass das Lager nur an einer zentralen Stelle mit dem Gestein verwachsen ist. Dadurch sind die Lager vom Gestein isoliert und können sich bei Sonne über die Gesteinstemperatur erwärmen. Die Fransen-Nabelflechte ist eine häufige Art auf kalkfreiem Gestein an lichtreichen Standorten oberhalb von 1000 m ü. M. Sie meidet Orte mit langer Schneebedeckung, kommt aber an Steilflächen, wo der Schnee leicht abrutschen kann, bis in die nivale Stufe vor. Die Art ist sehr vielgestaltig und kann, fast kreisrunde, einlappige Lager bilden und daneben stark zerschlitzte, viellappige Lager, welche in grösseren Rasen zusammenwachsen. Eine hochalpine Form wurde vor wenigen Jahren als neue Art, *U. maculata*, beschrieben und inzwischen auch in der Schweiz nachgewiesen.

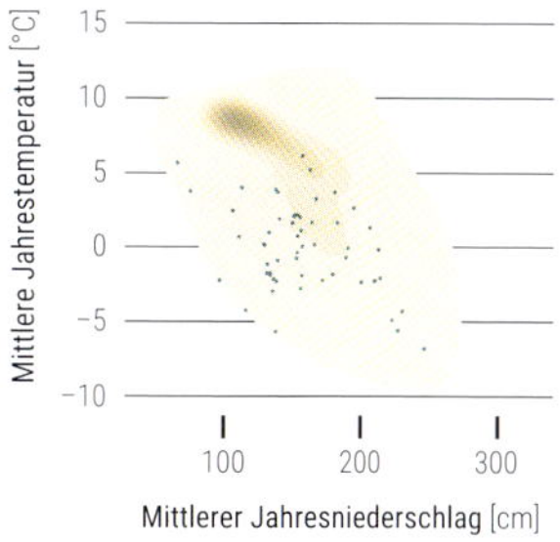

Gefährdung und Schutz: Die Art ist häufig.

Verwechslung: *Umbilicaria maculata* hat ein weisslich geflecktes Lager und Fruchtkörper mit genabelter Fruchtkörperoberfläche.

NE

Anzahl Fundorte	15
Substrat	Gestein

Kreuzgeteilte Nabelflechte

Umbilicaria decussata (Vill.) Zahlbr.

452 **Feldmerkmale:** Graue, bis 4 cm grosse, einlappige Nabelflechte mit deutlich gerippter Oberseite. Die Oberfläche ist feinrissig gefeldert. Die Lappenränder sind sehr dünn und brechen leicht ab. Fruchtkörper sind selten. Die Unterseite ist russig schwarz, da dicht mit mikroskopisch kleinen Brutkörnern besetzt, die der vegetativen Ausbreitung dienen. Rhizinen fehlen.

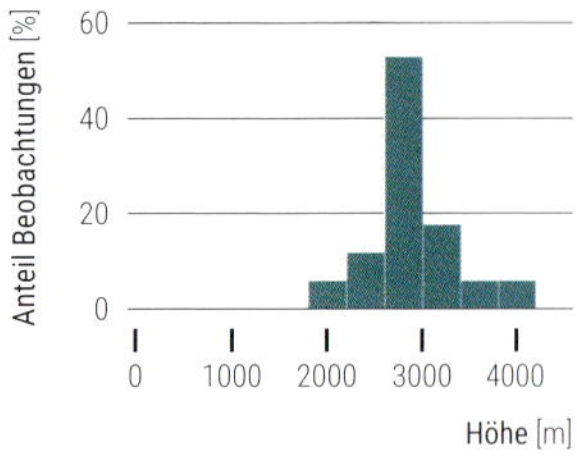

Wissenswertes: Die Kreuzgeteilte Nabelflechte wächst an Vertikalflächen von alpinen und nivalen Felsgraten. Sie meidet Stellen, an welchen der Schnee längere Zeit liegen bleibt oder Rieselwasser abfliesst. An der rissigen Lageroberseite bilden sich regelmässig Nebelfrostablagerungen, meist Raureif. Schmelzen diese Ablagerungen bei anschliessender Erwärmung, wird die Flechte befeuchtet und ihr Stoffwechsel reaktiviert.

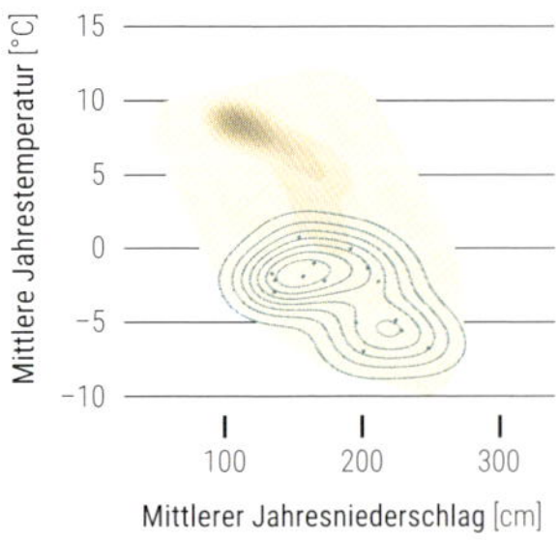

Gefährdung und Schutz: Die Art ist an geeigneten Standorten regelmässig zu finden.

Verwechslung: Nabelflechten ohne Fruchtkörper sind im Feld nicht einfach zu bestimmen, weil an den typischen, vertikalen Wuchsorten dieser Arten genaues Beobachten mit der Lupe schwerfällt. Die Kreuzgeteilte Nabelflechte ist aber anhand des Rippenmusters auch beim Klettern leicht zu erkennen. *Umbilicaria leiocarpa* wächst oft zusammen mit ihr, meidet aber stark windexponierte Lagen und bildet keine deutlichen Rippen auf der Oberseite.

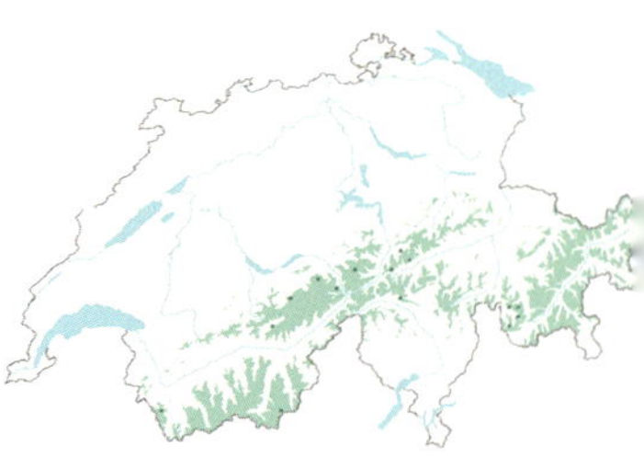

NE

Anzahl Fundorte	3
Substrat	Gestein

Rübels Nabelflechte

Umbilicaria ruebeliana (Du Rietz & Frey) Frey

Feldmerkmale: Graue bis graubraune, meist bis 4 cm grosse, ziemlich dicklagerige, meist einlappige, manchmal geteilt vielblättrige Nabelflechte mit grob rissig gefelderter Oberfläche. Die Fruchtkörper sind schwarz, leicht in das Lager eingedrückt oder mit breiter Basis dem Lager aufsitzend, mit vorstehendem Rand und glatter, später genabelter Fruchtkörperoberfläche. Die Unterseite ist schwarz, warzig gefeldert und weist meist keine, selten vereinzelte, kurze, klumpig verbreiterte Rhizinen auf.

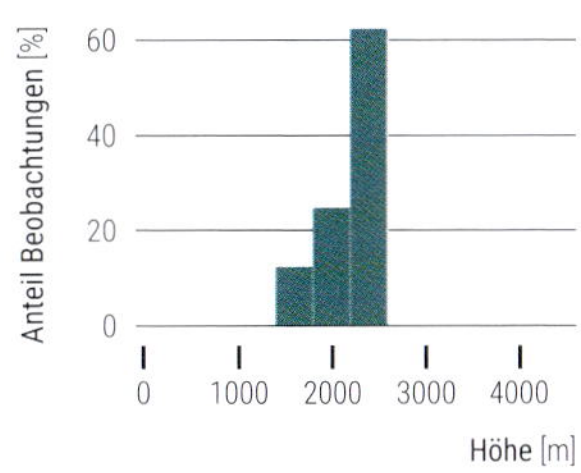

Wissenswertes: Rübels Nabelflechte wächst an Steil- und Vertikalflächen meist mehr als zwei Meter über Boden an sehr grossen Bergsturzblöcken an rasch abtrocknenden Stellen, oft in Süd- und Ost-Exposition. Die Art bildet individuenreiche Bestände mit meist nur wenigen Begleitarten und meidet Felsflächen mit längerer Schneebedeckung.

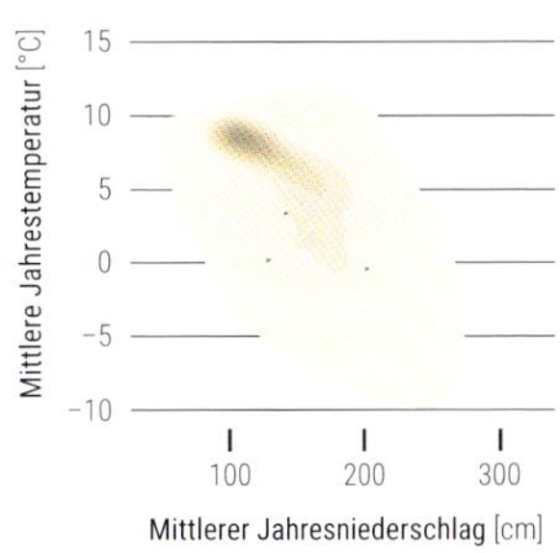

Gefährdung und Schutz: Rübels Nabelflechte wurde in den letzten Jahren selten registriert. Dies hängt aber mit den meist schwer zugänglichen Standorten zusammen. Sie ist lokal häufig.

Verwechslung: Ohne Fruchtkörper ist Rübels Nabelflechte schwierig von ähnlichen Arten zu unterscheiden: *U. polyphylla* bildet an der Unterseite immer schwarze Brutkörper und bei *U. cinereorufescens* sind klumpig verdickte Rhizinen vorhanden.

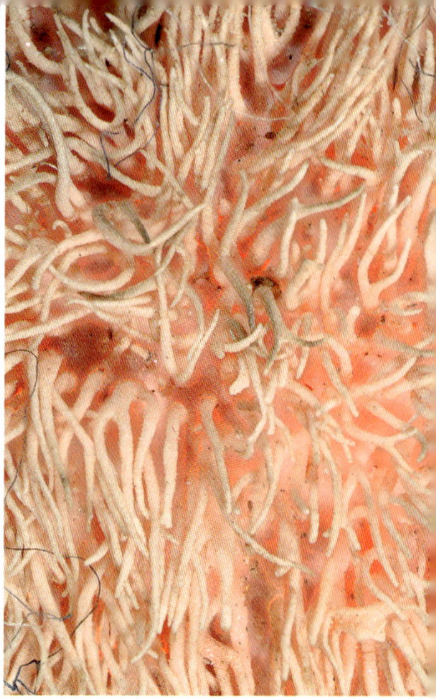

Jungfrau-Nabelflechte

NE

Anzahl Fundorte	15
Substrat	Gestein

Umbilicaria virginis Schaer.

Feldmerkmale: Elfenbeinfarbene bis graue, meist bis 4, selten bis 15 cm grosse Nabelflechte mit im Zentrum gerippter Oberfläche. Die Fruchtkörper sind schwarz, mit vorstehendem Rand und meist glatter, manchmal genabelter Fruchtkörperoberfläche. Die Unterseite ist hell, meist auffällig rosa, manchmal graubraun und mit langen, einfachen Rhizinen bewachsen.

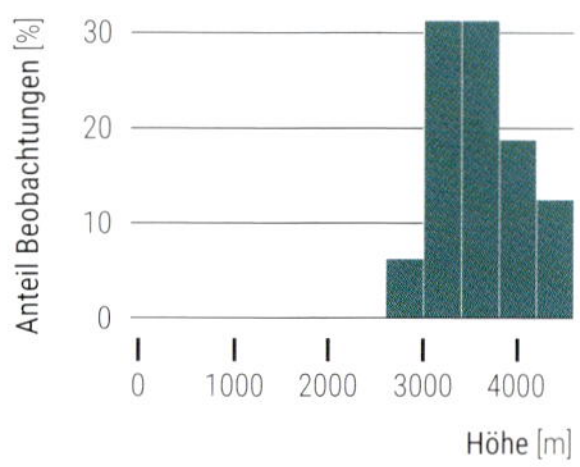

Wissenswertes: Die Jungfrau-Nabelflechte ist eine der wenigen Arten der Alpen, die ausschliesslich in der nivalen Stufe vorkommt. Sie wächst an Steilflächen von kalkfreiem Gestein, an grossen Bergsturzblöcken oder Felswänden, meist an Rieselwasserstreifen, welche auch im Spätsommer noch Schmelzwasser führen. Die Art hat vermutlich bereits während der letzten Eiszeit eisfreie Gipfelregionen der Alpen besiedelt. Ihr Name bezieht sich auf den Gipfel der Jungfrau, wo die Art erstmals gefunden wurde.

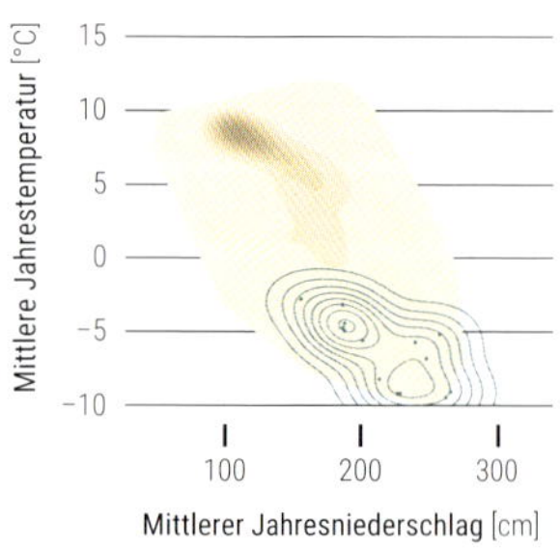

Gefährdung und Schutz: Einige Vorkommen sind im Bereich von Routen oft begangener Hochtouren. Ziehen sich Firnfelder durch den Klimawandel stärker zurück, könnte fehlendes Schmelzwasser zum Absterben von Lagern führen.

Verwechslung: ***Umbilicaria crustulosa*** hat eine glatte Oberfläche, braune Rhizinen und eingesenkte Fruchtkörper. *Umbilicaria maculata* und ***U. cylindrica*** haben aufsitzende Fruchtkörper mit genabelter oder meist stark gerillter Oberfläche.

Struppige Bartflechte

LC Anzahl Fundorte	176
Substrat	Borke

Usnea hirta (L.) F. H. Wigg.

Feldmerkmale: Gelb-grünliche, meist starr abstehende, seltener hängende, bis 4 cm grosse Strauchflechte. Die Basis des Lagers ist hell und mit einer Haftscheibe mit dem Substrat verwachsen. Die Äste sind oft etwas kantig und dicht mit kurzen, häufig in Gruppen stehenden, leicht abbrechenden vegetativen Ausbreitungseinheiten besetzt.

Wissenswertes: Die Struppige Bartflechte ist eine wenig anspruchsvolle, vergleichsweise häufige Art der Gattung *Usnea*. Sie wächst auf Borke von Nadelbäumen und an zähmorschem Holz von den Tieflagen, wo die Art allerdings selten ist, bis an die Waldgrenze, wo sie vor allem in niederschlagsarmen Gebieten, aber luftfeuchten Lagen die häufigste *Usnea*-Art mit starr abstehendem Lager ist. Die gelbgrünliche Farbe stammt von der Usninsäure, einem Flechtenstoff mit antibiotischer Wirkung. Ethnolichenologische Studien berichten von den unterschiedlichsten Anwendungen.

Gefährdung und Schutz: Die Art ist regional häufig.

Verwechslung: Die Zugehörigkeit zur Gattung *Usnea* kann im Feld einfach anhand des elastischen Zentralstranges erkannt werden und dadurch eindeutig von ***Evernia divaricata***, ***E. mesomorpha*** und ***Alectoria sarmentosa*** unterschieden werden. Die Bestimmung von *Usnea*-Arten im Feld ist hingegen schwierig. Die Struppige Bartflechte bildet nur vereinzelt Fibrillen und nie höckerartige Ausstülpungen auf der Rinde, wodurch sie sich von anderen Arten mit starr abstehendem Lager unterscheidet.

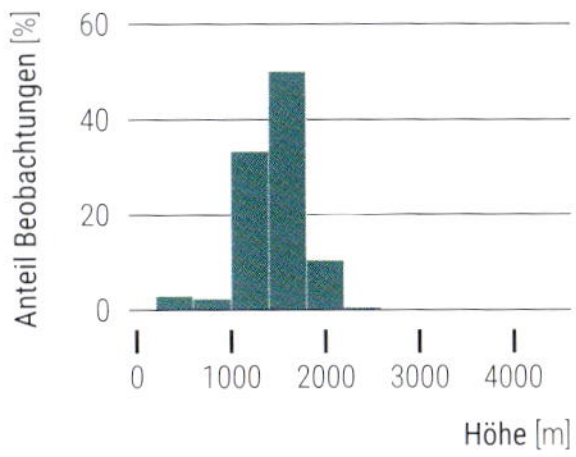

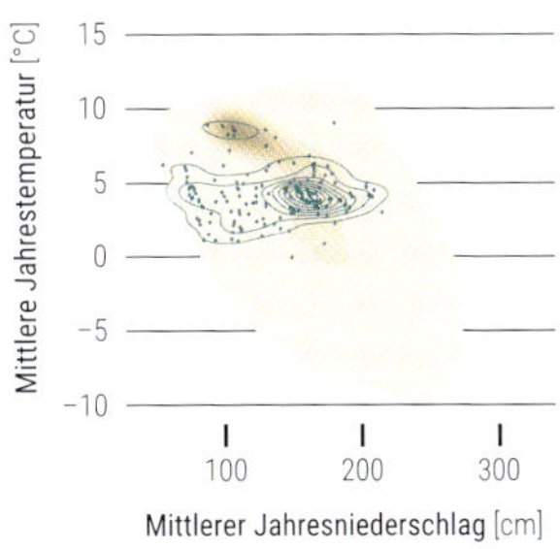

Engelshaar

CR NHV

Anzahl Fundorte	10
Substrat	Borke

Usnea longissima Ach.

Feldmerkmale: Grau-grünliche, aus einzelnen, bis gegen 2 m langen, wenig verzweigten Fäden bestehende Lager. Die Fäden sind dicht besetzt mit grau-grünlichen, berindeten Fibrillen, welche rechtwinklig vom Hauptstrang abzweigen. Der Hauptstrang ist oft zum grossen Teil weisslich, weil durch das Abblättern der Rinde, der Algenschicht und dem lockeren Mark der Zentralstrang sichtbar wird. Die Ausbreitung erfolgt über Bruchstücke der langen Fäden, vermutlich aber auch über die abblätternden Teile der Rinde vom Hauptast. Es werden fast nie Fruchtkörper gebildet.

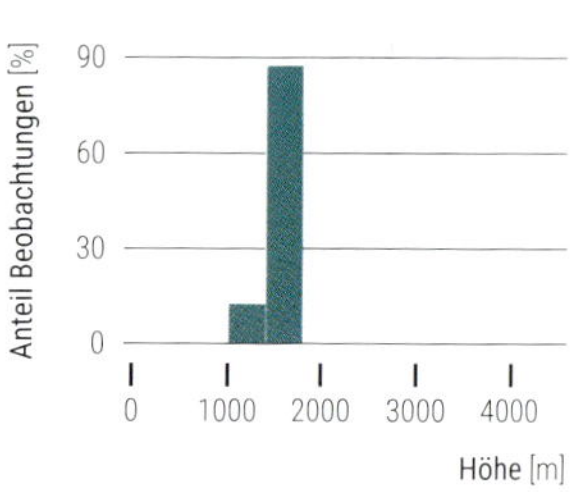

Wissenswertes: Das Engelshaar hängt in meterlangen Girlanden an Ästen der Schattenkrone von Fichten in nicht zu dichten Fichtenwäldern der hochmontanen Stufe. Das Vorkommen ist auf niederschlagsreiche Gebiete mit konstant hoher Luftfeuchtigkeit in historisch alten, naturnahen Wäldern beschränkt und bildet auf wenigen Einzelbäumen oft üppige Vorkommen. Das Engelshaar ist die Urwaldflechte *par excellence*. Mit ihren grossen Ausbreitungseinheiten kann sie sich nur über kurze Distanzen ausbreiten.

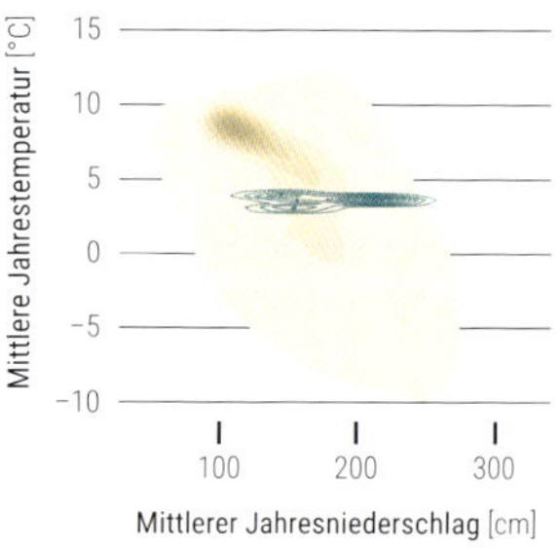

Gefährdung und Schutz: Alle Trägerbäume müssen geschont werden. Die Vorkommen sollten bei der Ausscheidung von (Sonder-)Waldreservaten berücksichtigt, kleinere Vorkommen zudem durch gezielte Artenförderungsmassnahmen gestützt werden.

Verwechslung: Einzelne abgerissene Hauptäste von *Usnea dasopoga* können ähnlich wie das Engelshaar aussehen, der Hauptast hat aber jeweils eine intakte Rinde.

Buschige Bartflechte

Anzahl Fundorte	115
Substrat	Borke

LC

Usnea subfloridana Stirt.

Feldmerkmale: Grau-grünliche, manchmal starr abstehende, manchmal hängende, bis 8 cm grosse Strauchflechte. Das an der Basis schwarze Lager ist mit einer Haftscheibe mit dem Substrat verwachsen. Die Äste weisen kurze, rundliche Fibrillen auf, zudem bilden sich an ihnen flache, punktförmige Aufbrüche, in welchen sowohl feinkörnige vegetative Ausbreitungseinheiten als auch stiftförmige, berindete und leicht abbrechende Ausbreitungseinheiten entstehen. Lager, welche auffällige Fruchtkörper mit einer flachen Scheibe und einem schmalen, mit langen Fibrillen besetzten Lagerrand bilden, sind selten geworden.

Wissenswertes: Die Buschige Bartflechte wächst auf ziemlich saurer Borke von Ästen verschiedenster Baum- und Straucharten in Wäldern und Wytweiden von den Tieflagen bis in die subalpine Stufe. Sie kommt in niederschlagsreichen Regionen und sehr luftfeuchten, nebelreichen Lagen an ziemlich lichtreichen Standorten vor. Lager ohne vegetative Ausbreitungseinheiten, aber mit grossen Fruchtkörpern werden noch als *U. florida* unterschieden. Die beiden Sippen lassen sich aber bisher genetisch nicht sicher unterscheiden.

Gefährdung und Schutz: Die Buschige Bartflechte ist noch weit verbreitet, wird aber vor allem im Mittelland zunehmend seltener.

Verwechslung: Mehrere ähnlich buschige Arten lassen sich anhand der Flechtenstoffe und genetischer Merkmale (DNA-Barcoding) unterscheiden.

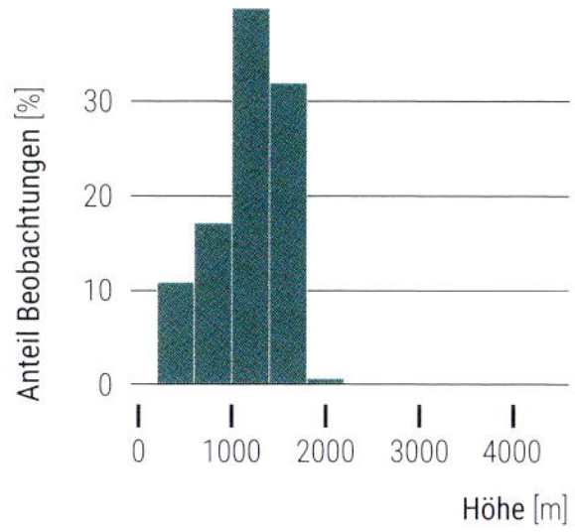

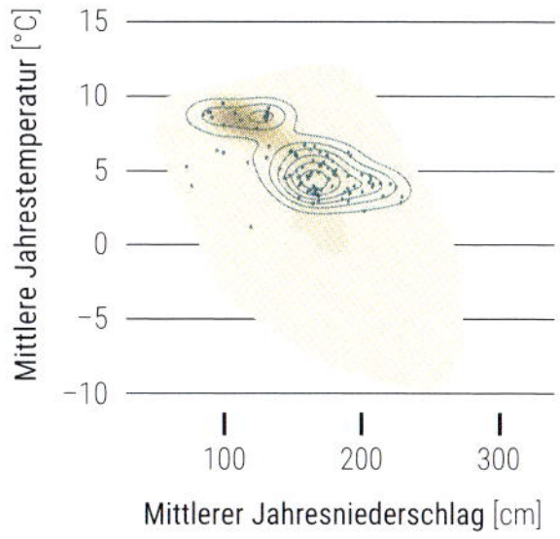

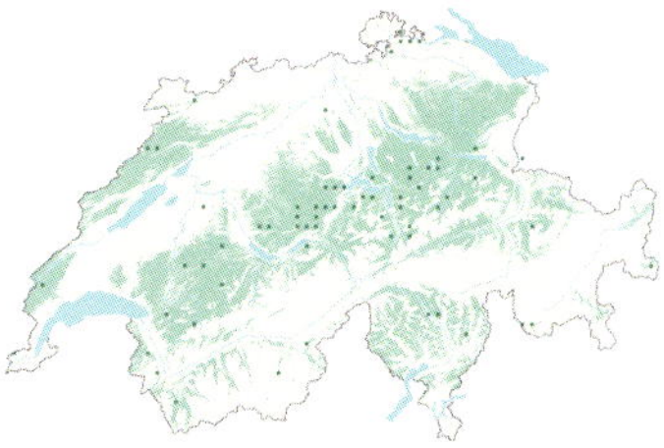

EN

Anzahl Fundorte	20
Substrat	Borke

Gesäumte Tartschenflechte

Usnocetraria oakesiana (Tuck.) M. J. Lai & J. C. Wei

Feldmerkmale: Gelbgrünliche, bis 3 cm grosse Blattflechte mit locker der Borke anliegenden, schmalen, um 5 mm breiten, bandförmigen Lappen. An den Rändern der Lappen bilden sich oft dunkelbraune, deutlich vorstehende Pykaidien. Das Mark ist weiss. Feinkörnige vegetative Ausbreitungseinheiten werden an Lappenrändern in bortenartigen Aufbrüchen gebildet. Sie bildet keine Fruchtkörper. Die Unterrinde ist braun, ohne weisse Punkte.

Wissenswertes: Die Gesäumte Tartschenflechte wächst an der Stammbasis von Nadelbäumen in historisch alten, ziemlich lichtreichen, gestuften Beständen in niederschlagsreichen Gebieten. Die Art ist sehr selten geworden und in wenig genutzten Waldbeständen zu finden, wo sie jeweils nur auf wenigen alten Bäumen vorkommt. Sie kommt auch an der Stammbasis alter Bäume in offenen, aber schattigen Kastanienselven vor.

Gefährdung und Schutz: Alle Vorkommen sollten geschont und für die Ausscheidung von Waldreservaten berücksichtigt werden. Kleine Vorkommen sollten durch Artenförderungsmassnahmen gestützt werden.

Verwechslung: Die viel häufigere ***Vulpicida pinastri*** hat tiefgelbe Lager und ein gelbes Mark. ***Nephromopsis laureri*** hat eine weisse bis hellbraune Unterseite mit weissen Punkten und zerschlitzte, nicht bandförmige Lappen.

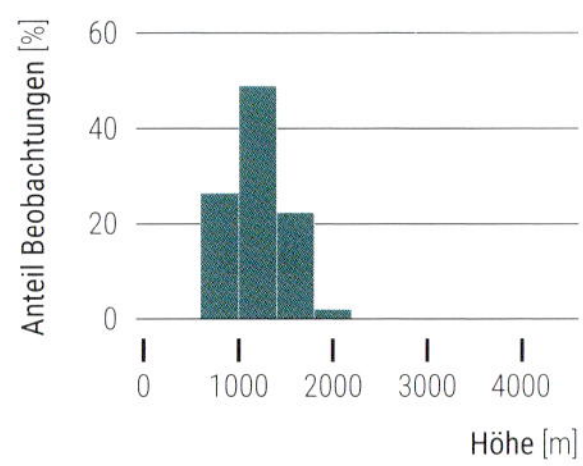

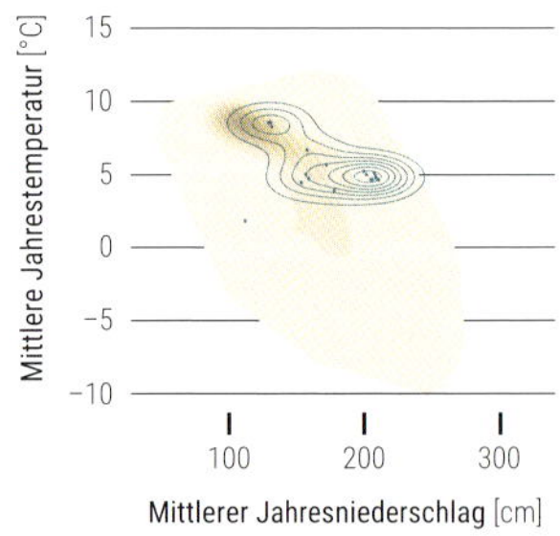

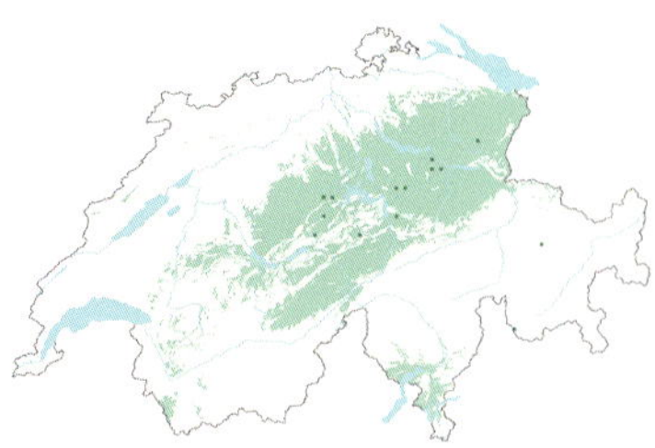

EN

Anzahl Fundorte	26
Substrat	Borke

Halbkugelige Porenflechte

Varicellaria hemisphaerica (Flörke) I. Schmitt & Lumbsch

Feldmerkmale: Bläulich- bis silbergraues, glattes bis rissiges, um 10 cm grosses Lager. Der Rand des Lagers ist meist heller und bildet ein zoniertes Vorlager. In deutlich gewölbten, oft kopfförmigen, bis 2 mm grossen Aufbrüchen werden feinkörnige vegetative Ausbreitungseinheiten gebildet.

Wissenswertes: Die Halbkugelige Porenflechte wächst auf der glatten Borke von Buche, Weisstanne und Berg-Ahorn in lichtreichen, historisch alten, naturnahen Tannen-Buchenwäldern in niederschlagsreichen Gebieten. In tieferen Lagen kommt die Art auf alten Eichen in Wytweiden vor.

Gefährdung und Schutz: Die Halbkugelige Porenflechte ist eine sehr seltene, relativ gut erkennbare Krustenflechte, welche meist auf einzelnen, in der Regel älteren Baumindividuen wächst. Alle Vorkommen sind zu schonen und sollten für die Ausscheidung von Biotopbäumen, Waldreservaten oder Naturschutzgebieten berücksichtigt werden.

Verwechslung: Die Halbkugelige Porenflechte ist im Feld meist zu erkennen. Die Bestimmung sollte aber anhand ihrer Flechtenstoffe bestätigt werden, um Arten der Gattung ***Ochrolechia*** auszuschliessen. ***Lepra albescens*** entwickelt ebenfalls ein zoniertes Vorlager, die Aufbrüche sind aber flach. ***Lepra amara*** lässt sich leicht anhand ihres bitteren Geschmackes unterscheiden. ***Phlyctis argena*** kann selten etwas gewölbte Aufbrüche bilden, enthält jedoch andere Flechtenstoffe.

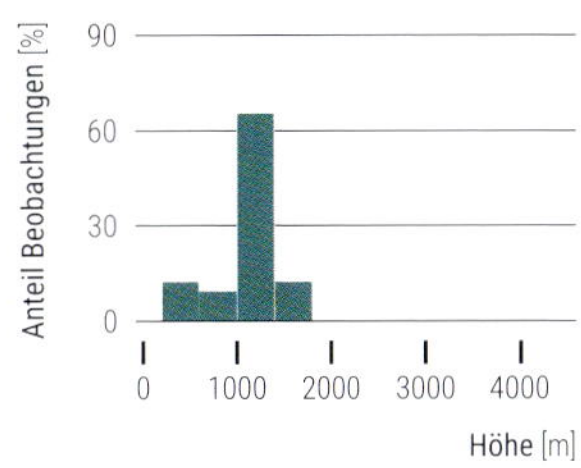

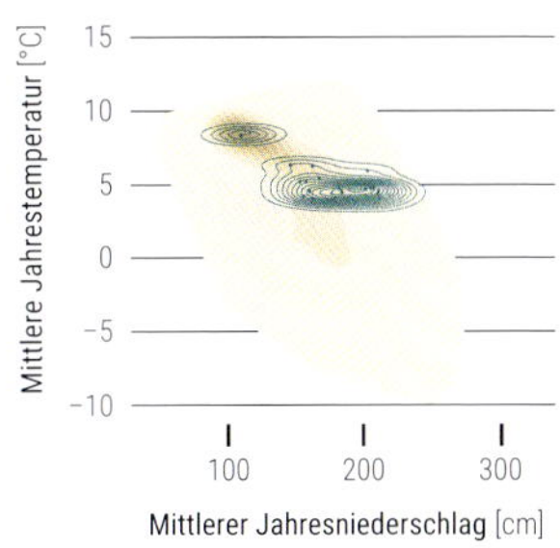

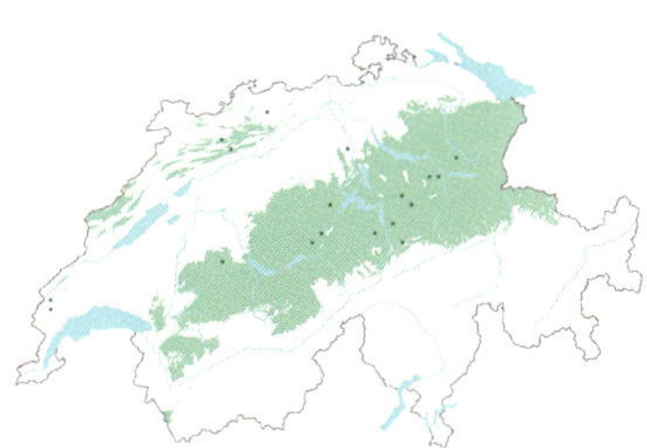

Rotfrüchtige Porenflechte

NT

Anzahl Fundorte	5
Substrat	Borke

Varicellaria rhodocarpa (Körb.) Th. Fr.

Feldmerkmale: Weisslich- bis bläulich-graues, warziges, bis 10 cm grosses Lager. Fleckförmige, deutlich gewölbte Aufbrüche entstehen auf den Lagerwarzen, in welchen feinkörnige, grünliche vegetative Ausbreitungseinheiten gebildet werden. Die Fruchtkörper sind bis 1,2 mm gross, haben eine gewölbte, weisslich bereifte, unebene Scheibe und sind nicht berandet. Mit 20-facher Lupenvergrösserung sind auf der Scheibe die Spitzen der Schläuche zu sehen, und auch die bis 0,4 mm grossen Ascosporen sind auf durchfeuchteten Fruchtkörpern mit der Lupe zu erkennen (Bild rechts, unten links).

Wissenswertes: Die Rotfrüchtige Porenflechte wächst auf Borke und Totholz von Nadelbäumen, selten auf Silikatgestein, meist nahe am Boden in luftfeuchten Lagen in lichten Arven-Lärchenwäldern. Die grossen, zweizelligen Sporen mit klebriger Sporenwand gehören zu den grössten Ascosporen. Sie werden vermutlich von Insekten ausgebreitet.

Gefährdung und Schutz: Die Rotfrüchtige Porenflechte ist trotz gezielter Suche bisher erst wenige Male gefunden worden. Die Vorkommen sind meist auf einzelne Bäume beschränkt. Die Trägerbäume sollten geschont werden.

Verwechslung: Die Art ist im Feld in der Regel gut zu erkennen, sofern die Lager Fruchtkörper entwickelt haben. Sterile Lager sind anhand der Flechtenstoffe von *Ochrolechia androgyna* zu unterscheiden. ***Ochrolechia alboflavescens*** hat flache oder kraterförmige Aufbrüche.

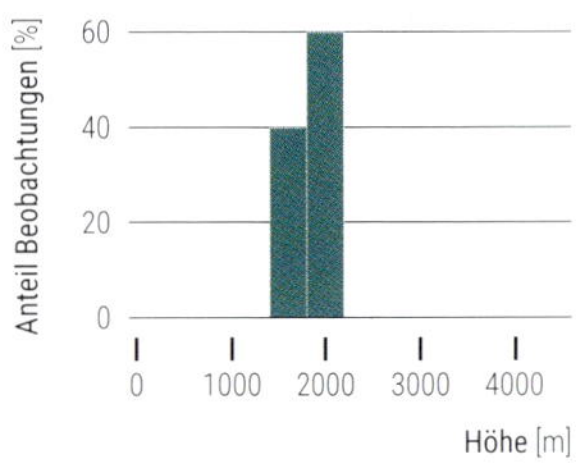

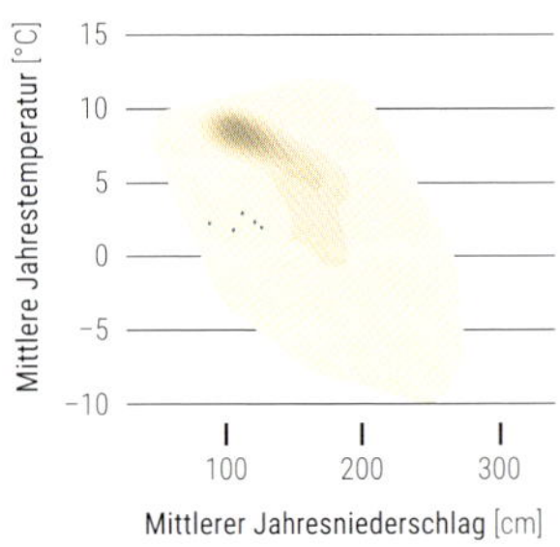

Sommer-Igelflechte

LC

Anzahl Fundorte	35
Substrat	Borke

Vezdaea aestivalis (Ohlert) Tscherm.-Woess & Poelt

Feldmerkmale: Olivgrünes, körniges oder häutiges, bis 4 cm grosses Lager. Die unberandeten, hellgrauen bis gelbbraunen, bis 1 mm grossen Fruchtkörper bilden samtige, gewölbte und oft unregelmässig geformte Scheiben. An lang ausgezogenen Blattspitzen der überwachsenen Moospflänzchen werden an flaschenbürsten-ähnlichen, weisslichen Nebenfruchtformen vegetative Ausbreitungseinheiten des Pilzpartners (Konidien) gebildet.

Wissenswertes: Die Sommer-Igelflechte wächst über Moosen auf Kalkfelsen und mineralreichem Silikatgestein sowie auf Borke von Laubbäumen mit schwach saurer Borke in nicht zu dunklen Wäldern. Sie ist vor allem in sehr luftfeuchten Lagen zu finden, wobei Fruchtkörper und Konidien jeweils nur während wenigen Wochen gut entwickelt sind. Die Lager können aber über mehrere Jahre auf derselben Moospflanze beobachtet werden. Die Sommer-Igelflechte ist die auffälligste Art der Gattung. Konidien werden bei dieser Art regelmässig gebildet, sogar auf den Keimschläuchen von Ascosporen.

Gefährdung und Schutz: Die Sommer-Igelflechte ist nie häufig, aber in manchen Jahren hauptsächlich in hochmontanen Wäldern regelmässig zu finden.

Verwechslung: Die Sommer-Igelflechte kann im Feld mit der Lupe erkannt werden. Feldansprachen sollten aber anhand mikroskopischer Untersuchungen der Sporen im Labor bestätigt werden.

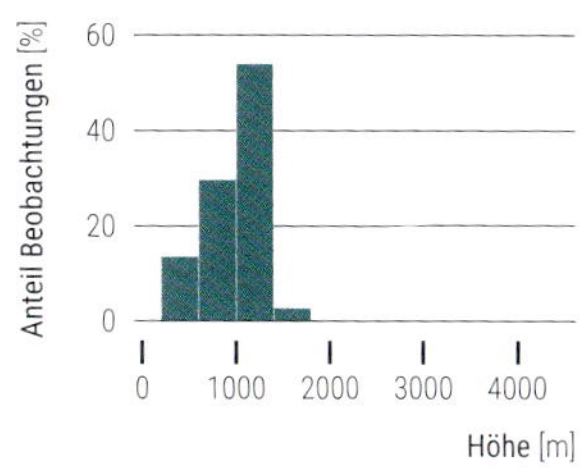

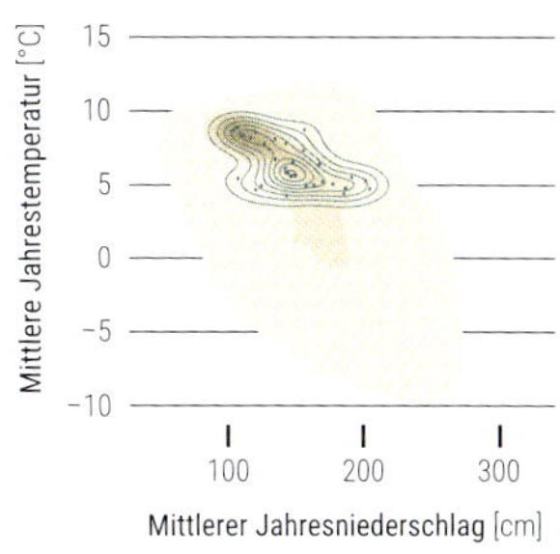

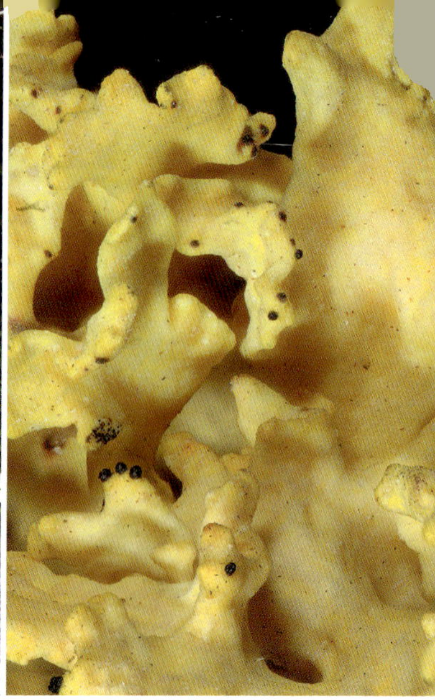

NT

Anzahl Fundorte	31
Substrat	Erde

Wacholder-Fuchstöter

Vulpicida juniperinus (L.) J.-E. Mattsson & M. J. Lai

Feldmerkmale: Leucht- bis goldgelbe, bis 10 cm grosse Strauchflechte mit locker der Erde aufliegenden, im Zentrum der Lager senkrecht stehenden, bis 3 cm hohen, schmalen Lappen, welche an den Rändern oft dunkelbraune, deutlich vorstehende Pykaidien bilden. Das Mark ist gelb. Fruchtkörper sind fast immer fehlend. Die Art breitet sich vegetativ durch Bruchstücke von Lappen aus.

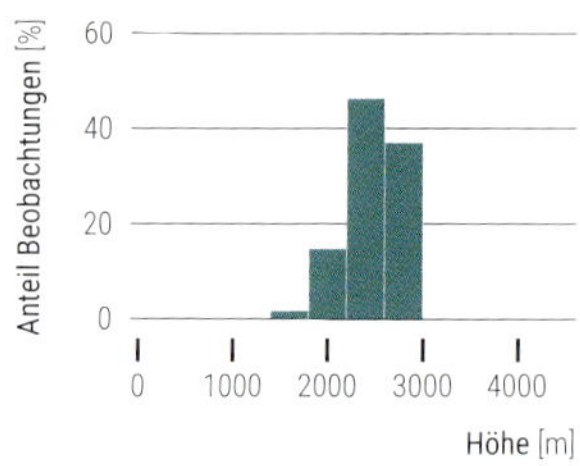

Wissenswertes: Der Wacholder-Fuchstöter ist auf kalkhaltiger Erde in alpinen Windheiden und alpinen Rasen mit lückiger Vegetation häufig anzutreffen. Er liegt locker der Erde auf und ist mit Pflanzen nur leicht verheddert. So können Teile der Lager durch den Wind leicht ausgebreitet werden. Bei Graupelschauern werden Lager schwimmend auf dem Wasser-Eisgemisch hangabwärts transportiert und sammeln sich an Blöcken und Geländeunebenheiten an.

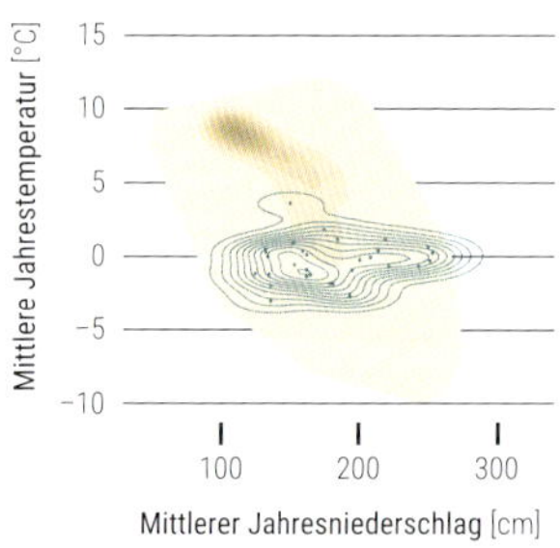

Gefährdung und Schutz: Der Wacholder-Fuchstöter ist nicht gefährdet. Die wenigen Vorkommen in tiefen Lagen sollten geschont werden.

Verwechslung: Der Wacholder-Fuchstöter ist anhand seiner leuchtend gelben Farbe einfach von den gelblichweissen ***Flavocetraria nivalis*** (rechtes Bild, im oberen und unteren Bereich) und ***F. cucullata*** zu unterscheiden. Die ebenfalls leuchtend gelbe, auf Rinde und Totholz wachsende ***Vulpicida pinastri*** ist eine Blattflechte und bildet feinkörnige vegetative Ausbreitungseinheiten, die beim Wacholder-Fuchstöter fehlen.

LC

Anzahl Fundorte	262
Substrat	Borke, Totholz

Kiefern-Fuchstöter

Vulpicida pinastri (Scop.) J.-E. Mattsson & M. J. Lai

Feldmerkmale: Leucht- bis goldgelbe, bis 3 cm grosse Blattflechte mit schmalen Lappen, die an den Enden aufsteigen. Das Mark und die Unterseite sind ebenfalls gelb. Sie bildet feinkörnige, vegetative Ausbreitungseinheiten an Lappenrändern. Fruchtkörper sind nicht vorhanden.

Wissenswertes: Der Kiefern-Fuchstöter ist eine häufige Art subalpiner Nadelwälder, wo sie auf liegendem Totholz und an der Basis von Bäumen vorkommt. Die Art erträgt längere Schneebedeckung und wächst oft zusammen mit der gelbgrünen ***Parmeliopsis ambigua*** (mittleres Bild, im oberen und unteren Bereich). In tiefen Lagen ist sie manchmal in Moorgebieten anzutreffen, in den meisten Waldgesellschaften tieferer Lagen kommt sie aber nur vereinzelt vor. Die gelbe Farbe von Rinde und Mark stammt von Flechtenstoffen, welche die Flechte vor Fressfeinden schützt – Füchse gehören aber nicht dazu.

Gefährdung und Schutz: Die Art ist nicht gefährdet.

Verwechslung: Die viel seltenere und auf niederschlagsreiche Gebiete beschränkte ***Usnocetraria oakesiana*** hat ein gelbgrünliches Lager mit bandförmigen Lappen. ***Vulpicida juniperinus*** hat ein leuchtgelbes, strauchförmiges Lager mit dicken Lappen und bildet keine vegetativen Ausbreitungseinheiten. Sie wächst in der alpinen Stufe in Windheiden auf kalkhaltigen Böden.

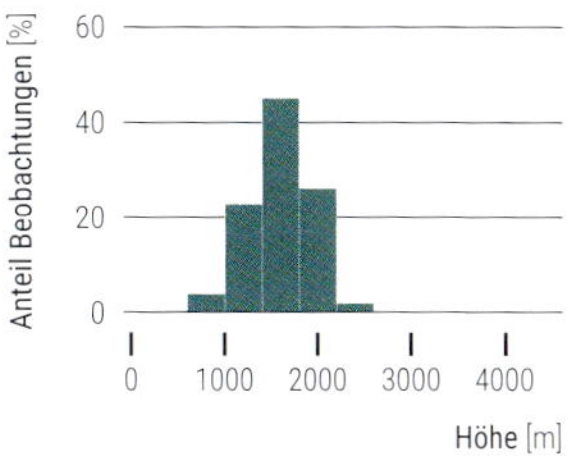

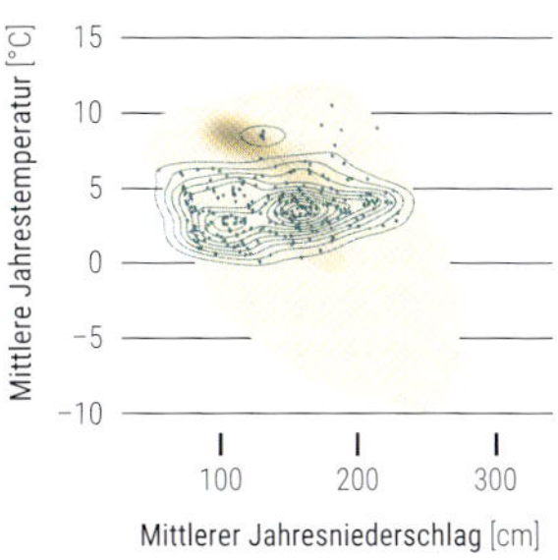

NT

Anzahl Fundorte	107
Substrat	Borke, Holz

Orange Gelbflechte

Xanthomendoza fulva (Hoffm.) Søchting, Kärnefelt & S. Y. Kondr.

Feldmerkmale: Rotorange, bis 1 cm grosse Blattflechte, oft zu ausgedehnten Rasen zusammenwachsend, mit schmalen, aufsteigenden, meist dachziegelig angeordneten, flachen Lappen. Vegetative Ausbreitungseinheiten entstehen an der Lappenunterseite als kurze Ketten von sprossenden Körnchen. Fruchtkörper sind selten. Auf der Unterseite entstehen wenige Rhizinen, die jedoch meist nicht der Verankerung am Substrat dienen.

Wissenswertes: Die Orange Gelbflechte bildet oft ausgedehnte Rasen auf Laubbäumen und Fichten in Weiden und kommt von den Tieflagen bis in die subalpine Stufe vor. Sie bildet oft Massenvorkommen an etwas regengeschützten Holzwänden von Heuschobern.

Gefährdung und Schutz: Die Orange Gelbflechte bevorzugt etwas regengeschützte Bereiche. Sind solche Kleinstrukturen an Trägerbäumen vorhanden, sind meist zahlreiche weitere, oft seltenere und unauffälligere Flechtenarten an diesem Baum vorhanden. Vorkommen in tieferen Lagen und einzelne Trägerbäume sollten deshalb geschont werden, auch wenn die Art eher zunimmt.

Verwechslung: ***Xanthomendoza ulophyllodes*** hat ein helleres, gelboranges Lager und bildet vegetative Ausbreitungseinheiten an den Lappenrändern. ***Polycauliona candelaria*** ist eine polsterförmig wachsende Strauchflechte und bildet vegetative Ausbreitungseinheiten ebenfalls an den Lappenrändern und hat keine Rhizinen.

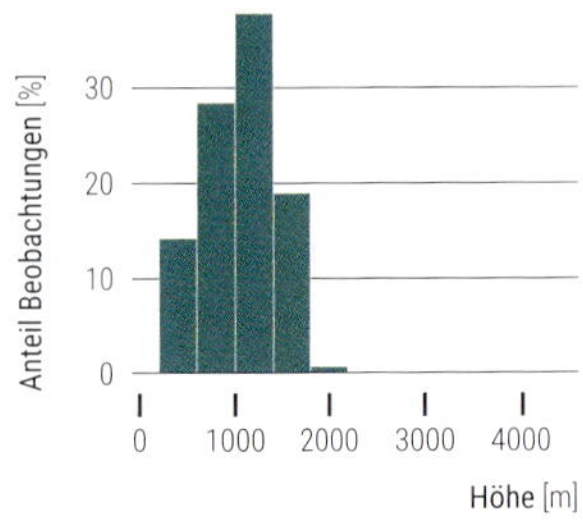

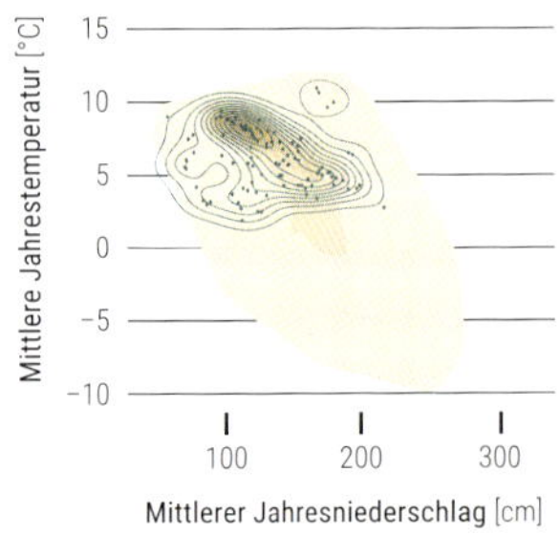

NT

Anzahl Fundorte	78
Substrat	Borke

Krausblättrige Gelbflechte

Xanthomendoza ulophyllodes

(Räsänen) Søchting, Kärnefelt & S. Y. Kondr.

Feldmerkmale: Gelborange, bis 3 cm grosse Blattflechte, oft zu Rasen zusammenwachsend, mit schmalen, aufsteigenden, flachen Lappen. Vegetative Ausbreitungseinheiten entstehen lippenförmig an den Lappenrändern als kurze Ketten von sprossenden Körnchen. Fruchtkörper sind selten. Auf der Unterseite bildet sie lange, gelbliche Rhizinen.

Wissenswertes: Die Krausblättrige Gelbflechte wächst gebietsweise häufig an den Stämmen von freistehenden Bäumen in Fettwiesen und Weiden. Bevorzugte Trägerbäume sind Nussbäume und Eschen. Weitere Baumarten werden besiedelt, wenn der Stamm durch Staubanwehung beeinflusst ist.

Gefährdung und Schutz: Die Krausblättrige Gelbflechte kann bei starker Stickstoffverschmutzung durch die konkurrenzkräftigere *Xanthoria parietina* verdrängt werden. Einzelne Trägerbäume sollten geschont werden.

Verwechslung: Auf Gestein ist *X. fallax* häufiger als die Krausblättrige Gelbflechte und hat längere, dem Substrat locker anliegende, am Rand eingerollte Lappen, welche an den Rändern vegetative Ausbreitungseinheiten bilden. *Xanthomendoza huculica* wächst auf Bäumen und bildet vegetative Ausbreitungseinheiten an lippenförmigen Aufbrüchen auf der Unterseite von kurzen, aufsteigenden Seitenlappen. ***Xanthomendoza fulva*** hat ein rotoranges Lager und bildet vegetative Ausbreitungseinheiten auf der Unterseite der Lappen und wächst ebenfalls an Bäumen.

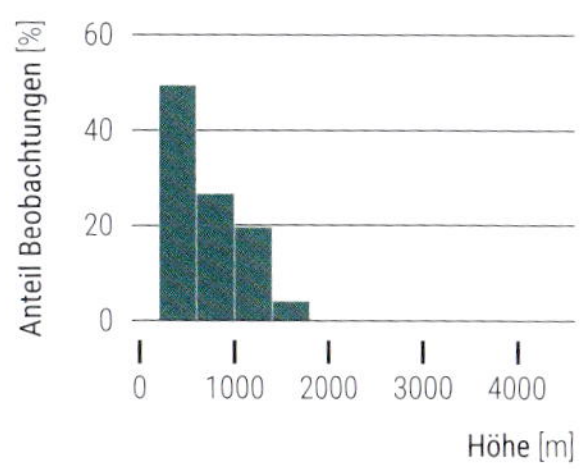

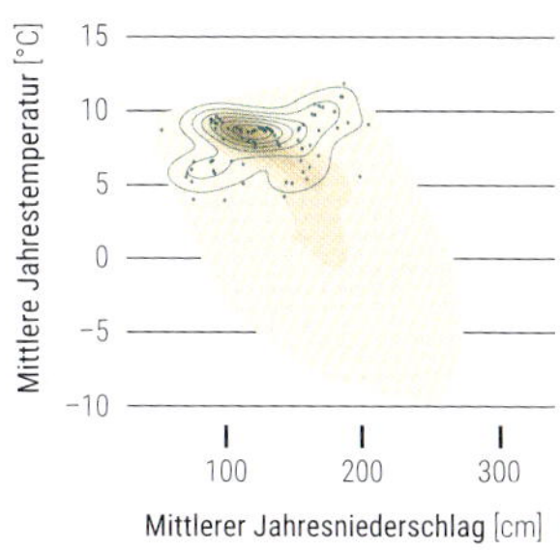

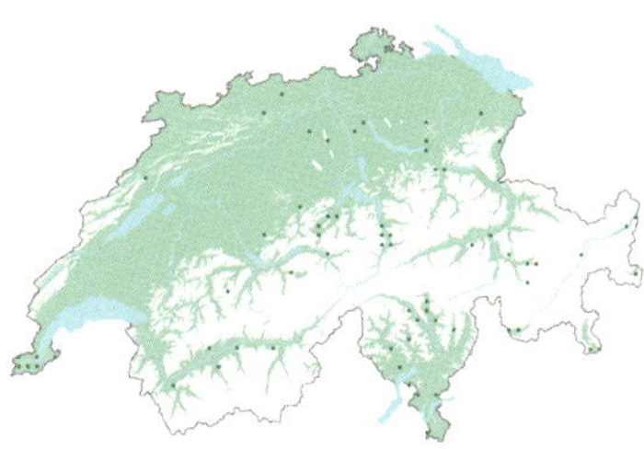

NE

Anzahl Fundorte	74
Substrat	Gestein

Gesprenkelte Felsschüsselflechte

Xanthoparmelia conspersa (Ehrh. Ex Ach.) Hale

466 **Feldmerkmale:** Gelb-grünliche, bis >10 cm grosse Blattflechte mit locker dem Gestein anliegenden, bis 4 mm breiten, glänzenden Lappen mit schwarzer Unterseite. Körnige bis zylindrische, an der Basis eingeschnürte, an der Spitze deutlich gebräunte Ausbreitungseinheiten sind auf den älteren Bereichen der Lappen gleichmässig verteilt und hinterlassen beim Ausfallen kleine Grübchen auf der Oberrinde. Fruchtkörper mit schüsselförmigen, braunen Scheiben, welche mit verengter Basis auf den Lappen sitzen, sind häufig vorhanden.

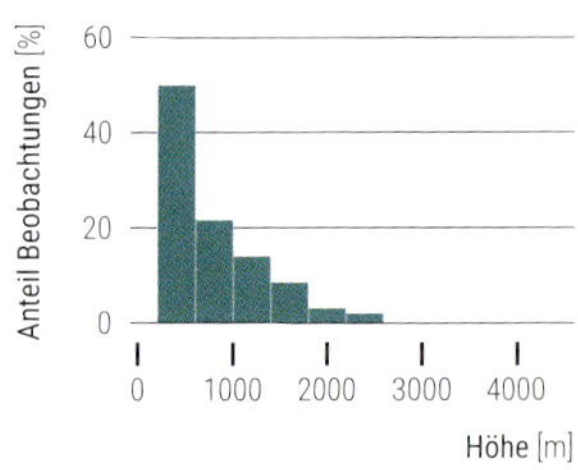

Wissenswertes: Die Gesprenkelte Felsschüsselflechte wächst auf beregneten, meist schwach durch Vogelkot gedüngten Kulm- und Neigungsflächen von kalkfreien Felswänden und Gesteinsbrocken an lichtreichen, meist trockenwarmen Standorten. In Trockenweiden und -wiesen der Tieflagen ist die Art häufig. In höheren Lagen bis hin zu alpinen Rasen etwas seltener, ist ihr Vorkommen auf wärmebegünstigte Standorte in niederschlagsarmen Regionen beschränkt. Im Siedlungsraum wird die Gesprenkelte Schüsselflechte auf Gneisplatten von Mauerkronen und Dachziegeln beobachtet, ist dort aber weniger häufig als die nahe verwandte, braune *X. pulla*.

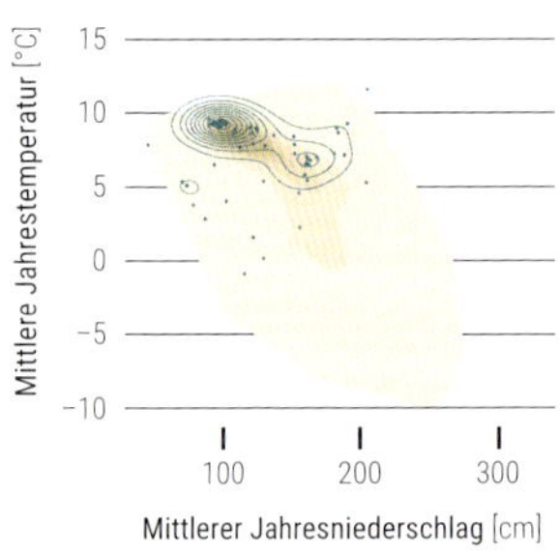

Gefährdung und Schutz: Die Gesprenkelte Schüsselflechte ist in Silikatgebieten häufig.

Verwechslung: Die vegetativen Ausbreitungseinheiten von *Xanthoparmelia tinctina* sind kugelig, diejenigen von ***X. mougeotii*** werden in fleckförmigen Aufbrüchen gebildet. Die Unterseite von *X. plitii* ist braun gefärbt.

Mougeots Schüsselflechte

NE

Anzahl Fundorte	1
Substrat	Gestein

Xanthoparmelia mougeotii (Schaer. ex D. Dietr.) Hale

Feldmerkmale: Gelbgrünes, bis 5 cm grosses Lager mit dicht dem Substrat anliegenden, schmalen Lappen. Fruchtkörper nicht beobachtet. Feinkörnige vegetative Ausbreitungseinheiten werden in fleckförmigen, oft kopfförmig vorstehenden Aufbrüchen auf kurzen Seitenästen älterer Lappen immer gebildet. Die Unterrinde ist schwarz, mit kurzen Rhizinen.

Wissenswertes: Mougeots Schüsselflechte wurde erst vor Kurzem sicher in der Schweiz nachgewiesen, nachdem seit Jahrzehnten gezielt nach dieser Art gesucht wurde. Sie wächst auf Geröll aus hartem Silikatgestein auf einer Schotterterrasse, welche nur bei extremem Hochwasser überflutet wird. Vermutlich kommt die Art in warmen und niederschlagsreichen Regionen noch an weiteren Orten vor, ist aber in der Schweiz sicher sehr selten.

Gefährdung und Schutz: Mougeots Schüsselflechte wird auch bei gezielter Nachsuche an geeigneten Standorten eine sehr seltene Art bleiben. Die Vorkommen sind zu schonen und die Art sollte unter Schutz gestellt werden.

Verwechslung: Von anderen Arten der Gattung *Xanthoparmelia* unterscheidet sich die Art durch ihre deutlich schmaleren Lappen und die feinkörnigen Ausbreitungseinheiten. ***Parmeliopsis ambigua***, die ähnlich aussieht, hat eine braune Unterrinde und lässt sich anhand ihrer Inhaltsstoffe unterscheiden.

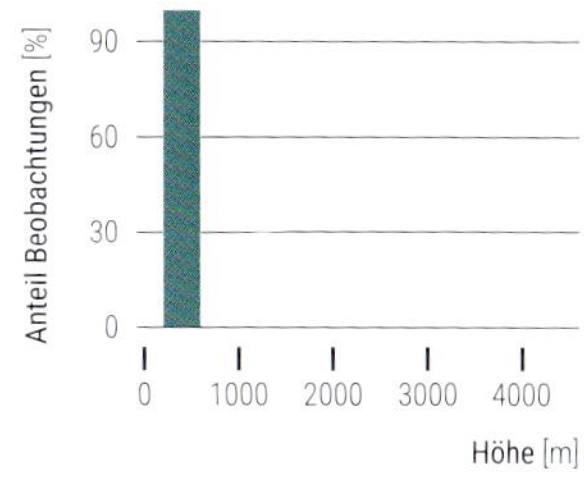

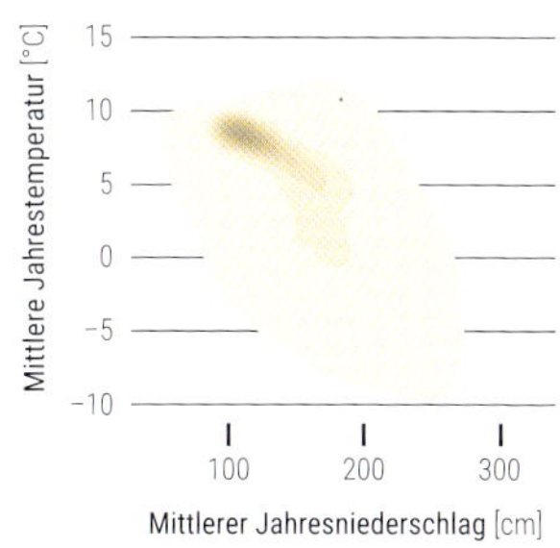

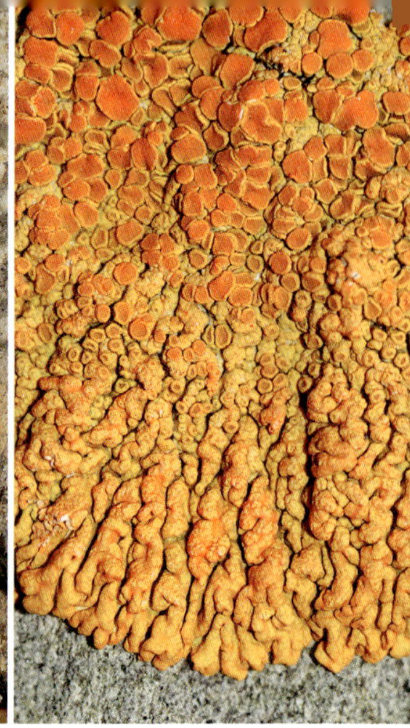

NE

Anzahl Fundorte	172
Substrat	Gestein

Zierliche Gelbflechte

Xanthoria elegans (Link) Th. Fr.

Feldmerkmale: Orange bis rotorange, bis 10 cm grosse Blattflechte mit schmalen, deutlich gewölbten Lappen. Sie sind eng dem Untergrund aufliegend, aber nicht mit ihm verwachsen. Fruchtkörper sind auf älteren Lappen immer vorhanden. Es werden keine vegetativen Ausbreitungseinheiten gebildet.

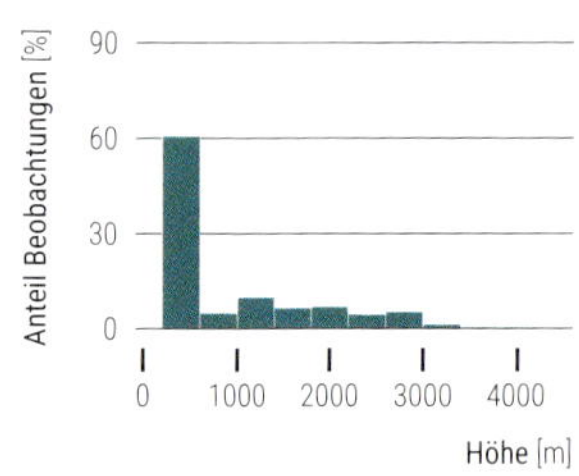

Wissenswertes: Die Zierliche Gelbflechte wächst von den Tieflagen bis auf über 4000 m ü. M. an gut besonnten Standorten mit hoher Nährstoffversorgung. Sie wächst auf allen Gesteinstypen, auf Holz und selten auch auf Borke. Die Art kommt auf Vogelsitzplätzen und unterhalb von Brutplätzen von Felsbrütern (Steinadler, Bartgeier, Wander- und Turmfalken, Alpendohlen) im Gebirge, auf Schieferdächern, Zäunen und Mauern vor. Die Art ist auf direkte Düngung, oft durch Vögel, angewiesen und wächst dann dort über lange Zeiträume. Die Flechte kann deshalb auch auf seit Langem verlassene Nester von Felsbrütern hinweisen.

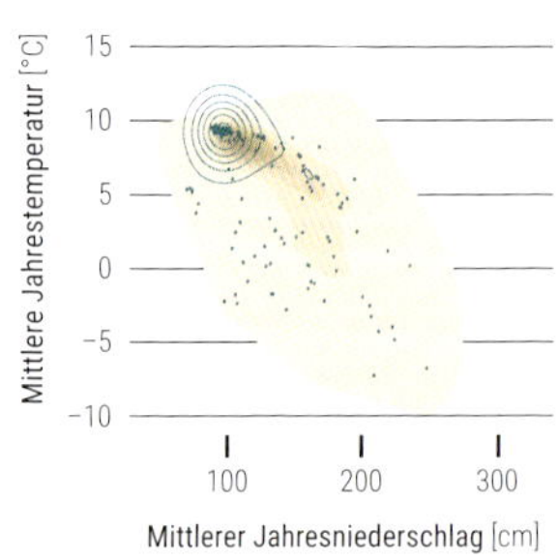

Gefährdung und Schutz: Für die Zierliche Gelbflechte wird aktuell keine Gefährdung angenommen.

Verwechslung: Die Zierliche Gelbflechte bildet kräftige, mit dem Substrat nicht verwachsene Lappen und lässt sich so von ***Caloplaca biatorina*** und weiteren Arten dieser Gattung mit gelapptem Lager unterscheiden. *Xanthoria sorediata* bilden körnige, in Pusteln gebildete vegetative Ausbreitungseinheiten.

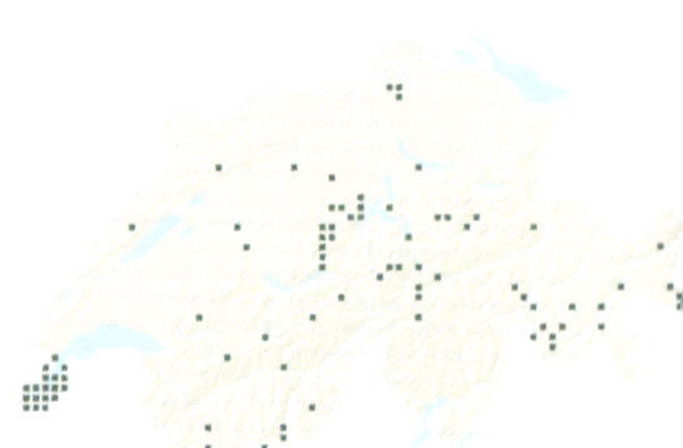

Wand-Gelbflechte

LC	
Anzahl Fundorte	930
Substrat	Borke, Gestein

Xanthoria parietina (L.) Th. Fr

Feldmerkmale: Gelbe bis orangegelbe, bis 15 cm grosse Blattflechte mit breiten, flachen Lappen, welche locker auf dem Substrat liegen. Fruchtkörper sind auf älteren Lappen immer vorhanden. Es werden keine vegetativen Ausbreitungseinheiten gebildet.

Wissenswertes: Die Wand-Gelbflechte ist eine der auffälligsten und häufigsten Arten der tieferen Lagen. Sie wächst an lichtreichen Standorten fast überall, wo genügend Nährstoffe vorhanden sind, so auf Dachziegeln, Mauerkronen und auf Borke der meisten Baum- und Straucharten im Offenland. Die Wand-Gelbflechte ist eine konkurrenzkräftige Art. Sie profitiert von der Stickstoffverschmutzung und wird heute auch vermehrt auf Baumarten mit saurerer Borke, wie Nadelbäumen, sowie im Inneren von Wäldern beobachtet.

Gefährdung und Schutz: Die Wand-Gelbflechte ist nicht gefährdet.

Verwechslung: Die Wand-Gelbflechte kann mit *Xanthoria calcicola* verwechselt werden. Diese bildet aber nur selten Fruchtkörper und die Lappen im Zentrum des Lagers sind deutlich warzig. ***Xanthoria elegans*** hat schmale, deutlich gewölbte Lappen und ist orangefarben. In der alpinen Stufe wächst auf Gestein *X. sorediata*, welche in Pusteln körnige, vegetative Ausbreitungseinheiten bildet. Weitere Arten mit vegetativen Ausbreitungseinheiten sind ***Xanthomendoza fulva***, *X. huculica* und ***X. ulophyllodes***.

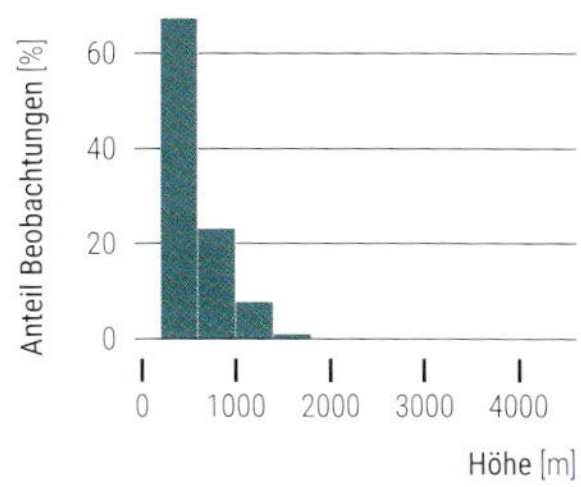

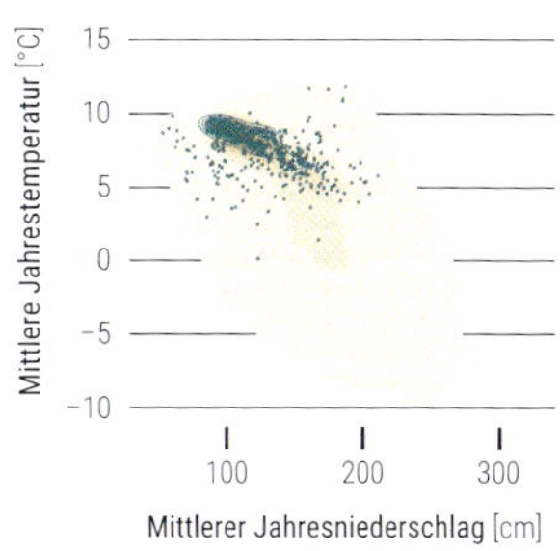

Gewöhnliche Holzschriftflechte

NE

Anzahl Fundorte	48
Substrat	Holz

Xylographa parallela (Ach.) Fr.

Feldmerkmale: Vollständig im Totholz eingesenktes, meist bis 6 cm grosses, manchmal ausgedehntes, weissliches Lager. Die braunen bis schwarzen Fruchtkörper sind strichförmig, bis 1 mm lang, an einem Ende zugespitzt. Sie verlaufen entlang der Holzfasern parallel zueinander.

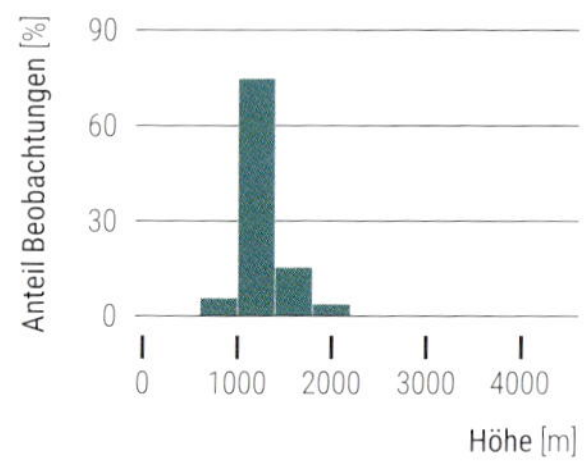

Wissenswertes: Die Gewöhnliche Holzschriftflechte wächst häufig in der hochmontanen und subalpinen Stufe an liegenden, entrindeten Stämmen, Strünken und derben Ästen von Nadelbäumen in lichtreichen Wäldern. Die Art erreicht ihre optimale Entwicklung auf liegendem Totholz, nachdem die Borke abgefallen ist, die Oberfläche des Stammzylinders glatt und hart, das Holz im Inneren des Zylinders aber bereits stark zersetzt ist und eine hohe Wasserspeicherkapazität aufweist. In diesem Zustand der Holzzersetzung ist die Art mit *Anzina carneonivea* und weiteren Arten der Gattung *Xylographa* vergesellschaftet, vor allem *X. vitiligo* und *X. soralifera* (Bild Mitte), welche sich mit vegetativen Ausbreitungseinheiten vermehren.

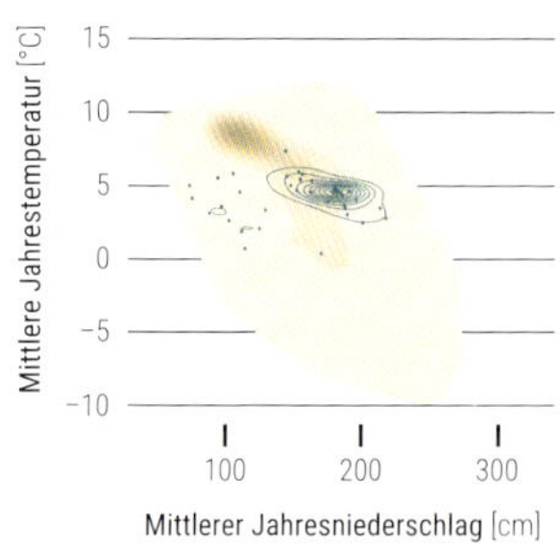

Gefährdung und Schutz: Die Gewöhnliche Holzschriftflechte kann durch vermehrt in den Wäldern vorkommendes Totholz gefördert werden.

Verwechslung: *Xylographa pallens* bildet oft kleine Gruppen von Fruchtkörpern, die heller und nicht selten sternförmig verzweigt sind, und sie wächst bevorzugt an im Sommer stark austrocknenden Standorten. Die Fruchtkörper der seltenen *X. trunciseda* sind kleiner und meist rotbraun.

Buchen-Zamenhofie

EN

Anzahl Fundorte	19
Substrat	Borke

Zamenhofia pseudohibernica (Tretiach) Cl. Roux & Tretiach

Feldmerkmale: Beiges, sehr unauffälliges, häutiges, bis über 10 cm grosses Lager auf absterbenden Moosen. Darauf entwickeln sich dichtstehende, orangerote, korallenförmige, bis 0,7 mm hohe Stiftchen, in denen einerseits die Fotobionten kultiviert werden, die aber ebenfalls als vegetative Ausbreitungseinheiten dienen. Zwischen den korallenförmigen Strukturen stehen selten bis 0,4 mm grosse kugelige Fruchtkörper, schwarze Perithezien mit einer punktförmigen Öffnung.

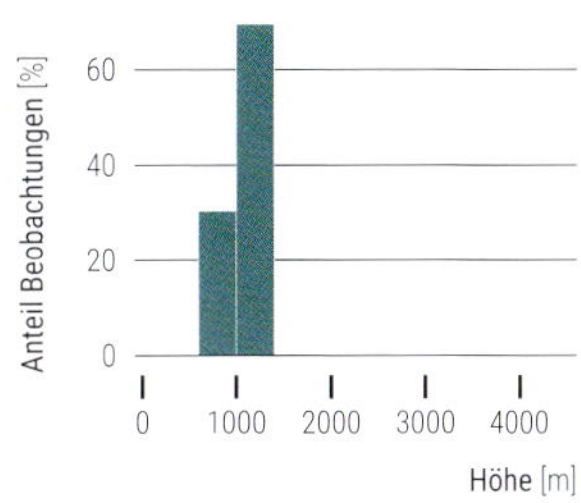

Wissenswertes: Die Buchen-Zamenhofie wächst an teilweise mit Moosen bewachsenen Stämmen älterer Buchen, seltener an Berg-Ahorn und Esche. Ihr Vorkommen beschränkt sich auf historisch alte, naturnahe Tannen-Buchenwälder und Ahorn-Schluchtwälder in luftfeuchten Lagen in niederschlagsreichen Regionen der hochmontanen Stufe.

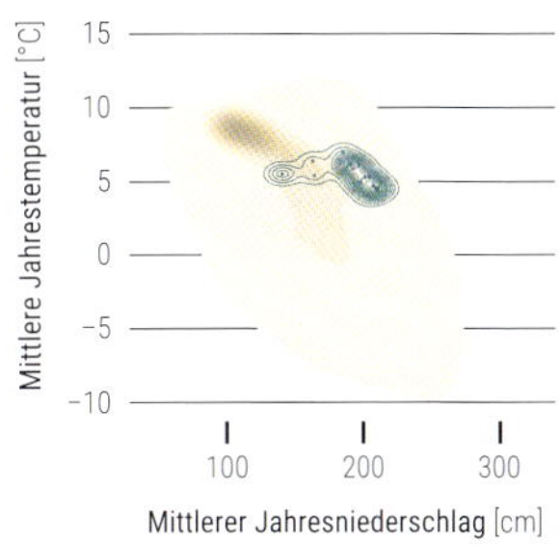

Gefährdung und Schutz: Die Buchen-Zamenhofie ist nur von wenigen Funden bekannt, kommt in geeigneten Waldbeständen aber oft an zahlreichen Trägerbäumen vor. Alle Vorkommen sollten geschont und Bestände für die Ausscheidung von (Sonder-)Waldreservaten berücksichtigt werden.

Verwechslung: *Zamenhofia hibernica* unterscheidet sich anhand von mikroskopischen Merkmalen der Lagerteile und der Sporen. Weil die beiden Arten selten Fruchtkörper bilden, ist eine sichere Bestimmung nicht immer möglich. Die Buchen-Zamenhofie scheint in der Schweiz die häufigere der beiden Arten zu sein.

obersubalpine Stufe

05 Märchenhafte Wälder im Gebirge

Exkursion T2

Von Bivio zur Alp Natons, Surses (GR)

Winter ist die beste Jahreszeit, um Bartflechten in Gebirgswäldern zu beobachten. Gewöhnlich liegen dann viele Exemplare im Schnee und können einfach, vom Weg aus, eingesammelt werden. Die Farbe des Flechtenlagers ist ein wichtiges Merkmal zur Bestimmung von Bartflechten, birgt aber ihre Tücken. In feuchtem Zustand dominiert ein grünlicher Farbton. Er stammt von den, im Flechtenlager eingebetteten, aufgequollenen Grünalgen. Trocknen die Flechten aus, wird aus dem grünlichen oft ein rein grauer oder ein blass- bis gelb-grünlicher Farbton. Die Farbe stammt von unterschiedlichen Flechtenstoffen, welche in der Rinde der Flechten eingelagert sind, so z.B. dem farblosen Atranorin respektive der gelblichen Usninsäure mit stark antimikrobieller Wirkung. Wichtig: Die Farbangaben in Bestimmungsschlüsseln beziehen sich auf den trockenen Zustand der Flechte.

Die auffälligste, schlaff hängende Flechte ist die gelbgrünliche →***Evernia divaricata*** (oben). Unter der Rinde zeigt sich ein weisses, wattiges Mark. Ebenfalls gelb-grünliche Bartflechten mit drehrunden Fäden gehören zur Gattung *Usnea*. Die Gattung ist am elastischen Zentralstrang zu erkennen: Wird ein feuchter Faden sorgfältig gedehnt, reisst die Rinde zusammen mit der Algenschicht und dem Mark quer zur Längsrichtung auf und sie lösen sich von dem Zentralstrang, der an ein Gummiband erinnert. ***Usnea intermedia*** (unten rechts und rechts) bildet zudem regelmässig Fruchtkörper. Graue und braune, fädige Bartflechten sind →***Bryoria fuscescens***. Bei der grossen Strauchflechte mit geweihförmigem Lager, grauer Oberseite und dunkelgrauer Unterseite handelt es sich um →***Pseudevernia furfuracea***.

Aufwertung Lebensraum: Trägerbäume mit üppigen Flechtenvorkommen können als Biotopbäume ausgeschieden werden.

Exkursion: Bushaltestelle Bivio, Stalvedro. Am N-Dorfende den Bach Güglia überqueren und auf Bergwanderweg zu Pt. 1836 und schliesslich zur Alp Natons. Auf gleichem Weg zurück zum Ausgangspunkt. 200 Höhenmeter, 6,5 km, Wegzeit 2,5 h.

subalpine Stufe

Exkursion T2
Urschai E von Lü, Val Müstair (GR)

04 Weidezäune aus Holz

Neben den auf unseren bisherigen Exkursionen kennengelernten Flechtensubstraten «Borke lebender Bäume», «Gestein» und «häufig austrocknende Erde» ist «Totholz» ein weiteres wichtiges Substrat für Flechten. Die überschaubare Vielfalt von charakteristischen Flechtenarten, welche sich an lichtreichen, von Vögeln mit Nährstoffen versorgten Standorten an abgestorbenen, entrindeten Ästen weit oben an Stämmen entwickeln, ist nur mit viel Aufwand zu beobachten. Viel einfacher können wir diese, vor allem in der subalpinen Stufe niederschlagsarmer Regionen, üppig entwickelten Arten an Weidezäunen aus Holz beobachten. Diese Ersatzstandorte können einfach, auch im Winter, unter die Lupe genommen werden.

Die häufigste Art auf zähmorschem Totholz von Nadelbäumen ist die gelb-grünliche →***Lecanora varia*** (oben Mitte und unten links), meist begleitet von ***Lecanora mughicola*** und seltener auch von →***Pseudothelomma ocellatum***. Die gelben bis orangegelben polsterförmigen Strauchflechten von →***Polycauliona candelaria*** (oben Mitte und unten links) profitieren von der regelmässigen Nährstoffversorgung durch Vögel.

Aufwertung Lebensraum: Weidezäune aus Holz sind dann am artenreichsten, wenn die Holzverwitterung bereits stark fortgeschritten ist. Bei Reparaturen von Zäunen sollten einzelne alte Latten oder Pfähle mit neuen ergänzt und nicht alle gleichzeitig ersetzt werden. Durch das Belassen von stehenden und liegenden toten Bäumen in lichten und trockenen Gebirgswäldern werden natürliche Lebensräume dieser Arten gefördert.

Exkursion: Bushaltestelle Lü, cumün. Von Pt. 1916 auf dem Bergwanderweg über Pt. 1972 zu Pt. 2011 bei Urschai. 125 Höhenmeter, 2,5 km, Wegzeit 1 h bei Rückkehr auf gleichem Weg. Bei Koordinate 2'825'148/1'167'443 können direkt oberhalb des Weges an einer Felsfläche die seltenen Lungenflechten →***Ricasolia amplissima*** und →***Lobaria pulmonaria*** besucht werden. Ähnliche Exkursionen können an vielen weiteren Orten dieser Höhenstufe in allen Gebirgskantonen durchgeführt werden.

03 Schuppenkrusten- und Becherflechten in Trockenrasen

submontane Stufe

Exkursion T1
Le Chanet in Le Landeron (NE)

Dünne Erdauflagen über Felsplatten trocknen regelmässig so stark aus, dass wechselfeuchte Lebewesen wie Cyanobakterien, Moose und Flechten gegenüber Blütenpflanzen konkurrenzfähig sind. Solange genügend Feuchtigkeit vorhanden ist, sind sie physiologisch aktiv. Trocknen sie aus, fallen sie in einen stunden- bis monatelangen Trockenschlaf, aus dem sie erst bei Wiederbefeuchtung wieder erwachen. Erdbewohnende Flechten in Trockenrasen der Tieflagen sind sehr selten geworden. Damit wir die Erdflechten beobachten können, bewegen wir uns nur auf den Felsflächen und meiden die trittempfindlichen Stellen mit den Erdflechten. Die im Gestein lebende weinrote →***Bagliettoa marmorea*** (oben rechts) wird nämlich durch Tritt kaum beeinträchtigt.

Auf wenigen dm^2 grossen Erdflächen am Rand von Felsflächen ist die seltene Linsen-Schuppenkruste →***Squamarina lentigera*** (unten rechts) neben den Grundschuppen der häufigen →***Cladonia symphycarpa*** (unten rechts) und der Becherflechte ***C. poccillum*** (unten links) zu finden. Meistens müssen diese Flächen ein paar Minuten mit den Augen abgesucht werden, bis man die ähnlichen Grün- und Grautöne der beieinander wachsenden Arten unterscheiden kann. Am einfachsten sind sie bei diffusem Licht zu beobachten. Die geweihförmigen →***Cladonia rangiformis*** (unten rechts) und die deutlich zierlichere, gelblich-weisse →***Cladonia ciliata*** sind ebenfalls typische Arten dieses Lebensraums.

Aufwertung Lebensraum: Pflegemassnahmen müssen so ausgeführt werden, dass die flachgründigen Erdauflagen nicht durch Tritt von Weidevieh aufgebrochen und erodiert werden.

Exkursion: Waldreservat Le Chanet-Les Escaberts. Auf allfällige Zutrittsverbote achten! Bushaltestelle Le Landeron, Montet-Dessus. Auf dem Wanderweg hangaufwärts bis Pt. 596, dort rechts auf der befahrbaren Waldstrasse bis zur Lichtung bei 2'571'790/1'213'180. Über flache Felsplatten zum oberen Teil der Lichtung mit gut entwickelten Erdflechten. Zurück auf dem gleichen Weg. 160 Höhenmeter, 2,5 km, Wegzeit 1 h.

Begegnungen mit Flechten auf 52 Exkursionen

Hinweise zu den Exkursionen

Die vorgestellten Exkursionen stellen unterschiedlichste Anforderungen bezüglich Schwierigkeitsgrad, Ausdauer und Zeitaufwand. Der für jede Exkursion angegebene Schwierigkeitsgrad richtet sich nach den Angaben des Schweizer Alpen-Club SAC (https://www.sac-cas.ch/de/ausbildung-und-sicherheit/tourenplanung/schwierigkeitsskalen/). Welche Schwierigkeiten mit den Bezeichnungen T4, 4c oder ZS– gemeint sind, muss vor der Planung einer Exkursion abgeklärt werden. Für verschiedene anspruchsvolle Exkursionen weisen wir darauf hin, dass erhebliche alpinistische Erfahrung nötig ist und die Exkursion mit Vorteil unter der Leitung eines lokalen Bergführers durchgeführt wird.

Bei den Zeitangaben wurde jeweils die reine Marschzeit angegeben; die angegebenen Höhenmeter müssen im Auf- und Abstieg bewältigt werden. Die Wanderungen wurden mit SchweizMobil geplant (https://www.schweizmobil.ch/de/sommer.html), Alpinwanderungen, Kletter- und Hochtouren mit dem Tourenportal des Schweizer Alpen-Club SAC (www.sac-cas.ch). Die tatsächliche Dauer der Exkursion kann aber viel länger sein als die reine Marschzeit. Bereits auf einer einfachen Exkursion zu ein paar Alleebäumen dauert die reine Beobachtungszeit schnell einmal zwei Stunden. Auf Exkursionen mit langer Marschzeit muss deshalb bewusst geplant werden, wo Flechten beobachtet werden sollen. Sonst riskiert man, bei den angepeilten Flechtenstandorten für eingehende Beobachtungen plötzlich zu wenig Zeit zu haben. Wir haben möglichst Exkursionsziele gewählt, welche mit wenig Aufwand erreicht werden können. Selbstverständlich findet man Alternativen auch auf ganz anderen Routen. Wir empfehlen sogar, auf Wanderungen und Touren bei Schneetälchen und Windheiden, auf Gipfeln und Graten gezielt Flechten anzuschauen und die Beobachtungen jeweils SwissLichens zu melden (s. Exkursionsausrüstung).

Exkursionen sind Entdeckungsreisen. Nicht immer lassen sich die angegebenen Arten einfach finden. Lichtverhältnisse und Feuchtigkeit beeinflussen die Auffindbarkeit von Flechten. Vor allem bei erdbewohnenden Kleinflechten ist die Sichtbarkeit sehr stark von der Wassersättigung oberflächennaher Schichten des Substrates abhängig. In trockenem Zustand versteckt sich das Lager unter einer Staubschicht und bei zu starker Durchfeuchtung verschwinden die feinen Strukturen unter einem stark reflektierenden Wasserfilm. Nur im Übergangszustand feuchter, aber nicht wassergesättigter Erde sind → *Thrombium epigaeum* (Abbildung 78) und vermutlich auch das seit 150 Jahren nicht mehr gefundene *Thelolcarpon imperceptum* (Exkursion 51) zu entdecken. Jede Exkursion wird aber zum Erfolg, wenn eine kurze Liste von gesuchten Arten die Suche leitet, aber die Offenheit mitgebracht wird, unvorbereitet Interessantes zu entdecken. Und weil nur das interessant ist, was man mindestens teilweise mit seiner Erfahrung abgleichen kann, wird die Feldarbeit mit jeder Exkursion und jeder bereits bekannten Flechtenart ergiebiger.

Vorhergehende Doppelseite: *Sphaerophorus globosus* ist eine seltene Art niederschlagsreicher Gebirgsnadelwälder.

Abbildung 78 | *Thrombium epigaeum* ist auf feuchter, aber nicht nasser Erde am einfachsten zu finden. Der Inhalt der meisten Perithezien im oberen Bereich des Bildes ist von Herbivoren gefressen worden.

Exkursionsausrüstung

Der wichtigste Ausrüstungsgegenstand auf einer Flechtenexkursion ist eine gute Lupe mit 10–20-facher Vergrösserung (Abbildung 79). Ohne Lupe lassen sich wichtige Merkmale nicht sehen und die Arten nicht erkennen. Am besten geeignet sind Leuchtlupen, weil damit die Flechten auch zuhinterst in tiefen Borkenrissen alter Bäume gesehen werden können. Für den Anfang tut es aber auch eine einfache Einschlaglupe.

Mit der auf dem Mobiltelefon installierten FlorApp (https://www.infoflora.ch/de/mitmachen/daten-melden.html#app) können Beobachtungen notiert und an das Nationale Daten- und Informationszentrums SwissLichens weitergeleitet werden.

Beim Beobachten von Flechten verstreicht unbemerkt oft sehr viel Zeit. Das muss bereits bei der Exkursionsplanung, aber auch bei der Exkursionskleidung berücksichtigt werden, vor allem in der kalten Jahreszeit. Mit kalten Füssen macht auch das Studium der attraktivsten Flechte keinen Spass mehr. Deshalb sollte man sich sehr warm anziehen und im Winter halt mit den Bergschuhen mit dicker Gummisohle die Alleebäume in einer Stadt anschauen.

Beobachten oder Sammeln?

Wir haben bewusst darauf verzichtet, in den Artporträts Merkmale zu verwenden, die zu Hause unter dem Mikroskop untersucht werden und für deren Bestimmung deshalb Belege gesammelt werden müssten. Die verwendeten Merkmale lassen sich während der Beobachtungen im Feld erfassen und im Feld fotografieren. Bei intensiverer Beschäftigung mit Flechten wird man aber zu einem späteren Zeitpunkt nicht darum herumkommen, Belege für die genauere Untersuchung zu Hause oder für die Bestimmung von Flechtenstoffen zu sammeln. Belege sollen immer sehr zurückhaltend gesammelt werden und nur von Flechten, die man zu Hause wirklich bestimmen und kennenlernen will. Die Bestimmungsarbeit ist nämlich sehr zeitaufwendig; mehr als fünf bis zehn Belege unbekannter Arten können an einem Arbeitstag kaum bewältigt werden. Seltene und gefährdete Arten sollten nicht oder nur sehr sorgfältig gesammelt werden. Das Sammeln von geschützten Flechten ist nur mit Bewilligung gestattet – und Vorschriften in Schutzgebieten sind selbstverständlich zu respektieren.

Falls Flechten gesammelt werden, wird in der Regel die Flechte zusammen mit ihrem Substrat eingesammelt – auch bei Blatt- und Strauchflechten hilft das Substrat den Beleg zu stabilisieren oder liefert wichtige Informationen über die Anheftung der Flechte. Zur Beprobung dient ein Taschenmesser für das Sammeln von Belegen auf Borke und Erde und allenfalls eine Gartenschere für Flechten auf Zwergsträuchern. Das Sammeln von Gesteinsflechten ist aufwendig und braucht etwas Erfahrung.

Abbildung 79 | Feldausrüstung für das Sammeln von Flechten. Schachtel für das Einsammeln von Flechten, Leuchtlupe, Gartenschere. Am Chalkbag können die weiteren Gegenstände angebunden oder drin verstaut werden | Taschenmesser, Hammer an Ausziehschnur, Spitzmeissel und Flacheisen, Kompass und Massstab.

Mit einem kleinen Flachmeissel können Proben mit einem möglichst dünnen Stück Gestein in der Nähe von Felskanten abgeschlagen werden. Flechten aus der Fläche einer Felswand müssen mit einem Spitzmeissel herausgeklopft werden. Mit Erfahrung kann dann genau diejenige Stelle am Fels erkannt werden, an welcher der Spitzmeissel angesetzt wird, sodass später ein Muschelbruch im Fels das gewünschte Flechtenstück mit möglichst wenig Gestein lossprengt. Der Zeitaufwand für die «Schlosserei» kann dann aber leicht eine Viertelstunde übersteigen. Wir empfehlen, für die Beprobung von Gesteinsflechten möglichst kleines Gerät zu verwenden. So können kleinere Stücke gesammelt werden, welche später auch platzsparender archiviert werden können. Zudem hält sich so das Gewicht für Hammer und die pro Tag benötigten drei bis vier Meissel im Rahmen (Abbildung 79). Die stumpfen Meissel können nach einem erfolgreichen Exkursionstag zu Hause nachgeschliffen werden. Beim Hammer reicht für die meisten Anwendungen ein 300 g-Kopf. Für die Arbeit in steilem Gelände lohnt es sich, den Stiel zu kürzen. Ein Fäustel mit einem 1 kg schwerem Kopf eignet sich, wenn viele Proben gesammelt werden müssen. In diesem Fall sollten auch etwas grössere Meissel mitgenommen werden. Unverzichtbar ist in jedem Fall die geeignete Schutzausrüstung mit Schutzbrille und Handschuhen. Eingesammelte Belege können in Papierkuverts archiviert werden, leicht zerbrechliche Proben in Kartonschachteln. Fundortangaben mit präzisen Koordinatenangaben, Sammeldatum und Angaben zum Standort und dem Substrat müssen zusammen mit dem Beleg archiviert werden. Detailliertere Angaben, wie Flechten archiviert werden können, gibt Obermayer (2002).

Abbildung 80 | *Lecidea silacea* wächst auf schwermetallreichem Gestein.

Bestimmen

Eine Einführung in das Bestimmen von Flechten würde den Umfang dieses Buches sprengen. Wir verweisen deshalb auf das deutschsprachige Referenzwerk für die Bestimmung der Flechten Deutschlands (Wirth et al. 2013). Verschiedene alpine Arten sind dort aber nicht aufgeführt und müssen in verschiedenen alternativen Werken (Poelt 1969, Poelt und Vězda 1977, 1981, Clauzade und Roux 1985, Ahti et al. 1999, 2002, Ahti et al. 2007, Smith et al. 2009, Thell und Moberg 2011, Ahti et al. 2013, Moberg et al. 2017) zusammengesucht werden. Für den Alpenraum ist eine detaillierte Checkliste der Flechten publiziert worden, deren Nomenklatur im vorliegenden Werk weitgehend befolgt wurde (Nimis et al. 2018).

Das Nationale Daten- und Informationszentrum der Schweizer Flechten SwissLichens (www.swisslichens.ch) bietet Einführungskurse und Zertifizierungsprüfungen an. Bryolich, die Schweizerische Vereinigung tur Bryologie und Lichenologie (www.bryolich.ch) organisiert Exkursionen, Studientage, Bestimmungskurse und Bestimmungsabende.

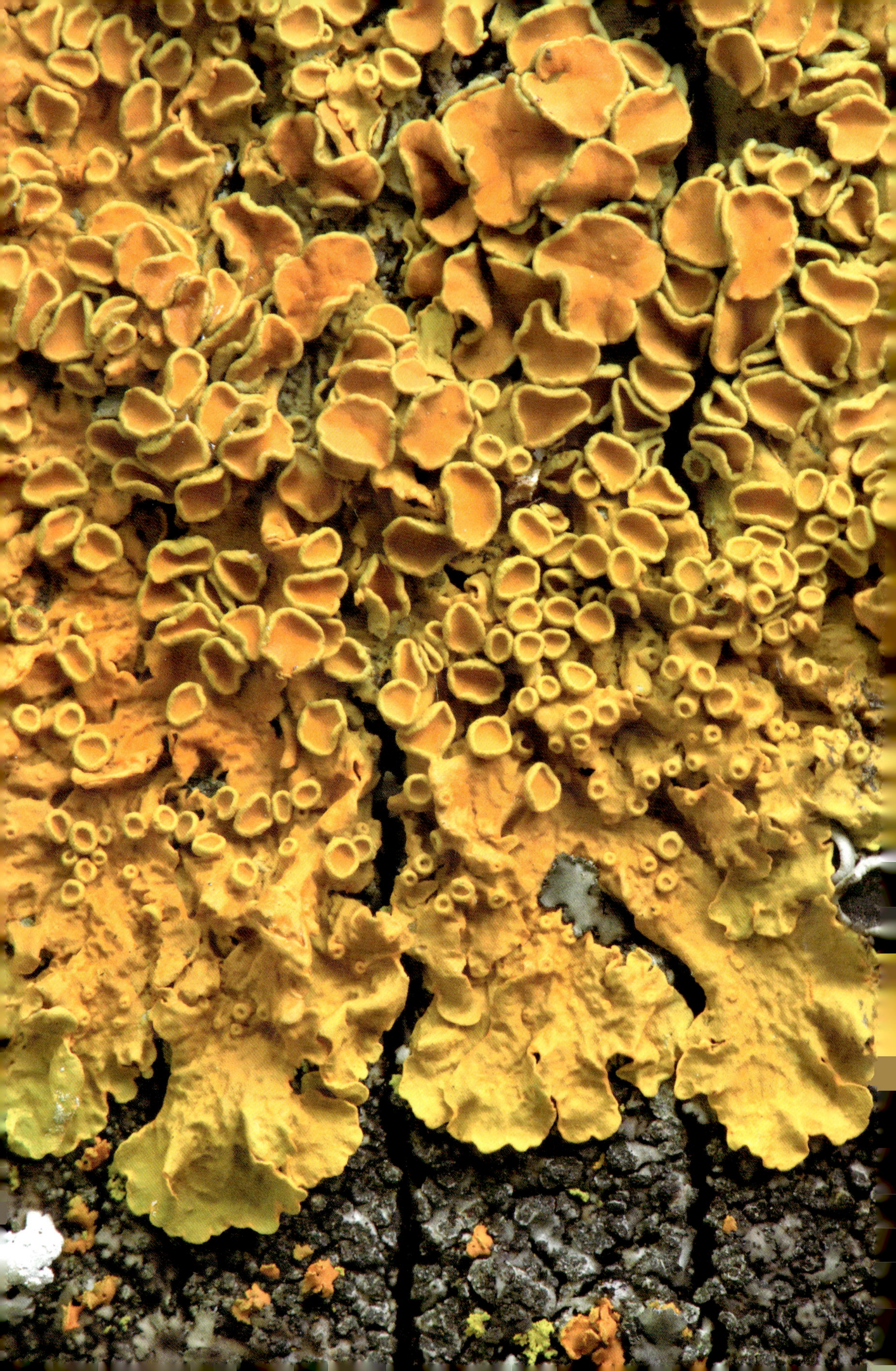

06 Gelbe und orange Flechten im Schlaraffenland

Siedlungsraum

Exkursionen T1
Bauten; überall

Vergleichbar mit den Lägerfluren auf Alpweiden zeigen gehäufte Vorkommen gelber und oranger Flechten eine langjährige Überdüngung an. Auffällig sind die rot leuchtenden, von →***Xanthoria elegans*** (oben, rechts, unten) überwachsenen Felsköpfe im Gebirge, welche aus Distanz als Vogelsitzplätze erkannt werden können. Über Vertikal- und Überhangsflächen, aber auch entlang von Felsspalten wird dort nährstoffreiches Sickerwasser abgeleitet. Auch Flächen um Brutplätze von Felsbrütern werden reichlich mit organischen Nährstoffen versorgt und sind durch farbigen Flechtenbewuchs gekennzeichnet. In den letzten Jahrzehnten haben sich einige dieser Nährstoffzeiger aber auch im Landwirtschafts- und Siedlungsraum stark ausgebreitet; so etwa die baumbewohnende Blattflechte →***Xanthoria parietina*** in tieferen Lagen. Im Siedlungsraum sind →***Caloplaca citrina*** (pulvriges Lager, rechts, oben rechts), und die beiden regelmässig Fruchtkörper bildenden Arten ***C. crenulatella*** (gelbe Fruchtkörper, rechts, zweite von oben, links und rechts) und ***C. oasis*** (orange Fruchtkörper rechts, zweite von oben, Mitte) weitere, ähnlich aussehende Arten zu den häufigsten Flechten geworden. Noch vor 40 Jahren waren diese Arten entlang von Hundespazierwegen auf bis maximal 30 cm über Boden beschränkt, heute überwachsen sie ganze Stützmauern, weil jedes dahinter wachsende Grün gedüngt sein will.

Viele dieser gelappten Arten gehören zu den attraktivsten Flechten im Siedlungsraum, sofern man sie in ihren teils etwas *shabby chic* anmutenden Lebensräumen, etwa einem Transformatorenhäuschen in Haslen (GL, rechts, oben links) überhaupt wahrnimmt. Dort wächst ***Caloplaca arnoldii*** zusammen mit der deutlich kräftigeren →***Xanthoria elegans*** und vereinzelten Fruchtkörpern von ***Myriolecis dispersa*** (oben). Die nahe verwandte ***Caloplaca pusilla*** kommt derweil öfter an kompakten Kalkfelsen vor und bevorzugt die Mauern am Baseltor in Solothurn (rechts, zweite von unten).

Aufwertung Lebensraum: Farbige Mauern erhalten und kleinflächig ausbessern. Neue Mauern mit kleinen Überhangsflächen und Wandstrukturen bauen.

Exkursion: Jede Ortschaft der Schweiz. Wo steht die Mauer mit den farbigsten Flechten? Auf Florapp Vegetationsaufnahme erstellen mit Namen: «Farbige Mauer» und wenigstens eine Flechtenart erfassen. Dazu Foto der Mauer abspeichern. Eine Auswahl gelungener Aufnahmen wird auf https://swisslichens.wsl.ch/de/index.html gezeigt.

sub- und untermontane Stufe

Exkursion T1
Sihlwald, Horgen (ZH)

07 Laubmischwald Mittelland

Im Laubmischwald ist zwar während der Wintermonate genügend Licht vorhanden, nach dem Blattaustrieb ist das für die Fotosynthese benötigte Licht im Bestand jedoch nur noch spärlich verfügbar. Aus diesem Grund sind hier Blattflechten zwar an Ästen im Kronenbereich zu finden, am Stamm hingegen fehlen sie weitgehend. Dafür sind an den Stämmen von Buchen und Hainbuchen häufig helle Flecken und Bänder von Krustenflechten (oben links), zu beobachten. Diese Arten sind mit orangen, fädigen Algen aus der Verwandtschaft der Gattung *Trentepohlia* vergesellschaftet, welche auch bei wenig Licht noch ausreichend Fotosynthese betreiben können. Die auffälligste Flechte dieser Gruppe ist →***Graphis scripta*** (rechts, zweite von oben), die anhand ihrer hieroglyphen-artigen Fruchtkörper zu erkennen ist. Aber auch →***Arthonia atra*** und →***A. ruana*** gehören zu dieser Gruppe. Nur mit der Lupe sind die winzigen Fruchtkörper mit punktförmigen Öffnungen von ***Porina leptalea*** mit orangen (rechts, oben) →***Pseudosagedia aenea***, mit schwarzen und →***Coenogonium pineti*** mit weisslichen Fruchtkörpern zu finden.

Auf vielen der hellen Lager von Krustenflechten sind hingegen keine Fruchtkörper zu finden. Einige Arten wie die häufige →***Phlyctis argena*** bildet meist nur feinkörnige vegetative Ausbreitungseinheiten in fleckförmigen Aufbrüchen. Oft fehlen aber auch diese Ausbreitungseinheiten. In solchen Fällen sind die nährstoffreichen Fruchtkörper oft vollständig von Schnecken, seltener von Hornmilben, abgefressen worden. Frassspuren und Kotstränge weisen auf die intensive Beweidung der Flechtenvegetation an den Stämmen hin. Die Flechten werden dabei nicht vollständig zerstört, weil Teile des Lagers in den obersten Zellschichten der Rinde überleben. Dies ermöglicht Flechten auch, sich durch das sekundäre Dickenwachstum des Stammes dehnen zu lassen. Aus kreisrunden Lagerflecken entwickeln sich so über Jahrzehnte schliesslich bandförmige Lager am Stamm. An der Stammbasis wachsen schliesslich die unscheinbaren ***Agonimia flabelliformis*** (rechts, zweite von unten) und ***Anisomeridium polypori***, dessen Konidien in kurzen Ketten aus den Pyknidien gequetscht werden (rechts, unten).

Aufwertung Lebensraum: Bei der Auswahl von Biotopbäumen in Zukunft auch gezielt Flechten berücksichtigen.

Exkursion: Haltestelle Sihlwald: Auf Wanderwegen und Forststrassen über Pt. 579 und dem Wanderweg Alte Sihlwaldstrasse entlang zu Pt. 599, 613 und 634 (Abkürzung nach Haltestelle Sihlbrugg möglich), weiter über Schönbodenstrasse zum Schweikhofweg (schöne *Agonimia*) und schliesslich vom Schweikhof über Husertal und Albisbrunn nach Hausen am Albis, Post. 509 Höhenmeter, 10 km, Wegzeit 3,25 h.

08 Blatt- und Krustenflechten an Silikatfelsen in Trockenstandorten

kolline Stufe

Exkursion Ausserberg (VS) — **T1** (**T2** unterhalb der Felsrippen)

In den niederschlagsärmsten Gegenden der Schweiz bilden Flechten auf Felsrippen immer noch üppige und artenreiche Überzüge. Allerdings werden andernorts häufige Arten wie →***Protoparmeliopsis muralis*** teilweise von den an trockenheisse Orte angepasstere Arten wie →***P. garovaglii*** begleitet oder sogar ersetzt. An regengeschützten Steilflächen an trockenheissen Hängen sind dann aber fast nur noch ausgeprägte Spezialisten in der Lage, sich zu entwickeln. In Überhangsflächen, welche durch etwas Nährstoffe gedüngt werden, ist →***Physcia magnussonii*** (unten) eine typische Art, oft zusammen mit anderen Arten der Gattung, wie →***P. dimidiata*** oder →***P. caesia***. →***Xanthoria elegans*** (unten) ist ebenfalls ein häufiger Begleiter, bevorzugt aber beregnete Stellen. Mit dieser Art oft vergesellschaftet, aber viel häufiger, ist die schorfige, erst bei genauerem Hinsehen deutlich gelappte ***Caloplaca demissa*** (unten; rechts, unten), die an regengeschützten Felsflächen oft ausgedehnte Vorkommen bildet. An wenig beregneten Flächen erreichen die gelb-grünlichen, deutlich gelappten Lager von →***Dimelaena oreina*** (rechts, Mitte) oft eine hohe Deckung und als Seltenheit ist an solchen Stellen ***Parmelina atricha*** (rechts, oben) zu finden, die vereinzelt spatelförmige Ausbreitungseinheiten und manchmal Fruchtkörper bildet. Die häufigeren Verwandten *P. carporrhizans*, →***P. pastillifera***, *P. quercina* und →***P. tiliacea*** wachsen auf Borke.

Aufwertung Lebensraum: Erhaltung von Felsrippen und Bergsturzblöcken in Weiden und Schutz vor Verbuschung.

Exkursion: Bushaltestelle Ausserberg, Dorf. Hangaufwärts zuerst der Dorfstrasse entlang und bei der Verzweigung rechts entlang Fischerbielstrasse und Undrastrasse bis Geissbalma. Felsblöcke und -rippen entlang Wanderweg und bei Indri Geissbalma. Rückweg auf gleichem Weg zum Ausgangspunkt. 200 Höhenmeter, 5 km, Wegzeit 2 h. Weidendes Vieh nicht stören; allenfalls andere Felsrippen auswählen.

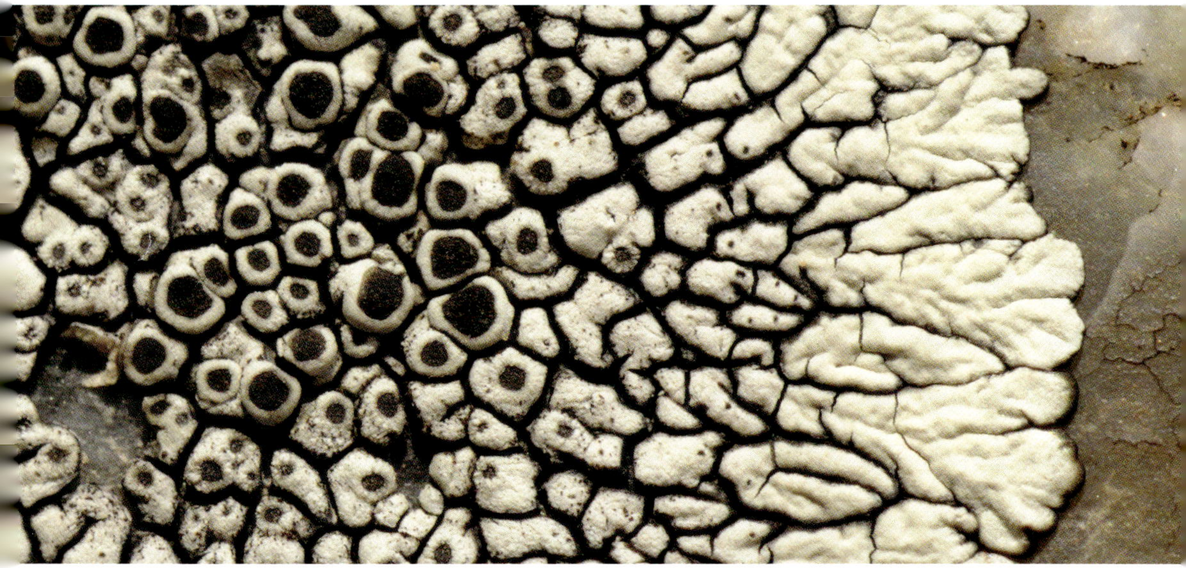

sub- und untermontane Stufe

Exkursion T2 (T4)
Poncione d' Arzo, Mendrisio (TI)

09 Endolithische Kalkflechten in tiefen Lagen

Bereits im untersten Teil des Bergwanderweges begegnet man auf geneigten Felsplatten im lichten Wald regelmässig der weinrot gefärbten →***Bagliettoa marmorea***. Oberhalb der Marmorsteinbrüche führt der Weg mehrfach an Felsflächen vorbei, deren Oberfläche zum grössten Teil von biologischen Krusten bewachsen sind. Das Lager der meisten Flechten an diesen Felsflächen ist beinahe vollständig im Kalkgestein eingesenkt. Wie bei der orangen ***Caloplaca ochracea*** (unten; rechts, oben) ist das Lager an diesen Felsflächen fast vollständig endolithisch. Bei der oft über einen Quadratdezimeter grossen ***Bagliettoa suzaeana*** (oben rechts; rechts, unten) sind die Algen und die Pilze des vegetativen Lagers vollständig von einer «Gesteinsschicht» überdeckt. Das Gestein wird vom Pilzpartner zunächst aufgelöst und anschliessend als «Lithocortex», als Schutzschicht vor Fressfeinen und zu intensivem Licht, über der Flechte wieder abgelagert. Dass die Algen im Inneren des Gesteins leben, kann mit einem harten, spitzen Gegenstand überprüft werden: In der angeritzten Stelle sind die oft grünen, manchmal orangen Algen als Horizont etwa einen Millimeter unterhalb der Gesteinsoberfläche deutlich zu sehen. Einzig die schwarzen Fruchtkörper liegen mit ihren punktförmigen Öffnungen frei und können die Sporen ungehindert abgeben. An etwas bergfeuchten Steilflächen fallen die mit orangen, fädigen Algen der Gattung *Trentepohlia* vergesellschafteten →***Gyalecta hypoleuca***, *G. jenensis* und →***G. leucaspis*** auf.

Aufwertung Lebensraum: Der Lebensraum ist nicht gefährdet.

Exkursion: Bushaltestelle Arzo, Bagno Spiaggia. Auf Bergwanderweg auf den Poncione d'Arzo. Für gute Berggänger ist die Variante entlang der Krete über den Pt. 883 möglich. 80 m W der Hochspannungsleitung kann gegen N durch das Felsband abgestiegen werden. Dort sind sehr schön entwickelte Kalkflechten zu sehen (T4, nur bei trockenem Wetter!). Rückweg auf dem Bergwanderweg zum Ausgangspunkt. 530 Höhenmeter, 6,5 km, Wegzeit 3 h.

10

Gebäude mit dem gewissen Etwas

Siedlungsraum

Exkursionen T1

Berner Münster (BE) und Klosterkirche in Kappel am Albis (ZH)

Seit der Erschaffung architektonischer Grauzonen werden Aussenwände und Dächer von Flechten besiedelt. Viel Wissen und Können wurden in der Baukunst entwickelt, um deren Entwicklung zu unterdrücken, beispielsweise, indem verhindert wird, dass Aussenwände längere Zeit nass bleiben. Auf rasch abtrocknenden, glatten Oberflächen benötigen Flechten und andere Lebewesen deutlich mehr Zeit, um sich entwickeln zu können. Natürlich gelingt es trotzdem vielen Arten, Gebäude zu besiedeln und über Jahrzehnte, ohne an der Bausubstanz Schäden zu hinterlassen, eine farblich differenzierte Patina zu schaffen. Am Berner Münster und an der Klosterkirche in Kappel am Albis leben sicher gegen 100 Flechtenarten – eine Artendichte, welche jedenfalls die oft positiv betonte Biodiversität an modernen Grünfassaden um ein Mehrfaches übertrifft. An regenexponierten Sandsteinmauern bildet ***Lecanora campestris*** (oben rechts) auffällige Lager mit dunklen Fruchtkörpern und wächst dort gerne zusammen mit →***Protoparmeliopsis muralis*** und →***Candelariella aurella***. An etwas regengeschützten Stellen können sich die randlich gelappten ***Caloplaca arnoldii*** und ***C. saxicola*** zusammen mit ***Myriolecis crenulata*** mit schwarzbraunen, bereiften Fruchtkörpern entwickeln (unten). Am Berner Münster sind *Candelariella aurella* und *Protoparmeliopsis muralis* besonders üppig an den Wasserspeiern entwickelt, weil die beregnet sind und als Vogelsitzplätze dienen (rechts, oben). Eine Besonderheit versteckt sich an der Nordostseite hinter dem Blitzschutz: ***Lecanora vinetorum*** (rechts, unten) toleriert hohe Konzentrationen von Kupferionen und kann als konkurrenzschwache Art von dieser für andere Arten toxischen Umgebung profitieren.

Aufwertung Lebensraum: Nur wenige Flechten greifen die Bausubstanz im Laufe der Jahrzehnte an. Das Entfernen von Flechten beansprucht die Bausubstanz oft mehr als das ungehinderte Wachstum der Flechten.

Exkursionen: Haltestellen Bern, Rathaus und Kappel a. A., Kloster. Jeweils wenige 100 m Weg.

kollin-montane Stufe

Exkursion T2

Von Soglio nach Castasegna, Bregaglia (GR)

11 Nussbäume im Grünland

498 Als eine der wenigen Baumarten in der Schweiz hat der Nussbaum eine neutrale Borke. Deshalb gibt es mehrere seltene Arten, welche auf Nussbäume beschränkt sind. Sie kommen hauptsächlich in den südlichen Teilen der Schweiz vor.

Auf Bäumen mit glatter Rinde sind schmallappige Blattflechten mit braungrauem bis braunem Lager der Gattung *Phaeophyscia* zu finden. Die häufigste Art mit lippenförmigen Aufbrüchen an den Lappenenden ist *Phaeophyscia endophoenicea*. Mit ihrer schwarzen Unterseite und dem orangen Mark, das besonders bei teilweise abgefressenen Lagern deutlich sichtbar wird, ist sie gut zu erkennen. Etwas schmalere Lappen, eine braune Unterseite und kopfförmige Aufbrüche hat die seltene und fast nur von jungen Nussbäumen bekannte →***Phaeophyscia insignis*** (oben rechts). Am einfachsten ist die Art bei etwas diffusem Licht zu erkennen, weil dann die unterschiedlichen Farben zwischen den Arten der Gattung zu sehen sind. Um die Unterseite zu untersuchen, kann man mit einem Taschenmesser einen Lappen von der Borke abheben, ihn verkehrt herum auf eine Fingerkuppe legen und mit der Lupe betrachten. Auch die alten Nussbäume mit rissiger Borke warten mit einer Besonderheit auf: →***Leptogium hildenbrandii*** (unten) ist eine breitlappige Gallertflechte, welche immer scheibenförmige Fruchtkörper und auf der Unterseite einen weissen Filz bildet.

Aufwertung Lebensraum: Nussbäume fördern und alte Stämme erhalten. In Wiesen und Weiden darauf achten, dass kein Hofdünger an die Stämme gespritzt wird.

Exkursion: Bushaltestelle Soglio, Villaggio. Zuerst entlang der Via Soglio gegen NW in Richtung Lò. Dort ältere Nussbäume mit *L. hildenbrandii* bei einem Parkplatz. Anschliessend zurück und auf Bergwanderweg nach Plazza und auf der Via da Stoll nach Clüs. Dort nach S abzweigen und nach Zerza, wo kleinere Nussbäume mit *P. insignis* stehen. Weiter nach Castasegna, Vecchia Dogana. Wanderung kann mit der Exkursion 13 zu Kastanienselven kombiniert werden. 80 m Aufstieg, 465 m Abstieg, 3,5 km, Wegzeit 1,25 h.

Exkursion T1
Geschiebeterrassen im Unner Pfynwald, Leuk und Salgesch (VS)

12 Bunte Erdflechtengesellschaft

In kalkreichen Trockenrasen wären die gelborangen Flecken der Bunten Erdflechtengesellschaft nicht zu übersehen – aber in tiefen Lagen sind gut entwickelte Vorkommen selten geworden. An trockenen Hängen ist die deutlich gelappte →***Gyalolechia fulgens*** (oben rechts, unten) auf sehr flachgründigen Böden zu finden. Hier dominiert sie die artenreichen Flechtengesellschaften farblich und wird selten von →***Gyalidea asteriscus*** begleitet. Häufige Begleitarten sind →***Gyalolechia bracteata***, →***Psora decipiens*** und *Toninia sedifolia*. Diese Arten steigen bis in die alpine Stufe, wo sie recht häufig eine verarmte Ausprägung der Gesellschaft bilden. Flachgründige Erdkrusten sind sehr trittempfindlich und sollten nur vom Rand her, z. B. von Felsflächen aus, beobachtet werden. Relativ grossflächig ist die Bunte Erdflechtengesellschaft auf hoch gelegenen Geschiebeterrassen in Flussalluvionen entwickelt. Auf der vorgeschlagenen Exkursion kann die Bunte Erdflechtengesellschaft an mehreren Stellen direkt vom Weg aus beobachtet werden. Auf ähnlichen, stark austrocknenden Geschiebeterrassen wurde vor über 100 Jahren *Buellia asterella* am Rhein nachgewiesen. Diese Art ist in der Schweiz ausgestorben und weltweit vom Aussterben bedroht.

Aufwertung Lebensraum: Verbuschung vermeiden. Aufbrechen der flachgründigen Erdauflagen durch Tritt und Beweidung kann Erdflechten-Gesellschaften stören.

Exkursion: Bahnhof Leuk, Wanderweg Richtung Pfynwald bis Pt. 572 N des Pfyn-Denkmals. Bach überqueren und auf Wegen in N-Richtung auf Geschiebeterrassen mit gut entwickelter Trockenvegetation und lokal grossflächig entwickelten Stellen mit der Bunten Erdflechtengesellschaft. Auf allfällige Zutrittsverbote achten! Weiter über Pt. 565 und Pt. 562 zurück zum Dammweg und weiter auf dem Wanderweg nach Sierre. 90 Höhenmeter, 12 km, Wegzeit 3 h.

kollin-montane Stufe

Exkursion T2

Von Soglio nach Castasegna, Bregaglia (GR)

13 Kastanienselven

Zwischen den Dörfern Soglio, Castasegna und Bondo steht eine der grössten Kastanienselven Europas. Diese als Sonderwaldreservat Brentan schonend bewirtschaftete Parklandschaft mit jahrhundertealten Kastanienbäumen hat nebst ihrer Rolle für die Kastanienkultur in der Schweiz eine herausragende Bedeutung für die Artenvielfalt, auch für baum- und totholzbewohnende Flechten. Fast an jedem Stamm wächst die gelblich-grünliche →***Flavoparmelia caperata***. Auch die grauen →***Parmelina pastillifera*** und →***P. tiliacea*** sind ziemlich häufig, aber hier mit Vorsicht von der im Gebiet selten gefundenen →***Hypotrachyna minarum*** mit etwas schmaleren Lappen zu unterscheiden. Bereits im SW-Teil von Plazza ist die stark gefährdete →***Parmotrema stuppeum*** an einer Kastanie üppig entwickelt. Nur mit der Lupe ist hingegen →***Caloplaca lucifuga*** zu finden, die sich oft in Borkenrissen versteckt. In etwas luftfeuchteren Lagen bei Stoll konnte die weltweit sehr seltene →***Topelia nimisiana*** gefunden werden. Allerdings ist die Unterscheidung von der ebenfalls stark gefährdeten →***Thelopsis rubella*** mit Lupe kaum möglich. Weil die beiden Arten aus der Region bekannt sind, sollte auf weitere floristische Aufsammlungen für mikroskopische Bestimmungen verzichtet werden. Schliesslich ist dort (und deutlich besser bei Bregan d'Zott, W von Bondo, entwickelt) die aus feinen grauen Stiftchen bestehende Krustenflechte →***Rinodina isidioides*** zu finden. Alle diese Arten sind ausgeprägte Altbaum-Flechten, weil sie an Kleinstandorte wie beispielsweise stark vermorschte Borke gebunden sind, die sich erst an uralten Bäumen entwickeln können.

Totholz von Kastanienstrünken verwittert sehr langsam. Darum entwickeln sich darauf eine grosse Vielfalt von typischen Flechten. →***Trapeliopsis granulosa*** (rechts, oben links) kann an stark verwitterten Strünken einfach erkannt werden und teilt den Standort meist mit der rotfrüchtigen ***Cladonia macilenta*** (rechts, Mitte) und der sehr zerstreut vorkommenden ***Cladonia parasitica*** (rechts, unten), die regelmässig braune Fruchtkörper auf kurzen Stämmchen bildet.

Aufwertung Lebensraum: Alte Bäume und Strünke durch Pflegemassnahmen erhalten. In Wiesen und Weiden darauf achten, dass kein Hofdünger an die Stämme gespritzt wird.

Exkursion: Bushaltestelle Soglio, Plazza. Zuerst im SW-Teil von Plazza →***Parmotrema stuppeum*** an Kastanie E der Strasse. Dann weiter auf der Via da Stoll nach Clüs. Dort nach S abzweigen und nach Zerza, wo mehrere Kastanienstrünke mit ***Cladonia parasitica*** am Weg stehen. Weiter nach Castasegna, Vecchia Dogana. Die Wanderung kann mit der Exkursion 11 zu Nussbäumen kombiniert werden. 50 m Aufstieg, 300 m Abstieg, 3 km, Wegzeit 1 h.

obere subalpine Stufe

14 Kleine Schwarze in Tintenstrichen

Exkursion T2

Avers: von der Lezibrücke nach Cresta, Avers (GR)

Die alte Averserstrasse führt als einfacher Wanderweg zu artenreichen Felsflächen. Die vorgestellten Arten können direkt vom Weg aus beobachtet werden – in den Felsen rumzukraxeln, sollte unterlassen werden, weil dabei Gesteinsmaterial gelöst und auf den Weg fallen könnte. Die Kalkschiefer dieser Felsflächen variieren kleinräumig im Kalkgehalt ihrer Oberfläche. Zudem wechseln sich regengeschützte Überhangsflächen mit länger feucht bleibenden Felsflächen ab. Dieses kleinräumige Mosaik führt zu einer sehr hohen Artenzahl von meist recht unscheinbaren Flechten – eine glatte Überforderung für eine eintägige Exkursion. Deshalb konzentrieren wir uns auf kleine Abflussrinnen, in welchen Sickerwasser auch lange nach dem letzten Niederschlag die Felsoberfläche feucht hält. Weil solche Stellen durch Cyanobakterien meist dunkel gefärbt sind, werden sie als Tintenstriche bezeichnet. Zahlreiche kleine dunkelgraue bis schwarze, mit Cyanobakterien vergesellschaftete Flechten wachsen dort zusammen mit freilebenden Cyanobakterien. Einige davon bilden Cyanotoxine und schützen die Flechten dadurch vor Frassfeinden. Oft werden dann nur die Fruchtkörper von Hornmilben ausgefressen, weil dort keine Cyanobakterien vorhanden sind. Die Bestimmung dieser Arten ist sehr anspruchsvoll und meist nur nach mikroskopischen Untersuchungen möglich.

Einige wenige Arten können direkt im Feld angesprochen werden, etwa die sehr häufigen →***Enchylium tenax*** und →***Synalissa ramulosa*** oder die seltenere ***Peccania coralloides*** (rechts). Die meisten dieser Arten können bei feuchter Witterung viel Wasser aufnehmen, weil die Gallerthüllen der symbiotischen Cyanobakterien stark aufquellen können. Sie werden deshalb auch Gallertflechten genannt. Im Gegensatz zu den meisten Grünalgen-Flechten, die schon durch hohe Luftfeuchtigkeit aus ihrer Trockenstarre aktiviert werden können, benötigen mit Cyanobakterien vergesellschaftete Flechten flüssiges Wasser – deshalb sind viele mit Cyanobakterien vergesellschaftete Arten an Tintenstriche gebunden.

Aufwertung Lebensraum: Die Vorkommen sind nicht gefährdet.

Exkursion: Bushaltestelle Avers, Lezibrücke. Auf Bergwanderweg auf der linken Talseite zur Brücke bei Pt. 1797 und auf der alten Averserstrasse zu Pt. 1887 und der Fahrstrasse entlang nach Avers Cresta. Als Alternative kann beim Bachübergang auf ca. 1850 m umgekehrt werden und weiter unten auf dem Fussweg über Uf der Furra und Obercasol nach Cresta aufgestiegen werden. 250 m Aufstieg, 50 m Abstieg, 2,5 km, Wegzeit 1 h.

submontane Stufe

Exkursionen Rheinau und Marthalen (ZH), Hünenberg (ZG), Ermattingen und Tägerwilen (TG) T1

15 Eichen-Mittelwald

Eichen-Mittelwälder stellen eine historische Bewirtschaftungsform mit zwei unterschiedlichen Umtriebszeiten der Bäume dar. In der Unterschicht, bestehend aus Hainbuchen und weiteren Baumarten, wird Brennholz im ca. 30-jährigen Umtrieb erzeugt. Durch die Ausschlagfähigkeit der Stöcke wächst die Unterschicht immer wieder nach. In der Oberschicht, meist Eichen, wächst Bauholz heran. Hier werden die Bäume 180 Jahre oder älter. Mittelwaldeichen weisen meist breit ausladende Kronen auf. In ihnen können seltene Bartflechten, wie beispielsweise *Usnea fulvoreagens* oder Lungenflechten (→***Lobaria pulmonaria*** und →***Lobarina scrobiculata***) vorkommen, die allerdings nur selten, etwa an abgebrochenen Hauptästen nach einem Sturm, gefunden werden können. Wegen der stark wechselnden Lichtverhältnisse an den Eichenstämmen während einer kurzen Umtriebszeit der Unterschicht können sich dort nur Arten entwickeln, welche einerseits schattentolerant sind, andererseits aber auch hohe Lichteinstrahlung ertragen. In Mittelwäldern fehlen deshalb die typischen Arten freistehender Bäume. Durch die unregelmässige Architektur der Krone oder durch eine leichte Schiefstellung der Stämme ist die eine Stammseite oft stärker durch Regen und Stammabflusswasser beeinflusst als die gegenüberliegende, weitgehend regengeschützte Seite. Die beregnete Stammseite wird von Moosen und Hundsflechten (→***Peltigera praetextata***) sowie unauffälligen Krustenflechten wie *Agonimia flabelliformis* (Exkursion 7 «Laubmischwald») bewachsen, Arten, welche auch in anderen Laubwäldern an Altbäumen angetroffen werden. Gerade die regengeschützten Stammseiten weisen charakteristische Arten wie die Eichen-Stabflechte →***Bactrospora dryina*** (unten), →***Inoderma byssaceum*** oder ***Opegrapha vermicellifera*** (rechts, unten) auf, welche den Stamm oft von der Basis bis zu den untersten Hauptästen mit ihren ausgedehnten, weissen Lagern tünchen.

Die beiden letztgenannten Arten breiten sich hauptsächlich mit vegetativen Ausbreitungseinheiten des

Pilzpartners aus, die passenden Algenpartner kommen in Borken von Bäumen auch freilebend vor. In den Borkenrissen können die seltene Krustenflechte →***Caloplaca lucifuga*** oder Stecknadelflechten der Gattungen →***Chaenotheca*** und →***Calicium*** gefunden werden.
Aufwertung Lebensraum: Lichtreiche Waldstruktur beibehalten und alte Bäume schonen. Eiche in benachbarten Beständen fördern, damit Lebensraum für Flechten, welche alte Bäume als Lebensraum benötigen, in Zukunft gesichert ist.
Exkursionen: 1: Bushaltestelle Rheinau, Psych. Uniklinik: Von Pt. 387 S Psychiatriezentrum weiter S nach Eichelhag. Dort W entlang Kiesgrüeb zur Häulistrasse und weiter 430 m Richtung SE. Dort SW im Bestand zahlreiche Eichen mit →***Bactrospora dryina*** (links unten). Weitermarsch über Pt. 381 zu Pt. 371. Am Hangfuss im Kronenbereich wurden →***Lobaria pulmonaria*** und →***Lobarina scrobiculata*** sowie *Usnea fulvoreagens* und *U. glabrata* gefunden. Weiter in Richtung S entlang Rehweg nach Winzlerboden zu Pt. 367, wo weitere Eichen mit *Bactrospora dryina* stehen. Weiter nach S bis zum Jägerweg und von dort in NE Richtung den Höhenweg entlang zu Pt. 395, dann dem Brünneliweg entlang über Kachbergstrasse und Pfaffenweg auf die Marthalerstrasse und nach 100 m rechts auf dem Ellikerweg nach Grüeziwis Hinderem Dörfli. Von hier über Mülihalden nach Guggenbüel und auf dem Wanderweg nach Marthalen Bahnhof. 8,5 km, 130 m Höhenmeter, Wegzeit 2,5 h auf Forst- und Wanderwegen, kurze Strecken auf Durchgangsstrasse.
2: Bushaltestelle Hünenberg, Zollhaus (ZG): Auf Wanderweg nach E zu Ischlag.
3: Bushaltestelle Helsighausen, Kreuzung (TG): Jägerhoo (Ermattingen) und Tägerwiler Wald NE von Pt. 547 (Tägerwilen).

hochmontane Stufe

Exkursion T1
Les Flanmayens, Evolène (VS)

16 Feldgebüsche und Hecken

In Hecken und Feldgehölzen herrschen jüngere Stämme und Stockausschläge von Baumarten vor. Solche Gehölze weisen oft eine hohe Artenzahl von Flechten auf, weil sie sich rasch verändern und dann in mehreren Sukzessionsstadien auf engstem Raum nebeneinander vorkommen. Auf Eschen entwickeln sich zuerst sehr unauffällige, in der Borke eingesenkte Pilze wie *Naetrocymbe fraxini*, die aber nach wenigen Jahren von konkurrenzkräftigeren Krustenflechten wie →***Lecidella elaeochroma***, →***Lecanora chlarotera*** oder →***Caloplaca cerina*** überwachsen werden. Später etablieren sich Blattflechten, überwachsen die Krustenflechten und nehmen überhand. An lichtreichen, rasch austrocknenden Standorten sind es oft schmallappige Blattflechten der Gattungen *Physcia* und *Phaeophyscia*, die dominieren. ***Physcia stellaris*** (unten links und unten rechts) und →***Phaeophyscia orbicularis*** gehören dabei zu den häufigsten Arten, die fast überall in der Schweiz an Hecken zu finden sind. Ebenfalls weit verbreitet, aber deutlich weniger häufig ist →***Phaeophyscia ciliata*** auf glatten Stämmen und Ästen zu finden. Vor allem im Wallis ist die mit den oben genannten Arten zusammen vorkommende →***Phaeophyscia poeltii*** (unten Mitte) zu finden, so auch auf dieser Exkursion an Eschen. Die Unterseite von *P. poeltii* ist braun, bei *P. ciliata* ist sie schwarz.

Aufwertung Lebensraum: Die früher praktizierte Schneitelwirtschaft hat *P. poeltii* stark gefördert. Feldgehölze mit *P. poeltii* können teilweise auf Stock gesetzt werden. Die neuen Stockausschläge stellen wieder geeigneten Lebensraum für →***P. poeltii*** bereit, bis sie von Sukzessionsstadien älterer Stämme verdrängt wird.

Exkursion: Bushaltestelle Evolène, Les Flantzes. Auf Wanderweg über Lanna auf dem Chemin des Flanmayens nach Les Flanmayens. Sträucher und Bäume direkt am Weg. Zurück zum Ausgangspunkt auf dem gleichen Weg. 510 Höhenmeter, 6,7 km, Wegzeit 3 h.

17 Förderung der Echten Lungenflechte im Mittelland

submontane Stufe

Exkursion T1
Langholz, Rothrist (AG)

Fast drei Viertel der Waldarten gelten als Altbaum-Flechten, weil sie an Schlüsselstrukturen gebunden sind, welche als phänologische Altersmerkmale von Bäumen gelten. Verschiedene gefährdete Arten sind wegen ihrer eingeschränkten Ausbreitungsradien zudem an eine räumliche und zeitliche Vernetzung von Schlüsselstrukturen gebunden, was sie als Altwald-Flechten auszeichnet. Flächige Störungen durch Windwurf und früher praktizierte Eingriffe in den Wald haben Altwald-Flechten in vielen Fällen lokal zum Verschwinden gebracht oder auf Restvorkommen reduziert, welche sich nicht mehr natürlich vermehren können. Das Vorkommen der Altwald-Flechte →***Lobaria pulmonaria*** (unten) am Exkursionsort war seit dem 19. Jahrhundert dokumentiert und stand um 1990 vor dem Aussterben, weil die letzten Trägerbäume die Sicherheit des Verkehrs gefährdeten. In Absprache mit dem Forstdienst wurden kleine Fragmente der Echten Lungenflechte (unten links) von den noch vorhandenen Trägerbäumen gesammelt und an zahlreiche Eschen und einzelne Eichen angeheftet (unten). Seither haben sich die Transplantate sehr schön entwickelt (unten Mitte). Das Eschentriebsterben hat allerdings mehrere Trägerbäume geschwächt und zum Umstürzen gebracht. Bei weiteren Eschen wurde der Stamm inzwischen oberhalb der Lungenflechte abgeschnitten (unten rechts), damit die Stämme weniger durch Windwurf gefährdet sind. Die Transplantate an Eichen entwickeln sich alle gut, aber langsamer.

Aufwertung Lebensraum: Transplantation von *Lobaria pulmonaria* kann erfolgreich sein, sollte aber nur subsidiär zu Aufwertungsmassnahmen des Bestandes umgesetzt werden.

Exkursion: Bushaltestelle Rothrist, Gländ. Auf Waldstrasse über Pt. 437 zu Pt. 453. Dort gegen S abzweigen und bei der ersten Verzweigung links auf den Weg mit der langgezogenen Linkskurve (oben). Beidseits des Weges mehrere Eschen mit der Echten Lungenflechte. Auf gleichem Weg zurück zum Ausgangspunkt oder weiter zu Exkursion 42. 42 Höhenmeter, 4,5 km, Wegzeit 1,25 h.

subalpine Stufe

18 Flechten subalpiner Kalkfelsen

Exkursion T3
Gantrischböde, Rüeggisberg (BE)

Die ausgewählten Felsköpfe (oben) sind einfach zu erreichen und zur Beobachtung von Flechten geeignet, denn es besteht hier kaum Gefahr durch Steinschlag. Die weitgehend vertikal geneigten Flächen sind je nach Exposition unterschiedlich stark der Sonne ausgesetzt und zeigen eine hohe Artenvielfalt. An SE-exponierten Flächen trocknet der während der Nacht kondensierte Tau bereits in den Morgenstunden ab und lässt die meist im Gestein eingesenkten (endolithischen) Flechten wie *Rinodina immersa* und *Myriolecis agardhiana* für den Rest des Tages physiologisch inaktiv zurück. Einzig ein paar Arten, die in Felsspalten von zusätzlichen Wasserressourcen profitieren können, wie ***Acarospora cervina*** (rechts, oben) oder Flechten, die in schmalen Sickerwasserstreifen länger feucht bleiben, haben ein dem Gestein aufsitzendes (epilithisches) Lager. Verschiedene Arten der mit Cyanobakterien vergesellschafteten Gattung *Placynthium*, darunter die deutlich gelappte →***P. filiforme*** und ***P. caesium*** (rechts, Mitte und unten) mit schwarzen Fruchtkörpern, sind an diesen Flächen zu beobachten. Auf Cyanobakterien ist vereinzelt →***Toninia verrucarioides*** zu finden, auf kleinen Moospolstern die auffällig orangen Fruchtkörper von →***Caloplaca schistidii***. An den NE exponierten Felsflächen wachsen vermehrt epilithische Krustenflechten, darunter ***Caloplaca cirrochroa*** (unten), die schmallappige orange Rosetten bildet. Diese häufige Art bildet auf den Lappen gelbliche Aufbrüche mit vegetativen Ausbreitungseinheiten. Die nahe verwandte Art *C. proteus* ist deutlich seltener und bildet rotorange Aufbrüche auf den Lappen.

Aufwertung Lebensraum: Dieser Lebensraum wird bisher kaum beeinträchtigt und ist nicht gefährdet.

Exkursion: Bushaltestelle Gurnigel, Wasserscheide. Auf Bergwanderweg in Richtung Leiterepass und kurz vor Alphütte Obernünenen auf Pfad rechts abbiegen. Über steilen Hang zu den Felsköpfen auf dem Foto oben. Auf gleichem Weg zurück zum Ausgangspunkt. 230 Höhenmeter, 4 km, Wegzeit 1,5 h.

19 Nordische Arten am Rande von Hochmooren

unter- und obermontane Stufe

Exkursionen La Sagne bei Bellelay, Saicourt (BE) und Sagne du Campe bei Le Sentier, Le Chenit (VD) T1

Wo Hochmoore mit Wegen erschlossen sind, können wir nach zwei «nordischen Seltenheiten» Ausschau halten. →***Melanohalea septentrionalis***, in Mitteleuropa ein seltenes Glazialrelikt, ist in der Schweiz nur im Jura auf Birken am Rande von Hochmooren gefunden worden. Die Art ist im Feld leicht zu erkennen. Sie wächst an Stämmen und Ästen, allerdings immer nur vereinzelt, nie dominant. Die zweite charakteristische Blattflechte ist ***Cetraria sepincola*** (unten), die im Jura ebenfalls ausschliesslich auf Birken wächst. Im Gegensatz zu *Melanohalea septentrionalis* ist sie nur auf den dünnen Ästchen zu beobachten. Im Jura kommen die beiden Arten oft gemeinsam vor. Selten wurde *C. sepincola* auch in den Alpen beobachtet, stets ausserhalb von Mooren und auf unterschiedlichen Baumarten. Die beiden Arten sind in der Schweiz stark gefährdet und alle Vorkommen sollten gefördert werden. Das ist allerdings nur nach sorgfältiger Planung möglich, weil sich die Förderung von Birken nicht immer einfach mit Massnahmen zur Vermeidung der Verbuschung von Mooren kombinieren lässt.

Aufwertung Lebensraum: Entbuschung von Mooren kann Trägerbäume der stark gefährdeten →***Melanohalea septentrionalis*** und ***Cetraria sepincola*** betreffen. Die beiden Flechtenarten kommen aber meist am Rand von Hochmoorkomplexen vor. In diesen Teilen können Birken gefördert werden, ohne dass geplante Massnahmen zur Offenhaltung der Vegetation in zentralen Bereichen infrage gestellt werden müssen.

Exkursionen: Auf allfällige Zutrittsverbote achten! **1:** Bushaltestelle Bellelay, Le Domaine. Auf Wanderweg in S-Richtung über Pt. 931 und weiter bis zum Pfad, der links entlang der Moorgrenze bis zur Beobachtungsplattform führt. Dort ist *Cetraria sepincola* aus der Nähe zu beobachten. Zurück auf gleichem Weg zum Ausgangspunkt. 25 Höhenmeter, 1,5 km, Wegzeit 20 Min.

2: Haltestelle Le Sentier-L'Orient, gare. Auf Wanderweg in SW-Richtung nach Sagne du Campe. Birken an NW-Seite des Hochmoorwaldes mit gut entwickelter *Melanohalea septentrionalis*.

obermontane Stufe

20 Der Risoux-Wald

Exkursion T2 (T3)
Risoux, Le Chenit und Le Lieu (VD)

Die ausgedehnten Wälder des Risoux halten für viele Wochen lichenologische Überraschungen bereit. Auf der vorgeschlagenen Exkursion achten wir auf →***Sphaerophorus globosus*** an alten Fichten und Weisstannen, beispielsweise zwischen Refuge de La Sauvageonne und dem Refuge Les Fougères. Wenige Trägerbäume stehen direkt am Weg, weitere sind im Bereich von kleinen Senken des Karstgebietes zu finden. Wer die Wege verlässt, sollte aber trittsicher sein, weil man auf den Karren leicht ausrutschen kann (dort T3). Im gleichen Gebiet ist an vielen Stellen auch →***Mycoblastus sanguinarius*** zu beobachten, leicht erkennbar an den blutroten Flecken an abgefressenen Stellen. Auf dem Weitermarsch fallen dann die üppigen Lager von →***Lobaria pulmonaria*** auf, die an Stämmen von Berg-Ahorn wachsen. Bei feuchtem Wetter ist diese Art besonders attraktiv, weil die Lager dann intensiv hellgrün sind und wie Salatblätter an den Stämmen hängen. An denselben Bäumen wachsen auch verschiedene, mit Cyanobakterien vergesellschaftete Arten, so z.B. →***Nephroma resupinatum***, →***N. bellum***, →***Leptogium saturninum*** und →***Parmeliella triptophylla***. Die sehr seltene →***Lobarina scrobiculata*** (oben rechts) wurde hier bisher nur an einem Baum, beim Koordinatenpunkt 2'508'346/ 1'167'930, gefunden. Das Sammeln dieser geschützten Art ist verboten. Falls die Tageszeit schon etwas fortgeschritten ist, kann bei Pt. 1377 nach Le Lieu abgestiegen werden. Sonst führt die Wanderung zu weiteren Bäumen mit →***Sphaerophorus globosus***.

Aufwertung Lebensraum: →***Lobarina scrobiculata***, *Lobaria pulmonaria* und →***Sphaerophorus globosus*** sind geschützte Arten. Ihre Vorkommen müssen erhalten werden.

Exkursion: Bahnstation Le Sentier-L'Orient, gare. Auf Wanderweg über Chez les Golay zum Pt. 1318, weiter über Refuge du Poste des Mines, zu Refuge Kennedy mit *Lobarina scrobiculata*. Bei Pt. 1377 Möglichkeit, nach Le Lieu abzusteigen, sonst weiter bis kurz vor Refuge du Poteau und Abstieg über Douane zur Bahnstation Le Séchey. 523 Höhenmeter, 18 km, Wegzeit 4,75 h.

21

Trockenmauern und Lesesteinwälle im Verzascatal

kolline Stufe

Exkursion T1
Trockenmauern bei Alnasca, Verzasca (TI)

Die Bedeutung von Trockenmauern als Lebensraum für Pflanzen, Moose, Eidechsen, Spinnen und Insekten ist bekannt und ihrer Erhaltung wird bei der Sanierung meist auch Rechnung getragen. Der Bedeutung von Flechten als wichtige Komponente der biologischen Vielfalt wurde bisher aber nur wenig Beachtung geschenkt. Dabei können in diesem Lebensraum leicht gegen 80 Arten gezählt werden. Erstaunlicherweise kommen längst nicht alle diese Arten auf den umliegenden Felsstandorten vor. Trockenmauern sind ein besonderer Lebensraum, der Eigenschaften von Felsstandorten und selten gestörten Geschiebeterrassen kombiniert – ein Standort, der nur noch in Fragmenten in Flusslandschaften vorhanden ist. Auf unserer Exkursion können wir die Flechten an Felswänden und auf Geröll im Einflussbereich der Verzasca anschauen und mit den Flechten der langen Trockenmauern S Alnasca vergleichen. ***Lecidea fuscoatra*** (oben rechts und rechts, oben), *Rhizocarpon lecanorinum*, →***Xanthoparmelia conspersa*** sowie *X. pulla* sind an beregneten, lichtreichen Standorten an Felskuppen in tiefen Lagen und auf der Mauerkrone von Trockenmauern häufig. Auch →***Leprocaulon quisquiliare*** kann an wärmebegünstigten Silikatfelsen in der Südschweiz regelmässig an etwas regengeschützten Felsspalten gefunden werden. An Trockenmauern ist diese Art oft in Fugen zwischen Steinen zu finden. Die folgenden Arten bilden meist kleinere Lager. Sie können auf gut entwickelten höher gelegenen Geschiebeterrassen der Verzasca N von Alnasca gefunden werden, die nur selten von extremen Hochwassern überprägt werden, aber durch hohe Luftfeuchtigkeit und häufigen Taufall gegenüber Felsflächen begünstigt sind. →***Buellia aethalea*** mit grauem und *B. ocellata* mit gelblichem Lager können hier auf lückig bewachsenen Gesteinsbrocken beobachtet werden. *Stereocaulon nanodes* und *S. pileatum* (siehe auch Exkursion 48) wachsen auf rostrot angelaufenen Gesteinsbrocken und kommen auch an der Trockenmauer an ähnlichen Gesteinsbrocken vor. Gegen Ende der Exkursion kann an luftfeuchten Stellen eines Lesesteinwalls beim Koordinatenpunkt 2'704'637/1'128'771 die seltene ***Placopsis lambii*** (rechts, Mitte und unten) gefunden werden. Ihre natürlichen Standorte werden ebenfalls auf der Geschiebeterrasse vermutet.

Aufwertung Lebensraum: Bei der Sanierung von Trockenmauern darauf achten, dass die Gesteinsbrocken in ihrer ursprünglichen Orientierung wieder eingebaut werden.

Exkursion: Bushaltestelle Brione (Verzasca), Ganne. Auf Wanderweg über Marchesini und Sofcalasca nach Alnasca. Abstecher auf die Geschiebeterrassen N von Alnasca und dann bei Alnasca über die Brücke zur Bushaltestelle Brione (Verzasca), Alnasca, 120 Höhenmeter, 2,7 km, Wegzeit 1,25 h.

22 Flechten schattiger Silikatfelsblöcke

Exkursion T1
Murgtal, Quarten (SG)

Bergsturzblöcke sind ideale Objekte, um Standortansprüche von Flechten zu bestaunen. Kulm-, Neigungs-, Vertikal- und Überhangsflächen können in den verschiedenen Expositionen untersucht und verglichen werden. Das gilt besonders für den NE exponierten Hang N von Merlengand. An den grössten, meist aus Verrucano bestehenden Bergsturzblöcken, welche links vom Bach im Wald stehen, sind die Flechten an schattigen Steil- und Überhangsflächen optimal entwickelt. Verglichen mit Felswänden, an welchen diese Arten auch vorkommen, sind sie hier recht einfach zu beobachten. Die dicken, wattigen Überzüge von ***Dendrographa latebrarum*** (rechts, unten) sind charakteristisch für regengeschützte, absonnige Felsflächen. Diese Art kann relativ häufig aus Distanz an Felswänden gesehen werden, oft sind die Standorte aber nur schwer zugänglich. ***Sparria endlicheri*** (unten; rechts, Mitte) kommt an etwas stärker beschatteten, sehr luftfeuchten Stellen vor. Sie ist bisher nur von wenigen Fundorten in der Schweiz bekannt. Deutlich schattentoleranter sind schliesslich ***Enterographa zonata*** und ***Gyrographa gyrocarpa*** (rechts, oben), die sich anhand ihrer Flechtenstoffe unterscheiden lassen. Beide Arten sind in Silikatgebieten in der Schweiz häufig. Alle vorgestellten Arten sind mit orangen, fädigen Algen der Gattung *Trentepohlia* vergesellschaftet. Wir kennen diese Algengattung bereits von lichtarmen Laubmischwäldern und Kalkfelsen in tiefen Lagen.

Aufwertung Lebensraum: Felsen nicht mit Hofdünger bespritzen, allfällige Entbuschung auf vorhandene Flechtenarten abstimmen.

Exkursion: Bahnhaltestelle Murg. Auf dem Wanderweg über Rüti und Vorderschwendi, nach Obere Plätz. Von dort imposante Bergsturzblöcke entlang des Wanderwegs bis Merlengand. Zurück auf dem gleichen Weg zum Ausgangspunkt. Wir empfehlen aber, vorgängig den Murgtal-Bus für die Bergfahrt zu reservieren (Information auf www.alpentaxi.ch) und die Exkursion auf dem Rückweg zu machen. 700 Höhenmeter, 11 km, Wegzeit 4 h.

obersubalpine Stufe

Exkursion T2

Tamangur, Scuol (GR)

23 Totholz

516

In der subalpinen Stufe kann sich die Zersetzung von Totholz über Jahrzehnte hinziehen. Bergföhre, Weisstanne und Fichte werden rascher mineralisiert als Lärche und Arve. Deshalb findet man in Arven-Lärchenwälder, in welchen Bergföhren und weitere Baumarten beigemischt sind, eine erstaunlich hohe Vielfalt an totholzbewohnenden Arten. Im Waldreservat Tamangur fallen auf etwas feucht liegenden, zerfallenden Stämmen die gelbliche, becherförmige ***Cladonia pleurota*** (oben rechts) und die bräunliche →***C. cenotea*** als häufige Arten ins Auge. An stark abgebautem, torfartigem Totholz ist an feuchten Stellen →***Icmadophila ericetorum*** mit ihren hellrosa gefärbten Fruchtkörpern zu sehen. Mit etwas Glück findet man an solchen Stellen auch die sehr seltene →***Protothelenella leucothelia*** mit kugeligen Fruchtkörpern. An etwas früheren Zerfallsstadien, mit noch teilweise erhaltenen glatten, entrindeten Stammoberflächen, sind helle Flecken auf den dunklen Algenüberzügen sichtbar. Dabei handelt es sich um Flechten, deren Lager im Inneren des Holzkörpers leben und nur die Fruchtkörper oder vegetative Ausbreitungseinheiten an der Holzoberfläche gebildet werden (oben links). ***Anzina carneonivea*** (oben links; rechts, unten) wächst häufig auf solchen Stämmen. Sie ist an den wachsgelblichen, unberandeten Fruchtkörpern zu erkennen. An stehendem, zähmorschem Totholz (rechts, oben) ist die meist an lebenden Bäumen wachsende goldgelbe →***Letharia vulpina*** (rechts, oben) als auffälligste Art der Arven-Lärchenwälder auch auf Holz zu beobachten. Auch die kleine Stecknadelflechte ***Calicium trabinellum*** (unten) schützt sich mit gelben Flechtenstoffen vor Fressfeinden.

Aufwertung Lebensraum: Totholz im Bestand belassen.

Exkursion: Bushaltestelle S-charl. Auf Bergwanderweg über Tamangur Dadora durch das Waldreservat Tamangur nach Tamangur Dadaint. Zurück auf dem gleichen Weg bis zur kleinen Brücke N von Pt. 1993 und von dort auf linker Talseite zum Ausgangspunkt. 340 Höhenmeter, 14 km, Wegzeit 3,5 h.

unter-/obermontane Stufe

Exkursion T2
Waldreservat Arena, Onsernone (TI)

24 Weisstannenwälder im Vergeletto

518 Kurz nach der Überquerung des Bachs bei Pt. 1109 befindet man sich in einem sehr eindrücklichen Weisstannenwald. Bereits wenige Meter östlich der beiden kleinen Lichtungen können einige der speziellen Arten dieses Lebensraums bestaunt werden. ***Cheiromycina flabelliformis*** (rechts, oben) ist im Gebiet an mehreren Weisstannen gefunden worden. Die bläulichen Pusteln auf hellgrünem, dünnem Lager bestehen aus Büscheln von mikroskopisch kleinen, mehrzelligen Konidien. Konidien sind vegetative Ausbreitungseinheiten des Pilzes, die meist in Pyknidien, selten aber, wie in diesem Beispiel, in fleckförmigen Sporodochien, gebildet werden. Die Art ist im Alpenraum bisher nur vereinzelt gefunden worden, obschon sie gezielt gesucht wird. Auf den gleichen Bäumen sind →***Biatora helvola*** und die deutlich seltenere ***B. ocelliformis*** (unten links), ***Pertusaria alpina*** (oben rechts) und ***Lopadium disciforme*** (rechts, unten) vorhanden. ***Lobaria pulmonaria*** (Standort oben links) sind wir bereits auf früheren Exkursionen begegnet, in der Südschweiz ist die Art aber sehr selten. Sie kann hier an mehreren Weisstannen beobachtet werden. Vor einigen Jahren konnte ebenfalls →***Maronea constans*** in diesem Bestand nachgewiesen werden. An Weisstannen am Weg beim Pt. 1287 sind die kleinen rotbraunen Fruchtkörper von *Gyalecta carneola* an stark verwitterten Borkenschuppen zu finden, ebenso die bräunlichen Fruchtkörper von ***Rinodina albana*** (unten rechts).

Aufwertung Lebensraum: Trägerbäume von ***Cheiromycina flabelliformis*** schonen. Einige befinden sich ausserhalb des Waldreservates Arena.

Exkursion: Bushaltestelle Vergeletto, Piazza oder Vergeletto, Funivia Salei (falls Station bedient, reduziert sich die Distanz um ca. 5 km). Auf Bergwanderweg dem Bach Ribo bis zum Pt. 1109 folgen und dort gegen Al Pièjn di Cassinn zum Pt. 1290 und Abstieg zu Pt. 1236 auf der gegenüberliegenden Talseite. Wegegebot im Waldreservat befolgen! Rückmarsch zum Ausgangspunkt. 470 Höhenmeter, 14 km, Wegzeit 4 h.

25 Arven-Lärchenwald – mehr als Bart und Strauchflechten

subalpine und obersubalpine Stufe

Exkursion T2

Bellavista, Zernez (GR)

In Lärchen- und Lärchen-Arvenwälder inneralpiner Trockentäler fällt vor allem die leucht- bis goldgelbe Wolfsflechte →***Letharia vulpina*** (oben rechts) auf. Zusammen mit weiteren Strauchflechten wie →***Bryoria fuscescens***, →***Pseudevernia furfuracea*** und Arten der Gattung *Usnea, z.B.* →***U. hirta***, kleidet sie Stämme und Hauptäste in lichten Gebirgswäldern. Dieser üppige Flechtenbewuchs begleitet uns vor allem im oberen Teil der Exkursion, wo der Wald lockerer wird. Auf dieser Wanderung achten wir aber auch auf ausgewählte Flechten auf Gestein und Erde. Im unteren Teil des bewaldeten Hanges ist das anstehende Gestein silikatisch und tritt stellenweise als runde Felsrippen an die Oberfläche. Teile dieser Felsrippen sind mit dünnen Erdauflagen überzogen. Zwischen Zwergsträuchern wachsen hier auffällige und häufige Strauchflechten wie →***Cetraria islandica*** und →***Cladonia rangiferina*** oder die Blattflechte →***Peltigera aphthosa***. Die dunklen Punkte auf den hellgrünen Lappen von →***P. aphthosa*** sind Cephalodien, in welchen Cyanobakterien Luftstickstoff assimilieren und ihn der Flechte und schliesslich dem ganzen Waldökosystem zur Verfügung stellen. Daneben, auf scheinbar nackten Gesteinsflächen (rechts, oben links), wächst ***Protothelenella corrosa*** (rechts, oben rechts) mit kugelförmigen, in grünlichen Warzen eingesenkten, schwarzen Fruchtkörpern. Schliesslich schauen wir uns die Borke von etwas licht stehenden, mächtigen Lärchen etwas genauer an. An der Stammbasis fällt die schmallappige, gelbgrüne Blattflechte →***Parmeliopsis ambigua*** auf, die regelmässig auch auf Totholz vorkommt. Darüber kann ***Lecanora cadubriae*** (rechts, unten) mit orange- bis dunkelbraunen Fruchtkörpern gefunden werden. Weiter oben am Stamm, an rasch abtrocknenden Stellen, welche kaum mit Blattflechten überwachsen sind, kann →***Buellia schaereri*** (unten) mit 0,3 mm grossen schwarzen Fruchtkörpern entdeckt werden.

Aufwertung Lebensraum: Alte Bäume schonen und stehendes Totholz im Bestand belassen.

Exkursion: Bahnhof Zernez, staziun. Auf Wander- und Bergwanderweg das Dorf Richtung Ofenpass verlassen und bei Pra da Punt den Spöl überqueren. Auf Bergwanderweg in Richtung Chamanna Cluozza über Bellavista bis Prasüra bei Pt. 2083. Auf gleichem Weg zurück zum Ausgangspunkt (oder optional weiter nach Chamanna Cluozza). 580 Höhenmeter, 9 km, Wegzeit 3,5 h.

26 Zwergstrauchheiden mit Strauch- und Blattflechten

subalpine, obersubalpine und alpine Stufe

Exkursion T2
Lai da Chazforà, Val Müstair (GR)

Die auffälligen Blatt- und Strauchflechten erwarten uns oberhalb der geschlossenen Waldfläche. Deshalb steigen wir zügig auf und blenden dabei Hundsflechten der Gattung →***Peltigera*** aus – wir werden sie auf der Exkursion 46 genauer anschauen. Dafür achten wir bereits im Wald auf die intensiv hellgrünen Lager von →***Lobaria linita*** mit den auffallenden Rippen und Dellen auf den Lappen. Wir werden sie auch weiter oben wieder antreffen, allerdings oft nur in kleinen, schlecht entwickelten Lagern, die nicht leicht von der seltenen →***Nephroma expallidum*** zu unterscheiden sind. Von Era de la Bescha bis zum Lai da Chazfora dominieren dann ausgedehnte Zwergstrauchheiden mit üppig entwickelten Strauchflechten. Auffällig die braunen →***Cetraria islandica*** und →***C. ericetorum*** sowie die gelbliche →***Cladonia arbuscula*** und die reingraue →***Cladonia rangiferina***. Kompaktere, intensiver blassgelblich gefärbte Polster von →***Cladonia uncialis*** sind nur stellenweise anzutreffen und ebenfalls etwas Glück ist nötig, um ***Cladonia stellaris*** (rechts, oben und unten links) mit ihren blumenkohlartigen, aus gleichwertigen (isotomen) Verzeigungen bestehenden Sträuchlein zu entdecken. An den obersten Hängen ist →***Alectoria ochroleuca*** (rechts, unten rechts) zu sehen. Auf den windverblasenen Rücken W vom Lai da Chazfora können artenreiche Windheiden (Exkursion 37) beobachtet werden. Weiter geht es entlang der Rippe Muntet mit Mosaiken von Schneebodenvegetation (Exkursion 36) und Zwergstrauchheiden. An N-exponierten Hängen direkt unterhalb der Krete können wir an etwas feuchten, absonnigen Stellen regelmässig die seltene →***Nephroma expallidum*** finden. Weil auch Kümmerformen von →***Lobaria linita*** an den gleichen Stellen vorkommen, profitieren wir jetzt von unserer Erfahrung vom Aufstieg und können die beiden Arten im Feld leicht voneinander unterscheiden. Der weitere Abstieg erfolgt dann zügig bis wenige Minuten vor Tschierv. Vor der Lichtung auf ca. 1700 m ü. M. wächst an mehreren moosbedeckten Bergsturzblöcken die geschützte und vom Aussterben bedrohte →***Heterodermia speciosa***.

Aufwertung Lebensraum: Die Bergsturzblöcke mit *H. speciosa* bei forstlichen Eingriffen berücksichtigen.

Exkursion: Bushaltestelle Tschierv, plaz. Auf Bergwanderwegen über Funtauna Grossa und Era da la Bescha zum Lai da Chazfora. Von dort über Muntet und Alp Sadra zum Ausgangspunkt. 970 Höhenmeter, 11 km, Wegzeit 4,75 h.

27 Kieselkalke, Mergelkalke, Dolomite

alpine und nivale Stufe

Exkursion T3
Pointe de la Tsevalire, Saint-Martin (VS)

Felsoberflächen verwittern mit der Zeit und verändern dabei die chemische Zusammensetzung ihrer Oberfläche. Am einfachsten kann dieser Vorgang an Kalksandsteinen beobachtet werden. Durch die Verwitterung wird das kalkhaltige Bindemittel oberflächlich ausgewaschen. Zurück bleiben die silikatischen Sandkörner. So kann auf einer Felsrippe an exponierten Stellen *Rhizocarpon geographicum* als typische Zeigerart einer kalkfreien Gesteinsoberfläche dominieren, währenddem an weniger exponierten Stellen auf eine kalkhaltige Oberfläche hinweisende Arten wie *Aspicilia contorta* vorkommen. Bei Mergelkalken und weiteren Gesteinen, bei welchen bei der Verwitterung der Kalkgehalt an der Oberfläche langsam und kontinuierlich zurückgeht, ändert sich die Flechtenvegetation über eine dritte Gruppe von Arten, die kalkarme Gesteinsoberflächen anzeigt. Solche Flechtengesellschaften sind oft sehr lokal entwickelt und immer in einem Mosaik mit reinen Silikatarten und Arten, welche einen hohen Kalkgehalt benötigen. Zwei typische Arten dieser dritten Gruppe sind recht häufig und können auf zahlreichen Bergwanderungen beobachtet werden: ***Aspicilia candida*** (rechts, unten) und →***Lecanora dispersoareolata***. Unsere Exkursion auf die Pointe de la Tsevalire ist geologisch sehr abwechslungsreich und an verschiedenen Stellen, so auch kurz nach der Überschreitung der Pointe de la Tsevalire, sind diese beiden Arten auf basischen Silikatgesteinen und schwach kalkhaltigem Schiefer zu finden. Die beiden Arten weisen aber auch auf mögliche Standorte von seltenen Arten hin, wie beispielsweise auf die ab und zu gefundene →***Rinodina castanomela*** und auf zwei Arten der Gattung *Lecanora*. ***Lecanora freyi*** (rechts, oben) ist am angedeutet gelappten Lager und den dunkel olivbraun gefärbten Fruchtkörpern zu erkennen. →***Lecanora diaboli*** ist bisher auf Dolomit gefunden worden, gehört aber ebenfalls zu dieser Gruppe von Arten, welche auf stark verwitterter Gesteinsoberfläche wächst. Die beiden Arten der Gattung *Lecanora* sind aber sehr selten und jeweils nur von wenigen Individuen bekannt. Sie können deshalb nur selten gefunden werden.

Aufwertung Lebensraum: Keine Massnahmen nötig für die bekannten Standorte der beiden seltenen Arten (Vinzentpiramid, Italien oben links und Val dal Diavel oben rechts).

Exkursion: Bushaltestelle Eison, La Crettaz. Auf Wanderweg bis L' A Vieille und von dort auf Bergwanderweg zum Pas de Lona und weiter zum Col de la Tsevalire. Von dort über die Pointe de la Tsevalire und über Grand Bandon zurück nach L' A Vieille und weiter zum Ausgangspunkt. 1450 Höhenmeter, 13,5 km, Wegzeit 6,5 h.

28 Endolithische Kalkflechten der alpinen Stufe

alpine Stufe

Exkursion T4

Chaiserstock, Sisikon (UR), Riemenstalden und Muotathal (SZ)

Die interessantesten Flechtenstandorte dieser Exkursion befinden sich zugleich an den technisch anspruchsvollsten Stellen. Wer Flechten dort beobachten will, muss unbedingt am Seil gesichert sein. Fehlt die entsprechende Erfahrung, können ähnliche Flechten im Bereich der Lidernhütte oder der Abeweid an wenig exponierten Kalkfelsen beobachtet werden. Auf den felsdurchsetzten Wiesen bei Chaiserstocksätz sind kleinflächig schön entwickelte Erdflechten zu sehen. An den Felswänden unterhalb des Chaisertors fallen →***Caloplaca schistidii*** und daneben in Felsspalten *Caloplaca aurea* mit ihren breit abgerundeten Lappen auf. Nach dem Chaisertor sind die N exponierten Felsflächen oft fast vollständig mit endolithischen Krustenflechten überwachsen. Das Lager und meist auch die Fruchtkörper dieser Flechten sind vollständig im Gestein eingesenkt und so vor Fressfeinden und zum Teil auch vor sehr starker Besonnung geschützt. Nur die Oberfläche der Fruchtkörper erreicht die Gesteinsoberfläche, so bei ***Polyblastia albida*** (rechts, oben und Mitte). Wenn die Gesteinsoberfläche mit einem Taschenmesser angeritzt wird, sind die grünen oder orangen Algenpartner der Flechten im Inneren des Gesteins zu sehen (***Hymenelia melanocarpa*** oben rechts). Wir erkennen →***Petractis clausa*** am radiär-rissigen Gehäuse der Fruchtkörper, →***Hymenelia coerulea*** an der bläulichen und →***Naetrocymbe saxicola*** an der dunkelbraunen Lagerfarbe relativ einfach wieder (rechts, oben). ***Caloplaca nubigena*** (rechts, unten) ist auf höhere Lagen beschränkt und wächst als parasitische Flechte auf der ebenfalls im Gestein eingesenkten ***Clauzadea immersa*** (rechts, unten rechts) mit eingesenkten schwarzen Fruchtkörpern. Die Abgrenzung des parasitischen Lagers auf der Wirtsflechte ist oft unscharf, weil die parasitische Interaktion zwischen den Pilzen im Inneren des Gesteins erfolgt. Die typischen orangen Flechtenstoffe im vegetativen Lager und vor allem in den Fruchtkörpern werden etwas später gebildet.

Aufwertung Lebensraum: Keine Massnahmen nötig.

Exkursion: Bushaltestelle Riemenstalden, Chäppeliberg und mit Seilbahn bis Gitschen. Auf Berg- und Alpinwanderweg bei der Lidernenhütte SAC vorbei nach Hüendersädel zur Krete bei Chaiserstocksätz und über Pt. 2272 zum Chaisertor und von dort auf dem Alpinwanderweg auf den Chaiserstock. Routenbeschreibung siehe Tourenportal SAC. Beim Chaisertor nur gesichert Flechten beobachten! Rückweg zu Pt. 2272 und über Löcher zurück zur Seilbahnstation Gitschen. 960 Höhenmeter, 9,5 km, Wegzeit 4,25 h.

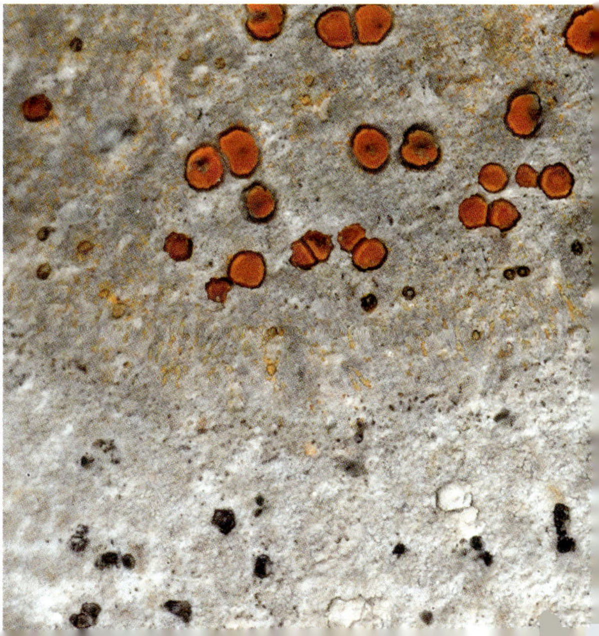

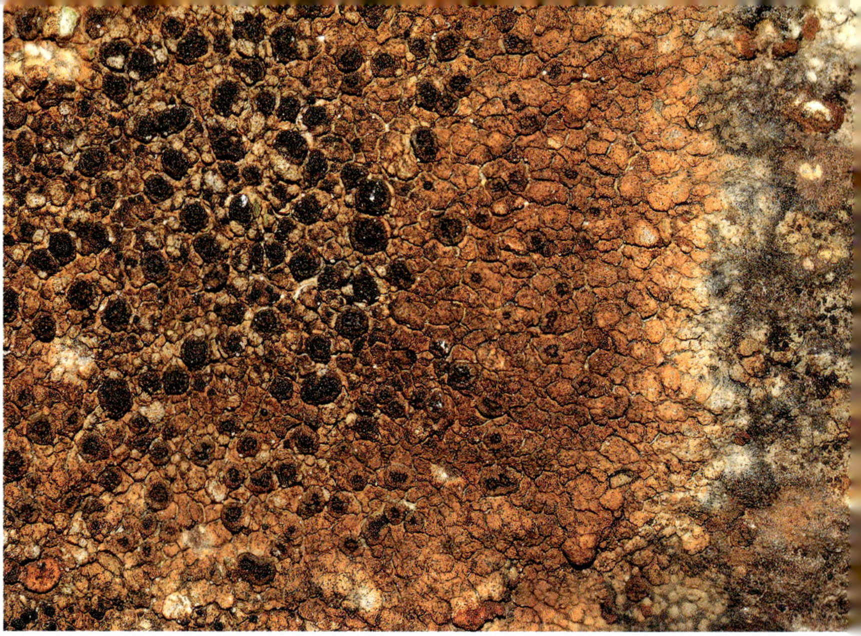

29 Flechten auf schwermetall-haltigem Gestein

hochmontane Stufe

Exkursion T2
Chalberweid bei Gadmen, Innertkirchen (BE)

Am Wegrand unten bei der Chalberweid begegnen wir Lesesteinhaufen mit dunkelbraun gefärbten Gesteinsbrocken. Die dunkle Gesteinsfarbe stammt von Schwermetalloxiden, die sich auf der Gesteinsoberfläche abgelagert haben. Für viele Flechtenarten auf Silikatgestein sind diese Schwermetalle toxisch, eine überblickbare Anzahl von ungefähr 50 Arten toleriert aber derart hohe Metallgehalte und bildet dann auf solchen Gesteinsbrocken und Felswänden charakteristische Flechtengesellschaften. Viele dieser Arten lagern Schwermetalloxide an ihrer Oberfläche ab und werden dadurch auffällig rostfarben, wie ***Bellemerea diamarta*** (rechts, unten) und ***Rhizocarpon oederi*** (oben rechts). An Steilflächen der grossen Bergsturzblöcke sind →***Acarospora sinopica***, →***Lecidea silacea*** (rechts, oben), →***Tremolecia atrata*** ebenfalls rostfarben. Längst nicht alle Arten auf schwermetall-haltigem Gestein zeigen aber diese Farbe. Eine weitere Gruppe ist intensiv gelb gefärbt, so ***Rhizocarpon ridescens*** (rechts, oben) sowie →***Lecanora epanora*** (unten) und *L. subaurea*. Auf den beiden letztgenannten Arten wächst parasitisch recht häufig →***Lecanora gisleriana*** (unten). Etwas weniger oft findet man solche Standorte auch auf anstehendem Fels. Deshalb gehen wir weiter zum Steiwasser. An den Felsrippen hier ist diese Flechtengesellschaft sehr gut entwickelt. Als weitere Arten können auch noch die graue *Lecanora handelii* und die ockerfarbene ***Miriquidica atrofulva*** (rechts, Mitte) mit den grauschwarzen vegetativen Ausbreitungseinheiten beobachtet werden.

Aufwertung Lebensraum: Lesesteinhaufen schonen und nicht für Land-Art Projekte verwenden.

Exkursion: Bushaltestelle Gadmen, Obermaad. Auf Bergwanderweg über Eynollen zur Chalberweid. Dort Gesteinsbrocken auf Lesesteinhaufen und grosse Bergsturzblöcke mit rotbrauner Gesteinsoberfläche. Dann via Schwarzenbrunnen und Hindertritt zu Pt. 1358 und zu Felsrippen oberhalb des Bergweges zum Steiwasser. Auf gleichem Weg zurück zum Ausgangspunkt. 260 Höhenmeter, 6 km, Wegzeit 2 h.

Rübels Nabelflechte und weitere Besonderheiten an Bergsturzblöcken

alpine Stufe

Exkursion T2
Kreuzboden, Saas-Grund (VS)

Bergsturzblöcke sind Berge *en miniature* (Exkursion 22). Im Kleinen bieten sie die unterschiedlichsten Standorte an, wie Kulm-, Neigungs- oder Überhangsflächen, die erst noch bequem vom sicheren Boden aus zu untersuchen sind. So auch oberhalb Kreuzboden (oben). Auf den ostexponierten Steilflächen fällt die gelbgrünliche, randlich deutlich gelappte →***Dimelaena oreina*** (rechts, oben Mitte) auf, die grosse Flächen überwächst. Dazwischen kommen die graubraunen genabelten Lager von →***Umbilicaria ruebeliana*** (rechts, oben links und oben Mitte) vor, die nährstoffbeeinflusste Standorte benötigt und an diesem Block zusammen mit →***Rhizoplaca chrysophthalma*** (rechts, oben Mitte) wächst. An den Steilflächen sind aber noch weitere Nabelflechten zu finden, wie die vielblättrige ***Umbilicaria microphylla*** (rechts, oben rechts; rechts, unten), die über den ganzen Block zerstreut vorkommende *U. nylanderiana* mit feinwulstig unebener Lageroberfläche, →***U. cylindrica*** mit den regelmässig vorkommenden Wimpern am Rand des Lagers sowie *U. polyphylla*, *U. subglabra* und weitere Arten. Die Kulmflächen der Bergsturzblöcke sind meist Vogelsitzplätze und deshalb sehr stark gedüngt. Von diesem extremen Angebot profitiert →***Ramalina capitata***, welche direkt auf Vogelsitzplätzen auf Silikatgestein vorkommt. Die Nährstoffe werden in Abflussrinnen über die Neigungsflächen verteilt und begünstigen dort weitere nährstoffliebende Arten wie *U. ruebeliana*. Schliesslich sind an der Basis der Westseite des Blockes schmale Überhangsflächen ausgebildet, in welchen →***Timdalia intricata*** (unten) wächst. Diese Art ist bisher in den Alpen selten beobachtet worden.

Aufwertung Lebensraum: Keine Massnahmen nötig.

Exkursion: Bushaltestelle Saas-Grund, Parkplatz Bergbahn. Seilbahn bis Kreuzboden und auf Bergwanderweg in NNE Richtung zu einer Gruppe von markanten Bergsturzblöcken wenige Minuten hinter der Seilbahnstation. Zurück zum Ausgangspunkt oder Aufbruch zu höheren Zielen. 40 Höhenmeter, 0,6 km, Wegzeit 0,25 h.

Exkursion Trotzigplanggstock Südgrat von der Sustlihütte aus, Wassen (UR) **4c**

31 Felsgrate

An Bergsturzblöcken lassen sich Flechten vom sicheren Boden aus mit fast beliebig viel Zeit beobachten. Auf Klettertouren kann man sich ein paar Arten beim Vorbeiklettern merken und allenfalls auf die Schnelle eine Blatt- oder Nabelflechte sammeln und in die Tasche stecken. Zeit für eingehende Beobachtungen gibt es aber kaum, und Krustenflechten sammeln kann man meist nur während der Gipfelrast. Entsprechend sind von solchen Kletterrouten nicht viele Arten bekannt – allenfalls ein paar enigmatische Arten wie die →***Umbilicaria virginis*** (Exkursion 32), →***Umbilicaria decussata*** (rechts, oben) und ein paar leicht kenntliche Krustenflechten. Auf dem Gipfel des Trotzigplanggstockes auf 2954 m ü. M. sind Felsflächen fast vollständig von Flechten bewachsen. →***Rhizocarpon alpicola*** und Sippen aus dem Formenkreis von →***R. geographicum*** können im Feld nicht unterschieden werden, sind aber häufig bei Aufsammlungen auf dieser Höhe dabei (oben). An absonnigen Steilflächen ist ***Sporastatia polyspora*** (rechts, zweite von oben, rechts, zweite von unten) mit dem leicht bläulich-grauen Lager sehr häufig zu beobachten. Nur selten hingegen kann die ausschliesslich auf dieser Wirtsflechte parasitierende →***Miriquidica invadens*** (rechts, zweite von oben links und rechts) gefunden werden. Auf →***S. testudinea***, die an lichtexponierten Steilflächen regelmässig vorkommt, ist die parasitische Flechte *Rhizocarpon pusillum* recht häufig. Dicke gelbliche Lager mit schwarzen Fruchtkörpern gehören oft zur Gattung *Calvitimela*, wobei →***C. armeniaca*** exponierte und stark besonnte Flächen bevorzugt und ***C. aglaea*** (rechts, unten) eher an absonnigen Stellen vorkommt. Die gelblich-grünen Lager mit blutroten Fruchtkörpern von →***Ophioparma ventosa*** können ebenfalls leicht erkannt werden. Auf Felsgraten in der alpinen Stufe bevorzugt diese Art aber eher geschützte Stellen, dies im Gegensatz zu ihren Vorkommen in der subalpinen Stufe. Hier wächst sie an windverblasenen Felskanten, auf die ihr Artname hinweist.

Aufwertung Lebensraum: Erstaunlicherweise werden Krustenflechten auf alpinen Kletterrouten nur sehr punktuell geschädigt, weil sie bei trockenem Wetter sehr widerstandsfähig sind. Nabelflechten sollten aber geschont werden, obschon gerade diese Gruppe bei Feuchtigkeit rutschig werden kann.

Exkursion: Bushaltestelle Meien, Sustenbrüggli. Auf Bergwanderweg zur Sustlihütte und am nächsten Tag Klettertour auf den Trotzigplanggstock. Beschreibung der Route und Zeitangaben im Tourenportal des SAC.

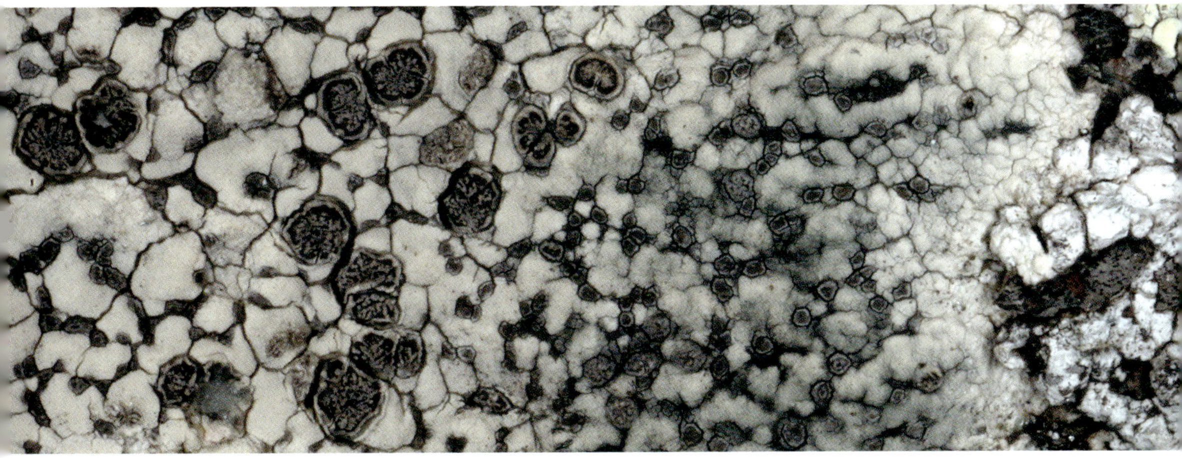

nivale Stufe

Exkursion Jungfrau, Normalroute von der Mönchsjochhütte aus, Fieschertal (VS) ZS–, 2c

32 Zum Nabel der Jungfrau

Es ist erstaunlich, dass auf 4000 m Höhe in den Alpen überhaupt Leben möglich ist – nicht für einen sonnigen Mittag, wenn eine Alpendohle Brosamen vom Gipfel holt, sondern, dass Flechten über Jahrhunderte auf dieser Höhe leben und sich vermehren können. An ein Wunder grenzt aber, dass es Arten auf dieser Höhe gibt, die weiter unten gar nicht vorkommen, sondern auf die nivale Stufe beschränkt sind. →***Umbilicaria virginis*** (oben rechts, unten) ist ein solcher Wunderorganismus. Sie wurde erstmals 1841 von Louis Agassiz am Gipfel der Jungfrau gesammelt und anschliessend von Emanuel Schaerer beschrieben – der Artname «virginis» bezieht sich auf den Namen des Berges. →***U. virginis*** ist eine der wenigen Arten, die den Höchststand der letzten Eiszeit auf den eisfreien Gipfeln der Alpen überdauert hat. Kleine Lager sind bereits bei Pt. 3507 vorhanden, die grössten Vorkommen sind aber knapp unterhalb 4000 m am Rottalgrat, wenige Schritt neben der Aufstiegsroute zu finden. Die Felsflächen werden durch Schmelzwasser feucht gehalten, sind aber bis im Juli schneebedeckt. Die Flechte ist nur an einer Stelle mit dem Fels verwachsen (unten links). Dadurch sind die Lager thermisch vom Fels isoliert und können sich bei diffusem Licht deutlich über die Temperatur der Felswand erwärmen, was die physiologische Aktivität erhöht. Begleitarten am Rottalsattel sind →***Lecanora orbicularis***, →***Psorinia conglomerata***, →***Umbilicaria decussata*** und →***Xanthoria elegans***.

Aufwertung Lebensraum: Vorkommen am Rottalgrat schonen. Gegenwärtig liegen sie neben der Route und sind sicher. Ein Tritt mit einem Steigeisen kann das Vorkommen aber zerstören. Deshalb strikt dem Pfad mit den Steigeisenspuren auf dem Fels folgen.

Exkursion: Vom Jungfraujoch zur Mönchsjochhütte. Am nächsten Tag Besteigung der Jungfrau über den Rottalsattel und den Südostgrat (Normalroute). Routenbeschreibung und allfällige Zustandswarnungen auf dem Tourenportal des SAC. Ein lokaler Bergführer wird für die Tour dringend empfohlen.

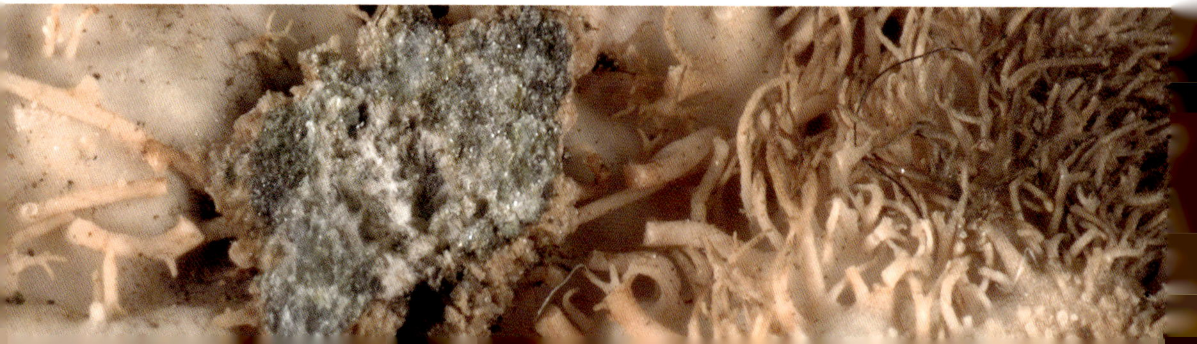

Lamarcks Schuppenkruste auf Kalk und die Krater-Schwarznapfflechte auf Donnerkeil

alpine Stufe

Exkursion T2

vom Bisisthal auf das Balmer Grätli, Unterschächen (UR)

Erdbewohnende Flechten sind in der alpinen Stufe häufig und Strauchflechten der Gattungen →***Cetraria***, →***Cladonia***, →***Flavocetraria***, →Thamnolia und die auf Kalkgestein angewiesene →***Vulpicida juniperinum*** (unten links) lassen sich fast immer finden. An N-exponierten Erdanrissen an der Felsrippe östlich der Wegkreuzung auf dem Balmer Grätli kommen neben diesen steten Arten aber eine ganze Reihe von selteneren Krustenflechten wie →***Ochrolechia upsaliensis*** (unten links), →***Pertusaria glomerata*** (unten links) und →***Thelenella pertusariella*** vor. An den Felswänden unterhalb Pt. 2318 ist Lamarcks Schuppenkruste →***Squamarina lamarckii*** zu erspähen, die in hohen Kalkfelswänden vorkommt. Zu Beginn des Abstieges nach Ruosalper Chulm, auf den Aufschlüssen mit Eisensandstein, fallen Krustenflechten mit weissem Lager auf. Die Krater-Schwarznapfflechte ***Stenhammarella turgida*** (oben rechts und unten rechts, Flechte links) ist leicht an den eingesenkten schwarzen Fruchtkörpern mit weisslich bereiftem Rand zu erkennen, und gut von ***Porpidia zeoroides*** (oben rechts und unten rechts, Flechte rechts) mit aufsitzenden, wulstig berandeten Fruchtkörpern zu unterscheiden. Diese beiden Arten wachsen an absonnigen Neigungsflächen auf Gestein mit hohem Mergelanteil – auf dieser Exkursion zusammen mit Donnerkeilen, den fossilisierten Innenskeletten von Kopffüsslern.

Aufwertung Lebensraum: Tourismus (Tritt) und Beweidung können Erdflechten-Gesellschaften stören. Kleinflächige Vorkommen in unzugänglichen Lagen sind nicht gefährdet.

Exkursion: Bushaltestelle Bisisthal, Sahli Seilbahn-Station. Auf Wander- und Bergwanderwegen über Ober-Stafel und Wächter Butzen zum Balmer Grätli. Östlich von Pt. 2219 artenreiche Erdflechtengesellschaften auf Felsrippe. Weiter nach Ruosalper Chulm. Zu Beginn des Abstieges Aufschlüsse mit Eisensandstein und lokal gut entwickelten Krustenflechten mit weissem Lager. Weiter über Lang Boden nach Unter Stafel und Ruosalper Wald zum Ausgangspunkt. 1220 Höhenmeter, 14,5 km, Wegzeit 5,75 h.

obersubalpine und alpine Stufe

Exkursion T2
Gletschervorfeld Morteratsch, Pontresina (GR)

34 Gletschervorfelder

Korallenflechten der Gattung *Stereocaulon* sind am üppigsten in Gletschervorfeldern entwickelt. Weil in dieser Flechte der Pilz sowohl mit einer Grünalge als auch mit einem Cyanobakterium vergesellschaftet ist, wird diese ménage à trois zum effizienten Stickstoff-Lieferanten und spielt deshalb eine wichtige Rolle für die Entwicklung der Vegetation in Gletschervorfeldern. Die Cyanobakterien, welche in dunkelgrauen oder bräunlichen Gallen oft an der Basis der Stängel sitzen, werden nämlich von den Grünalgen mit Fotosyntheseprodukten versorgt, damit sie mehr Luftstickstoff assimilieren können, welcher der Flechte und schliesslich der Vegetation zugutekommt. Eines der eindrücklichsten Gebiete für die Beobachtung von Korallenflechten ist das Gletschervorfeld des Haut Glacier d'Arolla. Die hier beschriebene Wanderung zum Morteratsch-Gletscher ist aber weniger beschwerlich. Wenn der sich zurückziehende Gletscher offene Sand- und Kiesflächen zurücklässt, gehören die Flechten nicht zu den schnellsten, die die freigelegten Flächen besiedeln. Im Gletschervorfeld des Morteratsch-Gletschers vergehen acht bis zehn Jahre, bis die ersten Lager von →***Stereocaulon alpinum*** (rechts, oben und Mitte, Lager rechts) leicht auffindbar sind. Bis erste Fruchtkörper gebildet werden, vergehen dann weitere 12 Jahre. Schliesslich sind etwa 40 Jahre nach dem Gletscher-Rückzug ausgedehnte Rasen von *S. alpinum* optimal ausgebildet. Auch über 100 Jahre nach dem Gletscher-Rückzug ist *S. alpinum* häufig, allerdings ist sie inzwischen von Blütenpflanzen teilweise verdrängt worden und hält sich nur noch an stark austrocknenden Stellen oder an Orten, welche häufiger gestört werden. Neben dem sehr häufigen *S. alpinum* ist in Gletschervorfeldern selten ***S. glareosum*** (rechts, Mitte rechts, linkes Lager und rechts, unten) zu finden, die allerdings einfacher bei Umpol beim Steingletscher an SE-exponierten Hängen in der Umgebung von Pt. 2052 zu finden ist, oder eben beim Haut Glacier d'Arolla.

Aufwertung Lebensraum: Alle Arten der Korallenflechten sind geschützt. Ein unverändertes Abflussregime und ein natürlicher Geschiebehaushalt an Gletscherbächen sind gerade für die seltene *S. glareosum* wichtig.

Exkursion: Bahnstation Morteratsch. Auf Bergwanderweg entlang dem Gletscherpfad am Morteratsch bis zu Pt. 2023. Auf gleichem Weg zurück zum Ausgangspunkt. 152 Höhenmeter, 6 km, Wegzeit 1,5 h.

alpine Stufe

Exkursion In Miseren bei Steingletscher am Sustenpass, Innertkirchen (BE) **T3**

35 Tintenstriche auf Silikatfelsen

Tintenstriche auf kalkhaltigen Felsen haben wir bereits auf Exkursion 14 kennengelernt. In Silikatgebieten sind Tintenstriche am eindrücklichsten an hohen, vom Gletscher polierten Felsflächen zu sehen, beispielsweise beim Aufstieg zur Bächlitalhütte beim Räterichsbodensee. Tintenstriche werden durch temporär über Felsflächen rieselndes Wasser ermöglicht. Weil diese Stellen länger feucht sind, entwickeln sich an solchen, meist als Streifen ausgebildeten Standorten, dunkle Filme aus Cyanobakterien. Dazwischen wachsen Flechten, die mit Cyanobakterien als Fotobiont vergesellschaftet sind. Am besten sind Flechten in den Tintenstrichen zu beobachten, wenn der Wasserabfluss temporär versiegt ist und die Flechten trocken sind. Wegen der glänzenden Wasserfilme ist nämlich eine sorgfältige Betrachtung nasser Flechten mit der Lupe fast unmöglich. Zudem werden die feinen Lagermerkmale von Flechten beim Versuch, sie abzutrocknen, verletzt. Weniger grossflächig als im Grimselgebiet, dafür deutlich artenreicher, sind die Tintenstriche im Sustengebiet entwickelt, wo sie an Felsbändern und zwischen grossen Felsblöcken unterhalb von In Hublen vom Bergwanderweg von In Miseren aus gut zu erreichen sind. Auch hier sind die häufigen →***Ephebe lanata*** und *Rhizocarpon lavatum* zu finden, meist an Stellen, welche relativ lange trockenfallen. An länger feucht bleibenden Stellen ist →***Koerberiella wimmeriana*** (rechts, unten) häufig und meist besser entwickelt als an regelmässig austrocknenden Stellen, wo sie nur selten Fruchtkörper bildet. Vereinzelt ist ***Metamelanea umbonata*** (rechts, Mitte) als schwarzer Überzug an der Basis von Felsbrocken zu finden. ***Placynthium flabellosum*** (rechts, oben) ist sehr selten, bildet hier aber ein grosses Vorkommen an Stellen, die für Tintenstriche einen überdurchschnittlich hohen Abfluss haben.

Aufwertung Lebensraum: Natürliches Abflussregime nicht verändern.

Exkursion: Bushaltestelle Steingletscher, Susten. Auf Bergwanderweg in Richtung Gadmen nach In Miseren. Dort, wo der Bergweg auf der linken Bachseite verläuft, sind Felsbänder und Felsblöcke mit Tintenstrichen gut zu erreichen. Nicht in die Felsbänder hochsteigen, der Fels ist rutschig und die Flechten findet man unten! Auf gleichem Weg zurück zum Ausgangspunkt. 120 Höhenmeter, 2,5 km, Wegzeit 0,75 h.

alpine Stufe

Exkursion T2

Galenböden am Furkapass, Realp (UR)

36 Schneetälchen

In der alpinen Stufe gibt es kleinräumig grosse Unterschiede in der Dauer der Schneebedeckung. Im Bergfrühling sind einzelne Geländebuckel längst schneefrei

und wenig daneben sind andere Flächen, die Schneetälchen, noch während mehrerer Wochen von Schnee bedeckt. Der Vegetation in Schneetälchen steht deshalb eine deutlich verkürze Vegetationszeit zur Verfügung. Für Flechten sind jedoch eher die Lichtverhältnisse unter dem Schnee relevant. Ausgeglichene Temperaturen nahe dem Schmelzpunkt und über längere Zeit hinweg ausreichende Feuchtigkeit erlauben es ihnen, bereits unter dem Schnee physiologisch aktiv zu sein. In der lückigen Vegetation der Schneetälchen auf Silikatgebiet wächst →***Lecidoma demissum*** (rechts, unten rechts) meist an vegetationslosen Stellen, wo sie dicke, knorpelige Lager bildet. ***Cladonia ecmocyna*** (rechts, unten links) findet man oft zwischen Zwergweiden und Moosen und ***Ainoa geochroa*** (rechts, oben) überwächst abgestorbene Moospolster und Pflanzenreste. Die auffälligste Flechte ist →***Solorina crocea*** (unten), die wegen ihrer orangen Unterseite leicht sichtbar ist. Diese Blattflechte wird oft stark von Herbivoren gefressen. Dann bleiben nur noch die orangen Unterseiten zurück, welche vermutlich wegen der hohen Konzentration an Solorinsäure, einem Anthrachinon, nicht gefressen werden. Schneetälchen sind auf den meisten Bergwanderungen in der alpinen Stufe zu sehen. Am auffälligsten sind sie auf kalkfreien Böden entwickelt. Auf Silikatgestein ist die braune Nabelflechte *Umbilicaria deusta* an eine längere Schneebedeckung gebunden. Sie ist an den kleiigen Lappen erkennbar.

Aufwertung Lebensraum: Die Arten sind in der alpinen Stufe häufig, Förderungsmassnahmen sind nicht nötig.

Exkursion: Bushaltestelle Furkapass, Hotel Furkablick. Auf Bergwanderweg in Richtung Sidelenhütte N um die Gebäude und nach 200 m rechts auf Pfad zu Galenböden. Zurück auf gleichem Weg zum Ausgangspunkt oder weiter zu höheren Zielen. 20 Höhenmeter, 0,7 km, Wegzeit 0,25 h.

37 Alpine Windheiden auf Silikatgestein

alpine Stufe

Exkursion T2
Lai da Chazforà, Val Müstair (GR)

Windheiden liegen auf Kuppen oder Geländerippen und sind auch im Winter oft schneefrei, weil sie stark windexponiert sind. Meist ist die Feinerde an solchen Stellen längst weggeblasen, zurückgeblieben sind kleine, oft abgerundete Steinchen. Diese sind fast immer mit Flechten bewachsen, beispielsweise mit →***Rhizocarpon geographicum***. Mit etwas Glück findet man Steinchen, die rundum von der Flechte überwachsen sind, weil sie vom Wind just nicht weggeblasen, aber doch so bewegt wurden, dass im Laufe der Zeit jede Stelle ans Licht gedreht wurde und sich die Flechte überall entwickeln konnte. Viele weitere Krustenflechten wachsen an den kleinen Steinchen, darunter ***Buellia jugorum*** (rechts, Mitte links) und ***Buellia vilis*** (rechts, Mitte rechts), zwei Arten, die fast ausschliesslich in Windheiden vorkommen.

Wenden wir uns noch den Strauchflechten zu: →***Flavocetraria nivalis*** (rechts, oben), →***F. cucullata*** und →***Cladonia arbuscula*** sind fast immer zu finden, oft abgebrochen, weil sie im Winter vom Wild gefressen werden. Sie werden begleitet von →***Thamnolia vermicularis*** (rechts, oben), →***Alectoria ochroleuca*** sowie den braunen →***Cetraria islandica***, →***C. ericetorum*** und →***C aculeata***. Weniger häufig sind die schwarzgraue ***Alectoria nigricans*** (rechts, oben) oder die kleine Blattflechte ***Peltigera lepidophora*** (rechts, unten) mit schildförmigen vegetativen Ausbreitungseinheiten zu finden. Nur vereinzelt kommt an leicht kalkhaltigen Stellen →***Dactylina ramulosa*** vor. Schliesslich suchen wir noch nach Flechten, die auf Pflanzenresten und abgestorbenen Moosen wachsen. ***Bryonora castanea*** (unten) hat dunkelbraune Fruchtkörper, deren Scheiben leicht bläulich bereift sind.

Aufwertung Lebensraum: Windheiden sind häufig. Es sind keine Massnahmen nötig.

Exkursion: Kann mit Exkursion 26 kombiniert werden. Bushaltestelle Tschierv, plaz. Auf Bergwanderwegen über Funtauna Grossa und Era da la Bescha zum Lai da Chazfora. Von dort über Muntet und Alp Sadra zum Ausgangspunkt. 970 Höhenmeter, 11 km, Wegzeit 4,75 h.

38 Erdflechten auf Amphibolit am Pazolastock

alpine Stufe

Exkursion Vom Oberalppass auf den Pazolastock, Tujetsch (GR) und Andermatt (UR) T3

Vom Oberalppass führt der Weg über Las Puozas über Moränenmaterial, Felsrippen aus Gneis und, weiter oben, unterhalb Pt. 2578, durch Hangschutt mit stellenweise artenreichen Erdflechtengesellschaften an Erdanrissen. Der Aufstieg ist zwar über grössere Teile aus der Sicht der Flechten nicht sehr ergiebig. Dafür sind einige Stellen sehr arten- und farbenreich, sodass diese wenigen Stellen die Exkursion trotzdem sehr lohnend machen. Viele Erdanrisse weisen mit ihren Strauch- und Krustenflechten auf kalkfreie Stellen mit niedrigem pH-Wert hin, beispielsweise →***Cladonia arbuscula*** sowie zahlreiche Krustenflechten wie →***Thrombium epigaeum*** und *Protothelenella sphinctrinoides*. Diese Arten sind typisch für die Gebiete direkt über Gneis. An verschiedenen Stellen sorgen aber Amphibolite und ihre Verwitterungsprodukte für ein paar «Kalkzeiger» und Arten, welche an kalkarme, aber nicht kalkfreie Gesteine gebunden sind. Auf Gestein ist →***Lecanora dispersoareolata*** und *Aspicilia candida* (Exkursion 27) an solchen Stellen anzutreffen, und selten →***Rinodina castanomela***. Auf Erde sind die Strauchflechten →***Vulpicida juniperinus*** und die Krustenflechten →***Protoblastenia terricola*** am auffälligsten. An wenigen Stellen im Hangschutt und dann ebenfalls direkt unterhalb des Gipfels sind in verfestigtem Lockermaterial ***Gyalidea lecideopsis*** (rechts, unten) und ***Psora globifera*** (rechts, oben) zu finden. Die Arten wurden bisher nur vereinzelt nachgewiesen und scheinen an basische, aber weitgehend kalkfreie Gesteine gebunden zu sein. Auf Pflanzenresten an absonnigen, lange feucht bleibenden Stellen sind →***Pertusaria glomerata***, selten auch *P. oculata* (Exkursion 39), →***Solorina octospora*** und sogar die gefährdete →***Anaptychia bryorum*** zu finden. Auf windverblasenen Rücken in der Umgebung von Pt. 2578 sind über Gneis gut entwickelte Windheiden mit ihren üppigen →***Alectoria ochroleucha*** und *A. nigricans* (Exkursion 37) zu sehen, und dazwischen zum Teil grossflächig entwickelte →***Pycnothelia papillaria***. Ebenfalls im Bereich der Windheiden, aber direkt auf Gesteinsrippen, bildet *Sphaerophorus fragilis* bräunliche, strauchförmige Lager, deren Ästchen aber in den meisten Fällen abgebrochen sind.

Aufwertung Lebensraum: Die kleinflächig ausgebildeten Erdflechtengesellschaften unterhalb des Gipfels sollten geschont werden.

Exkursion: Bahnstation Oberalppass. Von der Ustria Alpsu auf der Passhöhe auf Bergwanderweg via Las Puozas zum Pazolastock. Unterhalb Pt. 2578 gut entwickelte Erdflechtengesellschaften im Hangschutt und direkt unterhalb des Gipfels leicht verfestigtes Lockermaterial an steilem Hang direkt oberhalb des Bergweges. Vom Gipfel auf gleichem Weg zum Ausgangspunkt 720 Höhenmeter, 7 km, Wegzeit 3,25 h.

alpine Stufe

Exkursion T2
Passo di Gana Negra, Blenio (TI)

39 Erdflechten in alpinen Rasen

Alpine Erdflechtengesellschaften sind oft am schönsten auf schmalen Felssimsen (Exkursion 33) oder in erdgefüllten Felsspalten entwickelt. Das hängt damit zusammen, dass dort die Erde regelmässig austrocknet beziehungsweise im Winter durchfriert, was es den wechselfeuchten Flechten ermöglicht, sich über lange Zeiträume mit wenig Konkurrenz durch Blütenpflanzen zu entwickeln. Auf den brüchigen Felsrippen aus Dolomit auf dem Passo di Gana Negra sind Erdflechten an N-exponierten Erdanrissen an Hängen mit Solifluktion, auf schmalen Felssimsen und in Felsspalten zu finden. Beim Aufstieg zu Pt. 2463 ist an lange schneebedeckten, steilen Stellen nebst den üblichen Strauchflechten die Kalk anzeigende →***Vulpicida juniperinus*** häufig. Weiter sind an diesem Hang an Erdanrissen und auf Bulten von abgestorbener Vegetation kompakte, meist stark gewölbte Polster mit →***Pertusaria glomerata*** sehr schön entwickelt. Deutlich seltener ist die anhand der langen, dichtstehenden stiftförmigen Fortsätze leicht zu erkennende ***Pertusaria oculata*** (rechts, Mitte). Sie ist nur von wenigen Fundorten bekannt und kommt im Gebiet meist ohne Fruchtkörper vor. Auf den Felsrippen, oft auf schmale Felssimsen beschränkt, kann an einigen Stellen die sehr seltene →***Squamarina nivalis*** (rechts, unten) gefunden werden. Sie bildet kurze, breite Lappen und die Farbe ist heller als diejenige der häufigeren →***Squamarina gypsacea***. Mit langen schmalen Lappen ist ***Buellia elegans*** (unten; rechts, oben) eine weitere typische Art von stark austrocknenden Stellen. **Aufwertung Lebensraum:** Tourismus (Tritt) und Beweidung können Erdflechten-Gesellschaften stören. Kleinflächige Vorkommen in unzugänglichen Lagen sind aber nicht gefährdet.

Exkursion: Bushaltestelle Lukmanier Passhöhe. Auf Bergwanderweg zum Passo di Gana Negra und vom Pt. 2433 über die Rippe SE zu Pt. 2463 und dann über Felsköpfe und Rippen E des Abbruchs etwa 150 m in SE Richtung. Auf gleichem Weg zurück zum Ausgangspunkt. 650 Höhenmeter, 7,5 km, Wegzeit 3,25 h.

40 Wasserflechten alpiner Fliessgewässer

alpine Stufe

Exkursion T2
Flüela Passhöhe bis Tschuggen, Davos (GR)

Im Gegensatz zu den Tintenstrichen (Exkursion 35) sind Wasserflechten an Bachläufe und Quellfluren gebunden und sie wachsen auf Geschiebe und Geröll an Standorten mit saisonal fliessendem Wasser. Am besten lassen sich Wasserflechten bei niedrigem Abfluss im Herbst beobachten. Dann ist auch der Unterschied der meist dunkelbraunen Wasserflechtengesellschaften zu den von der gelben →***Rhizocarpon geographicum*** geprägten Silikatflechtengesellschaft trockener Standorte klar zu erkennen. Der Bergwanderweg führt vom Flüelapass entlang von kleinen Bächen in die Ebene S von Wägerhütta. An lange feucht liegenden, aber nur kurzfristig überfluteten Blöcken sind die orangen Flecken von ***Ionaspis odora*** (rechts, Mitte) häufig zu sehen. Diese hellen, durch die Alge *Trentepohlia* orange gefärbten Lager unterscheiden sich deutlich von den dunkelbraun gefärbten Krustenflechten der Gattungen *Verrucaria* und *Staurothele*. Arten der beiden letzten Gattungen können im Feld nur mit viel Erfahrung angesprochen werden, weil ihre Lager durch Hochwasser regelmässig stark abgescheuert werden, sich dann teilweise regenerieren und deshalb nur selten optimal entwickelt sind. Bei ***S. clopimoides*** (rechts, oben links) sind in den Fruchtkörpern Fotobionten vorhanden, die zusammen mit den Ascosporen ausgequetscht werden. Dadurch werden die zwei Symbionten dieser Flechte bei der geschlechtlichen Vermehrung des Pilzes zusammen ausgebreitet. An einem langsam fliessenden Bachabschnitt (oben links) sind flache Gesteinsbrocken stark mit der Blattflechte ***Dermatocarpon luridum*** (rechts, unten links) überwachsen. In der alpinen Stufe ist diese Art deutlich seltener als die charakteristische →***D. rivulorum***. An derselben Stelle wachsen die seltene ***Placynthium tantaleum*** (rechts, oben rechts) und die weit verbreitete und häufige ***Rhizocarpon lavatum*** (rechts, oben rechts, rechts von *P. tantaleum*). Weiter unten, in der Ebene SE von Säss (oben rechts) können wenige Individuen der im Gebiet selten gefundenen ***Lobothallia melanaspis*** (rechts, unten rechts) entdeckt werden.

Aufwertung Lebensraum: Abfluss- und Geschiebedynamik nicht verändern. An flachen Stellen kann Weidevieh Flechtenstandorte beeinträchtigen.

Exkursion: Bushaltestelle Flüela, Ospiz. Auf Bergwanderweg über Wägerhütta zu Pt. 1964 SE von Tschuggen. Von dort auf dem Pfad nach Säss und weiter zum Flüelabach in der Ebene NW unterhalb Wägerhus. Rückweg zum Pt. 1964 und von dort auf Bergwanderweg weiter zur Bushhaltestelle Davos Dorf, Tschuggen. 78 m Aufstieg, 520 m Abstieg, 7 km, Wegzeit 2 h.

Exkursion T2
Büelser Wald, Glarus Nord (GL)

41 Obermontaner Mischwald

Typische Arten von Tannen-Buchenwäldern wie die gelbe →***Chrysothrix candelaris***, →***Platismatia glauca*** und →***Hypogymnia farinacea*** lassen sich an vielen Orten mit wenig Aufwand betrachten. Der Anmarsch in den Büelser Wald ist etwas weit und beschwerlich, ein Besuch lohnt sich aber schon wegen der besonderen Aussicht beim Aufstieg, dem grossflächig intakten Waldgebiet und den zahlreichen besonderen Flechtenarten auf alten Weisstannen und Buchen. Typisch für das Gebiet sind die verschiedenen Arten der Gattung *Hypotrachyna*. Die häufigste Art der Gattung im Gebiet ist →***H. afrorevoluta***, die zusammen mit →***Parmelia saxatilis*** auf verschiedenen Baumarten vorkommt. Vor allem im Niederenwald ist die deutlich seltenere →***H. taylorensis*** mit bis >30 cm grossen Lagern an mehreren kräftigen Buchen zu beobachten. Bei 2'717'093/1'222'508 ist sie von der Forststrasse aus an einer etwas versteckten Buche zu sehen. Auf der weiteren Wanderung zu Pt. 1110 können wir an einzelnen Weisstannen (oben rechts) →***Parmotrema crinitum*** und →***P. arnoldii*** anschauen, und mit etwas Glück und dem nötigen Zeitaufwand lässt sich die winzige →***Biatora veteranorum*** an stark verwitterter Borke von Weisstannen finden. Häufiger sind aber die auffälligeren Krustenflechten →***Felipes leucopellaeus*** →***Thelotrema lepadinum*** und →***Lecanactis abietina*** an verschiedenen Baumarten anzutreffen. Von wenigen Bäumen abseits der Wege sind weitere seltene Arten bekannt: →***Bacidia biatorina***, →***Hypotrachyna laevigata*** und →***Sphaerophorus globosus*** sowie ***Sticta sylvativa*** (rechts, oben und unten) mit den charakteristischen «Atemporen» auf der Unterseite, welche auch bei starker Benetzung mit externen Wasserfilmen die Aufnahme von CO_2 ermöglichen.

Aufwertung Lebensraum: Das Gebiet ist als Sonderwaldreservat ausgeschieden. Die Biodiversität, speziell auch die baumbewohnenden Flechten, werden gezielt gefördert.

Exkursion: Zutrittsbeschränkung zwischen 21.12. und 30.6. berücksichtigen! Bushaltestelle Bilten, Ussbühl. Auf Wander- und Bergwanderwegen über Goldegg und Sunnenberg in den Büelser Wald. Bei Pt. 1201 Waldweg talabwärts und weiter unten auf hangparallelem Waldweg links nach Pt. 1110. Dort rechts dem Waldweg folgen und über Pt. 966 auf dem steilen Bergwanderweg nach Bilten, Sägestrasse. 850 Höhenmeter, 10 km, Wegzeit 4,25 h.

submontane Stufe

Exkursion T1
Unterwald bei Vordemwald (AG)

42 Weisstannenwälder tiefer Lagen

Die staunassen und bodensauren Peitschenmoos-Fichten-Tannenwälder des Berner und Aargauer Mittellandes gehören für baumbewohnende Flechten zu den artenreichsten Waldgesellschaften. Im Gegensatz zu höher gelegenen Tannen-Buchenwäldern sind hier aber die Strauch- und Blattflechten eher untergeordnet. Dabei waren bis in die erste Hälfte des 20. Jahrhunderts auch auffällige Blattflechten aus diesen Wäldern bekannt, darunter mit →***Lobaria pulmonaria*** (Exkursion 17), →***Lobarina scrobiculata*** und →***Sticta fuliginosa*** grosse Blattflechten, die heute eher von Gebirgswäldern bekannt sind. Die Bedeutung dieser Wälder als Lebensraum für Flechten leitet sich heute aus vielen seltenen Krustenflechten ab, welche eine subozeanische Verbreitung in den Tieflagen Europas aufweisen und in den niederschlagsreichen Gebirgswäldern der Alpen kaum vorkommen. Zu diesen subozeanischen Arten tiefer Lagen gehören die, in luftfeuchten Lagen häufige, auf Nadeln von Weisstannen zu beobachtende →***Fellhanera bouteillei*** sowie die an Stämmen lebender Bäume, aber auch an Totholz und sogar abgestorbenen Farnwedeln wachsende →***Jamesiella anastomosans***. Speziell sind die Peitschenmoos-Fichten-Tannenwälder am Steinbächli wegen der Konzentration der sehr seltenen «Kleinen Fünf», nämlich →***Fellhanera gyrophorica***, → ***Fellhaneropsis vezdae*** und ***Scoliciosporum pruinosum*** (rechts, oben) an den Stämmen, →***Micarea adnata*** an der Basis von Weisstannen und ***Graphis elegans*** (rechts, Mitte und unten) an teilweise von Moos bedeckten Stämmen langsam wüchsiger Buchen und weiterer Baumarten. Vor allem die Vorkommen von ***Micarea adnata***, aber auch von ***Fellhaneropsis vezdae*** und ***Scoliciosporum pruinosum*** sind in den letzten Jahren deutlich zurückgegangen, weil die Basis alter Bäume stark von Moosen überwachsen wurde, vermutlich eine Folge eines erhöhten Stickstoffeintrages über die Luft.

Aufwertung Lebensraum: Trägerbäume der «Kleinen Fünf» als Biotopbäume oder artenreiche Bestände als Altholzinseln ausscheiden.

Exkursion: Bushaltestelle Vordemwald, Post. Auf Quartierstrasse nach Rüti und auf Waldstrassen zum Steinbächli. Auf der linken Bachseite Bestand mit kräftigen Weisstannen, bis gegen den Pt. 483. Zurück zum Ausgangspunkt oder weitere Erkundungen im Bereich Usser Stutzhubel, Usseri und Inneri Chratzeren. Die Exkursion kann mit Exkursion 17 kombiniert werden. 90 Höhenmeter, 4,5 km, Wegzeit 1,25 h.

hochmontane Stufe

Exkursion Durch das Boulderparadies Magic Wood nach Ausserferrera, Ferrera (GR) T2

43 Bergsturzblöcke im Wald

Bevor wir die grossen Bergsturzblöcke im Magic Wood besuchen, schauen wir uns Blöcke auf der linken Talseite bei Schmelza an. Bereits 150 m nach der Brücke führt der Weg zu grossen Bergsturzblöcken, die an wenig bemoosten Steilflächen eine artenreiche Flechtenvegetation zeigen. An diesen halbschattigen Standorten können wir uns mit der Gattung *Fuscidea* auseinandersetzen. Das Lager ist meist grau bis braungrau, einzelne Individuen grenzen sich voneinander oft durch ein dunkles Vorlager ab. Die Fruchtkörper sind braun bis braunschwarz, womit sich die Gattung von den viel häufigeren Arten mit schwarzen Fruchtkörpern der Gattungen *Porpidia*, *Lecidea*, *Lecidella* und weiteren abgrenzen lässt. Vor allem in niederschlagsreichen Lagen sind Arten der Gattung *Fuscidea* häufig auf Silikatgestein anzutreffen. Die beiden häufigsten Arten auf Gestein sind bei uns ***Fuscidea mollis*** (rechts, ganz oben) mit deutlich berandeten und ***F. kochiana*** (rechts, 2. von oben) mit unberandeten Fruchtkörpern. Dazwischen kommt die sich farblich kaum unterscheidende ***Fuscidea recensa*** (rechts, ganz unten) vor, die aber auf dem Lager fleckförmige Aufbrüche hat, in welchen körnige vegetative Ausbreitungseinheiten gebildet werden. Die letzte Art der Gattung, die wir hier finden können, ***Fuscidea gothoburgensis*** (rechts, 3. von oben), wächst an absonnigen Vertikalflächen und bildet flache Lagerwarzen auf einem ausgedehnten schwarzen Vorlager. Ihre vegetativen Ausbreitungseinheiten sind oft bläulich-schwarz. An lichtarmen Vertikalflächen sind oft dünne, schwarze Überzüge von haarförmigen Flechten zu sehen. Es handelt sich in den meisten Fällen um *Racodium rupestre* und *Cystocoleus ebeneus*, welche mit der orangen Alge *Trentepohlia* vergesellschaftet sind und sich mikroskopisch unterscheiden lassen.

Auf dem zweiten Teil der Exkursion durch das Boulderparadies Magic Wood dokumentieren wir Flechten nur fotografisch, um keine Boulderrouten zu beinträchtigen. An beregneten Neigungsflächen grosser Blöcke kann hier die sehr zerstreut vorkommende *Pertusaria pertusa* var. *rupestris* beobachtet werden.

Aufwertung Lebensraum: Die Beeinträchtigung der Flechten durch Boulder-Aktivitäten scheint lokal sehr begrenzt zu sein. Es sind keine Massnahmen nötig.

Exkursion: Bushaltestelle Ferrera, Schmelzi. Auf Bergwanderweg 330 m nordwärts und auf Brücke den Bach überqueren. Am Hangfuss grosse Bergsturzblöcke in nicht zu dunklem Wald. Zurück zur Bushaltestelle und auf Bergweg in S-Richtung, auf Brücke über den Bach und auf linker Talseite dem Bergwanderweg entlang durch das Boulderparadies Magic Wood nach Pro sur Ragn und von dort zur Bushaltestelle Ferrera, Ausserferrera. 170 m Aufstieg, 115 m Abstieg, 2,75 km, Wegzeit 1 h.

44 Blockschuttquellen und kleine Bäche

alpine Stufe

Exkursion T2
Zur Jörifüelafurgga, Davos (GR)

Unterhalb der Geröllhalden treten Bäche an die Oberfläche, die wir bereits von Exkursion 40 her kennen. Unterhalb der Jöriflüelafurgga finden sich an mehreren, nicht zu steilen Stellen in Block- und Geröllhalden Blockschuttquellen. Diese sind nicht zu sehen, aber zu hören. Manchmal hört man aber das Wasser auch an Stellen, an welchen die Oberfläche der Geröllhalde durch →***Rhizocarpon geographicum*** bewachsen ist, also kaum oberflächlich abfliessendes Wasser zu erwarten ist. Stellen, an welchen bei hohen Abflüssen während der Schneeschmelze das Wasser auch oberflächlich abfliesst, werden durch die dunkelbraune Farbe von Wasserflechten angezeigt (Exkursion 40). An saisonal überfluteten Stellen solcher Blöcke fallen zwischen den dunklen Lagern der typischen Wasserflechten aus den Gattungen *Verrucaria* und *Staurothele* und hellgraue Lager von ***Aspicilia aquatica*** (oben rechts und unten) auf. An Wasserstellen, die auch im Herbst nie trockenfallen, sind die dicken, oliv- bis dunkelbraunen Lager von ***Verrucaria pachyderma*** (rechts, unten) zu erkennen. Im Bereich vom saisonal schwankenden Wasserspiegel, oft nur wenige Zentimeter breite Bänder, wachsen häufig die dunkelbraunen Blattflechten der Gattung →***Dermatocarpon***. Die häufigste Art in Blockschuttquellen und alpinen Fliessgewässern ist →***D. rivulorum***. An langsam fliessenden Stellen wachsen zerstreut die bis >5 cm grosse ***D. arnoldianum*** (rechts, oben) und ***D. complicatum*** (rechts, Mitte), die dichte, flache Polster an Steilflächen von Blöcken in kleinen Bächen bildet.

Aufwertung Lebensraum: Abflussregime nicht verändern. Wasserfassungen können die Lebensraumqualität verschlechtern.

Exkursion: Bushaltestelle Wägerhus/Abzw. Jöriseen. Auf Bergwanderweg zu Pt. 2349 und weiter über Müllersch Tälli zur Jöriflüelafurgga. Auf gleichem Weg zurück zum Ausgangspunkt. Als Alternative weiter zu Jöriseen; Zustandswarnungen auf dem Tourenportal des SAC berücksichtigen! 562 Höhenmeter, 7,5 km, Wegzeit 2,75 h.

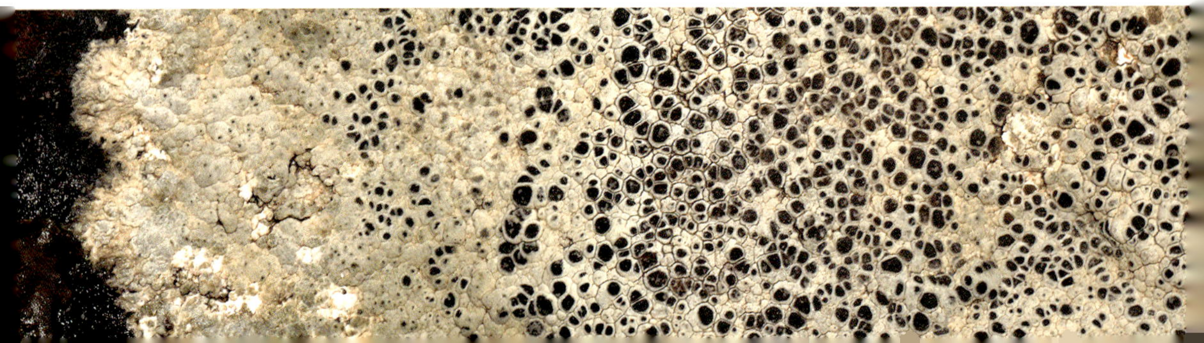

45 Zu den Weihnachtsbäumen mit dem Engelshaar

hochmontane Stufe

Exkursion T2

Bödmerenwald bei Ober Gschwänd, Muotathal (SZ)

Bereits auf dem Anmarsch sind Bartflechten zu finden, eventuell auch an abgebrochenen Ästen. Die gelb-grünlichen Lager der Gattung *Usnea* können anhand des elastischen Zentralstranges (Exkursion 5) einfach erkannt werden. Der Zentralstrang erhöht die Festigkeit der Äste, sodass die Lager im Winter eine gewisse Schneelast aushalten. Wenige hundert Meter nach Pt. 1404 steht dann etwas zurückversetzt eine Fichte mit langen Girlanden der Engelshaar-Flechte →***Usnea longissima*** (oben rechts und rechts). Sie ist in der Schweiz aktuell nur noch von drei Fundorten bekannt. Seit über 20 Jahren sind wir auf der Suche nach weiteren Fundorten – bitte Beobachtungen dieser Art mit einem Fotobeleg per FlorApp dem Datenzentrum SwissLichens melden! An kräftigen Fichten entlang der Fahrstrasse achten wir auch auf die vielen Stecknadelflechten. Häufig zu beobachten sind →***Calicium adspersum***, →***Chaenotheca chrysocephala*** und →***Chaenotheca trichialis***. Deutlich kürzer gestielt ist das vereinzelt vorkommende ***Calicium montanum*** (unten). Auch →***Acolium inquinans*** mit ungestielten Fruchtkörpern kann in diesem Bestand in der Regel einfach gefunden werden. Den Stecknadelflechten ist gemeinsam, dass die Sporen als lockere Masse auf den Fruchtkörpern aufliegen und vor allem durch Schutz suchende Insekten ausgebreitet werden.

Aufwertung Lebensraum: Die Förderung von →***Usnea longissima*** erfolgt als Sonderwaldreservat oder durch das Ausscheiden von Biotopbäumen.

Exkursion: Zutrittsbeschränkung zwischen 1.12. und 30.4. berücksichtigen! Bushaltestelle Muotathal, Hölloch. Auf Wanderweg der Pragelpassstrasse entlang bis Pt. 911 und von dort auf Bergwanderweg über Mittlist Weid zu Pt. 1404 bei Ober Gschwänd. Der Alpstrasse entlang nach Osten in den Wald. Optional bei aperen Verhältnissen weiter zu Gschwändhütte und auf Bergwanderweg bis Stägen. Auf gleichem Weg zurück zum Ausgangspunkt. 814 Höhenmeter, 11,5 km, Wegzeit 4,25 h. Als Alternative mit Taxi von Muotathal bis Eigeliswald: https://www.pragel-garage.ch.

46

Moosbewachsene Felsen in Gebirgswäldern

hochmontane Stufe

Exkursion T2
Craps, Valchava, Val Müstair (GR)

Hundsflechten sind wir bereits auf verschiedenen Exkursionen begegnet (15, 26, 37). Oft sind die Lager dieser Gattung aber schlecht entwickelt und entsprechend schwierig zu bestimmen. Auf moosbewachsenen Felsen in Gebirgswäldern sind häufig mehrere Arten nebeneinander auf wenigen Quadratmetern zu beobachten. An solchen Standorten können sich die Lager der Hundsflechten in der Regel ungestört entwickeln. Im Spätherbst, sofern die Temperatur über dem Gefrierpunkt liegt, sind die Lager zudem meist etwas durchfeuchtet, aber nicht nass, sodass sich wichtige Bestimmungsmerkmale wie der Fotobiont, die feinfilzige Behaarung an den Lappenenden und die Aderung der Unterseite leicht überprüfen lassen. →***Peltigera aphthosa*** mit leuchtend grünem Lager ist an Strünken an lichtreichen Stellen zu finden. An Erdanrissen ist mit etwas Glück auch die kleine →***Peltigera venosa*** zu entdecken. Auf der Exkursion begegnen wir aber viel häufiger dunkelgrauen Lager, weil der Pilz bei den meisten Hundsflechten mit einem Cyanobakterium vergesellschaftet ist. →***Peltigera praetextata*** ist die häufigste Art und bildet an den Lappenränder meist kleine Schuppen als vegetative Ausbreitungseinheiten. Auch bei ***Peltigera canina*** (rechts, unten) sind die Lappenränder feinfilzig, die Rhizinen auf der Unterseite sind hingegen wie Rasierpinsel auffasernd. Die drei weiteren Arten haben glänzende, unbehaarte Lappenränder. ***Peltigera horizontalis*** (rechts, oben) ist leicht an den waagrecht liegenden, flachen Fruchtkörpern zu erkennen, weil die meisten anderen aufsteigende, sattelförmige Fruchtkörper bilden. *Peltigera polydactyla* entwickelt auffällige, rotbraune Fruchtkörper und ist meist deutlich kräftiger entwickelt als ***Peltigera neckeri*** (rechts, zweite von oben), die kleinere, dunkelbraune Fruchtkörper hat. Schliesslich bildet ***Peltigera elisabethae*** (rechts, zweite von unten) nur selten Fruchtkörper, dafür sprossen an den Rändern leicht abbrechende Auswüchse, die der vegetativen Vermehrung dienen. Ihre Unterseite zeigt auffällige weisse Flecken in einem dunkelbraunen Filz und unterscheidet sich damit von den meisten anderen Arten, die feine, vorstehende Adern an der Unterseite aufweisen.

Aufwertung Lebensraum: In diesem Lebensraum sind keine Massnahmen nötig.

Exkursion: Bushaltestelle Valchava, cumün. Auf Bergwanderweg bei Chalchera vorbei nach Multa und von dort Aufstieg über Craps nach Palüetta. Auf dem gleichen Weg zurück zum Ausgangspunkt. 270 Höhenmeter, 4 km, Wegzeit 1,5 h.

47 Trockenheisse Standorte auf kalhaltigem Gestein

kolline Stufe

Exkursion T1
Sentier des Anémones, Saillon (VS)

Die kurze Wanderung durch die artenreiche Felsensteppe auf dem Sentier des Anémones führt durch eine Abfolge verschiedenster kalkhaltiger Gesteine. Auf kalkhaltigen, feinerdereichen Stellen sind die beiden →***Gyalolechia fulgens*** und →***G. bracteata*** auffällig, sind aber vom Weg aus nicht optimal entwickelt zu sehen. Dafür sind die gelblich-weissen, deutlich gelappten Lager von ***Lecanora valesiaca*** (rechts, unten) auf harten Felsflächen sehr schön entwickelt. Der Unterschied zu →***Protoparmeliopsis muralis*** lässt sich hier gut sehen. An wenigen Stellen, direkt am Weg, ist →***Acarospora heufleriana*** grossflächig entwickelt. Vereinzelt ist zu beobachten, dass sie ihre Entwicklung als jugendparasitische Flechte auf dem Lager von *L. valesiaca* beginnt. Weiter können an Felsen mit geringerem Kalkgehalt die wenige Millimeter grossen genabelten Lager von ***Peltula euploca*** (rechts, oben) gefunden werden. In den bläulich-grauen Borten am Lagerrand werden vegetative Ausbreitungseinheiten mit einem Cyanobakterium als Fotobiont gebildet. An stark verwitterten Felsrippen sind die kleinen, grauen Lager von ***Phaeophyscia cernohorskyi*** (rechts, Mitte) zu finden. Als Bestimmungsmerkmal sind mit einer guten Lupe die charakteristischen hellen Haare auf der Oberseite der Lappen zu sehen. Allerdings sind sie oft abgebrochen, dann braucht es etwas Zeit, bis sie gefunden werden. Vermutlich findet man dann auch gleich eine noch kleinere, körnige Krustenflechte, die ebenfalls Glashaare bildet. →***Agonimia opuntiella*** wächst auf stark zersetzten Pflanzenresten und ist an den Glashaaren einfach zu erkennen. Sicher sind inzwischen auch verschiedene Arten der Gattung *Cladonia* entdeckt worden. Graue Grundschuppen gehören oft zu →***Cladonia symphycarpa***, müssen aber an solchen Stellen sorgfältig von ähnlichen Arten unterschieden werden. Zudem sind mehrfach gabelig verzweigte Lager von →***Cladonia rangiformis*** mit Pflanzenresten verheddert. An etwas länger im Schatten liegenden Felsrippen sind schliesslich die auffälligen, bis 15 cm grossen, gelappten Lager von →***Squamarina cartilaginea*** zu beobachten.

Aufwertung Lebensraum: Alle noch vorhandenen Standorte sollten geschont werden.

Exkursion: Bushaltestelle Saillon, les Moilles. Auf einem Pfad von Les Moilles zum Wanderweg bei Derrière le Raccard aufsteigen und dem Sentier des Anémones gegen Westen folgen. W von Les Barmes Abstieg nach La Sarvaz und zurück zum Ausgangspunkt. 65 Höhenmeter, 2 km, Wegzeit 0,75 h.

48 Trockenstandorte in Auenlandschaften

kolline Stufe

Exkursion T2

Geschiebeterrassen an der Maggia bei Someo, Maggia (TI)

In Flussgebieten mit intaktem Geschiebehaushalt und naturnaher Abflussdynamik entstehen nach Extremereignissen mit >50-jähriger Wiederkehrzeit Geschiebeterrassen, auf welchen sich wegen der geringen Wasserkapazität des Bodens eine ausgeprägte Trockenvegetation entwickelt. Solche Standorte stellen für Flechten einen wertvollen Lebensraum dar, weil genügend Licht am Boden vorhanden ist und Flechten durch Niederschlag, aber auch tageszeitlich hohe Luftfeuchtigkeit oder nächtlichen Taufall regelmässig befeuchtet werden. Ein zwischenzeitliches Austrocknen fördert die Flechten gegenüber Blütenpflanzen.

Am westlichen Ufer der Maggia, bei Someo, sind ausgedehnte Geschiebeterrassen mit meist lückiger Vegetation erhalten, auf welchen mehrere Arten der national geschützten Korallenflechten *Stereocaulon* direkt vom Bergwanderweg aus beobachtet werden können.

Kleine Vorkommen des vom Aussterben bedrohten →***Stereocaulon incrustatum*** (rechts, oben) sind bereits beim kleinen westlichen Seitenzubringer bei A Dalòvi ad Fòra zu beobachten. Weil solche Vorkommen weitgehend unabhängig von extremen Hochwassern der Maggia sind, sind sie für das langfristige Überleben der regionalen Population sehr wichtig. An derselben Stelle sind aber auch deutlich kleinere Korallenflechten zu finden. ***Stereocaulon pileatum*** (rechts, unten) ist an dem körnigen Lager auf Gestein und daraus wachsenden kleinen Stängeln zu erkennen. Diese bildet an der Spitze meist feinkörnige vegetative Ausbreitungseinheiten und nur selten weisen sie braune Fruchtkörper auf. Die dritte Art aus dieser Gattung, ***Stereocaulon nanodes*** (rechts, Mitte) entwickelt schuppenförmige Lager und einen nur kümmerlich entwickelten Stängel. Auf spezielle Krustenflechten wird auf Exkursion 21 eingegangen. Zudem besteht eine kleine Hoffnung, dass die global vom Aussterben bedrohte *Buellia asterella* doch noch irgendwo in der Schweiz überlebt hat – sie wurde das letzte Mal vor über 150 Jahren am Rhein gefunden. Mit langen schmalen Lappen kann diese Art mit *Buellia elegans* (Exkursion 39) verwechselt werden. Weil sich die beiden Arten anhand der Anzahl Sporen pro Ascus unterscheiden, verdienen fruchtende Belege aus tieferen Lagen besondere Aufmerksamkeit.

Aufwertung Lebensraum: Geschiebeterrassen nach Extremereignissen möglichst unverändert belassen.

Exkursion: Bushaltestelle Someo. Auf Wanderweg zu Pt. 361 und über die Hängebrücke über die Maggia. Am westlichen Ufer auf dem Bergwanderweg weiter in NW-Richtung auf die Geschiebeterrasse von Ger. Direkt am Weg kleine Lichtungen mit lückiger Vegetation auf Geschiebe. Auf allfällige Zutrittsverbote achten! Auf gleichem Weg zurück zum Ausgangspunkt. 45 Höhenmeter, 4,5 km, Wegzeit 1,25 h.

49 Baumbewohnende Flechten in Auenwäldern

submontane – hochmontane Stufe

Exkursionen Laupenau an der Saane zwischen Laupen und Mühleberg (BE); Cauma bei Castrisch, Ilanz (GR) **T2**

Ein erster Besuch in einem Auenwald ist oft etwas enttäuschend. In Hartholzauenwälder ist der Bestand dicht und an den Stämmen gibt es zu wenig Licht für üppigen Flechtenbewuchs. In lichten Grünerlenwäldern hochmontaner Lagen dagegen fallen vor allem die häufigen Strauch- und Blattflechten auf, die auch ausserhalb des Auenperimeters häufig sind. Nach fast 50 Exkursionen sind Sie nun aber in der Lage, die speziellen Arten zu erkennen und von den häufigen Arten zu unterscheiden. Auf der Exkursion in die Laupenau sehen wir an jüngeren, glattrindigen Eschen oft die zinnoberroten Fruchtkörper von →***Coniocarpon fallax*** oder *C. cinnabarinum*, die sich ohne mikroskopische Untersuchung der Sporen nicht unterscheiden lassen. ***Synarthonia ochracea*** (rechts, oben) ist deutlich seltener als *C. fallax* und hat zimtfarbene Fruchtkörper. Auf älteren Sträuchern des Schwarzen Holunders ist ***Bacidia arceutina*** mit braunen Fruchtkörpern häufig zu beobachten. Die auf dem Bild vorherrschende ***Bacidia friesiana*** (rechts, Mitte, bläulich) hingegen ist bisher nur selten gefunden worden. In hochmontanen Grauerlen-Auenwäldern ist die auffällige →***Caloplaca alnetorum*** häufig. Die Unterschiede zwischen den einzelnen Beständen sind aber beträchtlich, sodass beinahe jedes Gebiet seine Spezialitäten aufweist, beispielsweise →***Anaptychia crinalis*** *und* →***Ramalina dilacerata*** (rechts, oben) im Unterengadin. →***Physcia vitii*** und die eher südeuropäisch verbreitete ***Rinodina anomala*** (rechts, unten links) kommen beide selten in der Val Müstair vor. Die selten beobachtete ***R. anomala*** kann nur mikroskopisch von der häufigen und nicht an Auengebiete gebundene ***Catillaria nigroclavata*** (rechts, unten rechts) unterschieden werden. Weil diese Standorte einer hohen Dynamik unterworfen sind, schlagen wir hier keine Exkursion vor. Schliesslich bietet der Übergangsbereich zwischen Grauerlen- und Hartholz-Auenwald bei Isla Sut bei Castrisch vom Bergwanderweg aus die Möglichkeit, →***Phaeophyscia kairamoi*** an Grauerlen, Eschen und Traubenkirschen zu beobachten.

Aufwertung Lebensraum: Förderung dynamischer Auenwälder. Schonen älterer standorttypischer Bäume.

Exkursionen: 1: Bushaltestelle Laupen BE, Schützenstrasse. Auf Schützenstrasse NW zur Saane und von dort auf Wanderweg zu Pt. 482 und weiter durch die Laupenau zur Bahnstation Gümmenen. 30 m Auf- und Abstieg, 6,5 km, Wegzeit 1,5 h.

2: Bahnstation Castrisch. Auf Bergwanderweg nach Isla Sut und dem Weg flussabwärts etwa einen Kilometer folgen. Rückweg auf gleichem Weg zum Ausgangspunkt (Alternativ weiter nach Bahnstation Valendas-Sagogn) zum Ausgangspunkt. 54 m Höhendifferenz, 5 km, Wegzeit 1,25 h.

50 Dachlandschaften

Exkursion Schuttmulde nach Sturmschaden am Dach oder ältere Dachziegel beim Dachdecker **T1**

Ein weitgehend unbearbeiteter Lebensraum, der reich an selten beobachteten Arten ist, sind die Dachlandschaften mit ihren unterschiedlichen Typen von Dach-
568 ziegeln. Aber auch mit Schindeln oder Schilf gedeckte Dächer können mit der Zeit eine vielfältige Flechtenvegetation aufweisen.

Auf Dachziegeln beginnen sich in der Regel erst nach Jahrzehnten unmerklich in paar Blatt- und zahlreiche Krustenflechten zu entwickeln, beispielsweise ***Catillaria atomarioides*** (oben rechts). Auf länger beschatteten Dächern oder an Stellen mit hohem Nährstoffeintrag durch Vögel kann das auch etwas rascher gehen, wodurch die Farbe des Daches der Kapellbrücke in Luzern dank der sich ausruhenden Vögel durch →***Xanthoria parietina*** geprägt ist, wohingegen weniger einladende Dächer von der eher nährstoffarme Standorte mit niedrigem pH-Wert bevorzugenden Landkartenflechte →***Rhizocarpon geographicum*** besiedelt werden. Jedenfalls bieten Dachlandschaften im Siedlungsraum – gerade auch in Städten mit historischen Dächern – mit mehreren Dutzend Arten eine hohe Artenvielfalt, welche das Grün in Parkanlagen bei Weitem überbieten kann. Die chemische Zusammensetzung der Ziegeloberfläche und ihre Oberflächenbeschaffenheit sowie Neigung und Exposition der Dachfläche bieten nämlich eine ähnlich hohe Standortvielfalt wie sie auf einem Bergsturzblock (Exkursion 30) beobachtet werden kann. Sogar regengeschützte Kleinstandorte können Dachlandschaften bieten, etwa mit den regional verbreiteten Klebdächern (oben links, Hinteralbis, Gde. Hausen am Albis). An solchen speziellen Standorten finden sich mit der stark gefährdeten ***Diplotomma alboatrum*** (unten) und ***Ramalina pollinaria*** (oben Mitte) zwei Arten, welche in der Region ebenfalls an alten, freistehenden Bäumen gefunden werden.

Aufwertung Lebensraum: Flechtenbewuchs hat in der Regel keinen negativen Einfluss auf die Verwitterung der Dachziegel.

Exkursion: Überall, wo es Dächer gibt.

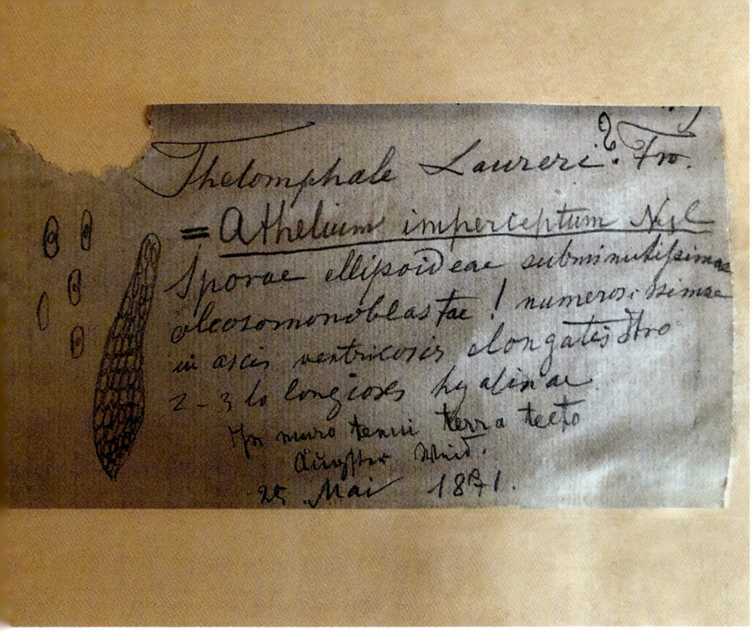

51 Seltenheiten in Herbarien

Exkursion — sitzend
Virtueller Besuch einer Online-Sammlung

Längst nicht alle in der Schweiz bekannten Arten können auf Exkursionen auf Anhieb gefunden werden. Das gilt nicht nur für die 38 Arten, die in der Roten Liste der baum- und erdbewohnenden Flechten der Schweiz 2002 als regional ausgestorben aufgeführt wurden. Das gilt auch für Arten, die aus der Schweiz im 19. Jahrhundert gesammelt und für die Wissenschaft neu beschrieben wurden, seither aber trotz intensiver Nachsuche nie mehr wiedergefunden wurden. ***Thelocarpon imperceptum***, die Verborgene Zitzenfruchtflechte (oben und unten), wurde auf erdinkrustierten Mauern in Aeugst (ZH) gefunden und seither nur wenige Male in Europa ausserhalb der Schweiz nachgewiesen. Vielleicht ist die Art in der Schweiz tatsächlich ausgestorben. Der von Karl Konrad Hegetschweiler 1871 gesammelte Beleg, der im Fungarium der ETH aufbewahrt wird, macht aber auch eine andere Erklärung möglich: Die Art ist einfach sehr unauffällig und wurde trotz intensiver Nachsuche bisher nicht wiedergefunden. Das Lager der Flechte ist vollständig in verdichteter Erde eingesenkt. Die Fruchtkörper sind ebenfalls in der Erde eingesenkt und nur die punktförmigen, 0,1 mm grossen, leicht braun gefärbten Mündungen erreichen die Erdoberfläche. Nur wenn die Erde leicht feucht ist und kein Staub die Details verdeckt, kann die Flechte mit einer guten Lupe entdeckt werden – falls sie in der Schweiz doch noch irgendwo vorkommen sollte. Nur dank der aufbewahrten Belege kann man sich heute von vielen Arten eine Vorstellung machen – für die Erforschung ihrer systematischen Zuordnung oder, wie in diesem Beispiel, dass man sie doch noch in der Natur wiederfinden kann.

Aufwertung Lebensraum: Keine Massnahmen geplant. **Exkursion:** Virtuelle Exkursionen in Sammlungen, welche ihre Bestände bereits (teilweise) digitalisiert haben. Z.B. das Typusexemplar von → ***Timdalia intricata*** auf der Website des Conservatoire et Jardin botaniques Genève: https://www.cjbg.ch/fr/collections/collections-bases-donnees-ligne.

52 Zu guter Letzt nochmals vor der Haustür

Siedlungsraum

Exkursion T1

Spielplätze, Sportanlagen, Parkanlagen, Parkplätze

Bereits die ersten Exkursionen haben wir am Wohnort durchgeführt und dabei die auffälligsten Flechten kennengelernt. Inzwischen entdecken wir nun fast überall
570 in der Natur Flechten. Zeit, noch einmal am Wohnort unscheinbare Arten zu suchen. Ein Platz, mit Verbundsteinen gedeckt, mag aus Sicht eines Naturliebhabers gewisse Mängel aufweisen – aber die Kritik einer «Biodiversitätswüste» greift zu kurz. Nach geraumer Zeit entwickeln sich in den Fugen zwischen den Verbundsteinen kleine, mit Cyanobakterien vergesellschaftete Gallertflechten. →***Enchylium tenax*** und ***Lempholemma chalazanum*** (oben und unten) sind zwei häufige Arten solcher Standorte. Während *Enchylium* auch an Felsflächen und Trockenrasen häufig ist, sind nur wenige Funde von *L. chalazanum* von naturnahen Standorten bekannt; die meisten Vorkommen dieser Art wachsen in anthropogenen Steinfluren und Steinpflaster-Trittfluren. Gelingt es Ihnen, diese Fugen ein paar Jahre vor dem Handfugenkratzer oder dem Hochdruckreiniger zu bewahren, kann das Ihr erstes Artenförderungsprojekt im Siedlungsraum werden – und Sie schonen sogar noch die Verbundsteine, weil sie nämlich stärker unter dem Hochdruckreiniger leiden als unter den Flechten. Vermutlich gibt es am Wohnort auch ein Stück Sportrasen, das am Rand so überhaupt nicht das gewünschte Grasgrün zeigt. Mit etwas Glück finden sich an solchen Stellen weitere Gallertflechten wie →***Enchylium limosum*** und ***Psorotichia lutophila*** (rechts, oben und unten). Die Unterscheidung der vier hier vorgestellten Arten mit der Lupe ist aber anspruchsvoll. Eine sichere Bestimmung dieser und vieler weiterer Arten ist nur mit einem guten Mikroskop möglich – und der entsprechenden weiterführenden Bestimmungsliteratur.

Aufwertung Lebensraum: Erst wenn die Arten wahrgenommen werden, kann ein Lebensraum als solcher erkannt werden. **Exkursion:** In tieferen Lagen der Alpennordseite. Oft auf Privatgrund und deshalb nicht angegeben. Vorkommen auf Parkplätzen und Gartenterrassen sind oft vorübergehend.

Anhang

Literatur

Acharius, E. 1798. Lichenographiae suecicae prodromus. D. G. Björn, Linköping.

Ahti, T., P. M. Jørgensen, H. Kristinsson, R. Moberg, U. Søchting, und G. Thor. 1999. Nordic Lichen Flora. Volume 1. Introductory Parts. Calicioid Lichens and Fungi. Nordic Lichen Society, Uddevalla.

Ahti, T., P. M. Jørgensen, H. Kristinsson, R. Moberg, U. Søchting, und G. Thor. 2002. Nordic Lichen Flora. Volume 2. Physciaceae. Nordic Lichen Society, Uddevalla.

Ahti, T., P. M. Jørgensen, H. Kristinsson, R. Moberg, U. Søchting, und G. Thor. 2007. Nordic Lichen Flora. Cyanolichens. Vol. 3. Mediaprint AB, Uddevalla.

Ahti, T., S. Stenroos, und R. Moberg. 2013. Nordic Lichen Flora Vol. 5. Cladoniaceae. Nordic Lichen Society, Museum of Evolution, Uppsala University.

Barkman, J. J. 1958. Phytosociology and ecology of cryptogamic epiphytes. Van Gorcum & Comp., Assen.

Belnap, J., und O. L. Lange. 2003. Biological soil crusts: structure, function, and management. Ecological Studies **150**:1–503.

Bock, H. H. 1595. Kreütterbuch. J. Rihel, Strassburg.

Cézanne, R., M. Eichler, F. Berger, W. von Brackel, C. Dolnik, V. John, und M. Schultz. 2016. Deutsche Namen für Flechten. Herzogia **29(2)**:745–797.

Cézanne, R., M. Eichler, F. Berger, W. von Brackel, C. Dolnik, V. John, und M. Schultz. 2017. Ergänzungen und Korrekturen zu „Deutsche Namen für Flechten". Herzogia **30(2)**:520–523.

Clauzade, G., und C. Roux. 1985. Likenoj de Okcidenta Europo ilustrita determinlibro. Bulletin de la Soc. Bot. Centre-Ouest, Nouv. Série, Numéro spéc. **7**.

Ettl, H., und G. Gärtner. 1995. Syllabus der Boden-, Luft- und Flechtenalgen. Gustav Fischer Verlag, Stuttgart.

Fink, S., und C. Scheidegger. 2021. Changing climate requires shift from refugia to sanctuaries for floodplain forests. Landscape Ecology **36**:1423–1439.

Goward, T. 1994. Living Antiquities. Nature Canada **Summer 1994**:14–21.

Grimm, M., M. Grube, U. Schiefelbein, D. Zühlke, J. Bernhardt, und K. Riedel. 2021. The Lichens' Microbiota, Still a Mystery? Front. Microbiol. **12**:623839.

Herzig, R. 2005. Erfolgskontrolle zur Luftreinhaltung in der Stadt Bern 2004. Wiederholung der Untersuchungen mit Flechten nach 14 Jahren. Page 162. AGB – Dr. Rolf Herzig Arbeitsgemeinschaft für Bioindikation, Umweltbeobachtung und ökologische Planung, Bern.

Vorhergehende Doppelseite:
Harpidium rutilans ist eine seltene Krustenflechte an stark besonnten Vertikalflächen von Silikatgestein.

Herzig, R., und M. Urech. 1991. Flechten als Bioindikatoren. Integriertes biologisches Messsystem der Luftverschmutzung für das Schweizer Mittelland. J. Cramer, Berlin.

Honegger, R. 1984. Cytological aspects of the mycobiont-phycobiont relationship in lichens. Haustorial types, phycobiont cell wall types, and the ultrastructure of the cell surface layers in some cultured and symbiotic mycobionts and phycobionts. Lichenologist **16**:111–127.

Honegger, R. 1987. Isidium formation and the development of juvenile thalli in Parmelia pastillifera (Lecanorales, lichenized ascomycetes). Botanica Helvetica **97**:147–152.

Honegger, R. 2007. Water relations in lichens. Pages 185–200 *in* G. Gadd, P. S. Dyer, and S. C. Watkinson, editors. Fungi in the Environment. Cambridge University Press, Cambridge.

Huneck, S., und I. Yoshimura. 1996. Identification of Lichen Substances. Springer-Verlag, Berlin, Heidelberg.

Kiebacher, T., A. Bergamini, C. Scheidegger, und M. Bürgi. 2018. Bergahornweiden im Alpenraum. Kulturgeschichte, Biodiversität und Rudolphis Trompetenmoos. Mit Beiträgen von Stefan Blaser, Kurt Bollmann, Christine Keller, Beatrice Senn-Irlet, Silvia Stofer. Haupt, Bern.

Lachat, T., P. Brang, M. Bolliger, K. Bollmann, U.-B. Brändli, R. Bütler, S. Herrmann, O. Schneider, und B. Wermelinger. 2019. Totholz im Wald: Entstehung, Bedeutung und Förderung. Eidg. Forschungsanstalt WSL, Birmensdorf.

Lücking, R., und M. P. Nelsen. 2018. Chapter 23 – Ediacarans, Protolichens, and Lichen-Derived Penicillium: A Critical Reassessment of the Evolution of Lichenization in Fungi. Pages 551–590 *in* M. Krings, C. J. Harper, N. R. Cúneo, and G. W. Rothwell, editors. Transformative Paleobotany. Academic Press.

Moberg, R., S. Tibell, und L. Tibell. 2017. Nordic Lichen Flora Vol. 6. Verrucariaceae 1.85.

Nash, T. 2008. Lichen biology 2nd edition. Cambridge University Press, Cambridge.

Nimis, P. L., J. Hafellner, C. Roux, P. Clerc, H. Mayrhofer, S. Martellos, und P. O. Bilovitz. 2018. The lichens of the Alps – an annotated checklist. MycoKeys **31**:1–634.

Nimis, P. L., C. Scheidegger, und P. A. Wolseley. 2002. Monitoring with lichens, Monitoring lichens. Kluwer Academic Publ., Dordrecht.

Obermayer, W. 2002. Management of a Lichen Herbarium. Pages 507–523 *in* I. C. Kranner, R. P. Beckett, and A. K. Varma, editors. Protocols in Lichenology: Culturing, Biochemistry, Ecophysiology and Use in Biomonitoring. Springer Berlin Heidelberg, Berlin, Heidelberg.

Phillips, S. J., R. P. Anderson, und R. E. Schapire. 2006. Maximum entropy modeling of species geographic distributions. Ecological Modelling **190**:231–259.

Poelt, J. 1969. Bestimmungsschlüssel Europäischer Flechten. J. Cramer, Lehre.

Poelt, J., und A. Vězda. 1977. Bestimmungsschlüssel europäischer Flechten. Ergänzungsheft I. Cramer, Vaduz.

Poelt, J., und A. Vězda. 1981. Bestimmungsschlüssel europäischer Flechten. Ergänzungsheft II. Cramer, Vaduz.

Rikkinen, J. 2017. Cyanobacteria in Terrestrial Symbiotic Systems. Pages 243–294 *in* P. C. Hallenbeck, editor. Modern Topics in the Phototrophic Prokaryotes: Environmental and Applied Aspects. Springer International Publishing, Cham.

Sanders, W. B., und H. Masumoto. 2021. Lichen algae: the photosynthetic partners in lichen symbioses. The Lichenologist **53**:347–393.

Scheidegger, C., P. Clerc, M. Dietrich, M. Frei, U. Groner, C. Keller, I. Roth, S. Stofer, und M. Vust. 2002. Rote Liste der gefährdeten baum- und erdbewohnenden Flechten der Schweiz. WSL, CJB, BUWAL, Bern.

Scheidegger, C., S. Flachsmann, S. Zoller, und B. Frey. 1997. Naturschutzbiologie bei Flechten: Konzepte und Projekte. Pages 167-175 *in* H. Schöller, editor. Flechten: Geschichte, Biologie, Systematik, Ökologie, Naturschutz und kulturelle Bedeutung; Begleitheft zur Ausstellung «Flechten – Kunstwerke der Natur». Kramer, Frankfurt am Main.

Scheidegger, C., B. Schroeter, und B. Frey. 1995. Structural and functional processes during water vapour uptake and desiccation in selected lichens with green algal photobionts. Planta **197**:399–409.

Smith, C. W., A. Aptroot, B. J. Coppins, A. Fletcher, O. L. Gilbert, P. W. James, und P. Wolseley. 2009. The lichens of Great Britain and Ireland. British Lichen Society, The Natural History Museum, London.

Thell, A., und R. Moberg. 2011. Nordic Lichen Flora, Volume 4, Parmeliaceae. Nordic Lichen Society, Museum of Evolution, Uppsala University.

Thuiller, W., D. Georges, M. Gueguen, R. Engler, F. Breiner, B. Lafourcade, und R. Patin. 2023. R Package, Version 4.2–2; biomod2. 2023. Available online: https://cran.r-project.org/web/packages/biomod2/index.html.

Upreti, D. K., P. K. Divakar, V. Shukla, und R. Bajpai. 2015. Recent Advances in Lichenology. Springer India, New Delhi.

Wikström, J. E. 1835. Jahresbericht der Königl. Schwedischen Akademie der Wissenschaften über die Fortschritte der Botanik im Jahre 1828. Der Akademie übergeben am 31. März 1829. J. Max, Breslau.

Wilske, B., J. Burgheimer, K. Maseyk, A. Karnieli, E. Zaady, M. O. Andreae, D. Yakir, und J. Kesselmeier. 2009. Modeling the variability in annual carbon fluxes related to biological soil crusts in a Mediterranean shrubland. Biogeosciences Discuss. **2009**:7295–7324.

Wirth, V., M. Hauck, und M. Schultz. 2013. Die Flechten Deutschlands. Eugen Ulmer, Stuttgart.

Yang, M.-X., S. Devkota, L.-S. Wang, und C. Scheidegger. 2021. Ethnolichenology—The Use of Lichens in the Himalayas and Southwestern Parts of China. Diversity.

Zedda, L., und G. Rambold. 2015. The Diversity of Lichenised Fungi: Ecosystem Functions and Ecosystem Services. Pages 121–145 *in* D. K. Upreti, P. K. Divakar, V. Shukla, and R. Bajpai, editors. Recent Advances in Lichenology: Modern Methods and Approaches in Lichen Systematics and Culture Techniques, Volume 2. Springer India, New Delhi.

Dank

Die Kolleg*innen vom Projektteam «Rote Liste der Flechten der Schweiz» haben seit über 25 Jahren nicht nur den Hauptteil der Beobachtungen zur Verbreitung der Arten zusammengetragen, sondern sie haben auch dazu beigetragen, dass heute Flechten in der Umsetzung von Naturschutz und Artenförderungsmassnahmen eine wichtige Rolle spielen. Dafür danken wir Nina Graf, Gesa von Hirschheydt, Irene Roth, Philippe Clerc, Michael Dietrich, Martin Frei, Markus Gabathuler, Urs Groner und Mathias Vust für ihre lange freundschaftliche Zusammenarbeit. Michael Dietrich danken wir zudem für die sorgfältige Durchsicht der Artporträts.

Für die Bestimmung von kritischen Arten haben wir immer wieder Unterstützung von internationalen Spezialist*innen erhalten. Wir bedanken uns herzlich bei Ioana Ardelean, Polina Degtjarenko, Ester Gaya, Inga Jüriado, Kristiina Mark, Olga Nadyeina, Tiiu Tõrra, Ulf Arup, Brian Coppins, Stefan Ekman, Hannes Hertel,

Helmut Mayrhofer, Christian Printzen, Claude Roux, Matthias Schultz, Tor Tønsberg, Martin Westberg und Volkmar Wirth. Lyudmyla Dymytrova danken wir für den Beleg von *Topelia nimisiana*.

Jean-Claude Mermilliod stellt uns mit seiner Webapplikation «MaFlore» ein äusserst wertvolles Bestimmungsinstrument zur Verfügung, welches uns täglich wertvolle Dienste leistet. Dafür danken wir ihm herzlich.

Sabine Fink danken wir für die grosse Unterstützung bei der Entwicklung der species distribution models und für die Zusammenarbeit in Auenökologie.

Jürg Schmid, Holger Frick, Rudolf Bryner, Martin Gossner und Irene Bühlmann danken wir für die Bestimmung von Insekten und Elisabeth Janssen, Francesca Pittino und Juliana Oliveira für ihre Untersuchungen an Tintenstrichen. Für die Überlassung der Abbildung 14 danken wir Selina Flachsmann, für die Graphik in Abbildung 32 Burkhard Schroeter und für die Abbildung 76 Rolf Herzig, AGB Arbeitsgemeinschaft für Bioindikation, Umweltbeobachtung und ökologische Planung.

Kurt Badertscher, Peter Meier und Peter Saxer dankt Christoph Scheidegger herzlich für die Organisation von alpinen Klettertouren, Gerhart Wagner und Klaus Amman für ihre Einführung in die Flechtenkunde und Dorothea Scheidegger für gemeinsame Hochtouren und alpine Wanderungen während der letzten 40 Jahre. Silvia Stofer dankt Rolf Meile für die geteilte Freude an der faszinierenden Welt der Flechten und seine Unterstützung.

Seit mehr als zehn Jahren setzt sich Danielle Hofmann unermüdlich für das Nationale Daten- und Informationszentrum der Schweizer Flechten SwissLichens, für InfoSpecies und die Artenförderung in der Schweiz ein. Für dieses Engagement möchten wir ihr herzlich danken. Ebenso danken wir dem Bundesamt für Umwelt und der Eidgenössischen Forschungsanstalt WSL für die Finanzierung des SwissLichens.

Rolf Holderegger danken wir für die Begleitung des Buchprojektes und der Eidgenössischen Forschungsanstalt WSL für die finanzielle Unterstützung im Rahmen eines internen Projektes. Für die sorgfältige grafische Gestaltung danken wir Laura Dal Ben und Christoph Settele von pooldesign. Unser grosser Dank geht an Martin Lind vom Haupt Verlag für seine intensive Unterstützung während der Entstehung des Buches und für das sorgfältige Lektorat.

Für die Angaben der nationalen Verbreitung der vorgestellten Arten und ihrer Ökologie konnte auf über 70 000 Beobachtungen von SwissLichens zurückgegriffen werden. Die Fundmeldungen stammen von nationalen Erhebungen, Forschungs- und Artenförderungsprojekten, aus der Literatur und von ehrenamtlichen Mitarbeitenden. Wir danken allen unten aufgeführten Melder*innen herzlich für die wertvollen Daten und hoffen natürlich, dass sich viele Leser*innen anstecken lassen und in Zukunft ihre Beobachtungen ebenfalls melden werden: Walter Ackermann, Anahita Aebli, Francois Anex, André Aptroot, Philipp Bachmann, Markus Baggenstos, Léa Basso, Gisela Bauert, Claudia Baumberger, Rita Beeler, Martin Bendel, Muriel Bendel, Patricia Maria Berchtel, Marine Berdoz, Ariel Bergamini, Michelle Beriger, Sarah Beuvier, Markus Bichsel, Wolfgang Bischoff, Bettina Bleichenbacher, Steffen Boch, Christophe Bornand, Jean-Michel Bornand, Alice Bornmann Bleiker, Urs Beat Braendli, Jonas Brännhage, Dominik Brantschen, Sabine Brodbeck, Franz Bucher, Patrick Bungener, Karl Bürgi-Meyer, Antoine Burri, Anne Chatelain, Franco Ciardo, Constanze Conradin, Carolina Cornejo, America Croisier, Esther Dähler, Francesco Dal Grande, Martial de Montmollin, Lucienne de Witte, Raymond Delarze, Kim Dien, Markus Dietiker, Jasmin Ducry, Jean-Pierre Dulex, Jérôme Duplain, Annelise Dutoit Weidmann, Sandrine Eberlé, Stefan Eggenberg, Rolf Ehrbar, Philipp Eschmann, Virginie Favre, Claudio Felber, Silvia Feusi, Anne-Marie Fiore, Daniela Flück, Beat Frey, David Frey, Cilia Frey-Kümin, Michael Frey-Kümin, Rolf Geisser, Anatole Gerber, Andreas Grau, Andrin Gross, Anna Gruber, Päivi Gubelmann, Corinne Guégan, Jérémie Guenat, Andreas Gygax, Christine Habashi, Kilian Hälg, Efraim Hall, Sonja Hassold, Saskia Hauser, Thomas Held, Daniel Hepenstrick, Helen Hilfiker, Francoise Hoffer-Massard, François Houriet, Jakob Humbel, Reto Hürlimann, Alois Iten, Sabine Joss, Jesse Kalwij, Berlenga Käufeler, Gregor Kaufmann, Sabrina Keller, Thomas Kiebacher, Jörg Kohler, Davide Köpfli, Peter Kradolfer, Fritz Kupfer, Cyrille Latour, Heinz Lerch, Michèle Lerch, Loïc Liberati, Joëlle Magnin-Gonze, Anne-Laure Maire, Brigitte Marazzi, Jakob Marti, Balthasar Martig, Emiliano Medici, Matthias Merki, Rémy Meylan, Irina Mikhailova, Edward Mitchell, Adrian Möhl, Maria Cristina Mola Djebarri, Jean-Pierre Monti, Eric Morard, Livia Moser, Tobias Moser, Matthias Müller, Raphael Müller,

Verena Nideregger, Hans Niederer, Maud Oïhénart, Jacky Orler, Monika Orler, Nuria Otmani, Luca Pegoraro, Aline Perez-Graber, Robin Pétermann, Freddy Potzinger, Oekobüro PULS, Ludovic Rapp, Martin Rebetez, Thomas Reich, Sandra Reinhard, Franziska Richter, François Rion, Giotto Roberti, Barbara Ruegge, Engelbert Ruoss, Roland Rupli, Johannes G. Sanders, Judith Sandmeier, Frédéric Sandoz, Helder Santiago, Ingrid Schär, Simon Scheidegger, Albert Schmidt, Hans Schmocker, Jakob Schnyder, Norbert Schnyder, Ursula Schoch, Alois Schuler, Nicolas Schwab, Hallie Seiler, Alberto Serres, Andrea Sieber, Garima Singh, Simon Speich, Alberto Spinelli, Cristina Spinelli, Yvonne Stampfli, Julie Steffen, Alex Stirnemann, Senta Stix, Ursula Tinner, Camille Truong, Petr Vlcek, Christian Vonarburg, Helene H. Wagner, Flurin Waltle, Jean-Claude Walser, Silke Werth, Ivo Widmer, Lucas Wolfer, Hubert Würsch, Erich Zimmermann, Peter Zimmermann, Andreas Zingg, Kurt Zweifel-Hefti und Stefan Zoller.

Glossar

Hier werden Begriffe erklärt, welche in den Artporträts häufig verwendet werden. Weitere Fachbegriffe werden in den einleitenden Kapiteln erklärt und sind im Sachregister aufgeführt.

Apothezium	scheibchen- oder schüsselförmige Fruchtkörper von Schlauchpilzen. Die Asci entwickeln sich im meist knorpeligen Geflecht der Scheibe und schleudern die Sporen direkt in die Umgebung. Die Apothezien sind entweder unberandet, von einem Lagerrand oder Eigenrand umgeben.
Areole	durch feine Risse voneinander abgegrenzte Teile von Krustenflechten. Die Risse sind nur in trockenem Zustand deutlich zu sehen, feucht quellen die Areolen etwas auf.
Ascus	schlauchförmiges Fortpflanzungsorgan der Schlauchpilze, in welchem die Sporen nach einer Reduktionsteilung gebildet werden.
Bereifung	weisser, manchmal grauer, gelblicher oder bläulicher, staubförmiger oder spinnweb-artiger Überzug auf der Oberseite von Lagern oder Fruchtkörpern. Besteht oft aus feinen Körnchen von Calciumoxalat, Kristallen von Flechtenstoffen oder aus abgestorbenen, sich lösenden Zellen des Lagers.
Blattflechten	sind nicht mit der ganzen Unterseite mit dem Substrat verwachsen, sondern verankern sich mit Rhizinen oder einem Nabel am Substrat. Somit sind Blattflechten meist etwas vom Substrat abgehoben. Sie bestehen aus Lappen, welche als schmal (<1–5 mm) oder breit (>5 mm) bezeichnet werden können.
Cyanotoxine	sind sekundäre Stoffwechselendprodukte von Cyanobakterien. Vermutlich schützen sie Flechten vor Fressfeinden und Konkurrenten, ähnlich wie es die vom Mykobionten gebildeten Flechtenstoffe machen.
Eigenrand (lecideiner oder biatoriner Rand)	bezeichnet den Rand des Fruchtkörpers, wenn er die gleiche Farbe wie die Scheibe hat. Ein schwarzer Rand wird als lecidein, ein hellerer als biatorin bezeichnet.
endolithisch/endophloeodisch	auf Gestein werden Lager als endolithisch bezeichnet, wenn sie vollständig in das Gestein eingesenkt sind und nur die Fruchtkörper die Gesteinsoberfläche erreichen. Bei chasmoendolithischen Flechten entwickelt sich das Lager in feinen Haarrissen im Gestein. Wächst das Flechtenlager in der Borke, wird es als endophloeodisch bezeichnet.

Flechtenstoffe	sind sekundäre Stoffwechselendprodukte der Pilzpartner. Oft schützen sie Flechten vor Fressfeinden und Konkurrenten. Einige sind grüngelblich, gelb, orange oder rot gefärbt, viele sind farblos.
Fotobiont	ist der Fotosynthese betreibende Partner der Flechte. Er ist meist einzellig oder bildet kurze, mehrzellige Fäden und gehört zu den Grünalgen oder zu den Cyanobakterien, welche früher auch als Blaualgen bezeichnet wurden.
Fruchtkörper	dienen der Fortpflanzung der Pilzpartner von Flechten. Bei flechtenbildenden Schlauchpilzen werden häufig Apothezien oder Perithezien gebildet, bei flechtenbildenden Ständerpilzen sind sie hut- oder stiftförmig.
Gallertflechte	mit Cyanobakterien vergesellschaftete Flechten, welche bei Befeuchtung viel Wasser aufnehmen und dabei stark aufquellen können. Steht auch für den Trivialnamen von Arten der Gattung *Leptogium* und neuerdings davon abgetrennten Gattungen.
Konidien	ungeschlechtliche Ausbreitungseinheiten des Pilzes. Sie sind mikroskopisch klein und keimen meist rasch auf einem geeigneten Substrat.
Krustenflechten	sind mit ihrer gesamten Unterseite mit dem Substrat verwachsen. Krustenflechten sind manchmal im Substrat eingesenkt und werden dann als endolithisch resp. endophloeodisch bezeichnet, meist bilden sie aber auf dem Substrat eine Kruste. Die Kruste kann sehr dünn sein und filmartige Überzüge bilden. Dickere Überzüge weisen unregelmässige Risse auf oder sind areoliert. Am Rand grenzen sich Lager oft durch ein dunkles Vorlager voneinander ab. Bei einigen Arten ist der Rand gelappt.
Lager	auch als Körper der Flechte bezeichnet. Das Lager ist ein meist mehrjähriges Geflecht, das von Pilzpartner und Fotobiont gebildet wird.
Lagerrand (lecanoriner Rand)	bezeichnet den Rand des Fruchtkörpers, wenn er die gleiche Farbe wie das Lager hat und Fotobionten enthält. Zwischen Lagerrand und Scheibe ist bei einzelnen Arten noch ein Eigenrand entwickelt. In solchen Fällen wird der Rand als zeorin bezeichnet.
Nabel	zentrale Haftscheibe, an welcher Nabelflechten am Gestein festgewachsen sind.
Perithezium	kugelige oder birnenförmige Fruchtkörper von Schlauchpilzen. Die Asci entwickeln sich in einer Höhlung, in die auch die Sporen abgegeben werden. Diese werden durch die punktförmige Öffnung der Perithezien ausgequetscht.
Pilzpartner	ist der Mykobiont der Flechte. Er gehört meist zu den Schlauchpilzen (Ascomyzeten), in wenigen Fällen gehört er zu den Ständerpilzen (Basidiomyzeten).
Pyknidien	kugelige oder birnenförmige Behälter, in welchen durch Mitosen gebildete Konidien oder Spermatien gebildet werden.
Rhizinen	sind auf der Unterseite von Blatt-, seltener Strauchflechten entstehende Pilzstränge, welche der Verankerung des Lagers an einer Unterlage dienen. Entwickeln sich ähnliche Strukturen am Rand der Flechte, werden sie als Wimpern bezeichnet.
Scheibe	zentraler Teil der Apothezien, in welchem die Asci gebildet werden. Die Scheibe kann krugförmig, flach, gewölbt oder (halb)kugelig sein.
Spermatien	männliche Geschlechtszellen, welche vom Pilz meist in Pyknidien gebildet werden. Sie sind mikroskopisch klein und vermögen in der Regel nicht zu keimen. Sie können aber an Empfängnishyphen andocken, wo ihr Zellkern übertreten kann.
Sporen	Schlauchpilze bilden Ascosporen und Ständerpilze Basidiosporen als geschlechtliche Ausbreitungseinheiten. Sie werden hier als Sporen bezeichnet.

Sporodochium	fleckförmige Struktur auf Krustenflechten, in welchen durch Mitosen gebildete Konidien gebildet werden.
Strauchflechten	haben ein aufrechtes, buschig abstehendes oder bartförmig hängendes Lager. Sie sind manchmal mit einer Haftscheibe mit dem Substrat verwachsen oder ihre Lappen oder Ästchen sind mit der Vegetation verheddert.
Vegetative Ausbreitungseinheiten	können ausschliesslich vom Pilzpartner gebildet werden und werden dann Konidien genannt. Umfassen sie Pilzpartner und Fotobiont, dienen sie der vegetativen Ausbreitung der Flechte als Symbioseorganismus.
Vorlager	dunkler oder heller Saum am Rand des Lagers von Krustenflechten. Besteht aus dem Pilzpartner und grenzt in vielen Fällen Individuen voneinander ab.
Wuchsform	Krustenflechten, Blattflechten und Strauchflechten unterscheiden sich nach der Position zum Substrat. Die Gallertflechten zeichnen sich durch ihr starkes Aufquellen bei Wasseraufnahme aus.

Bildnachweis

Abbildung 14 wurde von Selina Flachsmann erstellt und Abbildung 76 von Rolf Herzig. Alle anderen Fotos stammen von Christoph Scheidegger.

Die Autor*innen

Christoph Scheidegger studierte Botanik an der Universität Bern, wo er 1987 mit einer Dissertation zur Systematik der Krustenflechtengattung *Buellia* promovierte. Anschliessend baute er die Forschungsgruppe Raster-Elektronenmikroskopie und später die Forschungseinheit Biodiversität und Naturschutzbiologie an der Eidgenössischen Forschungsanstalt WSL (Birmensdorf, Schweiz) auf. Er leitete die Spezialistengruppe Flechten der Species Survival Commission von IUCN und engagiert sich in der akademischen Lehre an der Universität Bern und an der ETH Zürich. Heute bearbeitet er Projekte zur Biodiversität in Flusslandschaften, Urwäldern und Gebirgsregionen. Sein Forschungsgebiet ist die Naturschutzbiologie der Flechten.

Christine Keller studierte Biologie an der Universität Bern. Sie schloss die Dissertation zum Thema «Hydro verrucaria – Beitrag zur Systematik und Biologie europäischer Verrucaria-Arten des Süsswasser» 1995 ab. Zwischen 1989–1997 führte sie mehrere Projekte in verschiedenen Ökobüros aus. Seit 1995 arbeitet sie an der Eidgenössischen Forschungsanstalt WSL als Flechtenspezialistin für das nationale Daten- und Informationszentrum der Schweizer Flechten SwissLichens, die Revision der Roten Liste der Flechten der Schweiz und andere Flechtenprojekte. Für die Schweizerische Vereinigung für Bryologie und Lichenologie (Bryolich) führt sie verschiedene Kurse durch.

Silvia Stofer studierte Biologie an der Universität Zürich. Sie schloss ihr Studium mit einer Diplomarbeit über die Verbreitung und Ökologie von Moosen im Val Piora ab. Seit 1995 arbeitet sie an der Eidgenössischen Forschungsanstalt WSL in Birmensdorf, zuerst für die Rote Liste der gefährdeten Flechten der Schweiz, danach im Rahmen verschiedener europäischer Projekte zur Erforschung der Biodiversität. Heute leitet sie das Nationale Daten- und Informationszentrum der Schweizer Flechten SwissLichens und engagiert sich stark für die Umsetzung der Artenförderung in der Schweiz.

Sachregister

Register der deutschen Artnamen

Die Seitenzahlen verweisen auf das jeweilige Artporträt.

T

U

V

Register der wissenschaftlichen Namen

Die **fett gesetzten Ziffern** verweisen auf die Seiten mit dem Artporträt.

Sie möchten nichts mehr verpassen?

Folgen Sie uns auf unseren Social-Media-Kanälen und bleiben Sie via Newsletter auf dem neuesten Stand

www.haupt.ch/informier

1. Auflage: 2023

ISBN 978-3-258-08309-4

Umschlag , Gestaltung und Satz: pooldesign.ch

Wir verwenden FSC®-zertifiziertes Papier. FSC® sichert die Nutzung der Wälder gemäß sozialen, ökonomischen und ökologischen Kriterien.
Gedruckt in Slowenien

FSC www.fsc.org MIX Papier | Fördert gute Waldnutzung FSC® C106954

Diese Publikation ist in der Deutschen Nationalbibliografie verzeichnet. Mehr Informationen dazu finden Sie unter http://dnb.dnb.de.

Der Haupt Verlag wird vom Bundesamt für Kultur für die Jahre 2021–2024 unterstützt.

Wir verlegen mit Freude und großem Engagement unsere Bücher. Daher freuen wir uns immer über Anregungen zum Programm und schätzen Hinweise auf Fehler im Buch, sollten uns welche unterlaufen sein. Falls Sie regelmäßig Informationen über die aktuellen Titel im Bereich Natur & Garten erhalten möchten, folgen Sie uns über Social Media oder bleiben Sie via Newsletter auf dem neuesten Stand.

www.haupt.ch